Oehlmann · Markert (Hrsg.)

Ökotoxikologie

Ökosystemare Ansätze und Methoden

ecomed

Umweltinformation

Das vorliegende Werk besteht aus umweltverträglichen und ressourcenschonenden Materialien. Da diese Begriffe im Zusammenhang mit den Qualitätsstandards zu sehen sind, die für den Gebrauch unserer Verlagsprodukte notwendig sind, wird im folgenden auf einzelne Details hingewiesen:

Einband/Ordner:
Der innere Kern von Loseblatt-Ordnern und Hardcover-Einbänden besteht aus 100% Recycling-Pappe. Neue Bezugsmaterialien und Softcover-Einbände bestehen alternativ aus langfaserigem Naturkarton oder aus Acetat-Taftgewebe.
Der Kartoneinband beruht auf chlorfrei gebleichtem Sulfat-Zellstoff, ist nicht absolut säurefrei und hat einen alkalisch eingestellten Pigmentstrich (Offsetstrich). Der Einband wird mit oxidativ trocknenden Farben (Offsetfarben) und einem scheuerfesten Drucklack bedruckt, dessen Lösemittel Wasser ist.
Das Acetat-Gewebe wird aus Acetat-Cellulose hergestellt. Die Kaschiermaterialien Papier und Dispersionskleber sind frei von Lösungsmitteln (insbesondere chlorierte Kohlenwasserstoffe) sowie hautreizenden Stoffen. Die Fertigung geschieht ohne Formaldehyd, und die Produkte sind biologisch abbaubar.
Im Vergleich zu den früher verwendeten Kunststoff-Einbänden mit Siebdruck-Aufschriften besteht die Umweltfreundlichkeit und Ressourcenschonung in einer wesentlich umweltverträglicheren Entsorgung (Deponie und Verbrennung), sowie einer umweltverträglicheren Verfahrenstechnik bei der Herstellung der Grundmaterialien. Bei dem wesentlichen Grundbestandteil „Zellstoff“ handelt es sich um nachwachsendes Rohmaterial, das einer industriellen Nutzung zugeführt wird.

Papier:
Die in unseren Werken verwendeten Offsetpapiere werden zumeist aus Sulfit-Zellstoff, einem industriell verwerteten, nachwachsenden Rohstoff, hergestellt. Dieser wird chlorfrei (Verfahren mit Wasserstoffperoxid) gebleicht, wodurch die im früher angewendeten Sulfatprozeß übliche Abwasserbelastung durch Organochlorverbindungen, die potentielle Vorstufen für die sehr giftigen polychlorierten Dibenzodioxine (PCDD) und Dibenzofurane (PCDF) darstellen, vermieden wird. Die Oberflächenbehandlung geschieht mit enzymatisch abgebauter Kartoffelstärke. Bei gestrichenen Papieren dient Calciumcarbonat als Füllstoff. Alle Papiere werden mit den derzeit üblichen Offsetfarben bedruckt.

Verpackung:
Kartonagen bestehen zu 100% aus Recycling-Pappe. Pergamin-Einschlagpapier entsteht aus ungebleichten Sulfit- und Sulfatzellstoffen. Folienverschweißungen bestehen aus recyclingfähiger Polypropylenfolie.

Hinweis: Die ecomed-verlagsgesellschaft ist bemüht, die Umweltfreundlichkeit ihrer Produkte im Sinne wenig belastender Herstellverfahren der Ausgangsmaterialien sowie Verwendung ressourcenschonender Rohstoffe und einer umweltverträglichen Entsorgung ständig zu verbessern. Dabei ist der Verlag bestrebt, die Qualität beizubehalten oder zu verbessern. Schreiben Sie uns, wenn Sie hierzu Anregungen oder Fragen haben.

Oehlmann · Markert (Hrsg.)

Öko-toxikologie

Ökosystemare Ansätze und Methoden

Mit einem Geleitwort von Wolfgang Haber, Herwig Hulpke und Andreas Troge

Verlag und Herausgeber danken der INTECOL (International Association for Ecology) für einen Druckkostenzuschuß zu diesem Buch.

Die Deutsche Bibliothek – CIP-Einheitsaufnahme

Ökotoxikologie : ökosystemare Ansätze und Methoden / Oehlmann ;
Markert (Hrsg.). Mit einem Geleitw. von Wolfgang Haber ... –
Landsberg : ecomed, 1999
ISBN 3-609-68370-8

Ökotoxikologie
Ökosystemare Ansätze und Methoden

Herausgeber: PD Dr. Jörg Oehlmann, Prof. Dr. Bernd Markert

Titelbild: Die Neisse unterhalb der Quelle in der Tschechischen Republik (Photo: Matthias Oetken)

Rudolf-Diesel-Straße 3, 86899 Landsberg
Tel.: (0 81 91) 125-0; Telefax: (0 81 91) 125-492; Internet: http:/www.ecomed.de

Satz: FotoSatz Pfeifer GmbH, Gräfelfing
Druck und Bindung: J. P. Himmer GmbH&Co.KG, Augsburg
Printed in Germany: 680370/899105
ISBN 3-609-68370-8

Geleitwort

Trotz großen umweltpolitischen Interesses und vieler wissenschaftlicher Anstrengungen sieht sich die Ökotoxikologie immer noch erheblichen ungelösten Problemen gegenüber. Unter den Umweltforschungs-Disziplinen hat sie sich wohl auch in besonderem Ausmaß mit der Komplexität der Phänomene, Prozesse und Wirkungen auseinanderzusetzen. Nach anfänglichem Vorherrschen toxikologischer Ansätze setzt sich in den letzten Jahren die Auffassung durch, daß Ergebnisse und Erkenntnisse der Ökosystemforschung stärker in die Ökotoxikologie einbezogen werden müssen. Nur dann kann diese ihrem Anspruch gerecht werden, Schadstoffwirkungen *auf* Ökosysteme und *in* ihnen zu ermitteln und zu quantifizieren, statt sich dabei nur auf einzelne Organismen oder Organismengruppen zu konzentrieren.

Dieser aktuellen Thematik widmet sich das vorliegende Buch, in dem in 59 Abschnitten sowohl eine umfassende Übersicht über den Stand der ökotoxikologischen Forschung im deutschen Sprachraum geleistet wird als auch für das generelle, im Untertitel des Werkes ausgewiesene Problemfeld Lösungsmöglichkeiten und zukünftige Forschungs- und Entwicklungslinien aufgezeigt werden. Besonderes Gewicht wurde dabei auf die folgenden Teilbereiche gelegt:

- Ökotoxikologie im Spannungsfeld von Ökologie und Toxikologie
- Perspektiven in der Methodenentwicklung
- Biomonitoring
- Bewertungsstrategien und Risikoanalyse
- Chemikalien mit hormonähnlicher Wirkung

Im ersten thematischen Block wird das Dilemma zwischen der ökosystemar orientierten Ökotoxikologie, die den Schutz ganzer Ökosysteme und die Erhaltung ihrer Selbstregulationsmöglichkeit zum Ziel hat, und der stofforientierten „Prüfökotoxikologie" behandelt, und dazu werden entsprechende Lösungsmöglichkeiten aufgezeigt, gerade auch im Hinblick auf die prospektive Risikobewertung beim Anmeldeverfahren neuer Chemikalien und bei der Gefahrstoffregulierung.

Bezüglich der aktuellen Entwicklung neuer methodischer Ansätze werden neben einigen Arbeiten, die sich mit der Optimierung des bereits etablierten Testinstrumentariums beschäftigen, auch zahlreiche Perspektiven bezüglich neuer Multispezies- und Modellökosystemtests aufgezeigt. Bei den konventionellen Biotests stehen die Entwicklungsmöglichkeiten für eine Miniaturisierung und Automatisierung im Mittelpunkt der Darstellung, bei den Modellökosystemen das Spannungsfeld zwischen ökosystemarer Relevanz und Reproduzierbarkeit der erzielten Resultate. Eine Gruppe weiterer Arbeiten beschäftigt sich mit der Erfassung besonders problematischer Substanz(grupp)en oder mit dem Einsatz in bisher nur unzureichend zugänglichen Umweltmedien.

Im thematischen Bereich zum Biomonitoring liegt der Schwerpunkt auf neueren Verfahren, die die Untersuchung räumlicher und zeitlicher Trends der Belastung mit speziellen Schadstoffen oder Schadstoffklassen ermöglichen und nicht in erster Linie Summenparameter der Toxizität erfassen. Weiterhin werden vor allem Methoden vorgestellt, die eine besonders hohe Sensitivität gegenüber bestimmten Schadstoffen aufweisen und daher auch für die routinemäßige Erfassung von in Mitteleuropa typischen Hintergrundbelastungen geeignet sind.

Auch die insgesamt 11 Arbeiten, die sich mit Bewertungsstrategien und der Risikoanalyse beschäftigen, liefern ein sehr differenziertes Bild über neue Bewertungsmethoden für die Umweltmedien Boden und Wasser (einschließlich Sedimente) sowie über die Ableitung von Qualitätskriterien zum Schutz besonders sensibler Umweltbereiche und Lebensgemeinschaften. Neben Einzeluntersuchungen zu bestimmten Techniken oder Substanzgruppen stehen integrative Ansätze im Vordergrund, die als Stufenkonzepte für bestimmte Umweltmedien (z.B. Boden vor dem Hintergrund des neuen Bundesbodenschutzgesetzes) eine umfassende Bewertung ermöglichen.

Der letzte thematische Bereich, der den Chemikalien mit hormonähnlicher Wirkung gewidmet ist, stellt ein sehr aktuelles Arbeitsgebiet innerhalb der Ökotoxikologie dar, da die endokrine Wirkung von in die Umwelt gelangenden Substanzen erst in den letzten Jahren überhaupt als Problem erkannt wurde. Die fünf Arbeiten, die sich mit diesem Forschungsfeld beschäftigen, stellen neue Verfahren vor, die neben der Erfassung direkter, d.h. rezeptorvermittelter östrogener Wirkpotentiale von Substanzen auch indirekte antiöstrogene, androgene und antiandrogene Effekte detektierbar machen. Erfreulicherweise werden neben bereits etablierten *in vitro*-Tests auch *in vivo*-Verfahren erörtert und hinsichtlich der jeweiligen Aussagekraft bewertet. Das Buch ist von großer praktischer Bedeutung nicht nur für unterschiedliche Disziplinen innerhalb der gesamten Biowissenschaften, sondern auch für Behörden und Industrieorganisationen, die mit Fragen der Risikobewertung von Chemikalien und der Erstellung von Qualitätszielen betraut sind. Es ist ihm daher eine weite Verbreitung über die eigentlichen Fachkreise hinaus und auch eine angemessene Verwendung in der akademischen Lehre zu wünschen.

Freising-Weihenstephan, Leverkusen und Berlin, im April 1999

Prof. Dr. Dr. h.c. Wolfgang Haber
TU München-Weihenstephan

Prof. Dr. Herwig Hulpke
Bayer AG Leverkusen

Prof. Dr. Andreas Troge
Umweltbundesamt Berlin

Oehlmann, J. & Markert, B. (Hrsg.): Ökotoxikologie – ökosystemare Ansätze und Methoden

Inhalt

Biomonitoring

Boden und Sedimente

Wasser

Luft

Bewertungsstrategien und Risikoanalyse

Boden und Sedimente

Wasser

Chemikalien mit hormonähnlicher Wirkung

Ökotoxikologie und Umweltverfahrenstechnik

Autorenverzeichnis

Stefan Adam
Universität Tübingen
Abteilung Physiologische Ökologie der Tiere
Auf der Morgenstelle 28
D-72076 Tübingen

Dr. Rolf Altenburger
Umweltforschungszentrum Leipzig-Halle GmbH
Sektion Chemische Ökotoxikologie
Permoserstraße 15
D-04318 Leipzig

Dr. Barbara Bauer
Universität Münster
Institut für Spezielle Zoologie und Vergleichende Embryologie
Hüfferstraße 1
D-48149 Münster

Prof. Dr. Ludwig Beck
Staatliches Museum für Naturkunde Karlsruhe
Postfach 6209
D-76042 Karlsruhe

Anja Behrens
Umweltforschungszentrum Leipzig-Halle GmbH
Sektion Chemische Ökotoxikologie
Permoserstraße 15
D-04318 Leipzig

Claudia Bergmüller
GSF-Forschungszentrum für Umwelt und Gesundheit
Institut für Bodenökologie
Ingolstädter Landstraße 1
D-85764 Neuherberg

HD Dr. Thoma Braunbeck
Universität Heidelberg
Zoologisches Institut I
Im Neuenheimer Feld 230
D-69120 Heidelberg

Nazila Bromand
RWTH Aachen
Lehrstuhl für Biologie 5 (Ökologie, Ökotoxikologie, Ökochemie)
Worringerweg 1
D-52056 Aachen

Dr. Ina Bruns
Martin-Luther-Universität Halle-Wittenberg
Fachbereich Biochemie/Biotechnologie
Ökologische und Pflanzen-Biochemie
Kurt-Mothes Straße 3
D-06099 Halle

Matthias Burhenne
Institut für Pflanzenvirologie, Mikrobiologie und Biologische Sicherheit
Arbeitsgruppe Mikrobiologie
Königin-Luise-Str. 19
D-14195 Berlin

Michael Cleuvers
RWTH Aachen
Lehrstuhl für Biologie 5 (Ökologie, Ökotoxikologie, Ökochemie)
Worringerweg 1
D-52056 Aachen

Prof. Dr. Günther Deml
Institut für Pflanzenvirologie, Mikrobiologie und Biologische Sicherheit
Arbeitsgruppe Mikrobiologie
Königin-Luise-Str. 19
D-14195 Berlin

Markus Diekmann
TU Dresden
Institut für Hydrobiologie
D-01062 Dresden

Dr. Michael Dorgerloh
Bayer AG
Institut für Ökobiologie
Labor für Pflanzen- und Fischprüfungen
D-51368 Leverkusen

Stefan Döring
Internationales Hochschulinstitut Zittau
Lehrstuhl Umweltverfahrenstechnik
Markt 23
D-02763 Zittau

Prof. Dr. Wolfgang Dott
RWTH Aachen
Institut für Hygiene und Umweltmedizin
Pauwelsstr. 30
D-52057 Aachen

Matthias Dürr
Universität Halle
Hygiene-Institut
J.-A.-Segner-Str. 12
D-06108 Halle/Saale

Matthias Eberius
LemnaTec GmbH
Schumanstraße 18
D-52146 Würselen

Heike Ehrlichmann
RWTH Aachen
Institut für Hygiene und Umweltmedizin
Pauwelsstr. 30
D-52057 Aachen

Dr.-Ing. Adolf Eisenträger
RWTH Aachen
Institut für Hygiene und Umweltmedizin
Pauwelsstr. 30
D-52057 Aachen

Dr. Lothar Erdinger
Universität Heidelberg
Hygiene-Institut
Im Neuenheimer Feld 340
D-69120 Heidelberg

Prof. Dr. Wilfried H.O. Ernst
Vrije Universiteit, Faculty of Biology
Department of Ecology and Ecotoxicology of Plants
De Boelelaan 1087
NL-1081 HV Amsterdam

Dr. Helga Faasch
Staatliches Amt für Wasser und Abfall
Rudolf-Steiner-Str. 5
D-38120 Braunschweig

Dr. Ute Feiler
Bundesanstalt für Gewässerkunde
Kaiserin-Augusta-Anlagen 15-17
D-56068 Koblenz

Silke Fiebig
Dr. U. Noack-Laboratorium für Angewandte Biologie
Käthe-Paulus-Straße 1
D-31157 Sarstedt

Prof. Dr. Pio Fioroni
Universität Münster
Institut für Spezielle Zoologie und Vergleichende Embryologie
Hüfferstraße 1
D-48149 Münster

PD Dr. Anette Fomin
Universität Hohenheim
Institut 320
Fachgebiet Pflanzenökologie und Ökotoxikologie
D-70593 Stuttgart

Dr. Bernhard Förster
ECT Oekotoxikologie GmbH
Böttgerstraße 2–14
D-65439 Flörsheim/Main

Dr. Elizabeth Franklin
INPA
Caixa Postal 478
69.011-970 Manaus/AM
Brasilien

Prof. Dr. Otto Fränzle
Christian-Albrechts-Universität zu Kiel
Ökologiezentrum
Schauenburgerstraße 112
D-24118 Kiel

Tobias Frische
Universität Bremen
Zentrum für Umweltforschung und Umwelttechnologie (UFT)
Abteilung 10 (Ökologie)
Postfach 330440
D-28334 Bremen

Marcos Garcia
Embrapa-CPAA
Caixa Postal 319
69.011-970 Manaus/AM
Brasilien

Thomas Gasch
Internationales Hochschulinstitut Zittau
Lehrstuhl Umweltverfahrenstechnik
Markt 23
D-02763 Zittau

Thomas Geffke
Dr. U. Noack-Laboratorium für Angewandte Biologie
Käthe-Paulus-Straße 1
D-31157 Sarstedt

Dr. Mathias Gehre
Umweltforschungszentrum Leipzig-Halle GmbH
Sektion Chemische Ökotoxikologie
Permoserstraße 15
D-04318 Leipzig

Vera Geier
Universität Heidelberg
Zoologisches Institut I
Im Neuenheimer Feld 230
D-69120 Heidelberg

Dr. Andreas Gies
Umweltbundesamt
Postfach 33 00 22
D-14191 Berlin

Dr. Juan Gonzalez-Valero
Novartis Crop Protection AG
Ecotoxicology Department
CH-4002 Basel

Dr. Reinhardt Grade
Novartis Crop Protection AG
Ecotoxicology Department
CH-4002 Basel

Stefan Gränzer
Universität Tübingen
Zoologisches Institut
Abteilung Zellbiologie
Auf der Morgenstelle 28
D-72076 Tübingen

Prof. Dr. Herwig O. Gutzeit
TU Dresden
Institut für Zoologie
D-01062 Dresden

Prof. Dr. Dr. h.c. Wolfgang Haber
TU München-Weihenstephan
Lehrstuhl für Landschaftsökologie
Am Hochanger 6
D-85350 Freising

Dr. Christoph Hafner
Umweltforschungszentrum Leipzig-Halle GmbH
Sektion Chemische Ökotoxikologie
Permoserstraße 15
D-04318 Leipzig

Dr. Wolfram Hammel
GSF-Forschungszentrum für Umwelt und Gesundheit
Institut für Bodenökologie
Ingolstädter Landstraße 1
D-85764 Neuherberg

Monika Hammers
RWTH Aachen
Lehrstuhl für Biologie 5 (Ökologie, Ökotoxikologie, Ökochemie)
Worringerweg 1
D-52056 Aachen

Constanze Hannich
Internationales Hochschulinstitut Zittau
Lehrstuhl Umweltverfahrenstechnik
Markt 23
D-02763 Zittau

Sigrid Härtling
Umweltforschungszentrum Leipzig-Halle GmbH
Sektion Chemische Ökotoxikologie
Permoserstraße 15
D-04318 Leipzig

PD Dr. Anton Hartmann
GSF-Forschungszentrum für Umwelt und Gesundheit
Institut für Bodenökologie
Ingolstädter Landstraße 1
D-85764 Neuherberg

Martina Heim
Internationales Hochschulinstitut Zittau
Lehrstuhl Umweltverfahrenstechnik
Markt 23
D-02763 Zittau

Petra Höcht
Fachhochschule Weihenstephan
Fachbereich Biotechnologie
Am Hofgarten 10
D-85350 Freising

Dr. Hubert Höfer
Staatliches Museum für Naturheilkunde
Postfach 6209
D-76042 Karlsruhe

Henner Hollert
Universität Heidelberg
Zoologisches Institut I
Im Neuenheimer Feld 230
D-69120 Heidelberg

Dr. Udo Hommen
Ecological Modelling & Statistics
Blumenrather Str. 229
D-52477 Alsdorf

Prof. Dr. Wolfgang Honnen
Fachhochschule Reutlingen
Steinbeis-Transferzentrum Angewandte und Umweltchemie
Alteburgstraße 150
D-72762 Reutlingen

Dr. Gernot Huhn
Umweltforschungszentrum Leipzig-Halle GmbH
Sektion Chemische Ökotoxikologie
Permoserstraße 15
D-04318 Leipzig

Prof. Dr. Herwig Hulpke
Bayer AG
Konzernstab
Qualitäts-, Umwelt- und Sicherheitspolitik
D-51368 Leverkusen

Veit Hultsch
TU Dresden
Institut für Hydrobiologie
D-01062 Dresden

Dr. Andrew C. Johnson
Institute of Hydrology
Wallingford, Oxon, OX10 8BB
Great-Britain

PD Dr. Klaus Jung
Umweltforschungszentrum Leipzig-Halle GmbH
Sektion Chemische Ökotoxikologie
Permoserstraße 15
D-04318 Leipzig

Dr. Dirk Jungmann
TU Dresden
Institut für Hydrobiologie
D-01062 Dresden

Monika D. Jürgens
Institute of Hydrology
Wallingford, Oxon, OX10 8BB
Great Britain

Dr. Wolfgang Kalsch
ECT Oekotoxikologie GmbH
Böttgerstraße 2–14
D-65439 Flörsheim

Prof. Dr. Antonius Kettrup
GSF-Forschungszentrum für Umwelt und Gesundheit GmbH
Institut für Ökologische Chemie
Ingolstädter Landstraße 1
D-85764 Neuherberg

Dr. Roland Klein
Universität des Saarlandes
Zentrum für Umweltforschung
Institut für Biogeographie
D-66041 Saarbrücken

Prof. Dr. Werner Klein
Fraunhofer-Institut für Umweltchemie und Ökotoxikologie
Postfach 1260
D-57377 Schmallenberg

PD Dr. Heinz-R. Köhler
Universität Tübingen
Zoologisches Institut
Abteilung Zellbiologie
Auf der Morgenstelle 28
D-72076 Tübingen

Jens Konradt
Universität Heidelberg
Zoologisches Institut I
Im Neuenheimer Feld 230
D-69120 Heidelberg

Clemens Kordes
TU Dresden
Institut für Zoologie
D-01062 Dresden

Dr. Siegfried Korhammer
Internationales Hochschulinstitut Zittau
Lehrstuhl Umweltverfahrenstechnik
Markt 23
D-02763 Zittau

Dr. Reinhard Kostka-Rick
Biologisch Überwachen und Bewerten
Falterweg 10
D-70771 Leinfelden-Echterdingen

Prof. Dr. Werner Kratz
Martin-Luther-Universität Halle
Institut für Bodenkunde und Pflanzenernährung
Lehrstuhl für Bodenbiologie u. Bodenökologie
Weidenplan 14
D-06108 Halle

Prof. Dr. Gerd-Joachim Krauß
Martin-Luther-Universität Halle-Wittenberg
Fachbereich Biochemie/Biotechnologie
Ökologische und Pflanzen-Biochemie
Kurt-Mothes Straße 3
D-06099 Halle

Dr. Falk Krebs
Bundesanstalt für Gewässerkunde
Kaiserin-Augusta-Anlagen 15-17
D-56068 Koblenz

Dr. Carola Kussatz
Umweltbundesamt
Postfach 33 00 22
D-14191 Berlin

Giesela Lamche
Universität Bern
Institut für Tierpathologie
Zentrum für Fisch- und Wildtiermedizin
Länggassstraße 122
CH-3012 Bern

Uta-Susanne Leffler
Internationales Hochschulinstitut Zittau
Lehrstuhl Umweltverfahrenstechnik
Markt 23
D-02763 Zittau

Fred Lennartz
pro terra
Büro für Vegetationskunde, Tier- und Landschaftsökologie
Nizzaallee 15
D-52072 Aachen

Oliver Licht
TU Dresden
Institut für Hydrobiologie
D-01062 Dresden

Dr. Martin Dieter Liess
National Research Council
Institute of Molecular Spectroscopy
Via P. Gobetti, 101
I-40129 Bologna

PD Dr. Mathias Liess
TU Braunschweig
Zoologisches Institut
Fasanenstraße 3
D-38092 Braunschweig

Till Luckenbach
Universität Tübingen
Abteilung Physiologische Ökologie der Tiere
Auf der Morgenstelle 28
D-72076 Tübingen

Jens Mählmann
TU Dresden
Institut für Hydrobiologie
D-01062 Dresden

Prof. Dr. Bernd Markert
Internationales Hochschulinstitut Zittau
Lehrstuhl Umweltverfahrenstechnik
Markt 23
D-02763 Zittau

Dr. Annette Marschner
Umweltbundesamt
Postfach 33 00 22
D-14191 Berlin

Dr. Christopher Martius
Zentrum für Entwicklungsforschung (ZEF)
Universität Bonn
Walter-Flex-Str. 3
D-53113 Bonn

PD Dr. Karin Mathes
Universität Bremen
Zentrum für Umweltforschung und Umwelttechnologie (UFT)
Abteilung Ökologie
Postfach 330 440
D-28334 Bremen

Dr. Dan Minchin
Marine Institute
Fisheries Research Centre
Abbotstown
Dublin 15, Irland

Gudrun Möhrmann-Kalabokidis
Dr. U. Noack-Laboratorium für Angewandte Biologie
Käthe-Paulus-Straße 1
D-31157 Sarstedt

Kerstin Mölter
GSF-Forschungszentrum für Umwelt und Gesundheit
Institut für Bodenökologie
Ingolstädter Landstraße 1
D-85764 Neuherberg

Dr. Peter Morgenstern
Umweltforschungszentrum Leipzig-Halle GmbH
Sektion Chemische Ökotoxikologie
Permoserstraße 15
D-04318 Leipzig

Heidrun Moser
Universität Hohenheim
Institut 320
Fachgebiet Pflanzenökologie und Ökotoxikologie
D-70593 Stuttgart

Prof. Dr. Ewald Müller
Universität Tübingen
Abteilung Physiologische Ökologie der Tiere
Auf der Morgenstelle 28
D-72076 Tübingen

Jean Charles Munch
GSF-Forschungszentrum für Umwelt und Gesundheit
Institut für Bodenökologie
Ingolstädter Landstraße 1
D-85764 Neuherberg

Prof. Dr. Roland Nagel
TU Dresden
Institut für Hydrobiologie
D-01062 Dresden

Jakob Nanko-Drees
TU Braunschweig
Zoologisches Institut
Fasanenstraße 3
D-38092 Braunschweig

Michael Neumann
TU Braunschweig
Zoologisches Institut
Fasanenstraße 3
D-38092 Braunschweig

Dr. Udo Noack
Dr. U. Noack-Laboratorium für Angewandte Biologie
Käthe-Paulus-Straße 1
D-31157 Sarstedt

Dr. Axel Oberemm
IGB-Institut für Gewässerökologie und Binnenfischerei Berlin
Abteilung Biologie und Ökologie der Fische
Müggelseedamm 256
D-12587 Berlin

PD Dr. Jörg Oehlmann
Internationales Hochschulinstitut Zittau
Lehrstuhl Umweltverfahrenstechnik
Markt 23
D-02763 Zittau

Matthias Oetken
Internationales Hochschulinstitut Zittau
Lehrstuhl Umweltverfahrenstechnik
Markt 23
D-02763 Zittau

Dr. Michael Pawert
Universität Tübingen
Abteilung Physiologische Ökologie der Tiere
Auf der Morgenstelle 28
D-72076 Tübingen

Dr. Ralf Peveling
Universität Basel
Institut für Natur-, Landschafts- und Umweltschutz (NLU)
Biogeographie
St. Johanns-Vorstadt 10
CH-4056 Basel

Verena U. Pfeifle
Novartis Services AG
Ecotox Centre
K-127.2.20
CH-4002 Basel

Christina Pickl
Universität Hohenheim
Institut 320
Fachgebiet Pflanzenökologie und Ökotoxikologie
D-70593 Stuttgart

Silvia Pieper
TU Berlin
FG Bodenkunde
Salzufer 12
D-10587 Berlin

Beata Praszczyk
Umweltforschungszentrum Leipzig-Halle GmbH
Sektion Chemische Ökotoxikologie
Permoserstraße 15
D-04318 Leipzig

Michael Probst
TU Braunschweig
Zoologisches Institut
Fasanenstraße 3
D-38092 Braunschweig

PD Dr. Hans Toni Ratte
RWTH Aachen
Lehrstuhl für Biologie 5 (Ökologie, Ökotoxikologie, Ökochemie)
Worringerweg 1
D-52056 Aachen

Dr. Klaus Rehmann
GSF-Forschungszentrum für Umwelt und Gesundheit GmbH
Institut für Ökologische Chemie
Ingolstädter Landstraße 1
D-85764 Neuherberg

Prof. Dr. Ernst Peter Rieber
TU Dresden
Medizinische Fakultät „Carl Gustav Carus“
Institut für Immunologie
D-01062 Dresden

Dr. Jörg Römbke
ECT Oekotoxikologie GmbH
Böttgerstraße 2–14
D-65439 Flörsheim

Martina Roß-Nickoll
RWTH Aachen
Lehrstuhl für Biologie 7
Kopernikusstr. 16
D-52056 Aachen

Marcin Rudzki
Internationales Hochschulinstitut Zittau
Lehrstuhl Umweltverfahrenstechnik
Markt 23
D-02763 Zittau

Dr. Alexa Sabarth
TU Braunschweig
Zoologisches Institut
Fasanenstraße 3
D-38092 Braunschweig

Tanja Saeger
TU Berlin
Institut für Landschaftsentwicklung
Lentzeallee 76
D-14195 Berlin

Dr. Christoph Schäfers
Fraunhofer-Institut für Umweltchemie und Ökotoxikologie
Postfach 1260
D-57377 Schmallenberg

Dirk Scheerbaum
Dr. U. Noack-Laboratorium für Angewandte Biologie
Käthe-Paulus-Straße 1
D-31157 Sarstedt

Thomas Schlegel
Fachhochschule Reutlingen
Steinbeis-Transferzentrum Angewandte und Umweltchemie
Alteburgstraße 150
D-72762 Reutlingen

Dr. Michael Schloter
GSF-Forschungszentrum für Umwelt und Gesundheit
Institut für Bodenökologie
Ingolstädter Landstraße 1
D-85764 Neuherberg

Jens Schmidt
TU Dresden
Institut für Hydrobiologie
D-01062 Dresden

Dr. Roland Patrick H. Schmitz
Universität Bonn
Abteilung für Landwirtschaftliche und Lebensmittel-Mikrobiologie
Meckenheimer Allee 168
D-53115 Bonn

Dr. Stefan Scholz
TU Dresden
Institut für Zoologie
D-01062 Dresden

Dr. Karl-Werner Schramm
GSF-Forschungszentrum für Umwelt und Gesundheit GmbH
Institut für Ökologische Chemie
Ingolstädter Landstraße 1
D-85764 Neuherberg

Dr. Michael Schramm
Universität Tübingen
Abteilung Physiologische Ökologie der Tiere
Auf der Morgenstelle 28
D-72076 Tübingen

Dr. Christiane Schrenk-Bergt
Institut für Gewässerökologie und Binnenfischerei
Müggelseedamm 310
D-12587 Berlin

Dieter Schudoma
Umweltbundesamt
Postfach 33 00 22
D-14191 Berlin

Dr. Ulrike Schulte-Oehlmann
Internationales Hochschulinstitut Zittau
Lehrstuhl Umweltverfahrenstechnik
Markt 23
D-02763 Zittau

Dr. Horst Schulz
Umweltforschungszentrum Leipzig-Halle GmbH
Sektion Chemische Ökotoxikologie
Permoserstraße 15
D-04318 Leipzig

Dr. Ralf Schulz
TU Braunschweig
Zoologisches Institut
Fasanenstraße 3
D-38092 Braunschweig

Prof. Dr. Ingolf Schuphan
RWTH Aachen
Lehrstuhl für Biologie 5 (Ökologie, Ökotoxikologie, Ökochemie)
Worringerweg 1
D-52056 Aachen

Prof. Dr. Gerrit Schüürmann
Umweltforschungszentrum
Leipzig-Halle GmbH
Sektion Chemische Ökotoxikologie
Permoserstraße 15
D-04318 Leipzig

Dr. Julia Schwaiger
Labor für Fischpathologie
Steinseestraße 32
D-81671 München

PD Dr. Helmut Segner
Umweltforschungszentrum
Leipzig-Halle GmbH
Sektion Chemische Ökotoxikologie
Permoserstraße 15
D-04318 Leipzig

Prof. Dr. Christian Steinberg
Institut für Gewässerökologie und Binnenfischerei
Müggelseedamm 310
D-12587 Berlin

Marija Strmac
Universität Heidelberg
Zoologisches Institut I
Im Neuenheimer Feld 230
D-69120 Heidelberg

Dr. Bernd Sures
Universität Karlsruhe
Zoologisches Institut I
Ökologie-Parasitologie
Geb. 30.43
D-76128 Karlsruhe

Prof. Dr. Horst Taraschewski
Universität Karlsruhe
Zoologisches Institut I
Ökologie-Parasitologie
Geb. 30.43
D-76128 Karlsruhe

Michaela Tillmann
Internationales Hochschulinstitut Zittau
Lehrstuhl Umweltverfahrenstechnik
Markt 23
D-02763 Zittau

PD Dr. Rita Triebskorn
Universität Tübingen
Abteilung Physiologische Ökologie der Tiere
Auf der Morgenstelle 28
D-72076 Tübingen

Prof. Dr. Andreas Troge
Präsident des Umweltbundesamtes
Postfach 33 00 22
D-14191 Berlin

Dirk Vandenhirtz
LemnaTec GmbH
Schumanstraße 18
D-52146 Würselen

Simone Walscheck
TU Braunschweig
Zoologisches Institut
Fasanenstraße 3
D-38092 Braunschweig

Olaf Wappelhorst
Internationales Hochschulinstitut Zittau
Lehrstuhl Umweltverfahrenstechnik
Markt 23
D-02763 Zittau

Prof. Dr. Bernd-Michael Wilke
TU Berlin
Institut für Landschaftsentwicklung
Lentzeallee 76
D-14195 Berlin

Judith Wilp
Internationales Hochschulinstitut Zittau
Lehrstuhl Umweltverfahrenstechnik
Markt 23
D-02763 Zittau

Birgit Winkel
TU Berlin
Institut für Landschaftsentwicklung
Lentzeallee 76
D-14195 Berlin

Susanne Winter
Internationales Hochschulinstitut Zittau
Lehrstuhl Umweltverfahrenstechnik
Markt 23
D-02763 Zittau

Dr. Laszlo Zelles
GSF-Forschungszentrum für Umwelt und Gesundheit
Institut für Bodenökologie
Ingolstädter Landstraße 1
D-85764 Neuherberg

Sonja Zimmermann
Universität Karlsruhe
Zoologisches Institut I
Ökologie-Parasitologie
Geb. 30.43
D-76128 Karlsruhe

Vorwort

Organismen werden durch eine Vielzahl biotischer und abiotischer Umwelteinflüsse in ihren Lebensräumen beeinflußt. Insbesondere durch die zunehmende Industrialisierung wurde und wird unsere Umwelt durch Schadstoffe belastet. Hierzu gehören unter anderem Schwermetalle (z.B. Quecksilber, Cadmium und Blei), Halbmetalle (z.B. Antimon und Arsen), Metallorganika (z.B. Tributylzinn- und Methylquecksilberverbindungen) und die große Palette der organischen Schadstoffe (PCB, PAK, etc.). Ihre Akkumulation im Boden, im Wasser und in Organismen kann zu einer nicht mehr akzeptablen Exposition führen und so unabsehbare Folgewirkungen innerhalb einzelner Glieder der Nahrungskette haben.

Die Erfassung von Schadwirkungen auf Organismen und Populationen im Freiland und die prospektive Risikobewertung bei der Zulassung neuer Chemikalien stellen unter zahlreichen anderen Betätigungsfeldern Hauptarbeitsgebiete der Ökotoxikologie dar. Per definitionem befaßt sich die Ökotoxikologie mit den wissenschaftlichen Grundlagen und Methoden, mit deren Hilfe Störungen von Ökosystemen durch anthropogene stoffliche Einflüsse identifiziert, beurteilt und bewertet werden. Dabei ist es das Ziel, derartige Störungen zu erkennen, mögliche Schäden zu vermeiden oder Handlungsanweisungen für die Sanierung zu geben.

Die Ökotoxikologie als relativ junge Wissenschaft hat es verstanden, in einem relativ knappen Zeitraum eine Vielzahl von methodischen Entwicklungen hervorzubringen, die den gesellschaftlichen Anspruch zum Schutz der Umwelt angesichts einer zunehmenden Zahl und Quantität von Umweltchemikalien überhaupt erst ermöglicht haben. So liegt mittlerweile zur vorläufigen Bewertung von Einzelstoffen (Chemikaliengesetz) ein anerkanntes Spektrum von Biotestverfahren vor. Die Datenlage bei den Pflanzenschutzmitteln (Pflanzenschutzgesetz) hat sich entscheidend verbessert, ähnlich wie im Bereich der wassergefährenden Stoffe (Wasch- und Reinigungsmittelgesetz sowie Wasserhaushaltsgesetz). Auch im Bereich der Entwicklung, Konzeptionierung und Etablierung von Immissions- und ökologischen Wirkungskatastern (Bundesimmissionsschutzgesetz) sind deutliche Erfolge erzielt worden. Gegenüber der Erfolgsliste gibt es aber auch eine Reihe von kritisch anzumerkenden Punkten, die ganz deutlich auf Defizite in der Ökotoxikologie verweisen. So besteht ein generelles Problem hinsichtlich der Bewertung von Effekten auf der Ebene des Individuums oder sogar auf suborganismischer Ebene für höhere Komplexitätsstufen (Population, Biozönose, Ökosystem). Das offensichtliche Auseinanderklaffen von Anspruch und Wirklichkeit in der Ökotoxikologie ist von verschiedenen Autoren als „Dilemma" dieser Disziplin bezeichnet worden. Ökotoxikologie beansprucht eben nicht, die Toxikologie für die eine oder andere Tier- oder Pflanzenart zu sein, sondern sollte einen umfassenden Ansatz verfolgen, also nicht nur die Effekte auf Individual- oder Artniveau, sondern auch auf ökosystemarer Ebene erfassen. Organismen, Populationen, Biozönosen und letztlich das gesamte Ökosystem stehen natürlicherweise unter dem Einfluß einer Anzahl biotischer und abiotischer Stressoren, wie beispielsweise Klimaschwankungen, wechselnde Strahlungsverhältnisse und Nahrungsangebot, Räuber-Beute-Beziehungen, Parasiten, Krankheiten, innerartliche und zwischenartliche Konkurrenz.

Diese Streßsituation ist existentiell für jede biologische Organisationsstufe. Entsprechend ist es eine wichtige Eigenschaft aller lebenden Systeme, auf Stressoren reagieren zu können. Umgekehrt ist ohne natürliche Stressoren keine evolutive Weiterentwicklung von Arten und damit des gesamten Ökosystems möglich. Streß ist der Motor der Evolution. In evolutiven Zeiträumen bleibt die Schwankungsbreite der Stressoren jedoch in der Regel relativ konstant, so daß sich die Arten an ändernde Umweltbedingungen anpassen können. In den letzten Jahrhunderten haben diese Änderungen qualitativ und quantitativ eine neue Dimension erreicht. Es wurden gänzlich neue Stoffe durch den Menschen in die Umwelt eingebracht, die vorher nicht existierten

(Xenobiotika, viele Radionuklide) oder potentiell schädliche Stoffe, die in zuvor undenkbaren Mengen freigesetzt wurden (Schwermetalle, natürliche Radionuklide). Weiterhin sind diese neuen Stressoren in ihrer Wirkung zumeist multipel, d.h. sie werden auf die Effekte natürlicher Stressoren quasi aufgesetzt oder wirken selbst in Kombinationen ein, so daß der „Mitnahme-" oder „Toleranzbereich" der adaptiven und evolutiven Anpassung der Organismen überschritten wird. Viele sogenannte Expositionsbiomarker („markers of exposure"), wie die Induktion von Metallothioneinen bei Tieren oder Phytochelatinen bei Pflanzen nach Schwermetallexposition oder erhöhte MFO-Aktivitäten nach Exposition mit organischen Schadstoffen, erlauben zunächst einmal eine Abschätzung der Belastungssituation mit bestimmten Schadstoffgruppen in einem Ökosystem. Dagegen ist es umstritten, inwieweit auf Grundlage derartiger Biomarker auch biologische Schadstoffeffekte zuverlässig erfaßt werden können.
Weiterhin ist die Übertragbarkeit von Labor- auf Freilandeffekte nicht zufriedenstellend beantwortet. In allen genauer untersuchten Fällen ergeben sich deutliche Hinweise auf unterschiedliche Schwellenkonzentrationen, Sensitivitäten und Reaktionsbreiten im Labor und Freiland. Ein weiteres Problem ist die Verwendung genetisch homogener pflanzlicher und tierischer Testorganismen, während in der Natur zumeist gerade die genetische Diversität typisches Kennzeichen ungestörter Populationen ist. Unbeantwortet ist ferner die Frage nach der Brauchbarkeit von in-situ-Untersuchungen für die Bewertung von Stoffen, da eine Organismengruppe einer oder mehrerer Spezies bei derartigen Versuchen nicht nur diesem einen Stressor, sondern im Normalfall einer nicht quantifizierbaren Anzahl weiterer Stressoren gleichzeitig ausgesetzt ist.
Schließlich muß die Frage nach der Übertragbarkeit auf andere Spezies gestellt werden. Allein aus Praktikabilitätsgründen kann nur eine verschwindend geringe Zahl von Tier- und Pflanzenarten für Biotestverfahren verwendet werden, wobei jedoch nicht immer wissenschaftliche (z.B. hohe Empfindlichkeit und/oder Stellvertreterrolle für eine Biozönose oder eine trophische Ebene), sondern oft eher wirtschaftliche und historische Gründe für die Artwahl ausschlaggebend waren. Der Fischtest zum Beispiel wurde aufgrund wissenschaftsgeschichtlicher sowie aus wirtschaftlichen Erwägungen berücksichtigt, während heute deutlich ist, daß Evertebratentests zum Teil erheblich empfindlicher reagieren können. Weiterhin ist bekannt, daß einige Arten überhaupt keine Reaktionen auf einen Schadstoff oder ein Medikament zeigen, während andere massiv geschädigt werden (Beispiel Contergan-Katastrophe).
Bisher ist das Zusammenwirken von verschiedenen Schadstoffen (Synergismus, Antagonismus) ebenso unzureichend untersucht wie die Beeinflussung des Ergebnisses durch unterschiedliche Testbedingungen, die selbstverständlich auch eine Implikation für das Freiland haben (z.B. Temperatur-, Photoperioden- oder Fortpflanzungszyklen). Ein weiteres und angesichts der auftretenden Kosten praktisch auch nicht lösbares Problem in der Ökotoxikologie ist die Erfassung von echten chronischen Belastungen in niedrigen Konzentrationen auf Individuen, Populationen oder Modellökosysteme über Jahre oder Generationen hinweg.
Diese genannten Bereiche bieten die Entwicklung und den Aufbau neuer Forschungsfelder an. Gerade jungen Menschen eröffnen sich hier Betätigungs- und Berufsfelder, die neben dem akademischen Anspruch eine wichtige gesellschaftspolitische Relevanz haben.
SETAC (Society of Environmental Toxicology and Chemistry) als internationale wissenschaftliche Gesellschaft hat das Ziel, das Verständnis für Ökotoxikologie und Umweltchemie in Forschung, Lehre und Ausbildung zu fördern, um die Entwicklung von ökologisch akzeptablen Praktiken und Prinzipien zu unterstützen. Eine besondere Eigenschaft der SETAC ist die paritätische Besetzung aller Gremien mit Vertretern aus Industrie, Regierungsbehörden und Wissenschaft, was sich auch in der Mitgliederzusammensetzung der Organisation widerspiegelt – die Ergebnisse einer multidisziplinären Umweltforschung können so besonders fruchtbar diskutiert und umgesetzt werden. Der deutschsprachige Zweig von SETAC-Europe veranstaltete seine dritte Jahrestagung mit 211 Teilnehmern vom 18. bis 20. Mai 1998 am Internationalen Hochschulinstitut Zittau mit dem Schwerpunktthema „Ökosystemare Ansätze in der

Ökotoxikologie", wobei eines der oben geschilderten Problemfelder der Ökotoxokologie besonders akzentuiert werden sollte; denn nach wie vor stellt die Erfassung der Effekte chemischer Substanzen auf höhere biologische Integrationsebenen (Populationen, Biozönosen, Ökosysteme) für die Ökotoxikologie eine ungelöste Herausforderung dar. Obwohl vom Anspruch her der Schutz des Ökosystems im Mittelpunkt steht, orientiert sich die überwiegende Mehrzahl der Untersuchungen an einzelnen Tier- und Pflanzenarten – sei es im Labor in Monospeziestests oder im Freiland bei entsprechenden Monitoringverfahren.

Neben eingeladenen Plenarvorträgen, die sich mit den oben aufgeführten Problematiken beschäftigten, wurde die Gesamttagung in vier Teilbereiche unterteilt:

- Perspektiven in der Methodenentwicklung
- Biomonitoring
- Bewertungsstrategien
- Chemikalien mit hormonähnlicher Wirkung.

Wir sind sehr froh, daß wir einen Großteil der Beiträge in Zusammenarbeit mit dem ecomed-Verlag veröffentlichen können. Uns ist kein deutschsprachiges Forum der Ökotoxikologie bekannt, das einen vergleichbaren Überblick über die derzeitige Forschungssituation in Mitteleuropa ermöglicht. Wir sind uns als Herausgeber selbstverständlich bewußt, daß hier Überlappungen und Überschneidungen auftreten aber auch Gebiete teilweise vollkommen ausgelassen werden mußten, um den verfügbaren Rahmen dieses Buches nicht zu sprengen.

Unser Dank gilt den zahlreichen Autoren für ihre bereitwillige Ablieferung der Manuskripte, die überaus erfreuliche Zusammenarbeit sowie für die Bereitschaft, den Verbesserungsvorschlägen und Änderungsvorstellungen der Reviewer entgegenzukommen und uns das Manuskript auch in einem eng gesetzten Zeitrahmen rechtzeitig zur Verfügung zu stellen. Wir bedanken uns ganz besonders beim ecomed-Verlag für die Unterstützung, insbesondere bei Herrn Dr. Mack, Herrn Schmid und Herrn Heim, bei unserem Sekretariat am IHI Zittau, vor allem bei Frau Figula und Frau Kühn, und bei den externen Gutachtern des IHI Zittau, die uns geholfen haben, die eingereichten Arbeiten zu beurteilen.

Wir hoffen, daß dieses Werk eine möglichst weite Verbreitung finden wird, gibt es doch ein Bild der derzeitigen ökotoxikologischen Forschung im Bereich der deutschsprachigen Sektion von SETAC-Europe wieder. Ganz besonders würden wir uns über kritische und erweiternde Anmerkungen freuen, die uns auf mögliche Fehler, Unzulänglichkeiten oder auch Mängel hinweisen.

Zittau, im Januar 1999

Jörg Oehlmann und Bernd Markert

Ökotoxikologie im Spannungsfeld von Ökologie und Toxikologie

1 Ökosystemare Toxikologie aus der Sicht des Ökologen

O. Fränzle

Abstract

Ecotoxicology is a relatively young science, transcending the traditional fields of human and veterinary toxicology in a necessarily inter- and transdisciplinary way. Owing to far-reaching demands from politics and society the application-oriented development was fast, but the formulation of a broad and consistent theoretical basis lagged behind. This is reflected in the dilemma of ecology, which means that environmental protection measures against chemical stress require reliable criteria to assess chemical impact on biocenoses and ecosystems while current test methods typically address effects on the organismic or, at best, the microcosm or mesocosm levels. This practice involves widely ramified extrapolation problems when the results are to be transferred to the real-world levels of systems organization and corresponding time scales.
The present article is therefore a basically metatheoretic analysis of chemical risk assessment procedures, starting with a brief review of the pertinent techniques foreseen in compliance with national and international legal regulations. Thus the ecotoxicological hazard assessment is generally based on a comparison of its predicted environmental concentration (PEC) with the predicted no-effect concentration (PNEC) which is normally calculated from single-species acute or chronic laboratory toxicity tests. Introducing plausible safety factors, it is assumed that, where the PEC exceeds the PNEC, there could be a potential for adverse environmental effects, and the corresponding risk then is the system-specific probability of such a hazard. The second section analyses this approach with an emphasis on its contentious issues, while the third provides suggestions for a necessary set of procedural improvements on different temporal and spatial scales, involving an equivalent consideration of both the exposure and effect aspects of chemical impact.

Zusammenfassung

Ökotoxikologie ist ein relativ junges Fachgebiet, dessen inter- und transdisziplinäre Aufgabenstellungen die der Human- und Veterinärtoxikologie übersteigen. Im Vergleich zum politisch und gesellschaftlich geforderten Anwendungsbezug verlief die Theorieentwicklung jedoch eher zögerlich, was sich typischerweise in einem ökologischen Dilemma äußert. D.h. Schutzmaßnahmen gegenüber Umweltchemikalien erfordern (an sich) Kriterien zur Abschätzung der Wirkung auf Biozönosen und Ökosysteme, während die gebräuchlichen Untersuchungsansätze tatsächlich nur Wirkungen auf dem Prüfniveau von Organismen oder bestenfalls von Mikro- und Mesokosmen erfassen. Daraus ergeben sich weitreichende Extrapolationsprobleme, wenn solcherart gewonnene Testergebnisse auf die Freilandsituation mit größenordnungsmäßig komplexeren Strukturen und entsprechenden Zeitskalen übertragen werden sollen.
Im Lichte dieses ökotoxikologischen Grundlagenproblems beinhaltet dieser Beitrag in den Abschnitten 1.1 und 1.2 eine metatheoretische Analyse der Chemikalienprüfung hinsichtlich Exposition und Wirkung. Gemäß der geltenden nationalen und internationalen Bestimmungen gründet die Gefahrenabschätzung auf dem Vergleich der gemessenen oder abgeleiteten Umweltkonzentration eines Stoffes (PEC) mit seiner toxikologischen Wirkschwelle (PNEC), die normalerweise aus akuten oder chronischen Einzelspeziestests abgeleitet wird. Gestützt auf plausible Sicherheitsfaktoren wird ein Gefährdungspotential angenommen, wenn der PEC-Wert den PNEC-Wert übersteigt. Das Chemikalienrisiko ist dementsprechend die systemspezifische Eintrittswahrscheinlichkeit der so bestimmten Gefährdung.
Im Abschnitt 1.3 folgen dann Vorschläge für eine in Theorie und Praxis gleichermaßen fördernde Weiterentwicklung der Ökotoxikologie. Sie beginnt mit einer geostatistisch und modelltheoretisch unterbauten Expositionsanalyse, behandelt dann hierarchisch gestufte Testsysteme für die Wirkungsprüfung und verweist abschließend auf die Notwendigkeit, in Zukunft indirekten Chemikalienwirkungen auf der Ebene der Biozönosen und Ökosysteme erhöhte Aufmerksamkeit zu schenken.

1.1 Chemikalienbewertung – ein metatheoretisches Problemfeld

Risikobewertungen stellen eine Teilmenge aller Bewertungsverfahren dar, und diese sind bzw. sollten Meßverfahren analog aufgebaut bzw. anzulegen sein, d.h. sie setzen sich aus Modellen zusammen, die anhand definierter Regeln auf

Maßstäbe (Qualitätsstandards) abgebildet werden. Modelle müssen infolgedessen die zu bewertenden Sachverhalte fragestellungsbezogen (hinreichend) wenig verzerrt wiedergeben, sonst ist eine Bewertung im Sinne eines reproduzierbaren Vorgangs nicht möglich. Ferner muß ein sinnvolles Bewertungsverfahren sich möglichst exakt auf ein definiertes Ziel- oder Wertsystem beziehen, eine formal konsistente Bewertungsstruktur besitzen und zu einer Ordnung der bewerteten Alternativen führen (Bechmann 1989). Metatheoretische Prüfungen von Bewertungsverfahren verlangen daher eine fallbezogene Analyse ihrer formalen und inhaltlichen Aspekte. Dies soll im folgenden unter ökologischen Gesichtspunkten – und vor allem im Hinblick auf den Modellaspekt des Problemfeldes – anhand der auf Richtlinien und Verordnungen der EU (Technical Guidance Documents 1996, ferner Hildebrandt und Schlottmann 1998) bzw. das Chemikaliengesetz der Bundesrepublik (1994) gegründeten Beurteilung von Umweltchemikalien dargestellt werden. Im Abschnitt 1.3 des Beitrages folgen Vorschläge für eine verbesserte ökotoxikologische Bestimmung der Chemikalienwirkungen auf verschiedenen Skalenebenen unter gleichrangiger Betrachtung der Expositions- und Wirkungsseite.

1.2 Grundsätze ökotoxikologischer Chemikalienprüfung

Zur Beurteilung der Gefährlichkeit eines Stoffes bzw. Stoffgemisches sind folgende Punkte im Sinne eines toxikologischen Profils (Modells) zu untersuchen:

- Wirkung nach einmaliger und wiederholter Exposition
- Aufnahme und Verteilung auf die einzelnen Organe sowie Speicher- und Ausscheidungsmechanismen (Toxikokinetik, Organotropie)
- Wirkungsmechanismen und interspezifische Wirkungsunterschiede, etwa zwischen verschiedenen Testorganismen (Toxikodynamik).

In Fortführung und Erweiterung dieser im Rahmen der Human- und Veterinärtoxikologie entwickelten Verfahrensweise bei der Untersuchung einzelner Organismen oder Arten läßt sich die Aufgabe der Ökotoxikologie dahingehend bestimmen, daß direkte und indirekte anthropogene Störungen von Ökosystemen durch stoffliche oder energetische Einflüsse analysiert und bewertet werden sollen. Ob und inwieweit eine beobachtbare Wirkung eintritt, hängt einmal von der Konzentration des Stoffes im jeweiligen Umweltmedium (Boden, Wasser, Luft usw.), d.h. seiner externen Exposition, ab, zum anderen von der Verweildauer und Bioverfügbarkeit des Stoffes im Organismus, die zusammen die interne Exposition bestimmen. Damit wird verständlich, daß Eintrag (Eintragspfad und -menge) und Verhalten (Stoffdispersion und -persistenz) eines Stoffes maßgeblich die externe Exposition beeinflussen, während Stoffaufnahme, -resorption, -verteilung, -metabolismus und -exkretion die wesentlichen Steuergrößen der internen Exposition darstellen. Die Bioverfügbarkeit gibt dabei den Anteil der externen Exposition an, der in den Stoffwechsel gelangt und damit überhaupt für eine Wirkung verfügbar ist. Sie ist keine Stoffkonstante, sondern hängt im jeweiligen Einzelfall ab von:

- physikalisch-chemischen Stoffeigenschaften
- Zusammensetzung und physiko-chemischen Eigenschaften des Expositionsmediums
- externer Expositionskonzentration
- Aufnahmeart und -pfad in den Organismus und der
- physiologischen Verfassung des exponierten Organismus.

Diese Übersicht verweist auf die weiter unten im einzelnen behandelten grundsätzlichen Probleme, die sich bei einer Bewertung des ökotoxikologischen Gefährdungspotentials bzw. einer Risikoabschätzung von Stoffen auf der Grundlage einfacher Testverfahren und Modellierungsansätze ergeben.

Im Lichte juristischer und politischer Notwendigkeiten (EC Commission Regulation No. 1488/94, Chemikaliengesetz 1994) haben sich Wissenschaft, Behörden und Industrie daher zunächst auf ein vorzugsweise pragmatisches Vorgehen geeinigt, welches in Teilbereichen wissenschaftlich plausibel und nachvollziehbar ist (Technical Guidance Documents 1996). Grundsatz der Bewertung ist demnach der Vergleich der Umweltkonzentration mit intrinsischen gefährlichen Stoffeigenschaften; d.h. der geschätzte Wert für die (externe) Exposition (PEC = predicted environmental concentration) wird dividiert durch einen mittels Toxizitätstests unter Verwendung von (Un)sicherheitsfaktoren bezeichneten Grenzwert der Konzentration (PNEC = predicted no-effect concentration), bei der mit einer gewissen Wahrscheinlichkeit keine Schädigung von Organismen, Populationen oder Ökosystemen zu erwarten ist. Die (Un)sicherheitsfaktoren wiederum werden konventionellerweise in Abhängigkeit von der vorhandenen Information – wie Anzahl getesteter Arten, akute oder chronische Toxizitätstestergebnisse – festgesetzt und schwanken dementsprechend zwischen 10 und 1000 (Ahlers et al. 1994, Koch 1994).

Wenn der Quotient PEC/PNEC > 1, wird eine Gefährdung der Umwelt durch die jeweilige Substanz angenommen und die Größe des Quotienten kann – unter den unten benannten Randbedingungen – als Ausdruck ihres ökotoxikologischen Gefährdungspotentials gelten. Die Multiplikation dieses Wertes mit der Wahrscheinlichkeit seines Auftretens ergibt dann das Risikopotential, dem im Sinne eines objektivierten Bewertungsverfahrens die Rolle des Sachmodells zukommt. Die Abbildungen 1-1 und 1-2 fassen die geschilderte Ableitungsmethodik zusammen.

1.2.1 Expositionsabschätzung

Der Vergleich der Chemikaliengesetze verschiedener Industrieländer und der darauf gründenden Prüfverfahren zeigt, daß in der Mehrzahl

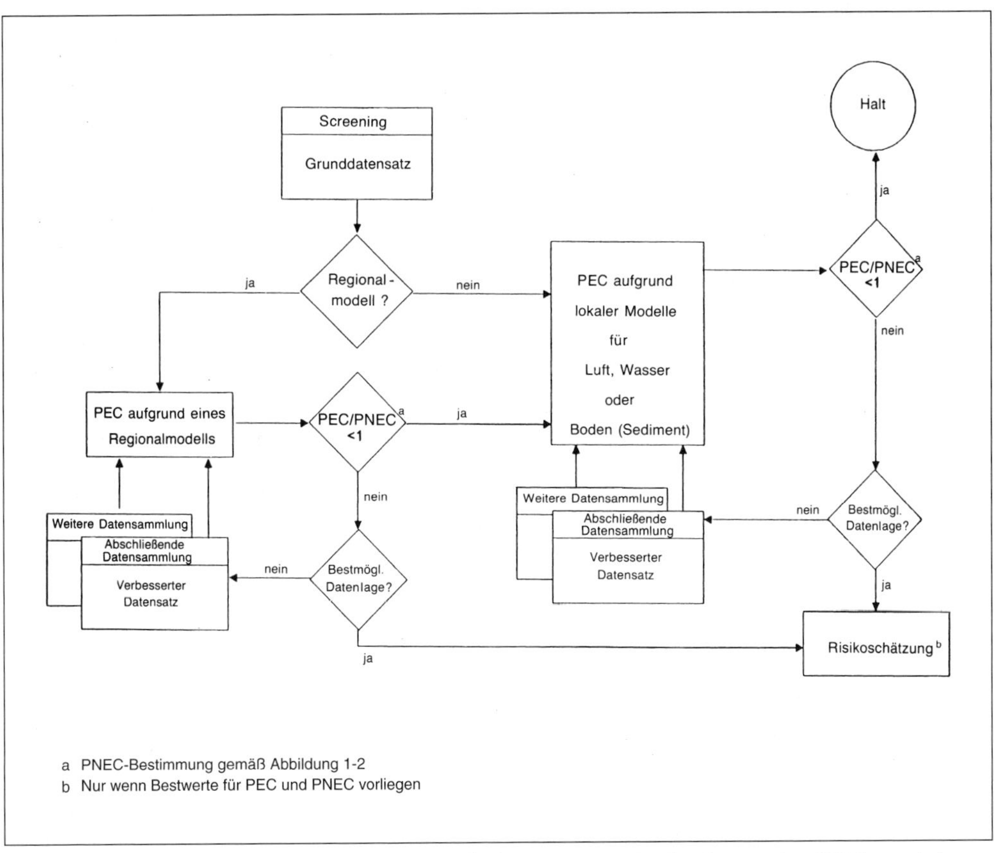

Abb. 1-1: Iterativer Verfahrensgang der Expositionsabschätzung (PEC-Wertbestimmung) und Risikoermittlung (nach ECETOC 1993, verändert)

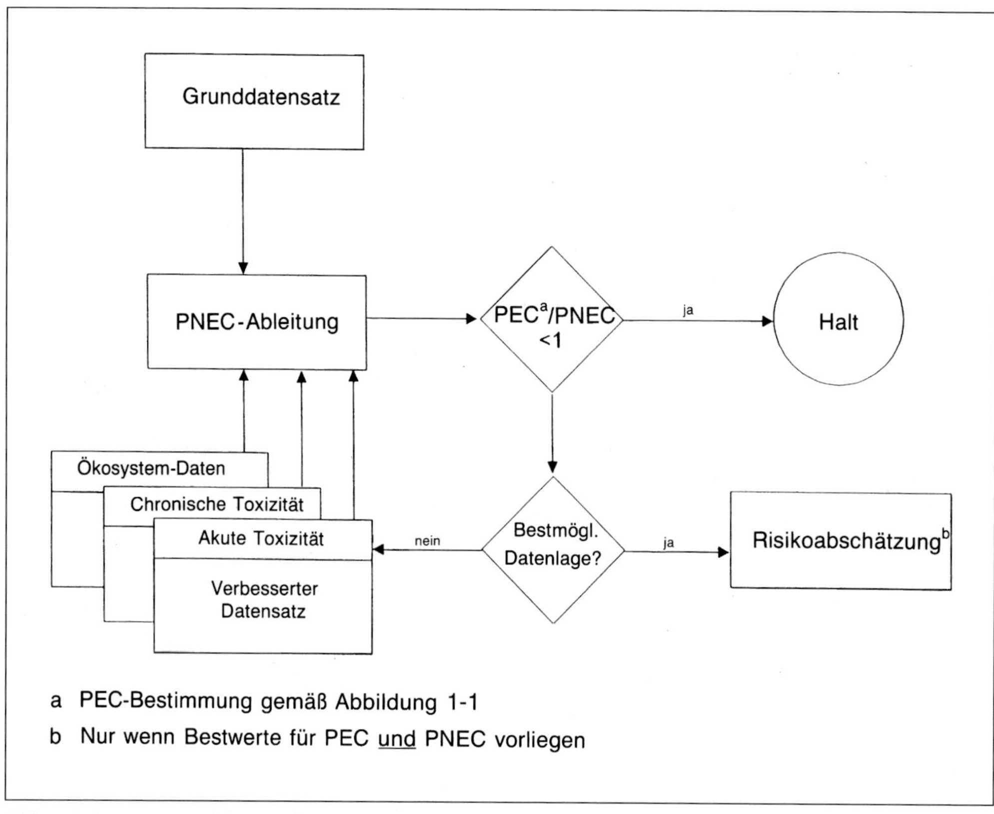

Abb. 1-2: Iterativer Verfahrensgang der Wirkungsabschätzung (PNEC-Wertbestimmung) und Risikoermittlung (nach ECETOC 1993, verändert)

der Fälle der (externen und insbesondere der internen) Exposition eine geringere Bedeutung im Rahmen des gesamten Bewertungsganges als der Bestimmung des toxischen Potentials einer Substanz beigelegt wird. Der Grund dürfte darin zu suchen sein, daß die Ermittlung der vorhandenen bzw. die Prognose der zu erwartenden Belastungen (PEC) schwieriger ist als die Vorhersage möglicher Wirkungen (PNEC).

Das aktuelle Prüfschema sieht ein dreistufiges Vorgehen zur Gewinnung von Expositionsdaten vor, das in der Tabelle 1-1 zusammengefaßt ist. Abbildung 1-3 zeigt die im einzelnen zu berücksichtigenden Prozesse, die für die am Anfang stehende grobe Emissionsabschätzung wichtig sind. In der Prüfstufe I finden einfache regionale Verteilungsmodelle Anwendung, die unter stark einschränkenden Voraussetzungen Vorhersagen über die in den Umweltkompartimenten Boden, Wasser und Luft zu erwartenden Stoffkonzentrationen zulassen. Gängig sind das aus dem Mackay-Modell, Stufe 3 (Mackay und Paterson 1991) abgeleitete Modell HAZCHEM sowie PRISEC (van de Meent und Toet 1992). Die solcherart berechneten Werte können aufgrund der modelltechnischen Annahmen und der Realstruktur der betrachteten Kompartimente erheblich von den wirklichen, d.h. durch Messungen oder genauere Modellansätze erfaßten Verteilungen abweichen (vgl. ECETOC 1993).

In den Prüfphasen II und III ist gemäß der in Tabelle 1-1 zusammengefaßten datentechnischen Voraussetzungen die Verwendung spezieller Modelle auf der lokalen bis subregionalen Maß-

Tab. 1-1: Datentechnische Voraussetzungen für die verschiedenen Prüfstufen der gesetzlichen Chemikalienbewertung (nach ECETOC 1993)

Prüfstufe	Datenqualität	
	Emissionswerte	**Physikalische und chemische Daten**
I (Screening)	Grobabschätzung von Produktionshöhe, Emissionsfaktoren, Verbrauch, Abfallmenge	Grunddatensatz. Geschätzte mikrobielle Primärabbaurate
II (Confirmatory)	Genaue Daten über Produktionshöhe, verläßliche Abschätzung der Emissionen, Verbrauchsmuster und Abfallmengen	Labordaten des Primärabbaus, Analysen der Abbauprodukte usw.
III (Investigative)	Genaue Kenntnis der import- und exportbereinigten Produktmengen, Emissionsmessung, genaue Aufschlüsselung der Verbrauchsmuster und der Abfallmengen	Geländeuntersuchungen, Daten der Umweltbeobachtung

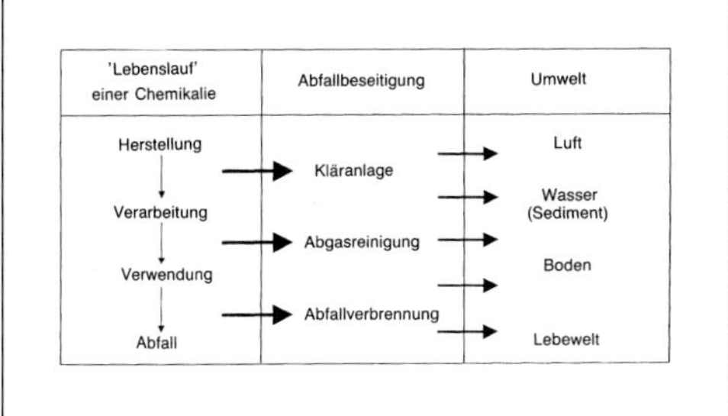

Abb. 1-3: Eintragspfade eines Stoffes in die Umwelt (nach ECETOC 1993)

stabsebene bzw. im Hinblick auf spezifische Problemfelder oder Umweltkompartimente angezeigt. Gemessen an der Fülle der bislang im atmosphären- und geowissenschaftlichen Kontext entwickelten Simulationsmodelle und Expertensysteme ist deren Verwendung im Rahmen ökotoxikologischer Fragestellungen bislang allerdings recht zurückhaltend erfolgt. Die hier liegenden Möglichkeiten einer substantiellen Verbesserung des Bewertungsganges werden im Abschnitt 1.3 dargestellt.

1.2.2 Abschätzung der Chemikalienwirkung

Testsysteme für aquatische Lebensgemeinschaften

Im Bereich der aquatischen Ökotoxikologie kommen bevorzugt Einzelspeziestests mit unterschiedlichen Toxizitätsendpunkten zur Anwendung. Abbildung 1-4 zeigt anhand der exemplarischen Auswertung von 137 Stoffberichten des GDCh-Beratergremiums für umweltrelevante Altstoffe (BUA), daß zwar generell die vier Trophieebenen der Destruenten, Primärproduzenten, Primär- und Sekundärkonsumenten durch Bakterien, Algen, Protozoen, Krebse und Fische vertreten sind, im einzelnen aber die Häufigkeitsverteilung sehr unterschiedlich ist. Die Abbildung 1-5 faßt die Datensätze der Abbildung 1-4 in Histogrammform für die 25 am häufigsten eingesetzten Testorganismen zusammen. Die mit Hilfe dieser und weniger häufig eingesetzten Organismen durchgeführten Tests auf akute und chronische Toxizität umfassen zumeist Parameter, die – analog zu den Ansätzen der Humantoxikologie – vorzugsweise auf Einzelindividuen, seltener auf Populationen bezogen sind. Die solcherart bestimmten NOEC-Werte (No Observed Effect Concentration) werden mit Extrapolationsfaktoren beaufschlagt, um die PNEC-Werte abzuleiten. Diese Verfahrensweise ist automatisierbar, wenn für genau je eine Spezies von drei Trophieebenen (Fisch, Daphnie, Alge) nur ein einziger valider NOEC-Wert existiert. Nur Resultate valider Studien dürfen für eine Umweltrisiko-Abschätzung herangezogen werden, und vor einer Mittelwertbildung muß eine eingehende Analyse der Daten erfolgen. Sollten nach dem Validierungsschritt mehrere valide Wirkwerte für dieselbe Spezies vorliegen, so wird nicht automatisch auf das niedrigste Resultat zurückgegriffen. Statt dessen kann für die Mittelwertbildung aus mehreren validen LC_{50}-Werten derselben Spezies das arithmetische Mittel aus diesen Daten errechnet und dieses für die Bestimmung der PNEC verwendet werden. Entscheidend für die Validie-

Toxitestgruppe	Art	1,1,1-Trichlorethan	1,1,2,2-Tetrachlorethan	1,1,2-Trichlorethan	1,1-Dichlorethen	1,2,3-Trichlorpropan	1,2,4,5-Tetrachlorbenzol	1,2,4-Trichlorbenzol	1,2-Dibromethan	1,2-Dichlor-3-nitrobenzol	1,2-Dichlor-4-nitrobenzol	1,2-Dichlorethan	1,2-Dichlorpropan	1,3,5-Trichlorbenzol	1,3,5-Trimethylbenzol	1,3-Dichlor-4-nitrobenzol	1,4-Dichlor-2-nitrobenzol	1,4-Dioxan	1,6-Hexandiol	1-Chlor-2,4-dinitrobenzol	1-Chlor-2-methyl-3-nitrobenzol	1-Methylnaphthalin	2,2'-Dithiobisbenzothiazol(MBTS)	2,3-Xylidin
Algen	Chlorella pyrenoidosa			1						1						1	1							
	Chlorella vulgaris	1				1																		
	Scenedesmus quadricauda											1						1						
	Scenedesmus subspicatus	2			2							1							3				1	2
	Selenastrum capricornutum	1	1				2	3				1										5	1	1
	Skeletonema costatum	2	1				2	3	1			1	1											
Bakterien	Escherichia coli																							
	Photobacterium phosphoreum	1				1	3			2	1	1				2	2				6			
	Pseudomonas fluorescens																							
	Pseudomonas putida				1						1	2				2	1	1	2		1			
Blaualgen	Microcystis aeruginosa											1						1				1		
Crustaceen	Artemia salina			9								4		4	1							2		
	Crangon crangon			2								1	1											
	Daphnia magna	4	3	26	3	5	4	28		9	4	30	9	1	4	9	4	6	2	8	9	2	1	3
	Mysidopsis bahia	5	1				1	1				5	2											
Fische	Brachydanio rerio	8			1			2		3	2						2							
	Carassius auratus														1									
	Cyprinodon variegatus	9	3		2		9	4	1			2												
	Lepomis macrochirus	7	4	4	1	4	2	3	3			10	3					1					1	
	Leuciscus idus	3						4			9	12		7			8	6		4	7			
	Oncorhynchus mykiss					8	2	2				7		1									1	
	Oryzias latipes							1															1	
	Pimephales promelas	19	7	8	2	6		7				8	5	1				4				5		
	Poecilia reticulata	1	1	9		1	1	1		3		1	1	1		1	1			1	1			
Oligochaeten	Eisenia foetida																							
Protozoen	Chilomonas paramaecium											1						1						
	Entosiphon sulcatum											1						1						
	Tetrahymena pyridiformis							1						1								1		1
	Uronema parduczi											1						1						
Anzahl der Arten		13	8	7	7	7	9	13	3	5	5	20	7	7	3	5	7	10	3	3	5	6	6	4
Anzahl der Datensätze		63	21	59	12	26	26	60	5	18	17	91	22	16	6	15	19	23	7	13	24	16	6	7

Abb. 1-4: Toxizitätsdatensätze aus 137 ausgewählten Stoffberichten des Beratergremiums für umweltrelevante Altstoffe (BUA)

rung der so abgeleiteten Daten ist die Frage, welche Faktoren auf die Höhe eines NOEC- oder LOEC-Wertes Einfluß nehmen. Definitionsgemäß (vgl. Technical Guidance Document 1996) stellt die NOEC die höchste Stoffkonzentration dar, bei der keine definierten Effekte zu beobachten oder meßbar sind. Die NOEC ist die auf die LOEC folgende nächst niedrige im Test geprüfte Konzentration. Die LOEC (Lowest Observed Effect Concentration) ist die niedrigste Stoffkonzentration, bei der die ersten definierten Effekte zu beobachten oder meßbar sind. Eine Stoffkonzentration darf nur dann als LOEC gewertet werden, wenn alle höheren Test-Konzentrationen stärkere Effekte zeigen.

NOEC- wie LOEC-Werte sind abhängig von:

- Anzahl der Konzentrationsstufen
- Abstand der Konzentrationsstufen
- Wiederholungen in den Konzentrationsstufen und den Kontrollen
- Wahl des statistischen Verfahrens
- Wahl des statistischen Signifikanz-Niveaus
- Statistische Varianz der beobachteten Meßgrößen

Eine geringere Anzahl unterschiedlicher Konzentrationsabstufungen hat entsprechend größere Abstände der NOEC- und LOEC-Werte zur Folge, was die Unsicherheit der ersteren stark erhöhen kann. Eine unzureichende Anzahl von Abstufungen im unteren Konzentrationsbereich kann ferner dazu führen, daß nicht jene Stoffkonzentration als LOEC gemessen wird, bei der die ersten signifikanten Effekte auftreten, sondern eine Konzentration, bei der schon massive Effekte zu registrieren sind.

Für eine statistische Behandlung von Testkriteri-

2,4-Dichloranilin	2,4-Dichlorbenzol	2,4-Dinitrotoluol	p-Nitrotoluol	p-Toluolsulfonsäure	Pb(NO3)2	Pentachlorphenol	Phenylhydrazin	Propylenglykol	Schwefelkohlenstoff	Styrol	TEL-CB	Terephthalsäure	Tetrachlorethen(PER)	Tetrachlormethan	Tetraethylblei	Tetramethylblei	TML-CB	Tributylamin	Tributylphosphat	Tributylzinnoxid	Trichlorethan	Triethanolamin	Triethylblei	Triethylentetramin	Triethylphosphat	Triisopropanolamin	Trimethylblei	Tris(2-chlorethyl)-phosphat	Vinylacetat	Vinylchlorid	Anzahl der Stoffe	Anzahl der Datensätze
	1		1			2																		1							17	20
																															15	27
	1	1	1							1				1					1	1	1	1							1		45	49
4						2							1					2	4			6		3	2	3					58	209
		7				2		1					1						2												30	94
													2							2											20	44
1			1				1	2															1		1		1				27	38
3	6		1				1	3		2			1					4			2	1							1		45	101
1			2			1																	1	1	1		1				23	24
	1		1	1				1		1			2	1					1		1	1			1	1		1	1		82	107
1	1	13	2							1				1					1		1	1							1		35	49
								1		2	1						1					1							1		26	55
					1	2					4				1	1	4			2			1				1				15	31
20	23	12	13			10	1	5	1	9			13	6				3	17	4		9		5	12	2			6		136	1045
													4							1											14	38
1	3	2	2			4	3		1			1							5												65	194
						3	1	1		4									1			1						1	3		28	49
						5				3			2							3											23	77
	3	6				2	2			3			2	3	2	1						3							3	1	63	181
	6	3	1	1					6	6			1	9				6	3		3	1		2	4	7		3	3		94	306
	3	5				3		1	4			3	6	1		1			8	2											55	195
1			6				2												2												28	56
	14	7	2			6		4		12			20	1					4			1			1				27		64	361
7	2		4			8		1	1	3			1																3		51	115
																															2	3
	1		1							1									1		1	1							1		31	31
	1	1	1							1				1					1		1	1							1		36	36
1			2																1												33	43
	1	1	1							1									1		1	1							1		31	31
10	15	11	17	2	1	13	7	10	5	15	2	2	13	9	2	3	2	4	16	7	8	14	3	5	7	4	3	3	14	1		
40	67	58	42	2	1	50	11	20	13	50	5	4	56	24	3	3	5	15	53	15	11	29	3	12	22	13	3	5	53	1		

Abb. 1-4 *(Fortsetzung)*

en, die über das Merkmal ‚Mortalität' oder ‚Immobilität' hinausgehen, also Testkriterien wie Biomasse, Wachstumsrate, Jungtierproduktion oder Stoffwechselrate betreffen, hängt die Wahl des statistischen Verfahrens davon ab, ob das betrachtete Kriterium angenähert einer Normalverteilung folgt und Varianzhomogenität besteht oder nicht. Wird die Wahl des statistischen Verfahrens unabhängig von diesen Merkmalen getroffen, sind falsche Resultate aufgrund der unstimmigen statistischen Behandlung der Rohdaten zu erwarten.

Zusammenfassend kann gesagt werden: Die Vergleichbarkeit von validen NOEC- und LOEC-Werten einer Spezies ist dann gegeben, wenn die vorangehend diskutierten Parameter identisch sind. Eine gegebene Vergleichbarkeit valider Werte führt jedoch nicht automatisch zu einer guten Reproduzierbarkeit der erhaltenen Effekt-Konzentrationen, wie beispielsweise Untersuchungen an ausgewählten Tensiden für den Wasch- und Reinigungsmittelbereich zeigen (BUA-Stoffbericht 206, 1997).

Insgesamt ergibt sich, daß sich durch die gesetzlich festgeschriebenen Konventionen folgenden monospezifischen Testsysteme, die Steinberg et al. (1995) in einer kritischen Übersicht dargestellt haben, unter Standortbedingungen lediglich Toxizitätspotentiale, aber keine ökosystemaren Schädigungen erfassen lassen. Aus ökologischer Sicht ist der Aussagewert vor allem durch die Tatsache eingeschränkt, daß die für die Bioverfügbarkeit relevanten Matrixeigenschaften – etwa das Vorhandensein organischer Substanz und Schweb im Wasser sowie synergistische Effekte – unberücksichtigt bleiben. Die Extrapolation auf die Wirkungen in Ökosyste-

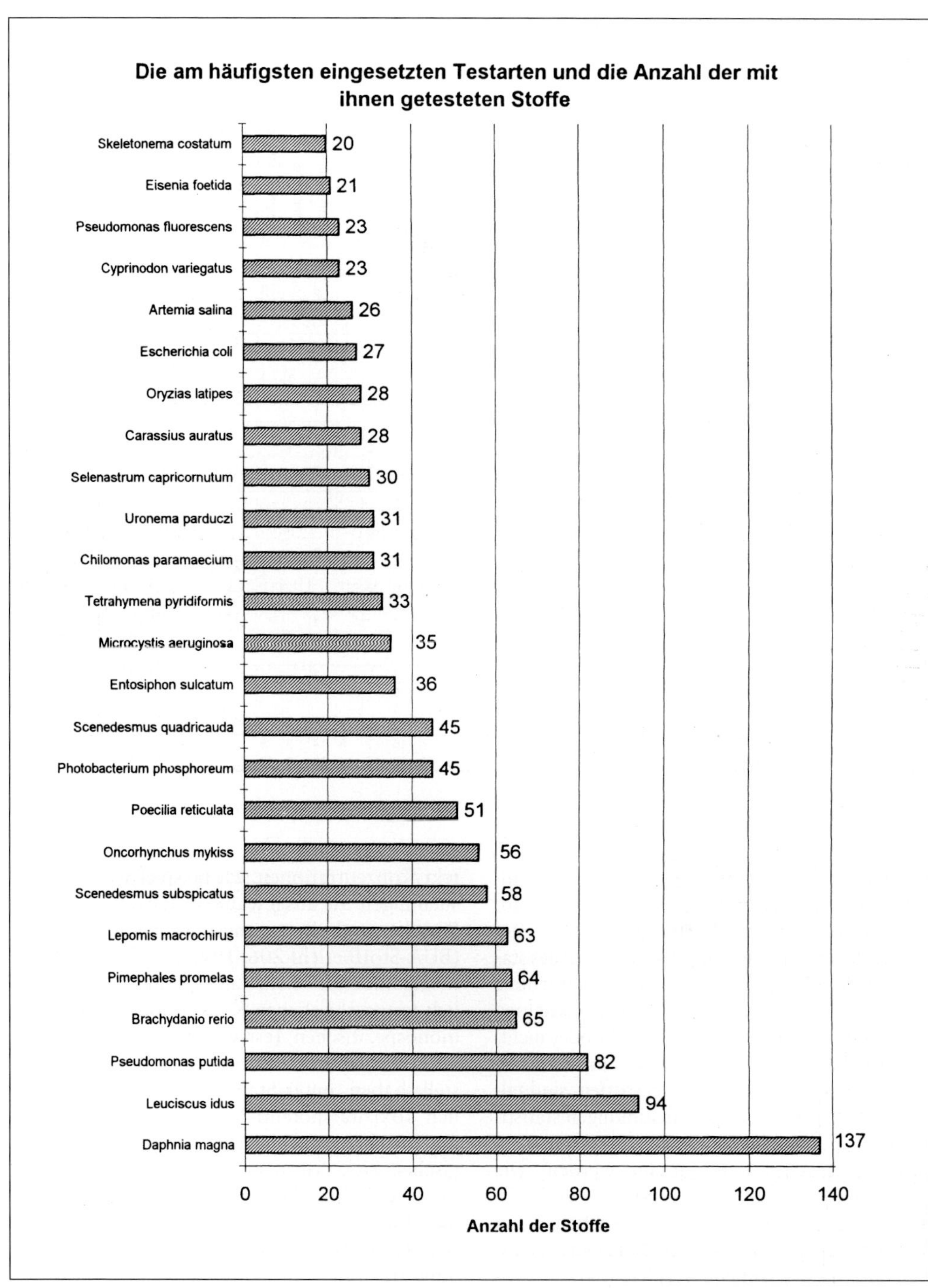

Abb. 1-5: Häufigkeitsverteilung der 25 gängigsten Testorganismen in toxikologischen Wirkungsanalysen

men unterschiedlichen Komplexitätsgrades erfolgt daher unter Zuhilfenahme der einleitend erwähnten (Un)sicherheitsfaktoren, die in der Abbildung 1-6 zusammengefaßt sind.

Wirkdatum	Faktor		
	EG	OECD	ECETOC
Ein akutes Wirkdatum Alge, Daphnie oder Fisch		1 000	
Akute Toxizität Alge, Daphnie oder Fisch	1 000 (für das niedrigste Wirkdatum)	100	200
Chronische Toxizität Fisch oder Daphnie	100 (NOEC)		
Chronische Toxizität Alge, Daphnie oder Fisch	10 (für das niedrigste Wirkdatum)	10	5
Chronische Toxizität für zwei Spezies zweier taxonomischer Gruppen	50 (für das niedrigste Wirkdatum)		
Felduntersuchungen	Fall zu Fall-betrachtung		1

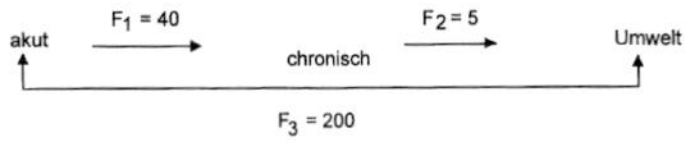

akut $\xrightarrow{F_1 = 40}$ chronisch $\xrightarrow{F_2 = 5}$ Umwelt

akut → Umwelt: $F_3 = 200$

Abb. 1-6: Vergleich von Sicherheitsfaktoren für aquatische Testsysteme

Wesentlich naturnäher sind die Mikro- und Mesokosmen-Untersuchungen, die beispielsweise für die Analyse der Wirkung von 13 Pestiziden und 21 Vertretern anderer Stoffgruppen (Organika, Metalle, Tenside) zum Einsatz kamen (vgl. ECETOC 1997). Der Vergleich der niedrigsten NOEC-Werte aus monospezifischen chronischen Toxizitätstests mit den entsprechenden Werten aus Modellsystemen ergab einen Medianwert des NOEC-Quotienten von 1.45 und einen 90 Perzentilwert von 8.14. Dies bedeutet, daß ein Sicherheitsfaktor von 8, angewendet auf den niedrigsten Einzelspezies-NOEC-Wert, in 90 % der Fälle auch den Schutz der empfindlichsten Art im Modellsystem gewährleisten würde. Dies verweist zugleich auf die Bedeutung derartiger komplexerer Ansätze im Rahmen der in Abbildung 1-2 dargestellten iterativen Datenvalidierung, wenn das zunächst abgeleitete PEC/PNEC-Verhältnis in der Nähe von 1 liegt und die physiko-chemischen Eigenschaften des Stoffes eine begrenzte Bioverfügbarkeit im Freiland vermuten lassen. Allerdings erfordert die Überprüfung der Extrapolation vom Testniveau des Mikro- oder Mesokosmos auf die Freilandsituation noch eine Vielzahl von Fallstudien auf diesen unterschiedlichen Komplexitätsstufen. Sie sind zugleich die Voraussetzung für die Kalibrierung und

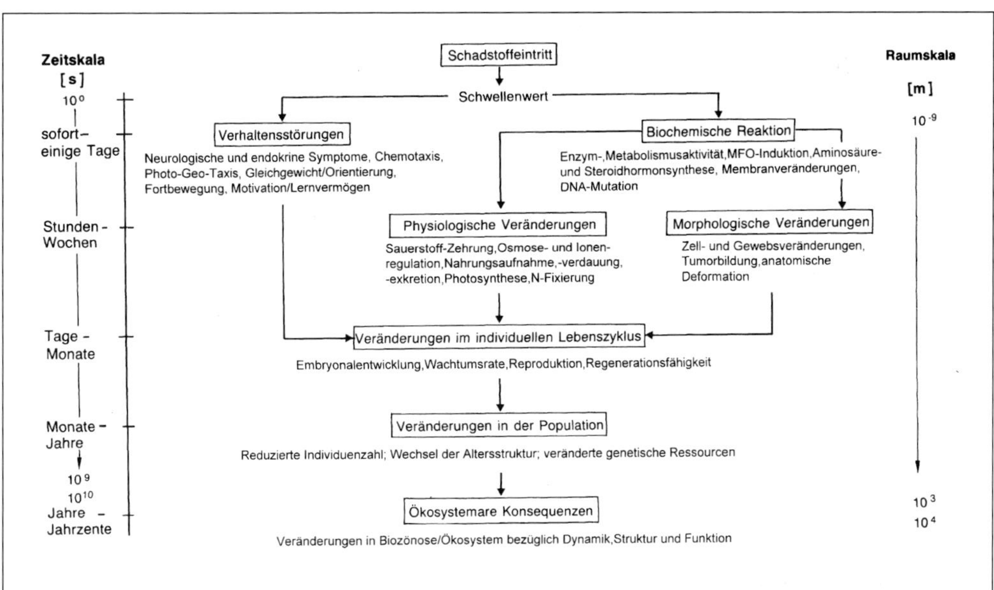

Abb. 1-7: Raum-Zeit-Skalen von Schadstoffwirkungen (nach Korte 1987, verändert)

Validierung von Wirkungsmodellen auf unterschiedlichen Raum- und Zeitskalen (Abb. 1-7), aus denen auch ‚critical load'-Werte abgeleitet werden können. Diese sind als Schwellenwerte definiert, bei deren Überschreitung langfristig mit nachhaltigen Veränderungen von Ökosystemen zu rechnen ist (Sverdrup et al. 1990, Jensen-Huß 1992, Spranger 1992, Branding 1995).

Testsysteme für terrestrische Biozönosen und Ökosysteme

Böden

Böden stellen regulatorische Hauptkompartimente terrestrischer und benthischer Ökosysteme dar, die über die Stoff- und Energiekreisläufe mit den übrigen Kompartimenten (Biosphäre, Hydrosphäre, Atmosphäre, Lithosphäre) verbunden sind. Die zentrale Bedeutung der Böden beruht u.a. darauf, daß hier wesentliche ökosystemare Prozesse wie Biomasseproduktion und Biomassezersetzung zusammenfließen. Durch die Erfüllung wichtiger ökologischer Funktionen stellen die Böden somit eine unverzichtbare Grundlage aller Lebensvorgänge dar. Tabelle 1-2 faßt die ökologischen Bodenfunktionen definitorisch zusammen.

Tab. 1-2: Definition der ökologischen Bodenfunktionen

Die **Regelungsfunktion** des Bodens beruht auf seiner Fähigkeit zur Regulierung der kompartimentinternen sowie der ökosystemaren Stoff- und Energieflüsse. Sie läßt sich in die Teilfunktionen Puffer-, Filter- und Transformatorfunktion gliedern, die sich im Hinblick auf den Stoffhaushalt folgendermaßen kennzeichnen lassen:

Filterfunktion: Fähigkeit des Bodens zur Bindung partikulärer oder kolloidaler Stoffe durch das Porensystem des Bodens → mechanische Rückhaltung.

Pufferfunktion: Fähigkeit des Bodens zur Bindung gelöster Stoffe vor allem durch Sorption an mineralischen und organischen Bodenpartikeln. Weitere Prozesse, die die Pufferkapazität des Bodens charakterisieren, sind der Einschluß von Stoffen in das Kristallgitter, die Inkorporation von Stoffen in Bodenorganismen sowie die Fähigkeit zur Säureneutralisation.

Transformatorfunktion: Fähigkeit des Bodens zur Umwandlung und zum Abbau von Stoffen durch Bodenorganismen sowie durch photochemische und chemische Reaktionen.

Die **Lebensraumfunktion** beschreibt die Fähigkeit des Bodens, als Lebensraum für Bodenorganismen sowie als Pflanzenstandort zu dienen und somit die Lebensgrundlage für Tiere und Menschen zu bilden. Bodenorganismen werden vorrangig als Träger ökologischer Funktionen und Strukturen aufgefaßt.

Die **Produktionsfunktion** kennzeichnet die Fähigkeit des Bodens, als Standort für (Nutz-)Pflanzen (Nahrungs- und Futterpflanzen, „nachwachsende" Rohstoffe) zu dienen. Wirkungen auf die Produktionsfunktion werden weniger nach ökologischen als nach wirtschaftlichen Gesichtspunkten, d.h. im Hinblick auf die Erträge beurteilt, da der Anbau im Rahmen der landwirtschaftlichen, forstwirtschaftlichen und der gartenbaulichen Nutzung einen wirtschaftlichen Gewinn erzielen soll.

Einen zusammenfassenden Überblick über die für die ökologischen Bodenfunktionen relevanten Prozesse und Steuergrößen vermittelt Tabelle 1-3. Die Tabellen 1-2 und 1-3 lassen erkennen, daß die ökologische Erfassung von Chemikalienwirkungen auf Böden mit ungleich größeren Schwierigkeiten verbunden ist als jene in aquatischen Systemen. Die summenparametrische Bestimmung von Gesamtfunktionsänderungen, etwa der Atmungs- und Enzymaktivitäten, reichen für eine kausale Störanalyse ebenso wenig aus wie Einzelspeziestest an funktional bedeutsamen, in ihrer Repräsentativität aber nur sehr grob (auf höheren taxonomischen Niveaus) bestimmten Bodenorganismen (vgl. hierzu die Zusammenstellungen bodenbiologischer Testverfahren bei Alef 1991 und Steinberg et al. 1995). Am geringsten ist natürlich der ökotoxikologische Aussagewert von Befunden an Bodeneluaten, deren Toxizitätspotential in aquatischen Testsystemen bestimmt wird. Abbildung 1-8 faßt die z.Z. gebräuchlichen (Un)Sicherheitsfaktoren für den terrestrischen Bereich zusammen.

Daten	Faktor
$L(E)C_{50}$ für ‚screening'-Tests (z.B. akute Pflanzen-, Regenwurm- oder Mikrobentoxizität)	1000
NOEC für einen zusätzlichen chronischen Toxizitätstest	100
NOEC für zusätzliche[1] Toxizitätstests an zwei Arten unterschiedlicher Trophiestufen	50
NOEC für zusätzliche chronische Toxizitätstests an drei Spezies unterschiedlicher Trophiestufen	10
Geländebefunde oder Daten aus Modellökosystemen	Einzelfall-bewertung

[1] chronische

Für den $PNEC_{Boden}$ wird jeweils der niedrigste Wert zugrunde gelegt.

Abb. 1-8: Unsicherheitsfaktoren für terrestrische Testsysteme

Tab. 1-3: Ökologische Bodenfunktionen in Abhängigkeit von pedologischen Prozessen und deren Steuergrößen

<table>
<tr><th></th><th colspan="3">Regelungsfunktionen</th></tr>
<tr><th>Teilfunktion</th><th>Puffer</th><th>Filter</th><th>Transformator</th></tr>
<tr><td>Prozesse</td><td>Ad- u. Desorption
Einbau in Kristallgitter
Chemische Fällung
Neutralisation
Biologische Inkorporation</td><td>Mechanische Rückhaltung von festen oder kolloidalen Stoffen in Abhängigkeit von Porengröße und Verteilung</td><td>Chemischer und mikrobieller Ab- und Umbau
Photochemischer Ab- und Umbau
Mineralisation</td></tr>
<tr><td>Steuergrößen</td><td>Org. Substanz (Art, Zusammensetzung C_{org} %
Tongehalt T
(Art, Menge) %
pH pH
Konz. d. Stoffes in µg/l
der Bodenlösung mg/l
Temperatur °C
Biol. Aktivität, z.B. Atmungsaktivität</td><td>Körnung
Porenspektrum
Partikelgröße der Schadstoffe
Org. Substanz
Filterfunktion in Abhängigkeit von Bodenart und Lagerungsdichte
kf-Wert
Durchflußmenge/Flächeneinheit</td><td>Größe und Zusammensetzung der Population
Wassergehalt
Durchlüftung
Temperatur
pH-Wert
Gehalt an organ. Substanz
C/N</td></tr>
<tr><th></th><th colspan="2">Lebensraumfunktionen</th><th>Produktionsfunktionen</th></tr>
<tr><td>Teilfunktion</td><td colspan="2">Lebensraum für Bodenorganismen
Standort für Pflanzen/Nutzpflanzen und Tiere
Produktion von Biomasse
Bodenorganismen und (Wild-)Pflanzen als „Träger ökologischer Funktionen und Strukturen“
Lebensraum für Bodenorganismen
Pflanzenstandort</td><td>Anbau von Nutzpflanzen zur Erwirtschaftung eines Gewinns
Nutzpflanzenstandort</td></tr>
<tr><td></td><td colspan="2">Mikrobieller Ab- und Umbau</td><td></td></tr>
<tr><td>Prozesse</td><td colspan="2">Nährstoffhaushalt (Vorrat an abbaubarer Biomasse)
Wasserhaushalt, Lufthaushalt
Wärmehaushalt</td><td>Nährstoffhaushalt
• Basensättigung
• N (P, K)
• Nährstoffnachlieferungsvermögen
Wasserhaushalt
Lufthaushalt
Wärmehaushalt</td></tr>
<tr><td>Steuergrößen</td><td colspan="3">Nährstoffgehalt N, P, K, S, Ca, Mg
Basensättigung/Basengehalt
C/N
Wasserhaushalt nFK/pF
Lufthaushalt LK
Gesamtporenvolumen</td></tr>
</table>

Phytozönosen

Pflanzengemeinschaften bilden neben den Böden das zweite regulatorische Hauptkompartiment von Ökosystemen; bezüglich der Biomasse übertreffen sie die Fauna eines Ökotops in der Regel um das Ein- bis Dreitausendfache. Bei der Beurteilung der Chemikalienwirkung auf Pflanzengemeinschaften und damit umgekehrt auch deren ökotoxikologische Indikatorqualität ist daher die oben genannte, für alle komplexen Systeme charakteristische selektive Toxikokinetik und -dynamik und die Bildung von Metaboliten besonders zu beachten.

Im Lichte dieser Situation ist es unbefriedigend, daß bisher vor allem Einzelpflanzentests zur Bewertung des Bodenzustandes oder der Wirkung luftbürtiger Schadstoffe herangezogen werden. Dabei spielen vor allem leicht feststellbare biometrische Größen wie Form oder Biomasse eine Rolle, während mechanistische Betrachtungen bisher nur von untergeordneter Bedeutung sind (vgl. die Übersicht bei Steinberg et al. 1995). Auf der Ebene der Pflanzengesellschaften liefern Analysen von Artenbestand, Abundanzspektren und Taxondiversität analoge höherdimensionale Werte, die jedoch aus ökosystemarer Sicht durch Wirkungsuntersuchungen zu ergänzen sind. D.h. es ist notwendig, Verfahren anzuwenden, mit deren Hilfe akute und chronische Belastungen in Testsystemen unterschiedlicher Komplexität – von der Einzelpflanze bis zur Freilandgesellschaft – festgestellt werden können. Zu beachten ist dabei, daß eine Vorbelastung durch physikalische oder chemische Stressoren die phytopathologische Disposition durch Bildung oder Abbau von Schutzstoffen verändern (vgl. beispielhaft Levitt 1980).

Die Bemühungen gehen infolgedessen dahin, molekulare oder physiologische Meßgrößen zu finden, die als Biomarker i.e.S. entweder auf möglichst viele Spezies anwendbar oder für funktional wichtige Arten oder Artengruppen eines Ökosystems charakteristisch sind. Im einzelnen wurden – ohne daß genormte Testverfahren zur Entwicklung kamen – als Indikatorsysteme für die Belastung von durch Modellorganismen repräsentierten Pflanzen(beständen) herangezogen: Polyamine, Phytoalexine, Ligninstoffwechel, Ethin (bzw. Vorstufen ACC und MACC), oxidativer Streß, Streßproteine und -gene, Metabolismus von Xenobiotika, Entgiftungsstoffwechsel (Literaturübersicht bei Steinberg et al. 1995).

Biozönosen und Ökosysteme

In umfassenderer Weise als mit Hilfe von Biomarkern, aber wegen der unterschiedlichen Raum- und Zeitskalen der einschlägigen Phänomene (Abb. 1-7) wesentlich aufwendiger, läßt sich bei kontinuierlicher oder periodischer bzw. episodischer Belastung eines Systems mittels Energie- und Stoffflußuntersuchungen seine Fähigkeit feststellen, bestimmte chemische Substanzen zu eliminieren und Störungen auszugleichen. Das ökologische Hauptproblem sind dabei nicht so sehr die Einzelstoffe, sondern die Stoffgemische; denn es ist bekannt, daß beispielsweise schon die zeitliche Reihenfolge des Einwirkens mehrerer Stoffe deren Systemtoxizität verändern kann. Daher machen die im Freiland in der Regel nicht ausschließbaren additiven, synergistischen oder antagonistischen Kombinationswirkungen die Festlegung stoffspezifischer Grenzwerte anhand einfacher Testsysteme zumindest problematisch und erschweren damit die realistische Abschätzung von Risikobereichen. Für die Fließgewässer stellen die Biozönosen und insbesondere die benthalen Organismengemeinschaften oder das Saprobiensystem unterschiedlich geeignete Indikatoren für Komplexwirkungen dar (Seitz und Poethke 1995). Auch bei terrestrischen Ökosystemen steht zu erwarten, daß sich aus dem Verbreitungsmuster ihrer Lebensgemeinschaften, die physikalisch-chemisch zu begründen sind, biologische Indikationsmöglichkeiten ableiten lassen (Mathes 1992). Verallgemeinernd läßt sich daher feststellen, daß zur Chemikalienindikation in Ökosystemen oder ihren regulatorischen Hauptkompartimenten Böden, Tier- und Pflanzenwelt vor allem jene Parameter in Frage kommen, die (möglichst) einfach zu messen, wesentlich für das System und hinreichend empfindlich sind. Nach dem derzeitigen Kenntnisstand sind dies vor allem (Ellenberg 1983, Fränzle 1983, 1990, 1993, Hapke 1983, Steinberg et al. 1995):

- Energieflüsse und Entropiequellraten repräsentativer Kompartimente

- Durchsätze ausgewählter Makro- und Mikronährstoffe wie K, Ca, Mg, P, S und Mn, Fe, Cu, Zn
- Dauer biogeochemischer Zyklen
- Biomarker, z.B. Streßproteine, Phytoalexine
- Veränderung der floristischen und faunistischen Diversität oder anders definierter Strukturparameter von Biozönosen
- Dynamik ausgewählter Populationen
- Kompetitives Verhalten verschiedener Spezies innerhalb eines Ökosystems
- Struktur von Nahrungsnetzen oder experimentellen Nahrungsketten

Auf die vielfältigen methodischen Probleme, die sich bei der quantitativen Bestimmung dieser multivariaten Indikatorgrößen stellen, sowie die damit im Zusammenhang stehenden Schwierigkeiten der Definition valider höherdimensionaler Dosis-Wirkungsbeziehungen, kann hier nicht näher eingegangen werden (vgl. dazu Barnthouse 1992, 1998, Ellenberg 1983, Hapke 1983, Begon et al. 1990, Fränzle 1983, 1993, 1995, Parlar und Angerhöfer 1991, Mathes 1997).

Schadensbeobachtungen im Freiland

Retrospektive Untersuchungen an Populationen, Phyto- oder Zoozönosen bzw. ganzen Ökosystemen sind ein wichtiger Bereich der Ökotoxikologie, um eingetretene Schäden zu dokumentieren und womöglich aufzuhellen. Auf diesem Gebiet liegen zahlreiche Erfahrungen vor, nicht zuletzt jene alarmierenden Befunde, die das Umweltbewußtsein weckten und zunehmend schärften. Auf die Beeinflussung terrestrischer Ökosysteme verwiesen zunächst der Rückgang oder das Verschwinden empfindlicher Pflanzen- und Tierarten. Beispielhaft erwähnt seien die epiphytischen Flechten, die als Indikatoren schädigender Schwefeldioxid- bzw. Fluorwasserstoffkonzentrationen allgemein bekannt wurden (vgl. Steubing und Jäger 1982). Sie bilden ein autotrophes Systemkompartiment, das zuerst auf die Gefahr des „sauren Regens“ aufmerksam machte, der später als einer der mutmaßlichen Ursachenkomplexe für die sogenannten neuartigen Waldschäden diskutiert und vielfältig untersucht wurde (vgl. Fränzle et al. 1985, Ellenberg 1995). Als Beispiel für tierische Bioindikatoren seien Greifvögel genannt, bei denen es rückstandsanalytisch in mehreren Fällen gelang, den Kausalzusammenhang zwischen Schadstoffemission und Populationsrückgang weitgehend aufzuklären (vgl. Prestt und Ratcliff 1972, Koeman 1975, Bevenue 1976).

Das zuverlässigste Mittel, ein umfassendes retrospektives Monitoring in den wichtigsten Ökosystemen eines Landes zu garantieren, ist die Einrichtung eines Netzes von Dauerbeobachtungs- und -beprobungsflächen sowie eine Umweltprobenbank. Eingehende und inzwischen zum Teil schon realisierte Vorschläge finden sich in einer Denkschrift des Bundesministers des Innern (Ellenberg et al. 1978); eine vergleichende Darstellung der bei der Entwicklung globaler ökologischer Monitoringsysteme auftretenden Probleme geben Schröder et al. (1996).

Monitoringprogramme sind für einige Seen, Fließgewässer und Küstengebiete Eurasiens und Nordamerikas, auf die sich die hydrobiologische Forschung konzentrierte, bereits seit Jahrzehnten im Gange. Dabei belegen wiederholte Untersuchungen zur Phänologie trophischer Gruppen und zur Sukzession von Lebensgemeinschaften den raschen Fortschritt der anthropogenen Gewässereutrophierung oder -versauerung und die Rolle einzelner Verbindungen bei diesem Vorgang (Fränzle 1995, Straškraba 1995).

1.3 Ökotoxikologie als ökosystemares Aufgabenfeld

Aus der Übersicht über die gegenwärtig angewandten ökotoxikologischen Prüfverfahren folgt allgemein, daß Verbesserungen im Sinne des einleitend formulierten Anspruchs an Bewertungsverfahren einerseits präzisere Expositionsbestimmungen, andererseits eine Weiterentwicklung der biozönotisch orientierten Toxikokinetik und -dynamik erfordern. Dies bedeutet in forschungslogischer Hinsicht, daß die Ökotoxikologie nur im Zusammenhang umfassender Ökologischer Informationssysteme eine zielgerichtete Förderung erfahren kann. Ein derartiges System muß aus den folgenden streng und durchgehend aufeinander bezogenen Kom-

ponenten bestehen: vergleichende Ökosystemforschung, flächendeckende ökologische Umweltbeobachtung und Umweltprobenbank (Ellenberg et al. 1978).
Die Ökosystemforschung liefert die grundlegenden Einsichten in die Struktur und Dynamik von Ökosystemen, ihren Stoff- und Energiehaushalt sowie die komplizierten Regelungsmechanismen, die für die Stabilität und Belastbarkeit der Systeme bedeutsam sind. Ihr kommt eine Schlüsselrolle bei der Bewältigung der Umweltprobleme im Rahmen einer vorsorgenden Umweltpolitik zu. Die ökologische Umweltbeobachtung muß in Form von Element-, Faktoren- und Wirkungskatastern valide flächendeckende Daten liefern. Integriert in Geographische Informationssysteme werden sie mit unterschiedlichen Raumfaktoren verknüpft, um den Zustand und eventuelle Veränderungen der Umwelt von Mensch, Tieren und Pflanzen als Folge natürlicher Vorgänge und anthropogener Beeinflussung zu bestimmen bzw. vorherzusagen. Die Umweltprobenbank lagert neben ausgewählten Humanproben repräsentative Spezies von Tieren, Pflanzen und Böden langfristig so ein, daß chemische Veränderungen während der Lagerungszeit möglichst auszuschließen sind. Dies bietet die Möglichkeit, die Umweltkonzentration von Substanzen retrospektiv auf der Grundlage einer noch feineren Analytik zu bestimmen und damit Trends der Konzentrationsänderung bestimmter Chemikalien aufzudecken sowie Monitoring-Ergebnisse zu überprüfen.

1.3.1 Expositionsanalyse

Auswahl repräsentativer Meßfelder

Großflächige Untersuchungen der Stoffverteilungen in Böden oder Phytozönosen können grundsätzlich lediglich in Form von Stichprobenerhebungen durchgeführt werden. Eine sogenannte Vollerhebung wäre technisch impraktikabel und theoretisch nicht wünschenswert, da durch die Untersuchung ex situ eine Zerstörung des Untersuchungsobjektes selbst erfolgen würde. Darüber hinaus muß aus Zeit- und Kostengründen die Zahl der Proben in der Praxis meist sehr klein im Vergleich zur Variabilität der zu untersuchenden Stoffe oder Merkmale eines größeren Untersuchungsgebietes sein. (Schulin et al. 1994). Aus diesem Grund kommt der Stichprobenauswahl bzw. der Anlage des Meßnetzes im Rahmen großflächiger Boden- und Vegetationsuntersuchungen eine besondere Bedeutung für die Qualität bzw. Repräsentativität der Ergebnisse zu. Dabei gilt: die n eindeutig bestimmten Elemente einer Stichprobe sind dann repräsentativ für die Grundgesamtheit, wenn sie deren strukturgetreues Abbild sowohl hinsichtlich der Heterogenität als auch in bezug auf die relevanten Merkmale darstellen. Die Ergebnisse, die anhand einer repräsentativen Stichprobe gewonnen werden, lassen sich auf die Grundgesamtheit hochrechnen, indem die Parameter der Grundgesamtheit anhand der Stichprobe geschätzt werden, wobei die Genauigkeit der Schätzung und damit die Repräsentativität in häufigkeitsstatistischer Hinsicht mit der Größe der Stichprobe steigt.
Ein weiteres Verfahren, das zur Untersuchung des Einflusses mangelnder Datenverfügbarkeit Anwendung findet, ist die Resampling-Methode. Sie erlaubt, auf der Basis einer oder weniger Stichproben zu verläßlichen Abschätzungen zu gelangen. Zu diesem Zweck werden in einer beobachteten Meßreihe virtuelle Datenausfälle nach vorgegebenen Zufallskriterien erzeugt. Als Kenngrößen der virtuellen Meßreihe ergeben sich entsprechend der erhöhten Ausfallrate modifizierte Mittel- und Perzentilwerte. Der Vergleich mit der ursprünglichen Meßreihe liefert anhand der Varianzen bzw. Standardabweichungen quantifizierbare Aussagen über die Bedeutung der Datenausfallrate (Efron 1982, Sprent 1989).
Über die Untersuchungen der klassischen deskriptiven Statistik hinaus muß für Validierungszwecke insbesondere die regionale Repräsentativität einer Stichprobenuntersuchung sichergestellt werden, wozu geostatistische Verfahren zur Verfügung stehen. Die von Matheron (1963) entwickelte Theorie der regionalisierenden Variablen definiert die normalverteilten Meßgrößen als Zufallsvariablen, deren jeweilige Realisationen an einem Ort eine deterministische, eine autokorrelierte und eine rein zufällige Komponente besitzen. Die entscheidende Größe ist dabei die autokorrelierte Komponente, die sogenannte räumliche Erhaltungsneigung von

Meßwerten. Ziel der statistischen Auswertung ist es daher, die Reichweite der autokorrelierten Komponente einer Variablen mittels Analyse der aus der Kovarianz [C(h)] abgeleiteten Semivarianz der Punktepaare einer Untersuchung zu bestimmen (Variogramm-Analyse). Danach läßt sich mit Hilfe verschiedener Krigingtechniken eine optimierte Interpolation zwischen den Beprobungsstellen vornehmen. Nähere Ausführungen zu diesem umfangreichen Themenkomplex und ein Überblick über verschiedene Krigingtechniken sind Matheron (1963), Journel und Huijbregts (1978), Yvantis et al. (1987), Webster und Oliver (1990), Heinrich (1994), Schulin et al. (1994) zu entnehmen.

Ein umfassender Ansatz zur systematischen Schichtung eines Untersuchungsgebietes und die genaue Ableitung der notwendigen Stichprobenanzahl sowie die Lokalisierung der Beprobungsstellen ist von Kuhnt et al. (1986), Fränzle et al. (1987) und Fränzle und Kuhnt (1994) entwickelt worden. Dieses als „Repräsentanzansatz“ bzw. „Regional repräsentatives Untersuchungsverfahren“ bezeichnete Vorgehen besitzt den Charakter einer geschichteten nichtzufälligen Stichprobenauswahl (Vetter 1989, Vetter et al. 1991, Schmotz 1996).

Die Schichtung der Grundgesamtheit bzw. des Untersuchungsgebietes erfolgt dabei anhand thematischer Karten. Dies sind alle verorteten Merkmalsverteilungen, die für die gesuchte Meßgröße einen Indikatorwert besitzen; dabei sind im einzelnen entsprechend der Kovarianz zwischen Indikator und Indikandum identische, teilidentische und nicht identische Indikatoren zu unterscheiden. Von besonderer Bedeutung sind daher geologische Karten, Boden- und Vegetationsaufnahmen, die parzellenscharfen Erhebungen der Reichsbodenschätzung, Klimakarten, Infrarotluftbilder und Satellitenaufnahmen. Aus den beiden letztgenannten sowie den Karten und Profilbeschreibungen der Reichsbodenschätzung lassen sich mit Hilfe automatisierter Klassifikations- und Auswertungsroutinen Bodenparameterverteilungen, Biotop- und Nutzungstypenkarten, Vegetationsgliederungen und vieles mehr modell- und maßstabsbezogen ableiten (vgl. beispielsweise Oelkers 1984, Benne und Heineke 1987, Page et al. 1990, Dalchow 1991, Reiche 1991, Cordsen 1992). Dabei gewinnen Verfahren der Fuzzy Logic rasch wachsende Bedeutung (Salski et al. 1996, Piotrowski et al. 1996).

Innerhalb der mit Hilfe dieser Verfahren bestimmten Gebiete – beispielsweise der Hauptforschungsräume der deutschen Ökosystemforschung (Fränzle et al. 1987) – können dann in prinzipiell gleicher Weise, aber auf der Grundlage eines entsprechend größermaßstäbigen Primärdatensatzes, einzelne Meßfelder ausgewiesen werden. In diesen sind die einzelnen Meßpunkte dann nach den Prüfkriterien der Variogrammanalyse anzulegen, so daß aus den Punktmessungen valide Wertefelder mittels Kriging- oder Cokriging-Prozeduren abzuleiten sind, welche aufgrund ihrer statistischen Repräsentativität auf das gesamte Untersuchungsgebiet und seine weitere Umgebung mit angebbarer Genauigkeit extrapolierend übertragen werden können (vgl. Matheron 1963, Journel und Huijbregts 1978, Yvantis et al. 1987, Vetter 1989, Heinrich 1994, Fränzle und Kuhnt 1994, Schröder et al. 1994, Fränzle 1996).

Modellierung atmosphärischer Stoffeinträge in Ökosysteme

Der Ferntransport atmosphärenbürtiger Xenobiotika läßt sich skalenabhängig mit praxiserprobten Modellen beschreiben (Page et al. 1990, Fränzle 1993). Der anschließende Eintrag in terrestrische oder aquatische Ökosysteme erfolgt durch trockene, feuchte und nasse Deposition. Letztere bezeichnet den Eintrag mit Regen, Schnee oder Hagel und Graupeln, während die trockene Deposition unabhängig von Hydrometeoren in Form von Gasen und Partikeln stattfindet; feuchte Deposition ist an den Transport durch Nebeltröpfchen gebunden.

Eine hinreichend genaue Bewertung der atmogenen Schadstoffeinflüsse setzt daher eine differenzierte Erfassung der Gesamteinträge in die jeweils betrachteten Ökosysteme voraus; denn nur so können kritische Belastungsgrenzen unter Berücksichtigung der übrigen natürlichen und anthropogenen Streßfaktoren mit der aktuellen Belastung verglichen werden. Dies schließt im Rahmen interdisziplinär angelegter Ökosystemanalysen Untersuchungen zur Freilanddeposition (trockene, nasse und ‚bulk‘-Deposi-

Trockene Deposition von Mg^{2+}, Ca^{2+}, Cl^-, K^+, PO_4^{3-}

$$TD = \frac{KDD_{na}}{ND_{na}} x ND_x \qquad x=Mg^{2+}, Ca^{2+}, Cl^-, K^+, PO_4^{3-} \qquad (3)$$

Leaching von Mg^{2+}, Ca^{2+}, Cl^-, K^+, PO_4^{3-}

$$L_x = KDD_x - TD_x \qquad x=Mg^{2+}, Ca^{2+}, Cl^-, K^+, PO_4^{3-} \qquad (4)$$

Leaching basischer Kationen (Mg^{2+}, Ca^{2+}, K^+)

$$L_{mgcak1} = L_{mg} + L_{ca} + L_k \qquad (5)$$

Leaching schwacher Säuren

$$L_{wa} = (KDD_{(h+mg+ca+nh4+k+na)} + ND_{kat}) - (KDD_{(po4+cl+no3+so4)} + ND_{an}) - 2 \text{ x } (ND_{kat} - ND_{an}) + KDD_{hco3} \qquad (6)$$

Exkretionsfaktor $EXFAC = \frac{L_{wa}}{L_{mgcak1}}$ (7)

Leaching basischer Kationen durch den Austausch mit H^+ und NH_4^+

$$L_{mgcak2} = (L_{mg} + L_{ca} + L_k) \text{ x } (1 - EXFAC) \qquad (8)$$

Kronenraumaufnahme von H^+ und NH_4^+

$$A_h : A_{nh4} = 6 \text{ x } \frac{\frac{KDD_h + ND_h}{KDD_{nh4} + ND_{nh4}} + \frac{ND_h}{ND_{nh4}}}{2} \qquad (9)$$

$$A_h = \frac{L_{mgcak2}}{1 + \frac{1}{\frac{A_h}{A_{nh4}}}} \qquad (10)$$

$$A_{nh4} = L_{mgcak2} - A_h \qquad (11)$$

Trockene Deposition von NH_4^+, H^+, HCl, SO_4^{2-}, NO_3^- sowie Berechnung des meeresbürtigen SO_4^{2-}

$$TD_{nh4} = KDD_{nh4} + A_{nh4} \qquad (12)$$

$$TD_h = KDD_h + A_h \qquad (13)$$

$$TD_{hcl} = KDD_{hcl} + A_{hcl} \qquad (14)$$

$$TD_{so4} = KDD_{so4} + A_{so4} \qquad (15)$$

$$TD_{no3} = KDD_{no3} + A_{no3} \qquad (16)$$

$$TD_{so4meer} = 0.12 \text{ x } KDD_{so4} \qquad (17)$$

Abb. 1-9: Kronenraum-Interaktionsmodell (van der Maas et al. 1990) BD = Bestandesdeposition (Kronentraufe + Stammabfluß), KDD, Kronendachdifferent, L = Leaching (Lwa = Leaching schwacher organischer Säuren), ND = nasse Deposition, TD = trockene Deposition.

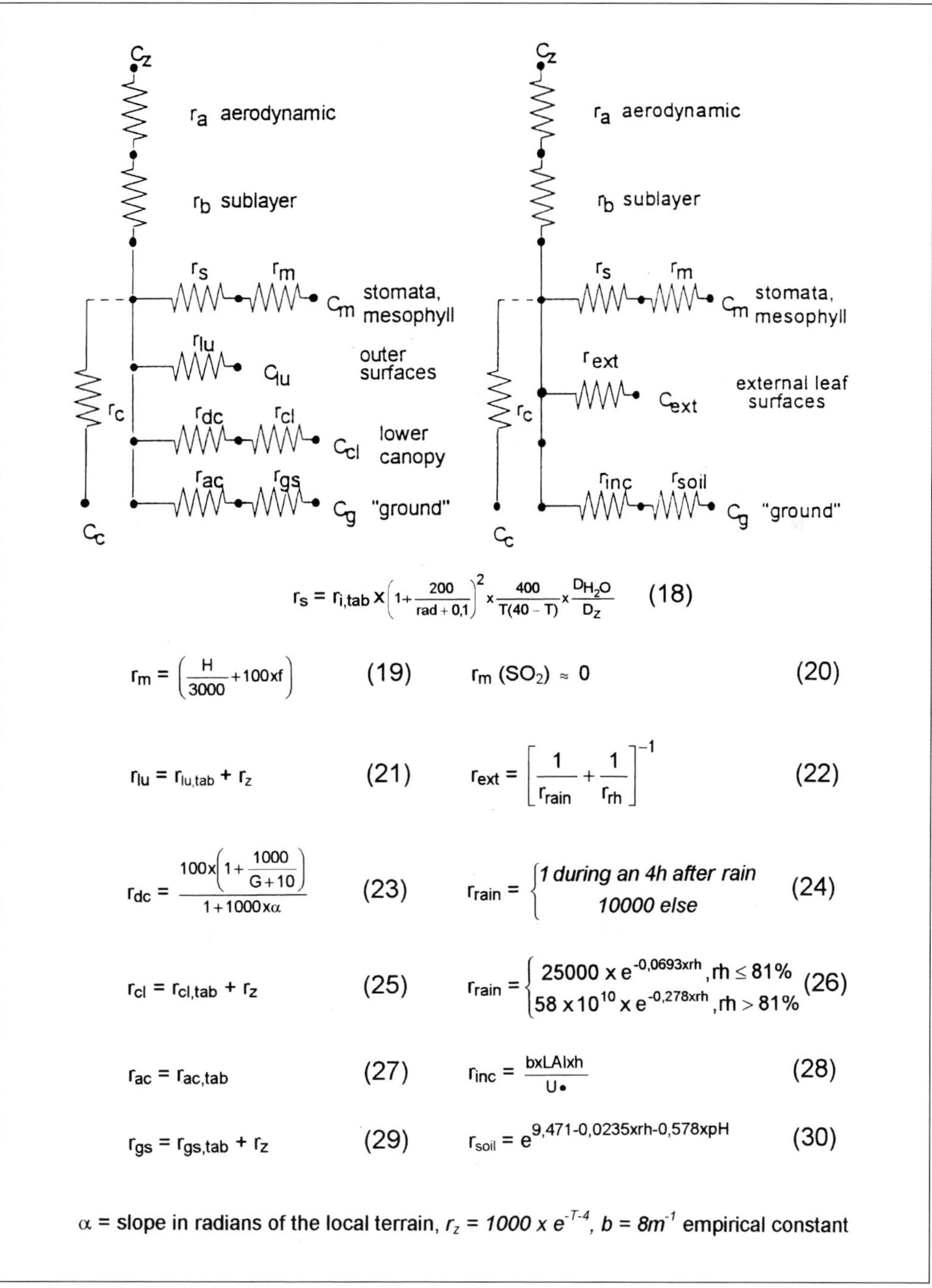

Abb. 1-10: Vergleichende Darstellung zweier Widerstandsmodelle für die trockene Deposition (nach Wesely 1989 und Erisman et al. 1993)

tion) sowie zur Bestandesdeposition ein (Branding 1996). Diese sind durch speziellere Ansätze wie Blattabwaschversuche zum Leaching aus Pflanzen und Messungen zur Immissionskonzentration relevanter Spurengase zu ergänzen.

Die Zahl der anhand derartig komplexer Meßdaten kalibrierten und validierten Modelle zur Simulation atmosphärischer Stoffeinträge erreicht allerdings bei weitem nicht die Fülle der für den Stofftransport in Böden und Sedimenten konzipierten, die daher unten exemplarisch etwas ausführlicher dargestellt werden. Als Beispiele für Depositionsmodelle sei hier auf Chang et al. (1987), Hansen et al. (1990), Hicks und Matt (1988) und Lövblad et al. (1993) verwiesen. Im Rahmen ökosystemarer Untersuchungen hat sich ferner das von Ulrich (1983) entwickelte und von van der Maas et al. (1990) erweiterte Kronenraum-Interaktionsmodell bewährt (Abb. 1-9).

Die Widerstandsmodellierung basiert auf der Annahme, daß Gase beim Transport aus der Atmosphäre verschiedene Widerstände zu überwinden haben. Der den turbulenten Transport regelnde Gesamtwiderstand setzt sich analog dem Ohm'schen Gesetz aus seriell und parallel geschalteten Einzelwiderständen zusammen. Jeder Einzelwiderstand ist ein Modul, der einen Mechanismus der turbulenten Austauschvorgänge in der bodennahen Luftschicht bzw. der Aufnahme durch die Rezeptoroberfläche mathematisch beschreibt (Abb. 1-10). Für weitere Einzelheiten der Modellstruktur sei auf die Originalliteratur, für die Berechnung der atmosphärischen Widerstände auf Branding (1995) verwiesen.

Stofftransport in Böden und Lockergesteinen

Das Verhalten von Umweltchemikalien wird nach der Deposition zum einen von abiotischen und biotischen Transformationsprozessen im Boden gesteuert, zum anderen durch Transportvorgänge innerhalb des Bodens und der anschließenden Aerationszone bzw. dem Aquifer. Die Modellierung dieser Verteilungsprozesse wird zum einen kompliziert durch den Umstand, daß der Boden im Vergleich zu den Ökosystemkompartimenten Luft oder Wasser in viel höherem Maße äußeren Einflüssen wie Strahlung, Lufttemperatur und Niederschlag unterliegt. Zum anderen ergeben sich Schwierigkeiten aus dem Umstand, daß der Boden wie auch die Aerationszone und der Aquifer immer nur punkthaft zugänglich sind und zudem räumlich stark differenzierte Mehrphasensysteme mit einer Vielzahl chemischer Komponenten darstellen. Daraus resultieren spezifische Probleme bei der extrapolierenden Übertragung von Laborexperimenten auf die Freilandsituation, die noch durch die zu berücksichtigenden Zeitskalen verstärkt werden. Die Wasserbewegung und der damit zusammenhängende Stofftransport kann beispielsweise in ariden Böden oder vielen Aquiferen Jahrhunderte bis Jahrtausende umfassen, so daß eine experimentelle Überprüfung nicht möglich ist und Risikoabschätzungen nur auf der Grundlage von ceteris paribus-Annahmen erfolgen können. Im Lichte dieser Schwierigkeiten und der daraus folgenden mathematischen Probleme beschränken sich die meisten Bodenmodelle auf vertikale Flüsse, die Grundwassermodelle entsprechend auf horizontale. Im einzelnen lassen sich deterministische Modelle, die das jeweilige System im Sinne eines Ursache-Wirkungs-Zusammenhangs beschreiben, von stochastischen Modellen unterscheiden, die in irgendeiner Form Wahrscheinlichkeitsaussagen enthalten. Deterministische Modelle zerfallen weiter in empirische, deren numerische Lösungen das System mit Hilfe von Eichwerten adäquat beschreiben, und analytische Modelle, deren Gleichungen die jeweils wesentlichen physikalischen und chemischen Reaktionen des Systems abbilden.

Die überwiegende Zahl der einschlägigen Modelle zur Beschreibung des Verhaltens gelöster oder mit Wasser mischbarer Chemikalien in der ungesättigten und gesättigten Bodenzone bzw. dem Aquifer folgt drei verschiedenen Ansätzen, die üblicherweise als Dynamische Modelle, Kompartimentmodelle und Stochastische Modelle bezeichnet werden (Abriola und Pinder 1985, Bachmat et al. 1980, Bonazountas 1987, Duynisveld 1983, Faust 1984, Fränzle 1993, 1996, Freeze und Cherry 1979, Mattheß 1994, Reiche 1991, 1996).

Die Auswahl eines Modelltyps aus der Fülle der vorhandenen oder die Entscheidung für eine

Neu- bzw. Weiterentwicklung orientiert sich an folgenden Fragen:

- Welche Modellierungssoftware und welche Soft- und Hardware-Umgebung liegen vor?
- Ist das untersuchte oder zu prognostizierende System – etwa die Chemikalienverteilung in Ökosystemen unterschiedlicher Struktur – mit Differentialgleichungen adäquat zu beschreiben oder sind andere Ansätze, beispielsweise wissensbasierte Systeme, besser geeignet?
- Soll das Modell unter einem top-down-Ansatz oder mit Hilfe der bottom-up-Methode entwickelt werden? (Reiche und Müller 1994)
- Sind konventionelle Methoden geeignet oder neuere Verfahren, etwa Zelluläre Automaten oder Objektorientierte Ansätze, vorzuziehen?
- Sollen die Werte anhand deterministischer Ansätze (formal) exakt berechnet werden oder sind die prognostizierten Verhaltensweisen von Wahrscheinlichkeitsverteilungen abhängig (stochastische Modelle)?
- Sind die Modellvariablen zeitunabhängig (statische Modelle) oder werden Zeitfunktionen integriert (dynamische Modelle)?

Nach der Abwägung dieser Fragen wird der problemadäquate Modelltyp gewählt bzw. entwickelt, wobei verschiedene Programmiersprachen oder Dienstleistungsprogramme benutzt werden können. Mit dieser Entscheidung sind zugleich die spezifischen Anforderungen an die Qualität der für die Verifizierung, Kalibrierung und Validierung des Modells benötigten Daten zu bestimmen (Breckling et al. 1991).

1.3.2 Ökotoxikologische Testsysteme

Auf einem gegebenen Auflösungsniveau besteht ein biotisches System aus einer unterschiedlichen Zahl verschieden intensiv wechselwirkender Komponenten und ist selbst Teil umfassenderer Organisationseinheiten (O'Neill et al. 1989). Derartige Hierarchien lassen sich daher als teilweise geordnete Sätze auffassen, in denen die Subsysteme durch asymmetrische Interaktionen verknüpft sind (Shugart und Urban 1988). Diese bedingen eine spezifische Ganzheitlichkeit, die als Makrodeterminiertheit in Erscheinung tritt: Die Schwankungen der Eigenschaften des betrachteten Gesamtkomplexes sind um einen signifikanten Betrag kleiner als die Summen der Teilvarianzen; das Gesamt-System verhält sich daher vergleichsweise invariant gegenüber Schwankungen seiner Teile (Laszlo 1978). In der entgegengesetzten Richtung sind die Freiheitsgrade der Einzelprozesse durch Kontroll- bzw. Steuerfunktionen der übergeordneten hierarchischen Ebene eingeschränkt, die als Ordnungsparameter bezeichnet werden. Aus ihnen erwächst die Organisation eines Systems: Mikroskopische Vorgänge werden durch die makroskopischen Ebenen koordiniert und erst dadurch in ihrer Ordnung verständlich (Haken und Haken-Krell 1989). Hierarchien sind demnach Systeme aus Ordnungsparametern, mit denen übergeordnete Ganzheiten auf Subsysteme wirken (Allen und Starr 1982). O'Neill et al. (1989) bezeichnen demgemäß die in Ökosystemen zusammenwirkenden Ordnungsparameter als den Umwelt-Rahmen oder potentiellen Zustandsraum von Systemen, während die von tieferen hierarchischen Ebenen ausgehenden Signale, die das Verhalten der höheren Ebenen bestimmen, gemeinsam das biotische Potential eines ökologischen Systems darstellen.

Ein wichtiges Unterscheidungsmerkmal stellen demzufolge die typischen Raum- und Zeitkonstanten des Systemverhaltens (Scale) dar. Der Begriff „Scale" wird in diesem Zusammenhang definiert als Periode in Raum und Zeit, über die Signale, etwa Stoff- und Energieflüsse, integriert, gedämpft oder geglättet werden, bevor sie vom Empfänger in eine Botschaft umgesetzt werden können (Allen und Starr 1982, Stork und Dilly 1998).

Die sich über viele zeitliche und räumliche Größenordnungen erstreckende hierarchische Gliederung lebender Systeme (Abb. 1-7) erfordert entsprechend differenzierte Testsysteme (Biomarker) für die aquatischen und terrestrischen Umweltkompartimente. Daher sind schon die Probleme, die bei der statistischen Sicherung der so gewonnenen Daten auftreten, vielschichtig: (i) Messungen beziehen sich immer auf einen raumzeitlichen Ausschnitt, der von sogenannten „Punktwerten" bis zu Mittel- und Summenwerten reicht. Die Gewinnung valider Daten setzt daher voraus, daß für jede Meßgröße ein charakteristisches Datenmodell formuliert wird; auch komplexe Modelle, die verschiedene Komponenten verzahnen, sind unter Umständen erforderlich. Neben den Methoden der Qualitätssicherung und Fehlerschätzung sind Geostatistik und Zeitreihenanalysen stärker zu verbinden, um die raum-zeitlichen Aspekte ökologischer bzw. ökotoxikologischer Daten adäquat zu berücksichtigen. Damit lassen sich zielgerichtet neue Wege und Möglichkeiten bei der Datenaggregierung und -interpolation, Scaletransformation, räumlichen Übertragung und zeitlichen Prognose erschließen. (ii) Je komplexer ein Versuchssystem ist, desto schwieriger werden Parallel- und Wiederholungsmessungen. Der Meßvorgang selbst kann systematische Störungen verursachen. Hinzu kommt, daß Aussagen über Merkmalsausprägungen bereits auf der Stichprobenebene (also ohne Generalisierung) Wahrscheinlichkeitsaussagen darstellen. Die Probleme beim extrapolierenden Schluß von der Stichprobe auf die Grundgesamtheit sowie Unsicherheiten beim Meßvorgang und der Erfassung der relevanten Randbedingungen verstärken diesen Wahrscheinlichkeitscharakter. (iii) Die für Ökosysteme charakteristische Wechselwirkung biotischer und abiotischer Elemente sowie die häufig anzutreffende Nichtlinearität bzw. deterministisches Chaos im Verhalten der Komponenten sind unter anderem Ursachen dafür, daß es noch keine verbindliche Meßtheorie und keinen Methodenkatalog für komplexe ökologische Meßprogramme gibt (Kluge und Heinrich 1994, May 1976, Pahl Wostl 1995).

Monospezifische Tests

Aus der Tatsache, daß Chemikalien und ihre Metaboliten nicht diffus auf lebende Systeme jeden Komplexitätsgrades einwirken, sondern selektiv die jeweiligen Subsysteme oder Elemente treffen, folgt, daß der Begriff „Ökotoxizität" nicht allgemein bestimmbar ist, sondern nur in bezug auf hinreichend präzise definierte Indikatorsysteme einen angebbaren Sinn erhält. Dies ergibt sich schon semantisch aus dem Umstand, daß jeder Systembegriff relativ ist: Ein bestimmter, entsprechend der jeweiligen Fragestellung ausgewählter Ausschnitt der Realität wird in systemarer Darstellung modellartig repräsentiert. Aus der (potentiell unendlichen) Vielfalt der physikalischen, chemischen, biotischen usw. Objekte eines Raumausschnittes müssen also bestimmte ausgewählt und als Komponenten des Systems definiert werden. Analog wird aus der (ebenfalls unabgeschlossenen) Menge von Relationen, welche die Komponenten miteinander verknüpfen, eine notwendige Auswahl getroffen. Daher liefern monospezifische Testsysteme zunächst einmal nur Aussagen über das Toxizitätspotential eines Stoffes im Hinblick auf eine Art unter definierten Expositionsbedingungen und im Lichte des jeweils herangezogenen Endpunktes. Wie die o.e. vergleichende Analyse der ökotoxikologischen Testergebnisse von 137 BUA-Stoffberichten zeigt (Abb. 1-4), ist das solcherart gewonnene Datenmaterial qualitativ und quantitativ recht heterogen. Fortschritte in der Interpretation i. S. eines reproduzierbaren Vorgangs, wie er für den Modellteil eines Bewertungsverfahrens zu fordern ist, sind nur durch multivariate Verknüpfung der mit Hilfe von ‚fuzzy logic'-Ansätzen transformierten Primärdaten zu erwarten (Friederichs et al. 1996, Melcher und Matthies 1996).

Die solcherart auf dem Wege der Datenaggregierung erzeugten „synthetischen" Mehrspezies-Testsysteme stellen zwar im Vergleich zum Einzelspeziestest schon wesentlich verbesserte Biomarker für (relativ) rasch verlaufende Reaktionen dar, müssen aber durch modelltheoretisch unterbaute Mikro- und Mesokosmenansätze ergänzt werden, um die Reaktion einer aus den gleichen Spezies zusammengesetzten Biozönose unter den dann gegebenen intra- und interspezifischen Konkurrenzbedingungen bestimmen zu können.

Populationsanalysen

Bei der Analyse des Chemikalieneinflusses auf Populationen hat eine größere Zahl jüngerer Arbeiten über die intrinsische Vermehrungsrate r gezeigt, daß dieser Parameter geeignet ist, die ökologische Relevanz von an Einzelindividuen beobachteten Wirkungen schärfer zu fassen (van Straalen und Kammenga 1998). Im einzelnen lassen sich daraus Schlüsse auf arttypische Reaktionsweisen („bevorzugte" Nutzung der Energieressourcen für Vermehrung oder für das Überleben) i. S. eines sublethalen Empfindlichkeitsindex ableiten (Crommentuijn et al. 1995). Hier eröffnet sich der Weg zu einem tieferen Verständnis der phänotypischen Plastizität und spezifischen Kompensationsmechanismen, die auf dem Populationsniveau Analoga zu der „funktionalen Redundanz“ von Ökosystemen darstellen (vgl. hierzu Levine 1989).

Schadensindikation auf der Biozönose- und Ökosystemebene

Zur adäquaten Analyse belasteter Böden sind Testsysteme auszuarbeiten, die ein in situ-Monitoring erlauben und dabei die Chemikalienwirkung auf Leistung und Populationsstruktur von Pedozönosen erfassen. Dabei ist als Bezugswert die Spannbreite der Variablität und Dynamik bei natürlichen Belastungen von Böden ähnlicher Beschaffenheit und Nutzung zu berücksichtigen. Daher dürfte sich eine Weiterentwicklung des Extrapolationsansatzes von van Straalen und Denneman (1989) und Aldenberg und Slob (1993) anbieten. Dieser berechnet auf der Grundlage von NOECs eine HC_p (hazard concentration), bei der der Schutz eines bestimmten Anteils (p) an bodenbewohnenden Arten gewährleistet erscheint. Ein HC_5 entspricht demnach einem (wahrscheinlich) geschützten Artenanteil von 95 % (Okkerman et al. 1991, Fränzle et al. 1993). Für die Bewertung der Chemikalienwirkung auf die Filter-, Puffer-, Transformator-, Lebensraum- und Produktionsfunktion von Böden sind ferner Kenngrößen zu wählen, die sich aus den Ergebnissen vergleichender Untersuchungen von Struktur- und Funktionsänderungen zunehmend komplexer angelegter Testsysteme (Laborversuche an einzelnen Stämmen bzw. Arten, Mikro- und Mesokosmen, Freilandversuche) ergeben.
Bei der Untersuchung chemikalieninduzierter Schädigungen von Phyto- und Zoozönosen sind neben den oben erwähnten summenparametrischen Größen in Zukunft verstärkt Strukturparameter heranzuziehen, welche verläßlich die Stabilität und Resilienz der Systeme charakterisieren. Auf der Expositionsseite im allgemeinen wie der Bioverfügbarkeit im besonderen ist die Bedeutung natürlicher und anthropogener chemischer Matrizes (Organische Substanz, Tonmineralspezies, Komplexbildner, Tenside) systematisch auf verschiedenen Maßstabsebenen zu untersuchen.

Simulationsmodelle versuchen, Veränderungen auf der Ebene von Populationen, Biozönosen und Ökosystemen zu erfassen. Im Lichte des probabilistischen Charakters von Ökosystemen können Computersimulationen allerdings nur unter definierten (d.h. empirisch überprüften) Randbedingungen deterministische Prognosen liefern (Breckling 1990, Mathes 1997). Im allgemeinen Falle dürften sich nur Hypothesen zu ökosystemaren Wirkungsketten formulieren, ökotoxikologische Mechanismen aufdecken und sensible Systemeigenschaften identifizieren lassen. Dabei bringt die Relativität des Ökosystembegriffs es mit sich, daß je nach dem Abstraktionsgrad der gewählten Modellstruktur – also der berücksichtigten Elemente mit inter- wie intrasystemischen Wirkzusammenhängen – sowohl tatsächlich mögliche Schädigungen nicht erkannt wie umgekehrt in der Realität nicht eintretende Wirkungen postuliert werden (Barnthouse 1992, 1998).

1.3.3 Zusammenfassende Schlußfolgerungen

- In bezug auf eine verbesserte Chemikalienprüfung ist neben der konsequenten Anwendung detaillierter Expositionsmodelle zu fordern, entsprechende physiologisch und molekularbiologisch begründete Wirkungsmodelle auf verschiedenen räumlichen und zeitlichen Skalen zu entwickeln, die in sich konsistent sein und untereinander in definierten Prüfbeziehungen stehen sollten. Dies bedeutet, daß der Gültigkeitsrahmen einfach strukturierter Modelle immer nur anhand komplexerer bestimmt werden kann. Bei der Erfassung des Verteilungs- und Abbauverhaltens in den Böden als regulatorischen Hauptkompartimenten von Ökosystemen führt dies beispielsweise zu folgender Testhierarchie: (1) Schüttelversuche mit Bodensuspensionen, (2) Sickerversuche in Lysimetern oder Mikrokosmen aufsteigender Größe, (3) Exposition auf Freilandparzellen wachsender ökologischer Komplexität (Fränzle 1984). Die Probleme, die bei der statistischen Sicherung der so gewonnenen und zweckmäßigerweise in Datenbanken verfügbar zu haltenden Meßwerte auftreten, sind vielschichtig und wurden oben im Überblick dargestellt.

- Expositions- und Wirkungsdaten müssen als Grundlage einer Bewertung validierbar sein (Fränzle 1996, Koch 1994, Kooijman 1998). Nur die Gesamtheit der überprüften Daten sollte Grundlage der Ermittlung des Gefährdungspotentials eines Stoffes sein. Die bei der mehrdimensionalen Verknüpfung auftretenden Bewichtungsprobleme bedürfen systematischer Untersuchung. Die Entwicklung reproduzierbarer Verfahren sollte zu Expertensystemen unter weitgehender Einbeziehung von fuzzy logic-Ansätzen führen (Friederichs et al. 1996, Salski et al. 1996).
- (Un)sicherheitsfaktoren stellen konventionelle Größen dar; sie müssen jedoch an Art, Umfang und Qualität der Wirkungsdaten orientiert sein, deren Größenordnung zumindest wissenschaftlichen Plausibilitätserwägungen entsprechen sollte. Diese Faktoren dürfen nicht im Sinne von Konstanten interpretiert werden; sie stellen zur Zeit vielmehr pragmatische Entscheidungshilfen dar, um Regulierungsmaßnahmen einzuleiten (Koch 1994). Die damit in Kauf genommene Unsicherheit sollte durch längerfristige Tests an Organismen mehrerer Trophiestufen und durch Verbesserung der Expositionsdaten verringert werden, wie oben gezeigt wurde. Bei der Extrapolation von Labordaten auf die Umweltsituation muß außerdem berücksichtigt werden, daß im Freiland zahlreiche weitere Chemikalien von ähnlicher Wirkung vorhanden sein können (Hintergrundbelastung). Bei ähnlicher Toxikodynamik sind daher additive oder synergistische Effekte zu erwarten; bei schlechter Abbaubarkeit ist ferner mit einer kontinuierlichen Erhöhung der Umweltkonzentration zu rechnen. Nicht zuletzt ist in Zukunft auch den in hohem Maße skalenabhängigen indirekten Chemikalienwirkungen auf der Ebene der Biozönosen und Ökosysteme angemessene Aufmerksamkeit zu schenken.

Literatur

Abriola, L.M., Pinder, G.F. (1985): A multiphase approach to modeling of porous media contamination by organic compounds: 1. equation development, 2. numerical solution. Water Resour. Res. 21: 11-32

Ahlers, J., Diderich, R., Klaschka, U., Marschner, A., Schwarz-Schulz, B. (1994): Environmental risk assessment of existing chemicals – ESPR – Environ. Sci. Pollut. Res. 1: 117-123

Aldenberg, T., Slob, W. (1993): Confidence limits for hazardous concentrations based on logistically distributed NOEC data. Ecotoxicol. Environ. Safety 25: 48-63

Alef, K. (1991): Methodenbuch Bodenmikrobiologie. ecomed, Landsberg/Lech

Allen, T.H.F., Starr, T.B. (1982): Hierarchy. Univ. Chicago Press, Chicago

Bachmat, Y., Bredehoeft, J., Andrews, B., Holz, D., Sebastian, S. (1980): Groundwater management: The use of numerical models. Am. Geophys. Union, Washington DC

Barnthouse, L.W. (1992): The role of models in ecological risk assessment: A 1990's perspective. Environ. Toxicol. Chem. 11: 1751-1760

Barnthouse, L.W. (1998): Modeling ecological risks of pesticides: A review of available approaches. In: Schüürmann, G., Markert, B. (eds.): Ecotoxicology. Wiley, New York; Spektrum, Heidelberg. 769-798

Bechmann, A. (1989): Bewertungsverfahren – der handlungsbezogene Kern von Umweltverträglichkeitsprüfungen. In: Hübler, K.-H., Otto-Zimmermann, K. (eds.): Bewertung der Umweltverträglichkeit. Bewertungsmaßstäbe und Bewertungsverfahren für die Umweltverträglichkeitsprüfung. Taunusstein. 84-103

Begon, M., Harper, J.L., Townsend, C.R. (1990): Ecology – Individuals, populations and communities. Blackwell, Boston, Oxford

Benne, I., Heineke, H.-J. (1987): Die Übersetzung der Bodenschätzung und ihre digitale Bereitstellung in einem Bodeninformationssystem für Umwelt- und Bodenschutz. Mitt. Dtsch. Bodenkdl. Ges. 53: 89-94

Bevenue, A. (1976): The „bioconcentration" aspects of DDT in the environment. Residue Rev. 61: 37-112

Bonazountas, M. (1987): Chemical fate modelling in soil systems: A state-of-the-art review. In: Barth, H., L'Hermite, P. (eds.): Scientific basis for soil protection in the European Community. Elsevier, London. 487-566

Branding, A. (1996): Die Bedeutung der atmosphärischen Deposition für die Forst- und Agrarökosysteme des Hauptforschungsraumes Bornhöveder Seenkette. EcoSys Suppl. Bd. 14. Kiel

Breckling, B. (1990): Singularität und Reproduzierbarkeit in der Modellierung ökologischer Systeme. Diss. Univ. Bremen

Breckling, B., Ekschmitt, K., Mathes, K., Weidemann, G. (1991): Realität und Abstraktion: Konzepte der Modellierung ökologischer Fragestellungen. Verh. d. Ges. f. Ökologie 20: 787-814

BUA (Beratergremium für umweltrelevante Altstoffe) (1997): Ökotoxikologie ausgewählter Tenside für den Wasch- und Reinigungsmittelbereich. Stuttgart. BUA-Stoffbericht 206

Chang, J.C., Brost, R.A., Isaksen, I.S.A., Madronich, P., Middleton, P., Stockwell, W.R., Walcek, C.J. (1987): A three-dimensional Eulerian acid deposition model: physical concepts and formulation. J. Geophys. Res. 92: 14681-14700

Cordsen, E. (1992): Böden des Kieler Raumes. Untersuchungen der Böden natürlicher Lithogenese unter Verwendung EDV-gestützt ausgewerteter Daten der Bodenschätzung. Diss. Univ. Kiel

Crommentuijn, T., Doodeman, C.J.A.M., van der Pol, J.J.C. (1995): Sublethal sensitivity index as an ecotoxicity parameter measuring energy allocation under toxicant stress: Application to cadmium in soil arthropods. Ecotoxicol. Environ. Safety 31: 192-200

Dalchow, C. (1991): EDV-gestützte Prognose der Verbreitung und Eigenschaften der quartären Sedimente im Einzugsgebiet des Krummbaches (nördliches Harzvorland). Bodenökologie und Bodengenese 1. TU Berlin

DFG (Deutsche Forschungsgemeinschaft) (ed.) (1983): Ökosystemforschung als Beitrag zur Beurteilung der Umweltwirksamkeit von Chemikalien. Bericht über ein Symposium der Arbeitsgruppe „Umweltwirksamkeit von Chemikalien" des Senatsausschusses für Umweltforschung der Deutschen Forschungsgemeinschaft am 20./21.11.1980 in Würzburg. VCH, Weinheim

Duynisveld, W.H.M. (1983): Entwicklung von Simulationsmodellen für den Transport von gelösten Stoffen in wasserungesättigen Böden und Lockersedimenten. Umweltbundesamt „TEXTE" 17/83. Berlin

ECETOC (European Chemical Industry Ecology and Toxicology Centre) (1993): Environmental hazard assessment of substances. Technical Report 51. Brussels

ECETOC (1997): The value of aquatic model ecosystem studies in ecotoxicology. Technical Report 73. Brussels

Efron, B. (1982): The Jackknife, the bootstrap and other resampling plans. Philadelphia

Ellenberg, H. (1983): Konkurrenzgleichgewicht wichtiger Arten. In: DFG (ed.): Ökosystemforschung als Beitrag zur Beurteilung der Umweltwirksamkeit von Chemikalien. Bericht über ein Symposium der Arbeitsgruppe „Umweltwirksamkeit von Chemikalien" des Senatsausschusses für Umweltforschung der Deutschen Forschungsgemeinschaft am 20./21.11.1980 in Würzburg. VCH, Weinheim. 35-38

Ellenberg, H. (1995): Allgemeines Waldsterben – ein Konstrukt? Bedenken eines Ökologen gegen Methoden der Schadenserfassung. Naturw. Rdsch.48: 93-96

Ellenberg, H., Fränzle, O., Müller, P. (1978): Ökosystemforschung im Hinblick auf Umweltpolitik und Entwicklungsplanung. Umweltforschungsplan des Bundesministers des Innern. Ökologie – Forschungsbericht 78-101 04 005. Bonn

Erisman, J.W., Pul, A.v., Wyers, P. (1993): Parametrization of dry deposition mechanisms for the quantification of atmospheric input to ecosystems. CEC Air Pollution Research Report 47, 223-241

Faust, C.R. (1984): Transport of immiscible fluids within and below the unsaturated zone – a numerical model. Geotrans. Report No. 84-01. Geotrans, Herdon VA

Fränzle, O. (1983): Ökosystemforschung: allgemeine Grundlagen und Definition, trophische Strukturen, biozönotische Gesetze und Thermodynamik. In: DFG (ed.): Ökosystemforschung als Beitrag zur Beurteilung der Umweltwirksamkeit von Chemikalien. Bericht über ein Symposium der Arbeitsgruppe „Umweltwirksamkeit von Chemikalien" des Senatsausschusses für Umweltforschung der Deutschen Forschungsgemeinschaft am 20./21.11.1980 in Würzburg. VCH, Weinheim. 21-29

Fränzle, O. (1984): Die Bestimmung von Bodenparametern zur Vorhersage der potentiellen Schadwirkung von Umweltchemikalien. Angew. Botanik 58: 207-216.

Fränzle, O. (1990): Representative sampling of soils in the Federal Republic of Germany and the EC countries. In: Lieth, H., Markert, B. (eds): Element concentration catasters in ecosystems. VCH, Weinheim. 63-71

Fränzle, O. (1993): Contaminants in terrestrial environments. Springer, Berlin

Fränzle, O., Straškraba, M., Jørgensen, S.E. (1995): Ecology and ecotoxicology. In: Ullmann's Encyclopedia of Industrial Chemistry. Vol. B7: Environmental Protection and Industrial Safety I. VCH, Weinheim. 19-154

Fränzle, O. (1996): Validierung von Expositionsmodellen als Monitoringproblem. In: Behret, H., Nagel, R. (eds.): Chemikalienbewertung in der Europäischen Union. GDCh-Monographie 5: 25-66. Frankfurt/M.

Fränzle, O., Kuhnt, G. (1994): Fundamentals of representative soil sampling. In: Kuhnt, G., Muntau, H. (eds.): EURO-Soils: Identification, collection, treatment, characterization. Ispra. 11-29

Fränzle, O., Schröder, W., Vetter, L. (1985): Saure Niederschläge als Belastungsfaktoren: Synoptische Darstellung möglicher Ursachen des Waldsterbens. Forschungsbericht 106 07 046/13 im Umweltforschungsplan des Bundesministers des Innern/Umweltbundesamtes

Fränzle, O., Kuhnt, G., Zölitz, R. (1987): Auswahl der Hauptforschungsräume für das Ökosystemforschungsprogramm der Bundesrepublik Deutschland (Teilvorhaben I). Forschungsbericht im Umweltforschungsplan des Bundesministers für Umwelt, Naturschutz und Reaktorsicherheit Nr. 101 04 043/02. Kiel

Fränzle, O., Daschkeit, A., Hertling, T., Jensen-Huß, K., Lüschow, R., Schröder, W. (1993): Grundlagen zur Bewertung der Belastung und Belastbarkeit von Böden als Teilen von Ökosystemen. Umweltbundesamt „Texte" 59/93. Berlin

Freeze, R.A., Cherry, J.A. (1979): Groundwater. Prentice Hall, Englewood Cliffs

Friederichs, M., Fränzle, O., Salski, A. (1996): Fuzzy clustering of existing chemicals according to their ecotoxicological properties. Ecol. Model. 85: 27-40

Gesetz zum Schutz vor gefährlichen Stoffen (Chemikaliengesetz-ChemG). BGBL. I. S.1703, zuletzt geändert durch G. v. 2.8.1994, BGBL. I. S.1963

Haken, H., Haken-Krell, M. (1989): Entstehung von biologischer Ordnung und Information. Darmstadt

Hansen, S., Jensen, H., Nielsen, E., Svendsen, H. (1990): DAISY – Soil Plant Atmosphere System Model. Copenhagen

Hapke, H.-J. (1983): Möglichkeiten und Grenzen der ökotoxikologishen Prüfung von Chemikalien. In: DFG (ed.): Ökosystemforschung als Beitrag zur Beurteilung der Umweltwirksamkeit von Chemikalien. Bericht über ein Symposium der Arbeitsgruppe „Umweltwirksamkeit von Chemikalien" des Senatsausschusses für Umweltforschung der Deutschen Forschungsgemeinschaft am 20./21.11.1980 in Würzburg. VCH, Weinheim. 11-29

Heinrich, U. (1994): Flächenschätzung mit geostatistischen Verfahren – Variogrammanalyse und Kriging. In: Schröder, W., Vetter, L., Fränzle, O. (eds.): Neuere statistische Verfahren und Modellbildung in der Geoökologie, 145-164. Vieweg, Braunschweig

Hicks, B.B., Matt, D.R. (1988): Combining biology, chemistry, and meteorology in modeling and measuring dry deposition. J. Atmosph. Chem. 6: 117-131

Hildebrandt, B.-U., Schlottmann, U. (1998): Chemical safety – An international challenge. Angew. Chem. Int. Ed. 37: 1316-1326

Jensen-Huß, K. (1992): Atmosphärische Stoffeinträge in Schleswig-Holstein: Herkunft und ökologische Bedeutung. In: Kuhnt, G., Zölitz-Möller, R. (eds.): Beiträge zur Geoökologie. Kieler Geographische Schriften 85: 22-41

Journel, A.G., Huijbregts, C.J. (1978): Mining geostatistics. New York

Kluge, W., Heinrich, U. (1994): Statistische Sicherung geoökologischer Daten. In: Schröder, W., Vetter, L., Fränzle, O. (eds.): Neuere statistische Verfahren und Modellbildung in der Geoökologie. Vieweg, Braunschweig. 31-67

Koch, R. (1994): Problematik der Bewertung des ökotoxikologischen Gefährdungspotentials auf der Basis von Testergebnissen. In: Bayer, E., Behret, K. (eds.): Bewertung des ökologischen Bewertungspotentials von Chemikalien. GDCh-Monographie 1:17-28. Frankfurt/ Main

Koeman, J.H. (1975): The toxicological importance of chemical pollution for marine birds in the Netherlands. Die Vogelwarte 28: 145-150

Kooijman, S.A.L.M. (1998): Process-oriented descriptions of toxic effects. In: Schüürmann, G., Markert, B. (eds.): Ecotoxicology. Wiley & Sons / Spektrum, New York, Heidelberg, Berlin. 483-520

Korte, F. (ed.) (1987): Lehrbuch der Ökologischen Chemie. Thieme, Stuttgart, New York

Kuhnt, G., Fränzle, O., Vetter, L. (1986): Regional repräsentative Auswahl von Böden für die Umweltprobenbank der Bundesrepublik Deutschland. Kieler Geographische Schriften 64: 79-108

Laszlo, E. (1978): Evolution und Invarianz in der Sicht der Allgemeinen Systemtheorie. In: Lenk, H., Rohpohl, G. (eds.): Systemtheorie als Wissenschaftsprogramm. Athenäum, Königstein. 221-238

Levine, S.N. (1989): Theoretical and methodological reasons for variability in the responses of aquatic ecosystem processes to chemical stress. In: Levin, S.A., Harwell, M.A., Kelly, J.R., Kimball, K.D. (eds.): Ecotoxicology: Problems and approaches. Springer, New York. 145-179

Levitt, J. (1980): Responses of plants to environmental stresses. 2 Vols. Academic Press, New York, San Francisco

Lövblad, G., Erisman, J.W., Fowler, D. (eds.) (1993): Models and methods for the quantification of atmospheric input to ecosystems. Nordiske Seminar of Arbejds Rapporter 1993: 573. The Nordic Council of Ministers, Copenhagen

Mackay, D., Paterson, S. (1991): Evaluating the multimedia fate of organic chemicals: a level III fugacity model. Environ. Sci. Technol. 25: 427-436

Matheron, G. (1963): Principles of geostatistics. Econ. Geol. 58: 1246-1266

Mathes, K. (1992): Ökotoxikologie organischer Chemikalien in terrestrischen Systemen: Wirkungen auf Organismengemeinschaften. Angew. Bot. 66: 165-168

Mathes, K. (1997): Ökotoxikologische Wirkungsabschätzung. Das Problem der Extrapolation auf Ökosysteme. UWSF – Z. Umweltchem. Ökotox. 9: 17-23

Mattheß, G. (1994): Die Beschaffenheit des Grundwassers. Enke, Berlin, Stuttgart

May, R.M. (1976): Simple mathematical models with very complicated dynamics. Nature 261: 459-467

Melcher, D., Matthies, M. (1996): Application of fuzzy clustering to data dealing with phytotoxicity. Ecol. Model. 85: 41-49

Oelkers, K.-H. (1984): Datenschlüssel Bodenkunde – Symbole für die automatische Datenverarbeitung bodenkundlicher Geländedaten. BGR, Hannover

Okkerman, P.C., van der Plassche, E.J., Slooff, W., van Leeuwen, C.J., Canton, J.H. (1991): Ecotoxicological effects assessment: A comparison of several extrapolation procedures. Ecotoxicol. Environ. Safety 21: 182-193

O'Neill, R.V., DeAngelis, D.L., Waide, J.B., Allen, T.F.H. (1986): A hierarchical concept of ecosystems. Monographs in Population Biology 23. Princeton

O'Neill, R.V. et al. (1989): A hierarchical framework for the analysis of scale. Landscape Ecol. 3: 193-205

Page, B., Jaeschke, A., Pillmann, W. (1990): Angewandte Informatik im Umweltschutz. Informatik-Spektrum 13: 86-97

Pahl-Wostl, C. (1995): The dynamic nature of ecosystems. Wiley, Chichester

Parlar, H., Angerhöfer, D. (1991): Chemische Ökotoxikologie. Springer, Berlin, Heidelberg

Piotrowski, J., Bartels, F., Salski, A., Schmidt, G. (1996): Geostatistical regionalization of glacial aquitard thickness in Northwestern Germany, based on fuzzy kriging. Mathemat. Geol. 28: 437-452

Prestt, I., Ratcliff, D.A. (1972): Effects of organochlorine insecticides on European birdlife. Proc. 15th Int. Orn. Congr.: 486-513

Reiche, E.-W. (1991): Entwicklung, Validierung und Anwendung eines Modellsystems zur Beschreibung und flächenhaften Bilanzierung der Wasser- und Stickstoffdynamik in Böden. Kieler Geographische Schriften 79

Reiche, E.-W. (1996): WASMOD – Ein Modellsystem zur gebietsbezogenen Simulation von Wasser- und Stoffflüssen. EcoSys 4: 143-163

Reiche, E.W., Müller, F. (1994): Modelle als wissenschaftliche und praxisrelevante Instrumente in der Geoökologie. In: Schröder, W., Vetter, L., Fränzle, O. (eds.): Neuere statistische Verfahren und Modellbildung in der Geoökologie. Vieweg, Braunschweig. 297-331

Salski, A., Fränzle, O., Kandzia, P. (eds.) (1996): Fuzzy logic in ecological modelling. Ecol. Model. 85, No. 1 (Special Issue)

Schmotz, W. (1996): Entwicklung und Optimierung von Verfahren zur flächenhaften Erfassung der Schadstoffgehalte in Böden. Diss. Univ. Kiel

Schröder, W., Vetter, L., Fränzle, O. (eds.) (1994): Neuere statistische Verfahren und Modellbildung in der Geoökologie. Vieweg, Braunschweig

Schröder, W., Fränzle, O., Keune, H., Mandy, P. (eds.) (1996): Global monitoring of terrestrial ecosystems. Ernst und Sohn, Berlin

Schulin, R., Webster, R., Meuli, R. (1994): Technical note on objectives, sampling design, and procedures in assessing regional soil pollution and the application of geostatistical analysis in such surveys. In: Federal Office of Environment, Forests and Landscape (FOEFL) (ed.): Regional Soil Contamination Surveying. Part A. Bern

Seitz, A., Poethke, H.-J. (1995): Strukturanalyse und Modellierung von Zooplankton-Fisch-Freilandsystemen zur Bewertung von Fremdstoffwirkungen in aquatischen Ökosystemen. In: Kirchner, M., Bauer, H. (eds.): Statusseminar zum Förderschwerpunkt „Ökotoxikologie" des BMBF. GSF-Forschungsberichte des Projektträgers 2/1995. 1-29

Shugart, H.H., Urban, D.L. (1988): Scale, synthesis, and ecosystem dynamics. In: Pomeroy, L.R., Alberts, J.J. (eds.): Concepts of ecosystem ecology – a comparative view. Ecological Studies Vol 67. Springer, Berlin, Heidelberg, New York. 279-289

Spranger, T. (1992): Methoden zur Erfassung und ökosystemaren Bewertung der atmosphärischen Deposition. In: Kuhnt, G., Zölitz-Möller, R. (eds.): Beiträge zur Geoökologie. Kieler Geographische Schriften 85: 1-21

Sprent, P. (1989): Applied nonparametric statistical methods. London

Steinberg, C., Klein, J., Brüggemann, R. (eds.) (1995): Ökotoxikologische Testverfahren. Landsberg/Lech

Steubing, L., Jäger, H.-J. (eds.) (1982): Monitoring of air pollutants by plants – Methods and problems. Proceedings of the International Workshop in Osnabrück (F.R.G.), 24./25.09.1981. The Hague, Boston, London

Stork, R., Dilly, O. (1998): Maßstabsabhängige räumliche Variabilität mikrobieller Bodenkenngrößen in einem Buchenwald. Z. Pflanzenernähr. Bodenk. 161: 235-242

Straškraba, M. (1995): Impact of xenobiotics on aquatic ecosystems. In: Ullmann's Encyclopedia of Industrial Chemistry. Vol. B7: Environmental Protection and Industrial Safety I. VCH, Weinheim. 115-123

Sverdrup, H., De Vries, W., Henriksen, A. (1990): Mapping critical loads. A guidance to the criteria, calculations, data collection and mapping of critical loads. Miljørapport 1990: 14. Nordic Council of Ministers, Copenhagen

Technical Guidance Documents (1996) in Support of the Commission Directive 93/67/EEC on Risk Assessment for New Notified Substances and the Commission Regulation (EC) 1488/94 on Risk Assessment for Existing Substances, Part II, Brussels

Ulrich, B. (1983): Interaction of forest canopies with atmospheric constituents: SO_2, alkali and earth alkali cations and chloride. In: Ulrich, B., Pankrath, J. (eds.): Effects of accumulation of air pollutants in forest ecosystems. Kluwer, Dordrecht. 33-45

Van de Meent, W., Toet, C. (1992): Dutch priority setting system for existing chemicals – a systematic procedure for ranking chemicals according to increasing environmental risk potential. Concept RIVM Report nr 670 120 001. Bilthoven

Van der Maass, M.P., van Breemen, N., van Langenvelde, I. (1990): Hydrochemical budgets of two douglasfir stands affected by acid deposition on the Veluwe, The Netherlands. Agricultural University of Wageningen. Additional programme on acidification in the Netherlands, report no. 102.1.01

Van Straalen, N.M., Denneman, C.A.J. (1989): Ecotoxicological evaluation of soil quality criteria. Ecotoxicol. Environ. Safety 18: 241-251

Van Straalen, N.M., Kammenga, J.E. (1998): Assessment of ecotoxicity at the population level using demographic parameters. In: Schüürmann, G., Markert, B. (eds.): Ecotoxicology. Wiley, New York, Spektrum, Heidelberg. 621-644

Vetter, L. (1989): Evaluierung und Entwicklung statistischer Verfahren zur Auswahl von repräsentativen Untersuchungsobjekten für ökotoxikologische Fragestellungen. Diss. Univ. Kiel

Vetter, L., Maas, R., Schröder, W. (1991): Die Bedeutung der Repräsentanz für die Auswahl von Untersuchungsstandorten am Beispiel der Waldschadensforschung. Petermanns Geographische Mitteilungen 135: 165-175

Webster, R., Oliver, M.A. (1990): Statistical methods in soil and land resource survey. Oxford Univ. Press, Oxford

Wesely, M.L. (1989): Parametrization of surface resistance to gaseous dry deposition in regional-scale numerical models. Atmosph. Environ. 23: 1293-1304

Yvantis, E.A., Flatman, G.T., Behar, J.V. (1987): Efficiency of kriging estimation for square, triangular and hexagonal grids. Mathemat. Geol. 19: 183-205

2 Ökologische Ansätze in der Ökotoxikologie als Herausforderung für die Risikobewertung

C. Schäfers und W. Klein

Abstract

Introducing remarks concern the different views of the regulatory ecotoxicology and the scientific claims to the shelter of ecosystems. Important future issues like bioavailability or mixture toxicity and trends in concepts and methods are mentioned. The necessity of ecological aspects in ecotoxicological concepts and methods is derived from and appropriately differentiated into the different questions ecotoxicology is dealing with. Each aspect is illustrated by an examplary project from aquatic ecotoxicology: Tests on effects under more realistic exposure in model ecosystems (aquatic microcosms), tests on endpoints being relevant for fish populations (life cycle tests), tests on the sensitivity distribution in species from special ecosystems (groundwater community), detection and causal analysis of community changes in aquatic ecosystems by purposive monitoring and multivariate statistics. Finally, the essentials to the clarity of the question and the suitability of the test design are summarized.

Zusammenfassung

Einleitend wird auf das Dilemma zwischen der legislativ-administrativen Prüfökotoxikologie und den wissenschaftlichen Ansprüchen zum Schutz von Ökosystemen eingegangen. Wichtige zukünftige Themenkomplexe wie Bioverfügbarkeit oder Gemischtoxizität werden angesprochen, allgemeine konzeptionelle und methodische Ansätze aufgezeigt. Die Notwendigkeit ökologischer Aspekte in ökotoxikologischen Testkonzepten und -methoden wird aus den unterschiedlichen in der Ökotoxikologie behandelten Fragestellungen abgeleitet und entsprechend differenziert. Die einzelnen Aspekte werden anhand von beispielhaften Projekten aus dem Bereich der aquatischen Ökotoxikologie veranschaulicht: Die Erfassung von Wirkungen auf Organismen im biozönotischen Zusammenhang bei realitätsnäherer Exposition in Mikrokosmosuntersuchungen, die Erfassung von Wirkungen auf populationsrelevante Endpunkte in Life cycle test mit Fischen, die Erfassung des Empfindlichkeitsspektrums in betroffenen spezifischen Lebensgemeinschaften wie der des Grundwassers oder die Kausalanalyse biozönotischer Veränderungen in aquatischen Systemen mit Hilfe zielgerichteter Erhebungen und multivariater Statistik. Schließlich werden die wichtigsten Voraussetzungen bezüglich der Klarheit der Fragestellung und der Eignung des Testdesigns zusammengefaßt.

2.1 Konzeptionen und Aufgaben

2.1.1 Prinzipielle Aufgabenstellung

In der Ökotoxikologie besteht ein Dilemma zwischen der legislativ-administrativen Prüfökotoxikologie und den wissenschaftlichen Ansprüchen zum Schutz von Ökosystemen. Die Prüfökotoxikologie arbeitet nach wie vor empirisch ohne belastbare wissenschaftliche Begründung, d.h., es wird versucht, eindeutige ökologisch relevante Aussagen auf experimentell unzulänglicher Datenbasis zu machen. Es sollten deshalb eine Reihe von prinzipiellen Schwierigkeiten nicht übersehen werden.

Thesen

- Es kann auf Dauer nicht Aufgabe der Prüfökotoxikologie sein, indirekte ökologische Wirkungen zu untersuchen. Indirekte Wirkungen einer direkten Wirkung sollten stoffunabhängig bekannt werden.
- So lange kein Konsens zu einer praktikablen Definition ökologischer Schäden erarbeitet ist, fehlt der ökologisch orientierten Schadensforschung eigentlich das Bearbeitungsziel.
- Die wissenschaftliche forschende Ökotoxikologie ist ausdehnbar auf die Bearbeitung ökosystemarer Auswirkungen von Stoffeinträgen und ist damit ein Bindeglied zur Ökosystemforschung. Die Ökosystemforschung hat die Kausalzusammenhänge zwischen Stoffstress und Auswirkungen nicht geliefert. Die Theoretische Ökologie ist zwangsläufig bisher nicht an Detailbefunden orientiert.
- Bisherige Schwächen der Ökotoxikologie im Hinblick auf Erkenntnisfortschritt sind nicht nur durch pragmatische Empirie begründet, sondern auch in ungenügender Methodik und insbesondere inkonsistenter Zielorientierung.

2.1.2 Konzeptionelle Vielfalt

Die Ökotoxikologie ist mit der Stoffgesetzgebung zur Unterstützung des operationellen Umweltschutzes entstanden und das resultierende PEC/PNEC-Konzept (PNEC über Unsicherheitsfaktoren oder statistische Wirkdatenauswertung) ist trotz aller Einwände ein Faktum. Konzeptionell besteht hier das Ziel eher darin, eine intrinsische Ökotoxizität nach dem Vorsorgeprinzip zu erfassen, als darin, eine $PNEC_{Ökol.}$ abzuleiten. Wenn letztere für alle Stoffe abgeleitet wird, hat sie für die praktische Stoffbeurteilung schwer nutzbare Konsequenzen: eine $PNEC_{Ökol.}$ liegt für viele natürlich vorkommende Stoffe, nicht nur Schwermetalle, um Größenordnungen unter den natürlichen Werten. Dennoch wird das PEC/PNEC-Konzept in der legislativen Ökotoxikologie für die prospektive (Neustoffe) und die retrospektive (Altstoffe) Stoffbeurteilung eingesetzt. Die Realisierung führt jedoch trotz grundsätzlich einfacher Konzeption zu einer sehr komplexen Vorgehensweise.

Im medienorientierten Umweltschutz besteht demgegenüber eher eine (stand)ortsbezogene Schutzkonzeption mit zwangsläufig stärkerer Betonung der realen Vorort-Interaktion zwischen Schadstoffeigenschaften und interagierenden Umwelteigenschaften. Die Differenzierung zwischen der eher generischen Konzeption und der ortsbezogenen ist häufig in den ökotoxikologischen Diskussionen verwischt, was zu Zielkonflikten führt. Dies zeigt sich insbesondere bei Konzeption und Interpretation von Umweltbeobachtungs- und Monitoringprogrammen. Während umfangreiches Stoffmonitoring durchaus für beide Konzepte nutzbar ist (z.B. PEC-Überprüfung), ist ein biologisches Monitoring, sowohl über Bioindikatoren als auch über Biomarker, wegen des in der Regel fehlenden Kausalbezugs bisher kaum für eine Stoffbewertung heranzuziehen.

Auf biologischer Seite werden in der Prüftoxikologie einerseits Stellvertreterorganismen mit ökologischer Relevanz (trophische Ebene, Funktionsrepräsentanz) eingesetzt. Andererseits ist auch Biodiversität ein Schutzziel, das über diesen Weg nicht zu erreichen ist. Deshalb bleibt der Satz an zu nutzenden Standardtests ein Dauerproblem. Unter diesem Gesichtspunkt haben ökologisch orientierte Methoden (Kosmen) durchaus eine im engeren Sinn ökotoxikologische Aufgabe. Die Konzeption, ökophysiologisch und wirktypbegründet angepaßte Prüfsätze zu etablieren, könnte ein weiterer Ausweg sein, ist jedoch bisher auf Verdachtsmomente beschränkt. Grundsätzlich sollte eine substantielle Begründung für Testsysteme entwickelt werden, die nicht nur aus theoretischen Überlegungen resultieren sollten, sondern auch aus der Auswertung der Zusatzinformation, die durch zusätzlichen Aufwand gewonnen wird.

2.1.3 Systematische Bearbeitung der Bioverfügbarkeit

Die Bedeutung der Bioverfügbarkeit als modifizierende Größe zwischen externer Exposition und biologischer Wirkung wurde bisher vorwiegend verbal argumentativ behandelt. Die Zuordnung einer zentralen Rolle in der Ökotoxikologie würde viele Probleme lösen, bedürfte aber einer grundsätzlichen Umorientierung der Ansätze. Das zur Zeit diskutierte 3-Phasen-Modell

Externe Verfügbarkeit (Bioaccessability) – Übergang in Organismen – Verteilung innerhalb Organismen (Abb. 2-1) scheint ein optimaler Ansatz, der es erlaubt, die Datenerhebung und -interpretation bezüglich einzelner Arten zu verbessern und nach erfolgreicher Modellierung auch zu ökologisch orientierten Aussagen zu kommen. Zur Verifizierung dieses Konzepts existieren zahlreiche Daten. Der plausible thermodynamische Ansatz (Schüürmann 1997) wird schwieriger zu validieren sein.

Die Notwendigkeit der systematischen Bearbeitung der Bioverfügbarkeit als eigenständiges generelles Bewertungskriterium ist für die erforderliche Differenzierung bei Erhebungen zur Umweltbelastung zwischen einer chemisch optimierten Gesamtanalytik im Hinblick auf die Schadstoffausstattung und einer biologisch relevanten Ausstattung im Hinblick auf Wirkpotentiale offensichtlich. Sie stellt die verbesserte Schnittstelle zwischen Chemie und Biologie dar und dürfte für die bisherigen nicht differenzierten Daten auch eine Erklärung für eine Reihe vermeintlicher Empfindlichkeitsunterschiede zwischen Arten bei Labortests und auch zwischen Labor und Freiland liefern. Insbesondere der Zeitaspekt hinsichtlich biologischer Konsequenzen einer Schadstoffausstattung, zum Bei-

Bioverfügbarkeit
Ökologisch relevantes Expositions- bzw. Dosiskriterium der Ökotoxikologie

Chemische Speziierung in der Umwelt	Transfer, Transport in Organismen	Transport zum Wirkort
• Verteilung • Pow • Komplexbildung • Fixierung	• aktiver, passiver Transport durch Membranen • Expositionspfad • Speziesabhängigkeit	• Toxikokinetik • Rezeptorbindung • Metabolisierung • Ausscheidung, Deposition
abiotische Kompartmentalisierung		**biotische Kompartmentalisierung**

Abb. 2-1: 3-Phasen-Modell der Bioverfügbarkeit

spiel die Dauerhaftigkeit einer Fixierung an Huminstoffen oder Tonmineralien, ist dabei mitzubearbeiten.
Gemäß der Konzeption des 3-Phasen-Modells sind Stoffeigenschaften, Umwelteigenschaften und biologische Größen zu erheben (Abb. 2-2). In der konventionellen Expositionsbeurteilung

Elemente der Bioverfügbarkeit

- Stoffeigenschaften
  - Wasserlöslichkeit
  - Verteilungsverhalten
    (Pow, K_D, K_{OC}, Verteilungskoeffizient Wasser-Luft)
- Umwelt- und Produkteigenschaften
  - Schwebstoffe in Gewässern
  - Sedimentzusammensetzung
  - Eigenschaften von Böden, insbesondere org. C, Tonmineralien, pH
    Klima
    Siedlungsabfälle
    Entsorgungssysteme
    Bergbauabraum
    Schlacken
- Resorption
  - Expositionspfad
  - Speziesunterschiede
- übergeordnet
  - räumliche und zeitliche Dimension

Abb. 2-2: Elemente der Bioverfügbarkeit

spielt die Mobilität von Stoffen eine bedeutende Rolle. Die Mobilität hat beträchtliche Überschneidungen mit der Bioverfügbarkeit, so daß ein Teil der Informationen nicht zusätzlich zu erheben ist. Andererseits sind für verschiedene Anwendungsgebiete sicherlich spezifische Auswertungssysteme zu entwickeln: Beispielsweise verlangen Emissionen in Gewässer andere Betrachtungen als Bergbauabraum.
Im Hinblick auf die dritte Phase des Bioverfügbarkeitsmodells und zur Verbesserung der Information zu Artunterschieden und der Dateninterpretation ökotoxikologischer Untersuchungen ist ein Bezug auf die Dosis oder eine Angabe der Body burden zusätzlich zum Bezug auf Konzentrationen im Umgebungsmedium sinnvoll. Hiermit wird zudem auch eine bessere Vergleichbarkeit zur Umwelttoxikologie erreicht. Diese Forderung bedeutet beträchtlichen zusätzlichen Aufwand und dürfte schwierig umfassend zu realisieren sein. Deshalb haben die systematische wissenschaftliche Bearbeitung des Zusammenhangs Bioverfügbarkeit/Interne Dosis von Organismen und die Erfassung der Dosis bei Prüfungen besondere Bedeutung zur Verbesserung der Stoffbeurteilung.

2.1.4 Gemischtoxizität

Weitere Themen, die letztendlich ungelöst sind, aber in der Ökotoxikologie immer wieder eine Rolle spielen, sind Stress durch subtoxische Belastungen (Hintergrundstress) sowie die Gemischtoxizität. Bei allen wissenschaftlichen Bedenken sollte für die sogenannte „toxische Gesamtsituation" versucht werden, eine numerische Erfassung zu erreichen, selbst wenn diese inhaltlich vage bleibt. Wenn die chemische Identität der Exposition nicht bekannt ist, können Kausalitäten nicht erarbeitet werden. Sind die bioverfügbaren Konzentrationen des Gemischs jedoch bekannt, ist die Bearbeitung unter Annahme additiver Wirkungen plausibel und einfach (Abb. 2-3). Ob additive, synergistische oder antagonistische Wirkung vorliegt, ist bei Kenntnis des Wirktyps abzuschätzen. Es ist deshalb auch bei einer ökosystemar orientierten Ökotoxikologie eine Rolle für die Physiologie gegeben.

2.1.5 Methodologie

Einzelartentests und standardisierte Funktionstests müssen nicht nur aus Gründen der Praktikabilität in der legislativ-administrativen Öktoxikologie eine zentrale Rolle spielen. Da ihre ökosystemare Interpretation jedoch nicht möglich ist, sind ökosystemar orientierte Methoden zur Validierung der bisherigen Bewertung eine konsequente Entwicklung. Freiland-Simulations- bzw. Semi-Freilandversuche mit einem Optimum zwischen allgemeiner Interpretationsfähigkeit und Realitätsnähe sind hier der erfolgreiche Weg.

Berechnung der Gemischtoxizität

Definition: TU (toxische Einheit, toxic unit) = $\frac{\text{Konzentration in der Lösung}}{\text{EC50}}$

$TU = 1 \quad C_{Lösung} = EC50$

$TU < 1 \quad C_{Lösung} < EC50$

$TU > 1 \quad C_{Lösung} > EC50$

1. Bildung von toxischen Einheiten für die Einzelsubstanzen

$TU_1 = C_1 / EC50_1 \qquad TU_2 = C_2 / EC50_2 \qquad TU_3 = C_3 / EC50_3$

2. Berechnung der relativen Gesamttoxizität bei additiver Wirkung

$TU_{gesamt} = TU_1 + TU_2 + TU_3$

3. Berechnung der EC50 des Gemischs in wässriger Lösung

$EC50_{Gemisch} = 1000 / TU_{gesamt}$ Einheit: ml / l

Abb. 2-3: Quantifizierung der Toxizität unter Voraussetzung einer additiven Wirkung (nach Hund und Kördel 1996, basierend auf Peterson 1994)

Verbesserung der Realitätsnähe bei standardisierten Einzelartenlabortests läßt nicht nur die Frage nach der Übertragbarkeit offen, sondern gibt lediglich eine Scheinverbesserung: Es wird das Prinzip der Erfassung der stoffinhärenten Ökotoxizität verlassen, ohne die Gesamtvariation in der Umweltrealität experimentell umsetzen zu können. Das Ziel dieser Versuche wäre besser über die geforderte systematische Einbindung der Bioverfügbarkeit zu erreichen. Standardisierte komplexe Systeme, in denen der Einfluß nur einer Variablen präzise untersucht wird, sind ein wissenschaftlich vertretbarer Ansatz, wobei die spätere Zusammenführung der untersuchten Variablen in ein Gesamtmodell der Validierung bedarf. Komplexe Semi-Freilandsysteme haben zumindest teilweise eine zufällige Variabilität der Umweltvariablen, können jedoch zur Validierung des erwähnten Gesamtmodells herangezogen werden. Ein Nutzen künstlicher zusammengesetzter Systeme ist nur vorübergehend für die Bearbeitung spezifischer Auswirkungen auf ausgewählte Populationsdynamiken und sekundärer Effekte in definierten Räuber-Beute-Verhältnissen zu sehen. Diese Methoden werden in Einzelfällen auch für die Stoffbewertung unmittelbar herangezogen. Ihre Befunde sind jedoch noch mehr für den Erkenntnisfortschritt zu nutzen, um die direkten und sekundären Effekte allgemein interpretierbar zu machen.

Eine weitere Optimierungsnotwendigkeit besteht im Umfang der erhobenen Kenngrößen bei jeglichen Untersuchungen: Diese sollten der Fragestellung angepaßt sein und nicht einem vagen Erkenntnisfortschritt dienen, wie es bei großen Datensätzen ohne Kenntnis der Randbedingungen der Fall ist.

Der Begriff „ökotoxikologische Risikobewertung" wird im folgenden auf die Problemfeststellung sowie die Planung und Durchführung von experimentellen ökotoxikologischen Projekten, also auf die experimentelle Risikoermittlung verkürzt. Dabei stehen grundsätzliche methodische Herangehensweisen im Mittelpunkt. Die Bewertung der ermittelten Informationen enthält immer auch wissenschafts-, gesellschafts- oder wirtschaftspolitische Aspekte, die hier ausgeklammert werden. Die theoretischen Vorüberlegungen beschränken sich auf die für die experimentelle Risikoermittlung notwendigen Voraussetzungen in statistischer und ökologischer Hinsicht.

2.2 Ökologische Aspekte in der experimentellen Ökotoxikologie

2.2.1 Notwendigkeit ökologischer Betrachtungen bei der experimentellen Risikoermittlung

Die Risikoermittlung von chemischen Einflüssen auf Ökosysteme kann unter verschiedenen Blickwinkeln geschehen. Diese müssen differenziert und verdeutlicht werden, um bei einer Extrapolation von einem Untersuchungsergebnis den jeweiligen Geltungsbereich abgrenzen und diskutieren zu können (vgl. Holler et al. 1996). Zunächst muß klargestellt werden, daß ein Risiko im Sinne der in Abb. 2-4 gegebenen Definition nur ermittelt werden kann, wenn umweltchemische und ökotoxikologische Daten zusammengeführt werden.

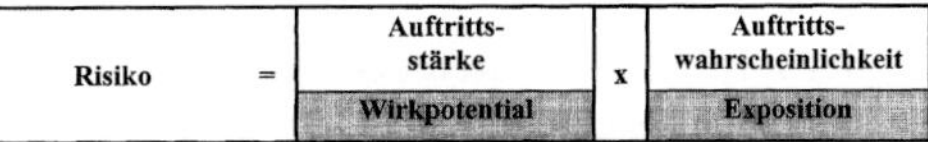

Risiko	=	Auftritts- stärke	x	Auftritts- wahrscheinlichkeit
		Wirkpotential		Exposition

Abb. 2-4: Definition des Risikobegriffs; ökotoxikologische Aspekte grau unterlegt. Sowohl das in ökotoxikologischen Studien ermittelte Wirkpotential als auch die über physikalisch-chemische Daten, Studien zum Verbleib und Informationen über Eintragswege in die Umwelt berechenbare Exposition können wiederum als Wahrscheinlichkeiten über verschiedene Arten bzw. Szenarien angegeben werden.

Die Aussagekraft einer Extrapolation setzt sich aus der Aussageschärfe (Reproduzierbarkeit, statistische Signifikanz) und der Aussagebedeutung (Realitätsnähe) zusammen, die sich häufig entgegenstehen (Abb. 2-5).

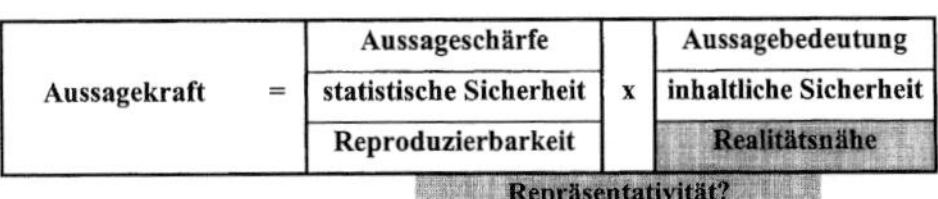

Aussagekraft	=	Aussageschärfe	x	Aussagebedeutung
		statistische Sicherheit		inhaltliche Sicherheit
		Reproduzierbarkeit		Realitätsnähe
		Repräsentativität?		

Abb. 2-5: Definition der Aussagekraft von ökotoxikologischen Experimenten; ökologisch bedeutsame Aspekte grau unterlegt.

Für die weitere Differenzierung ist die Richtung von Bedeutung, aus der ein Risiko betrachtet wird. Hier ist vor allem die vorausschauende Stoffbetrachtung von der feststellenden Betrachtung eines Umweltkompartiments zu unterscheiden: Im ersten Fall dienen Experimente dazu, potentielle Risiken zu ermitteln, um diese zukünftig im vertretbaren Rahmen zu halten, im zweiten Fall sollen bestehende Veränderungen aufgedeckt und Ursachen zugeordnet werden (Abb. 2-6a, b). Die unterschiedlichen Zeitrahmen, rechtlichen Anforderungen und kausalanalytischen Komplexitäten verlangen nach jeweils unterschiedlichen umweltchemischen und ökotoxikologischen Instrumentarien. Die vorausschauende Bewertung des aktiven Einsatzes von (ehemals belasteten) Umweltkompartimenten (Bewertung des Risikos von Komposten, einer Altlastensanierung, einer Bodenwäsche, eines Abwassers, Abb. 2-6c) steht in vielerlei Hinsicht zwischen diesen Polen.

2.2.2 Einbeziehung ökologischer Informationen in die Planung ökotoxikologischer Experimente

Aus der Richtung der Risikobetrachtung und aus der verfügbaren Datenlage können sich Notwendigkeiten ergeben, ökologische Aspekte in die Planung weiterer Experimente einzubeziehen (Abb. 2-6). Im Rahmen der Stoffbewertung ergibt sich aus den aussagescharfen Wirkungstests unter realitätsfernen Laborbedingungen, den stark extrapolierenden Berechnungen der Exposition und der Anwendung von nach dem Vorsorgeprinzip notwendigen Unsicherheitsfaktoren oder hohen Perzentilwerten von Wahrscheinlichkeitsverteilungen manchmal ein hohes, unvertretbar erscheinendes Risiko. Die Unsicherheiten bei der Beurteilung einer potentiellen Wirkung auf Populationen, Lebensgemeinschaften und/oder ökosystemare Funktionen können nur durch die Einbeziehung ökologischer Informationen in die Planung und Durchführung weiterer Studien verringert werden. So kann es sinnvoll sein, Verbleib, Bioverfügbarkeit und Wirkungsbreite einer Substanz in einem Ökosystemausschnitt möglichst realitätsgetreu experimentell zu bestimmen, um berechnete Vorergebnisse zu bestätigen oder Worst-case-Annahmen, die aufgrund mangelnder Kenntnisse notwendig waren, zu relativieren. Dabei ist zum einen der biozönotische Zusammenhang bedeutsam, in dem die geprüften Organismen stehen, insbesondere das trophische Netz. Zum anderen ist die Exposition der für die Regulation der Population relevanten Lebensstadien im Zusammenhang einer natürlichen Alters- (und Geschlechts-)verteilung wichtig. Schließlich kann die Prüfung weiterer Arten einen Eindruck über die Empfindlichkeitsverteilung gegenüber der fraglichen Substanz vermitteln, der die Größe der Unsicherheit (und des notwendigen Unsicherheitsfaktors) herabsetzt. Dazu muß sichergestellt sein, daß die geprüften Arten zu den potentiell stark exponierten gehören und bezüglich der physiologischen Wirkung der Substanz empfindlich sind. Bei Hinweisen auf starke subakute oder chronische Wirkungen sind akute Tests nicht hinreichend.
Im Rahmen der ökotoxikologischen Bewertung von Umweltkompartimenten (Wasser, Boden, Luft) bedarf es in ökologischer Hinsicht vor allem der Kausalanalyse ökosystemarer Veränderungen, soweit stoffliche Ursachen angenommen werden. Häufig ist jedoch schon die abgesicherte Feststellung von Veränderungen problematisch.

2.3 Beispiele aus der aquatischen Ökotoxikologie

Im folgenden werden die theoretischen Vorbemerkungen anhand praktischer Beispiele veranschaulicht. Dazu werden ausgewählte laufende oder in der Vorbereitung befindliche Projekte aus dem Bereich der aquatischen Ökotoxikologie vorgestellt.

2.3.1 Prüfung von Organismen im biozönotischen Zusammenhang bei realitätsnäherer Exposition: Aquatische Mikrokosmen

Für Zulassungen nach dem Pflanzenschutzgesetz (PflschG) oder Anmeldungen nach dem Chemikaliengesetz (ChemG) wird die Risikobewertung nach Stufenkonzepten vollzogen. Nur in den Fällen, in denen die Extrapolationen vom Standarddatensatz (Grundstufe nach ChemG)

Richtungen der Risikobetrachtung

a) vorausschauend (Stoffbewertung)
Abschätzung: Geht von der Substanz ein Risiko für die Umwelt aus?

Vorgehen:

1. Stoffspezifisches Gefahrenpotential: Aussagescharfe Wirkungstests
   Ziel: (vergleichende) Stoffbewertung
2. Abgleich mit zu erwartender Umweltkonzentration
   (unter Einbeziehung eines Unsicherheitsfaktors)
3. Bei hohem Risiko: Aussagesichere Versuche zu Exposition und Wirkung

- **Prüfung weiterer Arten (Empfindlichkeitsverteilung)**
- **Prüfung empfindlicher relevanter Lebensstadien**
- **Prüfung unter realitätsnäheren Bedingungen (Exposition und Lebensgemeinschaft)**

Problem: Potentielle Wirkung auf Populationen, Lebensgemeinschaften, ökosystemare Funktionen

---

b) feststellend (Umweltkompartimentbewertung)
Monitoring: Gibt es eine meßbare Exposition oder Wirkung?

Vorgehen:

- Besteht bei der gemessenen Konzentration eines Stoffes ein Risiko?
  Vergleich mit Daten zur Stoffbewertung
- Gibt es eine auf eine Exposition zurückführbare Wirkung?
  Biotests (Biomarker) als Hilfe bei analytischer Suche, Bioindikation

Problem: Kausalanalyse ökosystemarer Veränderungen

---

c) nachsorgend (Erfolgsbewertung)

Analyse: Wurde die behandelte Belastung (folgenlos) vermindert?
Wie verhalten sich problematische Substanzen?

Vorgehen:

- stoffspezifische chemische Analytik
- wirkungsspezifische ökotoxikologische Analytik (Testbatterie)

Abb. 2-6: Richtungen der Betrachtung eines ökotoxikologischen Risikos; ökologisch bedeutsame Aspekte grau unterlegt.

dazu führt, daß das Risiko unvertretbarer Auswirkungen auf den Naturhaushalt nicht ausgeschlossen werden kann, werden Studien zur genaueren Risikoermittlung verlangt. Auf der höchsten Stufe können nach PflschG komplexe (Freiland-)Studien substanziell neue Erkenntnisse liefern, die zur Entlastung eines Mittels beitragen und seine Zulassung ermöglichen können. Derartige Studien sind einerseits aufwendig, andererseits häufig nicht von Erfolg gekrönt: Die begrenzte Zahl von Ansätzen und die Komplexität des Zusammenwirkens von Einflussfaktoren läßt die Schwankungsbreite der Ergebnisse so groß werden, daß die notwendigen Erkenntnisse nur mit Hilfe aufwendiger Interpretationen gewonnen werden können, für die bislang keine einheitlichen Kriterien bestehen. Um möglichst realitätsnahe Studien bei verbesserter Reproduzierbarkeit durchführen zu können, wurden Systeme entwickelt, um Organismen im Zusammenhang ihrer natürlichen Lebensgemeinschaft unter kontrollierten Bedingungen zu untersuchen (Traub-Eberhard et al. 1994; Fliedner et al. 1997). Die Realitätsnähe wird allerdings durch die Kontrollierbarkeit eingeschränkt: Die Installation von Testsystemen mit Wasser und Sediment im Gewächshaus (Abb. 2-7) gibt die geringe Systemgröße (ca. 1 m^3 = untere Grenze von kleinen Mikrokosmen oder Mesokosmen nach Campbell (1996)) und die Isolation von natürlichen Gewässersystemen vor. So ist die Untersuchbarkeit der Lebensgemeinschaft eingeschränkt auf

- Mikroorganismen im Sediment (funktionelle Endpunkte, z.B. Mineralisierungsaktivität),
- Phytoplankton (funktionelle Endpunkte, z.B. Chlorophyll; Zellzahl, Zellgröße, Zellform; taxonspezifische Abundanzen),
- Zooplankton (strukturelle Endpunkte: Taxonspezifische Abundanzen),
- Makrozoobenthos (strukturelle Endpunkte: Taxonspezifische Abundanzen); Probleme mit destruktiver Sedimentprobenahme und Wiedererholung durch Migration, letztere kann durch kontrollierten Wiedereinsatz simuliert werden,
- Meiozoobenthos: Nematoden (funktioneller Endpunkt: Ernährungstypenverteilung),
- Makrophyten (Wachstum); keine echte Lebensgemeinschaft, da nur wenige ausgewählte Arten eingesetzt werden können; erhöhen Habitatvielfalt für die tierischen Organismen.

Eine Simulation wirklicher Belastungen und deren Wirkungen bezieht im Unterschied zu Standardtests im Labor die reale Wiedererholung oder potentielle Wiedererholbarkeit mit ein. Der zunehmend gebräuchliche Einsatz multivariater Auswerteverfahren (vgl. z.B. van Wijngaarden et al. 1995, van den Brink et al. 1996) ermöglicht die Einbeziehung aller Daten in die Berechnung von Effektkonzentrationen für die Lebensgemeinschaft oder das gesamte System. Im Anschluß an die SETAC-Europe-Tagung 1999 in Leipzig wird ein Workshop stattfinden, der sich mit Interpretationskriterien für Ergebnisse aus derartigen Studien auseinandersetzt (Community level aquatic system studies interpretation criteria: CLASSIC).

2.3.2 Prüfung populationsrelevanter Endpunkte im Einzelartentest: Life cycle test mit Fischen

Werden ökologisch relevante Endpunkte bei oder mit Fischen in komplexen Systemen untersucht, ergeben sich Schwierigkeiten aufgrund der Generationsdauer und der trophischen Stellung:

- Die gleichzeitige Untersuchung von Fischen und Invertebraten ist problematisch, da durch den Fraßdruck die Invertebratendichten für eine statistische Auswertung häufig zu gering sind.
- Stochastische Ereignisse können die Ergebnisse bezüglich der Fische und damit der gesamten Lebensgemeinschaft dominieren.
- Da auch in großen Mesokosmen in der Regel nur eine Fischart eingesetzt wird, geben die erzielten Ergebnisse nur Aufschluß über eine Wirkung, wenn sie alle relevanten Nährtiere betrifft. Ansonsten werden höchstens Wirkungen auf der Integrationsebene der Population untersucht. Dieses ist in den unter 2.3.1 erwähnten Mikrokosmen (Abb. 2-7) nicht möglich.

Aus den genannten Gründen sind Fische kostengünstiger und effektiver in Einzelartentests im Labor zu untersuchen, auch wenn die Ermittlung ökologisch relevanter Wirkungen im Mittelpunkt steht. Diese Untersuchungen müssen allerdings folgende Kriterien erfüllen:

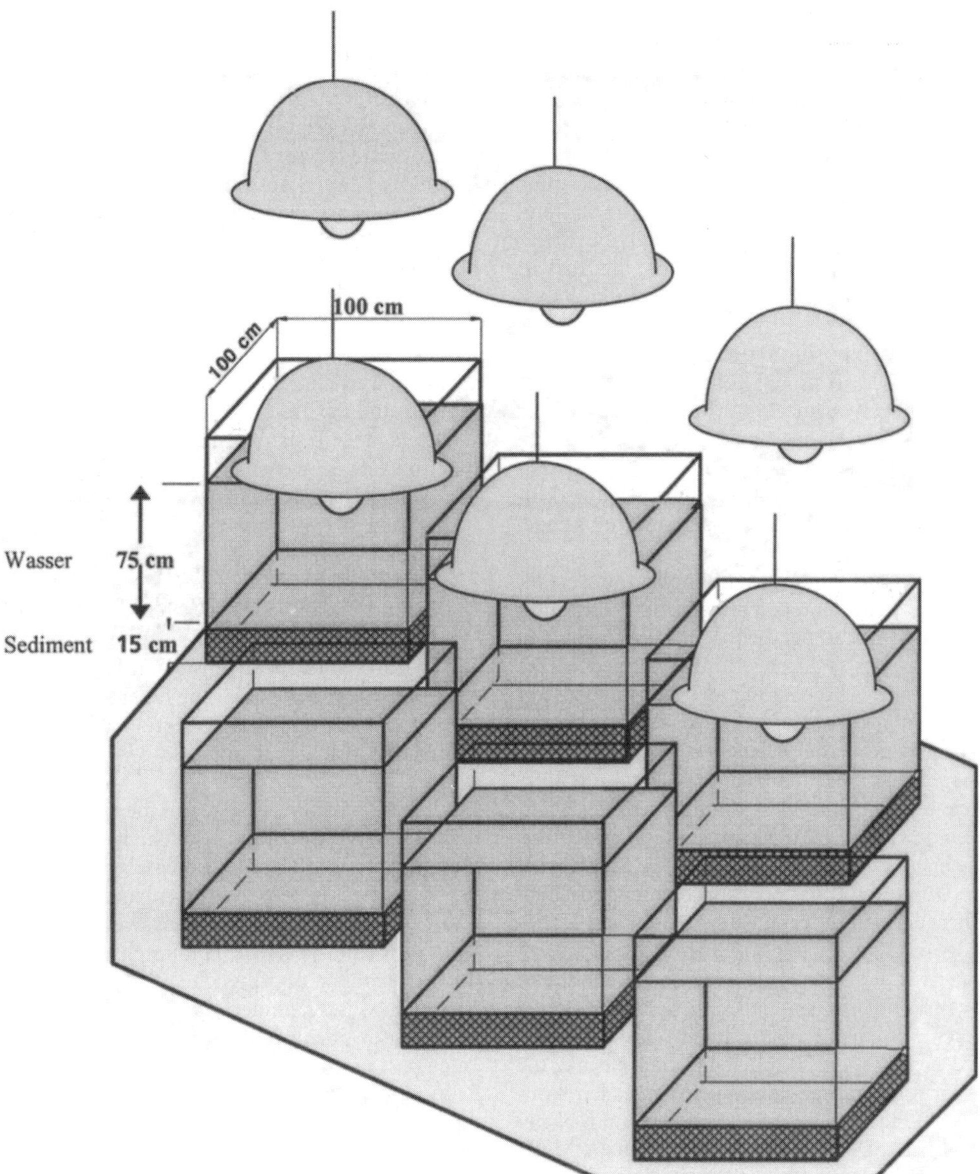

Abb. 2-7: Mikrokosmen-Anlage im Gewächshaus, Ausschnitt (6 von 16 Systemen). Jeder Mikrokosmos verfügt über eine eigene Beleuchtung (Metalldampflampen mit möglichst natürlichem Spektrum) und wird mit Sediment und Wasser aus einem natürlichen Gewässer einschließlich der darin vorhandenen Lebensgemeinschaft befüllt. Während der Vorlaufphase sind die Wasserkörper der Systeme miteinander verbunden, um eine gleichmäßige Sukzession zu gewährleisten. Diese Verbindung wird vor Beginn der Belastung getrennt. Die Anlage steht im Kontrollbereich für radioaktive Stoffe. Die für die Behältnisse und den umgebenden Boden verwendeten Materialien (Glas und Edelstahl) ermöglichen den Einsatz radioaktiv markierter Testsubstanzen. So können Verteilung und Abbau (einschließlich der Abbauprodukte) quantitativ (Bilanzierung) und qualitativ (Zuordnung von detektierten Stoffen zu Ausgangssubstanzen) untersucht werden.

- Die untersuchten Endpunkte müssen für eine Abschätzung der Wirkung auf der Integrationsebene der Population geeignet sein. Dazu gehört die Ermittlung von Mortalitäten bezüglich aller Altersklassen bzw. Stadien, der Entwicklungsgeschwindigkeit, der quantitativen und qualitativen Reproduktionsleistung pro Weibchen (inklusiv Befruchtungsraten), der Geschlechterverhältnisse und die Erfassung aller Verhaltensänderungen, die Auswirkungen auf die Populationsdynamik haben können.
- Die reale Exposition muß berücksichtigt werden. Experimente bei konstanten Konzentrationen – etwa im Durchfluß – sind über die notwendige Dauer nur für die Prüfung von Substanzen sinnvoll, die entweder sehr persistent sind oder ständig den selben Wasserkörpern – etwa über Kläranlagenausläufe – zugeführt werden.

Die erste Forderung kann nur vollständig erfüllt werden, wenn Untersuchungen des vollständigen Lebenszyklus der Testfische unter Belastung (Life-cycle-tests) durchgeführt werden. Für eine umfassende Abschätzung der Wirkungen auf der Populationsebene ist die Untersuchung der Folgegeneration der belasteten Tiere ratsam. Als Beispiel für eine derartige Studie sei ein Life-cycle-test mit Ethinylestradiol, einem der wichtigsten Wirkstoffe in Kontrazeptiva, angeführt. Die in ein EU-Projekt eingebundene Studie wird im Durchfluß mit Zebrabärblingen durchgeführt, die sich aufgrund ihrer einfachen Hälterung und Vermehrung sowie ihrer Generationsdauer für derartige Studien eignen. Zudem gibt es ein Populationsmodell, mit dessen Hilfe die Daten aus einem entsprechend durchgeführten Life-cycle-test im Hinblick auf die Relevanz für Laborpopulationen ausgewertet werden können (Oertel et al. 1991, Schäfers und Nagel 1994a, b). Dies erspart in erheblichem Maße Versuchsraum und -zeit. Die Prüfsubstanz gelangt im Wesentlichen über Kläranlagenausläufe in Oberflächengewässer und kann dort in Konzentrationen im Bereich von 1 ng/l festgestellt werden. In Vorexperimenten wurde eine LC50 nach 28 Tagen von 100 ng/l festgestellt. Weil die Substanz sexualendokrin wirksam ist, kann mit chronischen Wirkungen gerechnet werden. Da Kläranlagenausläufe Punktquellen und Fische mobil sind, wird zugleich untersucht, ob eine Exposition während unterschiedlich großer Zeitfenster der Individualentwicklung Auswirkungen auf Kenngrößen hat, die für die Populationsdynamik relevant sind (Abb. 2-8).

Der vorgestellte, zur Zeit laufende Test dient zugleich als Positivkontrolle für weitere Studien, die mit Substanzen durchgeführt werden sollen, die in Rezeptor- oder Biomarkertests (z.B. Vitellogenininduktion in männlichen Fischen) östrogene Wirkung gezeigt haben. Das Versuchsprogramm kann für diese Stoffe auf die in der laufenden Studie ermittelten relevanten Aspekte verkürzt werden. Alle anderen möglichen Wirkungen sind auf andere als auf östrogene Eigenschaften der Testsubstanzen zurückzuführen und im Sinne der aktuellen Fragestellung sexualendokriner Disruption irrelevant.

2.3.3 Prüfung des Empfindlichkeitsspektrums in betroffenen Lebensgemeinschaften: Ökotoxikologie des Grundwassers

Die Prüfung eines Spektrums potentiell betroffener Arten dient der Abklärung des Empfindlichkeitsspektrums und der Reduktion der diesbezüglichen Unsicherheit (und des Unsicherheitsfaktors).

Für Lebenszusammenhänge, für die keine Organismen stellvertretend untersucht werden, dienen die Standardtestorganismen als Stellvertreter. Derartige Lebenszusammenhänge (trophische Ebenen, spezielle Ernährungsweise, spezielle Physiologie, spezielle Habitate) können jedoch gegenüber der fraglichen Substanz in besonderer Weise exponiert oder von Auswirkungen dieser Substanz besonders betroffen sein. Auch und gerade in diesen Fällen bietet sich eine Prüfung von Organismen aus solchen besonderen Lebenszusammenhängen an, um die Repräsentativität der Standardtestorganismen zu überprüfen. Als Beispiel mag die besondere Situation von Lebensgemeinschaften des Grundwassers dienen.

Die Lebensgemeinschaften der Grundwasserleiter und von Grundwasser abhängiger Ökosysteme, die sich aus Vertretern vieler wesentlicher Invertebratenklassen zusammensetzen, werden bislang nicht besonders berücksichtigt und somit lediglich durch die Standardorganismen

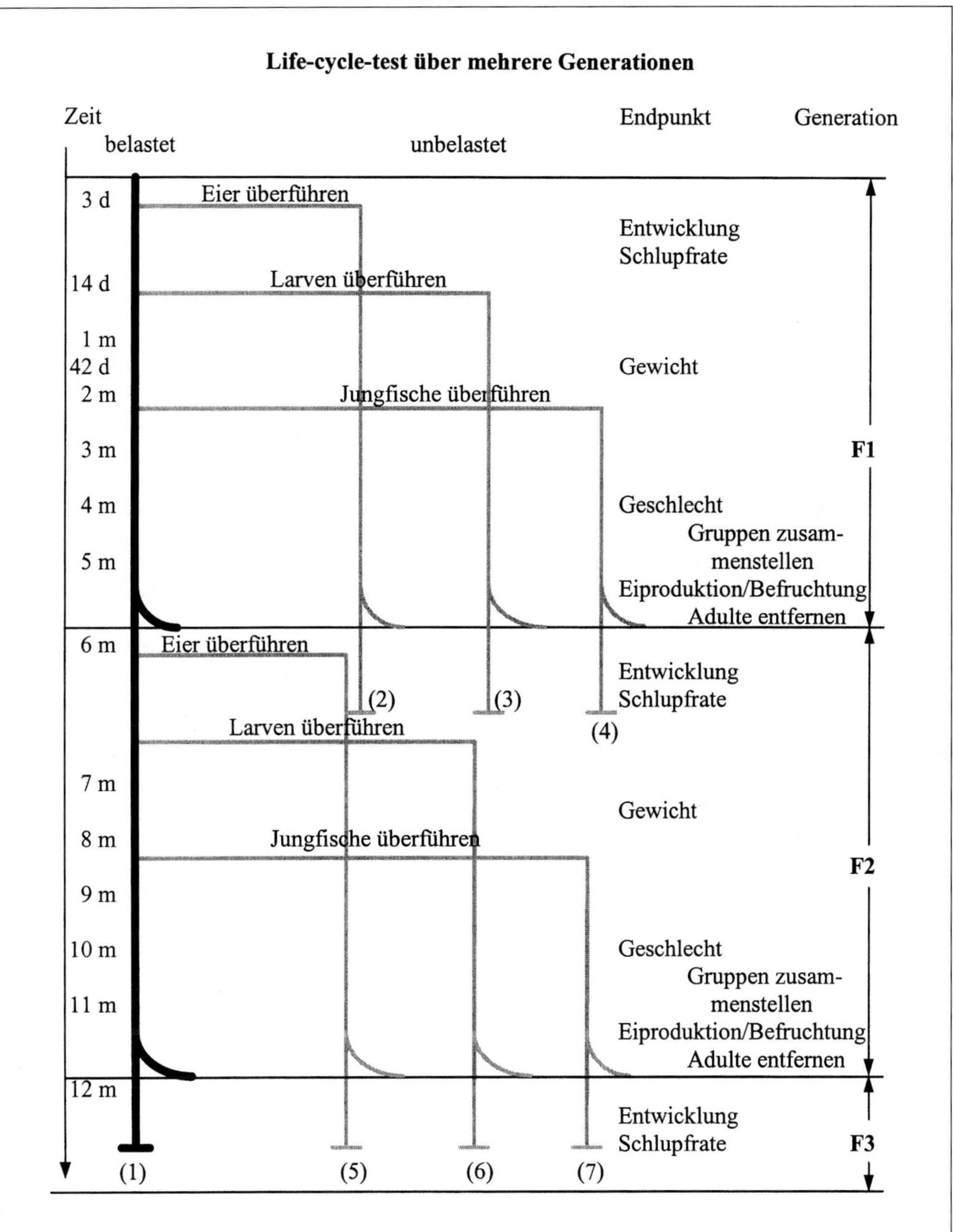

Abb. 2-8: Life-cycle-test mit Ethinylestradiol, Verlaufschema. Jeder vertikale Verlaufsbalken steht für vier Konzentrationen (0,05–10 ng/l) und eine unbelastete Kontrolle in jeweils zwei Parallelansätzen (10 Becken). Gestartet wird mit 220 Eiern pro Becken. (1): Versuchsteil unter permanenter Belastung im Durchfluß. (2)-(7): Nach unterschiedlichen Belastungsfenstern ausgekoppelte Versuchsteile, die unbelastet semistatisch weiter untersucht werden. d = Tage, m = Monate (Europäische Kommission, Projektcode ENV4-ct97-0509).

aquatischer Ökotoxizitätstests „repräsentiert". Grundwasserbiozönosen unterscheiden sich jedoch in wesentlichen Punkten von Biozönosen der Oberflächengewässer (u.a. Health Council of the Netherlands: Committee on Pesticides and Groundwater, 1996):

- Abwesenheit von Licht
- Niedrige Temperaturen
- Stark limitiertes Raumangebot
- Sehr geringe Austauschraten von Stoffen und Medien
- Sehr geringe Sauerstoffkonzentrationen und entsprechend niedriges Redoxpotential
- Extreme Oligotrophie mit verfügbarem Kohlenstoff als limitierendem Element
- Große Konstanz der abiotischen Bedingungen über sehr lange Zeiträume: Keine Ausprägung von Jahreszeiten, kaum Einfluß längerfristiger regionaler und globaler Klimaschwankungen in tiefen Grundwasserleitern.

Aus theoretisch ökologischen Überlegungen haben sich unter diesen Bedingungen folgende Eigenschaften von Grundwasserbiozönosen entwickelt:

- Keine Primärproduktion, überwiegend Destruenten und Konsumenten niederer Ordnungen
- Begrenzte Körpergrößen und längliche Körperformen
- Geringer Stoffumsatz
- Festgefügte interspezifische mikrobiologische Stoffwechselketten
- Vergleichsweise geringe Mobilität
- Geringe Bedeutung von Migration, starke genetische Diversität verschiedener lokaler Populationen der selben Art
- Geringe Individuendichten bei vergleichsweise großer relativer Artenvielfalt
- Ausgeprägte K-Strategien: Konkurrenzstarke, aber reproduktionsschwache Populationen, die sich mit ihren Lebenszyklen über die langen Zeiträume optimal auf die konstanten Bedingungen evolutionär angepaßt haben
- Sehr geringe Auslenkbarkeit der Populationen, sehr geringes Wiedererholungspotential lokaler Populationen oder gar Arten

Die dargelegten Besonderheiten betreffen auf der Artebene teilweise den physiologischen, überwiegend jedoch den populationsökologischen Bereich. So sollte eine Prüfung der spezifischen toxikologischen Empfindlichkeiten von einer modellgestützen Abschätzung der Auswirkungen auf die jeweilige Populationsdynamik begleitet werden.

2.3.4 Beitrag zur Kausalanalyse biozönotischer Veränderungen: Multiple Diskriminanzanalysen von Fließgewässerhabitaten

Kleine Fließgewässer weisen im Vergleich zu statischen aquatischen Systemen Besonderheiten auf, die die Auswirkungen von chemischen Stoffen auf die Lebensgemeinschaft potentiell verstärken (+) oder verringern (–):

- (+) Sie sind in ihrer Eigenschaft als Vorfluter von Drainagen und Kläranlagen primär betroffen.
- (+) Das ständig überströmte Sediment hat ein hohes Akkumulationspotential für adsorptive und persistente Chemikalien.
- (+) Fließgewässerbiozönosen bestehen im Gegensatz zu Biozönosen stehender Gewässer zu einem großen Teil aus Arten mit relativ langen Generationszeiten; kurzzeitige Belastungen haben daher eine potentiell nachhaltigere Wirkung.
- (–) Durch den hohen Vernetzungsgrad der Fließgewässer besteht eine starke Migration der Organismen und eine regelmäßige Wiederbesiedlung durch Insekten durch Oviposition. Daraus folgt ein sehr hohes Wiederbesiedlungspotential, wenn ausreichend Refugien zur Verfügung stehen.

Aufgrund des letztgenannten Aspekts befinden sich die Lebensgemeinschaften von Fließgewässern in einem vergleichsweise stabileren Fließgleichgewicht als jene von stehenden Gewässern und weisen eine größere Konstanz in der Nutzung vergleichbarer Habitate auf. Diese Tatsache macht sich das River invertebrate prediction and classification system (RIVPACS, Wright et al. 1993, Wright 1995) zunutze.

Zur Entwicklung des Klassifizierungssystems in Großbritannien wurden im ersten Schritt für die Makrofauna auf Artebene (Anwesenheit/Abwesenheit; für drei Jahre kombiniert) unter Nutzung erhobener Daten von 438 möglichst unbelasteten Standorten und unter Anwendung der Entscheidungstechnik „TWINSPAN" (Moss et al. 1987) insgesamt 25 Gruppen klassifiziert. Im zweiten Schritt wurde die multiple Diskriminanzanalyse eingesetzt, um Kombinationen von habitatspezifischen Umweltvariablen (Habitatkenngrößen) zu finden, die für die zuvor definierten Klassen repräsentativ sind. Auf diese Weise ergaben sich Klassen von Referenz-Lebensgemeinschaften, die durch Habitatkennwerte definiert sind. Wird nun ein neuer Gewässerstandort untersucht, so kann dieser aufgrund der vorherrschenden Habitatkennwerte verschiedenen definierten Klassen mit einer bestimmten Wahrscheinlichkeit zugeordnet werden. Im nächsten Schritt werden die vorhandenen Makroinvertebratenarten mit den für die gegebene Umweltsituation erwarteten verglichen. Es wird für jedes Taxon die Wahrscheinlichkeit, daß es am entsprechenden Standort auftritt, bestimmt. Die Taxa werden nach absteigender Wahrscheinlichkeit ihres Auftritts geordnet. Für vorgegebene Wahrscheinlichkeits-Level (zum Beispiel 75 % und 50 %) wird die Zahl der beobachteten Taxa mit der Zahl der erwarteten ins Verhältnis gesetzt. Liegt der Quotient nahe dem Wert von 1, so liegt die Lebensgemeinschaft des betrachteten Standortes im Bereich der typischen. Liegt der Wert weit über 1, so handelt es sich um eine besonders artenreiche Stelle, die besonders zu schützen ist. Liegt dieser Wert weit unter 1, so deutet dies auf lokalen Stress hin, wobei zunächst keine kausale Verknüpfung zur Art des Stresses gemacht werden kann.

So klassifiziert RIVPACS Referenzgewässerabschnitte anhand typischer Arten und ermöglicht bei Überwachungsmessungen die Feststellung von Abweichungen, die auf andere Einflüsse als die einbezogenen Habitatkenngrößen zurückzuführen sind.

Die RIVPACS zugrunde liegende Methodik kann jedoch auch genutzt werden, den Beitrag verschiedener Stressoren zur Zusammensetzung der Biozönose probabilistisch zu differenzieren, wenn die Messstandorte intelligent genug ausgewählt und ausreichend zahlreich sind. Die Auswahl der Kenngrößen und die Interpretation der Ergebnisse muß allerdings im Hinblick auf die Darstellung der vollen Variationsbreite der Zusammensetzung von Referenzlebensgemeinschaften geschehen, nicht wie bei RIVPACS im Hinblick auf deren Nivellierung. Als Beispiel mag die Untersuchung der realen Auswirkungen von Pflanzenschutzmitteln dienen.

Innerhalb Deutschlands werden Regionen ausgewählt, in denen eine Dominanz einzelner Anbaukulturen gegeben ist. Eine intensive Auswahl von Fließgewässerstandorten soll sicherstellen, daß an ihnen

- möglichst hohe Belastungen mit kulturspezifischen Pflanzenschutzmitteln sichergestellt sind,
- möglichst keine weiteren chemischen Belastungen auftreten (Ausnahme: Nährstoffe),
- eine ausreichende Bandbreite von Habitatkennwerten gegeben ist.

Danach ausgerichtet werden Referenzstandorte ausgewählt, die

- möglichst genau bezüglich der Habitatkenngrößen und Stressoren mit den belasteten Standorten übereinstimmen, aber
- keine Belastung durch Pflanzenschutzmittel aufweisen.

Die Untersuchungen finden über mehrere Jahre im Frühling und Herbst statt. Anhand der vorgefundenen Lebensgemeinschaften werden Gruppen von diesbezüglich ähnlichen Habitaten gebildet. Mit Hilfe einer multiplen Diskriminanzanalyse wird festgestellt, welche der beteiligten gemessenen Kenngrößen die Zusammensetzung der Lebensgemeinschaften der Habitate dahingehend beeinflußt, daß diese unterschiedlichen Gruppen zugeordnet werden können.

Weichen die belasteten Standorte in systematischer Weise von den anderen Standorten ab, ist dies auf systematische Unterschiede der Habitatkennwerte oder Stressoren zurückzuführen. Bei korrekter Wahl der Referenzstandorte kann dies nur die Belastung mit Pflanzenschutzmitteln sein.

2.4 Schlußfolgerungen

Im Zentrum einer ökotoxikologischen Risikoermittlung steht die Wirkung auf Lebewesen, aber ohne Bezug zu realitätsnahen Umweltkonzentrationen ist diese für die Risikobewertung irrelevant. Für die Planung und Durchführung von Experimenten müssen folgende Voraussetzungen erfüllt sein:

Die Fragestellung muß klar sein:

- Zielrichtung der Studie: Stoffbewertung? Beurteilung des Anwendungsrisikos? Ermittlung und Analyse einer stoffbedingten ökologischen Veränderung?
- Simulation der Exposition: Singuläre, Puls- oder Dauerbelastung? Punktquellen oder diffuse Quellen? Betroffenes Umweltkompartiment, Expositionspfad?
- Simulation der Wirkung: Wirkdauer? Real betroffene oder repräsentative Organismen / Populationen / Lebensgemeinschaften? Betrachtete Integrationsebene (empfindlichster Testorganismus / Struktur der Lebensgemeinschaft / Funktion des Systems)? Wiedererholung (durch Reproduktion oder Migration?)?

Das Testdesign muß zur Beantwortung der Fragen geeignet sein:

- Applikationsform, Konzentrationen (initial, gemessen)
- ausgewählte Organismen / Lebensgemeinschaft (Populationsdynamik!)
- Endpunkte
- Testdauer und Probenahmeintervalle
- Aussageschärfe (statistische Auswertung, Replikate, Konzentrationsreihe, Probenumfang)

Aus dem Dargelegten ergibt sich die abschließende Bemerkung: Zur Ermittlung des von einer Substanz ausgehenden Risikos für den Naturhaushalt müssen umweltchemische und ökotoxikologische Expertise und Methodik kombiniert werden.

Danksagung

Die vorgestellten Projektbeispiele werden durch folgende Institutionen unterstützt:
Umweltbundesamt (Projektcode 126 05 105, 126 05 111, 298 28 415)
Europäische Kommission (Projektcode ENV4-ct97-0509)

Literatur

Campbell P.J. (1996): The use of higher tier mesocosm studies in aquatic risk assessment under 91/414/EEC: A UK regulator's perspective. Proceedings 1996 Brighton Crop Protection Conference – Pests and Diseases: 89-96

Fliedner A., Remde A., Niemann R., Schäfers C. (1997): Effects of the organotin pesticide azocyclotin in aquatic microcosms. Chemosphere 35: 209-222

Health Council of the Netherlands, Committee on Pesticides and Groundwater (1996): Risks of pesticides to groundwater ecosystems. Rijswijk: Health Council of the Netherlands, publication no. 1996/11E

Holler S., Schäfers C., Sonnenberg J. (1996): Umweltanalytik und Ökotoxikologie. Eine Einführung für Ingenieure und Naturwissenschaftler. Springer Verlag, Berlin

Hund K., Kördel W. (1996): Erfassung der Grundwassergefährdung durch aquatische Testsysteme. In: Stegmann (ed.): Neue Techniken der Bodenreinigung. Economica Verlag, Hamburger Berichte 10, Dokumentation des 3. SFB 188-Seminars in Hamurg, 1996

Moss D., Furse M.T., Wright J.F., Armitage P.D. (1987): The prediction of the macro-invertebrate fauna of unpolluted running-water sites in Great Britain using environmental data. Freshwater Biol. 17: 41-52

Oertel D., Schäfers C., Poethke H.J., Nagel R., Seitz A. (1991): Simulation der Populationsdynamik des Zebrabärblings in einem naturnahen Laborsystem. Verhandl. Gesell. Ökol. 20: 865-869

Peterson D.R. (1994): Calculating the aquatic toxicity of hydrocarbons mixtures. Chemosphere 29: 2493-2506

Schäfers C., Nagel R. (1994a): Fish toxicity and population dynamics: effects of 3,4-dichloroaniline and the problems of extrapolation. In: Müller R, Lloyd R (eds): Sublethal and chronic effects of pollutants on freshwater fish. FAO and fishing new books, Blackwell Scientific Publishers, Oxford. 229-238

Schäfers C., Nagel R. (1994b): Fische in der Ökotoxikologie: Toxikologische Modelle und ihre ökologische Relevanz. Biologie in unserer Zeit 24: 185-191

Schüürmann G. (1997): Thermodynamische Modelle für die Bioverfügbarkeit organischer Chemikalien. UWSF Z. Umweltchem. Ökotox. 9: 6A

Traub-Eberhard U., Schäfer H., Debus R. (1994): New experimental approach to aquatic microcosm systems. Chemosphere 28: 501-510

van den Brink P.J., van Wijngaarden R.P.A., Lucassen W.G.H., Brock T.C.M., Leeuwangh P. (1996): Effects of the insecticide dursban 4E (active ingredient chlorpyrifos) in outdoor experimental ditches: II. Invertebrate community responses and recovery. Environ. Toxicol. Chem. 15: 1143-1153

van Wijngaarden R.P.A., van den Brink P.J., Oude Voshaar J.H., Leeuwangh P. (1995): Ordination techniques for analysing response of biological communities to toxic stress in experimental ecosystems. Ecotoxicology 4: 61-77

Wright J.F. (1995): Development and use of a system for predicting the macroinvertebrate fauna in flowing waters. Austral. J. Ecol. 20: 181-197

Wright J.F., Furse M.Z., Armitage P.D. (1993): RIVPACS – a technique for evaluating the biological quality of rivers in the U.K. European Water Pollution Control 3: 15-25

3 Ökotoxikologie und Gefahrstoffregulierung: Eine interdisziplinäre Perspektive

K. Mathes

Abstract

Aiming at environmental protection, prospective ecotoxicological risk assessment is necessary to regulate the pre-market release of chemicals. In this context, the development and the state-of-the-art of theoretical ecology and ecological ecotoxicology is reviewed. Epistemological aspects as well as questions of approximating the dynamics of ecological systems by numerical models are outlined. The consequences are put into an interdisciplinary perspective, including the jurisprudence. As a result, an approach to the risk assessment of chemicals based on the pecautionary principle is proposed.

Zusammenfassung

Gefahrstoffregulierung zum Schutz der Umwelt – und damit natürlich auch indirekt des Menschen – sollte auf der Grundlage prospektiver ökotoxikologischer Risikoabschätzungen erfolgen. Zugeschnitten auf diesen Kontext werden sowohl die Entwicklung und der aktuelle Stand der Theorie in der Ökologie als auch der ökosystemaren Ökokotoxikologie skizziert. Dies umfaßt wissenschaftstheoretische Aspekte ebenso wie Fragen der Approximation der Dynamik ökologischer Systeme mittels moderner Methoden der numerischen Simulation. Die gewonnenen Quintessenzen werden in einen interdisziplinären, die Rechtswissenschaften einschließenden Zusammenhang gestellt. Als Ergebnis wird ein entsprechend modifiziertes, auf dem Vorsorgeprinzip basierendes Bewertungsverfahrens für die administrative Chemikalienkontrolle vorgeschlagen.

3.1 Einführung

Mit dem Zusammenführen von Ökotoxikologie und Gefahrstoffregulierung stehen Fragen der Vorhersage ökologischer Veränderungen und des vorsorgenden Umweltschutzes im Mittelpunkt. Die prospektive ökotoxikologische Forschung verdankt ihre Entstehung den in den sechziger bis achtziger Jahren in Kraft getretenen einschlägigen Gesetzen zum Schutze des Naturhaushalts und der Umwelt vor negativen Auswirkungen durch Chemikalien (z. B. 1968: Pflanzenschutzgesetz, 1980: Chemikaliengesetz). Der Begriff Ökotoxikologie wurde 1969 von Truhaut geprägt (vgl. Truhaut 1977), und es werden darunter sowohl die Verteilung von Xenobiotika in der Umwelt sowie ihr Ab- und Umbau (Ökotoxikokinetik, SRU 1987) als auch die dadurch hervorgerufenen Effekte im Ökosystem (Ökotoxikodynamik, SRU 1987) subsumiert. Aufgabe der Ökotoxikologie ist es, die durch Umweltchemikalien verursachten Veränderungen für Populationen, Biozönosen, Ökosysteme und letztlich für die gesamte Biosphäre abzuschätzen. Als Voraussetzung gelten, neben der Kenntnis der Emission, die Bestimmung der Konzentration des Stoffes und seiner Umwandlungsprodukte am Ort der möglichen Wirkungsauslösung (Exposition) sowie die Aufdeckung der hierdurch gesetzten direkten und indirekten Effekte im Ökosystem. Will also die Ökotoxikologie einen Beitrag zu der vom Gesetzgeber geforderten Vorhersage und Wertung schädlicher Veränderungen durch Chemikalien leisten, müssen sowohl Aspekte der Ökotoxikokinetik als auch solche der Ökotoxikodynamik berücksichtigt werden. Wenngleich im folgenden Fragen der Exposition nicht unberücksichtigt bleiben, so sei doch angemerkt, daß der Schwerpunkt der Betrachtung auf der Wirkseite angesiedelt ist. Defizite in diesem Teilbereich haben ihre Ursache nicht nur darin, daß die Ökotoxikologie ein breites und komplexes Forschungsfeld ist, sondern auch darin, daß sie von Beginn an von der Toxikologie dominiert wurde. Die resultierende unbefriedigende Situation einer nicht hinreichenden wissenschaftlichen Begründung ökotoxikologischer Risikoabschätzungen hat sich auch bis heute nicht grundlegend geändert, obwohl schon Anfang der 80er Jahre fast zeitgleich in den U.S.A. und der Bundesrepublik Deutschland eine Aufarbeitung des Fachgebiets (NRC 1981, DFG 1983) erfolgte. Beide Statusberichte unterscheiden sich aber insofern, als der Schwerpunkt der amerikanischen Gruppe auf der Ableitung von Konsequenzen für die staatliche Chemikalienkontrolle lag und bei der DFG die Benennung von Forschungsbedarf im Mittelpunkt stand. An diesen Kenntnis- und Diskussi-

onsstand knüpfen die hier dargestellten Arbeiten an. Ein spezifischer Unterschied besteht jedoch darin, daß die theoretisch-ökologische Grundlage das Fundament bildet, auf dem die Ökotoxikologie gebaut wird und daß diese „Wohnung" Teil eines „Hauses" ist, das die Chemie ebenso umfaßt wie die Rechtswissenschaften. Die Bedeutung der Theoretischen Ökologie wurde sowohl von der DFG (1983) als auch vom NRC (1981) nur am Rande rezipiert, und eine interdisziplinäre Perspektive in Verbindung mit den Rechtswissenschaften wurde nicht einbezogen. Zwar wurde von der DFG (1983) festgestellt, daß sowohl der Zeit- als auch der Raumbegriff neue Bedeutung erlangt, wenn Ökosysteme betrachtet werden; die Tragweite dieser Erkenntnis wurde jedoch weder weiter thematisiert, noch wurde erkannt, daß zu deren Bearbeitung sowohl eigenständige theoretische Forschungsanstrengungen erforderlich als auch deren Konsequenzen in Hinblick auf die administrative Chemikalienkontrolle und die Rechtskonzeption zu reflektieren wären.
Die Notwendigkeit, die Ökotoxikologie auf eine wissenschaftliche Grundlage zu stellen, erfordert eine vertiefte Beschäftigung mit der Ökologie und deren theoretischer Basis. Sowohl für die praxisorientierte Forschung als auch für die unmittelbare Anwendung bildet sie ein entscheidendes Fundament. In diesen Kontext reihen sich die im ersten Teil zusammengefaßten Beiträge ein, wobei hervorzuheben ist, daß unter Theorie natürlich nicht nur Mathematisierung verstanden wird. Wissenschaftliche Tätigkeit ist überall dort, wo sie nicht unmittelbar empirischen Charakter besitzt, sondern den Bereichen Hypothesenbildung, Auswertung, Synthese oder Darstellung zuzuordnen ist, vorrangig theoretischer Natur. Auch für die ökologische und ökotoxikologische Forschung gilt, daß über die Theoriebildung ein Prozeß begründet wird, der im Wechselspiel zwischen Induktion und Deduktion das produziert, was wir als wissenschaftliche Erkenntnis bezeichnen. Dies erfordert die Entwicklung eines Theoriebegriffs, der geeignet ist, nicht nur die unfruchtbare Trennung zwischen MathematikerInnen, IngenieurInnen und PhysikerInnen einerseits und überwiegend empirisch arbeitenden ÖkologInnen andererseits aufzuheben, sondern auch spezifische Betrachtungsebenen zuläßt, die für die Entwicklung der Ökologie notwendig sind.
Insgesamt bleibt festzustellen, daß sich beide Wissenschaftsbereiche – Theoretische Ökologie und Ökotoxikologie – mehr oder weniger unabhängig voneinander entwickelt haben, und daß es das Ziel ist, das Fachgebiet der Ökotoxikologie entlang der Ökologie zu konzipieren und die jeweiligen Konsequenzen für die Praxis der Chemikalienbewertung sowie die zukünftige ökologische Risikoforschung aufzuzeigen.

3.2 Theorie in der Ökologie

3.2.1 Einleitung

Breckling et al. (1992) zeigten auf, daß wir uns – international betrachtet – in der Ökologie in einem Stadium befinden, das durch eine Vielzahl theoretischer Ansätze charakterisiert ist. Diese Pluralität erscheint zwingend für die Weiterentwicklung der Theoretischen Ökologie (DeAngelis 1992a, Weiner 1995). Eine Eingrenzung findet jedoch insofern statt, als
„das methodische Vorgehen der Ökologie mit ihrer Grundfrage nach Beziehungsgefügen systemtheoretischer Art ist, wobei negative und positive Rückkoppelungsmechanismen, die zu Homöostasen (z.B. gleichbleibender Körpertemperatur bei Säugetieren) oder Sukzessionen führen, eine besondere Rolle spielen. Dabei geht es vor allem um Systemgesetzlichkeiten, die sich erst aus dem Zusammenhang des Ganzen ergeben und somit auch methodisch zu einer eher synoptischen Fragestellung führen, die nicht auf Spezialisierung und Eingrenzung eines isolierten Gegenstandsbereichs zielt, sondern primär auf die komplexen Vernetzungszusammenhänge des jeweils betrachteten Organisationsniveau ausgerichtet ist." (SRU 1994, TZ 84)
Die im Vordergrund stehende Betrachtungsebene ist das Ökosystem und wir beschränken uns auf die in systemtheoretischer Tradition stehenden Gedanken, Methoden und Modelle. Wesentliche Impulse gingen für diese theoretische Richtung von den späten 20er Jahren dieses Jahrhunderts aus, als in der Biologie das Denken in Substanzen abgelöst wurde durch das Denken in Funktionen und Organismen nicht mehr als

zweckbestimmt (teleologisch) betrachtet wurden. Als Konsequenz mündete die Kontroverse zwischen den in der Tradition der Teleologie stehenden Vitalisten und den Mechanisten in einem dritten Weg, der Systemtheorie (Schwarz 1996). Nach früheren Arbeiten – wie z.B. bei Von Gleich und Schramm (1992) – wurden systemtheoretische Konzeptionen nicht als eigene Wissenschaftsform aufgefaßt, sondern der modellgeleiteten absteigenden Abstraktion zugeordnet (hypothetisch-deduktiv bzw. galileiisch-cartesianische Wissenschaftslinie). Im Gegensatz dazu ist die erfahrungsgeleitete aufsteigende Abstraktion zu setzen, bei der sich die theoretische Abstraktion als Verallgemeinerung des Besonderen im Sinne einer Verallgemeinerung direkter – dabei durchaus theoriegeleiteter – Naturerfahrung vollzieht (erfahrungsgeleitet – induktiv bzw. aristotelische Wissenschaftslinie). Diese beiden anerkannten Wissenschaftstraditionen spielten auch in der Geschichte der Ökologie eine, wenn auch unterschiedlich gewichtige Rolle (Trepl 1987), und sie spiegeln sich in der Kontroverse zwischen individualistischem und organismischem Konzept bzw. Reduktionismus und Holismus wider.

Die angesprochene Frage, ob systemtheoretische Konzeptionen nicht aus der galileiisch-cartesianischen Linie herausfallen und als dritter Weg zu diskutieren sind, wird hier in der Richtung entschieden, daß systemtheoretische Konzeptionen als Perspektive zur Verbindung von Reduktionismus und Holismus dargestellt werden. Ferner wird aufgezeigt, daß sich insbesondere in neuerer Zeit verschiedene Systemtheorien ausdifferenziert haben und daß mit ihnen jeweils unterschiedliche Modellierungstechniken verbunden sind.

3.2.2 Systemtheorie und Wissenschaftstheorie

Im historischen Rückblick auf die Ideengeschichte der Ökologie (McIntosh 1980, Trepl 1987) finden wir in deren Anfängen den ausdrücklichen Bezug auf das Einmalige und Besondere jedes Naturausschnitts. Vorherrschend war eine naturhistorische Sichtweise, die die Entstehungsbedingungen und das Werden einer vorgefundenen Situation betont. Eine Naturbetrachtung, die von geschichtlicher Bedingtheit absieht zugunsten einer Rückführung auf allgemein gültige Ursache-Wirkungsbeziehungen, wurde lange für unmöglich oder für wenig aussichtsreich gehalten. Die Betonung universeller Kausalbeziehungen, wie sie für die reduktionistische Wissenschaftsform typisch ist, entwickelte sich in der Ökologie erst relativ spät und kennzeichnet die moderne systemorientierte Ökologie (Breckling et al. 1992). Die Unvereinbarkeit von naturhistorischer und kausaler Betrachtung entschärft sich allerdings im Licht aktueller Entwicklungen der dynamischen Theorie. Sowohl die Chaostheorie als auch neuere Theorien und Modelle in der Ökologie liefern Begründungen für Einmaligkeit und Nichtvorhersagbarkeit ökologischer Entwicklungen. Um die empirisch zugängliche Vielfalt beschreiben zu können, wurden zunehmend weitere Möglichkeiten erschlossen. So reichen heute systemtheoretische Ansätze von der klassischen, kybernetischen bzw. netzwerkorientierten Systemtheorie über die Hierarchie-Theorie bis hin zu thermodynamischen Systemauffassungen (vgl. Mathes et al. 1996). Insbesondere mit der Hierarchie-Theorie ist eine Konzeption entstanden, bei der sich unter dem Stichwort Selbstorganisation eine Vorstellung vom Werden neuer Eigenschaften in vernetzten Systemen entwickelt. Die Systemtheorie ist mithin nicht als statisches Gerüst zu verstehen, vielmehr ergeben sich gemeinsam mit den Fortschritten in den Einzeldisziplinen auch bei den verschiedenen Ausformungen der Theorie neue Entwicklungen und Einschätzungen. Während die älteren Systemtheorien im wesentlichen mit den Begriffen „Gleichgewicht", „linear", „statisch", „deterministisch" und „homogen" arbeiteten, werden heute die jeweiligen Gegenteile betont wie „nicht-linear", „stochastisch", „heterogen" und „chaotisch" (Wiegleb 1996).

Damit in Übereinstimmung war die Phase, in der die ersten Simulationsmodelle konstruiert wurden, von der Hoffnung geprägt, ein deterministisches Prognoseinstrument entwickeln zu können. Dies verdeutlicht u.a. auch die Analyse von McIntosh (1985). Die Diskussionen reihen sich überwiegend entlang der Zielsetzung, prediktive Modelle zu kreieren. Die Bedeutung von deterministischem Chaos wurde ebenso wie diejenige der entwicklungs- und sukzessionsgeschichtlichen Prägung von Ökosystemen von Theoretikern meist nur am Rande rezipiert. Heute hat sich die Situation deutlich geändert. Die Bedeutung von Singularität, räumlicher Heterogenität und zeitlicher Variabilität rückt immer mehr ins Blickfeld. Diese, bei Breckling et al. (1992) bereits skizzierten Entwicklungen, haben sich ebenso bestätigt wie die zunehmende Notwendigkeit der erkenntnis- und metatheoretischen Reflexion der resultierenden Konsequenzen (Haber 1993, Pahl-Wostl 1995, Wolters und Lennox 1995, Mathes et al. 1996). Jedoch konnte eine der wesentlichen Forschungsfragen, nämlich zu Verallgemeinerungen zu kommen, unter welchen Voraussetzungen ökologische Vorgänge prognostisch behandelt werden können und welche Aspekte grundsätzlich einen approximativ-beobachtenden Zugang erfordern, bisher nur in Ansätzen gelöst werden. Drei Wege können unterschieden werden: (1) Pahl-Wostl (1995) zeigt auf, daß globale Vorhersagen unmöglich sind und leitet daraus die Bedeutung des regionalen Kontext ab. (2) Hauhs und Lange (1996) formulieren die Frage auf einer Metaebene und zeigen die resultierenden Schritte für deren Bearbeitung auf und (3) Ekschmitt et al. (1996) versuchen abzuschätzen, mit welcher Größenordnung der Ungewißheit bei der Prognose des Verhaltens ökologischer Systeme im Mittel zu rechnen ist. Die Bearbeitung solcher Fragestellungen wird ebenso ein wesentlicher Aufgabenbereich der Theoretischen Ökologie bleiben wie auch in absehbarer Zeit von der Koexistenz der verschiedenen Systemtheorien auszugehen ist.

3.2.3 Systemtheorie und Modellierung

Die Modellbildung und Simulation hat in den letzten Jahrzehnten eine enorme Entwicklung durchlaufen, von klassischen Ansätzen der „system dynamics" bis hin zu den neueren Methoden stochastischer Modellierung, objektorientierter Simulation, zellulären Automaten, Fuzzy Set Modellen und Expertensystemen. Objektorientierte Modelle und zelluläre Automaten arbeiten in der Regel mit einer enormen Anzahl diskreter Grundeinheiten, setzen leistungsstarke Rechenanlagen voraus und zeichnen sich dadurch aus, daß ökologisches Wissen direkt in Algorithmen übersetzbar ist. Im üblichen Fall erlauben sie, ebenso wie die gleichungsorientierten Ansätze (Kompartimentmodelle), die quantitative Abschätzung der Modelldynamik. Dagegen kommen Expertensysteme, die in der Informatik als ein Teilbereich der Künstlichen Intelligenz eingestuft werden, mit qualitativem Wissen aus – die Beziehungen zwischen den Einzelelementen innerhalb des Systems werden lediglich über „wenn-dann – Beziehungen" beschrieben –, sie können mithin jedoch auch nur gröbere Abschätzungen liefern. Sie sind vor allem geeignet als Bindeglied zwischen dem Fachwissen von Experten und dessen Bereitstellung für die Anwendung. Charakteristisch für Fuzzy Set Modelle ist die explizite Berücksichtigung von unsicherem Wissen bzw. unscharfen Aussagen. Während die Instrumentarien der objektorientierten Simulation und zelluläre Automaten häufig für die Abbildung diskreter Individuen in räumlich heterogenen Habitaten benutzt werden und die gleichzeitige Betrachtung zweier hierarchischer Integrationsebenen ermöglichen, sind die Kompartimentansätze überwiegend mit Fragen von Stoffkreisläufen und Energieflüssen verbunden und auf eine Abstraktionsebene begrenzt.

Wenngleich der individuenbasierte Ansatz durchaus auf eine längere Tradition zurückblikken kann (Kaiser 1975, Seitz 1984), so ist dennoch eine zunehmende Wahrnehmung dieser Richtung erst seit Anfang der 90er Jahre zu verzeichnen (DeAngelis et al. 1991, DeAngelis 1992b, DeAngelis und Gross 1992, Judson 1994, Ratte et al. 1992, 1995). Die als gitterbasiert bzw. musterorientiert klassifizierten Modelle (Grimm und Jeltsch 1996), die vom Prinzip zellulären Automaten entsprechen, deren Regeln jedoch größere Reichweite als nur die Abarbeitung von Nachbarschaftsbeziehungen aufweisen können, sind auch unter diesen Ansatz zu subsumieren. Die Dichotomie zwischen individuenbasierten und kompartimentorientierten Abstraktionsformen (Breckling und Mathes 1991), die weitgehend ihre Entsprechung in derjenigen zwischen Struktur und Funktion von Ökosystemen findet, erscheint auch heute noch sinnvoll für die Klassifikation der dominanten Ansätze. Ergänzt werden kann diese Charakterisierung durch Bezugnahme auf die verschiedenen systemtheoretischen Konzeptionen. Während individuenbasierte Modelle der Hierarchie-Theorie zuzuordnen sind, können Kompartimentmodelle als Produkte klassischer Systemtheorien aufgefaßt werden. Neben der Diversität der Zugänge kann insgesamt eine deutliche Schwerpunktverlagerung zu solchen Methoden festgestellt werden, die mit der hierarchischen Systemkonzeption verbunden sind (vgl. Mathes et al. 1996).

Als Resümee aus den in den letzten Jahren gewonnenen Erfahrungen mit Modellbildung und Simulation ergibt sich, daß ihr wesentlicher Anwendungsbereich im Rahmen eines „predictive biomonitoring" zu sehen ist. Das heißt, ökologisches Monitoring und Simulationen sind in einem iterativen Prozeß miteinander zu koppeln. Die Modellergebnisse werden mit denjenigen der Beobachtung verglichen und das Modell kann in Abhängigkeit der hiermit gewonnenen Erkenntnisse ebenso modifiziert werden wie das Monitoring seinen Beobachtungsrahmen ändern kann. Eingebettet in einen solchen Zusammenhang werden die Möglichkeiten systemtheoretischer Konzeptionen zur Verbindung der beiden anerkannten Wissenschaftstraditionen deutlich. Neben diesem Weg – Modellierung als Bindeglied zwischen zwei ‚Welten' – scheint die von Hauhs und Lange (1996) vorgeschlagene Strategie vielversprechend. Sie stimmt insofern mit dem ersten Vorschlag überein, als daß der Erkenntnisgewinn aus dem Vergleich und damit den Differenzen zwischen mit unterschiedlichen Wahrnehmungsformen gewonnener Aussagen erwartet wird.

3.3 Ökotoxikologie

3.3.1 Einleitung

Während die Toxikologie als Wissenschaft von den giftigen Stoffen und deren Wirkung auf den Menschen eine jahrhundertealte Tradition besitzt, hat sich das Fachgebiet der Ökotoxikologie erst in den letzten 30 Jahren u.a. aus dem gesellschaftlichen Auftrag entwickelt, schädlichen Einwirkungen von Chemikalien auf den Naturhaushalt und die Umwelt vorzubeugen. Ihre Aufgabe ist es:

„Wirkungen von chemischen Stoffen (Umweltchemikalien) auf einzelne Arten, Biozönosen und ganze Ökosysteme möglichst in Abhängigkeit von ihrer Menge und Einwirkungsart zu untersuchen und qualitativ sowie quantitativ zu erfassen und zu beschreiben und gegebenenfalls Wirkungsschwellen zu ermitteln. ... Ökotoxikologie hat daher die Vielfalt der in der Natur vorkommenden Pflanzen-, Tier- und Mikroorganismenarten, ihre natürlichen Lebensbedingungen, das Zusammenwirken biotischer und abiotischer Faktoren, die netzartigen Beziehungen innerhalb von Lebensgemeinschaften und ganzen Ökosystemen und anderen Bedingungen wie Ökosystemgröße und -stabilität zu berücksichtigen" (SRU 1987, TZ 1684).

Das heißt, daß sich die Ökotoxikologie der realen Komplexität der Wirkungszusammenhänge in natürlichen Systemen stellen muß und sich nicht auf nur wenige standardisierte Testsituationen begrenzen darf. Mit Schwerpunkt auf terrestrischen Ökosystemen und auf der Grundlage der theoretisch-ökologischen Perspektive ist es hier das Ziel, einen Beitrag zu drei unterschiedlichen Kategorien von Fragestellungen zu erbringen, die insgesamt die Aufgabenstellungen der Ökotoxikologie umreißen:

- Bestimmung erkenntnistheoretischer und methodischer Grenzen ökotoxikologischer Risikoabschätzungen,
- Erarbeitung von Konzeptionen und Methoden, um die von Umweltchemikalien ausgehenden Risiken für Ökosysteme besser als bisher abschätzen zu können,
- Entwicklung von Vorschlägen zur Anpassung der rechtlichen Regelungen für den Umgang mit Umweltchemikalien, die die Möglichkeiten und Grenzen wissenschaftlicher Risikoabschätzungen berücksichtigen.

Die genannten Fragestellungsbereiche können unter prospektivem oder retrospektivem Erkenntnisinteresse bearbeitet werden, wobei zu betonen ist, daß aus wissenschaftstheoretischer Sicht deren Zugänglichkeit essentiell verschieden ist. Da sich ökologische Zusammenhänge nicht vollständig in Kausalbeziehungen auflösen lassen, führen mit dem Schwerpunkt auf der prospektiven Ökotoxikologie die Arbeiten letztendlich auf notwendige Reformvorschläge für gesellschaftliche Steuerungsinstrumente.

3.3.2 Ökotoxikologie und Systemtheorie

Wesentlich motiviert durch die Chemikaliengesetzgebung und die unbefriedigenden Möglichkeiten der Erfüllung des damit verbundenen hoheitlichen Auftrags, förderte der Bundesminister für Forschung und Technologie (BMFT) seit 1978 Untersuchungen zur Verbesserung der ökotoxikologischen Riskoabschätzung im Rahmen der Forschungsschwerpunkte „Methoden zur ökotoxikologischen Bewertung von Chemikalien" (Methodenprojekt) und „Auffindung von Indikatoren zur prospektiven Bewertung der Belastbarkeit von Ökosystemen" (Indikatorenprojekt). Da die mit Ende der 80er Jahre abgeschlossenen empirischen Freilanduntersuchungen des Indikatorenprojekts einer Synthese zuzuführen waren, wurde deren theoretische Grundlage herausgearbeitet (Mathes und Weidemann 1990) und die Ergebnisse hinsichtlich der Frage der Wirkung von Chemikalien auf Ökosysteme synoptisch analysiert (Mathes et al. 1991).

Wesentliche Resultate seien kurz zusammengefaßt. Art, Ausmaß und Dauer ökosystemarer Veränderungen hängen einerseits vom Komplex Wirkstoff/Dosis/Emissionsmuster und andererseits von der Struktur und Funktion des betrachteten Ökosystems sowie dessen Randbedingungen ab. Unterschiedliche Ökosysteme können verschieden auf gleichartige Belastung reagieren, und bei gleichem Ökosystem können die Veränderungen von Jahr zu Jahr unterschiedlich sein. Welche Organismenarten jeweils betroffen werden und welche Folgewirkungen aufgrund der Vernetzung daraus entstehen, wird vom Zustand des gesamten Faktorengefüges sowie von den Randbedingungen bestimmt. Die Auswertung mehrerer solcher „Einzelexperimente" eröffnet jedoch auch die Möglichkeit, Hinweise auf verallgemeinerbare Aussagen zu erlangen. Neben Dominanzverschiebungen zwischen den Organismenarten sind Veränderungen biogeochemischer Kreisläufe zu erwarten (Mathes 1994). Eine weitere wesentliche Erkenntnis ist, daß es häufig zu indirekten Effekten kommt, die nicht nur von der betrachteten Noxe, sondern ganz wesentlich durch die Struktur und Funktion des belasteten Ökosystems determiniert sind und daß eine Angleichung an die Kontrollvariante bzw. unbelastete Situation im Sinne der Annäherung der Trajektorien eher die Ausnahme als die Regel, d.h. von irreversiblen Veränderungen auszugehen ist. Diese empirisch nachgewiesenen Tendenzen lassen sich systemtheoretisch begründen. Alle neueren Theorien (s. Kap. 3.2) weisen in die gleiche Richtung: Jede, auch noch so geringe Veränderung, kann sich prinzipiell für immer im Systemverhalten niederschlagen. Chaotische Modelle demonstrieren, daß selbst auf der Basis einfacher und bekannter Wechselwirkungen ein breites Potential an Entwicklungsmöglichkeiten besteht (May 1974, 1976). Mittels individuenbasierter Modelle kann intersubjektiv und reproduzierbar nachvollzogen werden, wie sich Ökosystementwicklung im Detail aus einzelnen, dem Verständnis zugänglichen und nachvollziehbaren Wechselwirkungen zusammensetzt, die in ihrer Gesamtheit aber Unikate konstituieren (Breckling 1990). Die zukünftige Entwicklung ökologischer Systeme entsteht ständig neu aus der Gesamtheit der im System jeweils aktuell wirkenden Konstellationen und Interaktionen (Pahl-Wostl 1995). Die skizzierten Theorien liefern eine Begründung für Irreversibilität von Ökosystemdynamik trotz Abstraktion von deren geschichtlicher Prägung. Die Arbeiten von Matthews et al. (1996) sowie Landis et al. (1996) ergänzen die Betrachtung. Unter Berücksichtigung von evolutionsökologischen Aspekten untermauern sie die Irreversibilitäts-Hypothese.

Mit der Genese systemtheoretischer Konzeptionen und der mit ihnen jeweils verbundenen Modelle und Techniken wurde der Glaube an „Berechenbarkeit" und „Beherrschbarkeit" immer mehr in Frage gestellt. Damit bricht aber auch das Fundament weg, auf dem die Gesetze zum Schutz des Naturhaushalts und der Umwelt gebaut sind. Als Konsequenz der aus ökologischer Sicht formulierbaren prinzipiellen Grenzen einer prospektiven ökologischen Risikoabschätzung resultiert, daß die Ökotoxikologie und Gefahrstoffregulierung vor allem in Richtung auf den gesellschaftlichen Umgang mit Nichtwissen und den prinzipiellen Grenzen der Prognostizierbarkeit weiterzuentwickeln ist. Einen ersten Schritt bildet die Ausgestaltung der Schnittstelle zwischen naturwissenschaftlicher Risikoabschätzung und rechtlichen Steuerungsinstrumenten. Arbeiten zu diesem Themenfeld werden in Abschnitt 3.3.4 zusammengefaßt. An dieser Stelle ist zu betonen – auch wenn es bei näherer Betrachtung trivial erscheint –, daß trotz der immanenten Grenzen einer ökologischen Risikoabschätzung es möglich ist, das „Wißbare“ zu erfassen und einzugrenzen. Auf den Beitrag der algorithmischen oder mathematischen Modelle wird im folgenden eingegangen.

3.3.3 Ökotoxikologie und Modellierung

Es werden, insbesondere an Hochschulen, seit etwa 25 Jahren Simulationsmodelle zur Ökotoxikodynamik entwickelt. Die Methode der algorithmischen Repräsentation ökologischer Zusammenhänge scheint besonders geeignet für die Abschätzung von Folgewirkungen, weil sie den Nachteil der fehlenden Vernetzung bei Laboruntersuchungen und den Nachteil der fehlenden Experimentiermöglichkeiten im Freiland vermeiden kann. In diesem Zusammenhang ist es von besonderer Relevanz, daß häufig indirekte Effekte auftreten, die System- und nicht in erster Linie Chemikalien-spezifisch sind (Mathes et al. 1991, Werner 1995). Insgesamt bleibt festzustellen, daß ohne Kenntnis der Wirkungswege und -netze eine prospektive Beurteilung der Auswirkungen von Umweltchemikalien auf Ökosysteme kaum denkbar ist. Prinzipiell kann davon ausgegangen werden, daß eine weite Palette ökologischer Veränderungen möglich ist. Die Abschätzung der Eintrittswahrscheinlichkeiten solcher, häufig mit starker Zeitverzögerung auftretender Folgewirkungen, erfordert spezielle Extrapolationsansätze, die in der Lage sein müssen, relevante Systemeigenschaften abzubilden, um Wirkungen auf Ökosystemebene, die das Resultat veränderter Wechselbeziehungen sind, überhaupt antizipieren zu können. Prinzipiell können hierzu alle in Abschnitt 3.2.3 vorgestellten Modelltypen und Techniken herangezogen werden. Wie auch in anderen Bereichen, dominierten zu Beginn des genannten Arbeitsgebietes Kompartimentmodelle, und es wurden zunächst aquatische (O'Neill et al. 1982), später terrestrische Modelle entwickelt (Mathes 1987, 1989). So wurde mit der Kombination von Labor-, Freiland- und Simulationsuntersuchungen aufgezeigt, wie sich toxische Wirkungen eines Insektizids im Stickstoffkreislauf eines Ruderalökosystems manifestieren können (Mathes und Schulz-Berendt 1988). In neuerer Zeit ist vor allem der individuenbasierte Typus hinzugekommen (Hallam und Lassiter 1994, Ratte et al. 1995).

Zusammenfassend belegen die bisherigen Bemühungen (vgl. auch Seitz und Poethke 1995), daß das Instrumentarium der Computersimulation nicht geeignet erscheint, umfassend abgesicherte Langzeitprognosen zu liefern. Neben den in Kap. 3.2 dargelegten Gründen muß im Auge behalten werden, daß auch die Quantifizierung der Parameter und deren Streuungen mit erheblichen Unsicherheiten verbunden ist. Es können sich jedoch schon kleine Unsicherheiten der Modellparameter bei langen Prognosezeiträumen zu enormen Ungenauigkeiten auswirken (Poehtke et al. 1993). Möglichkeiten der Modellierung werden vor allem darin gesehen, Hypothesen zu Wirkungsfortsetzungen im Ökosystem zu formulieren und sensible Strukturen und Funktionen zu identifizieren. So gewonnene Ergebnisse müssen jedoch mit anderen Wissensebenen in Beziehung gesetzt werden. Ein Einsatz ist daher vor allem im Rahmen eines Predictive Biomonitoring zu sehen.

Obwohl Modellierungen zur Ökotoxikodynamik ein unverzichtbares Werkzeug sind, wenn es darum geht, komplexe Zusammenhänge und Beziehungen verschiedener Integrationsebenen zu analysieren, werden sie von den „PraktikerInnen“ der Chemikalienbewertung, insbesondere im deutschsprachigen Raum verglichen mit dem angloamerikanischen Sprachraum, kaum wahrgenommen. Mithin werden Entwicklungen unter Berücksichtigung neuerer systemtheoretischer Konzeptionen nur dann in die Anwendung einfließen, wenn sich diese Situation grundlegend ändert. Die Zeiten hierfür sind jedoch alles andere als günstig. Die zunehmende Harmonisierung in der Europäischen Union hat vielmehr dazu geführt, daß innovative Entwicklungen kaum aufgegriffen werden. Trotz vielfältiger Forschungsergebnisse und Verbesserungsvorschläge werden im „Technical Guidance Document“ zur einschlägigen Richtlinie (93/67/EEC) als Prüfmethoden für die aquatische Ökotoxizität lediglich die akute Toxizität für Fische, die akute Toxizität für Daphnien und die Wachstumshemmung für Algen benannt. Diese „Realität“ steht in deutlichem Mißverhältnis zur Zunahme der Modellentwicklungen, wie der Bereich der Ökosystemforschung veranschaulicht (vgl. Mathes et al. 1996). Im Vergleich zu den Anfängen des Arbeitsgebiets sind die Voraussetzungen (wie z.B. Rechnerkapazitäten) und Möglichkeiten (wie z.B. Abstraktionsformen) enorm angewachsen.

3.3.4 Ökotoxikologie und staatliche Chemikalienkontrolle

Während die siebziger Jahre als eine Phase besonders intensiver gesetzgeberischer Maßnahmen zum Schutz der Umwelt vor gefährlichen Stoffen bezeichnet werden können, ist die jetzige Phase gekennzeichnet durch die Europäisierung des Rechts. Legislative Nachbesserungen sind aufgrund der in Rio 1992 verabschiedeten AGENDA 21 und der Vorgaben des Europäischen Gemeinschaftsrechts geboten. Trotz vielfältiger Anstrengungen ist es jedoch nicht gelungen, die Gefahrstoffregulierung zum Schutze der Umwelt auf eine solide wissenschaftliche Grundlage zu stellen. Hiermit erklärt sich u.a. die Dominanz pragmatischer Ansätze im regulatorischen Bereich. Die Vorgehensweise der administrativen ökotoxikologischen Risikobeurteilung ermöglicht es nicht, auf Wirkungen, die sich aus Kombinationseffekten, diffusen Einträgen oder Wechselwirkungszusammenhängen ergeben, zu reagieren. Ebenso gibt es keine Verfahren, um falsche Entscheidungen, die Resultat der Verschachtelung problematischer oder unzutreffender Annahmen sind, systematisch zu erkennen. Und drittens werden erkenntnistheoretische Probleme und irreduzible Ungewißheiten nicht explizit einbezogen. Wenn wir den Anspruch haben, dem Vorsorgeprinzip zu folgen, dann ist es entscheidend, wie wir mit Nichtwissen und den prinzipiellen Grenzen der Prognostizierbarkeit umgehen werden. In diese Richtung wird sich das administrative Prozedere notwendig entwickeln müssen. Als ein erster Schritt wurde auf der Grundlage des Vorsorgeprinzips eine Strategie für die administrative Chemikalienkontrolle formuliert (Mathes und Winter 1993), die sich durch folgende Charakteristika auszeichnet:

- die Anwendung von Ausschlußkriterien (Stoppregeln / „cut-off-values“) auf Chemikalieneigenschaften wie z.B. Persistenz und Bioakkumulation, deren Risikopotentiale hinreichend bekannt sind,
- die Umkehrung der Logik für die Erhebung von Prüfergebnissen: Nicht für diejenigen Substanzen, für die sich Hinweise auf Umweltgefährlichkeit ergeben, werden weitere Prüfnachweise verlangt. Solche Chemikalien sollten vielmehr durch Ausschlußkriterien aussortiert werden, und die Durchführung aufwendigerer Prüfungen sollte sich auf die verbleibenden Substanzen konzentrieren,
- eine vergleichende Risikobeurteilung (Alternativenprüfung) unter Einbeziehung des Stoffnutzens schon zu Beginn des wirkungsgestützten Prüfverfahrens.

Das bedeutet, daß nur ein geringer Anteil von Xenobiotika einer vollständigen, alle Organisationsebenen umfassenden Wirkungsabschätzung zuzuführen wäre, ein Vorschlag, den auch Rieß et al. (1995) formulieren.

Zu ergänzen ist die mittels o.g. Prinzipien skizzierte Strategie durch eine Nachmarktkontrolle zur Überprüfung der Richtigkeit der ökotoxikologischen Risikoabschätzung. Eine solche würde ein systematisches und koordiniertes Umweltmonitoring erfordern, das die Umweltmedien auf Veränderungen hin überwacht und neue Erkenntnisse über Schadwirkungen durch Xenobiotika liefert, die ggf. sofort in restriktive Maßnahmen umgesetzt werden bzw. zur Optimierung des Abschätzungsverfahrens dienen können.

3.4 Diskussion und Ausblick

Zur Verbesserung der Ökotoxikologie und Gefahrstoffregulierung ist eine enge Verzahnung von Theorie und Empirie sowie die zeitnahe Transformation des jeweils aktuellen Wissensstands in die gesellschaftliche Praxis erforderlich. Daher wurde die Ökotoxikologie entlang der Ökologie und ihrer theoretischen Grundlage beschrieben sowie eine enge Beziehung zu den Rechtswissenschaften hergestellt. Sie mündete in der Entwicklung eines Entscheidungsverfahrens für die administrative Chemikalienkontrol-

le (Mathes und Winter 1993, s. Abschnitt 3.3.4). Die wesentlichen Aussagen, die dort getroffen wurden, haben bis heute nichts an Aktualität eingebüßt. Vielmehr wurden sie weiter untermauert (Klöpffer 1994, Scheringer 1996) und in ähnlicher Weise kürzlich wieder in die Diskussion eingebracht (McCarty und Power 1997).
Argumente, die aufzeigen, daß die Risikoabschätzungen im Rahmen der staatlichen Chemiekalienkontrolle wesentliche ökologische Aspekte unberücksichtigt lassen, verbunden mit konzeptionellen und methodischen Verbesserungsvorschlägen, sind fast so alt wie die Ökotoxikologie selbst. Stellvertretend seien hier Ramade (1977), NRC (1981), Koeman (1982) und DFG (1983) genannt. Von früheren und auch heute dominierenden Konzeptionen (z.B. Liess 1997) unterscheidet sich die hier vorgestellte durch zwei Spezifika. Erstens werden die neueren Ergebnisse dynamischer Theorien als erkenntnistheoretisch bedeutsame Entwicklungen begriffen und bei der ökologischen Risikobewertung mit in die Waagschale geworfen. Zweitens wird eine Weiterentwicklung des Fachgebiets vor allem eingebettet in einen transdisziplinären Zusammenhang gesehen, hinsichtlich der Gefahrstoffregulierung insbesondere unter Einbeziehung der Rechtswissenschaften. Denn die Komplexität und Singularität von Ökosystemen macht eine auf nationaler, europäischer oder globaler Ebene gleich strukturierte ökotoxikologische Risikoabschätzung unmöglich; eine solche wird jedoch – und dies aufgrund der gesetzlichen Harmonisierungen in der EU sowie Globalisierung zunehmend verstärkt – bei der Chemikalienkontrolle gefordert. Es bedeutet, daß die sich aus der gesellschaftlichen Sphäre ableitenden Prämissen und Rahmenbedingungen mit den Möglichkeiten und Grenzen der Wissenschaft nicht kompatibel sind. Da dies die wesentliche zu lösende Aufgabe markiert, ist bei allen naturwissenschaftlichen Verbesserungsnotwendigkeiten und -möglichkeiten der entscheidende Problemzusammenhang der prospektiven Ökotoxikologie der Zukunft ihr Zusammenwirken mit ökonomischen Strukturen und gesellschaftlichen Handlungszusammenhängen. Die Realisierung eines Auswegs aus dem Dilemma von Ungewißheit und Handlungsbedarf kann nur in einer transdisziplinären Perspektive gelingen und muß auf verschiedenen Ebenen ansetzen, wie sie beim Bremer Statusseminar „Ökotoxikologie & Gefahrstoffregulierung" benannt wurden (vgl. Mathes und Weidemann 1996, Rösing und Winter 1997). Hierzu zählt u.a. die stärkere Zusammenführung von Wissensgenerierung und anknüpfenden Entscheidungen.
Es ist dringend geboten, die Prinzipien, die den Bewertungen ‚umweltgefährlich' bzw. ‚nicht umweltgefährlich' zugrunde liegen, einschließlich ihrer jeweiligen rechtlichen Hintergründe, darzustellen und aufzuarbeiten. In den Industrienationen zeichnet sich die Tendenz ab, immer mehr Daten zu sammeln und Regelungen immer stärker zu differenzieren, ohne jedoch Handlungen folgen zu lassen. Eine Neustrukturierung der Verknüpfung von Wissen und Bewertung ist essentiell, um mit weniger Informationen mehr zu erreichen. Die rechtlichen Voraussetzungen hierfür scheinen gegeben, wie das Beispiel des Chemikaliengesetzes zeigt. So ermöglicht die Neuformulierung von § 11 des Chemikaliengesetzes Maßnahmen der Anmeldestelle auch schon dann, „wenn Anhaltspunkte, insbesondere ein nach dem Stand der wissenschaftlichen Erkenntnis begründeter Verdacht dafür vorliegen, daß der Stoff gefährlich ist" (Chemikaliengesetz in der Fassung vom 25.7.1994). Es wäre zu erarbeiten, welche Informationslage zur Annahme eines solchen Verdachts ausreicht und welche Kriterien und Gefährlichkeitsmerkmale ihn begründen.
Im Rahmen der Entscheidung über Beschränkungsregelungen ist eine Prüfung möglicher alternativer Mittel zur Zielerreichung sinnvoll. Sie ermöglicht, daß weniger Information benötigt wird als bei Fixierung auf einen einzelnen Stoff. Die Prüfung sollte sich auch auf Alternativen nicht-stofflicher Art erstrecken.
Die Dynamik des Wissens über die Schädlichkeit von Stoffen erfordert schließlich – ähnlich wie im Arzneimittelrecht bereits realisiert – eine Nachmarktkontrolle, für deren Ausgestaltung sowohl Konzepte des Umweltmonitoring, des Predictive Biomonitoring als auch solche der kritischen Konzentrationen, kritischen Eintragsraten und kritischen strukturellen Veränderungen (SRU 1994) weiterentwickelt werden sollten.

Der Vorschlag ist dahingehend zu interpretieren, den prinzipiell nie abgeschlossenen Prozeß der Wissensgenerierung dennoch so zu gestalten, daß Handeln möglich ist. Es geht letztendlich darum, eine interdisziplinäre Wissenschaft zu entwickeln, die reduktionistische und holistische Betrachtungen – von der molekularen Abstraktionsebene bis zum Monitoring – koppelt mit der Schnittstelle, an der Wissen in Handeln mündet.

Danksagung

Diese Arbeit entstand im Rahmen des Forschungsschwerpunktes „Ökotoxikologie und Risikobewertung" des Zentrums für Umweltforschung und Umwelttechnologie der Universität Bremen (http://www.uni-bremen.de/~uft), der aus der 1990 gegründeten gleichnamigen Forschergruppe bestehend aus den Professoren H. Grimme, B. Jastorff, K.-H. Ladeur, G. Weidemann und G.Winter hervorgegangen ist und dem ich ebenfalls seit dieser Zeit angehöre.

Literatur

Breckling, B. (1990): Singularität und Reproduzierbarkeit in der Modellierung ökologischer Systeme. Dissertation, Universität Bremen

Breckling, B., Mathes, K. (1991): Systemmodelle in der Ökologie: Individuen-orientierte und Kompartimentbezogene Simulation, Anwendungen und Kritik. Verhandl. Gesell. Ökol. 19: 635-646

Breckling, B., Ekschmitt, K., Mathes, K., Poethke, H.-J., Seitz, A., Weidemann, G. (1992): Gedanken zur Theorie in der Ökologie. Verhandl. Gesell. Ökol. 21: 1-8

DeAngelis, D.L. (1992a): Die zukünftige Rolle der Mathematik in der Theoretischen Ökologie. In: Breckling, B., Ekschmitt, K., Mathes, K., Poethke, H.-J., Seitz, A., Weidemann, G.: Gedanken zur Theorie in der Ökologie. Verhandl. Gesell. Ökol. 21: 4-5

DeAngelis, D.L. (1992b): Mathematics: A bookkeeping tool or a means of deeper understanding ecological systems? Verhandl. Gesell. Ökol. 21: 9 -13

DeAngelis, D.L., Godbout, L., Shuter B.J. (1991): An individual based approach to predicting density-dependent dynamics in smallmouth bass populations. Ecological Modelling 57: 91-115

DeAngelis, D.L., Gross, L.J. (1992): Individual based models and approaches in ecology. Populations, communities and ecosystems. Chapman & Hall, London

DFG (Deutsche Forschungsgemeinschaft) (1983): Ökosystemforschung als Beitrag der Beurteilung der Umweltwirksamkeit von Chemikalien. Verlag Chemie, Weinheim

Ekschmitt, K., Breckling, B., Mathes, K. (1996): Unsicherheit und Ungewißheit bei der Erfassung und Prognose von Ökosystementwicklungen. Verhandl. Gesell. Ökol. 26: 495-500

Grimm, V., Jeltsch, F (1996): Ökologisches Modellieren am UFZ Leipzig-Halle. In Mathes, K., Breckling, B., Ekschmitt, K. (eds.): Systemtheorie in der Ökologie. Ecomed, Landsberg. 87-95

Haber, W. (1993): Von der ökologischen Theorie zur Umweltplanung. GAIA 2: 96-106

Hallam, T.G., Lassiter, R.R. (1994): Ecological risk assessment in aquatic populations and communities. In: Levin, S.A. (ed.): Frontiers in mathematical biology. Springer, Berlin. 529-549

Hauhs, M., Lange, H. (1996): Perspektiven für eine (Meta-) Theorie terrestrischer Ökosysteme. In Mathes, K., Breckling, B., Ekschmitt, K. (eds.): Systemtheorie in der Ökologie. Ecomed, Landsberg. 95-107

Judson, O.P. (1994): The rise of individual based model in ecology. Trends in Ecology and Evolution 9: 9-14

Kaiser, H. (1975): Populationsdynamik und Eigenschaften einzelner Individuen. Verhandl. Gesell. Ökol. 4: 25-38

Klöpffer, W. (1994): Kriterien zur Umweltbewertung von Einzelstoffen und Stoffgruppen. UWSF – Z. Umweltchem. Ökotox. 5: 61-63

Koeman, J.H. (1982): Ecotoxicological evaluation: The eco-side of the problem. Ecotoxicol. Environ. Saf. 6: 358-362

Landis, W.G., Matthews, R.A., Matthews, G.B. (1996): The layered and historical nature of ecological systems and the risk assessment of pesticides. Environ. Toxicol. Chem. 15: 432-440

Liess, M. (1997): Editorial zur Beitragsserie: Vom Labor ins Freiland – Aspekte der Bewertung von Pflanzenschutzmitteln (PSM) in der Umwelt. UWSF – Z. Umweltchem. Ökotox. 9: 1-2

Mathes, K. (1987): Computersimulation: Eine Methode zur Beurteilung von Umweltbelastungen – Untersucht am Beispiel des Stickstoff-Haushalts eines Ruderal-Ökosystems. Dissertation, Universität Bremen

Mathes, K. (1989): Modeling and simulation as a tool in ecotoxicology: An example of a site-related simulation. In: Möller, D.P.F. (ed.): Advances in system analysis 5. Vieweg, Braunschweig. 189-198

Mathes, K. (1994): On the effects of pesticides at the ecosystem level. In: Donker, M.H. , Eijsackers, H., Heimbach, F. (eds.): Ecotoxicology of soil organisms. SETAC Special Publication Series, Lewis (CRC Press), Boca Raton. 445-454

Mathes, K., Schulz-Berendt, V. (1988): Ecotoxicological risk assessment of chemicals by measurements of nitrification combined with a computer simulation model of the N-cycle. Toxicity Assess. 3: 271-286

Mathes, K., Weidemann, G. (1990): A baseline-ecosystem approach to the analysis of ecotoxicological effects. Ecotoxicol. Environ. Saf. 20: 197-202

Mathes, K., Weidemann, G. (1996): Ökotoxikologie und Gefahrstoffregulierung. – Perspektiven für ein interdisziplinäres Forschungsfeld. GAIA 5: 245-252

Mathes, K., Winter, G. (1993): Ecological risk assessment and the regulation of chemicals: 3. Balancing risks and benefits. Sci. Total Environ.: 1679-1687

Mathes, K., Weidemann, G. (1991): Indikatoren für Ökosystembelastung. Berichte aus der ökologischen Forschung, Bd.2. Forschungszentrum Jülich GmbH, Zentralbibliothek, Jülich

Mathes, K., Breckling, B., Ekschmitt, K. (eds.) (1996): Systemtheorie in der Ökologie. Ecomed-Verlagsgesellschaft, Landsberg

Matthews, R.A., Landis, W.G., Matthews, G.B. (1996): The community conditioning hypothesis and its application to environmental toxicology. Environ. Toxicol. Chem. 15: 597-603

May, R.M. (1974): Biological populations with non overlapping generations: Stable points, stable cycles and chaos. Science 1986: 645-647

May, R.M. (1976): Simple mathematical models with very complicated dynamics. Nature 261: 459-467

McCarty, L.S., Power, M. (1997): Environmental risk assessment within a decision-making framework. Environ. Toxicol. Chem. 16: 122-123

McIntosh, R.P. (1980): The background and some current problems of theoretical ecology. Synthese 43: 195-255

McIntosh, R.P. (1985): The background of ecology. Cambridge University Press, Cambridge

NRC (National Research Council, USA) (1981): Testing for effects of chemicals on ecosystems. A report by the committee to review methods for ecotoxicology. National Academy Press, Washington

O'Neill, R.V., Gardner, R.H., Barnthouse, L.W., Hildebrand, S.G., Gehrs, C.W. (1982): Ecosystem risk analysis: A new methodology. Environ. Toxicol. Chem. 1: 167-177

Pahl-Wostl, C. (1995): The dynamic nature of ecosystems. John-Wiley & Sons, Chichester

Poethke, H.-J., Oertel, D., Seitz, A. (1993): Variabilität in ökologischen Systemen. Konsequenzen für den Zeithorizont von Modellprognosen. Verhandl. Gesell. Ökol. 22: 457-465

Ramade, F. (1977): Ecotoxicologie. Masson, Paris

Ratte, H.T., Dülmer, U., Klüttgen, B., Pelzer, M. (1992): Investigation and modelling of primary and secondary effects of 3,4-dichloroaniline in experimental aquatic laboratory systems and mesocosms. In: GSF – Forschungszentrum für Umwelt und Gesundheit (ed.): Proceedings of the International Symposium on Ecotoxicology – Ecotoxicological Relevance of Test Methods, Nov. 1990. GSF-Forschungszentrum Neuherberg. 49-57

Ratte, H.T., Klüttgen, B., Dülmer, U. (1995): Systemanalyse und Modellierung fremdstoff-belasteter experimenteller Lebensgemeinschaften. In: Kirchner, M., Bauer, H. (eds.): Statusseminar zum Förderschwerpunkt „Ökotoxikologie“ des BMBF. GSF-Forschungsberichte des Projektträgers 2/95: 47-57

Rieß, M.H., Manthey, M., Grimme, L.H. (1995): Zur Bestimmbarkeit des ökotoxikologischen Schädigungspotentials von Chemikalien. Ansätze einer „forschenden“ Prüfstrategie. In: Winter, G. (ed.): Risikoanalyse und Risikoabwehr im Chemikalienrecht. Umweltrechtliche Studien, Band 17. Werner-Verlag, Düsseldorf. 165-203

Rösing, J., Winter, G. (1997): Berichte – Ökotoxikologie und Gefahrstoffregulierung. Tagung am 2. und 3.5.1996 im Zentrum für Umweltforschung und Umwelttechnologie (UFT) der Universität Bremen. Natur und Recht 5: 233-236

Scheringer, M. (1996): Räumliche und zeitliche Reichweite als Indikatoren zur Bewertung von Umweltchemikalien. Dissertation, ETH Zürich

Schwarz, A. (1996): Aus Gestalten werden Systeme: Frühe Systemtheorie in der Biologie. In: Mathes, K., Breckling, B., Ekschmitt, K. (eds.): Systemtheorie in der Ökologie. Ecomed, Landsberg. 35-45

Seitz, A. (1984): Simulationsmodelle als Werkzeuge in der Populationsökologie. Verhandl. Gesell. Ökol. 12: 471-486

Seitz, A., Poethke, H.-J. (1995): Strukturanalyse und Modellierung von Zooplankton-Fisch-Freilandsystemen zur Bewertung von Fremdstoffwirkungen in aquatischen Ökosystemen. In: Kirchner, M., Bauer, H. (eds.): Statusseminar zum Förderschwerpunkt „Ökotoxikologie“ des BMBF. GSF-Forschungsberichte des Projektträgers 2/95. 1-29

SRU (Sachverständigenrat für Umweltfragen) (1987): Umweltgutachten. Kohlhammer, Stuttgart

SRU (Sachverständigenrat für Umweltfragen) (1994): Umweltgutachten: Für eine dauerhaft -umweltgerechte Entwicklung. Metzler-Poeschel, Stuttgart

Trepl, L. (1987): Geschichte der Ökologie. Athenäum Verlag, Frankfurt am Main

Truhaut, R. (1977): Ecotoxicology: objectives, principles and perspectives. Ecotoxicol. Environ. Saf. 1: 151-173

Von Gleich, A., Schramm, E. (1992): Mathematische Modelle und ökologische Erfahrung. Verhandl. Gesell. Ökol. 21: 15-23

Weiner, J. (1995): On the practice of ecology. J. Ecol. 83: 153-158

Werner, W. (1995): Reaktion zweier Grünland-Ökosysteme auf chemische Belastung durch ausgewählte Umweltchemikalien. Dissertationes Botanicae 238, J. Cramer, Berlin

Wiegleb, G. (1996): Konzepte der Hierarchie-Theorie in der Ökologie. In: Mathes, K., Breckling, B., Ekschmitt, K (eds.): Systemtheorie in der Ökologie. Ecomed, Landsberg. 7-25

Wolters, G., Lennox, J.G. (eds.) (1995): Concepts, theories, and rationality in the biological science. Konstanz: UVK, Univ.-Verl. Konstanz; Univ. of Pittsburgh Press, Pittsburgh

4 Ökotoxikologie und Ökosysteme

W.H.O. Ernst

Abstract

Ecotoxicology is a special aspect of ecology. Therefore risk assessment of environmental chemicals demands a realistic analysis of organisms which are characteristic for a special ecosystem. The concepts of NOEC, PEC/PNEC quotients and HCp are evaluated. They are oversimplifications („quick and dirty"-concepts) of the ecological reality neglecting completely the chemical speciation in the environmental compartments inclusive the food web. Only the incorporation of these parameters into and the extension of the exposure times for a full life-cycle in ecotoxicological risk analysis will contribute to a relevant ecological risk assessment of chemicals and to the maintenance of the biodiversity of the various ecosystems.

Zusammenfassung

Die Ökotoxikologie ist ein Teilgebiet der Ökologie und erfordert darum eine umfassende Analyse und Beurteilung der Störungsempfindlichkeit von Organismen im realen Ökosystem. Die NOEC-, PEC/PNEC-Quotienten- und HCp-Konzepte werden evaluiert. Dabei wird deutlich gemacht, daß alle ökotoxikologischen Konzepte eine unzulässige Vereinfachung der ökotoxikologischen Risikobeurteilung sind, solange sie die Aspekte der chemische Speziation von Umweltchemikalien im Boden und in der Nahrungskette nicht berücksichtigen. Nur eine vollständige Analyse der relevanten Umweltkomponenten und eine umweltrelevante Exposition der Organismen während eines vollständigen Lebenszyklus ermöglicht eine ökologisch relevante Risikobeurteilung und damit die Erhaltung der Biodiversität in den verschiedenen Ökosystemen.

4.1 Ökotoxikologie als Teilgebiet der Ökologie

Ökologie ist die Lehre von den Beziehungen von Organismen untereinander und deren Interaktionen mit der abiotischen Umgebung. Die Ökotoxikologie ist die Lehre von den negativen Eingriffen auf die obigen Beziehungen, resultierend in der Störung ökosystemarer Strukturen und/oder Funktionen. Damit ist die Ökotoxikologie ein Teilgebiet der Ökologie und analysiert die Reaktionen von Individuen, Populationen, Lebensgemeinschaft und Ökosystem auf hohe Umweltkonzentrationen von Chemikalien (Abb. 4-1). Mit Ausnahme der Versauerung, der Eutrophierung durch Stickstoff, Phosphat, und erhöhte CO_2-Konzentrationen erfassen Ökologen im allgemeinen nicht die Beeinflussung der Ökosysteme durch die Immission von Chemikalien (Ellenberg et al. 1986). Auf diesen Bereich haben sich die Ökotoxikologen gerichtet, wobei mit der Verbesserung analytischer Techniken und Instrumente stets mehr umweltfremde Stoffe analysierbar und deren Effekte auf Organismen, Populationen und Ökosysteme beurteilbar werden.

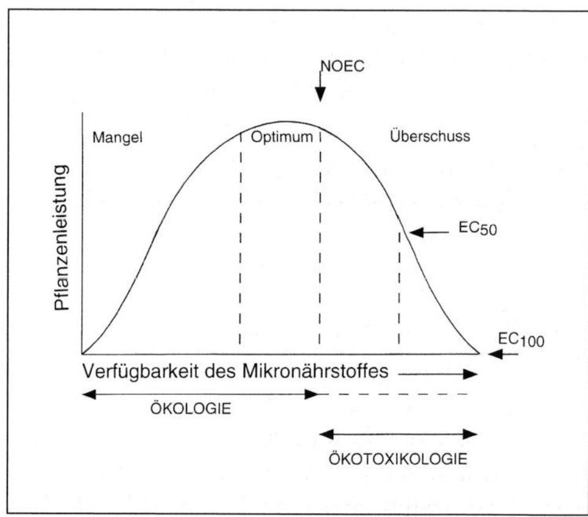

Abb. 4-1: Schematische Darstellung der Reaktion von Pflanzen auf die verfügbare Konzentration eines Mikronährstoffes, z.B. Zink, und der herkömmlichen Arbeitsbereiche von Ökologen und Ökotoxikologen. Die Nulleffektkonzentration (NOEC) und die Effektkonzentration (EC) einer 50%igen (EC_{50}) und 100%igen (EC_{100}) Beeinträchtigung der Pflanzenleistung sind als Kenngrößen der ökotoxikologischen Risikobeurteilung angegeben.

Ursprünglich hat Truhaut (1977) als Initiator des Begriffes Ökotoxikologie dieses Gebiet allein als Ausbreitung der Toxikologie gesehen. Vielfach wird darum noch stets gedacht, daß in der Ökotoxikologie die Ratte als Modelltier der Toxikologen nur durch einen anderen Modellorganismus ersetzt werden muß; viele OECD- und ISO-Protokolle zur Risikobeurteilung von Chemikalien (OECD 1984, ISO 1992) atmen noch stets den Geist dieses simplizistischen Denkens über die Wirkung von negativen Eingriffen auf Ökosysteme. Moriarty (1983) hat das Konzept von Truhaut (1977) mit der Introduktion von nachteiligen Effekten auf Populationen in Ökosystemen erweitert. Die Biodiversität, die ein Ökosystem kennzeichnet, und das genetische Potential der jeweiligen Populationen lassen erwarten, daß die Reaktionen auf einen negativen Eingriff sehr artspezifisch ablaufen.

4.2 Beurteilungskonzepte in der Ökotoxikologie

Die hohe biologische Diversität von Ökosystemen macht es nicht möglich, für alle Arten und Prozesse in einem Ökosystem den Bereich zwischen optimalem Funktionieren eines Organismus und seiner Beeinträchtigung durch toxische Konzentrationen zu erfassen. Darum haben Ökotoxikologen für die Risikobeurteilung von Chemikalien Minimalkonzepte entwickelt.

4.2.1 Das NOEC-Konzept

Eines der Minimalkonzepte geht davon aus, die Konzentration einer Umweltchemikalie festzustellen, bei der keine Effekte zu beobachten sind, die sogenannte Nulleffektkonzentration (NOEC). Um den Schutz empfindlicher Arten in einem Ökosystem sicher zu stellen, werden die Resultate aus Einzelartenversuchen mit Sicherheitsfaktoren versehen (Kooijman 1987) und anschließend auf alle Arten im Ökosystem übertragen (Alderberg und Slob 1993). Mit diesem Verfahren probiert man, eine vorhersagbare unschädliche Chemikalienkonzentration (PNEC) zu errechnen (Ahlers und Diderich 1998). In der trophischen Struktur haben die Arten eines jeden Ökosystems ganz verschiedene Funktionen: Die C-autotrophen höheren Pflanzen sind die primären Produzenten, die durch Inkorporation von Mineralstoffen in Produkte der Photosynthese die Basis für die Ernährung aller anderen Organismen im Ökosystem legen. Die heterotrophen Organismen umfassen die Konsumenten erster (Phytophagen, aber auch Gentransporter für Primärproduzenten) bis höherer Ordnung (Carnivoren, Saprophagen), aber auch Mykorrhizapilze (Symbionten). Die Destruenten sorgen für den Abbau der toten biologischen Substanz (Remineralisation) und außerdem für den Aufbau von Humussubstanzen. Die NOEC eines primären Produzenten kann um einen Faktor 10 niedriger liegen als die NOEC von Pilzhyphen-verzehrenden Springschwänzen (Abb. 4-2). Bei einem Vergleich der Empfindlichkeit von biologischen Prozessen gegenüber Umweltchemikalien ist es fast unmöglich, eine NOEC experimentell zu ermitteln und statistisch abzusichern. Wissenschaftlich angemessen ist die Feststellung niedriger Effektkonzentration (ECx). Durch die unterschiedliche funktionelle Rolle und räumliche Anordnung von Arten in einem Ökosystem wirkt die Deposition einer Chemikalie auf ein Ökosystem auf die verschiedenen Arten ganz unterschiedlich ein. Darum können die Effektkonzentrationen um einen Faktor 1000 auseinanderliegen: Bei Exposition an Quecksilber lag der EC10 der mikrobiellen Re-

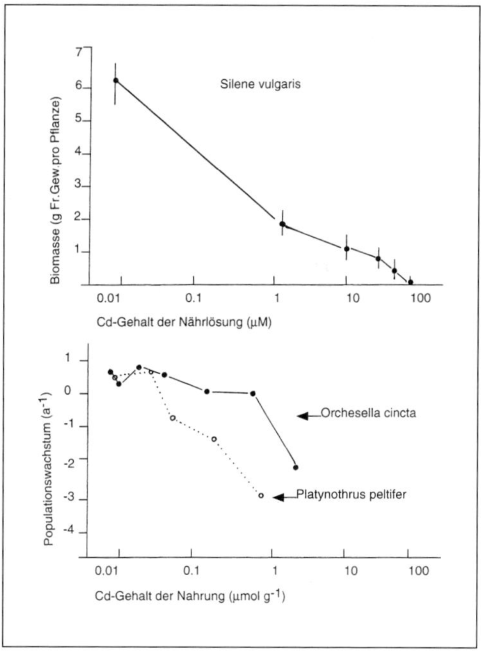

Abb. 4-2: Die Beeinflussung der biologischen Leistung von *Silene vulgaris* als Primärproduzent und zweier phytophager Bodentiere, die Milbe *Platynothrus peltifer* und der Springschwanz *Orchesella cincta,* nach Exposition gegenüber zunehmenden Cadmium-Konzentrationen (nach Verkleij und Prast 1989, Van Straalen et al. 1989).

spiration bei 0,1 mg Hg kg^{-1} (Landa und Fang 1978), der EC10 der Blütenbildung von Brassica rapa bei etwa 1 mg Hg kg^{-1} (Sheppard et al. 1993) und der EC15 der Ammonifikation bei 100 mg Hg kg^{-1} (Van Faassen 1973). Darum muß das NOEC-Konzept von der einzelnen Art in ein NOEC-Konzept von Nahrungsketten inkorporiert werden (Health Council of the Netherlands 1997). Dadurch wird es möglich, die Ursache einer Schädigung eines Organismus festzustellen, vor allem dann, wenn der Organismus innerhalb eines Ökosystems seine Nahrung von unterschiedlichen Entwicklungsstadien von Blättern zusammenstellt, z.B. die polyphagen Porcellio-Arten, oder seine Nahrung gar aus verschiedenen Ökosystemen holt, z.B. Fischreiher, die Mäuse auf Äckern und Fische in Gewässern fangen.

Das NOEC-Konzept von Nahrungsketten erfaßt noch eine andere ökologische Realität nicht. Wenn eine Chemikalie durch einen primären Produzenten aufgenommen wird, kann die chemischen Zustandsform so verändert werden, daß die Toxizität für die Konsumenten herabgesetzt wird, z.B. ionogenes Cadmium im Vergleich zu Cd-Phytochelatin (Fujita et al. 1993). Die Speziation von Chemikalien im Boden und in der Nahrungskette wird im Artentest des NOEC-Konzept nicht oder nur marginal berücksichtigt.

Noch schlechter sieht es mit der ökologisch relevanten Standardisierung aus. Zur Vergleichbarkeit von Ergebnissen ist in den OECD-Protokollen (OECD 1984) ein Standardboden eingeführt, der aus einer abscheulichen Mischung von Kaolin, Sand und Sphagnum-Torf besteht und keine einzige Relevanz für natürliche Böden hat. Die Ermittlung von NOEC in Ökosystemen erfordert ein Vergleich von Böden gleichartiger geogener Herkunft und vergleichbarer Entwicklungszeit unter Berücksichtigung der dominanten Pflanzenarten, da diese die chemische Speziation und/oder Adsorption der Umweltchemikalie stark beeinflussen (Kuiters 1993).

4.2.2 Das Konzept des PEC/PNEC-Quotienten

Eine andere Variante des NOEC-Konzepts ist das Konzept des Quotienten der vorhersagbaren Umweltkonzentration (PEC, predicted environmental concentration) einer chemischen Substanz und der vorhersagbaren unschädlichen Chemikalienkonzentration (PNEC, predicted no effect concentration). Ahlers und Diderich (1998) haben vorgeschlagen, den PEC/PNEC-Quotienten so zu beurteilen, daß bei einem PEC/PNEC-Quotienten < 1 kein ökologisches Risiko vorliegt. Bei einem Quotienten > 1 befehlen diese Autoren an, die Expositionsdaten zu revidieren. Es wäre ökologisch verantwortlich gewesen, wenn die Autoren auf die Problematik der Ermittlung von PEC- and PNEC-Werten hingewiesen und die Randbedingungen bei der Ermittlung von PEC and PNEC kritisch unter die Lupe genommen hätten. Das entscheidende Problem ist die Ermittlung eines ökologisch relevanten PEC einer chemischen Substanz, z.B. eines Schwermetalles. Durch die ökotypisch spezifische Beeinflussung der Rhizosphäre durch Ausscheidungen von Protonen und organischen Säuren bei zweikeimblättrigen Pflanzen und durch Phytosiderophoren bei Gräsern (Marschner 1995) wird in der unmittelbaren Umgebung der Wurzeln der chemische Zustand der Schwermetalle so eingreifend verändert, daß eine Analyse der bioverfügbaren Schwermetallmenge und Schwermetallform durch chemische Extraktionsmittel nicht möglich ist (cf. Sheppard et al. 1993, Lorenz et al. 1997). Durch genotypen- und artspezifischen Bedarf resp. Entgiftungsprozeß ist für alle Pflanzenarten eines Ökosystems eine unterschiedliche PEC und PNEC zu erwarten.

Dieses Problem einer genauen Feststellung der biologisch aktiven Konzentration ist auch bei den Tieren vorhanden. Die Metallexposition eines Herbivoren hängt von den vielen chemischen Zustandsformen eines Metalles in den verzehrten Pflanzenorganen, deren Modifikation durch Darmmikroorganismen und deren Absorbierbarheit durch das Darmepithel ab. Van Straalen (1996) hat darauf hingewiesen, daß die Ausscheidungseffizienz von Cadmium durch Bodenevertebraten sehr stark variiert, wobei in den referierten Experimenten das Metall den Tieren allein in der Nahrung als adsorbiertes Cadmium zugedient wurde. Sobald die Metalle durch die Pflanze in verschiedene chemische Zustandsformen überführt werden, verändert die Bioverfügbarkeit eingreifend und resultiert in einer pflanzenartenspezifischen Nahrungs-PEC und in einer tierartenspezifischen PNEC (McKenna et al. 1992, Fujita et al. 1993). Diese hohe, durch Organismen gesteuerte chemische Diversität erfordert eine umfassende Analyse der chemischen Speziation im relevanten Umweltkompartiment, eine genaue Analyse der Nahrungskette und eine Ausbreitung der Versuchsdauer über den vollen Lebenszyklus der Arten, um relevante PECs und PNECs für die Organismen eines Ökosystems festschreiben zu können.

4.2.3 Das HCp-Konzept

Um der Reaktionsbreite der Organismen eines Ökosystems gerecht zu werden, haben Van Straalen und Denneman (1989) das HCp-Konzept (hazard concentration) introduziert. Hierbei wird aufgrund von wenigstens 5 NOECs die Risikokonzentration einer chemischen Substanz festgestellt, wobei nur ein gewisser Prozentsatz (p) der Organismen eines Ökosystems über der NOEC liegt. Die Aussagekraft des HCp-Konzeptes hängt von der Wahl der Pflanzen-, Tier- und Mikroorganismenarten eines Ökosystems ab. Durch die Verwahrlosung der bei der Besprechung des NOEC-Konzeptes und des PEC/PNEC-Konzeptes erwähnten Aspekte erhöht das HCp-Konzept keineswegs die Qualität der Risikobeurteilung einer Umweltchemikalie.

4.2.4 Das Biomarker-Konzept

Reaktionen eines Organismus auf die Exposition an eine hohe Konzentration einer Umweltchemikalie sind erst zu erkennen, wenn ein Effekt vorliegt. Eingriffe einer Umweltchemikalie auf (sub)zelluläre Prozesse starten eine kausale Reaktionskette, die schließlich in sichtbare Effekte ausmündet. Das Konzept des Biomarkers will die frühzeitige Erkennung einer Exposition an kritische Konzentrationen einer Umweltchemikalie ermöglichen (Peakall 1992). Sobald eine Umweltchemikalie auf einen spezifischen physiologischen Prozeß eingreift, findet eine Veränderung der Enzymaktivität, der de novo Synthese eines Metaboliten oder der Konzentration eines Metaboliten statt. Die biochemische Diversität von zellulären Reaktionen beschränkt die Aussagekraft eines Biomarkers auf wenige Chemikalien (Depledge und Fossi 1994, Peakall und Walker 1994, Lagadic et al. 1994, Weeks 1998). Abgesehen von modernen Herbiziden lassen sich Störungen von Pflanzen durch Umweltchemikalien sehr schlecht durch Biomarker erfassen (Ernst und Peterson 1994), während Biomarker bei Vertebraten und Insekten offensichtlich bessere Resultate bei Exposition an Insektiziden zeigen. Häufig beschränkt sich die Indikation auf den zellulären Bereich, ohne die möglichen kompensierenden Massnahmen eines Organismus zu erfassen. Die hohe Artendiversität eines Ökosystems hat auch bei diesem Konzept dazu geführt, daß Biomarker nur an einigen Charakter(„key“ oder „sentinel“)-Arten von Ökosystemen analysiert werden sollen. Dabei bleiben wieder die artspezifische Reaktionen unberücksichtigt. Auch der Einsatz von Biomarkern zur Analyse der Effekte von Chemikalien-Kombinationen (Mischtoxizität) in Charakterarten (Walker 1998) kann die volle Erfassung der Effekte einer Umweltchemikalie auf ein Ökosystem nicht gewährleisten.

4.3 Globale Umweltveränderungen in Relation zu regionalen und lokalen menschlichen Eingriffen

Durch menschliche Aktivitäten werden weltweit Veränderungen vor allem in der chemischen Zusammensetzung der Atmosphäre und in der energetischen Zusammensetzung der Strahlung ausgelöst, u.a. der Anstieg der CO_2-Konzentration (Abb. 4-3) und die Erhöhung der UV-B Strahlung. Hierdurch wird die natürliche globale Dynamik aller Ökosysteme beeinflußt, wobei regionale negative Eingriffe es noch schwieriger machen, die ökotoxikologische Reaktion von der ökologischen Dynamik zu unterscheiden. Wenn gleichzeitig noch auf regionaler Basis Emissionen über Dezennia zunehmen und dann durch Umweltmaßnahmen wieder abnehmen, wie z.B. die Schwefeldeposition in Westeuropa (Abb. 4-3), dann wird von allen exponierten Organismen eine hohe pysiologische Flexibilität oder geographische Mobilität gefordert, wenn sie sich im Ökosystem halten oder ins Ökosy-

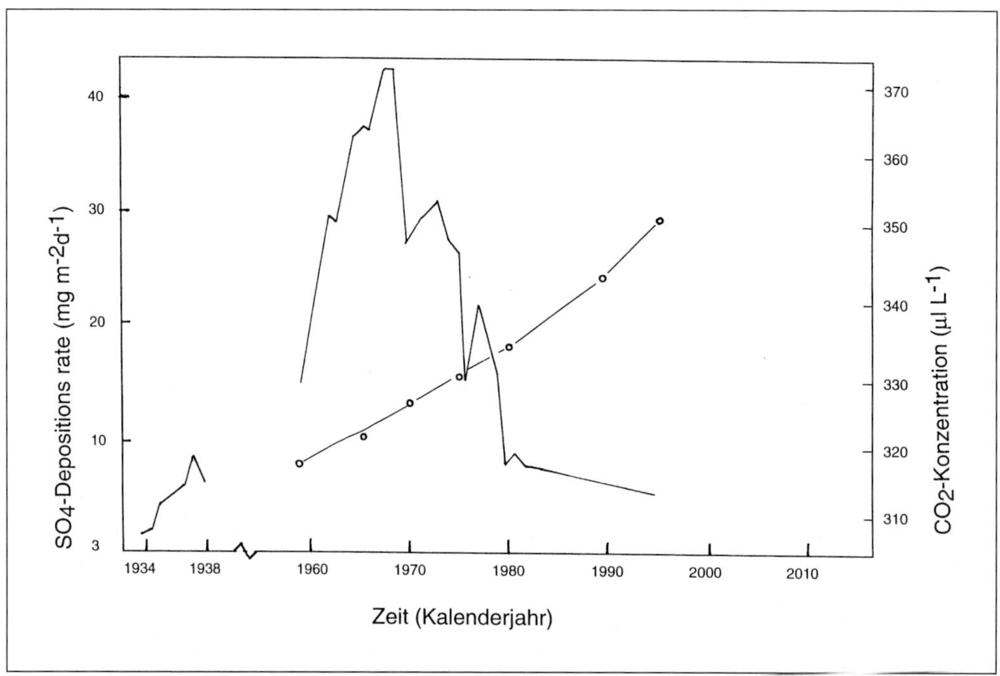

Abb. 4-3: Veränderungen der Konzentration von chemischen Elementen in der Atmosphäre im Lauf des 20. Jahrhunderts. Die Sulfatdeposition beruht auf Messungen in den Niederlanden (nach Stuyfzand 1984 und RIVM 1996), die Zunahme der CO_2-Konzentration auf Messungen in Mauna Loa, Hawaii (Heimann 1996).

stem wieder zurückkehren wollen. Leider wird die Veränderung in der Umwelt häufig zu spät erkannt, um noch die unbelastete Ausgangssituation festlegen zu können und die zeitliche Reaktion der Organismen und des Ökosystems verfolgen zu können. So wurde das Verschwinden von Flechten in städtischen Gebieten schon durch Nylander (1866) erkannt und in der ersten Hälfte des 20. Jahrhunderts weiter bearbeitet (siehe Übersichten in Garber 1967 und Skye 1968), aber die kausale Relation zum SO_2-Gehalt der Luft wurde viel später festgestellt (Guderian und Stratmann 1962, Hawksworth und Rose 1970). Weit nach Ablauf der hohen Schwefelexposition ist erst erkannt worden (Ernst 1990, 1993), daß die schwefelbedürftigen Kreuzblütler auf die erhöhte Schwefelversorgung in SO_2-belasteten Gebieten mit einer großen Ausdehnung ihrer Populationen reagiert haben. Inwieweit die zunehmende CO_2-Konzentration und UV-B Strahlung die Extinktions- und Ausbreitungsvorgänge von Arten modifiziert hat, ist niemals untersucht worden.

Lokale Umwelteingriffe haben den höchsten Einfluß auf Struktur und Funktion von Ökosystemen. Im Extremfall kann bei sehr hoher, permanenter Belastung das genetische Potential aller Arten eines Ökosystems so weit erschöpft werden, daß nur noch wenige hoch-resistente Arten übrig bleiben. In der Umgebung von Schwermetallhütten kann eine hohe Schwermetallimmission die Biodiversität weit unter das Niveau von natürlich (geogenen) schwermetallreichen Böden bringen (Ernst 1974, 1996), wobei nur sehr wenige schwermetallresistente höhere Pflanzen, vesikulär-arbuskuläre Mykorrhizapilze (Griffioen 1994) und Bakterien (Diels et al. 1989) sich entwickelt haben; Bodenevertebraten und Vertebraten fehlen im Bereich höchster Schwermetall-Konzentration (Posthuma 1990). Dagegen kann der Einzatz von Herbiziden in Agrar-Ökosystemen nur vorübergehend eine herbizidresistente Unkrautgemeinschaft entstehen lassen (Van Oorschot und Van Leeuwen 1984). Sobald die Herbizidbehandlung beendet wird, können Arten mit einem Vorrat langlebender, aber ruhender Samen (cf. Baskin und Baskin 1998; Hurka und Neuffer 1991) eine schnelle Regeneration einer herbizid-sensitiven Unkrautgemeinschaft entstehen lassen, der allerdings Arten mit kurzlebigen Samen fehlen werden.

4.4 Ökologische Nischen in belasteten Ökosystemen

Mit zunehmender Struktur eines Ökosystems trifft der negative Eingriff nicht alle Arten und bei großen Populationen auch nicht alle Individuen einer Art in demselben Umfang. Hierdurch wird es möglich, daß in einem belasteten Ökosystem ungestörte Nischen erhalten bleiben. Selbst innerhalb einer Pflanze können unbelastete Nischen vorhanden sein. Auf zinkreichen Böden ist der Zinkgehalt von Wurzeln, Stengeln und Blättern von Pflanzen, wie z.B. *Silene vulgaris* so hoch, daß blattfressende Organismen fehlen. Dagegen is der Zinkgehalt von Samen gering (Ernst 1974). Diese zinkarme Nische wird durch die Larven von Nelkeneulen (*Hadena*)-Arten genutzt, wobei sie im Gegensatz zu blattfressenden Raupen den Lebenszyklus vom Ei bis zum Schmetterling abschließen können (Ernst et al. 1990). Der hohe Zinkgehalt im Stengel von *Silene vulgaris* trifft Blattläuse nicht, da die organischen Zinkkomplexe im Phloem durch die Blattläuse nicht aufgenommen werden. Dadurch können sie ohne Probleme für die Fortpflanzung Phloemsaft aufsaugen. Die rezent entdeckte Differenzierung der Cadmium- und Zinkverteilung im Blatt mit einer hohen Akkumulation in epidermalen Zellen und niedrigen Gehalten in Mesophyllzellen (Chardonnens et al. 1998) ermöglicht offensichtlich das Vorkommen von Fransenflüglern (*Thysanoptera*) im Blattmesophyll von zinkbelasteten *Silene*-Pflanzen.

4.5 Schlußfolgerung

Ähnlich wie bei Ökologen liegt die Aufgabe der Ökotoxikologen in einer umfassenden korrekten Analyse und Beurteilung der Störungsempfindlichkeit von Organismen, der Veränderung der genetischen Konstellation von Population, und von Prozessen und Strukturen in einem konkreten Ökosystem. Die Komplexität von Ökosystemen erfordert auch von der Ökotoxikologie eine vielseitige Problemanalyse, wie sie im rezent erschienenen Buch „Ecotoxicology" (Schüürmann und Markert 1998) beschrieben ist.

Literatur

Alderberg, T., Slob, W. (1993): Confidence limits for hazardous concentrations based on logistically distributed NOEC toxicity data. Ecotoxicol. Environ. Safety 25: 48-64

Ahlers, J., Diderich, R. (1998): Legislative perspective in ecological risk assessment. In: Schüürmann, G., Markert, B. (eds.) Ecotoxicology. J. Wiley, New York. 841-868

Baskin, C.C., Baskin, J.M. (1998): Seeds. Ecology, biogeography, and evolution of dormancy and germination. Academic Press, San Diego

Chardonnens, A.N., ten Bookum, W.M., Kuijper, L.D.J., Verkleij, J.A.C., Ernst, W.H.O. (1998): Distribution of cadmium in leaves of cadmium-tolerant and sensitive ecotypes of *Silene vulgaris*. Physiol. Plant. 104: 75-80

Depledge, M.H., Fossi, M.C. (1994): The role of biomarkers in environmental assessment. (2) Invertebrates. Ecotoxicology 3: 161-172

Diels, L., Sadouk, A., Mergeay, M. (1989): Large plasmids governing multiple resistances to heavy metals: a genetic approach. Toxicol. Environ. Chem. 23: 79-89

Ellenberg, H., Mayer, R., Schauermann, J. (1986): Ökosystemforschung. Ergebnisse des Sollingprojekts 1966-1986. E. Ulmer, Stuttgart

Ernst, W. (1974): Schwermetallvegetation der Erde. G. Fischer, Stuttgart

Ernst, W.H.O. (1990): Ecological aspects of sulfur metabolism. In: Rennenberg, H., Brunold, Ch., De Kok, L.J., Stulen, I. (eds.) Sulfur nutrition and sulfur assimilation in higher plants. Fundamental, environmental and agricultural aspects. SPB Academic Publishing, The Hague. 131-144

Ernst, W.H.O. (1993): Ecological aspects of sulfur in higher plants: The impact of SO_2 and the evolution of the biosynthesis of organic sulfur compounds on populations and ecosystems. In: De Kok, L.J., Stulen, I., Rennenberg, H., Brunold, C., Rauser, W.E. (eds.) Sulfur nutrition and assimilation in higher plants. Regulatory, agricultural and environmental aspects. SPB Academic Publishing, The Hague. 295-313

Ernst, W.H.O. (1996): Schwermetalle. In: Brunold, Ch., Rüegsegger, A., Brändle, R. (eds.) Stress bei Pflanzen. Haupt Verlag, Bern. 191-219

Ernst, W.H.O., Peterson, P.J. (1994): The role of biomarkers in environmental assessment. (4) Terrestrial plants. Ecotoxicology 3: 180-192

Ernst, W.H.O., Schat, H., Verkleij, J.A.C. (1990): Evolutionary biology of metal resistance in *Silene vulgaris*. Evol. Trends Plants 4: 45-51

Fujita, Y., El-Belbhasi, H.I., Min, K.S., Onosaka, S., Okada, Y., Matsumoto, Y., Mutoh, N., Tanaka, K. (1993): Fate of cadmium bound to phytochelatin in rats. Res. Commun. Chem. Pathol. Pharmacol. 82: 357-362

Garber, K. (1967): Luftverunreinigung und ihre Wirkungen. Gebr. Bornträger, Berlin

Griffioen, W.A.J. (1994): Characterization of a heavy metal-tolerant endomycorrhizal fungus from the surroundings of a zinc refinery. Mycorrhiza 4: 197-200

Guderian, R., Stratmann, H. (1962): Freilandversuche zur Ermittlung von Schwefeldioxidwirkungen auf die Vegetation. I. Teil: Übersicht zur Versuchsmethodik und Versuchsauswertung. Forschungsber. Nordrhein-Westf. 1118: 1-102

Hawksworth, D.L., Rose, F. (1970): Qualitative scale for estimating suphur dioxide air pollution in England and Wales using epiphytic lichens. Nature 227: 145-148

Health Council of the Netherlands (1997): The food web approach in ecotoxicological risk assessment. Gezondheidsraad, Rijswijk

Heimann, M. (1996): Closing the atmospheric CO_2 budget: inferences freom new measurements of 13C/12C and O_2/N_2 ratios. Global Change Newsletter 28: 9-11

Hurka, H., Neuffer, B. (1991): Colonizing success in plants: Genetic variation and phenotypic plasticity in life history traits in Capsella bursa-pastoris. In: Esser, G., Overdieck, D. (eds.) Modern ecology. Basic and applied aspects. Elsevier, Amsterdam. 77-96

ISO – International Standards Organization (1992): Soil quality. Effects of pollutants on earthworms (*Eisenia fetida*). Part 1: methods for the determination of acute toxicity using artificial soil substrate. Draft International Standard ISO/DIS 1268-1. BSI, London

Kooijman, S.A.L.M. (1987): A safety factor for LC_{50} values allowing for differences in sensitivity among species. Water Res. 21: 269-276

Kuiters, A.T. (1993): Dissolved organic matter in forest soils: Sources, complexing properties and action on herbaceous plants. Chem. Ecol. 8: 171-184

Lagadic, L., Caquet, T., Ramade, F. (1994): The role of biomarkers in environmental assessment. (5) Invertebrate populations and communities. Ecotoxicology 3: 193-208

Landa, E.R., Fang, S.C. (1978:): Effect of mercuric chloride on carbon mineralization in soils. Plant Soil 49: 179-183

Lorenz, S.E., Hamon, R.E., Holm, P.E., Domingues, H.C., Sequeira, E.M., Christensen, T.H., McGrath, S.P. (1997): Cadmium and zinc in plants and soil solutions form contaminated soils. Plant Soil 189: 21-31

Marschner, H. (1995): Mineral nutrition of higher plants. 2. Auflage. Academic Press, London

McKenna, I.M., Chaney, R.L., Tao, S.H., Leach, R.M., WEilliams, F.M. (1992): Interactions of plant zinc and plant species on the bioavailability of plant cadmium to Japanese quail fed lettuce and spinach. Environ. Res. 57: 73-87.

Moriarty, F. (1983): Ecotoxicology. The study of pollutants in ecosystems. Academic Press, London

Nylander, W. (1866): Les lichens du Jardin du Luxembourg. Bull. Soc. bot. Fr. 13: 364-372

OECD – Organization for Economic Cooperation and Development (1984): Avian reproduction test. OECD Guideline for Testing Chemicals. Guideline 206. OECD, Paris

Peakall, D. (1992): Animal biomarkers as pollution indicators. Chapman & Hall, London

Peakall, D., Walker, C.H. (1994): The role of biomarkers in environmental assessment. (3) Vertebrates. Ecotoxicology 3: 173-179

Posthuma, L. (1990): Genetic differentiation between populations of *Orchesella cincta* (Collembola) from heavy metal contaminated sites. J. Appl. Ecol. 27: 609-622

RIVM – Rijksinstituut voor Volksgezondheid en Milieu (1996): Achtergrond bij Milieubalans 96. S.H.D. Tjeenk Willink, Alphen a.d. Rijn

Schüürmann, G., Markert, B. (eds.) (1998): Ecotoxicology. Ecological fundamentals, chemical exposure, and biological effects. J. Wiley, New York

Sheppard, S.C., Evenden, W.G., Abboud, S.A., Stephenson, M. (1993): A plant life-cycle bioassay for contaminated soil, with comparison to other bioassays: Mercury and zinc. Arch. Environ. Contam. Toxicol. 25: 27-35

Skye, E. (1968): Lichens and air pollution. Acta Phytogeogr. Suec. 52: 1-123

Stuyfzand, P.J. (1984): Effecten van vegetatie en luchtverontreiniging op de grondwaterkwaliteit in kalkrijke duinen bij Castricum: lysimeterwaarnemingen. H2O 17: 152-159

Truhaut, R. (1977): Ecotoxicology: objectives, principles and perspectives. Ecotoxicol. Environ. Saf. 1: 151-173

Van Faassen, H.G. (1973): Effects of mercury compounds on soil microbes. Plant Soil 38: 485-487

Van Oorschot, J.L., Van Leeuwen, P.H. (1984): Comparison of the photosynthetic capacity between intact leaves of triazine-resistant and susceptible biotypes of six weed species. Z. Naturforsch. 39C: 440-442

Van Straalen, N.M. (1996): Critical body concentrations: Their use in bioindication. In: Van Straalen, N.M., Krivolutsky, D.A. (eds.): Bioindicator systems for soil pollution. Kluwer Acad. Publ., Dordrecht. 5-16

Van Straalen, N.M., Denneman, C.A.J. (1989): Ecotoxicological evaluation of soil quality criteria. Ecotoxicol. Environ. Saf. 18: 241-251

Van Straalen, N.M., Schobben, J.H.M., De Goede, R.G.M. (1989): Population consequences of cadmium toxicity in soil microarthropods. Ecotoxicol. Environ. Saf. 17: 190-204

Verkleij, J.A.C., Prast, J.E. (1989): Cadmium tolerance and co-tolerance in *Silene vulgaris* (Moench) Garcke [= *S. cucubalus* (L.) Wib.]. New Phytol. 111: 637-645

Walker, C.H. (1998): The use of biomarkers to measure the interactive effects of chemicals. Ecotoxicol. Environ. Saf. 40: 65-70

Weeks, J. (1998): Effects of pollutants on soil invertebrates: Links between levels. In: Schüürmann, G., Markert, B. (eds.) Ecotoxicology. Ecological fundamentals, chemical exposure, and biological effects. J.Wiley, New York. 645-662

Perspektiven in der Methodenentwicklung – Boden und Sedimente

5 Bewertung kontaminierter Böden mit Hilfe von potentieller Nitrifikation

B. Winkel, T. Saeger und B.-M. Wilke

Abstract

Chemical analysis can only provide information on the presence, concentration and variability of specific contaminants in soils. Biotests are a complement to conventional chemical analysis, because they can be used for investigating the ecotoxic effect of the complex chemical mixture in question. Therefore an ecotoxicological test battery will be compiled. The aim of this investigation was to validate the test of potential ammonium oxidation (nitrification) activity as part of this test battery.

The nitrification of different contaminated soils in comparison to two uncontaminated soils was tested. Ammonium oxidation rates did not give any information about the degree of contamination. To overcome this problem, contaminated soils were mixed with reference material assuming a linear correlation between the nitrification rates and the amount of reference material added to uncontaminated soils. The results obtained showed that contaminated soils reduced the nitrification rate more than 30 %.

Zusammenfassung

Chemische Analysen geben über Anwesenheit und Konzentration bestimmter Schadstoffe in Böden Aufschluß, nicht aber über deren schädliche Effekte für das Ökosystem Boden. Biotests bilden eine sinnvolle Ergänzung zur konventionellen chemischen Analytik, da sie Kombinationseffekte aller Schadstoffe aufdecken. Es wird daher eine ökotoxikologische Testbatterie zusammengestellt. Im Rahmen dieser Arbeit wurde die Eignung des Tests auf potentielle Ammoniumoxidation (Nitrifikation) als Bestandteil dieser Testbatterie überprüft.

Zunächst wurde die Nitrifikation in verschiedenen Böden aus Altlastenstandorten und vergleichend dazu in zwei unkontaminierten Kontrollböden erfaßt. Es stellte sich heraus, daß die potentielle Ammoniumoxidation in den Böden keine direkte Aussage über den Grad der Kontamination zuläßt. Um die Aussagefähigkeit des Tests zu verbessern, wurden die Testböden mit unkontaminiertem Boden bekannt guter Qualität vermischt. Ausgehend von der Annahme eines linearen Zusammenhangs zwischen Mischungsverhältnis und der Aktivität, wurde die Abweichung der potentiellen Nitrifikation von dieser Linearität bewertet. Die Aussagefähigkeit des Tests in bezug auf die ökotoxikologische Bedenklichkeit der Böden konnte durch die Mischung erheblich gesteigert werden. Eine Aktivität in der Mischung von weniger als 70 % von der bei einem linearen Zusammenhang angenommenen Aktivität deutet auf eine Hemmung durch Schadstoffe hin.

5.1 Einleitung

Chemische Analysen geben über Anwesenheit und Konzentration bestimmter Schadstoffe in Böden Aufschluß, nicht aber über deren schädliche Effekte für das Ökosystem Boden. Ökotoxikologische Tests hingegen zeigen die Toxizität der Schadstoffe für den Testorganismus. Sie decken Kombinationseffekte aller Schadstoffe, einschließlich der nicht erwarteten oder nachgewiesenen auf. Biologische Testmethoden berücksichtigen außerdem die unterschiedlichen Pufferkapazitäten der Böden für die Schadstoffe, die bei der chemischen Analytik der Böden nicht oder nur bedingt erfaßt werden können.

Im Rahmen des BMBF-Förderschwerpunkts „Biologische Verfahren zur Bodensanierung Verbund 4, Ökotoxikologische Testbatterien“ sollen ökotoxikologische Tests validiert werden. Die Wirkung von Schadstoffen auf Bodenmikroorganismen wird unter anderem anhand der potentiellen Ammoniumoxidation (Torstensson, 1993, ISO/NP 15685, 1997) bewertet. Da nur wenige Bakterienarten zur Nitrifikation befähigt sind, handelt es sich hierbei um einen sehr sensitiven Biotest. Seine Anwendbarkeit für die biologische Bewertung kontaminierter Böden und Bodenmaterialien sollte überprüft werden.

5.2 Material und Methoden

5.2.1 Böden

Untersucht wurden mit polyzyklischen aromatischen Kohlenwasserstoffen (PAK), Mineralölkohlenwasserstoffen (MKW) und 2,4,6-Trinitrotoluol (TNT) kontaminierte Böden verschiedener Altlastenstandorte. Außerdem wurde jeweils zeitgleich die Nitrifikation eines unkontaminierten Bodens bekannt guter Qualität (LUFA 2.2, erhältlich bei der LUFA Speyer; PBBA, der A_p-Horizont einer Parabraunerde vom Gelände der Biologischen Bundesanstalt Berlin) erfaßt, um so eine feste Bezugsgröße zu erhalten. Falls vorhanden, wurde der Test zusätzlich mit einem unkontaminierten Kontrollboden vom jeweiligen Altlastenstandort (OMKW0, EPAK1a, CTNT0) durchgeführt. Die chemisch-physikalischen Eigenschaften und die Schadstoffgehalte der Böden sind in den Tabellen 5-1 und 5-2 aufgeführt.
Die pH-Werte der Böden liegen im Bereich mittel sauer (LUFA 2.2) bis schwach alkalisch (EPAK). Eine Ausnahme bilden die Böden CTNT, deren pH-Werte sehr stark sauer (CTNT0) und stark sauer (CTNT1) sind. Auffällig ist der geringe organische Kohlenstoffgehalt insbesondere bei den EPAK-Böden. Es handelt sich bei ihnen um Unterböden mit geringer mikrobiologischer Aktivität.
Die Bezeichnung der Böden enthält die Hauptkontamination und die Aussage unsaniert (a) oder saniert (b), wobei 0 die unkontaminierte Kontrolle vom Standort bezeichnet. Die beiden MKW-Böden (OMKW) enthalten erhöhte Begleitkontaminationen von Blei und Zink. Von den PAK-belasteten Böden sind EPAK1 und 2 nur gering belastet, EPAK 4a und SPAK1a hingegen sehr hoch. Die Böden CTNT stammen von einer Rüstungsaltlast, die hoch mit 2,4,6-Trinitrotoluol kontaminiert ist. Zusätzlich ist das Gebiet wegen langjährigen Erzabbaus stark mit Schwermetallen, insbesondere Zink und Blei kontaminiert.
Die Aufbereitung der Böden erfolgte durch Sieben auf <2 mm Maschenweite. Da in vorange-

Tab. 5-1: Chemisch-physikalische Eigenschaften der Böden und Bodenmaterialien

Boden	pH ($CaCl_2$)	C_{org} [%]	WHK [%]	K_{CAL} [mg /100 g]	P_{CAL}	N_{min}	N_t	T [%]	U	S
OMKW 0	6,9	1,2	38	9,7	2,3	0,28	119	22	49	29
OMKW1a	6,7	0,9	28	9,5	1,0	0,38	70	6	37	57
EPAK1a	7,6	0,4	19	27	1,1	0,11	18	10	84	6
EPAK1b	7,7	0,4	25	30	1,0	0,11	13	6	91	3
EPAK2a	7,6	0,2	18	14	0,6	0,09	20	8	65	27
EPAK2b	7,2	0,1	17	13	17	0,15	18	6	61	34
EPAK3a	7,5	0,5	22	44	0,4	0,50	60	11	78	11
EPAK3b	7,7	0,6	24	21	0,4	0,11	50	11	79	10
EPAK4 a	7,8	0,8	32	43	0,7	0,10	39	13	35	52
EPAK4 b	7,2	0,8	62	30	0,9	0,67	28	26	34	40
SPAK1a	6,3	0,8	13	110	4,5	0,49	28	7	17	76
CTNT0	3,3	5,3	90	6,0	0,7	1,60	458	28	61	11
CTNT1	4,5	2,9	47	9,0	1,8	3,00	230	18	55	27
LUFA 2.2	5,6	2,5	45	19	0,9	0,13	206	7	16	77
PBBA	6,6	2,1	29	44	32	0,67	159	1	29	70

1a-4a: vor Sanierung, 1b-4b: nach Sanierung
pH: pH-Wert in 0,01 M $CaCl_2$-Lösung
C_{org}: organischer Kohlenstoffgehalt
WHK_{max}: maximale Wasserhaltekapazität
K_{CAL} / P_{CAL}: leichtlösliches Kalium / Phosphor (nach CAL-Aufschluß)
N_{min} / N_t: mineralischer / gesamter Stickstoff
T: Ton, U: Schluff, S: Sand

Tab. 5-2: Schadstoffe in den untersuchten Böden und Bodenmaterialien

Boden	Schwermetalle [mg/kg]						Organische Schadstoffe [mg/kg]				
	Pb	Cd	Cr	Cu	Ni	Zn	EPA-PAK	TVO-PAK	PCB	TNT	MKW
OMKW 0	228	< 0,2	n. b.	56	20	168	2,08	1,1	0,008	n. b.	n. n.
OMKW1a	211	< 0,2	n. b.	27	16	152	2,92	1,71	0,003	n. b.	1420
EPAK1a	23	< 0,2	n. b.	11	n. b.	46	1,26	0,41	0,008	n. b.	n. b.
EPAK1b	21	< 0,2	n. b.	14	n. b.	73	6,53	3,06	0,006	n. b.	n. b.
EPAK2a	11	< 0,2	n. b.	6,8	14	24	2,51	< 1,00	0,012	n. b.	287
EPAK2b	14	< 0,2	n. b.	6,8	13	20	2,03	< 1,00	0,02	n. b.	n. b.
EPAK3a	25	< 0,2	n. b.	8,8	23	83	294	180	0,03	n. b.	154
EPAK3b	23	< 0,2	n. b.	14	23	86	267	178	0,01	n. b.	n. b.
EPAK4 a	29	< 0,2	n. b.	7,8	31	72	563	83	0,049	n. b.	n. b.
EPAK4 b	30	1,2	n. b.	14	36	73	9,36	3,0	0,021	n. b.	n. b
SPAK1a	24	< 0,2	885	4,4	7,2	44	1102	157	0,011	n. b.	204
CTNT0	785	< 0,2	27	31	19,6	136	1,2	0,7	0,005	0,1	n. n.
CTNT1	254	0,8	19	102	29	875	18	7,4	0,01	160	n. n.
LUFA 2.2	21	0,01	n. b.	6,5	1,5	20	0,54	0,30	0,002	n. b.	n. b.
PBBA	n. b.	n. b.	n. b.	n. b.	n. b.	n. b.	n. b.	n. b.	n. b.	n. b.	n. b.

1a-4a: vor Sanierung, 1b-4b: nach Sanierung
n. b.: nicht bestimmt, n. n.: nicht nachweisbar
EPA-PAK: 16 polyzyklische aromatische Kohlenwasserstoffe nach EPA nach 550
TVO-PAK: 6 PAK nach TVO (Trinkwasserverordnung)
PCB: Polychlorierte Biphenyle
TNT: 2,4,6-Trinitrotoluol
MKW: Mineralölkohlenwasserstoffe

gangenen Versuchen deutlich wurde, daß selbst schonendes Trocknen zu einer Beeinflussung der potentiellen Ammoniumoxidation führen kann, wurden die Böden ohne Vortrocknen durch die Siebe gedrückt. Die Lagerung fand bei 4°C statt. Vor Versuchsansatz wurden die Böden 24 h bei 20°C im Dunkeln vorinkubiert.

5.2.2 Methoden

Die potentielle Ammoniumoxidation oder Nitrifikation erfaßt die Nitritbildung eines Bodens bei Zugabe einer Ammoniumquelle und sowohl optimalem pH-Wert als auch optimaler Temperatur. Die Analyse auf Nitrit erfolgte photometrisch bei einer Wellenlänge von 530 nm nach Kandeler et al. (1993).

Mischungsversuche

Da viele Böden unabhängig von ihrem Kontaminationsgrad eine geringe bis keine potentielle Ammoniumoxidation aufweisen, wurden die Testböden mit unkontaminiertem Boden bekannt guter Qualität versetzt. Das Mischen erfolgte einen Tag vor Versuchsbeginn. Es sollte überprüft werden, ob ausgehend von der Annahme eines linearen Zusammenhangs zwischen Mischungsverhältnis und Aktivität bei unkontaminierten Böden, eine wesentlich geringere Aktivität auf eine Hemmung durch Kontaminationen hindeutet.

5.3 Ergebnisse und Diskussion

5.3.1 Potentielle Ammoniumoxidation der Testböden

In Abbildung 5-1 wird deutlich, daß die Böden EPAK, die nur einen geringen organischen Kohlenstoffanteil (C_{org}) haben, unabhängig von der Kontamination nahezu keine nitrifizierende Aktivität zeigen . Dennoch läßt sich auch für diese Böden eine Verstärkung der potentiellen Ammo-

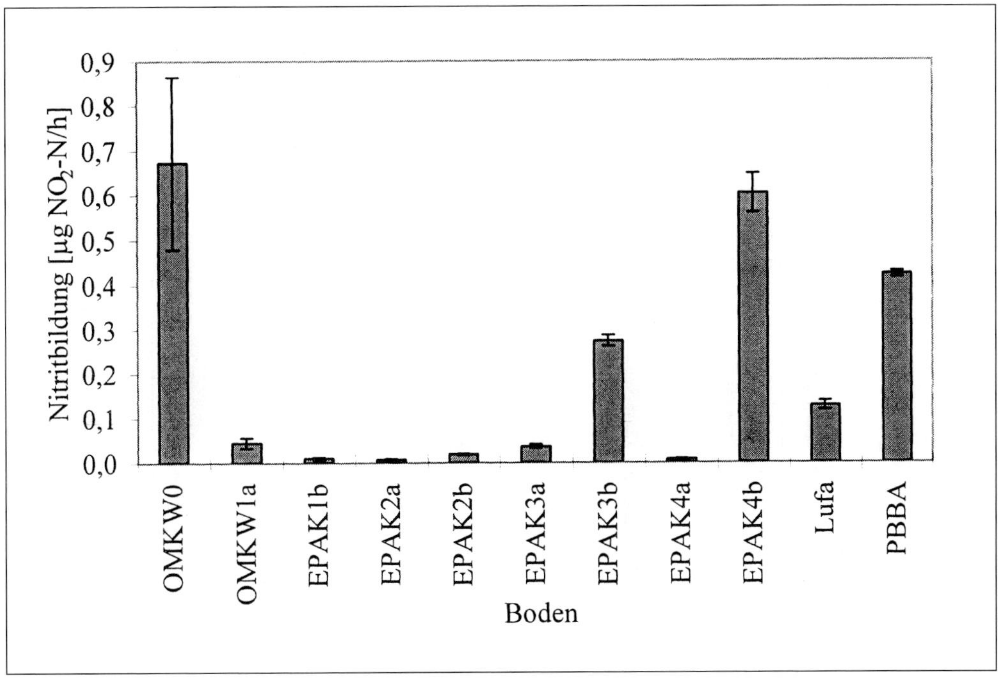

Abb. 5-1: Potentielle Ammoniumoxidation der Testböden

niumoxidation nach Sanierung feststellen. Diese Verbesserung läßt sich nicht mit einem Abbau der PAK erklären, denn der Boden EPAK2a war bereits vor Sanierung nahezu frei von Schadstoffen. Bei EPAK3 war nur ein unwesentlicher Schadstaffabbau zu verzeichnen, also kann auch hier die Erhöhung der Nitrifikation nach Sanierung nicht durch Schadstoffabbau verursacht sein. Vermutlich wurde die Ammoniumoxidation durch eine Verbesserung der Bodenqualität infolge einer Düngemittelzugabe bei der biologischen Sanierung gesteigert. Im Boden EPAK4 sind bei der biologischen Reinigung im Reaktor nahezu sämtliche PAK abgebaut worden. Dieses stimmt mit der erheblichen Verbesserung der potentiellen Ammoniumoxidation überein. Auch bei den OMKW-Böden korreliert die Aktivität mit dem Kontaminationsgrad. Der unkontaminierte Kontrollboden LUFA 2.2 zeigt eine geringe Aktivität im Vergleich zu anderen unkontaminierten Böden. Die Ursache dafür ist in einer Armut an mineralisiertem Stickstoff (N_{min}) zu vermuten.

Diese Ergebnisse zeigen, daß der Ammoniumoxidationstest in der bisher angewandten Form oft keine Aussage über den Grad der Kontamination eines Bodens zuläßt. Um die Aussagefähigkeit dieses ökotoxikologischen Tests zu verbessern, wurden die Böden mit einem unkontaminierten Boden bekannt guter Qualität gemischt.

5.3.2 Mischungsversuche

Abbildung 5-2 stellt die potentielle Ammoniumoxidation der Böden und ihre Mischung mit 25 % PBBA relativ zur Kontrolle (PBBA=1,0) dar. Die dritte Säule zeigt den Wert, der sich rechnerisch aus den Ausgangsaktivitäten der Böden ergibt, wenn man einen linearen Zusammenhang zwischen Mischungsverhältnis und Aktivität annimmt. Es wird deutlich, daß die potentielle Ammoniumoxidation der Testböden durch Zugabe von unkontaminiertem Boden gesteigert werden kann.

Vergleicht man die erreichte Aktivität der Mischung mit dem errechneten Wert, so zeigen sich zum Teil erhebliche Abweichungen (Tab. 5-3). Bei den beiden hochkontaminierten Böden

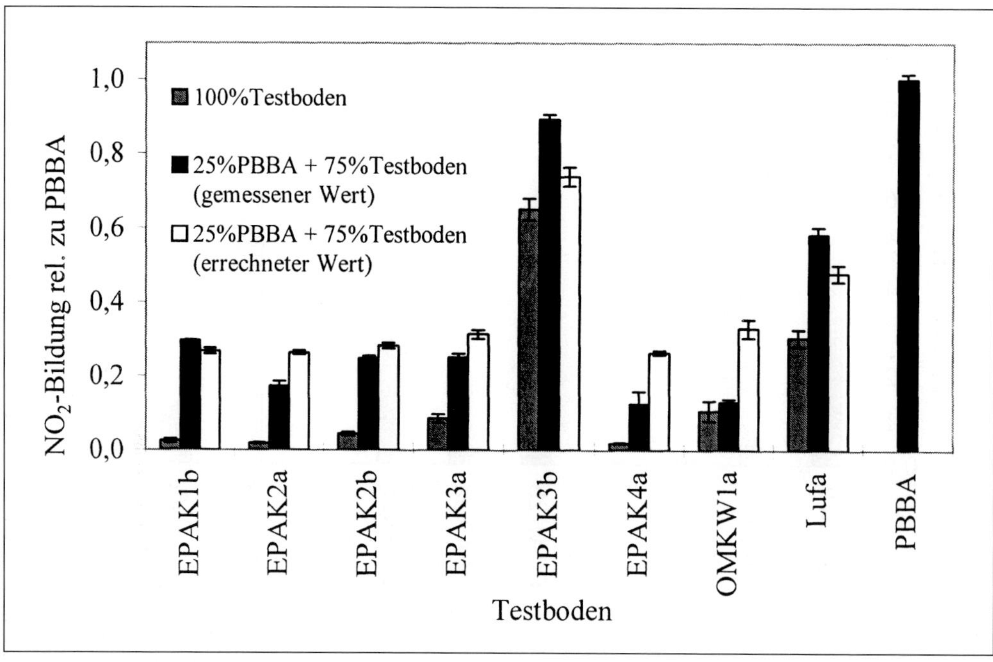

Abb. 5-2: Potentielle Ammoniumoxidation bei einer 25 %-Untermischung von PBBA

Tab. 5-3: Abweichung der Aktivität in der Mischung vom errechneten Wert

Boden	EPAK 1b	EPAK 2a	EPAK 2b	EPAK 3a	EPAK 3b	EPAK 4a	OMKW 1a	LUFA 2.2	PBBA
Abweichung [%]	11	-35	-12	-20	21	-52	-60	22	0

1a-4a: vor Sanierung, 1b-4b: nach Sanierung

OMKW1a und EPAK4a ist die Aktivität um mehr als 50 % im Vergleich zum errechneten Wert gehemmt. Dieses deutet auf eine starke Kontamination hin. Der gering belastete Boden EPAK2a zeigt in der Mischung ebenfalls eine Beeinträchtigung der Nitrifikation um 35 %. Ob diese Beeinträchtigung im MKW-Gehalt begründet liegt, muß noch in weiteren Versuchen geklärt werden. Die Böden LUFA2.2 und EPAK3b weisen eine starke Steigerung der Aktivität durch die Mischung mit PBBA auf (21 % oberhalb des errechneten Werts.). Damit verhält sich der Boden EPAK3b wie ein unkontaminierter Boden. Die Kontamination mit größtenteils mehrkernigen und dadurch nicht bioverfügbaren PAK beeinflußt die Nitrifikation nicht. Vermutlich liegt die wesentlich erhöhte Steigerung der potentiellen Ammoniumoxidation bei Mischung zweier Böden in einer wechselseitigen Optimierung des Nährstoffangebots beider Böden begründet. Weitere Laborversuche zeigten, daß bei der Mischung unkontaminierter Böden eine Steigerung der Nitrifikation nicht ungewöhnlich ist. Im Vergleich mit anderen Biotests wird deutlich, daß auch im Pflanzenwachstumshemmtest bei Bodenmischungsversuchen ähnliche Effekte zu verzeichnen sind (Gawin und Bonilla-Lück, 1998 unveröff.).

Da die Biotests eine breite Anwendung in ökotoxikologischen Laboratorien finden sollen, erschien es sinnvoll, einen definierten Boden als Kontrolle einzusetzen. Im folgenden wurden die kontaminierten Böden deshalb mit dem Standardboden LUFA2.2 gemischt.

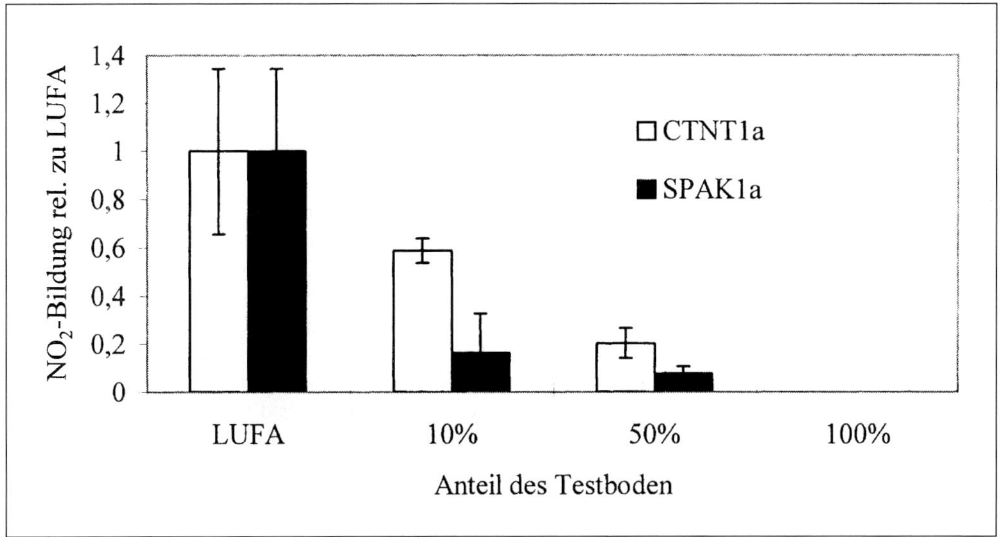

Abb. 5-3: Auswirkung der Mischung zweier hochkontaminierter Böden auf die Nitrifikation von LUFA

Abbildung 5-3 zeigt die starke Abweichung der potentiellen Nitrifikation von der bei unkontaminierten Böden zu erwartenden Linearität. Eine 10 %ige Untermischung von CTNT1a hemmt die Nitrifikation in LUFA schon um mehr als 40 %. Der Boden SPAK1a hemmt die Aktivität sogar um mehr als 80 %. Diese starke Hemmung korreliert mit der hohen Kontamination.

5.4 Ausblick

Insbesondere bei Böden mit geringem organischem Kohlenstoffgehalt, z.B. Unterböden, läßt die Nitrifikation nach Torstensson keine Aussage über den Grad der Kontamination in dem Testboden zu, da die Aktivität schon natürlicherweise sehr gering ist. Die Mischung mit unkontaminierten Böden verbessert bei schwach oder gar nicht nitrifizierenden Böden die Aktivität der Ammoniumoxidation. Zeigt ein Boden im Mischungsversuch eine negative Abweichung der Nitrifikation von der errechneten Aktivität um mehr als 30 %, so ist auf eine ökotoxikologische Bedenklichkeit des Bodens zu schließen.

Es sind weitere Mischungsversuche mit kontaminierten und unkontaminierten Böden geplant, um die Aussagefähigkeit dieses Tests in bezug auf die ökotoxikologische Bewertung eines Bodens zu optimieren.

Danksagung

Wir möchten Frau Liane Kapitzki und Frau Natascha Volk für ihre Mitarbeit in diesem Projekt danken. Diese Arbeit wurde vom Bundesministerium für Bildung, Wissenschaft, Forschung und Technologie gefördert.

Literatur

Gawin, B., Bonilla-Lück, M.I. (1998): Projektarbeit an der TU Berlin: Einsatz von Bodenmischungen im Pflanzenwachstumshemmtest. Berlin unveröffentlicht

ISO/NP 15685 (1997): Ammonium oxidation – a rapid method to test potential nitrification in soil. Paris

Kandeler, E., Öhlinger, R., Schinner, F. (1993): Bodenbiologische Arbeitsmethoden. Springer-Verlag, Berlin

Torstensson, L. (1993): MATS Guideline Test 04: ammonium oxidation, a rapid method to estimate potential nitrification in soils. In: Torstensson, L. (ed.): MATS guidelines: Soil biological variables in environmental hazard assessment. Swedish Environmental Protection Agency, Uppsala. 40-47

6 Ein Biotestsystem mit verschiedenen Bodenalgen zur ökotoxikologischen Bewertung von Schwermetallen und Pflanzenschutzmitteln

M. Burhenne, G. Deml und C. Steinberg

Abstract

This article presents a newly developed biotestsystem with soil algae. This biotest („algae-gel-biotest") will allow an improved assessment of the ecotoxicity of environmental chemicals and plant protection products. This bioassay system uses five soil algae and the freshwater algae *Scenedesmus subspicatus* as test organisms. *S. subspicatus* is used in the OECD 201 bioassay („Alga, growth inhibition test"). The toxicity of a substance is determined by the growth inhibition effect. The results obtained by this bioassay using the test substance cadmium chloride are discussed. In general the results show that soil algae react differently to cadmium concerning their growth and that the bioassay system shows high sensitivity to cadmium chloride. The EC 50 for the different algae is between 0,05–2,86 mg Cd/l test medium after 96 hours.

Zusammenfassung

In diesem Artikel wird ein neuentwickeltes Biotestsystem mit Bodenalgen vorgestellt. Mit diesem Biotest („Algen-Gel-Biotest") soll eine bessere Einschätzung der Ökotoxizität von Umweltchemikalien und Pflanzenschutzmitteln ermöglicht werden. Das Biotestsystem nutzt als Biotestorganismen fünf Bodenalgen und die Süßwasseralge *Scenedesmus subspicatus*. Diese Alge wird im OECD 201 Biotest „Alga, growth inhibition test" eingesetzt. Die Algen-Toxizität eines Stoffes wird über die Wachstumshemmung ermittelt. Es werden die Ergebnisse diskutiert, die mit diesem Biotestsystem anhand des Teststoffes Cadmiumchlorid ermittelt wurden. Allgemein machen diese Ergebnisse deutlich, daß Bodenalgen in ihrem Wachstum unterschiedlich auf Cadmiumchlorid reagieren und daß das Biotestsystem eine hohe Sensibilität gegenüber Cadmiumchlorid aufweist. Der EC 50 liegt nach 96 h für die verschiedenen Algen zwischen 0,05–2,86 mg Cd/l Testmedium.

6.1 Einleitung

Die Erkenntnis darüber, daß es sich beim Boden um einen wichtigen Lebensraum handelt, hat in zunehmendem Maß zu Verordnungen und Gesetzen geführt. Diese sollen eine weitere Schadstoffbelastung des Bodens und eine damit verbundene Anreicherung in Böden oder eine schädliche Bodenveränderung verhindern oder zumindest einschränken. In diesem Zusammenhang sei auf einige Umwelt- und landwirtschaftliche Fachgesetze, wie dem „Gesetz zum Schutz vor gefährlichen Stoffen" (Chemikaliengesetz – ChemG 1994), dem „Gesetz zum Schutz der Kulturpflanzen" (Pflanzenschutzgesetz – PflSchG 1998) und auf den Entwurf des „Gesetzes zum Schutz des Bodens" (Bundes-Bodenschutzgesetz – BBodSchG 1998) hingewiesen (Riepert 1998).

Trotz zahlreicher Untersuchungen über den Lebensraum Boden muß das Wissen über die chemischen und biologischen Vorgänge, die im Boden stattfinden, zur Zeit als lückenhaft bezeichnet werden. Dies liegt insbesondere an der anorganischen, organischen und biologischen Heterogenität und Komplexität, mit der man bei Böden konfrontiert ist. Alef (1991) gibt einen Überblick zur Isolierung von Bodenmikroorganismen. Schinner et al. (1997) sowie Alef (1994) geben Zusammenfassungen über das Verhalten von Pflanzenschutzmitteln und Umweltchemikalien im Boden und von mikrobiologischen Sanierungsverfahren.

Die Auswirkungen von Pflanzenschutzmitteln auf Böden sind in der Bodenmikrobiologie intensiv untersucht worden. Hier sind die Bemühungen im landwirtschaftlichen Bereich zu nennen, die zur Reduzierung von phytopathogenen Arten führten und führen. Demgegenüber sind aber die Auswirkungen von Umweltchemikalien und Pflanzenschutzmitteln auf Organismengruppen, deren Vorkommen keine drastischen und kurzfristig beobachteten Auswirkungen auf die Pflanzenproduktion oder eine Veränderung des Bodens haben, nur vereinzelt untersucht worden. Es sei hier auf die Bodenalgen hingewiesen, die in einigen Büchern zur Bodenmikrobiologie oder Bodenökologie nicht einmal erwähnt werden.

Um Exposition, Auswirkung und eventuell toxische Wirkungen eines neu entwickelten Stoffes, z.B. eines Pflanzenschutzmittels, auf den Boden und die in ihm (z.B. Bakterien, Pilze, Algen, Protozoen etc.) und auf ihm lebenden Organismen (z.B. Säugetiere) in Form von Risikobetrachtungen abschätzen zu können, müssen bodenanalytische Untersuchungen über den Verbleib der Stoffe im Boden, deren Persistenz und Abbaubarkeit sowie der entsprechenden Abbaumetaboliten durchgeführt werden. Zum anderen müssen auch Kenntnisse über die Auswirkungen auf einzelne Organismengruppen, deren Vermehrung bzw. Hemmung vorliegen. Um letzteres Ziel zu erreichen, gibt es inzwischen die oben genannten Gesetze. Ein Teilaspekt dieser Gesetze besteht in definierten Anforderungen an den Anmelder oder Antragsteller zur Durchführung von Prüfnachweisen, zu denen auch Biotests gehören. Im folgenden wird ein kurzer Überblick über das Chemikaliengesetz und das Pflanzenschutzgesetz und deren Ausführung in bezug auf Biotests mit Mikroorganismen gegeben und besonders auf Biotests mit Algen eingegangen.

Bei Neustoffanmeldungen im Rahmen des Chemikaliengesetzes und für die Zulassung von Pflanzenschutzmitteln nach dem Pflanzenschutzgesetz müssen Prüfungen vorgelegt werden, die eine Bewertung der Umweltverträglichkeit der Stoffe ermöglichen. Im Rahmen des Chemikaliengesetzes gibt es verschiedene Anmeldungsstufen. Die Art und der Umfang der ökotoxikologischen Untersuchungen richtet sich bei Chemikalien nach der Herstellungsmenge. Die Prüfnachweise der Grundprüfung müssen sich nach § 7 des Chemikaliengesetzes (Bundesgesetzblatt Jahrgang 1994, Teil I, Nr. 47) auf 12 Bereiche erstrecken, von denen vier in den Bereich der mikrobiologischen Prüfung fallen. Es handelt sich um die Prüfbereiche:

- Anhaltspunkte für eine krebserzeugende oder erbgutverändernde Eigenschaft (z.B. ein bakterieller Test zur Ermittlung der Auslösung von Genmutationen)
- Abiotische und leichte biologische Abbaubarkeit
- Hemmung des Algenwachstums (z.B. *Scenedesmus subspicatus*)
- Bakterieninhibition.

Im Pflanzenschutzgesetz wird ein Mindestsatz an Prüfberichten zur Toxizität gegenüber aquatischen und terrestrischen Organismen mit Wirkstoff(en) und Formulierung verlangt. Je nach den Ergebnissen dieser Prüfungen, der in Verkehr gebrachten Menge und dem Anwendungsgebiet treten Forderungen nach weiteren Untersuchungen in Kraft.

Neben Untersuchungen an verschiedenen Säugetierarten (z.B. Ratte und Kaninchen) müssen folgende Untersuchungen durchgeführt werden:

An aquatischen Organismen:

- Akute Toxizität für Fische
- Verlängerte Toxizität für Fische
- Auswirkungen auf die Vermehrung und die Wachstumsraten der Fische
- Akute Toxizität für *Daphnia magna*
- Vermehrung und Wachstumsrate von *Daphnia magna*
- Auswirkung auf das Algenwachstum (z. B. *Scenedesmus subspicatus*)

An Vögeln:

- Akute orale Toxizität
- Kurzzeittoxizität – achttägige Fütterungsstudie an mindestens einer Vogelart (nicht an Küken)
- Auswirkungen auf die Fortpflanzung

Und es müssen die Auswirkungen auf terrestrische oder im engen Kontakt mit dem Boden lebende Organismen geprüft werden:

- Akute Toxizität für Honigbienen und andere Nutzarthropoden (z.B. Räuber)
- Toxizität für Regenwürmer und andere Bodenmakroorganismen
- Auswirkungen auf Bodenmikroorganismen
- Auswirkungen auf als gefährdet geltende Organismen
- Auswirkungen auf biologische Methoden für die Abwasserbehandlung

Aus den bisherigen Ausführungen des Chemikaliengesetzes und des Pflanzenschutzgesetzes wird deutlich, daß es inzwischen Biotests gibt, die die unterschiedlichen trophischen Ebenen abdecken. Für die autotrophe Ebene wird der OECD 201 Biotest „Wachstumshemmtest mit der Süßwasseralge *Scenedesmus subspicatus*" (OECD 1984) eingesetzt, der in beiden Gesetzen Bestandteil des Prüfkataloges ist.

In den Gesetzen gibt es keinen Hinweis oder Empfehlung auf die Durchführung eines Biotests mit Bodenalgen. Dies liegt unter anderem an dem niedrigen Kenntnisstand und dem geringen Datenmaterial für diese Organismengruppe. Untersuchungen über das Vorkommen von Bo-

denalgen in natürlichen und landwirtschaftlich genutzten Böden gibt es nur vereinzelt. Da Bodenalgen gegenüber aquatischen Algen eine viel geringere morphologische Vielfalt aufweisen (Alexander 1991), ist die Artbestimmung schwierig. Die Auswirkungen von Pflanzenschutzmitteln auf Bodenalgen und deren Eignung als Biotestorganismen sind bisher kaum untersucht worden (Drew und Anderson 1976, Neuhaus et al. 1997). Shubert (1984) nennt den Wert von Wasseralgen als empfindliche Bioindikatoren und stellt demgegenüber die Wissenslücken im Bereich der Bodenalgen. Auch Luftalgenarten, z.B. *Spirogyra maiuscula*, werden als Bioindikatoren zur Bewertung von Luftverunreinigungen genutzt (Arndt et al. 1987).
Die Erkenntnisse über aquatische Algen und Luftalgen und ihre Nutzung als Biotestorganismen einerseits sowie die Wissenslücken im Bereich der Bodenalgenforschung andererseits machen eine intensivere Bearbeitung der Bodenalgen und deren Prüfung auf ihre Eignung als Biotestorganismen erforderlich.

6.1.1 Geschichte der Bodenalgenforschung – Definition und Ökologie der Bodenalgen

Bodenalgen stellen neben den Bodenprotozoen eine vernachlässigte bzw. noch nicht erforschte Mikroorganismengruppe des Bodens dar. Zwar wurden seit Beginn des 19. Jahrhunderts bei algentaxonomischen Untersuchungen auch Bodenalgen mit berücksichtigt, wie z.B. bei Dillwyn (1809), doch gab es nur vereinzelte Forscher, die meist isoliert in diesem Gebiet arbeiteten.
Als Klassiker der Bodenalgenforschung dieses Jahrhunderts sind unter anderem der Däne J. B. Petersen, die Schweizer R. Chodat, F. Chodat und W. Vischer, aus England J. W. G. Lund und die russische Bodenalgenschule um M. M. Gollerbach und E. Shtina zu erwähnen. In den USA haben H. C. Bold und seine zahlreichen Schüler ab 1942 Studien über Bodenalgen verfaßt (Ettl und Gärtner 1995). Inzwischen gibt es am Botanischen Institut der Universität Innsbruck eine historisch gewachsene Bodenalgensammlung mit ca. 320 Isolaten (213 Arten aus 75 Gattungen; Gärtner 1985). Von Ettl und Gärtner ist 1995 das erste Bestimmungsbuch „Syllabus der Boden-, Luft- und Flechtenalgen“ für Bodenalgen erschienen.
Ein Problem beim Gebrauch des Wortes Bodenalgen liegt in den unterschiedlichen Definitionen, die es für diese Gruppe gibt. Diese Arbeit schließt sich Ettls und Gärtners (1995) Definition an. Sie zählen zu den terrestrischen Algen (Bodenalgen) alle euterrestrischen (auf dem Boden lebenden), hydroterrestrischen (auf permanent feuchter Erde lebenden) und aeroterrestrischen (im engeren Sinne auf der Bodenoberfläche und an der Übergangszone zum aerischen Habitat lebenden) Formen.
Zum derzeitigen Kenntnisstand im Bereich der Bodenalgenforschung stellen Ettl und Gärtner fest (Ettl und Gärtner 1995, S. 3) : „Unsere lükkenhaften Kenntnisse der Bodenalgen liegen zu einem großen Teil in den zeitaufwendigen Untersuchungsmethodiken, die mikrobiologische Arbeitstechniken spezieller Art erfordern. [...] Durch die Anwendung spezieller Kulturverfahren ist es erst möglich, ein weites Spektrum des tatsächlichen Algenbestandes einer Bodenprobe zu erfassen, wobei eine Verzerrung der natürlichen Verhältnisse nicht ausgeschlossen werden kann.“ Für einige Arten müssen zur Bestimmung erst Kulturen unterschiedlichen Alters und z.B. Flüssigkulturen zur Beobachtung einer eventuellen Zoosporenbildung eingesetzt werden.
Zur Ökologie und Bedeutung der Bodenalgen im terrestrischen Ökosystem ist zuerst die Rolle der Primärproduktion zu nennen. Bodenalgen sind als autotrophe Organismen Primärproduzenten von organischer Substanz. Sie dienen aber auch zahlreichen Bodenorganismen direkt als Nahrungsquelle und haben eine wichtige Rolle bei der Verkittung des Bodens (Oesterreicher 1990). Der zuletzt genannte Punkt ist für landwirtschaftlich genutzte Böden nicht zu unterschätzen, da gerade zeitweise völlig ungeschützte Böden einer starken Bodenerosion ausgesetzt sind.

6.2 Problem- und Zielstellung

Bislang werden Pflanzenschutzmittel im Rahmen des Pflanzenschutzmittelgesetzes und Stoffe im Rahmen des Chemikaliengesetzes für eine erste Bewertung mit verschiedenen Biotests beurteilt (s. 6.1). Einer dieser Biotests für die Gruppe der autotrophen Mikroorganismen ist der „Alga, growth inhibition test“ (OECD 1984) bzw. „*Scenedesmus*-Zellvermehrungs-Hemmtest“ (DIN EN 28 692) oder „Algeninhibitionstest“ (Amtsblatt der Europäischen Gemeinschaft 1992). In diesem Biotest wird nur diese eine Algenart *Scenedesmus subspicatus* verwendet oder als andere Möglichkeit die Alge *Selenastrum capricornutum* vorgeschlagen. Mit diesen Algenarten gibt es langjährige Erfahrungen. Die genannten Algen sind primär aus pragmatischen Gründen (leichte Kultivierbarkeit, umfangreiches Datenmaterial) und weniger aus ökologisch relevanten Gründen ausgewählt worden. Für *S. subspicatus* und *Selenastrum capricornutum* liegen bisher keine Daten vor, daß sie auch in Böden vorkommen. Trotzdem wird der „*Scenedesmus*-Zellvermehrungs-Hemmtest“ zunehmend auch für die Bewertung von Sedimenteluaten oder Bodeneluaten erprobt und eingesetzt (Ahlf 1995).

Hier stellt sich die Frage, ob es aus ökotoxikologischer Sicht nicht sinnvoller wäre, Stoffe, die zu einem gewissen Anteil auch in den Boden gelangen können oder sich im Boden anreichern, zusätzlich mit Arten zu bewerten, die im Boden vorkommen und nicht im Wasser. Es ist fraglich, ob anhand einer aquatischen Algenart eine tendenzielle Aussage über die ökotoxikologischen Auswirkungen auf die gesamte Gruppe der Algen und insbesondere auf die Bodenalgen getroffen werden kann.

In der vorliegenden Untersuchung sollen folgende Fragen beantwortet werden:

1. Eignen sich Bodenalgen für die Entwicklung von Biotestsystemen zur Bewertung von Chemikalien und Pflanzenschutzmitteln? Es werden die Ergebnisse eines neu entwickelten Biotestsystems („Algen-Gel-Biotest“) diskutiert.
2. Inwieweit unterscheidet sich das Wuchsverhalten von ausgewählten Bodenalgenarten, die sich in ihrer Gattungszugehörigkeit, Zellgröße, Wachstums- bzw. Vermehrungsart voneinander unterscheiden, in ihrer Reaktion auf die Testsubstanz Cadmiumchlorid in dem entwickelten Biotestsystem?
3. Welche Aussagen können über die Sensibilität der bisher in Algenbiotests eingesetzten Süßwasseralge *Scenedesmus subspicatus* im Vergleich zu den ausgewählten Bodenalgen in dem neuentwickelten Biotest gemacht werden?

6.3 Der „Algen-Gel-Biotest“

Im „Algen-Gel-Biotest“ wird das Wachstum von sechs verschiedenen Algenarten (fünf Bodenalgenarten und der Süßwasseralge *Scenedesmus subspicatus*) über vier Tage unter standardisierten Laborbedingungen mit Hilfe eines Mikrotiterplattenphotometers gemessen und der EC 10- und EC 50-Wert bestimmt.

Ziel dieses Biotestsystems ist es, die Reaktion von Bodenalgen in einem nährstoffarmen Flüssigmedium gegenüber Teststoffen zu untersuchen. Es sollen Erkenntnisse darüber gewonnen werden, wie unterschiedliche Arten von Bodenalgen in ihrem Wachstum auf diese Teststoffe reagieren. In das Biotestsystem ist auch die aquatische Alge *Scenedesmus subspicatus* integriert. Damit ist ein Vergleich der Wachstumsreaktion auf verschiedene Teststoffe zwischen dieser in den bisherigen Biotests eingesetzten Süßwasseralge und den ausgewählten Bodenalgen möglich.

6.3.1 Material

- 96-Kavitäten-Mikrotiterplatten
- Mikrotiterplattenphotometer mit erhöhtem (2,2 cm) Einführschlitz, dadurch ist die Messung von Mikrotiterplatten mit Deckel (Sterilität) möglich
- Mikroskop
- Clean Bench
- Lichtthermostat
- pH-Meßgerät
- Sterilisator

6.3.2 Medien

BBM-Medium für die Stammhaltung der Bodenalgen (BBM = Bold’s Basal Medium, Bischoff und Bold 1963):

6 Stammlösungen zu je 400 ml Aqua dest. mit folgenden Salzen [g]

$NaNO_3$	10,0
K_2HPO_4	3,0
$CaCl_2 * 2\,H_2O$	1,0
KH_2PO_4	7,0
$MgSO_4 * 7\,H_2O$	3,0
NaCl	1,0

10 ml von jeder Stammlösung werden mit 940 ml Aqua dest. vermengt und jeweils 1 ml der folgenden 4 Spurenelementelösungen dazugegeben:

1. 50,0 g EDTA und 31 g KOH in 1000,0 ml Aqua dest. gelöst;
2. 4,98 g $FeSO_4 * 7\,H_2O$ gelöst in 1000,0 ml angesäuertem Aqua dest. (1,0 ml H_2SO_4 konz. in 999 ml Aqua dest.);
3. 11,42 g H_3BO_3 gelöst in 1000,0 ml Aqua dest.;
4. Folgende Salze [g] gelöst in 1000,0 ml Aqua dest.:

$ZnSO_4 * 7\,H_2O$	8,82
MoO_3	0,71
$Co(NO_3) * 6\,H_2O$	0,49
$MnCl_2 * 4\,H_2O$	1,44
$CuSO_4 * 5\,H_2O$	1,57

Der pH-Wert liegt bei 6,2–6,6. Das Flüssigmedium wird mit ca. 1,5 % Agar verfestigt.

Das Algen-OECD-Medium zur Vorkultur und Durchführung des „Algen-Gel-Biotests“ entspricht dem im „Wachstumshemmtest mit der Süßwasseralge *Scenedesmus subspicatus*“ (OECD 1984) eingesetzten Medium.

Vorratslösungen:

Lsg. O/1	NH_4Cl	1,5 g
	KH_2PO_4	0,16 g
	$MgSO_4 * 7\,H_2O$	1,5 g
	$MgCl_2 * 6\,H_2O$	1,2 g
	$CaCl_2 * 2\,H_2O$	1,8 g auf 1000 ml Aqua dest.
Lsg. O/2	$FeCl_3 * 6\,H_2O$	80 mg
	Na_2-EDTA $* 2\,H_2O$	100 mg auf 1000 ml Aqua dest.
Lsg. O/3	H_3BO_3	185 mg
	$MnCl_2 * 4\,H_2O$	415 mg
	$ZnCl_2$	3 mg
	$Na_2MoO_4 * 2\,H_2O$	7 mg
	$CoCl_2 * 6\,H_2O$	1,5 mg
	$CuCl_2 * 2\,H_2O$	0,01 mg auf 1000 ml mit Aqua dest. (dazu 1 mg $CuCl_2 * 2\,H_2O$ in 100 ml Aqua dest. lösen und von dieser Lösung 1 ml verwenden)
Lsg. O/4	$NaHCO_3$	50 mg auf 1000 ml Aqua dest.

Die Lösungen O/1, O/2 und O/3 werden durch Autoklavieren (20 min bei 121°C, 1,2 bar) oder durch Sterilfiltrieren (Porengröße des Filters 0,2 µm) sterilisiert. Lösung O/4 muß sterilfiltriert werden.

Ansetzen des Algen-OECD-Mediums für die Vorkultur und Testkultur:

Lösung O/1: 10 ml
Lösung O/2: 1 ml
Lösung O/3: 1 ml
Lösung O/4: 1 ml auf 1000 ml Aqua dest.

Der pH-Wert des Mediums liegt bei 8,0 ± 0,2. Das Algen-OECD-Medium wird mit Hilfe einer Zugabe von 0,6 g Agar/l in ein schwach gelartiges Medium verändert. Die Entwicklung dieses gelartigen Mediums ermöglicht es, daß z.B. Algenzellen nicht in den Kavitäten auf den Boden absinken, sondern in einer Art Schwebezustand im Medium bleiben. Dieser Zustand bewirkt eine homogene Verteilung der Algen im Medium und eignet sich für die Dichtemessung von Algenzellen in Mikrotiterplatten mit einem Photometer besonders gut. Durch die gleichmäßige Verteilung der Zellen im Medium sind auch eine gleichmäßige Nährstoffzufuhr und Kontakt mit der Testsubstanz über die vier Tage des Versuches gewährleistet.

6.3.3 Methode

Das entwickelte Biotestsystem arbeitet auf der Ebene der 96-Kavitäten- Mikrotiterplatte. Mit fünf Mikrotiterplatten können aufgrund der hohen Kavitätenanzahl alle sechs Algen gleichzeitig mit der Kontrolle und neun Teststoffkonzentrationen bei jeweils vier Wiederholungen angesetzt werden. Die Messung des Wachstums wird mit einem Mikrotiterplattenphotometer (800 nm Filter) durchgeführt.

Für das Biotestsystem mußte eine Auswahl an fünf Algen getroffen werden, die von ihrer Wachstumsgeschwindigkeit und vom Wachstumsverhalten her für ein Biotestsystem geeignet sind. Es ist wichtig, daß die Algen keine unregelmäßigen Zellhaufen im Medium bilden und keine Tendenz zur Bildung eines Films auf der Oberfläche haben, da ein derartiges Wachstum eine auswertbare photometrische Messung verhindern würde. Bei der Isolation der Algen wurde darauf geachtet, daß die Algen aus unbelasteten Böden entnommen wurden. Somit können bei den für das Biotestsystem ausgewählten Algen Resistenzbildungen durch eventuell belastete Isolierungsorte ausgeschlossen werden.

Als Auswahlkriterium für die Bodenalgen wurde geprüft, ob das Wachstum innerhalb von 96 h zu einer meßbaren Algenvermehrung führt. Gerade in diesem Punkt zeigt sich, daß Bodenalgen überwiegend zu langsam wachsenden Mikroorganismen gehören. Es wurden fünf Algenarten ausgewählt, die im Vergleich zu anderen Bodenalgen noch eine hohe Vermehrungsrate aufweisen. Die ausgewählten Arten sind häufig aus Böden isoliert worden und haben eine weite Verbreitung (Ettl und Gärtner 1995). Es handelt sich um „typische“ Bodenalgen und keine Einzelfunde. Ebenfalls wurde bei der Auswahl der Arten darauf geachtet, daß sie sich in Gattungszugehörigkeit, Zellgröße, Wachstumsgeschwindigkeit und Vermehrungsart (z.B. zoosporenbildend) unterscheiden. Die ausgewählten Algenarten sind in Tabelle 6-1 dargestellt.

6.3.4 Allgemeine Versuchsdurchführung

Die Vorkultur der sechs Algenarten wird 7 Tage (6-8) vor Beginn des eigentlichen Versuches bei Dauerbelichtung (5000 Lux, Dauerlicht 24 h, bei 22 ± 3°C) auf Algen-OECD-Medium (pH = 8,0 ± 0,2) angesetzt. Die Algen werden je Art auf zwei Petrischalen angeimpft. Die Stammkultur oder Kultur vor der Vorkultur sollte nicht älter als zwei bis drei Monate sein und wird auf BBM-Medium durchgeführt.

Bei Versuchsbeginn wird von den Vorkulturen Algenmaterial abgenommen und eine Algensuspension mit einer Optischen Dichte (Messung

	H_2O	H_2O	H_2O	H_2O	H_2O	H_2O	H_2O	H_2O	H_2O	H_2O	H_2O	H_2O
A1	H_2O	LK	CK	CK	CK	CK	LC1	C1	C1	C1	C1	H_2O
A2	H_2O	LK	CK	CK	CK	CK	LC1	C1	C1	C1	C1	H_2O
A3	H_2O	LK	CK	CK	CK	CK	LC1	C1	C1	C1	C1	H_2O
A4	H_2O	LK	CK	CK	CK	CK	LC1	C1	C1	C1	C1	H_2O
A5	H_2O	LK	CK	CK	CK	CK	LC1	C1	C1	C1	C1	H_2O
A6	H_2O	LK	CK	CK	CK	CK	LC1	C1	C1	C1	C1	H_2O
	H_2O	H_2O	H_2O	H_2O	H_2O	H_2O	H_2O	H_2O	H_2O	H_2O	H_2O	H_2O

Abb. 6-1: Beispielhaftes Beschickungsschema der Mikrotiterplatten für die Kontrolle und die erste Teststoffkonzentration (LK = Leerwert; Medium ohne Zellen und ohne Cadmium (Kontrolle), LC1 = Leerwert, mit Cadmiumkonzentration 1, ohne Zellen, CK = Kontrolle, Medium mit Zellen, aber ohne Cd, C1 = erste Cadmiumkonzentration mit Zellen)

Tab. 6-1: Als Testorganismen eingesetzte Algen und Kurzbeschreibung der Auswahlkriterien der fünf verschiedenen Bodenalgenarten

Gattung und Art	Klasse	Familie	Besonderheiten im Wuchs- und Vermehrungsverhalten
Xanthonema tribonematoides (Pascher) Silva 1979	Xanthophyceae	Tribonemataceae	sehr großzellige (Breite 13–15 µm und Länge 18–30 µm), fädige Alge
Klebsormidium dissectum (Gay) nov. Com.	Charophyceae	Klebsormidiaceae	fädige Alge
Stichococcus bacillaris Nägeli 1849	Charophyceae	Klebsormidiaceae	sehr kleine (Breite 2–2,5 µm, Länge 3,5–6,6 selten 12 µm)
Xanthonema montanum (Vischer) Silva 1979	Xanthophyceae	Tribonemataceae	fädige Alge (leicht zerfallend)
Chlamydomonas chlorococcoides cf. (o. noctigama) Ettl & Schwarz 1981	Chlamydophyceae	Chlamydomonadaceae	zoosporenbildende Alge
Scenedesmus subspicatus Chodat 1926 (SAG 86 81)	Chlorophyceae	Scenedesmaceae	Süßwasseralge, die im OECD 201-Test eingesetzt wird

der Absorption) von ca. 1,0 angesetzt. Aus dieser Algensuspension werden dann die Medien mit den neun Teststoffkonzentrationen beimpft, homogenisiert und je 250 µl in die Kavitäten der Mikrotiterplatte einpipettiert. Alle 24 h wird das Wachstum der Algen über die Optische Dichte mit Hilfe des Mikrotiterplattenphotometers (800 nm Filter) gemessen.

6.3.5 Auswertung

Die vier Wiederholungen für jede Konzentration werden zu einem Mittelwert zusammengefaßt und der Mittelwert der sechs Leerwerte für jede Konzentration abgezogen. Der errechnete Wert stellt das reine Algenwachstum als Optische Dichte dar. Die weitere Auswertung wird in Anlehnung an den „Algeninhibitionstest" (Amtsblatt der Europäischen Gemeinschaften 1992) durchgeführt. Die Auswertung basiert darauf, daß die Daten des Wachstums als Optische Dichte (OD) auf Zellzahl/ml umgerechnet werden können. Als Grundlage dazu müssen für alle Algen Eichversuche für die Optische Dichte durchgeführt werden. Für die Berechnung des Konzentrations-Wirkungs-Verhältnisses wird ein Verfahren eingesetzt, in welchem die Wachstumsraten berechnet werden und dann ein Vergleich zwischen den verschiedenen Wachstumsraten vorgenommen wird. Die durchschnittliche spezifische Wachstumsrate (µ) für Kulturen mit einem exponentiellen Wachstum kann ermittelt werden als:

μ = $\ln N_n - \ln N_0 / t_n - t_0$
t_0 = Zeitpunkt zu Prüfbeginn
N_n = gemessene Optische Dichte (Anzahl der Zellen/ ml) zum Zeitpunkt t_n
N_0 = Optische Dichte (Anzahl der Zellen/ ml) zum Zeitpunkt t_0
t_n = Zeitpunkt der n. Messung nach Prüfbeginn

Anschließend wird die prozentuale Verminderung der durchschnittlichen Wachstumsrate bei den einzelnen Konzentrationen gegenüber dem Kontrollwert gegen den Logarithmus der Konzentration aufgetragen. Der EC 10- und EC 50-Wert läßt sich aus der daraus entstehenden Kurve ableiten.
Für diese statistischen Tests werden die einzelnen Werte der Wiederholungen für die spezifische Wachstumsrate (µ) verwendet.

Um einen Eindruck über das Wachstumsverhalten der Algen nach 96 h zu erhalten, ist in Abbildung 6-3 die Kontrolle der jeweiligen Alge gleich 100 % gesetzt worden und das prozentuale Wachstum der Algen gegenüber der Kontrolle dargestellt.

6.4 Versuchsdurchführung des „Algen-Gel-Biotests" mit Cadmiumchlorid als Testsubstanz

6.4.1 Die Testsubstanz Cadmiumchlorid

Cadmium ist ein Metall mit einer hohen toxischen Wirkung. Im Rahmen der Trinkwasserverordnung liegt der Grenzwert für Cadmium bei 0,005 mg Cd/l (Rippen 1991). Klärschlämme dürfen nach der Klärschlammverordnung nur auf landwirtschaftlich und gärtnerisch genutzte Böden aufgebracht werden, wenn der Cadmiumgehalt in diesen Böden nicht 1,5 mg/kg TS Boden übersteigt. Klärschlämme, die über 10,0 mg Cd/kgSchlamm TS enthalten, dürfen nicht auf landwirtschaftlich und gärtnerisch genutzte Böden aufgebracht werden (Rippen 1991).
Besonders bedenklich sind die Cadmiumkontaminationen des Bodens, der für den Nahrungserwerb des Menschen genutzt wird. Viele Pflanzen weisen in ihren Speicher- und Sproßorganen eine Anreicherung von den in den jeweiligen Böden verfügbaren Schwermetallen auf (Salt 1988).
Der Cadmiumgehalt unbelasteter Böden liegt in den Größenordnungen von $< 0,5$ mg Cd/kg. Allerdings können auch natürliche Werte in bestimmten geologischen Gebieten 3,0 mg Cd/kg betragen. In cadmiumreichen Auenböden der Oker im Harzvorland kommen bis zu 200 mg Cd/kg vor.
Als Testsubstanz in diesem Biotest wird Cadmium als CdCl2 * 2 $^1/_2$ H_20 verwendet. Die Angabe der Konzentrationen ist auf Cd^{2+} umgerechnet. Die Konzentrationsstufen werden in einer geometrischen Reihe mit dem Faktor 2 angesetzt. Die Konzentration (Nominalkonzentration) ist in mg Cd/l OECD-Medium angegeben.

Cd-0 (Kontrolle)
Cd-1 0,0625mg/l
Cd-2 0,125 mg/l

Cd-3 0,25 mg/l
Cd-4 0,5 mg/l
Cd-5 1,0 mg/l
Cd-6 2,0 mg/l
Cd-7 4,0 mg/l
Cd-8 8,0 mg/l
Cd-9 16,0 mg/l

6.4.2 Ergebnisse

Die Ergebnisse in Abbildung 6-2 machen deutlich, daß die Alge *Scenedesmus subspicatus* innerhalb von 96 h die höchste Optische Dichte aufweist. Ihre Zellzahl vervierfacht sich innerhalb der 96 h. Bis auf *Stichococcus bacillaris* und *Klebsormidium dissectum* vermehren sich die verbleibenden beiden Bodenalgenarten ca. um das Dreifache. Die Zellzahl von *S. bacillaris* vervierfacht sich ebenfalls, was aber durch die sehr geringe Zellgröße dieser Alge keine mit *S. subspicatus* vergleichbare Steigerung der Optischen Dichte zur Folge hat. Die Zellzahl von *K. dissectum* verdoppelt sich ungefähr innerhalb der 96 h.

Des weiteren ist in Abbildung 6-2 und besonders in 6-3 erkennbar, daß Bodenalgen in ihrem Wachstum unterschiedlich auf Cadmium reagieren und daß eine Bodenalgenart (*Klebsormidium dissectum*) sensibler (zumindest in den zwei ersten Konzentrationen) gegenüber Cadmiumchlorid ist als *Scenedesmus subspicatus*. Die vier anderen Bodenalgenarten sind dagegen aber unsensibler.

Der EC 50 von *Scenedesmus subspicatus* liegt bei 0,17 mg Cd/l und der EC 10 bei 0,01 mg Cd/l, der EC 50 von *Klebsormidium dissectum* liegt bei 0,05 mg Cd/l und der EC 10 bei 0,002 mg Cd/l. Es folgen *Stichococcus bacillaris* mit einem EC 50 von 1,43 mg Cd/l, *Chlamydomonas chlorococcoides* mit 1,65 mg Cd/l, *Xanthonema tribonematoides* mit 2,45 mg Cd/l und *Xanthonema montanum* mit 2,86 mg Cd/l.

6.4.3 Diskussion

Der „Algen-Gel-Biotest" schließt eine Lücke in der bestehenden Testbatterie von Biotests, da es in dieser bisher keine Biotests mit Bodenalgen gibt. Im Gegensatz zum bestehenden „Alga, growth inhibition test" (OECD 1984) arbeitet er nicht nur mit einer Algenart (*Scenedesmus subspicatus*) als Testorganismus, sondern mit fünf Bodenalgenarten und der Süßwasseralge *S. subspicatus*. Er gibt damit eine differenzierte Aussage über die Reaktion von Bodenalgen auf Testsubstanzen und ermöglicht den direkten Vergleich mit dem Biotestorganismus *S. subspicatus*.

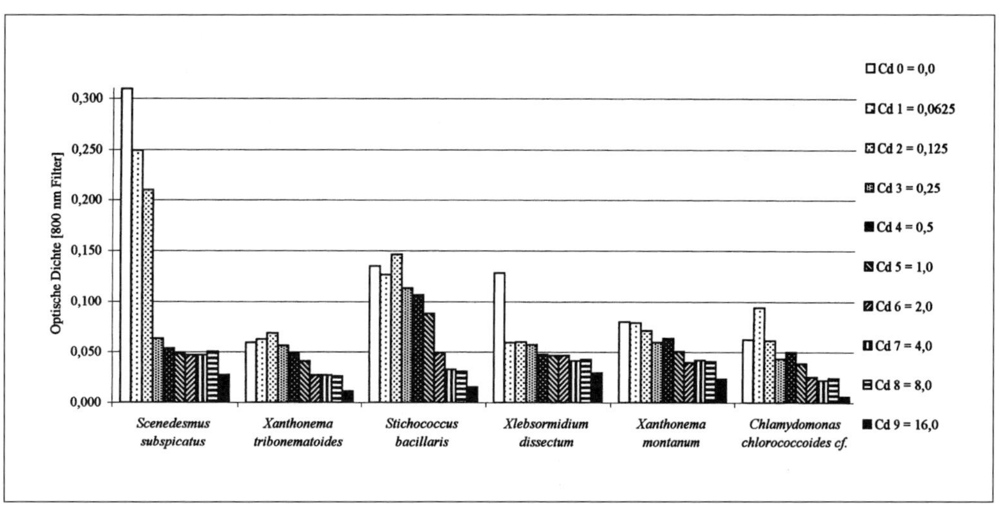

Abb. 6-2: Wachstum der fünf Bodenalgen und *Scenedesmus subspicatus* nach 96 h bei unterschiedlichen Cadmiumkonzentrationen in mg Cd/l Algen-OECD-Medium

Tab. 6-2: Mittelwerte aus vier Wiederholungen der Wachstumswerte in Optischer Dichte nach 96 h mit Standardabweichung (Cd S)

Art/Cadmiumkonz. in mg/l Medium	Cd 0	Cd 1	Cd 2	Cd 3	Cd 4	Cd 5	Cd 6	Cd 7	Cd 8	Cd 9
Scenedesmus subspicatus	0,309 ±0,008	0,249 ± 0,012	0,210 ± 0,013	0,063 ± 0,003	0,054 ± 0,002	0,049 ± 0,002	0,047 ± 0,001	0,047 ± 0,001	0,051 ± 0,001	0,028 ± 0,001
Xanthonema tribonematoides	0,059 ± 0,001	0,063 ± 0,006	0,069 ± 0,003	0,057 ± 0,009	0,049 = 0,010	0,041 ± 0,004	0,027 ± 0,001	0,027 ± 0,003	0,026 ± 0,003	0,011 ± 0,002
Stichococcus bacillaris	0,135 ± 0,005	0,126 ± 0,004	0,146 ± 0,007	0,113 ± 0,005	0,107 ± 0,004	0,088 ± 0,005	0,050 ± 0,002	0,033 ± 0,003	0,031 ± 0,002	0,016 ± 0,002
Klebsormidium dissectum	0,128 ± 0,010	0,059 ± 0,006	0,060 ± 0,004	0,058 ± 0,003	0,048 ± 0,006	0,047 ± 0,002	0,047 ± 0,003	0,041 ± 0,003	0,043 ± 0,004	0,029 ± 0,003
Xanthonema montanum	0,080 ± 0,005	0,079 ± 0,009	0,071 ± 0,005	0,060 ± 0,002	0,064 ± 0,001	0,051 ± 0,002	0,040 ± 0,001	0,042 ± 0,001	0,041 ± 0,003	0,023 ± 0,002
Chlamydomonas chlorococcoides cf.	0,062 ± 0,002	0,094 ± 0,006	0,061 ± 0,002	0,044 ± 0,002	0,050 ± 0,004	0,039 ± 0,002	0,026 ± 0,003	0,022 ± 0,011	0,024 ± 0,002	0,006 ± 0,002

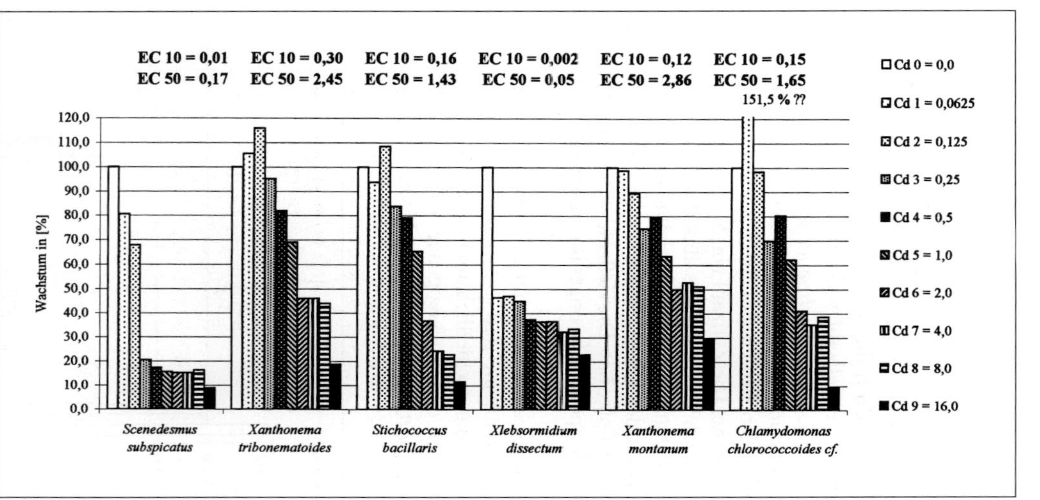

Abb. 6-3: Prozentuales Wachstum in OD (Kontrolle = 100 % gesetzt) bei unterschiedlichen Cadmiumkonzentrationen in mg Cd/l Algen-OECD-Medium nach 96 h.

Insgesamt kann der „Algen-Gel-Biotest" in bezug auf die Testsubstanz Cadmiumchlorid als empfindlich eingestuft werden, wenn man berücksichtigt, daß bei zwei Algen (*Klebsormidium dissectum* und *Scenedesmus subspicatus*) des Testes schon bei einer Konzentration von 0,0625 mg Cd/l bis 0,125 mg Cd/l OECD Medium eine über 25 – 50 %ige Hemmung stattfindet.
Der übliche Grenzwert im Rahmen der Trinkwasserverordnung für Cadmium liegt bei 0,005 mg Cd/l. Der Cadmiumgehalt in unbelasteten Böden liegt im allgemeinen in Größenordnungen von < 0,5 mg Cd/kg.
Schäfer et al. (1994) ermitteln mit dem „Wachstumshemmtest mit der Süßwasseralge *Scenedesmus subspicatus*" und der Testsubstanz Cadmiumchlorid einen NOEC 72 h von 0,011 mg Cd/l und einen EC 50 (72 h) von 0,032 mg Cd/l.
Damit liegt die Sensibilität des „Algen-Gel-Biotestes" in bezug auf die Alge *Scenedesmus subspicatus* im Bereich der Versuchsergebnisse von Schäfer et al. (1994). Allerdings ist der dort ermittelte Wert um das Fünffache niedriger.
In bezug auf das teilweise langsamere Wachstum der Bodenalgen gegenüber *Scenedesmus subspicatus* stellt sich die Frage, ob mit einem anderen Kultivierungsmedium nicht ein stärkeres Wachstum der Bodenalgen zu erreichen wäre. Untersuchungen mit dem für die Isolierung von Algen aus Böden vielfach genutzten BBM-Medium ergeben nur ein geringfügig erhöhtes Wachstum der Bodenalgen innerhalb der ersten vier Tage. Ein Nachteil des BBM-Mediums liegt darin, daß das Wachstum von *S. subspicatus* sich in diesem Medium reduziert.
Aus diesen Gründen wird das Algen-OECD-Medium weiterhin als Medium für den „Algen-Gel-Biotest" verwendet. Ein stärkeres Wachstum über eine ca. zwei- bis vierfache Vermehrung scheint bei Bodenalgen innerhalb von 96 h kaum möglich zu sein. Erfahrungen mit der Agarplattenmethode bestätigen diese Vermutung.
Der Vorteil der Verwendung des Algen-OECD-Mediums liegt insbesondere in dem zahlreichen Datenmaterial, welches für dieses Medium im OECD 201 Test inzwischen vorliegt. Dieses Medium hat durch seinen geringen Anteil an Nährstoffen und einer sehr geringen Konzentration an EDTA gute Voraussetzungen, um die Testsubstanz in ihrer gesamten Konzentration auf den Testorganismus wirken zu lassen, ohne daß die Testsubstanzen Reaktionen mit einem Teil der Chemikalien im Nährmedium eingehen. Bei Untersuchungen mit dem BBM-Medium, welches eine ca. 50fach höhere EDTA- Konzentration enthält, zeigt sich mit den gleichen Algenarten eine starke Reduzierung der Sensibilität des Testsystems in bezug auf Cadmiumchlorid.
Abschließend kann festgestellt werden, daß der entwickelte „Algen-Gel-Biotest" eine differenzierte Aussage über die Ökotoxizität des Cadmiumchlorides auf verschiedene Algenarten aus zwei Lebensräumen (Wasser und Boden) bietet.

6.5 Vor- und Nachteile des „Algen-Gel-Biotests"

Die versuchsmethodischen Vorteile des „Algen-Gel-Biotests" liegen in der hohen Meßleistung des Mikrotiterplattenphotometers und der zeitsparenden Verarbeitung der Daten. Es können innerhalb von ca. 10 Sekunden 96 Kavitäten gemessen und anschließend die Werte im Computer weiterverarbeitet werden. Zusätzlich ist durch die Miniaturisierung der Versuchsansätze eine erhebliche Materialersparnis möglich. Statt mit ca. 250 ml Medium pro Erlenmeyerkolben arbeitet man nur mit 0,250 ml Medium pro Kavität. Dadurch können bei der Testung von Schadstoffen und Pflanzenschutzmitteln die Verbrauchsmengen der getesteten Stoffe niedrig gehalten werden. Ein weiterer Vorteil der Mikrotiterplatten ist der geringe Platzverbrauch im Kultivierungsschrank, der Verzicht auf einen Schüttler sowie die einfache und zeitsparende Messung mit dem Mikrotiterplattenphotometer.
Die ökotoxikologischen Vorteile des „Algen-Gel-Biotests" liegen in der gleichzeitigen Nutzung von sechs verschiedenen Algenarten als Testorganismen und den daraus resultierenden differenzierten Versuchsergebnissen. Demgegenüber weist der OECD 201 Test nur die Versuchsergebnisse auf, die mit der einen Süßwasseralge *Scenedesmus subspicatus* gewonnen wurden.
Als Nachteile könnte die vermutlich etwas ge-

ringere Sensibilität des „Algen-Gel-Biotests" gesehen werden, die aber noch durch weitere Untersuchungen mit Schwermetallen und Pflanzenschutzmitteln überprüft wird.

6.6 Ausblick

Der entwickelte „Algen-Gel-Biotest" wird in weiteren Untersuchungen auf seine Eignung für verschiedene Schwermetalle und Pflanzenschutzmittel untersucht werden. Insbesondere bei den Pflanzenschutzmitteln wird eine genauere Untersuchung durchgeführt werden, inwieweit das Polystyrol der Mikrotiterplatten auf Pflanzenschutzmittel adsorbtive Eigenschaften hat. In Vorversuchen zeigte sich bisher in bezug auf das Pflanzenschutzmittel Arelon (Wirkstoff: Isoproturon) eine hohe Sensibilität des Testsystems.

Neben dem „Algen-Gel-Biotest" wird zur Zeit ein „Algen-Erd-Biotest" entwickelt. Dieser wird als Versuchssubstrat mit einem unsterilen natürlichen humusarmen Boden und drei verschiedenen Bodenalgenarten sowie der Süßwasseralge *Scenedesmus subspicatus* arbeiten. In diesem Biotest werden die verschiedenen Kontaminationspfade, Kontamination über das Porenwasser, über Bodenpartikel und die Lufträume im Boden besonders berücksichtigt.

Der „Algen-Gel-Biotest" und der in der Entwicklung befindliche „Algen-Erd-Biotest" stellen zusammen eine Testeinheit dar, mit der die Ökotoxizität von Stoffen auf Algen, insbesondere auf Bodenalgen, in unterschiedlichen Testsubstraten (gelartiges Algen OECD-Medium und Boden) innerhalb von 96 h festgestellt werden kann.

Danksagung

Wir danken der Deutschen Bundesstiftung Umwelt für ihre Förderung.

Literatur

Ahlf, W. (1995): Biotest an Sedimenten. In: Steinberg, C., Bernhardt, H., Klapper, H. (eds.): Handbuch Angewandte Limnologie. Ecomed, Landsberg/Lech

Alef, K. (1991): Methodenhandbuch Bodenmikrobiologie – Aktivitäten, Biomasse, Differenzierung. Ecomed, Landsberg/Lech

Alef, K. (1994): Biologische Bodensanierung – ein Methodenhandbuch. VCH Verlangsgesellschaft mbH, Weinheim, New York, Cambridge, Basel

Alexander; M. (1991): Introduction to soil microbiology. Krieger Publishing Company, Malabar

Amtsblatt der Europäischen Gemeinschaften (1992): Ökotoxikologische Testverfahren, C3 Algeninhibitionstest. Nr L 383 A/179: 21-28

Arndt, U., Nobel, W., Schweitzer, B. (1987): Bioindikatoren, Möglichkeiten und Grenzen und neue Erkenntnisse. Ulmer, Stuttgart

Bischoff, H.W., Bold H.C. (1963): Phycological studies IV. Some algae from enchanted rock and related algae species. Univ. Texas Publ. 631: 1-95

ChemG Bundesgesetzblatt (1994): Teil I, Nr. 47. Bekanntmachung der Neufassung des Chemikaliengesetzes vom 25. Juli 1994

BBodSchG Bundesgesetzblatt (1998): Teil I Nr. 16. Gesetz zum Schutz des Bodens

PflSchG Bundesgesetzblatt (1998): Teil I, Nr. 28. Erstes Gesetz zur Änderung des Pflanzenschutzgesetzes, Bekanntmachung der Neufassung des Pflanzenschutzgesetzes vom 14.5.98

Dillwyn, L. W. (1809): British Confervae. London

Drew, A., Anderson J.R. (1976): Studies on the survival of algae added to chemically treated soils-1 Methodology. Soil Biol. Biochem. 9: 207-215

Ettl, H., Gärtner, G. (1995): Syllabus der Boden-, Luft- und Flechtenalgen. Gustav Fischer Verlag, Stuttgart

Gärtner, G. (1985): The culture collection of algae at the Botanical Institute of the University at Innsbruck (Austria). Ber. nat.- med. Verein Innsbruck 72: 33-52

Hollemann, A.F., Wiberg, E. (1985): Lehrbuch der anorganischen Chemie. 91.-100. Auflage. Walter de Gruyter, Berlin, New York

Koch, R. (1991): Umweltchemikalien, physikalisch-chemische Daten, Toxizitäten, Grenz- und Richtwerte, Umweltverhalten. VCH Verlagsgesellschaft mbH, Weinheim, New York, Cambridge, Basel

Neuhaus, W., Seefeld F., Hahn, A. (1997): Auswirkungen von Igran 500 flüssig auf die Abundanz von Bodenalgen unter Labor- und Freilandbedingungen. Nachrichtenbl. Dt. Pflanzenschutzd. 49: 260-267

OECD (1984): Guideline for testing of chemicals. No. 201. Alga, growth inhibition test. Adopted 7 June 1984. Paris

Oesterreicher, W. (1990): Ökologische Bedeutung der Algen im Boden. Nachrichtenbl. Dt. Pflanzenschutzd. 42: 122-126

Rippen, G. (1991): Handbuch Umweltchemikalien. Stoffdaten – Prüfverfahren – Vorschriften. Trinkwasserverordnung 12 Erg. Lfg. 10/91 und Klärschlammverordnung 19. Erg. Lfg. 3/93. Ecomed, Landsberg/ Lech

Riepert, F. (1998): Ökotoxikologische Testverfahren für die Prüfung der Bodenqualität am Beispiel aktueller Richtlinien mit Organismen der Bodenfauna. In: Renger, M., Alaily, F., Wessolek G. (eds.): Bodenökologie und Bodengenese, Mobilität & Wirkung von Schadstoffen in urbanen Böden. Technische Universität Berlin. 108-119

Salt, C. (1988): Schwermetalle in einem Rieselfeld-Ökosystem. Landschaftsentwicklung und Umweltforschung. Schriftenreihe des Fachbereiches Landschaftsentwicklung der TU Berlin Nr. 53: 186

Schäfer, H., Hettler, H., Fritsche, U., Pitzen, G., Röderer, G., Wenzel, A. (1994): Biotests using unicellular al gae and ciliates for predicting long-term effects of toxicants. Ecotoxicol. Environ. Saf. 27: 64-81

Schinner, F., Sonnleitner, R. (1997): Bodenökologie: Mikrobiologie und Bodenenzymatik / III Pflanzenschutzmittel, Agrarhilfsstoffe und organische Umweltchemikalien. Springer-Verlag, Berlin

Shubert, L. E. (1984): Algae as ecological indicators. Academic Press, Orlando

7 Zur chronischen Wirkung von TNT auf die Stoppelrübe *Brassica rapa* im Labortest

W. Kalsch und J. Römbke

Abstract

A rapid cycling variant of *Brassica rapa* (CrGC 1-33) was cultivated under controlled conditions in the laboratory for 5 weeks. OECD artificial soil and LUFA Sp 2.2 soil served as substrates. TNT (2,4,6-Trinitrotoluene) was added at five concentrations ranging from 6.2 to 500 mg/kg. One half of the test vessels was manually watered (60 % water holding capacity) whereas the other half received water by wicks (100 % water holding capacity). Beside seedling emergence, shoot biomass was determined (day 14 and 35) as well as the biomass of seed pods (day 35). Plant growth was negatively affected by TNT at concentrations ranging from 55.5 to 167 mg/kg. Smaller amounts of TNT slightly stimulated growth, whereas the method of watering had no significant effect. In an additional experiment, a soil contaminated by TNT was collected at a former ammunition plant and mixed with the two standard soils. In this experiment plant inhibition was observed at a level of approximately 200 to 300 mg TNT/kg.

Zusammenfassung

Eine schnellwachsende Variante von *Brassica rapa* (CrGC 1-33) wurde über fünf Wochen im Labor kultiviert. Als Substrat wurde OECD Kunsterde und LUFA Sp 2.2 Erde verwendet. TNT (2,4,6-Trinitrotoluol) wurde in 5 Konzentrationen von 6,2 bis 500 mg/kg zugesetzt. Eine Hälfte der Testansätze wurde manuell bewässert (60 % Wasserhaltekapazität), während die andere Hälfte über Dochte bewässert wurde (100 % Wasserhaltekapazität). Neben dem Auflaufen der Keimlinge wurde die Biomasse des Sproßes (Tag 14 und 35) und die der Samenschoten (Tag 35) bestimmt. Hemmung der Pflanzen trat zwischen 55,5 und 167 mg/kg auf, wobei kleinere TNT-Konzentrationen einen leicht fördernden Effekt hatten. Die Bewässerungsmethode hatte keinen signifikanten Einfluß auf die beobachtete Hemmung. In einem weiteren Experiment wurde eine mit TNT belastete Erde eines ehemaligen Rüstungsbetriebs mit den beiden Standardböden vermischt. Eine Hemmung der Pflanzen wurde in diesem Falle zwischen 200 und 300 mg TNT/kg beobachtet.

7.1 Einleitung

Das Gesetz zum Schutz des Bodens (BRD 1998) verlangt die Sicherung wichtiger Bodenfunktionen, darunter den Schutz als Lebensraum für Mensch, Pflanzen, Tiere und Bodenorganismen. Die Frage, in wie weit diese Funktion durch die Kontamination mit Schadstoffen beeinträchtigt wird, oder wie weit diese Funktion durch Sanierungsmaßnahmen wiederhergestellt werden kann, wird bisher im wesentlichen mit chemischer Schadstoffanalytik und empirischer Bewertung der Meßwerte beantwortet. Ökotoxikologische Prüfungen mit Böden könnten diese Bewertung sicherer machen, da sowohl Mischkontaminationen als auch mit chemischer Analytik nicht detektierbare Schadstoffe, wie z.B. Metabolite erfaßt werden. Die direkte Prüfung der Lebensraumfunktion erfolgt am Beispiel ausgewählter Organismen, die den zu prüfenden Böden ausgesetzt werden. Alternativ können Eluate verwendet werden, um Hinweise auf die Rückhaltefunktion der Böden zu erhalten.

Im Rahmen eines Verbundvorhabens des BMBF werden ökotoxikologische Prüfverfahren mit Mikroorganismen, Tieren und Pflanzen zum Teil neu entwickelt und hinsichtlich ihrer Eignung überprüft (UBA 1998). Einige Testverfahren gelten als bewährt, wenn, wie bei Chemikalienbewertungen, die Prüfsubstanzen in Substrate mit bekannten Eigenschaften eingebracht werden. Bei der Prüfung von Böden, die natürlichen Standorten entnommen werden, wird die Bewertung der gemessenen Effekte unsicherer, da weitgehend identische Referenzböden oft nicht zur Verfügung stehen.

Unter anderem wird ein chronischer Pflanzentest mit der Stoppelrübe und Hafer entwickelt. Dabei werden die Effekte experimenteller Randbedingungen überprüft, um schließlich eine Prüfrichtlinie vorschlagen zu können. Hier werden Experimente vorgestellt, bei denen die Wirkung von TNT auf die Stoppelrübe *Brassica rapa* geprüft wurde. Es wurden sowohl zwei Kontrollböden mit TNT in verschiedenen Konzentrationen versetzt als auch ein belasteter und ein unbelasteter Boden eines ehemaligen Rüstungsbetriebs mit diesen Kontrollböden gemischt. Die vorgestellte Methodik ist eine Modifikation eines BBA-Richtlinienvorschlags (BBA 1984). Die Testdauer wurde auf fünf Wochen ausgedehnt. Durch die Verwendung einer schnellwachsenden Variante von *Brassica rapa* konnten neben dem Biomassezuwachs auch reproduktionsrelevante Parameter erfaßt werden. Bei den Versuchen wurden zwei Bewässerungsvarianten geprüft, um den Einfluß auf die durch TNT oder Bodeneigenschaften verursachten Effekte zu ermitteln.

7.2 Material und Methoden

7.2.1 Testspezies

Die schnellwachsende Variante CrGC 1-33 von *Brassica rapa* wurde von Crucifer Genetics Cooperative (Universität Wisconsin, USA) bezogen (Bestellung, Katalog und Sortenbeschreibung im Internet über http://fastplants.cals.wisc.edu/crgc/crgc.html).

7.2.2 Böden

Als Kontrollböden, in die TNT oder die Standortböden eingemischt wurden, dienten OECD-Kunsterde nach OECD-Richtlinie 207 und LUFA Sp2.2-Erde. TNT (technisch) wurde in Aceton gelöst, mit Quarzsand vermischt und unter Rotation getrocknet. Durch weiteres Vermischen mit Quarzsand wurde eine Verdünnungsreihe von TNT in Sand hergestellt. Durch Untermischen von je 1 g der TNT/Sandgemische in 1 kg LUFA-Boden oder OECD-Kunsterde wurden die folgenden Konzentrationen erreicht: 6,2; 18,5; 55,6; 167 und 500 mg/kg. Der mit TNT belastete Standortboden CTNT1a und der unbelastete Referenzboden CTNT0 von einer benachbarten Stelle wurden durch 5 mm gesiebt und in die Kontrollböden eingemischt (9,1 %, 16,7 %, 33,3 %, 50 %).

7.2.3 Gefäße, Befüllen, Bewässerung und Aussaat

Polypropylen-Lebensmittel-Einwegbecher (Bellaplast No. 507, Swiss-Pack GmbH, Hausham) mit 500 ml Inhalt wurden mit einem Loch im Boden versehen, in das ein Glasfaserdocht (GLS-Silan-Kordel, 11 mm, Imag AG, Münchenstein, Schweiz) eingesetzt wurde. Diese Gefäße wurden später so in ein Wasserreservoir gestellt, daß die Dochte bis ins Wasser reichten und sich die Böden bis zum Erreichen der maximalen Wasserhaltekapazität vollsaugen konnten. Alternativ wurden Becher ohne Lochung eingesetzt, die später zweitägig manuell von oben bis auf jeweils 60 % der Wasserhaltekapazität gegossen wurden. Die Becher wurden locker mit je 400 g der Bodenmischungen gefüllt. Sodann wurden 8 Samen je Becher in 5 mm Tiefe ausgelegt und die Becher wurden in das Wasserreservoir gestellt oder erstmalig gegossen.

7.2.4 Inkubation, Endpunkte

Die Testgefäße wurden 12 Stunden täglich mit 14000 lx (Leuchtstoffröhre, neutralweiß) beleuchtet. Die Gefäße wurden zweitägig im Leuchtfeld neu angeordnet. Die Temperatur betrug 22 ± 3 °C. Innerhalb der ersten Wochen wurden die aufgelaufenen bzw. lebenden Pflänzchen gezählt. Am 14. Tag nach der Aussaat wurden die Pflanzen bis auf vier je Gefäß geerntet

Tab. 7-1: Eigenschaften der verwendeten Böden. Die Daten wurden zum Teil von anderen Arbeitsgruppen im Forschungsverbund zur Verfügung gestellt. n.b. = nicht bestimmt.

	OECD-Kunsterde	LUFA Sp2.2	CTNT1	CTNT0
Bodentyp	10 % Torf gemahlen 20 % Kaolin 70 % Quarzsand 0,5 % $CaCO_3$	lehmiger Sand	sandiger Schluff	toniger Schluff
pH-Wert	6,4	6,1	4,5	3,3
Wasserhalte-kapazität	54 %	45 %	47 %	90 %
TNT [mg/kg]	n.b.	n.b.	1600	0,1

und die Höhe, das Frisch- und Trockengewicht sowie die Anzahl der bereits erkennbaren Blüten und Blütenknospen bestimmt. Während der dritten und vierten Woche wurden die Blüten mehrfach mit einem feinen Pinsel bestäubt. Am Tag 35 wurden die restlichen Pflanzen geerntet. Neben der Höhe und des Gewichtes der Sprosse wurden auch die Anzahl und das Gewicht derjenigen Samenschoten mit erkennbarer Samenfüllung bestimmt.

7.3 Ergebnisse

7.3.1 Test mit TNT

Es wurden Einflüsse von TNT aber auch von der Bewässerungsmethode auf das Auflaufen und das spätere Wachstum beobachtet. Die Auflaufraten waren insbesondere in OECD-Kunsterde, die über Dochte bewässert wurde, als auch in LUFA-Erde, die manuell bewässert wurde, gering (Abb. 7-1). Bei LUFA-Erde begünstigten mäßige TNT Konzentrationen das Auflaufen. Zwischen 56 und 167 mg/kg nahm die Auflaufrate aber stets ab.

Im weiteren Verlauf zeigte sich nur noch ein nichtsignifikanter Einfluß der Bewässerungsmethode. Am Tag 35 waren sowohl die Sproßlänge, das Gewicht der Pflanzen als auch das der Schoten oberhalb von 56 mg/kg TNT vermindert. Ähnlich wie das Auflaufen war das Wachstum und die Schotenbildung der in LUFA-Erde wachsenden Pflanzen durch TNT in Konzentrationen zwischen 18 und 55 mg/kg gefördert (Abb. 7-2).

Während der 35tägigen Inkubation nahm die Menge an nachweisbarem TNT stark ab. Der Wiederfund lag bei der höchsten Konzentration zwischen 5,6 und 39,9 %, bei den niedrigeren Konzentrationen unterhalb 1,3 %. Ein nicht identifizierter Peak wurde bei der Analyse mit HPLC gefunden. Weder dieser Peak noch der des TNTs wurde in den Wasserreservoirs nachgewiesen.

7.3.2 Tests mit Standortböden

Brassica rapa wuchs im unbelasteten Referenzboden etwa gleich gut wie in den beiden Kontrollböden OECD und LUFA. Das Schotengewicht nahm bei den in Mischungen mit LUFA-Erde wachsenden Pflanzen allerdings geringfügig ab. Eine deutliche Hemmung verursachte dagegen die Beimischung der belasteten Erde CTNT1 in beide Kontrollböden (Abb. 7-3). Ähnlich wie bei der Referenzerde CTNT0 verursachten mäßige Beimischungen in LUFA-Erde zwar zunächst eine Wachstumssteigerung. Im Bereich zwischen 17 und 33 % CTNT1-Erde trat dann aber eine starke Hemmung auf. Oberhalb 33 % CTNT1, entsprechend 160-320 mg/kg TNT wuchsen keine Pflanzen mehr. Bei den Ansätzen mit LUFA/CTNT1 Mischungen war die Streuung hoch. Manche Pflanzen wuchsen trotz 17 % CTNT1 Erde sehr gut, während andere kümmerten.

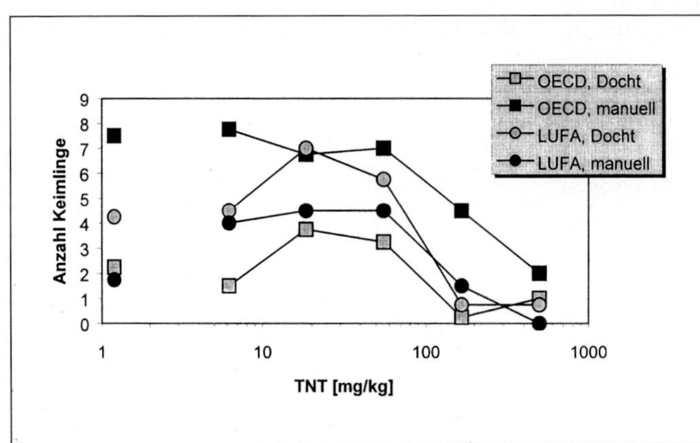

Abb. 7-1: Die Anzahl der aufgelaufenen Keimlinge in Abhängigkeit von TNT und Bewässerungsmethode. Kontrollen sind links als Vergleichswerte aufgetragen.

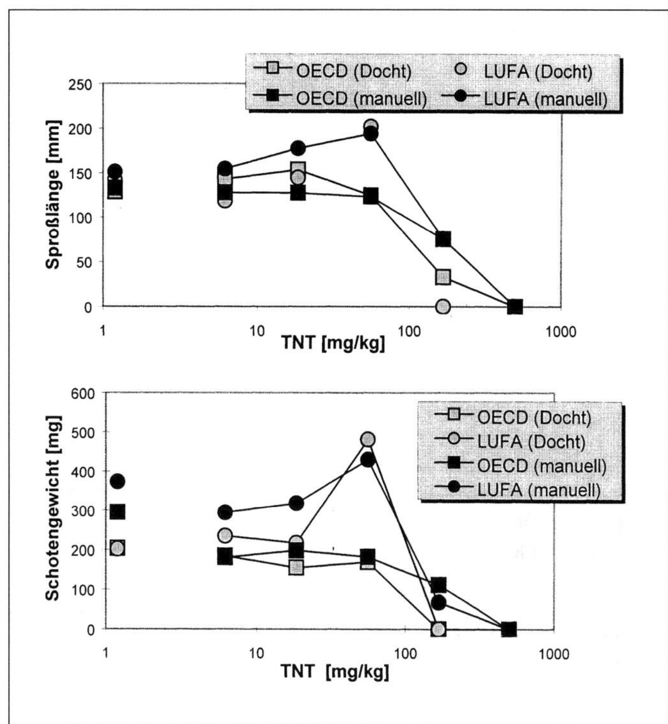

Abb. 7-2: Sproßlänge (oben) und Schotengewicht (unten) bei *Brassica rapa* in Abhängigkeit von der TNT-Konzentration.

7.4 Diskussion

Im Rahmen des Dosis-Wirkungstests mit TNT in zwei Kontrollböden sollte geprüft werden, ob eine automatische Bewässerung über Dochte das aufwendige manuelle Gießen, das mindestens zweitäglich erfolgen muß, ersetzen kann. Bei Dochtbewässerung saugen die Böden Wasser bis zum Erreichen der maximalen Wasserhaltekapazität an. Die Transportkapazität der verwendeten Dochte reicht dabei völlig aus, um den Bedarf der Pflanzen zu decken. Wichtig ist allerdings, daß die verwendeten Böden ebenfalls gut Wasser transportieren können, da Wassermangel Schadeffekte vortäuschen kann (Li et al., 1997 und Sawatsky und Li, 1997). Dies war bei den hier geschilderten Versuchen stets der Fall.
Bei Handbewässerung wird das Substrat gemäß der BBA-Richtlinie auf 60 % der Wasserhaltekapazität eingestellt. Auf diese Weise soll Streß durch Bodennässe und damit verbundene Sauerstoffarmut vermieden werden. Nachteilig bei Handbewässerung ist allerdings, daß die Bodenfeuchte ständig schwankt. Die hier bei Dochtbewässerung in den Kontrollen beobachteten schlechteren Auflaufraten scheinen darauf hinzudeuten, daß die Nässe der Böden die frühe Entwicklung von *B. rapa* beeinträchtigt. In mehreren anderen Versuchen mit dieser Spezies, aber auch mit Hafer konnte Dochtbewässerung dagegen bei verschiedenen Böden problemlos eingesetzt werden.
Prinzipiell können sowohl Schad- als auch Nährstoffe über die Dochte ausgewaschen werden. Die bisherigen Erfahrungen zeigen, daß die beiden Bewässerungsmethoden in verschiedenen Böden keinen Unterschied im Wachstum verursachen. Eine signifikante Verringerung der verfügbaren Nährstoffe durch Auswaschung erscheint so nicht wahrscheinlich. Ein Auswaschen von TNT könnte durchaus erwartet werden, da TNT eine mäßige Wasserlöslichkeit (140 mg/l) aufweist. Dies wurde aber durch die Analytik nicht bestätigt.

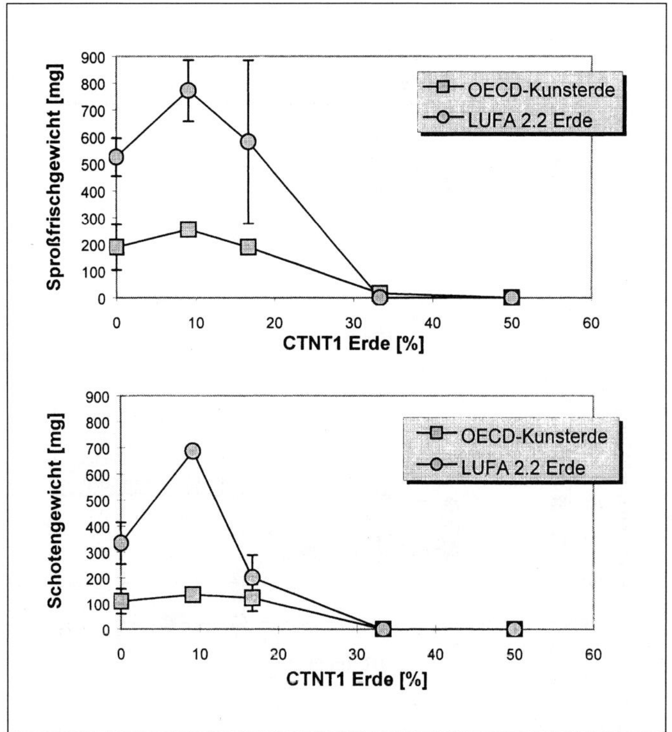

Abb. 7-3: Das Wachstum von *Brassica rapa* wurde durch die belastete Erde CTNT1 gehemmt.

Die Überprüfung der TNT-Konzentrationen hat gezeigt, daß im Testzeitraum eine signifikante Umwandlung stattfindet. Da bei Dochtbewässerung die Sauerstoffversorgung beeinträchtigt ist und damit ein Absinken des Redoxpotentials wahrscheinlich ist, besteht die Möglichkeit, daß das TNT in Abhängigkeit von der Bewässerungsmethode über unterschiedliche Pfade oder in unterschiedlicher Geschwindigkeit transformiert wurde. So kann unter reduktiven Verhältnissen eine Umwandlung der Nitro- zu Aminogruppen stattfinden wodurch ein nachfolgender Einbau der entstandenen Aminotoluole in die Humussubstanz möglich wird (Bruns-Nagel et al. 1996).

Bei den Versuchen mit dem belasteten Boden CTNT1 wurde der Gehalt an TNT bei Versuchsende nicht bestimmt. Die Toxizität kann daher nur auf die Anfangskonzentration an TNT bezogen werden. Vergleicht man diese Werte, war die Toxizität im CTNT1 Boden erst bei höherer TNT-Konzentration verglichen mit den Versuchen mit TNT in zwei Kontrollböden erreicht. Dies war umso bemerkenswerter, als im letzteren Fall eine starke Transformation des TNT stattfand. Im wesentlichen können drei Mechanismen zur Erklärung der unterschiedlichen Giftigkeit herangezogen werden. Erstens könnte das TNT in den Bodenmischungen mit CTNT1 noch schneller in ein weniger giftiges Produkt umgewandelt worden sein als in den Versuchen mit TNT in den Kontrollböden. Zweitens könnte im CTNT1 Boden zwar eine hohe chemisch nachweisbare Menge an TNT vorhanden gewesen sein, dieses könnte aber durch schlechtere Verfügbarkeit weniger giftig gewesen sein und drittens könnten in den beiden Versuchsreihen unterschiedlich giftige Umwandlungsprodukte entstanden sein. Die vorhandenen Daten reichen nicht aus, zwischen diesen Möglichkeiten zu differenzieren. Die Beobachtungen sind aber ein Beleg dafür, daß Biotests wesentliche Ergänzungen zur Bewertung auf Basis von chemischer Schadstofferfassung liefern. Im Rahmen des

BMBF-Verbundvorhabens sind weitere Versuche mit TNT und mit TNT-belasteten Böden geplant. Diese Experimenten bieten eine Gelegenheit, die Geschwindigkeit und die Produkte der TNT-Transformation weiter zu untersuchen.
Die Verwendung der schnellwachsenden Variante CrGC 1-33 von *B. rapa* erlaubt, innerhalb von fünf Wochen reproduktionsrelevante Parameter zu erfassen. Diese Variante wurde für die Prüfung von Einzelchemikalien und belasteten Böden bereits vorgeschlagen (Sheppard 1994). Die eigenen Erfahrungen zeigen, daß diese Sorte auf vielen Böden gedeiht, wie zum Beispiel dem CTNT0 Boden, der einen sehr tiefen pH-Wert aufwies. Blütenbildung kann bei normalen Kultursorten, wie z.B. der in der BBA-Richtlinie für den 14-Tage-Test empfohlenen „weißen runden rotköpfigen", nicht in akzeptabler Zeit erwartet werden.

7.5 Schlußfolgerung

Die Versuchsergebnisse belegen, daß die schnellwachsende Sorte CrGC 1-33 von *Brassica rapa* verwendet werden kann, um in fünf Wochen Aussagen über die wachstums- und reproduktionshemmenden Wirkungen von mit TNT belasteten Böden zu erhalten. Die Wirkungen waren weitgehend unabhängig vom Wassergehalt der Böden und der verwendeten Bewässerungmethode, so daß die arbeitssparende Dochtbewässerung empfohlen werden kann. Um letztlich zu einem Richtlinienentwurf für die ökotoxikologische Prüfung von belasteten Böden mit dieser Pflanze und mit dem monokotylen Hafer zu gelangen, müssen noch Ergebnisse aus weiteren Versuchen mit anderen TNT-belasteten Böden aber auch mit Böden, die mit polyaromatischen Kohlenwasserstoffen oder Mineralölen belastet sind, erarbeitet und ausgewertet werden.

Literatur

BBA (ed.) (1984): Phytotoxizitätstest an einer monokotylen Pflanzenart (*Avena sativa* L.) und einer dikotylen Pflanzenart (*Brassica rapa* ssp. *rapa* (DC.) Metzg.). Verfahrensvorschlag. Saphir-Verlag, Ribbesbüttel

BRD (1998): Gesetz zum Schutz des Bodens. Bundesgesetzblatt, Teil 1, Nr, 16, 24.3.1998.

Bruns-Nagel, D., Breitung, J., von Löw, E., Steinbach, K., Gorontzky, T., Kahl, M.W., Blotevogel, K.-H., Gemsa, D. (1996): Microbial transformation of 2,4,6-trinitrotoluene (TNT) in aerobic soilcolumns. Appl. Environ. Microbiol. 62: 2651-2656

Li, X., Feng, Y., Sawatsky, N. (1997): Importance of soil-water relations in assessing the endpoint of bioremediated soils. I. Plant growth. Plant Soil 192: 219-226

Sawatsky, N., Li, X. (1997): Importance of soil-water relations in assessing the endpoint of bioremediated soils. II. Water-repellency in hydrocarbon contaminated soils. Plant Soil 192: 227-236

Sheppard, S.C. (1994): Developments of bioassay protocols for toxicants in soil. Report PIBS 2838, Ontario Environment, Toronto

UBA (1998): Forschungsverbund „Biologische Verfahren zur Bodensanierung". Eine Zusammenstellung der laufenden Projekte. Umweltbundesamt, Projektträger Abfallwirtschaft und Altlastensanierung, Berlin

8 Zum ökotoxikologischen Gefahrenpotential von TNT für das System Boden – Wirkungsanalysen mit einem terrestrischen Multispezies-System

T. Frische

Abstract

The contamination of soils by nitroaromatic compounds – especially 2,4,6-trinitrotoluene (TNT) – presents an environmental hazard in some German areas. Although many efforts are made to clean-up TNT-contaminated sites, very little is known about the effects of this organic pollutant on soils – especially on the level of ecosystem-processes or the community of soil fauna. To extend knowledge in this respect the impact of experimental TNT-contamination on a laboratory microcosm was investigated. This new developed multispecies-system models a terrestrial food chain, consisting of microbial organisms, a free living bacteriophagous nematode and a predatory mite. As habitat, an artificial substrate (Agar) is used. Parameters of population development within contaminated microcosms were observed for the chemical substance TNT (a.i.) as well as for water extracts of TNT-contaminated soils. For comparison with an established monospecies-test, the toxicity of TNT and water-extracts were measured additionally by using the bioluminescence assay with the marine bacterium *Vibrio fischeri*. The combined results of mono- and multispecies-testing indicate how TNT may affect food-webs of soil organisms by toxic impact on microbial growth. Furthermore a hypothesis is presented why yet only low toxicity of TNT to soil organisms is observed in current studies. In consequence, the microcosm methodology used in this study may contribute to ecotoxicological effect assessment primary as a tool for hypothesis conditioning.

Zusammenfassung

Der Sprengstoff 2,4,6-Trinitrotoluol (TNT) stellt die wichtigste Einzelkontaminante in den Böden von Rüstungsaltlasten dar. Aufgrund des von diesem organischen Xenobiotikum ausgehenden humantoxikologischen Risikopotentials (z.B. über den Grundwasserpfad) werden zahlreiche Anstrengungen zur Bodensanierung TNT-kontaminierter Standorte unternommen. Dem Schutzgut Boden mit seinen elementaren ökosystemaren Funktionen wird hierbei erst in zweiter Linie Aufmerksamkeit geschenkt. Deutlich wird dieser Umstand an der geringen Datenlage sowie dem Fehlen begründeter Bewertungsansätze zum ökotoxikologischen Gefahrenpotential von TNT für Bodenbiozönosen und ökosystemare Prozesse. Vor diesem Hintergrund werden zwei alternative Hypothesen über potentielle toxische Wirkungen der Substanz auf komplexe Bodenlebensgemeinschaften zur Diskussion gestellt, welche aus Untersuchungen mit TNT bzw. Bodeneluaten TNT-belasteter Standorte in einem Labormikrokosmos abgeleitet wurden. In diesem Multispezies-Ansatz zur ökotoxikologischen Wirkungsabschätzung ist ein Modell-Ausschnitt eines terrestrischen Destruenten-Nahrungsnetzes verwirklicht, welcher Repräsentanten wichtiger Taxa von Bodenorganismen (Mikroorganismen, Nematoden, Milben) umfaßt. Als Endpunkt dient der Populationsparameter Abundanz der Konsumenten im System, anhand dessen sowohl direkte toxische Effekte auf die Einzelglieder als auch indirekte, auf den Interaktionen in der Nahrungskette beruhende Effekte erkannt werden können. Die Ausführungen zeigen den Bedarf für weitere Forschungen zur Bestimmung des ökotoxischen Risikopotentials von TNT für das „ökologische System Boden“ auf, die Untersuchungen auf verschiedenen Komplexitätsebenen umfassen sollten.

8.1 Einleitung

8.1.1 Die Kontamination von Böden mit 2,4,6-Trinitrotoluol (TNT)

2,4,6-Trinitrotoluol (TNT) ist ein toxischer und aufgrund seiner chemischen Struktur biologisch schwer abbaubarer Explosivstoff, der während des zweiten Weltkrieges als wichtigster militärischer Sprengstoff in großen Mengen produziert wurde. Die Herstellung und Verarbeitung von TNT führte an zahlreichen Standorten in Deutschland zu einer großflächigen Kontamination von Böden mit TNT sowie seinen Vor- und Nebenprodukten. Aufgrund des von diesem organischen Xenobiotikum ausgehenden humantoxikologischen Gefahrenpotentials (z.B. über den Grundwasserpfad) werden heute vielfältige Anstrengungen zur Sicherung und Sanierung solcher Rüstungsaltlasten unternommen. Dem Schutzgut Boden mit seinen elementaren ökosystemaren Funktionen wird in diesem Zusammenhang jedoch erst in zweiter Linie Aufmerksamkeit geschenkt. Ersichtlich ist dieser Umstand an der geringen Datenlage sowie dem Fehlen begründeter Bewertungsansätze zum ökotoxikologischen Gefahrenpotential von TNT für Bodenbiozönosen und ökosystemare Prozesse. Angesichts der Vielzahl TNT-kontaminierter

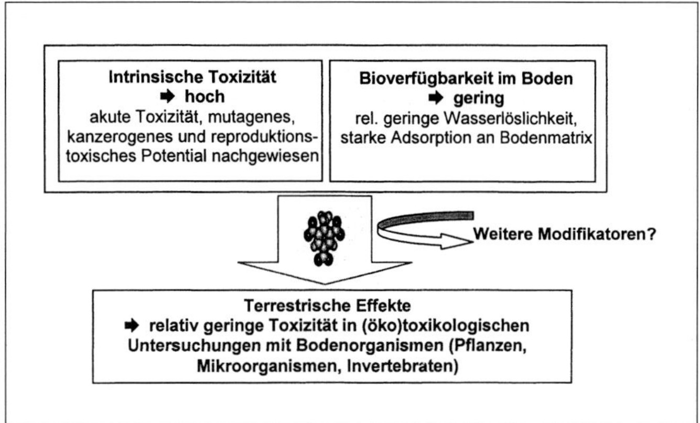

Abb. 8-1: TNT im Boden – intrinsische Toxizität versus Bioverfügbarkeit.

Rüstungsaltlasten sowie vermehrter Sanierungsbemühungen (Umweltbundesamt 1997), in deren Zusammenhang ein deutlicher Bedarf an ökotoxikologisch begründeten Entscheidungen besteht, muß dieser defizitäre Erkenntnisstand als problematisch erachtet werden. Eine Ursache für diese Situation mag die Komplexität der das ökotoxikologische Gefährdungspotential von TNT im Medium Boden bestimmenden Zusammenhänge sein (Abb. 8-1).

Verschiedene Untersuchungen zu (öko)toxikologischen Wirkungen von TNT auf Bodenorganismen (Pflanzen, Mikroorganismen, Invertebraten) weisen auf eine relativ geringe Toxizität dieses Schadstoffes hin (Parmelee et al. 1993, Simini et al. 1995, Gunderson et al. 1997). Demgegenüber besteht jedoch ein eindeutiges intrinsisches toxisches Potential der Substanz für biologische Systeme. So dokumentieren Martinetz und Rippen (1996) Hinweise auf akute toxische Effekte auf verschiedene Organsysteme sowie Nachweise für ein mutagenes, kanzerogenes sowie reproduktionstoxisches Potential der Substanz. Von denselben Autoren wird weiterhin eine Bewertung von TNT hinsichtlich seiner aquatischen Toxizität als „sehr toxisch“ dokumentiert. Die relativ geringe Toxizität von TNT für Bodenorganismen wird allgemein als eine Konsequenz der geringen biologischen Verfügbarkeit der Substanz im Boden diskutiert. Diese wird im wesentlichen durch inhärente Stoffeigenschaften des TNT – wie relativ geringe Wasserlöslichkeit und starke Tendenz zur Adsorption an die Bodenmatrix – sowie die Bodeneigenschaften determiniert. Die geringe Bioverfügbarkeit von TNT bedingt ebenfalls den nur beschränkten biologischen Abbau der potentiell transformierbaren Struktur unter Umweltbedingungen und die somit teilweise hohen TNT-Konzentrationen, die noch Jahrzehnte nach der Kontamination in den Böden von Rüstungsaltlasten gefunden werden.

8.1.2 Ökosystemare Ansätze in der Ökotoxikologie: Mikrokosmen

Ein Vergleich des eigentlichen Anspruches der prospektiven wie retrospektiven Ökotoxikologie – nämlich die Abschätzung bzw. Erfassung sowie Bewertung von Schadwirkungen in Ökosystemen – mit der gängigen Bewertungspraxis auf der Basis von biologischen Monospezies-Tests offenbart einen gravierenden und häufig kritisierten Widerspruch. So wurde und wird auf die Eingeschränktheit und geringe ökologische Repräsentativität der heutigen „Monospezies-zentrierten“ Bewertungsansätze in der Ökotoxikologie von verschiedenen Autoren regelmäßig hingewiesen (Weidemann 1990, Mathes und Weidemann 1991, Smolka und Weidemann 1995, Cairns und Niederlehner 1995, Römbke und Moltmann 1996). Mathes (1997) formuliert in diesem Zusammenhang als zentrales (theoretisches) Dilemma der heutigen Ökotoxikologie die – per Konvention akzeptierte, jedoch wissenschaftlich unzulässige – Extrapolation von kontrollierten experimentellen Versuchsanordnungen zur ökotoxikologischen

Wirkungsabschätzung auf die Verhältnisse in realen Ökosystemen. Diese Extrapolation erfolgt auf der Basis nicht-validierter Vorannahmen bzw. Ausblendung wichtiger Ökosystem-Charakteristika wie zum Beispiel:

- ökologisch nicht näher begründete bzw. nicht begründbare Relevanz der ausgewählten Testspezies,
- keine Berücksichtigung von Interaktionen zwischen Arten oder zwischen diesen und dem Abiozön,
- keine Berücksichtigung multipler Chemikalienexpositionen (Kombinationswirkungen).

Um den genannten Kritikpunkten zu begegnen, wurden verschiedene Vorschläge zur Weiterentwicklung der ökotoxikologischen Forschung und Bewertungspraxis formuliert, die bestrebt sind, auf der Basis unterschiedlicher Methodiken die Extrapolationsspanne zwischen experimentellen Untersuchungsansätzen und der Freilandsituation zu verringern (Weidemann et al. 1995, Steinberg et al. 1995).

Im Fokus auf die Frage der Interaktionen zwischen Arten bedeutet dies, daß nach der gängigen Praxis der ökotoxikologischen Risikobewertung auf der Basis von Monospezies-Tests direkte Chemikalieneffekte auf die Testindividuen bzw. -population einer Art im Vordergrund stehen und somit die aufgrund der mannigfaltigen Interaktionen zwischen den zahlreichen Organismenarten realer Ökosysteme möglichen, indirekten Effekte ungeklärt bleiben. Indizien zur Bedeutung solcher indirekter Schadwirkungen auf strukturelle oder funktionelle Größen von Ökosystemen liegen demgegenüber hinreichend vor (Weidemann 1991, Weidemann und Mathes 1991). Um indirekte Effekte von Umweltchemikalien auf der Ebene der Organismengemeinschaften erfassen bzw. abschätzen zu können, stehen nach Mathes (1992) Ansätze folgender drei Methodenbereiche zur Verfügung:

1. Ökotoxikologische Wirkungsanalysen im Freiland,
2. Modellökosysteme: Mikro- und Mesokosmen bzw. Freilandmodellsysteme, sowie
3. mathematische Modelle.

Um die kritisierte Extrapolationsspanne zwischen Monospezies-Tests im Labor und Chemikalienwirkungen in realen Ökosystemen zu verringern, werden in der experimentellen Ökotoxikologie bereits seit langem sogenannte Modellökosysteme bzw. Multispezies-Ansätze verfolgt. Diese auch zur Bearbeitung allgemeiner ökologischer Fragestellungen eingesetzte Methodik umfaßt Versuchsansätze unterschiedlichster Konstruktion und Komplexität, die sich dadurch auszeichnen, daß sie mehr als eine Organismenart umfassen und somit auch höhere biologische Organisationsebenen der ökotoxikologischen Wirkungsanalyse zugänglich gemacht werden (eine Zusammenfassung zu dieser Thematik liefern: Smolka und Weidemann 1995, zur Diskussion um Mikrokosmen in der Ökologie siehe auch Ecology 77 (3/4), 1996). Das Spektrum der Verfahren reicht von der Kombination zweier Arten gleicher trophischer Ebene im Labor bis zu komplexen Freilandausschnitten. Als wesentliches Merkmal von Modellökosystemen und Mikrokosmen muß ihre – zumindest partielle – Kontrollierbarkeit und Manipulierbarkeit angesehen werden, die durch eine gezielte Reduktion natürlicher Komplexität und Variabilität sowie die Unterbindung von Austauschprozessen mit benachbarten Systemen ermöglicht wird. Somit suchen diese Methoden die Nachteile von Freilandstudien (Komplexität, Singularität, Zeitaufwand) zu vermeiden und gleichzeitig ökosystemare Parameter zu erforschen. Die Bedeutung dieser Ansätze liegt heute jedoch weniger im Anwendungszusammenhang (Chemikalienzulassung, Altlastenbewertung) als in der „ökotoxikologischen Grundlagenforschung“, wobei Multispezies-Systeme – wie Monospezies-Tests auch – in der aquatischen Ökotoxikologie auf eine längere Tradition verweisen können als im terrestrischen Bereich. Daß sich die terrestrische Ökotoxikologie hinsichtlich der Modellökosysteme in einer „nachholenden“ Entwicklung befindet und diese zunehmend als wichtige Instrumentarien angesehen werden, um das Verhalten und die Wirkung von Stoffen auf ökosystemare Strukturen und Funktionen in der Umwelt zu untersuchen, ist aus verschiedenen aktuellen Arbeiten zu dieser Thematik ersichtlich (Umweltbundesamt 1994, Knacker und Römbke 1997).

8.1.3 Fragestellung

Vor dem skizzierten Hintergrund wurden Untersuchungen zu den Wirkungen experimenteller

TNT-Kontamination auf ein terrestrisches Multispezies-System durchgeführt. In diesem Labormikrokosmos ist ein Ausschnitt eines terrestrischen Destruenten-Nahrungsnetzes verwirklicht, welcher Repräsentanten wichtiger Taxa von Bodenorganismen (Mikroorganismen, Nematoden, Milben) umfaßt. Die experimentelle Kontamination erlaubt eine Analyse direkter und indirekter Chemikalieneffekte auf der Populationsebene innerhalb der Nahrungskette oder an den Einzelgliedern.

8.2 Methoden

8.2.1 Das Multispezies-System nach Smolka et al. (1997)

Ein von Smolka et. al. (1997) als Beitrag zur ökotoxikologischen Wirkungsanalyse entwickeltes terrestrisches Multispezies-System wurde für die Untersuchungen mit TNT bzw. retrospektive Fragestellungen angepaßt. In diesem synthetischen Labormikrokosmos ist ein Ausschnitt eines terrestrischen Destruenten-Nahrungsnetzes verwirklicht, welcher Repräsentanten wichtiger Taxa von Bodenorganismen umfaßt (Abb. 8-2): die dreigliedrige Nahrungskette wird gebildet von Mikroorganismen (die Hefe *Saccharomyces cerevisiae* mit assoziierten, undefinierten Bakterien), die freilebende bakteriophage Nematode *Rhabditis maupasi* Seurat 1919 und die Raubmilbe *Hypoaspis aculeifer* Canestrini 1883. Bei allen im Mikrokosmos repräsentierten Taxa handelt es sich um ubiquitär vorkommende Bodenorganismen mit großer ökologischer Relevanz, wobei insbesondere Nematoden (*Nematoda*) und Raubmilben (*Gamasina*) hinsichtlich ihrer Eignung als Testorganismen in Toxizitätstests bzw. als Bioindikatoren hervorgehoben werden (Traunspurger et al. 1995, Karg 1995).

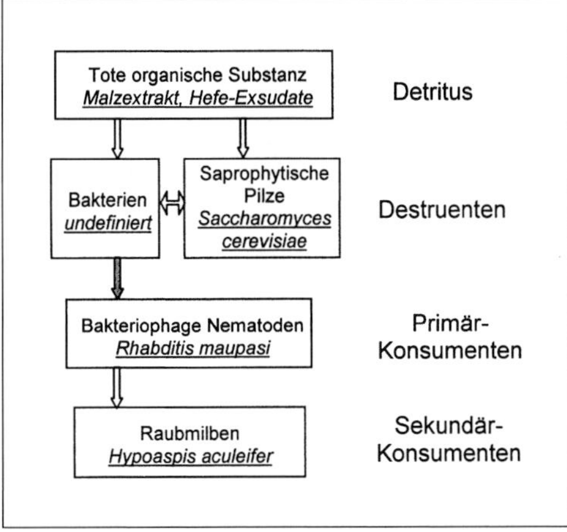

Abb. 8-2: Terrestrische Destruenten-Nahrungskette im Mikrokosmos.

8.2.2 Expositions-Szenario

Der Annahme folgend, daß primär die Konzentration gelöster organischer Schadstoffe im Porenwasser die Exposition, Bioverfügbarkeit und damit Effekte auf bodenlebende Organismen bestimmt (Boesten 1993, Houx und Aben 1993, Ronday et al. 1997), wird Agar-Agar im Mikrokosmos als Modell der Bodenlösung eingesetzt. Der wesentliche Vorteil dieses in kleinen Plastikdosen (Durchmesser: 5,5 cm, Höhe: 3,5 cm) etablierten künstlichen Substrates ist die Möglichkeit der störungsfreien Beobachtung der Entwicklung der eingesetzten Testorganismen. Weiterhin ermöglicht diese Matrix eine chemische Begleitanalytik ohne die Problematik der Adsorption von Testsubstanzen an Bodenbestandteile, womit die Untersuchung simultan auftretender Transformations- und Abbauprozesse erleichtert wird.

8.2.3 Multispezies-Toxizitäts-Tests

Für die ökotoxikologische Wirkungsanalyse wird der Agar der Mikrokosmen durch definierte Zugabe wäßrig gelöster Testsubstanzen kontaminiert. Anschließend wird die Nahrungskette sukzessiv im System etabliert (Tag 1: Malzextrakt und 10^6 Hefezellen mit assoziierten Bakterien, Tag 2: 10 Nematoden aus synchronisierten Laborpopulationen, Tag 8: 1-10 potentiell befruchtete Milben-Weibchen aus synchronisierten Laborpopulationen). Die Inkubation der Mikrokosmen erfolgt unter standardisierten Bedingungen über einen Zeitraum von 50 Tagen. Über diesen Zeitraum werden durch regelmäßige Erhebungen die folgenden Wirkungsparameter verfolgt:

- Populationsentwicklung Milben: mit Hilfe eines Stereomikroskops kann direkt und störungsfrei die Populationsdichte der Raubmilbe bestimmt werden,
- Populationsentwicklung Nematoden: die Bestimmung der Nematodendichte im Mikrokosmos erfolgt ebenfalls mit Hilfe des Stereomikroskops und eines Schätzverfahrens sowie auf der Basis von „Opferansätzen", aus denen die Nematoden zu definierten Zeitpunkten lebend extrahiert und anschließend ausgezählt werden.

Experimente ohne Chemikalienbelastung zeigen (Abb. 8-3, 8-4), daß das System potentiell über einen Zeitraum von bis zu 100 Tagen stabil bleibt und die Populationsentwicklungen der Nematoden und Milben im Mikrokosmos mit den bisherigen Erfahrungen zur Biologie und Hälterung der Organismen übereinstimmen (Smolka et al. 1997, Frische 1998). Für die Toxizitäts-Tests wird ein Zeitraum von 50 Tagen jedoch als hinreichend erachtet, da während dieser Zeitspanne die F1-Generation der Milben das Adultenstadium erreicht und anschließend Nahrungsmangelsituationen im System auftreten.

8.2.4 Applikation von TNT und Bodeneluaten TNT-belasteter Standorte

Die experimentelle Kontamination der Mikrokosmen erfolgte durch Zugabe von TNT (a.i.) in wäßriger Lösung in den noch flüssigen Agar (die Endkonzentration betrug: 22 mg TNT/l Agar) sowie durch Zugabe von wäßrigen Bodeneluaten zweier unterschiedlich stark Nitroaromaten-kontaminierter Bodenproben einer Rüstungsaltlast. In beiden Bodenproben stellte TNT die Hauptkontaminante dar, wobei die in Tabelle 8-1 dokumentierten Konzentrationen vorlagen.

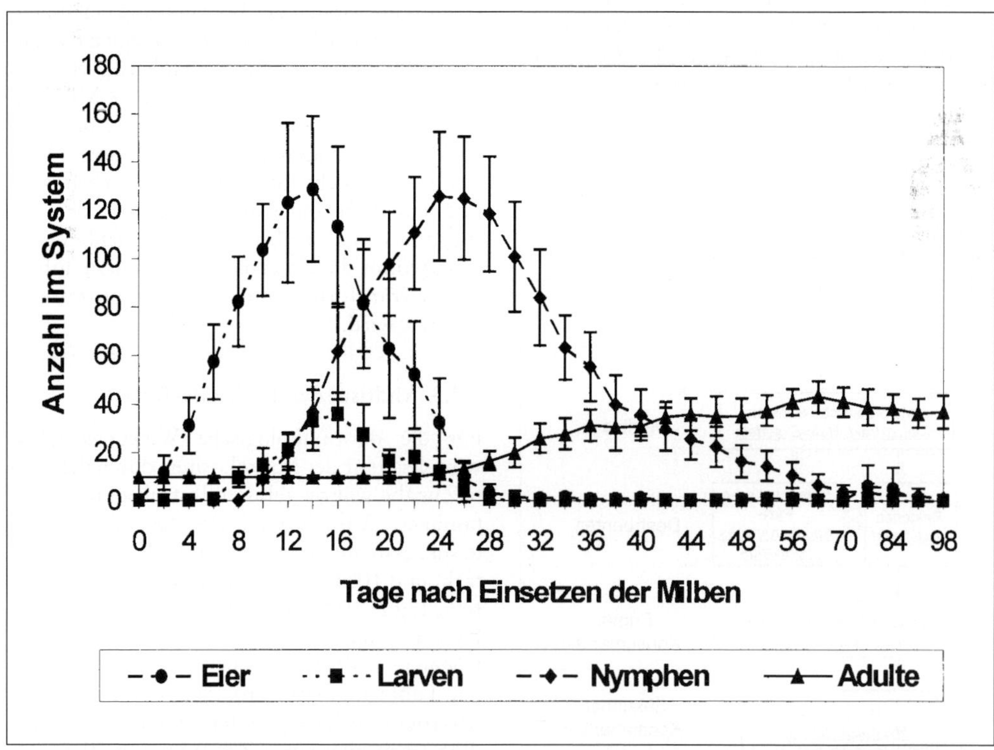

Abb. 8-3: Die Populationsentwicklung der Raubmilbe *Hypoaspis aculeifer* im ungestörten Mikrokosmos (arithmetische Mittelwerte inklusive Standardabweichung, 15 Wiederholungen). Initial wurden 10 adulte Milbenweibchen je Mikrokosmos eingesetzt. Unterschiedene Entwicklungsstadien: Eier, Larven, Nymphen (Proto- und Deutonymphen) sowie Adulte.

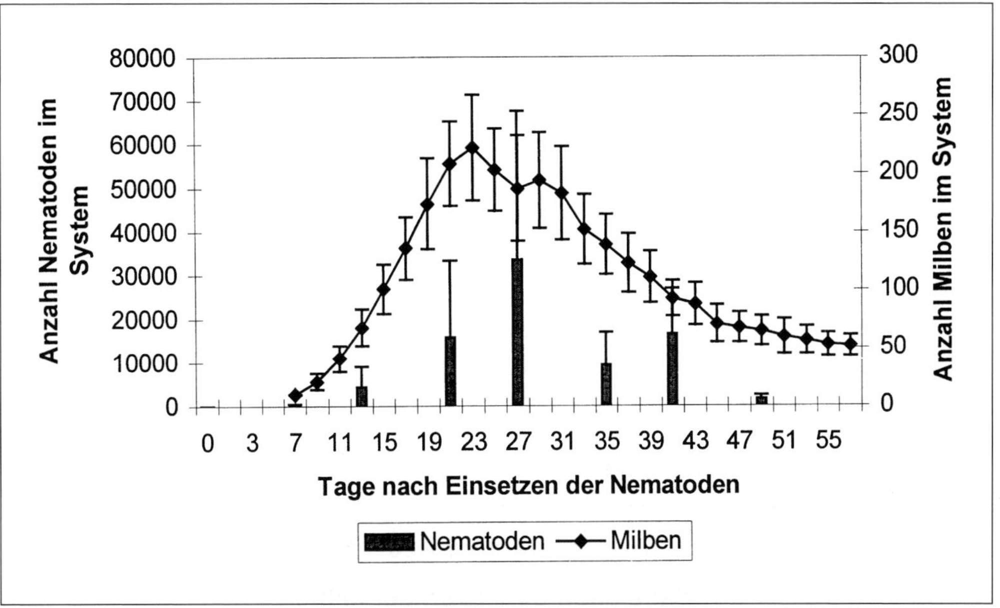

Abb. 8-4: Die Populationsentwicklungen der der Nematode *Rhabditis maupasi* (Beute) und der Milbe *Hypoaspis aculeifer* (Räuber) im ungestörten Mikrokosmos (arithmetische Mittelwerte inklusive Standardabweichung, Nematoden: 4 Wiederholungen, Milben: 15 Wiederholungen). Initial wurden 10 adulte Nematoden, nach 7 Tagen 10 adulte Milbenweibchen in die Mikrokosmen eingesetzt.

Tab. 8-1: TNT-Konzentrationen der eingesetzten Bodenproben, Bodeneluate und im Agar-Substrat der Mikrokosmen

Variante 1 (gering belastet)			Variante 2 (stark belastet)		
Boden (mg/kg TS)	Bodeneluat (mg/l)	Agar* (mg/l)	Boden (mg/kg TS)	Bodeneluat (mg/l)	Agar* (mg/l)
2,0	< BG	< BG	75700	53,4	17,3

* berechnet
BG = Bestimmungsgrenze (0,5 mg/l)

Beachtenswert ist die Tatsache, daß trotz des gewählten „worst case scenario of mobilisation“ (Extraktion mit Wasser im Rundschüttler für 24 Stunden), nur recht geringe Konzentrationen von TNT bzw. Nitroaromaten in den Bodeneluaten auftraten. Im Leuchtbakterientest (s.u.) wurden die Testorganismen einer geometrischen Verdünnungsreihe dieser Bodeneluate ausgesetzt.

8.2.5 Leuchtbakterientest nach DIN 38 412 Teil 34

Parallel wurde die Toxizität von TNT sowie der Bodeneluate im Biolumineszenz-Hemmtest mit dem marinen Bakterium *Vibrio fischeri* nach DIN (1991) bestimmt; dieser Monospezies-Test wird heute oftmals im Rahmen der Begleitanalytik von Sanierungen kontaminierter Böden als biologischer Wirktest eingesetzt. Die Kurvenanpassung und graphische Darstellung der Dosis-Wirkungskurven der ermittelten Hemmwerte erfolgte mit Hilfe der Software CurveExpert (Version 1.34).

8.3 Ergebnisse

Im Multispezies-System verursachte die Reinsubstanz TNT keine letalen Effekte auf die ein-

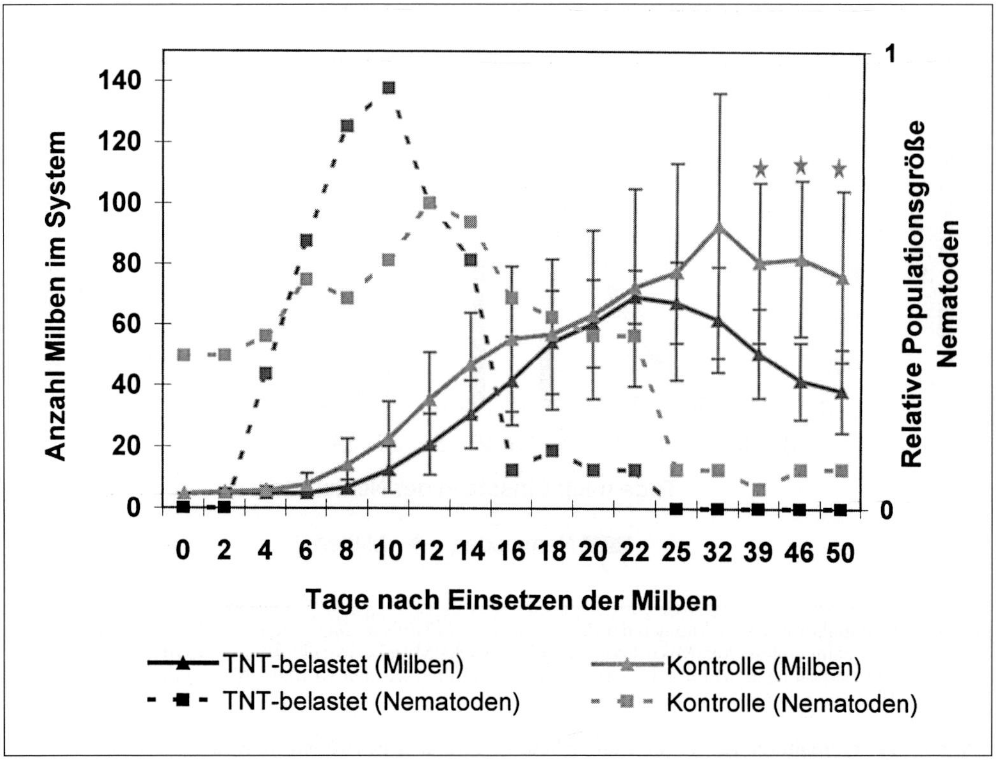

Abb. 8-5: Die Populationsentwicklungen der Nematoden (relative Populationsgröße) und Milben (arithmetische Mittel der Gesamtzahl Milben inklusive Standardabweichung, 8 Wiederholungen) in TNT-kontaminierten Mikrokosmen und Kontrollen. Die Sterne zeigen signifikante Unterschiede zwischen belasteten (22,12 mg TNT/l Agar) und unbelasteten Varianten an (U-Test; p = 0,05).

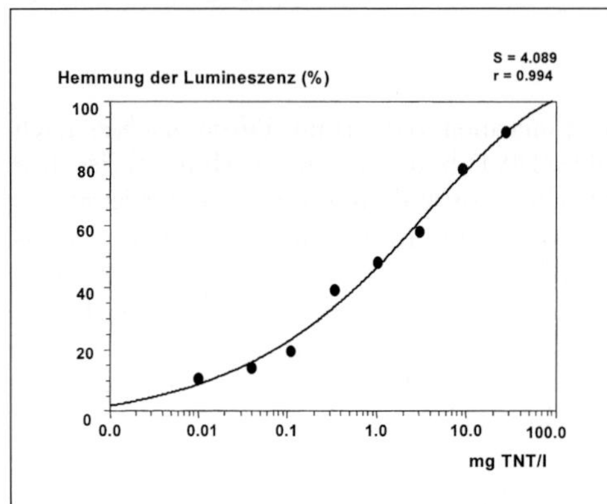

Abb. 8-6: Die Wirkung von TNT auf die Lumineszenz von *Vibrio fischeri* nach 30 Minuten Inkubation (EC_{50}: 1,3 mg/l). Kurvenanpassung mittels 2-Parameter-Weibull-Modell.

gesetzten Organismen und in allen kontaminierten Mikrokosmen erfolgten Populationsentwicklungen von Nematoden und Milben (Abb. 8-5).

Allerdings konnte zu Versuchsbeginn eine vorübergehende toxische Wirkung auf die Mikroflora-Komponente beobachtet werden: diese äußerte sich in Form einer Stagnation bzw. Verlängerung der lag-Phase der mikrobiellen Biomasseentwicklung um etwa einen Tag in den belasteten Mikrokosmen. Ein analoger kurzzeitiger toxischer Effekt des TNT auf die mikrobielle Aktivität war im Biolumineszenz-Hemmtest nachweisbar (Abb. 8-6): hier war bei vergleichbarer TNT-Konzentration (22 mg/l) eine Hemmung der Lumineszenz um mehr als 90 % nachweisbar.

Die initiale Störung der mikrobiellen Entwicklung führte in den Mikrokosmen zu indirekten

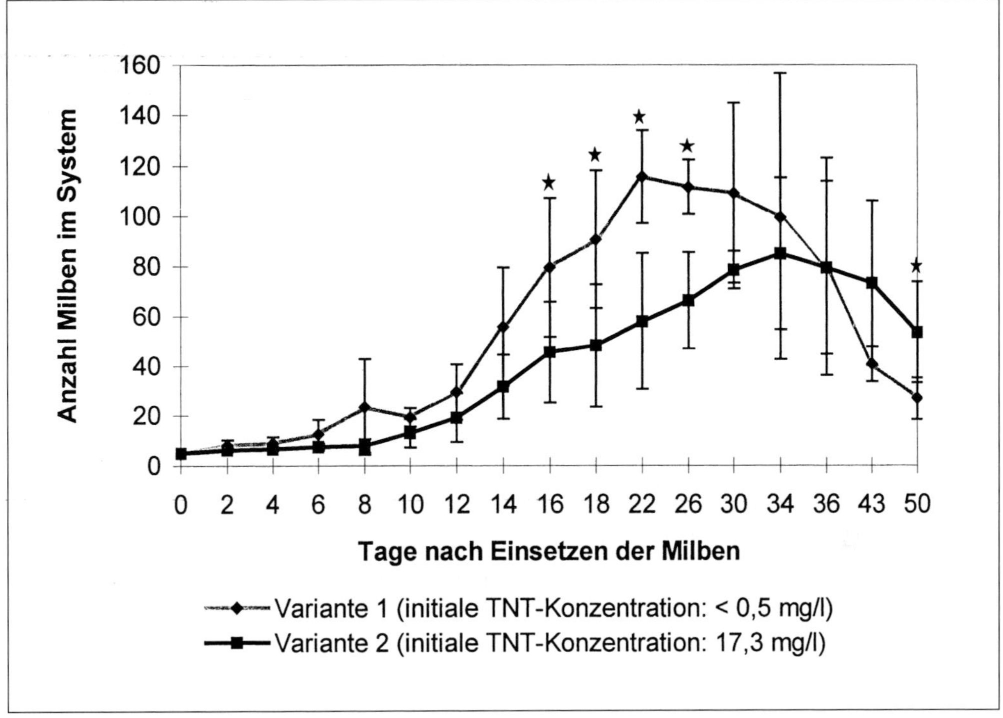

Abb. 8-7: Die Populationsentwicklung der Milben (arithmetische Mittel der Gesamtzahl Milben inklusive Standardabweichung, 5 Wiederholungen) in mit Bodeneluaten zweier Standorte einer Rüstungsaltlast kontaminierten Mikrokosmen: Variante 1 (2 mg TNT/kg TS) und Variante 2 (75.000 mg TNT/kg TS). Die Sterne zeigen signifikante Unterschiede zwischen den Varianten an (U-Test; p = 0,05).

Wirkungen auf den höheren trophischen Ebenen der Nahrungskette. So zeigten sich im Vergleich zur Kontrolle eine verzögerte und im Verlauf modifizierte Populationsentwicklung der Nematoden sowie eine abweichende Entwicklung der Milben-Population mit signifikant geringeren Abundanzen in den kontaminierten Mikrokosmen zum Ende des Testzeitraumes (Abb. 8-5). Dieser indirekte Effekt der experimentellen Kontamination war ebenfalls in dem Mikrokosmen-Experiment mit Eluaten Nitroaromaten-kontaminierter Bodenproben zu beobachten (Abb. 8-7). Auch in diesem Fall erwies sich der Biolumineszenz-Hemmtest als sensitiv und charakterisierte das Eluat der stark belasteten Bodenprobe als im Vergleich zur gering belasteten Probe deutlich toxischer (Abb. 8-8, 8-9).

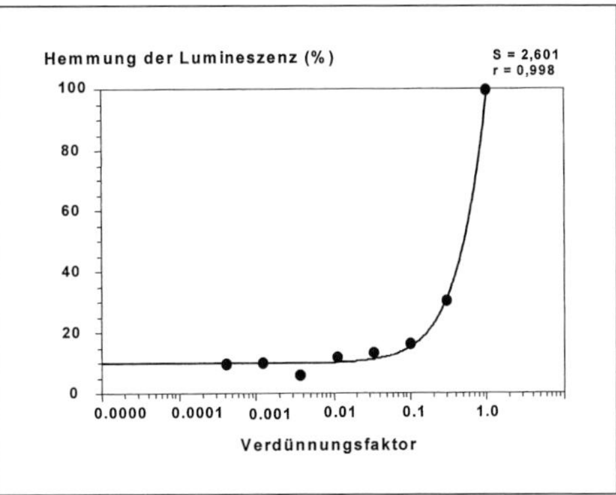

Abb. 8-8: Die Wirkung des Bodeneluates von „Variante 1" (2 mg TNT/kg TS) auf die Lumineszenz von *Vibrio fischeri* nach 30 Minuten Inkubation (EC_{50}: 0,5). Kurvenanpassung mittels 2-Parameter-Weibull-Modell.

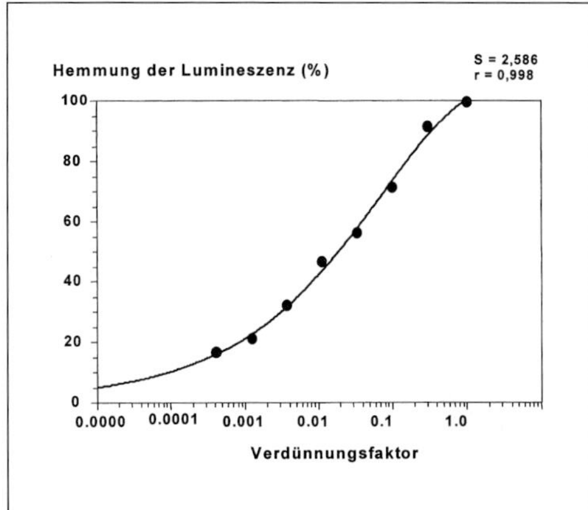

Abb. 8-9: Die Wirkung des Bodeneluates von „Variante 2“ (75.700 mg TNT/kg TS) auf die Lumineszenz von *Vibrio fischeri* nach 30 Minuten Inkubation (EC_{50}: 0,02). Kurvenanpassung mittels 2-Parameter-Weibull-Modell.

8.4 Diskussion

Die präsentierten Wirkungsanalysen mit dem terrestrischen Labormikrokosmos sowie dem Biolumineszenz-Hemmtest liefern Hinweise, wie der organische Schadstoff TNT Störungen innerhalb natürlicher Destruenten-Nahrungsnetze von Böden verursachen könnte. So konnte mit beiden Methoden als Folge der TNT-Kontamination ein kurzzeitiger toxischer Effekt auf die mikrobielle Entwicklung bzw. Aktivität beschrieben werden, der im Multispezies-System aufgrund der Nahrungsketten-Beziehung zu signifikanten Populationsveränderungen auf den höheren trophischen Ebenen der Nematoden und Milben führte. Die beschriebenen bakterientoxischen Effekte entsprechen Ergebnissen von Drzyzga et al. (1995) mit TNT im Biolumineszenz-Hemmtest sowie Ergebnissen von Winkel und Wilke (1997), die eine Inhibition der mikrobiellen Aktivität in Böden unter TNT-Belastung beobachteten.

Allerdings konnte von Kraß (1998) durch chemische Analytik des Agar-Substrates gezeigt werden, daß im Mikrokosmos mehr als 90 % der initialen TNT-Konzentration bereits innerhalb von 2 Tagen durch mikrobielle Stoffwechseltätigkeit umgewandelt werden. Als Transformationsprodukte konnten überwiegend die primären reduzierten Metaboliten 4-Amino-2,6-Dinitrotoluol und 2-Amino-4,6-Dinitrotoluol nachgewiesen werden – diese werden im Vergleich zur Muttersubstanz TNT als weniger toxisch eingeschätzt (Martinetz und Rippen 1996). Möglicherweise sind solche Transformations- und Detoxifizierungsvorgänge (sowie die unterschiedliche Exposition der Organismen) dafür verantwortlich, daß im Multispezies-System keine direkten toxischen Effekte auf die höheren Testorganismen – Nematoden und Milben – auftraten.

Vor dem Hintergrund dieser Ergebnisse sowie des Szenarios mit der Bodenlösung als Hauptexpositionspfad, sollen zwei alternative Hypothesen zum ökotoxikologischen Gefährdungspotential von TNT für Bodenorganismen zur Diskussion gestellt werden:

1. In kontaminierten Böden erfolgt kontinuierlich eine Mobilisierung von TNT (z.B. durch Witterungseinfluß) in die Bodenlösung. Die auftretenden toxikologisch relevanten Konzentrationen führen bei chronischer oder periodischer Exposition von Bodenorganismen zu direkten toxischen Effekten mit weiteren Konsequenzen für strukturelle und funktionelle Größen im ökologischen System Boden.
2. Aufgrund räumlich sowie zeitlich unmittelbarer Transformation von mobilisiertem TNT durch (adaptierte) Bodenmikroorganismen treten keine toxikologisch relevanten Konzentrationen in der Bodenlösung auf. Infolgedessen sind keine direkten und indirekten Effekte auf höhere Bodenorganismen über diesen Expositionspfad zu erwarten. Derartige Transformations- und Detoxifizierungsvorgänge könnten demnach als „weitere Modifikatoren“ (vgl. Abb. 8-1) dazu beitragen, daß nur eine relativ geringe Toxizität von TNT in Tests mit terrestrischen Invertebraten beobachtet wird.

Welche dieser Hypothesen für die Situation in TNT-kontaminierten Böden eine größere Relevanz hat, ist nur durch weitere Forschungen zu ermitteln. Diese sollten bestrebt sein, die Extrapolationsspanne zwischen etablierten Monospezies-Tests und den ökologischen Bedingungen im Freiland zu verringern – eine Forderung, die generell für die retrospektive ökotoxikologische Forschung erhoben werden kann. Hierbei sollte insbesondere der Versuch unternommen werden, die ökologische Aussagekraft etablierter Biotests zu bestimmen und so zu einer Validierung solcher Verfahren zu gelangen. Diese Notwendigkeit formulierte bereits 1987 der Sachverständigenrat für Umweltfragen mit folgenden Worten: „Mögliche Zusammenhänge zwischen mutmaßlichen Schadstoffen und festgestellten Veränderungen oder Schädigungen eines biologischen Systems (Population, Biozönose, Ökosystem, Biosphäre) müssen notwendigerweise auf verschiedenen Ebenen der experimentellen und biologischen Komplexität untersucht und geprüft werden. Weder Untersuchungen unter Laborbedingungen noch Beobachtungen oder Untersuchungen im Freiland allein reichen in der Regel aus, um Zusammenhänge aufzudecken oder die Höhe des Einflusses eines Schadstoffes neben der Bedeutung anderer Faktoren zu bestimmen.“ (SRU 1987).

In Bezug auf die vorliegende Untersuchung würde die zentrale Frage lauten: „Welche ökologische Relevanz hat der oftmals im Rahmen ökotoxikologischer Begleituntersuchungen von z.B. Bodensanierungen eingesetzte Biolumineszenz-Hemmtest mit *Vibrio fischeri*? bzw. inwieweit repräsentieren die Ergebnisse dieses Tests als „general screening indicator“ die relative Gesamttoxizität im Boden und in welchem Ausmaß ist das Verfahren in der Lage, ein Gefährdungspotential auch für andere Bodenorganismen bzw. höhere ökologische Ebenen zu indizieren?“ Um zu einer fundierten Beurteilung des ökotoxikologischen Gefährdungspotentials von TNT zu gelangen, bedarf es somit weiterer Forschungsanstrengungen. Es sollte auf der Grundlage eines breiten Methodenspektrums (Monospezies-Tests, komlexere Testsysteme, Freilandmonitoring) das Ziel verfolgt werden, zu einer integrierenden, ebenenübergreifenden Einschätzung für das „ökologische System Boden“ zu gelangen. In solch einem Zusammenhang könnten Ansätze wie das präsentierte Multispezies-System besonders im Sinne einer Hypothesenbildung – wie von Mathes (1992) vorgeschlagen und hier durchgeführt – eine wichtige Rolle spielen. Bezogen auf TNT sollte weiterhin der Frage der Bioverfügbarkeit der Substanz im Boden verstärkte Aufmerksamkeit gewidmet werden; entsprechende Konzepte zur Abschätzung der Bioverfügbarkeit sollten in ökotoxikologische Risikoabschätzungen integriert werden.

Literatur

Boesten, J.J.T.I. (1993): Bioavailability of organic chemicals in soil related to their concentration in the liquid phase: a review. Sci. Total Environ., Suppl. 1993: 397-407

Cairns, J.J., Niederlehner, B.R. (1995): Ecological toxicity testing – scale, complexity, and relevance. Lewis Publishers, Boca Raton

DIN (1991): DIN 38412 Teil 34 Bestimmung der Hemmwirkung von Abwasser auf die Lichtemission von *Photobacterium phosphoreum* – Leuchtbakterien-Abwassertest mit konservierten Bakterien: In: Deutsche Einheitsverfahren zur Wasser-, Abwasser- und Schlammuntersuchung. Band 25. VCH Verlagsgesellschaft mbH, Weinheim

Drzyzga, O., Gorontzy, T., Schmidt, A., Blotevogel, K.H. (1995): Toxicity of explosives and related compounds to the luminescent bacterium *Vibrio fischeri* NRRL-B-11177. Arch. Environ. Contam. Toxicol. 28: 229-235

Frische, T. (1998): Zum Einsatz eines terrestrischen Multispezies-Systems in der ökotoxikologischen Bodenbewertung – Untersuchungen mit TNT (2,4,6-Trinitrotoluol) und Bodeneluaten TNT-belasteter Standorte. Diplomarbeit, Universität Bremen

Gunderson, C.A., Kostuk, J.M., Gibbs, M.H., Napolitano, G.E., Wicker, L.F., Richmond, J.E., Stewart, A.J. (1997): Multispecies toxicity assesment of compost produced in bioremediation of an explosives-contaminated sediment. Environ. Toxicol. Chem.16: 2529-2537

Houx, N.W.H., Aben, W.J.M. (1993): Bioavailability of pollutants to soil organisms via the soil solution. Sci. Total Environ., Suppl. 1993: 387-395

Karg, W. (1995): Parasitiforme Raubmilben als Indikatoren für den ökologischen Zustand von Ökosystemen. Biologische Bundesanstalt für Land- und Forstwirtschaft, Berlin

Kraß, J.D. (1998): 2,4,6-Trinitrotoluol und relevante Metaboliten: Untersuchungen zu chemischen Eigenschaften und biologischen Wirkungen unter besonderer Berücksichtigung des Mediums Boden. Wissenschaft und Technik Verlag, Berlin

Knacker, T., Römbke, J. (1997): Terrestrische Mikrokosmen. UWSF – Z. Umweltchem. Ökotox. 9: 219-222

Martinetz, D., Rippen, G. (1996): Handbuch der Rüstungsaltlasten. Ecomed, Landsberg

Mathes, K. (1992): Ökotoxikologie organischer Chemikalien in terrestrischen Systemen: Wirkungen auf Organismengemeinschaften. Angew. Bot. 66: 165-168

Mathes, K. (1997): Ökotoxikologische Wirkungsabschätzung – Das Problem der Extrapolation auf Ökosysteme. UWSF – Z. Umweltchem. Ökotox. 9: 17-23

Mathes, K., Weidemann, G. (1991): Indikatoren zur Bewertung der Belastbarkeit von Ökosystemen. Forschungszentrum Jülich GmbH, Jülich

Parmelee, R.W., Wentsel, R.S., Phillips, C.T., Simini, M., Checkai, R.T. (1993): Soil microcosm for testing the effects of chemical pollutants on soil fauna communities and trophic structure. Environ. Toxicol. Chem. 12: 1477-1486

Römbke, J., Moltmann, J.F. (1996): Applied ecotoxicology. Lewis Publishers, Boca Raton

Ronday, R., van Kammen-Polman, A.M.M., Dekker, A., Houx, N.W.H., Leistra, M. (1997): Persistence and toxicological effects of pesticides in topsoil: use of the equilibrium partitioning theory. Environ. Toxicol. Chem. 16: 601-607

Simini, M., Wentsel, R.S., Checkai, R.T., Phillips, C.T., Chester, N.A., Major, M.A., Amos, J.C. (1995): Evaluation of soil toxicity at Joliet Army Ammunition Plant. Environ. Toxicol. Chem. 14: 623-630

Smolka, S., Weidemann, G. (1995): Eigenschaften ökologischer Systeme und Prognostizierbarkeit von Belastungsfolgen. In: Winter, G. (ed.): Risikoanalyse und Risikoabwehr im Chemikalienrecht. Werner Verlag, Düsseldorf

Smolka, S., Gefken, C., Weidemann, G. (1997): Entwicklung eines terrestrischen Multispezies-Systems als Beitrag zur ökotoxikologischen Wirkungsanalyse. Verhandl. Gesell. Ökol. 27: 317-322

SRU (Sachverständigenrat für Umweltfragen) (1987): Umweltgutachten 1987. Verlag Kohlhammer, Düsseldorf

Steinberg, C., Klein, J., Brüggemann, R. (1995): Ökotoxikologische Testverfahren. Ecomed, Landsberg

Traunspurger, W., Steinberg, C., Bongers, T. (1995): Nematoden in der ökotoxikologischen Forschung – Plädoyer für eine vernachlässigte, jedoch sehr aussagekräftige Tiergruppe. UWSF – Z. Umweltchem. Ökotox. 7: 74-83

Umweltbundesamt (1994): UBA-Workshop on terrestrial model ecosystems. UBA-Texte 54/94. Umweltbundesamt, Berlin.

Umweltbundesamt (1997): BMBF-Forschungsverbund „Biologische Verfahren zur Bodensanierung" – eine Zusammenstellung der laufenden Projekte des Forschungsverbundes. Umweltbundesamt, Berlin.

Weidemann, G. (1990): Indikation, Beurteilung und Bewertung in der Ökotoxikologie. Mitt. Dtsch. Ges. Allg. Angew. Ent. 7: 577-581

Weidemann, G. (1991): Nebenwirkungen – die Hauptsache in der Ökotoxikologie. Impulse aus der Forschung, Nr. 11: 14-17. Universität Bremen, Bremen

Weidemann, G., Mathes, K. (1991): Beurteilung der Wirkung von Pflanzenschutzmitteln auf den Naturhaushalt. In: E. Rehbinder (ed.): Kolloquium über Pflanzenschutz. Werner Verlag, Düsseldorf

Weidemann, G., Gies, A., Klein, U., Schuphan, I., Schüürmann, G., Kirchner, M. (1995): Vorschläge zur ökotoxikologischen Forschung in Deutschland. In: Kirchner, M., Bauer, H. (eds.): Statusseminar Förderschwerpunkt „Ökotoxikologie" des BMBF. GSF – Forschungszentrum für Umwelt und Gesundheit GmbH, Neuherberg

Winkel, B., Wilke, B.-M. (1997): Wirkung von TNT (2,4,6-Trinitrotoluol) auf Bodenatmung und Nitrifikation. Mitteil. Dt. Bodenkundl. Ges. 85 II: 631-634

9 Einsatz stabiler Isotope zum ökotoxikologischen Wirkungsnachweis chlororganischer Verbindungen

C. Hafner, K. Jung, M. Gehre und G. Schüürmann

Abstract

Using the $^{13}C/^{15}N$ double-labelling-technique (low-label-technique) in combination with isotope mass-spectrometry (IRMS), it is possible to show the accumulation of chloroorganic compounds in higher plants and at the same time their effect on the nitrogen metabolism. Duckweed (*Lemna minor*) accumulates more [^{13}C]-pentachlorophenol in dry mass than pea (*Pisum arvense*). A concentration of 100 µg/l causes a significant inhibition of the ^{15}N-incorporation for both species. This effect is stronger with *Pisum* than with *Lemna* whereby *Pisum* shows a pH-dependent toxicity of pentachlorophenol. The presented stable isotope tracer method is a sensitive technique for the early diagnosis of ecotoxicological effects on higher plants.

Zusammenfassung

Mit der $^{13}C/^{15}N$-Doppelmarkierungstechnik (low-label-technique) in Verbindung mit isotopenmassenspektrometrischen Methoden (IRMS) kann die Aufnahme von Chlororganika in höhere Pflanzen gezeigt und gleichzeitig eine Wirkung auf die Stickstoffinkorporation nachgewiesen werden. Wasserlinsen (*Lemna minor*) reichern mehr [^{13}C]Pentachlorphenol in der Trockenmasse an als Futtererbsen (*Pisum arvense*). Bei beiden Arten wird bereits bei einer Konzentration von 100 µg/l eine signifikante Hemmung der ^{15}N-Aufnahme verursacht. Diese Wirkung ist bei *Pisum* stärker ausgeprägt als bei *Lemna*, wobei *Pisum* eine Abhängigkeit der PCP-Toxizität vom pH-Wert der Nährlösung zeigt. Mit der stabilisotopen Tracermethode steht somit ein sensitives Verfahren zur Frühdiagnostik ökotoxikologischer Wirkungen zur Verfügung.

9.1 Einleitung

Über phytotoxische Wirkungen chlororganischer Verbindungen (z.B. PCB, PAH, DDx, HCH, Chlorphenole, Chlorbenzole) ist bislang relativ wenig bekannt. Dies mag daran liegen, daß zur Erfassung sowohl der chronischen als auch der akuten Toxizität dieser Verbindungen nur wenige geeignete Wirkungsparameter verfügbar sind. Die Tracertechnik stabiler Isotope (low-label-technique) in Verbindung mit isotopenmassenspektrometrischen Methoden (C-IRMS, GC-C-IRMS) bieten neue Ansatzpunkte, die Empfindlichkeit von Wirkungsuntersuchungen zu erhöhen und damit zur Frühindikation von Xenobiotika beizutragen (Jung und Junghans 1981, Rundel et al. 1989, Faust 1993). Durch die Verwendung ^{13}C-markierter Modellsubstanzen kann gezeigt werden, wie diese Substanzen auch in geringen Mengen in die Pflanzen aufgenommen werden, und der Einsatz ^{15}N-markierter Nährlösungen gibt Hinweise auf Veränderungen im Stickstoffmetabolismus, lange bevor physiologische oder morphologische Parameter eine Wirkung zeigen (Jung et al. 1994). Ein weiterer Vorteil stabiler Isotope liegt darin, daß von ihnen keine Strahlenbelastung für das zu untersuchende Objekt und den Experimentator ausgeht und die Versuche aus isotopentechnischer Sicht zeitlich nicht begrenzt sind. Die Verwendung stabiler Isotope bietet sich für Test- bzw. Nährlösungen verschiedener pflanzlicher Biotestverfahren an (OECD 1984, OECD 1996, Hafner 1996). Exemplarisch sollen hier Versuche mit *Pisum arvense* und *Lemna minor* unter Einfluß von ^{13}C-Pentachlorphenol dargestellt werden.

9.2 Material und Methode

Futtererbsen (*Pisum arvense*) wurden 7 Tage lang im Reagenzglas in Hoagland-Nährlösung angezogen und anschließend in die Testlösungen umgesetzt. Diese enthielten zusätzlich zur Nährlösung 50 mg/l $K^{15}NO_3$ und verschiedene Konzentrationen an Pentachlorphenol. Jeweils ein Ansatz erfolgte mit unmarkiertem PCP, ein zweiter mit [^{13}C]PCP (99 Atom %). Der Kontrollansatz enthielt nur ^{15}N-markiertes KNO_3. Der pH-Wert wurde mit NaOH eingestellt. Zu unterschiedlichen Zeiten wurden jeweils zwei Pflanzen geerntet, bei 80°C im Trockenschrank getrocknet und anschließend gemahlen. Von der Kontrollvariante und der unmarkierten PCP-Variante wurden jeweils ca. 1,7 mg für die Bestimmung des $^{15}N/^{14}N$- und des natürlichen $^{13}C/^{12}C$-Isotopenverhältnisses und von der ^{13}C-markierten Variante ca. 50 µg für die ausschließliche Bestimmung des $^{13}C/^{12}C$-Isotopenverhältnisses am C-IRMS eingewogen. Alle Messungen wurden in dreifacher Wiederholung durchgeführt. Wasserlinsen (*Lemna minor*) wurden in Steinberg-Nährlösung halbsteril über 7 Tage vermehrt und in eine Testlösung mit einem Pentachlorphenolgehalt von 117 µg/l überführt ([^{13}C]Pentachlorphenol mit 99 Atom %), der 50 mg/l $K^{15}NO_3$ (≈ 10 Atom %) zugesetzt war. Die Kontrollvariante enthielt nur ^{15}N-markiertes KNO_3. Nach 2, 4, 6, 8, 19 und 90 Stunden wurden jeweils ca. 30 Fronds (10 mg TG) entnommen, in H_2O_{bidest} gewaschen, im Trockenschrank bei 60°C getrocknet und anschließend unter flüssigem Stickstoff gemörsert. Ca. 50 µg dieses homogenen Pulvers wurden für die Bestimmung des $^{13}C/^{12}C$-Isotopenverhältnisses am C-IRMS eingewogen, der Rest wurde dem Kjeldahlaufschluß zugeführt, um den vorhandenen Stickstoff in Ammoniumsulfat zu überführen, von dem ca. 300 µg für die Bestimmung des $^{15}N/^{14}N$- Isotopenverhältnisses am C-IRMS eingewogen wurden.

9.3 Ergebnisse

Die Untersuchungen mit *Pisum arvense* haben gezeigt, daß [^{13}C]PCP über einen Zeitraum von 0-6 Stunden in der Pflanze angereichert wird, im weiteren zeitlichen Verlauf ist dagegen wieder eine Abnahme der ^{13}C-Häufigkeit zu beobachten. Deutlich erkennbar wird, daß beim höheren pH-Wert von 6,0 trotz der geringeren PCP-Konzentration von 100 µg/l mehr PCP aufgenommen wird (Abb. 9-2), als bei niedrigerem pH-Wert von 4,25 und höherer PCP-Konzentration von 1000 µg/l (Abb. 9-1). Die pH-Wert-abhängige Dissoziation des PCP und die damit verbundene toxische Wirkung kommt damit deutlich zum Ausdruck (Arcand et al. 1995). Eine geringe Erhöhung der ^{13}C-Häufigkeit um 1 bzw. 1,5 δ-Promille, die nur unwesentlich über der breiten na-

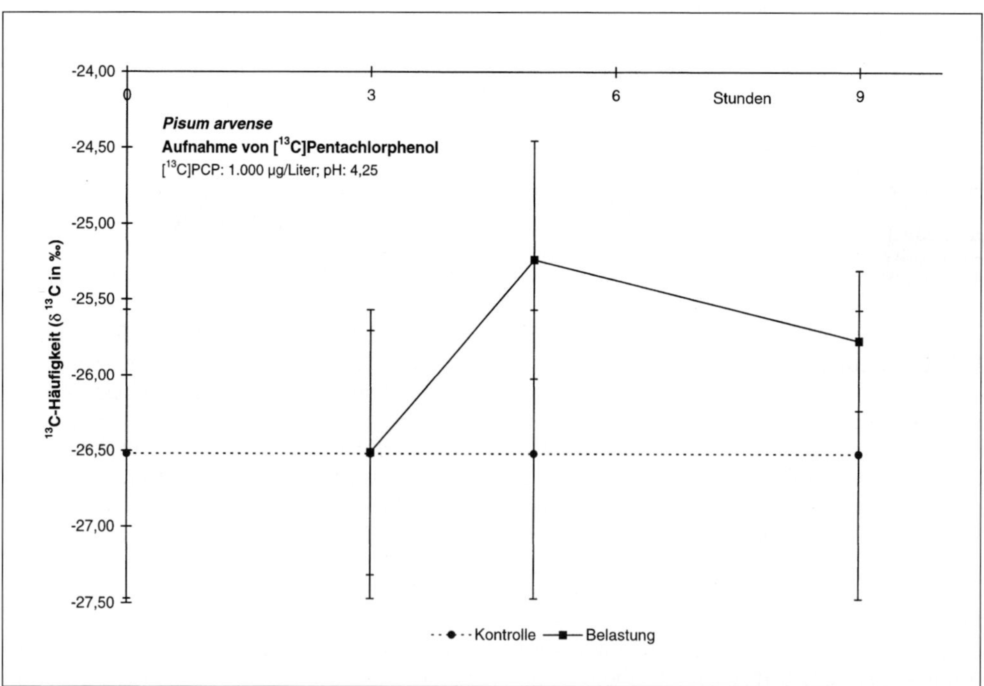

Abb. 9-1: Verlauf der ^{13}C-Anreicherung bei *Pisum arvense* unter Belastung mit [^{13}C]PCP (1.000 µg/l) bei einem pH-Wert von 4,25

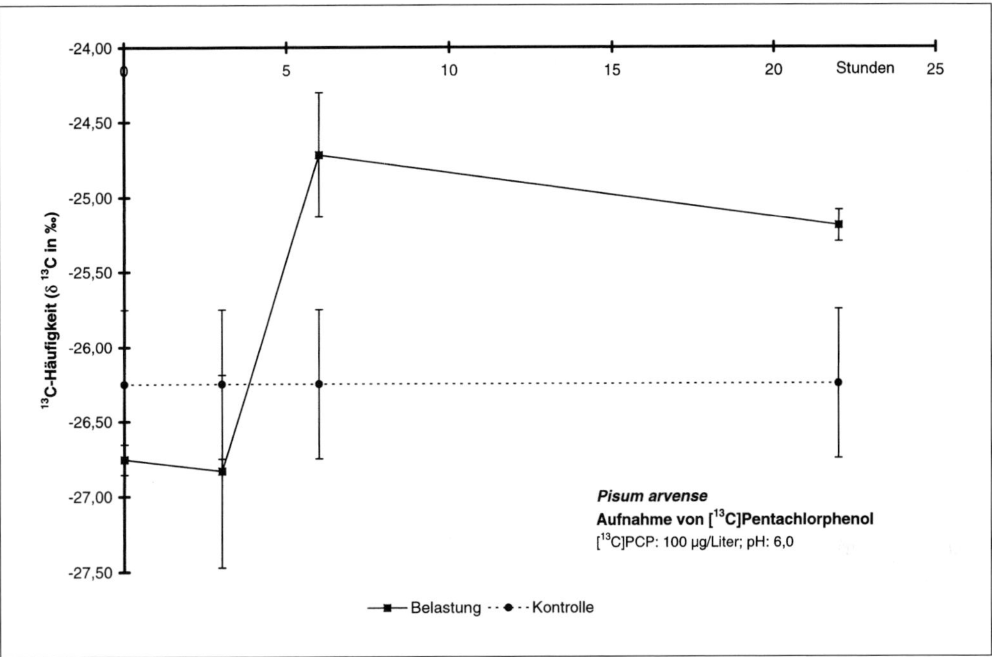

Abb. 9-2: Verlauf der ^{13}C-Anreicherung bei *Pisum arvense* unter Belastung mit $[^{13}C]$PCP (100 µg/l) bei einem pH-Wert von 6,0

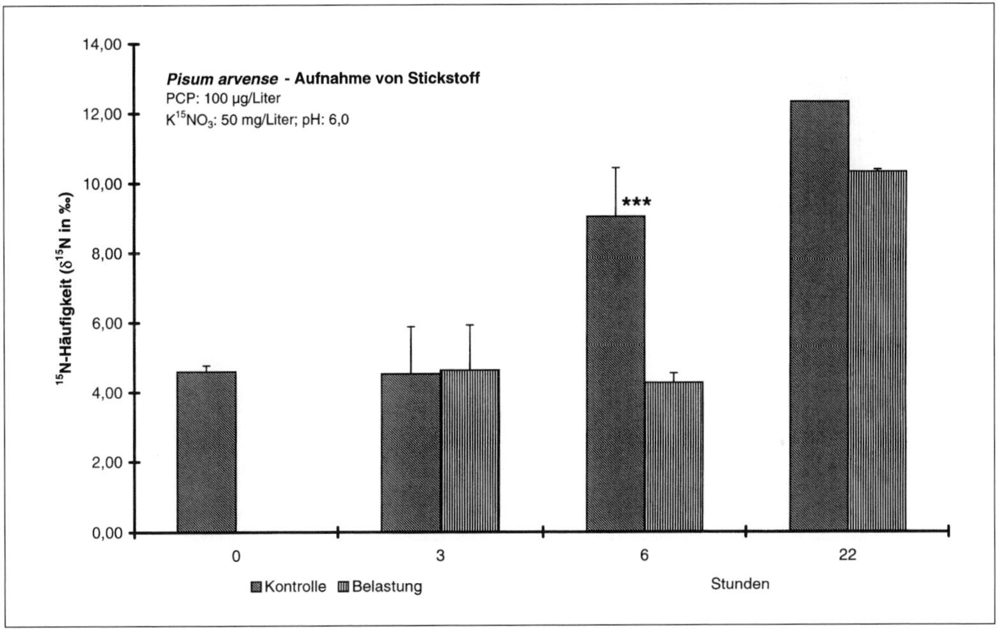

Abb. 9-3: Hemmung des ^{15}N-Einbaus bei *Pisum arvense* unter Belastung mit Pentachlorphenol (100 µg/l) bei einem pH-Wert von 6,0, wobei ***: $p<0,005$

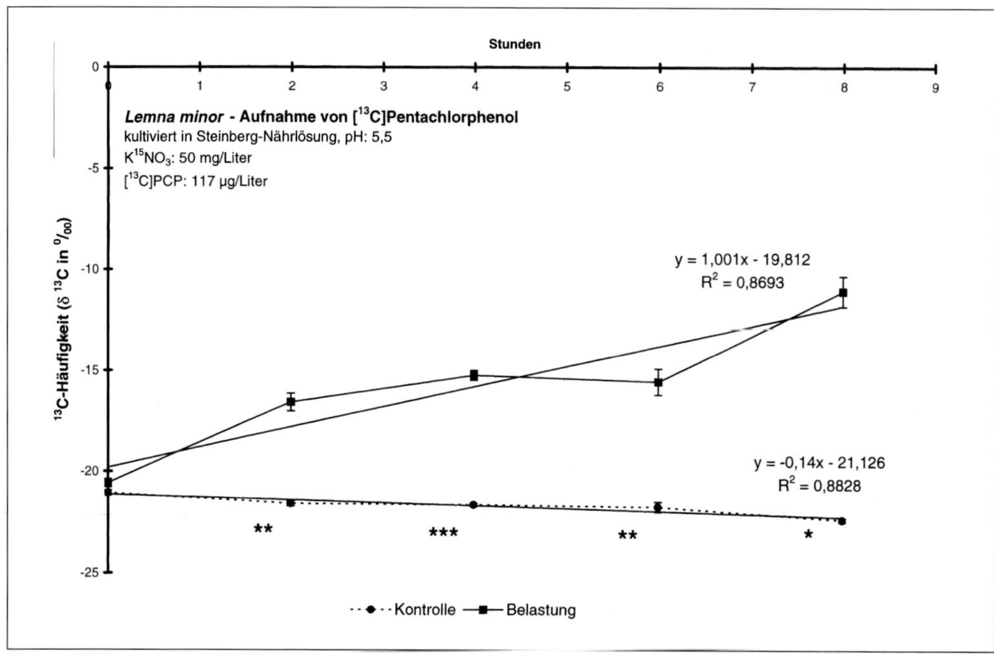

Abb. 9-4: Verlauf der ^{13}C-Anreicherung bei *Lemna minor* unter Belastung mit ^{13}C-markiertem Pentachlorphenol (117 µg/l), wobei ***: p<0,005, **: p<0,05 und *: p<0,5

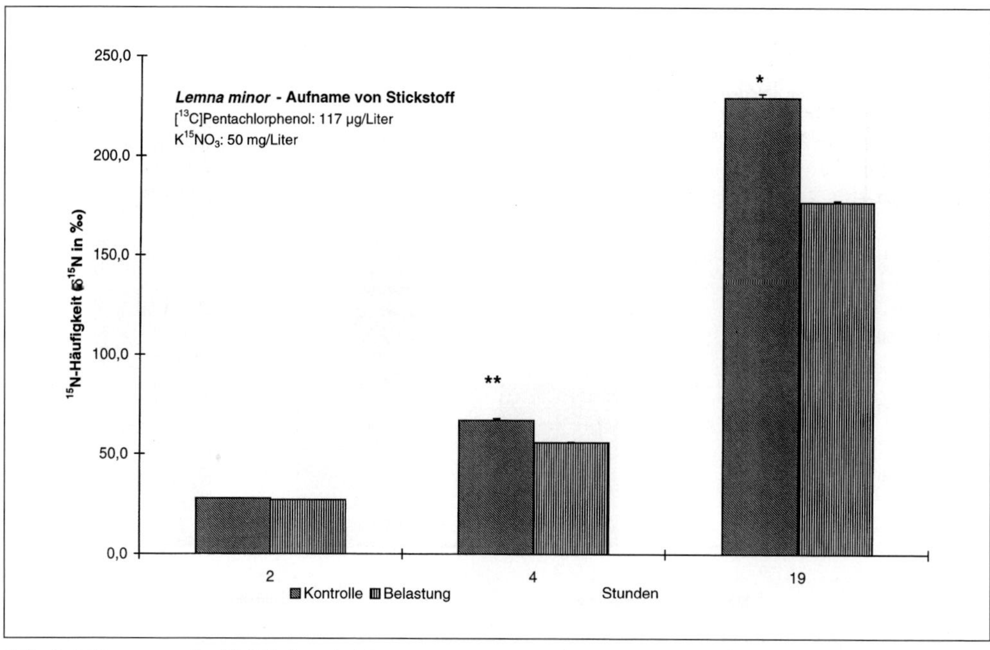

Abb. 9-5: Hemmung des ^{15}N-Einbaus bei *Lemna minor* unter Belastung mit Pentachlorphenol (117 µg/l), wobei **: p<0,05 und *: p<0,5

türlichen Variabilität von 0,5 bzw. 0,8 δ-Promille liegt, deutet auf eine recht geringe Aufnahme von PCP in den Pflanzen hin. Trotzdem ist bei 100 µg PCP/Liter und pH-Wert 6,0 die Aufnahme des $K^{15}NO_3$-Tracers nach 6 Stunden um 53 % signifikant gegenüber der Kontrolle vermindert, nach 3 Stunden ist dagegen noch kein Effekt zu erkennen, und nach 22 Stunden beträgt die Hemmung nur noch 16 % (Abb. 9-3). Trotz der geringen PCP-Aufnahme scheint bei höheren pH-Werten eine Wirkung auf die Stickstoff-Aufnahme vorzuliegen. Bei 1.000 µg PCP/Liter und pH-Wert 4,25 konnte dagegen kein signifikanter Einfluß auf die Stickstoffaufnahme beobachtet werden.

Im Wasserlinsen-Test mit *Lemna minor* konnte gezeigt werden, daß [^{13}C]Pentachlorphenol über einen Zeitraum von 8 Stunden in annähernd linearem Verlauf mit einer Zunahme von ca. 1 δ-Promille/Stunde aufgenommen wird (Abb. 9.4). Die ^{13}C-Häufigkeit in der belasteten Variante ist bereits nach zwei Stunden signifikant gegenüber der Kontrollvariante natürlicher isotoper Zusammensetzung erhöht. Im Gegensatz zu *Pisum arvense* findet hier ein weitaus stärkerer ^{13}C-Einbau statt, so daß nach 8 Stunden eine Erhöhung der ^{13}C-Häufigkeit von 8 δ-Promille gegenüber der Kontrolle beobachtet werden kann. Die Hemmung der Stickstoffaufnahme unter Pentachlorphenolbelastung ist deutlich erkennbar, und die ^{15}N-Häufigkeit ist bereits nach 4 Stunden signifikant gegenüber der Kontrolle vermindert (Abb. 9-5). Die Hemmung des Stickstoffeinbaus liegt im Bereich von 20 % und geht nach 90 Stunden auf nicht signifikante 5 % zurück. Insgesamt liegt die Stickstoffaufnahme bei *Lemna* auf einem wesentlich höheren Niveau als bei *Pisum*. Auch ist die Streubreite der Meßwerte sowohl bei Kohlenstoff als auch bei Stickstoff deutlich geringer, was auf die höhere genetische Einheitlichkeit von *Lemna* zurückgeführt werden kann, die in der Anzucht ausschließlich vegetativ vermehrt wird.

9.4 Folgerungen

Die vorgestellten Ergebnisse zeigen, daß eine detaillierte Bewertung der akut toxischen Wirkung von Umweltchemikalien auf den N-Metabolismus von Pflanzen durch den Nachweis der Aufnahme des ^{13}C-markierten Wirkstoffs in Kombination mit der Erfassung der Inkorporation des [^{15}N]Nitrats als Pflanzennährstoff ermöglicht wird. Die Methode zeigt innerhalb weniger Stunden deutliche Ergebnisse, ist sehr empfindlich, gut reproduzierbar sowie standardisierbar. Somit steht mit der Tracertechnik stabiler Isotope in Verbindung mit isotopenmassenspektrometrischen Methoden, mit denen bereits δ-Werte von 0,1 ‰ nachgewiesen werden können, ein sensitives Verfahren zur Frühdiagnostik ökotoxikologischer Wirkungen zur Verfügung.

Literatur

Arcand, Y., Hawari, J., Guiot, S.R. (1995): Solubility of pentachlorophenol on aqueous solutions: The pH effect. Water Res. 29:131-136

Faust, H. (1993): Advances in nitrogen-15 use for environmental studies in soil-plant systems. Isotopenpraxis. Environ. Health Stud. 29: 289-326

Hafner, Ch. (1996): Methoden zur ökotoxikologischen Bewertung von Emissionen und Immissionen aus der Müllverbrennung. Wissenschafts-Verlag Dr. Wigbert Maraun, Frankfurt/M

Jung, K., Junghans, P. (1981): Untersuchungen des pflanzlichen Proteinturnovers unter Wirkstoffeinfluß mit Hilfe von ^{15}N-Tracerexperimenten und ihre Interpretation auf Grundlage von Kompartimentmodellen. Biol. Zbl. 100: 217-226

Jung, K., Rolle, W., Schlee, D., Tintemann, H., Gnauk, T., Schüürmann, G. (1994): Ozone effects on nitrogen incorporation and superoxide dismutase activity in spruce seedlings (*Picea abies* L.). New Phytologist 128: 505-508

OECD (1984): Organisation for economic cooperation and development – Guidelines for the testing of chemicals. Terrestrial plant growth test. OECD guideline section 2, Nr. 208. OECD, Paris

OECD (1996): Organisation for economic cooperation and development – Guidelines for the testing of chemicals. Lemna growth inhibition test. Draft proposal for as OECD guideline section 2. OECD, Paris

Rundel, P.W., Ehrlinger, J.R., Nagy, K.A. (1989): Stable isotopes in ecological research. Springer Verlag, New York

10 Entwicklung eines terrestrischen Biotests mit Schnecken

M. Heim, J. Oehlmann, U. Schulte-Oehlmann, O. Wappelhorst und B. Markert

Abstract

The aim of this investigation is the development of a toxicity test using terrestrial molluscs. The wide-spread Central-European species *Deroceras reticulatum*, *Arion ater* as well as a mixed population of *Cepaea nemoralis* and *C. hortensis* were chosen for further investigation into their ease of handling and sensitivity to cadmium. Up to now, avoidance behaviour of juvenile *Arion ater* is the most sensitive test parameter which has been observed.

Zusammenfassung

Zur Beurteilung terrestrischer Ökotoxizität soll ein biologischer Wirktest mit Stylommatophoren (Landlungenschnecken) als Testorganismen entwickelt werden. Die einheimischen Arten *Deroceras reticulatum*, *Arion ater* und *Cepaea nemoralis* (als Mischpopulation mit *C. hortensis*) wurden auf Handhabbarkeit in entsprechenden Testsystemen und ihre Sensitivität gegenüber Cadmium hin untersucht. Als sensitivster Testparameter erwies sich bisher das Meidungsverhalten bei juvenilen *Arion ater.*

10.1 Einleitung

Zur Beurteilung von Sanierungsbedürftigkeit und gegebenenfalls -erfolg bei Böden werden neben chemisch-physikalischen Analysewerten auch die Ergebnisse aus biologischen Wirktests benötigt. Die Ökotoxizität gerade von Mischkontaminationen oder während der Sanierung gebildeter Metaboliten ist anders nicht adäquat zu bewerten.
Das Spektrum der Biotestverfahren für den terrestrischen Bereich ist weitaus enger als im aquatischen Milieu. Bisher werden daher hilfsweise oft Bodeneluate hergestellt und in aquatischen Biotests untersucht. Dies entspricht den Charakteristika des Lebensraumes Boden nur unzureichend. Es soll daher ein weiterer Biotest mit Bodenorganismen entwickelt werden.
In der Gruppe der Landlungenschnecken (Mollusca: Gastropoda: Pulmonata: Stylommatophora) gibt es einige weit verbreitete und häufige Arten, die auch auf urbanen Standorten und Ruderalflächen vorkommen. Die ökologische Relevanz der mit diesen Arten erzielten Testergebnisse ist daher günstiger zu bewerten als bei den „klassischen“ Testspezies (z.B. *Eisenia fetida*). Ein Vorteil gegenüber einigen etablierten Testorganismen liegt außerdem in ihrer Größe, die die Integration morphologischer und histologischer Parameter in die Untersuchungen erlaubt.
Mögliche Expositionspfade sind die Aufnahme über die Nahrung und über das Integument. Besonders Nacktschnecken sind aufgrund ihres geringen Verdunstungsschutzes auf eine feuchte Umgebung angewiesen und stehen über den Schleim und die Sohle in engem Kontakt mit dem Flüssigkeitsfilm des Substrates. Ein weiterer möglicher Expositionspfad ist die Nahrung. Schnecken haben als Konsumenten I. Ordnung und Destruenten einen erheblichen Anteil am Abbau der Bestandsabfälle (Jennings und Barkham 1979). Sie selbst stellen wiederum innerhalb der Nahrungskette einen wichtigen Bestandteil der Nahrung für Konsumenten II. Ordnung dar (Graveland et al. 1994).
Individuen dreier einheimischer Arten (*Deroceras reticulatum*, *Arion ater*, *Cepaea nemoralis* als Mischpopulation mit *Cepaea hortensis*) wurden im Freiland gesammelt und werden seither im Labor gehältert und vermehrt.

10.2 Mögliches Testdesign

Ziel ist es, ein Testdesign zu finden, das sowohl sensitiv als auch im Labor praktikabel ist. Die drei Spezies werden jeweils als adulte und juvenile Tiere sowie im Eistadium untersucht. In dieser Stufe der Verfahrensentwicklung werden die Tests auf mit Schadstofflösung getränktem Fließpapier durchgeführt. Diese Matrix ist für Vorversuche weitaus besser als Boden geeignet, weil sie in geringerem Maß zur mikrobiellen Besiedlung neigt und einfach ausgetauscht werden kann.

10.2.1 Wachstumshemmtest mit juvenilen Cepaeen

Der Test wurde mit 7 Wochen alten Bänderschnecken (*Cepaea nemoralis* und *C. hortensis*)

durchgeführt. Die Tiere wurden einzeln gewogen (Durchschnittsgewicht etwa 8 mg) und in Gruppen zu jeweils 30 Tieren in Rechteckdosen (120 x 120 x 60 mm, PS glasklar) auf mit $CdSO_4$-Lösung getränktes Fließpapier gesetzt. Gefüttert wurde mit gefriergetrocknetem Gemüse („Suppengewürz"), das sich auf dem feuchten Fließpapier schnell vollsog.
Nach 4 und 8 Wochen wurden die Tiere erneut einzeln gewogen (Abb. 10-1). Eine Zuordnung des Gewichtes zum Individualgewicht der Ausgangsmessung erfolgte nicht, statt dessen wurde das Wachstum als Differenz zum Mittelwert des Ausgangsgewichtes ermittelt.
Signifikante Unterschiede im Vergleich zur Kontrolle ergaben sich schon nach einem Zeitraum von 4 Wochen bei einer Cd^{++} Konzentration ≥ 1,0 mg/l. Bei dieser Konzentration zeigte sich zunächst eine Steigerung der Gewichtszunahme, ein Effekt der als Hormesis-Effekt bekannt ist (Reinecke et al. 1997). Bei 10 mg/l Cd^{++} trat nach 4 Wochen eine signifikante Hemmung des Wachstums auf und nach 8 Wochen darüber hinaus eine signifikante Mortalität (50 %).

10.2.2 Wachstums- und Verhaltenstest mit juvenilen *Arion ater*

Wachstumshemmtest

Der Wachstumstest mit der Roten Wegschnecke (*Arion ater*) wurde wie der Wachstumstest mit

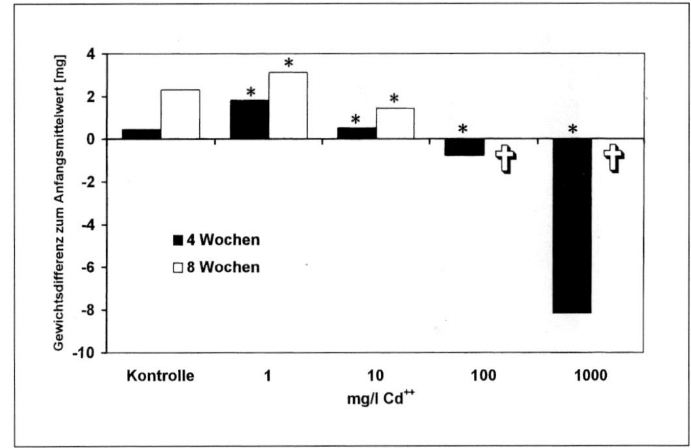

Abb. 10-1: Wachstumshemmung bei juvenilen Cepaeen durch Cd^{++}. *, Unterschied zur Kontrolle signifikant mit $p \leq 0,05$ im t-Test, n = 30; ✝ : 100 % Mortalität

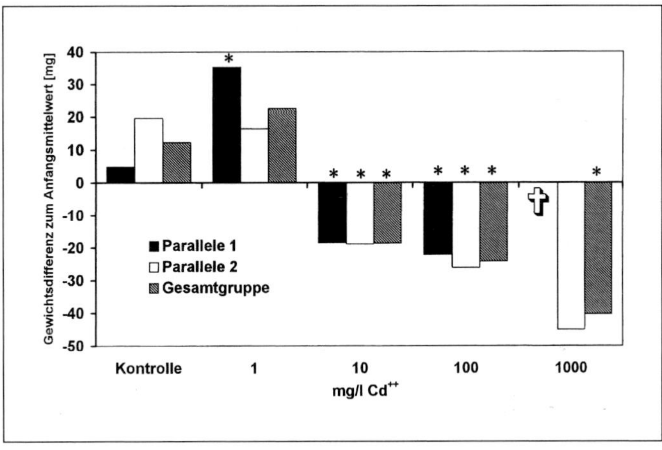

Abb. 10-2: Wachstumshemmung bei juvenilen *Arion ater* durch Cd^{++}. *, Unterschied zur Kontrolle signifikant mit $p \leq 0,05$ im t-Test, n = 20. ✝ : 100 % Mortalität

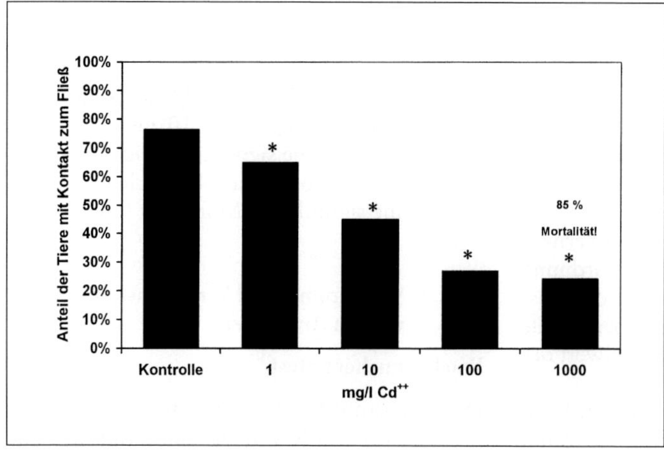

Abb. 10-3: Meidungsverhalten bei juvenilen *Arion ater.* *, Unterschied zur Kontrolle signifikant mit $p \leq 0{,}05$ im χ^2-Test, n = 20

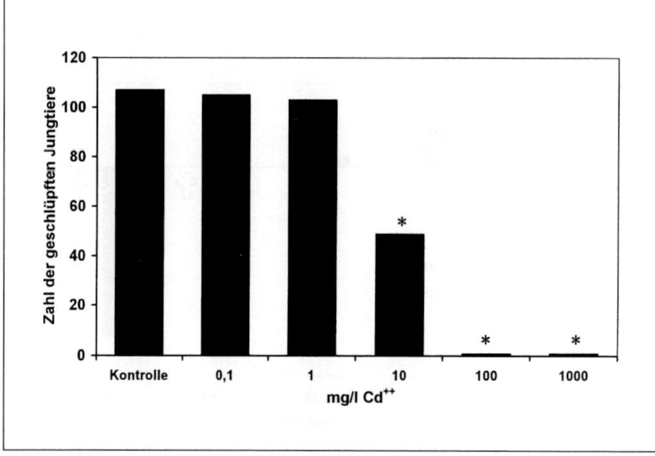

Abb. 10-4: Minderung des Schlupferfolges bei *Deroceras reticulatum* durch Cd^{++}. *, Unterschied zur Kontrolle signifikant mit $p \leq 0{,}05$ im χ^2-Test, n = 137

Cepaea durchgeführt. Hier wurden pro Konzentration zwei Parallelansätze mit jeweils 10 Tieren angesetzt. In der Kontrolle und der niedrigsten Exposition wird die hohe Variabilität der Organismen deutlich (Abb. 10-2). Bei steigender Cadmiumbelastung tritt sie jedoch hinter den Schadeffekt zurück.

Verhaltenstest

Die Testansätze wurden außerdem im Hinblick auf ein mögliches Vermeidungsverhalten der Tiere untersucht und ausgewertet (Abb. 10-3). Bei guten Bedingungen halten sich Nacktschnecken vorwiegend auf und unter dem Fließpapier auf. Bei steigender Cadmiumbelastung sinkt der Anteil der Tiere mit Kontakt zum Fließpapier schon bei 1 mg/l signifikant.

10.2.3 Schlupferfolg bei *Deroceras*-Eiern

Eier der Genetzten Ackerschnecke *(Deroceras reticulatum)* schlüpfen im Labor problemlos nach 3 – 4 Wochen. Sie werden in Petrischalen auf feuchtem Fließpapier bei 15°C inkubiert. Abb. 10-4 zeigt die Abhängigkeit des Schlupferfolges von der Cadmiumkonzentration in der Befeuchtungsflüssigkeit.

10.3 Ausblick

Das Screening verschiedener Testansätze auf ihre Eignung zur Beurteilung kontaminierter Böden soll vervollständigt werden. Die Hälterung von Stylommatophoren im Labor ist sehr arbeitsaufwendig; favorisiert werden daher Testansätze, bei denen dieser Aufwand auf ein Minimum reduziert werden kann. Ein ideales Beispiel dafür ist die Testung des Schlupferfolges der Eier auf kontaminiertem Substrat.
Begleitend zur Entwicklung von Bodensanierungsverfahren am IHI Zittau soll das schließlich ausgewählte Testkonzept im nächsten Schritt für realen Boden angepaßt und evaluiert werden.

Danksagung

Die Untersuchungen wurden gefördert durch das Sächsische Staatsministerium für Wissenschaft und Kunst sowie durch die Europäische Union im Rahmen des INTERREG II-Programmes.

Literatur

Reinecke, A.J., Maboeta, M.S., Reinecke, S.A. (1997): Stimulating effects of low lead concentrations on growth and cocoon production of *Eisenia fetida* (Oligochaeta). S. Afr. J. Zool. 32: 72-75

Graveland, J., van der Wal, R., van Balen, J.H., van Noordwijk, A.J. (1994): Poor reproduction in forest passerines from decline of snail abundance on acidified soils. Nature 368: 446-448

Jennings, T.J., Barkham, J.P. (1979): Litter decomposition by slugs in mixed deciduous woodland. Holarct. Ecol. 2: 21-29

Perspektiven in der Methodenentwicklung – Wasser

11 Ökotoxikologische Bewertung von Einzelstoffen und Umweltproben mit miniaturisierten aquatischen Biotestsystemen

R.P.H. Schmitz, H. Ehrlichmann, A. Eisenträger und W. Dott

Abstract

The need for an enhancement of the existing testing capacities, an increase of accuracy, as well as reduction of time and material requirements, induced extended research in automation and miniaturization of bioassays. This has resulted in a demand for innovation of the existing data collection techniques and computing facilities for test evaluation methods. Kinetic data collections with subsequent integral data analysis of acute and chronic toxicity and genotoxicity assays with prokaryotes provides for a differentiated test evaluation. Therefore, the miniaturization of well established flask assays into microtitration scale offers unexpensive, rapid and meaningful prescreening tests to prove toxic effects of numerous samples.

Zusammenfassung

Die Nachfrage nach Erhöhung der bestehenden Meßkapazitäten und des Probendurchsatzes, der Meßgenauigkeit sowie nach Reduktion des Aufwandes an Arbeitszeit und Verbrauchsmaterialien führt zu einer zunehmenden Automatisierung und Miniaturisierung von aquatischen Biotestsystemen. Die Ergänzung, Übertragung und Weiterentwicklung etablierter Toxizitäts- und Genotoxizitätstests stellt neue Anforderungen an die jeweiligen Analysentechniken und rechnergestützten Auswertungsmöglichkeiten. Kinetische Datenaufnahmen mit miniaturisierten Mikrotitrationsplattenwachstums- und -lumineszenzhemmtests in Testbatterien liefern proben- und stammcharakteristische Muster der Meßparameter. Die Interpretation kinetischer Daten mit Endpunkt- und Integralauswertung nach Beobachtung wachstumsfördernder und -hemmender Einflüsse läßt differenziertere Aussagen über eine Vielzahl von Proben zu.

11.1 Einleitung

Biologische Testverfahren ermöglichen es, in Ergänzung zu chemisch-physikalischen Analysen integrale Aussagen über das ökotoxikologische Gefährdungspotential von Umweltproben zu treffen. Der Einsatz charakteristischer Vertreter unterschiedlicher trophischer Ebenen (Bakterien-, Algen-/Pflanzen-, Kleinkrebs-, Fischtests) läßt Prognosen über die Wirkung des Probenmaterials in der Umwelt zu. Nur in Testkombinationen lassen sich organismenspezifische Empfindlichkeitsunterschiede aufdecken. Der Nachfrage nach Erhöhung der bestehenden Meßkapazitäten und des Probendurchsatzes, der Meßgenauigkeit sowie nach Reduktion des Aufwandes an Arbeitszeit und Verbrauchsmaterialien kann durch eine Automatisierung, Miniaturisierung und Standardisierung aquatischer Biotestsysteme entsprochen werden. Dies stellt neue Anforderungen an die jeweiligen Analysentechniken und rechnergestützten Auswertungsmöglichkeiten.

In den letzten zwanzig Jahren hat das Interesse an miniaturisierten Testsystemen im Küvetten- und Mikrotitrationsplattenmaßstab, die Anwendung auf dem Gebiet der aquatischen Toxizitätsbestimmung finden, gegenüber den etablierten Schüttelkolbenverfahren deutlich zugenommen (Radetski et al. 1995). In der Literatur finden sich, gemessen an den Vorteilen miniaturisierter Verfahren, bislang allerdings nur wenige Hinweise auf standardisierbare Testsysteme (Lukavsky 1992, Reinke et al. 1995, Vigelahn 1997). Eine Auswahl miniaturisierter Biotests, die eine kinetische Aufnahme von Einzelmessungen in definierten Intervallen gestatten, ist in Tabelle 11-1 aufgelistet. Der Schwerpunkt liegt aufgrund der kurzen Generationszeiten, hohen Individuenzahlen und der einfachen Handhabbarkeit auf prokaryontischen Systemen.

Die Einsatzgebiete miniaturisierter aquatischer Biotestsysteme sind vielseitig und nicht auf bestimmte Fragestellungen beschränkt. Sie er-

Tab. 11-1: Testbedingungen aquatischer Testsysteme vor und nach der Miniaturisierung

Testsystem	Testbedingungen des Standard-Verfahrens	Testbedingungen nach Miniaturisierung
Scenedesmus subspicatus -FHT DIN 38 412 L 33/ EN 28692 L 9	100 ml Schüttelkolben 2 Parallelen	2 ml 24-Well-MP, ≥ 3 Parallelen
Pseudomonas putida-ZVHT DIN 38 412 L 8	100 ml Schüttelkolben 2 Parallelen, 16 ± 1 h mit ü/N-Kultur	200 µl 96-Well-MP, ≥ 3 Parallelen, 20-25 h mit Glyzerin-Gefrierkonserven
Vibrio fischeri-ZVHT DIN 38 412 L 37	100 ml Schüttelkolben 2 Parallelen, 7 ± 1 h mit ü/N-Kultur	200 µl 96-Well-MP, ≥ 3 Parallelen, 11-13 h mit Glyzerin-Gefrierkonserven
Vibrio fischeri-LUHT DIN 38 412 L 341	1 ml Küvette 2 Parallelen	200 µl 96-Well-MP, ≥ 3 Parallelen
Photorhabdus luminescens-ZVHT	k.A.	200 µl 96-Well-MP, ≥ 3 Parallelen, 20-25 h mit Glyzerin-Gefrierkonserven
Photorhabdus luminescens-LUHT	k.A.	200 µl 96-Well-MP, ≥ 3 Parallelen
umu-Test mit *Salmonella typhimurium* TA 1535 DIN 38415 T3	360 µl 96-Well-MP	360 µl 96-Well-MP
umu-Test mit *Salmonella typhimurium* NM2009 gem. Oda et al. (1993)	360 µl 96-Well-MP	360 µl 96-Well-MP
SOS-Test mit *Escherichia coli* PQ37 gem. Quillardet et al. (1982)	360 µl 96-Well-MP	360 µl 96-Well-MP

ZVHT: Zellvermehrungshemmtest; LUHT: Lumineszenzhemmtest; FHT: Fluoreszenzhemmtest; k.A.: keine Angabe; ü/N-Kultur: Übernachtkultur; MP: Mikrotitrationsplatte

strecken sich sowohl auf die Gefährdungsklassifizierung von Stoffen und Stoffgemischen in Wassergefährdungsklassen (gemäß WHG, § 19), wie auf Untersuchungen im Bereich des Arbeitsplatzmonitorings, z.B. zur Charakterisierung von Luftproben anhand von Genotoxizitätstests mit z.T. organismenspezifisch erhöhten Empfindlichkeiten gegen bestimmte Stoffgruppen (z.B. Nitroaromaten). Allgemein dienen sie der Bestimmung des (öko-)toxikologischen und genotoxikologischen Potentials von:

- (Rein-)Chemikalien (Xenobiotika, Pharmazeutika),
- definierten Probengemischen und
- komplexen Umweltproben, d.h.
  - Abwässern (Kläranlageneinleitungen und Abflüsse);
  - Sickerwässern, Grund- und Oberflächenwässern;
  - Bodeneluaten und Extrakten, festen/partikulären Proben mit unterschiedlichen Lösungsmitteln;
  - weiteren Proben aus terrestrischen und aquatischen Ökosystemen;
  - Luftproben.

Die Miniaturisierung und/oder Automatisierung (d.h. für eine rechnergesteuerte kinetische Datenaufnahme in definierten Intervallen) und die Untersuchung der methodischen Grenzen und Möglichkeiten der ausgewählten Biotestverfahren erfolgt durch direkten Vergleich mit etablierten und standardisierten Makrotests, zumal mindestens deren Empfindlichkeit und Genauigkeit mit den neuen Verfahren erzielt werden sollen. Die Validierung wird derzeit mit Bodenproben unterschiedlicher Belastung, Schmierfluiden, wäßrigen Umweltproben und Referenztoxika (Schwermetallen, Nitroaromaten usf.) durchgeführt. Die photometrischen, fluorometrischen und luminometrischen Datenaufnahmen werden zudem von Endpunktmessungen auf kinetische Datenaufnahme umgestellt.

Die Vorteile der Reduktion des Testmaßstabes liegen nicht nur in der Reduzierung des Chemikalien- und Probenmaterials, des zeitlichen Aufwandes und der Kosten (Blaise 1991, Anderson et al. 1994, Reinke et al. 1995):

- Die Vereinheitlichung unterschiedlicher Testverfahren ermöglicht eine Bewertung diverser Probengruppen mit einer begrenzten Zahl von Meßgeräten und gleichen Datenaufnahme- und Auswertungsprogrammen. Dies senkt Anschaffungs- und Betriebskosten. Dem hohen anfänglichen Inventarisierungsaufwand steht u.a. der hohe Probendurchsatz entgegen. Die Reduktion des Testvolumens, z.B. vom Schüttelkolbenmaßstab auf Mikrotitrationsplatte um den Faktor 500 bei den Bakterientoxizitätstests, ermöglicht die Bewertung kleinster Probenvolumina bei reduziertem Aufwand an Laborchemikalien und Entsorgung. Die Verfahren sind ideal für ein breites Screening von Umweltproben, ermöglichen aber auch eine wissenschaftlich fundierte Interpretation von Biotestsystemen über eine differenzierte Kurvendiskussion. Dies ist mit den derzeit standardisierten Verfahren nur unter großem Aufwand möglich.
- Aufgrund der höheren Zahl an Parallel- und Kontrollansätzen kann die statistische Absicherung der Meßergebnisse verbessert werden. Bei vielen Schüttelkolbenverfahren (z.B. dem Algentest), aber auch beim Küvetten-Lumineszenzhemmtest sind bislang Doppelbestimmungen üblich, selten Dreifachbestimmungen.
- Eine kinetische Datenaufnahme ermöglicht die Ergänzung der bislang üblichen Endpunktauswertung durch Integralanalyse. Über eine differenzierte Kurvendiskussion und die Aufnahme Wachstumsphasen-spezifischer Einflüsse sind Aussagen über fördernde, antagonistische und synergistische Effekte von Inhaltsstoffen komplexer Proben in Zellvermehrungshemmtests möglich. Kinetische Messungen decken zudem Unzulänglichkeiten etablierter Makrotests, wie die mangelhafte Festlegung der Grenzen des Auswertungsintervalls in standardisierten Zellvermehrungshemmtests und deren vorgeblich direkte Übertragbarkeit auf das Mikrotitrationsplattenformat (DIN 38 412 L 8 1991, DIN 38 412 L 37 1997, Schmitz et al. 1998) auf und lassen die Formulierung definierter Bedingungen in Hinblick auf aussagekräftigere Auswertemodi zu.
- Material- und arbeitsaufwendig gestalten sich vor allem Vorkultivierung und Hälterung der Testorganismen, die langen Testzeiten und großen Testvolumina, geforderte Parallelenzahlen und die notwendige Konstanz der Kultivierungsbedingungen im Hinblick auf Temperierung, z.T. periodische Beleuchtung (zur Simulation von Tageszyklen), Gasaustausch bzw. O_2-Eintrag und Submersion. Die Verwendung von Gefrierkonserven ermöglicht eine Vorkultur-unabhängige Testung (DIN 38 412 L 341 1991). Gefrier- bzw. flüssiggetrocknete Konserven werden für den Lumineszenzhemmtest bereits von mehreren Firmen angeboten und sind über einfache Verfahren kostengünstig und reproduzierbar selbst herzustellen. Konserven lassen sich gerade bei Verwendung von Meßgeräten mit integrierten Dispensern (Pumpen- und Pipettiersystemen mit programmierbaren Volumenabgaben) direkt einsetzen.
- Nicht nur durch die optionale Verwendung von Konserven kann der Testaufwand deutlich vermindert werden: computergestützte kinetische Datenaufnahmen ermöglichen die Schachtelung einer Vielzahl unabhängiger Einzeltests. Ein Vollautomat für die unabhängige Testung und Inkubation einer Vielzahl von Mikrotitrationsplatten ist in der Entwicklung.

Die derzeit zur Verfügung stehenden aquatischen Ökotoxizitätstests entsprechen nur bedingt den Anforderungen der Fülle an Einsatzgebieten und Vielzahl an Einzelproben. Sie sind für z.T. spezielle Fragestellungen etabliert und lassen eine Standardisierung nur bedingt zu. Kinetische Datenaufnahmen zeigen zudem apparative Defizite auf: Die Konstanz definierter Meßparameter (wie der Temperatur) wird über den ganzen Meßzeitraum und Inkubationsbereich gefordert. Eine gleichmäßige Temperierung ist bei den meisten Geräten jedoch nur bedingt

möglich und führt z.T. zu deutlichen Positionseffekten über Tableau oder Mikrotitrationsplatte. Oft fehlt die Möglichkeit einer geräteinternen Temperierung des Testguts, oder sie ist lediglich ab 3°C oberhalb der Raumtemperatur möglich. Dispenser- und Schütteleinrichtungen sind zudem im Routinebetrieb bislang fehleranfällig.
Der am häufigsten verwendete Mutagenitätstest ist der Ames-Test. Der etablierte Test ist extrem zeit- und kostenintensiv. Je Probe (bzw. Verdünnungsfolge) werden bis zu 200 Petrischalen benötigt, die zu Testende quantitativ auf Revertantenzahlen untersucht werden müssen. Neben Alternativen für eine Durchführung des standardisierten Schüttelkolben-Algentests besteht demnach gerade für Genotoxizitäts- und Mutagenitätstests die größte Nachfrage nach miniaturisierten Verfahren. Der Einsatz lux-transgener Teststämme (z.B. im Mutatox™-Verfahren, s.a. Gee et al. 1994) zur luminometrischen Erfassung mutagener und/oder genotoxischer Veränderungen, derzeit für eine Testung im Küvettenmaßstab geeignet, weist neben dem Ames II™-Test (Xenometrix, Boulder, Colorado, USA, Xenometrix Inc. 1996) in Richtung kleiner dimensionierter Testvolumina.
Während die Meßgeräte immer einfacher zu bedienen sind, erweisen sich die Datenaufnahme- und -auswertungsprogramme noch als bedienerunfreundlich. Die Datenaufnahmeprogramme sind häufig von der Auswertungssoftware getrennt, die Konvertierung und der Daten-Export kompliziert und aufwendig.

11.2 Material und Methoden

11.2.1 Toxizitätstests

Die Durchführung der Zellvermehrungshemmtests mit *Pseudomonas putida*, *Vibrio fischeri* und *Photorhabdus luminescens* erfolgten in Mikrotitrationsplatten in Anlehnung an die derzeit gültigen DIN-Vorschriften (DIN 38 412 L 8 1991 und 38 412 L 37 1997) mit Glyzerin-Gefrierkulturen (10 %, Lagerung bei -20°C) (Schmitz et al. 1998, 1999a, b). Die Datenaufnahme wurde mittels eines rechnergesteuerten Mikrotitrationsplatten-Photometers mit Inkubations- und Schüttelmöglichkeit (iEMS-Reader™, Labsystems, Finnland) durchgeführt. Die Wachstumshemmung kann über die Bildung der OD-Endpunkt-Differenzen (= Endpunktauswertung) oder alternativ dazu über die Fläche unter der Wachstumskurve (= Integralauswertung) berechnet werden.
Die kinetische Bestimmung der akuten Toxizität auf die Lumineszenz von *V. fischeri* und *P. luminescens* wurde in Erweiterung der für den marinen Organismus gültigen Normen (38 412 Teil 34/341 1991) (Schmitz et al. 1997, Schmitz et al. 1999b) mit einem rechnergesteuerten Mikrotitrationsplatten-Luminometer mit internem Orbital-Schüttler, zwei Dispensern und Inkubationsmöglichkeit (Luminoskan RT™, Labsystems, Finnland) vorgenommen. Die Auswertung erfolgte ebenfalls über Integral- und Endpunktauswertung.
Der Algen-Test mit *Scenedesmus subspicatus* CHODAT (SAB, Stamm-Nr. 8681) basiert auf der Bestimmung der Chlorophyllfluoreszenz in 24-Well-Mikrotitrationsplatten (Eisenträger et al. 1998) gemäß der Normen DIN 38 412 L 33 (1991) und EN28692 L 9/ISO 8692 (1989). Während der 72stündigen Testdauer wurden die Platten in einem Multitron®-Inkubationsschrank (INFORS AG, Bottmingen, Schweiz) auf Mikrotitrationsplattenschüttlern (IKA Vibrax, Janke & Kunkel, Staufen) inkubiert. Die Meßdaten wurden mit einem Mikrotitrationsplatten-Fluorometer (Ascent™, Labsystems, Finnland) erfaßt und die Auswertung über die Berechnung von Endpunktdifferenzen vorgenommen. Eine Verkürzung der Meßintervalle durch die Entwicklung eines geeigneten Inkubations- und Meßsystems wird in Zukunft eine kinetische Messung ermöglichen und damit die Bestimmung toxikologischer Kenndaten über Wachstumsrate und Integralflächen.

11.2.2 Genotoxizitätstests

Als miniaturisiertes bakterielles System zur Bestimmung des genotoxischen Potentials wurde bisher nur der umu-Test in einer DIN/ISO Norm aufgenommen. Als Testorganismus wurde das genetisch veränderte Bakterium *Salmonella typhimurium* TA1535/pSK1002 eingesetzt. Das Verfahren wurde in Mikrotitrationsplatten in Anlehnung an die derzeit gültige Standard-Vorschrift (DIN 38 415 Teil 3 1995, Eisenträger et al. 1997) durchgeführt, die Daten der Enzymkinetik kolorimetrisch mittels eines Mikrotitrationsplatten-Photometers erfaßt und die Enzymaktivitäten über Integration berechnet. Paralell zu *S. typhimurium* TA1535/pSK1002 wurden das besonders für Nitroaromaten empfindliche Testbakterium *S. typhimurium* NM2009 (400fach höhere O-Acetyltransferaseaktivität) (Oda et al. 1995) und im SOS-Chromotest *Escherichia coli* PQ37 (Quillardet et al. 1982) mit und ohne metabolische Aktivierung (S9, Rattenleberhomogenat, Aroclor-induziert) eingesetzt.

Die vorgestellten Verfahren halten sämtliche, für die jeweiligen Makrotests verbindlichen Gültigkeitskriterien der Standardvorschriften ein (Tab. 11-2).

11.3 Ergebnisse

11.3.1 Interpretationen kinetischer Toxizitätsmessungen

Bei einer Vielzahl von Einzelstoffen und Umweltproben zeigten sich in Zellvermehrungs- und Lumineszenzhemmtests ausgeprägte Probencharakteristiken. In Zellvermehrungshemmtests erstrecken sich probenbedingte Einflüsse in charakteristischer Weise auf sämtliche Wachstumsphasen: die unabhängig voneinander betrachteten jeweiligen Ausprägungen der einzelnen Phasen (lag-, log- und stationäre Phase) und ein Vergleich der Kurven mehrer Testorganismen liefern einen „Fingerprint“ des untersuchten Wirkstoffs. Umweltproben zeigen allerdings

Tab. 11-2: Gültigkeitskriterien in Standardvorschriften und Werte in den miniaturisierten Verfahren im Mikrotitrationsplattenmaßstab (Bakterientests mit Gefrierkonserven)

Testsystem	Geforderte Gültigkeitskriterien gem. DIN/ISO	Kriterien im miniaturisierten Test
Scenedesmus subspicatus-FHT DIN 38 412 L 33/ EN 28692 L 9	OD-Zunahme (72 h) Faktor ≥30 (bzw. 16) pH-Wert-Abweichung < 1,5 Einheiten	≥ Faktor 30 < 1,5 Einheiten
Pseudomonas putida-ZVHT DIN 38 412 L 8	Vermehrungsfaktor > 100	≥ 300*
Vibrio fischeri-ZVHT DIN 38 412 L 37	Vermehrungsfaktor > 10	≥ 300*
Vibrio fischeri-LUHT DIN 38 412 L 341	f_K-Wert (Drift) 0,6-1,8 Standardabweichung < 3 % Gefrierkonserven gem. DIN-Kriterien	0,8-1,2* < 3 % gem. DIN
Photorhabdus luminescens-ZVHT	Vermehrungsfaktor (keine Standardvorschrift verfügbar)	≥ 300*
Photorhabdus luminescens-LUHT	f_K-Wert (Drift) Standardabweichung (keine Standardvorschrift verfügbar)	0,6-1,4* < 3 %*
umu-Test mit *Salmonella typhimurium* TA 1535 DIN 38415 T3	Wachstum der Kontrollen auf Platte B ≥ 140-280 TE/F Wachstumsfaktor auf Platte B ≥ 0,5 Induktion der Referenzansätze ≥ 2,0 Standardabweichung Platte B (k.A.) Standardabweichung Platte C (k.A.)	 ≥ 140-280 FNU ≥ 0,5 ≥ 2,0 < 10 % < 15 %
umu-Test mit *Salmonella typhimurium* NM2009	(nach Oda et al. (1993), keine Standardvorschrift verfügbar)	s. umu-Test mit *Salmonella typhimurium* TA 1535
SOS-Test mit *Escherichia coli* PQ37	(nach Quillardet et al. (1982), keine Standardvorschrift verfügbar)	s. umu-Test mit *Salmonella typhimurium* TA 1535

* inkl. Gefrierkonserven; ZVHT: Zellvermehrungshemmtest; LUHT: Lumineszenzhemmtest; FHT: Fluoreszenzhemmtest; k.A.: keine Angabe; OD: optische Dichte; TE/F: Trübungseinheiten in Formazin gemäß DIN 404 L 2 (1990).

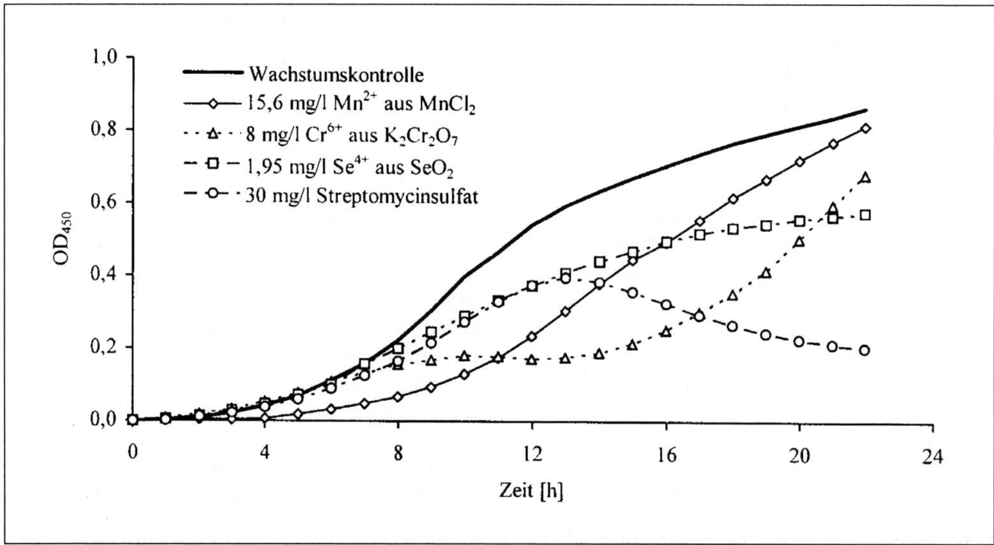

Abb. 11-1: Hemmkurven ausgewählter Referenztoxika im Zellvermehrungshemmtest mit *Vibrio fischeri*. Die Kurven wurden in einem Mikrotitrationsplattenphotometer (iEMS-Reader™, Labsystems, Finnland) aufgenommen (Schmitz et al. 1998). Mn^{2+}: verlängerte lag- und niedrigere log-Phase; End-OD unverändert; Cr^{6+}: lag-Phase unverändert, μ und End-OD verringert, diauxisches Wachstum; Se^{4+}: lag-Phase unverändert, μ und End-OD verringert; Streptomycinsulfat: lag-Phase unverändert, μ vermindert, direkter Übergang aus der späten logarithmischen Phase (mit deutlich verringerter OD) in die Absterbe-Phase.

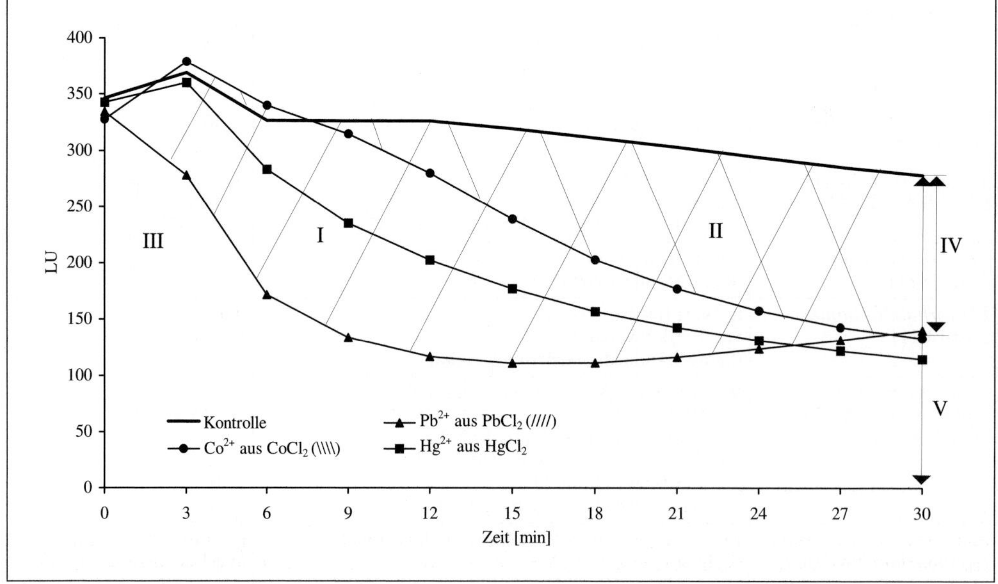

Abb. 11-2: Unterschiede zwischen Integral- und Endpunktauswertung im Mikrotest mit *Vibrio fischeri*. Kontrolle: Mittelwerte aus den Zeilen A und H. Die Daten wurden aus Schmitz et al. (1999a) entnommen. **II:** Fläche (\\\\) der Lumineszenzhemmung nach Integralanalyse (Co^{2+} aus $CoCl_2$); **I:** Fläche (////) der Lumineszenzhemmung von Pb^{2+} aus $PbCl_2$; **III:** Fläche unter der Kontrolle; **IV:** ≈ 50 % Hemmung nach Endpunktanalyse; **V:** Der Pfeil zeigt den Auswertungsendpunkt (nach 30 min) für beide Auswertungsmodi an.

die integrale Wirkung sich probenspezifisch überlagernder Hemm- und Förderwirkungen vor dem Hintergrund ihrer komplexen Matrix. Die Kurven lassen dann i.d.R. keine Aussagen über einzelne Komponenten der komplexen Proben zu. Abbildung 11-1 führt einige Hemmkurven ausgewählter Referenztoxika im Wachstumshemmtest auf. Entsprechend lassen sich probencharakteristische

Tab. 11-3: EC_{L50}-Werte [mg/l] im Lumineszenzhemmtest mit *Vibrio fischeri* nach Integral- und Endpunktbestimmung und die $EC_{Endpunkt}/EC_{Integral}$-Koeffizienten für ausgewählte Referenzsubstanzen im Mikrotitrationsplattenverfahren.

		Endpunktanalyse	Integralauswertung	
Probe	Ion	EC_{VfL50}	EC_{VfL50}	$EC_{Endpunkt}/EC_{Integral}$
$PbCl_2$	Pb^{2+}	0,62	0,62	1,00
$HgCl_2$	Hg^{2+}	0,024	0,027	0,89
$CoCl_2$	Co^{2+}	44,1	156	0,28
$CuSO_4$	Cu^{2+}	19,7	25,1	0,78
LiCl	Li^{+}	4911	3557	1,38
SeO_2	Se^{4+}	337	331	1,02
$ZnCl_2$	Zn^{2+}	18,3	45,3	0,40
Chloramphenicol		420	426	0,99

Die Werte der Wirkstoffe, deren Hemmkurven in Abbildung 11-2 aufgeführt sind, wurden markiert.

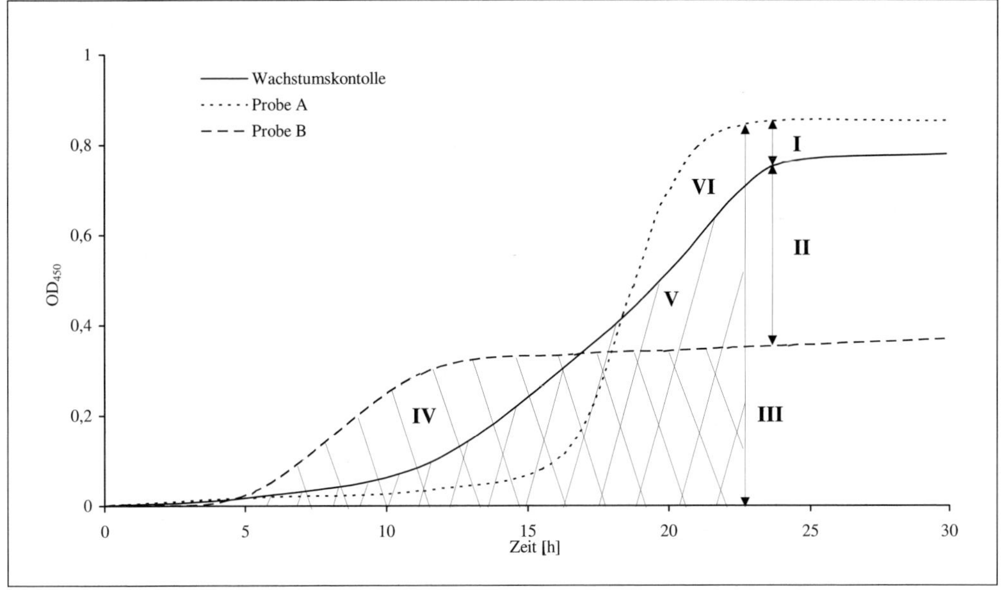

Abb. 11-3: Typische Wachstumskurven von *Vibrio fischeri* unter Einfluß von Umweltproben (Bodeneluaten) in Zellvermehrungshemmtests. Die Daten wurden aus Schmitz et al. (1999a) entnommen. **I:** Wachstumsförderung ermittelt nach Endpunktauswertung (Probe I); **II:** Wachstumshemmung ermittelt nach Endpunktauswertung (Probe II); **III:** Auswertungsendpunkt für Integral- und Endpunktauswertung; **IV:** Fläche unter Kurve II: Die verkürzte Lag-Phase führt zum Nachweis einer Förderung, zumindest jedoch keiner Hemmung mit der Integralbestimmung, obwohl die End-OD deutlich verringert ist; **V:** Fläche unter der Kurve der Wachstumskontrollen; **IV:** Fläche unter Kurve I: µ und Länge der Log-Phase haben zugenommen und führen zur Bestimmung einer Wachstumsförderung über die Endpunktauswertung; die Integralauswertung zeigt keinen hemmenden Einfluß der Probe, obwohl die Lag-Phase deutlich verlängert ist.

Hemmungen auch in kinetischen Lumineszenzhemmtests aufzeigen (Abb. 11-2).
Die Quotienten der EC_L-Werte aus Endpunkt- und Integralanalyse sind im Lumineszenzhemmtest probencharakteristisch und ermöglichen eine Aussage über das toxische Wirkungsprofil der Probe: Je kleiner der (EP/I)-Koeffizient, desto flacher ist der Lumineszenzabfall über den Testzeitraum. Entspricht die Hemmung nach Endpunktauswertung 50 % der Lumineszenz der Kontrolle(n) bei flachem Kurvenverlauf, ergibt sich notwendigerweise nach Integralauswertung eine niedrigere Hemmung – die EC_L-Werte nehmen zu (Tab. 11-3).
Differenzierte Interpretationen sich überlagernder wachstumsfördernder und -hemmender Einflüsse, vor allem durch komplexe Umweltproben, ermöglichen nur kinetische Datenaufnahmen. Abbildung 11-3 zeigt typische, bei Eluaten unterschiedlicher Bodenproben aufgetretene Hemmverläufe. Der Einfluß der Probe erstreckt sich spezifisch auf alle Phasen des Wachstums, d.h. er kann für die lag-Phase hemmend und für die logarithmische Phase durchaus fördernd sein.
Die Kurven zeigen, daß unterschiedliche Auswertungsmodi in Abhängigkeit vom spezifischen Hemmverlauf zu unterschiedlichen Ergebnissen führen müssen. Dabei bleiben unter Umständen Hemmwirkungen unerkannt, wenn nur ein Modus angewandt wird.

11.3.2 Neue Verfahren

Als Ersatz für den marinen *Vibrio fischeri* wird derzeit an der Etablierung vergleichbarer Tests mit dem terrestrischen Organismus *Photorhabdus luminescens* gearbeitet. Hinsichtlich der technischen Vorgaben für einen geplanten Vollautomaten mit einer Minimaltemperatur von 25°C und dem möglichen Verzicht auf eine Aufsalzung des Mediums scheint der Organismus besser geeignet zu sein als *V. fischeri* – abgesehen vom reduzierten NaCl-Anteil des Mediums. *P. luminescens* weist im Vergleich mit dem marinen Organismus im Zellvermehrungshemmtest bei den meisten der getesteten Referenztoxika eine ähnliche Empfindlichkeit auf. Im Lumineszenzhemmtest reagiert der Stamm unempfindlicher. Gerade bei Umweltproben zeigen sich im Lumineszenzhemmtest mit *V. fischeri* oftmals falsch-

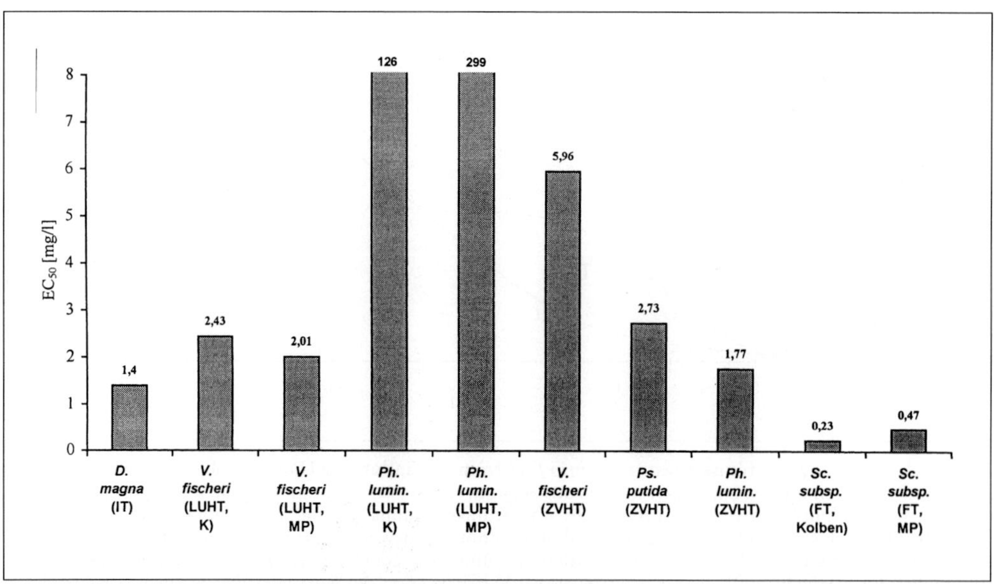

Abb. 11-4: EC_{50}-Werte von Cr^{6+} aus $K_2Cr_2O_7$ in 10 aquatischen Biotestsystemen mit Organismen aus drei trophischen Ebenen. IT: Immobilisationstest; LUHT: Lumineszenzhemmtest; ZVHT: Zellvermehrungshemmtest; FT: Fluoreszenzhemmtest; K: Küvette; MP: Mikrotitrationsplatte.

positive Reaktionen bzw. deutlich höhere G-Werte als Tests mit Algen und Daphnien und anderen Prokaryonten ergeben. Eine Validierung des Systems wird zeigen, inwieweit eine geringere Empfindlichkeit des terrestrischen Stammes die Reproduzierbarkeit und Einheitlichkeit der Ergebnisse einer Testkombination erhöhen kann.

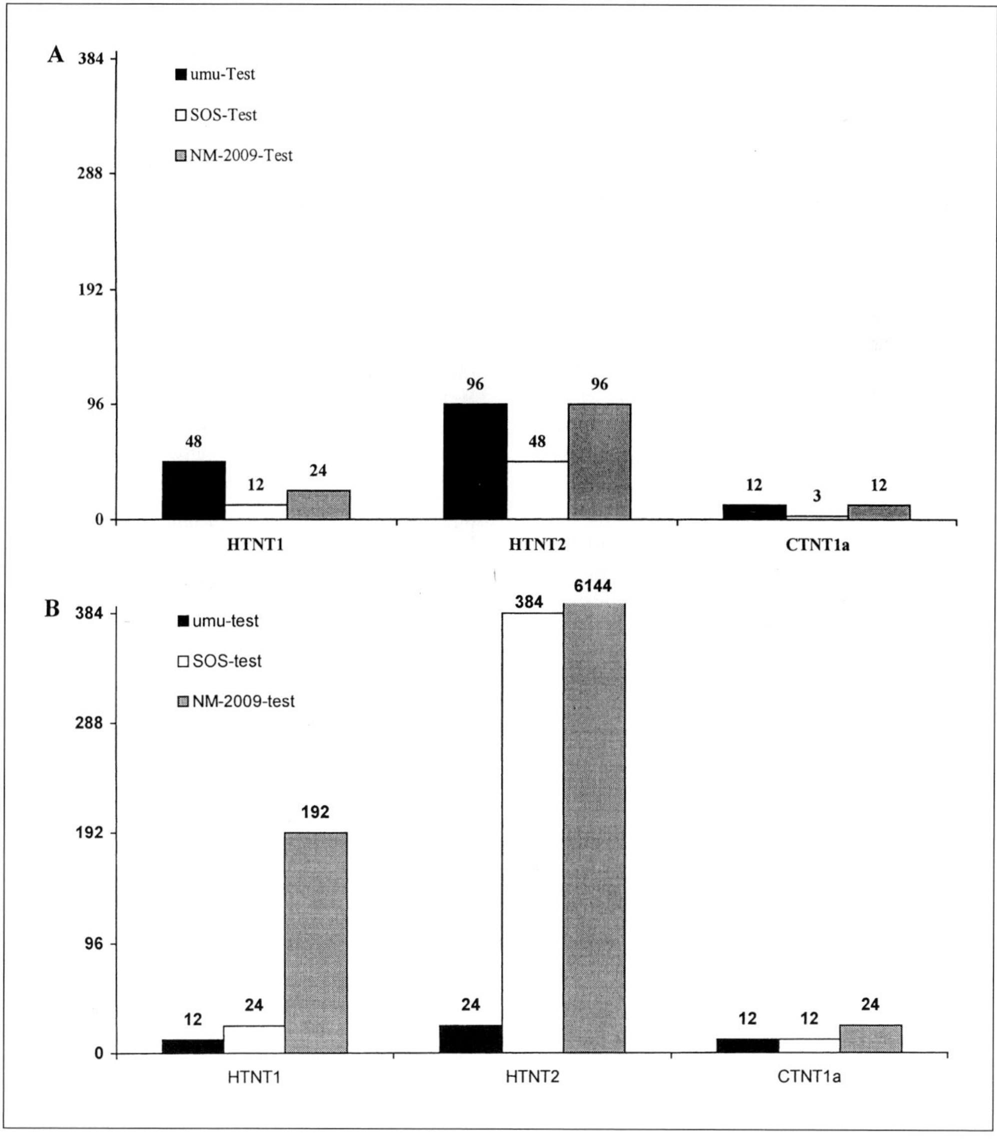

Abb. 11-5: G-Werte wäßriger Extrakte von drei Bodenproben in Genotoxizitätstests mit [A] und ohne [B] metabolischer Aktivierung (mit S9-Rattenleberhomogenat, Aroclor-induziert). Die Daten wurden aus Eisenträger et al. (1997) entnommen.

11.3.3 Vergleich toxikologischer Kenndaten

Toxizitätstests

Unterschiedliche Empfindlichkeiten der Testorganismen und probenspezifische Hemmverläufe führen in Abhängigkeit vom Berechnungsmodus zu abweichenden Testergebnissen. Zwischen Organismen einer trophischen Ebene (z.B. Destruenten) kann diese Abweichung der Kenndaten größer sein als zwischen Organismen unterschiedlicher trophischer Ebenen (Abb. 11-4). Ein umfassendes Bewertungskonzept sollte demnach Testkombinationen mit mehreren Testorganismen unterschiedlicher Empfindlichkeit jeder trophischen Ebene enthalten. Nur standardisierte miniaturisierte Testsysteme lassen unter vertretbarem Aufwand derartige Interpretationen in routinierten Messungen bei hohem Probenaufkommen zu.

Genotoxizitätstests

Die Notwendigkeit des Einsatzes einer Kombination von Genotoxizitäts- bzw. Mutagenitätstests zeigen Meßergebnisse von Umweltproben mit den alternativen Verfahren (Abb. 11-5). In jedem Fall ist eine Testung mit und ohne metabolischer Aktivierung sinnvoll. Die Empfindlichkeitsmuster sämtlicher Testsysteme liefern, zumindest im Falle der verwendeten Referenztoxika, probenspezifische Muster des Testparameters, die einen ersten Schritt in Richtung einer umfassenderen Probencharakterisierung weisen.

11.4 Ausblick

In zukünftigen Untersuchungen muß eine Etablierung der vorgestellten Verfahren in weiteren Laboren erfolgen. Eine umfangreiche Validierung der kombinierten Systeme anhand von Referenztoxika und Umweltproben ist fortzusetzen. Langfristiges Ziel der vergleichenden Untersuchungen, ergänzend zu weiteren standardisierten Testmethoden, muß die Einbindung und Bewertung der Verfahren in Ringversuchen sein. Gültigkeitskriterien für ihren Einsatz und die Herstellung von Gefrierkonserven sind zu definieren. Damit wird die Grundlage für die Einrichtung umfangreicher Datenbanken geschaffen.

Literatur

Anderson, M.P., Bensch, C.N., Stritzke, J.F. (1994): A rapid microtitre plate assay for determining sensitivity to photosystem II herbicides. Weed Sci. 42: 517-522

Blaise, C. (1991): Microbiotests in aquatic ecotoxicology: characteristics, utility, and prospects. Environ. Toxic. Water Qual. 6: 145-155

DIN 38 404 L 2 (1990): Deutsches Einheitsverfahren zur Wasser-, Abwasser- und Schlammuntersuchung. Bestimmung der Trübung. VCH Verlagsgesellschaft mbH, Weinheim

DIN 38 412 L 8 (1991): Deutsche Einheitsverfahren zur Wasser-, Abwasser- und Schlammuntersuchung. Bestimmung der Hemmwirkung von Wasserinhaltsstoffen auf Bakterien. *Pseudomonas*-Zellvermehrungshemmtest. VCH Verlagsgesellschaft mbH, Weinheim

DIN 38 412 L 9 (1989): Deutsche Einheitsverfahren zur Wasser-, Abwasser- und Schlammuntersuchung. Bestimmung der Hemmwirkung von Wasserinhaltsstoffen auf Grünalgen (*Scenedesmus*-Zellvermehrungshemmtest). VCH Verlagsgesellschaft mbH, Weinheim

DIN 38 412 L 33 (1991): Deutsche Einheitsverfahren zur Wasser-, Abwasser- und Schlammuntersuchung. Bestimmung der nicht akut giftigen Wirkung von Abwasser gegenüber Grünalgen (*Scenedesmus*-Chlorophyll-Fluoreszenztest) über Verdünnungsstufen. VCH Verlagsgesellschaft mbH, Weinheim

DIN 38 412 L 34 (1991): Deutsche Einheitsverfahren zur Wasser-, Abwasser- und Schlammuntersuchung. Bestimmung der Hemmwirkung von Abwasser auf die Lichtemission von *Photobacterium phosphoreum* – Leuchtbakterien-Abwassertest mit konservierten Bakterien. VCH Verlagsgesellschaft mbH, Weinheim

DIN 38 412 L 37 (1997): (Norm-Entwurf) Deutsche Einheitsverfahren zur Wasser-, Abwasser- und Schlammuntersuchung. Bestimmung der Hemmwirkung von Wasserinhaltssoffen auf das Wachstum von *Photobacterium phosphoreum* (*Photobacterium phosphoreum*-Zellvermehrungshemmtest). VCH Verlagsgesellschaft mbH, Weinheim

DIN 38 412 L 341 (1991): Deutsche Einheitsverfahren zur Wasser-, Abwasser- und Schlammuntersuchung. Bestimmung der Hemmwirkung von Abwasser auf die Lichtemission von *Photobacterium phosphoreum* – Leuchtbakterien-Abwassertest. Erweiterung des DIN 38 412 L 34, 25. Lieferung, VCH Verlagsgesellschaft mbH, Weinheim

DIN 38 415 T 3 (1995): Deutsche Einheitsverfahren zur Wasser- Abwasser- und Schlammuntersuchung. Suborganische Testverfahren (Gruppe T). Bestimmung des erbgutverändernden Potentials von Wasser und Abwasser mit dem umu-Test – 38 412, T 3. VCH Verlagsgesellschaft mbH, Weinheim

Eisenträger, A., Maxam, G., Ehrlichmann, H., Schmitz, R.P.H., Rila, J.-P., Hund, K., Lutermann, C., Dott, W. (1997): Ecotoxicological and genotoxicological characterization of soils contamined with high concentrations of nitroaromatics. Proceedings of Eco-Informa, 97, Munich, October 6-9, 12: 245-252

Eisenträger, A., Schmitz, R.P.H., Hempel, U., Dott, W. (1998): Presentation of a new algal growth inhibition test with *Scenedesmus subspicatus* in microtitration scale. In: Society of Environmental Toxicology and Chemistry (ed.): Interfaces in Environmental Chemistry and Toxicology. Eighth Annual Meeting of SETAC-Europe, 14-18 April, Bordeaux, France, 291-292

Gee, P., Maron, D., Ames, B. (1994): Detection and classification of mutagens: A set of base-specific *Salmonella* tester strains. Proc. Nat. Acad. Sci. USA 91: 11606-11610

Lukavsky, J. (1992): The evaluation of algal growth potential (AGP) and toxicity of water by miniaturized growth bioassay. Wat. Res. 26: 1409-1413

Oda, Y., Yamazaki, H., Watanabe, M., Nohmi, T., Shimada, T. (1993): Highly sensitive umu test system for the detection of mutagenic nitroarenes in *Salmonella typhimurium* NM2009 having high O acetyltransferase and nitroreductase activities. Environ. Mol. Mutagen. 21: 357 364

Quillardet, P., Huisman, O., D'Ari, R., Hofnung, M. (1982): SOS Chromotest, a direct assay of induction of an SOS funktion in *Escherichia coli* K-12 to measure genotoxicity. Genetics 79: 5971-5975

Radetski, C.M., Ferada, J.-F., Blaise, C. (1995): A semistatic microplate-based phytotoxicity test. Environ. Toxicol. Chem. 14 (2): 299-302

Reinke, M., Kalnowski, G., Dott, W. (1995): Evaluation of an automated, miniaturized *Pseudomonas putida* growth inhibition assay. Vom Wasser. 85: 199-213

Schmitz, R.P.H., Klose, M., Eisenträger, A., Dott, W. (1997): Ecotoxicological testing with a new automized kinetic *Vibrio fischeri* luminescence inhibition assay in microtitration scale. Proceedings of Eco-Informa '97, Munich, October 6-9, 12: 265-271

Schmitz, R.P.H., Eisenträger, A., Dott, W. (1998): Miniaturized kinetic growth inhibition assays with *Vibrio fischeri* and *Pseudomonas putida* (application, validation and comparison). J. Microbiol. Methods. 31: 159-166

Schmitz, R.P.H., Eisenträger, A., Dott, W. (1999a): Agonistic and antagonistic toxic effects observed with miniaturized growth and luminescence inhibition assays. Chemosphere 38: 79-95

Schmitz, R.P.H., Kretkowski, C., Eisenträger, A., Dott, W. (1999b): Ecotoxicological testing with new kinetic *Photorhabdus luminescence* growth and luminescence inhibition assays in microtitration scale. Chemosphere 38: 67-78. Erratum 38: 2449-2454

Vigelahn, L. (1997): Miniaturisierte Verfahren des Leuchtbakterientests und Methoden zur Automatisierung. In: Heiden, S., Dott, W. (eds.): Initiativen zum Umweltschutz 7. Ökotoxikologische Testverfahren. Zeller Verlag, Osnabrück. 167-201

Xenometrix, Inc. (1996): Ames II Internal Validation Study

12 Der Einfluß der Photonenflußdichte auf die Ergebnisse im Algenwachstums-Hemmtest

M. Cleuvers und H.T. Ratte

Abstract

The sensitivity of the Chlorophyceae *Scenedesmus subspicatus* is positively correlated with the photon flux density during the algal test. Reduced photon flux densities, as present at toxicity tests with light absorbing substances such as dyes, lead to a significantly reduced sensitivity, which results in higher EC_{50} values. In the present study we distinguished between the pure toxic effect (the **algicidal** part, represented by the reference substance potassium dichromate) and the shading effect of a light absorbing substance (the **algistatic** part, simulated by reduced photon flux densities during the tests). The proportion between these two effects varies greatly depending on the light reduction during the test and the chosen concentration of potassium dichromate. At high doses of dichromate (1.6 and 3.2 mg/l) the algistatic part exceeds 50 % of the total inhibition only above 80 % light reduction, while at the lowest concentration (0.2 mg/l) this was already the case at 36 % light reduction. As the most important result we could show that the algicidal effect of potassium dichromate and the algistatic effect of reduced photon flux densities do not act additively but follows the concept of independent action. This enables us to compute the algicidal effect if we we know the total inhibition and the algistatic part. With the ISO algal test and the introduced alternative test design this is not possible.

Zusammenfassung

Die Sensitivität der Chlorophyceae *Scenedesmus subspicatus* ist positiv mit der während des Algentests vorliegenden Photonenflußdichte korreliert. Reduzierte Photonenflußdichten, wie sie bei der Testung von lichtabsorbierenden (Farb-)Stoffen vorliegen, führen zu einer signifikant niedrigeren Sensitivität, was sich in erhöhten EC_{50}-Werten niederschlägt. In unserer Testreihe unterschieden wir zwischen dem rein toxischen Effekt (dem **algiziden** Anteil, repräsentiert durch die Referenzsubstanz Kaliumdichromat) und dem Beschattungseffekt einer lichtabsorbierenden Substanz (dem **algistatischen** Anteil, simuliert durch reduzierte Photonenflußdichten während des Tests). Der Anteil dieser beiden Teileffekte schwankt, in Abhängigkeit von der Lichtreduktion im Test und der gewählten Konzentration von Kaliumdichromat, sehr stark. Bei hohen Dichromat-Konzentrationen (1,6 und 3,2 mg/l) hat der algistatische Effekt nur oberhalb von 80 % Lichtreduktion einen Anteil von > 50 % an der Gesamtinhibition, während dies bei der niedrigsten Konzentration (0,2 mg/l) schon bei 36 % Beschattung der Fall war. Als wichtigstes Ergebnis konnten wir zeigen, daß sich der algizide Effekt von Kaliumdichromat und der algistatische Effekt der reduzierten Photonenflußdichte nicht additiv verhalten, sondern sich nach dem Konzept der unabhängigen Wirkung verrechnen lassen. Dies ermöglicht, bei Kenntnis des Gesamt- und des algistatischen Effektes, eine Berechnung des algiziden Effektes. Dies ist sowohl mit dem ISO-Algentest als auch mit dem im Text vorgestellten alternativen Testdesign nicht möglich.

12.1 Einleitung

Farbige Substanzen sind mit einem Anteil von ca. 20 % eine der wichtigsten Chemikaliengruppen bei der Notifikation neuer Substanzen. Hinsichtlich der Testung eventueller phytotoxischer Eigenschaften dieser Substanzen ergibt sich beim standardmäßig durchgeführten Algentest ein Problem. Der „Wachstumshemmtest mit den Süßwasseralgen *Scenedesmus subspicatus* und *Selenastrum capricornutum*“ (ISO 1989, DIN 1993) ist zwar ein bewährtes Mittel für die Ermittlung von phytotoxischen Eigenschaften von Xenobiotika, bei lichtabsorbierenden Substanzen kann es jedoch durch die Absorption photosynthetisch relevanter Wellenlängen zu einer Inhibition des Algenwachstums kommen (**algistatischer** Effekt), die unabhängig von einer möglichen Toxizität (**algizider** Effekt) der Testsubstanz auftritt. Hierdurch wird die Interpretation der Testergebnisse erheblich erschwert bzw. unmöglich gemacht, da mit den z.Zt. vorliegenden Standard-Testvorschriften eine Trennung von algistatischen und algiziden Effekten nicht möglich ist. Außerdem ist über mögliche Interaktionen zwischen der im Test vorliegenden Photonenflußdichte einerseits und der toxischen Wirkung eines Xenobiotikums andererseits so gut wie nichts bekannt. Diese „Informationslücke“ soll mit dieser Arbeit geschlossen werden.

12.2 Material und Methoden

Alle Tests wurden nach der DIN EN 28 692 „Wachstumshemmtest mit den Süßwasseralgen *Scenedesmus subspicatus* und *Selenastrum ca-*

pricornutum“ (ISO 8692: 1989) durchgeführt. Lediglich die Photonenflußdichte wurde in Abweichung von der Norm variiert, um lichtbedingte Effekte deutlich zu machen. Die Tests wurden in 250 ml Erlenmeyer-Kolben, die auf einem Rotationsschüttler befestigt waren, mit einem Testvolumen von 100 ml in sechs Replikaten in der Kontrolle und drei Replikaten in den behandelten Testansätzen, durchgeführt. Als Referenzsubstanz diente Kaliumdichromat ($K_2Cr_2O_7$, E_rC_{50} 0,84 mg/l) das schon für Ringtests des ISO-Standards (Hanstveit und Oldersma 1981, Hanstveit 1982) verwendet wurde. Die gewählten Konzentrationen waren 0,2, 0,4, 0,8, 1,6 und 3,2 mg/l.

12.2.1 Testorganismus

Als Testorganismus diente die Grünalge *Scenedesmus subspicatus* Chodat (SAG 86.81 = UTEX 2594), die wir von der „SAG-Sammlung von Algenkulturen“ der Universität Göttingen (Schlösser 1994) erhalten haben und seit einigen Jahren in unseren Labors kultivieren. Die Testansätze wurden mit Algenzellen aus einer exponentiell wachsenden Vorkultur, die denselben Bedingungen wie im nachfolgenden Test ausgesetzt war, so inokuliert, daß in den Kolben eine Konzentration von 10^4 Zellen pro ml vorlag.

12.2.2 Testmedium

Das Testmedium wurde entsprechend dem ISO-Standard, mit Chemikalien p.a. und destilliertem Wasser zubereitet. Falls notwendig, wurde der pH des Testmediums auf 8,3 ± 0.2 eingestellt. Die maximal erlaubte Variation des pH-Wertes während des Tests beträgt 1,5 pH-Einheiten und wurde niemals überschritten.

12.2.3 Inkubation

Die Algen wurden bei 23 ± 1°C inkubiert. Im ISO-Standard ist eine Photonenflußdichte zwischen 60 und 120 $\mu Es^{-1}m^{-2}$ vorgeschrieben. Um den Einfluß verschiedener Lichtmengen auf die Testergebnisse zu untersuchen, wurden für die Tests Photonenflußdichten zwischen 22 und 195 $\mu Es^{-1}m^{-2}$ gewählt. Um den Effekt der Selbstbeschattung zu minimieren und einen guten Gasaustausch zu ermöglichen (was die pH-Variation in Grenzen hält), wurden die Testkolben mit ca. 80 U/min auf einem Rotationsschüttler geschüttelt.

12.2.4 Messungen

Als ein Äquivalent zur Zellzahl wurde alle 24 Stunden die optische Dichte der Testlösung bei 720 nm in einer 5 cm Küvette gemessen. Wir wählten diese Wellenlänge, um Abweichungen, die auf einem unterschiedlichen Pigmentgehalt der Zellen basieren, zu verhindern.

12.2.5 Konzept für die Analyse der Kombinationseffekte

In dieser Studie wird untersucht, ob das „Konzept der unabhängigen Wirkung“ auf eine Kombination eines physikalischen Faktors, nämlich der Photonenflußdichte, mit einem toxischen Faktor, der Referenzsubstanz Kaliumdichromat, möglich ist.
Dieses Konzept, daß von Bliss (1939) in die biometrische Literatur eingeführt wurde, basiert auf der Annahme, daß die beobachteten Effekte verschiede Wirkungsweisen und -orte haben (Broderius et al. 1995, Drescher und Bödeker 1995, Grimme et al. 1996, van der Gaag 1992). Danach errechnet sich ein Kombinationseffekt (c) aus zwei Teileffekten (a, b) wie folgt:

$$c = (a + b) - (a \times b)$$

wobei ein Effekt von 50 % als Wert 0,5 in die Gleichung eingehen würde.

12.2.6 Berechnung der Effekte

Der in dieser Testreihe gewählte Effektparameter (Endpunkt) ist die mittlere Wachstumsrate (μ_m), die aus der gemessenen Zellzahl berechnet wird. Mit einer Testdauer t ist die mittlere Wachstumsrate:

$$\mu_m = \ln (X_t / X_0) / t$$

mit X = Biomasse (hier: Zellzahl)

Inhibitionen (i) wurden durch einen Vergleich der Wachstumsraten der Testansätze mit der der Kontrollansätze ermittelt:

$$i = 1 - \mu_m / \mu_{m,\ \mathrm{Kontrolle}}$$

Aus diesem Effektparameter ermittelte EC_{50}-Werte werden im ISO-Standard als E_rC_{50}-Werte (r für Rate) bezeichnet, im Gegensatz zu E_bC_{50}-Werten, bei denen ein der Biomasse äquivalenter Parameter gewählt wird. Für eine Diskussion über den geeigneteren Effektparameter siehe Nyholm (1985, 1990, 1994).

Der algizide Effekt ergibt sich so aus dem Vergleich der Wachstumsraten der Testansätze mit der der Kontrollansätze bei gleicher Photonenflußdichte. Der algistatische Effekt läßt sich errechnen, wenn man die Wachstumsraten der Kontrollen aus den Versuchen mit Photonenflußdichten < 120 $\mu Es^{-1}m^{-2}$ auf die der Kontrollen bei 120 $\mu Es^{-1}m^{-2}$ bezieht. Der Kombinationseffekt schließlich ergibt sich so aus dem Vergleich der Wachstumsraten der Testansätze mit Photonenflußdichten < 120 $\mu Es^{-1}m^{-2}$ mit der der Kontrollen bei 120 $\mu Es^{-1}m^{-2}$.

12.3 Ergebnisse

12.3.1 Die Abhängigkeit der Wachstumsrate von der Photonenflußdichte

In Abbildung 12-1 ist die Abhängigkeit der Wachstumsrate von der Photonenflußdichte dargestellt.

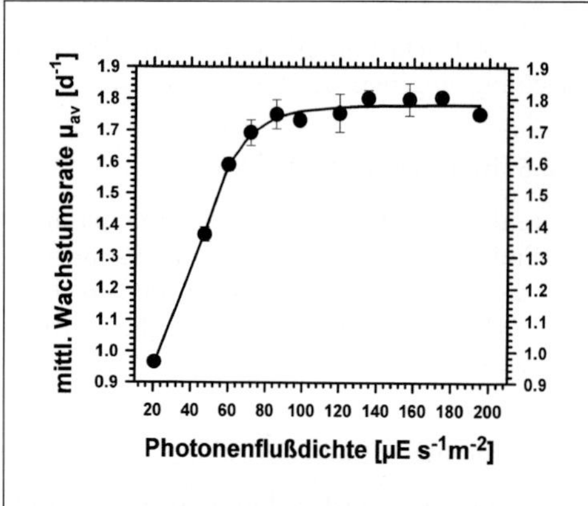

Abb. 12-1: Die mittlere Wachstumsrate von *Scenedesmus subspicatus* in Abhängigkeit von der Photonenflußdichte im Algenwachstums-Hemmtest. Dargestellt sind Mittelwerte und Standardabweichungen.

Mit steigender Photonenflußdichte erfolgt zunächst ein steiler Anstieg der Wachstumsrate, der sich bei 70–80 $\mu Es^{-1}m^{-2}$ abflacht und dann bei ca. 120 $\mu Es^{-1}m^{-2}$ in eine Plateauphase übergeht, wo eine Wachstumsrate von etwa 1,78 d^{-1} erreicht wird. Die Abbildung zeigt deutlich die große Bedeutung der Photonenflußdichte für das Wachstum der Algenpopulation. In einem Test mit lichtabsorbierenden Substanzen inhibieren wir schon durch die Beschattunswirkung alleine das Algenwachstum erheblich, was die Interpretation der Testergenisse hinsichtlich der algiziden Komponente der Testsubstanz a priori sehr erschwert.

12.3.2 Inhibitionen im Algentest

In Abbildung 12-2 ist der Einfluß der Photonenflußdichte auf die durch Kaliumdichromat hervorgerufenen Inhibitionen im Algentest dargestellt.

Mit Ausnahme der niedrigsten Konzentration zeigen alle Ansätze mit steigender Photonenflußdichte eine signifikante Erhöhung der gemessenen Inhibition; d.h., sie reagieren sensiti-

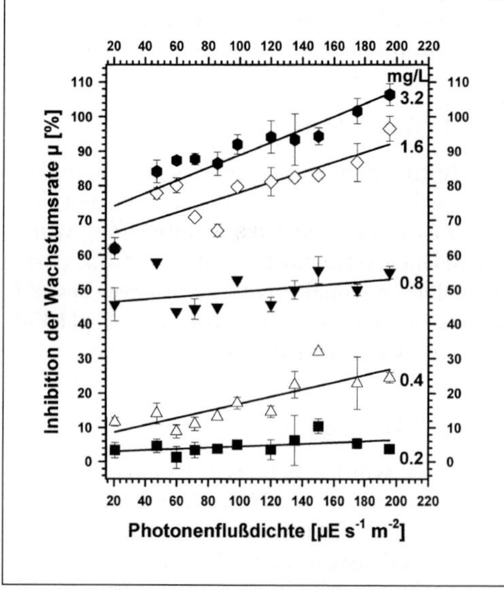

Abb. 12-2: Inhibition der Wachstumsrate für die fünf gewählten Kaliumdichromatkonzentrationen in Abhängigkeit von der Photonenflußdichte. Mittelwerte und Standardabweichungen sowie lineare Regression.

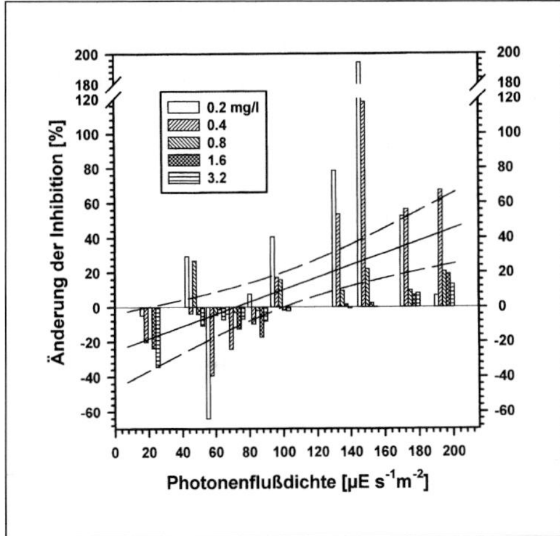

Abb. 12-3: Der Einfluß der Photonenflußdichte auf die prozentuale Änderung der gemessenen Inhibitionen. Lineare Regressionsgerade über alle Daten.

ver auf das Xenobiotikum, wobei sich die deutlichsten Effekte bei den höchsten $K_2Cr_2O_7$-Konzentrationen finden lassen.

Dieser Effekt wird auch in Abbildung 12-3 illustriert, wo die prozentuale Änderung der algiziden Inhibition bezogen auf die „Standard-Inhibition bei 120 $\mu Es^{-1}m^{-2}$ aufgetragen wurde. Die Abweichungen reichen von –65 % bis +194 % und bewegen sich hauptsächlich im Bereich von ± 40 %.

12.3.3 EC_{50}-Werte

Angesichts der bisher geschilderten Ergebnisse stellt sich natürlich die Frage, inwieweit sich diese Befunde in den für die Testsubstanz ermittelten Toxizitätsdaten widerspiegeln. Zu diesem Zweck sind in Abbildung 12-4 die unter den verschiedenen Photonenflußdichten errechneten EC_{50}-Werte gezeigt.

Die EC_{50}-Werte für $K_2Cr_2O_7$ nehmen mit steigender Photonenflußdichte ab, wobei die ermittelten Werte zwischen 1,65 mg/l bei der niedrigsten und 0,65 mg/l bei der höchsten Photonenflußdichte liegen (der in internationalen Ringtests ermittelte EC_{50}-Wert beträgt 0,84 mg/l).

Diese EC_{50}-Werte gelten nur für den separat ermittelten algiziden Effekt. In einem realen Test mit lichtabsorbierenden Substanzen ist die Kon-

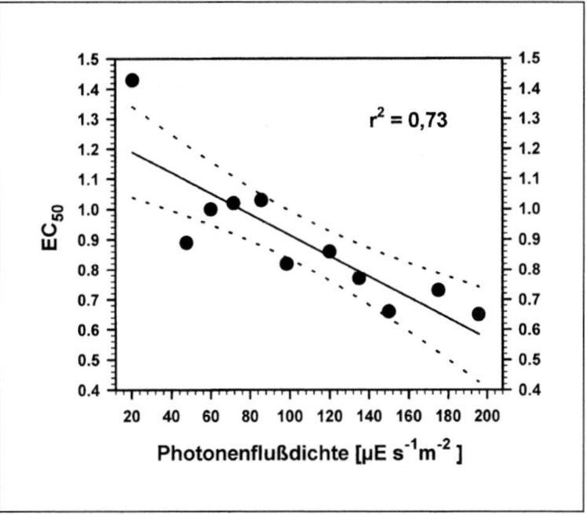

Abb. 12-4: Die ermittelten EC_{50}-Werte für den algiziden Effekt bei unterschiedlichen Photonenflußdichten. Lineare Regression und 95 %-Vertrauensbereich.

trolle jedoch nicht nur nicht der Toxizität der Testsubstanz ausgesetzt; sie erhält auch stets die volle Photonenflußdichte. Um dies in die Betrachtung einzubeziehen und den Gesamteffekt (algizid und algistatisch) zu bestimmen, müssen die ermittelten Wachstumsraten der Testansätze aus den Versuchen mit reduzierten Photonenflußdichten (22–98 $\mu Es^{-1}m^{-2}$) mit der Wachstumsrate der Kontrolle bei 120 $\mu Es^{-1}m^{-2}$ verglichen werden. Die EC_{50}-Werte verändern sich

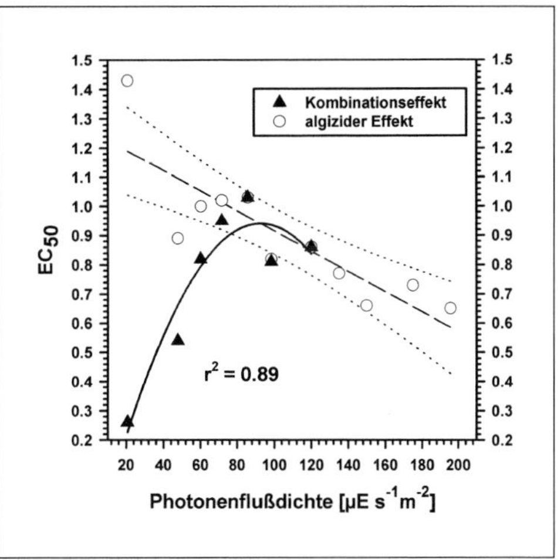

Abb. 12-5: Die ermittelten EC_{50}-Werte für den Kombinationseffekt im Vergleich zu denen für den algiziden Effekt; Regression 2. Ordnung.

dadurch sehr deutlich (Abb. 12-5), und zeigen eine entgegengesetzte Entwicklung als zuvor beschrieben: je niedriger die Photonenflußdichte (bzw. je stärker die „Beschattung"), desto höher scheint die Toxizität der Testsubstanz zu sein.

12.3.4 Kombinationseffekte

Um zwischen der algiziden und algistatischen Komponente eines Effektes unterscheiden zu können, wäre es vorteilhaft, die beiden Teileffekte getrennt zu bestimmen. Zu diesem Zweck wurde bereits vor einigen Jahren ein alternatives Testdesign (Memmert et al. 1994) entwickelt (Abb. 12-6).

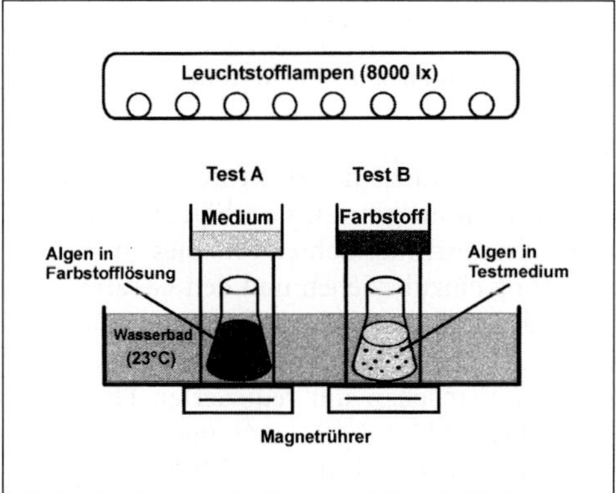

Abb. 12-6: Ein alternatives Testdesign für Algentests mit farbigen Substanzen.

In Test A dieser Versuchsanordnung befinden sich (wie im ISO-Test) die Algen in der Farbstofflösung, sind also sowohl einer potentiellen Toxizität der Substanz als auch der Beschattung durch diese ausgesetzt (Kombinationseffekt). In Test B befinden sich die Algen im Testmedium (ohne Farbstoff), d.h. sie sind unbeeinflußt von einem möglichen algiziden Effekt der Testsubstanz, die sich in einem Gefäß oberhalb des Testkolbens befindet und so als Lichtfilter wirkt, wodurch ein algistatischer Beschattungseffekt ausgelöst wird. Durch eine Subtraktion des in Test B ermittelten algistatischen Effektes von dem in Test A gemessenen Kombinationseffekt soll der algizide Effekt berechnet werden können. Dies setzt voraus, daß sich die beiden Effekte additiv zueinander verhalten (Effekt-Summation), was wir für unrealistisch hielten.

Daher überprüften wir, ob in unserer Testreihe durch diese Effekt-Summation oder durch das in Kap. 3.5 vorgestellte Konzept der unabhängigen Wirkung der Kombinationseffekt aus Toxizität ($K_2Cr_2O_7$) und Beschattung (reduzierte Photonenflußdichte) berechnet werden kann, wobei sich die einzelnen Effekte und der Kombinationseffekt getrennt wie in Kap. 3.6 beschrieben ermitteln lassen. Dabei ergab sich folgendes Bild (Abb. 12-7):

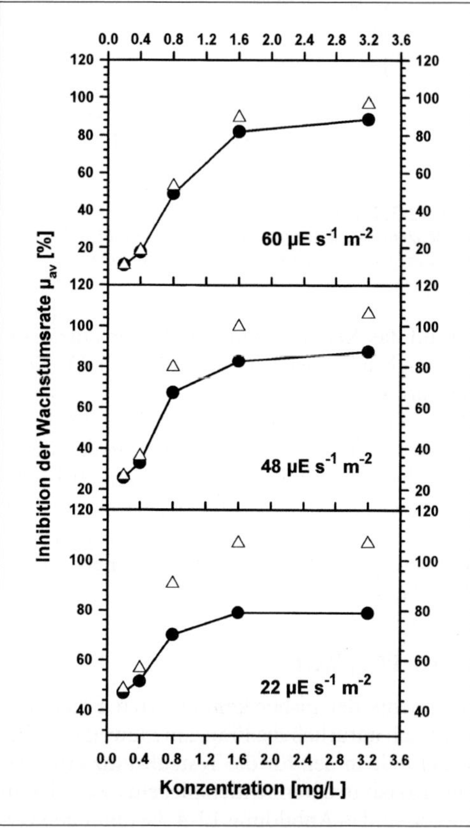

Abb. 12-7: Ermittlung des Kombinationseffektes aus algizidem und algistatischem Effekt mittels Addition der Einzeleffekte und Berechnung nach dem Konzept der unabhängigen Wirkung im Vergleich zum empirisch gemessenen Kombinationseffekt.

Während mit sinkender Photonenflußdichte (also mit steigendem algistatischen Effekt) die Vorhersage des Kombinationseffektes mittels einer Addition der Einzeleffekte immer schlechter wird, trifft das Konzept der unabhängigen Wirkung exakt den empirisch ermittelten Wert.

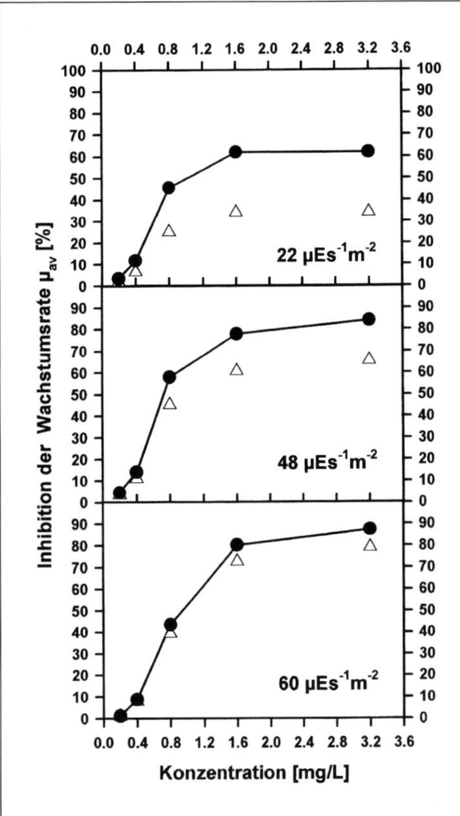

Abb. 12-8: Ermittlung des algiziden Effektes mittels Subtraktion und Berechnung nach dem Konzept der unabhängigen Wirkung im Vergleich zum tatsächlich gemessenen algiziden Effekt.

Quasi als Gegenprobe kann man nun, wie es im alternativen Testdesign mittels Subtraktion geschieht, bei Kenntnis des Kombinations- und des algistatischen Effektes mit dem Konzept der unabhängigen Wirkung die algizide Komponente errechnen, indem man die Gleichung c = (a + b) – (a x b) entsprechend umstellt. So ergibt sich der algizide Effekt (b) aus dem Kombinationseffekt (c) und dem algistatischen Effekt (a) nach der Gleichung:

$$b = (c - a) / (1 - a)$$

Wie Abbildung 12-8 deutlich macht, vergrößert sich der Fehler bei der Berechnung der algiziden Komponente mittels einfacher Subtraktion mit sinkender Photonenflußdichte (also mit steigendem algistatischen Effekt) erheblich, was eine drastische Unterschätzung des algiziden Effektes zur Folge hat. Mit dem Konzept der unabhängigen Wirkung hingegen läßt sich die algizide Komponente exakt bestimmen.

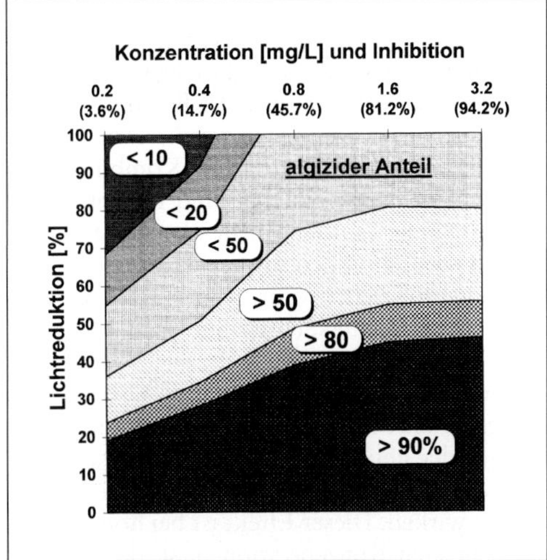

Abb. 12-9: Anteil des algiziden Effektes am Kombinationseffekt in Abhängigkeit von der Lichtreduktion und der gewählten Kaliumdichromatkonzentration.

Dadurch läßt sich auch der algizide Anteil an der Gesamtinhibition errechnen, wie er in Abbildung 12-9 dargestellt ist.

Eine Reduzierung der Photonenflußdichte bis 20 % (ausgehend von 120 µEs^{-1}m^{-2}) hat auch schon bei niedrigen Kaliumdichromat-Konzentrationen nur einen sehr geringen Einfluß auf die Gesamtinhibition, so daß der algizide Anteil am Gesamteffekt > 90 % ist. Bei höheren Kaliumdichromat-Konzentrationen und somit stärkeren algiziden Effekten hat selbst eine Reduzierung der Photonenflußdichte um 40 % nur einen Anteil von < 10 % an der Gesamtinhibition. Andererseits zeigt sich eine Dominanz des algistatischen Effektes in jedem Fall bei Lichtreduktionen > 80 %, und zwar auch dann, wenn der algizide Effekt sehr hoch ist.

12.4 Diskussion

Wird der „Wachstums-Hemmtest mit den Süßwasseralgen *Scenedesmus subspicatus* und

Selenastrum capricornutum" mit lichtabsorbierenden Substanzen durchgeführt, kann nicht zwischen einer Inhibition des Algenwachstums aufgrund der Toxizität und der Beschattung der Testsubstanz unterschieden werden. Die gemessenen Effekte sind daher immer Kombinationseffekte. Um diese verstehen und interpretieren zu können, ist es nötig, mehr über die Interaktion von der den Algen zur Verfügung stehenden Photonenflußdichte während des Tests und der Toxizität der untersuchten Substanz zu erfahren.

Wie in den Abbildungen 12-2 und 12-3 gezeigt, korreliert die Stärke der Inhibition gut mit dem Anstieg der Photonenflußdichte. Je höher diese ist, desto toxischer scheint das Kaliumdichromat zu wirken. Dieser Effekt ist bei hohen Kaliumdichromat-Konzentrationen stärker ausgeprägt als bei niedrigen. Während sich bei 0,2 mg/l kein signifikanter Effekt nachweisen ließ, zeigte sich die stärkste Korrelation bei der höchsten Dosis von 3,2 mg/l ($r^2 = 0,8$).

Der Einfluß auf die EC_{50}-Werte für den algiziden Effekt ist in Abbildung 12-4 dargestellt. Die EC_{50}-Werte sinken mit steigender Photonenflußdichte signifikant von 1,43 mg/l bis auf 0,65 mg/l. Die Toxizität des Kaliumdichromats nimmt demnach mit sinkender Photonenflußdichte ab. In Abbildung 12-5 sind die EC_{50}-Werte für den Kombinationseffekt im Vergleich zu den Werten für den algiziden Effekt aufgetragen. Bis zu einer Reduktion der Photonenflußdichte um 40 % (72$\mu Es^{-1}m^{-2}$) liegen die gemessenen Werte innerhalb des 95 %-Vertrauensbereiches der Regressionsgeraden für den algiziden Effekt. Das bedeutet, daß der Effekt der niedrigeren Toxizität des Kaliumdichromats bei reduzierten Photonenflußdichten groß genug ist, um den hier noch geringen algistatischen Effekt ausgleichen zu können. Bei stärkerer Reduktion der Lichtintensität nehmen die EC_{50}-Werte dann stark ab, d.h. die Testsubstanz wirkt scheinbar viel toxischer. Aber wie oben beschrieben, nimmt die toxische Wirkung des Kaliumdichromats bei sinkender Lichtintensität ab; lediglich der ansteigende algistatische Effekt verursacht ein starkes Ansteigen der Gesamtinhibition und damit niedrigere EC_{50}-Werte.

Diese Ergebnisse belegen, daß bei der Testung von lichtabsorbierenden Stoffen der Standard-Algentest versagen muß, da eine direkte Messung des algiziden Effektes alleine nicht möglich ist.

Die Möglichkeit der Berechnung des algiziden Effektes bei Kenntnis des algistatischen und des Gesamteffektes sollte mit der Entwicklung eines alternativen Testdesigns (Memmert et al. 1994) gegeben sein (Abb. 12-6). Wie jedoch deutlich gezeigt werden konnte (Abb. 12-7 und 12-8), verhalten sich die Einzeleffekte nicht additiv. Eine Berechnung der algiziden Komponente durch eine simple Subtraktion des algistatischen Effektes von der Gesamtinhibition führt zu falschen Ergebnissen, was zu einer drastischen Unterschätzung des algiziden Effektes der Testsubstanz führt. Durch eine Berechnung nach dem Konzept der unabhängigen Wirkung, das von ungleicher Wirkungsweise und verschiedenem Wirkort der beiden Einzeleffekte ausgeht, läßt sich dahingegen der empirisch gefundene Wert exakt berechnen. Wir empfehlen daher als Interimslösung, bis ein besseres Testdesign existiert, das vorgestellte alternative Testdesign weiter zu verwenden, den algiziden Effekt jedoch nach dem Konzept der unabhängigen Wirkung zu berechnen.

Berechnet man den Anteil des algiziden Effektes an der Gesamtinhibition (Abb. 12-9), so erkennt man, daß eine Reduzierung der Photonenflußdichte um 20 % (ausgehend von 120 $\mu Es^{-1}m^{-2}$) selbst bei niedrigen Kaliumdichromat-Konzentrationen (und somit schwachen algiziden Effekten) nur einen sehr geringen Einfluß auf die Gesamtinhibition hat, so daß der algizide Anteil am Gesamteffekt stets $>$ 90 % ist. Bei höheren Kaliumdichromat-Konzentrationen und somit stärkeren algiziden Effekten hat selbst eine Reduzierung der Photonenflußdichte um 40 % nur einen Anteil von $<$ 10 % an der Gesamtinhibition. Selbst bei starker Lichtreduktion (bis ca. 80 %) macht der algizide Anteil in den beiden höchsten Kaliumdichromat-Konzentrationen noch annähernd 50 % aus. Bei noch stärkerer Beschattung zeigt sich eine Dominanz des algistatischen Effektes, und zwar auch dann, wenn der algizide Effekt sehr hoch ist.

Der algizide Anteil eines Kombinationseffektes wird demnach erst bei deutlicher Beschattung (und einem dadurch starken algistatischen Effekt) nennenswert maskiert. Daher kann eine Erhöhung der Photonenflußdichte (auf einen Wert oberhalb der Lichtsättigung) im Standard-Algentest helfen, den algistatischen Effekt zu reduzieren.

Literatur

Bliss, C.I. (1939): The toxicity of poisons applied jointly. Ann. Rev. Appl. Biol. 26: 585-615

Broderius, S.J., Kahl, M.D., Hoglund, M.D. (1995): Use of joint toxic response to define the primary mode of toxic action for diverse industrial organic chemicals. Environ. Toxicol. Chem. 14: 1591-1605

DIN – Deutsches Institut für Normung (1993): DIN 28692 Wachstumshemmtest mit den Süßwasseralgen *Scenedesmus subspicatus* und *Selenastrum capricornutum*. VCH, Weinheim

Drescher, K., Bödeker, W. (1995): Assesment of the combined effect of substances: the relationship between concentration addition and independent action. Biometrics 51: 716-730

Grimme, L.H., Altenburger, R., Bödeker, W., Faust, M. (1996): Kombinationswirkungen in der aquatischen Ökotoxikologie. UWSF – Z. Umweltchem. Ökotox. 8: 150-158

Hanstveit, A.O. (1982): Evaluation of the results of the third ISO interlaboratory study with an algal toxicity test. Netherlands Organization for Applied Scientific Research, TNO, Delft

Hanstveit, A.O., Oldersma, H. (1981): Evaluation of the results of the second ISO interlaboratory study with an algal toxicity test. Netherlands Organization for Applied Scientific Research, TNO, Delft

ISO – International Standards Organization (1989): ISO 8692 Water quality – fresh water algal growth inhibition test with *Scenedesmus subspicatus* and *Selenastrum capricornutum*. Nederlands normalisatie-instituut, Delft

Memmert, U., Motschi, H., Inauen, J., Wüthrich, V. (1994): Inhibition of algal growth caused by coloured substances. ETAD Projekt E 3023. Ecological and Toxicological Association of Dyes and Organic Pigment Manufacturers, Basel

Nyholm, N. (1985): Response variable in algal growth inhibition tests – biomass or growth rate? Wat. Res. 19: 273-279

Nyholm, N. (1990): Expression of results from growth inhibition toxicity tests with algae. Arch. Environ. Contam. Toxicol. 19: 518-522

Nyholm, N. (1994): Comments on test duration and selection of response variable in algal growth inhibition test. ISO/TC 147/SC 5/WG N 158, „Algae“. International Standards Organization, Delft

Schlösser, U.G. (1994): SAG-Sammlung von Algenkulturen at the University of Göttingen. Catalogue of strains 1994. Bot. Acta 3: 111-186

Van der Gaag, M.A. (1992): Combined effects of chemicals: an essential element in risk extrapolation for aquatic ecosystems. Water Sci. Technol. 25: 441-447

13 Ein „Higher Tier" Durchfluß-System im Fließgleichgewicht zur Bestimmung der Toxizität von Pflanzenschutzmitteln gegenüber der Grünalge *Selenastrum capricornutum*

R. Grade, J. Gonzalez-Valero, P. Höcht und V.U. Pfeifle

Abstract

A flow-through test system for the assessment of the toxicity of substances to the green alga *Selenastrum capricornutum* was developed. The dosing of a test substance commenced, once the growth of the algae was in a steady-state, i.e. when the dilution rate was equal to the growth rate. The growth rate was determined indirectly by the estimation of cell number under consideration of inflow volume over time. The ease of manipulation of the exposure regime via digitally controlled pumps makes this flow-through system also suitable for testing substances under realistic exposure conditions or in combination with their metabolites. In this study the degradation of a herbicide and its metabolites was simulated. The substance with an E_rC50 (72 h) of 1.3 µg/l under static conditions (OECD 1984) was tested in the developed flow-through system. The simulated degradation at an initial dose of 3 µg/l of the herbicide had no effect on algal growth, whereas under static test conditions a NOE_rC of 0.28 µg/l was determined. The lowest concentration where effects were observed was 6 µg/l.

Zusammenfassung

Es wurde ein Durchfluß-System zur Bestimmung der Toxizität von Pflanzenschutzmitteln gegenüber der Grünalge *Selenastrum capricornutum* entwickelt. Mit der Dosierung der Testsubstanz wurde begonnen, sobald sich das Wachstum der Algen im Fließgleichgewicht befand, d.h. die Verdünnungsrate der Wachstumsrate entsprach. Die Wachstumsrate wurde indirekt durch die Bestimmung der Zellzahl unter Berücksichtigung des Zuflußvolumens pro Zeiteinheit ermittelt. Computergesteuerte Pumpen ermöglichten es, den Testverlauf so zu gestalten, daß realitätsnahe Expositionsszenarien simuliert werden konnten. Es wurde ein Versuch durchgeführt, in dem der Abbau eines Herbizides und seiner Metaboliten simuliert wurde. Die Testsubstanz, welche im statischen Test (OECD 1984) einen E_rC50 (72 Std.) von 1,3 µg/l zeigte, wurde in dem entwickelten Durchfluß-System getestet. Ein simulierter Abbau des Herbizides bei einer Anfangskonzentration von 3 (m(g/l hatte keinen signifikanten Effekt auf das Algenwachstum. Im statischem Test hingegen wurde eine NOE_rC von 0,28 µg/l ermittelt. Die niedrigste Konzentration, bei der ein Effekt beobachtet wurde, betrug 6 µg/l.

13.1 Einleitung

Standardisierte statische Algentests (OECD 1984) ermöglichen eine Aussage zur Toxizität einer Testsubstanz unter konstanter Exposition über eine relativ kurze Zeitperiode, normalerweise 72 oder 96 Stunden. Diese Kurzzeittests können bei stabilen Substanzen zu einer Überschätzung der Toxiztät einer Substanz führen, da unter Umweltbedingungen Substanzen oft nicht über einen längeren Zeitraum in konstanter Konzentration vorhanden sind (Hosmer et al. 1995).

Einige Laborstudien mit Invertebraten wurden durchgeführt, bei denen das Expositionsszenario anhand bekannter Daten über das Umweltverhaltens der Substanz definiert wurde und welche die Organismen unter realistischen Puls-Dosierungen exponierten (z.B. Hosmer et al. 1995, Kallander et al. 1997). In nur wenigen dokumentierten Studien wurden Algen in einem Durchfluß-System exponiert. Badr und Abouwaly (1997) setzten in einem einfachen Aquariumsystem Phytoplankton einem kontinuierlichem Fluß eines Herbizides aus. Halling-Sorensen et al. (1997) beschrieben ein Algen-Chemostat-Testsystem, in dem Algen stark adsorbierenden und volatilen organischen Substanzen ausgesetzt werden konnten. Benjamin et al. (1998) entwickelten ein einfaches, manuell verdünnbares, halb-kontinuierliches Testystem (96 Stunden) zur Bestimmung der Wachstumshemmung bei der Grünalge *Selenastrum capricornutum*.

Das Ziel dieser Studie war es, ein Durchfluß-System zu entwickeln bei dem Effekte von Testsubstanzen auf logarithmisch wachsende Algenkulturen über einen längeren Zeitraum beurteilt werden können, und in welchem eine Simulation von realitätsnahen Expositionsszenarien möglich ist.

13.2 Material und Methoden

13.2.1 Testanlage

Das Durchfluß-System für Algen bestand aus vier separaten Testkammern mit einem Volumen von je 3000 ml, welche sich in einem temperiertem Wasserbad befanden (24 ± 2°C). Jede Testkammer (siehe Abbildung 13-1) hatte einen Zufluß (7) bestehend aus einer Glasröhre, durch die das Nährmedium und die Testsubstanz zugeführt wurden. Der Zulauf des Mediums und der Testsubstanz wurde separat durch computergesteuerte Pumpen kontrolliert. Das Volmen in den Kammern wurde mit einer Abzugskapillare (5/6), durch welche das überschüssige Medium abgezogen wurde, konstant gehalten. Die Testkammern wurden mit steril gefilterter (3/4) Luft belüftet. Ein Flügelrührstab (9) sorgte für die gleichmässige Verteilung und verhinderte die Sedimentation der Algen. Die Beleuchtung der Algen wurde durch an der Seite installierte Neonröhren mit einer gesamten Lichtintensität von etwa 60 μE/m² pro Sekunde, gewährleistet.
Jede Testkammer wurde mit 1000 ml OECD Medium (OECD 1984) mit einem pH von 8 gefüllt, und mit einer Anfangskonzentration von

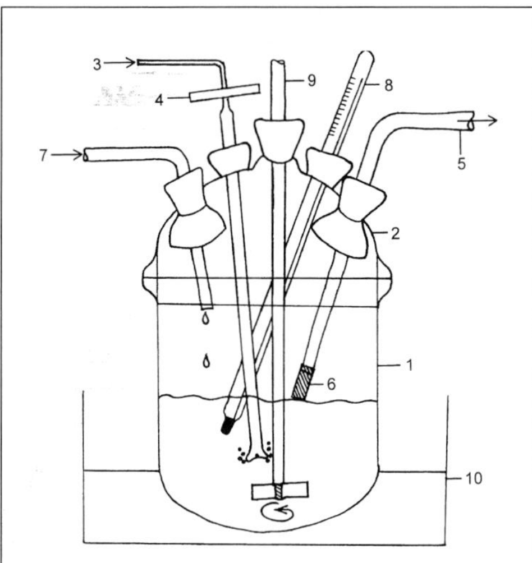

Abb. 13-1: Zeichnung einer Testkammer. 1/2, Testgefäß; 3, Belüftung; 4, Sterilfilter; 5/6, Abzugskapillare; 7, Zufluß; 8, Thermometer; 9, Flügelrührstab; 10, Wasserbad.

1×10^7 bis $1{,}5 \times 10^7$ Zellen pro Kammer (d.h. 1×10^4 bis $1{,}5 \times 10^4$ Zellen/ml) angeimpft. Es wurden zweimal täglich Algenproben von jeder Testkammer entnommen und die Zellzahl mit Hilfe eines „Cytofluor Fluorescence Counters" bestimmt. Folgende Filter wurden verwendet: zur Anregung 460/40 und für die Emission 665/20 (121 Emissioneinheiten entsprachen $3{,}1 \times 10^5$ Zellen/ml). Die Zugabe des Mediums über das Pumpensystem begann, wenn eine Zelldichte von ungefähr 5×10^5 Zellen pro ml erreicht war. Die Zellzahl wurde dann durch die Regulierung der Zuflußrate konstant gehalten. Sobald sich das Wachstum der Algen im Fließgleichgewicht befand, d.h. die Verdünnungsrate der Wachstumsrate entsprach, begann die Zudosierung der Testsubstanz.
Die Wachstumsrate wurde indirekt durch die Bestimmung der Zellzahl unter Berücksichtigung des Zuflußvolumens pro Zeiteinheit ermittelt. Die Wachstumsrate wurde mit folgender Gleichung errechnet:

$$\mu = \frac{\ln(\frac{n_1}{n_0}) + \frac{V_{zg}}{V} * (t_1 - t_0)}{(t_1 - t_0)}$$

c_0 Anfangskonzentration der Testsubstanz (μg/ml)
c_z Zuflußkonzentration der Testsubstanz (μg/ml)
n_0 Emission zur Zeit t_0
n_1 Emission zur Zeit t_1
t Zeit (Stunden)
V Volumen in der Testkammer (ml)
V_z Zuflußvolumen pro Zeiteinheit (ml/h)
V_{zg} gesamtes Zuflußvolumen pro Zeiteinheit (ml/h)
μ Wachstumsrate (l/h)

13.2.2 Testorganismus

Im statischen und im Durchfluß-Testsystem wurde die einzellige Grünalgenart *Selenastrum capricornutum* als Testorganismus verwendet

13.2.3 Testsubstanz

Bei der Testsubstanz handelte es sich um ein Herbizid mit einer hohen Algentoxizität und einer Halbwertszeit von 0,6 Tagen in einem sandigen Lehmboden.

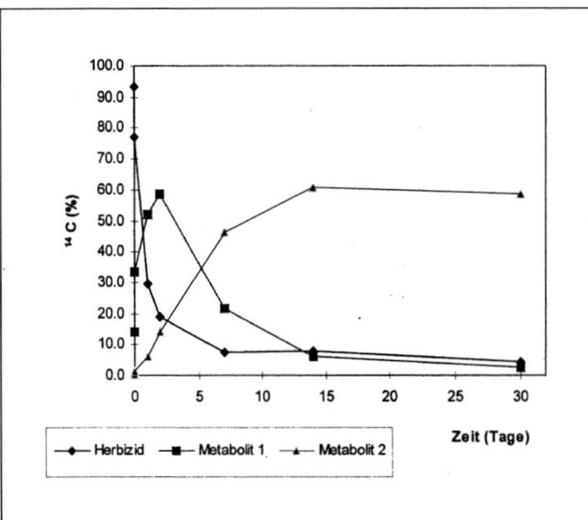

Abb. 13-2: Abbau des Herbizides in seine beiden Hauptmetaboliten in einem sandigen Lehmboden

Der Abbau des Herbizides in seine beiden Hauptmetaboliten in einem sandigen Lehmboden wurde in Abbildung 13-2 dargestellt. Zur Simulation dieser Abbauvorgänge in den Testkammern des Durchfluß-Systems wurden die Konzentrationen der Testsubstanzen pro Zeiteinheit errechnet.

Algentoxizität E_rC_{50} (72 Std):

a.i.	1,3 µg/l (NOE$_r$C: 0,28 µg/l)
1. Metabolit	0,23 mg/l (NOE$_r$C: 0,16 mg/l)
2. Metabolit	25,4 mg/l (NOE$_r$C: 12,5 mg/l)

Abbau im Boden DT-50:

a.i.	0,6 Tage
1. Metabolit	4,6 Tage
2. Metabolit	202 Tage

Berechnungen

Die Konzentrationen der Testsubstanz und seiner Metaboliten in den Testkammern wurden nach folgenden Formeln berechnet:

$$\frac{dc}{dt} = \frac{1}{V}(c_z * V_z - c * V_{zg})$$

Konzentrationsabnahme des Herbizides nach einer einmaligen Applikation:

$$c(t) = c_0 * e^{-\frac{V_{zg}}{V} * t}$$

Anstieg des 1. Metaboliten:

$$c(t < t_1) = \frac{c_z * V_z}{V_{zg}} * (1 - e^{-\frac{V_{zg} * t}{V}})$$

Abnahme des 1. Metaboliten:

$$c(t > t_1) = c_1 * e^{-\frac{V_{zg} * (t-2880)}{V}})$$

Anstieg des 2. Metaboliten:

$$c(t) = \frac{c_z + V_z}{V_{zg}} * (1 - e^{-\frac{V_{zg} * t}{V}})$$

Der Konzentrationsverlauf wurde graphisch in Abbildung 13-3 dargestellt.

13.3 Resultate und Diskussion

Im statischen Test wurde ein E_rC_{50} (72 Std) von 1,27 µg/l des Herbizides für die Alge *Selenastrum capricornutum* ermittelt. Der NOE$_r$C des Herbizides lag bei 0,28 µg/l.
Bei der Exposition der Algen im Durchfluß-System mit einer kontinuierlichen Dosierung von 3 µg/l des Herbizides war keine Wirkung auf die Wachstumsrate (siehe Abb. 13-4 und 13-5, Kammer 1) zu erkennen, eine kontinuierliche Dosierung von 6 µg/l führte jedoch zu einer Re-

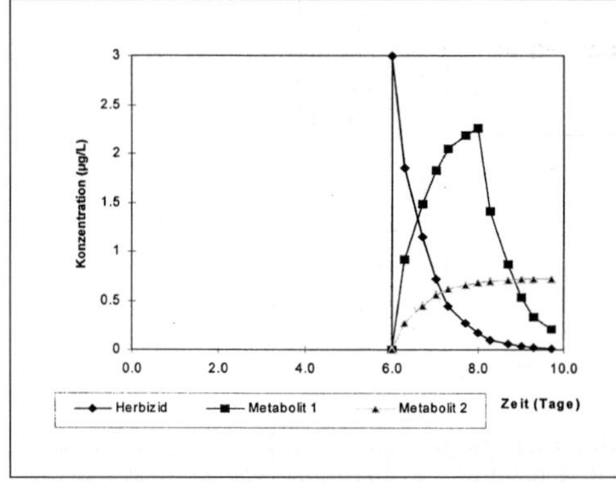

Abb. 13-3: Errechnete Konzentrationsverläufe des Herbizides und seiner Metaboliten in der Testkammer

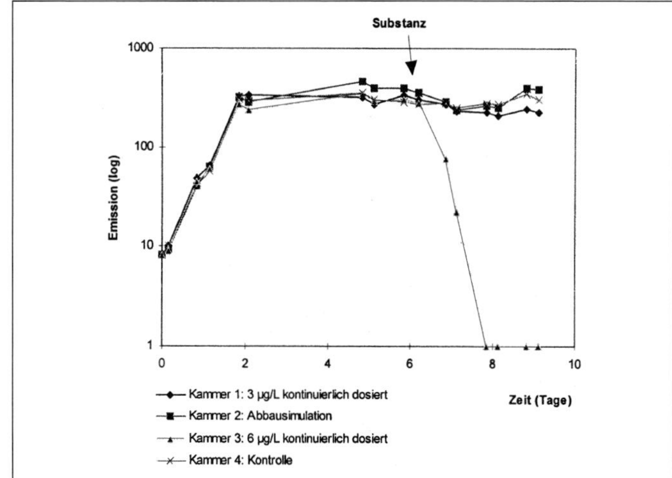

Abb. 13-4: Wachstumskurve von *Selenastrum capricornutum* exponiert (Beginn der Exposition nach 149 Stunden) bei einer Abbausimulation und einer kontinuierlichen Dosierung von 3 µg/l und 6 µg/l des Herbizides im Durchfluß-System und eine Kontrolle

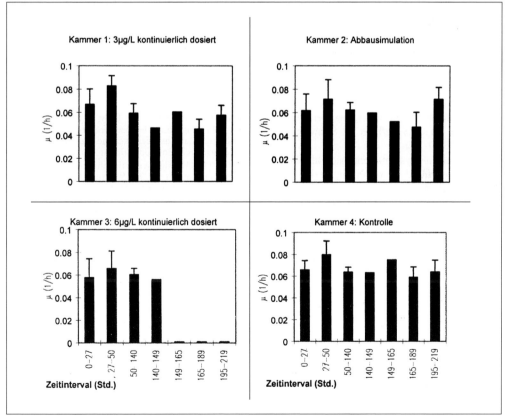

Abb. 13-5: Errechnete Wachstumsraten von *Selenastrum capricornutum* exponiert (Beginn der Exposition nach 149 Stunden) bei einer Abbausimulation und einer kontinuierlichen Dosierung von 3 µg/l und 6 µg/l des Herbizides im Durchfluß-System und eine Kontrolle

duktion der Wachstumsrate ohne daß eine Erholung während des Testzeitraumes eintrat (siehe Abb. 13-4 und 13-5, Kammer 3).
Die Exposition der Algen mit dem Herbizid und dessen Metaboliten in Konzentrationen, die einen Abbauvorgang in der Erde simulierten, (wie in Abb. 13-3 gezeigt) führte bei einer Anfangskonzentration des Herbizides von 3 µg/l zu keiner Reduktion der Algenwachstumsrate (siehe Abb. 13-4 und 13-5, Kammer 2).
Zur Bestimmung von NOEC und LOEC Konzentrationen des Herbizides im Durchfluß-System wird die Anlage auf eine größere Anzahl von Testkammern erweitert.

13.4 Schlußfolgerungen

- Das entwickelte Durchfluß-System ermöglicht die Beurteilung von Effekten einer Testsubstanz auf logarithmisch wachsende Algenzellen unter verschiedenartigen Expositionsszenarien über eine längere Zeitperiode.
- Die Konzentration des Herbizides welche keine Wirkung auf eine Population der Grünalge *Selenastrum capricornutum* hat, die sich im Fließgleichgewicht befindet, liegt bei 3 µg/l, im Vergleich zu 0,28 µg/l im 72 Stunden statischen OECD-Test.
- Das Durchfluß-System eignet sich als ‚Higher Tier'-System, und ist somit ein Verbindungsglied zwischen statischen Labortests und Mesocosmen-Studien. In Fällen, bei denen aus Testsubstanzen durch Abbauvorgänge in der Erde Metaboliten entstehen, kann das entwickelte System zu einer realistischeren Abschätzung des eventuellen Umweltrisikos der Folgeprodukte im aquatischen Bereich verwendet werden.
- Die Erholung einer Population kann beurteilt werden.

Literatur

Badr, S.A., Abou-waly, H.F. (1997): Growth response of freshwater algae to continuous flow of terbutryn. Bull. Environ. Contam. Toxicol. 59: 298-305

Benjamin, R., Brown III, R., Fraizer, M., Joab, B.M., Casey, R.E., Klaine, S.J. (1998): Algal growth rate fluctuations observed under uniform ambient test conditons using static and semicontinuous assay techniques. Environ. Toxicol. Chem. 17: 460-467

Halling-Sorensen, B., Nyholm, N., Kloft, L., Kusk, K.O. (1997): An algal chemostat system for exposure of adsorbable and volatile substances. Environ. Toxicol. Chem. 16: 1624-1628

Hosmer, A., Ward, T., Magazu, J., Boeri, R. (1995): Age specific effects of pulse dosed fenoxycarb on survival, growth and reproduction of *Daphnia magna*. Presented at the Second SETAC World Congress (16th Annual Meeting), (5-9 November, 1995), Vancouver, British Columbia, Canada

Kallander, D.B, Fisher, S.W., Lydy, M.J. (1997): Recovery following pulsed exposure to organophosphorus and carbamate insecticides in the midge, *Chironomus riparius*. Arch. Environ. Contam. Toxicol. 33: 29-33

OECD (1984): Alga, growth inhibition test. OECD-Guidline No. 201; 07/06/1984 and Official Journal of European Communities, 92/69/EEC: C.3

14 Brauchen wir einen Biotest mit höheren Pflanzen in der aquatischen Toxikologie?

B. Praszczyk, R. Altenburger, J. Oehlmann, B. Markert und G. Schüürmann

Abstract

Biotests using aquatic organisms are employed in the fields of prospective chemical hazard assessment and testing of effluents and other environmental samples. Conduct of established and standardised biotests comprises test systems that represent different trophic levels (algae, daphnids, fish and bacteria). In international fora there is currently a debate as to whether unicellular algae as systematically and structurally simple organisms are a satisfactory representation of all autotrophic life forms. This paper therefore studies the sensitivity and specificity of a biotest with the duckweed *Lemna minor.*

The results presented demonstrate that for the establishment of a biotest with a higher aquatic plant, effect parameter and toxicological endpoints require particular reflection. With respect to the question of sensitivity and specificity of responses concentration response analysis was performed for selected herbicides. In comparison with well-established algal biotests *Lemna* shows significantly higher sensitivities for different herbicides with diverse modes of action. Finally, the responsiveness to environmental samples was studied for a transect along the river Neiße.

On the basis of the findings there is a clear recommendation to regard the presented biotest using *Lemna minor* as a suitable supplementation to algal biotests.

Zusammenfassung

Bioteste mit aquatischen Organismen werden in den Bereichen der prospektiven Chemikalienbeurteilung und in der Umweltprobentestung verwendet. In der etablierten und normierten Biotestpalette befinden sich Testsysteme, die verschiedene Trophiestufen repräsentieren (Algen, Daphnien, Fische und Bakterien). International wird derzeit diskutiert, ob die einzelligen und systematisch als niedere Pflanzen zu betrachtenden Algen hinreichende Repräsentanten der autotrophen Lebensweise darstellen. In dieser Arbeit wurden daher die Sensitivität und Spezifität eines Biotestes mit der Wasserlinse *Lemna minor* untersucht.

Unsere Befunde zeigen, daß bei der Etablierung eines Biotestes mit einer höheren Wasserpflanze insbesondere die Wirkungsparameter und Testzeitpunkte reflektiert werden müssen. Zur Frage der Sensitivität und Spezifität des Lemnabiotestes wurden für ausgewählte herbizide Wirkstoffe Konzentrations-Wirkungs-Analysen durchgeführt. Der Lemnatest zeigt im Vergleich zu etablierten Algentesten bei verschiedenen Wirkprinzipien und Milieubedingungen deutlich höhere Sensitivitäten. Schließlich wurde das Ansprechverhalten von *L. minor* gegenüber Umweltproben für ein Längsprofil der Neiße studiert.

Auf Grundlage der ermittelten Ergebnisse stellt sich der untersuchte Biotest mit *Lemna minor* als eine sinnvolle Ergänzung zur Algenbiotestung dar.

14.1 Einleitung

Die Anwendungsgebiete biologischer Testverfahren sind vielseitig, von der prospektiven Bewertung der Umweltgefährlichkeit von Stoffen über die Feststellung von Gewässerverschmutzungen durch Einleitungen bis hin zu überwachendem Monitoring von Gewässern (Nusch 1992).

Im aquatischen Bereich gibt es vier regulativ geforderte Biotests für die Chemikalienbeurteilung: Leuchtbakterientest, Algentest, Daphnientest und Fischtest. Damit sollen verschiedene Trophiestufen und eine einfache Nahrungskette aus Produzenten, Primär- und Sekundärkonsumenten sowie Destruenten abgebildet werden.

Für die Standardisierung methodischer Details dieser Bioteste existieren deutsche Einheitsnormen (DIN) (Kanne 1989). Es wird zur Zeit über die Notwendigkeit einer Ergänzung dieser Biotestbatterie um ein Verfahren mit einer höheren Pflanze diskutiert (Greenberg et al. 1992, Fairchild et al. 1997, OECD 1997). Als geeignete Testorganismengruppe werden oft Lemnaceen vorgeschlagen (Lewis 1995). In der vorliegenden Arbeit werden Ergebnisse einer Biotestung mit der Wasserlinse *Lemna minor* mit Ergebnissen aus Tests mit einzelligen Algen verglichen.

Lemnaceen repräsentieren eine photoautotrophe Gruppe sehr stark reduzierter monokotyler Pflanzen (Augusten 1984). Sie sind die kleinsten Blütenpflanzen, die auf der Wasseroberfläche schwimmen. Die Familie der Lemnaceen umfaßt 4 Gattungen (*Lemna, Spirodela, Wolffia* und *Wolfiella*) mit 35 Spezies, die sich meist vegetativ durch Bildung von Tochterpflanzen (Fronds) vermehren. In Europa vorkommende Spezies sind: *Spirodella polyrhiza, Sp. punctata, Lemna trisula, L. minor, L. gibba, L. minuscula* und *Wolfia arrhiza*. Die einzelne Pflanze besteht aus

einem Mutterfrond, aus dem links und rechts in Taschen Tochterfronds heranwachsen (Landolt und Kandeler 1987). Das Wachstum der Fronds verläuft unter optimalen Bedingungen exponentiell und die Verdopplungszeit beträgt ca. 2 Tage. Die Kultivation der Wasserlinsen im Labor kann entweder in flüssigen Medien oder auf verfestigten Substraten in Erlenmeyerkolben, Petrischalen oder Reagenzgläsern durchgeführt werden (Augusten und Gebhard 1988).
Die geringe Größe zusammen mit der vegetativen Vermehrung bei relativ hoher Vermehrungsrate sind die Gründe, weshalb Wasserlinsen einfach im Labor kultivierbar sind und verstärkt zur Bearbeitung physiologischer, biochemischer und ökologischer Fragestellungen eingesetzt werden (Wang 1986, 1990).
Ziel dieser Arbeit war es, folgende Fragen zu klären:

- Läßt sich die Notwendigkeit eines zusätzlichen Biotestes mit einer höheren Wasserpflanze für Fragen der Chemikalienbewertung und Abwasserprüfung demonstrieren?
- Eignet sich *Lemna minor* für die Etablierung eines standardisierbaren und hinreichend sensitiven Biotestverfahrens?

Hierfür wurden einerseits verschiedene Kultivationsbedingungen und Expositionsregime erprobt und andererseits Untersuchungen mit herbiziden Wirkstoffen und Umweltproben im Vergleich zu einem Algentest durchgeführt.

14.2 Material und Methoden

14.2.1 Kultivations- und Testbedingungen

Im Rahmen der vorliegenden Arbeit wurden Versuche mit der kleinen Wasserlinse *Lemna minor* L., bezogen von der Stammhaltung der Universität Jena (Prof. Jungnickel), durchgeführt. Die Lemnakultur wurde photoautotroph in sterilisiertem Nährmedium nach Steinberg (Tabelle 14-1) (Steinberg, 1946) kultiviert, das hinsichtlich der Verwendung von Natrium- anstelle von Ammoniummolybdat modifiziert wurde. Zur Anzucht wurden die Fronds von Schrägagarkulturen in Flüssigmedium angeimpft und für 14 Tage im Licht-Dunkel-Wechsel 14:10 Stunden angezogen, bevor sie für die Versuche verwendet wurden.
Die Kultivierung erfolgte in Präparatgefäßen mit geschliffenem Deckel, die sich in einem Wasserbad befanden. Die Temperatur des Wassers wurde mit Hilfe eines Thermostates bei 23°C ± 2°C konstant gehalten. Die Belichtung erfolgte von der Seite durch 4 Leuchtstoffröhren (je zwei Osram L 36 W/41 Interna und 2 Osram L 36 W/11 Daylight, Osram, Berlin), die auf der Oberfläche der Kulturgefäßen eine Lichtintensität von 35 W/m^2 gewährleisteten.
Die Biotests wurden über eine Zeitdauer von 7 Tagen durchgeführt. Die Temperatur betrug 23°C ± 1°C und wurde mit Wasserbadthermo-

Stoff		**Nährmedium nach Steinberg**	
Makroelemente	Molgew.	mg/l	mmol/l
KNO_3	101,12	350,00	3,46
$Ca(NO_3)_2*4H_2O$	236,15	295,00	1,25
KH_2PO_4	136,09	100,00	0,74
$MgSO_4*7H_2O$	246,37	100,00	0,41
Mikroelemente	Molgew.	µg/l	µmol/l
H_3BO_3	61,83	120,00	1,94
$ZnSO_4*7H_2O$	287,43	180,00	0,63
$Na_2MoO_4*2H_2O$	241,92	44,00	0,18
$MnCl_2*4H_2O$	197,84	180,00	0,91
$FeCl_3*6H_2O$	270,21	760,00	2,81
EDTA (Titriplex III)	372,24	1500,00	4,030

Tab. 14-1: Zusammensetzung des modifizierten Steinberg-Mediums

statisierung konstant gehalten. Die Lichtintensität betrug 12 W/m^2 und erfolgt von oben unter Dauerlicht.
Es wurden spezielle Bechergläser ohne Tülle mit Glasdeckel und einem Nennvolumen von 100 ml eingesetzt. In jedes Glas wurden 60 ml Flüssigkeit gegeben. Bei jedem Test wurden Doppelproben mit definierten Stoffkonzentrationen, 4 Kontrollen und 2 sogenannte „Positivkontrollen" mit $K_2Cr_2O_7$ mitgeführt.
Die Verdünnungsreihen für die Schadstoffkonzentrationen wurden so berechnet, daß bei den Testorganismen möglichst eine 0- bis 100 %ige Hemmung der Wachstumsrate erzielt wurde.
Die Herstellung der Testansätze richtete sich nach dem folgenden Schema:

Anzucht der Lemnakultur ca. 14 Tage vor Versuchsbeginn
↓
Sterilisieren von 800 ml 2fach konzentriertem Steinberg-Nährmedium
↓
Zugabe von jeweils 30 ml Schadstofflösung bzw. bidest.-Wasser
↓
Überführen von 7 Fronds gleicher Größe in jedes Testgefäß
↓
Einstellen aller Testgefäße in die Testanlage
↓
Frondzahlermittlung alle 2 Tage
↓
Bestimmung des Chlorophyllgehaltes nach 7 Tagen Testdauer
↓
Testauswertung – Ermittlung der Konzentrations-Wirkungs-Funktion

14.2.2 Testparameter

Alle für die Auswertung der Tests vorgesehenen Parameter wurden mit Hilfe von drei Meßgrößen bestimmt, nämlich:
- Frondzahl;
- Chlorophyllgehalt;
- Frischgewicht.

Die Frondzahl wurde alle 48 Stunden bestimmt, die zwei weiteren Parameter nach dem Ende des Tests (nach 7 Tagen).
Die Zählung der Wasserlinsenfronds erfolgte manuell. Aus der Bestimmung der Frondzahl lassen sich die folgenden Testparameter berechnen:
- Frondzuwachs;
- Vermehrungsrate;
- Wachstumsrate.

Der Frondzuwachs (FZ) errechnete sich wie folgt:

$$FZ = (F_n - F_0) / F_0,$$

die Berechnung der Wachstumsrate (μ) erfolgte nach der Gleichung:

$$\mu = (\ln F_n - \ln F_0) / t_n$$

wobei,

F_0 = Frondzahl am Anfang des Tests;
F_n = Frondzahl am Testende; und
t_n = Testdauer in Tagen.

Der toxische Einfluß von getesteten Chemikalien auf *Lemna minor* wurde als Hemmung der Wachstumsrate bzw. des Frondzuwachses bestimmt mit:

$$H = (\mu_K - \mu_T / \mu_K) * 100, [\%]$$

wobei,

H = Hemmung der Wachstumsrate/Frondzuwachs im Vergleich zur Kontrolle;
μ_K = Wachstumsrate bzw. Frondzuwachs der Kontrolle;
μ_T = Wachstumsrate bzw. Frondzuwachs der Testansätze.

Die so ermittelten Hemmwerte wurden bei der Herstellung von Konzentrations-Wirkungs-Beziehungen verwendet. Zur Erstellung der Konzentrations-Wirkungs-Kurven wurde eine HILL-Funktion der Form

$$E = Min + (Max - Min) / (1 + ((X / X50)^{-P}))$$

benutzt, wobei:

E = Effekt;

Min, Max = minimaler bzw. maximaler Effekt;

X = Konzentration;
X50 = mittlerer Effekt (Max-Min)/2; und
P = Steigung.

14.2.3 Bestimmung des Chlorophyllgehaltes

Als zusätzlicher Parameter bei der Auswertung der Biotests wurde der Chlorophyllgehalt bestimmt. Am Ende des Versuches, nach der Frondzahlbestimmung, wurden zuerst alle Fronds von allen Testansätzen mit saugfähigem Papier abgetrocknet und gewogen, damit ein Frischgewicht (FG) jeder Probe erhalten wurde. Die Chlorophyllbestimmung (gesamt Chlorophyll a und b) erfolgte photometrisch nach mechanischem Aufbruch der Fronds durch mörsern und einstündiger Extraktion der Pigmente mit Aceton bei Raumtemperatur (nach Lichtenthaler und Wellburn 1983). Die Extinktion wurde mit Hilfe von einem Spectralphotometer (Perkin Elmer UV/VIS, Lambda 2S, Landau, FRG) bei 645 und 662 nm gemessen. Unter Verwendung der spezifischen Absorptionskoeffizienten für Chlorophyll a+b konnte die Gesamtchlorophyllmenge in µg/ml Acetonextrakt wie folgt errechnet werden:

$$C_a = (11{,}75\ E_{662} - 2{,}35\ E_{645}) \qquad [\mu g/ml]$$
$$C_b = (18{,}61\ E_{645} - 3{,}96\ E_{662}) \qquad [\mu g/ml]$$

Aus dem Chlorophyllgehalt im volumendefinierten Acetonextrakt wurde der Gehalt an Chlorophyll a+b pro mg Frischgewicht der Lemnapflanzen berechnet. Die Daten wurden für die Berechnung der Chlorophyllbiosynthesehemmung analog zur Berechnung der Wachstumshemmung ausgewertet.

14.2.4 Chemikalien

Informationen über die Herkunft und Reinheit der Testchemikalien sind in der Tabelle 14-2 zusammengestellt.

Zur Erprobung der Testbarkeit von komplexen Testgütern wurden Wasserproben aus dem Flußwasser der Neiße im Lemnatest eingesetzt. Es wurden 10 Proben von verschiedenen Standorten getestet, die linksseitig von der Quelle bis unterhalb Görlitz genommen wurden. Zu den Proben wurde ein 2fach konzentriertes Steinberg-Nährmedium zugegeben, so daß die Proben zur Hälfte verdünnt waren. Genauso wie bei der Einzelstofftestung wurden zusätzlich 4 Kontrollen und 2 Positivkontrollen im Test eingesetzt.

14.3 Ergebnisse

14.3.1 Testbedingungen

Zunächst werden die Untersuchungen zu den Kultivationsbedingungen für einen Lemnabiotest dargestellt.

Lemna minor wurde in zwei verschiedenen Nährmedien – in Grimme-Boardman- und in Steinberg-Medium – auf das Populationswachstum hin untersucht. Das Grimme-Boardman-Medium (Grimme und Boardman 1972) gilt als physiologisches Kultivationsmedium für Algen, während das Steinberg-Medium speziell für die Lemna-Kultivation empfohlen (Pluta und Maiwald 1996) wird.

Schon nach dreitägiger Kultivierung wurde festgestellt, daß die Vermehrung der Pflanzen im Grimme-Boardman-Medium retardiert war, die Fronds ausbleichten und vergleichsweise klein blieben. Im Steinberg-Medium (Abbildung 14-1) verlief das Wachstum der Pflanzen bis zu 10 Tagen ohne Auffälligkeiten exponentiell. Nach einer längeren Kultivierung von ca. drei Wochen ergaben sich allerdings Probleme mit dem Wachstum von Algen in der Lemna-Kultur. Die Verdopplungszeit betrug in der exponentiellen Phase 2,2 d, was in etwa einer Verzehnfachung der Frondzahl in 7 Tagen bedeutet und den Ansprüchen der vorgeschlagenen OECD-Richtlinie (1997) genügen würde.

Im zweiten Schritt wurde das Pflanzenwachstum im Steinberg-Medium bei verschiedenen pH-Werten zwischen pH 4,5 und pH 10 untersucht. Da der pH-Wert des Steinberg-Medium

Name	CAS RN	Reinheit	Bezugsquelle
2,4-D	94-75-7	99 %	Riedel-de Haen
Dichlobenil	1194-65-6	99 %	Riedel-de Haen
Kaliumdichromat	7778-50-9	Titrisol®	Merck
Paraquat	1910-42-5	99 %	Riedel-de Haen

Tab. 14-2: Verwendete Testchemikalien

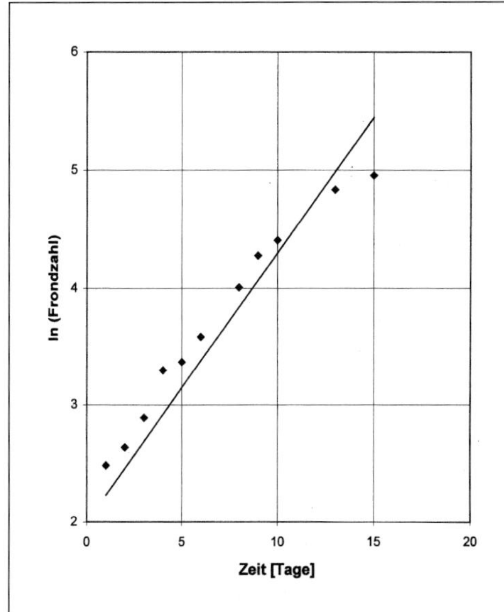

Abb. 14-1: Frondzahlentwicklung von *Lemna minor* in Steinberg-Medium, Kultivationsbedingungen wie in Material und Methoden beschrieben

4,0 beträgt, wurden die Anfangs-pH-Werte der zu untersuchenden Proben durch Zugabe von 1 N NaOH eingestellt. Nach 7 Tagen wurde eine geringfügige Erhöhung der pH-Werte beobachtet. Die Differenzierung des pH-Wertes des Mediums hatte keinen deutlichen Einfluß auf das Wachstum der Pflanzen.

Um die Reproduzierbarkeit sowie Ansprechempfindlichkeit der Biotestergebnisse einschät-

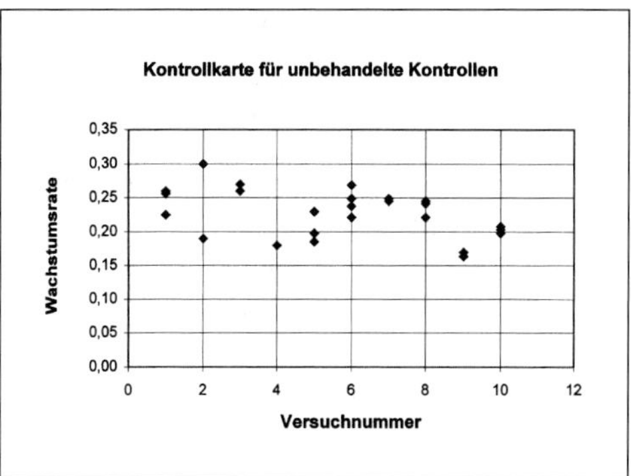

Abb. 14-2: Wachstumsrate der unbehandelten Kontrollen in zehn unabhängigen Versuchen

zen zu können, wurden zwei Kontrollkarten angelegt. Einerseits wurde die Wachstumsrate der unbehandelten Kontrollen verfolgt. Sie lag nach zehn unabhängigen Versuchen bei 0,224 ± 0,036 (Abb 14-2). Andererseits wurde Kaliumdichromat als Referenzchemikalie bei der Testung mit *Lemna minor* entsprechend den vorläufigen Empfehlungen der OECD (1997) erprobt.

Bei Kaliumdichromat handelt es sich um ein unspezifisch wirkendes Agens, das eine Wachstumshemmung zur Folge hat, wenn ein bestimmter Schwellenwert überschritten wird. Es wurde eine Verdünnungsreihe von 360 mg/l bis 0,02 mg/l $K_2Cr_2O_7$ hergestellt und die Konzentrations-Wirkungs-Beziehungen für die verschiedenen Parameter ermittelt. Abbildung 14-3

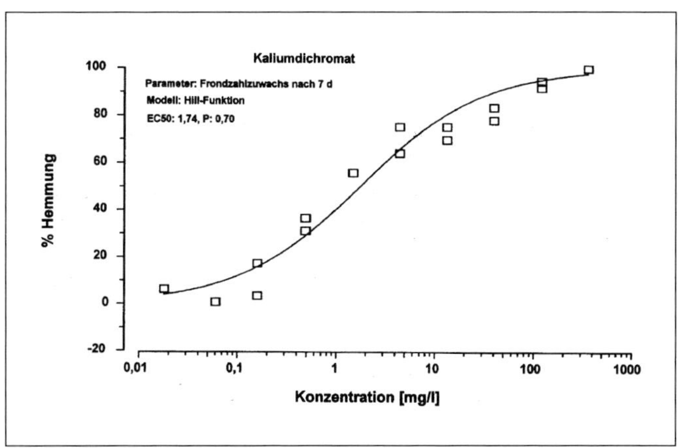

Abb. 14-3: Hemmung des Frondzuwachses von *Lemna minor* nach 7 Tagen durch Kaliumdichromat

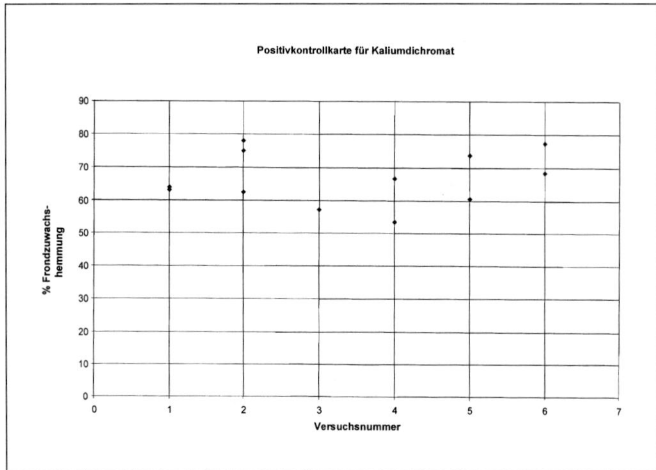

Abb. 14-4: Positivkontrollkarte für die Frondzuwachshemmung bei *Lemna minor* nach 7 Tagen Exposition mit 1,8 mg/l Kaliumdichromat

stellt die Daten und Funktion der für den Frondzahlzuwachs ermittelten Konzentrations-Wirkungs-Beziehung dar.

Für die weiteren Tests wurde der EC_{50}-Wert (1,8 mg/l) der Frondzuwachshemmung als Positivkontrolle verwendet. Auf der Basis der geschätzten EC_{50} von 1,8 mg/l wurde eine Kontrollkarte erstellt, welche die Ansprechempfindlichkeit der Einzelteste kontrollieren soll. Die Ergebnisse aus sechs unabhängigen Versuchen sind in Abbildung 14-4 wiedergegeben.

Neben dem wachstumshemmenden wurden auch Effekte von Kaliumdichromat auf den photosyntheserelevanten Pigmentgehalt beobachtet. Die Fronds waren schon nach 2 Tagen Testdauer ausgebleicht und bei der Chlorophyllgehaltbestimmung wurde mit steigender $K_2Cr_2O_7$-Konzentration immer weniger Chlorophyll erhalten.

14.3.2 Chemikalientestung

Nach Etablierung der Kultivations- und Biotestbedingungen wurden drei ausgewählte herbizide Wirkstoffe, nämlich 2,4-D, Dichlobenil und Paraquat, einer vergleichenden Sensitivitätsuntersuchung mit einem Eingenerationentest mit *Scenedesmus vacuolatus* nach Altenburger et al. (1990) unterzogen.

2,4-D (2,4-Dichlorphenoxyessigsäure) repräsentiert einen Wirkstoff aus der Gruppe von Herbiziden mit Auxin-Wirkung (phytohormonelle Wirkung). Sie wurde in Deutschland als selektives Herbizid zur Bekämpfung dikotyler Unkräuter in Getreide eingeführt (Hock et al. 1995). Deutlich zu sehen ist eine erhöhte Empfindlichkeit des Lemna-Biotestes im Bereich niedriger Effektkonzentrationen (Abb. 14.5), die auf höheren Effektniveaus allerdings konvergiert. Ursache hierfür ist eine vergleichsweise steilere Konzentrations-Wirkungs-Funktion im Algentest. Auf dem EC_{50}-Effektniveau ist immerhin noch eine Größenordnung Empfindlichkeitsunterschied – 16 im Vergleich zu 270 mg/l – zu konstatieren. Für den Parameter Pigmentgehalt ist bei niedrigeren Konzentrationen an 2,4-D eine Förderung zu sehen. Bei der höchsten Konzentration wurde die Chlorophyllsynthese schwach gehemmt.

Dichlobenil ist ein Herbizid, dessen Wirkung auf einer Hemmung der Cellulose-Synthese beruht. Er wird zur totalen Unkrautbekämpfung in Nichtkulturland und teilweise im Weinbau angewendet (Hock et al. 1995). Abbildung 14-6 zeigt die Biotestergebnisse für *Scenedesmus vacuolatus* und *Lemna minor.* In Konzentrationen bis 10 mg/l zeigt dieses Herbizid keine Effekte auf die Reproduktion der Algen während die Wasserlinsen eine konzentrationsabhängige Hemmung des Wachstumsrate schon ab 30 µg/l aufweisen bei einem EC_{50} von 66 µg/l.

Die Ergebnisse zeigen darüberhinaus eine Ten-

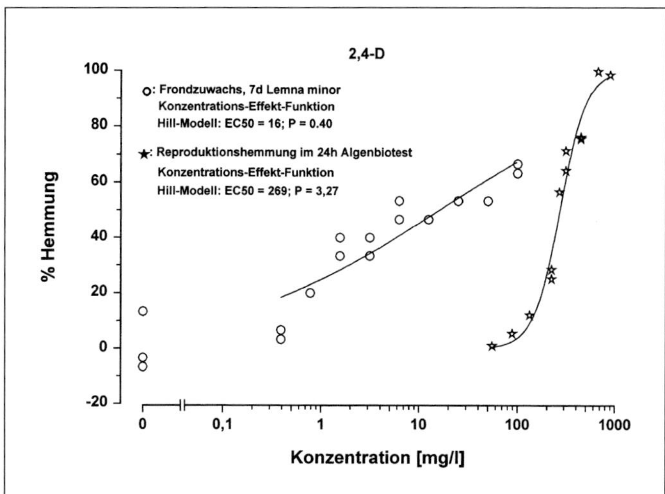

Abb. 14-5: Konzentrations-Wirkungs-Daten und Funktionen für 2,4-D im Algenreproduktionstest nach Altenburger et al. (1990) und im 7-Tage-Lemna-Biotest für den Parameter Frondzuwachs

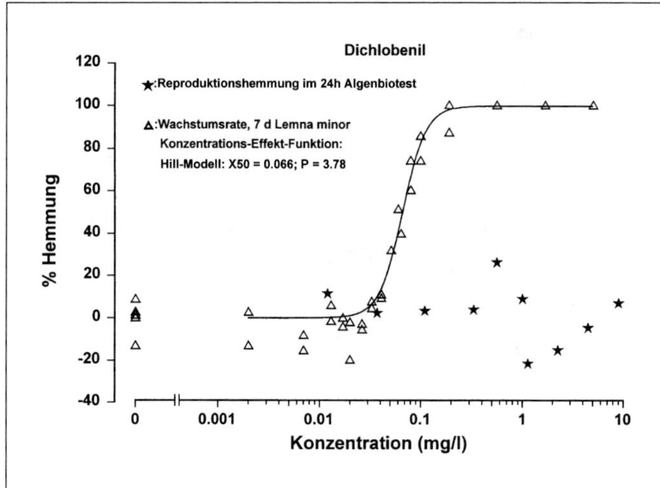

Abb. 14-6: Konzentrations-Wirkungs-Daten und Funktionen für Dichlobenil im Algenreproduktionstest nach Altenburger et al. (1990) und im 7-Tage-Lemna-Biotest für den Parameter Wachstumsrate

denz der Chlorophyllsynthesehemmung. Im Gegensatz zum Frondwachstum war der Chlorophyllgehalt allerdings nur bei höheren Konzentrationen beeinflußt.

Paraquat gehört zu der Gruppe der Redox-Verbindungen (Bipyridine), die vom Photosystem I (PS I) Elektronen übernehmen und dadurch zu Photooxidationen im Pflanzengewebe führen (schnelle herbizide Wirkung). Es tötet bei Sproß- und Blattapplikation alle grünen Pflanzen ab. Deswegen liegt sein Anwendungsbereich vornehmlich bei der totalen Vegetationskontrolle im Obst- und Weinbau und in Plantagenkulturen (Hock et al. 1995). Abbildung 14-7 stellt die Resultate der vergleichenden Untersuchungen dar. Wiederum weist der höhere Pflanzenbiotest mit *Lemna minor* eine deutlich höhere Empfindlichkeit im Vergleich zum Algentest aus. Für diesen Fall scheiden im Gegensatz zur Testung mit 2,4-D sowohl die bekannte Wirkungsspezifität als auch die pH-Abhängigkeit als einfache Erklärungen für den beobachteten Sensitivitätsunterschied von fast einer Größenordnung aus.

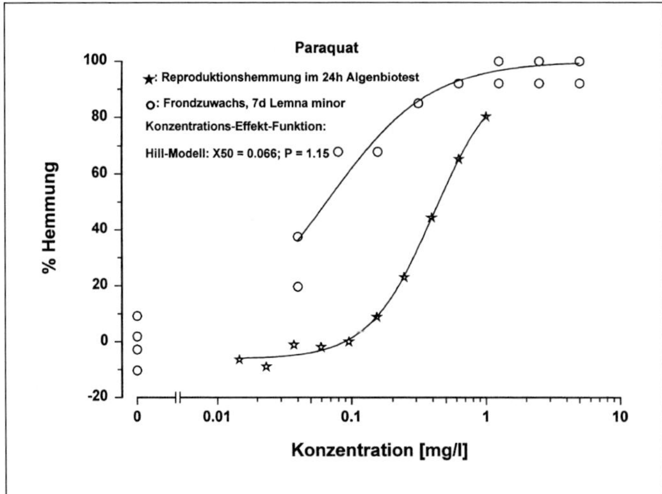

Abb. 14-7: Konzentrations-Wirkungs-Daten und Funktionen für Paraquat im Algenreproduktionstest nach Atenburger et al. (1990) und im 7-Tage-Lemna-Biotest für den Parameter Wachstumsrate

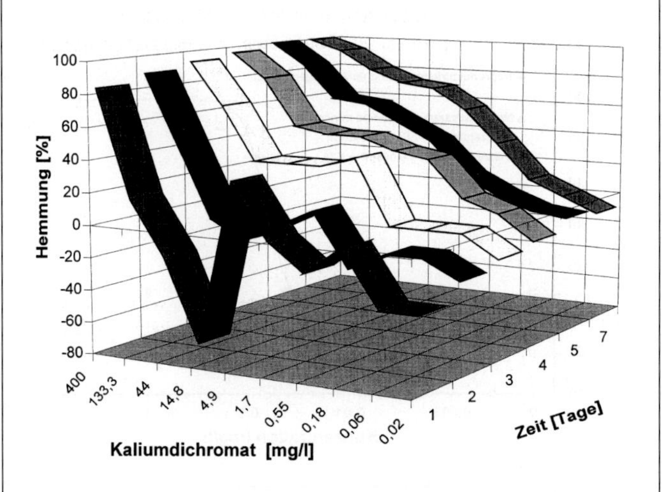

Abb. 14-8: Zeitabhängigkeit der Effektausprägung für die Hemmung des Frondzuwachses bei *Lemna minor* unter Kaliumdichromatbelastung

Im Gegensatz zu Dichlobenil ist bei Paraquat darüberhinaus eine chlorophyllbiosynthesehemmende Wirkung (nicht dargestellt) der getesteten Chemikalie zu sehen, die konzentrationsmäßig niedriger als die Frondwachstumshemmung liegt.

14.3.3 Zeitabhängigkeit der Ergebnisse

Für die Auswertung aller Bioteste und die Ermittlung der Kennwerte der Konzentrations-Wirkungs-Beziehungen wurde der Zeitpunkt von 7 Tagen gewählt. In der Literatur (Lewis 1995) werden als Beobachtungszeitpunkt für Lemnatests der Zeitraum zwischen 4 und 14 Tagen genannt. In der Abbildung 14-8 ist exemplarisch für Kaliumdichromat dargestellt, wie sich die Hemmung der Frondzuwächse in Abhängigkeit von der Zeit verändert. Schon nach ca. 4 Tagen Testdauer scheinen die Hemmwerte stabil zu bleiben. Dieses Ergebnis gilt qualitativ auch für die getesteten Wirkstoffe.

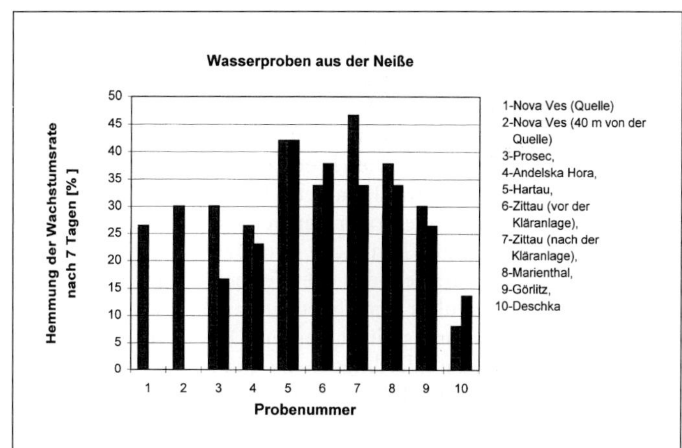

Abb. 14-9: Hemmung der Wachstumsrate von *Lemna minor* nach siebentägiger Exposition mit Wasserproben von verschiedenen Standorten entlang der Neiße im Vergleich zur unbehandelten Kontrolle (Säulenpaare geben unabhängige Doppelbestimmungen wieder).

14.3.4 Testung von Umweltproben

Als letzter Schritt der Arbeit wurden Umweltproben untersucht. Hierfür wurden Wasserproben aus der Neiße getestet. Die Neiße ist ein Fluß, der im Grenzgebiet zwischen Deutschland, Polen und der Tschechischen Republik fließt. Es wurden 10 Proben von verschiedenen Standorten genommen, die ein Längsprofil vom Quellgebiet bis kurz vor der Mündung in die Oder (unterhalb Görlitz) ergaben und diese vergleichend im Algentest und Lemnatest getestet. Alle Umweltproben zeigten ausschließlich fördernde Effekte auf die Alge *Scenedesmus vacuolatus* im 24 h Reproduktionshemmtest. Die Effekte der Wasserproben auf das Wachstum von *Lemna minor* sind in Abbildung 14-9 dargestellt. Es wurde eine Hemmung der Wachstumsrate zwischen 10 und 50 % ermittelt, mit einem Schwerpunkt der wachstumshemmenden Einflüsse in der Umgebung von Zittau.

14.4 Diskussion

Ziel dieser Arbeit war es, die Frage zu klären, ob die Wasserlinse *Lemna minor* ein geeigneter Testorganismus für die Prüfung von Umweltchemikalien und Umweltproben ist. Zur Beantwortung sollen an dieser Stelle die verschiedenen Milieubedingungen und Testparameter reflektiert, das Expositions- und Beobachtungsregime betrachtet sowie die Testergebnisse im Vergleich zu Algenbiotesten eingeordnet werden.

Die optimierten Testbedingungen liegen hinsichtlich der Zusammensetzung des Nährmediums, des pH-Regimes, der gewählten Beleuchtungsstärken und der Temperatur im Bereich der in der Literatur genannten Daten (ASTM 1991, Cowgill et al. 1991, Lewis 1995, OECD 1997). Von Bedeutung scheint auch das Alter der in den Tests eingesetzten Vorkultur. Definiert als Zeitraum beginnend mit der Überimpfung der Fronds von Agar-Nährlösung auf das flüssige Nährmedium bis zum Anfang des Tests, erhielten Christen und Theuer (1996) die größte Sensitivität der Lemnabiotests für 14 Tage alte Kulturen. Für die in dieser Arbeit durchgeführten Tests wurden daher in der Regel 14 Tage alte Kulturen verwendet.

Die Frondzahlbestimmung wird oft als ein Hauptkriterium bei der Auswertung von Lemnatesten gewählt (APHA, AWWA und WPCF 1989, Cowgill et al. 1991, Lewis 1995, Rodinger und Zach 1996, Hay 1996, Sallenave und Fomin 1997, Wang 1986). Hay (1996) bestätigt die Bestimmung der Frondzahl als ein leicht meßbares Wirkungskriterium im Vergleich zum Algentest. In ihrer Arbeit vergleicht sie u.a. drei pflanzliche Bioteste, nämlich einen Algen-, Wasserlinsen- und Kressetest. Der Wasserlinsentest hebt sich besonderes durch seine einfache Realisierbarkeit und gute Schadbilderkennung hervor. Die Wasserlinsenfronds sind hinreichend groß, um ihre Zahl auch in trüben Proben bestimmen zu können. Zusätzlich ist es möglich, Veränderungen der Fronds unter Einfluß des Schadstoffes festzustellen. Die Frondzahlbestimmung ist ein brauchbarer Parameter für die Bewertung von Chemikalien oder Umweltproben. Von der Frondzahl kann der Frondzuwachs, die Wachstumsrate oder die Vermehrungsrate der Lemnakultur berechnet und eine quantitative Analyse durchgeführt werden. Diese Auswertungen zeigen allerdings keine qualitativen Änderungen der Pflanzen unter der Schadstoffwirkung an. Für derartige Zwecke werden Beobachtungen der Frondgröße, Wurzellänge, Frondfarbveränderungen oder Kolonieauflösungen eingesetzt. Oft werden neben der Frondzählung das Trockengewicht und der Chlorophyllgehalt gemessen oder die Blattfläche bestimmt. Cowgill et al. (1991) empfehlen eine Trockengewichtsbestimmung neben der Frondzählung. Taraldsen und Norberg-King (1990) führten als zweiten Parameter neben der Frondzählung eine Chlorophyllgehaltsbestimmung ein. Jenner und Jannsen-Mommen (1993) ermitteln über indirekte Blattflächenbestimmung (Bildanalyse) eine höhere Sensitivität der Wasserlinsen gegenüber Schadstoffen. Auch Grossmann et al. (1992) benutzten diese Methode zur Auswertung von Wasserlinsentesten. Allerdings sind Meßgrößen wie das Trockengewicht und der Chlorophyllgehalt im Vergleich zur Frondzahlbestimmung nur destruktiv meßbare Wirkungskriterien und verlangen daher eine Endpunktfestlegung.

Hinsichtlich der Festlegung eines begründeten Expositions- und Beobachtungszeitraums sind die vorfindlichen Bioteste mit Wasserlinsen in der Regel schlecht begründet. In der Literatur finden Testzeiträume zwischen 4–14 Tagen Verwendung (Lewis 1995), wobei die Frondzahl zum Teil mehrfach, die anderen Parameter jedoch als Einpunktauswertungen ermittelt werden. An biologischen Begründungen für die gewählten Meßzeitpunkte fehlt es, hingegen wird nach Praktikabilitätsgesichtspunkten gehandelt. Dies gilt auch für diese Arbeit, die mit einem Expositions- und Beobachtungszeitraum von sieben Tagen im üblichen Rahmen liegt. Nur für auf Wachstumsraten bezogene Auswertungen ist ein willkürliches Beobachtungsregime zulässig, sofern die Linearität der Wachstumsfunktion auch für die behandelten Kulturen gezeigt werden kann. Dies wiederum erfordert allerdings mindestestens vier differenziert beurteilbare Meßzeitpunkte. In dieser Arbeit konnte zwar für die eingesetzten Stoffe gezeigt werden, daß die Zeit-Effekt-Kurven nach dem vierten Expositionstag für den Frondzuwachs stabil erschienen, was jedoch eine stoffspezifische Eigenschaft sein kann. Eine weitergehende Betrachtung dieser Frage könnte mit Hilfe des Modells des dynamischen Energiebudgets von Koijman und Bedaux (1996) erfolgen. Mit Hilfe dieses Modells sollten sich Stabilitätsbetrachtungen der Effektausprägung genauer und vor allem reproduzierbar gestalten lassen. Vorläufig scheint es daher sinnvoll, die Bestimmung der Frondzahl in 24- oder 48 h-Intervallen vorzunehmen, um eine Beurteilung der Wirkung von Schadstoffen in Abhängigkeit von der Zeit zu ermöglichen.

Die Kernfrage dieser Arbeit nach der Notwendigkeit eines zusätzlichen pflanzlichen Biotestes in der aquatischen Toxikologie wurde mit Hilfe des Einsatzes von spezifisch wirkenden Phytopharmaka bearbeitet. Die in Tabelle 14-3 zusammengestellten Daten zeigen, daß die Empfindlichkeit der Wasserlinsen im Vergleich zu Algen für die untersuchten Wirkstoffe nicht nur in dieser Arbeit, sondern auch nach Literaturangaben in der Regel höher ist. Die Einzelheiten können dabei kritischer Betrachtung hinsichtlich des Einflusses von Milieufaktoren wie dem pH-Wert bei der Testung einer Säure wie etwa 2,4-D oder dem Meßzeitraum unterzogen werden. Dies ändert allerdings nichts an der Stärke des pharmakologischen Arguments, daß *Lemna* als mehrzelliger, höherer Organismus andere Angriffspunkte für Schadstoffe bietet als eine einzellige, niedere Alge, was insbesondere im untersuchten Fall der herbizidwirksamen Substanz Dichlobenil evident wird.

Es gibt auch Chemikalien, bei denen eine größere Empfindlichkeit der Algen festzustellen ist. Fletcher (1990) stellte Daten der PHYTOTOX-Datenbank (Sensitivität von Algen und höheren Pflanzen gegenüber organischen Chemikalien) zusammen, und die Ergebnisse zeigen, daß es

Tab. 14-3: Vergleich von Algen- und Wasserlinsenbiotestdaten für die untersuchten herbiziden Wirkstoffe

Stoff	Empfindlichkeit eigene Ergebnisse		Empfindlichkeit nach Grossmann et. al (1992)		Empfindlichkeit nach Fairchild et. al (1997)		Empfindlichkeit nach Fletcher (1990)	
	Algen	Wasserlinsen	Algen	Wasserlinsen	Algen	Wasserlinsen	Algen	Wasserlinsen
2,4-D	+	++	+	++	++	+	+	++
Dichlobenil	–	++	+	++				
Paraquat	+	++	+	++	+	++	+	+

– kein Effekt der Chemikalie im wasserlöslichen Bereich
+ Effekt demonstriert
++ reagiert empfindlicher

nicht möglich ist, eine von beiden Organismentypen generell als sensitiver zu bezeichnen.
Neben den pharmakologischen und botanisch-systematischen Rationalen zählen für die Frage nach der Notwendigkeit eines neuen pflanzlichen Biotestes aber auch praktische Gesichtspunkte. Laut Sortkjaer (1984) und Lewis (1995) ist die Testung von Umweltproben mit Hilfe von Wasserlinsen zu Zwecken der Früherkennung wie auch im Langzeitmonitoring von potentiellen Umweltschädigungen gut geeignet. Im Gegensatz zu Wasserlinsen zeigen Algen eine starke pH-Wert-Abhängigkeit im Wachstumsverhalten der unbehandelten Kontrollen (Peterson 1991) und damit in der Beurteilungsreferenz für stoffspezifische Effekte. Zusätzlich ergeben sich Schwierigkeiten bei der Einschätzung von Stoffen, wenn die Proben trüb oder gefärbt sind. Diese Faktoren haben ebenfalls einen hemmenden Einfluß auf das Wachstum der Algen, ohne toxisch zu sein, da der Lichtzutritt in die Probe und damit die Photosynthese erschwert wird (Wang 1990). Eine größere Empfindlichkeit der Wasserlinsen im Vergleich zu Algen bei der Umweltprobentestung beschreiben auch Sallenave und Fomin (1997). Sowohl bei Algen als auch bei Wasserlinsen ist zu berücksichtigen, daß einige Stoffe, die sich in den Umweltproben befinden, eine Förderung des Pflanzenwachstums bewirken können, was die Hemmung durch Schadstoffe überlagern kann. Insbesondere organische Nährstoffe vermögen diese Effekte hervorzurufen, da beide Organismengruppen in der Lage sind, sich mixotroph zu ernähren. Hier ist wiederum die Wahl physiologisch optimierter Wachstumsbedingungen angezeigt, um die resultierenden Probleme zu minimieren.

Mit Ausnahme der Chlorophyllbestimmung ist die Parameterbestimmung im Lemnabiotests im Vergleich mit anderen Biotests sehr einfach und nicht destruktiv. Die gute Auswertbarkeit des Lemnabiotests (Jenner und Janssen-Mommen 1993) gilt als ein großer Vorteil gegenüber anderen Biotesten, besonders in der Umweltprobentestung mit Algen, wo sich bei trüben Lösungen Probleme mit der Algenzellzahl- oder Fluoreszenzbestimmung ergeben und wo es nötig sein kann, die Proben zusätzlich aufzubereiten (z.B. durch Filtration) oder aufwendige Korrektureinrichtungen vorzuhalten.
Zusammenfassend sei empfohlen, nicht einen Testorganismus durch einen anderen zu ersetzen, sondern einen Wasserlinsenbiotest ergänzend in die aquatische Testbatterie aufzunehmen, um ein breiteres Spektrum von verschiedenartigen Chemikalienwirkungen erfassen zu können.

14.5 Schlußfolgerungen

In der vorliegenden Arbeit wird die Etablierung eines Biotests mit der kleinen Wasserlinse *Lemna minor* und die Biotestung von Einzelstoffen und Umweltproben mit Hilfe dieser Pflanze demonstriert.
Ein optimiertes Testsystem mit exponentiellem Wachstum der Lemnakultur wird für das Steinberg-Medium bei einer Kultivationstemperatur von 23°C erreicht, wobei der Anfangs-pH-Wert in einem weiten Bereich keinen deutlichen Einfluß auf das Wachstum der Pflanzen hat. Als Beobachtungsparameter bewährt sich die zeitgestaffelte Zählung der Fronds. Als Expositions-

und Beobachtungszeitraum wurden 7 Tage etabliert. Die Reproduzierbarkeit der Testergebnisse konnte für die Wachstumsrate der unbehandelten Kontrollen und für die Reaktion auf eine Positivkontrolle mit Kaliumdichromat gezeigt werden.

In der Biotestung von ausgewählten Einzelstoffen (Testung der herbiziden Wirkstoffe 2,4-D, Dichlobenil und Paraquat) konnte eine im Vergleich zu einem Algenbiotest höhere Empfindlichkeit nachgewiesen werden. Aus den Konzentrations-Wirkungs-Beziehungen für die drei Herbizide konnten die EC_{50}-Werte für Dichlobenil und Paraquat mit 0,066 mg/l und für 2,4-D mit 16 mg/l ermittelt werden.

Weiterhin wurden komplex belastete Wasserproben aus der Neiße mit Hilfe des Lemna- und Algentests untersucht. Im Gegensatz zum Algenbiotest wurde eine hemmende Wirkung durch die Umweltproben auf Wasserlinsen festgestellt. Die Hemmung betrug in einigen der 10 Probennahmeorten bis zu 50 %.

In der Diskussion, ob die Ergänzung der Biotestbatterie im aquatischen Bereich um eine höhere Pflanze notwendig ist, werden folgende Vorteile der Wasserlinsen gegenüber Algen hervorgehoben:

- *Lemna* vermag als höhere Pflanze pharmakologisch andere Effekte als die niedrigen, einzelligen Algen zu erfassen;
- die Größe der Wasserlinsenfronds ermöglicht eine komplexe Schadbilderkennung (Bonitur) bei technisch unaufwendiger Meßbarkeit;
- Lemnaceen können in Nährlösungen unterschiedlicher pH-Stufen inkubiert werden – Algenbioteste müssen demgegenüber in einem engeren pH-Bereich verlaufen;
- Wasserlinsentests können in trüben oder gefärbten Testlösungen durchgeführt werden. Bei Algenbiotesten müssen die Proben vorbereitet werden, damit die Pflanzen genug Licht erhalten.

Literatur

Altenburger, R., Bödeker, W., Faust, M., Grimme, L.H. (1990): Evaluation of the isobologram method for the assessment of mixtures of chemicals. Combination effect studies with pesticides in algal biotests. Ecotoxicol. Environ. Saf. 20: 98-114

APHA (American Public Health Association), AWWA (American Water Works Association), WPCF (Water Pollution Control Federation) (1989): Standard methods for the examination of water and wastewater. 18th edt. Sect. 8220. Washington, DC

ASTM (American Society for Testing and Materials) (1991): Standard guide for conducting static toxicity test with *Lemna gibba* G3. American Society for Testing and Materials E 1415-91

Augusten, H. (1984): Lemnaceen, Aspekte ihrer Praxisrelevanz. Biol. Rdsch. 22: 225-234

Augusten, H., Gebhardt, A. (1988): Der Einfluß von Schwermetallen auf die Turionenbildung bei *Spirodella polyrhiza* L. Schleiden Wiss. Z. Päd. Hochsch. Potsdam 32: 29-33

Christen, O., Theuer, C. (1996): Sensitivity of *Lemna* bioassay interacts with stock-culture period. J. Chem. Ecol. 22: 1177-1186

Cowgill, U.M., Milazzo, D.P., Landenberger, B.D. (1991): The sensitivity of *Lemna gibba* G-3 and four clones of *Lemna minor* to eight common chemicals using a 7 day test. Res. J. Water Pollution Con. Fed. 63: 991-998

Fairchild, J.F., Ruessler, D.S., Haverland, P.S., Carlson, A.R. (1997): Comparative sensitivity of *Selenastrum capricornutum* and *Lemna minor* to sixteen herbicides. Arch. Environ. Contam. Toxicol. 32: 353-357

Fletcher, J.S. (1990): Use of algae versus vascular plants to test for chemical toxicity. ASTM STP 1091. In: Wang W., Gorsuch, J.W., Lower W.R. (eds.): American Society for Testing and Materials, Philadelphia. 33-39

Greenberg, B.M., Huang, X.-D., Dixon, D.G. (1992): Applications of the aquatic higher plant *Lemna gibba* for ecotoxicological assessment. J. Aquatic Ecosystem Health 1: 147-155

Grimme, L.H., Boardman, N.K. (1972): Photochemical activities of a partical fraction P1 obtained from the green alga *Chlorella fusca*. Biochem. Biophys. Res. Commun. 49: 1617-1623

Grossman, K., Berghaus, R., Retzlaff, G. (1992): Heterotrophic plant cell suspension cultures for monitoring biological activity in agrochemical research. Comparisons with screens using algae, germinating seeds and whole plants. Pestic. Sci. 35: 283-289

Hay, A. (1996): Vergleichende Arbeiten an Biotesten und deren praktische Umsetzung am Beispiel von Eluaten aus Sonderabfällen. Diplomarbeit, Universität Hohenheim

Hock, B., Fedtke, C., Schmidt, R.R. (1995): Herbizide. Georg Thieme Verlag, Stuttgart, New York

Jenner, H.A., Jannsen-Mommen, J.P.M. (1993): Duckweed *Lemna minor* as tool for testing toxicity of coal residues and polluted sediments. Arch. Environ. Contam. Toxicol. 25: 3-11

Kanne, R. (1989): Biologische Toxizitätstest Teil II: Gegenwärtig zur Verfügung stehende Testverfahren. UWSF-Z. Umweltchem. Ökotox. 3: 23-26

Kooijman, S.A.L.M., Bedeaux, J.J.M. (1996) The analysis of aquatic toxicity data. VU University Press, Amsterdam

Landolt, E., Kandeler, R. (1987). Biosystematic investigations in the family of duckweeds (Lemnaceae), Vol. 4. The family of Lemnaceae – a monographic study. Vol. 2. Veröff. Geobot. Institut der ETH Zürich, 95. Heft

Lewis, M.A. (1995): Use of freshwater plants for phytotoxicity testing: a review. Environ. Pollution 87: 319-336

Lichtenthaler, H.K., Wellburn, A.R. (1983): Determination of total carotenoids and chlorophylls a and b of leaf extracts in different solvents. Biochem. Soc. Trans. 591-592

Nusch, E.A. (1992): Grundsätzliche Vorbemerkungen zur Planung, Durchführung und Auswertung biologischer und ökotoxikologischer Testverfahren. In: Steinhäuser K.G., Hansen, P.-D. (eds.): Biologische Testverfahren. Gustav Fischer-Verlag, Stuttgart, New York. 35-48

OECD (Organisation of Economic Cooperation and Development) (1997): *Lemna* growth inhibition test. Draft proposal. Paris

Peterson, H.G. (1991): Toxicity testing using s chemostat-grown green algae, *Selenastrum capricornutum.* Plants for toxicity assessment. ASTM STP 1115, American Society for Testing and Materials, Philadelphia, 107-117

Pluta, H.-J., Maiwald, D. (1996): Persönliche Mitteilung zum Versuchprotokoll des Umweltbundesamtes Berlin

Rodinger, W., Zach, B. (1996): Wasserbeschaffenheit – Prüfung der Vermehrungshemmung von *Lemna minor* L. Arbeitsanweisung des Österreichischen Bundesamtes für Wasserwirtschaft, Institut für Wassergüte, Wien

Ren, L., Huang, X.-D., McConkey, B.J., Dixon, D.G., Greenberg, B.M. (1994): Photoinduced toxicity of three polycyclic aromatic hydrocarbons (fluoranthene, pyrene and naphthalene) to the duckweed *Lemna gibba* L. G-3. Ecotoxicol. Environ. Saf. 28: 160-171

Sallenave, R., Fomin, A. (1997): Some advantages of the duckweed test to assess the toxicity of environmental samples. Acta Hydrochim. Hydrobiol. 25: 135-140

Sortkjaer, O. (1994): Macrophyte and microphyte communities as test systems in ecotoxicological studies of aquatic systems. Ecol. Bull. 36: 75-80

Steinberg, R.A. (1946): Mineral requirements of *Lemna minor.* Plant Physiol. 21:42-48

Taradelsen, J.E., Norberg-King, T.J. (1990): New method for determing effluent toxicity using duckweed (*Lemna minor*). Environ. Toxicol. Chem. 9: 761-767

Wang, W. (1986): Toxicity tests of aquatic pollutants by using common duckweed. Environ. Poll. Ser. B 11: 1-14

Wang, W. (1990): Literature review on duckweed toxicity testing. Environ. Res. 52: 7-22

15 Bildanalytische Auswertung des Wachstums von *Lemna gibba* G3 in Laborstudien

Michael Dorgerloh

Abstract

Measurement of the growth of Lemnaceae using a video camera followed by image analysis (e.g. as total frond area) can save both time and costs. Since all possible effects on growth (i.e. reduced, smaller or discolored plants) can be followed over time, tedious counting of the leaf-like structures of Lemnaceae, followed by dry-weight and/or chlorophyll analyses of the plants are not necessary.

Zusammenfassung

Messung des Wachstums von Lemnaceen kann durch eine Videokamera und bildanalytische Auswerteverfahren (z.B. über die Gesamtblattfläche) zeit- und kostensparend ausgeführt werden. Weil man dabei alle möglichen Wachstumseffekte (reduzierte, verkleinerte oder entfärbte Pflanzen) in ihrem zeitlichen Verlauf integrativ erfassen kann, erübrigen sich neben dem aufwendigen Zählen der blattähnlichen Gebilde der Lemnaceen auch zusätzliche Trockenmasse- und/oder Chlorophyllbestimmungen am Ende der Prüfungen.

15.1 Normprüfungen zum Lemnaceenwachstum – Stand der Technik

Es existieren verschiedene nationale und internationale Prüfnormen zu Wachstumstests mit Lemnaceen seit dem Beginn der 80er Jahre.

- US-EPA-FIFRA (Holst und Ellwanger 1982)
- US-EPA-TSCA (US-EPA 1985)
- ASTM (ASTM 1991)
- APHA (APHA 1992)
- CANADA-TRS (Boutin et al. 1993)
- US-EPA-OPPTS (US-EPA 1995)
- SVENSK STANDARD (Anonymos 1995)
- FRANCE-AFNOR (Anonymos 1996)

Jüngst erschienene Normenentwürfe der OECD (1998) sowie vom deutschen DIN-Arbeitskreis (1998) schließen die Möglichkeit der bildanalytischen Auswertung ausdrücklich mit ein.

15.2 Prüfziel

Ziel aller dieser Normprüfungen ist es, Wachstumseffekte von Stoffen auf Lemnaceen quantitativ zu erfassen. Dazu werden verschiedenste, die Biomassezunahme reflektierende Methoden als akzeptabel eingestuft. Bevorzugt wird die Bestimmung der Anzahl der „fronds" – das sind die blattähnlichen Gebilde der Lemnaceen – empfohlen, aber auch andere Methoden wie die Bestimmung der Pflanzen-Trockenmasse, des Chlorophyllgehalts, der Feuchtgewichte, der Anzahl der Pflanzen, der Wurzellänge bzw. -anzahl, der Fluoreszenz, der ^{14}C-Aufnahme, des Gesamt-Kjeldahl-Stickstoffs sowie auch die Ermittlung visueller Effekte (z.B. Chlorosen, Nekrosen) sind gelistet. Zu beachten ist hierbei lediglich, daß einige der Bestimmungsmethoden – was die Lemnaceen anbelangt – nicht zerstörungsfrei arbeiten.

15.3 Unterschiedliche Wachstumseffekte

Wachstumseffekte von Stoffen auf Lemnaceen können verschieden ausgeprägt sein. Zeigt ein Stoff phytotoxische Eigenschaften, so wird normalerweise die Pflanzenanzahl nach mehrtägigem Wachstum reduziert sein. Jedoch können auch verkleinerte, nekrotische oder entfärbte Pflanzen die Folge einer stofflichen Belastung sein. Will man alle diese unterschiedlichen Wachstumseffekte möglichst durch eine einzige Form der Auswertung integrierend quantitativ erfassen und somit Fehlbestimmungen bei der EC_{50} vermeiden, ist die bildanalytische Auswertung das Mittel der Wahl. Aus der mit Lemnaceen bedeckten Fläche in mm^2 in der Kulturschale läßt sich mit dieser Technik problemlos die Wachstumsrate $\mu = (\ln x_n - \ln x_o)/(t_n - t_o)$, wobei x für die Gesamtblattfläche steht, um schließlich daraus die EC_{50} zu kalkulieren. Die Bildauswertung beinhaltet den Vorteil gegenüber eher konventionelleren Verfahren, daß alle möglichen

Wachstumseffekte gleichzeitig erfaßt werden und sich somit zusätzliche Auswerteschritte, wie Trockengewichts- oder Chlorophyllbestimmungen am Ende der Prüfung, erübrigen.

15.4 Erfaßbarkeit von Wachstumseffekten

Tabelle 15-1 zeigt beispielhaft die unterschiedlichen Möglichkeiten von stoffbedingten Wachstumseffekten bei Lemnaceen in Normprüfungen, wobei auch Kombinationen der einzelnen Fälle auftreten können.

Tab. 15-1: Bekannte stoffbedingte Wachstumseffekte bei Lemnaceen in Normprüfungen.

Pflanzen sind ...	Fall 1	Fall 2	Fall 3
... reduziert	+	–	–
... verkleinert	–	+	–
... entfärbt	–	–	+

Mit den vielerorts ausgeführten aufwendigen Auszählmethoden, die zu einer Frond-EC_{50} führen, lassen sich die in der Tabelle 15-1 dargestellten Fälle 2 und 3 nicht ausreichend quantifizieren. Die in manchen Normen zusätzlich geforderte Trockengewichts-EC_{50} bewertet dagegen den Fall 3 nicht ausreichend. Bildanalysen-EC_{50}-Bestimmungen beachten alle 3 Fälle ausreichend und integrierend, falls das System auch Grüntöne (bei Schwarzweißkameras auch als Graustufen abbildbar) der Lemnaceen mit erfassen kann.

15.5 Bildanalysensystem

Solche Bildanalysensysteme können aus einzelnen Hard- und aus Softwarekomponenten verschiedener Hersteller bestehen. Zwischenzeitlich existieren schon verschiedene einschlägige kommerzielle Angebote auf dem Markt. Komponenten solcher Systeme sind in der Regel: Framegrabber, Kamera, Objektiv und Anschlußkabel sowie die zugehörige Bildverarbeitungssoftware. Ein solches System wird zu den meisten modernen Arbeitsplatzcomputern im Labor kompatibel sein. Die Erfahrungen des Autors wurden an einem Bildanalysensystem gesammelt, das auf einer Gesamtinvestition für Hard- und Softwarekomponenten von ca. 8000,– DM (ohne PC-Beschaffungskosten) beruhte. Aufwendigere Systeme, die Farbkameras oder in der Software morphologische Filter bis hin zur Einzelblattanalyse benutzen, sind vorstellbar oder existieren bereits am Markt.

15.6 Korrelation: Bildanalyse vs. andere Verfahren

Eine parallele Erfassung von Frondanzahl und Trockengewicht (oder auch Chlorophyllmessung) wird unnötig, wenn eine ausreichend gute Korrelation zwischen den einzelnen Auswertetechniken gezeigt werden kann.
Die Abbildung 15-1 zeigt, daß die Gesamtblattfläche zur Gesamtfrondanzahl gut kalibrierbar

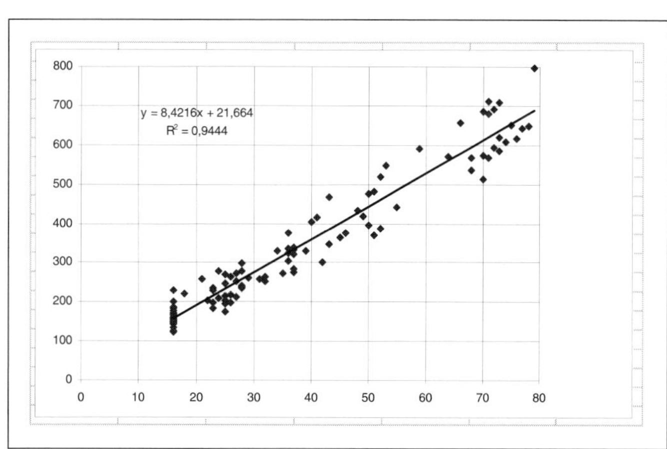

Abb. 15-1: Experimentelle Erfahrungen in unserem Labor, dargestellt anhand von 108 Wertepaaren (Frondanzahl (n) vs. Frondfläche (mm^2)) aus verschiedenen Kontrollansätzen mit *Lemna gibba* G3.

	Auszählzeit (h)	TG-Best. (h)	alternativ: Bildanalyse (h)
2. Studientag	1,0		0,5
5. Studientag	2,0		0,5
7. Studientag	2,5	4,0	0,5
Summe 7-Tage-Studie:	**9,5 h**		**1,5 h**

Tab. 15-2: Vergleich des Zeitaufwands für den Lemnatest mit konventionellem Auszählen und bildanalytischer Auswertung. Abkürzung: TG-Best., Trockengewichtsbestimmung.

ist. Ebenso existiert eine gute Korrelation zum Chlorophyllgehalt oder zum Trockengewicht (Daten hier nicht gezeigt).

15.7 Kostenbetrachtungen

Am Beispiel eines 7-tägigen Tests mit 5 Prüfkonzentrationen, Kontrollansatz, Lösungsmittelkontrollansatz (je 3 Replikate), währenddessen – von 12 fronds je Replikat ausgehend – bis zu ca. 100 fronds/Kulturschale heranwachsen können und drei Zählzeiten (Tag 2, 5 und 7) soll der zeitliche Aufwand einer Bildanalyse mit konventionellem Auszählen und Trockengewichtsbestimmung (TG) verglichen werden (Tab. 15-2). Somit ergibt sich allein aus der Einsparung von ca. 8 h experimenteller Zeit eine beachtliche Kostenersparnis bei Nutzung der bildanalytischen Auswertung. Legt man einmal unterschiedliche Stundenlöhne von 50,– DM oder 100,– DM zugrunde, so amortisiert sich die einmalige Investition in Höhe von 8000,– DM in die Hard- und Software für die Bildanalyse z.B. schon nach 20 bzw. 10 Prüfungen.

15.8 Schlußfolgerung

Bildanalytische Auswertungen (z.B. über die Gesamtblattfläche) sollten aus ökonomischen Gründen und wegen ihrer integrierenden Aussagekraft in neuen Prüfrichtlinien für Lemnaceen alternativ zu konventionellen Auswerteverfahren aufgeführt werden.

Literatur

Anonymos (1995): Vattenundersökningar – Bestämning av tillväxthämning (7 dygn) hos flytbladsväxten *Lemna minor*, andmat. Svensk Standard SS 0282013, Stockholm

Anonymos (1996): Essais des eaux: Détermination de l'inhibition de croissance de *Lemna minor*". Normalisation francaise (AFNOR) XP T 90-337, Paris

APHA – American Public Health Association (1992): Standard methods for the examination of water and wastewater. 8220 A-D Aquatic plants (proposed). 18. Auflage. American Public Health Association, Washington DC

ASTM – American Society for Testing and Materials (1991): Standard guide for conducting static toxicity test with *Lemna gibba* G3. E 1415-91

Boutin, C., Freemark, K.E., Keddy, C.J. (1993): Proposed guidelines for registration of chemical pesticides: Nontarget plant testing and evaluation. Technical report series No. 145, Canadian wildlife service, Environment Canada, Ottawa

DIN-Arbeitskreis (1998): Bestimmung der nicht giftigen Wirkung von Abwasser auf das Wachstum von Wasserlinsen (*Lemna minor* ST, *Lemna gibba* G3). Vorlage für einen Entwurf zum Lemnatest. DIN-Arbeitskreis „Bioteste"

Holst, R.W., Ellwanger, T.C. (1982): Pesticide assessment guidelines, subdivision J, hazard evaluation: Nontarget plants". US-EPA-FIFRA 540/9-82-020

OECD – Organization of Economic Cooperation and Development (1998): *Lemna* growth inhibition test. Draft. OECD, Paris

US-EPA – United States Environmental Protection Agency (1985): US-EPA-TSCA § 797.1160 „*Lemna* acute toxicity test". Federal Register 50 (188): 39331-39336 vom 27.Sept. 1985

US-EPA – United States Environmental Protection Agency (1995): US-EPA-OPPTS 850.4400 „Aquatic plant toxicity test using *Lemna* spp.". Washington DC

16 Einsatz eines speziellen Bildanalysesystems zur ökotoxikologisch umfassenden und kosteneffizienten Auswertung des Wasserlinsentests

Matthias Eberius, Dirk Vandenhirtz

Abstract

At present the Lemna Growth Inhibition Test is object to national and international normating procedures (DIN, EPA, OECD). The Lemna-Test will be added to already existing ecotoxicological test batteries, supplying laboratories with a quick and efficient test using a higher plant. The test complements the Algae Growth Inhibition Test or substitutes it in difficult cases (for example coloured substances).
The Lemna-Test can be used in a highly work- and cost-efficient way if automatic computer-aided image-analysis is closely adapted to the procedure and data-analysis protocol of the Lemna-Test. But even more every biotest that is based on optical features can be automatised using such a device.
Instead of counting the frond-number and qualitatively describing colour and area of the fronds alone, automatic computer-aided image-analysis quantifies exactly number, area, colour, chlorosis and shape of each frond and all derived sum-parameters. This allows the researcher to evaluate any kinetic data in the test without destroying the tested objects. In addition time-consuming parameters like chlorophyll contents can be replaced by image-derived green-colour-values.
The automatic system offers an overall-solution according to GLP standards. It provides laboratories with all they need around the Lemna-Test and help the test-user to reduce tiering work and to focus his attention on his scientific interests.

Zusammenfassung

Der zur Zeit national und international in Normung befindliche Wasserlinsentest soll die vorhandenen Biotestbatterien um einen schnellen und effizienten Test mit einer höheren Pflanze ergänzen und den Algentest in problematischen Bereichen ersetzen. Der Einsatz moderner, an die Erfordernisse von Biotests speziell angepaßter Bildanalyseprogramme erlaubt dabei eine ökotoxikologisch umfassende und gleichzeitig arbeits- und kosteneffiziente Durchführung des Tests. Durch die mathematisch anspruchsvolle Repräsentierung der Wasserlinsen im Computer können nicht nur die einzelnen Fronds gezählt, sondern nach Form, Größe und Farbe und allen daraus ableitbaren ökotoxikologischen Parametern ausgewertet werden. Dies ermöglicht neben der zerstörungsfreien Aufnahme kinetischer Daten auch die Substitution nur mit erheblichem Aufwand analysierbarer Parameter wie z.B. Trockengewicht und Chlorophyllgehalt. Durch GLP-konforme Systemlösungen für alle Testbereiche können sich die Biotestanwender ganz auf ihre inhaltliche Arbeit konzentrieren und bekommen extrem ermüdende Arbeiten weitgehend abgenommen.

16.1 Biotests mit Pflanzen

Während es für die ökotoxikologische Bewertung von Stoffeinflüssen auf Mikroorganismen und Tiere eine große Anzahl eingeführter und standardisierter Testorganismen für Kurz- und Langzeittests gibt, wird das Pflanzenreich meist nur durch Kurzzeittests mit Algen repräsentiert. Aufwuchstests mit höheren Pflanzen dauern naturgemäß relativ lange und eignen sich deshalb nicht als kosteneffiziente Screening- oder Routinetests.
Vor diesem Hintergrund werden zur Zeit auf DIN- und OECD-Ebene große Anstrengungen unternommen, einen Test mit Wasserlinsen zu standardisieren. Um die Tests möglichst aussagekräftig und gleichzeitig kosteneffizient zu machen, planen beide Gremien die Zulassung bildanalytischer Auswertungsmethoden.

16.2 Der Wasserlinsentest

16.2.1 Wasserlinse als Testorganismus

Wasserlinsen sind monokotyle, angiosperme Wasserpflanzen und werden innerhalb der Unterklasse der *Arecidae* den *Arales* zugeordnet. Sie gehören zu den extrem schnellwachsenden höheren Pflanzen – unter optimalen Laborbedingungen verdoppelt sich ihre Biomasse dauerhaft in weniger als 2 Tagen. Ihre weite Verbreitung in stehenden Gewässern reicht von den Tropen bis in die gemäßigte Zone.
Für den Wasserlinstentest liegen bisher eine Reihe von nationalen Normen z.B. in den USA, Frankreich und Schweden vor.

16.2.2 Einsatzbereiche des Wasserlinsentests

Im Gegensatz zu Algen eignen sich Wasserlinsen aufgrund ihrer Unabhängigkeit von der Lichtabsorption auch sehr gut zur Toxizitätsuntersuchung von trüben Abwässern und gefärbten Chemikalienproben wie z.B. Farbstoffen. Biologisch instabile Proben können mit Wasserlinsen in Durchflußsystemen untersucht werden (Wang 1990). Bedingt durch ihre hohe pH-Toleranz können Wasserlinsen somit auch in unmodifizierten Umweltproben (z.B. im Abwassermonitoring) eingesetzt werden (Taraldsen und Norberg-King 1990, Sallenave und Fomin 1997). Zunehmend werden auch Wasserlinsentests mit Feststoff-, Boden- und Sedimenteluaten bzw. entsprechende Kontakttests durchgeführt (Sallenave und Fomin 1997).

Wasserlinsen sind besonders empfindlich für Photosynthesehemmer (Pestemer und Günther 1995). Schon mit dem oft relativ unsensiblen Parameter Frondzahl (Frond = „Blattsproß") zeigt sich, daß Wasserlinsen auf Industrieabwasserproben empfindlicher reagieren können als Salat im Wurzellängentests (Wang und Williams 1988). Beim Vergleich der EC50 -Werte von 32 Herbiziden aus 23 chemischen Klassen schnitt ein miniaturisierter Wasserlinsentest im direkten Vergleich mit dem miniaturisierten *Scenedesmus* Algentest immer gleichwertig oder empfindlicher ab (Grossmann et al. 1992). Generell sprechen Wasserlinsen als höhere Pflanzen weitaus stärker auf Herbizide an, die eine Auxinwirkung haben, als Algen, die nicht über derartige Wuchsstoffregulationen verfügen (Miller et al. 1985).

16.3 Auswertung des Wasserlinsentests

16.3.1 Stand der Auswertungstechnik

Als einfacher, manuell erfaßbarer Bewertungsendpunkt dient zumeist die Gesamtzahl aller während der Testdauer neu gebildeten Fronds (Wang 1990). Weitere häufiger benutzte Parameter sind Wurzellänge, Biomasse (frisch/trokken), ^{14}C-Aufnahme und Chlorophyllgehalt nach Extraktion (Wang 1990). Die Bestimmung des Trockengewichts ist zwar sehr objektiv und weniger arbeitsaufwendig als die Chlorophyllbestimmung, kann jedoch nicht zwischen lebenden und bereits abgestorbenen Fronds differenzieren (Wang und Williams 1988). Alle diese wichtigen Parameter sind aber nur destruktiv am Testende meßbar.

Jenner und Janssen-Mommen (1993), Grossmann et al. (1992) und Sallenave und Fomin (1997) haben mit einem einfachen Bildverarbeitungssystem die Oberflächenbedeckung der Petrischalen mit Fronds gemessen. Dieser bildanalytisch ausgewertete Endpunkt stellt jedoch nur einen kleinen Fortschritt dar, da die sehr arbeitsaufwendige manuell-optische Auswertung der Frondzahl weiterhin stattfinden muß. Außerdem können die sehr differenzierten Reaktionen von Wasserlinsen auf Schadstoffbelastungen durch den so erzeugten Datensatz nur partiell abgebildet werden. So unterdrückt Kupfer sowohl Frondvermehrung als auch Blattwachstum, während Cadmium nur auf das Wachstum wirkt (Nasu et al. 1984).

Weitere optisch sichtbare Streßsymptome oder Maßstäbe für die physiologische Aktivität wie ein partieller oder vollständiger Pigmentverlust, Kolonienaufbruch, Buckelbildung und der Verlust der Schwimmfähigkeit, können bisher nicht als Sensibilitätsfaktoren berücksichtigt werden (Wang 1990). Die große Zahl von Streßsymptomen bei Wasserlinsen bietet damit jedoch auch die empfindliche Detektierung umfassenderer Lebensfähigkeitsparameter an, wie sie gerade bei der Extrapolation chronischer Effekte, der frühzeitigen Aufdeckung von Störungen und der sichereren Abschätzung niedriger EC -Werte entscheidend sind. Zur Ermittlung von Raten stehen bisher nur die manuell ermittelte Blattzahl und die Gesamtfläche zur Verfügung, da alle anderen quantitativen Größen destruktiv ausgewertet werden müssen.

16.3.2 Neuartige bildanalytische Auswertung

Leistungspotential speziell angepaßter Bildanalyseverfahren

Die Verarbeitung digitalisierter Bilder im Computer beruht zunächst darauf, daß Farb- und Helligkeitskontraste aufgezeichnet werden. Die Grenze zwischen Fronds und Wasser ist für den Computer eine Verteilung hoher und niedriger Zahlenwerte, zugeordnet den Raumkoordinaten.

Damit der Computer einzelne der zusammengewachsenen Blätter „erkennen" und dann ihre Zahl und Eigenschaften näher analysieren kann,

müssen mathematische Funktionen zur Beschreibung der biologischen Strukturen gefunden werden.
Mit Hilfe von morphologischen Filtern und einer großen Zahl von Iterationsschritten werden mathematische Gleichungen solange gefittet, bis individuelle Formeln die Grenzflächen der Einzelfronds mit minimalem Fehler umschreiben und die Zahl der geschlossenen Flächen optimal die Blätter darstellt. Mit der gleichen Methode können dann innerhalb jedes Blattes Unterstrukturen wie z.B. Chlorosen beschrieben werden.
Jedes Blatt wird so in Fläche, Farbe, Form und Ort im Computer einzeln repräsentiert. Die biometrische Auswertungen dieses Datensatzes unter biologischen Gesichtspunkten nach Wachstumsraten, Sterblichkeit und weiteren relevanten Faktoren kann nun computergestützt erfolgen.
Durch die immense Leistungssteigerung bei Standardrechnern ist es mittlerweile mit angepaßter Software möglich, den sehr hohen Rechenaufwand dieser komplexen Bildverarbeitung kostengünstig zu bewältigen.

Umfassende bildanalytische Auswertung des Wasserlinsentests

Mit den oben genannten mathematischen Methoden lassen sich die im Vergleich zu Algen sehr differenzierten Reaktionen der Wasserlinsen auf Umwelteinflüsse umfassend quantitativ darstellen. So können in einem automatischen Meßschritt Blattzahl, Blattgrößenverteilung, Gesamtblattfläche, Koloniengröße, Koloniengrößenverteilung, die Gesamtgrünheit aller Blätter und die der Einzelblätter quantifiziert werden. Die optisch gemessene Gesamtgrünheit stellt nach ersten eigenen Untersuchungen eine brauchbare, vor allem aber mehrfach meßbare Ersatzgröße für den Chlorophyllgehalt dar, der nur einmal am Testende meßbar ist.
Aus den Farbhistogrammen der Einzelblätter können Chlorosen, Nekrosen und Frondverdikkungen quantifiziert werden. Während der Zusammenhang zwischen Blattfläche und Trokkengewicht noch untersucht wird, zeigt schon der erste Augenschein verschiedener Schadbilder (z.B. große, im Vergleich zur Kontrolle hellgrüne/chlorotische oder stark verkleinerte Fronds), daß es je nach Schadstoff keine Korrelation zwischen der Blattanzahl, der Trockenmasse und z.B. dem Chlorophyllgehalt geben muß. Auch für die unterschiedlichen Auswertungsanforderungen verschiedener Zulassungsbehörden garantiert eine umfassende Testauswertung die optimale Verwendbarkeit aller Daten.
Im Testverlauf ist die quantitative Erfassung von Wachstumsraten verschiedener Meßparameter nur bildanalytisch, da zerstörungsfrei zu leisten. Nur durch Mehrfachmessungen lassen sich Wachstumsmodelle (exponentiell, linear, Lagphasen) verifizieren und gleichzeitig EC -Werte ermitteln, die unabhängig von der Testdauer sind.

16.4 Weitere Potentiale automatisierter Auswertungssysteme für Biotests

Neben den ökotoxikologischen Möglichkeiten bietet die bildanalytische Biotestauswertung in der Testpraxis noch weitere interessante Potentiale: Durch die vollständige automatische Dokumentation aller Bilddaten und deren Auswertungsspur wird eine sehr hoheTransparenz des sehr gut reproduzierbaren Auswertungsverfahrens garantiert, was sowohl für die Qualitätssicherung und die Gerichtsfestigkeit als auch für eventuelle Nachauswertungen wichtig ist. Es können auch jegliche Verwechselungsmöglichkeiten von Proben durch den Einsatz von sich automatisch einlesenden Barcodes ausgeschlossen werden.
Kurze Meßzeiten mit minimaler Systembeeinflussung ermöglichen die Bearbeitung großer Testserien mit wenig Personal und verbessern durch die schnelle Abfolge von Parallelmessungen die statistische Vergleichbarkeit großer Datenserien. Durch weitere Automatisierungsschritte ist auch die völlig personallose Datenaufnahme von Zwischenwerten am Wochenende möglich, was die Flexibilität der Testdurchführung stark erhöht.
Durch die Auswertung aller Daten sofort nach der Datenaufnahme können Testergebnisse schon parallel zur Durchführung abgeschätzt werden. Dies ermöglicht schnelle Rangefinding-

oder Screening-Tests und eine schnelle Reaktion auf Abweichungen vom normalen Testverlauf. Im Rahmen einer Systemlösung „Biotest“ kann die Dokumentation aller für den Testverlauf zu erhebenden Daten von den Kultivierungsbedingungen über die Gerätekalibrierung bis zur Datenauswerung sehr einfach integriert werden.

Danksagung

Wir danken Prof. Dr. I. Schuphan und PD Dr. H.T. Ratte, RWTH Aachen, Lehrstuhl für Biologie V (Ökologie, Ökochemie, Ökotoxikologie), für die hervorragende Zusammenarbeit.

Literatur

Grossmann, K., Berghaus, R., Retzlaff, G. (1992): Heterotrophic plant cell suspension cultures for monitoring biological activity in agrochemical research. Comparison with screens using algae, germinating seeds and whole plants. Pest. Sci. 35: 283-289

Jenner, H.A., Janssen-Mommen, P.M. (1993): Duckweed *Lemna minor* as a tool for testing coal residues and polluted sediments. Bull. Environ. Contam. Toxicol. 43: 134-141

Miller, W.E., Peterson, S.A., Greene, J.C., Callahan, C.A. (1985): Comparative toxicology of laboratory organisms for assessing hazardous waste sites. J. Environ. Qual. 14: 569-574

Nasu, Y., Kugimoto, M., Tanaka, O., Yanase, D., Takimoto, A. (1984): Effects of cadmium and copper coexisting in medium on the growth and flowering of lemna paucicostata in relation to their absorption. Environ. Pollut. 33: 267-274

Pestemer, W., Günther, P. (1995): Growth inhibition of plants as a bioassay for herbicide analysis. Chem. Plant Prot. 11: 220-230

Sallenave, R., Fomin, A. (1997): Some advantages of the duckweed test to assess the toxicity of environmental samples. Acta Hydrochim. Hydrobiol. 25: 135-140

Taraldsen, J.E., Norberg-King, T.J. (1990): New method for determining effluent toxicity using duckweed (*Lemna minor*). Environ. Toxicol. Chem. 9: 761-767

Wang W.C. (1990): Literature review on duckweed toxicity testing. Environ. Res. 52: 7-22

Wang, W.C., Williams, J.M. (1988): Screening and biomonitoring of industrial effluents using phytotoxicity tests. Environ. Toxicol. Chem. 7: 645-652

17 Ökotoxikologische Bewertung landwirtschaftlicher Insektizidbelastungen in naturnahen Mesokosmen

J. Nanko-Drees, S. Walscheck und M. Liess

Abstract

The effects of short-term contamination (1 h) of insecticides (0,01-10 µg/l Parathion-ethyl and Esfenvalerat) on an agricultural stream biocoenosis were investigated in outdoor stream mesocosms. Organismic drift and mortality were enhanced acutely with increasing concentrations. In addition, the dominance of certain species changed.

Long term effects of contamination depended on intra- and interspecific competition in the mesocosms. At a density of 1000 Ind./m^2 of *Gammarus pulex* L. (Amphipoda), the population growth was linked to insecticide concentration. At a density of 1700 Ind./m^2, however, population growth was reduced and the LOEC was three orders of magnitude higher than at lower density.

Preliminary experiments showed, that the caddisfly *Limnephilus lunatus* Curtis is sensitive to insecticides. But in this mesocosm study, the interspecific interactions with *G. pulex* were more important for the emergence success of caddisfly larvae than the contamination with insecticides. These results demonstrate that the intra- and interspecific interactions have to be considered in both the design and the interpretation of the results of mesocosm studies.

Zusammenfassung

Die Auswirkungen kurzzeitiger Insektizid-Kontaminationen (1 h, je 0,01-10 µg/l Parathion-ethyl und Esfenvalerat) wurden in Fließgerinne-Mesokosmen untersucht. Als konzentrationsabhängige Wirkungen der Kontamination wurden u.a. akut erhöhte Drift und Mortalität sowie eine Veränderung der Dominanzverhältnisse der untersuchten Makroinvertebraten-Biozönose festgestellt.

Weiterhin stellte sich heraus, daß intra- und interspezifische Konkurrenz die chronischen Effekte der Kontamination beeinflußte. So wurde bei einer Ausgangsdichte von 1000 Ind./m^2 der Amphipodenart *Gammarus pulex* L. ein konzentrationsabhängiges Populationswachstum beobachtet. Bei höherer Ausgangsdichte (1700 Ind./m^2) war das Populationswachstum geringer, die LOEC (lowest observed effect concentration) lag um drei Größenordnungen höher als bei geringer Ausgangsdichte.

Die Köcherfliegenart *Limnephilus lunatus* Curtis erwies sich in Vorversuchen als empfindlich gegenüber Insektiziden. In den hier beschriebenen Mesokosmenversuchen hatten jedoch interspezifische Wechselwirkungen mit *G. pulex* eine größere Bedeutung für den Schlupferfolg von Larven der Köcherfliegenart als die Insektizidkontamination. Aufgrund der großen Bedeutung der beschriebenen intra- und interspezifischen Interaktionen müssen derartige Effekte beim Design und bei der Interpretation der Ergebnisse von Mesokosmen-Testsystemen berücksichtigt werden.

17.1 Einführung

Ziel der vorliegenden Arbeit war die Erfassung der Auswirkungen von Pflanzenschutzmittel (PSM)-Belastungen auf die Fließgewässer-Biozönose kleiner Agrargewässer. Dabei wurden direkte und indirekte Wirkungen der PSM berücksichtigt. Hinweise auf die Bedeutung von indirekten Wirkungen fand Lampert (1987) in stehenden Gewässern. Die Untersuchung erfolgte in naturnahen Fließgewässer-Mesokosmen. Derartige Multispeziessysteme werden für die PSM-Zulassung herangezogen und stellen ein Bindeglied zwischen Labortests und Freilandstudien dar (Crossland et al. 1991).

17.2 Methoden

Die Mesokosmosversuche wurden in acht künstlichen Fließgerinnen mit folgenden Abmessungen durchgeführt: 20 m Länge, 60 cm Breite, 30 cm Tiefe. Diese mit Bachwasser gespeisten Gerinne (Durchfluß ca. 1500 l/h, Strömungsgeschwindigkeit ca. 0,3 m/s) wurden mit natürlichem Sediment befüllt und mit bachtypischen höheren Pflanzen, überwiegend Berle (*Berula erecta* Coville), sowie einer naturnahen Makroinvertebraten-Gemeinschaft bestückt.

In den Fließgerinnen wurden verschiedene biotische und abiotische Parameter aufgenommen. Zweimal wöchentlich wurde die Drift mittels Driftnetzen und die Emergenz mittels sechs Emergenzzelten pro Gerinne erfaßt. Populationsaufnahmen wurden 14tägig mit einem Probenehmer, der Organismen ansaugt, durchgeführt. Der Gesamt-Stoffumsatz wurde durch die Aufnahme von sedimentierten Schwebstoffen abge-

Datum	Parathion-ethyl [μg/l]	Fenvalerat [μg/l]
19.05.94	6,0	nd
25.05.94	0,9	nd
27.05.95	0,6	6,2
01.06.95	0,15	3,3
17.07.95	0,22	3,2
29.08.95	2,0	6,0

Tab. 17-1: Freilandnachweise von Parathion-ethyl und Fenvalerat in Agrarfließgewässern des Braunschweiger Umlandes. Funde über 1 μg/l sind grau unterlegt. (nd = kein Nachweis; Nachweisgrenze für Parathion-ethyl: 0,02 μg/l, für Fenvalerat: 0,1 μg/l Wasser).

schätzt. Temperatur, pH-Wert, Leitfähigkeit, Sauerstoff- und Nährstoffgehalt der Gerinne und des Baches wurden aufgenommen und ließen keine negativen Auswirkungen auf die Biozönose erwarten.

Die Kontamination erfolgte im Frühsommer 1997 mit einer Mischung aus zwei Insektiziden. Sechs der acht Fließgerinne wurden mit den Insektiziden Parathion-ethyl und Esfenvalerat zu gleichen Teilen einstündig kontaminiert. Die eingesetzten Konzentrationen betrugen 0,01; 0,1; 0,3; 1,0; 3,0 und 10 μg/l je Einzelsubstanz. Zwei nicht kontaminierte Gerinne dienten als Kontrolle (Nullprobe). Die Kontaminationen erfolgten im Durchfluß mit anschließender Spülphase der Gerinne.

Untersuchungen von Agrarfließgewässern im Braunschweiger Umland zeigten kurzzeitige Belastungen mit bis zu 6,2 μg/l PSM (Liess et al. 1998). Oftmals wurden die Insektizide Parathion-ethyl und Fenvalerat (ein Isomerengemisch synthetischer Pyrethroide, in dem auch der Wirkstoff Esfenvalerat enthalten ist) gemeinsam nachgewiesen (Tab. 17-1). Aufgrund dieser Situation wird die einstündige Kontamination mit zwei Wirkstoffen im gewählten Konzentrationsbereich als freilandtypisch erachtet.

Die Versuchsergebnisse wurden mittels t-Test, Chi^2-Test oder Regressionsanalyse auf signifikante Zusammenhänge getestet.

17.3 Ergebnisse und Diskussion

17.3.1 Direkte PSM-Einflüsse

Akut toxische Effekte

Gammarus pulex L. zeigt bei PSM-Kontaminationen ein aktives Driftverhalten (Liess 1993). Auch in den Mesokosmen zeigte sich eine konzentrationsabhängige Drift von *G. pulex*. Diese Drift dauerte etwa 48 h an, die maximale Drift wurde nach einer Kontamination mit 1 μg/l je Einzelsubstanz festgestellt. Bei höheren Konzentrationen verminderte sich der Anteil driftender Tiere, der Anteil toter Tiere nahm zu.

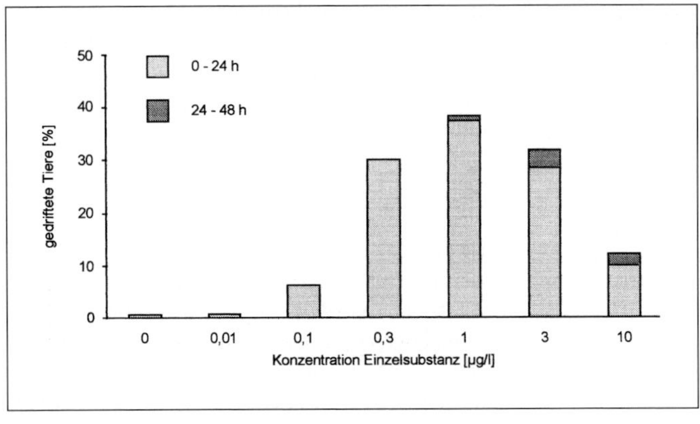

Abb. 17-1: Summe der im Zeitraum von 24 bzw. 48 Stunden nach der Kontamination gedrifteten adulten *Gammarus pulex* in % der Ausgangspopulation. Konzentrationsangaben je Einzelsubstanz (Parathion-ethyl/Esfenvalerat).

Chronische Effekte

Direkte Effekte der Kontamination ließen sich im Versuch z.B. an *G. pulex*, *Asellus aquaticus* L. und an Kleinlibellenlarven feststellen (u.a. *Platycnemis pennipes* Pallas, *Enallagma cyathigerum* Charpentier). Es zeigte sich eine Abnahme der Abundanz mit steigender PSM-Konzentration. Die Abundanz von *G. pulex* war z.B. zwei Wochen nach der einstündigen Kontamination mit 0,3 µg/l Einzelsubstanz signifikant niedriger als in den Kontrollgerinnen. Eine Abnahme von *G. pulex* und *A. aquaticus* stellten auch Cuppen et al. (1995) in ihren Mikrokosmosversuchen nach Insektizidapplikation fest.
Auch die Dominanzverhältnisse der Gerinne-Biozönosen veränderten sich z.T. durch die Kontamination. Im Bach, in den Kontrollen und bei Konzentrationen bis 1 µg/l je PSM wurde die Lebensgemeinschaft vor und nach der Kontamination von nur 2-3 Arten dominiert (dominant: Abundanz $\geq$ 3 % Individuen der Biozönose). Zehn Wochen nach der Exposition mit 10 µg/l wurden im betreffenden Gerinne bis zu sieben dominante Arten gefunden, der Anteil der vorher eudominanten Gammariden war von ca. 80 % auf 17 % der Biozönose gesunken.
Die Menge der Schwebstoffe, welche durch Fraß, Zerkleinerung oder Bioturbation in die fließende Welle gelangte und später sedimentierte, war signifikant negativ mit der PSM-Konzentration korreliert ($p = 0,017$). Ähnliche Ergebnisse fanden auch Cuppen et al. (1995) direkt nach Zugabe eines Insektizids und Verlust der Zerkleinerer (*Gammarus, Asellus, Proasellus*).
Im vorliegenden Versuch wurden die Schwebstoffe mit einer Pumpe aus dem Driftnetzraum am Ende der Gerinne entnommen. Nach 24 h Absetzzeit wurde das Volumen bestimmt. Wie der Glühverlust zeigte, bestanden die Schwebstoffe jeweils ca. zur Hälfte aus organischem und anorganischem Material. Die Ergebnisse weisen auf eine konzentrationsabhängige Beeinflussung der Organismenaktivität hin.

17.3.2 Indirekte PSM-Einflüsse

Die beobachteten chronischen PSM-Effekte wurden teilweise durch veränderte intra- oder interspezifische Wechselwirkung hervorgerufen. Im folgenden soll dies an einigen Beispielen dargestellt werden.

Intraspezifische Wechselwirkungen

In vier Gerinnen war vor der Kontamination eine geringe Gammaridendichte vorhanden (ca. 1000 Tiere/m^2), in vier Gerinnen eine höhere (ca. 1700 Tiere/m^2). Während in den Gerinnen mit geringerer Dichte ein konzentrationsabhängiges Populationswachstum festgestellt wurde, zeigte sich in den Gerinnen mit höherer Ausgangsdichte kaum Wachstum, die Abundanz blieb weitgehend konstant. Bei der höchsten Konzentration kam es zu einem Einbruch der Population. Die LOEC (lowest observed effect concentration) lag bei hoher Ausgangsdichte von *G. pulex* um drei Größenordnungen höher als bei geringer Ausgangsdichte dieser Art.

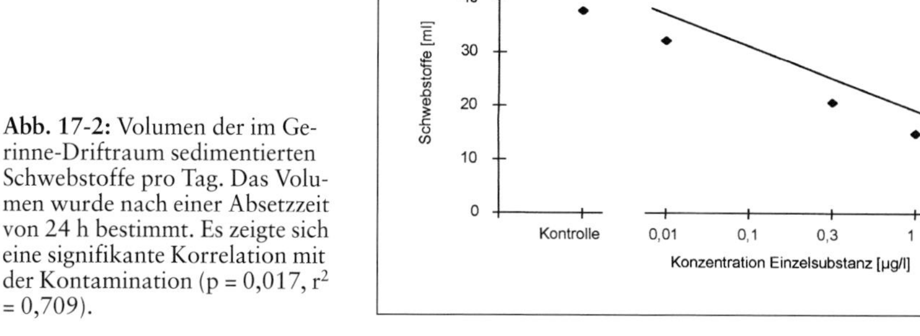

Abb. 17-2: Volumen der im Gerinne-Driftraum sedimentierten Schwebstoffe pro Tag. Das Volumen wurde nach einer Absetzzeit von 24 h bestimmt. Es zeigte sich eine signifikante Korrelation mit der Kontamination ($p = 0,017$, $r^2 = 0,709$).

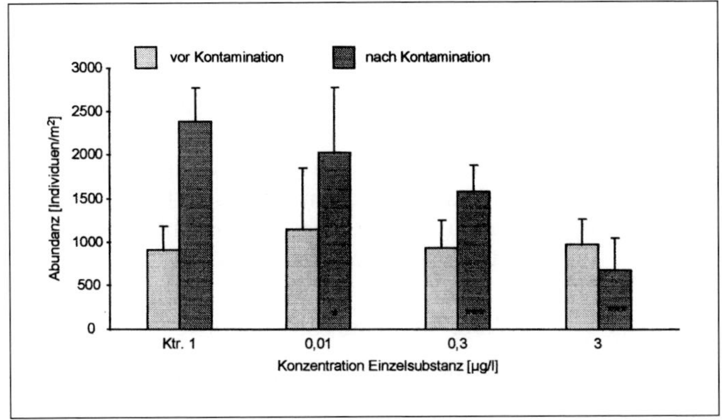

Abb. 17-3: Abundanz von *Gammarus pulex*. Eine geringe Ausgangsdichte (ca. 1000 Tiere/m²) vor Versuchsbeginn führte zu einer konzentrationsabhängigen Abundanzentwicklung nach der Kontamination (*signifikanter Unterschied $p < 0{,}05$ zur Nullprobe, *** $p < 0{,}001$). Ktr. 1 bezeichnet einen Kontrollmesokosmos (Nullprobe) mit geringer Ausgangsdichte.

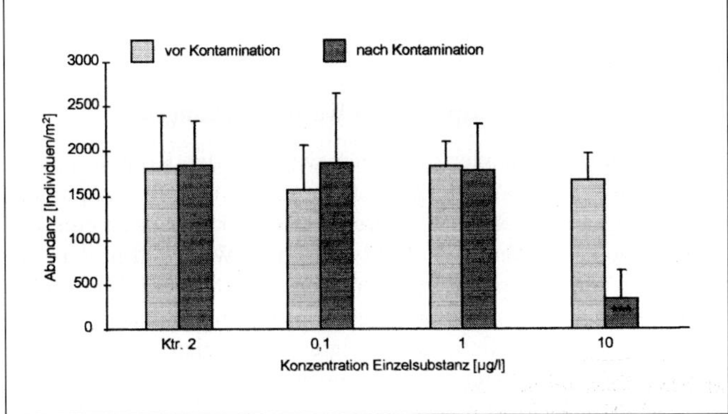

Abb. 17-4: Abundanz von *Gammarus pulex*. Eine hohe Ausgangsdichte (ca. 1700 Tiere/m²) vor Versuchsbeginn führte zu einer konzentrationsunabhängigen konstanten Dichte. Erst bei 10 µg/l je Einzelsubstanz kam es zu einem Einbruch der Population (***signifikanter Unterschied $p < 0{,}001$ zur Nullprobe). Ktr. 2 bezeichnet einen Kontrollmesokosmos (Nullprobe) mit hoher Ausgangsdichte.

Interspezifische Wechselwirkungen

Bei zunehmenden PSM-Konzentrationen zeigten Gastropoden (*Stagnicola palustris* O. F. Mueller, *Radix ovata* Draparnaud, *Bathyomphalus contortus* L.) und Dytiscidenlarven (u.a. *Agabus* spec., *Platambus maculatus* L.) eine Zunahme der Abundanz. Bei den Gastropoden war die Zunahme ab 0,3 µg/l je PSM signifikant ($p<0{,}001$). Von einer Zunahme der Mollusken-Abundanz nach Insektizid-Exposition in Mikrokosmen berichten auch Brock et al. (1995). Die mit Emergenzzelten erfaßten Imagines der Köcherfliege *Limnephilus lunatus* Curtis weisen in den kontaminierten Gerinnen im Vergleich zur Kontrolle ein höheres Durchschnittsgewicht auf. Mögliche Ursache für die Abundanz- bzw. Gewichtszunahme der oben genannten Arten ist die Beeinträchtigung von *G. pulex* durch die PSM-Anwendung. Gammariden ernähren sich omnivor und stehen als eudominante Art in Nahrungskonkurrenz zu den meisten anderen Tierarten.

Die gegen Insektizide empfindliche Köcherfliegenart *L. lunatus* (Liess 1993, Schulz 1997, Lamche 1995, Schewe 1996) zeigte in Vorversuchen eine signifikante Verminderung des Schlupferfolges ab 0,1 µg/l Fenvalerat nach einstündiger Kontamination. In den Mesokosmen konnte hingegen keine Veränderung des Schlupferfolges bei zunehmender PSM-Belastung festgestellt werden. Der Schlupferfolg ist jedoch mit der Abundanz von *G. pulex* signifikant negativ korreliert ($p = 0{,}0012$). Interspezifische Wechselwirkung mit Gammariden sind in diesem Versuchsansatz für den Schlupf von *L. lunatus* von größerer Bedeutung als die PSM-Kontamination.

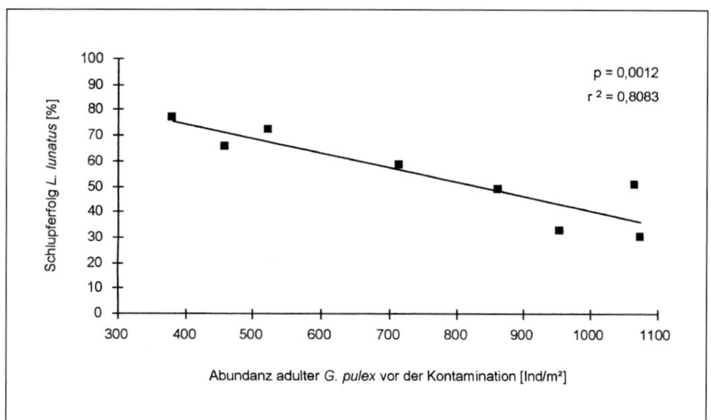

Abb. 17-5: Zusammenhang zwischen dem Schlupf von *Limnephilus lunatus* und der Abundanz von *Gammarus pulex*. Der Schlupferfolg von *L. lunatus* zeigte keine Veränderung bei zunehmender PSM-Belastung, war aber signifikant mit der Abundanz von *G. pulex* korreliert ($p = 0,0012$, $r^2 = 0,8083$).

17.4 Schlußfolgerungen

- PSM-Effekte können je nach den Rahmenbedingungen des Testsystems in hohem Maße die intra- und interspezifische Konkurrenz verändern.
- PSM-Effekte, die durch die Veränderung der interspezifischen Konkurrenz hervorgerufen werden, können die direkten Effekte bei weitem übersteigen.
- Derartige Interaktionen müssen beim Design und bei der Interpretation der Ergebnisse von Testsystemen berücksichtigt werden.

Danksagung

Die Untersuchung wurde durch das Umweltbundesamt gefördert.

Literatur

Brock, T.C.M., Roijackers, R.M.M., Rollon, R., Bransen, F., van der Heyden, L. (1995): Effects of nutient loading and insecticide application on the ecology of *Elodea*-dominated freshwater microcosms. 2. Responses of macrophytes, periphyton and macroinvertebrate grazers. Arch. Hydrobiol. 134: 53-74

Crossland, N.O., Mitchell, G.C., Bennett, D., Maxted, J. (1991): An outdoor artificial stream system designed for ecotoxicological studies. Ecotoxicol. Environ. Saf. 22: 175-183

Cuppen, J.G.M., Gylstra, R., van Beusekom, S., Budde, B.J., Brock, T.C.M. (1995): Effects of nutrient loading and insecticide application on the ecology of *Elodea*-dominated freshwater microcosms. 3. Responses of macroinvertebrate detritivores, breakdown of plant litter, and final conclusions. Arch. Hydrobiol. 134: 157-177

Lamche, G. (1995). Freilandnahe Fließgewässer-Testsysteme zur ökotoxikologischen Bewertung von Insektiziden. Diplomarbeit, TU-Braunschweig

Lampert, W. (1987). Predictibility in lake ecosystems: the role of biotic interactions. In: Schulze, E.D., Zwölfer, H. (eds.): Ecological studies, Volume 61. Springer-Verlag, Berlin, Heidelberg. 333-346

Liess, M. (1993). Zur Ökotoxikologie der Einträge von landwirtschaftlich genutzten Flächen in Fließgewässer. Cuvillier Verlag, Göttingen

Liess, M. (1994). Pesticide impact on macroinvertebrate communities of running waters in agricultural ecosystems. Verh. Internat. Verein. Limnol. 25: 2060-2062

Liess, M., Schulz, R., Rother, B., Kreuzig, R. (1998): Quantification of insecticide contamination in agricultural headwater streams. Water Res., im Druck.

Schewe, S. (1996). Bewertung kurzzeitiger Insektizidbelastungen auf Makroinvertebratengemeinschaften unterschiedlicher Komlexität. Diplomarbeit, TU-Braunschweig

Schulz, R. (1997). Auswirkungen diffuser Insektizideinträge aus der Landwirtschaft auf Fließgewässer-Lebensgemeinschaften. Ecomed Verlag, Landsberg

18 Populationsmodell für *Asellus aquaticus* und *Gammarus fossarum* in Fließrinnen im Gewächshaus

J. Mählmann, J. Schmidt, D. Jungmann und R. Nagel

Abstract

Single species toxicity tests give insufficient explanations to describe harmful changes to the structure and function of ecosystems due to contamination. Such experiments can not give information about inter- and intraspecific interactions and their relevance to ecosystems. Investigations of populations in more complex systems lead to a better understanding. In a laboratory artificial stream system *Asellus aquaticus* and *Gammarus fossarum* have been investigated under controlled conditions. To evaluate relevant parameters to the population dynamics breeding females of *A. aquaticus* and precopulae pairs of *G. fossarum* were put in enclosures and directly into the artificial stream system. At the end of the experiment (after 10 weeks) *A. aquaticus* showed higher densities in the artificial stream system than in the enclosures. In contrast to *A. aquaticus* less individuals of *G. fossarum* were counted inside the enclosures than outside.The life history information derived from the individuals in the enclosures have been used to develop a differential equation model for both species. The model is described in detail. As a result, the most sensitive parameters for both species have been determined. For *A. aquaticus* the most sensitive parameter is the mortality of the juvenils, whereas for *G. fossarum* it is the number of juveniles per female. The simulated population dynamics have been compared with both, the observed dynamics in the enclosures and the number of individuals in the artificial streams at the end of the experiment. Evident indications for interactions between the two species are discussed.

Zusammenfassung

In Experimenten mit einzelnen Arten können schädliche Veränderungen der Struktur und Funktion von Ökosystemen durch Umweltchemikalien nur unzulänglich beschrieben werden. Diese Experimente liefern keine Informationen über zwischenartliche Beziehungen und deren Bedeutung für Ökosysteme. Zu einem besseren Verständnis können Untersuchungen an Populationen in komplexeren Systemen führen.

Für *Asellus aquaticus* und *Gammarus fossarum* wurden die populationsrelevanten Parameter der jeweiligen Arten in Fließrinnen in einem Gewächshaus ermittelt. Dazu wurden Expositionsgefäße, die leicht beprobt werden können, in die Fließrinnen eingebracht. Eine Erfassung der Abundanzen der Organismen in der Fließrinne selbst ist ohne eine Zerstörung des Habitats nicht möglich und wurde daher erst am Versuchsende vorgenommen.

In eine Fließrinne wurde ein Expositionsgefäß mit 10 Gammariden im Präkopula-Stadium und ein weiteres Expositionsgefäß mit 11 brütenden Assel-Weibchen eingesetzt. Außerhalb der Expositionsgefäße dieser Fließrinne wurden 10 Gammariden im Präkopula-Stadium und 11 brütende Assel-Weibchen zusammen eingesetzt. In eine andere Fließrinne wurde ebenfalls ein Expositionsgefäß mit 11 brütende Assel-Weibchen eingesetzt. Außerhalb des Expositionsgefäßes dieser Fließrinne wurden jedoch 11 brütende Assel-Weibchen ohne Gammariden eingesetzt. In den Expositionsgefäßen wurden nach 75 Tagen 16 Asseln gezählt. In der Fließrinne ohne *G. fossarum* wurden nach 83 Tagen 125 Asseln, und in der Fließrinne mit *G. fossarum* nach 85 Tagen 121 Asseln gezählt. Nach 77 Tagen wurden in den Expositionsgefäßen 146 Gammariden, und in der Fließrinne 65 Gammariden gezählt.

Für *Asellus* und *Gammarus* wurde ein dichteunabhängiges Differentialgleichungs-Modell entwickelt, mit dem Hypothesen zur Populationsentwicklung der beiden Arten in den Fließrinnen überprüft werden können. Das Modell bildet mit den in den Expositionsgefäßen ermittelten Parametern die Populationsdynamik in den Expositionsgefäßen gut ab. Bei *A. aquaticus* reagiert das Modell am sensibelsten auf Änderungen des Parameters Sterberate (juvenile, adulte). Mit verringerten Sterberaten berechnet das Modell für *A. aquaticus* nach 83 Tagen Abundanzen, die mit den zum Versuchsende in den Fließrinnen gezählten Abundanzen (125 und 121) vergleichbar sind: 115 *A. aquaticus*. Mögliche Ursache für eine erhöhte Sterberate bei *A. aquaticus* in den Expositionsgefäßen könnte die regelmäßige Beprobung und der dadurch ausgelöste Streß sein. Eine bessere Nahrungsversorgung könnte weiterhin die Überlebenswahrscheinlichkeit der Tiere in der Fließrinne erhöht haben. Diese Annahme deckt sich mit Beobachtungen im Freiland (Graça et al. 1994).

Bei *G. fossarum* reagiert das Modell am sensibelsten auf Änderungen des Parameters Juvenile pro Weibchen. *G. fossarum* erreichte in den Fließrinnen eine geringere Abundanz als in den Expositionsgefäßen. Eine solche Populationsentwicklung berechnet das Modell bei einer verringerten Anzahl Juveniler pro Weibchen. Bei *Gammarus* konnte die Anzahl der Juvenilen pro Weibchen aufgrund des experimentellen Designs nur ungenau erfaßt werden. Bei geringfügiger Veränderung dieses Parameters erklärt das Modell sowohl die Abundanzen in den Expositionsgefäßen als auch die in der Fließrinne. Eine weitere mögliche Erklärung der Differenz zwischen den Abundanzen in den Expositionsgefäßen und in der Fließrinne kann darin gesucht werden, daß die Juvenilen der letzten Kohorte, die zum Versuchsende kleiner als 3 mm waren, in der Fließrinne nicht gefunden wurden. Die in der Fließrinne mit *Gammarus* vergesellschafteten Asseln waren signifikant größer als die Vergleichspopulation in der Fließrinne ohne *Gammarus*. Diese Interaktion zwischen den beiden Spezies kann von dem Modell nicht abgebildet werden.

Das vorgestellte Modell erweist sich als ein wichtiges Instrument zum Erkenntnisgewinn populationsdynamischer Zusammenhänge und eröffnet die Möglichkeit, Wirkungen von Umweltchemikalien auf Populationsebene zu bewerten.

18.1 Einleitung

In Experimenten mit einzelnen Arten können schädliche Veränderungen der Struktur und Funktion von Ökosystemen durch Umweltchemikalien nur unzulänglich beschrieben werden. Diese Experimente liefern keine Informationen über zwischenartliche Beziehungen und deren Bedeutung für Ökosysteme. Zu einem besseren Verständnis können Untersuchungen an Populationen in komplexeren Systemen führen.

Um den Einfluß von Umweltchemikalien auf eine Fließgewässerlebensgemeinschaft abschätzen zu können, müssen die populationsrelevanten Parameter der jeweiligen Arten zunächst ohne eine Schadstoffbelastung ermittelt werden.

Als Modellorganismen wurden *Asellus aquaticus* und *Gammarus fossarum* gewählt. Beide Taxa kommen im Referenzbach (Lockwitzbach bei Dresden) vergesellschaftet vor. Bei der Auswahl standen deren Stellung im Nahrungsnetz, die einfache Handhabbarkeit, die weite biogeographische Verbreitung und die vollständige Entwicklung im Wasser im Vordergrund. *Asellus* zeigt ein diskontinuierliches, *Gammarus* ein kontinuierliches Populationswachstum.

Für *Asellus* und *Gammarus* wurde ein Differentialgleichungs-Modell entwickelt, um Hypothesen zur Populationsentwicklung der beiden Arten in den Fließrinnen zu überprüfen.

18.2 Material und Methoden

18.2.1 Fließrinnenversuche

Die Organismen wurden im Lockwitzbach bei Dresden gefangen und im Labor in einem Aquarium (250 L) bei 15 ± 1°C in Leitungswasser gehältert. Das Hälterungswasser wurde durch eine Membranpumpe belüftet. Mit einer Umwälzpumpe wurde eine Strömung erzeugt. Die Tiere wurden mit Blättern der Schwarzerle (*Alnus glutinosa*) gefüttert.

Die Fließrinnen sind aus Edelstahl gefertigt (Länge: 350 cm, Breite: 50 cm und Höhe: 20 cm). Jede Fließrinne ist durch eine Trennwand in zwei Fließstrecken von 25 cm Breite geteilt. Das Ausströmbecken ist durch ein Verbindungsrohr (Durchmesser: 10 cm) mit dem Einströmbecken verbunden. Durch eine zwischengeschaltete Pumpe (Fa. Grundfos, 0,75 kW; 1450 Upm; maximal 10 Ls^{-1}) wird das Wasser aus dem Ausströmbecken in das Einströmbecken gepumpt. Durch den Anstieg des Wasserstandes im Einströmbecken „fällt“ das Wasser über die Fließstrecke zurück in das Ausströmbecken. Die Fließstrecke ist durch ein Absperrgitter (250 µm Gaze) vom Ausströmbecken abgetrennt, so daß Organismen nicht in den Pumpenbereich gelangen können. Die Wassertemperatur betrug konstant 15 ± 1°C.

Die Fließrinnen waren mit Sediment (Korngrößen 2–8 mm und 8–16 mm im Verhältnis 3:1) ca. 2 cm hoch gefüllt.

Mit einer Stereolupe (Wild M10, Fa. Leica) wurden die fixierten Tiere (Ethanol, 75 %) vermessen und deren Geschlecht bestimmt (Gruner 1965, Schellenberg 1972, Goedmakers 1972).

Zur Erfassung der populationsrelevanten Parameter wurden Expositionsgefäße (Abb. 18-1) in die Fließrinnen eingebracht. Die Expositionsgefäße können leicht aus dem Gesamtsystem Fließrinne entnommen und wieder eingesetzt wer-

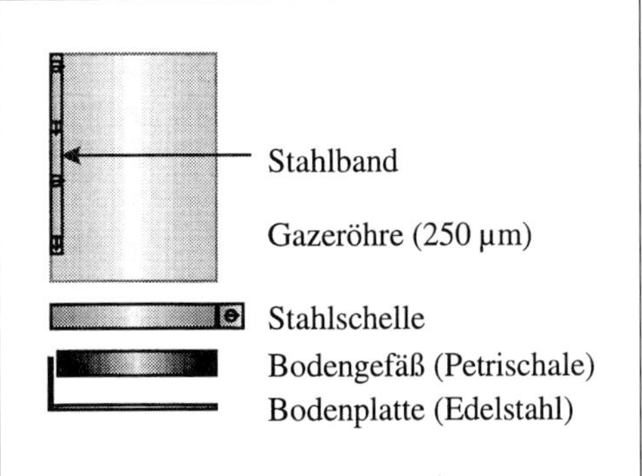

Abb. 18-1: Schematische Darstellung der Einzelteile eines Expositionsgefäßes (Durchmesser 18 cm, Höhe 19 cm)

den. Eine Erfassung der Abundanzen der Organismen in der Fließrinne selbst ist ohne eine Zerstörung des Habitats nicht möglich und wurde daher erst am Versuchsende vorgenommen.

18.2.2 Modellkonzept

Die populationsrelevanten Parameter für *A. aquaticus* und *G. fossarum* wurden an Populationen erfaßt, die sich in Expositionsgefäßen in der Fließrinne befanden. Mit den ermittelten Parametern und dem mathematischen Modell können Szenarien der Populationsentwicklung erstellt werden. Die Szenarien lassen sich anschließend mit den erreichten Abundanzen in den Fließrinnen und den Expositionsgefäßen vergleichen. Ziel ist es, Hypothesen zur Populationsentwicklung in den Fließrinnen anhand des Modells zu überprüfen (Abb. 18-2).

Versuchsansatz

In Abbildung 18-3 ist der Versuchsansatz dargestellt. In eine Fließrinne wurde ein Expositionsgefäß mit 10 Gammariden im Präkopula-Stadium (P) und ein weiteres Expositionsgefäß mit 11 brütenden Assel-Weibchen (bW) eingesetzt. Außerhalb der Expositionsgefäße dieser Fließrinne wurden 10 Gammariden im Präkopulastadium und 11 brütende Assel-Weibchen zusammen eingesetzt. In eine andere Fließrinne wurde ebenfalls ein Expositionsgefäß mit 11 brütenden Assel-Weibchen eingesetzt. Außerhalb des Expositionsgefäßes dieser Fließrinne wurden jedoch 11 brütende Assel-Weibchen ohne Gammariden eingesetzt.
Die Expositionsgefäße wurden täglich kontrolliert. Wenn juvenile Tiere (J) vorhanden waren, wurden diese gezählt und verblieben in dem Expositionsgefäß, in dem sie entlassen worden waren. Die Adulten dieses Expositionsgefäßes wurden in ein weiteres Expositionsgefäß umgesetzt. Bei den Asseln wurden die nicht mehr brütenden Weibchen (W), denen die Juvenilen zuzuordnen waren, in ein gesondertes Expositionsgefäß überführt, in das eine gleiche Anzahl männlicher Asseln (M) aus der Hälterung zugesetzt wurde. Bei jedem Auftreten von Juvenilen in den Expositionsgefäßen wurde wie oben beschrieben verfahren. Somit konnten die einzelnen Kohorten Juveniler getrennt beobachtet werden. Die Expositionsgefäße mit den Kohorten juveniler Asseln wurden alle 5 Tage, die mit juvenilen Gammariden alle 7 Tage kontrolliert und die Juvenilen gezählt. Bildeten sich bei den Asseln Präkopula-Stadien, wurden diese isoliert und in weiteren Expositionsgefäßen beobachtet.
Am Versuchsende wurden die Asseln und Gammariden in den Fließrinnen außerhalb der Expositionsgefäße gezählt, deren Geschlecht be-

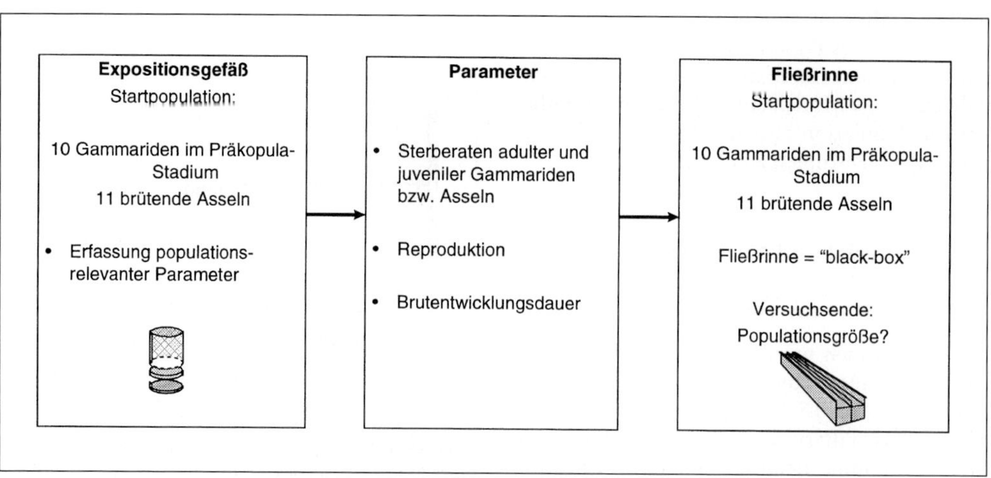

Abb. 18-2: Konzept für die Erfassung der populationsrelevanten Parameter

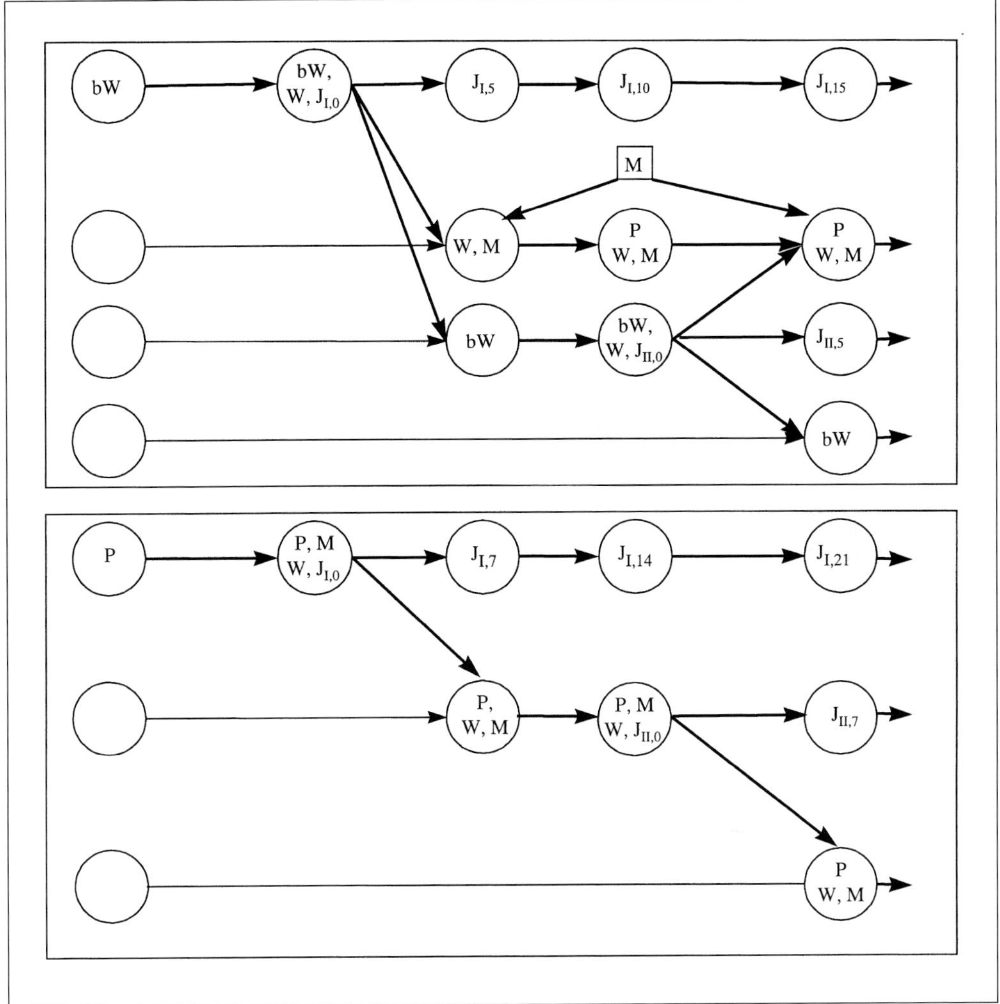

Abb. 18-3: Schematische Darstellung des Versuchsansatzes in den Expositionsgefäßen für *Asellus aquaticus* (oben) und *Gammarus fossarum* (unten). Kreise: Expositionsgefäße; bW: brütende Weibchen; W: Weibchen; M: Männchen; P: Präkopula-Stadien; $J_{k,t}$: Juvenile der Kohorte k mit dem Alter t

stimmt und die Körperlänge gemessen. Die Fütterung der Organismen in der Fließrinne und in den Expositionsgefäßen erfolgte mit Erlen-Blattscheiben (*Alnus glutinosa*).

Modellparameter

In Tabelle 18-1 sind die populationsrelevanten Parameter zusammengestellt, die in den Experimenten (Abb. 18-3) ermittelt wurden. Auf dieser Basis wurde ein Differentialgleichungsmodell in einem Tabellenkalkulationsprogramm entwikkelt (Braun 1997). In dem Modell werden die unterschiedlichen Zustandsgrößen (Tab. 18-2) über logische Ausdrücke miteinander verknüpft.

Die Zustandsgrößen des Modells werden mit den Gleichungen 18-1 bis 18-6 beschrieben.

Tab. 18-1: Modellparameter für *Asellus aquaticus* und *Gammarus fossarum*. Erläuterungen: n.b. = nicht bestimmte Parameter gehen mit dem Wert 0 in das Modell ein. Bei *Gammarus* umfaßt die Brutdauer auch die Parameter praekop und repropause, die sich bedingt durch das experimentelle Design nicht getrennt bestimmen ließen.

Parameter	Wert (Anfangswert für Sensitivitätsanalyse)	Einheit	Erklärung
admort	-0,027 (*Asellus*) -0,06 (*Gammarus*)	Tag^{-1}	Sterberate (adult)
juvmort	-0,045 (*Asellus*) -0,006 (*Gammarus*)	Tag^{-1}	Sterberate (juvenil)
praekop	6,88 (*Asellus*) n.b. (*Gammarus*)	Tage	Dauer des Präkopula-Stadiums
brutdauer	26,3 (*Asellus*) 28 (*Gammarus*)	Tage	Dauer von der Befruchtung bis zum Entlassen der Juvenilen aus dem Marsupium.
fekund	24,3 (*Asellus*) 9,5 (*Gammarus*)	-	Anzahl Juvenile pro Weibchen
repropause	65 (*Asellus*) n.b. (*Gammarus*)	Tage	Dauer der Reproduktionspause Entspricht bei *Asellus* der Dauer bis zum Erreichen der Reife
sexrat	0,64 (*Asellus*) 0,5 (*Gammarus*)	–	Relativer Anteil Weibchen bei den Nachkommen
start_w	11 (*Asellus*) 10 (*Gammarus*)	–	Anzahl eingesetzter (brütender) Weibchen
start_m	0 (*Asellus*) 10 (*Gammarus*)	–	Anzahl eingesetzter Männchen
anteil_bw	1 (*Asellus*) 1 (*Gammarus*)	–	Verhältnis Anzahl brütender Weibchen : Anzahl Weibchen
ausgleich	1 (*Asellus*) 7 (*Gammarus*)	Tage	Anzahl der Tage, nach der zum ersten Mal Juvenile beobachtet wurden
reife	65 (*Asellus*) 146 (*Gammarus*)	Tage	Dauer bis zum Erreichen der Geschlechtsreife

Tab. 18-2: Zustandsgrößen im Modell

Zustandsgröße	Einheit	Erklärung
W(t)	–	Anzahl Weibchen zum Zeitpunkt t
F(t)	–	Anzahl adulter Nachkommen zum Zeitpunkt t
M(t)	–	Anzahl Männchen zum Zeitpunkt t
BW(t)	–	Anzahl brütender Weibchen zum Zeitpunkt t
K(i, t)	–	Anzahl Juveniler der Kohorte i zum Zeitpunkt t
AK(i, t)	Tage	Alter Kohorte i zum Zeitpunkt t
K(i, t)	–	Anzahl Juveniler der Kohorte i zum Zeitpunkt t

Gleichung 18-1:

$$W(t) = \begin{cases} start\_w \text{ für } t = 0 \\ (W(t-1) + (F(t) + sexrat)) * \\ \quad EXP(admort) \text{ sonst} \end{cases}$$

Gleichung 18-2:

$$M(t) = \begin{cases} start\_m \text{ für } t = 0 \\ (M(t-1) + (F(t) * (1 - sexrat)) * \\ \quad EXP(admort) \text{ sonst} \end{cases}$$

Gleichung 18-3:

$$BW(t) = W(t) * anteil\_bw$$

Gleichung 18-4:

$$F(t) = \begin{cases} 0 \text{ für } t = 0 \\ F(t-1) + Summe\ (K(i,t)) \text{ für } AK(i,t) = reife \\ 0 \text{ sonst} \end{cases}$$

Gleichung 18-5:

$$AK(i,t) = \begin{cases} 0 \text{ für } t = 0 \\ AK(i,t-1) + 1 \text{ für } i = 1 \text{ } UND \text{ } t > (ausgleich - 1) \\ AK(i,t-1) + 1 \text{ für } i > 1 \text{ } UND \text{ } t > (ausgleich - 1 + praekop + brutdauer + repropause) * (i-1) \end{cases}$$

Gleichung 18-6:

$$K(i,t) = \begin{cases} 0 \text{ für } AK(i,t) = 0 \\ BW(t) * fekund + (K(i,t-1) * sexrat) * EXP(juvmort) \text{ für } AK(i,t) = 1 \\ 0 \text{ für } AK(i,t) \geq reife \\ k(i,t-1) * EXP(juvmort) \text{ sonst} \end{cases}$$

(t = Zeitschritt (Tag); i = Kohorten 1 bis 12; EXP(x) = $e^{(x)}$)

18.2.3 Sensitivitätsanalyse

Die Parameter des Modells wurden auf ihre Sensitivität untersucht. Dazu wurde schrittweise jeweils ein Parameter, bei Konstanthaltung der anderen, verändert. Die Variation erfolgte im Wertebereich ± 50 % des Anfangswertes in 5 %-Schritten. Die Zielgröße Abundanz und Zusammensetzung der Population zum Versuchsende wurde jedesmal mit dem veränderten Parameter neu berechnet. Dieser Vorgang wurde für die in Tabelle 18-1 aufgeführten Modellparameter durchgeführt. Wird die Veränderung der Parameter gegen die Zielgröße graphisch dargestellt, so erhält man eine Kurvenschar. Aus der Darstellung lassen sich Schlüsse über die relative Sensitivität eines Parameters ableiten.

18.3 Ergebnisse

18.3.1 *Asellus aquaticus* – diskontinuierliches Populationswachstum

In den Expositionsgefäßen wurden nach 75 Tagen 16 Asseln (10 Weibchen, 6 Männchen) gezählt. Mit den in Tabelle 18-1 für Asellus dargestellten Parametern bildet das Modell die Populationsentwicklung von *A. aquaticus* in den Expositionsgefäßen gut ab.
In der Fließrinne ohne *G. fossarum* wurden nach 83 Tagen 125 Asseln (39 Männchen, 84 Weibchen, bei 2 Tieren war eine Geschlechtsbestimmung nicht möglich) gezählt. In der Fließrinne mit *G. fossarum* wurden nach 85 Tagen 121 Asseln (58 Männchen, 63 Weibchen) gezählt.

Die mit *Gammarus* vergesellschafteten Asseln waren signifikant größer ($\alpha = 0{,}05$) als die Vergleichspopulation in der Fließrinne ohne *Gammarus*.

Sensitivitätsanalyse

Eine Veränderung der Parameter Dauer der Präkopula (praekop), Dauer der Brutentwicklung (brutdauer) und Juvenile pro Weibchen (fekund) zeigt über einen weiten Wertebereich nur einen geringen Einfluß auf die berechnete Populationsentwicklung.
Die Verkürzung der Dauer zum Erreichen der Reife (reife) um mehr als 30 % des Anfangswertes (< 45 Tage) führt zu einer drastischen Erhöhung der berechneten Abundanz (Abb. 18-4).
Mit verringerten Sterberaten (admort, juvmort) berechnet das Modell für 83 Tage Abundanzen, die mit den zum Versuchsende in den Fließrinnen bestimmten Abundanzen vergleichbar sind: 115 *A. aquaticus* (71 Männchen, 74 Weibchen) (Abb. 18-5).

18.3.2 *Gammarus fossarum* – kontinuierliches Populationswachstum

In den Expositionsgefäßen konnten die in Tabelle 18-1 dargestellten populationsrelevanten Parameter für *G. fossarum* ermittelt werden.
Nach 77 Tagen wurden in den Expositionsgefäßen 146 Gammariden gezählt (7 adulte Männchen, 7 adulte Weibchen und 132 juvenile Gammariden). In der Fließrinne wurden nach 77 Tagen insgesamt 65 Gammariden gezählt (2 adulte Männchen und 63 juvenile Gammariden).

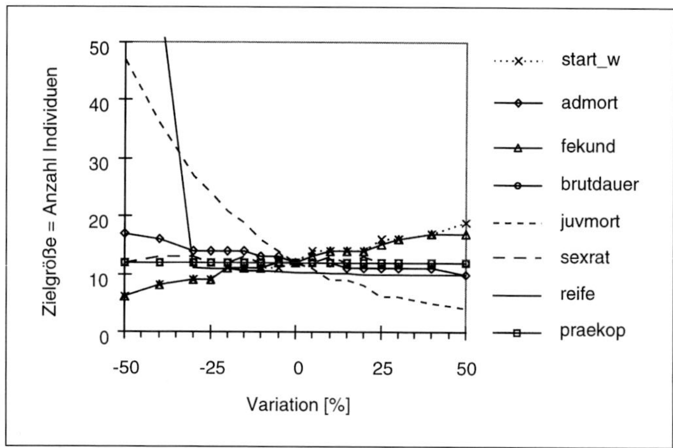

Abb. 18-4: Sensitivitätsanalyse ausgewählter Parameter für *Asellus aquaticus* zum Tag 77 (Ausführliche Beschreibung der Parameter in Tabelle 18-1)

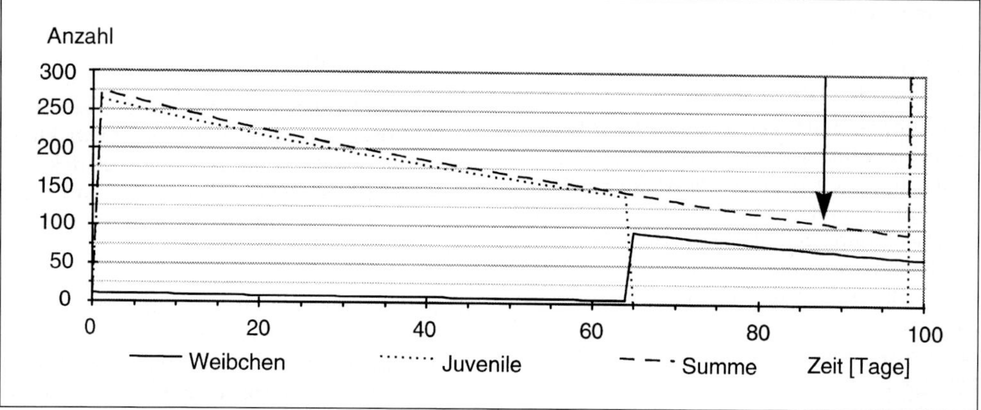

Abb. 18-5: Szenario bei verringerten Sterberaten (Adulte -0,013 Tag^{-1}; Juvenile -0,01 Tag^{-1}) für *Asellus aquaticus* (Pfeil: Versuchsende)

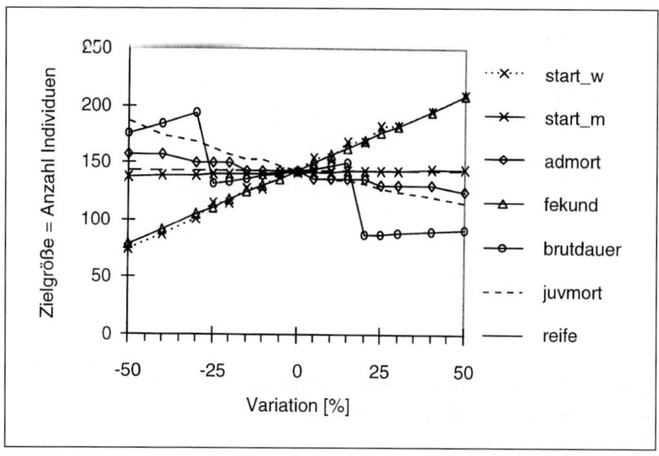

Abb. 18-6: Sensitivitätsanalyse ausgewählter Parameter für *Gammarus fossarum* zum Tag 77 (Ausführliche Beschreibung der Parameter in Tabelle 18-1)

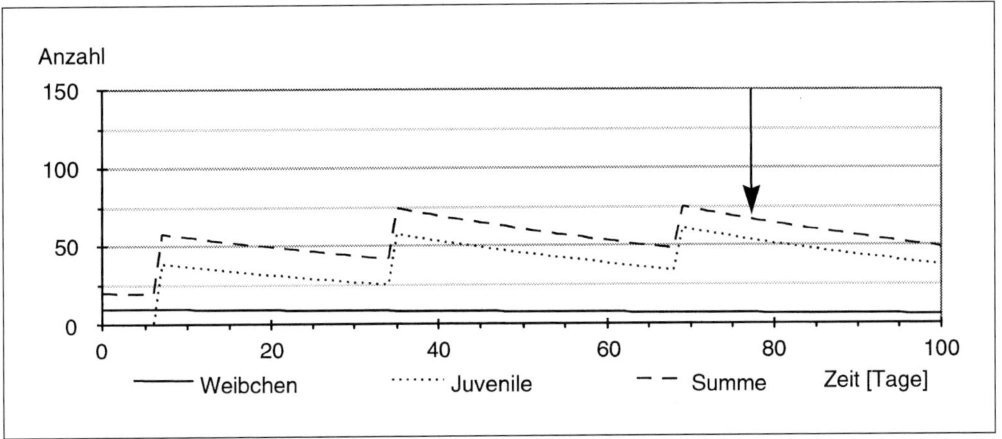

Abb. 18-7: Szenario der Populationsentwicklung von *Gammarus fossarum* bei 4 Juvenilen pro Weibchen (Pfeil: Versuchsende)

Sensitivitätsanalyse

Eine Veränderung der Parameter Sterblichkeit der Adulten (admort) oder Sterblichkeit der Juvenilen (juvmort) zeigt über einen weiten Wertebereich einen geringen Einfluß auf die vom Modell berechnete Populationsentwicklung. Auf Veränderungen des Parameters Juvenile pro Weibchen (fekund) und Dauer der Brutentwicklung (brutdauer) reagiert das Modell sensibel (Abb. 18-6).
Mit den in Tabelle 18-1 dargestellten Parametern bildet das Modell für *G. fossarum* die Populationsentwicklung in den Expositionsgefäßen gut ab. Das Modell berechnet für 77 Tage eine Population von insgesamt 141 Gammariden (7 adulte Männchen, 7 adulte Weibchen und 128 juvenile Gammariden).
In den Fließrinnen wurden geringere Abundanzen als in den Expositionsgefäßen gezählt.
Ein Szenario der Populationsentwicklung mit verringerter Anzahl Juveniler pro Weibchen (fekund) ist in Abbildung 18-7 dargestellt.

18.4 Diskussion

Das Modell geht von einem dichteunabhängigen Populationswachstum aus. Diese Annahme ist unter den gewählten Versuchsbedingungen zulässig, da im Freiland für beide Organismen höhere Dichten beobachtet wurden. Für *A. aquaticus* wurden Dichten zwischen 400 und 8.000 Individuen m^{-2} beschrieben (Adcock 1979). Bei *G. fossarum* wurden 3.000, in Extremfällen bis zu 10.000 Individuen m^{-2} beobachtet (Pöckl 1993).
Mit den in den Expositionsgefäßen ermittelten Parametern bildet das Modell die Populationsdynamik in den Expositionsgefäßen gut ab. Die Gültigkeitskriterien Verhaltensgültigkeit, Strukturgültigkeit und empirische Gültigkeit sind für den Modellzweck erfüllt (Bossel 1994). Damit sind notwendige Voraussetzungen gegeben, um mit dem Modell die Populationsentwicklung in den Fließrinnen zu simulieren.
Die Sensitivitätsanalyse für die Anfangswerte der Parameter bei *A. aquaticus* zeigt, daß das Modell sensibel auf Änderungen der Sterberaten (admort, juvmort) sowie eine Verringerung der Dauer bis zur Reife (reife) reagiert. Ein Erreichen der Geschlechtsreife in weniger als 50 Tagen ist bei der gewählten Temperatur im Versuch auszuschließen. Mit geringeren Sterberaten als mit den in den Expositionsgefäßen ermittelten errechnet das Modell Abundanzen, die mit den Ergebnissen aus der Fließrinne gut übereinstimmen. Mögliche Ursache für eine erhöhte Sterberate in den Expositionsgefäßen könnte die regelmäßige Beprobung und der dadurch ausgelöste Streß auf *A. aquaticus* sein. Eine erhöhte Ansammlung von Feindetritus zwischen den Steinen der Fließrinne und damit verbunden eine

bessere Nahrungsversorgung könnte zusätzlich die Überlebenswahrscheinlichkeit der Tiere in der Fließrinne erhöht haben. Diese Annahme deckt sich mit Beobachtungen im Freiland, wo juvenile Asseln vor allem in Makrophytenbeständen angetroffen werden, in denen sich Feindetritus akkumuliert (Graça et al. 1994).

Bei *Gammarus fossarum* wurden am Versuchsende nach 77 Tagen in der Fließrinne 81 Tiere weniger als in den Expositionsgefäßen gezählt. Für die unterschiedlichen Abundanzen sind folgende Erklärungen möglich:

Die Sensitivitätsanalyse der Parameter für *Gammarus* zeigt, daß das Modell sensibel auf Änderungen der Parameter Juvenile pro Weibchen (fekund) und Dauer der Brutentwicklung (brutdauer) reagiert.

Das Modell berechnet bei einer Anzahl von weniger als 5 Juvenilen pro Weibchen eine Abundanz, wie sie in der Fließrinne gezählt wurde. Nach Pöckl (1990) besteht eine Brut bei *G. fossarum* aus mindestens 6 Juvenilen. Bei *Gammarus* war die Anzahl der Juvenilen pro Weibchen (fekund), aufgrund des experimentellen Designs, in den Expositionsgefäßen nicht eindeutig bestimmbar. Der Wert dieses Parameter konnte nur ungenau geschätzt werden. Bei geringfügiger Veränderung dieses Parameters erklärt das Modell sowohl die Abundanzen in den Expositionsgefäßen als auch die in der Fließrinne. Zur Verbesserung der Schätzgenauigkeit dieses Parameters sind Versuche mit Einzeltieren notwendig.

Erhöht sich der Parameter Dauer der Brutentwicklung (brutdauer) von 28 auf 35 Tage (20 %), wird für den 77. Tag eine Abundanz von 87 Gammariden in der Fließrinne berechnet. Die Brutentwicklungsdauer beträgt bei 15°C 21 Tage (Pöckl 1990). Bei einer Dauer des Präkopula-Stadiums von 5–7 Tagen (Schellenberg 1942) ergibt sich für den Parameter Dauer der Brutentwicklung (brutdauer) im Modell ein maximal zulässiger Gesamtwert von 28 Tagen.

In einem Vorversuch konnte gezeigt werden, daß etwa 4 % juveniler Gammariden (< 3 mm) in der Fließrinne wiedergefunden wurden. In den Expositonsgefäßen wurden in der letzten Kohorte der juvenilen Gammariden 80 Tiere gezählt. Das entspricht näherungsweise der Differenz zwischen der Abundanz in den Expositionsgefäßen und in der Fließrinne. Es ist wahrscheinlich, daß die Juvenilen der letzten Kohorte, die zum Versuchsende kleiner als 3 mm waren, in der Fließrinne nicht gefunden wurden.

Der signifikante Unterschied der Körperlängen der Asseln, die mit *Gammarus* vergesellschaftet waren, im Vergleich zu Asseln in der Fließrinne ohne *Gammarus*, weist auf eine Interaktion zwischen den beiden Spezies hin. Eine solche Interaktion kann von dem Modell nicht abgebildet werden. Das hier vorgestellte Modell soll zu einem individuenbasierten Ansatz weiterentwikkelt werden. Dabei sollen Interaktionen mit berücksichtigt werden.

Die Strukturgültigkeit dieses deterministischen Modells (mittelwertorientiert) soll durch Einbeziehung stochastischer Prozesse für die Parameter Schlupf, Präkopulabildung und Brutentwicklung verbessert werden.

Danksagung

Wir danken R. Hartmann und T. Brethfeld für die engagierte Mitarbeit. Die Untersuchungen sind im Rahmen eines vom Umweltbundesamtes geförderten Projektes durchgeführt worden (F+E FKZ 295 63 075).

Literatur

Adcock, J.A. (1979): Energetics of a population of the isopod *Asellus aquaticus*: Life history and production. Freshwater Biol. 9: 343-355

Bossel, H. (1994): Modellbildung und Simulation; Konzepte, Verfahren und Modelle zum Verhalten dynamischer Systeme; ein Lehr- und Arbeitsbuch. 2. Aufl. Vieweg, Braunschweig

Braun, B. (1997): Risikoanalyse einer Erfolgsprognose mit einem Tabellenkalkulationsprogramm. WISU 12: 1153-1160

Goedmakers, A. (1972): *Gammarus fossarum* Koch, 1835: Rediscription based on neotype material and notes on its local variation (Crustacea, Amphipoda). Bijdragen tot de Dierkunde 42: 124-138

Graça, M.A.S., Maltby, L., Calow, P. (1994): Comparative ecology of *Gammarus pulex* (L.) and *Asellus aquaticus* (L.). I: population dynamics and microdistribution. Hydrobiologia 281:155-162

Gruner, H.E. (1965): Krebstiere oder Crustacea. V. Isopoda. In: Pens, F. (ed.): Die Tierwelt Deutschlands und der angrenzenden Meeresteile nach ihren Merkmalen und nach ihrer Lebensweise. Bd. 51. Gustav Fischer Verlag, Jena

Pöckl, M. (1990): Dauer der Brutenentwicklung, Schlüpferfolg, Wachstum und Fekundität von vier Populationen von *Gammarus fossarum* Koch, 1835 und zwei Populationen von *G. roeseli* Gervais, 1835 (Crustacea: Amphipoda) aus österreichischen Fließgewässern. Dissertation, Universität Wien

Pöckl, M. (1993): Beiträge zur Ökologie des Bachflohkrebses (*Gammarus fossarum*) und Flußflohkrebses (*Gammarus roeseli*). Natur und Museum 123: 114-125

Schellenberg, A. (1942): Krebstiere oder Crustacea. VI. Flohkrebse und Amphipoda. In: Pens, F. (ed.): Die Tierwelt Deutschlands und der angrenzenden Meeresteile nach ihren Merkmalen und nach ihrer Lebensweise. Bd. 40. Gustav Fischer Verlag, Jena

19 Fließrinnen zur Erfassung von Chemikalienwirkungen auf Biozönosen: Vom einfachen zum komplexen Ökosystem

D. Jungmann, O. Licht, J. Mählmann, J. Schmidt und R. Nagel

Abstract

Standardised single-species bioassays are generally used to evaluate the potential hazard of chemicals and effluents on aquatic communities. While effective as a screening tool they do not assess biological interactions in ecosystems. Instead static water microcosms are used as a bridge between laboratory bioassays and lentic systems. However, in most cases lotic communities are at first in contact with chemicals released into the aquatic environment. Therefore, it is surprising that safety assessment is based on results gained from organisms adapted to lentic systems. Hence, we established five artificial indoor streams in a greenhouse to simulate the abiotic factors of small rivers. The recirculating system was filled with tap water and phosphorous and nitrogen were added as nutrients, respectively. Washed pebble stones of known size composition were used as sediment. The population dynamics of a simple biocoenoses consisting of periphyton, *Gammarus fossarum* and *Asellus aqaticus* were investigated and mathematical models for population growth of *Gammarus* and *Asellus* were established. The dynamic of periphyton was investigated using glass beads as a substrate and chlorophyll-a content was determined as biomass parameter. The investigated water parameters in the five artificial streams showed a comparable development during the experiment except nitrite in two and ammonia in one stream. The chosen approach consisting of a simple community in a model ecosystem, investigation of the population dynamics and mathematical modelling of the populations should make casual analyses of effects of chemicals on biocoenoses possible.

Zusammenfassung

Für die biologischen Leistungen zur Erhaltung der Wasserqualität kleiner Fließgewässer sind Biozönosen ausreichender Diversität von besonderer Bedeutung. Fließgewässer-Biozönosen, die an spezifische chemisch-physikalische Randbedingungen angepaßt sind, kommen in vielen Gebieten als erste in Kontakt mit Umweltchemikalien. Vor diesem Hintergrund überrascht es, daß die überwiegende Zahl der Untersuchungen zur Abschätzung des Gefährdungspotentials von Umweltchemikalien an Organismen aus stehenden Gewässern und in Testsystemen durchgeführt werden, die stehende Gewässer simulieren. Um die Effekte von Umweltchemikalien auf die Biozönose kleinerer Fließgewässer zu untersuchen, wurden in einem Gewächshaus fünf Fließrinnen etabliert, mit denen die Randbedingungen eines Fließgewässers simuliert werden können. Leitungswasser und gewaschenes Sediment bekannter Korngröße wird in dieses Kreislauf-System eingebracht und die Populationsstruktur der untersuchten Organismen (Aufwuchs, *Gammarus*, *Asellus*) ist zu Beginn des Experimentes bekannt. In diesem Ansatz sind drei Schwerpunkte gelegt worden: Experimente in Modellökosystemen, Erfassung der Populationsdynamik der untersuchten Arten und eine mathematische Modellierung. Anhand der Modelle können dann aufgestellte Hypothesen zur Wirkung einer Chemikalie auf die Biozönose bei einer Exposition überprüft werden. Ein Experiment über 77 Tage hat gezeigt, daß die Zugabe von Phosphat in das Wasser der Fließrinnen an mehreren Terminen notwendig ist, damit eine Limitation des Periphyton-Wachstums vermieden wird. Die Konzentrationen von Nitrat, Phosphat, Silikat und Sauerstoff sowie die Sauerstoffsättigung, pH-Werte und Leitfähigkeit zeigten während des Experimentes eine vergleichbare Entwicklung im Wasser der fünf Fließrinnen. Unterschiede konnten nur bei den Konzentrationsverläufen von Nitrit und von Ammonium im Wasser zweier bzw. einer Fließrinne im Vergleich zu den anderen festgestellt werden. Die Dynamik des Periphytons konnte mittels Chlorophyll-a Analyse gut erfaßt werden und erreichte ein Maximum nach 35 Tagen. Die Populationsdynamik vom *Gammarus fossarum* und *Asellus aquaticus* wurde in speziell entwickelten Expositionsgefäßen erfaßt. Mit diesen Daten wurden einfache Differentialmodelle entwickelt, mit denen auch die Entwicklung der Populationen in den Fließrinnen beschrieben werden kann.

Die Ergebnisse sind ein hinreichender Beleg dafür, daß der ausgewählte Ansatz mit den Schwerpunkten – Modellökosystem, – Erfassung der Populationsdynamik – mathematische Modellierung, für zukünftige Untersuchungen der Wirkungen von Umweltchemikalien auf Fließgewässer-Lebensgemeinschaften vielversprechend ist.

19.1 Einleitung

Bei der derzeitigen Praxis der Chemikalienbewertung stehen Experimente mit einzelnen Arten im Vordergrund. Ökologisch wichtige Prozesse wie Konkurrenz, Einfluß von Konsumenten auf Produzenten oder Nährstoffkreisläufe können damit nicht untersucht werden. Die Untersuchungen dieser Effekte auf komplexe Lebensgemeinschaften können in Mikro- und Mesokosmosstudien erfolgen.

Kleinere Fließgewässer haben eine wichtige Stellung im Wasserkreislauf. Sie speisen größere Flüsse, Seen und Trinkwassertalsperren und bestimmen somit deren Wasserqualität entscheidend mit. Sie dienen häufig als Transportsysteme industrieller und kommunaler Abwässer. In landwirtschaftlich genutzten Gebieten kann es durch den Eintrag von Agrochemikalien zu weiteren Belastungen kommen. Gerade in kleinen Fließgewässern sind aber Biozönosen ausreichender Diversität von besonderer Bedeutung, da nur so ihre biologischen Leistungen zur Erhaltung der Wasserqualität zum Tragen kommen. Vor diesem Hintergrund überrascht es, daß die überwiegende Zahl der Untersuchungen zur Abschätzung des Gefährdungspotentials von Umweltchemikalien an Organismen aus stehenden Gewässern und mit Testsystemen durchgeführt wird, die stehende Gewässer modellieren (z.B. Mikrokosmosexperimente). Die Übertragbarkeit der aus diesen Tests gewonnenen Ergebnisse auf Fließgewässer-Lebensgemeinschaften ist unklar. Folglich ist es notwendig, die Wirkung von Umweltchemikalien auf Biozönosen zu prüfen, die an die spezifischen physikalisch-chemischen Randbedingungen von Fließgewässern angepaßt sind. Eine Literaturrecherche hat gezeigt (Paul 1995), daß drei verschiedene technische Lösungsansätze für Anlagen zur Untersuchung von Fließgewässer-Lebensgemeinschaften gewählt wurden: I. Ein Durchfluß (mit Leitungswasser oder als Bypass eines natürlichen Baches) war in 13 % der Labor- sowie 59 % der Freiland-Untersuchungen realisiert. II. Eine partielle Zirkulation (Wasserkreislauf einer technischen Anlage), bei der Leitungswasser oder Wasser aus einem natürlichen Bach zu einem bestimmten Teil zugeführt wird. Bei 64 % aller Labor- und 28 % aller Freiland-Untersuchungen war dieser Ansatz gewählt worden. III. Eine reine Zirkulation war in 23 % der Labor- und 13 % der Freiland-Untersuchungen realisiert.

Ein weiterer grundsätzlicher Unterschied bei Untersuchungen in künstlichen Fließgewässern besteht in der Art der Besiedlung der Systeme. Sie kann durch das Einbringen von natürlichem Sediment oder über das Bachwasser (Bypass) erfolgen. Dabei wird eine naturnahe Besiedlung erreicht, die sich aber auch durch eine hohe Komplexität und eine gewisse Unsicherheit auszeichnet. Bei der anderen Vorgehensweise, die für die hier vorgestellten Fließrinnen im Gewächshaus geeigneter erschien, werden Individuen ausgewählter Arten aus Stammkulturen oder Freilandfängen in die Fließrinnen eingesetzt. Es hat sich für eine Kausalanalyse bewährt, mit relativ einfachen System bekannter Artenzusammensetzung zu arbeiten. In diesem Ansatz sind drei Schwerpunkte gelegt worden: Experimente in Modellökosystemen, Erfassung der Populationsdynamik der untersuchten Arten und eine mathematische Modellierung. Anhand der Modelle können dann aufgestellte Hypothesen zur Wirkung einer Chemikalie auf die Biozönose bei einer Exposition überprüft werden. Die zunächst sehr einfache Biozönose (Aufwuchs, *Gammarus*, *Asellus*) soll in weiteren Experimenten schrittweise komplexer gestaltet werden. Um die Effekte von Umweltchemikalien auf eine Fließgewässer-Lebensgemeinschaft zu untersuchen, wurden in einem Gewächshaus 5 Fließrinnen etabliert. In diesem Beitrag wird die Technik der Fließrinnen und erste Ergebnisse zur Vergleichbarkeit von chemisch-physikalischen und biologischen Parametern in Fließrinnen vorgestellt und das Konzept für Untersuchungen mit Chemikalienexposition diskutiert.

19.2 Material und Methoden

19.2.1 Technische Daten der Fließrinnen

Die Fließrinnen sind aus Edelstahl gefertigt und in Abbildung 19-1 ist eine Fließrinne in Seitenansicht dargestellt. Die Länge der Fließstrecke beträgt 350 cm mit einer Breite von 50 cm. Eine Fließrinne kann durch Einsätze in zwei separate Fließstrecken von 25 cm Breite geteilt werden. Das Auffangbecken ist durch ein Rohr (10 cm ∅) mit dem Einstrombecken verbunden. Durch eine zwischengeschaltete Pumpe (LM 80-125, Grundfos; max. 10 L s^{-1}) wird das Wasser aus dem Auffangbecken in das Einstrombecken gepumpt. Durch den Anstieg des Wasserstandes im Einstrombecken „fällt“ das Wasser über die Fließstrecke zurück in das Auffangbecken. Die Fließstrecke ist durch eine Gaze (250 µm Maschenweite, Bückmann) vom Auffangbecken abgesperrt, so daß die eingesetzten Organismen >250 µm nicht in den Pumpenbereich gelangen können. Die Drehzahl der Pumpen und damit die Fließgeschwindigkeit, wird mittels Frequenzumrichter (VLT500, Danfoss) eingestellt.

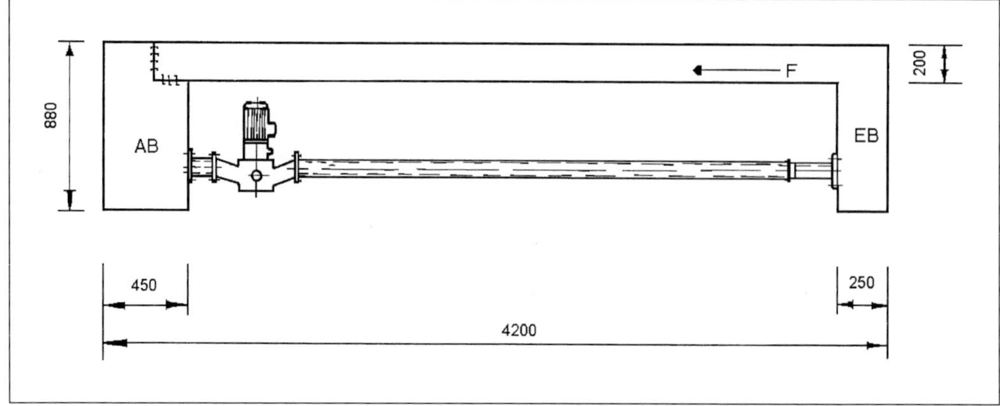

Abb. 19-1: Seitenansicht einer Fließrinne mit Auffangbecken (AB), Pumpe, Verbindungsrohr, Einstrombecken (EB) und Fließstrecke (F). Der Pfeil zeigt die Fließrichtung des Wassers an. Alle Angaben in mm.

Die Kühlung erfolgt über das doppelt-ummantelte Verbindungsrohr mit Kältemittel (R507) und einer Kältemaschine (L'UNITE TAG 4553 ZHR; 9,4 kW), so daß eine konstante Temperatur von 15 ± 1°C eingestellt werden kann (Umgebungstemperatur >15°C).
In die Fließrinnen wurde Sediment (Kieswerk Ottendorf-Okrilla; Dresden) mit der Korngröße 2–8 mm (75 %) und 8–16 mm (25 %) in einer Schichtdicke von 2 cm eingebracht.

19.2.2 Chemisch-physikalische Parameter

Um die Entwicklung der chemisch-physikalischen Parameter im Wasser der Fließrinne zu vergleichen, wurde ein Experiment mit allen fünf Rinnen durchgeführt. Untersuchungen zum Aufwuchs und dem Makrozoobenthos wurden in einem anderen Experiment unter vergleichbaren Bedingungen durchgeführt. Die Konzentrationen von Nitrat, Nitrit, Ammonium, ortho-Phosphat und Silikat wurden im Wasser der Fließrinnen jeden 7. Tag nach DIN analysiert. Die Parameter Sauerstoffgehalt und -sättigung, pH-Wert, Temperatur und Leitfähigkeit sind jeden 3. Tag bestimmt worden (MultiLab P4; Temperaturfühler TFK150, pH-Einstabmeßkette E56, Sauerstoffelektrode Oxical-SL, Leitfähigkeitselektrode TetraCon96, WTW Weilheim). Unterschiede der untersuchten Parameter zwischen den fünf Ansätzen sind mittels ANOVA ($p < 0,05$; Statistica 4.0) geprüft worden.

19.2.3 Animpfen und Erfassung des Aufwuchses

In die Fließrinnen wurde Aufwuchs aus dem Lockwitzbach (SO Dresden) eingebracht. Dazu wurden Kalksandsteine 2 Wochen im Lockwitzbach ausgelegt, dann mittels einer Lupe abgesucht, um keine zusätzlichen Makroinvertebraten in die Fließrinnen einzubringen. Anschließend wurde in die Fließrinnen je ein Stein eingebracht. Dies diente als Inokkulum für den Aufwuchs in den Fließrinnen. Die Untersuchungen wurden in einer Fließrinne durchgeführt und die beiden Fließstrecken miteinander verglichen. Als Aufwuchsträger wurden zusätzlich Glasperlen (∅ 3 mm) eingesetzt, die in Glas-Petrischalen (∅ 100 mm) bodenbedeckend gefüllt worden waren. Zu bestimmten Zeitpunkten wurden die Petrischalen mit den Aufwuchsträgern entnommen (16.00 Uhr MEZ) und 12 Stunden im Trokkenschrank bei 55°C (UM 400; Memmert) im Dunkeln getrocknet. Die getrockneten Aufwuchsträger mit Aufwuchs wurden in verschraubbare braune Glasflaschen (30 mL) überführt und die Gesamtmasse (Research RC210S; Sartorius) bestimmt. Anschließend wurden 15 mL Aceton/Methanol (1/1, v/v) in die Flaschen gegeben. Nach Behandlung mit Ultraschall (5 min Sonorex RK 100 H; Bandelin) wurde der Aufwuchs 6 Stunden bei –18°C extrahiert. Das Aceton/Methanol-Extrakt wurde über ein Sieb (Edelstahl, 500 µm) von den Glasperlen getrennt. Durch anschließende Zentrifugation (5 min, 3000 U/min, Raumtemperatur, MLW T 62.1;VEB Medizintechnik Leipzig) wurden die Zelltrümmer abgetrennt und das Extrakt in einen 50 mL Glaskolben überführt und mittels Vakuum im Rotationsverdampfer zur Trockene eingeengt. Die Proben wurden in einem definierten Volumen Aceton/Methanol aufgenommen und über 0,2 µm filtriert (Spartan 13/30, Schleicher und Schüll) bevor die Chlorophyll a-Analytik mittels HPLC durchgeführt wurde (Pumpe: Hewlett Packard (HP) 1050; Detektor: DAD HP 1040A; HP 9000 mit Chemstation). Zur Trennung wurde eine ODS-Säule (250x4; Pharmacia mit Vorsäule) eingesetzt, bei einem Fluß von 0,75 mL min^{-1}, der mobilen Phase A (70/30/10 Wasser/Methanol/Acetonitril v/v, 0,025 M Ammoniumacetat w/v) und B (45/44/11) Aceton/ Methanol/Acetonitril v/v) mit dem Gradienten: 0–1 min: 48 % B; 1–23 min: 100 % B; 34 min 100 % B; 35 min: 48 % B; 40 min ende. Alle Chemikalien hatten gradient grade (Methanol, Ammoniumacetat, Merck; Aceton, Acetonitril, Baker; Wasser; Nanopure 18 MΩLeitfähigkeit).

19.2.4 Populationdynamik von *Gammarus fossarum* und *Asellus aquaticus*

Die Populationsdynamik von *Gammarus fossarum* und *Asellus aquaticus* wurde in jeweils einer Fließrinne erfaßt. Populationsrelevante Daten konnten in regelmäßigen Zeitintervallen in speziell entwickelten Expositionsgefäßen ermittelt werden. Die Expositionsgefäße bestanden aus einem Bodengefäß (Petrischale, Glas ∅ 180 mm), auf das ein Edelstahl-Gaze-Rohr mit einer Maschenweite von 250 µm gesetzt wurde. Diese Expositionsgefäße wurden in die Fließrinne eingesetzt und vom Wasser durchströmt. Sie haben somit vergleichbare physikalisch-chemische Bedingungen, wie die umgebende Fließstrecke. Die Expositionsgefäße enthielten 140 g Sediment (8–16 mm) und Blätter der Schwarzerle (*Alnus glutinosa*), die 72 h bei 60°C getrocknet, dann gewogen und 14 Tage im Wasser der Fließrinnen konditioniert worden waren. Sie standen den Gammariden und Asseln als Futter zur Verfügung. In die Fließrinne R-II wurden 6 Expositionsgefäße eingebracht, in die zum Versuchsbeginn je 20 adulte *G. fossarum* im Präkopula-Stadium eingesetzt wurden. Diese werden als „Gammariden in Expositionsgefäßen" bezeichnet. In die Fließrinne R-II wurden außerhalb der Expositionsgefäße ebenfalls je 20 adulte *G. fossarum* im Präkopula-Stadium eingesetzt. Diese werden als „Gammariden in der Fließrinne" bezeichnet. Der Versuchsaufbau für *A. aquaticus* war prinzipiell der gleiche wie der für *G. fossarum*. Es wurden jeweils 11 brütende Assel-Weibchen in die Fließrinnen R-III und in das erste von insgesamt 8 Expositionsgefäßen der Fließrinnen R-III eingesetzt. Wenn Juvenile bei der regelmäßigen Kontrolle der Expositionsgefäße vorhanden waren, wurden alle adulten Asseln aus diesem Expositionsgefäß entnommen und in ein neues überführt. Die juvenilen Asseln verblieben im ursprünglichen Expositionsgefäß. Noch brütende Weibchen wurden in ein anderes Expositionsgefäß überführt. Wenn in diesem Expositionsgefäß bei der nächsten Kontrolle wieder Juvenile auftraten, wurde wieder wie beschrieben verfahren. Auf diese Weise wurden im Verlauf der Untersuchungen 8 Kohorten juveniler Asseln in den Expositionsgefäßen erhalten. Bei den in die Fließrinnen eingesetzten Organismen *G. fossarum* und *A. aquaticus* sind am Ende des Experimentes die Abundanz der Juvenilen und Adulten sowie das Geschlecht nach Schellenberg (1942), Gruner (1965) und Goedemakers (1972) bestimmt worden. Die Länge wurde mit Hilfe einer Stereolupe erfaßt (Okular 10x, Leica; Videokamera y/c, CCD, 12 V, Panasonic; Bildverarbeitung, DIGITRACE 1.095a, Imatec). Die Funktion

$y = a\, e^{bx}$

(a = Gesamtzahl der Individuen zum Zeitpunkt x; y = Gesamtzahl der Individuen zum Zeitpunkt x = 0; b = Mortalitätsrate; x = Zeit in Tagen) wurde zur Berechnung der Sterberate *m* aus dem Exponenten b für juvenile und adulte Gammariden und Asseln eingesetzt.

19.3 Ergebnisse

19.3.1 Chemische Wasserparameter

Das zu Beginn des Experimentes zugegebene Phosphat führte in allen Ansätzen zu einer Konzentration von ungefähr 0,1 mg L^{-1}. Trotz mehrfacher weiterer Zugaben von Phosphat blieb die

Konzentration im Wasser der 5 Fließrinnen unter 0,02 mg L^{-1}. Ein Vergleich der Phosphat-Konzentrationen zeigte keinen signifikant unterschiedlichen Verlauf im Wasser der 5 Fließrinnen. Das gilt auch für die gemessenen Silikat-Konzentrationen im Wasser der Fließrinnen, die von anfänglich 2,8 mg L^{-1} nur an den Tagen 42 (R-II; 0,97 mg L-1) und 91 (R-I; 1,4 mg L-1) oberhalb der Nachweisgrenze lagen (Daten nicht dargestellt). In Abbildung 19-2 ist die Konzentration von Nitrat-N im Wasser der fünf Fließrinnen während des Untersuchungszeitraumes dargestellt. Zu Beginn des Experimentes lag die Konzentration zwischen 3,5 und 3,8 mg L^{-1}. Bis zum 70. Tag nahm die Konzentration in allen fünf Fließrinnen ab. Auf Grund dieser niedrigen Konzentrationen ist am 72. Tag Nitrat (KNO_3) zugegeben worden, so daß eine Konzentration von 8 mg L^{-1} im Wasser der Fließrinnen erreicht werden sollte. Nach der Zugabe war die Konzentration in R-I 8,6; in R-II 7,6; in R-III 6,7 und in R-IV 7,8 mg L^{-1} und nahm bis zum Ende des Experimentes auf 4 mg L^{-1} in R-I, II und IV bzw. auf 1,7 in R-III ab. Der Vergleich der Nitrat-N-Konzentrationen im Wasser der 5 Fließrinnen zeigte während des Untersuchungszeitraumes keine signifikanten Unterschiede. Die Nitrit-Konzentration im Wasser der Fließrinnen schwankte in den R-I, II und III zwischen 0,001 und 0,024 mg L^{-1} (Abb. 19-2). In R-IV stieg die Konzentration am Tag 91 auf 0,109 mg L^{-1} und in R-V am 28. Tag auf 0,133 mg L-1 an. Der Verlauf der Konzentrationen von Nitrit im Wasser der R-IV sowie in R-V waren signifikant unterschiedlich zu allen anderen Ansätzen. Die Konzentration von Ammonium-N im Wasser der

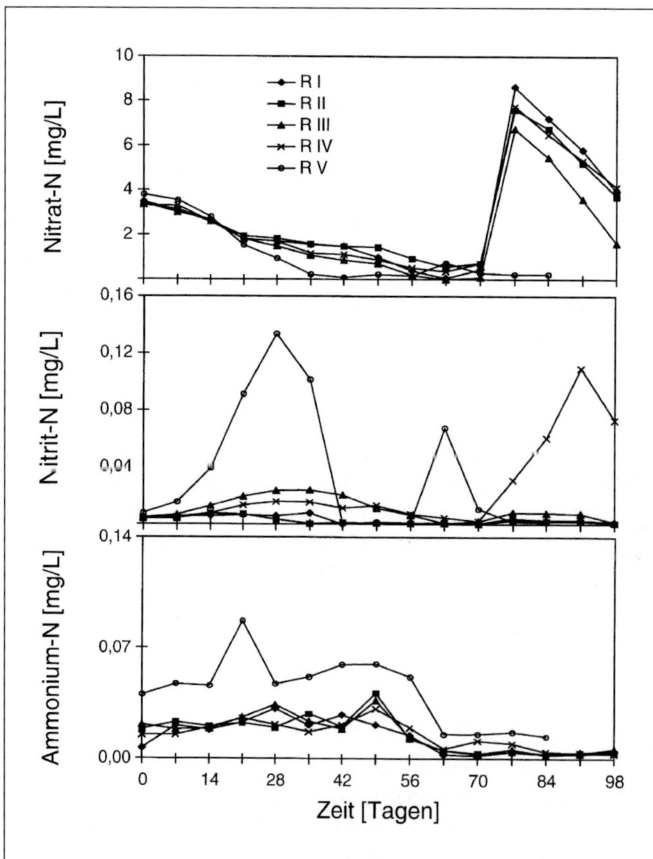

Abb. 19-2: Nitrat (oben), Nitrit (mitte) und Ammonium (unten) im Wasser der 5 Fließrinnen. Schwarze Rhomben: Rinne I; schwarze Vierecke: Rinne II; schwarze Dreiecke: Rinne III, Kreuze: Rinne IV; Kreise: Rinne V; Rinne V wurde ab dem 84. Versuchstag nicht mehr im Experiment eingesetzt.

fünf Fließrinnen lag in R-I, II, III und IV zwischen der Nachweisgrenze (0,03 mg L^{-1}) und 0,034 mg L^{-1} (Abb. 19-2). Die Konzentrationen im Wasser der Fließrinne V waren höher (bis zu 0,087 mg L^{-1}), und bei einem Vergleich mit den Werten der anderen Fließrinnen zeigte sich ein signifikanter Unterschied.

19.3.2 Physikalische Wasserparameter

Der Sauerstoffgehalt und die -sättigung sind in Abbildung 19-3 dargestellt. Die Konzentration war nie unterhalb von 9 mg L^{-1} (98 %). Sauerstoffkonzentrationen von bis zu 12 mg L^{-1} sind auf eine hohe Photosyntheseleistung bei hoher Lichteinstrahlung zurückzuführen. Ein Vergleich der Ergebnisse zeigt, daß kein signifikanter Unterschied zwischen den Fließrinnen besteht.

Das Gleiche gilt für die pH-Werte, die zwischen 8,2 und 9,3 lagen (Daten nicht dargestellt). Die Ergebnisse aus der Messung der Leitfähigkeit im Wasser der 5 Fließrinnen sind in Abbildung 19-4 dargestellt. In allen Ansätzen ist die Leitfähigkeit von ungefähr 250 µS cm^{-1} am Anfang des Experimentes auf ungefähr 300 µS cm^{-1} bis zum 69. Tag angestiegen. Am 72. Tag erfolgte die Zugabe von Nitrat in das Wasser der Fließrinnen. Die große Menge an zugegebenem Salz (4 g pro Fließrinne) führte zu dem Anstieg der Leitfähigkeit.

Nur in R-V ist kein Nitrat zugegeben worden, weshalb die Leitfähigkeit nicht anstieg (die Untersuchungen in R-V wurden kurze Zeit später aus technischen Gründen beendet).

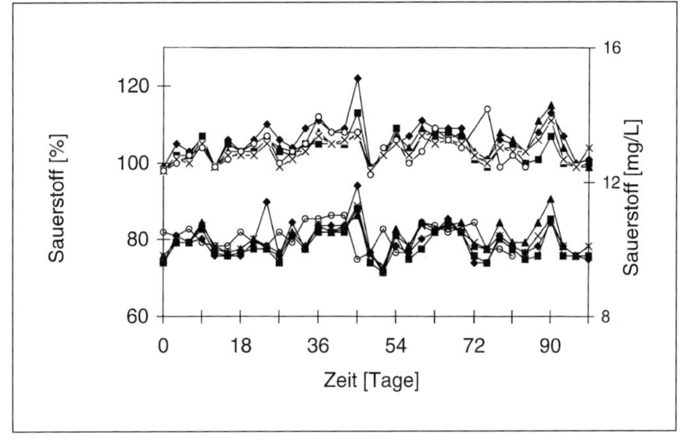

Abb. 19-3: Verlauf der Sauerstoffkonzentration (untere Linien) und -sättigung (obere Linien) in den Fließrinnen. Schwarze Rhomben: Rinne I; schwarze Vierecke: Rinne II; schwarze Dreiecke: Rinne III, Kreuze: Rinne IV; offene Kreise: Rinne V; Rinne V wurde am 84. Versuchstag nicht mehr im Experiment eingesetzt.

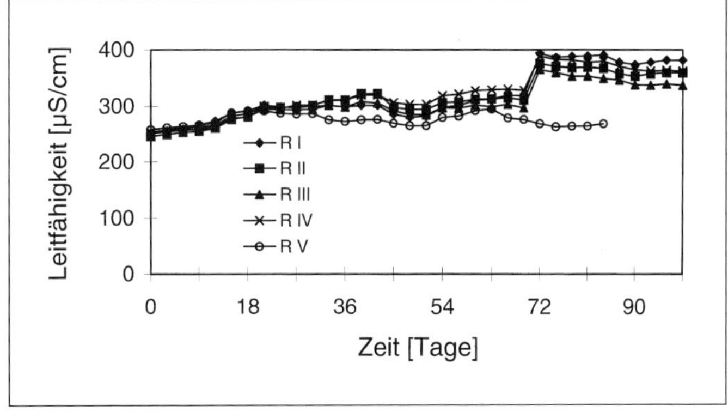

Abb. 19-4: Verlauf der Leitfähigkeit in den Fließrinnen. Römische Ziffern bezeichnen die Fließrinnen. Rinne V wurde ab dem 84. Versuchstag nicht mehr im Experiment eingesetzt.

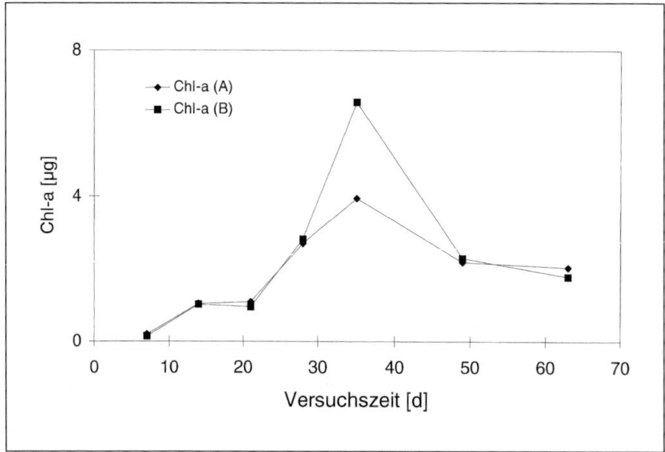

Abb. 19-5: Zeitlicher Verlauf der Periphyton-Biomasse als Chlorophyll-a-Konzentration (Chl-a) in Fließstrecke A (Offene Vierecke) und B (Offene Quadrate)

19.3.3 Dynamik der Chlorophyll a-Konzentration im Aufwuchs

In der Abbildung 19-5 ist die Chlorophyll a-Konzentration im Aufwuchs auf den Glasperlen in den Fließstrecken A und B gegen die Zeit dargestellt. Am 7. Versuchstagen betrug die Chlorophyll a-Konzentration auf den Glasperlen in der Fließstrecke A 0,19 µg, in Fließstrecke B 0,14 µg und erreichte nach 35 Tagen maximale Werte von 3,94 (A) und 6,57 µg (B). Sie ging dann nach 49 Tagen auf 2,18 (A) / 2,28 (B) µg bzw. nach 63 Tagen auf 2,03 (A) / 1,78 (B) µg zurück.

19.3.4 Populationsdynamik von *Gammarus fossarum* und *Asellus aquaticus*

Bei den Gammariden in den Expositionsgefäße wurden innerhalb von 77 Tagen 5 Kohorten juveniler Gammariden erfaßt. Juvenile der nächsten Kohorte waren in einem 28-tägigen Zeitintervall zu beoachten. Die Häufigkeit der Präkopula-Paare war ebenfalls 28 Tage vor dem Auftreten der nächsten Kohorte am höchsten (Daten nicht dargestellt). Insgesamt konnten in den Expositionsgefäßen 271 juvenile Gammariden gefunden werden. Es überlebten 70 % der eingesetzten 20 adulten Gammariden über einen Zeitraum von 77 Tagen. Eine Korrelationsanalyse ergab einen streng negativen Zusammenhang zwischen der Zeit und dem Anteil der Überlebenden (r_s: 0,979; n = 12). Die Funktion $y = a\,e^{bx}$ wurde an die Daten angepaßt (r = 0,969, a = 1,002, -b= -0,0053).
Die Mortalitätsrate betrug m = -0,0053 d^{-1}, was bedeutet, daß 0,5 % der Individuen pro Tag starben. Analog konnten für die juvenilen Gammariden die Sterberaten bestimmt werden. In der ersten Kohorte nahm die Sterberate von 0,024 auf 0,015 d^{-1} ab, in der zweiten von 0,009 auf 0,007 d^{-1}, in der dritten von 0,024 auf 0,012 d^{-1} und in der fünften von 0,015 auf 0,01 d^{-1} ab. Nur in der vierten Kohorte erhöhte sich die Sterberate von anfänglich 0,008 auf 0,43 d^{-1}. Der Anteil der Männchen schwankte in den Kohorten zwischen 20 und 80 %. Die mittlere Körperlänge (KL) der Gammariden in der ersten Kohorten betrug 8,4 mm, in der zweiten 8,5 mm, in der dritten 6,8 mm, in der vierten 7,6 mm und 5,8 mm in der fünften.
Von den 22 brütenden Asseln, die in die Expositionsgefäße der Fließrinnen eingesetzt wurden, entließen 19 Weibchen insgesamt 465 juvenile Asseln, das entspricht 24,5 ± 13,3 Juvenile pro Weibchen. Die Zeit von der Befruchtung der Eier bis zur Entlassung Juveniler aus dem Marsupium (Eientwicklungsdauer), lag bei durchschnittlich 26,3 ± 3,0 (n = 8) Tagen. Es überlebten 18 % der eingesetzten brütenden Asselweibchen über einen Zeitraum von 77 Tage. Für die juvenilen Asseln wurde eine mittlere Mortalitätsrate von 0,045 d^{-1} bestimmt. Diese Daten, die mit

den Tieren aus den Expositionsgefäßen bestimmt wurden, waren die Grundlage für ein einfaches Populationsmodell, mit dem die Entwicklung von Gammariden und Asseln in den Fließrinnen beschrieben werden kann. Aus der Population von 20 in der Fließrinne R-II zum Versuchsbeginn eingesetzten Gammariden entwickelte sich nach 77 Tagen eine Population aus 33 Männchen (mittl. KL = 7,6 mm) und 30 Weibchen (mittl. KL = 5,9 mm). Dabei konnten Gammariden >3 mm aus technischen Gründen nicht erfaßt werden. In Abbildung 19-6 ist die Größenverteilung der Tiere in der Fließrinne und den Expositionsgefäßen dargestellt.

Erkennbar ist, daß in beiden Populationen die Männchen in jedem Fall größer waren als die Weibchen. Die Größenverteilung zeigt, daß die Gammariden in der Fließrinne nach 77 Tagen kleiner waren, als die überlebenden adulten Gammariden in den Expositionsgefäßen. In Abbildung 19-7 ist das Modell für die Populationsentwicklung der Gammariden dargestellt. Die dem Modell zugrunde liegenden Daten stammen aus den Ergebnissen der Untersuchungen der Tiere in den Expositionsgefäßen.

Das Auftreten juveniler Gammariden im Abstand von 28 Tagen ist durch die Sprünge im Kurvenverlauf (Abb. 19-7: durchgezogenen Linie) der Populationsdynamik gekennzeichnet, und der negativ exponentielle Verlauf symbolisiert die Sterblichkeit der Individuen. Die Sterblichkeit der adulten (gestrichelte Linie) und juvenilen (gepunktete Linie) Gammariden ist zusätzlich separat dargestellt.

Es ergibt sich ein Populationswachstum von 20 eingesetzten Gammeriden auf 143 Individuen (Modell) innerhalb von 77 Tagen. Tatsächlich wurden in den Expositionsgefäßen 146 Gam-

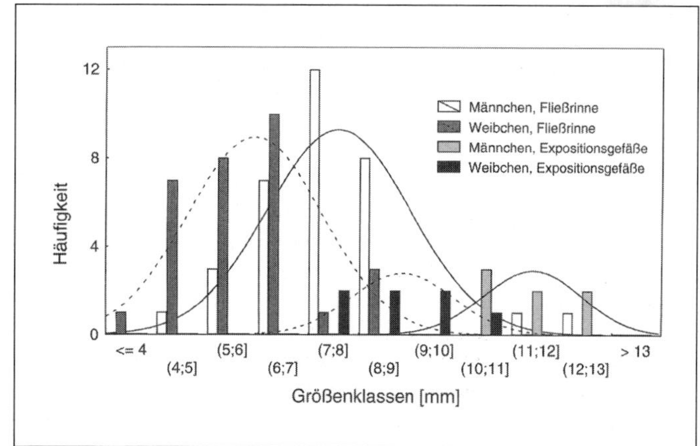

Abb. 19-6: Größenverteilung der männlichen und weiblichen Gammariden in den Expositionsgefäßen in R II (ohne Juvenile) und in der Fließrinne R II zum Versuchsende nach 77 Tagen

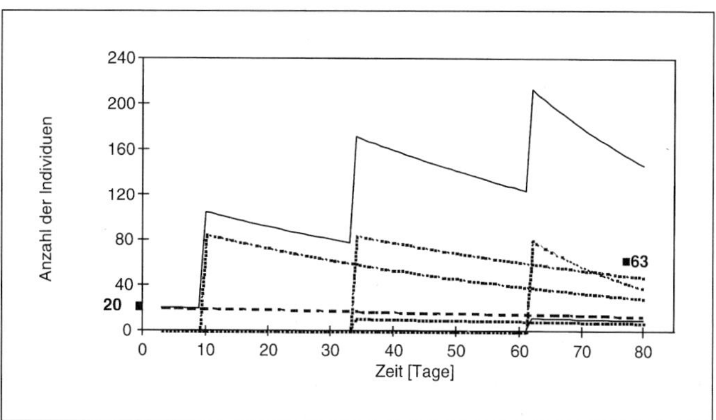

Abb. 19-7: Populationsmodell *Gammarus fossarum*; gestrichelte Kurve: adulte Gammariden; gepunktete Kurven: juvenile Gammariden; durchgezogene Kurve: Gesamtanzahl der Individuen

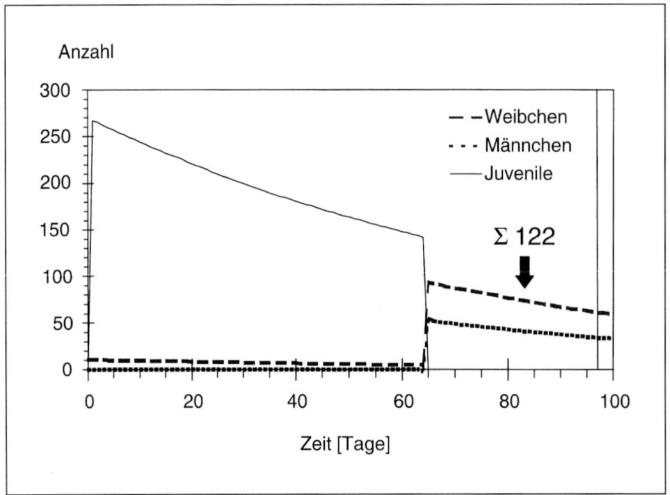

Abb. 19-8: Dargestellt ist die mit dem Modell *AslMod* berechnete Populationsentwicklung einer Asselpopulation, wie sie im Versuch untersucht wurde. Durchgezogene Linie: Juvenile; gestrichelt: Weibchen; gepunktet: Männchen.

mariden gefunden. In der Fließrinne wurden nach 77 Tagen 63 Gammariden gefunden (Abb. 19-7: schwarze Quadrate). Es ergibt sich eine Differenz zwischen Modell und Fließrinne von 80 Individuen.

In Fließrinne III wurden insgesamt 125 Asseln gefunden. Davon waren 39 (31 %) Männchen, 84 (67 %) Weibchen. Bei 2 Tieren war eine Geschlechtsbestimmung nicht möglich. In Abbildung 19-8 ist das Modell (*AslMod*) für die Populationsentwicklung der Asseln dargestellt. Das Modell wurde aus Daten entwickelt, die aus Untersuchungen mit den Tieren in den Expositionsgefäßen stammen. Folgende Parameter sind eingegangen: Juvenile pro Weibchen, Reifedauer, Präkopuladauer, Eientwicklungsdauer und Geschlechterverhaltnis. Bei einer Verringerung der Mortalitätsraten für Adulte auf 0,013 d^{-1} und für Juvenile auf 0,01 d^{-1} ließen sich Abundanzen für den 83. Versuchstag errechnen, die mit den Ergebnissen in den Fließrinnen vergleichbar sind.

19.4 Diskussion

In einem Gewächshaus sind 5 Fließrinnen etabliert worden, um Effekte von Umweltchemikalien auf eine Fließgewässer-Lebensgemeinschaft zu untersuchen. Die ersten Untersuchungen wurden durchgeführt, um die Vergleichbarkeit der 5 Fließrinnen dieses experimentellen Ansatzes zu zeigen. Für die chemischen Wasserparameter zeigten sich nur bei der Nitrit- und Ammonium-Konzentration Unterschiede. In natürlichen Fließgewässern können Nitrit und Ammonium durch verschiedene biologische Prozesse entstehen. Einerseits können in einem Biofilm unter anaerobem Bedingungen Nitrit und Ammonium durch Reduktion von Nitrat entstehen, andererseits kann im aeroben Milieu Nitrit aus Ammonium im Zuge der Nitrifikation entstehen (Kelso et al. 1997). Welche Prozesse in den Fließrinnen für die Unterschiede bei den Nitrit- und Ammonium-Konzentrationen verantwortlich waren, kann nicht beantwortet werden. Alle anderen Parameter zeigten keine signifikant unterschiedliche Entwicklung beim Vergleich der 5 Fließrinnen. Damit ist die Voraussetzung für Untersuchungen zum Einfluß einer Umweltchemikalie auf eine Lebensgemeinschaft in diesem Laborexperiment- die vergleichbare Entwicklung der Randbedingungen – für die meisten der untersuchten chemisch-physikalischen Parameter gegeben. Nachdem die Fließrinne mit Aufwuchs inokkuliert worden waren, kam es zu einer Besiedlung des gesamten Substrates in der Fließrinne. Im Anschluß an eine lag-Phase kam es zu einem exponentiellen Wachstum des Periphytons, was sich in der Zunahme der Chlorophyll a-

Konzentration bis zum 35. Versuchstag zeigte. Danach kam es zu einer deutlichen Abahme der Periphyton-Biomasse. Dies kann nach McIntire und Phinney (1965) und McIntire (1966) direkt mit der Biomasse des Aufwuchses in Verbindung gebracht werden. Die Dicke des Aufwuchses kann demnach als Grund für die Abnahme des Periphytons angesehen werden. Da es mit zunehmender Schichtdicke in den untersten Schichten zu heterotrophen Prozessen kommt, wird die Stabilität herabgesetzt. Durch die Scherkräfte der Strömung wird der Aufwuchs dann abgetragen. Diese Dynamik trat ebenfalls bei Untersuchungen von Lamberti et al. (1987) und DeNicola et al. (1990) zum Chlorophyll a-Gehalt des Aufwuchses in Fließrinnen auf. Die Unterschiede der Chlorophyll a-Konzentration im Aufwuchs zwischen den beiden Fließstrecken der Fließrinne sind sehr gering. Das spricht dafür, daß sich der Aufwuchs in den beiden Fließstrecken vergleichbar entwickelt und eine Doppel-Bestimmung in zukünftigen Experimenten mit Chemikalienbelastung für jede Konzentrationsstufe möglich ist. Der einzige deutliche Unterschied mit 27% ist am 35. Versuchstag bei den Chlorophyll a-Konzentrationen zu finden. Dies kann aber an einem defekten Filteraufsatz liegen.

Das Modell für die Populationsdynamik der Gammariden wurde von den Daten, die mit Tieren in den Expositionsgefäßen ermittelt wurden, abgeleitet. Die gute Anpassung der Differenzialfunktion an die Ergebnisse zeigt sich bei der Simulation der Populationsdynamik in den Expositionsgefäßen: Das Modell berechnet nach 77 Tagen 143 Individuen; gefunden wurden 146 Gammariden. Somit hätten in der Fließrinne bei vergleichbaren Bedingungen die gleiche Anzahl an Induviduen gefunden werden müssen, wobei die Anzahl unter Berücksichtigung der große Menge an abzusuchendem Sediment eher niedriger sein müßte. In der Fließrinne wurden nach 77 Tagen nur 63 Gammariden gefunden. Es ergibt sich eine Differenz von 80 Individuen, die zunächst auf eine andere Populationsdynamik der Gammariden in der Fließrinne hindeutet. Die Differenz von 80 Gammariden entspricht aber der Anzahl der juvenilen Gammariden der letzen, jüngsten Kohorte, die im Expositionsgefäß am Tag 63 gefunden wurden. Diese Kohorte Juveniler war zum Versuchsende (Tag 77) im Mittel 17,5 Tage alt. Die Länge juveniler Gammariden beim Verlassen des Marsupiums beträgt etwa 1,5 mm. Innerhalb von 21 Tagen können diese Gammariden eine Körperlänge von 1,9 mm erreichen (Pöckl, 1990). Wie bereits erwähnt ist es nicht möglich, Gammariden < 3 mm am Ende des Experimentes in der Fließrinne wiederzufinden. Es ist wahrscheinlich, daß diese Kohorte in der Fließrinne vorhanden war (80 Individuen), aber zum Versuchsende nicht wiedergefunden wurde. Damit kann die Differenz zwischen der Modellvorhersage (143 Individuen) und dem tatsächlichen Wert von 63 Individuen erklärt werden.

Das für die Asseln entwickelte Modell *AslMod* zeigt, daß es auch in diesem Fall möglich ist, die Unterschiede in den Abundanzen beim Vergleich der Ergebnisse Fließrinne und Expositionsgefäßen zu erklären. In den Expositionsgefäße überlebten 14 Asseln über einen Zeitraum von 75 Tagen. In der Fließrinne wurden nach 83 Tagen 123 Tiere gefunden, so daß die Lebensbedingungen in der Fließrinne deutlich besser sein müssen. Mit Hilfe des Modells konnte geprüft werden, welcher Parameter zu dieser Entwicklung beigetragen hatte. Bei Szenarien, für die die Parameter Juvenile pro Weibchen, Reifedauer, Präkopuladauer, Eientwicklungsdauer und Geschlechterverhältnis verändert wurden, erwies sich das Modell als erstaunlich insensitiv. Erst bei einer drastischen Veränderung der Mortalitätsraten für Adulte auf 0,013 d^{-1} und für Juvenile auf 0,01 d^{-1}, also eine deutlich Senkung der Sterblichkeit, ließen sich Abundanzen für den 83. Versuchstag errechnen.

Diese Ergebnisse sollen ein hinreichender Beleg dafür sein, daß der ausgewählte Ansatz mit den drei Schwerpunkten – einfache Modellökosysteme, – Ermittlung von Daten zur Populationsdynamik – mathematische Modellierung, für zukünftige Untersuchungen der Wirkungen von Umweltchemikalien auf Fließgewässer-Lebensgemeinschaften vielversprechend ist.

Danksagung

Wir danken R. Hartmann und T. Brethfeld für die engagierte Mitarbeit. Die Arbeiten sind im Rahmen eines vom Umweltbundesamtes geförderten Projektes durchgeführt worden (F&E FKZ 295 63 075).

Literatur

DeNicola, D.M., McIntire, C.D., Lamberti, G.A., Gregory, S.V., Ashkenas, L. R. (1990): Temporal patterns of grazer-periphyton interactions in laboratory streams. Freshw. Biol. 23: 475-489

Goedemakers, A. (1972): *Gammarus fossarum* Koch, 1835: Redescription based on neotype material and notes on its local variation (Crustacea, Amphipoda). Bijdragen tot de Dierkunde 42: 124-138

Gruner, H.E. (1965): Krebstiere oder Crustacea. V. Isopoda. In: Dahl, F., Pens, F. (eds.): Die Tierwelt Deutschlands und der angrenzenden Meeresteile nach ihren Merkmalen und nach ihrer Lebensweise. Bd. 51. Gustav Fischer Verlag, Jena. 147

Kelso, H.L., Smith, R.V., Laughlin, R.J., Lennox, S. D. (1997): Dissimilatory nitrate reduction in anaerobic sediments leading to River nitrite accumulation. App. Environ. Microbiol. 12: 4679-4685

Lamberti, G.A., Ashkenas, L.R., Gregory, S.V. (1987): Effects of three herbivores on periphyton in laboratory streams. J. N. Am. Benthol. Soc. 6: 92-104

McIntire, C.D. (1966): Some factors affecting respiration of periphyton communities in lotic environments. Ecology 47: 918-930

McIntire, C.D., Phinney, H.K. (1965): Laboratory studies of periphyton production and community metabolism in lotic environments. Ecolo. Mono. 35: 237-258

Paul, M. (1995): Künstliche Fließgewässer in der Ökotoxikologie – eine kritische Bestandsaufnahme. Literaturbelegarbeit am Institut für Hydrobiologie der TU Dresden

Pöckl, M. (1990): Dauer der Brutentwicklung, Schlüpferfolg, Wachstum und Fekundität von vier Populationen von *Gammarus fossarum* Koch, 1835 und von zwei Populationen von *G. roeseli* Gervais, 1835 (Crustacea: Amphipoda) aus österreichischen Fließgewässern. Dissertation, Universität Wien

Schellenberg, A. (1942): IV Flohkrebse oder Amphipoda. In: Dahl, F. (ed.): Die Tierwelt Deutschlands und der angrenzenden Meeresteile nach ihren Merkmalen und nach ihrer Lebensweise. 40. Teil: Krebstiere oder Crustacea. Gustav Fischer Verlag, Jena. 24-31

20 Wirkung von Benzo[a]pyren auf Fischpopulationen: Ergebnisse eines kompletten Life-Cycle-Tests mit dem Zebrabärbling *Danio rerio*

M. Diekmann, V. Hultsch und R. Nagel

Abstract

For many surface waters genotoxic potentials have been described. The consequences for aquatic organisms are still unknown. To evaluate effects on fish populations a complete life cycle test with the zebrafish *Danio rerio* and benzo[a]pyrene (BaP) has been conducted.
Population relevant parameters as survival, growth, and reproduction within the F_I-generation as well as survival and growth within the F_{II}-generation have been investigated. The fish were exposed to 5 concentrations of BaP in a continuous flow through system for 210 days. BaP in the water and in the fish has been analyzed by GC/MS.
The water concentrations of BaP were 3, 7, 18, 64 and 193 ng/l, which is comparable to those found in surface waters. At 193 ng BaP/L the number of fertilized eggs per female and day has been significantly reduced during an investigation period of 4 weeks. Detailed examinations revealed that after two weeks fish exposed to BaP produced the same quantity of fertilized eggs as the control fish. The consequences of the regarded effect for the population are discussed.
An interesting result was the calculated bioaccumulation factors. With a value of approximately 40 (based on total wetweight) they were clearly below known bioconcentration factors of 1.000. One explanation could be the induction of metabolic processes in the experiment due to the long exposure time.

Zusammenfassung

In vielen Oberflächengewässern sind gentoxische Potentiale nachgewiesen worden. Eine ökotoxikologische Bewertung der möglichen Konsequenzen für Wasserorganismen steht jedoch noch aus. Um die Auswirkungen gentoxischer Substanzen auf Fischpopulationen zu ermitteln, wurde mit dem Zebrabärbling *Danio rerio* und Benzo[a]pyren (BaP) als Modellsubstanz ein vollständiger Life-Cycle-Test durchgeführt.
Im Life-Cycle-Test werden populationsrelevante Parameter wie Überleben, Wachstum und Reproduktion in der F_I-Generation sowie Überleben und Wachstum in der F_{II}-Generation untersucht. Die Exposition erfolgte unter kontinuierlichem Durchfluß in 5 verschiedenen Konzentrationen von BaP über 210 Tage. Die Analytik des BaP im Wasser und in den Fischen erfolgte mittels GC/MS.
Sowohl in der F_I- als auch in der F_{II}-Generation sind Überleben und Wachstum bis zur höchsten BaP-Konzentration nicht beeinträchtigt. Die F_I-Generation zeigt in der höchsten BaP-Konzentration eine gegenüber den Kontrollen signifikant reduzierte Zahl der je Weibchen und Tag produzierten befruchteten Eier über einen Untersuchungszeitraum von 4 Wochen. Detaillierte Untersuchungen zeigen, daß in BaP exponierte Tiere nach zwei Wochen ebensoviele befruchtete Eier produzierten wie Kontrollfische, so daß dieser Unterschied als Entwicklungsverzögerung der mit BaP exponierten Tiere zu interpretieren ist.
Die mittleren Konzentrationen betrugen 3, 7, 18, 64 und 193 ng/l und liegen damit im Bereich der für Oberflächengewässer publizierten Werte. Die BaP-Gehalte in den Fischen lagen nur beim höchsten Expositionsansatz (193 ng BaP/L) über der Bestimmungsgrenze im unteren µg/kg-Bereich. Hier wurden 2-11 µg BaP/kg Körpergewicht gefunden. Es bestand keine Korrelation zwischen dem Lipidgehalt und der Anreicherung von BaP.
Der ermittelte Bioakkumulationsfaktor (BAF) von etwa 40 ist deutlich niedriger als die in der Literatur beschriebenen Biokonzentrationsfaktoren (BCF) im Bereich von 1.000. Eine Erklärung könnte die Induktion metabolischer Prozesse während der langen Expositionsdauer sein.
Eine Übertragung der Ergebnisse des Life-Cycle-Tests mit dem Zebrabärbling auf andere Fische läßt den Schluß zu, daß BaP in umweltrelevanten Konzentrationen keine Auswirkungen auf Fischpopulationen haben wird.

20.1 Einleitung

In Oberflächengewässern können gentoxische Potentiale nachgewiesen werden (Reifferscheid et al. 1991). Ihre Bewertung erfolgte bislang im Hinblick auf eine Gefährdung des Menschen. Eine ökotoxikologische Bewertung mit den möglichen Konsequenzen für Wasserorganismen steht jedoch noch aus. Am Beispiel der Fische sollen die Auswirkungen einer gentoxischen Noxe auf populationsrelevante Parameter ermittelt werden. Diese können in einem Life-Cycle-Test erfaßt werden. Daher wurde mit Benzo[a]pyren als Modellsubstanz ein vollständiger Life-Cycle-Test mit dem Zebrabärbling *Danio rerio* durchgeführt.

20.2 Material und Methoden

20.2.1 Modellsubstanz und Testorganismus für den Life-Cycle-Test

Als Modellsubstanz wurde Benzo[a]pyren (BaP) ausgewählt. BaP ist sehr lipophil (log K_{OW} = 6) und hat demzufolge eine geringe Wasserlöslichkeit (ca. 5 µg/l bei 20°C). BaP ist umweltrelevant, da es in Oberflächenwasser in Konzentrationen von etwa 100 ng/l nachgewiesen wurde (Landesamt für Umwelt und Geologie des Freistaates Sachsen 1995). Die Substanz wird im Fisch metabolisch aktiviert.
Als Testorganismus wurde der Zebrabärbling (*Danio rerio*, Cyprinidae) gewählt, da mit dieser Art Life-Cycle-Tests durchgeführt werden können (Nagel 1994). *D. rerio* ist einfach zu halten und wird mit etwa 3 Monaten geschlechtsreif. Der Zebrabärbling ist ein r-Stratege und zeichnet sich durch eine hohe Eiproduktion aus.

20.2.2 Experimentelle Anforderungen an die Dosierung von BaP

Die geringe Wasserlöslichkeit des BaP erfordert zum Ansatz der Stammlösung einen Lösungsvermittler (LVM). Als LVM wurde DMSO (Dimethylsulfoxid) ausgewählt, da es eine geringe Toxizität besitzt. Die LC_{50}, die im Embryotest mit *D. rerio* ermittelt wurde, beträgt 30 g/l (Maiwald 1997).
Die gewählten Sollkonzentration betrugen 0,03; 0,09; 0,27; 0,83 und 2,50 µg/l BaP. Bei Verwendung einer Stammlösung von 10 g/l BaP in DMSO werden somit 270 µg/l DMSO in der höchsten Konzentration zusammen mit dem BaP dosiert. Die maximale DMSO-Konzentration liegt um den Faktor 10.000 unter der genannten LC_{50}.
Bedingt durch die hohe Lipophilie adsorbiert BaP an Oberflächen. Es ist streng auf den Einsatz inerter Materialien zu achten (Glas, Edelstahl, PTFE).

20.2.3 Durchführung des Experiments

Die Erfassung populationsrelevanter Parameter erfolgte in einem vollständigen Life-Cycle-Test bei kontinuierlicher Exposition in 5 verschiedenen Konzentrationen BaP im Durchfluß (Tab. 20-1). Die toxikologischen Endpunkte, die in den drei Phasen des Life-Cycle-Tests erfaßt wurden, sind in Tabelle 20-2 zusammengestellt.
Das Experiment wurde bei einem Hell-Dunkel-Rhythmus von 12 Stunden und einer Tempera-

Tab. 20-1: Versuchsansatz für die Exposition der Zebrabärblinge

Bezeichnung	Kontrolle	Kontrolle	I	II	III	IV	V
Parallele 1	Wasser	DMSO	BaP-I	BaP-II	BaP-III	BaP-IV	BaP-V
Parallele 2	Wasser	DMSO	BaP-I	BaP-II	BaP-III	BaP-IV	BaP-V
c_{Soll} BaP in µg/L	-	-	0,03	0,09	0,27	0,83	2,50
c_{Soll} DMSO in µg/L	-	270	3	10	30	90	270

DMSO: Lösungsvermittler Dimethylsulfoxid

Tab. 20-2: Durchführung des vollständigen Life-Cycle-Tests (Testphasen und toxikologische Endpunkte)

Phase	Early-Life-Stage F_I		Reproduktion F_I	Early-Life-Stage F_{II}	
F_I	0–42 d		42 – ca. 160 d	ca. 160–200 d	
F_{II}				0–42 d	
Endpunkt	Schlupf Überleben Wachstum (Länge)		Eintritt der Geschlechtsreife Geschlechterverhältnis Zahl der produzierten Eier Befruchtungsrate	Schlupf Überleben Wachstum (Länge) Wachstum (Gewicht)	
Expositions-becken	1 Liter	5 Liter	25 Liter	1 Liter	5 Liter

tur von 26°C (± 1°C) durchgeführt. Die Sauerstoffsättigung im Hälterungswasser betrug ≥70 %. Die Konzentrationen des BaP im Wasser wurden analytisch erfaßt. Außerdem wurde die Anreicherung von BaP in den Fischen bestimmt.

20.2.4 Chemische Analytik

Wasseranalytik

Das BaP wurde mittels Festphasenextraktion der unfiltrierten Proben an RP-C18ec (Lichrolut, Fa. Merck) angereichert. Die Extraktion erfolgte aus maximal 1 L Wasser unter Zusatz von Isopropanol und Hyamin. Nach einer Elution der Festphasen mit Toluol und Einengen auf 150 µL erfolgte die Identifizierung und Quantifizierung der Extrakte mittels GC/MS-SIM (GC 5890A und MSD 5970B, Fa. Hewlett Packard, Probeninjektion 1 µL splittless bei 250°C, Trennsäule HP5-MS, 30 m x 0,25 mm ID x 0,25 µm FD, Fa. Hewlett Packard).

Fischanalytik

Die homogenisierten und getrockneten Proben wurden einer Soxhletextraktion mit Cyclohexan über 6 Stunden unterzogen. Die eingeengten Extrakte wurden mittels Gelchromatographie an Biobeds SX3 (Fa. Biorad) mit Cyclohexan/Aceton (3/1) getrennt und der Lipidanteil gravimetrisch bestimmt (GPC-System CLEAN-UP mit Software XTRAY, Fa. Abimed). Die Trennung erfolgte nahezu vollständig (Abb. 20-1). Die Analytfraktion wurde quantitativ in Toluol überführt und auf 150 µL eingeengt. Die Identifizierung und Quantifizierung des BaP erfolgten mittels GC/MS-SIM (unter Verwendung von BaP-D_{12} als internen Standard). Die Messung der Fischproben erfolgte unter den zur Wasseranalytik beschriebenen Bedingungen. Die GC wurde zusätzlich um eine Vorsäule (5 m, ohne Trennphase, deaktiviert, Fa. Hewlett Packard) erweitert.

20.3 Ergebnisse

20.3.1 Life-Cycle-Test

Sowohl in der F_I-Generation als auch in der F_{II}-Generation waren Überleben und Wachstum bis zur höchsten Konzentration des BaP nicht beeinträchtigt.
In der höchsten BaP-Konzentration konnte eine gegenüber den Wasser- und DMSO-Kontrollen signifikant reduzierte Zahl der je Weibchen und Tag produzierten befruchteten Eier im relevanten Untersuchungszeitraum vom 130. bis 158. Versuchstag beobachtet werden ($p < 0,05$; ANOVA; Abb. 20-2).
Wenn jedoch der Untersuchungszeitraum unterteilt wird, ergibt sich für den Endpunkt „befruchtete Eier" ein differenzierteres Bild. Die Eiproduktion ist bei den BaP-exponierten Tieren in der ersten Hälfte des Untersuchungszeitraumes (130. bis 144. Versuchstag) deutlich gegenüber den Kontrollen reduziert (Abb. 20-3). In der zweiten Hälfte des Untersuchungszeitraumes (145. bis 158. Versuchstag) kommt es dagegen zu einem Anstieg der Eizahlen bei den BaP-exponierten Tieren, so daß keine Unterschiede

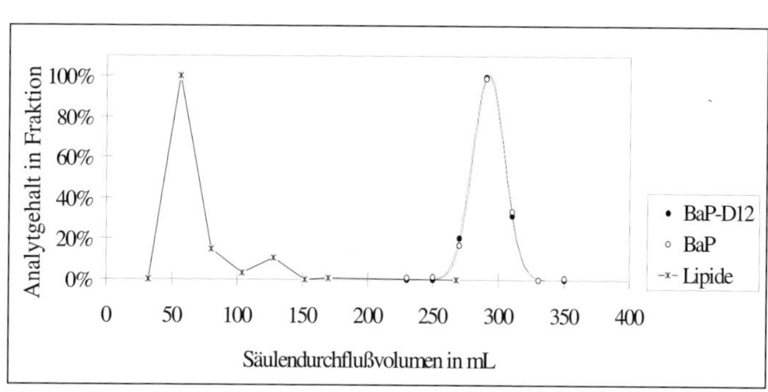

Abb. 20-1: Gelpermeationschromatographische Trennung von Lipiden und BaP eines Soxhletextraktes von *Danio rerio*

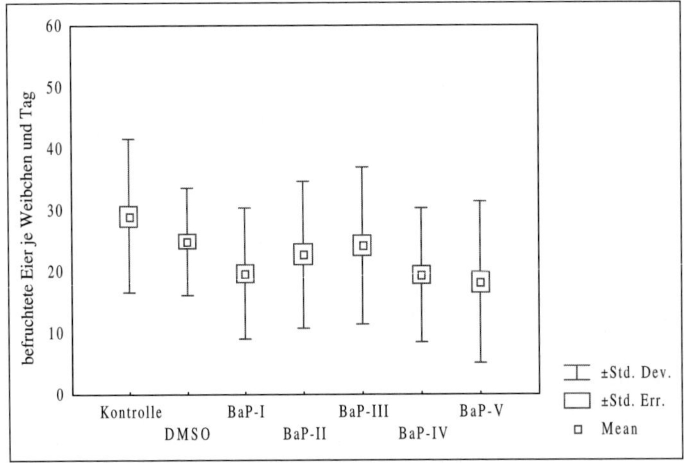

Abb. 20-2: Eiproduktion der F_I-Generation über den relevanten Untersuchungszeitraum (130. bis 158. Versuchstag)

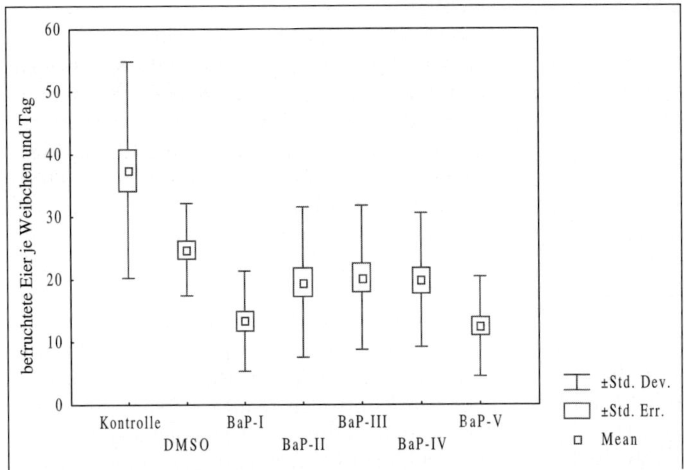

Abb. 20-3: Eiproduktion der F_I-Generation vom 130. bis 144. Versuchstag

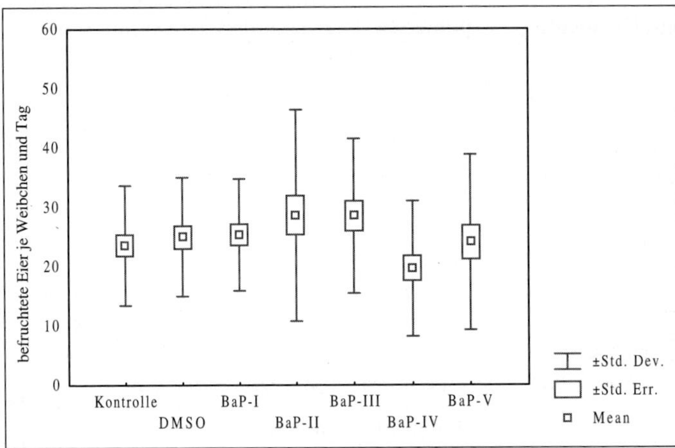

Abb. 20-4: Eiproduktion der F_I-Generation vom 145. bis 158. Versuchstag

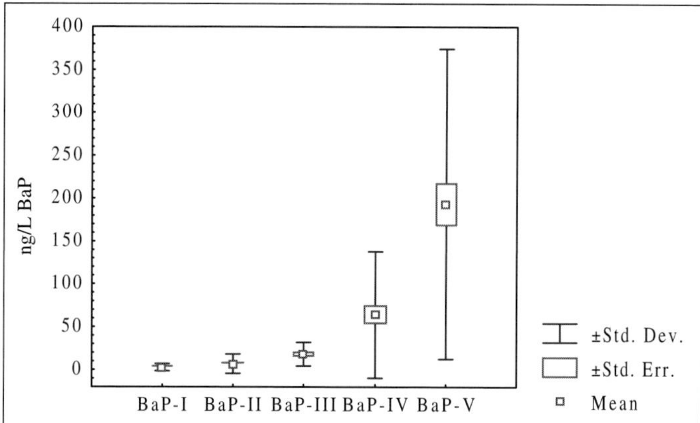

Abb. 20-5: Gemessene mittlere BaP-Konzentrationen im Wasser in den Expositionsansätzen über den gesamten Versuchszeitraum (insgesamt 230 Proben)

mehr zu den Kontrollen zu beobachten sind (Abb. 20-4).

20.3.2 BaP-Konzentration im Wasser

Die in den Expositionsansätzen gemessenen Konzentrationen lagen deutlich unter den gewünschten Sollkonzentrationen. Die mittleren BaP-Konzentrationen im Wasser betrugen 3, 7, 18, 64 und 193 ng/l (Abb. 20-5). Diese Konzentrationen waren innerhalb des angegebenen Vertrauensbereiches von 95 % konstant.

20.3.3 Anreicherung von BaP in den Fischen

In Tabelle 20-3 ist die Anreicherung von BaP in Fischen nach Exposition mit 200 ng/l BaP dargestellt.

Die Daten erlauben folgende Schlußfolgerungen:

- In weiblichen Tieren der F_I-Generation wurde im Vergleich zu männlichen Tieren weniger BaP angereichert. Das ist insofern überraschend, da der Lipidgehalt der weiblichen Tiere größer war als der der männlichen Tiere.
- In juvenilen Fischen der F_{II}-Generation wurde im Vergleich zu den adulten Tieren der F_I-Generation weniger BaP angereichert. Der mittlere Lipidgehalt der juvenilen Fische war kleiner als der Lipidgehalt der adulten Tiere.
- Es bestand keine Korrelation zwischen dem Lipidgehalt und dem Bioakkumulationsfaktor für alle untersuchten Fischproben.

Tab. 20-3: Anreicherung von BaP, dargestellt für Fische, die 200 ng/l BaP exponiert waren

Geschlecht	n	mg Fisch	Lipidgehalt	BaP µg/kg	BG µg/kg	BAF
Generation F_I, Alter 170 d:						
m	1	300	9%	<BG	3	<17
m	2	700	7%	2	1	11
m	1	400	4%	11	3	54
m	2	600	9%	11	2	56
w	1	400	10%	<BG	3	<13
w	2	700	11%	<BG	1	<7
w	1	300	15%	<BG	3	<17
w	2	700	11%	4	1	21
Generation F_{II}, Alter 42 d:						
juvenil	15	600	5%	5	2	27
juvenil	24	800	6%	7	1	35
juvenil	23	700	7%	2	1	12
juvenil	29	700	4%	3	1	13

BG: Bestimmungsgrenze; BAF: Bioakkumulationsfaktor

- Bei der Exposition mit BaP in einer mittleren Konzentration von 200 ng/l im Wasser wurden in den Fischen 2–11 µg BaP/kg Körpergewicht bei einer Bestimmungsgrenze von 1–3 µg/kg nachgewiesen.
- Der mittlere Bioakkumulationsfaktor des BaP betrug 40 (Abb. 20-6).

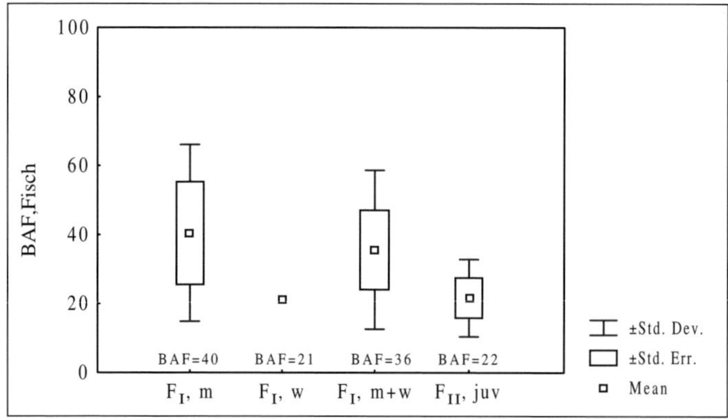

Abb. 20-6: Anreicherung von BaP in Fischen, die 200 ng/l BaP exponiert waren. Bezugsbasis: Frischgewicht (1–4 Proben je Wert). BAF: Bioakkumulationsfaktor

20.4 Diskussion

Die Eiproduktion war lediglich vom 130. bis 144. Tag bei den BaP-exponierten Tieren reduziert. Diese Unterschiede in der Eiproduktion können als eine Entwicklungsverzögerung bei diesem Endpunkt interpretiert werden, da im weiteren Versuchsverlauf keine Unterschiede mehr beobachtet werden konnten. Für den r-Strategen *D. rerio*, dessen Weibchen über 100 Eier pro Tag produzieren können, kann angenommen werden, daß dieser Effekt keinen Einfluß auf die Population haben wird.
Der ermittelte Bioakkumulationsfaktor von etwa 40 ist für das stark lipophile BaP unerwartet niedrig. In der Literatur sind Biokonzentrationsfaktoren im Bereich von 1.000 beschrieben (Mackay et al. 1992). Nach OECD Guideline 305 erfolgt die Bestimmung des BCF nach Einstellung des Gleichgewichtes zwischen Aufnahme und Elimination der Substanzen. Die Testdauer beträgt maximal 28 Tage (OECD 1996). In dem hier vorgestellten Experiment könnte durch die Exposition über den wesentlich längeren Zeitraum die Metabolisierung von BaP in den Fischen induziert worden sein.
Da die für die Fischanalytik eingesetzten Extraktionsmethoden die Erfassung von möglichen Metaboliten mit im Vergleich zum BaP höherer Polarität nicht erlaubten, sollte diese Vermutung durch ein Tracerexperiment mit radioaktiv markiertem BaP überprüft werden. In diesem Experiment wären Aufnahme, Verteilung und Metabolismus bei länger exponierten Tieren zu untersuchen.
Die untersuchten Konzentrationen liegen im Bereich der von anderen Autoren für Oberflächenwasser publizierten Werte (Landesamt für Umwelt und Geologie des Freistaates Sachsen 1995). Überträgt man die Ergebnisse des durchgeführten Life-Cycle-Tests mit dem Zebrabärbling auf andere Fischarten, dann ist zu folgern, daß BaP in umweltrelevanten Konzentrationen keine Auswirkungen auf Fischpopulationen haben wird.

Danksagung

Wir danken dem BMBF für die Förderung der hier vorgestellten Arbeiten im Rahmen des Projektes „Ökotoxikologische Bewertung von gentoxischen Effekten – dargestellt am Beispiel von Fischen" (FKZ: 07OTX19). Bei den Teilnehmern am Verbundprojekt erfolgten begleitende Untersuchungen zu morphogenetischen Veränderungen (AG Prof. Dr. Markl, Uni Mainz), zu Veränderungen der genetischen Struktur (AG Prof. Dr. Seitz, Uni Mainz) und zu Veränderungen der DNS (AG Prof. Dr. Dr. Zahn, AMMUG Mainz). Diese Ergebnisse werden an anderer Stelle publiziert.

Literatur

Landesamt für Umwelt und Geologie des Freistaates Sachsen (1995): Materialien zur Wasserwirtschaft 1995: Gewässergütebericht Elbe 1994 (Elbebericht). Sächsisches Landesamt für Umwelt und Geologie, Radebeul

Mackay, D., Shiu, W.Y., Ma, K.C. (1992): Illustrated handbook of physical-chemical properties and environmental fate for organic chemicals. Volume II: Polynuclear aromatic hydrocarbons, polychlorinated dioxins, and dibenzofuranes. LCW, Boca Raton. 209-216

Maiwald, S. (1997): Wirkungen von Lösungsvermittlern und lipophilen Substanzen auf die Embryonalentwicklung des Zebrabärblings (*Danio rerio*). Diplomarbeit, Technische Universität Dresden

Nagel, R. (1994): Complete life cycle tests with zebrafish – a critical assessment of the results. In: Müller, R., Lloyd, R. (eds.): Sublethal and chronic effects of pollutants on freshwater fish. Fishing News Books, Oxford. 188-195

OECD (1996): OECD Guideline No. 305. Bioconcentration: Flow-through fish test. OECD guideline for testing of chemicals, adopted 14.06.96. OECD, Paris

Reifferscheid, G., Heil, J., Oda, Y., Zahn, R.K. (1991): A microplate version of the SOS/umu-test for rapid detection of genotoxins and genotoxic potentials of environmental samples. Mutat. Res. 253: 215-222

Biomonitoring – Boden und Sedimente

21 Der biozönologisch-soziologische Klassifikationsansatz zur Erfassung und Abgrenzung von Ökosystemtypen: Ein Weg zum Monitoring belasteter Ökosysteme?

F. Lennartz und M. Roß-Nickoll

Abstract

For the time being, there is no consistent idea about a sound procedure to record terrestrial ecosystems. First of all, questions arise such as „How is an ecosystem defined and where are its boundaries?“ or „Which criterions lead to basic ecosystem types?“ Without knowing the variety of different ecosystem types, no sound statement can be made about environmental effects, as they can be expected due, e.g., to a certain degree of pollution.
Various current classification approaches are confronted with the so-called „biocoenological-sociological classifying approach“ in order to demonstrate their advantages and disadvantages.
The biocoenological-sociological classifying approach has been set on the following basis: At present, the biocoenosis (combination of species) represents the only characteristic expression of an ecosystem, as the biocoenosis integrates all influences on one site – including the anthropogenic factors. This approach considers the same evaluation principles for different taxa (plants and various groups of animal species). This leads to a site-specific ecosystem idea. This new approach opens up disscussions for an useful application especially in ecotoxicology.

Zusammenfassung

Bei der Erfassung von terrestrischen Ökosystemen gibt es zur Zeit keine einheitliche Vorgehensweise. Dabei stellen sich zuerst Fragen, was ein Ökosystem ist und welche Grenzen es hat, oder aufgrund welcher Kriterien man zu ökosystemaren Grundtypen kommt. Ohne konkrete Vorstellung über die Palette der verschiedenen Ökosystemtypen kann man keinerlei Aussagen zu stressorbedingten Veränderungen machen, wie sie zum Beispiel bei Schadstoffeinflüssen zu erwarten sind.
Verschiedene Klassifikationsansätze werden dem biozönologisch-soziologischen Klassifikationsansatz gegenübergestellt, und deren Vor- und Nachteile beleuchtet.
Der biozönologisch-soziologische Klassifikationsansatz geht davon aus, daß die Lebensgemeinschaft (Artkombination) zur Zeit der einzig konkret erfaßbare Ausdruck eines Ökosystems ist, da die Biozönose alle an einem Standort wirkenden Faktoren – einschließlich der anthropogenen Faktoren – in sich integriert. Bei diesem Ansatz unterliegen unterschiedliche Taxa (Pflanzen und verschiedene Tiergruppen) dem gleichen Auswertungsprinzip. Hierdurch gelangt man zu einer standorttypspezifischen Soll-Wert-Vorstellung. Es werden mögliche Anwendungsaspekte für den Bereich der Ökotoxikologie vorgestellt.

21.1 Einleitung

In den sehr verschiedenen Bereichen der Ökologie gewinnt heutzutage die Frage, wie Umweltbelastungen auf Lebensgemeinschaften bzw. Ökosysteme wirken, immer mehr an Bedeutung. Durch die Einführung des Umweltverträglichkeitsgesetzes (UVPG 1990) ist es sogar für viele Bereiche des Naturschutzes gesetzlich vorgeschrieben, Beeinträchtigungen von Lebensgemeinschaften / Ökosystemen aufgrund menschlicher Eingriffe festzustellen und auf deren Umweltverträglichkeit hin zu prüfen. Auch in der Ökotoxikologie wird zunehmend die Frage nach einer bioindikativen Überwachung ganzer Ökosysteme gestellt (Fomin und Arndt 1996).
Die Anforderungen der Praxis an die unterschiedlichen Bereiche der Ökologie soll Abbildung 21-1 verdeutlichen. Im Grunde ist immer die Frage zu beantworten, wie Umweltbelastungen bzw. Eingriffe in den Naturhaushalt auf einen Ist-Wert wirken, d.h. auf das real und aktuell vorliegende Ökosystem. Hierbei werden die Wirkungen oftmals in direkte und indirekte Wirkungen unterteilt und unter Berücksichtigung der Empfindlichkeit sowie der Vorbelastungen des Ist-Wertes mit der Wirkungsintensität in Beziehung gesetzt (Prinzip der ökologischen Risikobewertung) (Gassner und Winkelbrandt 1997). Kommt es zu Auswirkungen, geht der Ist-Wert in einen Veränderten-Wert über, der dann auf Nachhaltigkeit und Erheblichkeit zu prüfen ist.

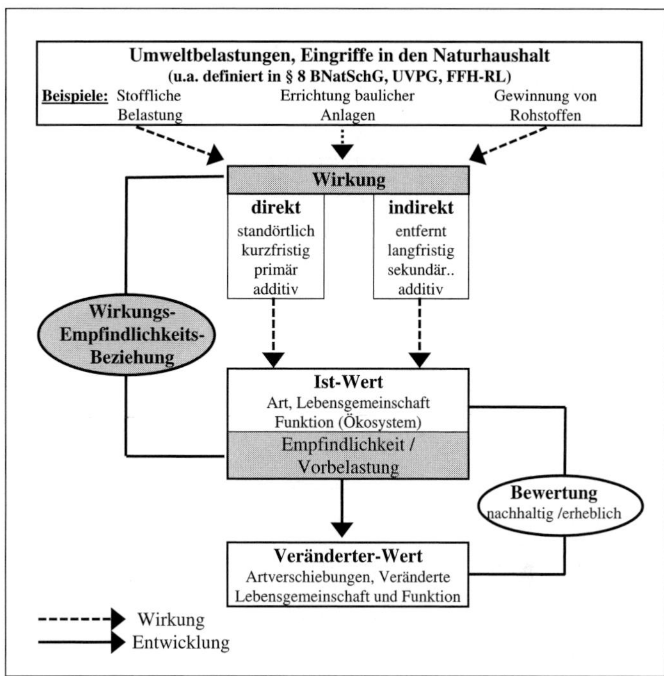

Abb. 21-1: Prinzip der ökologischen Risikobewertung

Anzumerken bleibt, daß es im Freiland kaum möglich ist, einen Soll-Wert zu definieren. Im Sinne der Ökotoxikologie würde der Soll-Wert absolut unbelasteten Ökosystemen entsprechen, die es in Mitteleuropa aber nicht mehr gibt (Ellenberg 1996). In der Naturschutz-Praxis wird daher meist von Ist-Wert und Verändertem-Wert gesprochen.

So klar, wie die aus praktischer Sicht gestellten Fragen sind, so unklar ist deren wissenschaftliche Beantwortung. Die Ursache hierfür ist vor allem in der Komplexität und Vielfalt der Natur zu sehen, sowie in den unterschiedlichen wissenschaftlichen Auffassungen, diese Komplexität aufzuschlüsseln (vgl. Kap. 21.3). Bis heute ist eine systematisch angelegte Biozönologie, wenn überhaupt, nur in Ansätzen erkennbar. Es gibt zwar eine biologische Ökosystemforschung; die ist jedoch sehr stark deduktiv ausgerichtet und widmet sich eher Modellen und Reflexionen als der Vielzahl konkreter Einzelfälle, die bei einer systematischen Herangehensweise als Induktionsbasis am Anfang stehen sollten (Wilmanns 1987). Zudem sind die Fragen der Praxis nur konkret und ganzheitlich zu beantworten. Dieses macht ein induktives, ganzheitliches Vorgehen zwingend erforderlich. Gerade für den Bereich der Ökosystemforschung und -bewertung besteht demnach nicht nur aus theoretischer, sondern vor allem aus praktischer Sicht ein großer Informationsbedarf.

21.2 Problematik einer einheitlichen Ist-Wert-Vorstellung

Bevor man die Beeinträchtigung von Ökosystemen feststellen kann, ist zunächst die Frage zu beantworten, was ein Ökosystem eigentlich ist, oder anders formuliert, wo fängt das eine Ökosystem an, wo hört das andere Ökosystem auf? Betrachtet man unter diesem Gesichtspunkt die in der Literatur angegebenen Darstellungen, kommt man zu dem Ergebnis, daß es keine einheitliche Ist-Wert-Vorstellung gibt, die auf der Basis von „ökosystemaren Kenngrößen“ beruht. Schon zwischen den Ist-Wert-Vorstellungen der Zoologie und der Botanik sind keine Übereinstimmungen festzustellen (vgl. Abb. 21-2). So teilt man z.B. den Lebensraumtyp Borst-

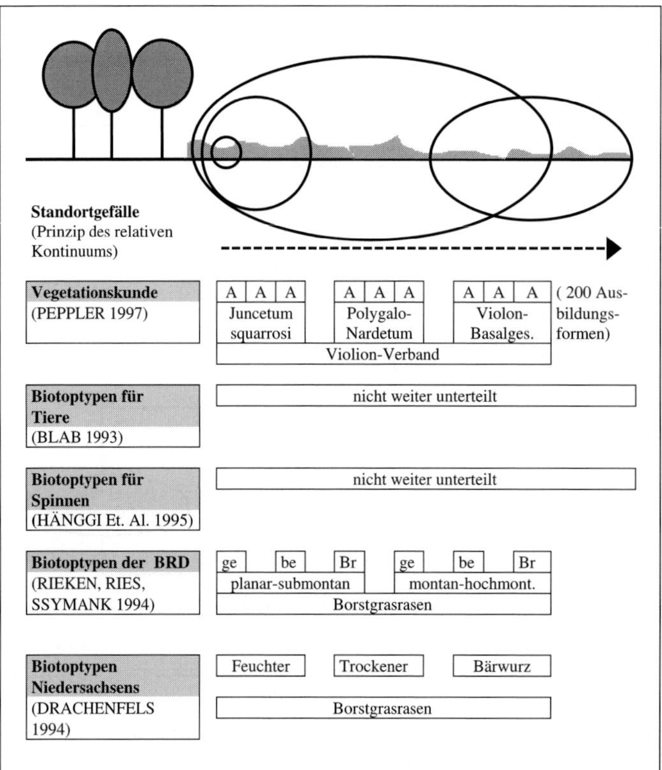

Abb. 21-2: Darstellung verschiedener Ist-Wert Definitionen am Beispiel der Vegetationseinheit Borstgrasrasen (ge = gemäht, be = beweidet, Br = Brache).

grasrasen botanisch in Westdeutschland (ohne Alpen) in ca. 200 Ausbildungen, drei Assoziationen und einen Verband ein (Peppler 1992). Nach der Lebensraum-Vorstellung von Blab (1993) für Tierarten in Mitteleuropa existiert dieser Biotop nicht, wohingegen in der Biotoptypenliste der BRD (Rieken et al. 1994) Borstgrasrasen anhand der Höhenstufe in zwei Grundtypen zu unterteilen sind, die dann jeweils in gemähte, beweidete und brachliegende eingeteilt werden. Diese Liste der Ist-Wert-Vorstellungen kann beliebig ausgebaut werden (Biotoptypenliste der einzelnen Länder, Tiergruppen, ökologische Kompensationsverfahren), wobei jeder Autor seine eigene Ist-Wert-Vorstellung besitzt. Stellt man unter diesem Gesichtspunkt konkret die Frage, was die Lebensgemeinschaft / Ökosystem (z.B. Ausbildung der Assoziation, die Assoziation, der Borstgrasrasen ansich oder nur die gemähten etc.) sei, ist diese Frage nicht zu beantworten.

In den einzelnen Wissenschaftszweigen der Ökologie wird, mit Ausnahme der Vegetationskunde, die Ermittlung von Ist-Werten nicht ernsthaft angegangen und oftmals grundsätzlich angezweifelt. Erst die Anforderungen aus der Praxis machten deutlich, daß man ohne konkrete Typisierungen von Lebensgemeinschaften keine Naturschutz-Bewertungen durchführen kann (Blab 1993). So kann bei unterschiedlicher Ist-Wert-Vorstellung ein Veränderter-Wert gänzlich verschieden beurteilt werden (vgl. Abb. 21-3), denn wenn der Veränderte-Wert außerhalb der Ist-Wert-Vorstellung liegt, kommt man zu dem Ergebnis, daß eine Belastung vorliegen muß. Besitzt man demgegenüber eine weiter gefaßte Ist-Wert-Vorstellung und der Veränderte-Wert liegt innerhalb meiner Ist-Wert-Vorstellung, läge keine Beeinträchtigung vor. Die Basis für die Beurteilung von Beeinträchtigungen jeglicher Art ist demnach eine konkrete Ist-Wert-Vorstellung, wobei vor allem die Grenzen zu definieren sind.

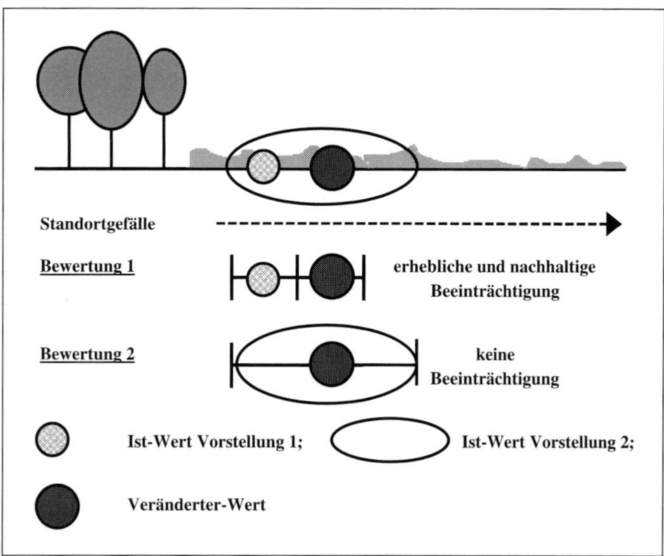

Abb. 21-3: Die Ist-Wert-Vorstellung ist die Basis zur Erfassung von Beeinträchtigungen.

21.3 Klassifikationsansätze zur Gliederung von Ökosystemtypen

Je nach Auswahl der Kriterien einer Klassifikation resultieren verschiedene Grundtypen oder -einheiten, auf denen sich ein System aufbauen läßt. Hierbei können Systeme induktiv aufgebaut werden, d.h. von naturnahen Grundeinheiten ausgehend über abgestufte Verwandschaft bestimmter Merkmale zu höheren Einheiten fortschreiten. Systeme sind oft auch deduktiv entwickelt worden, indem sehr abstrakte, aber oft allgemein leicht feststellbare Einheiten untergliedert wurden (Dierschke 1994). Im folgenden werden vier Hauptansätze verschiedener Klassifikationen vorgestellt und im Hinblick auf deren Verwendbarkeit für die Beurteilung von Umweltbelastungen diskutiert.

21.3.1 Klassifikation nach funktionalen Kriterien

Der bekannteste funktionale Klassifikationsansatz von Ökosystemen ist von Ellenberg (1973) vorgeschlagen worden. Für die Gliederung werden u.a. Biomasse und Produktivität der Primärproduzenten, Stoffgewinne oder -verluste und die Rolle der Sekundärproduzenten verwendet. Ein Nachteil dieses und anderer Gliederungsvorschläge nach funktionalen Kriterien (vgl. Beck 1993) ist in erster Linie darin zu sehen, daß es sich um deduktive Systeme handelt, d.h. um mehr abstrakte Einheiten. Als Basis für die konkrete Beurteilung von Umweltbelastungen sind deduktive Systeme kaum geeignet.

21.3.2 Klassifikation nach Standortfaktoren

Klassifikationen nach rein standörtlichen Kriterien (z.B. Klima, pH-Wert, Wassergehalt, Streuauflage u.a.) zum Erhalt homogener Standorttypen, denen man dann Tier- und/oder Pflanzengesellschaften zuordnet, sind in der Geschichte der Freilandökologie schon sehr frühzeitig versucht worden (vgl. Brockmann-Jerosch und Rübel 1921). Bis heute wird in Teilbereichen der Ökologie dieser Ansatz präferiert (vgl. Strenzke 1952, Sinnige et al. 1992).
Das Grundproblem dieses Ansatzes besteht darin, daß an jedem Standort ein hochgradig komplexes Faktorengefüge vorliegt, welches nur schwer, wenn überhaupt, entwirrbar ist. Zudem ist nach Poore (1964) „die Gesellschaft (der Lebensraum) nicht einfach die Summe ihrer Teile, sondern bildet durch vielfache Wechselwirkungen eine höhere Integrationsstufe raum-zeit-

licher Organisation von Organismen“. In der Botanik hat gerade die Erkenntnis, daß der Standortkomplex nicht aufzuschlüsseln ist, zu dem im nächsten Kapitel vorgestellten Grundansatz geführt.

21.3.3 Klassifikation auf der Basis grober Vegetationseinheiten und der Autökologie einzelner Tierarten

In der Zoologie gibt es eine Reihe von Ansätzen, die auf der Ebene einzelner Tiergruppen versuchen, für die entsprechende Tiergruppe Lebensraumtypen aufzustellen (Healy 1980, Standen 1980, Martin 1991, Turin et al. 1991, Hänggi et al. 1995). Da in diesen Fällen die Tiergruppen isoliert betrachtet werden, sind sie für eine Ökosystemtypisierung ungeeignet.
Blab (1993) hat im Gegensatz dazu ein für mehrere Tiergruppen gültiges System aufgestellt. Bei seiner Gliederung ist er von groben Vegetationseinheiten ausgegangen, die er dann durch die bekannte Autökologie einiger typischer Tierarten modifizierte. Hierdurch erhält der Gliederungsvorschlag von Blab eher einen autökologischen Charakter. Nach Sjörs (1948) ist „die ökologische Amplitude der Gesellschaft in der Regel enger als jene der meisten Arten, die sie zusammensetzen“. Das bedeutet, daß man über die Autökologie einzelner Arten nicht in der Lage ist, ein synökologisches System mit Koinzidenz zum Standort zu entwickeln. Anhand der Autökologie einzelner Arten sind im Prinzip nur Aussagen über die Art selbst, nicht aber über die Lebensgemeinschaften / Ökosystemtypen möglich. Aus diesem Grunde sollte auch die Bioindikation zur Überwachung ganzer Ökosysteme synökologischen Charakter haben (Fomin und Arndt 1996).

21.3.4 Klassifikation auf der Basis von Vegetationseinheiten (z.T. Sigma-Soziologie) und Zuordnung von Tierarten

Die Entwicklung eines biozönologischen Systems auf der Basis des vegetationskundlichen Rasters ist schon sehr frühzeitig, vor allem von Rabeler (1960, 1965), versucht worden und wird heute von Kratochwil (1987) fortgesetzt. Bei dieser Vorgehensweise werden verschiedene Tiergruppen den vegetationskundlichen Einheiten zugeordnet. In der Zoologie ist diese Methodik auf wenig Akzeptanz gestoßen, da sich die meisten Tierarten nicht den vegetationskundlichen Einheiten (Assoziationen, Verbänden, Ordnungen und Klassen) zuordnen lassen. Diese Erkenntnis ist ein wichtiger Beweggrund, der zu dem System von Blab (1993) geführt hat. Zudem ist das pflanzensoziologische System selbst induktiv entstanden, d.h. wenn man die Verteilung der Tierarten genauso ernst nimmt wie die der Pflanzen, müßte man diese ebenfalls induktiv zur Aufstellung eines neuen, gemeinsamen Systems nutzen.
Bei allen genannten Verfahren werden Tierarten schon vorher bestehenden Einheiten zugeordnet, d. h. ihre eigene ökologische Amplitude wird bei der Aufstellung der Einheiten nicht berücksichtigt, somit handelt es sich bei allen Ansätzen aus zoologischer Sicht um deduktive und nicht um induktive Verfahren.

21.4 Der biozönologisch-soziologische Klassifikationsansatz

Der biozönologisch-soziologische Klassifikationsansatz ist der Versuch, ein auf der Artkombination von Tier- und Pflanzenbeständen aufbauendes System zu entwickeln. Nach den Erfahrungen aus der Botanik handelt es sich hierbei um ein streng induktives Vorgehen, wodurch die Feinheiten von Biozönose und Standort einer Landschaft am besten herausgearbeitet werden könnten.
Besonders Braun Blanquet (1921, 1964) hat immer wieder hervorgehoben, daß aus der charakteristischen Artverbindung sowohl alle wichtigen Eigenschaften der Gesellschaft selbst (z.B. Struktur, Phänologie) als auch exogene und endogene Faktoren ihrer Entstehung und Erhaltung sowie räumliche und zeitliche Aspekte erschließbar sind (vgl. Abb. 21-4). Die Artverbindung wird also als integraler Indikator angesehen. In der Botanik hat sich der sogenannte floristisch-soziologische Klassifikationsansatz am stärksten durchgesetzt und bildet heute ohne Zweifel die wichtigste Grundlage für die Naturschutz-Praxis. Ohne diesen von Braun-Blanquet entwickelten Klassifikationsansatz wären heute

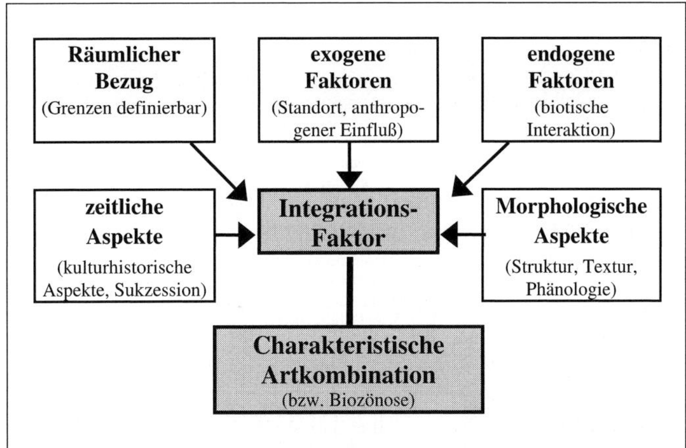

Abb. 21-4: Biozönologisch-soziologischer Klassifikationsansatz in Anlehnung an Braun-Blanquet (1921).

Bewertungen von Umweltbelastungen auf die Vegetation undenkbar.

Nicht zuletzt aus den Erfahrungen der Botanik und den Erfahrungen der Naturschutz-Praxis wird der soziologische Klassifikationsansatz, unter Einbeziehung der Vegetation, auf Tiere übertragen. Es wird betont, daß im Gegensatz zum Klassifikationsansatz von Rabeler (1960) und Kratochwil (1987) die Tiere nicht dem vegetationskundlichen System zugeordnet werden, sondern es werden unabhängig von den Pflanzengesellschaften Tierartengruppen aufgestellt, die dann mit der vegetationskundlichen Einteilung zu einem System von zum Teil neuen Einheiten zusammengefaßt werden.

Grundvoraussetzung für die Entwicklung eines ganzheitlichen, induktiven Sytems ist jedoch nicht nur, daß man von einer einheitlichen Grundidee ausgeht, sondern man muß zudem von der gleichen Aufnahmefläche ausgehen, und es muß auf alle Taxa die gleiche Auswertungsmethodik angewandt werden. Außerdem ist zu berücksichtigen, daß eine taxonomische Einheit (z.B. Laufkäfer) keine ökologische Einheit darstellt. Dieses macht die Bearbeitung mehrerer Tiergruppen erforderlich.

Um bei der Datenerhebung die höchst mögliche Übereinstimmung zwischen Vegetations- und Tieraufnahme zu erreichen, sind die Tieraufnahmen verschiedener Taxa (z.B. Spinnen, Laufkäfer, alle Bodentiere) auf der Fläche einer Vegetationsaufnahme durchzuführen (vgl. Abb. 21-5). Probleme ergeben sich jedoch bei mobileren Arten (z.B.: Heuschrecken, Schwebfliegen, Tagfalter), die nur der Untersuchungsfläche zugeordnet werden können. Da aber auf einer Untersuchungsfläche mehrere Vegetationsaufnahmen (= Tieraufnahmen) erfolgen und mindestens 10 vegetationskundlich mehr oder weniger einheitliche Untersuchungsflächen zur Auswertung herangezogen werden sollten, ist im nachhinein auch eine syntaxonomische Bewertung der mobileren Arten leicht durchführbar.

Die Datenauswertung erfolgt nach dem Präsenz/Absenz-Prinzip, welches auf jedes Taxon getrennt angewendet wird. Als Resultat der Auswertung ergeben sich für jedes Taxon Artengruppen, die dann nach ihrem „syntaxonomischem Zeigerwert“ in einer Tabelle, der sogenannten Integrationstabelle, zusammengefaßt werden. Die mobileren Arten finden hierbei indirekt Zugang. Als Endergebnis ergibt sich eine charakteristische Artkombination über alle untersuchten Taxa, die auf unterschiedlichen Untersuchungsflächen eines Typs wiederholend auftritt und gegenüber anderen Gesellschaften leicht abtrennbar ist. Dieser Ansatz ist bereits für zwei Wiesentypen der Eifel auf mehrere Taxa (Pflanzen, Spinnen, Laufkäfer, Heuschrecken, Tagfalter, Schwebfliegen) angewendet worden (Schmale 1996, Mause 1997, Prell 1997, Toschki 1998, Lennartz 1999, Roß-Nickoll 1999).

Die vorgefundene Artkombination wird als Lebensgemeinschaft aufgefaßt und der Raum, der

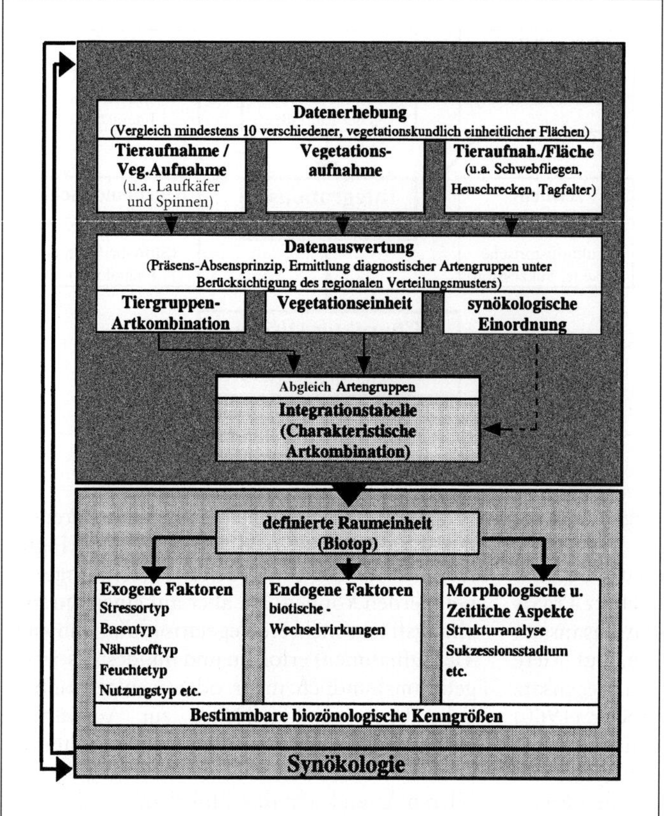

Abb. 21-5: Schematische Darstellung der methodischen Vorgehensweise zur Biozönoseerfassung und deren Koinzidenz zur Synökologie.

von dieser Biozönose besetzt wird, ist der Lebensraum (Biotop). Lebensgemeinschaft und Lebensraum ergeben das Ökosystem.

Im Anschluß an die syntaxonomische Arbeit kann die standortökologische Untersuchung des Raumes erfolgen, der durch die Artenkombination definiert wurde (vgl. Abb. 21-5). Untersuchungen können zu allen Standortfaktoren (auch Stressoren), wie auch zu funktionalen oder/und zu morphologischen Aspekten erfolgen. Hierdurch ergibt sich eine Koinzidenz zwischen Artkombination und gemessenen Faktoren, wobei man letztendlich von der Artkombination auch ohne Messung auf die Faktoren rückschließen kann. Die Ermittlung der Artkombination und damit der räumlichen Einheiten fällt in den Bereich der Syntaxonomie, die anschließende Untersuchung der Standortfaktoren ist Gegenstand der Synökologie.

21.5 Bioindikation, Biomonitoring und Anwendungsaspekte

In der Ökotoxikologie wird die Frage nach der Beurteilung der „ökosystemaren Gesundheit" (ecosystem health) immer dringlicher gestellt (Nienhuis und Leuven 1997). Dabei herrscht allgemein Unklarheit darüber, wie ein intaktes und demzufolge auch ein gestörtes Ökosystem zu erfassen sei. Der Umgang mit dieser Bewertungs-Thematik erfordert eine Bioindikation, die in der Lage ist, ganze Ökosysteme zu überwachen. Eine solche Bioindikation muß synökologischen Charakter haben, da die meisten autökologischen Systeme nicht oder nur beschränkt in der Lage sind, Aussagen über Veränderungen von Ökosystemen zu machen (Fomin und Arndt 1996).

Der vorgestellte Klassifikationsansatz (vgl. Kap. 21.4) führt – angewandt auf diese Problematik –

zu der logischen Konsequenz, daß die typische Artkombination jedes Biotops oder Ökosystemtyps ein integraler Bioindikator ist. Jegliche Belastung durch Schadstoffe oder andere Stressoren wird sich, wie jeder andere exogene Faktor auch, in ihr niederschlagen. Es erscheint daher durchaus sinnvoll, den Schadstoffgehalt eines Standortes, wie andere Standortfaktoren auch, zum Gegenstand der Synökologie zu machen, oder anders formuliert, die Synökologie um einem neuen exogenen Faktor erweitert in der Ökotoxikologie zu nutzen. Die Empfindlichkeit des Systems und die Dosis des Stressors bestimmen die Wirkung auf das System.
In diesem Sinne würde der oben vorgestellte Ansatz beim Biomonitoring von Ökosystemen folgende Vorteile aufweisen:

- Durch eine konkrete Ist-Wert-Vorstellung der typischen Artgemeinschaften der Biotoptypen erhält man die unabdingbare Basis für die Bewertung von beeinflußten Systemen.
- Da in den biozönologisch-soziologischen Klassifikationsansatz viele Taxa integriert werden können, die nach derselben Methode aufgenommen und auch ausgewertet werden, erhält man ein „einheitliches Vielartensystem", das ein hohes Bioindikatorpotential birgt.
- Da das System streng induktiv ist, und somit die größtmögliche Koinzidenz zum Standort aufweist, reagiert es auf Veränderungen mit maximaler Empfindlichkeit (niedrige Schwellenwerte).

Bei einer längerfristigen Anwendung des Systems mit konsequenter Bearbeitung des Standortfaktors Schadstoff, der aufgrund seiner Komplexität näher zu typisieren und spezifizieren wäre, könnten folgende Anwendungsaspekte von Bedeutung sein:

- Die systematische Messung der Schadstoffbelastung in den verschiedenen Einheiten mit bekannten Artkombinationen in repräsentativem Stichprobenumfang würde einen Überblick über die Vorbelastungen der verschiedenen Lebensgemeinschaften (Biotope) liefern. Die Koinzidenz zwischen Schadstoffbelastung und Lebensgemeinschaft würde dadurch bekannt gemacht.
- Bei Kenntnis der Belastungssituation nach Messung in einem Biotoptyp in repräsentativer Sichprobe ist durch induktive Generalisierung eine Aussage zur Belastungssitiuation aller anderen Einheiten dieses Types ohne Messung möglich, so daß auf eine flächendeckende Messung verzichtet werden könnte.
- Eine sorgfältig angelegte Datenbasis, die die Lebensgemeinschaften und die Belastungssituationen zu bestimmten Aufnahmezeitpunkten dokumentiert, liefert eine ideale Grundlage für ein Langzeitmonitoring an den untersuchten Standorten.
- Aus der Kenntnis der Vorbelastungen über die Palette der verschiedenen Lebensgemeinschaften ergeben sich Prognosemöglichkeiten, d.h. Reaktionen verschieden empfindlicher Systeme auf neue Belastungssituationen einzuschätzen.
- Der biozönologisch-soziologische Klassifikationsansatz liefert über verschiedene Taxa hinweg Arten, die auf eine Stressor-Belastung empfindlich reagieren. Solche Arten haben einen hohen, systemspezifischen Indikatorwert und wären dadurch, bei spezieller Fragestellung, geeignete Organismen für Einzelarttests.
- Da durch die hohe Koinzidenz zwischen Standort und Artkombination bei Belastung Verschiebungen im Artgefüge zu erwarten sind, wären diese „empfindlichen Stellen" mögliche Ansatzpunkte für kausalanalytische Untersuchungen. Man müßte im Freiland sozusagen nicht lange nach Effekten suchen, wo keine zu finden sind, sondern hätte konkrete Hinweise auf das Vorhandensein von veränderten Ursache-Wirkungsketten.

Literatur

Beck, L. (1993): Zur Bedeutung der Bodentiere für den Stoffkreislauf in Wäldern. Biologie in unserer Zeit 23: 286-294

Blab, J. (1993): Grundlagen des Biotopschutzes für Tiere. 4. Aufl.. Schriftenreihe f. Landschaftspfl. u. Naturschutz. H. 24. Kilda Verlag, Greven

Braun-Blanquet, J. (1921): Prinzipien einer Systematik der Pflanzengesellschaften auf floristischer Grundlage. Jb. St. Gallischen Naturwiss. Ges. 57: 305-351

Braun-Blanquet, J. (1964): Pflanzensoziologie. Grundzüge der Vegetationskunde. 3. Aufl.. Springer, Berlin, Wien, New York

Brockmann-Jerosch, H., Rübel, E. (1912): Die Einteilung der Pflanzengesellschaften nach ökologisch-physiognomischen Gesichtspunkten. Leipzig

Dierschke, H. (1994): Pflanzensoziologie. Eugen Ulmer, Stuttgart

Drachenfels, O. (1994): Kartierschlüssel für Biotoptypen in Niedersachsen. Naturschutz u. Landschaftspfl. in Niedersachsen A4. Niedersächsisches Amt f. Ökologie, Hannover

Ellenberg, H. (1973): Versuch einer Klassifikation nach funktionalen Gesichtspunkten. In: Ellenberg, H. (ed.): Ökosystemforschung. Ergebnisse Symp. Deutsch. Bot. Ges. u. Ges. f. Angew. Bot. Innsbruck 1971, Springer, Berlin, Heidelberg, New York. 235-265

Ellenberg, H. (1996): Vegetation Mitteleuropas mit den Alpen. 5. Aufl.. Ulmer, Stuttgart

Fomin, A., Arndt, U. (1996): Aktuelle Ziele aut- und synökologischer Bioindikation. Verh. Ges. Ökologie 26: 9-15

Gassner, E., Winkelbrandt, A. (1997): UVP Umweltverträglichkeitsprüfung in der Praxis. 3. Aufl.. Rehm Verlagsgruppe, München

UVPG (1990): Gesetz über die Umweltverträglichkeitsprüfung (UVPG) vom 12. Feb.1990 (BGBI, S. 205), zuletzt geändert durch Gesetz vom 27. Dez. 1993 (BGBI, S. 2378)

Hänggi, A., Stöckli, E., Nentwig W. (1995): Lebensräume mitteleuropäischer Spinnen. Miscellanea Faunistica Helvetiae 4

Healy, B. (1980): Distribution of terrestrial Enchytraeidae in Ireland. Pedobiologia 20: 159-175

Kratochwil, A. (1987): Zoologische Untersuchungen auf pflanzensoziologischem Raster-Methoden, Probleme und Beispiele biozönologischer Forschung. Tuexenia 7: 13-51

Lennartz, F. (1999): Der biozönologische-soziologische Klassifikationsansatz und dessen Anwendung in der Naturschutzpraxis.-Dargestellt am Beispiel der Borstgrasrasen (Violion) der Eifel unter Berücksichtigung der Laufkäfer, Spinnen, Heuschrecken, Tagfalter und Schwebfliegen. Dissertation, RWTH Aachen (in Vorbereitung)

Martin, D. (1991): Zur Autökologie der Spinnen (Arachnida: Araneae) I. Charakteristik der Habitatausstattung und Präferenzverhalten epigäischer Spinnenarten. Arachnol. Mitt. 1: 5-26

Mause, R. (1997): Die Geranio-Triseteten der Eifel als Lebensraum für Spinnen und Schmetterlinge. Diplomarbeit, RWTH Aachen

Nienhuis, P.H., Leuven R.S.E.W. (1997): The role of the science of ecology in the sustainable development debate in Europe. Verh. Ges. Ökol. 27: 243-251

Peppler, C. (1992): Die Borstgrasrasen (Nardetalia) Westdeutschlands. Diss. Bot. 193: 1-404. Cramer, Berlin, Stuttgart

Poore, M.E.D. (1964): Integration in the plant community. J. Ecol. 52 Suppl.: 213-226

Prell, J. (1997): Ökologische Untersuchungen an Spinnen und Tagfaltern auf ausgewählten Borstgrasrasen des Hohen Westerwalds. Diplomarbeit, RWTH Aachen

Rabeler, W. (1960): Biozönotik auf Grundlage der Pflanzengesellschaften. Mitt. flor.-soziol. Arbeitsgemeinschaft N.F. 8: 311-332

Rabeler, W. (1965): Die Pflanzengesellschaften als Grundlage für die landbiozönotische Forschung. In: Tüxen, R. (ed.): Biosoziologie. Bericht über das Int. Symp. Stolzenau/Weser 1960. Junk, Den Haag

Riecken, U., Ries, U., Ssymank, A. (1994): Rote Liste der gefährdeten Biotoptypen der Bundesrepublik Deutschland. Schriftenr. Landschaftspfl. u. Natursch. 41

Roß-Nickoll, M. (1999): Biozönologische Gradientenanalyse von Wald-, Hecken- und Parkstandorten der Stadt Aachen. Verteilungsmuster von Phyto-, Carabido- und Araneozönosen. Dissertation, RWTH Aachen (in Vorbereitung)

Schmale, K. (1996): Differenzierung verschieden feuchter und unterschiedlich bewirtschafteter Borstgrasrasen im Hohen Westerwald anhand ausgewählter Arthropodengruppen. Diplomarbeit, RWTH Aachen

Sinnige, N., Tamis, W., Klijn, F. (1992): Indeling van Bodemfauna in ecologische Soortgroepen. Centrum voor Milieukunde, Rijksuniversiteit Leiden Report No. 80

Sjörs, H. (1948): Myrvegetation i Bergslagen. Acta Phytogeogr. Suec. 21. Dissertation, Uppsala

Standen, V. (1980): Factors affecting the distribution of Enchytraeidae (Oligochaeta) in associations at peat and mineral sites. Bull. Ecol. 11: 599-608

Strenzke, K. (1952): Untersuchungen über die Tiergemeinschaften des Bodens: Die Oribatiden und ihre Synusien in den Böden Norddeutschlands. Zoologica 37: 1-172

Toschki, A. (1998): Analyse der Vergesellschaftung von Pflanzen und Tieren auf montanen Goldhaferwiesen (Geranio-Trisetetum) der Nordeifel unter besonderer Berücksichtigung der Laufkäfer und Schwebfliegen. Diplomarbeit, RWTH Aachen

Turin, H., Alders, K., Den Boer, P.J., Van Essen, S., Heijerman T.H., Laane, W., Penterman E. (1991): Ecological characterization of carabid species (Coleoptera, Carabidae) in the Netherlands from thirty years of pitfall sampling. Tijdschrift voor Entomologie (Amsterdam) 134: 279-304

Wilmanns, O. (1987): Zur Verbindung von Pflanzensoziologie und Zoologie in der Biozönologie. Tuexenia 7: 3-12

22 Diversität der Mikroflora von Böden und Sedimenten als ökotoxikologischer Belastungsparameter

A. Hartmann, M. Schloter, C. Bergmüller, K. Mölter, L. Zelles und J.C. Munch

Abstract

The conservation and (re)establishment of functionally diverse microbial communities in soil and sediment habitats is a major prerequisite for regular nutrient turnover and the removal or inactivation of pollutants. For the assessment of microbial diversity parameters several molecular biomarker techniques and molecular genetic methods are avialable. A combination of different methods were applied in a hierarchial approach to obtain information about the microbial diversity at different levels of resolution. While the biomarker phospholipid fatty acids (PLFAs) allow an overview of the whole microflora and the dominating organismic groups, the r-RNA based approaches yield more detailed information on the prevalence of certain phylogenetic groups until the level of species. Finally, the detailed investigation of the population structure at the species level using immunotrapping and genetic fingerprinting techniques results in a microdiversity assessment of geno- or ecotypes of certain species. In the investigated highly polluted soils and sediments, the different microbial diversity parameters indicated significant shifts in the population structure and a highly reduced microdiversity. The general applicability of microbial diversity parameters as ecosystemic pollution indicators deserves further intensive investigation.

Zusammenfassung

Die Erhaltung und (Re)Etablierung eines vielfältigen Leistungspotentials der Boden- und Sedimentmikroflora ist eine wichtige Voraussetzung für die Gewährleistung ungestörter Nährstoffkreisläufe und den Abbau oder die Inaktivierung von Kontaminationen in Umwelthabitaten. Zur Erfassung der mikrobiellen Diversität stehen mehrere molekulare Biomarkermethoden und molekulargenetische Ansätze zur Verfügung. Zur Erschließung verschiedener Auflösungsebenen wurde eine Kombination verschiedener Methodiken in einem hierarchischem Versuchsansatz durchgeführt. Während die Verwendung des Biomarkers Phospholipidfettsäuren (PLFAs) einen Gesamtüberblick der Mikroflora und der dominierenden Großgruppen verschafft, kann der auf phylogenetische Einheiten basierende, die Analyse der ribosomalen RNA (rRNA) betreffende Ansatz bis auf Artenebene differenzieren. Schließlich erlaubt die Detailuntersuchung der Zusammensetzung ausgewählter Teilpopulationen mit Hilfe der Immunotrappingtechnik und genetischer Fingerprintverfahren die Erschließung einer Mikrodiversität von Geno- und Ökotypen bestimmter Arten. Bei den untersuchten hochbelasteten Böden und Sedimenten zeigte sich eine klar veränderte Populationsstruktur und eine stark eingeschränkte Mikrodiversität. Die generelle Eignung von mikrobiellen Diversitätparametern als ökosystemare Belastungsindikatoren und für die Bewertung einer Belastung sollte durch weitere Untersuchungen erprobt werden.

22.1 Einleitung

Die große Vielfalt mikrobieller Lebensgemeinschaften von Bakterien und Pilzen untereinander sowie mit Bodentieren und Pflanzen stellt die zentrale biologische Grundlage leistungsfähiger Böden und Sedimente dar. Sie ist die Basis für nachhaltige Bodenfruchtbarkeit und für die globale Homöostase der Stoffkreisläufe. In Vergesellschaftung mit der Bodenfauna sind Mikroorganismen wesentlich an den Transformations- und Mineralisationsprozessen der toten organischen Substanz beteiligt und führen die Elemente Kohlenstoff, Stickstoff, Phosphor, Schwefel sowie die mineralischen Bestandteile wieder in die anorganischen Formen zurück. Somit werden sie wieder als Nährstoffe für neues Leben von Pflanze, Tier und Mensch verfügbar. Bei den Umsetzungsreaktionen der organischen Substanz werden u.a. auch schwer metabolisierbare Verbindungen biologischer und anthropogener Herkunft abgebaut oder an hochmolekulare Bodenbestandteile, wie den Humuskörper, gebunden und damit größtenteils entgiftet. Es kann jedoch auch zu einer vorübergehenden Erhöhung der Toxizität durch Metabolisierung kommen. Ferner können lösliche und gasförmige Verbindungen entstehen, die u.U. die Umwelt sekundär belasten können. Eine hohe mikrobielle Diversität ist der Garant für eine gute Pufferung und Adaptabilität dieser Leistungen, um bei Belastungen eine Kontinuität der ökosystemaren Prozesse zu gewährleisten. Hohe mikrobielle Diversität sorgt auch dafür, daß pflanzen-, tier-, und humanpathogene Mikroorganismen im Gleichgewicht mit saprophytischen und symbiontischen Mikroorganismen gehalten werden. Die Erhaltung eines vielfältigen Leistungspotentials einer hochdiversen Mikroflora ist die Voraussetzung für eine nachhaltige Nutzung von biologischen und ökosystemaren Ressourcen in Umwelthabitaten. Für die Erfassung ökotoxischer Wirkungen von Umweltschadstoffen reicht deshalb eine Wirkungsforschung in standardisierten Labortestsystemen ohne Einbeziehung von ökosystemaren Parametern nicht aus (Schüürmann 1998). Eine ökosystemare Wirkungsforschung mit Erfassung und Bewertung der Diversität der Mikroflora in Umwelthabitaten ist deshalb von großer Bedeutung.

Die Erfassung der Diversität mikrobieller Populationen ist jedoch vor große Schwierigkeiten gestellt. Einerseits ist normalerweise die Diversität in ungestörten Umwelthabitaten extrem hoch. Allein für Bakterien ist ein Artenbestand von 10^4 pro Gramm Boden geschätzt worden (Torsvik et al. 1990). Ein weiteres großes Problem besteht darin, daß nur ein kleiner Teil (zwischen 0,1 und 10 %) der Mikroorganismen bisher bekannt ist, da eine Kultivierung und damit eine nähere Beschreibung nicht möglich war. Ein Teil – möglicherweise der weit überwiegende Teil – der Mikroflora von Böden und Sedimeten ist zu einem bestimmten Zeitpunkt bei den gegebenen Nährstoff- und Mikrohabitatbedingungen in einem inaktiven oder nur gering aktiven Zustand und die tatsächlichen Leistungen werden nur von einem kleinen Teil des mikrobiellen Genpools getragen (Bakken 1997). Durch den Einsatz von molekularen und genetischen Methoden wurde in den letzten Jahren der mikrobielle Genpool und die tatsächliche Diversität des Artenbesatzes mehr und mehr erfaßbar (Amann et al. 1995, Hartmann et al. 1997, van Elsas et al. 1997).

22.2 Phospholipidfettsäure-Analyse

22.2.1 Fettsäuren als chemotaxonomische Markermoleküle

Phospholipide sind ubiquitär in allen Lebewesen vorkommende Makromoleküle, die am Aufbau der Zellmembranen beteiligt sind. Sie bestehen aus einem polaren Molekülteil, zumeist Glycerin, und über Ester- oder Ätherbindungen gebundene Fettsäuren. Die Molekülstruktur der Fettsäuren kann sich in der Kettenlänge, Anzahl von Doppelbindungen, Hydroxyresten oder Cyclopropanringen unterscheiden. Diese Unterschiede im Vorkommen von Fettsäuren wird als chemotaxonomisches Merkmal in der Mikrobiologie verwendet (Lechevalier und Lechevalier 1988). Phospholipide kommen nur in lebenden Zellen vor, da sie beim Zelltod schnell von Phospholipasen hydrolysiert werden; sie stellen also ein Charakteristikum für die lebende Biomasse dar. Aus der Summe der Phospholipidfettsäuren kann die Quantität der Mikroflora bestimmt werden (Zelles et al. 1994).

22.2.2 Ermittlung und Aussagefähigkeit des PLFA-Musters

Nach Extraktion der Lipide aus Böden oder Sedimenten mit organischen Lösungsmitteln (Chloroform/Methanol 2:1) wird die Fraktion der polaren Lipide (Phospholipide) durch differentielle Elution einer SPE-Festphasenextraktions-Säule mit Methanol eluiert (Zelles und Bai 1993). Ester- und nicht estergebundene Fettsäuren werden durch unterschiedliche hydrolytische Verfahren gewonnen und anschließend verschiedenen Derivatisierungsschritten unterworfen, um die strukturellen Details der Fettsäuren zu charakterisieren. Schließlich werden die gewonnenen Fettsäurederivate über Gaschromatographie aufgetrennt und massenspektrometrisch analysiert (Zelles und Bai 1993). In dieser detaillierten Analyse wird die Information über ca. 300-400 Fettsäurespezies pro Bodenprobe gewonnen, wobei für die Auswertung spezifische Programme zur Verfügung stehen. Alternativ zu dieser sehr differenzierten Methode ist eine, nur relativ wenige Fettsäuren analysierende Methode nach Frostegard et al. (1993) gebräuchlich. Diese erlaubt jedoch weit weniger differenzierende Analysen. Das Vorliegen bestimmter Indikatorfettsäuren ermöglicht Aussagen über die Anwesenheit und Häufigkeit bestimmter Organismengruppen. Zum Beispiel sind verzweigte gesättigte Fettsäuren für Grampositive Bakterien und ß-Hydroxy-Fettsäuren der Lipopolysaccharide vor allem für Gram-negative Bakterien charakteristisch. Ferner wurde die 18:2ω6-Fettsäure als Indikatorfettsäure für Pilze vorgeschlagen (Frostegard und Baath 1996). Da jedoch auch andere Eukaryonten (z.B. Pflanzen) diese Fettsäure besitzen, kann

diese Indikatorfettsäure als Pilzbiomarker nicht in Böden mit frischem Eintrag von organischem Material verwendet werden. Statistische Methoden, wie die Hauptkomponenten- oder Clusteranalyse (Mölter et al. 1996) sowie die Hassediagrammtechnik (Brüggemann et al. 1995) bieten Möglichkeiten, den komplexen Informationsgehalt der Fettsäuremuster zu verarbeiten und vergleichbar zu machen.
Wertet man die PLFA-Muster mit der Clusteranalyse aus, so erhält man Ähnlichkeitskoeffizienten, die bei Anwendung der Cosinus-Clusterung bei völliger Übereinstimmung den Wert 1,0 ergeben. Bei parallelen PLFA-Analysen aus identischen Bodenproben wurden Ähnlichkeitskoeffizienten zwischen 0,9800 und 0,9980 erhalten; dies belegt eine sehr gute Reproduzierbarkeit der Methodik. Eine Erhöhung oder Erniedrigung des pH-Wertes eines Versuchsbodens um je eine Einheit verursachte nach 3-monatiger Inkubation bei 22°C keine signifikanten Änderungen des Fettsäureprofils. Eine Erhöhung des Wassergehalts von 60 % auf 80 % mWHK – und damit eine Erniedrigung des effektiven Sauerstoffgehalts in Bodenmikrohabitaten – bewirkte dagegen eine deutliche Veränderung des PLFA-Musters (0,8790 bis 0,8970) (Mölter et al. 1996). Die Indikatorfettsäure cy17:0 für anaerobe Bakterien nimmt bei zunehmendem Wassergehalt prozentual zum Gesamtfettsäuregehalt zu und die 18:1,11-Fettsäure, charakteristisch für aerobe Bakterien, dagegen ab (Abb. 22-1).

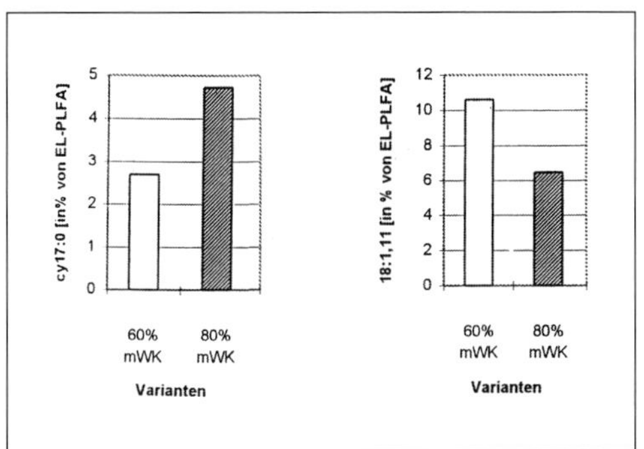

Abb. 22-1: Anteil der Indikatorfettsäuren cyl7:0 und 18:1,11 der EL-PLFAs (ester linked PFLAs). Die PFLAs wurden nach 3monatiger Inkubation des Bodens bei 22°C und 60 % oder 80 % der maximalen Wasserhaltekapazität bestimmt.

22.2.3 Kultivierungs- und belastungsbedingte PLFA-Veränderungen

Böden mit langjähriger unterschiedlichen Bewirtschaftung weisen ein signifikant unterschiedliches PLFA-Muster auf (Zelles et al. 1992). Nach dem Eintrag von organischer Substanz kommt es in einer zeitlichen Dynamik zu klaren Veränderung in der Clusterung der PLFA-Muster; dies spiegelt mikrobielle Sukzessionen beim Abbau organischer Substanz wider (von Lützow, unveröffentlicht).
Eine Erfassung von Populationsveränderungen anhand von PLFA-Mustern und Vorkommen von Indikatorfettsäuren wurden u.a. bei Kupferbelasteten Böden durchgeführt (Mölter et al. 1996). Es zeigten sich sowohl signifikante Verschiebungen durch experimentelle Kupferbelastung im Labor als auch bei der vergleichenden Analyse von Kupfer-kontaminierten Böden (z.B. Hopfengartenböden). Aus der Zunahme des mbr/ibr-Verhältnisses (mid chain branched/initial chain branched) der gesättigten Fettsäuren läßt sich eine Veränderung innerhalb der Gram-positiven Bakterien ableiten, für welche verzweigtkettig/gesättigte Fettsäuren typisch sind. Die Zunahme der ß-LPSOH-Fraktion (LPSOH = Hydroxylgruppen von Lipopolysaccharid) relativ zu den iso15:0-Fettsäuren bei Kupferbelastung weist auf einen größeren Anteil Gram-negativer Bakterien hin. Aussagen über spezifische Auswirkungen dieser Populationsveränderungen auf die Funktionen dieser Böden sind noch nicht möglich; jedoch konnte gezeigt werden, daß unterschiedlich vorbelastete Böden auf weitere Kupferbelastungen unterschiedlich reagieren (Mölter et al. 1996).
Nach Applikation von einfacher und zehnfacher praxisüblicher Dosierung des Terbuthylazin-haltigen Herbizids GARDOPRIM® zu Versuchsböden wurden nach unterschiedlichen Inkubationszeiten detaillierte PLFA-Analysen durchgeführt. Nach Hauptkomponentenanalyse aller Daten ergab sich eine deutliche Untergliederung nach Inkubationszeiten (0, 2 oder 14 Tage), aber nicht nach Dosierungsvarianten. Bezüglich der Indikatorfettsäuren ω-Hydroxy-Fettsäuren und 18:1 MUFA (monounsaturated fatty acids) ergaben sich am zweiten Tag nach Applikation deutliche dosisabhängige Verände-

rungen, die jedoch nach 14 Tagen nicht mehr nachweisbar waren. Auch das mbr/ibr-Verhältnis zeigte am zweiten Tag eine signifikante Veränderung, die jedoch nicht anhaltend war (Mölter und Hartmann 1997).

22.3 Molekular-phylogenetischer Ansatz

22.3.1 Ribosomale Ribonukleinsäuren als phylogenetische Markermoleküle

Die ribosomalen Ribonukleinsäuren (rRNAs) enthalten in ihrer Nukleotidsequenz ein zeitliches Chronometer, welches die evolutionären Zusammenhänge der Organismen widergibt. Die bereits von einer Vielzahl von kultivierten und nicht kultivierten Bakterien und Pilzen bekannten rRNA-Sequenzen (zur Zeit ca. 12000 16S rRNA-Sequenzen von Bakterien) stellen einen äußerst wertvollen Fundus für die Unterscheidung der Organismen auf Art-, Gattungs-, Gruppen- oder noch höherer taxonomischer Ebene dar. Die Information über die 18S rRNA von Pilzen ist nicht so dicht, doch sie wird ebenfalls ständig erweitert. Es wurden phylogenetische Oligonukleotidsonden oder sogenannte Primer entwickelt, die spezifische, taxonomisch diskrete Teilpopulationen zu markieren (Amann et al. 1995) oder über die Polymerasekettenreaktion spezifisch zu amplifizieren gestatten (van Elsas und Wolters 1995). Über die Sequenzanalyse von 16S rDNA-Klonbanken, welche über Polymerasekettenreaktion aus hochreiner Boden-DNA erhalten worden waren, gelang die Charakterisierung einer neuen Entwicklungslinie von bisher größtenteils nicht kultivierten Bakterien (Ludwig et al. 1997). Sequenzen des

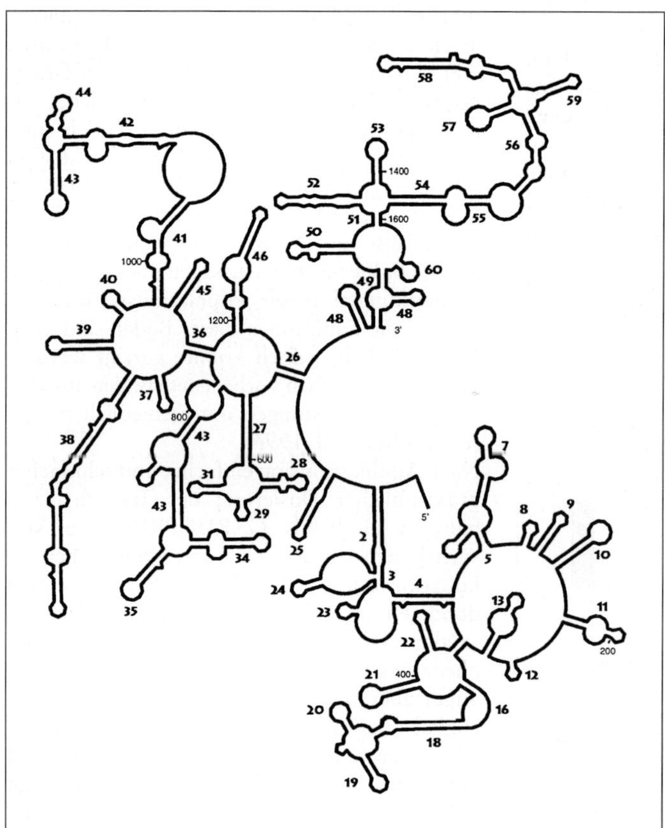

Abb. 22-2: Sekundärstrukturmodell der 23S rRNA von Bakterien. Der Sequenzbereich 54–59 (oben, rechts) gibt die Domäne III wider.

neuen *Holophaga-Acidobacterium*-Phylums stellten über 50 % der DNA-Sequenzen der Klonbanken. Die im Vergleich zur 16S rRNA größere 23S-rRNA hat einen höheren Informationsgehalt und eignet sich besser zur Unterscheidung von engverwandten Bakterien. Die Domäne III der 23S rDNA weist charakteristische Deletionen und größere Sequenzvariationen in den unterschiedlichen phylogenetischen Gruppen auf (Ludwig und Schleifer 1994; Abb. 22-2). Eine spezifische PCR- (Polymerasekettenreaktion-) Amplifikation mit nachfolgender elektrophoretischer Auftrennung der Amplifikate der Sequenzdomäne III der 23S rDNA eignet sich daher für eine relativ einfache Aufnahme von bakteriellen Populationszusammensetzungen.

22.3.2 Diversitätsanalyse durch PCR-Amplifikation der 16S rDNA und denaturierende Gradientengel-Elektrophorese (DGGE)

Ausgehend von aus Böden und Sedimenten extrahierter und gereinigter DNA kann die 16S und 23S rDNA von Bakterien mit spezifischen, in der Sequenz konservierten Primern mit Hilfe der PCR amplifiziert (van Elsas und Wolters 1995) und damit einer Analyse zugänglich gemacht werden. Alternativ wird die Bakterienfraktion aus Boden- und Sedimentproben gewonnen und deren DNA mit PCR amplifiziert. Amplifikate unterschiedlicher Sequenzen können mit Hilfe einer speziellen Elektrophoresetechnik, der denaturierenden Gradientengelelektrophoese (DGGE) aufgetrennt werden (Heuer und Smalla 1997). Dabei wird ein Bandenmuster der dominierenden Populationen (größer als 0,1 % bis 1 % der Gesamtpopulation) – in der Regel zwischen 30 und 40 Banden – erhalten. Die erhaltenen Banden können über Vergleichsläufe mit denen von bekannten Organismen verglichen und/oder durch Sequenzierung zugeordnet werden.
Bei den bisher nur relativ wenigen Analysen dieser Art zeigten sich deutliche Unterschiede zwischen Populationen der Rhizosphäre verschiedener Pflanzen. Auch Schwermetallkontaminationen von Böden bewirken eine deutliche Verschiebung des Bandenmusters (Bergmüller, unveröffentlicht).

22.4 Mikrodiversitätsansatz

22.4.1 Immunoanreicherung und genetische Fingerprint-Analytik zur Ermittlung der Mikrodiversität

Der Genpool an Mikroorganismen in Boden- und Sedimenthabitaten ist normalerweise sehr hoch, so daß es unmöglich ist, die gesamte Diversität im Detail zu erfassen. Innerhalb einer kleinen phylogenetischen Einheit, etwa einer Bakterienart oder -gattung, ist jedoch eine Detailanalyse möglich, die bis auf das Niveau einzelner Stämme, Öko- oder Genotypen auflöst. Das Vorkommen bestimmter Genotypen bzw. Veränderungen der Diversität innerhalb einer Spezies enthält Aussagen über die Habitatbedingungen und über selektiv wirkende hemmende (toxische) oder stimulierende in situ-Effekte.
Eine Möglichkeit, ohne langfristige, durch Wachstumsbedingungen eingeschränkte Isolierungsverfahren Zugriff zu einer Teilpopulation der Mikroflora zu bekommen bieten spezifische Antikörper, welche zum Beispiel gegen Bakterien einer bestimmten Art gerichtet sind. Die Antikörper (poly- oder monoklonal) werden gegen UV-inaktivierte Reinkulturen hergestellt und müssen vor dem Einsatz auf Kreuzreaktivität gegen andere Bakterien, Affinität, sowie Art und Stabilität des Antigens getestet werden, bevor sie in verläßlicher Weise für die Immunoadsorptionstechnik eingesetzt werden können. Protein-A-beschichtete Mikrotiterplatten werden mit dem spezifischen Antikörper versetzt. Die gesuchten Bakterien werden aus der Bodenbakterienfraktion „herausgefischt", während der Großteil der Bodenbakterien weggewaschen wird (Schloter et al., in Vorbereitung). Bakterien der Gattung *Ochrobactrum*, welche zahlreich (ca. 0,01 bis 0,1 % der Gesamtpopulation) in Sedimenten und Böden vorkommen, konnten mit dieser Methodik effizient angereichert und nach Ablösung von den Mikrotiterplatten auf Nähragarplatten einfach und in großer Zahl als Reinkulturen isoliert werden. *Ochrobactrum* sp. sind aerobe Bodenbakterien, die u.a. in der Lage sind, Xenobiotika, wie 2,4-Dichlorphenoxyessigsäure (2,4-D) und den s-Triazinring (Cyanursäure) des Atrazins abzubauen sowie zu denitrifizieren.

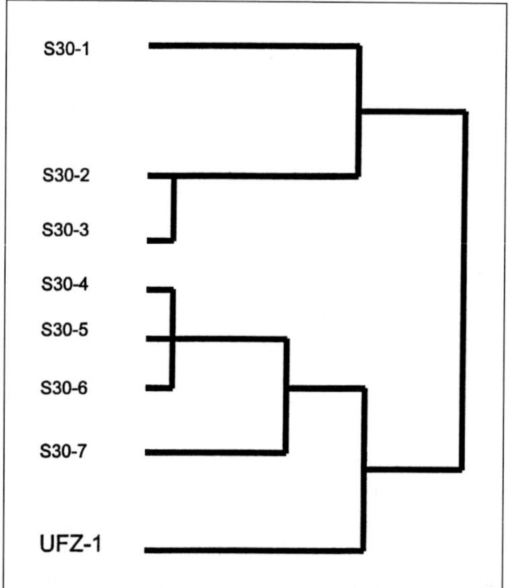

Abb. 22-3: Clusteranalyse einer genetischen Fingerprintanalytik (ERIC-PCR) von *Ochrobactrum* sp. Genotypen aus einem unbelasteten Brachlandboden (S30-1 bis S30-7) und aus einem stark kontaminierten Altlastboden (UFZ-1).

Die Kollektion der Isolate aus der Immunoanreicherung (in der Regel ca. 50 pro Umweltprobe) wird mit Hilfe des molekulargenetischen PCR-Fingerprintverfahrens typisiert. Dabei wird mit Oligonukleotid-Primern, welche an wiederholt im Bakteriengenom vorkommenden Gensequenzen binden, ein reproduzierbares, bis zu Individuen spezifisches Bandenmuster erhalten (Rademaker und de Bruijn 1996). Die Bandenmuster können mit einer Clusteranalyse untereinander verglichen und hinsichtlich der Mikrodiversität ausgewertet werden. Abbildung 22-3 zeigt eine Clusteranalyse mit 7 *Ochrobactrum*-Genotypen (S30-1 bis S30-7) aus einem nicht kontaminierten Brachlandboden (Schloter et al. 1996). Die Tiefe der Abzweigungen gibt den Grad der Unterschiede in den Bandenmustern (Zahl nicht identischer Banden) wider. Neben dem genetischen Fingerprint können auch phänotypische Charakterisierungen, wie Enzymtests oder Proteinmuster zur weiteren Charakterisierung der funktionellen Diversität der Isolate durchgeführt werden.

22.4.2 Kultivierungs- und belastungsbedingte Veränderungen der Mikrodiversität

Mit Hilfe der Immunoadsorptionstechnik wurden in unbelasteten Boden- und Sedimenthabitaten 7-8 Genotypen von *Ochrobactrum* sp. gefunden (Schloter et al. 1996, 1997). Die in einem Boden dominant vorkommenden Genotypen können im Verlauf eines Jahres von demselben Standort immer wieder in etwa gleicher Häufigkeitszusammensetzung isoliert werden (Schloter et al. 1998). Aus einem benachbarten, vergleichbaren Ackerboden eines Maisfelds konnten mit demselben monoklonalen Antikörper unterschiedliche, aber nah verwandte Genotypen isoliert und charakterisiert werden. Vermutlich stimulieren bestimmte Nährstoff- und Habitatbedingungen das Wachstum bestimmter Genotypen aus dem großen mikrobiellen Genpool, während andere zurücktreten. Die Diversität der aktiven, eher dominierenden Populationen ist, in dieser Feinauflösung der Mikrodiversität betrachtet, offensichtlich sehr dynamisch.
Eine deutlichere Veränderung und sogar Reduktion der Genotypen wurde bei starker Chemikalienbelastung gefunden. In einem stark mit 2,4-D belasteten Sediment (Spitel in der Nähe von Bitterfeld) wurden nur zwei Genotypen gefunden, welche beide in der Lage waren, 2,4-D abzubauen. Ähnliches wurde in einem Altlastboden (Genotyp UFZ-1) gefunden (Abb. 22-3). In einem Ackerboden, welcher mit dem Herbizid Terbuthylazin behandelt worden war, wurde keine wesentliche Reduzierung der Genotypen gefunden. Offensichtlich war die eingesetzte Menge von Terbuthylazin zu gering, um selektiv stimulierende Effekt zu erzeugen. Für die ökotoxikologische Bewertung eines kontaminierten oder sanierten Bodens ist dessen Besiedelbarkeit mit einer diversen Mikrobenpopulation ein wichtiges Kriterium, welches mit diesem methodischen Ansatz getestet werden kann.

22.5 Abschließende Diskussion und Ausblick

Mit Hilfe von molekularen Biomarkeransätzen kann die Diversität der Mikroflora von Böden und Sedimenten kultivierungsunabhängig in unterschiedlich hoher Auflösung erfaßt werden. Wesentlich für die Verwendung der mikrobiellen Diversität als ökotoxikologischer Belastungsparameter ist die Bewertbarkeit einer Diversitätsveränderung. Es zeigte sich, daß die Populationen der Bodenmikroflora auf sich ändernde Bedingungen in Böden reagieren und daß dabei der große Genpool der relativ inaktiven Mikroflora eine wichtige Rolle spielt. Erst eine wesentliche Reduktion sowohl der Diversität des aktiven Populationsanteils als auch des ruhenden Genreservoirs der Mikroflora hat für die ökotoxikologische Bewertung ein entscheidendes Gewicht. Dazu müssen noch weitere Erfahrungen gesammelt und entsprechende Testansätze zur Erfassung der Toxizität von Bodenhabitaten für eine diverse Mikroflora entwickelt werden. Wichtig für die Bewertung ist ebenfalls, inwieweit die funktionelle Diversität durch Reduktion der Populationsvielfalt eingeschränkt wird. Zur Aufklärung dieses Zusammenhangs sind weitere experimentelle Ansätze nötig, die konventionelle und neue molekulargenetische Methodiken umfassen sollten.

Literatur

Amann, R., Ludwig, W., Schleifer, K.-H. (1995): Phylogenetic identification and in situ detection of individual microbial cells without cultivation. Microbiol. Rev. 59: 143-169

Bakken, L.R. (1997): Culturable and nonculturable bacteria in soil. In: Van Elsas, J.D., Trevors, J.T., Wellington, E.M.H. (eds.): Modern soil microbiology. Marcel Dekker, New York. 47-61

Brüggemann, R., Zelles, L., Bai, Q.Y., Hartmann, A. (1995): Use of Hasse diagram technique for evaluation of phospholipid fatty acid distribution as biomarkers in selected soils. Chemosphere 30: 1209-1228

Frostegard,A., Baath, E. (1996): The use of phospholipid-ester-linked fatty acid analysis to estimate bacterial and fungal biomass in soil. Biol. Fertil. Soils 22: 59-65

Frostegard, A., Baath, E., Tunlid, A. (1993): Shifts in the structure of soil microbial communities in limed forests as revealed by phospholipid fatty acid analysis. Soil Biol. Biochem. 25: 723-730

Hartmann, A., Aßmus, B., Kirchhof, G., Schloter, M. (1997): Direct approaches for studying soil microbes. In: Van Elsas, J.D., Trevors, J.T., Wellington, E.M.H. (eds.): Modern soil microbiology. Marcel Dekker, New York. 279-309

Heuer, H., Smalla, K. (1997): Application of denaturing gradient gel electrophoresis and temperature gradient gel electrophoresis for studying soil microbial communities. In: Van Elsas, J.D., Trevors, J.T., Wellington, E.M.H. (eds.): Modern soil microbiology. Marcel Dekker, New York. 353-373

Lechevalier, H., Lechevalier, M.P. (1988): Chemotaxonomic use of lipids – an overview. In: Ratledge, C., Wilkinson, S.G. (eds.): Microbial lipids. Academic Press, London. 892-902

Ludwig, W., Schleifer, K.-H. (1994) Bacterial phylogeny based on 16S and 23S rRNA sequence analysis. FEMS Microbiol. Rev. 15: 155-173

Ludwig, W., Bauer, S.H., Bauer, M., Held, I., Kirchhof, G., Schulze, R., Huber, I., Spring, S., Hartmann, A., Schleifer, K.-H. (1997): Detection and in situ identification of representatives of a widely distributed new bacterial phylum. FEMS Microbiol. Lett. 153: 181-190

Mölter, K., Hartmann, A. (1997): Phospholipid-Fettsäuremuster der Bodenmikroflora als Belastungsindikator. In: Dörfler, U., Schulte-Hostede, S. (eds.): Standortgerechte Bewertung chemischer Bodenbelastungen. GSF-Bericht 23/97, GSF-Forschungszentrum, Neuherberg. 71-75

Mölter, K., Laczko, E., Zelles, L., Hartmann, A. (1996): Die Beschreibung der mikrobiellen Struktur in Böden mittels Phospholipidfettsäuremustern – Methodik, Anwendungsbeispiele und Limitationen. Mitteil. Dtsch. Bodenkundl. Gesell. 81: 61-64

Paloyärvi, A., Sharma, S., Rangger, A., von Lützow, M., Insam, H. (1997): Comparison of Biolog and phospholipid fatty acid patterns to detect changes in microbial communities. In: Insam, H., Rangger, A. (eds.): Microbial communities – functional versus structural approaches. Springer Verlag, Berlin. 37-48

Rademaker, J.L.W., de Bruijn, F.J. (1996): Characterization and classification of microbes by REP-PCR genomic fingerprinting and computer assisted pattern analysis. In: Caetano-Anoles, G., Gresshoff, P.M. (eds.): DNA markers: protocols, applications and overview. J. Wiley & Sons, New York. 1-25

Schloter, M., Melzl, H., Alber, T., Hartmann, A. (1996): Diversität von *Ochrobactrum anthropi* Populationen in landwirtschaftlich genutzten Böden. Mitteil. Dtsch. Bodenkundl. Gesell. 81: 57-60

Schloter, M., Hartmann, A., Munch, J.C. (1997): Intraspezies-Diversität von Indikatorbakterien als Kriterium für die Belastung von Böden. In: Dörfler, U., Schulte-Hostede, S. (eds.): Standortgerechte Bewertung chemischer Bodenbelastungen. GSF-Bericht 23/97, GSF-Forschungszentrum, Neuherberg. 65-70

Schloter, M., Zelles, L., Hartmann, A., Munch, J.C. (1998): New quality of assessment of microbial diversity in arable soils using molecular and biochemical methods. Z. Pflanzenernähr. Bodenk. 161: 425-431

Schüürmann, G., (1998): Ecotoxic modes of action of chemical substances . In: Schüürmann, G., Markert, B. (eds.): Ecotoxicology. John Wiley and Spectrum Akademischer Verlag, New York, 665-690

Torsvik, V., Goksoyr, J., Daae, F.L. (1990): High diversity in DNA of soil bacteria. Appl. Environ. Microbiol. 56: 782-787

Van Elsas, J.D., Wolters, A. (1995): Polymerase chain reaction (PCR) analysis of soil microbial DNA, chapter 2.7.2. In: Akkermans, A.D.L., van Elsas, J.D., de Bruijn, F.J. (eds.): Molecular microbial ecology manual. Kluwer Academic Publishers, Dordrecht. 1-34

Van Elsas, J.D., Trevors, J.T., Wellington, E.M.H. (1997): Modern soil microbiology, Marcel Dekker, New York

Zelles, L., Bai, Q.Y. (1993): Fractionation of fatty acids derived from soil lipids by solid phase extraction and their quantitative analysis by GC-MS. Soil Biol. Biochem. 25: 495-507

Zelles, L., Bai, Q.Y., Beck, T., Beese, F. (1992): Signature fatty acids in phospholipids and lipopolysaccharides as indicators of microbial biomass and community structure in agricultural soils. Soil Biol. Biochem. 24: 317-323

Zelles, L., Bai, Q.Y., Ma, R.X., Rackwitz, R., Winter, K., Beese, F. (1994): Microbial biomass, metabolic activity and nutritional status determined from fatty acid patterns and polyhydroxybutyrate in agriculturally managed soils. Soil Biol. Biochem. 26: 439-446

23 Terrestrisches Biomonitoring in der Euroregion Neisse – Grenzen und Möglichkeiten

O. Wappelhorst, S. Winter, M. Heim, S. Korhammer und B. Markert

Abstract

Due to emissions from brown coal power stations, until the end of the 1980s the Euroregion Neisse (ERN) was among the most contaminated regions of Europe. In order to check the current situation, samples of the four plant biomonitors (mosses: *Polytrichum formosum* and *Pleurozium schreberi*, pine (*Pinus sylvestris)* and spruce (*Picea abies*) needles) were taken in 1995 and 1996 at 54 points in the ERN and then analysed using the ICP-MS and ICP-OES. In comparison with other regions of Germany, the current level of contamination can be characterized as low to medium. When element contents in regional biomonitors are analyzed, the levels are found to be quite evenly distributed.
The elements Ce, Cr, Fe, La, Li, Nb, Nd, Ni, Pr, Th, U, V, Y and Zr in the mosses *Pleurozium schreberi* and *Polytrichum formosum* exhibit a highly significant correlation, which could indicate a common source of responsible emission. However, in only a few cases a significant intraspecific correlation can be seen between the element contents in the biomonitors tested. This can be attributed not only to the differing morphology of the biomonitors but also to the relatively low level (slightly above background levels) of contamination in the Euroregion Neisse area. Element content resulting from deposition is influenced greatly by various location factors such as precipitation and vegetation. When we compare the two mosses studied in this research, we find that *Polytrichum formosum* shows a greater location-related difference in element content than *Pleurozium schreberi.*
The levels of the elements Cd, Co, Cu, K, Mg, Mo, Ni, Rb and Zn in needles of *Pinus sylvestris* and *Picea abies* decrease with increasing needle-age by being washed out or washed off, or by being transported within the organism from older needles to younger ones.

Zusammenfassung

Die Euroregion Neiße (ERN) zählte insbesondere aufgrund der Emissionen der Braunkohlekraftwerke noch bis Ende der 80er Jahre zu den am stärksten belasteten Gebieten Europas. Zur Überprüfung der aktuellen Situation wurden 1995 und 1996 an 54 Probenahmepunkten in der ERN 4 pflanzliche Biomonitore (*Pleurozium schreberi, Polytrichum formosum*, Nadeln von *Picea abies* und *Pinus sylvestris*) gesammelt und auf ihre Elementgehalte mit der ICP-MS und der ICP-OES hin untersucht. Im Vergleich mit anderen Regionen in Deutschland kann die derzeitige Belastung als gering bis mäßig charakterisiert werden.
Die innerspezifische Korrelation der Elemente Ce, Cr, Fe, La, Li, Nb, Nd, Ni, Pr, Th, U, V, Y und Zr ist sowohl in *Pleurozium schreberi* als auch in *Polytrichum formosum* hoch signifikant. Dies deutet auf eine gemeinsame Quelle der verantwortlichen Depositionen hin. Intraspezifische Korrelationen konnten dagegen nur ausnahmsweise gefunden werden. Dies ist vor allem auf die gleichmäßige, nur gering über den Hintergrundwerten liegende Belastung zurückzuführen. Die morphologischen Eigenheiten der untersuchten Biomonitore führen darüber hinaus zu unterschiedlichen Expositionscharakteristika. Natürliche Standortfaktoren wie Niederschlag und Vegetationstyp beeinflussen die Elementaufnahme ebenfalls, wodurch insbesondere bei geringer Belastung der Einfluß anthropogener Immissionen überlagert wird.
Bei *Pinus sylvestris* und *Picea abies* nehmen die Gehalte der Elemente Cd, Co, Cu, K, Mg, Mo, Ni, Rb und Zn mit zunehmenden Nadelalter ab. Dafür können Aus- bzw. Abwaschung oder Umlagerung aus den älteren in jüngere Nadeljahrgänge verantwortlich gemacht werden.

23.1 Einleitung

Die Verwendung von epiphytischen Pflanzen als passive Biomonitore ist eine etablierte Methode zur Ermittlung von atmosphärischen Depositionen. Seit Ende der 60er Jahre nutzen Rühling und Tyler Moose als Biomonitore für die Erfassung der Schwermetallbelastung in Schweden (Rühling und Tyler 1968). Seitdem wurden zahlreiche Arbeiten mit Moosen durchgeführt und die Methode systematisch weiterentwickelt (Ellison et al. 1976, Callagan et al. 1978, Loetschert und Wandter 1982, Steinnes 1984, Ross 1990, Markert und Weckert 1993, Grodzinska et al. 1993, Markert 1994, Herpin 1997). Neben Moosen werden auch höhere Pflanzen als Biomonitore verwendet. Die Nadeln der Fichte (*Picea abies*) und der Kiefer (*Pinus sylvestris*) werden von der Umweltprobenbank des Bundes zur laufenden Überwachung und zur retrospektiven Bestimmung von Schadstoffen genutzt (Klein et al. 1994). Auch andere Arbeitsgruppen (Schüürmann et al. 1994, Wagner et al. 1993) setzten Koniferennadeln zur Erfassung von atmosphärischen Depositionen ein.
Die umstrittenen Definitionen der Begriffe Bioindikator und Biomonitor sind in anderen Ar-

beiten diskutiert worden (Arndt et al. 1996, Markert 1994, Schubert 1985, Wittig 1993) und es soll an dieser Stelle nicht näher darauf eingegangen werden.
Zur Abschätzung des Schadstoffeintrags in ein Ökosystem werden im allgemeinen teure und empfindliche Geräte der instrumentellen Meßtechnik installiert. Der Vorteil des passiven Biomonitorings liegt im geringen apparativen Aufwand bei der Probenahme. Dieses ermöglicht das Erfassen von Depositionen über große Regionen mit einem engmaschigen Netz an Meßpunkten um ein detailliertes geographisches Depositionsmuster zu erhalten.
Neben der Deposition beeinflussen noch weitere Faktoren den Elementgehalt der Biomonitore. Dies ist in Abbildung 23-1 beispielhaft für Moose dargestellt. Beim passiven Biomonitoring kann der Einfluß dieser Faktoren durch eine standardisierte Probenahme reduziert, aber nicht vollständig eliminiert werden. Die Differenzen der Elementgehalte zwischen einzelnen Pflanzen eines Standortes liegen aufgrund mikroklimatischer, -edaphischer und genetischer Varianz sowie durch Unterschiede im Entwicklungszustand deutlich höher als 25 % (Djingova und Kuleff 1994, Markert 1993). Durch die Entnahme einer ausreichend großen Menge wird dieser Probenahmefehler auf 5 – 15 % reduziert. Zwischen unterschiedlichen Probenahmestandorten können die Unterschiede der Faktoren erheblich größer sein und ziehen einen größeren Fehler nach sich. Die so bedingten Elementschwankungen sind bei der Auswertung insbesondere in schwach belasteten Gebieten zu berücksichtigen.
Aufgrund von Unterschieden hinsichtlich der topografischen, klimatischen und geologischen Bedingungen ist es schwierig einen Biomonitor zu finden, der im gesamten Untersuchungsraum ausreichend verbreitet ist. Eine Lösung dieser Problematik kann die Verwendung mehrerer Arten darstellen. Dabei ist deren unterschiedliche Akkumulationsleistung zu beachten.
Ziel des Biomonitorings in der Euroregion Neiße ist es, die derzeitige Belastungssituation zu ermitteln. Besondere Beachtung sollten dabei Elemente erfahren, die in bisherigen Biomonitoring-

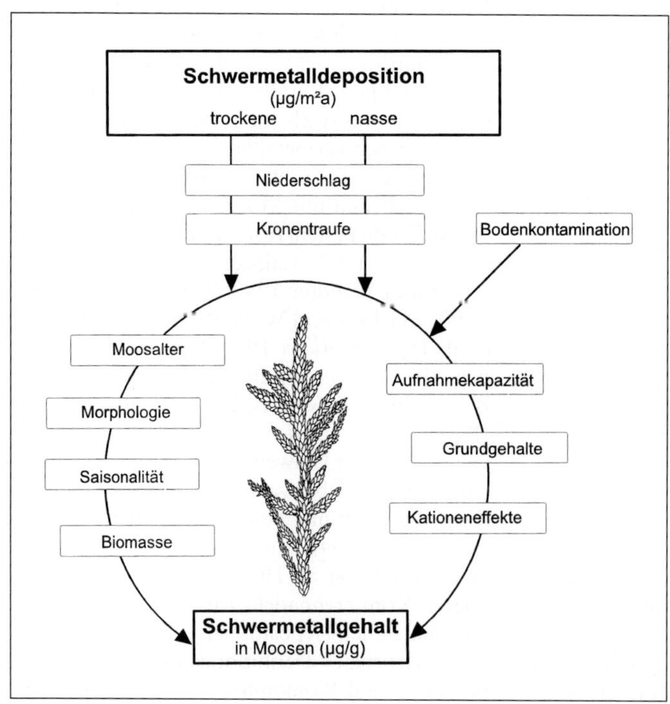

Abb. 23-1: Faktoren, die die Elementgehalte in einem Moos beeinflussen (verändert nach Herpin 1997)

untersuchungen kaum berücksichtigt wurden und über deren Verteilung und Konzentration in der Umwelt nur wenige Daten vorliegen. Des weiteren sollen durch die Verwendung von mehreren Biomonitoren und deren Vergleich untereinander die Grenzen eines passiven Elementbiomonitorings ermittelt werden.

Die Euroregion Neiße (ERN) umfaßt das Territorium am Dreiländereck der Bundesrepublik Deutschland, der Tschechischen Republik und der Republik Polen (Abb. 23-2). Die gesamte Region mit einer Fläche von ca. 11300 km^2 hat eine Bevölkerung von ca. 1,6 Millionen Menschen. Sie ist Teil des sogenannten schwarzen Dreiecks, einem Gebiet, welches bis Anfang der 90er Jahre durch hohe Umweltbelastung gekennzeichnet war. Durch den politischen und wirtschaftlichen Wandel sind drastische Veränderungen hinsichtlich der Quantität und Qualität der Emission von Schadstoffen aufgetreten.

Zu den derzeit größten Emittenten gehören mehrere Braunkohlekraftwerke, die in der Euroregion selbst wie in benachbarten Regionen lokalisiert sind. Während auf deutscher Seite die Kraftwerke wegen fehlender oder veralteter Rauchgasreinigungsanlagen stillgelegt wurden (Hagenwerder 1997, Hirschfelde 1990, Blöcke 1 und 2 des Kraftwerkes Boxberg 1996/97, Schwarze Pumpe 1990) oder mit neuesten Abgasreinigungstechniken aufgerüstet wurden (Block 3 Boxberg 1995, Schwarze Pumpe 1998), werden im Kraftwerk Turóv in Polen unmittelbar an der deutschen Grenze die einzelnen Blökke erst in den nächsten Jahren mit moderner Umwelttechnologie versehen.

Auf tschechischer Seite sind westlich der Euroregion Neiße im Nordböhmischen Becken zahlreiche Braunkohlekraftwerke in Betrieb, von denen nur ein Teil modernen Umweltstandards entspricht. Im Raum Liberec und Česká Lípa ist metallverarbeitende Industrie angesiedelt, die

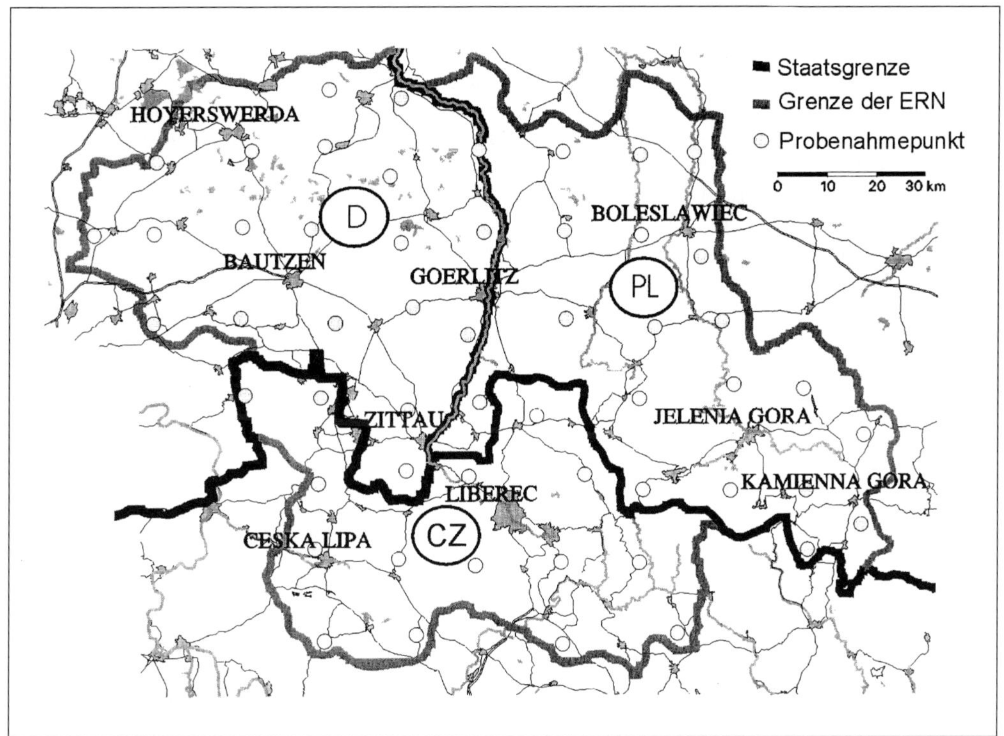

Abb. 23-2: Die Euroregion Neiße im Dreiländereck Deutschland, Polen und Tschechien

eine mögliche Quelle von Metallimmissionen darstellt. Um die Belastungssituation in der ERN einordnen zu können, wurde als hoch belastetes Vergleichsgebiet der Raum Katowice ausgewählt. Katowice liegt im Oberschlesischen Industrierevier in der Republik Polen. Diese Region ist durch einen hohen Industrialisierungsgrad mit Schwerindustrie (Kohlegruben, Kokereien, Stahl- und Buntmetallhütten) geprägt. Durch die Produktionsmethoden und geringen Umweltschutzstandards der zahlreichen Altanlagen gehört diese Region zu den besonders belasteten Gebieten Europas (Grodzinska et al. 1994, Herpin 1997).

23.2 Material und Methoden

Für die Ermittlung der Schwermetalldeposition in terrestrischen Ökosystemen sind Moose (Bryophyten) gut geeignete Indikatoren. Als niedere Pflanzen ohne echte Wurzeln sind sie auf die Aufnahme von Wasser und Nährstoffen aus den atmosphärischen Depositionen über die Oberfläche angewiesen. Diese Art der Resorption wird bei den Moosen durch das große Verhältnis der Oberfläche zum Volumen und der Fähigkeit, große Mengen Wasser kapillar zwischen den Blättchen und dem Stämmchen zu speichern, begünstigt. Ionen, die als feuchte oder trockene Deposition auf der Moosoberfläche abgelagert werden, gelangen auf diese Weise in die Pflanze. Die Moose akkumulieren die aufgenommenen Elemente aufgrund der hohen Kationenaustauschkapazität ihrer Zellwände (Brown 1984, Rühling und Tyler 1970, Steinnes 1995). Dieses vereinfacht die Analyse und verringert die Gefahr der Kontamination während der Probenahme und der Probenaufarbeitung.
In dieser Untersuchung wurden die Moose *Pleurozium schreberi* und *Polytrichum formosum* und die Nadeln der Fichte (*Picea abies*) und der Kiefer (*Pinus sylvestris*) als Biomonitor ausgewählt. *Pleurozium schreberi* wurde schon in mehreren großräumigen Untersuchungen verwendet (Rühling 1994, Grodzinska et al. 1993, Herpin 1997). Dieses ermöglicht den Vergleich mit den Elementgehalten aus anderen Regionen, der für die Beurteilung der Belastungssituation notwendig ist. In einigen Teilgebieten der Euroregion Neiße ist es sehr selten und dadurch als Biomonitor nur eingeschränkt geeignet. *Pleurozium schreberi* besitzt ein äußerliches Wasserleitsystem (ektohydrisch). Das aus Niederschlägen aufgefangene Wasser wird in den Kapillarräumen zwischen den eng anliegenden Blättchen und dem Stämmchen gespeichert und durch die Kapillarkräfte über die gesamte Pflanze verteilt. Als hoch entwickeltes Moos besitzt *Polytrichum formosum* ein primitives Leitsystem im Inneren des Stämmchens (endohydrisch). Regentropfen und Tau fangen sich an den abstehenden Blättern und werden mit den darin gelösten Stoffen über die Oberfläche aufgenommen und mit Hilfe des Leitsystems in der Pflanze verteilt. In der Euroregion Neiße ist es sehr weit verbreitet und damit ein idealer Monitororganismus für dieses Untersuchungsgebiet.

23.2.1 Probenahme

Es wurde ein Raster mit 16 km Kantenlänge über die Region gelegt. In einem Umkreis von 3 km um jeden der 54 Rasterpunkte wurde ein geeigneter Probenahmepunkt aufgesucht. Wo nicht alle Biomonitore an einem Ort gemeinsam vorkamen, wurde die Priorität auf das Vorkommen von *Polytrichum formosum* gesetzt und auf andere Arten verzichtet. Die Probenahmen erfolgten im August 1995 und 1996. Die Probenahmestellen lagen mindestens 300 m von Hauptstraßen oder Ortschaften und mindestens 100 m von sonstigen Straßen und einzelnen Häusern entfernt. Die Probenahmestellen von 1995 und 1996 sind identisch. An jedem Probenahmestandort wurde eine Probe des Oberbodens genommen, um den Einfluß einer Aufnahme von Elementen aus dem Boden bzw. der Verwehung von Bodenmaterial auf die Biomonitore feststellen zu können.
Ergänzend zur Untersuchung der ERN erfolgten 1996 in der Region Katowice sechs Probenahmen. Zwei der Probenahmepunkte lagen östlich und westlich einer Zinkhütte.

23.2.2 Probenvorbereitung und -analyse

Die ungewaschenen Pflanzenproben wurden nach Entfernen von anhaftendem Fremdmaterial bei 45°C getrocknet und in einer Scheiben-

schwingmühle mit Wolframcarbideinsatz gemahlen. Anschließend erfolgte ein mikrowellenunterstützter Druckaufschluß mit HNO_3 und H_2O_2.
Der Boden wurde bei 45°C getrocknet und dann auf 2 mm gesiebt. Es folgte ein mikrowellenunterstützter Druckaufschluß mit HNO_3, H_2O_2 und HF zur Ermittlung der Totalgehalte und eine Extraktion mit Ammoniumnitrat nach DIN V 19730 (DIN 1993), zur Abschätzung mobiler und somit pflanzenverfügbarer Elementanteile. Die Aufschlüsse wurden mit entionisiertem Wasser auf 50 ml aufgefüllt und die Elementgehalte von Silber (Ag), Aluminium (Al), Barium (Ba), Beryllium (Be), Bismut (Bi), Calcium (Ca), Cadmium (Cd), Cer (Ce), Cobalt (Co), Chrom (Cr), Cäsium (Cs), Kupfer (Cu), Eisen (Fe), Gallium (Ga), Germanium (Ge), Kalium (K), Lanthan (La), Magnesium (Mg), Mangan (Mn), Molybdän (Mo), Natrium (Na), Neodym (Nd), Niob (Nb), Nickel (Ni), Blei (Pb), Praseodym (Pr), Rubidium (Rb), Zinn (Sn), Strontium (Sr), Titan (Ti), Thallium (Tl), Thorium (Th), Uran (U), Vanadium (V), Yttrium (Y), Zink (Zn) und Zirkonium (Zr) mittels ICP-MS, ICP-OES und AAS bestimmt. In den Fichten- und Kiefernnadelproben lagen die Gehalte von Ag, Bi, Cs, Ge, La, Nb, Nd, Pr, Sn, Th, U, Y und Zr unter der Nachweisgrenze.

Tab. 23-1: Vergleich der zertifizierten Gehalte von Peach leaves mit den am Internationalen Hochschulinstitut Zittau mit der ICP-MS ermittelten Gehalten in µg/g. Für die mit einem * gekennzeichneten Elemente sind nur nicht zertifizierte Gehalte angegeben.

Peach Leaves NIST SRM 1547		
Element	gemessener Wert ± Standardabweichung	zertifizierter Wert
Al	237 ± 12	249 ± 8
Ba	130 ± 8	124 ± 4
Cd	0,029 ± 0,003	0,026 ± 0,003
Ce*	11,1 ± 1,0	10
Cr*	0,93 ± 0,11	1
Cu	3,3 ± 0,3	3,7 ± 0,4
Fe	213 ± 21	218 ± 14
La*	8,4 ± 0,7	9
Mn	95 ± 6	98 ± 3
Mo	0,056 ± 0,007	0,060 ± 0,008
Pb	0,88 ± 0,05	0,87 ± 0,03
Rb	21,4 ± 2,0	19,7 ± 1,2
Sr	57,1 ± 2,6	53 ± 4
V	0,34 ± 0,03	0,37 ± 0,03
U*	0,013 ± 0,001	0,015
Zn	17,9 ± 1,3	17,9 ± 0,4

In bisherigen Arbeiten des terrestrischen Biomonitorings wurden Elemente wie Ag, Ce, La, Nd und Zr selten berücksichtigt, obwohl ihre Umweltkonzentration der von Cadmium entspricht. Durch die Anwendung von moderner Analysentechnik konnten die Analysen auf die Elemente Bi, Ge, Nb, Pr, Sn, Th, U und Y ausgedehnt werden, deren Gehalte in der Umwelt noch geringer sind und über deren Verteilung in der Umwelt bisher wenig bekannt ist.
Zur Absicherung der Analysenergebnisse wurden verschiedene zertifizierte Referenzmaterialien mit aufgeschlossen und analysiert. In der Tabelle 23-1 sind die Ergebnisse der Analysenergebnisse vom Referenzmaterial SRM 1547 (Peach leaves) dargestellt.

23.2.3 Visualisierung

Die Elementgehalte wurden mit Hilfe des geographischen Informationssystems ARC-INFO kartografisch dargestellt. Zur räumlichen Interpolation der Meßpunkte wurde inverse Distanzmethode (IDW = Inverse Distance Weighting) eingesetzt. Die für die Kartendarstellung verwendeten Klassifizierungsstufen der Elementgehalte wurden nach der Methode von Erhardt et al. (1996) gebildet. Diese Methode beruht auf der Berechnung eines Normalwertes (normal value), der eine homogene Gruppe von niedrigen Werten zusammenfaßt, die die Hintergrundbelastung reflektieren. Die Ermittlung des Normalwertes beginnt mit der Bildung des Mittelwertes einer Meßreihe. Zu diesem Wert wird die 1,96-fache Standardabweichung (σ) addiert und die darüberliegenden Werte gelöscht. Die verbleibenden Werte gehen als neue Ausgangswerte erneut in die Schrittfolge ein. Die Prozedur wird solange fortgesetzt, bis kein Wert mehr die 1,96-fache Standardabweichung überschreitet. Als Ergebnis erhält man eine von extremen Werten bereinigte Meßwertgruppe, deren Mittelwert den Normalwert (NW) ergibt. Mit Hilfe dieses Normalwertes und der Standardabweichung werden 5 Klassen gebildet. Die Klassengrenzen werden durch (NW – σ), (NW + σ), (NW + 3σ) und (NW + 6σ) gebildet. Die zweite Klasse (NW – σ < x < NW + σ) charakterisiert dabei den Normalbereich.

23.2.4 Korrelationen

Zur Prüfung auf stochastische Zusammenhänge der Daten wurden verschiedene Korrelationsanalysen durchgeführt. Da die Gehalte der meisten Elemente in den Biomonitoren keine Normalverteilung zeigen, wurden die Werte zunächst einer logarithmischen Transformation unterzogen. Es wurde dann der lineare Korrelationskoeffizient nach Sachs (1992) berechnet.

23.3 Ergebnisse

23.3.1 *Polytrichum formosum*

Die Elemente Ce, Cr, Fe, La, Li, Nb, Nd, Ni, Pr, Th, U, V, Y und Zr weisen im Moos *Polytrichum formosum* ein sehr einheitliches Verteilungsmuster auf (Abb. 23-3 bis 23-6). Erhöhte Gehalte dieser Elemente lassen sich im Raum Liberec und südlich davon nachweisen, während in den anderen Gebieten der ERN die Elementgehalte verhältnismäßig niedrig liegen. Das fast einheitliche Verbreitungsmuster zeigt sich auch in den hohen signifikanten Korrelationskoeffizienten zwischen diesen Elementen (Tab. 23-2).

23.3.2 *Pleurozium schreberi*

Wie in Tabelle 23-3 gezeigt, haben diese Elemente auch in *Pleurozium schreberi* untereinander hohe Korrelationskoeffizienten. Das Verteilungsmuster, das sich bei der kartografischen Darstellung ergibt, ist jedoch ein anderes (s. Abb. 23-7 bis 23-9). Bei allen diesen Elementen enthält das Moos *Pleurozium schreberi* durchschnittlich höhere Gehalte als das Moos *Polytrichum formosum.* Die Unterteilung in stärker und geringer belastete Gebiete ist schwächer ausgeprägt als bei *Polytrichum formosum.* In *Pleurozium schreberi* finden sich die höchsten Gehalte dieser Elemente in einem bogenförmigen Gebiet, das sich von Česká Lípa über Zittau und Liberec in den Südosten der ERN erstreckt. In diesem Gebiet befindet sich am polnischen Neißeufer nordöstlich von Zittau als größter Emittent das Kraftwerk Turóv.
Die hohen Korrelationskoeffizienten deuten auf eine gemeinsame Quelle der Elemente hin. Die Elemente Cr, Fe, Ni, Ti und V sind bekanntermaßen Bestandteil der Flugasche von Kohlekraft-

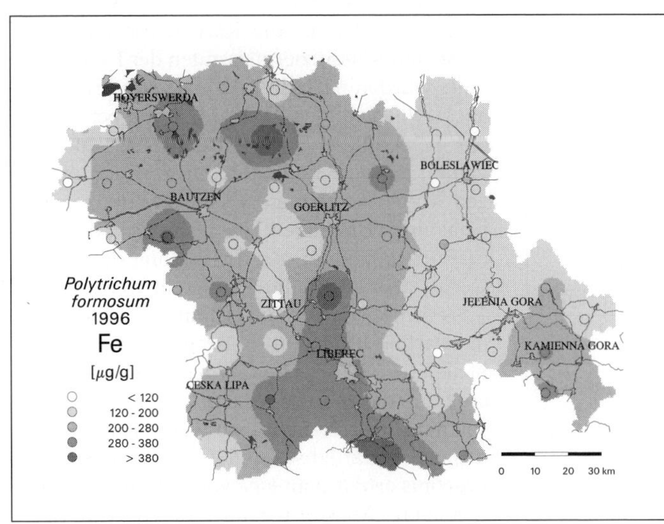

Abb. 23-3: Isolinienkarte der Eisengehalte [µg/g] in *Polytrichum formosum* in der Euroregion Neiße 1996

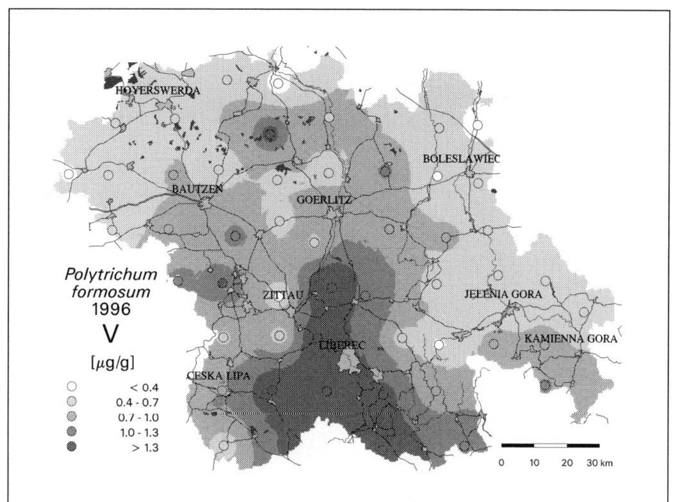

Abb. 23-4: Isolinienkarte der Vanadiumgehalte [µg/g] in *Polytrichum formosum* in der Euroregion Neiße 1996

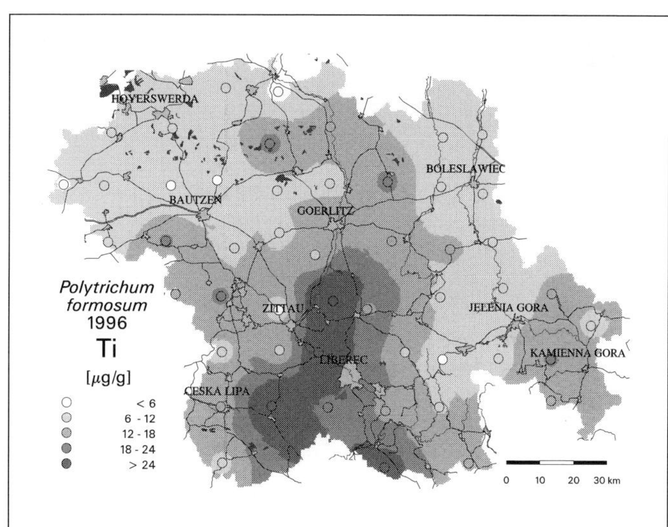

Abb. 23-5: Isolinienkarte der Titangehalte [µg/g] in *Polytrichum formosum* in der Euroregion Neiße 1996

werken, können ihren Ursprung aber auch in auf den Moosen abgelagerten Bodenverwehungen haben. Ce, La, Li, Nb, Nd, Pr, Th, U, Y und Zr werden nur in geringem Maße industriell genutzt. Da sie die gleiche Verteilung wie Cr, Fe, Ni, Ti und V haben, kann auf einen gemeinsamen Ursprung geschlossen werden.

23.3.3 Boden

Die Elementgehalte in den beiden Moosen zeigen keine signifikanten Korrelationen mit dem Bodenvollaufschluß und der Ammoniumnitratextraktion.

Wie schon bei den Moosen beobachtet, korrelieren die Gehalte der Elemente Cr, Fe, Ni, Ti und V auch im Boden hoch signifikant untereinander. Anders als bei den Moosen gehört jedoch Ce

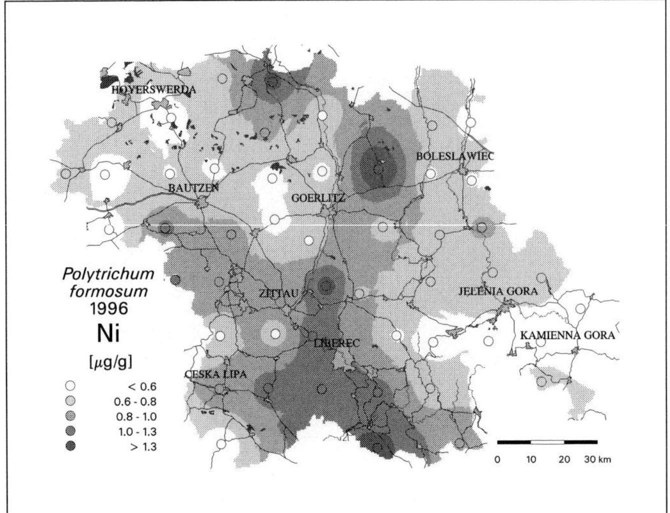

Abb. 23-6: Isolinienkarte der Nickelgehalte [µg/g] in *Polytrichum formosum* in der Euroregion Neiße 1996

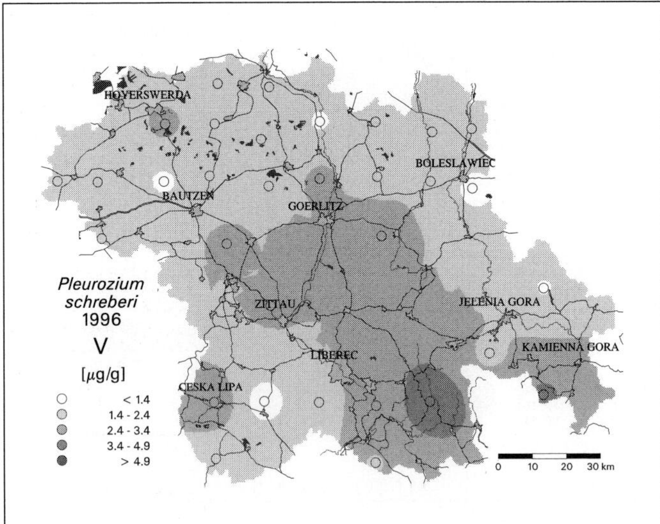

Abb. 23-7: Isolinienkarte der Vanadiumgehalte [µg/g] in *Pleurozium schreberi* in der Euroregion Neiße 1996

beim Boden nicht zu dieser Korrelationsgruppe. Das spricht gegen eine Verunreinigung der Moosproben mit Boden oder eine direkte Aufnahme aus dem Boden als Ursache für die korrelierenden Cr, Fe, Ni, Ti und V-Gehalte im Moos.

23.3.4 Unterschiedliche Verteilungsmuster am Beispiel von Thallium

Neben den bisher beschriebenen Korrelationen ergaben sich keine größeren Gruppen mit einheitlichen Verteilungsmuster. Am Beispiel von Thallium (Abb. 23-10 bis 23-14) sollen die Unterschiede im Verteilungsmuster verdeutlicht werden. Beim Moos *Polytrichum formosum* lie-

Tab. 23-2: Korrelationskoeffizienten von ausgewählten Elementen im Moos *Polytrichum formosum* in der Euroregion Neiße. Die Berechnung der Koeffizienten erfolgte nach logarithmischer Transformation der Elementgehalte (n = 53, Signifikanzniveau für p = 0,01: 0,350)

	Cr	Fe	La	Li	Nb	Nd	Ni	Pr	Th	Ti	U	V	Y	Zr
Ce	0,794	0,768	0,849	0,659	0,613	0,716	0,689	0,815	0,802	0,781	0,681	0,765	0,595	0,747
Cr		0,870	0,731	0,641	0,710	0,411	0,584	0,712	0,679	0,807	0,651	0,594	0,651	0,637
Fe			0,781	0,613	0,760	*0,331*	0,635	0,665	0,698	0,726	0,622	0,849	0,849	0,695
La				0,836	0,833	0,764	0,591	0,968	0,942	0,727	0,835	0,587	0,795	0,931
Li					0,742	0,613	0,509	0,827	0,828	0,621	0,842	0,455	0,738	0,819
Nb						0,397	0,547	0,734	0,774	0,657	0,755	0,309	0,823	0,861
Nd							0,355	0,857	0,734	0,563	0,682	0,742	0,322	0,710
Ni								0,542	0,507	0,543	0,438	0,448	0,554	0,543
Pr									0,929	0,659	0,827	0,592	0,721	0,888
Th										0,659	0,836	0,512	0,742	0,876
Ti											0,726	0,750	0,511	0,715
U												0,556	0,669	0,831
V													*0,122*	0,559
Y														0,738

Tab. 23-3: Korrelationskoeffizienten von ausgewählten Elementen im Moos *Pleurozium schreberi* in der Euroregion Neiße. Die Berechnung der Koeffizienten erfolgte nach logarithmischer Transformation der Elementgehalte (n = 35, Signifikanzniveau für p = 0,01: 0,440)

	Cr	Fe	La	Li	Nb	Nd	Ni	Pr	Th	Ti	U	V	Y	Zr
Ce	0,624	0,476	0,739	0,657	0,558	0,734	0,593	0,769	0,701	0,617	0,644	0,632	*0,436*	0,466
Cr		0,861	0,678	0,610	0,578	0,589	0,687	0,594	0,588	0,579	0,572	0,721	0,474	0,629
Fe			0,713	0,576	0,566	0,586	0,509	0,579	0,636	0,560	0,673	0,627	0,566	0,628
La				0,782	0,814	0,949	0,458	0,956	0,951	0,690	0,897	0,591	0,651	0,809
Li					0,614	0,760	0,497	0,746	0,817	0,578	0,830	0,642	0,568	0,604
Nb						0,722	0,599	0,751	0,707	0,863	0,721	0,525	0,427	0,878
Nd							*0,330*	0,992	0,903	0,590	0,851	0,573	0,617	0,735
Ni								*0,347*	*0,377*	0,635	*0,361*	0,640	0,402	0,483
Pr									0,906	0,615	0,850	0,568	0,589	0,747
Th										0,570	0,918	0,536	0,653	0,698
Ti											0,624	0,575	*0,376*	0,781
U												0,580	0,663	0,703
V													0,526	0,577
Y														0,449

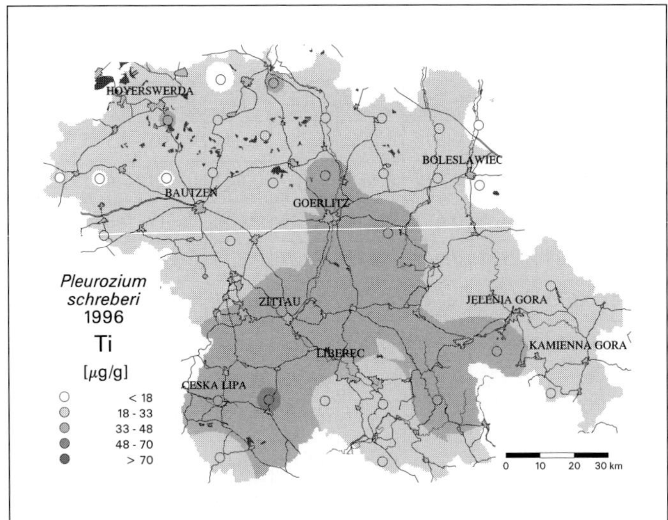

Abb. 23-8: Isolinienkarte der Titangehalte [µg/g] in *Pleurozium schreberi* in der Euroregion Neiße 1996

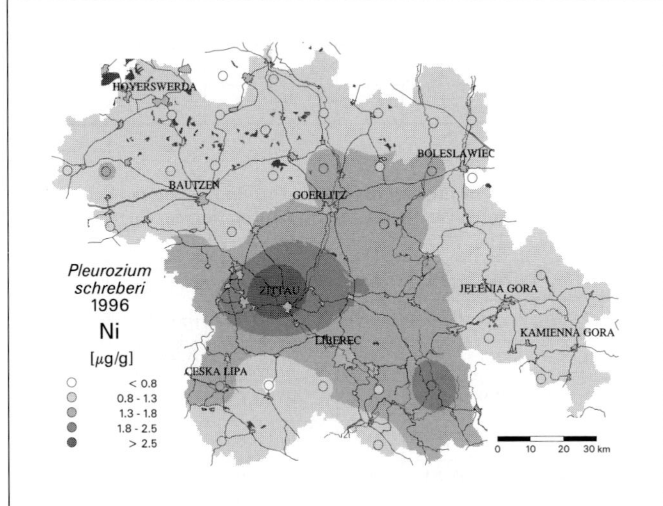

Abb. 23-9: Isolinienkarte der Nickelgehalte [µg/g] in *Pleurozium schreberi* in der Euroregion Neiße 1996

gen die Gebiete mit den höchsten Gehalten auf einer Diagonalen vom Südwesten zum Nordosten der Euroregion Neiße, sowie in der Umgebung von Kamienna Góra. Der Median aller ermittelten Gehalte liegt bei 0,026 µg/g.

Eine weniger differenzierte Verteilung bei insgesamt höherem Thalliumgehalt (Median 0,050 µg/g) weist das Moos *Pleurozium schreberi* auf. Höhere Gehalte sind im Nordosten der Euroregion Neiße zu finden. Ein wiederum anderes Verteilungsmuster besitzen die Nadeln von Fichte und Kiefer. Bei den Fichtennadeln lassen sich erhöhte Gehalte im Süden und Nordosten feststellen. Dabei zeigt sich im 1. und 2. Nadeljahrgang die gleiche Verteilung, jedoch sind die Gehalte im 2. Jahrgang deutlich höher.

Gemeinsamkeiten im Verteilungsmuster und damit signifikante Korrelationen zwischen den

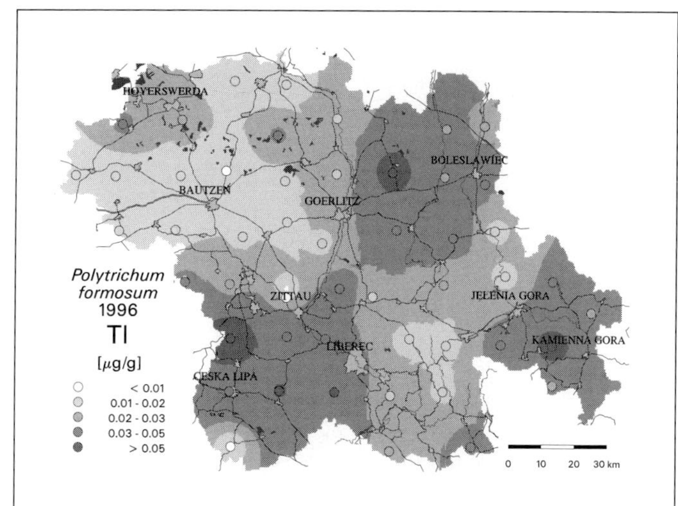

Abb. 23-10: Isolinienkarte der Thalliumgehalte [µg/g] in *Polytrichum formosum* in der Euroregion Neiße 1996

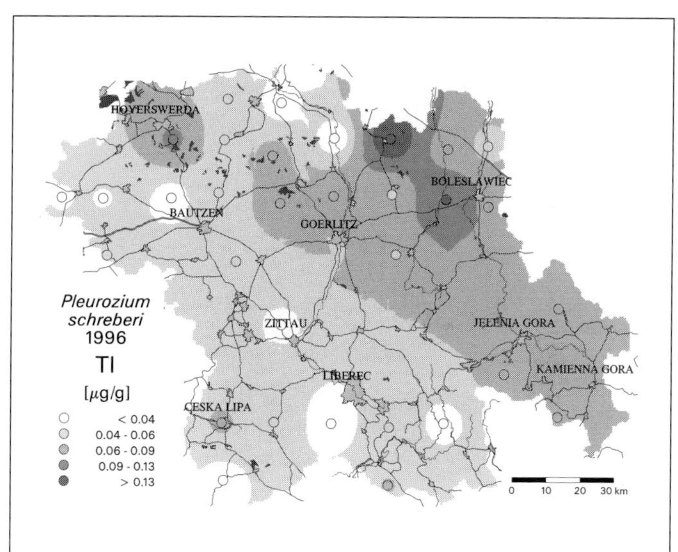

Abb. 23-11: Isolinienkarte der Thalliumgehalte [µg/g] in *Pleurozium schreberi* in der Euroregion Neiße 1996

Tab. 23-4: Korrelationskoeffizienten der logarithmierten Elementgehalte zwischen den Moosen *Polytrichum formosum* und *Pleurozium schreberi* der Euroregion Neiße. Signifikante Korrelationen ($p \leq 0{,}01$; $n=36$) sind fett hervorgehoben.

Element	r	Element	r	Element	r
Ag	**0,58**	Cs	0,34	Rb	**0,58**
Ba	0,08	Fe	0,32	Sr	**0,54**
Cd	-0,06	Ge	0,35	Ti	0,36
Ce	0,06	Mn	**0,45**	Tl	**0,57**
Co	0,38	Mo	0,21	V	0,22
Cr	0,15	Nb	**0,42**	Zn	0,12
Cu	0,38	Pb	**0,49**	Zr	**0,55**

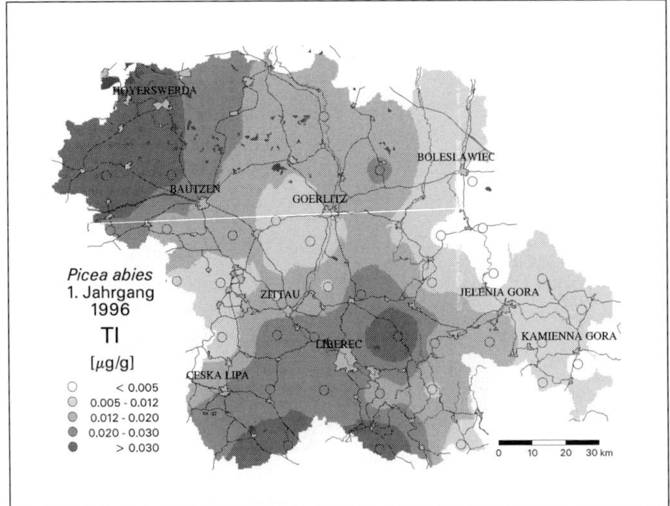

Abb. 23-12: Isolinienkarte der Thalliumgehalte [µg/g] in Fichtennadeln (*Picea abies*) des 1. Jahrgangs in der Euroregion Neiße 1996

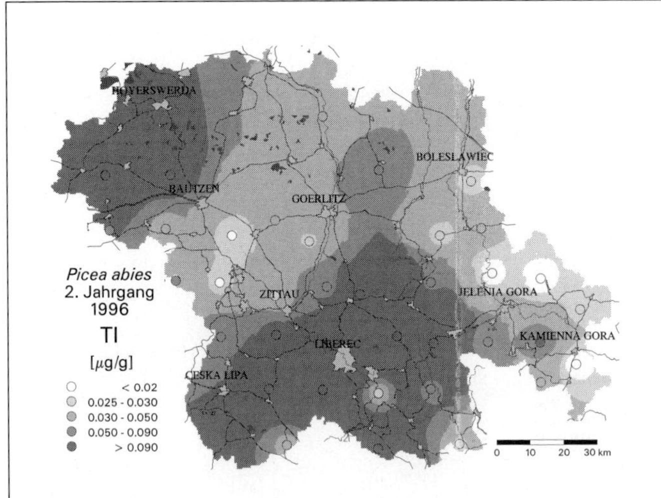

Abb. 23-13: Isolinienkarte der Thalliumgehalte [µg/g] in Fichtennadeln (*Picea abies*) des 2. Jahrgangs in der Euroregion Neiße 1996

Moosen *Polytrichum formosum* und *Pleurozium schreberi* ergeben sich für die Elemente Ag, Mn, Nb, Pb, Rb, Sr, Tl und Zr (Tab. 23-4).

23.3.5 Vergleich der Nadeljahrgänge

Die für Thallium beobachtete Erhöhung des Elementgehaltes mit zunehmendem Nadelalter läßt sich nicht bei allen Elementen nachweisen. Cd, Co, Cu, K, Mg, Mo, Ni, Rb und Zn zeigen keine signifikante Zunahme des Gehaltes im Vergleich des 1. und 2. Nadeljahrganges (U-Test, p = 0,05). Analog verhalten sich die Elemente Cu, Ni und Zn nach Weißflog et al. (1994) bei Kiefernnadeln. Die Ursache liegt in der Auswaschung der Elemente aus den Nadeln (Leaching) oder einer Umlagerung aus älteren Nadeln in jüngere (Remobilisation). Bei geringer Umweltbelastung können diese Vorgänge den Einfluß der Depositionen überlagern oder kompensie-

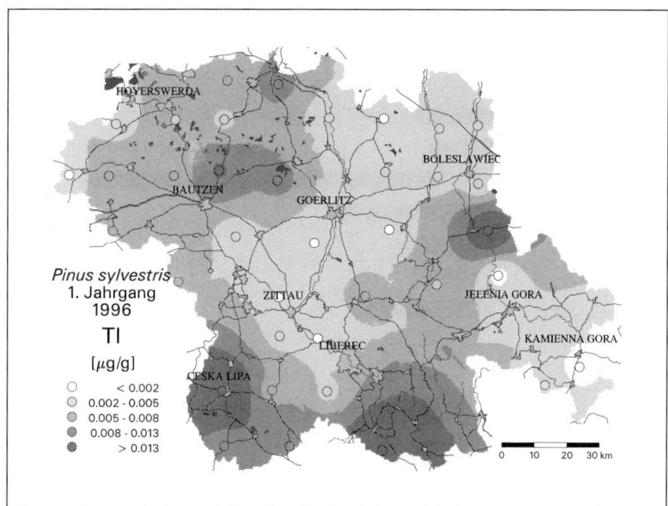

Abb. 23-14: Isolinienkarte der Thalliumgehalte [µg/g] in Kiefernnadeln (*Pinus sylvestris*) des 1. Jahrgangs in der Euroregion Neiße 1996

ren. Eine Analyse der Belastungssituation in der ERN mit Hilfe von Nadelanalysen ist für diese Elemente daher nicht sinnvoll.

23.3.6 Vergleich der ERN mit anderen Regionen

Um die Höhe der Belastung der ERN zu beurteilen, muß der Gehalt der Biomonitore mit denen aus anderen belasteten und unbelasteten Gebieten verglichen werden. Als Vergleich dienen die Elementgehalte, die in den Proben aus der Region Katowice analysiert wurden, sowie die Gehalte im Moos *Pleurozium schreberi*, die 1991 im Rahmen eines deutschlandweiten Moosmonitorings (Herpin 1997) ermittelt wurden.

Die Kupfergehalte in der ERN (Abb. 23-15) in den Proben von *Pleurozium schreberi* aus den Jahren 1995 und 1996 sind bei der Betrachtung des Medianwertes mit den in Schleswig-Holstein (SH) und Bayern im Jahr 1991 ermittelten Gehalten vergleichbar, wobei die Minimalgehalte niedriger liegen. In Nordrhein-Westfalen und Bayern liegen die Maximalwerte, die in der Umgebung größerer Emittenten gemessen wurden, deutlich höher als in der Euroregion Neiße. In Katowice wurden stark erhöhte Werte gefunden, die auf Emissionen aus der Buntmetall- und Stahlindustrie und die Nutzung der Steinkohle zurückzuführen ist. Die Deposition von Kupfer in der Euroregion Neiße kann im Vergleich als gering bewertet werden.

Die Belastung mit Nickel (Abb. 23-16) ist in allen verglichenen Regionen ähnlich, wobei die Mediangehalte der ERN leicht unter denen der anderen Regionen liegen. Beachtenswert ist, daß die durchschnittlichen Gehalte, die 1991 in Sachsen gefunden wurden, höher als die der ERN 1995 und 1996 sind. Da ein Drittel der ERN zu Sachsen gehört, muß von einem Rückgang der Nickelemissionen von 1991 bis 1996 ausgegangen werden. Dieser Trend ist auch zwischen den Jahren 1995 und 1996 festzustellen.

Im Jahr 1995 erreichten die Gehalte von Titan in den Moosproben der ERN Maximalgehalte von 100 µg/g (Abb. 23-17). 1996 konnten maximal 52 µg/g ermittelt werden. Hauptquelle von Titan sind Bodenverwehungen und Flugasche von Braunkohle. Aus diesem Grund liegen die Werte in hoch industrialisierten Regionen wie Katowice und NRW nicht über denen aus Gebieten mit geringer Industrialisierung (z.B. Schleswig-Holstein). Die extremen Unterschiede zwischen den Jahren 1995 und 1996 können durch klimatische Unterschiede zwischen den beiden Jahren verursacht sein. 1995 gab es im Juli und August eine sehr lange trockene Periode, die durch wenige Tage mit starkem Regen gegen Ende August beendet wurde. Die Moosproben waren aus diesem Grund zum Zeitpunkt der Probenahme oft

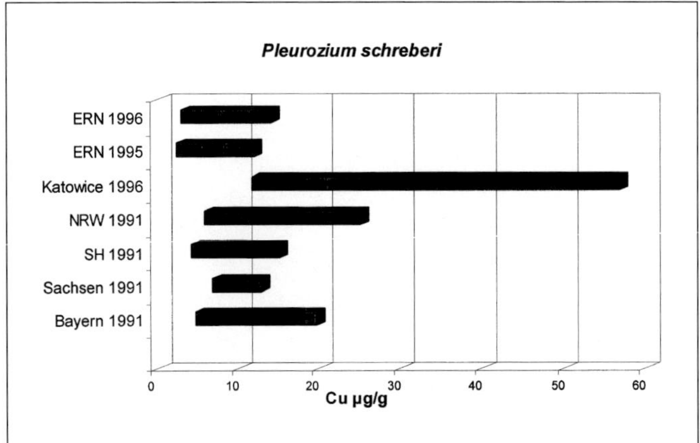

Abb. 23-15: Spannweite und Median der Kupfergehalte im Moos *Pleurozium schreberi* in der Euroregion Neiße (ERN) in den Jahren 1995 und 1996 im Vergleich mit dem Oberschlesischen Industrierevier 1996 (Katowice) und den Bundesländern Nordrhein-Westfalen (NRW), Schleswig-Holstein (SH), Sachsen und Bayern im Jahr 1991

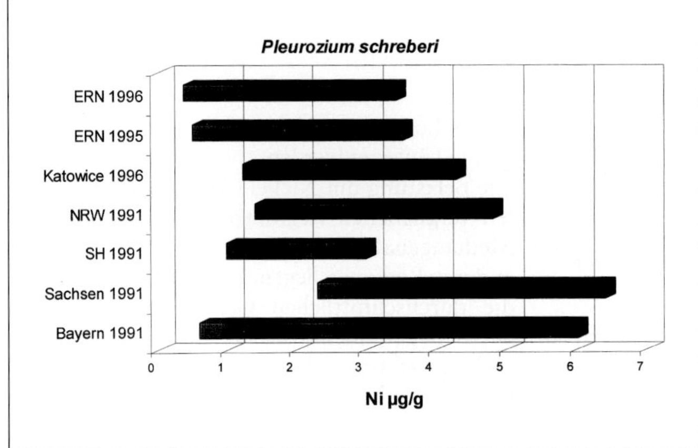

Abb. 23-16: Spannweite und Median der Nickelgehalte im Moos *Pleurozium schreberi* in der Euroregion Neiße (ERN) in den Jahren 1995 und 1996 im Vergleich mit dem Oberschlesischen Industrierevier 1996 (Katowice) und den Bundesländern Nordrhein-Westfalen (NRW), Schleswig-Holstein (SH), Sachsen und Bayern im Jahr 1991

sehr trocken. Im Gegensatz dazu fiel 1996 in dieser Zeit immer wieder etwas Niederschlag, so daß das Moos ständig relativ feucht und damit physiologisch aktiv war. Durch die starke Nutzung der Braunkohle als Energieträger und die damit verbundenen hohen Staubimmissionen lagen 1991 die Titangehalte in Sachsen deutlich höher als in den anderen Gebieten. Der Einbau von Entstaubungsanlagen in den Kraftwerken der ERN führte zu einem starken Rückgang dieser Belastung.

Im Oberschlesischen Industrierevier gibt es aufgrund einer Zinkhütte, der Bleiakkumulatorenfabriken und Buntmetallverhüttung eine stark erhöhte Bleibelastung. Es konnten im Umkreis der Zinkhütte bis 2800 µg/g Blei im Moos *Pleurozium schreberi* nachgewiesen werden. Die Belastung der ERN ist dagegen mit einem Medianwert von 9 µg/g mit der aus Bayern und Schleswig-Holstein vergleichbar (Abb. 23-18).

Bei dem Vergleich der Gehalte der Seltenen Erden in den Moosen der ERN mit denen aus Pflanzen aus dem Grasmoor nördlich von Osnabrück (Markert und Zhang 1991) zeigen sich bei Ce, Pr und Nd leicht erhöhte Werte (Tab. 23-5). Die Ursache der höheren Gehalte ist durch das stärkere Akkumulationsvermögen der Moose gegenüber anderen Pflanzen zu erklären.

Eine geringe bis mäßige Belastung der ERN zeigt sich auch bei allen anderen untersuchten Elementen. Dieses wird deutlich beim Vergleich der Hintergrundgehalte aus der ERN mit Gehalten

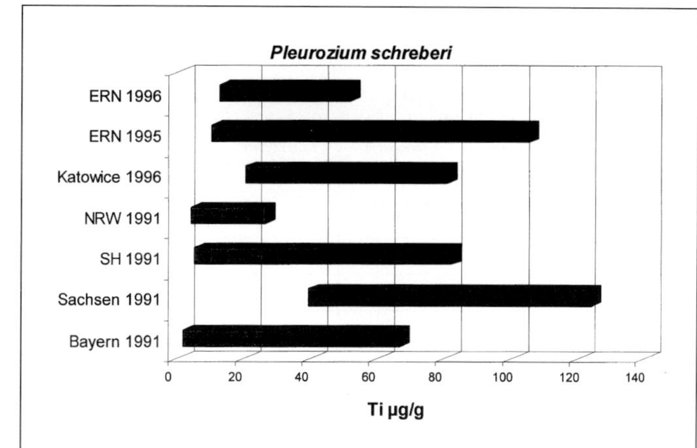

Abb. 23-17: Spannweite und Median der Titangehalte im Moos *Pleurozium schreberi* in der Euroregion Neiße (ERN) in den Jahren 1995 und 1996 im Vergleich mit dem Oberschlesischen Industrierevier 1996 (Katowice) und den Bundesländern Nordrhein-Westfalen (NRW), Schleswig-Holstein (SH), Sachsen und Bayern im Jahr 1991

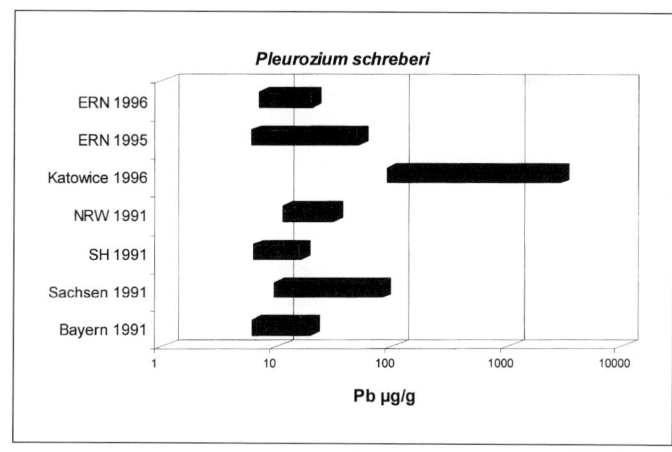

Abb. 23-18: Spannweite und Median der Bleigehalte im Moos *Pleurozium schreberi* in der Euroregion Neiße (ERN) in den Jahren 1995 und 1996 im Vergleich mit dem Oberschlesischen Industrierevier 1996 (Katowice) und den Bundesländern Nordrhein-Westfalen (NRW), Schleswig-Holstein (SH), Sachsen und Bayern im Jahr 1991

Tab. 23-5: Vergleich der ermittelten Gehalte in µg/g der Seltenen Erden in Moosen der Euroregion Neiße mit Konzentrationen aus Pflanzen eines natürlichen nordwestdeutschen Ökosystems, Grasmoor 20 km nördlich von Osnabrück unter Angabe der Schwankungsbreite und des Mittelwertes $\bar{\chi}$ (Elementgehalte entnommen aus Markert und Zhang 1991)

	Euroregion Neiße				Grasmoor	
Element	*Polytrichum formosum*	n=50 $\bar{\chi}$	*Pleurozium schreberi*	n=32 $\bar{\chi}$		n=6 $\bar{\chi}$
Yttrium	0,03–0,57	0,14	0,03–0,49	0,23	0,15–0,25	0,1
Lanthan	0,04–1,07	0,19	0,17–0,68	0,36	0,15–0,26	0,2
Cer	0,08–2,61	0,55	0,38–1,83	0,93	0,29–0,51	0,38
Praseodym	0,02–0,49	0,08	0,07–0,28	0,16	0,033–0,058	0,043
Neodym	0,05–1,53	0,26	0,24–0,87	0,50	0,12–0,22	0,16

Tab. 23-6: Hintergrundgehalte in µg/g von *Polytrichum formosum* und *Pleurozium schreberi* aus der Euroregion Neiße. Als Vergleich sind durchschnittliche Gehalte aus unbelasteten skandinavischen Regionen für *Pleurozium schreberi* (Berg und Steinnes 1997) angegeben.

Element	ERN *Polytrichum formosum*	ERN *Pleurozium schreberi*	Norwegen *Pleurozium schreberi*	Element	ERN *Polytrichum formosum*	ERN *Pleurozium schreberi*	Norwegen *Pleurozium schreberi*
Al	540	540		Mo	0,30	0,17	0,1
Ag	0,2	0,06		Na	52	64	
Ba	9,1	14	20	Nb	0,04	0,10	0,05
Be	0,03	0,03	0,06	Nd	0,15	0,48	0,3
Bi	0,01	0,03		Ni	0,62	1,1	0,9
Ca	1200	2300	2400	Pb	3,7	8,7	5,0
Cd	0,22	0,27	0,1	Pd	0,01	0,03	
Ce	0,37	0,83	0,5	Pr	0,07	0,14	
Co	2,4	2,6	0,2	Rb	42	30	15
Cu	7,9	7,1	2,6	Sn	0,08	0,28	
Cr	0,5	1,2	0,6	Sr	5,4	7,1	5
Cs	1,3	0,58	0,1	Th	0,04	0,07	0,04
Fe	160	480	420	Ti	9,0	26	
Ga	0,39	0,64	0,6	Tl	0,02	0,05	0,03
Ge	0,02	0,04		U	0,02	0,04	0,01
K	7400	6600		V	0,54	2,0	1,5
La	0,14	0,33	0,2	Y	0,11	0,20	0,1
Li	0,18	0,39		Zn	34	40	30
Mg	560	800	970	Zr	0,19	0,48	0,1
Mn	130	210	430				

aus Skandinavien. Die Hintergrundgehalte, die in Tabelle 23-6 aufgeführt sind, entsprechen den Normalwerten, die für die Kartendarstellung ermittelt wurden (vgl. 23.2.3). Sie entsprechen der allgemeinen Belastung, die nicht durch lokale Emissionen beeinflußt wurde.

Hauptverursacher der noch vorhandenen Immissionen in der ERN ist die Nutzung der Braunkohle als Energieträger in Kraftwerken und im Hausbrand. Deren Immissionen werden aber sehr gleichmäßig über die gesamte Region verteilt, so daß sich kein Gebiet mit deutlich erhöhter Belastung abzeichnet.

Die morphologischen Eigenschaften der untersuchten Biomonitore bedingen ein unterschiedliches Akkumulationsvermögen. Natürliche Standortfaktoren wie Niederschlag, Temperatur und Vegetationseinflüsse beeinflussen die Elementaufnahme ebenfalls. Diese Eigenschaften treten bei einer geringen atmosphärischen Deposition deutlicher hervor als in stark belasteten Regionen.

In der ERN ergeben sich deshalb zwischen den Elementgehalten der Moose *Pleurozium schreberi* und *Polytrichum formosum* und zwischen den Fichten- und Kiefernnadeln nur wenige signifikante Korrelationen. Wie die Proben aus dem Raum Katowice zeigten, stiegen in der Umgebung starker Zn-, Pb- und Cd-Emittenten die Gehalte dieser Elemente in allen Indikatoren stark an. Werden aus diesen Probenahmepunkten Korrelationskoeffizienten ermittelt, ergeben sich bei allen Biomonitoren hoch signifikante Korrelationen dieser Elemente.

Literatur

Arndt, D., Fomin, A., Lorenz, S. (eds.) (1996): Bioindikation: Neue Entwicklungen, Nomenklatur, Synökologische Aspekte. 1. Hohenheimer Workshop zur Bioindikation am Kraftwerk Altbach-Deizisau, 9-10. Oktober 1995. Verlag Günter Himbach, Ostfildern

Berg , T., Steinnes, E. (1997): Use of mosses (*Hylocomium splendens* and *Pleurozium schreberi*) as biomonitors of heavy metal deposition: from relative to absolute deposition values. Environ. Pollut. 98: 61-71

Brown, D.H. (1984): Uptake of mineral elements and their use in pollution monitoring. Academic press, London, New York, Toronto, Sydney, San Francisco

Callagan, T.V., Collins, N.J., Callaghan, C.H. (1978): Photosynthesis, growth and reproduction of *Hylocomium splendens* and *Polytrichum commune* in Swedish Lapland. Oikos 31: 73-88

DIN (1993): DIN V 19730, 2/1993. Ammoniumnitratextraktion zur Bestimmung mobiler Spurenelemente in Mineralböden. Deutsches Institut für Normung e.V., Berlin

Djingova, R., Kuleff, I. (1994): On the sampling of vascular plants for monitoring of heavy metal pollution. In: Markert, B. (ed.): Environmental sampling for trace analysis. VCH-Verlagsgesellschaft, Weinheim. 395-414

Ellision, G., Newham, J., Pinchin, M.J., Thompson, I. (1976): Heavy metal content of moss in the region of Consett (North-East England). Environ. Pollut. 11: 167-174

Erhardt, W., Höpker, K.A., Fischer, I. (1996): Bewertungsverfahren – Verfahren zur Bewertung von immissionsbedingten Stoffanreicherungen in standardisierten Graskulturen. UWSF- Z. Umweltchem. Ökotox. 8: 237-240

Grodzinska, K., Szarek, G., Godzik, B., Braniewski, S., Chrzanowska, E. (1993): Air pollution mapping in Poland by heavy metal concentration in moss. Proc. Polish-American Workshop: Climate and atmospheric deposition monitoring studies in forest ecosystems. Nieborow, 6-9 October 1992

Grodzinska, K., Szarek, G., Godzik, B., Braniewski, S., Chrzanowska, E. (1994): Mapping air pollution in Poland by measuring heavy metal concentration in mosses. In: Solon, J., Roo-Zielinska, E. (eds.): Climate and atmospheric deposition studies in forests. Conference papers 19: 197-209

Herpin, U. (1997): Moose als Bioindikatoren von Schwermetalleinträgen – Möglichkeiten und Grenzen für flächenhafte und zeitabhängige Aussagen. Dissertation. Universität Osnabrück

Klein, R., Paulus, M., Wagner, G., Müller, P. (1994): Biomonitoring und Umweltprobenbank. I. Das ökologische Rahmenkonzept zur Qualitätssicherung in der Umweltprobenbank des Bundes. UWSF – Z. Umweltchem. Ökotox. 6: 223-231

Loetschert, W., Wandter, R. (1982): Schwermetallakkumulation in *Sphagnetum magellanici* aus Hochmooren der Bundesrepublik Deutschland. Ber. Dt. Bot. Gesell. 95: 341-351

Markert, B. (1993): Instrumental analysis of plants. In: Markert, B. (ed.): Plants as biomonitors. VCH-Verlagsgesellschaft, Weinheim

Markert, B. (1994): Biomonitoring – Quo Vadis. UWSF – Z. Umweltchem. Ökotox. 6: 145-149

Markert, B., Zhang De Li (1991): Natural background concentrations of rare-earth elements in a forest ecosystem. Sci. Total Environ. 103: 27-35

Markert, B., Weckert V. (1993): Time- and site-integrated long-term biomonitoring of chemicals by means of mosses. Toxicol. Environ. Chem. 40: 43-56

Ross, H.B. (1990): On the use of mosses (*Hylocomium splendens* and *Pleurozium schreberi*) for estimating atmospheric trace metal deposition. Wat. Air Soil Pollut. 50: 63-76

Rühling, Ĺ. (1994): Atmospheric heavy metal deposition in Europe – estimations based on moss analysis. Nord 1994: 9

Rühling, Ĺ., Tyler, G. (1968): An ecological approach to the lead problem. Bot. Notisier 121: 321-342

Rühling, Ĺ., Tyler, G. (1970): Sorption and retention of heavy metals in the woodland moss *Hylocomium splendens* (Hedw.). Oikos 21: 92-97

Sachs, L. (1992): Angewandte Statistik. Anwendung statistischer Methoden. 7. Auflage. Springer-Verlag, Berlin, Heidelberg

Schubert, R. (ed.) (1985): Bioindikation in terrestrischen Ökosystemen. Gustav Fischer Verlag. Jena.

Schüürmann, G., Wenzel, K.D., Weißflog, L., Wienhold, K., Müller, E. (1994): Ökotoxikologische Charakterisierung der Schwermetall-Immissionsmuster. UWSF – Z. Umweltchem. Ökotox. 6: 265-270

Steinnes, E. (1984): Monitoring of trace element distribution by means of mosses. Fresenius J. Anal. Chem. 317: 87-97

Steinnes, E. (1995): A critical evaluation of the use of naturally growing moss to monitor the deposition of atmospheric metals. Sci. Total Environ. 160/161: 243-249

Wagner, G., Altmeyer, M., Klein, R., Paulus, M., Sprengart, J. (1993): Richtlinien der Umweltprobenbank des Bundes zur Probenahme und Probenbearbeitung – Fichte (*Picea abies*) und Kiefer (*Pinus sylvestris*). Bundesministerium für Umwelt, Naturschutz und Reaktorsicherheit, Bonn

Weißflog, L., Wienhold, K., Wenzel, K.D., Schüürmann, G. (1994): Ökologische Situation der Region Leipzig-Halle. I. Immisionsmuster luftgetragener Schwermetalle und Bioelemente. Z. Umweltchem. Ökotox. 6: 75-80

Wittig, R. (1993): General aspects of biomonitoring. In: Markert, B. (ed.): Plants as biomonitors. VCH-Verlagsgesellschaft, Weinheim

24 Biomonitoring in Städten mit *Taraxacum officinale* Web. (Löwenzahn) – Eine Studie in der Stadt Zittau, Sachsen

S. Winter, O. Wappelhorst, U.-S. Leffler, S. Korhammer und B. Markert

Abstract

The suitability of the dandelion, *Taraxacum officinale* Web., as a biomonitor for the distribution of various elements was investigated in the city of Zittau, Saxonia, Germany. In a grid of 500 m x 500 m, leaf samples from at least 10 plants at every sample site were collected. Half of every sample was washed before the analysis. The concentration of various elements (Al, As, Ba, Ca, Cd, Ce, Co, Cr, Cu, Fe, Ga, K, Mg, Mn, Mo, Na, Ni, Rb, Sr, Ti, Tl, V, and Zn) was determined by use of spectrometry with inductive coupled plasma (ICP-MS and ICP-OES). A significant influence of the washing procedure was only detectable in the concentrations of the elements Al, Ce, Co, Fe, Mo, Sr, Ti, and V. In unwashed leaves, significant correlations between the elements Al, Ce, Cr, Fe, Ti and V ($r \geq 0{,}75$) were shown. The correlation relating to Cr in washed samples is less clear because the concentration of Cr is not influenced by the washing procedure. The elements Al, Ce, Fe, Ti, and V are washed out in the same ratio. Thus, though the concentration of these elements were significantly reduced by the washing procedure, the correlations were not influenced. Highest concentrations of Al, Ce, Cr, Fe, Ti, and V were found in the former brown coal opencast mining area Olbersdorf. A second focus of higher concentrations of these elements was located in the vicinity of the Zittau cemetary. Compared to the results of similar studies in Poland and Bulgaria, the overall level of pollution with these elements in the city of Zittau is relatively low. We conclude from the results presented here that *Taraxacum officinale* is a potential biomonitor for environmental pollution.

Zusammenfassung

Taraxacum officinale Web. (Löwenzahn) wurde als Biomonitor für die Beurteilung der Stoffverteilung in der Stadt Zittau, Sachsen, verwendet. In einem 500 x 500 m^2 Raster wurden Proben von *T. officinale* als Blattmischproben aus mindestens 10 Pflanzen an einer Wuchsstelle erhoben. Die Blätter wurden in ungewaschene und gewaschene Proben unterschieden. Die Bestimmung der Elementgehalte (Al, As, Ba, Ca, Cd, Ce, Co, Cr, Cu, Fe, Ga, K, Mg, Mn, Mo, Na, Ni, Rb, Sr, Ti, Tl, V und Zn) wurde mit moderner instrumenteller Messtechnik (Massenspektrometern mit induktiv gekoppeltem Plasma (ICP-MS), Emissionsspektrometrie mit induktiv gekoppeltem Plasma (ICP-OES) durchgeführt.
Ein Einfluß der Waschung als Probenvorbereitung konnte nur bei den Elementen Al, Ce, Co, Fe, Mo, Sr, Ti und V signifikant nachgewiesen werden. In den Blättern konnten Korrelationen (r) zwischen den Elementen Al, Ce, Cr, Fe, Ti, und V festgestellt werden ($r \geq 0{,}75$). Die Korrelationen in Verbindung mit Cr liegen in gewaschenen Blattproben niedriger, da Cr im Gegensatz zu den anderen o.g. Elementen nicht signifikant aus den Blättern ausgewaschen wird. Die Elementgehalte von Al, Ce, Fe, Ti und V in den gewaschenen Proben waren signifikant niedriger; die Korrelationen zwischen ihnen wurde aber nicht beeinflußt. Daraus kann geschlossen werden, daß die Elemente im ähnlichen Verhältnis ausgewaschen werden.
Ein Schwerpunkt höherer Stoffbelastungen (Al, Ce, Cr, Fe, Ti und V) befindet sich im Bereich des ehemaligen Braunkohletagebaus in Olbersdorf. Eine weitere punktuelle Erhöhung liegt am Zittauer Friedhof ebenfalls für die o.g. Elemente vor. Das Gesamtniveau der Elementbelastung kann im Vergleich mit polnischen und bulgarischen Untersuchungen aber insgesamt als gering bezeichnet werden. Die Eignung von *Taraxacum officinale* in der Stoffüberwachung konnte bestätigt werden.

24.1 Einleitung

Biomonitore von naturnahen Landnutzungsformen wie Wälder und Flüsse sind nicht nur relativ gut untersucht (z.B. Tyler 1990, Markert 1993, Siebert et al. 1996), sondern werden in der Stoffüberwachung seit mehreren Jahren eingesetzt (Herpin 1997, Kuik und Wolterbeek 1995, Rühling 1994). Häufig werden Moose und Flechten verwendet, die in Städten und südlich gelegenen Gebieten zum Teil nicht ausreichend verbreitet und somit nicht ausschließlich im passiven Biomonitoring einsetzbar sind.
Taraxacum officinale besitzt ein großes Wuchsareal und eine weite ökologische Amplitude. In den Niederlanden, Polen und Bulgarien wurde die Verwendbarkeit von *T. officinale* als Biomonitor im ländlichen Bereich (Djingova und Kuleff 1986, 1993, Kabata-Pendias und Dudka 1991) und im Rahmen dieser Arbeit innerhalb eines Stadtgebietes untersucht.

24.2 Material und Methoden

24.2.1 Untersuchungsgebiet

Das Untersuchungsgebiet umfaßt das Gebiet der Stadt Zittau, Sachsen. Die beprobte Rasterflä-

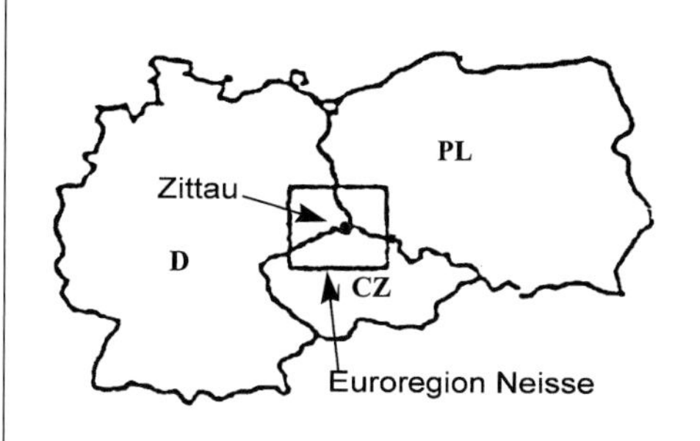

Abb. 24-1: Lage des Untersuchungsgebiets

che schließt im Südwesten den größten Teil des in Renaturierung befindlichen ehemaligen Olberdorfer Braunkohletagebaus und im Nordosten den Weinaupark ein. Das Gebiet erstreckt sich somit vom Rechts- und Hochwert (nach Gauß-Krüger) 5484000 / 5639000 bis zu den Werten 548850 / 5641500 (Abb. 24-1).

24.2.2 Probenahme

Das Gebiet wurde systematisch nach einem 500 x 500 m^2 Gitterraster beprobt (Abb. 24-2). Von jedem Rasterpunkt wurde das nächstliegende Vorkommen von *Taraxacum officinale* aufgesucht und eine Probe aus Blättern als Mischprobe aus mindestens 10 verschiedenen *Taraxacum*-Pflanzen, die in einer Fläche von höchstens 10 m Radius vorkamen, genommen.

Die Probenahme fand nach der Blühzeit von *T. officinale* im Zeitraum vom 28.05.–15.06.97 statt. Noch blühende Pflanzen wurden nicht beprobt, da ihr Elementgehalt in dieser Zeit stark schwanken kann (Djingova, pers. Mitteilung). An einem von 58 Rasterpunkten konnte keine Probe genommen werden, da keine *Taraxacum*-Wuchsstelle vorhanden war.

Innerhalb von zwei Probequadraten (1. Innenstadt Zittau und 2. Ruderalfläche am Stadtrand) wurden vier weitere Punkte beprobt, um die Möglichkeit der Interpolation von Punktwerten auf die Stadtfläche zu untersuchen. Die Proben

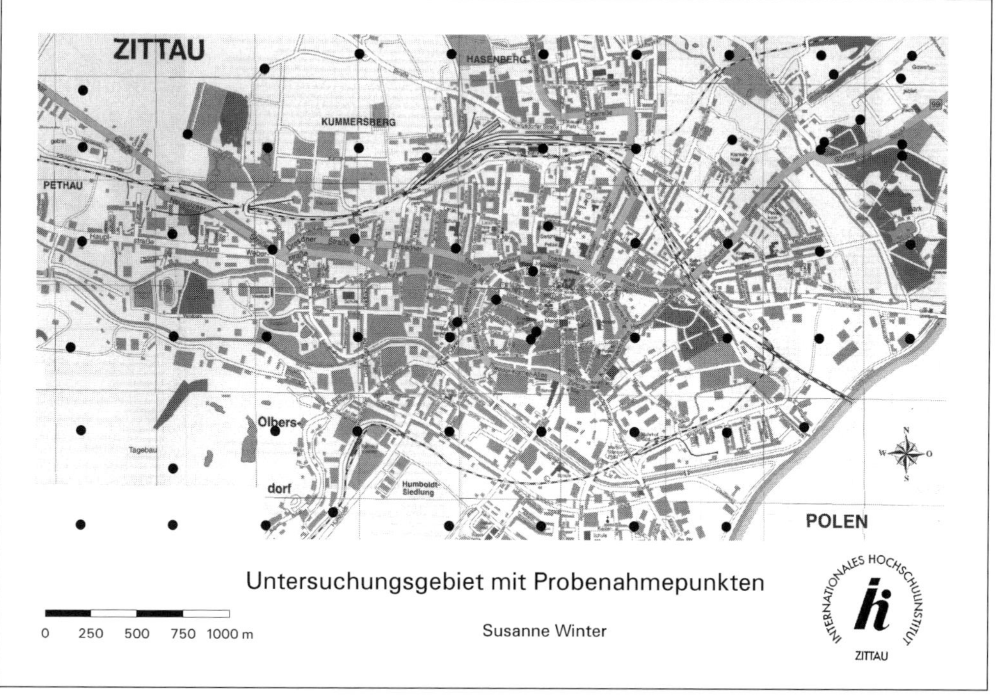

Abb. 24-2: Untersuchungsgebiet mit Probenahmepunkten

wurden mit ungepuderten Handschuhen aus Polyethylen (PE) entnommen und in PE-Beutel gesammelt. Die Transportzeit wurde möglichst knapp gehalten, so daß auf eine Kühlung verzichtet wurde.

24.2.3 Probenvorbereitung

Ein Teil jeder Mischprobe wurde zuerst kurz (10 Sekunden) mit Leitungswasser und anschließend mit entionisiertem Wasser 60 s lang gereinigt. Der zweite Teil einer gewonnenen Probe wurde nicht gereinigt. Anschließend wurden die Proben im Trockenschrank bei 45°C bis zur Gewichtskonstanz getrocknet. In einer Scheibenschwingmühle RS1 (Retsch, Haan) mit Wolfram-Carbid-Einsatz wurden die Proben 90 s bei 700 Umdrehungen/min zermahlen (Partikelgröße $< 63\ \mu m$).
350 mg einer homogenen Probe wurde in einem Teflongefäß mit 4 ml HNO_3 (suprapur, Merck) und 2 ml H_2O_2 (suprapur, Merck) mikrowellenunterstützt aufgeschlossen. Folgendes Mikrowellenprogramm wurde verwendet: 5 min 250 W, 5 min 400 W, 5 min 500 W, 5 min 650 W und 5 min 300 W. Die aufgeschlossene Probe wurde mit entionisierten H_2O auf 50 ml verdünnt und bei –18 °C gelagert.

24.2.4 Meßmethodik

Die *Taraxacum*-Proben wurden mit einem Massenspektrometer mit induduktiv gekoppeltem Plasma (ICP-MS, Elan 5000, Perkin Elmer) in den Verdünnungen 1:1 und 1:10 gemessen. Die Plasmaleistung betrug 1050 W, der Nebulizergasstrom 0,7-0,9 l/min, der Plasmagasfluß 0,8 l/min und der Argongasfluß 15 l/min. Für die optische Emissionsspektroskopie mit induktiv gekoppeltem Plasma (ICP-OES, Optima 3000, Perkin Elmer) wurde die Verdünnung 1:1 verwendet. Die Plasmaleistung lag bei 1200 W, die Gasstrom- und -flußwerte entsprachen denen der ICP-MS (Montaser und Golightly 1992, Schwedt 1992).

24.2.5 Qualitätskontrolle

Für jeweils 4 Proben wurde ein Blindwert ermittelt und dessen Meßergebnis von den ermittelten Elementgehalten abgezogen. Ebenfalls nach 4 Proben wurden die Meßwerte anhand der Ergebnisse von Referenzmaterial überprüft. Peach leaves SRM 1547 (NIST, Gaithersburg, MD) wurden als zertifiziertes Referenzmaterial verwendet. Die Stabilität des ICP-MS wurde mit internen Standards (Scandium, Rhodium, Iridium) überwacht.

24.2.6 Bildung von Klassifizierungsstufen

Die für die Kartendarstellung verwendeten Klassifizierungsstufen der Elementgehalte wurden nach der Methode von Ehrhardt et al. (1996) gebildet. Diese Methode beruht auf der Berechnung eines Normalwertes „normal value", der eine homogene Gruppe von niedrigen Werten zusammenfaßt, die die Hintergrundbelastung reflektieren. Die Ermittlung des Normalwertes beginnt mit der Bildung des Mittelwertes einer Meßreihe. Zu diesem Wert wird die 1,96-fache Standardabweichung addiert und die darüberliegenden Werte gelöscht. Von den verbleibenden Werten wird erneut der Mittelwert bestimmt und so weiter. Die Prozedur wird solange fortgesetzt, bis kein Wert mehr die 1,96-fache Standardabweichung überschreitet. Dieser Mittelwert +1,96-fache Standardabweichung bildet die obere Grenze des normal values. Die obere Grenze der 3. und 5. Klassifizierungsstufe wird aus dem Mittelwert +3- bzw. 6fache der Standardabweichung ermittelt. Die untere Klassengrenze entsteht durch die Subtraktion der einfachen Standardabweichung von der ermittelten Obergrenze.
Um einen Vergleich zwischen den gewaschenen und ungewaschenen *Taraxacum*-Blätterproben zu ermöglichen, wurde die für die gewaschenen Proben erstellte Klassifizierung auch für die ungewaschenen verwendet.

24.2.7 Graphische Darstellung

Die Elementverteilungen wurden mit Hilfe des Geographischen Informationssystems Arc/Info (ESRI) unter Verwendung der Interpolationsfunktion IDW im grid-Modul nach folgender Funktion durchgeführt:

$$Y_j = f\left(\sum_i \frac{1}{d_{ij}^z} x_i\right)$$

Y_j = Wert der Rasterzelle
d_{ij} = Abstand zwischen Meßpunkt und der betrachteten Rasterzelle
z = 1,5 (der Exponent kann die Werte 0,5-3 annehmen, ein höherer Wert bedingt einen geringeren Einfluß von entfernter liegenden Meßwerten)
x_i = gemessener Wert am Meßpunkt

Für die Fläche zwischen den Punkten wird ein Raster mit einer Zellengröße von 1 m^2 definiert und für die Berechnung des jeweiligen Zellenwertes die 8 nächsten Meßpunkte herangezogen. Der für eine Rasterzelle berechnete Wert hängt einerseits von der Höhe des Elementgehalts der umliegenden Meßpunkte und andererseits von der Entfernung der Meßpunkte zur betrachteten Rasterzelle ab. Eine genaue Beschreibung des Interpolationsverfahrens findet sich bei Watson und Philipp (1985).

24.2.8 Statistik

Aufgrund der überwiegend nicht normal verteilten Ergebniswerte (skewness $> \pm 2$) wurden Mediane und Standardfehler ermittelt. Die Unterschiede der Mediane wurden mit Hilfe des verteilungsunabhängigen Wilcoxon-Tests auf signifikante Unterschiede getestet. Die nach Landnutzungen differenzierten Elementgehalte und pH-Werte wurden mit Hilfe des Multiple Range Tests auf Signifikanzen geprüft.
Für die Berechnung der Elementkorrelationen wurden die Daten logarithmiert und eine Schätzung der parametrischen Produktmoment-Korrelation r durchgeführt. Signifikante Korrelationen wurden in Abhängigkeit von der Probenanzahl nach Geigy (1989) bestimmt.

24.3 Ergebnisse

24.3.1 Elementgehalte in ungewaschenen und gewaschenen *Taraxacum officinale* Blättern

Ein Einfluß der Waschung als Probenvorbereitung konnte nur bei den Elementen Al, Ce, Co, Fe, Mo, Sr, Ti und V signifikant nachgewiesen werden. 16 von 24 untersuchten Elementgehalten werden durch die Oberflächenreinigung nicht signifikant beeinflußt (Tab. 24-1). Die z.T. höheren Elementgehalte nach der Waschung sind durch die Medianermittlung der nicht normalverteilten Meßwerte zu erklären und nicht signifikant. Bei den sich nicht signifikant unterscheidenen Elementgehalten ist auch keine Tendenz zu verringerten Elementgehalten erkennbar.
Die auf die gewaschenen *Taraxacum*-Blätter bezogenen Normalwerte ergeben die in Tabelle 24-2 dargestellten Klassifizierungsstufen für die Interpolation.

Tab. 24-1: Medianwerte und Standardfehler der Elementgehalte in ungewaschenen und gewaschenen *Taraxacum officinale* Blättern; * = signifikanter Unterschied zwischen ungewaschenen und gewaschenen Proben (1: p = 0,01, 2: p = 0,001, 3: p = 0,0001, 4: p = 0,00001).

Element	Median (µg/g) ± Standardfehler	
	ungewaschen	gewaschen
Al*2	219 ± 44	79 ± 12
As	0,41 ± 0,05	0,40 ± 0,06
Ba	13,59 ± 1,11	15,08 ± 1,15
Ca	11.175 ± 316	12.480 ± 451
Cd	0,29 ± 0,04	0,37 ± 0,05
Ce*1	0,40 ± 0,10	0,20 ± 0,04
Co*3	2,83 ± 0,38	0,94 ± 0,22
Cr	0,37 ± 0,05	0,26 ± 0,13
Cu	13,97 ± 0,52	9,25 ± 0,42
Fe*2	181 ± 35	113 ± 12
Ga	0,16 ± 0,01	0,16 ± 0,01
K	48.116 ± 6.262	40.074 ± 1.485
Mg	2.940 ± 105	3.050 ± 292
Mn	29,97 ± 3,44	26,67 ± 2,36
Mo*2	1,69 ± 0,17	1,30 ± 0,09
Na	158 ± 275	94 ± 157
Ni	1,04 ± 0,96	0,96 ± 0,22
Pb	0,92 ± 0,07	1,25 ± 0,80
Rb	33,37 ± 4,13	45,96 ± 4,32
Sr*1	41,87 ± 2,16	34,67 ± 1,70
Ti*4	10,65 ± 1,32	5,21 ± 0,67
Tl	0,02 ± 0,006	0,03 ± 0,006
V*3	0,36 ± 0,06	0,18 ± 0,03
Zn	36,26 ± 3,6	40,69 ± 4,6

Tab. 24-2: Klassifizierungsstufen der Elementgehalte in *Taraxacum officinale* gebildet nach der Methode von Ehrhardt et al. (1996).

Klassifizierungen für gewaschene *Taraxacum officinale* Blätter					
Element	**Stufe 1**	**Stufe 2**	**Stufe 3**	**Stufe 4**	**Stufe 5**
Al	<40	40<100	100<160	160<250	≥250
As	<0,2	0,2<0,4	0,4<0,6	0,6<0,8	≥0,8
Ba	<7	7<20	20<33	33<50	≥50
Ca	<10000	10000<15000	15000<20000	20000<30000	≥30000
Ce	<0,1	0,1<0,25	0,25<0,4	0,4<0,6	≥0,6
Cd	<0,1	0,1<0,4	0,4<0,7	0,7<1,0	≥1,0
Cr	<0,1	0,12<0,25	0,25<0,35	0,35<0,5	≥0,5
Co	<0,1	0,1<1,0	1,0<1,5	1,5<3,0	≥3,0
Cu	<10,0	10,0<17	17<23,0	23,0<33	≥33
Fe	<65	65<115	115<165	165<240	≥240
Ga	<0,1	0,1<0,2	0,2<0,35	0,35<0,5	≥0,5
K	<36000	36000<53000	53000<70000	70000<100000	≥100000
Mg	<2200	2200<3300	3300<4300	4300<6000	≥6000
Mn	<17	17<30	30<40	40<60	≥60
Mo	<1,0	1,0<2,0	2,0<3,5	3,5<5,0	≥5,0
Na	<20	20<40	40<60	60<80	≥80
Ni	<0,5	0,5<1,5	1,5<2,5	2,5<4,0	≥4,0
Pb	<0,4	0,4<1,0	1,0<2,0	2,0<3,0	≥3,0
Rb	<20	20<60	60<100	100<160	≥160
Sr	<30	30<50	50<70	70<100	≥100
Ti	<3,0	3,0<6,0	6,0<9,0	9,0<14,0	≥14,0
Tl	<0,01	0,01<0,04	0,04<0,08	0,08<0,13	≥0,13
V	<0,1	0,1<0,2	0,2<0,35	0,35<0,55	≥0,55
Zn	<25	25<40	40<60	60<85	≥85

Die Elemente Al, Ce, Cr, Fe, Ti und V zeigen in den ungewaschenen Blattproben ein sehr ähnliches Verteilungsmuster (als Beispiel Abb. 24-3 und 24-4). Es können vier deutlich voneinander getrennte Bereiche höherer Elementgehalte unterschieden werden. Den größten Bereich bildet der im SW der Stadt gelegene ehemalige Braunkohletagebau mit seinen angrenzenden Wohnbereichen. Im Norden des Stadtgebiets befinden sich im Bereich des Kummersberges ein und im Westen zwei weitere Bereiche. Die im Zentrum der Stadt liegende Altstadt weist überwiegend keine höheren Elementgehalte auf.

Die gewaschenen Proben (Abb. 24-5) zeigen, mit Ausnahme von Cr (Abb. 24-6), in den oben beschriebenen Bereichen nur noch punktuelle Erhöhungen auf. Die nicht signifikant niedrigeren Cr-Gehalte weisen auch nach der Waschung einen ausgeprägten Schwerpunkt im Bereich des ehemaligen Tagebaus auf.

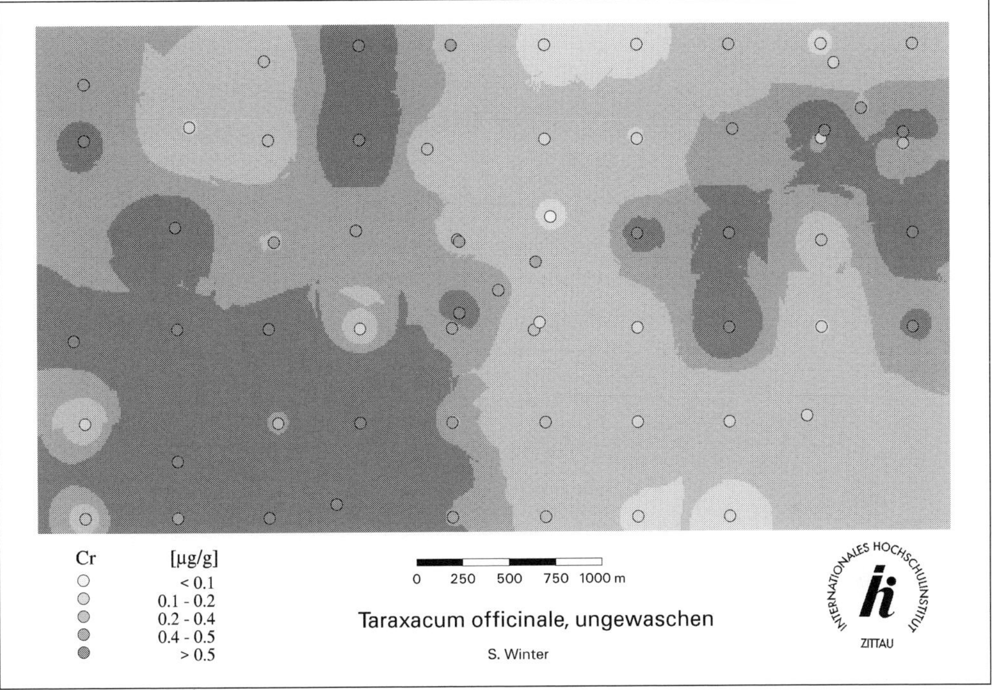

Abb. 24-3: Verteilungsmuster von Cr in ungewaschenen *Taraxacum*-Blättern

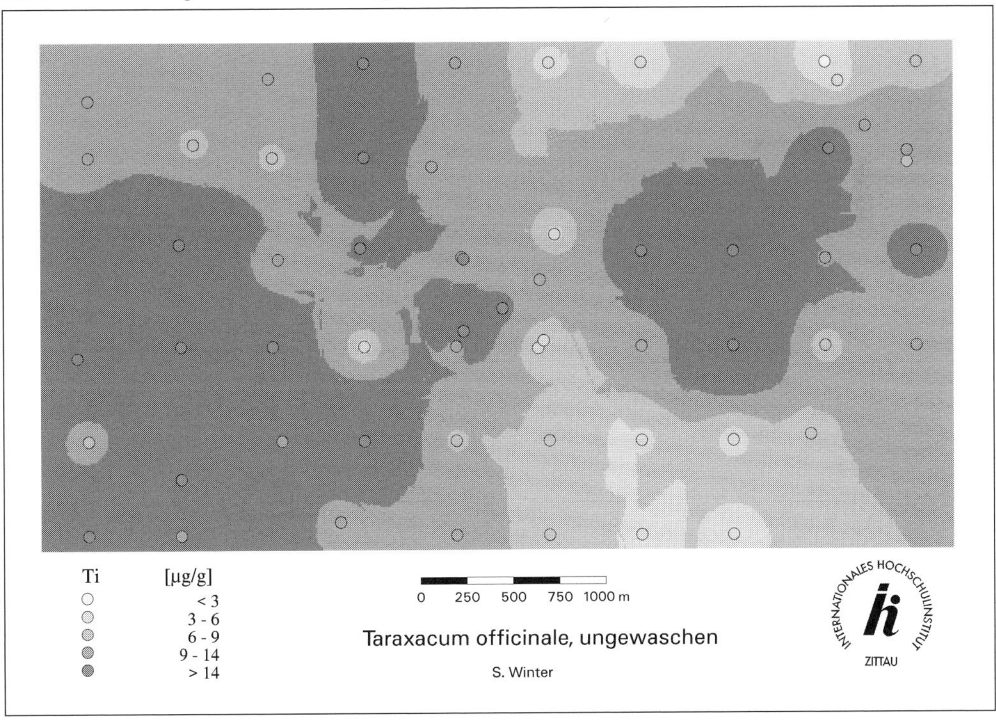

Abb. 24-4: Verteilungsmuster von Ti in ungewaschenen *Taraxacum*-Blättern

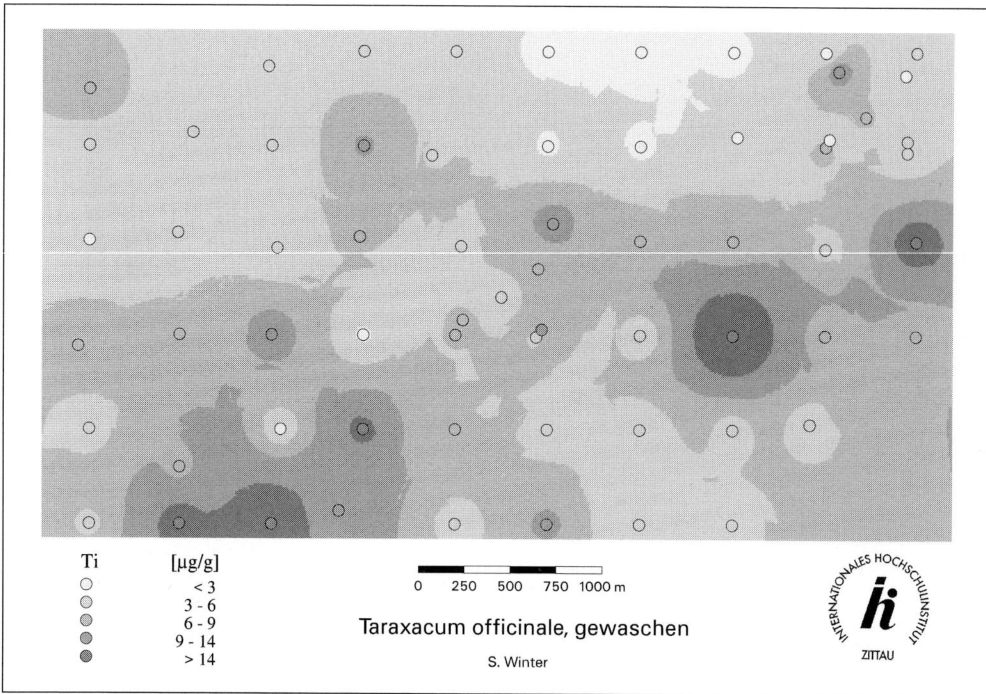

Abb. 24-5: Verteilungsmuster von Ti in gewaschenen *Taraxacum*-Blättern

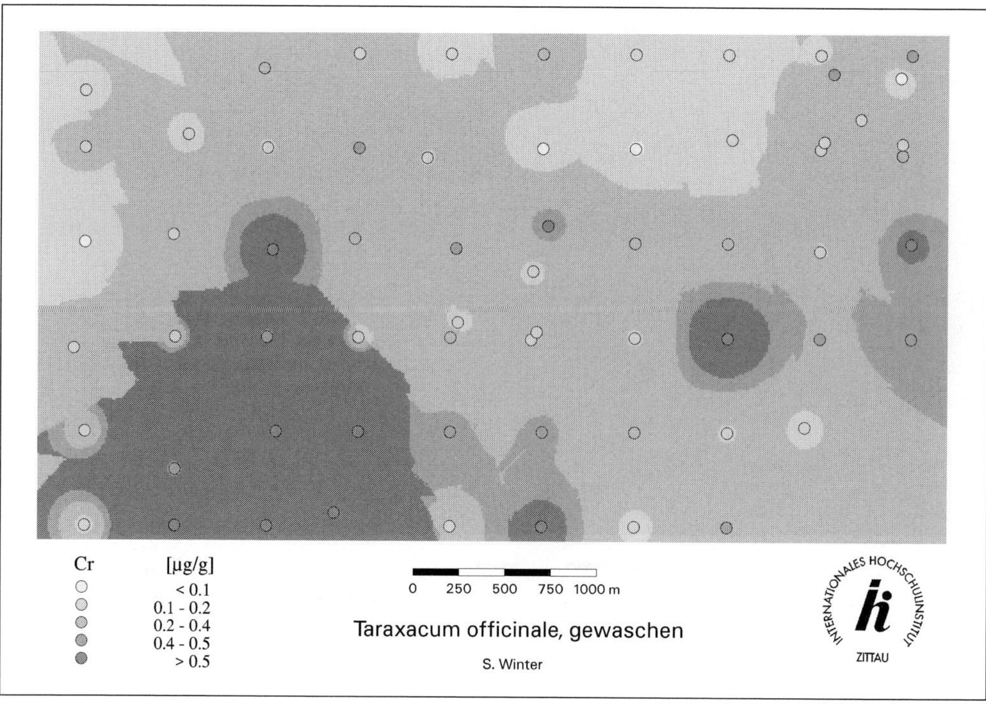

Abb. 24-6: Verteilungsmuster von Cr in gewaschenen *Taraxacum*-Blättern

24.3.2 Elementbeziehungen in *Taraxacum officinale* Blättern

Die Elemente Al, Ce, Fe, Ti und V korrelieren vollständig untereinander. Die Waschung von *Taraxacum officinale* hat kaum Einfluß auf die Verhältnisse dieser Elemente. Hingegen liegen alle Korrelationen von Al, Ce, Fe, Ti und V in Verbindung mit Cr nach der Probenreinigung bedeutet niedriger (Tab. 24-3). Da die o.g. Elementkonzentrationen mit Ausnahme von Cr durch die Vorbehandlung signifikant niedriger liegen (Tab. 24-1), sinken die Korrelationen mit Cr in den gewaschenen Blättern (Tab. 24-3, fett).

Tab. 24-3: Korrelationskoeffizienten (r) der logarithmierten Elementgehalte in ungewaschenen und gewaschenen Blättern von *Taraxacum officinale*.

Elementpaar	r (ungewaschen)	r (gewaschen)
Al-Ce	0,93	0,94
Al-Cr	**0,89**	**0,54**
Al-Fe	0,94	0,79
Al-Ti	0,94	0,91
Al-V	0,97	0,97
Ba-Ga	0,75	0,86
Ce-Cr	**0,82**	**0,28**
Ce-Fe	0,85	0,83
Ce-Ti	0,87	0,90
Ce-V	0,91	0,93
Cr-Fe	**0,94**	**0,51**
Cr-Ti	**0,88**	**0,56**
Cr-V	**0,91**	**0,57**
Fe-V	0,95	0,85
Fe-Ti	0,95	0,85
Rb-Tl	0,76	0,82
Ti-V	0,96	0,94

24.4 Diskussion

Der geringe Effekt der Waschung auf die Elementgehalte von Ca, Cd, Cu, K und Na in den Blättern (Tab. 24-1) bestätigt die Ergebnisse von Djingova und Kuleff (1994) für diese Elemente. Für Mn und Pb wurde von Djingova und Kuleff eine etwa 25 % Verringerung des Elementgehaltes nach Waschung festgestellt, die in dieser Untersuchung nicht nachgewiesen werden konnte. Hingegen wurde die in dieser Arbeit aufgezeigte signifikante Beeinflussung des Fe-Gehaltes von Djingova und Kuleff nicht festgestellt. Über eine Waschung als Probenvorbereitung ist also in Abhängigkeit von dem zu betrachtenden Element zu entscheiden und zum Teil bedarf es dazu weiterer Untersuchungen.

Da die von Djingova und Kuleff (1986) und Kabata-Pendias und Dudka (1989, 1991) ermittelten Bereiche für Hintergrund- und Belastungswerte sehr große Überschneidungen aufweisen, ist eine Zuordnung der Meßwerte aus Zittau zu einer der beiden Kategorien für die meisten Elemente nicht möglich (Tab. 24-4). Die für Zittau ermittelten Klassifizierungsgrenzen folgen der von Ehrhardt et al. (1996) getroffenen Annahme, daß ein Meßwert, der höher als der normal value + 3 mal die Standardabweichung liegt, sich signifikant von der Wertespanne der Hintergrundgehalte (Normal value + Standardabweichung) unterscheiden. Somit sind die Werte der Stufe 4 und 5 signifikant von Stufe 1 unterschieden. Der Vorteil der Klassifizierungmethode von Ehrhardt et al. (1996) liegt in der Möglichkeit einer genauen Zuordnung eines Meßwertes und somit der Feststellung und Bewertung punktueller Belastungen. Nachteil der erstellten Klassifikationsstufen ist die fehlende Berücksichtigung anderer Untersuchungen. Die Klassifizierung bezieht sich nur auf den betrachteten Datenpool, das bedeutet, daß für jede Untersuchung eine spezielle Klassifizierung abgeleitet wird. Die von Djingova und Kuleff (1986) und Kabata-Pendias und Dudka (1989, 1991) vorgestellten Bereiche zeigen hingegen die Möglichkeit, großräumig die Stoffbelastung darzustellen und zu beurteilen. Punktuell erhöhte Werte werden in der großflächigen Betrachtung subsumiert.

Nur die Meßwertreihen der Elemente Cd, Ni und Pb unterscheiden sich nach Kabata-Pendias und Dudka (1989, 1991) zwischen Hintergrund- und Belastungswerten signifikant. Für die von Djingova und Kuleff (1993) angegebenen Werte sind keine Signifikanzen berechnet worden. Der Vergleich der aus der Literatur entnommenen Werte mit den in Zittau ermittelten Klassifizierungsstufen zeigt für die Elemente Cd, Ce, Cr, Ni, Pb und eingeschränkt für Zn eine gu-

Tab. 24-4: Vergleich der Hintergrund- und Belastungswerte in Polen und Bulgarien mit der Klassifizierung für die Zittauer Elementgehalte (µg/g), fett = signifikanter Unterschied. *1: Djingova und Kuleff (1993), geometrische Mittelwerte von Hintergrundwerten aus Bulgarien, Niederlande und Deutschland, Belastungswerte wurden 300 m von einer Cu-Verarbeitungsindustrie entfernt ermittelt; *2: Kabata-Pendias und Dudka (1989), Untersuchung in Polen; *3: Kabata-Pendias und Dudka (1991), Untersuchung in Polen; *4: Djingova und Kuleff (1986), Untersuchung in Bulgarien.

Element (µg/g)	Hintergrundwerte aus der Literatur	Stufe 1-3 in Zittau	Belastungswerte aus der Literatur	Stufe 4 und 5 in Zittau
As[*1]	0,12	0,08–0,6	15,9	>0,6–2,38
Cd[*1]	0,26	0,08–0,7	0,69	>0,7–2,7
Cd[*2/*3]	**0,29–0,93**	s.o.	**0,19–3,74**	s.o.
Ce[*1]	0,41	0,04–0,4	-	>0,4–2,32
Co[*1]	0,18	0,05–1,5	0,32	>1,5–8,34
Cr[*1]	0,35	0,07–0,4	3,42	>0,4–8,9
Cr[*3]	0,2–4,8	s.o.	0,2–2,4	s.o.
Cu[*1]	14,80	6,76–23,0	73,5	>23,0–26,1
Cu[*3]	5,2–20,0	s.o.	4,0–21,6	s.o.
Cu[*4]	19,0–25,2	s.o.	37,8–68,5	s.o.
Fe[*3]	40,0–644	44,90–165,0	96,0–720,0	>165,0--565,0
Fe[*1]	272	s.o.	-	s.o.
Mn[*3]	14,0–206,0	9,86–40,0	18,0–142,0	>40,0–112,0
Mn[*1]	54	s.o.	37	s.o.
Ni[*1]	2,87	0,08–2,5	–	>2,5–13,8
Ni[*3]	**0,4–3,5**	s.o.	**0,8–5,6**	s.o.
Pb[*1]	2,15	0,22–2,0	7,2	>2,0–8,2
Pb[*3]	**0,8–6,4**	s.o.	**1,6–10,0**	s.o.
Rb[*1]	84	3,80–100	-	>100–168,19
Zn[*1]	43	18,36–60,0	90	>60,0–213,0
Zn[*3]	21,0–84,0	s.o.	22,0–230,0	s.o.

te Übereinstimmung zwischen Hintergrund- und Belastungswerten (Tab. 24-4).

Ein weiterer wichtiger und noch genauer zu untersuchender Einflußparameter ist die Probenahmeumgebung. Um die kleinräumig zum Teil stark variierenden Ergebnisse in der Interpolation zu vermeiden, wird vorgeschlagen, Proben nicht mehr an dem zum Rasterpunkt nächst gelegenen Wuchsort, sondern entfernt von Straßenrändern, möglichst in Gärten hinter Häuserzeilen zu entnehmen. Am Beispiel des Verteilungsmuster von Ti (Abb. 24-3) wird deutlich, daß die im Stadtzentrum und am nordwestlichen Stadtrand zusätzlich genommenen Proben innerhalb eines Rasterquadrates stark von den Rasterprobepunkten abweichende Elementgehalte aufweisen. Die Elemente Al, Ce, Fe und V zeigen ebenfalls große Unterschiede in den Elementgehalten für die im Nordwesten Zittaus zusätzlich analysierten Proben. Eine flächige Interpolation spiegelt somit die tatsächliche Belastungssituation nicht immer wider.

Ein Vergleich von den in Zittau ermittelten Meßwerten mit den großräumigen Ergebnissen des Moosmonitorings von Rühling (1994) und Herpin (1997) zeigt die Verwendbarkeit von *Taraxacum officinale* in der Schadstoffüberwachung. Die länderübergreifende Interpolationen von Rühling und Herpin ergeben im Zittauer Gebiet für die Elemente As, Fe, Pb und V höhere Elementgehalte in den Moosen. Dies wird in großen Teilen des Stadtbereichs durch *T. offici-*

nale bestätigt. Die bei Rühling dargestellten höheren Pb-Gehalte werden von Herpin und in der hier vorgestellten Arbeit nicht mehr bestätigt. Die Einführung und Verwendung von unverbleitem Benzin führte in den letzten Jahren wohl zu niedrigeren Pb-Gehalten in der Vegetation.
Die für ein biologisches Monitoring notwendige Toleranz von *T. officinale* für Cu wurde bereits von Antonovics et al. (1971) festgestellt. Die 1994 von Rühling für die Zittauer Region ermittelten höheren Cu-Gehalte konnten 1997 weder von Herpin noch durch die hier vorgestellte Untersuchung bestätigt werden. Eine mittlere bis niedrige Belastung von Cd, Ni und Zn wird in allen drei Arbeiten deutlich.
Hinsichtlich der Verwendbarkeit von *T. officinale* als Biomonitor für ländliche und urbane Gebiete läßt sich anhand der im Stadtgebiet Zittaus gewonnenen Erkenntnisse abschließend folgern, daß diese Art aufgrund der differenzierten Elementgehalte für ein biologisches Monitoring geeignet ist. Wichtig sind in diesem Zusammenhang noch weiterführende Untersuchungen zu den Aufnahmemechanismen der Pflanze und Versuche zu einem standardisiertem Probenahme-Verfahren in Städten.

Danksagung

Für die Hinweise zum Probenahmekonzept danken wir Dr. R. Djingova, Faculty of Chemistry, University of Sofia (Bulgarien) recht herzlich. Vielen Dank auch an Herrn J. Berlekamp, Institut für Umweltsystemforschung, Universität Osnabrück, für seine Unterstützung bei der Erstellung der Interpolationen und den Kartendarstellungen.

Literatur

Antonovics, J., Bradshaw, A.D., Turner, R.G. (1971): Heavy metal tolerance in plants. Adv. Ecol. Res. 7: 1-85

Djingova, R., Kuleff, I. (1986): Bromine, copper, manganese and lead content of the leaves of *Taraxacum officinale* (dandelion). Sci. Total Environ. 50: 197-208

Djingova, R., Kuleff, I (1993): Monitoring of heavy metal pollution by *Taraxacum officinale*. In: Markert, B. (ed.): Plants as biomonitors. Indicators for heavy metals in the terrestrial environment. VCH, Weinheim. 395-401

Djingova, R., Kuleff, I. (1994): On the sampling of vascular plants for monitoring of heavy metal pollution. In: Markert, B. (ed.): Environmental sampling for trace analysis. VCH, Weinheim. 395-414

Ehrhardt, W., Höpker, K.A., Fischer, I. (1996): Verfahren zur Bewertung von immissionsbedingten Stoffanreicherungen in standardisierten Graskulturen. Umweltwissenschaften und Schadstoff-Forschung, UWSF – Z. Umweltchem. Ökotox. 8: 237-240

Geigy, T. (1980): Signifikanzschranken für den Korrelationskoeffizient r. In: Lozán, J.L. (1992): Angewandte Statistik für Naturwissenschaftler. Parey, Berlin. 170

Herpin, U. (1997): Moose als Bioindikatoren von Schwermetalleinträgen. Möglichkeiten und Grenzen für flächenhafte und zeitabhängige Aussagen. Dissertation, Universität Osnabrück

Kabata-Pendias, A., Dudka, S. (1989): Evaluating baseline data for cadmium in soils and plants in Poland. In: Markert, B., Lieth, H. (eds.): Element concentration cadasters in ecosystems. VCH, Weinheim. 265-280

Kabata-Pendias, A., Dudka, S. (1991): Trace metal contents of *Taraxacum officinale* (dandelion) as a convenient environmental indicator. Environ. Geochem. Health 13: 108-113

Kuik, P., Wolterbeek, H.T. (1995): Factor analysis of atmospheric trace-element deposition data in the Netherlands obtaines by moss monitoring. Wat. Air Soil Pollut. 84: 323-346

Markert, B. (ed.) (1993): Plants as biomonitor. Indicators for heavy metals in the terrestrial environment. VCH, Weinheim

Montaser, A., Golightly, D.W. (eds.) (1992): Inductively coupled plasmasnnalytical atomic spectrometry. VCH, Weinheim

Rühling, Ĺ. (ed.) (1994): Atmospheric heavy metal deposition in Europe – Estimations based on moss analysis. Nordic Council of Ministers (Nord 1994: 9)

Schwedt, G. (1992): Taschenatlas der Analytik. Georg Thieme Verlag, Stuttgart

Siebert, A., Bruns, I., Krauss, G.-J., Miersch, J., Markert, B. (1996): The use of the aquatic moss *Fontinalis antipyretica* L. ex Hedw. as a bioindicator for heavy metals. Sci. Total Environ. 177: 137-144

Tyler, G. (1990): Bryophytes and heavy metals: a literature review. Bot. J. Lin. Soc. 104: 231-253

Watson, D.F., Philipp, G.M. (1985): A refinement of inverse distance weighted interpolation. Geo-Processing 2: 315-327

25 Nachweis ökotoxikologischer Wirkungen in Kiefernökosystemen – Ergebnisse einer langfristig angelegten Freilandstudie

H. Schulz, S. Härtling, G. Huhn, P. Morgenstern und G. Schüürmann

Abstract

The depositions of airborne pollutants (SO_2, NO_x, SO_4^{2-}, NO_3^-, NH_4^+) on old pine stands is studied at three differently polluted locations (Neuglobsow, Taura, Rösa) by means of various effect parameters (biomarkers) of the C-, N- and S-metabolism and of the antioxidative decontamination system. The findings (bark analysis) concerning multiple contamination show that between 1991 and 1997 the input of sulphate at all three locations significantly decreased. A comparable trend was also found for ammonium and nitrate until the mid-1990s. However, the input of N has significantly risen in pine stands since 1995 and is becoming the main form of deposition contamination in the forest ecosystems in the lowlands of north-eastern Germany. The differences between the locations and the changes over time of depositions are clearly reflected in the reactions of the biomarkers. The sulphate levels in the needles correlate especially closely with the changes in the SO_2 concentration in the ambient air. By contrast, the levels of the soluble non-protein-N (NPN) fraction and the parameters of biomarkers of related metabolic areas (phosphoenolpyruvate carboxylase, glucose, organic phosphor fraction, glutathione reductase) underwent low or no change over time.
Using multivariate statistical models (factor analysis, cluster analysis, discriminance analysis), close relations are detected between various biomarkers, and the pines' vitality states are characterised depending on the multiple pollution situation.

Zusammenfassung

Mit Hilfe von verschiedenen Wirkungsparametern des C-, N- und S-Stoffwechsels sowie des antioxidativen Entgiftungssystems werden die Auswirkungen sich zeitlich ändernder Immissionen und Depositionen von luftgetragenen Fremdstoffen (SO_2, NO_x, SO_4^{2-}, NO_3^-, NH_4^+) auf Kiefernaltbestände an drei unterschiedlich belasteten Standorten (Neuglobsow, Taura, Rösa) untersucht. Die Ergebnisse (Borkenanalysen) zur multiplen Stoffbelastung zeigen, daß im Zeitraum 1991-1997 die Einträge von Sulfat an allen Standorten signifikant abnehmen. Für Ammonium und Nitrat wird bis Mitte der neunziger Jahre ein vergleichbarer Trend nachgewiesen. Seit 1995 nehmen die N-Einträge in Kiefernbestände wieder signifikant zu und werden zur dominierenden Depositionsbelastung der Forstökosysteme im nordostdeutschen Tiefland. In den Reaktionen der wirkungsbezogenen Parameter (Biomarker) spiegeln sich die gebietsbezogenen Unterschiede und zeitlichen Veränderungen der Immissions- und Depositionsbelastung klar wider. Besonders deutlich korrelieren die Sulfatgehalte der Nadeln mit den Veränderungen der SO_2-Konzentration in der Umgebungsluft. Im Gegensatz dazu unterliegen die Gehalte der löslichen Nicht-Protein-N Fraktion sowie Parameter von Biomarkern verwandter Stoffwechselbereiche (Phosphoenolpyruvat-Carboxylase, Glucose, organische Phosphor-Fraktion, Glutathionreduktase) geringen bis keinen zeitlichen Veränderungen.
Mit multivariaten statistischen Modellen (Faktoranalyse, Clusteranalyse, Diskriminanz-analyse) werden enge Beziehungen zwischen verschiedenen Biomarkern nachgewiesen und in Abhängigkeit von der multiplen Belastungssituation Vitalitätszustände für die Kiefer charakterisiert.

25.1 Einleitung

Die Kiefernökosysteme im nordostdeutschen Tiefland unterliegen seit Jahren wechselnden Belastungen durch atmosphärische Stoffeinträge. In den sechziger bis achtziger Jahren waren es vorwiegend S- und Ca-haltige Depositionen. Verantwortlich war dafür die massenhafte Verbrennung minderwertiger Braunkohle bei Fehlen von Entschwefelungs- und Entstaubungsanlagen sowie der Ausstoß weiterer toxischer Substanzen aus veralteten Industrieanlagen der früheren DDR. Der Pro-Kopf-Ausstoß an Schwefeldioxid (SO_2) lag 1989 ca. 20mal und an Staub ca. 17mal höher als in den Ländern der alten Bundesrepublik. Diese enorme Umweltbelastung konnte erst ab 1989 durch den Zusammenbruch ganzer Industriezweige verbunden mit einer erheblichen Abnahme des Energieverbrauchs drastisch reduziert werden. Bereits nach zwei Jahren (1991) war die SO_2-Konzentration in der Umgebungsluft von Industriegebieten um ca. 50 % geringer. Dagegen haben die Emissionen von NO_x und flüchtigen organischen Verbindungen durch den stark angestiegenen Kfz-Verkehr erheblich zugenommen und die Zusammensetzung der Schadstoffemissionen in den neuen Bundesländern (NBL) grundlegend verändert. In enger Wechselbeziehung stehen dazu die zu verzeichnenden strukturellen und funktionellen Veränderungen in naturnahen Ökosystemen. Kiefernforste sind davon besonders betroffen.

Bedingt durch diese Entwicklung der Emissionssituation in den NBL wurde Anfang der 90er Jahre ein Forschungsverbundprojekt SANA (Sanierung der Atmosphäre über den neuen Bundesländern) initiiert mit dem Ziel, ökologische Veränderungen als Folge von Reduktionen des Ausstoßes von Spurengasen und Stäuben mehrjährig zu erfassen, zu modellieren und grundlegende Daten zur Definition künftiger Sanierungsprojekte bereit zu stellen (Hüttl et al. 1995). Zur Wirkungsanalyse wurden Waldökosysteme ausgewählt. Schwerpunkt der ökologischen Untersuchungen war die Analyse des Regenerationsverhaltens der extrem belasteten Kiefernökosysteme, die über Jahrzehnte zum Teil erhebliche Vitalitätsverluste durch starke SO_2-Belastung bei gleichzeitig kompensierenden hohen Flugasche- und N-Einträgen erlitten haben (Niehus und Schulz 1997).

Im Rahmen der langfristigen Studie soll geprüft werden, ob Veränderungen in der multiplen Stoffbelastung gleichzeitig zu Wirkungsveränderungen auf zellulärer Ebene von Kiefern (*Pinus sylvestris* L.) führen. Dazu werden seit 1991 verschiedene biochemische und physiologische Wirkungsparameter (Biomarker) einschließlich sichtbare Schadsymptome (Chlorosen, Nekrosen) an Kiefernnadeln von Altbeständen entlang eines Depositionsgradienten (Ballungsraum Leipzig-Halle-Bitterfeld bis nördl. Brandenburg) erfaßt. Neben der univariaten Darstellung zeitlicher und räumlicher Veränderungen ausgewählter Biomarker werden die Meßdaten mit Hilfe statistischer Modelle auch multivariat ausgewertet und in erster Näherung ein Ansatz zur Charakterisierung von Vitalitätszuständen für Kiefern bei komplexer Schadstoffbelastung vorgestellt.

25.2 Material und Methoden

25.2.1 Charakteristik der Untersuchungsstandorte

Testgebiete

Die Freilanduntersuchungen werden an drei Kiefernwaldstandorten mit differenzierter Immissions- und Depositionsbelastung durchgeführt. Eine nähere Beschreibung zur Lage der Testgebiete und den Standortsbedingungen ist in Hüttl et al. (1995) und (Schulz et al. 1996a) nachzulesen.

Neuglobsow: Backgroundgebiet, ca. 3 km südlich des Stechlinsees im Land Brandenburg (Oberhavelkreis Oranienburg, Forstamt Fürstenberg) mit geringer Immissionsbelastung 1989: 15 $\mu g\ SO_2\ m^{-3}$; Standort: schwach podsolige Braunerden mit feinhumusarmen Moder; Ökosystemtyp: Myrtillo-Cultopinetum sylvestris (Hofmann 1994).

Taura: Ostrand der Dübener Heide, etwa 40 km nordöstlich von Leipzig im Freistaat Sachsen (Landkreis Torgau-Oschatz, Forstamt Taura) mit mittlerer Belastung 1989: 70 $\mu g\ SO_2\ m^{-3}$; Standort: Podsol-Braunerden; Ökosystemtyp: Avenello-Cultopinetum sylvestris (Hofmann 1994).

Rösa: Hauptquellgebiet der atmosphärischen Belastungen, ca. 10 km östlich von Bitterfeld am Westrand der Dübener Heide (Sachsen-Anhalt, Landkreis Bitterfeld, Forstamt Bitterfeld) mit starker bis extremer Belastung 1989: 140 $\mu g\ SO_2\ m^{-3}$; Rohhumusartige Moder; Ökosystemtyp: Calamagrostio-Cultopinetum sylvestris (Hofmann 1994).

Die Immissionswerte (SO_2, NO_x, O_3) werden von den Luftmeßstationen Neuglobsow, Melpitz (Umweltbundesamt) und Pouch (Landesamt für Umweltschutz Sachsen-Anhalt) bezogen. Stoffeintragsmessungen erfolgen mit Hilfe von Borkenanalysen (Schulz et al. 1997a). Langjährige klimatische Daten wie Lufttemperatur und Niederschlagsmenge stehen von Meßstationen des Deutschen Wetterdienstes zur Verfügung. Bezogen auf das langjährige Mittel (1983-1995) liegen die Niederschlagsjahressummen in Neuglobsow mit 585 mm geringfügig über denen von Rösa und Taura (570 mm). Ausgesprochene trockene Jahre (weniger 400 mm Niederschlag) sind im Untersuchungszeitraum an allen Standorten nicht nachweisbar. Auch die Jahresmittel der Lufttemperaturen (8,4-9,1°C) zeigen keine signifikanten gebietsbezogenen Unterschiede. In Neuglobsow liegen die Lufttemperaturen etwa um 1°C niedriger als in Rösa und Taura (9,1°C).

Testflächen, Probenahme, Probenaufarbeitung

Jeder Standort unterteilt sich in 5 Testflächen (60- bis 80jährige Kiefernbestände). Die Testflä-

chengröße beträgt ca. 1 bis 2 ha, wobei die Entfernungen zwischen den Testflächen um 100 – 1000 m variieren.
Die Gewinnung des Nadelmaterials erfolgt von jeweils 15 Probebäumen pro Testfläche. Pro Baum wird ein Ast im oberen Kronenbereich mit einer Stangenschere geschnitten. Nach der Nadelbonitur werden die Triebe von den Ästen abgetrennt und nach Jahrgängen sortiert vereinigt. Für biochemische Untersuchungen erfolgt die Nadelkonservierung vor Ort. Die Nadeln werden zu etwa gleichen Volumenanteilen vermischt und in flüssigem Stickstoff eingefroren. Bis zur späteren Weiterverarbeitung erfolgt die Lagerung in Plastflaschen bei –80°C im Gefrierschrank. Die verbleibenden Nadeln werden für Nährelementanalysen (K, Ca, Mg, P, N, S, C, NPN, SO_4^{2-}, PO_4^{3-} etc.) mit bidest. Wasser gewaschen, bei 60°C getrocknet und anschließend mit einer Ultrazentrifugal-Mühle (Z1, Reetsch) staubfein gemahlen.

25.2.2 Morphologisch-morphometrische, chemische und biochemische Methoden

Nekrosen-Index (NKS)

Die Schätzung des Nekrosegrades von Nadeln des 1. und 2. Jahrganges (NK1, NK2) erfolgt nach einem von den Autoren willkürlich festgelegten Boniturschlüssel: 1 – grüne Nadeln ohne sichtbare Farbveränderungen, 1,5 – einige Nadeln mit gelben Spitzen (Chlorosen), 2 – alle Nadeln mit gelben Spitzen, 2,5 – einige Nadeln mit Nekrosen (braune Spitzen), 3 – alle Nadeln mit Spitzennekrosen, 3,5 – einige Nadeln mit fortgeschrittenen Nekrosen (> 2,5 mm), 4 – alle Nadeln zeigen fortgeschrittene Nekrosen (> 2,5 mm). In die Schätzung des Nekrosegrades werden Nadeln des 1. und 2. Jahrganges einbezogen. Die Summe beider Nekrosegrade ergibt den Nekrosen-Index. Für die Bonitur wird jeweils ein Ast von 15 Bäumen pro Testfläche herangezogen und das arithmetische Mittel gebildet.

Nährelemente (K, Mg, P)

Für die Elementbestimmung werden 500 mg getrocknetes Nadelpulver mit 2,5 ml konz. Salpetersäure (65 %ig) versetzt und bei 150 °C unter Druck in der Mikrowelle aufgeschlossen. Die Gehalte von K und Mg werden nach Filtration und Verdünnen der Aufschlußlösung mit Reinstwasser mittels ICP-AES (Jobin Yvon JY 24, Longjumeau Cedex) bestimmt. Der Phosphorgehalt wird mittels Röntgenfluoreszenzanalyse ermittelt. Zur Probeaufbereitung wird das feingemahlene und getrocknete Nadelpulver mit 20 % ‚Hoechst-Wachs' als Bindemittel versetzt, im Achatmörser homogenisiert und anschließend unter einem Druck von 200 MPa zu Pellets gepreßt. Die Durchführung der Messungen erfolgt an einem wellenlängendispersiven Spektrometer (SRS 3000, Siemens) mit einer 3kW Rh – Röhre, Ge – Kristall und Proportionalzählrohr. Für die Kalibrierung des Spektrometers werden die Referenzmaterialien B214, B223, B227, B229 (Wageningen Agricultural University) sowie SRM 1575 (NBS) und CRM101 (Promochem) benutzt.

Organischer Phosphor (PORG)

Der organische Phosphorgehalt der Nadeln wird aus der Differenz (Gesamtphosphor- Phosphatphosphor) berechnet.

Sulfat, Phosphat (SO_4, PO_4)

Zur Extraktion werden 0,5 g getrocknetes Nadelmaterial mit 25 ml Reinstwasser 40 min geschüttelt und der Extrakt anschließend durch Cellulose-Acetat-Filter filtriert sowie über Bakerbond SPE-Säulen (Typ CN) gereinigt. Die Auftrennung und quantitative Bestimmung der Anionen erfolgt mit einem Ionenchromatographiesystem (DX500, Dionex). Trennsäule: Ionpack AS12A, 4 mm. Eluent: 2,7 mM Na_2CO_3/0,3 mM $NaHCO_3$ in Acetonitril/H_2O (10:90, v/v). Flußrate: 1,5 ml/min. Injektionsvolumen: 0,5 ml.

Gesamtschwefel (S), organischer Schwefel (SORG)

Die Gesamtschwefelbestimmung erfolgt mit dem Schwefel-Kohlenstoffanalysator CS-mat 5500, Ströhlein. 100-150 mg getrocknetes Nadelmaterial werden bei 130°C im Sauerstoffstrom (99,95 %) unter Verwendung von Quarzsand zu SO_2 verbrannt und in einer IR-Durchflußzelle detektiert. Zur Kalibrierung des Gerätes wird ein Kohlestandard mit 1,115 % S verwendet (NIST). Als Referenzmaterial dient ein Fichtennadelstandard mit 0,104 % S (Landesanstalt für Umweltschutz des Landes Baden-Württemberg). Der organische Schwefelgehalt der Nadeln wird aus der Differenz (Gesamtschwefel-Sulfatschwefel) berechnet.

Gesamtstickstoff (N), Nicht-Protein-Stickstoff (NPN), Protein-Stickstoff (PROTN)

Für die Gesamtstickstoffbestimmung werden 0,5 g getrocknetes Nadelmaterial mit 20 ml konz. Schwefelsäure in 5 g Wieninger-Katalysator-gemisch (Kjeltabs IB 61) 40 min aufgeschlossen. Die Aufschlußlösung wird mit 60 ml 32 %ige NaOH alkalisiert und mittels Wasserdampfdestillation der flüchtige Ammoniak in eine 60 ml 2 %ige Borsäurevorlage überdestilliert. Es wird automatisch mit 0,05 N Schwefelsäure auf den pH-Wert der Borsäure zurücktitriert und der N-Gehalt aus dem Säureverbrauch berechnet (Destillationseinheit 339, Büchi).
Zur Nicht-Protein-Stickstoffbestimmung wird von 1 g getrocknetem Nadelmaterial ausgegangen. Die Probe wird mit 20 ml 10 %iger Trichloressigsäure 10 min im siedenden Wasserbad erhitzt. Danach wird zur Vervollständigung der Proteinfällung die Suspension über Nacht im Kühlschrank (5 °C) aufbewahrt und der Flüssigkeitsverlust korrigiert. Nach Filtration werden Aliquote von 10 ml entnommen und mit 20 ml konz. Schwefelsäure und 5g Wieninger-Katalysator-Gemisch (Kjeltabs IB 61) 40 min aufgeschlossen. Die Stickstoffbestimmung erfolgt wie oben beschrieben.
Der Protein-Stickstoffgehalt der Nadeln wird aus der Differenz (Gesamtstickstoff-Nicht-Protein-Stickstoff) berechnet.

Phosphoenolpyruvat-Carboxylase (PEPC)

Die Kiefernnadeln werden mit einem Mikrodismembrator in flüssigem Stickstoff pulverisiert. Zur Enzymextraktion werden etwa 500 mg Nadelpulver eingesetzt. Es wird mit 4 ml 50 mM Kaliumphosphat-Puffer pH 7,0, der zusätzlich 2 % lösliches PVP, 2 mM EDTA und 5 mM Dithioerythrit enthält, unter Kühlung (4 °C) 1 min mit dem Ultra-Turrax homogenisiert und anschließend 40 min bei 4 °C und 26500*g zentrifugiert. Der so gewonnene Rohenzymextrakt wird direkt zur Aktivitätsbestimmung eingesetzt. Testansatz (2,42 ml): 1,77 ml 50 mM Phosphatpuffer (pH 7,8), 0,1 ml 20 mM DTE, 0,1 ml 200 mM $NaHCO_3$, 0,1 ml 100 mM $MgCl_2$, 0,1 ml 2,2 mM NADH,Na_2, 0,1 ml 20 mM PEP und 0,05 ml Malatdehydrogenase (ca. 60 Units). Die Reaktion wird durch Zugabe von 0,1 ml Rohenzymextrakt gestartet und die Extinktionsänderung pro Minute (ΔE/min) bei 340 nm und 25 °C bestimmt (modifiziert n. Tietz und Wild, 1990).

Glutathionreduktase (GLR)

Die Aufarbeitung der Kiefernnadeln erfolgt wie bereits beschrieben. Zur Enzymextraktion werden ebenfalls 500 mg Nadelpulver eingesetzt. Es wird mit 4 ml 50 mM Kaliumphosphat-Puffer pH 7,0, der 4 % lösliches PVP, 2 mM EDTA und 5 mM Dithioerythrit enthält, unter Kühlung (4 °C) für 1 min mit dem Ultra-Turrax homogenisiert und anschließend 40 min bei 4 °C und 26500*g zentrifugiert. Der so gewonnene Rohenzymextrakt wird direkt zur Aktivitätsbestimmung eingesetzt. Testansatz (2 ml): 1,35 ml 50 mM Phosphatpuffer (pH 7,8), 0,2 ml 10 mM GSSG, 0,2 ml 1,7 mM NADPH und 0,2 ml 10 mM EDTA. Die Reaktion wird durch Zugabe von 0,05 ml Rohenzymextrakt gestartet und die Extinktionsänderung pro Minute (ΔE/min) bei 340 nm und 25 °C bestimmt (modifiziert n. Wingsle und Hällgren 1993).

Gesamtglutathion (GSH)

N_2-gefrorene Kiefernnadeln werden mit einem Mikrodismembrator pulverisiert. Zur Extraktion von GSH werden ca. 0,2 g Nadelpulver in Zentrifugenröhrchen eingewogen und mit 7 ml 0,1N HCl, die1 mM EDTA enthält, versetzt. Anschließend wird 45 sec mit einem Ultra-Turrax bei 4°C homogenisiert, 10 Minuten bei 26500 g zentrifugiert und der Überstand zur weiteren Analyse verwendet.
0,4 ml des sauren Extraktes werden mit 0,6 ml 0,2M CHES-Puffer neutralisiert und anschließend mit 0,1 ml 3 mM DTT 1 h bei Raumtem-

peratur reduziert. Zur Derivatisierung gibt man zu 495 µl des Reaktionsgemisches 20 µl 15 mM Monobrombimanlösung und inkubiert 15 min im Dunkeln bei Raumtemperatur. Die Auftrennung und quantitative Bestimmung der Fluoreszenzderivate erfolgt durch HPLC (Härtling und Schulz 1995).

Glucose (GLUC)

Zur Extraktion der Glucose wird das in Flüssig-N_2 eingefrorene und homogenisierte Nadelmaterial gefriergetrocknet. 50 mg gefriergetrocknetes Nadelpulver werden mit 1 ml 80 %igem Ethanol bei 80°C für 10 min inkubiert. Anschließend wird zentrifugiert und das Pellet wiederholt mit je 1 ml 80 %igem, 50 %igem und 30 %igem Ethanol gewaschen, wobei jeweils 10 min geschüttelt und anschließend zentrifugiert wird. 0,5 ml der gesammelten Extrakte (ca. 4 ml) werden mit Reinstwasser auf 10 ml aufgefüllt und mit Ionenaustauschern (Dowex 50 und Dowex 1) in Baker-Säulen gereinigt. Die Auftrennung und quantitative Bestimmung der Glucose sowie anderer löslicher Zucker (Fructose, Saccharose) erfolgt mit einem Ionenchromatographiesystem (DX500, Dionex). Trennsäule: Carbopack PA1. Eluent: 20 mM NaOH. Flußrate: 1 ml/min. Injektionsvolumen: 0,05 ml. Detektion: amperometrisch.

25.2.3 Statistik

Die Grundlagen der im folgenden angewandten univariaten und multivariaten mathematisch-statistischen Methoden sind in einschlägigen Lehrbüchern (Sachs, 1992) behandelt. Hinsichtlich der theoretischen Grundlagen und prinzipiellen Anwendbarkeit in der Umweltforschung sei auf Stöcker et al. (1981), Stöcker (1986), Huhn et al. (1995) und Schulz et al. (1996b, 1997b) verwiesen. Für die univariate und multivariate Datenanalyse wird das Statistikpaket SPSS® in der Version 4.0 verwendet.

25.3 Ergebnisse

25.3.1 Univariate Analyse, Bioindikation räumlicher Differenzierungen und zeitlicher Veränderungen

Immission und Deposition

Die Entwicklung der Immissionssituation an den drei Standorten wird in Tabelle 25-1 zusammenfassend dargestellt. Gebietsbezogene Unterschiede bestehen für SO_2 und NO_x. Deutliche Verringerungen lassen sich an allen Standorten für die SO_2-Immissionen nachweisen, während NO_x in Taura und Rösa einen ansteigenden Trend zeigt. Die Ozon-Immissionen bleiben an den Standorten nahezu unverändert. Die Ergebnisse der Depositionsmessungen mit Hilfe der Borkenanalyse (Abb. 25-1) bestätigen die Trends der Immissionsveränderungen. Besonders auffällig sind die drastischen Reduzierungen der Sulfat- und Calcium-Einträge. Für Ammonium und Nitrat zeigt sich bis 1994 eine ähnliche Entwicklung in der Deposition. Seit 1995 steigen die N-Einträge allerdings wieder an und liegen 1997 in Rösa bereits auf bzw. über dem Niveau von 1989.

Tab. 25-1: Jahresmittel der Immissionskonzentrationen (µg m^{-3}) von SO_2, NO_x und O_3 in Nähe der Untersuchungsstandorte. Meßstationen des Umweltbundesamtes (Neuglobsow, Melpitz) und des Landesamtes für Umweltschutz Sachsen-Anhalt (Pouch).

	SO_2						
Gebiet	89	92	93	94	95	96	97
Neuglobsow	15	9	11	7	7	10	5
Taura	70	54	37	23	19	18	11
Rösa	140	72	61	32	25	21	10
	NO_x						
Neuglobsow		12	10	19	10	11	9
Taura		12	13	14	15	16	14
Rösa		16	21	22	21	26	24
	O_3						
Neuglobsow		53	52	56	51	53	50
Taura		40	40	50	50	44	45
Rösa		66	69	64	51	50	49

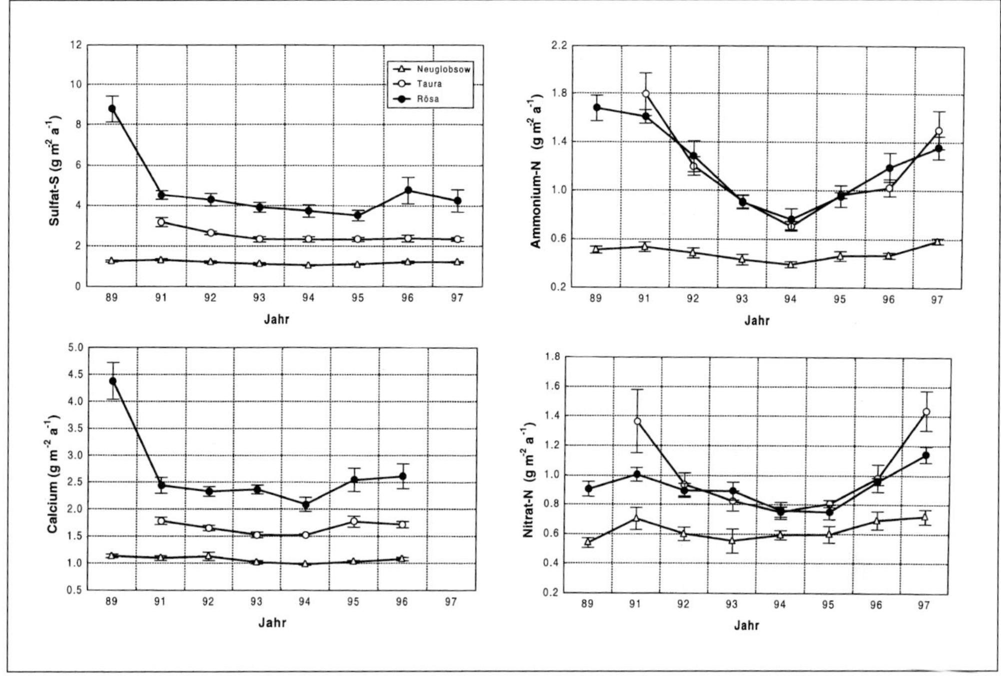

Abb. 25-1: Jahresmittel ± Standardfehler der Stoffeinträge (kg ha^{-1} a^{-1}) von Sulfat-S, Calcium, Nitrat-N und Ammonium-N in Kiefernaltbestände der Standorte Neuglobsow, Taura und Rösa (Messungen mit Hilfe von Borkenanalysen, Schulz et al. 1997a).

Wirkungen auf zellulärer Ebene

S-Fraktionen, Glutathion und Glutathionreduktase

Im Vergleich der drei Untersuchungsgebiete zeigt sich, daß an den stärker mit SO_2 belasteten Standorten (Rösa > Taura > Neuglobsow) der Schwefelgehalt in Kiefernnadeln signifikant erhöht ist (Abb. 25-1). Die gebietsbezogene Differenzierung läßt sich sowohl für die anorganische S-Fraktion (Sulfat-S) als auch für die organische S-Fraktion nachweisen. In Nadeln von Taura und Rösa werden über den gesamten Untersuchungszeitraum immer signifikant höhere Gehalte der verschiedenen S-Fraktionen gefunden als in Neuglobsow. Andererseits indizieren die S-Fraktionen in Nadeln von allen drei Standorten einen abnehmenden Trend. Die Gehalte der organischen Fraktion bleiben allerdings unverändert.
Auch für das S-haltige Tripeptid Glutathion (GSH), das eine Schlüsselrolle in der Sulfat-Metabolisierung und im Transport von reduziertem Schwefel in Pflanzen einnimmt, zeigen die zeitlichen Konzentrationsveränderungen einen abnehmenden Trend (Abb. 25-2). Bemerkenswert ist, daß die GSH-Abnahme im Vergleich zum Sulfat um 3 Jahre zeitlich verzögert ist. Eine funktionelle Bedeutung hat GSH auch bei der Entgiftung von Sauerstoffradikalen, die bei der lichtinduzierten Oxidation von Sulfit zu Sulfat entstehen. Dabei wird GSH zu GSSG oxidiert und muß zur Aufrechterhaltung des Ascorbat-Glutathion-Zyklus ständig regeneriert werden. Diese Funktion wird von dem Enzym Glutathionreduktase (GLR) übernommen. Aus Abb. 25-3 ist zu entnehmen, daß die katalytische Leistung des Enzyms mit der GSH-Konzentration in Kiefernnadeln korreliert ist. Die enzymatischen Aktivitäten nehmen seit 1993 besonders an den zu diesem Zeitpunkt noch stärker SO_2-belasteten Standorten Rösa und Taura kontinuierlich ab und erreichen 1996 nahezu an allen Standorten die gleichen Gebietsmittel.

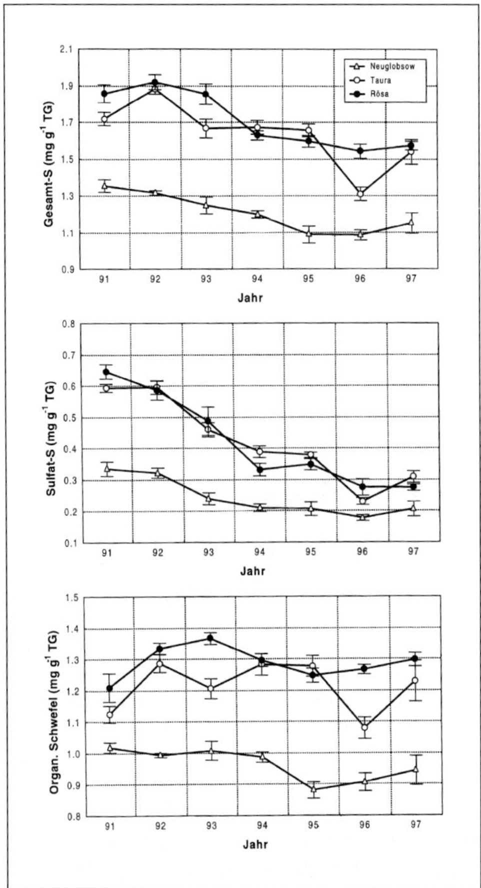

Abb. 25-2: Mittlere Gehalte ± Standardfehler ausgewählter Schwefel-Fraktionen (Gesamtschwefel, Sulfat-S und org. Schwefel) in halbjährigen Nadeln der Kiefernaltbestände an den Standorten Neuglobsow, Taura und Rösa im Untersuchungszeitraum (1991–1997).

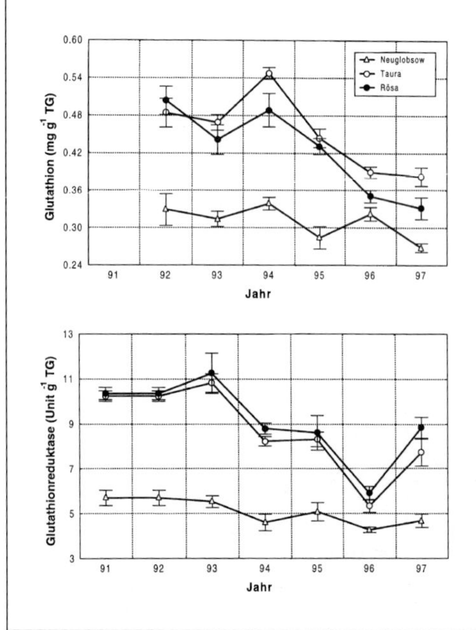

Abb. 25-3: Mittlere Gehalte und Enzymleistungen ± Standardfehler von Glutathion und Glutathion-Reduktase in halbjährigen Nadeln der Kiefernaltbestände an den Standorten Neuglobsow, Taura und Rösa im Untersuchungszeitraum (1991–1997).

Schadsymptome, Magnesium- und Kalium-Ernährung

Wie bereits einleitend erwähnt, haben die auf Sandböden stockenden Kiefernbestände besonders im Nahbereich der Emissionsquellen zum Teil dramatische Vitalitätsverluste erlitten, die vor 1989 auf starke SO_2-Belastungen bei gleichzeitig kompensierenden hohen Flugascheeinträgen zurückzuführen sind. Vitalitätsverluste sind sichtbar durch ausgeprägte Schadsymptome an den Assimilationsorganen. Sie treten in Form von gelben und rotbraunen Verfärbungen an den Nadelspitzen auf. Rotbraune Nadelspitzen (Spitzennekrosen) indizieren abgestorbenes Nadelgewebe. Bei fortgeschrittener Nekrotisierung der Nadeln kommt es zum vorzeitigen Abfall der Nadeln. Nach Untersuchungen von Lux (1965) waren in den 80er Jahren am Standort Rösa im Höchstfall zwei Jahrgänge benadelt. Über den Ausbildungsgrad von Nadelnekrosen liegen für Kiefernaltbestände keine zurückliegenden Untersuchungsergebnisse vor. Die Boniturdaten von Korsch und Jäger (1992), die ausschließlich an Kiefernjungbeständen erhoben wurden, sind mit den vorliegenden Schätzungen zum Nekrosegrad der Nadeln von Altbeständen nicht vergleichbar, da 80jährige Kiefern auf Immissionsbelastungen wesentlich empfindlicher reagieren (Schulz, unveröff.).

Die in Abbildung 25-4 graphisch dargestellten Boniturwerte (Nekrosen-Index) belegen, daß sich innerhalb der 7jährigen Untersuchungszeit der Gesundheitszustand der Kiefernbestände nicht verbessert hat. Besonders an Nadeln der Altbestände von Rösa treten nach wie vor deutlich ausgeprägte Spitzennekrosen auf. Interessant ist, daß bei annähernd gleich hoher S-Belastung die Nadelnekrosen am Standort Taura signifikant geringer ausgeprägt sind und die Entwicklungstendenz eher ansteigend ist als das ein Regeneration der Schadsymptome einsetzt.

Die Schadsymptome werden oft von Ernährungsstörungen begleitet, die sich auf verschiedene Standortsfaktoren zurückführen lassen. Wie aus Abbildung 25-4 zu entnehmen ist, variieren die mittleren Gehalte von Magnesium und Kalium in halbjährigen Nadeln im untersuchten Zeitraum mehr oder weniger stark. Mit mittleren Gehalten um 0,6 mg/g TG sind alle Kiefernbestände relativ gering mit Magnesium ernährt. In Neuglobsow zeigen die Kiefernbestände auch geringe Kalium-Werte. Die Entwicklungstendenz ist an allen Standorten besonders für Kalium abnehmend.

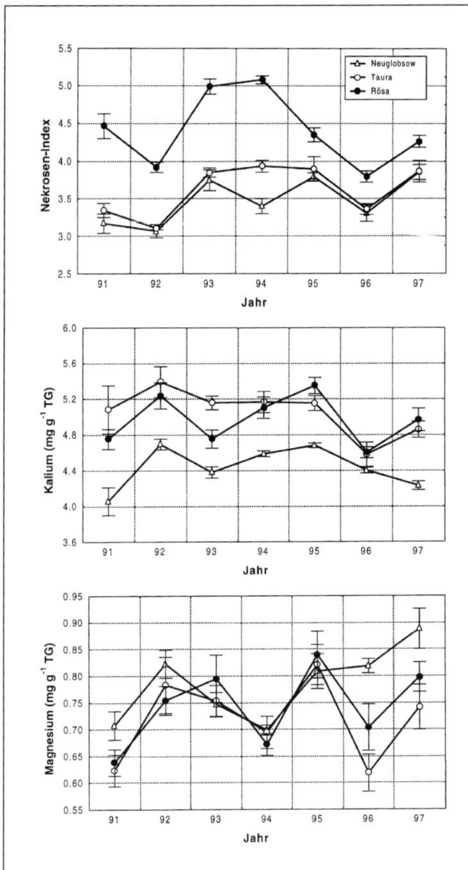

Abb. 25-4: Mittelwerte des Nekrosen-Index sowie Gehalte ± Standardfehler von Kalium und Magnesium in halbjährigen Nadeln der Kiefernaltbestände an den Standorten Neuglobsow, Taura und Rösa im Untersuchungszeitraum (1991–1997).

N-Fraktionen, PEP-Carboxylase und organischer Phosphor

Im Vergleich zu den S-Fraktionen in Abbildung 25-2 lassen sich bei den N-Fraktionen nur geringe Gehaltsveränderungen im Untersuchungszeitraum nachweisen. Nahezu 99,7 % des Gesamt-N liegt in organisch gebundener Form vor. Der Stickstoff verteilt sich auf zwei organische N-Fraktionen. Der prozentuale Anteil von Ammonium- und Nitrat-N beträgt nur 0,2-0,3 % (Schulz unveröff.) Von besonderem Interesse ist die lösliche Nicht-Protein-N Fraktion (NPN), da sie die Primärprodukte der NH_4-Assimilation enthält. Die NPN-Fraktion ist daher für die Indikation von N-Belastungen auf Kiefernnadeln von hohem diagnostischen Wert.

In Abbildung 25-5 sind die zeitlichen Trends der mittleren Gehalte von Gesamt-N, NPN und Protein-N für die drei Kieferngebiete graphisch dargestellt. Es zeigt sich, daß im gesamten Untersuchungszeitraum die Altbestände von Rösa die höchsten NPN-Werte ausweisen. In Taura werden bei vergleichbar geringen NPN-Gehalten hohe Konzentrationen an Protein-N erzielt. Die N-Fraktionen unterliegen an allen Standorten keinen gesicherten zeitlichen Veränderungen. Lediglich in Neuglobsow ist die Tendenz im Protein-N leicht rückläufig.

Nahezu unverändert bleiben im Untersuchungszeitraum auch die gebietsbezogenen Aktivitäten der PEP-Carboxylase (PEPC) und die P-Gehalte in der organischen Fraktion (PORG). Die zeitlichen Trends beider Parameter sind in Abbildung 25-6 graphisch dargestellt. Das Enzym PEPC katalysiert die Carboxylierung von Phosphoenolpyruvat zu Oxalacetat. Oxalacetat ist ein zentraler Metabolit im pflanzlichen Stoffwechsel und stellt ein Bindeglied zwischen dem Kohlenhydrat- und dem Proteinstoffwechsel dar. Ergänzend wurde der PORG-Gehalt ermit-

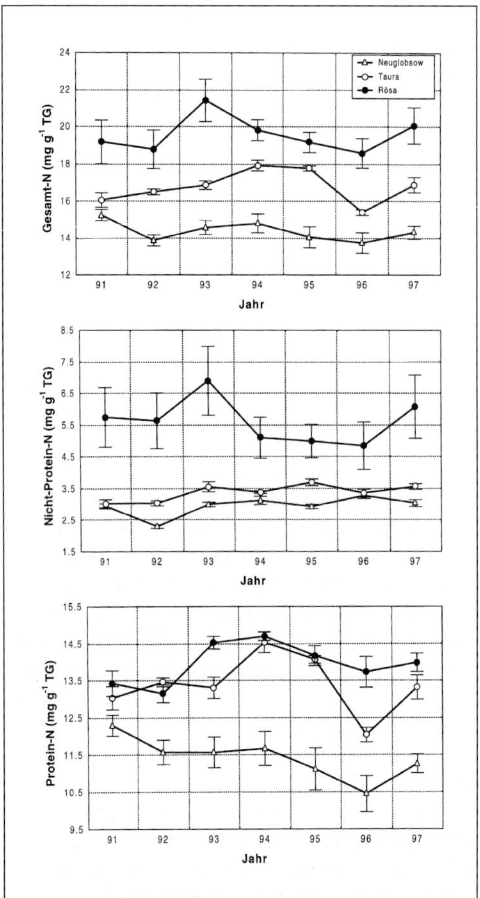

Abb. 25-5: Mittlere Gehalte ± Standardfehler ausgewählter Stickstoff-Fraktionen (Gesamtstickstoff, Nicht-Protein-N und Protein-N) in halbjährigen Nadeln der Kiefernaltbestände an den Standorten Neuglobsow, Taura und Rösa im Untersuchungszeitraum (1991–1997).

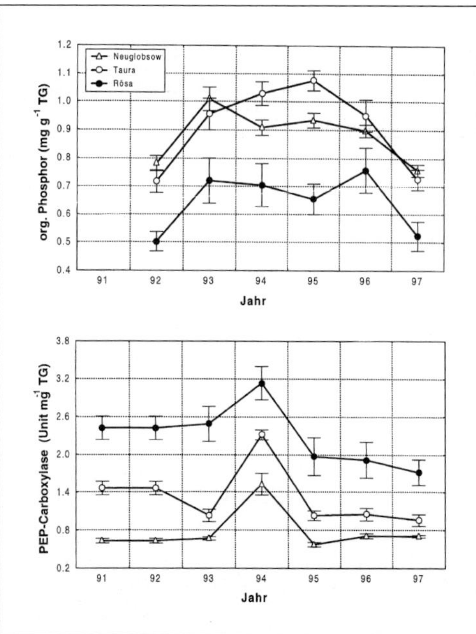

Abb. 25-6: Mittlere Gehalte und Enzymleistungen ± Standardfehler von org. Phosphor und Phosphoenolpyruvat-Carboxylase in halbjährigen Nadeln der Kiefernaltbestände an den Standorten Neuglobsow, Taura und Rösa im Untersuchungszeitraum (1991–1997).

telt, um eine indirekte Information zum Energiezustand des Stoffwechsels zu erhalten. In Rösa werden in halbjährigen Nadeln die höchsten PEPC-Aktivitäten nachgewiesen. Im Gegensatz dazu sind die mittleren PORG-Gehalte signifikant geringer als in Taura und Neuglobsow.

25.3.2 Multivariate Analyse zur Ableitung von Vitalitätszuständen

Im ersten Ergebnisteil zur Bioindikation wurde gezeigt, wie Belastungen aus der Umgebung eines Ökosystems durch Messung veränderter Elementzustände (Kiefernbestände) und geeignete Wirkungsparameter quantitativ erfaßbar sind. Mit dieser univariaten Analyse wurde die Reaktion von Kiefern entlang eines Immissions- und Depositionsgradienten in drei verschiedenen Kiefernwaldökosystemen untersucht. Aus den Ergebnissen werden Aussagen zur Reaktion einzelner Wirkungsparameter in Kiefernnadeln auf komplexe atmosphärische Stoffbelastungen erhalten. Nun darf davon ausgegangen werden, daß sich die Unterschiede im Gesundheitszustand der Kiefern auf mehrere Wirkungsparameter und ihr Zusammenwirken zurückführen lassen. Damit ergibt sich die Frage, ob durch Anwendung geeigneter mathematischer Modelle auf das Datenmaterial auch Parameter zu gewinnen sind, die eine Frühindikation von sichtbaren Schadsymptomen an Nadeln erlauben und insgesamt für die Vitalitätsbewertung der Kiefernbestände bei der hier gegebenen Belastungssituation charakteristisch sind.

Tab. 25-2: Statistische Parameter der Ausgangsdaten (n = 75 Testflächen) für die Faktoranalyse.

Biomarker	Dimension	Mittelwert	Standard-abweichung	Relative Standard-abweichung
Nekrosen-Index	dimensionslos	3,84	0,61	15,89
Nicht-Protein-N	mg g^{-1} TG	3,94	1,55	39,30
PEP-Carboxylase	Unit g^{-1} TG	1,53	0,85	5,55
Glucose	mg g^{-1} TG	7,27	0,50	6,88
org. Phosphor	mg g^{-1} TG	0,85	0,21	24,71
Sulfat-S	mg g^{-1} TG	0,35	0,14	40,00
Glutathion	mg g^{-1} TG	0,41	0,09	21,95
Glutathion-Reduktase	Unit g^{-1} TG	7,54	2,52	33,42
Kalium	mg g^{-1} TG	4,88	0,39	7,99

Tab. 25-3: Faktorladungen von biochemisch-physiologischen Wirkungsparametern (Biomarkern) halbjähriger Kiefernnadeln (Varimax-Transformation).

	Faktorladungen		
Merkmal	Faktor 1	Faktor 2	Faktor 3
Glutathion-Reduktase	**0,87**	0,30	-0,02
Sulfat-S	**0,87**	0,02	-0,34
Kalium	**0,86**	0,06	0,08
Glutathion	**0,86**	0,29	0,04
Nekrosen-Index	0,16	**0,94**	-0,05
PEP-Carboxylase	0,38	**0,70**	-0,46
Nicht-Protein-N	0,15	**0,65**	-0,65
Org. Phosphor	0,20	-0,10	**0,86**
Glucose	0,17	-0,12	**0,67**

Es soll zunächst die Struktur der Biomarkerbeziehungen mit Hilfe der Faktoranalyse aufgezeigt werden.

Faktoranalyse

Mit der Faktoranalyse werden die an den Untersuchungsobjekten (Kiefernbestände) gemessenen Merkmale (Biomarker) durch eine geringere Zahl mathematischer Faktoren (Merkmalskomplexe) erklärt und beschrieben. Gleichzeitig wird versucht, die selektierten Merkmalskomplexe den unterschiedlichen Belastungen zuzuordnen. Als Ausgangsmaterial hierfür dienen die Meßwerte von 9 Biomarkern, die an insgesamt 75 Nadelmischproben von differenziert belasteten Kiefernbeständen der drei Standorte im Untersuchungszeitraum (1992-1996) erhoben wurden. Die Mittelwerte und Standardabweichungen in Tabelle 25-2 über alle untersuchten Nadelproben charakterisieren die Kiefernbestände in ihrer Gesamtheit. Ein Vergleich der Variationskoeffizienten (relative Standardabweichung) zeigt, daß Glucose (GLUC), Phospoenolpyruvat-Carboxylase (PEPC) und Kalium (K) zur Gruppe wenig variabler Biomarker zählen. Der Nekrosen-Index (NKS), Gesamtglutathion (GSH) und org. Phosphor (PORG) sind bereits durch höhere Variationskoeffizienten gekennzeichnet, sehr stark variabel sind Glutathionreduktase (GLR) sowie die Nicht-Protein-N Fraktion (NPN) und Sulfat-S. Mehr Information bietet die Korrelationsanalyse. Sie enthält eine Vielzahl von Teilbeziehungen, auf deren gesonderte Darstellung hier verzichtet werden soll, da die Beziehungen durch die Strukturen der Faktoranalyse und Transformationen klarer herausgearbeitet werden. Die Faktoranalyse der Korrelationsmatrix führt zu folgendem Ergebnis:
Eigenwerte der Hauptachsen:

F_1 4,28 (47,6%); F_2 1,97 (21,9%); F_3 0,94 (10,5%)

Die weiteren Eigenwerte sind klein (Iterationsschranke für den relativen Eigenwertanteil 0,9), so daß sie keine wesentlichen Informationen liefern.
Es erfassen F_1, F_3 und $F_2 \approx 80\,\%$ der Gesamtvarianz. Aus Tabelle 25-3 wird entnommen, daß nach Transformation der Faktoren mit der Vari-

max-Methode jeder Faktor einen Merkmalskomplex enthält, der durch hohe Ladungsanteile in einem Faktor charakterisiert ist und mit geringeren Ladungen auf den übrigen Hauptachsen vertreten ist. Im 1. Faktor (F_1) wird dieser Komplex durch die Merkmale GLR, SO_4S, K und GSH, im 2. Faktor (F_2) durch NKS, PEPC und NPN und im 3. Faktor (F_3) durch die Merkmale PORG und GLUC charakterisiert. Entsprechend der individuellen Zusammensetzung der Merkmalskomplexe repräsentiert F_1 Wirkungen von SO_2-Immissionen und SO_4-Einträgen, während F_2 vorwiegend auf Wirkungen N-haltiger Immissionen und Depositionen verweist. In F_3 verbleiben Wirkungsparameter des Kohlenhydrat-Stoffwechsel, die bei einer Faktoranalyse mit zwei Faktoren zusammen mit NKS, PEPC und NPN einen gemeinsamen Merkmalskomplex bilden. Das zeigt sich auch durch die relativ hohen negativen Ladungsanteile von PEPC und NPN in F_2. Nun gilt, daß Merkmale, die mit F_2 hoch korreliert sind auch untereinander hoch korreliert sind. Demnach sind NPN und PEPC mit NKS positiv korreliert. Die multivariate Analyse deckt hier einen Befund auf, der ohne Berücksichtigung der Wechselwirkungen mit anderen Biomarkern zwar erkennbar, nicht aber so eindeutig quantitativ zu belegen wäre.

Das Interesse weiterer multivariater Betrachtungen verstärkt sich nun auf die Biomarker im Merkmalskomplex F_2. Es stellt sich die Frage, ob sich mit den extrahierten Merkmalen NPN und PEPC Vitalitätszustände klassifizieren lassen, die in Beziehung zu den Nadelnekrosen stehen. Aufgrund der faktoranalytischen Ergebnisse müßte diese Korrelation nachzuweisen sein. Die Clusteranalyse stellt für solche Modelluntersuchungen ein geeignetes multivariates Verfahren dar.

Clusteranalyse

Für die Klassifizierung der Vitalitätszustände wird das Euklidische quadratische Distanzmaß und das Ward-Kriterium verwendet. Als Ausgangsmaterial steht wieder die Stichprobe mit 75 Individuen (Nadelproben) zur Verfügung. Als Voreinstellung werden 5 Cluster (Gruppen) gewählt, um für jede Gruppe eine noch repräsentative Anzahl von Individuen (n) zu erhalten. Das Ergebnis der Clusteranalyse, das mit den Klassifizierungsmerkmalen NPN und PEPC erhalten wurde, ist in Tabelle 25-4 zusammengefaßt. Zum Vergleich sind auch die Gruppenmittel der nicht für die Klassifizierung verwendeten Merkmale einschließlich für Magnesium angegeben. In den Gruppen von 1 bis 5 steigen die mittleren Gehalte bzw. Aktivitäten von NPN und PEPC kontinuierlich an. Man erkennt deutlich, daß die Gruppenmittel der Klassifizierungsvariablen mit dem Nekrosegrad der Nadeln des 2. Jahrgangs ansteigen. Im Gegensatz dazu zeigen die Gruppenmittel der anderen Wirkungsparameter eine geringere (GSH, GLR, GLUC) oder gar keine (K, Mg) Differenzierung. Etwas deutlicher reagiert Sulfat-S. Die mittleren Gehalte steigen bei hohen Nadelnekrosegraden an, während PORG signifikant abnimmt.

Die Gruppen 1 bis 5 in Tabelle 25-4 verkörpern biochemisch-physiologische Zustände in Kiefernnadeln bzw. Kiefern, die auf der Basis der Merkmale NPN und PEPC klassifiziert wurden und sich durch signifikante Parameterdifferenzen dieser Merkmale unterscheiden. Da kein Untersuchungsobjekt (Testfläche, Kiefernbestand) ausfällt, haben die Indikationsmerkmale also andere Zustände angenommen. Andere Zustände annehmen heißt z.B. höhere NPN-Gehalte und höhere PEPC-Aktivitäten als Reaktion auf höhere N-Belastungen mit der Folge, daß sich an den Nadeln zu einem späteren Zeitpunkt Nekrosen ausbilden. Es muß daher weiter gefragt werden, ob die klassifizierten Zustände bzw. Vitalitätszustände (VZ) mit den später auftretenden Nadelnekrosen eng korreliert sind. Zur Beantwortung der Frage und zum Nachweis der korrelativen Beziehung, ist ein geeignetes Maß zur Quantifizierung der VZ zu finden. Bei einer Merkmalsmenge von mehr als einer Variablen kommt nur eine multivariate Methode in Betracht. Die Aufgabe wird im folgenden mit der mehrdimensionalen Diskriminanzanalyse gelöst.

Diskriminanzanalyse

Ziel der Diskriminanzanalyse (DA) ist es, die ausgeschiedenen VZ auf ihre Signifikanz und richtige Klassifizierung zu überprüfen sowie mit Hilfe von Diskriminanzfunktionen (DF) im Dis-

Tab. 25-4: Gruppenmittel ± Standardabweichungen verschiedener biochemisch-physiologischer Wirkungsparameter (Biomarker) nach Klassifizierung des Datenmaterials (Kiefernbestände) mit Nicht-Protein-N und PEP-Carboxylase (Clusteranalyse, Ward-Methode).

Gruppe	Individuen (n)	Nekrosen 1. Jahrgang	Nekrosen 2. Jahrgang	Nekrosen-Summe	Nicht-Protein-N (mg g^{-1} TG)	PEP-Carboxylase (Unit g^{-1} TG)	org.-Phosphor (mg g^{-1} TG)
1	18	1,46 ± 0,33	2,07 ± 0,14	3,52 ± 0,37	2,80 ± 0,35	0,64 ± 0,08	0,89 ± 0,14
2	28	1,39 ± 0,22	2,19 ± 0,31	3,58 ± 0,41	3,37 ± 0,37	1,12 ± 0,24	0,95 ± 0,17
3	14	1,43 ± 0,31	2,66 ± 0,41	4,09 ± 0,63	3,59 ± 0,36	2,13 ± 0,29	0,89 ± 0,17
4	11	1,50 ± 0,33	2,86 ± 0,33	4,36 ± 0,55	6,00 ± 0,49	2,76 ± 0,55	0,56 ± 0,06
5	4	1,69 ± 0,46	3,09 ± 0,24	4,77 ± 0,68	8,60 ± 0,40	2,90 ± 0,11	0,54 ± 0,11
Gruppe	**Individuen (n)**	**Glucose (mg g^{-1} TG)**	**Sulfat-S (mg g^{-1} TG)**	**Glutathion (mg g^{-1} TG)**	**Glutathion-Reduktase (Unit g^{-1} TG)**	**Kalium (mg g^{-1} TG)**	**Magnesium (mg g^{-1} TG)**
1	18	7,37 ± 0,62	0,24 ± 0,07	0,31 ± 0,04	5,24 ± 0,83	4,55 ± 0,19	0,80 ± 0,06
2	28	7,32 ± 0,43	0,35 ± 0,14	0,41 ± 0,06	7,65 ± 2,65	4,95 ± 0,43	0,76 ± 0,11
3	14	7,49 ± 0,41	0,39 ± 0,13	0,50 ± 0,08	9,22 ± 2,48	5,15 ± 0,34	0,75 ± 0,09
4	11	6,94 ± 0,27	0,38 ± 0,12	0,43 ± 0,07	8,01 ± 1,71	4,98 ± 0,32	0,69 ± 0,08
5	4	6,61 ± 0,28	0,58 ± 0,05	0,44 ± 0,04	9,91 ± 0,20	4,70 ± 0,21	0,74 ± 0,04

Gruppe	Individuen (n)	Diskriminanzmerkmale der Gruppenmittel		Abstandsmaß (d)
		W_1	W_2	
1	18	– 2,93 ± 0,22	– 3,06 ± 0,07	–
2	28	– 1,46 ± 0,18	– 1,39 ± 0,16	2,22
3	14	– 0,93 ± 0,25	2,10 ± 0,27	5,53
4	11	5,31 ± 0,38	4,20 ± 0,57	10,98
5	4	12,08 ± 0,52	4,61 ± 0,19	16,85

Tab. 25-5: Mittlere Diskriminanzmerkmale zur Darstellung der Vitalitätszustände im zweidimensionalen Diskriminanzraum und Berechnung der Euklidischen Abstandsmaße.

kriminanzraum optimal zu trennen. Es sind dann Euklidische Abstandsmaße für die einzelnen VZ zu berechnen und mit den korrespondierenden Gruppenmittel der Nekrosesummen (Nekrosen-Index) in Beziehung zu setzen. Zur Berechnung der Euklidischen Abstandsmaße müssen die Koordinaten (Funktionswerte) der Gruppenmittel(punkte) bekannt sein. Sie ergeben sich aus den DF.

Unter Berücksichtigung dieser Zielstellung und den bisherigen Ergebnissen der multivariaten Analyse (Faktoranalyse, Clusteranalyse) werden nur die Merkmale NPN und PEPC in das diskriminanzanalytische Modell einbezogen. Mit speziellen Verfahren der DA kann die Anzahl der Merkmalsmenge reduziert werden. Die Berechnungen ergeben, daß für das untersuchte Problem beide Merkmale diagnostisch wichtig sind und im Modell verbleiben. Über paarweise Vergleiche kann auf der Basis einer F-Statistik (Matrix der F-Werte und Signifikanzen wird nicht gezeigt) nachgewiesen werden, daß zwischen den Gruppenmittel der verschiedenen VZ echte, d.h. von Null verschiedene Mahalanobis Distanzen ($p < 0{,}05$) im Diskriminanz- oder Merkmalsraum existieren. Es kann nun weiter nach der Dimension des Diskriminanzraumes gefragt werden. Die Dimension des Diskriminanzraumes ergibt sich aus der Anzahl signifikant von Null verschiedener Eigenwerte λ_i. Nach Lösung des Eigenwertproblems (Wilks' mit Chi Quadrat-Test) sind zur Beschreibung und Abbildung der VZ im Diskriminanzraum zwei Diskriminanzfunktionen (W_1, W_2) erforderlich:

$$W_1 = 2{,}603 * NPN - 0{,}0361 * PEPC - 10{,}206$$
$$W_2 = - 0{,}027 * NPN + 3{,}463 * PEPC - 5{,}187$$

Mit beiden Diskriminanzfunktionen (DF) werden 100 % der Gesamtvarianz erfaßt. Die Koeffizienten der DF leiten sich aus der inversen Kovarianzmatrix der Merkmale ab. Setzt man in die DF die Meßwerte für NPN und PEPC von jeder einzelnen Nadelprobe (Testfläche, Kiefernbestand) ein, so erhält man die Diskriminanzmerkmale bzw. Koordinaten zur Abbildung der Punktwolken (VZ) im zweidimensionalen Diskriminanzraum (Abb. 25-7). Die Gruppenmittel(punkte) der VZ lassen sich aus den in Tabelle 25-4 für NPN und PEPC angegebenen Mittelwerten unter Verwendung der Diskriminanzfunktionen W_1 und W_2 berechnen. Die berechneten Diskriminanzmerkmale sind in Tabelle 25-5 zusammengefaßt. Auf vergleichbare Weise erfolgt die Überprüfung des Klassifizierungsergebnisses der Clusteranalyse, d.h. ob die einzelnen Individuen (Kiefernbestände) den Gruppen bzw. VZ richtig zugeordnet sind. Zu diesem Zweck werden die jeweiligen Meßwerte der Merkmale NPN und PEPC wieder in die DF eingesetzt und mit den Gruppenwerten unter Berücksichtigung der Standardabweichungen für W_1 und W_2 verglichen. Im vorliegen Fall sind die Individuen zu 100 % richtig klassifiziert. Die Diskriminanzmerkmale eröffnen andererseits auch die formelmaßige Darstellung der VZ. Zur Berechnung wird die Euklidische Distanz (d) zwischen zwei Gruppemmittel(punkten) der VZ i und j herangezogen. Für das diskriminanzanalytische Modell im zweidimensionalen Diskriminanzraum (Abb. 25-7) folgt:

$$d_{i,j} = \sqrt{(W_{ik} - W_{jk})^2 + (W_{il} - W_{jl})^2}$$

wobei W_k und W_l für die beiden mittleren Diskriminanzmerkmale stehen. VZ_1 wird als Kontrollgruppe betrachtet. Die Ergebnisse der paarweisen Berechnungen für die Abstände $d_{1,2}$, $d_{1,3}$, $d_{1,4}$ und $d_{1,5}$ sind in Tabelle 25-5 zusammengefaßt. In Abbildung 25-8 ist der Zusammenhang

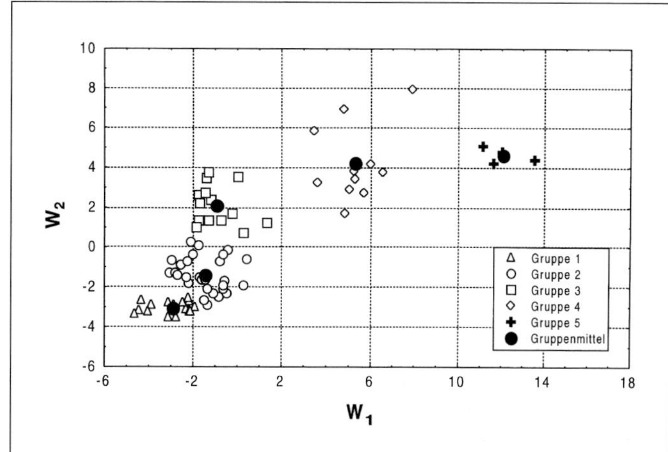

Abb. 25-7: Vitalitätszustände von Kiefern (Kiefernaltbestände) im 2-dimensionalen Merkmals- oder Diskriminanzraum mit Varianzbereichen und Gruppenmittel(punkten).

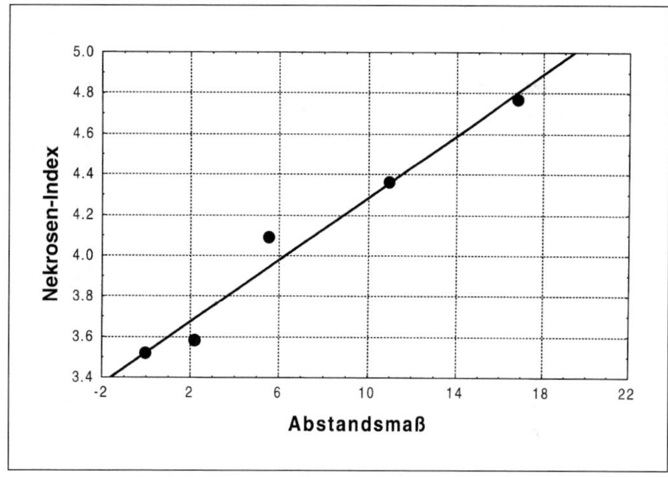

Abb. 25-8: Funktionale Beziehung zwischen dem mittleren Enklidischen Abstandsmaß (d) und Nekrosen-Index von Kiefern (Kiefernaltbestände). Ausgangswerte für die Berechnung der Abstandsmaße bilden die mittleren Diskriminanzmerkmale der Vitalitätszustände in Tab. 5. Vitalitätszustand 1 repräsentiert den Kontrollzustand (d = 0) mit geringem Nekrotisierungsgrad (Nekrosen-Index = 3.5).

zwischen Abstandsmaß und Nekrosen-Index $d_{k,l}$ = f (NKS) graphisch dargestellt. Die funktionale Beziehung ist streng linear.

25.4 Diskussion

Die an allen drei Standorten zu beobachtenden Veränderungen in der chemischen Zusammensetzung der Luft und im Stoffeintrag haben die Belastungsbedingungen für Kiefernökosysteme gravierend verändert. Im Gegensatz zu den hohen Stoffeinträgen von Schwefel und Ca-haltigen Flugaschen in den sechsziger bis achtziger Jahren dominieren seit Mitte der neunziger Jahre (vgl. Abb. 25-1, Tab. 25-1) Einträge von Stickstoffverbindungen (NO_x, Ammonium, Nitrat). Die Auswirkungen auf Kiefern bzw. Kiefernnadeln lassen sich durch die Reaktion verschiedener Biomarker, durch gebietsbezogene Differenzierungen und zeitliche Veränderung spezifischer Stoffwechselprodukte sowie enzymatischer Leistungen nachweisen. Besonders deutlich zeigen sich die Wirkungsveränderungen im S-Stoffwechsel (Abb. 25-2). Die Abnahme des Gesamtschwefelgehaltes in Kiefernnadeln ist wahrscheinlich mit den seit 1991 verringerten SO_2-Konzentrationen erklärbar (Gasch et al.

1988, Manninen und Huttunen 1991). Hierfür spricht die starke Abnahme von Sulfat-S. Bei hoher SO_2-Belastung und ausreichender S-Ernährung kann zusätzlich über die Stomata aufgenommener Schwefel nicht mehr für ein gesteigertes Wachstum der Kiefern genutzt werden. Schwefel muß oxidativ entgiftet werden. Das gebildete Sulfat wird in die Vakuolen transportiert und dort akkumuliert (Kaiser et al. 1993, Slovik et al. 1995). Die verringerten Sulfat-Gehalte sind also eine sehr empfindliche und zugleich spezifische Indikation der Kiefernnadeln auf nachlassende SO_2-Immissionen. Aus den unverändert hohen Gehalten der org. S-Fraktion SORG in Taura und Rösa ist allerdings zu erkennen, daß nach wie vor mehr Schwefel aufgenommen als für das Wachstum benötigt wird. Dieser Schwefel wird bei geringeren SO_2-Konzentrationen nun aber mehr und mehr über den Bodenpfad gedeckt, d.h. Sulfat wird immer weniger oxidativ entgiftet (Slovik et al. 1992). Von Herschbach und Rennenberg (1994) wird postuliert, daß Glutathion die Aufnahme von Sulfat über den Wurzelpfad reguliert. Die im Untersuchungszeitraum signifikant abnehmenden Glutathiongehalte (Abb. 25-3) stimulieren danach auch eine erhöhte Aufnahme von Sulfat über die Wurzeln. Andererseits muß nach Asada und Takahashi (1987) angenommen werden, daß bei einer verringerten oxidativen Entgiftung von Sulfat auch weniger Sauerstoffradikale in Kiefernnadeln gebildet werden. Da Glutathion und das Enzym Glutathionreduktase bei oxidativem Streß induziert werden (Foyer et al. 1994), deuten die abnehmenden Metabolitgehalte bzw. Enzymleistungen auf eine Verringerung oxidativer Prozesse hin. Allerdings steht dieser Schlußfolgerung, die sich auch aus den korrelativen Merkmalsbeziehungen im 1. Faktor der Faktoranalyse ableitet (Tab. 25-3), der Untersuchungsbefund entgegen, daß im untersuchten Zeitraum der Nekrotisierungsgrad der Nadeln nicht wie zu erwarten abnimmt, sondern an den ehemals geringer SO_2-belasteten Standorten Neuglobsow und Taura eher ansteigt (Abb. 25-4). Dieser Befund ist zunächst überraschend, da die besonders an mehrjährigen Kiefernnadeln auftretenden Spitzennekrosen auf die bekannten chronischen bzw. latenten SO_2-Schadwirkungen zurückgehen (Wentzel 1987). Allerdings kann aus der nachgewiesenen Abnahme der Sulfatgehalte a priori nicht abgeleitet werden, daß SO_2 an der Ausbildung von Nadelnekrosen nicht mehr beteiligt ist. Die mittleren Sulfat-Gehalte halbjähriger Kiefernnadeln in Rösa und Taura bleiben mit annähernd 300 $\mu g\, g^{-1}$ TG noch deutlich über den von Manninen et al. (1997) mit 50-100 $\mu g\, g^{-1}$ TG angegebenen Normalbereich. Es ist auch bekannt, daß bei SO_2-Konzentrationen höher 20 $\mu g\, m^{-3}$ noch mit nachteiligen Effekten auf die Vitalität von Kiefern gerechnet werden muß (Shaw et al. 1993, Manninen et al. 1996). Andererseits müssen erhöhte Sulfatgehalte nicht unbedingt mit dem Auftreten von Schadsymptomen verbunden sein (Turne und Lambert 1980). Von Jurat und Schaub (1988) wird bei guter N-Ernährung der Kiefer sogar eine erhöhte SO_2-Resistenz vorausgesagt. Damit bleiben die Ursachen für die anhaltend starke Nekrotisierung der gut mit Schwefel ernährten Nadeln in Rösa und Taura weiterhin unklar.

Hinweise zur Schaddynamik und Ursachenfindung ergeben sich andererseits aus dem Merkmalskomplex des 2. Faktors (Tab. 25-3). Hier sind der Nicht-Protein-N (NPN) und die Phosphoenolpyruvat-Carboxylase (PEPC) zusammen mit dem Nekrosen-Index (NKS) vereint. Diese Merkmalskombination ermutigt zur Annahme, daß für die Ausbildung der Nadelnekrosen wahrscheinlich die hohe N-Ernährung der Kiefern verantwortlich sein könnte, obwohl das mittlere molare SORG/N-Verhältnis mit etwa 0.030 für alle Kiefernbestände auf eine ausgewogene und zeitlich unveränderte S- und N-Ernährung hinweist (Dijkshoorn und Wijk 1967). Besonders auffällig ist neben den teilweise hohen N-Gesamtspiegel (Rösa) aber die ungewöhnlich hohe Akkumulation von NPN (Abb. 25-5, Tab. 25-5), die bei Nadelgehalten höher 4 mg g^{-1} TG Störungen in verschiedenen Stoffwechselbereichen der Kiefernnadel auslöst (Schulz et al. 1998). Die scheinbar ausgewogene S/N-Ernährung der Kiefern wird unter diesen Belastungsbedingungen wahrscheinlich von mehr oder weniger spezifischen Stoffwechselstörungen begleitet. Ein Indiz dafür ist die zunächst unspezifische Akkumulation von NPN (Krauß et al. 1986, Rabe 1990, Perez-Soba et al. 1994), die in der Literatur häufig als Antwort auf hohe N-Belastung bzw. N-Sättigung der Kiefernbestände diskutiert wird (Aber et al. 1989, Hofmann et al. 1990, Heinsdorf 1993). In der NPN-Fraktion der chlorotisch/nekrotischen Kiefernnadeln sind besonders Glutamin und Arginin angereichert (Pietilä et al. 1991, Huhn und Schulz 1996, Näsholm et al. 1997). Arginin verfügt über ein günstigeres C/N-Verhältnis als Glutamin, so daß bei erhöhter N-Aufnahme Stickstoff in diese Aminosäure akkumuliert bzw. entgiftet wird (Näsholm 1994). Nach Dudel et al. (1995) ist allerdings die Kohlenstoffassimilation der Kiefernbestände von Rösa nur unwesentlich erhöht. Der für die N-Assimilation zusätzlich benötigte Kohlenstoff muß also über andere Stoffwechselleistungen bereitgestellt werden. Diese anaplerotische Funktion wird von der PEPC übernommen. Das Enzym verbindet Kohlenhydrat- und Aminosäurestoffwechsel, indem es den Tricarbonsäure-Zyklus mit C-Skeletten (α-Ketoglutarat) auffüllt, wenn α-Ketoglutarat verstärkt für die N-Assimilation benötigt wird (Wallenda et al. 1996). Die nachgewiesene Aktivitätssteigerung der PEPC in jungen Kiefernnadeln (Abb. 25-6, Tab. 25-4), ist somit als eine Reaktion auf einen aktivierten Aminosäurestoffwechsel zu sehen und wird daher als Indikation für erhöhten Bedarf von C-Skeletten betrachtet (Tietz et al. 1991, Wingler et al. 1994). In N-belasteten Fichtennadeln wird von Wallenda et al. (1996) eine signifikante Verringerung löslicher Kohlenhydrate nachgewiesen. Aus Tabelle 25-4 ist zu entnehmen, daß in Kiefernnadeln bei NPN-Gehalten über 4 mg g^{-1} TG der Glucosegehalt deutlich verringert ist. Gleichzeitig verringern sich auch die org. Phosphorgehalte. Eine sekundäre Stressreaktion bei Pflanzen, die besonders bei NH_3-Belastung zu beobachten ist. Einerseits kommt es bei NH_4^+-Aufnahme und N-Assimilation zum erhöhten Verbrauch von Glucose und energiereichem Phosphat (Rabe und Lovatt 1986), andererseits wird bei NH_3-Exposition die Photophosphorylierung entkoppelt, wodurch die Kohlenhydratsynthese gehemmt wird (Van der Eerden 1982, Perez-Soba et al. 1994). Diesen Reaktionen auf zellulärer Ebene folgen Nährstoff-Imbalancen (Van Dijk und Roelofs 1988), erhöhte Frostempfindlichkeit (Dueck et al. 1990) und letztlich Nadelnekrosen (Perez-Soba et al. 1994). Aufgrund dieser biochemisch-physiologischen Beziehungen findet man sowohl Glucose als auch PORG im Merkmalskomplex des 3. Faktors und eine negative Korrelation zu den Merkmalen der N-Assimilation (Tab. 25-4).

Im Gegensatz zu den nachgewiesenen stoffwechselphysiologischen Störungen werden an halbjährigen Kiefernnadeln nach den Richtwerten von Krauß (1990) keine massiven Ernährungsstörungen beobachtet (Tab. 25-4). Die relativ hohen jährlichen Schwankungen der Nährstoffgehalte von K und Mg in Abbildung 25-4 sind wahrscheinlich durch meteorologische Veränderungen bedingt (Katzensteiner et al. 1992). Bei hoher N-Belastung bzw. hohem NPN-Nadelspiegel von größer 4 mg g^{-1} TG werden allerdings angespannte Ernährungszustände erreicht, die bei eineinhalbjährigen Nadeln schon in den Bereich von Nährstoffmangel fallen und für das Auftreten von Nadelvergilbungen und Spitzennekrosen mitverantwortlich sind (Kaupenjohann 1989, Van den Burg 1990, Mohr 1994, Houdijk und Roelofs 1993, Heinsdorf 1993). Vermutlich wird aufgrund der abnehmenden basischen Flugstäube und einem erhöhten Eintrag von H^+-Ionen, nun verstärkt Kalium im Kronenraum ausgewaschen (Weisdorfer et al. 1995). Damit wäre zumindest die abnehmende Tendenz der Kaliumspiegel seit 1994 zu erklären (Abb. 25-4).

Nährelementauswaschung kann an allen Standorten durchaus eine tragende Rolle spielen. Einen Hinweis darauf gibt die Faktoranalyse. Kalium ist im 1. Faktor mit Sulfat assoziiert (Tab. 25-3). Inwieweit die abnehmenden K-Spiegel die Regeneration von Nadelkrosen bei abnehmenden Sulfatgehalten am Standort Rösa verhindern, kann zur Zeit nicht gesagt werden. Für eine kritische Kaliumernährung spricht allerdings die zunehmende Nadelnekrotisierung in Neuglobsow, wo die geringsten Nadelspiegel existieren (Abb. 25-4). Andererseits kommt es bei hoher N-Anreicherung auch zu den häufig dikutierten Nährstoff-Disproportionen zwischen Stickstoff und den Elementen Kalium, Magnesium sowie Phosphor (Van Dijk und Roelofs 1988, Van den Burg 1990, Ericsson et al. 1993), Wilson und Skeffington 1994, Edfast et al. 1996). Bemerkenswert erscheint in diesem Zusammenhang auch die relativ geringe P-Ernährung in NPN-angereicherten Nadeln. Als Ursache ist eine verringerte Phosphat-Aufnahme, wie von Ende et al. (1995) postuliert wird, auszuschließen da die Phosphat-Nadelspiegel der Kiefern an allen Standorten annähernd das gleiche Niveau einnehmen. Es wird daher vermutet, daß bei hoher N-Belastung wahrscheinlich die Photophosphorylierung teilweise entkoppelt wird (Van der Eerden 1982) oder die Biosynthese von Phosphorlipiden gehemmt ist (Malhotra und Khan 1984). In beiden Fällen kommt es zur Abnahme von PORG. Sowohl die Abnahme von PORG als auch von Glucose stehen somit in ursächlichen Zusammenhang mit der Akkumulation von löslichem NPN und einem gesteigerten Leistungspotential der PEPC. Bei Überschreitung von Belastungsschwellen bzw. Überforderung der erwähnten Entgiftungs- und Reparaturmechanismen kommt es schließlich zur Ausbildung von Nadelnekrosen.

Zusammenfassend läßt sich sagen, daß einfache Korrelationen zwischen physiologischen und biochemischen Parametern nicht geeignet sind, komplexe Ursache-Wirkungs-Zusammenhänge zu erkennen. Besser geeignet hingegen ist die komplexe statistische Auswertung unter Einbeziehung vieler Parameter, d.h. die Anwendung von Faktoranalyse sowie Cluster- und mehrdimensionaler Diskriminanzanalyse. Nach den bisherigen Ergebnissen der Faktoranalyse und dem verwendeten Datenmaterial werden zur Früherkennung von irreversiblen Schadreaktionen sowie zur Bewertung des Vitalitätszustandes von Kiefern die Biomarker PEPC und NPN favorisiert.

Bei Betrachtung der mit Hilfe von Cluster- und Diskriminanzanalyse errechneten Euklidischen Abstandsmaße läßt sich erkennen (Tab. 25-5), daß die Distanzen von Gruppe 2 bis Gruppe 5 zunehmen. Die Abstandsmaße sind damit ein Bewertungskriterium für die Vitalitätszustände und für den Schädigungsgrad der in Gruppen zusammengefaßten Kiefernbestände auf der Basis der in Diskriminanzfunktionen einfließenden Parameter. Demzufolge ist durch die Anwendung von Cluster- und Diskriminanzanalyse eine Bestimmung des Vitalitätszustandes bzw. Schädigungsgrades der Kiefernbestände möglich. Die Gruppeneinteilung und die vorgefundenen Abstandsmaße erlauben die Schlußfolgerung, daß der NPN-Gehalt der Nadeln in sehr enger Beziehung zum Schädigungsgrad der Kiefernbestände steht. Stickstoff ist demzufolge der Hauptverursacher für biochemische, physiologische und morphologische Wirkungen an den hier untersuchten Kiefernbeständen. Dabei wird davon ausgegangen, daß die Normabweichungen auf zellulärer Ebene in den jüngsten Nadeln solcher Bäume, bei denen die älteren Jahrgänge sichtbare Schadsymptome (Nekrosen) aufweisen, einen Zustand repräsentieren, den die Nadeln zu einem früheren Zeitpunkt ihrer Entwicklung innehatten. Diese Schlußfolgerung ist bisher noch nicht endgültig bewiesen, wenn auch die bisher über einen längeren Zeitraum durchgeführten Untersuchungen diese Arbeitshypothese bereits stützen.

Abschließend kann das Ziel der Langzeitstudie im Hinblick auf die Frühindikation wie folgt formuliert werden: Durch Anwendung von multivariaten statistischen Methoden soll letztlich ein Verfahren entwickelt werden, das zur Bewertung der Vitalität von Kiefernbeständen unter dem Einfluß komplexer Stoffbelastungen geeignet ist. Nach den bisherigen Ergebnissen der univariaten und multivariaten Datenanalyse sind die Biomarker NPN und PEPC am besten geeignet, um Aussagen zur Frühindikation und zum Vitalitätszustand der multipel exponierten Kiefernbestände zu treffen. Mit den gemessenen Merkmalswerten und den bekannten Diskriminanzfunktionen kann auf die Vitalität eines Baumkollektives geschlossen werden. Dies bedeutet, daß (hinsichtlich ihres Gesundheitszustandes) unbekannte Bäume oder Bestände mit den analysierten Merkmalswerten und mit Hilfe der gefundenen Diskriminanzfunktionen, denen eine repräsentative Stichprobe von Kiefernbeständen zugrunde liegt, einem der klassifizierten Vitalitätszustände zugeordnet werden können.

Danksagung

Die diesen Ausführungen zugrundeliegenden Meßdaten konnten nur mit exzellenter technischer Assistenz erhoben werden. Unser Dank gilt besonders Frau I. Geier, Frau M. Herrmann, Frau G. Pelzl, Frau A. Pfennigsdorf und Frau R. Rudloff sowie dem Umweltbundesamt Offenbach und dem Landesamt für Umweltschutz Halle für die freundliche Bereitstellung der Immissionsdaten.

Literatur

Aber, J.D., Nadelhoffer, K.J., Steudler, P., Melillo, J.M. (1989): Nitrogen saturation in northern forest ecosystems. BioScience 39: 378-386

Asada, K., Takahashi, M. (1987): Production and scavenging of active oxygen in photosynthesis. In: Kyle, D., Osmond, C., Arntzen, C. (eds.): Photoinhibition. Elsevier, Amsterdam. 222-287

Dijkshoorn, W., Van Wijk, A.L. (1967): The sulphur requirements of plants as evidenced by the sulphur-nitrogen ratio in the organic matter. A review of published data. Plant and Soil 26: 129-157

Dudel, E.G., Pietsch, M., Solger, A., Zentsch, W. (1995): Photosynthese, Atmung und Transpiration in Kiefernbeständen an der Schnittstelle Atmosphäre-Zweig unter abnehmender Immissionsbelastung. In: Hüttl, R.F., Bellmann, K., Seiler, W. (eds.): Atmosphärensanierung und Waldökosysteme. Eberhard Blottner Verlag, Taunusstein. 87-111

Dueck. T.A., Dorel, F.G., Ter Horst, R., Van der Eerden, L.J.M. (1990): Effects of ammonia, ammonium sulphate and sulphur dioxide on the frost sensitivity of scots pine (*Pinus sylvestris* L.). Wat. Air Soil Pollut. 54: 507-514

Edfast, A.-B., Näsholm, T., Aronsson, A., Ericsson, A. (1996): Applicationa of mineral nutrients to heavily N-fertilized scots pine trees: Effects on arginine and mineral nutrient concentrations. Plant and Soil. 184: 57-65

Ende, H.-P., Gluch, W., Hüttl, R.F. (1995): Ernährungskundliche und morphologische Untersuchungen im Kronenraum. In: Hüttl, R.F., Bellmann, K., Seiler, W. (eds.): Atmosphärensanierung und Waldökosysteme. Eberhard Blottner Verlag, Taunusstein. S112-128

Ericsson, A., Nordén, L.-G., Näsholm, T., Walheim, M. (1993): Mineral nutrient imbalances and arginine concentrations in needles of *Picea abies* (L.) Karst. From two areas with different levels of airborne depositions. Trees 8: 67-74

Foyer, C.H., Lelandais, M., Kunert, K.J. (1994): Photooxidative stress in plants. J. Physiol. Plant. 92: 696-717

Gasch, G., Grünhage, L., Jäger H.-J., Wentzel, K.-F. (1988): Das Verhältnis der Schwefelfraktionen in Fichtennadeln als Indikator für Immissionsbelastungen durch Schwefeldioxid. Angew. Bot. 62: 73-84

Härtling, S., Schulz, H. (1995): Ascorbat- und Glutathiongehalt in verschiedenartig schadstoffbeeinflußten Nadeln von *Pinus sylvestris* L.. Forstw. Cbl. 114: 40-49

Heinsdorf, D. (1993): The role of nitrogen in declining scots pine forests (*Pinus sylvestris*) in the lowland of East Germany. Wat. Air Soil Pollut. 69: 21-35

Herschbach, C., Rennenberg, H. (1994): Influence of glutathione (GSH) on net uptake of sulfate and sulfate transport in tobacco plants. J. Exp. Bot. 45: 1069-1076

Hofmann, G., Heinsdorf, D., Krauß, H.-H. (1990): Wirkung atmogener Stickstoffeinträge auf Produktivität und Stabilität von Kiefern-Forstökosystemen. Beitr. Forstwirtsch. 24: 59-73

Hofmann, G. (1994): Der Wald. Sonderheft Waldökosystem-Katalog. Deutscher Landwirtschaftsverlag, Berlin

Houdijk, A.L.F.M., Roelofs, J.G.M. (1993): The effects of atmospheric nitrogen deposition and soil chemistry on the nutritional status of *Pseudotsuga menziesii*, *Pinus nigra* and *Pinus sylvestris*. Environ. Pollut. 80: 79-84

Huhn, G., Schulz, H., Stärk, H.-J., Tölle, R., Schüürmann, G. (1995): Evaluation of regional heavy metal deposition by multivariate analysis of element contents in pine tree barks. Wat. Air Soil Pollut. 84: 367-383

Huhn, G., Schulz, H. (1996): Contents of free amino acids of scots pine needles from field sites with different levels of nitrogen deposition. New Phytol. 134: 95-101

Hüttl, R.F., Bellmann, K., Seiler, W. (1995): Atmosphärensanierung und Waldökosysteme. SANA: Wissenschaftliches Begleitprogramm zur Sanierung der Atmosphäre über den neuen Bundesländern-Wirkung auf Kiefernbestände. Eberhard Blotner Verlag

Jurat, R., Schaub, H. (1988): Effects of sulphur dioxide and ozone on ion uptake of spruce (*Picea abies* (L.) Karst.) seedlings. Z. Pflanzenernähr. Bodenk. 151: 379-384

Kaiser, W., Dittrich, A., Heber, U. (1993): Sulfate concentrations in Norway spruce needles in relation to atmospheric SO_2: a comparison of trees from various forests in Germany with trees fumigated with SO_2 in growth chambers. Tree Physiol. 12: 1-13

Katzensteiner, K., Glatzel, G., Kazda, M., Sterba, H. (1992): Effects of air pollutants on mineral nutrition of Norway spruce and revitalization of declining stands in Austria. Wat. Air, Soil Pollut. 61: 309-322

Kaupenjohann, M., Döhler, H., Bauer, M. (1989): Effects of N-emissions on nutrient status and vitality of *Pinus sylvestris* near a henhouse. Plant Soil 113: 279-282

Korsch, H., Jäger, E. (1992): Auswirkungen einer verringerten Schadstoffbelastung der Luft auf morphologische Parameter der Waldkiefer (*Pinus sylvestris* L.). Arch. Naturschutz Landschforsch. 32: 285-293

Krauß, H.-H., Heinsdorf, D., Hippeli, P, Tölle, H. (1986): Untersuchungen zu Ernährung und Wachstum wirtschaftlich wichtiger Nadelbaumarten im Tiefland der DDR. Beitr. F. d. Forstwirtsch. 4: 156-164

Krauß, H.-H. (1990): Stickstoff- und Schwefelschäden in Kiefernbeständen infolge Immissionen aus Hühnermassentierhaltungsstätten im Bereich des StFB Wermsdorf. In: IFE-Berichte aus Forschung und Entwicklung. (ed.): Grundlagen und Ergebnisse moderner Bodenfruchtbarkeitsforschung für die Sicherung von Produktivität und Stabilität der Wälder. 75-93

Lux, H. (1965): Die großräumige Abgrenzung von Rauchschadenszonen im Einflußbereich des Industriegebietes um Bitterfeld. Wiss. Z. Tech. Univ. Dresden. 14: 433-442

Malhotra, S.S., Khan, A.A. (1984): Biochemical and physiological inpact of major pollutants. In: Treshow, M. (ed.): Air pollution and plant life. John Wiley & Sons, Chichester. 113-157

Manninen, S., Huttunen, S. (1991): Needle and lichen sulfur analyses on two industrial gradients. Wat. Air Soil Pollut. 59: 153-163

Manninen, S., Huttunen, S., Rautio, P., Perämäki, P. (1996): Assessing the critical level of SO_2 for scots pine in situ. Environ. Pollut. 93: 27-38

Mohr, H. (1994): Stickstoffeintrag als Ursache neuartiger Waldschäden. Spektrum der Wissenschaft 1: 48-53

Niehus, B., Schulz, H. (1997): Eintrag von Fremd- und Nährstoffen in Vergangenheit und Gegenwart. In: Felmann, R., Henle, K., Auge, H., Flachowsky, J., Klotz, S., Krönert, R. (eds.): Regeneration und nachhaltige Landnutzung – Konzepte für belastete Gebiete. Springer-Verlag, Berlin, Heidelberg, New York. 105-109

Näsholm, T. (1994): Removal of nitrogen during needle senescence in scots pine (*Pinus sylvestris* L.). Oecologia 99: 290-296

Näsholm, T., Nordin, A., Edfast, A.-B., Högberg, P. (1997): Identification of coniferious forests with incipient nitrogen saturation through analysis of arginine and nitrogen-15 abbundance of trees. J. Environ. Qual. 26: 302-309

Pérez-Soba, M., Stulen, I., Van der Eerden, L.J.M. (1994): Effect of atmospheric ammonia on the nitrogen metabolism of scots pine (*Pinus sylvestris*) needles. J. Physiol. Plant. 90: 629-635

Pietilä, M., Lähdesmäki, P., Pietiläinen, P., Ferm, A., Hytönen, J., Pätilä, A. (1991): High nitrogen deposition causes changes in amino acid concentrations and protein spectra in needles of the scots pine (*Pinus sylvestris*). Environ. Pollut. 72: 103-115

Rabe, E., Lovatt, C.J. (1986): Increased argenine biosynthesis during phosphorus deficiency. A response to the increased ammonia content of leaves. J. Plant Physiol. 81: 774-779

Rabe, E. (1990): Stress physiology: The functional significance of the accumulation of nitrogen-containing compounds. J. Horticult. Sci. 65: 231-243

Sachs, L. (1992): Angewandte Statistik. Anwendung statistischer Methoden. 7. Auflage. Springer-Verlag, Berlin, Heidelberg.

Schulz, H., Huhn, G., Jung, K., Härtling, S., Schüürmann, G. (1995): Biochemical responses in needles of scots pine (*Pinus sylvestris)* from air polluted field sites in eastern Germany. In: Ebel, A., Moussiopoulos, N. (eds.): Air pollution III. Volume 4: Observation and simulation of air pollution: Results from SANA and EUMAC. Computational Mechanics Publications, Southhampton, Boston. 33-42

Schulz, H., Huhn, G., Härtling, S. (1996a): Ökotoxikologische Wirkungen atmogener anorganischer Schadstoffe auf Kiefernforste. UFZ-Bericht Nr. 14, Leipzig

Schulz, H., Weidner, M., Baur, M., Lauchert, U., Schmitt, V., Schroer, B., Wild, A. (1996b): Recognition of air pollution stress on norway spruce (*Picea abies* L.) on the basis of multivariate analysis of biochemical parameters: A model field study. Angew. Bot. 70: 19-27

Schulz, H., Huhn, G., Niehus, B., Liebergeld, G., Schüürmann, G. (1997a): Determination of throughfall rates on the basis of pine barks loads: results of a pilot field study. J. Air Waste Manag. Assoc. 47: 510-516

Schulz, H., Huhn, G., Schulz, U. (1997b): Bestimmung der Deposition von Fremd- und Schadstoffen in Kiefernforste mit Hilfe von Baumborken. UFZ-Bericht Nr. 21, Leipzig

Schulz, H., Huhn, G., Härtling, S. (1998): Responses of sulphur- and nitrogen-containing compounds in Scots pine needles along a deposition gradient in eastern Germany. In: Nutrients in Ecosystem. Plant and Soil. (im Druck)

Shaw, P.J.A., Holland, M.R., Darrall, N.M., McLeod, A.R. (1993): The occurrence of SO_2-related foliar symptoms on scots pine (*Pinus sylvestris* L.) in an open-air forest fumigation experiment. New Phytol. 123: 143-152

Slovik, S., Heber, U., Kaiser, W.M., Kindermann, G., Körner, C. (1992): Quantifizierung der physiologischen Kausalkette von SO_2-Immissionsschäden. (I) Ableitung von SO_2-Immissionsgrenzwerten für chronische Schäden an Fichten. Allg. Forst Zeitschrift 17: 800-804

Slovik, S., Siegmund, A., Kindermann, G., Riebeling, R., Balazs, B. (1995): Stomatal SO_2 uptake and sulfate accumulation in needles of norway spruce stands (*Picea abies*) in central Europe. Plant Soil 168-169: 405-419

Stöcker, G., Bergmann, A., Gluch, W. (1981): Ergebnisse eines Modellversuchs zur quantitativen Erfassung von Umweltänderungen mit Hilfe von Ökosystemen. In: Unger, K., Stöcker, G. (eds.): Biophysikalische Ökologie und Ökosystemforschung. Akademie-Verlag, Berlin, 247-276

Stöcker, G. (1986): Die Anwendung der Faktoranalyse zur ökologischen Charakterisierung naturnaher Berg-Fichtenwälder. Arch. Natursch. Landschforsch. 26: 133-148

Tietz, S., Wild, A. (1990): Investigations on the phosphoenolpyruvate carboxylase activity of spruce needles relative to the occurrence of novel forest decline. J. Plant Physiol. 137: 327-331

Tietz, S., Schneider, S., Gill, J., Wild, A. (1991): PEPC-Aktivität – Biochemischer Indikator für den Schädigungsgrad bei Fichten. UWSF-Z. Umweltchem. Ökotox. 3: 206-209

Turner, J., Lambert, M.J. (1980): Sulfur nutrition of forests. In: Shriner, D.S., Richmond, C.R., Lindberg, S.E. (eds.): Atmospheric sulfur deposition – environmental impact and health effects. Ann. Arbor Science. 321-333

Van den Burg, J. (1990): Stickstoff- und Säuredeposition und die Nährstoffversorgung niederländischer Wälder auf pleistozänen Sandböden. Forst und Holz 45: 597-605

Van der Eerden, L.J.M (1982): Toxicity of ammonia to plants. Agric. Environ 7: 223-235

Van der Eerden, L.J.M., Perez-Soba, M.G.F.J. (1992): Physiological responses of *Pinus sylvestris* to atmospheric ammonia. Trees 6: 48-53

Van Dijk, H.F.G., Roelofs, J.G.M. (1988): Effects of excessive ammonium deposition on the nutritional status and condition of pine needles. J. Physiol. Plant 73: 494-501

Wallenda, T., Schaeffer, C., Einig, W., Wingler, A., Hampp, R. (1996): Effects of varied soil nitrogen supply on norway spruce (*Picea abies* [L.] Karst.). Plant Soil 186: 361-369

Weisdorfer, M., Schaaf, W., Hüttl, R.F. (1995): Auswirkungen sich zeitlich ändernder Schadstoffdepositionen auf Stofftransport und -umsetzung im Boden. In: Hüttl, R.F., Bellmann, K., Seiler, W. (eds.): Atmosphärensanierung und Waldökosysteme. Eberhard Blottner Verlag, Taunusstein. 56-74

Wentzel, K.-F. (1987): Waldschäden – Was ist wirklich neu? In: Gesellschaft für Strahlen- und Umweltforschung (ed.): Patient Wald. München. 19-28

Wilson, E.J., Skeffington, R.A. (1994): The effects of excess nitrogen deposition on young norway spruce trees. Part I: The soil. Environ. Pollut. 86: 141-151

Wingsle, G., Hällgren, J.-E. (1993): Influence of SO_2 and NO_2 exposure on glutathione, superoxide dismutase and glutathione reductase activities in scots pine needles. J. Exper. Botany 44: 463-470

Wingler, A., Einig, W., Schaeffer, C., Wallenda, T., Hampp, R., Wallander, H., Nyland, J.-E. (1994): Influence of different nutrient regimes on the regulation of carbon metabolism in norway spruce (*Picea abies* [L.] Karst.) seedlings. New Phytol. 128: 323-330

26 Die Rolle der Bodenfauna beim Streuabbau in Primär- und Sekundärwäldern und einer Holz-Mischkulturfläche in Amazonien (SHIFT Projekt ENV 52): Methodische Überlegungen

J. Römbke, H. Höfer, C. Martius, B. Förster, M. Garcia, E. Franklin und L. Beck

Abstract

The project SHIFT ENV 52 undertakes a comparative study of litter quantity and quality, decomposition rates, and the abundance, biomass, and respiration of soil-inhabiting microbes, arthropods and oligochaetes in a polyculture forestry plantation and in plots of nearby secondary and primary forest. The aim is to evaluate the specific contribution of the soil microflora and of the different functional soil fauna groups to the decomposition of organic matter and the resulting nutrient supply to the plants. Several methods for the study of the soil fauna and microflora have been adapted to neotropical conditions on the base of preliminary tests. This article gives an overview.

Zusammenfassung

In dem in diesem Beitrag beschriebenen Projekt SHIFT ENV 52 werden an drei benachbarten Standorten (einer Holz-Mischkulturfläche und zwei benachbarten Flächen (einem Primärwald und einem Sekundärwald)) die Rolle der Bodenorganismen beim Abbau organischen Materials verglichen. Dazu werden Streumenge, -qualität und -abbauraten sowie parallel dazu Abundanz, Biomasse bzw. Respiration von Bodenmikroorganismen, Arthropoden und Oligochaeten auf den drei Flächen bestimmt. Das Ziel des Projekts ist die Einschätzung des spezifischen Anteils der Bodenmikroflora und der verschiedenen funktionellen Gruppen der Bodenfauna am Streuabbau und der davon abhängenden Nährstoffversorgung der Pflanzen. Verschiedene Methoden zur Untersuchung der Bodenfauna und Mikroflora mußten dazu auf der Grundlage von Vorversuchen zur Anwendung unter neotropischen Bedingungen modifiziert werden. Dieser Beitrag gibt vor allem einen Überblick über die methodischen Aspekte.

26.1 Einleitung

Große Flächen der Regenwälder Amazoniens (Brasilien) sind durch nährstoffarme Böden gekennzeichnet, wodurch eine nachhaltige Land- und Forstwirtschaft erheblich erschwert wird. Um für diese Böden eine ökologisch, sozial und ökonomisch erfolgreiche Bewirtschaftung zu entwickeln, werden gegenwärtig mehrere Projekte (ENV 23, 42, 45) als Teil des Deutsch-Brasilianischen wissenschaftlichen Kooperationsprogramms „Studies on Human Impact on Floodplains and Forests in the Tropics" (SHIFT) durchgeführt. Das Untersuchungsgebiet gehört zur EMBRAPA-CPAA (Empresa Brasileira de Pesquisa Agropecuária, Centro de Pesquisa Agroflorestal na Amazonia Ocidental) in Manaus (Bundesstaat Amazonas, Brasilien). Praktisch umgesetzt werden diese SHIFT-Projekte auf einer Rekultivierungsfläche (einer ehemaligen Kautschukplantage), die mit verschiedenen Baumarten in unterschiedlicher Zusammensetzung so bestockt wurde, daß 90 Teilplots entstanden (Holz-Mischkultursystem).

Im Jahre 1997 wurde ein neues Teilprojekt über „Bodenfauna und Streuabbau" (ENV 52) initiiert, das sich eng an die bestehenden SHIFT-Projekte in Manaus anlehnt. Der vorliegende Artikel gibt einen allgemeinen Überblick über dieses neue Projekt, in dem vor allem die folgenden Parameter gemessen werden: Streumenge, -eintrag und -abbauraten sowie die Abundanz, Biomasse und die Atmung von Bodenmikroorganismen, Arthropoden (speziell Collembolen, Milben, Ameisen, Spinnen und Termiten) und Regenwürmern. Alle Untersuchungen erfolgen vergleichend auf drei Versuchsparzellen: eine der oben erwähnten Holz-Mischkulturflächen (bestockt mit 4 Baumarten) und zwei benachbarten Flächen eines Sekundär- bzw. Primärwalds. Die regelmäßige Probennahme begann im Juli 1997 und wird bis zum Sommer 1999 fortgesetzt.

Zentrale Hypothese des Projekts ist, daß die in ungestörten Regenwaldflächen häufigen und dort ein sehr komplexes, interagierendes Netz bildenden Bodenorganismen in Sekundärwäldern und Holz-Mischkulturflächen hinsichtlich Anzahl und Diversität so beeinflußt werden, daß es zu Veränderungen im Nährstoffkreislauf der jeweiligen Fläche kommen kann. In anderen Worten: Die Bodenorganismen sind von großer Wichtigkeit für die Aufrechterhaltung „gesunder" Nährstoffkreisläufe in den untersuchten Parzellen. Zudem gehen wir davon aus, daß die ökosystemaren Prozesse auf den Flächen in Hinsicht auf eine nachhaltige Nutzung beeinflußt bzw. optimiert werden können.

Das Ziel dieser Untersuchung ist die Einschätzung des spezifischen Anteils der verschiedenen funktionellen Gruppen der Bodenfauna bzw. der Bodenmikroflora am Streuabbau und den damit verbundenen Nährstoffkreisläufen. Aufgrund der sehr heterogenen Verteilung der Bodenfauna in tropischen Böden ist hierfür ein ausführliches und zeitaufwendiges Probennahmeprogramm nötig. Dies ist zudem die Voraussetzung für die Erstellung eines Modells zur Interaktion von Streuabbau und Bodenorganismen, das auf Standorte mit ähnlichen Bedingungen übertragbar sein soll. Ein weiteres Ziel des Projekts ist es, schnell durchführbare „Screening"-Methoden zur Einschätzung des Streuabbaus unter tropischen Bedingungen zu identifizieren, um in zukünftigen Untersuchungen zur nachhaltigen Landnutzung weniger arbeitsintensive, aber dennoch biologisch aussagekräftige Methoden einsetzen zu können.

Die zentralen Fragen des Projekts lassen sich wie folgt zusammenfassen:

- Welche Arten oder funktionelle Gruppen bilden die Zersetzerzönose auf den drei Versuchsparzellen (Primär- und Sekundärwald sowie Holz-Mischkulturfläche)?
- Unterscheiden sich Biozönosen, Streumenge und -eintrag, mikrobielle Biomasse und die Nährstoffversorgung auf den drei Versuchsparzellen?
- Wie groß ist der Anteil der verschiedenen Organismengruppen am Streuabbau bzw. den Nährstoffkreisläufen?
- Wie lassen sich die Biomasse der verschiedenen Bodenorganismengruppen und die beobachteten Streuabbauraten in ein Modell integrieren, dessen Ergebnisse für Vorhersagen im Bereich der nachhaltigen Landnutzung anwendbar sind?
- Welche Methoden (z.B. Köderstreifen, Minicontainer oder Streubeutel) können für eine schnelle und weniger arbeitsintensive Erfassung funktioneller Parameter der Bodenbiozönose genutzt werden?

Viele bodenbiologische Methoden sind nur für die gemäßigten Breiten standardisiert und müssen für tropische Bedingungen modifiziert werden. Daher konzentriert sich dieser Beitrag primär auf methodische Überlegungen.

26.2 Methoden und Ergebnisse

26.2.1 Beschreibung des Standorts

Das Untersuchungsgebiet liegt 29 km nördlich von Manaus an der Strasse nach Itacoatiara auf dem Gelände der agroforstwirtschaftlichen Forschungsstation EMBRAPA-CPAA (Empresa Brasileira de Pesquisa Agropecuária, Centro de Pesquisa Agroflorestal na Amazonia Occidental) im Bundesstaat Amazonas (Brasilien). Der zentrale Teil der Fläche wurde 1992 auf einer aufgegebenen Kautschukplantage eingerichtet. Sie besteht aus 90 Versuchplots (Holz-Mischkultur) von jeweils 32 x 48 m (insgesamt 18,9 ha). Alle Untersuchungen des Projekts ENV52 wurden gleichzeitig auf den folgenden drei Versuchsparzellen durchgeführt (Abb. 26-1):

- Holz-Mischkultursystem Nr. 4: eine 1992 erfolgte Aufforstung mit vier verschiedenen Baumarten (*Hevea* spp. (Euphorbiaceae), *Schizolobium amazonicum* (Caesalpiniaceae), *Swietenia macrophylla* (Meliaceae) und *Carapa guianensis* (Meliaceae)), zwischen denen Sekundärvegetation zugelassen wird;
- Sekundärwald: seit 1984 in unmittelbarer Nähe zur Holz-Mischkulturfläche gelegen, dominiert durch drei Arten der Gattung *Vismia* sp.;
- Primärwald (terra firme): ebenfalls nahe bei der Holz-Mischkulturfläche gelegen und mit den gleichen Bodeneigenschaften wie die beiden anderen Teilflächen.

Sechs Jahre nach der Aufforstung ist die Holz-Mischkulturfläche 4 noch immer in einem frühen Stadium der Entwicklung und die Sekundärvegetation zwischen den Baumreihen dominiert eindeutig die Versuchsparzelle (sowohl in Hinblick auf den Deckungsgrad der Pflanzen als auch der Streuproduktion). In den Baumreihen ist die Streuauflage im Vergleich zum Bereich der Sekundärvegetation zwischen den Reihen eindeutig gestört, da hier auch die Bewirtschaftungspfade verlaufen. Daher läßt sich diese Versuchsparzelle auch als ein junger Sekundärwald klassifizieren. Sowohl im Sekundärwald (SEC) als auch im Primärwald (FLO) wurde jeweils ein Plot mit einer Größe von 40 x 40 m abgesteckt,

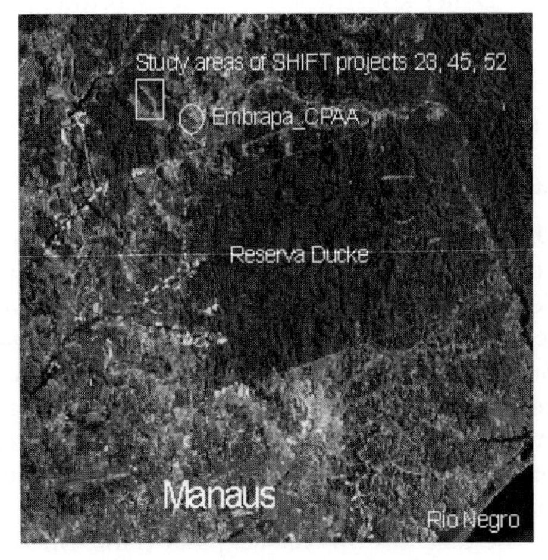

Abb. 26-1: Luftaufnahme des Untersuchungsgebiets

während in der Holz-Mischkultur zwei Teilplots (jeder 32 x 48 Meter) verwendet wurden (POA, POC). Die wichtigsten Bodeneigenschaften unterschieden sich zwischen diesen Versuchsparzellen nicht (Tab. 26-1). Langzeit-Messgeräte (Streusammler sowie Temperatur- und Feuchtemesser) wurden auf allen Flächen eingesetzt, um Streueintrag und klimatische Parameter zu erfassen.

Bezogen auf die Mittelwerte der letzten 10 Jahre sind die klimatischen Meßwerte des Jahres 1997 als ungewöhnlich zu bezeichnen: der monatliche Niederschlag im Zeitraum von Mai bis Oktober 1997 (mit Ausnahme des Augusts) war im Untersuchungsgebiet deutlich niedriger, während die Lufttemperatur in allen Monaten seit August 1996 (speziell im September und Oktober 1997) höher lag. Entsprechend war sowohl die relative Luftfeuchte im Juli, September und Oktober 1997 sehr niedrig und die monatlichen Verdunstungsraten im gleichen Zeitraum sehr hoch. In den Jahren 1996 und 1997 lag die mittlere Jahrestemperatur bei 26,5 bzw. 27,9°C und der Niederschlag bei 1854 bzw. 2582 mm (gemessen jeweils an der EMBRAPA-Station; 1997-Daten ohne November und Dezember; Correia, pers. Mittl.). Als Erklärung für diese untypischen Werte wird diskutiert, ob der El Niño Effekt für das ungewöhnlich trockene Jahr 1997 verantwortlich ist.

26.2.2 Beprobungs- und Extraktionsmethoden

Die Beprobung wurde zeitgleich in den drei Versuchsparzellen durchgeführt. Zwei Netzbeutel-Serien wurden für die Untersuchung des Streuabbaus eingesetzt, von denen die eine in der Mitte der Trockenzeit (Oktober 1997) und die andere in der Regenzeit (April 1998) gestartet wurde. Streuproduktion und Streuauflage wurden kontinuierlich während der gesamten Projektlaufzeit bestimmt. Die Beprobung der Meso- und Makrofauna sowie die Probennahme zur Erfassung der mikrobiellen Respiration erfolgte synchron in dreimonatigem Abstand. Dieses Programm begann drei Monate vor dem Ausbringen der ersten Netzbeutel-Serie und wird zusammen mit dem Ende der zweiten Serie abgeschlossen werden. Chemische Analysen (C/N-Verhältnis, Makro- und Mikronährstoffe, austauschbare Kationen und Humusstoffe) des Bodens, der Streu und der Bodentiere sollen dazu beitragen, den Anteil der wichtigsten Bodentiergruppen am Kreislauf ausgewählter Elemente zu quantifizieren. Bisher wurden vier Termine bearbeitet; die letzte Probenahme wird im Frühsommer 1999 erfolgen.

Bodenorganismen

Da standardisierte bodenbiologische Methoden für tropische Regenwälder nicht zur Verfügung standen, wurden entsprechende Verfahren gemäßigter Breiten auf der Grundlage von prakti-

Parameter	FLO	SEC	POA/C
Vegetation	Primärwald	Sekundärwald	Holz-Mischkultur
Bodenart	Sandiger Ton (60 % Ton, 25 % Sand, 15 % Schluff)		
pH-Wert (H_2O)	3,8–4,2	3,9–4,1	3,8–4,3
Org. Gehalt (%)	3,5–4,5	2,5–3,5	2,5–4,5

Tab. 26-1: Kurze Charakterisierung der drei Untersuchungsflächen

schen Vorversuchen ausgewählt. Im einzelnen wurden die folgenden Methoden verwandt (speziell für alle saprophagen wie räuberischen Bodentiere mit mehr als 2 mm Körperdurchmesser):

- Extraktion der Bodenmakrofauna aus großen Bodenkernen (Durchmesser: 21 cm) mittels einer Kempson-Apparatur zur Bestimmung von Artenzusammensetzung, Abundanz und Biomasse (z.B. Adis 1987);
- Zusätzliche Aufsammlung (teils mit Ködern) für Termiten und Ameisen, da diese sozialen Insekten mit Bodenkernen nicht adäquat erfaßt werden können;
- Handaufsammlung der großer Organismen der Makrofauna aus der Streuschicht auf Flächen von 4 m^2;
- Formolextraktion der teils sehr langen Regenwürmer (Glossoscolecidae), ebenfalls auf Flächen von 4 m^2;
- Bodenstecherproben (Durchmesser 6,4 cm) für die Trockenextraktion von Mesoarthropoden (hauptsächlich Milben und Collembolen) mittels eines Berlese-Trichters sowie für die Nassextraktion von Enchytraeen;
- Experimenteller Ausschluß von räuberischen Organismen zur Einschätzung ihres Einflusses auf die saprophage Bodenfauna;
- Messung der Atmungsraten ausgewählter Bodentiere wie z.B. Termiten mittels eines IRGA-Gerätes (Infra-Red-Gas-Analyzer), um zusammen mit der Populationsgröße die Umsatzraten dieser Gruppen bestimmen zu können;
- Messung der mikrobiellen Respiration und Biomasse in der Streuschicht und in 0-5 bzw. 5-15 cm Bodentiefe (ebenfalls mittels IRGA).

Die Bestimmung der einzelnen Arten oder ihre Zuordnung zu funktionellen Gruppen hat gerade erst begonnen, da die Kenntnisse über die Taxonomie und Biologie der Bodenorganismen tropischer Regenwälder sehr spärlich sind. Dennoch ist es eines der Ziele des Projekts, möglichst viele der gefangenen Organismen bis zum Artniveau zu bestimmen.

Drei Beispiele für Modifikationen bestehender bodenbiologischer Methoden sollen hier kurz aufgeführt werden:

Die Beprobung der großen Oligochaeten wurde auf der Basis mehrerer Vorversuche festgelegt. Die schließlich ausgewählte Methode – eine Austreibung der oft sehr langen (bis ca. 1 m) glossoscoleciden Regenwürmer auf einer Fläche von 4 m^2 mittels 80 Liter einer 0,25 % Formollösung in einem Zeitraum von 30 Minuten ist der meist in der Tropen-Literatur empfohlenen Handauslese deutlich überlegen. Leider war der Einsatz einer Senflösung als Alternative zu Formol nicht erfolgreich, da aufgrund der schnellen und starken Adsorption der Senfpartikel die Oligochaeten nicht (oder nicht genug) gereizt wurden und folglich nicht an die Bodenoberfläche kamen.

Termitenköder werden erfolgreich für die vergleichende Erfassung der Termitenpopulationen der drei Versuchsparzellen benutzt. Sie dienen zugleich für den Fang von Tieren für die Atmungsmessungen. Insgesamt wurde bisher eine Akzeptanzrate von 40 % festgestellt, was klar über den Ergebnissen früherer Versuche liegt, in denen nur 10 % der Köder akzeptiert wurden.

Im Mai 1998 wurde ein Beprobungsprogramm zur Bestimmung der Diversität und Biomasse von Termiten gestartet, das zusammen mit den Atmungsmessungen und Untersuchungen zu Nahrungsgilden den Einfluß dieser Tiergruppe auf den Prozeß des Streuabbaus klären soll. Das Programm basiert auf dem Standardprotokoll von Eggleton and Bignell (1995), doch wurden die Anforderungen so modifiziert, daß die Gesamtarbeitszeit (bisher 19 Mannmonate pro Hektar) deutlich reduzierbar ist. Dies erfolgte z.B. durch Veränderung des Zuschnitts der zu untersuchenden Fläche sowie durch Ersatz der Handaufsammlung durch eine Austreibung von Bodenproben in der Berlese-Apparatur.

Mikrobielle Messungen

Alle drei Monate wurden 20 Bodenproben (Oberboden: 0-5 cm und 5-15 cm) und Mischproben der Streu von der Bodenoberfläche mittels eines Stechbohrers (6,4 cm Durchmesser) auf jeder Versuchsparzelle genommen. Die Bodenproben wurden gesiebt (< 4 mm) und anschließend bei 10 °C bis zur weiteren Verwendung gelagert. Die Menge an mikrobieller Biomasse in Boden und Streu wurde mittels der Methode der „Substrat-induzierten-Respiration (SIR)“ bestimmt (Anderson und Domsch 1978).

Die Stoffwechselaktivität der Mikroorganismen wurde durch Messung der basalen Respiration (BR) von Boden und Streu determiniert. Wenn nötig, wurden die Proben vor der SIR-Messung auf eine optimale Feuchte (ca. 40 % der WK_{max}) eingestellt sowie präinkubiert. Alle Messungen erfolgten unter kontrollierten Temperaturbedingungen in einem kontinuierlichen Durchflußsystem, das mit einem Infra-Red Gas Analyser (IRGA) verbunden ist.

Funktionale Messungen

Der Streueintrag wurde wöchentlich in einem Zeitraum von 24 Wochen mit 20 Streusammlern (Oberfläche: 0,25 m^2) auf allen drei Versuchsparzellen bestimmt. Zusätzlich wurde die Streumenge über 5 Monate hinweg monatlich mit 20 Bodenkernen (21 cm Durchmesser) sowie durch die ebenfalls monatlich erfolgte Absammlung der Streu von einer 4 m^2 großen Fläche gemessen.

Vor Beginn des Netzbeutelexperiments mußte geklärt werden, welche Maschenweite am besten für tropische Regenwälder geeignet ist (Anderson et al. 1983). In einem 1996 durchgeführten Vortest wurden Maschenweiten von 0,02, 0,25, 0,5 und 10 mm verwendet. Da das Vorkommen der Makrofauna sich in den Beuteln der beiden mittleren Maschenweiten deutlich unterschied, wurden Maschenweiten von 0,02, 0,25 und 10 mm ausgewählt. So ist am besten der Zweck einer Differenzierung zwischen Mikroflora, Meso- und Makrofauna zu erreichen. Dies sind die gleichen Maschenweiten, die vielfach von unserer Arbeitsgruppe in mitteleuropäischen Wäldern eingesetzt werden (z.B. Beck et al. 1988) und die auch während eines Treffens der Deutschen Mesofauna Arbeitsgruppe im Jahre 1989 als Standard für Streuabbauversuche in Wäldern vorgeschlagen wurden (Ahrens, pers. Mittl.).
Im Oktober 1997 wurde die erste Netzbeutel-Serie (1008 Beutel gefüllt mit luftgetrockneter

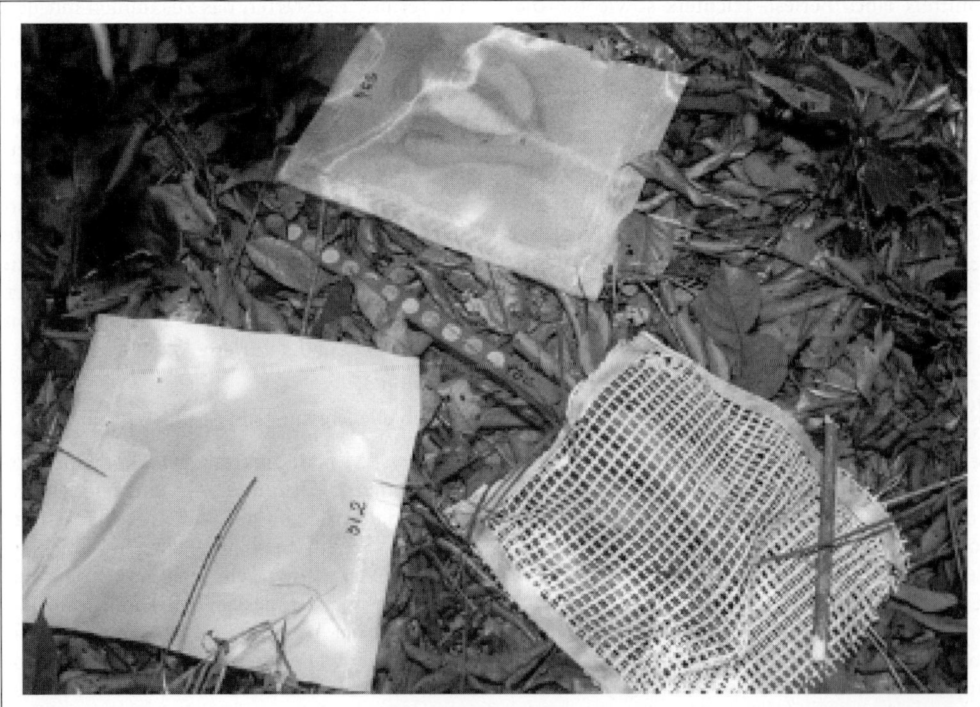

Abb. 26-2: Netzbeutel und Minicontainer im Freiland

Vismia guianensis-Streu) zur Ermittlung der Abbaurate auf den drei Versuchsparzellen ausgebracht (Abb. 26-2). *Vismia* wurde ausgewählt, weil diese Pflanze, wenn auch in unterschiedlicher Häufigkeit, auf allen Versuchsparzellen vorkommt. Die Rückholung der Beutel in zufällig ausgewählter Reihenfolge begann 4 Wochen später und ist noch nicht abgeschlossen. Ursprünglich war das Netzbeutelprogramm auf 6 Monate ausgelegt, doch mußte es auf ein Jahr verlängert werden, da der Abbau der *Vismia*-Streu deutlich langsamer verläuft als erwartet.

Zusammen mit den Netzbeuteln wurde eine Serie von Minicontainer-Stäben auf den drei Versuchsparzellen ausgebracht, mit denen ebenfalls die Streuabbaurate gemessen werden sollte (Eisenbeis 1994). Dies ist das erste Mal, daß diese Methode als Alternative bzw. Ergänzung zu Netzbeuteln für die Untersuchung des Streuabbaus in den Tropen eingesetzt wurde (Abb. 26-3). Die zwölf individuellen Container (Durchmesser: 2 cm), die zusammen einen Minicontainer-Stab bilden, wurden mit zerkleinerter *Vismia*-Streu gefüllt. Sie können als unabhängige Einheiten betrachtet werden, so daß im Gegensatz zu Netzbeuteln eine hohe Anzahl von Replikaten zur Verfügung steht. Daher und aufgrund der relativ kleinen Streumenge in jedem einzelnen Container ist zu erwarten, daß diese Methode als ein schnelles und statistisch aussagekräftiges (screening) Verfahren für die Untersuchung des Streuabbaus eingesetzt werden kann. Allerdings ist wahrscheinlich, daß aufgrund des Zerkleinerns der Blätter der Abbau über das Normalmaß hinaus beschleunigt wird und daß die maximal mögliche Maschenweite von 2 mm den Zutritt von Teilen der Makrofauna verhindert.

Als ein weiterer Ansatz zur Untersuchung funktionaler Parameter wurde der Köderstreifentest eingesetzt (Von Törne 1990a,b). Gemessen wird dabei die Frassaktivität einer Vielzahl von Bodentieren (z.B. Collembolen, Enchytraeen), während die Aktivität von Mikroorganismen direkt nicht erfassbar ist (Abb. 26-4). Die absolute Anzahl der ausgefressenen Löcher und die vertikale Verteilung der Fraßaktivität wurden festgestellt und statistisch ausgewertet. Da Umweltbedingungen wie das Klima oder die Bodenfeuchte die Ergebnisse dieses Tests stark beeinflussen können, sollte diese Methode ähnlich wie die Minicontainer nur für den simultanen Vergleich der Fraßaktivität auf eng benachbarten Flächen unter ansonsten gleichen Bedingungen angewandt werden.

Die Köderstreifen wurden ebenfalls in einem Vorversuch auf allen drei Versuchsparzellen getestet, bevor sie ab Dezember 1997 regelmäßig parallel zur vierteljährlichen Beprobung eingesetzt wurden. Die optimale Expositionsdauer scheint mit 4 Tagen deutlich kürzer als in gemäßigten Breiten zu sein, wo die Streifen oft bis zu 28 Tage im Freiland exponiert sind (Federschmidt und Römbke 1994). Die Fraßaktivität war sowohl in den Vortests im Juli wie auch im

Abb. 26-3: Detailaufnahme eines einzelnen Minicontainers

Abb. 26-4: Köderstreifen zur Erfassung der Fraßrate im Freiland

Dezember 1997 in der Holz-Mischkulturfläche deutlich höher als im Sekundär- bzw. Primärwald. Diese Ergebnisse beleuchten das Problem der Interpretation solch unspezifischer Aktivitäts-Messungen. Daher sollten Köderstreifendaten mit nach standardisierten Methoden erfaßten zoologischen Parametern verglichen werden, um die Ergebnisse dieses „Screeningtests" beurteilen zu können.

26.3 Diskussion

Bisher gibt es keine standardisierten bodenbiologischen Methoden für ökologische Untersuchungen in tropischen Regenwäldern. Diesem Anspruch kommt das weit verbreitete „Handbook of Methods of Tropical Soil Biology and Fertility", zum ersten Mal 1989 veröffentlicht (Anderson and Ingram 1993), relativ nahe, denn es enthält, gemäß seiner Ausrichtung auf die Bodenfruchtbarkeit, detaillierte Beschreibungen bodenchemischer und -physikalischer Verfahren. Leider ist es auf dem Gebiet der Bodenbiologie weitaus weniger vollständig. Methodische Empfehlungen für die Untersuchungen der verschiedenen Tiergruppen wie auch funktioneller Parameter sind in der Literatur nur weit verstreut zu finden. Selbst das heute umfassendste bodenbiologische Standardwerk deckt praktisch nur die gemäßigten Breiten ab und ist zudem bisher nur in deutscher Sprache erhältlich (Dunger und Fiedler 1997).

Daher ist das erste Ergebnis des SHIFT-Projekts ENV52 eine Zusammenstellung von bodenbiologischen Methoden für den Einsatz in tropischen Regenwäldern. Eine vorläufige Fassung dieser Verfahren ist, zusammen mit Arbeitsplänen und detaillierten Versuchsprotokollen, in einem „Handbuch" zusammengefaßt, das seit März 1998 via Internet von unserer homepage abrufbar ist:
http://www.cenargen.embrapa.br/~mgarcia/shift
Darüber hinaus werden folgende Ergebnisse in unseren Untersuchung angestrebt:

- die Erstellung basaler Daten zur Dynamik des Streuabbaus in einem tropischen Primärregenwald und zum jeweiligen Anteil der verschiedenen Organismengruppen (Mikroflora, Mesofauna, Makrofauna);
- vergleichbare Daten für eine benachbarte Holz-Mischkulturfläche und einen Sekundärwald, die beide auf dem Boden einer aufgelassenen Kautschukplantage stocken.

Die Integration dieser Daten zusammen mit Angaben zu den abiotischen wie biotischen Rahmenbedingungen (z.B. Vegetationstyp, Mikroklima) sollte es erlauben, die natürliche Nährstoffversorgung der Holz-Mischkulturfläche einschließlich der Bedeutung der Bodenorganismen für diesen Prozeß einzuschätzen.

Die Extrapolation der Ergebnisse unseres Projekts auf andere Standorte und deren Anwendung unter praxisnahen Bedingungen (nachhaltige Landnutzung in den feuchten Tropen) wird durch die Integration der Ergebnisse der anderen SHIFT-Projekte, die gemeinsam im EMBRAPA-Untersuchungsgebiet arbeiten, erheblich erleichtert. Das im Rahmen dieses Projekts zu entwickelnde Modell der biologischen und abiotischen Prozesse sollte dabei für folgende Zwecke einsetzbar sein:

a) die Etablierung von standardisierten Methoden zur Einschätzung der Rolle der Bodenorganismen; und
b) die Beeinflussung der die Bodenorganismen kontrollierenden Faktoren, um dadurch die natürliche Nährstoffversorgung zu optimieren.

Durch die parallele Anwendung bzw. den Vergleich verschiedener Methoden zur Untersuchung des Streuabbaus sollte es zudem möglich sein, Verfahren für die schnelle und einfache Messung von Abbauraten zu empfehlen. Außerdem sollte die Einschätzung der Nachhaltigkeit von Management-Maßnahmen durch die Einbeziehung bodenbiologischer Daten (speziell des Vorkommens der Bodenorganismen) erheblich verbessert werden.

Danksagung

Für die vielfältige Hilfe und Kooperation bei der Durchführung des Projekts möchten wir uns bei den folgenden Personen bzw. Institutionen bedanken: Dem BMBF danken wir für die Finanzierung unserer Arbeit. Das CNPq unterstützte uns durch Stipendien für externe Wissenschaftler sowie für brasilianische Studenten und Techniker. Der Direktor der EMBRAPA, Dr. E.A.V. Morales, und seine Kollegen in der Verwaltung der EMBRAPA hatten immer ein offenes Ohr für unsere Anfragen bzw. Vorschläge und unterstützten materiell wie ideell den Aufbau des bodenbiologischen Laboratoriums, wodurch die erfolgreiche Bearbeitung unseres Projekts erst ermöglicht wurde. Das INPA förderte unsere Anliegen, vor allem hinsichtlich der Kooperation zwischen den verschiedenen brasilianischen Institutionen. Des weiteren danken wir Prof. Dr. R. Lieberei vom Institut für Angewandte Botanik an der Universität Hamburg für sein Engagement und seine Hilfe, vor allem in der Anlaufphase des Projekts. Abschließend möchten wir Dr. Stüttgen und Dr. Gubelt vom Projektträger am Kernforschungszentrum Jülich für ihre Geduld und Hilfe bei allen administrativen Problemen danken.

Literatur

Adis, J. (1987): Extraction of arthropods from neotropical soils with a modified Kempson apparatus. J. Trop. Ecol. 3: 131-138

Anderson, J.M., Proctor, J., Vallack, H. (1983): Ecological studies in four contrasting lowland rain forests in Gunung Mulu National Park, Sarawak. III. Decomposition processes and nutrient losses from leaf litter. J. Ecol. 71: 503-527

Anderson, J.M., Ingram, J.S.I. (1993): Tropical soil biology and fertility: A handbook of methods. C.A.B. International, Wallingford

Anderson, J.P.E., Domsch, K.H. (1978): A physiological method for the quantitative measurement of microbial biomass in soils. Soil Biol. Biochem. 10: 215-221

Beck, L., Dumpert, K., Franke, U., Mittmann, H.-W., Römbke, J., Schönborn, W. (1988): Vergleichende ökologische Untersuchungen in einem Buchenwald nach Einwirkung von Umweltchemikalien. Jül. Spez. 439: 548-702

Dunger, W., Fiedler, H.J. (1997): Methoden der Bodenbiologie. G. Fischer Verlag, Jena

Eggleton, P., Bignell, D.E. (1995): Monitoring the response of tropical insects to changes in the environment: troubles with termites. In: Harrington, R.N., Stork, E. (eds.): Insects in a changing environment. Academic Press, London. 473-497

Eisenbeis, G. (1994): Die biologische Aktivität von Böden aus zoologischer Sicht. Braunschw. Naturkundl. Schr. 4: 653-658

Federschmidt, A., Römbke, J. (1994): Erfahrungen mit dem Köderstreifen-Test auf zwei fungizidbelasteten Standorten. Braunschw. Naturkundl. Schr. 4: 675-680

Von Törne, E. (1990a): Assessing feeding activities of soil-living animals. I. Bait-lamina tests. Pedobiol. 34: 89-101

Von Törne, E. (1990b): Schätzungen von Fraßaktivitäten bodenlebender Tiere. II. Mini-Köder-Tests. Pedobiol. 34: 269-279

27 Frequenz statt Abundanz: eine einfache Methode zur Abschätzung von Insektizidwirkungen auf epigäische Arthropoden im Freiland

R. Peveling

Abstract

Quantitative field studies on side-effects of insecticides on arthropods are laborious and time-consuming. With ordinary complete enumeration techniques, the catch size can be very large, and the identification and enumeration of samples may take a long time. As a consequence, both risk assessment and risk mitigation procedures are considerably delayed. The major reason for this lies with the counting, sorting and identifying of all specimens. In this paper a simple method is presented which leads to a significant reduction in catch size and which allows for a rapid analysis of the catch. The principle is to increase the number of sampling devices (pitfall traps) while decreasing the capture efficiency of individual traps (small aperture, short exposure). Thus the analysis can be based on two different estimates of relative population density, the total catch (complete enumeration) and the frequency of occurrence (presence/absence). It is shown that the analysis of both types of data yields similar results in most cases, and similar conclusions with regard to the risk classification. Thus it is recommended to include and further develop binary sampling techniques in environmental impact field assessments of chemicals.

Zusammenfassung

Quantitative Felduntersuchungen über Nebenwirkungen von Insektiziden auf Arthropoden sind ausgesprochen aufwendig. Die Fangzahlen können in die Hunderttausende gehen, so daß sich die Aufarbeitung lange Zeit hinzieht und den gesamten Prozeß der Risikoabschätzung und des Risikomanagements entsprechend verzögert. Ein Grund liegt darin, daß alle Individuen ausgezählt und taxonomisch differenziert werden müssen. In diesem Beitrag wird eine einfache Methode vorgestellt, die zu einer drastischen Reduktion der Fangzahlen führt und eine schnelle Aufarbeitung der Fänge ermöglicht. Das Prinzip besteht darin, die Anzahl der Barberfallen zu erhöhen, zugleich aber die Fängigkeit herabzusetzen (geringe Durchmesser, verkürzte Exposition). Für jedes Taxon kann somit neben der Abundanz (Fangzahl) als zweites Maß für die relative Populationsdichte die Frequenz (Präsenz/Absenz) ermittelt und statistisch ausgewertet werden. Es wird gezeigt, daß die Analyse dieser binären Daten überwiegend zu denselben Ergebnissen führt wie die Analyse verhältnisskalierter Daten (Fangzahlen).

27.1 Einleitung

27.1.2 Hintergrund

Die in semi-ariden Regionen Afrikas und Kleinasiens verbreitete Senegalheuschrecke *Oedaleus senegalensis* (Krauss 1877) verursacht im Hirseanbau der Republik Niger jedes Jahr Ertragsverluste in Höhe von etwa zwei Prozent der gesamten Produktion (Krall 1994, Kogo und Krall 1997). Insbesondere in den östlichen Landesteilen können die Verluste auch mehr als zwanzig Prozent betragen. Dort gilt *O. senegalensis* als wichtigster Schaderreger und wird nicht nur in den Anbauflächen selbst, sondern auch in den umgebenden naturnahen Grassavannen mit synthetischen Breitbandinsektiziden bekämpft, so daß neben der Nützlingsfauna in bewirtschafteten Flächen auch die Savannenfauna sowie Weidetiere exponiert und gefährdet sind (Balança und de Visscher 1997, Mullié et al. 1992, Mullié und Keith 1993, Peveling et al. 1997).
Mit der Entwicklung eines neuen Biopestizids auf der Basis des insektenpathogenen Pilzes *Metarhizium anisopliae (flavoviride)* var. *acridum* (Stamm IMI 330 189) durch das interdisziplinäre Projekt „Lutte Biologique contre les Locustes et Sauteriaux (LUBILOSA)“ ist es gelungen, eine biologische Alternative zur chemischen Bekämpfung von Heuschrecken aufzuzeigen und in die Praxis umzusetzen (Lomer 1997, Lomer et al. 1997). Aufgabe des NLU-Biogeographie ist es, die Umweltverträglichkeit des Pilzproduktes im Vergleich zu chemischen Insektiziden unter Feldbedingungen zu prüfen und darüber hinaus praxisnahe und einfache Feldmethoden für die Erfassung von Indikatororganismen (Monitoren) im Rahmen der Überwachung von Heuschreckenbekämpfungsmaßnahmen (Biomonitoring) zu entwickeln (vgl. Nagel 1995, Trautner 1992).

27.1.2 Risikoabschätzung – über kurz oder lang?

Quantitative Felduntersuchungen über Nebenwirkungen von Insektiziden, die gegen Heuschrecken eingesetzt werden, sind aufwendig und kostspielig (vgl. Everts 1990, Keith et al. 1995). Bei der Erfassung epigäischer Arthropoden mit Barberfallen können die Fangzahlen in die Hunderttausende gehen, so daß sich die Aufarbeitung über lange Zeit hinzieht. Die daraus resultierende Verzögerung der Risikoabschätzung erschwert den gesamten Bewertungsprozess, in dem auch kurzfristig Entscheidungen über Bekämpfungsstrategien gefällt und Möglichkeiten der Risikominimierung ergriffen werden müssen.
Im Rahmen von Feldversuchen in Niger wurde deshalb eine Erfassungsmethode gewählt, die zu einer drastischen Reduktion der Fangzahlen führt und eine schnelle Aufarbeitung der Fänge noch im Feld ermöglicht. Ziel war es, bereits bei Versuchsende eine erste quantitative Abschätzung von Wirkung und Nebenwirkungen der beiden Vergleichsinsektizide Fenitrothion (toxischer Standard) und *Metarhizium* vorzunehmen sowie den Einfluß der gewählten Datenskala (Nominal- versus Verhältnisskala) auf die Risikoklassifikation zu untersuchen. In diesem Artikel werden am Beispiel epigäischer Arthropoden einige Ergebnisse dieser Feldarbeit vorgestellt.

27.2 Material und Methoden

27.2.1 Versuchsgebiet und Applikation

Die Versuche wurden im August und September 1996 in einer von *Cenchrus biflorus* geprägten Grassavanne in der Nähe von Maïne Soroa, 150 km westlich des Tschadsees, durchgeführt. Neun quadratische Flächen von jeweils 50 ha wurden drei verschiedenen Behandlungsgruppen zugelost. Der Abstand zwischen den Parzellen betrug 300–1000 m. Drei Parzellen dienten als unbehandelte Kontrollen, jeweils drei weitere wurden mit dem Organophosphat Fenitrothion (250 g Wirkstoff/ha) bzw. dem Pilz *M. anisopliae (flavoviride)* var. *acridum* ($2{,}5 * 10^{12}$ Pilzsporen/ha) im „ultra low volume (ULV)"-Verfahren behandelt. Das Aufbringvolumen betrug 1,25 l/ha (Fenitrothion) bzw. 2 l/ha (*Metarhizium*).
Die Applikation benötigte drei Tage, d.h. jeden Tag wurde eine Parzelle mit Fenitrothion und eine weitere mit *Metarhizium* behandelt (Details in Langewald et al., 1999). Den beiden behandelten Parzellen eines Tages wurde eine gemeinsame (gepaarte) Kontrolle zugelost. Statistische Vergleiche (s.u.) erfolgten deshalb immer im Verhältnis Behandlung zur gepaarten Kontrolle.

27.2.2 Sammelmethoden

Epigäische Arthropoden wurden im Abstand von fünf Tagen einmal vor und siebenmal nach der Applikation mit Hilfe von Barberfallen erfaßt. Je Parzelle und Fangdatum wurden 40 Fallen (Durchmesser = 2,5 cm, Tiefe = 11 cm, Fangflüssigkeit 0,5 % Formalin) entlang eines zentralen 80 m Transekts im Abstand von ca. 2 m eingegraben und blieben jeweils 24 Stunden exponiert. Aufgrund der hohen Fallenzahl und der kurzen Expositionszeit konnte für jedes Taxon neben der Abundanz (Fangzahl) auch die Häufigkeit oder Frequenz (Präsenz/Absenz) statistisch ausgewertet werden. In beiden Fällen handelt es sich um relative, d.h. aktivitätsbhängige Schätzungen der Populationsdichte. Darauf wird im folgenden beim Gebrauch der Begriffe Frequenz und Abundanz nicht mehr gesondert hingewiesen. Die taxonomische Differenzierung der Fänge erfolgte zu etwa drei Vierteln auf Artniveau (Indikator- oder Monitorarten), der Rest wurde in einer Gruppe „andere Arthropoden" zusammengefaßt. Belegexemplare der Indikatoren sind am Naturhistorischen Museum Basel hinterlegt.

27.2.3 Datenanalyse

Für statistische Analysen wurden die Daten zunächst durch je nach Skala unterschiedliche Transformationen normalisiert. Nominalskalierte Daten wurden winkel- und verhältnisskalierte Daten log-transformiert (vgl. Sachs 1992):

Nominalskala:
Frequenz (F) = $\arcsin \sqrt{((x + 3/8)/(y + 3/4))}$
x = Anzahl Fallen mit ≥ 1 Individuum eines Taxons
y = Gesamtzahl der Fallen

Verhältnisskala:
Abundanz (A) = log (n + 1)
n = Summe aller Individuen eines Taxons
Der Zusammenhang zwischen den unterschiedlich transformierten Daten wurde mittels linearer Regression untersucht. Damit sollte geprüft werden, ob eine Auswertung über die einfach zu erhebenden binären Daten zu denselben Ergebnissen führt wie die Auswertung über verhältnisskalierte Daten, die ein vollständiges Auszählen der Fänge erforderlich macht.
Um behandlungsunabhängige Fluktuationen der Häufigkeit bzw. Aktivitätsdichte auszugleichen, wurden die transformierten Werte der Behandlungen für jeden Sammeltag durch die dazugehörigen, d.h. gepaarten Werte der Kontrollen korrigiert:

$F_{korr.} = F_{Behandlung} / F_{Kontrolle}$
$A_{korr.} = A_{Behandlung} - A_{Kontrolle}$

Diese indirekten Maßzahlen für die relative Populationsdichte bilden die eigentliche Datenmatrix für statistische Analysen. Behandlungseffekte wurden – getrennt für jedes Insektizid – durch einen Vergleich der Mittelwerte vor mit jenen nach der Applikation mittels einfaktorieller Varianzanalyse statistisch getestet, und zwar für drei verschiedene Zeitintervalle nach der Applikation (1.-6., 11.-16., 21.-31. Tag). Bei Ablehnung der Nullhypothese wurde ein multipler Mittelwertvergleich nach Newman-Keuls durchgeführt.
Die (Neben-) Wirkungen (W) bzw. Effekte wurden für die zuvor genannten Zeitintervalle aus nicht transformierten Werten berechnet (Summe aller Fallen mit ≥ 1 Individuum bei Nominalskala, Summe aller Individuen aller Fallen bei Verhältnisskala):

$W (\%) = 100 * (1 - (\Sigma Kv * \Sigma Bn/(\Sigma Kn * \Sigma Bv)))$
K = Kontrolle vor (v) und nach (n) der Applikation
B = Behandlung vor (v) und nach (n) der Applikation

Die Risikobewertung folgt der Klassifikation der BBA (1992) für akut toxische Effekte auf Nichtzielarthropoden im Freiland. Danach werden Insektizide mit einer Wirkung von < 25 % als unschädlich (I) eingestuft. Bei einer Überschreitung dieses Schwellenwertes gelten folgende Risikoklassen: 25-50 % = schwach schädigend (II), 51-75 % = mittelstark schädigend (III), > 75 % = stark schädigend (IV).

27.3 Ergebnisse

27.3.1 Frequenz und Abundanz

Insgesamt wurden etwa 23 000 Insekten gefangen, d.h. der Gesamtfang war im Vergleich zu herkömmlichen Versuchen dieser Größenordnung (z.B. Krokene 1993) ausgesprochen niedrig.
Die Abbildungen 27-1 und 27-2 zeigen den zeitlichen Verlauf der Frequenz ($F_{korr.}$) und Abundanz ($A_{korr.}$) an drei Beispielen: *O. senegalensis*, dem Zielorganismus (positive Kontrolle), *Monomorium* sp., der häufigsten Ameisenart, und der Gruppe der Nichtzielarthropoden, die nicht auf Artniveau differenziert wurden. In allen Fällen bewirkte Fenitrothion eine sofortige Abnahme der Populationsdichte, die bis zum Versuchsende nicht mehr kompensiert wurde. Diese Abnahme war angesichts einer hohen Dichte unmittelbar vor der Behandlung bei *O. senegalensis* am deutlichsten ausgeprägt. Demgegenüber nahm die Populationsdichte in den mit *Metarhizium* behandelten Parzellen durch Immigration und Neuschlupf anfänglich sogar zu. Erst nach etwa zwei Wochen sank sie auch hier auf das niedrige Niveau der Fenitrothion-Parzellen. Diese Verzögerung von etwa zwei Wochen spiegelt den normalen Krankheitsverlauf bei hohen Umgebungstemperaturen wider (Thomas und Jenkins 1997) und veranschaulicht zugleich den unterschiedlichen Wirkmechanismus der beiden Produkte.
Aus den Abbildungen wird auch deutlich, daß die Auswertung unabhängig von der gewählten Datenskala zu weitgehend übereinstimmenden Ergebnissen führt. In 13 (Nominalskala) bzw. 11 (Verhältnisskala) Fällen wurden signifikante Unterschiede zwischen der mittleren Frequenz ($F_{korr.}$) bzw. Abundanz ($A_{korr.}$) **vor** und **nach** der Applikation festgestellt, d.h. in lediglich zwei Fällen führt die statistische Analyse zu unterschiedlichen Schlußfolgerungen. Die direkte Regressionsanalyse bestätigt die hohe Korrelation zwischen Abundanz und Frequenz (Abb. 27-3), woraus folgt, daß eine Analyse der Häufigkeits-

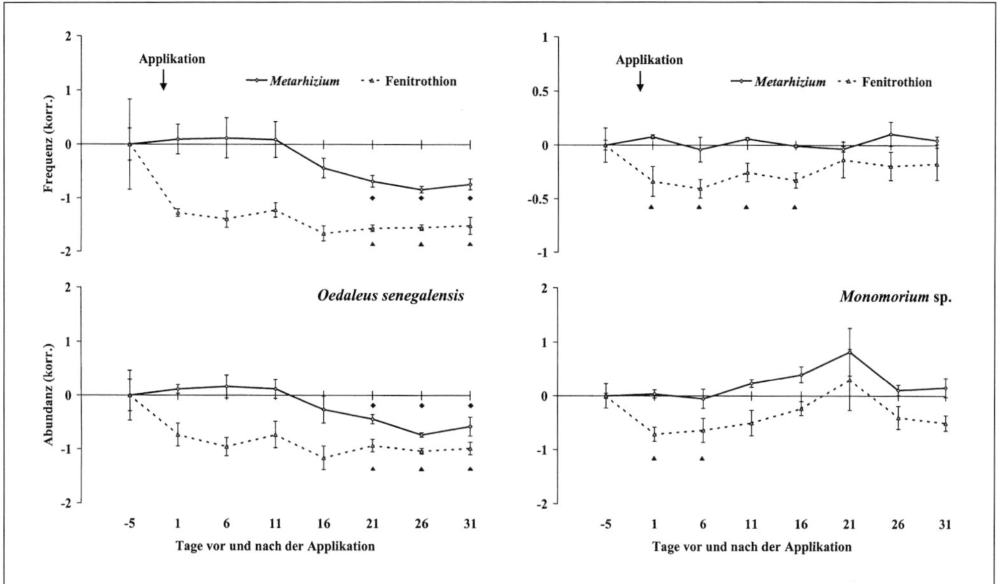

Abb. 27-1: Frequenz ($F_{korr.}$, oben) und Abundanz ($A_{korr.}$, unten) (± Standardfehler) von *Oedaleus senegalensis* (links) und *Monomorium* sp. (rechts) zu verschiedenen Zeitpunkten vor und nach der Applikation. Der Referenzwert vor der Applikation (Tag -5) wurde für die Darstellung auf 0 gesetzt. Negative Werte bedeuten eine im Verhältnis zur Kontrolle relative Abnahme und positive eine Zunahme der Frequenz bzw. Abundanz. Signifikante Unterschiede zwischen $F_{korr.}$ ($A_{korr.}$) **vor** und $F_{korr.}$ ($A_{korr.}$) **nach** der Applikation sind mit einer Raute *(Metarhizium)* oder einem Dreieck (Fenitrothion) gekennzeichnet. Für alle Mittelwertvergleiche wurde ein Signifikanzniveau von $p \leq 0{,}1$ angenommen.

daten für die Interpretation der Versuche ausreichend wäre.

27.3.2 Risikoklassifikation

Auch die eigentliche Risikobewertung wird durch die Wahl der Datenskala kaum beeinflußt, wie Abbildung 27-4 am Beispiel der akuten Phase zeigt (1.-6. Tag nach der Applikation). Eine Ausnahme bilden die mit den Ziffern 1-4 bezeichneten Datenpunkte. Bei 1 und 2 handelt es sich um sehr häufige Taxa bzw. Artgruppen, bei denen die Frequenz nahe 100 % liegt, d.h. außerhalb des linearen Bereiches, in dem die Frequenz proportional zur Fangzahl zunimmt. In diesem Fall wird die Wirkung bei Gebrauch der Nominalskala niedriger geschätzt, weil trotz einer realen Abnahme der Fangzahlen immer noch hohe Frequenzen erreicht werden. Das Gegenteil gilt für Arten mit ausgesprochen aggregierter Verteilung wie der Ameise *Messor galla* (Datenpunkte 3 und 4), die – ausgelöst durch intraspezifische Alarmreaktionen – zu Hunderten in einzelnen Fallen auftrat, ohne daß die Frequenz erhöht wurde. Im vorliegenden Fall wurde die Wirkung bei Gebrauch der Nominalskala höher geschätzt, weil das Phänomen insbesondere in den Fenitrothion-behandelten Parzellen auftrat.

Die aus den unterschiedlich skalierten Daten berechneten Effekte von Fenitrothion und *Metarhizium* sind für alle Indikatororganismen bzw. -gruppen in den Tabellen 27-1 und 27-2 zusammengefaßt. Bei Fenitrothion lag die akute Wirkung überwiegend im Bereich 50-75 %, und das Produkt wurde als stark schädigend eingestuft (Risikoklasse III). Selbst bei Versuchsende betrug die Wirkung zumeist noch > 25 % (Klasse II), im Falle von *O. senegalensis* sogar > 80 % (Klasse IV). Somit wurde der Zielorganismus deutlich stärker geschädigt als die Nichtzielorganismen. Das gleiche gilt für die Wirkung von *Metarhizium*, die im selben Zeitintervall eben-

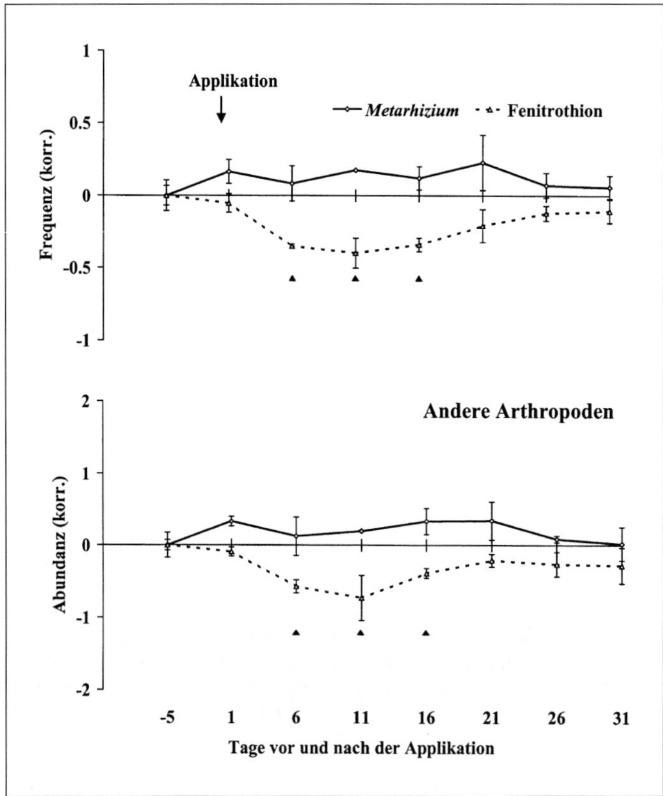

Abb. 27-2: Frequenz ($F_{korr.}$, oben) und Abundanz ($A_{korr.}$, unten) (± Standardfehler) der Gruppe „andere Arthropoden"; Erläuterungen siehe Abb. 1.

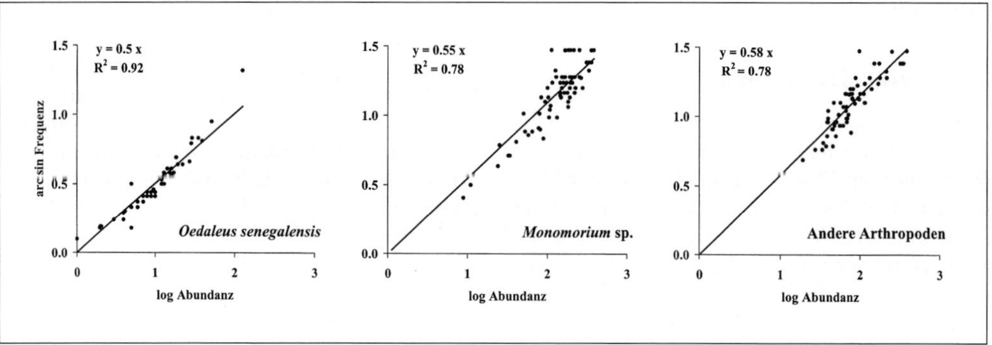

Abb. 27-3: Lineare Regression zwischen der Abundanz ($A_{korr.}$) und der Frequenz ($F_{korr.}$) am Beispiel *Oedaleus senegalensis, Monomorium* sp. und „anderen Arthropoden". Aufgetragen sind die Daten aller Behandlungsgruppen und Sammeltage.

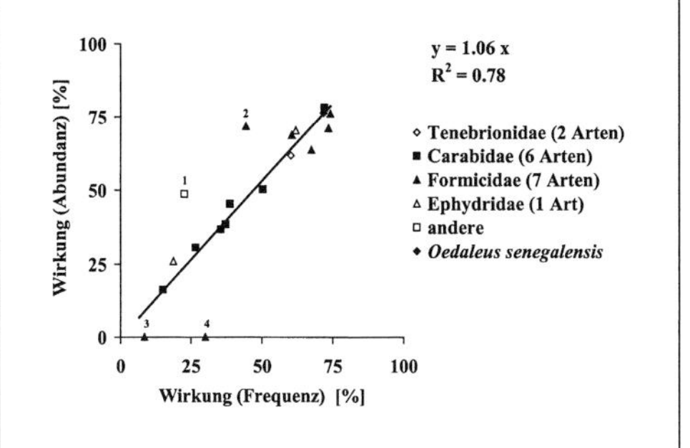

Abb. 27-4: Vergleich der aus verhältnis- (Ordinate) und nominalskalierten Daten (Abszisse) berechneten Wirkung von Fenitrothion und *Metarhizium anisopliae (flavoviride)* var. *acridum*. Es wurden nur Datenpaare verwendet, bei denen mindestens eine Koordinate >0 war; weitere Erläuterungen im Text.

falls > 80 % betrug. Bei Nichtzielorganismen wurde allenfalls eine schwache Schädigung (Klasse II) beobachtet. Allerdings war diese auf eine überproportionale Zunahme in den Kontrollparzellen und nicht auf eine de facto Abnahme der Populationsdichte in *Metarhizium*-behandelten Parzellen zurückzuführen.

27.4 Diskussion und Schlußfolgerungen

In der Freilandprüfung von Pestiziden stehen sich das Ideal der komplexen und langfristig angelegten Ökosystemanalyse und die Realität eines selektiven, zeitlich und räumlich begrenzten Biomonitorings gegenüber. Die Frage des Ansatzes hängt dabei weniger von wissenschaftlichen

Tab. 27-1: Die Wirkung von Fenitrothion auf epigäische Nichtzielarthropoden und auf den Zielorganismus *Oedalus senegalensis* während verschiedener Zeitintervalle nach der Applikation, berechnet aus nominal- (links) und verhältnisskalierten (rechts) Daten

Datenskala	Wirkung von Fenitrothion (%) (± Standardfehler)					
	Nominalskala			Verhältnisskala		
Taxon	**1.-6. Tag**	**11.-16. Tag**	**21.-31. Tag**	**1.-6. Tag**	**11.-16. Tag**	**21.-31. Tag**
Tenebrionidae						
Zophosis posticalis und *Erodius laevigatus*	60 (7)	26 (28)	48 (4)	62 (11)	24 (33)	44 (3)
Carabidae						
Alle Carabidae	68 (12)	+	30 (16)	74 (7)	+	12 (32)
Carabidae sp. 1 und cf. *Harpoglossus laevigatus*	72 (9)	+	+	79 (5)	+	+
Graphipterus sennariensis und *G. obsoletus*	27 (30)	+	48 (29)	31 (32)	+	50 (30)
Scallophorites guineensis asphaltinus	37 (45)	33 (19)	+	38 (45)	33 (19)	+
Anthia sexmaculata	50 (26)	+	45 (11)	50 (26)	+	45 (11)
Formicidae						
Alle Formicidae	56 (14)	26 (28)	30 (21)	60 (14)	+	42 (22)
Monomorium sp.	44 (17)	27 (11)	19 (20)	72 (11)	37 (26)	45 (21)
Cataglyphis diehlii	67 (14)	+	57 (29)	64 (20)	+	41 (46)
Cataglyphis albicans	74 (18)	74 (6)	56 (34)	76 (17)	74 (7)	65 (26)
Plagiolepis sp. 1 und *Tapinoma* sp.	73 (8)	4 (36)	+	71 (6)	14 (27)	25 (31)
Plagiolepis sp. 2	60 (7)	+	16 (42)	69 (12)	+	+
Messor galla	30 (35)	38 (41)	44 (26)	+	+	55 (27)
Ephydridae						
Actocetor margaritatus	62 (15)	70 (10)	34 (20)	70 (16)	78 (7)	46 (24)
Andere Arthropoden	23 (7)	36 (2)	14 (11)	49 (9)	65 (13)	39 (21)
Acrididae						
Oedaleus senegalensis	72 (11)	67 (15)	84 (8)	76 (14)	73 (15)	84 (10)

+ = relative Zunahme (keine negativen Auswirkungen)

Tab. 27-2: Die Wirkung von *Metarhizium anisopliae (flavoviride)* var. *acridum* auf epigäische Nichtzielarthropoden und auf den Zielorganismus *Oedaleus senegalensis*; Erläuterungen siehe Tabelle 27-1.

Datenskala	Wirkung von *Metarhizium*, IMI 330 189 (%) (± Standardfehler)					
	Nominalskala			Verhältnisskala		
Taxon	1.-6. Tag	11.-16. Tag	21.-31. Tag	1.-6. Tag	11.-16. Tag	21.-31. Tag
Tenebrionidae						
Zophosis posticalis und *Erodius laevigatus*	+	+	+	+	+	+
Carabidae						
Alle Carabidae	15 (22)	+	+	16 (21)	+	+
Carabidae sp. 1 und cf. *Harpoglossus laevigatus*	35 (9)	+	+	37 (9)	+	+
Graphipterus sennariensis und *G. obsoletus*	39 (14)	+	+	45 (12)	+	15 (42)
Scallophorites guineensis asphaltinus	+	+	+	+	+	+
Anthia sexmaculata	+	+	+	+	+	+
Formicidae						
Alle Formicidae	+	+	+	+	+	+
Monomorium sp.	+	+	+	+	+	+
Cataglyphis diehlii	+	+	+	+	+	+
Cataglyphis albicans	+	+	+	+	+	+
Plagiolepis sp. 1 und *Tapinoma* sp.	+	+	+	+	+	+
Plagiolepis sp. 2	+	+	+	+	+	+
Messor galla	+	+	+	+	+	+
Ephydridae						
Actocetor margaritatus	19 (12)	23 (28)	32 (3)	25 (18)	44 (13)	34 (7)
Andere Arthropoden	+	+	+	+	+	+
Acrididae						
Oedaleus senegalensis	+	+	85 (1)	+	+	82 (5)

+ = relative Zunahme (keine negativen Auswirkungen)

Einsichten als von den verfügbaren Ressourcen ab, zumal bei Untersuchungen in den Tropen und Subtropen. Leitmotiv dieser Studie ist die Überzeugung, daß Begleituntersuchungen zu Nebenwirkungen von Heuschreckenbekämpfungsmitteln in Afrika in Zukunft nur dann in nennenswertem Umfang realisiert werden, wenn sie methodisch einfach zu handhaben und kostengünstig sind. Methodische Vereinfachungen gehen keineswegs mit einem Verlust an Aussageschärfe einher, denn die grundsätzlichen Probleme der Ergebnisinterpretation sind dieselben wie in komplexen Studien (vgl. Greig-Smith 1992, Jepson 1988, Römbke und Moltmann 1996, van der Valk und Niassy 1997).

Das Prinzip der hier dargelegten Methode ist es, zum einen die Fangzahlen deutlich zu reduzieren (kurze Exposition, kleine Durchmesser) und zum anderen die Fallenzahl zu erhöhen, um einerseits mit binären Daten (Präsenz/Absenz) rechnen zu können und andererseits den Raum repräsentativer zu beproben. Vergleichbare Erfassungsmethoden sind zwar aus der Landwirtschaft bekannt (Jones 1994), werden aber nicht in natürlichen oder naturnahen Ökosystemen eingesetzt.

Da die Analyse nominalskalierter Daten mit wenigen Ausnahmen zu denselben Ergebnissen führte wie die Analyse verhältnisskalierter Daten, wird bei zukünftigen Versuchen im Rahmen des Projektes bereits auf ein vollständiges Auszählen der Fänge von vornherein verzichtet und statt dessen nur noch die Präsenz bzw. Absenz jedes Taxons erfaßt. Angesichts der hohen Fangzahlen insbesondere bei Ameisen ist damit nochmals ein erheblicher Zeitgewinn zu verbuchen, der für die Differenzierung weiterer Indikatorarten zur Verfügung stünde. Das Problem der Unterbewertung der Pestizidwirkungen bei Nominalskalierung im Falle sehr häufiger Taxa ließe sich theoretisch durch eine Verkürzung der Fallenexposition umgehen. Das würde allerdings bedeuten, daß die Leerungszyklen für verschiedene Taxa unterschiedlich sein müßten, ein Aufwand, der angesichts der insgesamt übereinstimmenden ökotoxikologischen Profile kaum nötig erscheint. Auf der anderen Seite steht das Problem der scheinbaren Überbewertung der Wirkung von Fenitrothion im Fall von *Messor galla*. Hier ist eindeutig zu folgern, daß nur die Nominalskala zu ökotoxikologisch repräsentativen Ergebnissen führt, denn die Frequenzen werden auch durch einen verhaltensinduzierten und in der Regel nur in einzelnen Fallen auftretenden Massenfang nicht künstlich in die Höhe getrieben.

Analog zur binären Erfassung epigäischer Arthropoden mit Barberfallen können auch Arthropoden der Krautschicht mit einer entsprechend hohen Anzahl geeigneter Fallen (Klebbzw. Gelbfallen) erfaßt werden. Auch in diesem Fall führt die Analyse unterschiedlich skalierter Daten zu vergleichbaren Ergebnissen, wie erste Feldversuche in Niger 1997 gezeigt haben.

Dennoch soll nicht verschwiegen werden, daß das Ausbringen und Einholen der Fallen im Vergleich zu herkömmlichen Verfahren mit einem gewissen Mehraufwand verbunden ist und darüber hinaus wegen der kurzen Expositionszeit mit großer Genauigkeit durchgeführt werden muß. Allerdings wird dieser Mehraufwand durch die Vereinfachung und Beschleunigung der Probenaufarbeitung mehr als ausgeglichen.

In Hinsicht auf die Risikoabschätzung haben die Untersuchungen gezeigt, daß sich die Effekte von Fenitrothion und *Metarhizium* mit dem hier vorgestellten Verfahren ausreichend genau beurteilen lassen. Die Genauigkeit bzw. Aussageschärfe wurde zweifach verifiziert, zum einen durch den Nachweis der Wirkung beider Produkte auf den Zielorganismus (positive Kontrolle), die trotz einer insgesamt großen Streuung (siehe Fehlerbalken in Abb. 27-1) in Höhe und Verlauf dem jeweiligen Wirkungsmechanismus entsprach, und zum anderen durch die (erwarteten) Nebenwirkungen des toxischen Standards Fenitrothion auf fast alle der untersuchten epigäischen Arthropoden.

Die Ergebnisse bestätigen zugleich eine hohe Wirtsspezifität des Pilzes (vgl. Prior 1997). Bei keinem anderen Taxon mit Ausnahme der Senegalheuschrecke wurden signifikante Wirkungen festgestellt, so daß *Metarhizium anisopliae (flavoviride)* var. *acridum* als harmlos für epigäische Arthropoden einzustufen ist. Demgegenüber war Fenitrothion für nahezu alle Nichtzielorganismen mittelstark schädigend. Fenitrothion gehört nicht nur zu den in der Heuschreckenbekämpfung am weitesten verbreiteten Produkten, sondern ist auch in Hinsicht auf sein ökotoxikologisches Verhalten in semi-ariden Räumen gut untersucht (Everts 1990, Everts et al. 1997, Mullié und Keith 1993, Peveling und Demba 1997). Zwar erholt sich der überwiegende Teil der terrestrischen Arthropodenfauna bei einmaliger Anwendung von Fenitrothion wieder relativ schnell, doch gibt es Gruppen, die erst in der folgenden Vegetationsperiode wieder die alte Populationsdichte erreichen, darunter ökologische Schlüsselarten wie Collembolen (Peveling et al. 1997). Mehrfachanwendungen im selben Raum, die gerade bei der Verwendung nicht persistenter Insektizide häufig vorkommen, können allerdings auch eine dauerhafte Schädigung zur Folge haben. Deshalb empfiehlt die FAO (1998) nunmehr insbesondere für präventive Bekämpfungsmaßnahmen in gefährdeten Biotopen (Nationalparks, Wildfarmen, Feuchtgebiete), in denen eine schnelle Wirkung auf den Zielorganismus für einen erfolgreichen Schutz der Kulturen nicht nötig ist, die Verwendung von Biopestiziden auf der Basis entomopathogener Pilze.

Danksagung

Das interdisziplinäre Projekt LUBILOSA wird von Großbritannien, Holland, Kanada und der Schweiz finanziert. Die vorliegende Studie wurde im Auftrag der Deutschen Gesellschaft für Technische Zusammenarbeit (GTZ), einer der vier LUBILOSA-Durchführungsorganisationen, bearbeitet. Den genannten Ländern und der GTZ danke ich für die Förderung dieser Arbeit. Ferner bedanke ich mich bei C. Baroni Urbani (Basel), M. Donabauer (Wien), A. Dostal (Wien), G. Goergen (Cotonou, Benin), M. Lillig (Saarbrücken) und P. Nagel (Basel) für die Bestimmung der Indikatorarten und bei dem LUBILOSA-Team in Niger für die gute Zusammenarbeit im Feld.

Literatur

Balança, G., de Visscher, M.-N. (1997): Effects of very low doses of fipronil on grasshoppers and non-target insects following field trials for grasshopper control. Crop Protection 16: 553-564

BBA (1992): Bewertung von Pflanzenschutzmitteln im Zulassungsverfahren. Mitteilungen aus der Biologischen Bundesanstalt für Land- und Forstwirtschaft 284. Berlin-Dahlem.

Everts, J.W. (1990): Environmental effects of chemical locust and grasshopper control. A pilot study. Project Report FAO, ECLO/RAF/001/NET. FAO, Rom

Everts, J.W., Mbaye, D., Barry, O. (eds.) (1997): Environmental side-effects of locust and grasshopper control. Volume 1. FAO-LOCUSTOX, Plant Protection Directorate, Ministry of Agriculture, Dakar

FAO (1998): Evaluation of field trial data on the efficacy and selectivity of insecticides to locusts and grasshoppers. Report to FAO by the Pesticide Referee Group, 7th meeting, Rome, 2-6 March 1998

Greig-Smith, P.W. (1992): The acceptability of pesticide effects on non-target arthropods. Aspects Appl. Biol. 31: 121-132

Jepson, P.C. (1988): Ecological characteristics and the susceptibility of nontarget invertebrates to long term pesticide side effects. In: Greaves, M.P., Greig-Smith, P.W, Smith, B.D. (eds.): Field methods for the study of environmental effects of pesticides. British Crop Protection Council Monograph 40, Lavenham Press, Lavenham. 191-199

Jones, V.P. (1994): Sequential estimation and classification procedures for binomial counts. In: Pedigo, L.P., Buntin, G.D. (eds.) Handbook of sampling methods for arthropods in agriculture. CRC Press, Boca Raton. 175-205

Keith, J.O., Bruggers, R.L., Matteson, P.C., Abderrahim, El H., Ghaout, S., Fiedler, L.A., El Hassan, A., Gillis, J.N., Phillips, R.L. (1995): An ecotoxicological assessment of insecticides used for locust control in Southern Morocco. U.S. Department of Agriculture (USDA), Animal and Plant Health Inspection Service (APHIS), Denver Wildlife Research Center (DWRC). DWRC Research Report No. 11-55-005

Krall, S. (1994): Importance of locusts and grasshoppers for African agriculture and methods for determining crop losses. In: Krall, S., Wilps, H. (eds.): New trends in locust control. Schriftenreihe der GTZ 245. TZ-Verlagsgesellschaft, Rossdorf. 7-22

Krokene, P. (1993) The effect of an insect growth regulator on grasshoppers (Acrididae) and non-target arthropods in Mali. J. Appl. Ent. 116: 248-266

Kogo, S.A., Krall, S. (1997) Yield losses on pearl millet panicles due to grasshoppers: a new assessment method. In: Krall, S., Peveling, R., Ba Diallo, D. (eds.): New strategies in locust control. Birkhäuser, Basel. 415-423

Langewald, J., Ouambana, Z., Mamadou, A., Peveling, R., Stolz, I., Bateman, R., Attignon, S., Blanford, S., Arthurs, S., Lomer, C. (1999) Comparison of an organophosphate insecticide with a mycoinsecticide for the control of *Oedaleus senegalensis* Krauss (Orthoptera: Acrididae) and other Sahelian grasshoppers in the field at operational scale. Biocontrol Science and Technology 9: 199-214

Lomer, C.J. (1997): *Metarhizium flavoviride*: recent results in the control of locusts and grasshoppers. In: Krall, S., Peveling, R., Ba Diallo, D. (eds.): New strategies in locust control. Birkhäuser, Basel. 159-169

Lomer, C.J., Prior, C., Kooyman, C. (1997): Development of *Metarhizium* spp. for the control of locusts and grasshoppers. Mem. Entom. Soc. Can. 171: 265-286

Mullié, W.C., Keith, J.O. (1993): The effects of aerially applied fenitrothion and chlorpyrifos on birds in the savannah of northern Senegal. J. Appl. Ecol. 30: 536-550

Mullié, W.C., Brouwer, J., Albert, C. (1992): Gregarious behaviour of African swallow-tailed kite *Chelictinia riocourii* in response to high grasshopper densities near Oallam, western Niger. Malimbus 14: 19-21

Nagel, P. (1995): Environmental monitoring handbook for tsetse control operations. The Scientific Environmental Monitoring Group (SEMG), Margraf, Weikersheim.

Peveling, R., Demba, S.A. (1997): Virulence of the entomopathogenic fungus *Metarhizium flavoviride* Gams & Rozsypal and toxicity of diflubenzuron, fenitrothion-esfenvalerate and profenofos-cypermethrin to non-target arthropods in Mauritania. Arch. Environ. Contam. Toxicol. 32: 69-79

Peveling, R., Ostermann, H., Razafinirina, R., Tovonkery, R., Zafimaniry, G. (1997): The impact of locust control agents on springtails in Madagascar. In: Haskell, P.T., McEwen, P.K. (eds.): New studies in ecotoxicology. The Welsh Pest Management Forum, Lakeside Publishing Ltd., Cardiff: 56-59

Prior, C. (1997): Susceptibility of target acridoids and non-target organisms to *Metarhizium anisopliae* and *M. flavoviride*. In: Krall, S., Peveling, R., Ba Diallo, D. (eds.): New strategies in locust control. Birkhäuser, Basel. 369-375

Römbke, J., Moltmann, J.F. (1996): Applied ecotoxicology. GTZ, Eschborn und CRC, Boca Raton

Sachs, L. (1992): Angewandte Statistik. Springer, Berlin

Thomas, M.B., Jenkins, N.E. (1997): Effects of temperature on growth of *Metarhizium flavoviride* and virulence to the variegated grasshopper, *Zonocerus variegatus*. Mycol. Res. 101: 1469-1474

Trautner, J. (ed.) (1992): Methodische Standards zur Erfassung von Tierartengruppen. Ökologie in Forschung und Anwendung (5), Margraf, Weikersheim

van der Valk, H., Niassy, A. (1997): Side-effects of locust control on beneficial arthropods – the Locustox project. In: Krall, S., Peveling, R., Ba Diallo, D. (eds.): New strategies in locust control. Birkhäuser, Basel. 337-344

28 Retrospektive Wirkungsforschung mit lagerfähigen Umweltproben

R. Klein

Abstract

Environmental specimen banking implies a collection of specimens (soil, plants, animals), which are stored under stable conditions for deffered analysis. It is a tool of evironmental risk assessment with the main goal to analyze the concentrations of chemical substances which at the time of storage had not yet been recognized as hazardous chemicals or could not be analyzed with sufficent accuracy. Due to the fact that target substances and endpoints of analysis are only partly known or unknown at the time of sampling and storage a very high level of quality assurance is needed to ensure the integrity of environmental samples. The ecological concept of the German environmental specimen bank is presented as an example to demonstrate the realization and the role of this tool in environmental risk assessment. In this context, the importance of environmental specimen banking will be enlarged by a new strategy of storing specimens in order to analyze also effects of environmental stressors.

Zusammenfassung

In der Umweltprobenbank des Bundes werden repräsentative Umweltproben seit mehr als 12 Jahren derart gelagert, daß jederzeit rückblickend Analysen auf chemische Substanzen möglich sind. Wenn sie auch von ihrem ökologischen Rahmenkonzept her gesehen zurecht einen wesentlichen und konzeptionell bereits weit vorangetriebenen Baustein der integrierten Umweltbeobachtung bildet, muß trotzdem festgestellt werden, daß sie, von der Probenaufbereitung und -lagerung her gesehen, derzeit nicht in der Lage ist, Wirkungen von Stressoren auf die verschiedenen Umweltkompartimente zu erfassen. Um ihre Funktionalität zur Darstellung des Umweltzustandes zu verbessern wird deshalb untersucht, welche Wirkungen von welchen Stressoren, vor allem auf molekularer und biochemischer Ebene, in lagerfähigen Umweltproben nachgewiesen werden können und wie diese Proben entnommen, aufbereitet und gelagert werden müssen, um für retrospektive Analysen zur Verfügung zu stehen. In diesem Konzept einer erweiterten Umweltprobenbank spielen sowohl die Aspekte der Qualitätssicherung von der Probenahme ab als auch Überlegungen zur Schaffung einer möglichst breiten Basis zur Bewertung des Umweltzustandes eine zentrale Rolle.

28.1 Einleitung

In jeder Umweltprobe sind Informationen über ihre Umwelt, aus der sie stammt, enthalten, die in ihrer Gesamtheit den Informationsgehalt der Probe festlegen, der wiederum die Basis darstellt, sie als Indikatoren für den Umweltzustand einsetzen zu können. Art und Umfang der Informationen sind dabei komplexer Natur, weshalb neben genauen und detaillierten Kenntnissen der Art – soweit es sich um biologische Proben handelt, die hier im Vordergrund stehen sollen – des weiteren eine ganze Reihe von Bedingungen bzw. Kriterien erfüllt sein müssen, die als Qualitätskriterien bezeichnet werden können.

Nach strengen Standards, welche die notwendigerweise hohe Probenqualität sichern sollen, definierte und gelagerte Proben bieten in diesem Zusammenhang die einmalige Möglichkeit, jederzeit rückblickend Analysen in bezug auf Exposition und Wirkung von Stressoren durchführen zu können, die zum Zeitpunkt der Probenahme und Einlagerung aus unterschiedlichen Gründen nicht zur Diskussion standen. Damit verbunden sind eine Reihe weiterer Vorteile, die mit einem Real-Time-Monitoring nicht erreicht werden können.

Das ökologische Rahmenkonzept der Umweltprobenbank des Bundes ist ein Beispiel, die Spannbreite der Möglichkeiten von Lagerproben zu demonstrieren. Allerdings fehlen dem Konzept bisher Strategien, die Wirkung von Umweltstressoren verdeutlichen zu können. Das Ziel dieses Artikels ist daher, nach einer kurzen Präsentation des Rahmenkonzeptes, die Notwendigkeit und Vorteile von lagerfähigen Umweltproben für Wirkungsuntersuchungen aufzuzeigen als Voraussetzung für eine umfassende Aufschlüsselung des Informationsgehaltes von Umweltproben im Kontext einer integralen wissenschaftliche Bewertung des Umweltzustandes mit Bioindikatoren.

28.2 Rahmenkonzept der Umweltprobenbank des Bundes

Die Umweltprobenbank des Bundes (UPB) ist eine Daueraufgabe des Bundes unter der Gesamtverantwortung des Bundesministeriums für Umwelt, Naturschutz und Reaktorsicherheit und der administrativen Koordinierung des Umweltbundesamtes. Sie befindet sich seit 1985 im Aufbau, nachdem in einer fünfjährigen vom Bundesministerium für Forschung und Technologie geförderten Pilotphase die technische Machbarkeit untersucht und als erfolgreich beurteilt wurde.

28.2.1 Definition und Zielsetzung

Unter der „Umweltprobenbank des Bundes" wird die Sammlung und chemisch veränderungsfreie Langzeitlagerung repräsentativer biotischer und abiotischer Umweltproben über einen Zeitraum von wenigstens mehreren Jahrzehnten für spätere, retrospektive Analysen verstanden.

Ihre Aufgaben und Ziele sind (Umweltbundesamt 1993):

- Bestimmung der Konzentrationen von Stoffen, welche zur Zeit der Einlagerung noch nicht als Schadstoffe erkannt wurden oder nicht mit ausreichender Genauigkeit analysiert werden konnten (retrospektives Monitoring);
- Erfolgskontrolle von gegenwärtigen und zukünftigen Verbots- und Beschränkungsmaßnahmen im Umweltbereich;
- Laufende Überwachung der Konzentrationen gegenwärtig bereits bekannter Schadstoffe durch systematische Charakterisierung der gewonnenen Proben vor der Archivierung;
- Trendaussagen über lokale, regionale und globale Entwicklungen der Schadstoffbelastung;
- Standardisierte Methodenbeschreibung für Probenahme, Aufarbeitung, Charakterisierung und Lagerung als notwendige Voraussetzung zur Gewinnung von vergleichbaren Ergebnissen;
- Überprüfung früher ermittelter Monitoring-Ergebnisse;
- Verwendung als Referenzproben zur Dokumentation der analytischen Leistungsverbesserung.

Damit kann die UPB als ein wichtiger Baustein der Ökologischen Umweltbeobachtung angesehen werden (Rat von Sachverständigen für Umweltfragen 1991).

Zur Erreichung der genannten Ziele wurde ein wissenschaftliches Konzept entwickelt, das ein umfassendes Qualitätssicherungssystem integrieren mußte. Umfassend bedeutet dabei, daß Qualitätssicherung nicht wie heute üblich erst mit hohem Aufwand im Labor beginnt, sondern mit ebensolchen Anstrengungen bereits für die gesamte Breite der mit der Probenahme verbundenen Aufgaben.

28.2.2 Probenahmegebiete

Die Probenahmegebiete der Umweltprobenbank wurden so festgelegt, daß die Hauptökosystemtypen in der Bundesrepublik Deutschland unter Berücksichtigung unterschiedlicher Intensität anthropogener Beinflussung und Flächennutzung vertreten und die Gebiete dadurch in ihrer Gesamtheit für die Umweltsituation in der Bundesrepublik Deutschland weitgehend repräsentativ sind (Lewis et al. 1989, Paulus et al. 1992, Paulus und Klein 1994).

Repräsentativität bedeutet in diesem Kontext eine Synthese von

- regionaler Repräsentativität, in dem Sinne, daß jedes Probenahmegebiet mit möglichst vielen statischen und funktionalen Biotop- und Biozönosestrukturen mit dem weiteren Umland seiner jeweiligen Großlandschaft vergleichbar ist (vgl. auch Ellenberg et al. 1978) und
- nationaler Repräsentativität als Querschnitt der Hauptökosystemtypen bzw. Hauptökosystemkomplexe der Bundesrepublik, die in ihrer Gesamtheit durch räumliche Verteilung und gegenseitige Ergänzung funktioneller Systemstrukturen eine möglichst hohe Aussagefähigkeit bezüglich des Zustandes und der Entwicklung der Umwelt in der Bundesrepublik besitzen (Paulus und Klein 1994).

Neben diesen Anforderungen mußten auch pragmatische Aspekte berücksichtigt werden, um die Realisierung eines derart umfassenden Programmes zu ermöglichen. Das Ergebnis des Auswahlprozesses ist in Abb. 28-1 wiedergegeben.

28.2.3 Probenarten

Die Auswahlstrategie für die Probenarten der Umweltprobenbank des Bundes wird wesentlich durch die zentrale Aufgabe des Programmes ge-

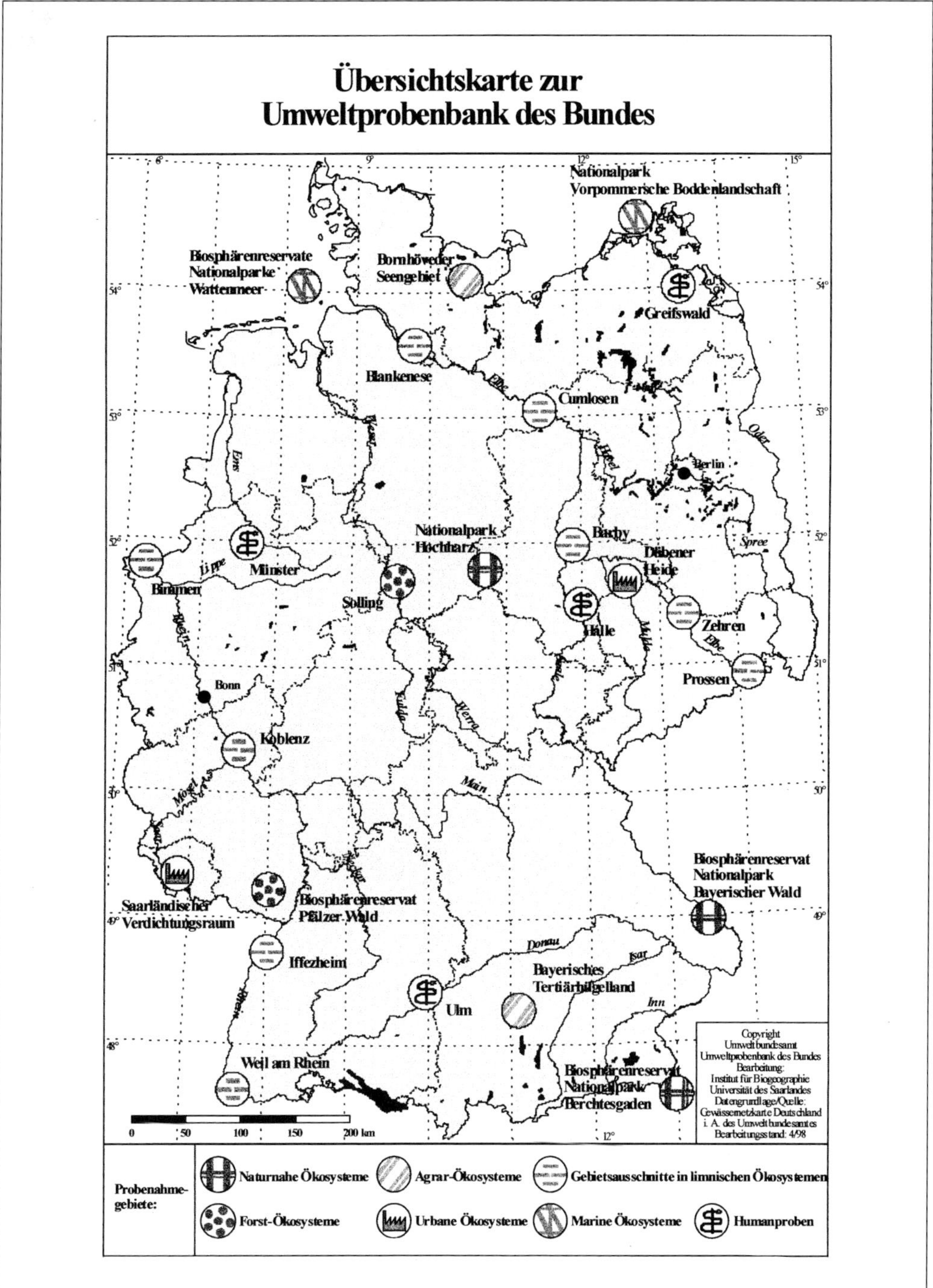

Abb. 28-1: Probenahmegebiete der Umweltprobenbank des Bundes (verändert nach Paulus und Klein 1994)

prägt, Proben für spätere Analysen auf heute noch unbekannte oder nicht analysierbare Stoffe zu lagern. Das bedeutet, daß zum Zeitpunkt der Probenartenauswahl und selbst der Probenahme i.d.R. nicht bekannt ist, auf welche Stoffe die Proben in Zukunft untersucht werden sollen, über welche Eintragspfade die Stoffe in die Ökosysteme gelangen und welchen Abbau- und Umwandlungsprozessen sie innerhalb der Systeme unterliegen.

Die unterschiedliche Exposition der in einem Ökosystem vorhandenen Organismen gegenüber den Schadstoffen ist ein wichtiger Grund dafür, daß sich die Belastung eines bestimmten Raumes nicht alleine durch einen Akkumulationsindikator (so ideal er auch sein mag) darstellen läßt (Klein und Paulus 1995). Hinzu kommt, daß keine Art auf alle Schadstoffe in der gleichen charakteristischen Art und Weise reagiert und daher meist nur für bestimmte Schadstoffgruppen als Indikator geeignet ist (Lewis 1985). Deshalb ist immer nur ein Set geeigneter Bioindikatoren in der Lage, die im jeweiligen Ökosystem vorhandenen Schadstoffe abzubilden (Lewis 1985, Paulus et al. 1992, Arndt und Fomin 1993, Klein et al. 1994, Paulus und Klein 1994). Es sollten idealerweise alle trophischen Niveaus eines Ökosystems durch funktional bedeutsame Arten in einem solchen Set vertreten sein (Abb. 28-2).

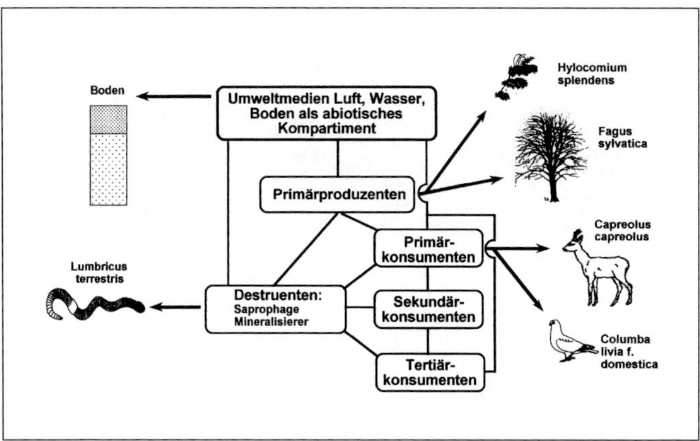

Abb. 28-2: Auswahl von Probenartensets für die Umweltprobenbank des Bundes auf ökosystemarer Ebene (aus Klein und Paulus 1995)

Tab. 28-1: Probenarten der Umweltprobenbank des Bundes

Probenart	Zielkompartiment
Fichte (*Picea abies*)/Kiefer (*Pinus sylvestris*)	einjährige Triebe
Rotbuche (*Fagus sylvatica*)/Pyramidenpappel (*Populus nigra* ‚Italica')	Blätter
Stadttaube (*Columba livia* f. *domestica*)	Eier
Reh (*Capreolus capreolus*)	Leber (Nieren)
Regenwurm (*Lumbricus terrestris*/*Aporrectodea longa*)	Wurmkörper ohne Darminhalt
Dreikantmuschel (*Dreissena polymorpha*)	Weichkörper
Brassen (*Abramis brama*)	Muskulatur und Leber
Braunalge (*Fucus vesiculosus*)	Thallus
Miesmuschel (*Mytilus edulis*)	Weichkörper
Aalmutter (*Zoarces viviparus*)	Muskulatur und Leber
Silbermöwe (*Larus argentatus*)	Eier
Watt- oder Pierwurm (*Arenicola marina*)	Wurmkörper ohne Darminhalt

Die Kriterien, nach denen sie Probenarten ausgewählt wurden, sind in Klein und Paulus (1995) diskutiert, und das Ergebnis der Auswahl geeigneter Probenarten ist in Tab. 28-1 dargestellt.

28.2.4 Probenahmerichtlinien

Um der o.g. umfassenden Qualitätssicherung gerecht werden zu können, müssen die Probenahmen standardisiert durchgeführt werden, um Vergleichbarkeit und Reproduzierbarkeit gewährleisten zu können. Deshalb wurde und wird in der Umweltprobenbank des Bundes der Erstellung und Aktualisierung von Probenahmerichtlinien große Bedeutung beigemessen.
Die Schwierigkeit der Entwicklung von Probenahmerichtlinien für die Umweltprobenbank besteht in erster Linie darin, daß sie für die Entnahme von Proben entworfen werden, die Daten zur Untersuchung zukünftiger Probleme bzw. Fragestellungen liefern sollen (Lewis et al. 1984). Das bedeutet, daß viele Rahmenbedingungen, wie z.B. die zu analysierenden Schadstoffe, unbekannt sind. Dieses Problem kann nur dadurch angegangen werden, daß die Anforderungen an jeden Arbeitschritt bei der Probenahme sehr hoch gesetzt werden. Das heißt, es muß die gesamte Bandbreite an möglichen, derzeit bekannten Fehlerquellen bei einer Probenahme ausgeschlossen werden. Die Richtlinien der Umweltprobenbank des Bundes sind so konzipiert, daß

- vergleichbare Proben in bezug auf Raum und Zeit
- repräsentative Proben in bezug auf (Teil)Populationen und (Teil)Räume
- chemisch unveränderte Proben
- umfassend charakterisierte Proben gesammelt werden.

Diese vier Anforderungen betreffen jeden Arbeitsschritt der Probenahme von der Planung bis zur Lagerung. Das bedeutet, daß in den Probenahmerichtlinien zu folgenden Punkten konkrete Vorgaben gemacht werden:

- Auswahl der Probenahmeflächen
- Anzahl und Auswahl der zu beprobenden Individuen,
- Probenahmetermine
- Probenahmerhythmus
- der Sammel- und Fangmethoden
- Identifikation der Probenart
- technischen Ausrüstung
- Probengefäße inclusive der Reinigungsvorschriften
- Probenbehandlung
- Probenbeschreibung
- Probentransport.

28.2.5 Lagerung

Auch wenn es keine optimale Standardmethode gibt, die für alle Proben und alle Chemikalien gleichermaßen empfohlen werden kann, stellt eine kryogene Lagerung bei Temperaturen von -80°C und tiefer nach bisherigem Kenntnisstand die akzeptabelste Methode dar, um Umweltproben für spätere analytische Fragestellungen über zumindest mehrere Jahrzehnte zu stabilisieren (Kayser et al. 1982, Lewis 1985, Lewis et al. 1984, BMFT 1988). Für Umweltprobenbanken ist hier von besonderer Bedeutung, daß zum Beginn der Lagerung noch nicht bekannt ist, für welche analytischen Fragestellungen die Proben in Zukunft herangezogen werden. Deshalb ist es unverzichtbar, die Proben unmittelbar nach der Gewinnung bereits vor Ort schnell tiefzugefrieren und die Kältekette über den Transport und die Aufbereitung bis hin zur langfristigen Lagerung nicht zu unterbrechen. Nur dadurch kann gewährleistet werden, daß auch leicht flüchtige oder instabile Substanzen so in den Proben bestehen bleiben, wie sie zum Zeitpunkt der Probenahme in der Umwelt vorlagen.
Eine Verwendung von chemischen Konservierungsstoffen scheidet allein schon aufgrund der Gefahr von Fremdkontaminationen und unkontrollierter chemischer Veränderungen sowie der nicht ausreichenden Stabilisierung aller Substanzen für die Umweltprobenbank aus.
Im Zentrallager der Umweltprobenbank in Jülich werden die Umweltproben in Kryogefäßen in der Gasphase über flüssigem Stickstoff bei Temperaturen unter -150°C gelagert. Flüssigstickstoff wird auch zum Schockgefrieren der Proben im Gelände und während der Kältekette bis zur Langzeitlagerung eingesetzt. Zur Anfertigung von standardisierten Teilproben wurde eine spezielle Mühle entwickelt, die es ermöglicht, die Proben in tiefkaltem Zustand auf Korngrößen unter 200 Micron zu mahlen und

zu homogenisieren (vgl. Schladot et al. 1985, 1988). Bei keinem der Arbeitsschritte wird die Temperatur von -150°C überschritten (Schladot et al. 1990).

28.2.6 Probencharakterisierung

Die Informationsdichte über Proben, die über längere Zeiträume zu lagern sind, muß so hoch sein, daß die retrospektiv gemessenen Werte interpretiert werden können. Deshalb muß der Probencharakterisierung ein genauso hoher Stellenwert eingeräumt werden wie beispielsweise der Probenahme. Sichtbarer Ausdruck dafür sind in der Umweltprobenbank des Bundes die Richtlinien über die Analyse von Metallen, halogenierten Kohlenwasserstoffen und polycyclischen aromatischen Kohlenwasserstoffen und die standardisierten und DV-gerechten Datenblätter zur Beschreibung der Entnahmestelle, der Witterung bei der Probenahme und der Proben selbst als Bestandteil jeder Richtlinie zur Probenahme und Probenbearbeitung. Im einzelnen gehören in der Umweltprobenbank des Bundes folgende Bereiche zur Probencharakterisierung.

Erstens wird jeder Arbeitsschritt von der Probenahme bis zur Lagerung genau dokumentiert, so daß zu jedem Zeitpunkt der Status jeder Probe nachvollzogen werden kann.

Zweitens werden die Proben detailliert beschrieben. Dies geschieht zum einen durch umfassende Erhebungen bei der Probenahme anhand der oben bereits erwähnten Datenblätter. Sie bilden die Grundlage für die Entscheidung, welche Proben in welcher Art und Weise bezüglich der Stoffgehalte vergleichbar sind und liefern unwiederbringliche Daten zur Wirkung der Schadstoffe auf die gesammelten Umweltproben (Effekt-Monitoring).

Zusätzlich werden an je sechs Aliquoten von jedem angefertigten Homogenat chemische Analysen nach den oben erwähnten Richtlinien vorgenommen, die dazu dienen,

- die Stoffgehalte zum Zeitpunkt der Einlagerung zu dokumentieren, was bei späteren Analysen an anderen Teilproben desselben Homogenates sowohl zur Überprüfung der Analysenmethoden als auch der veränderungsfreien Lagerung notwendig ist,

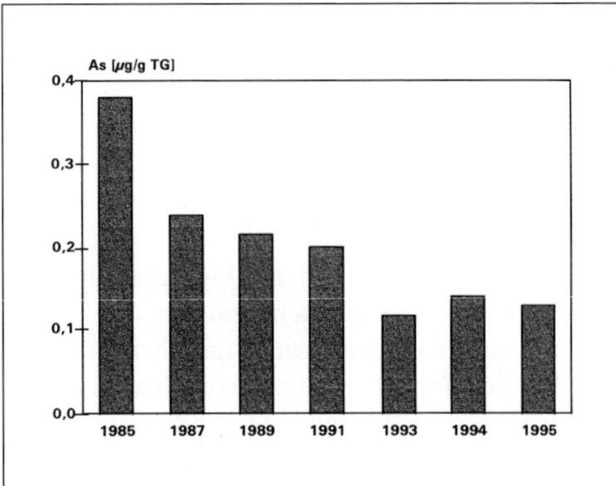

Abb. 28-3: Arsen in einjährigen Fichtentrieben aus dem Saarländischen Verdichtungsraum

- die Trendentwicklung als problematisch bekannter Schadstoffe in den Proben aufzuzeigen, um die Frühwarn-, und Kontrollfunktion der Umweltprobenbank wahrzunehmen und
- die Qualität der eingelagerten Proben zu überprüfen, wie zum Beispiel die Homogenität des Homogenates oder die Kontaminationsfreiheit der Probenbehandlung.

Des weiteren werden in regelmäßigen Abständen zusätzlich gesammelte Einzelproben auf eine breite Stoffpalette analysiert, um die Schwankungsbreite und statistische Verteilung der Stoffkonzentrationen innerhalb der Zielpopulation zu kennen, die in den Homogenaten nicht mehr zu ermitteln sind.

Abb. 28-3 zeigt beispielhaft, daß in der Umweltprobenbank Daten zur Exposition erzeugt werden, die entweder zeitliche oder räumliche Trends stofflicher Stressoren wiedergeben.

28.3 Integration von Wirkungsuntersuchungen

Wie im vorangegangenen Kapitel gezeigt, beschränken sich die bisherigen Aussagen auf die Darstellung der sehr wichtigen Expositionsseite in bezug auf stoffliche Umweltstressoren. Allerdings sind Bewertungen hinsichtlich ihrer Auswirkungen genausowenig möglich wie in bezug auf andere Umweltstressoren (z.B. Viren und Bakterien). Dies bedeutet, daß viele der in den Proben enthaltenen Informationen nicht zur Be-

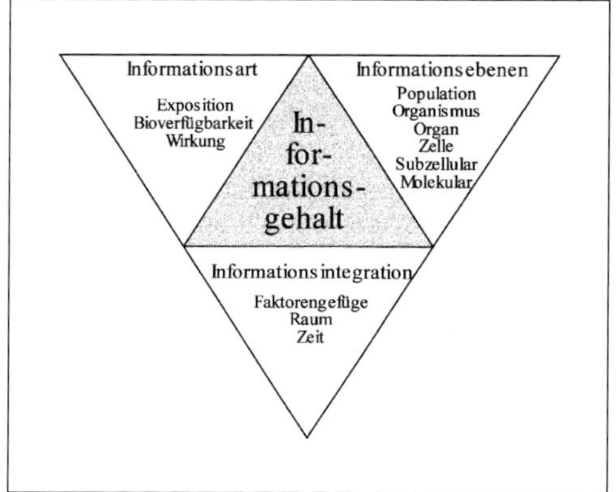

Abb. 28-4: Die Komplexität des Informationsgehaltes biologischer Umweltproben

wertung des Umweltzustandes genutzt werden. Dies ist gerade im Zusammenhang mit der Tatsache, daß es um lagerfähige Proben geht, sehr bedauerlich, wie im folgenden gezeigt werden wird.

28.3.1 Komplexität des Informationsgehaltes

Die Komplexität des Informationsgehaltes drückt sich darin aus, daß die Art der Information als auch die Ebenen, von denen sie stammt, sehr unterschiedlich und mannigfaltig sind.
Bei den Informationsarten kann im Hinblick auf Stressoren unterschieden werden zwischen Informationen zur Exposition, Bioverfügbarkeit und Wirkung. Alle drei Arten müssen dabei immer vor dem Hintergrund interpretiert werden, daß Information in biotischen Umweltproben einer Intergration in bezug auf ein Faktorengefüge, auf Zeit und Raum unterliegt. Diese Tatsache trägt bereits wesentlich zur Komplexität des Informationsgehaltes bei (Abb. 28-4).
Diese wird noch dadurch gesteigert, daß Informationen von den unterschiedlichen biologischen Ebenen stammen können und sollten (Abb. 28-4). Hierfür gilt, daß jede Ebene aufgrund ihrer emergenten Eigenschaften einmalige Informationen liefert, die von keiner anderen Ebene zu erhalten sind und alle Ebenen auf vielfältige Weise funktional miteinander verbunden, so daß die Reaktion einer Ebene auf einen Stressor Folgereaktionen in den anderen Ebenen nach sich ziehen kann.

28.3.2 Eignung der biologischen Ebenen zur Darstellung von Wirkungen

Im Hinblick auf eine möglichst vollständige Entschlüsselung des Informationsgehaltes von biologischen Umweltproben ist die Forderung, Untersuchungen auf allen biologischen Ebenen durchzuführen, zwar die logische Schlußfolgerung, aber im Regelfalle unrealistisch. Dies gilt- wie noch zu zeigen sein wird-insbesondere im Kontext von Umweltprobenbanken. Deshalb ist es notwendig, eine Auswahl zu treffen, für die vor allem zwei Kriterien entscheidend sind:

- Eignung zur Darstellung von Wirkungen
- Eignung zur Lagerung.

Wirkungen lassen sich am besten auf den „untersten" biologischen Ebenen nachweisen, weil die Zeitspanne zwischen dem Einwirken eines Stressors und der Reaktion des biologischen Systems sehr klein ist. Sie nimmt auf den oberen Ebenen deutlich zu (Abb. 28-5). Dies hängt damit zusammen, daß erstens die unteren Ebenen die Orte sind, an denen Stressoren unmittelbar einwirken und zweitens mit zunehmender Komplexität des biologischen Systems die Kompensationsmechanismen- und Reparaturleistungen zunehmen.
Bezüglich der Lagerfähigkeit gilt prinzipiell das gleiche. Zwar ist keine biologische Ebene generell zum Lagern ungeeignet, aber vor allem aus Praktikabilitätsgründen besitzen die unteren Ebenen gegenüber den oberen entscheidende

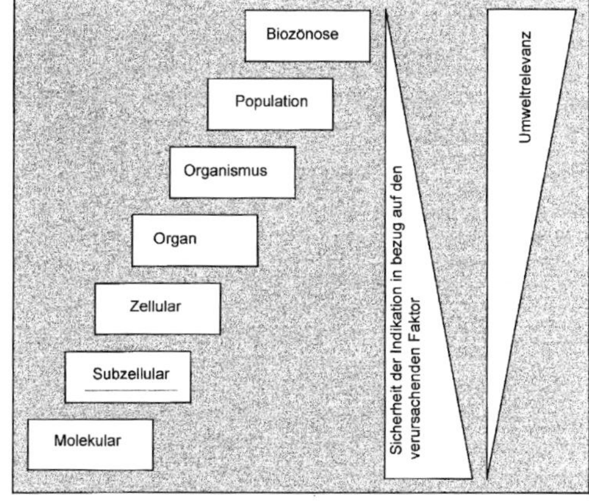

Abb. 28-5: Das Dilemma der biologischen Indikation von Umweltzuständen

Vorteile. Das bedeutet zum Beispiel, daß mit gleichem finanziellen und räumlichen Lageraufwand eine viel höhere Probenanzahl konserviert und damit der statistischen Repräsentativität eher entsprochen werden kann.

Diese beiden Vorteile der unteren biologischen Ebenen prädestinieren sie, in eine Umweltprobenbank integriert zu werden. Hinzu kommt, daß mit Biomarkern ein Ansatz vorliegt, der im Sinne von Indikation die Untersuchung und damit die Entschlüsselung des Informationsgehaltes dieser Ebenen ermöglicht. Deshalb soll im nächsten Kapitel dieser Ansatz im Hinblick auf die Integration in eine Umweltprobenbank diskutiert werden.

28.3.3 Biomarker und Umweltprobenbank

Unter Biomarker wird „eine durch Xenobiotika induzierte Variation zellulärer oder biochemischer Komponenten oder Prozesse, Strukturen oder Funktionen, die in einem biologischen System meßbar sind“ verstanden (Peakall 1992). Damit wird nochmals deutlich, daß dieser Begriff sich auf die „niederen“ biologischen Ebenen bezieht – wobei auch die subzelluläre und molekulare Ebenen miteingeschlossen werden sollte.

Es geht bei Biomarkern, im Unterschied zu Bioindikatoren, nicht mehr in erster Linie darum, eine zeitliche und räumliche Integration erfassen zu können. Wie bereits gezeigt, ist für die unteren biologischen Ebenen charakteristisch, daß sie sich durch eine sehr schnelle Reaktion auf Stressoren und durch eine relativ gute Zuordnung von verursachenden Faktoren auszeichnen. Der Preis dafür ist, daß sie wenig umweltrelevante Aussagen liefern. Diese sind nämlich nur auf den obersten biologischen Ebenen (z.B. Population und Biozönose) zu erhalten. Es geht daher bei Biomarkern weniger darum, eine Indikation über Veränderungen in der Umwelt zu liefern als vielmehr geeignete Meßpunkte zu finden, um für einen bestimmten, durch Veränderungen im Organismus induzierten Prozeß Indikator zu sein. Dies führt nebenbei bemerkt dazu, daß zum einen oft zwischen Biomarker und Endpunkt kein Unterschied gesehen wird und zum anderen Biomarker nicht als Indikatoren betrachtet werden.

Von Bedeutung im Hinblick auf Wirkungen ist, daß Biomarker nicht per se Wirkungsmarker darstellen. Deshalb sollte zumindest zwischen Expositions- und Wirkungs-Biomarker unterschieden werden (vgl. Grandjean 1995).

Ein **Expositions-Biomarker** kann eine xenobiotische Verbindung oder ein Metabolit im Körper, ein interaktives Produkt zwischen der Verbindung (oder dem Metaboliten) und einer endogenen Komponente, oder ein anderes Ereignis, welches mit der Exposition verbunden ist, sein.

Ein **Wirkungs-Biomarker** ist eine endogene Komponente oder ein Maß der funktionalen Kapazität oder andere Indikatoren des Gleichgewichtszustandes des Körpers oder Organs, das durch die Exposition beeinflußt ist.

Obwohl diese Unterscheidung gerechtfertigt ist, fällt es manchmal schwer, einen Biomarker eindeutig dem einen oder anderen Typen zuzuordnen, wie es beispielsweise für die Cytochrome der Familie P 450 zutrifft.

Des weiteren kommt hinzu, daß eine Reihe weiterer Defizite bestehen, was unter anderem verständlicherweise darauf zurückzuführen ist, daß es sich um einen relativ jungen Ansatz handelt:

- Wirkungsendpunkte oft unbekannt,
- Mangel an standardisierten Untersuchungsverfahren,
- Mangelnde Vergleichbarkeit der Daten,
- Mangel an Referenzwerten für eine Interpretation.

Gerade diese Defizite machen die Integration des Biomarker-Ansatzes in eine Umweltprobenbank interessant. Unter der Voraussetzung, daß qualitativ hochwertige Proben heute gesammelt und integer gelagert werden, bietet die Möglichkeiten, diese Defizite früher zu beseitigen und dann, wenn höhere Standards erreicht worden sind als heute, retrospektiv mit identischen Methoden an authentischem Material korrekte Daten über die Expositions- und Wirkungsseite in Form von Zeitreihen darzustellen.

Literatur

Arndt, U., Fomin, A. (1993): Wissenschaftliche Perspektiven der ökotoxikologischen Bioindikation. UWSF – Z. Umweltchem. Ökotox. 5: 19-26

BMFT – Bundesministerium für Forschung und Technologie (ed.) (1988): Umweltprobenbank-Bericht und Bewertung der Pilotphase. Springer, Berlin, Heidelberg, New York

Ellenberg, H., Fränzle, O., Müller, P. (1978): Ökosystemforschung im Hinblick auf Umweltpolitik und Entwicklungsplanung. BMI-Forschungsbericht Nr. 78-101 04 005. Kiel

Gentile, J.H., Slimak, M.W. (1992): Endpoints and indicators in ecological risk assessment. Ecol. Ind. 2: 1385-1397

Grandjean, P. (1995): Biomarkers in epidemiology. Clin. Chem. 41: 1800-1803

Kayser, D., Boehringer, U.R., Schmidt-Bleek, F. (1982): The environmental specimen banking project of the Federal Republic of Germany. Environ. Monit. Assessment 1: 241-255

Klein, R., Paulus, M. (1995): Umweltproben für die Schadstoffanalytik im Biomonitoring. Gustav Fischer Verlag, Jena

Klein, R., Paulus, M., Wagner, G., Müller, P. (1994): Das ökologische Rahmenkonzept zur Qualitätssicherung in der Umweltprobenbank des Bundes. UWSF – Z. Umweltchem. Ökotox. 6: 223-231

Lewis, R.A., Stein, N., Lewis, C.W. (eds.) (1984): Environmental specimen banking and monitoring as related to banking. Proceedings of the International Workshop, Saarbrücken 1982. Martinus Nijhoff Publishers, Boston. 180-199

Lewis, R.A. (1985): Richtlinien für den Einsatz einer Umweltprobenbank in die Praxis. Umweltforschungsplan des Bundesministers des Innern. Chr. Eschl-Verlag, Saarbrücken

Lewis, R.A., Paulus, M., Horras, C., Klein, B. (1989). Auswahl und Empfehlung von ökologischen Umweltbeobachtungsgebieten in der Bundesrepublik Deutschland. MaB-Mitt. 29. Bonn

Paulus, M., Klein, R. (1994): Umweltprobenbanken als Instrumente zur umweltchemischen Beweissicherung und retrospektiven Bioindikation. In: Gunkel, G. (ed.): Bioindikation in aquatischen Ökosystemen. Fischer-Verlag. Jena. 421-439

Paulus, M., Horras, C., Klein, B., Lewis, R.A. (1992): Auswahl ökologischer Umweltbeobachtungsgebiete und repräsentativer Dauerbeobachtungsflächen für langfristige Forschung und Bewertung in der Bundesrepublik Deutschland. In: Harpes, J.-P. (eds.): Actes du colloque „Les problèmes environnementaux au Luxembourg et dans la grande région". Luxembourg 13-16 novembre 1989. Publications du Centre Universitaire de Luxembourg. 53-68

Peakall, D. (1992): Animal biomarkers as pollution indicators. Ecotoxicology Series 1. London

Rat von Sachverständigen für Umweltfragen (1991): Allgemeine ökologische Umweltbeobachtung. Sondergutachten Oktober 1990. Stuttgart

Schladot, J.D., Backhaus, F., Reuter, U. (1985): Beiträge zur Umweltprobenbank-I. Studie zur Probenhomogenisierung bei tiefen Temperaturen unter Berücksichtigung der für die Umweltprobenbank notwendigen Parameter. Jül-Spez-330. Forschungszentrum Jülich GmbH (KFA)

Schladot, J.D., Backhaus, F. (1988): Preparation of sample material for environmental specimen banking purposes-Milling and homogenization at cryogenic temperatures. In: Wise, S.A., Zeisler, R., Goldstein, G.M. (eds.): Progress in environmental specimen banking. NBS Special Publication No. 740. National Bureau of Standards, Gaithersburg

Schladot, J.D., Stoeppler, M., Schwuger, M. (1990): Umweltprobenbank Jülich: Ein Projekt für das nächste Jahrhundert. Sonderdruck aus Jahresbericht 1990 des Forschungszentrums Jülich GmbH. Jülich

Umweltbundesamt (1993): Umweltprobenbank-Jahresbericht 1991. UBA-Texte 7/93. Berlin

29 Schwermetalle in Sedimenten der Neiße – Konzentrationen und Wirkungen auf Benthosorganismen

Stefan Döring, Matthias Oetken, Thomas Gasch, Uta Susanne Leffler, Jörg Oehlmann und Bernd Markert

Abstract

This publication involves sediment analyses of the Neisse River and investigations relating to sediment effects on the test organism *Chironomus riparius*. The aim of this approach was to investigate the test organism with regard to its applicability as a bioindicator for aquatic systems contaminated with heavy metals on a medium to low level. Sediment samples were taken and analysed along a 122-km length of the Neisse River. The test organism was kept in various Neisse River sediments under laboratory conditions. The emergence success and its time course as well as the sex ratio were investigated as endpoints. The sediment samples showed great variances within the sites; concentration differences between sites were at times less great than those within a site. Within the framework of these investigations significant differences with regard to the emergence success and the sex ratio could not be found. The emergence success, however, proved to be a considerably more sensitive parameter.

Zusammenfassung

Die vorliegende Arbeit beinhaltet neben der Analytik von Sedimenten aus dem Fluß Neiße Wirkungsuntersuchungen auf den Testorganismus *Chironomus riparius* (Diptera). Es wurden auf einer Gesamtstrecke von 122 km Sedimentproben entnommen und analysiert und der Testorganismus unter Laborbedingungen in den verschiedenen Sedimenten gehältert. Als Endpunkte wurden die Gesamtemergenz, der Schlupfverlauf sowie das Geschlechterverhältnis untersucht. Die Sedimentproben zeigten sehr große innerörtliche Varianzen; die zwischenörtlichen Konzentrationsunterschiede wurden z.T. von Schwankungen innerhalb eines Meßortes übertroffen. Im Rahmen der Untersuchungen mit *Chironomus riparius* konnten keine signifikanten Unterschiede bezüglich Gesamtemergenz und Geschlechterverhältnis festgestellt werden. Demgegenüber stellte sich der Schlupfverlauf als ein wesentlich empfindlicherer Parameter dar.

29.1 Einleitung

Der Einsatz von Schwermetallen in den unterschiedlichsten Produktionszweigen hat in den letzten Jahrzehnten stark zugenommen (Alloway und Ayres 1996). Kein Zweifel besteht mittlerweile über die Essentialität einiger dieser Elemente in Spurenkonzentrationen, aber auch über deren Toxizität (Alloway und Ayres 1996, Fergusson 1990). Die Region im Dreiländereck von Polen, Tschechien und der Bundesrepublik Deutschland ist als traditionelles Industrie- und Bergbaugebiet bekannt und zählt zu den am stärksten belasteten Gebieten Europas (Markert et al. 1996).

Der Entwicklung zuverlässiger Effektindikatoren auch für niedrig bis mäßig schwermetallbelastete Gewässer muß in Anbetracht dieser Tatsachen verstärkt Aufmerksamkeit geschenkt werden. Die instrumentelle chemische Wasser- bzw. Sedimentanalyse kann zu wenig über den Zustand eines Ökosystems aussagen, Bioindikatoren dagegen liefern auf schnellem und kostengünstigem Weg umfassende Aussagen über Ökosysteme. Sie sind in der Lage, Umweltbelastungen über längere Zeiträume zu integrieren und in ihrem Zusammenhang mit biotischen und abiotischen Umweltfaktoren zu bewerten. Die Bestimmung eindeutiger Endpunkte stellt dabei eine Grundvoraussetzung dar. Die vorliegende Untersuchung beinhaltet neben Sedimentanlaysen Wirkungsuntersuchungen mit *Chironomus riparius* (Diptera). Als Indikatoren wurden die Gesamtemergenz, der Schlupfverlauf sowie das Geschlechterverhältnis untersucht. Auch in anderen Untersuchungen (Kemble et al. 1994, Watts und Pascoe 1996) wurde mit diesem Testorganismus gearbeitet, um die Toxizität von Flußsedimenten ermitteln zu können.

29.2 Material und Methoden

29.2.1 Der Untersuchungsraum

Die Neiße durchfließt die Euroregion Neiße im Dreiländereck von Tschechien, Polen und Deutschland nahezu zentral. Sie entspringt in Tschechien und wird nach ca. 50 Kilometern zum Grenzfluß zwischen Polen und Deutsch-

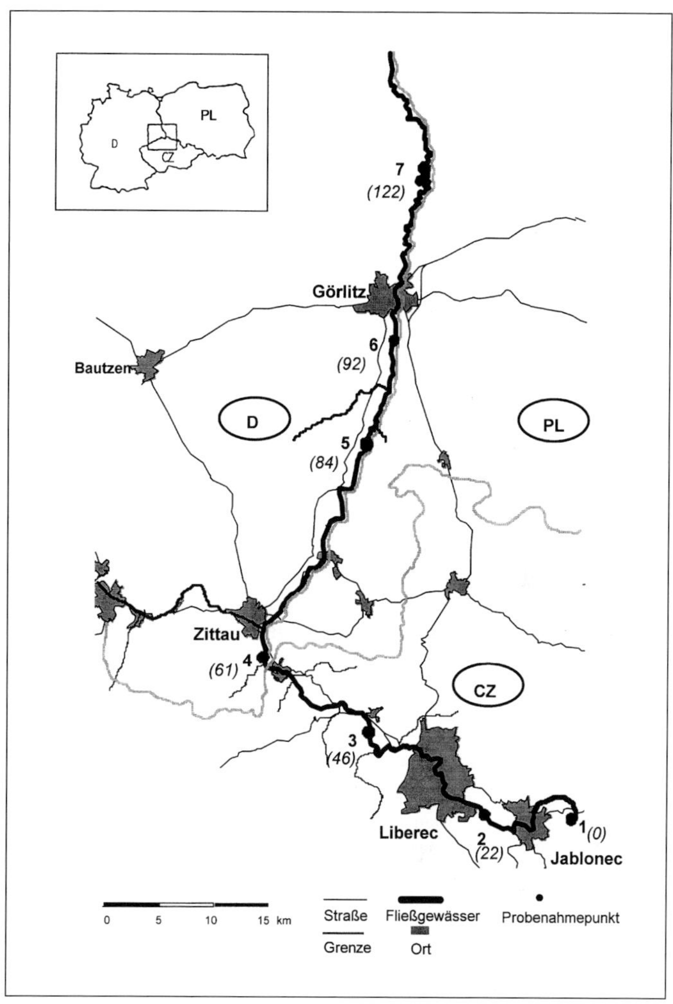

Abb. 29-1: Der Untersuchungsraum im Dreiländereck von Polen, Tschechien und der Bundesrepublik Deutschland (Flußkilometer in Klammern). Probenahmeorte: 1 = Quelle, 2 = Prosec, 3 = Andelska Hora, 4 = Hartau, 5 = Marienthal, 6 = Görlitz, 7 = Deschka.

land. Für die Untersuchung wurden im Verlauf des Flusses 7 Probestellen, von der Quelle nordöstlich der böhmischen Industriestadt Jablonec bis zur Stadt Deschka (Flußkilometer 122), festgelegt. Um eine Varianzanalyse zu ermöglichen, wurden zusätzlich innerhalb der je um einige Kilometer auseinander liegenden Meßorte jeweils 5 Untermeßpunkte im Abstand von 5 m einzeln beprobt. Für die Hälterung der Mückenlarven wurden Mischproben gewonnen. Die Abbildung 29-1 zeigt den Untersuchungsraum mit den Probenahmeorten.

29.2.2 Sedimentuntersuchungen

Probenahme und -design

Das Grundgerüst des verwendeten Probenahmedesigns lieferte Ramsey (1994). Abbildung 29-2 zeigt das von ihm als Mindestmaß einer geologischen Analyse vorgeschlagene Probenahmedesign. Für eine Abschätzung auftretender Varianzen fordert Ramsey dabei mindestens 2 Unterproben (samples) pro Meßort (site), von denen jeweils wieder zwei getrennte Aufschlüsse und Analysen (anals) durchgeführt werden. Somit können zwischenörtliche, innerörtliche und

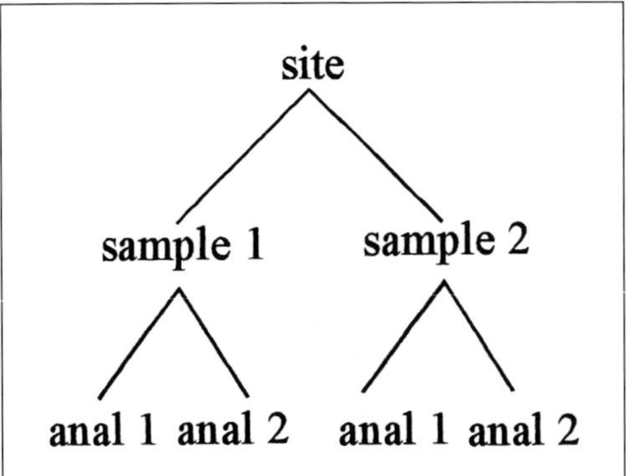

Abb. 29-2: Probennahmedesign nach Ramsey (1994)

Die Probenahme selbst erfolgte von der Oberschicht des anliegenden Sediments bis 2 cm Tiefe in PE-Flaschen.

analytische Varianzen quantitativ unterschieden werden. Im Rahmen der Sedimentuntersuchungen wurde dieses Grundgerüst erweitert: pro Meßort wurden 5 Unterproben genommen, und jeweils 2 wurden doppelt analysiert.

Probenvorbereitung und -aufschluß

Totalaufschluß

Die Totaluntersuchungen der Neißesedimente wurden am Lehrstuhl für Geologie des Imperial College London (IC) nach einem dort routinemäßig angewendeten Aufschluß- und Analyseverfahren durchgeführt. Nach Trocknung im Umluftschrank (Raumtemperatur, Trockenzeit bis zu 6 Tagen), Dissagretion und dem Aussortieren des organischen Materials (Wurzeln, Kleinlebewesen) wurden die Proben in einer Scheibenschwingmühle (Agate, 3 min) homogenisiert. Der Aufschluß erfolgte durch Zugabe von HNO_3, HCl und $HClO_4$ offen bei einer Höchsttemperatur von 195°C.

Extraktion

Für die Untersuchung des mobilen Anteils am totalen Schwermetallgehalt der Sedimente wurde eine Mischprobe nach DIN V 19730 (1993) mit Ammoniumnitrat im Überkopfschüttler extrahiert und mittels ICP-MS analysiert.

Instrumentelle Untersuchung

Die totalaufgeschlossenen Proben wurden mittels ICP-OES (Fisons Instruments ARL 3580B mit 1 m Vakuum-Spektrometer) analysiert. Intern wurden dabei 3 Einzelmessungen durchgeführt. Als Referenzmaterialien dienten die Bachsedimente NIST 1645 und NIST 2704. Die Extraktuntersuchungen mit der ICP-MS fanden am IHI Zittau statt (Perkin Elmer ELAN 5000). Zur Qualitätssicherung wurden parallel einige der Sedimente nach separatem Mikrowellenaufschluß mit der ICP-MS vermessen. Als Referenzmaterial diente das Flußsediment GBW 08301.

2.3 Wirkungsuntersuchungen auf *Chironomus riparius*

Der Testorganismus

Die Familie Chironomidae ist weit verbreitet und die am häufigsten vorkommende holometabole Insektengruppe in Binnengewässern (Cranston 1995). Allein in Mitteleuropa gibt es über 1000 Arten (Engelhardt 1989). Unter bestimmten Bedingungen, wie z.B. einer niedrigen Sauerstoffkonzentration, sind sie die einzigen im Sediment lebenden Insekten. Für die biologischen Untersuchungen von verschiedenen Neißesedimenten wurde die Art *Chironomus riparius* gewählt, da sie in der Chemikalientestung weit verbreitet ist und leicht gezüchtet werden kann. Die Imagines leben höchstens einige Tage bis Wochen. Während dieser Zeit bilden vorwiegend die männlichen Tiere Schwärme, in die die Weibchen hineinfliegen. Dort kommt es zur Kopulation. Das befruchtete Weibchen legt anschließend an Blattstengeln oder Steinen gallertige Eigelege ab. Aus den Eiern schlüpfen nach wenigen Tagen Larven, die sich über 4 Larvalstadien (als Nahrung dienen dabei Detritus sowie Algen) zur Puppe entwikkeln. Aus diesen schlüpfen dann nach ein bis zwei Tagen die flugfähigen Imagines. Im Gegensatz zu den Culicidae (Stechmücken) besitzen Chironomiden keine Organe, die ein Blutsaugen ermöglichen. Da die Adulttiere keine Nahrung mehr aufnehmen können, müssen sie von den während der Lavalentwicklung angelegten Depots leben. Die Larvalentwicklung der Chironomiden im Sediment von Still- und Fließgewässern macht mit 15 bis 20 Tagen während ihres insgesamt rund

28 Tage dauernden Generationszyklus einen großen Teil der Gesamtentwicklung aus.

Versuchsdurchführung

Der Test wurde mit Larven des 1. Larvenstadiums eines im Mai 1996 von der Bayer AG Leverkusen gelieferten Zuchtstammes von *Chironomus riparius* durchgeführt. Das entnommene Sediment wurde nach der Probennahme zunächst für zwei Wochen bei -18°C eingefroren (Thirkettle und Barrett 1991). Nach dem Auftauen wurden die Proben mit 4-facher Wiederholung in 2 l-Bechergläsern mit Leitungswasser überschichtet (pH 6-9; Leitfähigkeit 150-1100 µS/cm, totale Härte nicht höher als 4 mmol/l). Dazu wurden 2 cm Sediment sowie 1,5 l Wasser eingefüllt. Die Tests wurden bei konstanten Temperaturen (20 ± 2 °C) in einer Klimakammer und einer Licht/Dunkelphase von 16/8 h durchgeführt. Nach einer Adaptionszeit von 7 Tagen wurden je 25 Larven des ersten Larvenstadiums eingesetzt und die Bechergläser mit Gaze abgedeckt. Gefüttert wurden die Ansätze täglich mit 1mg TetraMin® pro Larve. Nachdem die Imagines geschlüpft sind, wurden Schlupfzeitpunkt und Geschlecht bestimmt.

29.3 Ergebnisse

29.3.1 Sedimentuntersuchungen

Elementgehalte

Untersucht wurden die Schwermetalle Cd, Cu, Pb, Zn und Ni. Es zeigte sich eine gegenüber dem geologischen Hintergrund (Festgestein, Landesamt für Umweltschutz und Geologie des Freistaates Sachsen 1996) erhöhte Elementkonzentration im Sediment. Teilweise übertrafen die gemessenen Werte das 5fache des Höchstwertes im umgebenden Festgestein (Pb, Hintergrund max. 36 mg/kg, höchste gemessene Konzentration <200 mg/kg). Alle untersuchten Elemente, mit Ausnahme des Cadmiums, zeigten ein relativ geringes Ausgangsniveau in Quellhöhe, ein anschließendes starkes Ansteigen um den Meßort 2 (Prosec) sowie ein langsames Abfallen im weiteren Verlauf bis auf Werte der geologischen Hintergrundbelastungen. Die Verläufe des Totalaufschlusses bzw. der Extrakionsuntersuchungen gleichen sich; das Verhältnis von immobilen zu mobilem Elementgehalt bleibt im gesamten Untersuchungsraum erhalten. Die Abbildung 29-3 zeigt den Verlauf des Elements Kupfer stellvertretend für die untersuchten Elemente (Totalaufschluß bzw. Extraktion). Deutlich zeichnet sich ein Peak beim Meßort 2 (Prosec) ab, während vom Meßort 5 (Marienthal) an die Hintergrundkonzentration erreicht wird.

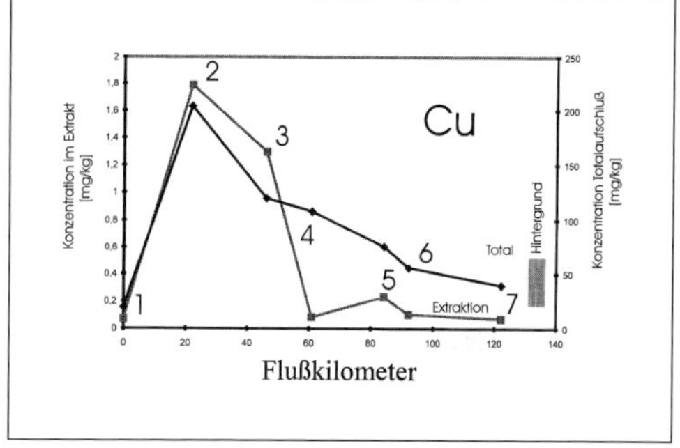

Abb. 29-3: Typischer Konzentrationsverlauf der untersuchten Schwermetalle, Beispiel Kupfer. Die Ziffern geben die Untersuchungsstellen an.

Varianzuntersuchungen

Die Abbildung 29-4 zeigt gefundene Konzentrationswerte (5 je Meßort) im Verlauf der Neiße wiederum am Beispiel Kupfer.

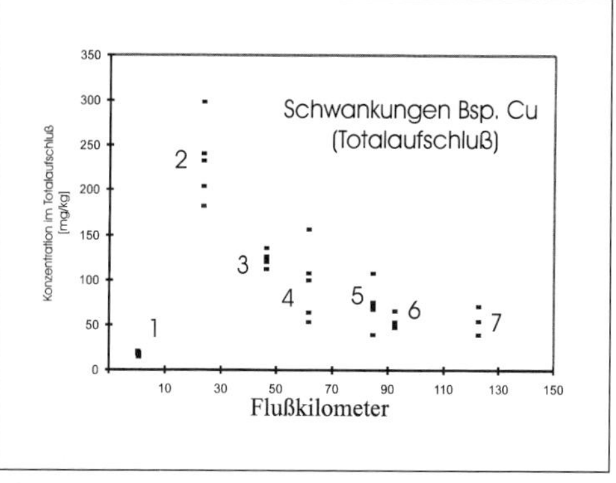

Abb. 29-4: Ergebnis der Varianzuntersuchung (Totalaufschluß) am Beispiel Kupfer. Pro Meßort wurden 5 Unterproben im Abstand von je 5 m entnommen und getrennt analysiert. Die Ziffern geben die Untersuchungsstellen an.

Die Aufzeichnung der Elementkonzentrationen der einzelnen Untermeßstellen zeigt deutlich, wie wenig repräsentativ die Analyse einer Einzelprobe für einen ganzen Flußabschnitt sein kann. Die Spannweite der Einzelergebnisse reicht z.B. beim Meßort 4 (Hartau) von 53,6 mg/kg bis 157 mg/kg. Die Untermeßstellen lagen nach Probenahmeprotokoll lediglich 15 m auseinander und weisen dabei eine bis zu 300 %ige Abweichung auf. Demgegenüber sind die Varianzen im Quellsediment sehr gering, ingesamt liegt die gefundene Elementkonzentration weit unter der des Meßortes 2 (Prosec). Die Ergebnisse der Extraktionsanalysen zeigen parallele Verläufe. Hohe Konzentrationswerte weisen höhere Varianzen der Einzelproben auf. Beide Aussagen lassen auf anthropogene Quellen schließen (große Ansammlung metallverarbeitender Industrie im Raum Prosec).

3.2 Ergebnisse der Tests mit *Chironomus riparius*

Bezüglich des Gesamtschlupfes bei *Chironomus riparius* konnten keine signifikanten Unterschiede zwischen den einzelnen Probenahmeorten festgestellt werden. Die Abbildung 29-5 zeigt die Ergebnisse dieser Untersuchung.
Ähnliche Ergebnisse lieferte die Untersuchung des Geschlechterverhältnisses (Abb. 29-6). Auch hier konnten keine signifikanten Unterschiede zum Kontrollansatz bzw. zwischen den einzelnen Probeorten festgestellt werden.

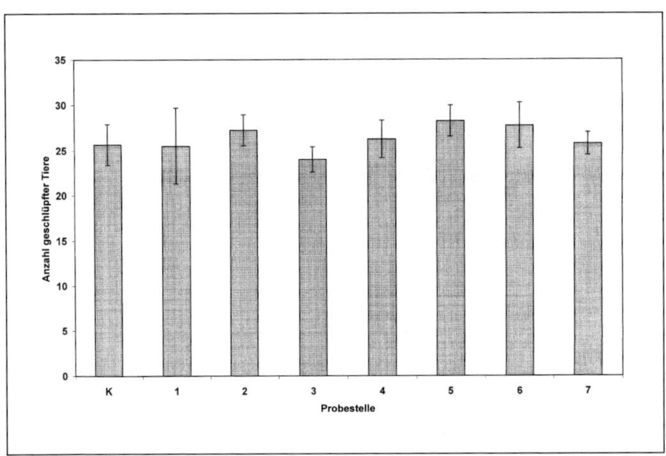

Abb. 29-5: Schlupferfolg (±SD) von *Chironomus riparius* nach Exposition in verschiedenen Neißesedimenten. In der Kontrolle (K) wurde artifizielles Sediment verwendet. Dargestellt sind Mittelwerte aus 4 Ansätzen mit jeweils 30 L_1-Larven. Die Gesamtemergenz war bei keiner der Probestellen im Vergleich zur Kontrolle signifikant unterschiedlich (ANOVA, Student-Newmann-Keuls-Test).

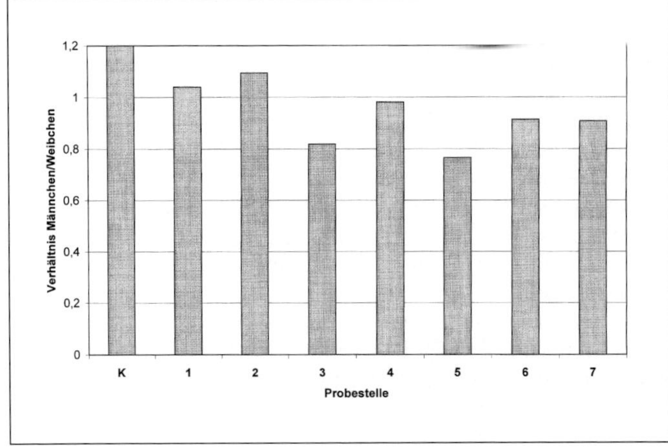

Abb. 29-6: Geschlechterverhältnis bei *Chironomus riparius.* Dargestellt ist das festgestellte Verhältnis Männchen/Weibchen der Imagines. Die L_1-Larven wurden in verschiedenen Neißesedimenten exponiert (K=Kontrolle). Das Verhältnis der jeweiligen Expositionsansätze ist nicht signifikant unterschiedlich von dem der Kontrollansätze (n = 4, Ψ^7-Kontingenztafeltest)

Tab. 29-1: EmT_{50}-Werte bei *Chironomus riparius*. Dargestellt sind die mittleren Emergenzzeiten, an denen 50 % der bei Versuchsende insgesamt geschlüpften Tiere geschlüpft sind. Für die Kontrolle wurde artifizielles Sediment (nach OECD 1984) verwendet; (SPSS, Probitanalyse, *signifikant zur Kontrolle nach Sprague und Fogels 1977).

Probenahmeort	EmT_{50} (Männchen) [d]	EmT_{50} (Weibchen) [d]	EmT_{50} (Gesamt) [d]
Kontrolle	15,50	17,35	16,19
1 (Quelle)	14,66	15,81*	15,22*
2 (Prosec)	14,64	16,62*	15,63*
3 (Andelska Hora)	15,50	16,76*	16,23
4 (Hartau)	14,92	16,22*	15,58*
5 (Marienthal)	14,95	16,12*	15,62*
6 (Görlitz)	15,04	16,36	15,73
7 (Deschka)	14,20	15,91*	15,10*

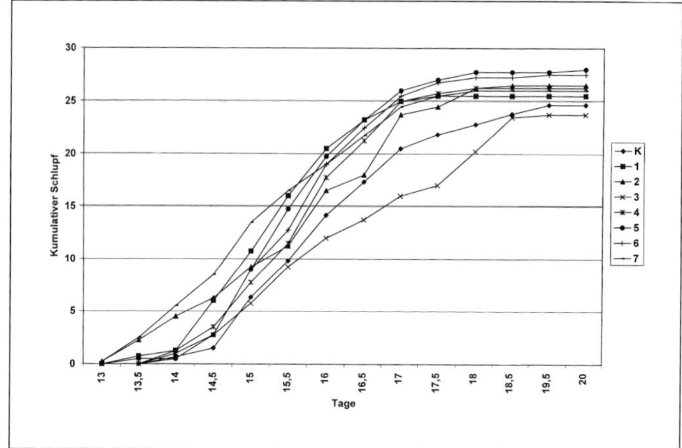

Abb. 29-7: Kumulativer Schlupfverlauf von *Chironomus riparius* (Medianwerte aus 4 Ansätzen) nach Exposition in verschiedenen Neißesedimenten. Der Schlupfbeginn lag 13 Tage nach dem Einsetzen der L_1-Larven. Die Standardabweichungen sind aus Gründen der Übersichtlichkeit nicht dargestellt.

Zur statistischen Erfassung des Schlupfverlaufes wurden die EmT_{50}-Werte berechnet (EmT_{50}-Wert = Zeitpunkt, an dem 50 % der insgesamt geschlüpften Imagines geschlüpft sind). Diese Werte wurden nach Sprague und Fogels (1977) auf Signifikanz getestet. Tabelle 29-1 zeigt, daß 50 % der Kontrolltiere nach 16,19 Tagen geschlüpft sind. Im Vergleich dazu sind an den Probestellen 1, 2, 4, 5 und 7 der Schlupf signifikant vorverlegt. Die Abbildung 29-7 zeigt den Schlupfverlauf graphisch.

29.4 Diskussion

Geologische Analysen sind oft mit großen Varianzen verbunden (Ramsey et al. 1992, Ramsey 1994, Ramsey und Argyraki 1997). Das Auffinden des „wahren Wertes“ ist praktisch unmöglich, jede Analyse ist damit eine Gradwanderung zwischen Genauigkeit und Kosten. Die Untersuchung hat gezeigt, wie wenig repäsentativ eine Einzelprobe für einen Flußabschnitt sein kann. Innerörtliche Schwankungen überlagern dabei oft zwischenörtliche Varianzen. Eine absolute Unterscheidung zweier Meßorte nach dem Schema „Meßort 3 ist höher belastet als Meßort 4“ ist oft nicht möglich. Sedimente gelten als das „Gedächtnis“ eines Gewässers; eine Sedimentanalyse gibt demnach auch Auskunft über zeitlich weit vorausliegende Kontaminationen. Es konnten z.T. weit über dem geologischen Hintergrund vorkommende Schwermetallkonzentrationen nachgewiesen werden.

Im Rahmen der Untersuchungen zur Gesamtemergenz konnte kein signifikanter Unterschied zur Kontrolle festgestellt werden. Der Endpunkt Geschlechterverhältnis zeigte ebenfalls keine signifikanten Unterschiede zu den Kontrollansätzen. Zu ähnlichen Ergebnissen kommt auch Hatakeyama (1987), der *Polypedilum nubifer* (Chironomidae) Cadmiumkonzentrationen von 20µg/l exponiert.

Demgegenüber ist der Schlupfverlauf ein wesentlich empfindlicherer Parameter. Die höhere Empfindlichkeit des Endpunktes Schlupferfolg und die daraus resultierende Notwendigkeit langer Beobachtungszeiten wurde für verschiedene Chiromiden beschrieben (Hatakeyama 1987, Maund et al. 1992). Watts und Pascoe (1996) führten ebenfalls Untersuchungen mit *Chironomus riparius* durch. Dabei erhielten sie für die Kontrollen EmT_{50}-Werte von 16,02 Tagen. Obwohl bekannt ist, daß es bei sehr niedrigen Cadmiumkonzentrationen zu einer Schlupfvorverlegung bei *Chironomus riparius* kommen kann (Hatakeyama 1987, Timmermans 1991), kann anhand der Ergebnisse nicht auf eine Schwermetallkontamination der Sedimente geschlossen werden. Ausschlaggebend für diese Effekte wird mit hoher Wahrscheinlichkeit das Zusammenspiel verschiedener anorganischer und organischer Verbindungen im Sediment sein.

Danksagung

Die Sedimentanalysen fanden zum Großteil am Lehrstuhl für Geologie des Imperial College London statt. Dem Leiter der Environmental Research Group, Herrn Dr. Mike H. Ramsey, sowie den wissenschaftlichen Mitarbeitern Barry J. Coles (ICP-OES) und Alban Doyle (Labor) gebührt unser besonderer Dank. Der Aufenthalt von Stefan Döring am IC London wurde durch PART SACHSEN aus Mitteln des Sächsischen Staatsministeriums für Wissenschaft und Kunst (SMWK) gefördert.

Literatur

Alloway, B.J., Ayres, D.C. (1996): Schadstoffe in der Umwelt. Spektrum Akademischer Verlag, Heidelberg, Berlin, Oxford

Cranston, P.S. (1995): Introduction to the chironomidae. In: Armitage, P.S., Cranston, P.S., Pinder, L.C.V. (eds.): The Chironomidae – Biology and ecology of non-biting midges. Chapman & Hall, London. 1-7

DIN V 19730 (1993): Ammoniumnitratextraktion zur Bestimmung mobiler Spurenelemente in Mineralböden. VCH, Weinheim

Engelhardt, W. (1989): Was lebt in Tümpel, Bach und Weiher? Kosmos Gesellschaft der Naturfreunde, Franckscke Verlagshandlung, Stuttgart

Fergusson, J.E. (1990): The heavy elements: Chemistry, environmental impact and health effects. Pergamon Press, Oxford

Hatakeyama, S. (1987): Chronic effects of Cd on reproduction of *Polypedilum nubifer* (Chironomidae) through water and foot. Environ. Pollut. 48: 249-261

Kemble, N.E., Brumbaugh, W.G., Brunson, E.L., Dwyer, F.J., Ingersoll, C.G., Monda, D.P., Woodward, D.F. (1994): Toxicity of metal-contaminated sediments from the upper clark fork river, Montana, to aquatic invertebrates and fish in laboratory exposures. Environ. Toxicol. Chem. 13: 1985-1997

Landesamt für Umweltschutz und Geologie des Freistaates Sachsen (1996): Geochemischer Atlas des Freistaates Sachsen. Eigene Verlegung, Radebeul

Markert, B., Herpin, U., Berlekamp, J., Oehlmann, J., Grodzinska, K., Mankovska, B., Suchara, I., Siewers, U., Weckert, V., Lieth, H. (1996): A comparison of heavy metal deposition in selected Eastern European countries using the moss monitoring method, with special emphasis on the ‚Black Triangle', Sci. Total Environ. 193: 85-100

Maund, S.J., Peither, H., Taylor, E.J., Jüttner, I., Beyerle-Pfnür, R., Lay, I.P., Pascoe, D. (1992): Toxicity of lindane to freshwater insect larvae in compartments of an experimental pond. Ecotoxicol. Environ. Saf. 23: 76-88

OECD (1984): OECD-guideline for testing of chemicals, 201: Algae growth inhibition test. Paris

Pascoe, D., Williams, K.A., Green, D.W.J. (1989): Chronic toxicity of cadmium to *Chironomus riparius* – effects upon larval development and adult emergence. Hydrobiologia 175: 109-116

Ramsey, M.H. (1994): Error estimation in environmental sampling and analysis. In: Markert, B. (ed.): Environmental sampling for trace analysis. VCH, Weinheim. 94-108

Ramsey, M.H., Argyraki, A. (1997): Estimation of measurement uncertainty from field sampling: implications for the classification of contaminated land. Sci. Total Environ. 198: 243-257

Ramsey, M.H., Thompson, M., Hale, M. (1992): Objective evaluation of precision requirements for geochemical analysis using robust analysis of variance. J. Geochem. Explor. 44: 23-36

Sprague, J.B., Fogels, J. (1977): Watch the y in bioassay. Environmental Protection Service Technical Report, No. EPS-5-AR-77-1, Halifax. 107-118

Thirkettle, K.M., Barrett, K.L. (1994): Relationships between sediment handling techniques and emergence success for the midge *Chironomus riparius*. Brighton Crop Protection Conference: Pests and deseases 1994. British Crop Protection Council, Farnham

Timmermans, K.R. (1991): Trace metal ecotoxicokinetics of Chironomids. Dissertation, Universität Amsterdam

Watts, M.M., Pascoe, D. (1996): Use of the freshwater macroinvertebrate *Chironomus riparius* (Diptera: Chironomidae) in the assessment of sediment toxicity. Wat. Sci. Tech. 34: 101-107

Biomonitoring – Wasser

30 Das aquatische Monitormoos *Fontinalis antipyretica* – Schwermetallakkumulation und Synthese spezifischer Streßmetabolite

I. Bruns und G.-J. Krauß

Abstract

Field and laboratory experiments show that the water moss *Fontinalis antipyretica* is a suitable accumulator for heavy metals. In the laboratory a strong accumulation of Cd could be demonstrated. The thiolic peptides phytochelatins typically produced in higher plants during heavy metal uptake could not be determined in the water moss. But the synthesis of a substance was observed which content correlated with the Cd accumulation after exposure of the plant material in the river Elbe. However, the glutathione level rises strongly in the presence of heavy metals. Glutathione is involved in different physiological processes and so at natural sites the content is influenced by various parameters. So, the glutathione level can not be used as an indicator for heavy metal uptake under field conditions. We assume that glutathione is directly involved in the heavy metal detoxification of the moss. This would be a new mechanism in the plant kingdom to tolerate heavy metal pollution.

Zusammenfassung

Freiland- und Laborexperimente zeigen, daß das Wassermoos *Fontinalis antipyretica* ein geeigneter Akkumulator für Schwermetalle ist. Im Labor konnte eine starke Akkumulation von Cd gezeigt werden. Die Thiolpeptide Phytochelatine, die normalerweise während der Schwermetallaufnahme in höheren Pflanzen produziert werden, konnten in diesem Moos nicht nachgewiesen werden. Aber es wurde die Synthese einer Substanz beobachtet, deren Gehalt mit der Cd-Akkumulation der Proben nach Exposition in der Elbe korrelierte. Der Glutathiongehalt jedoch stieg in Gegenwart von Schwermetallen stark an. Glutathion ist an verschiedenen physiologischen Prozessen beteiligt, und der Gehalt wird an natürlichen Standorten durch verschiedene Parameter beeinflußt. Der Glutathiongehalt kann daher nicht als Indikator für Schwermetallaufnahme unter Freilandbedingungen genutzt werden. Wir vermuten, daß Glutathion direkt an der Schwermetallentgiftung in Moosen beteiligt ist. Dies wäre im Pflanzenreich ein neuer Mechanismus, Schwermetallbelastungen zu tolerieren.

30.1 Einführung

Der Einsatz von Pflanzen für die Bioindikation von Schwermetallbelastungen in Ökosystemen hat zunehmend Interesse gefunden. Gegenüber punktuellen, rein analytischen Messungen der Schadstoffe ist das Biomonitoring ein zeitintegrierendes Instrument zur Erfassung von Schwermetallimmissionen.

Die Verwendung einer Pflanze als Biomonitor stellt spezielle Anforderungen. Hierzu gehören vor allem eine hohe Schwermetallakkumulationsrate, eine hohe Schadstofftoleranz sowie die weite Verbreitung der Art. Diese Kriterien werden von Moosen erfüllt, die aufgrund einer Vielzahl negativer Zellwandladungen, dem Fehlen eines voll entwickelten Leitsystems und einer voll entwickelten Cuticula Schwermetalle in hohem Maße anreichern, wobei Kontaminationen aus dem Boden weitgehend ausgeschlossen werden können. Für die Bioindikation von Schwermetallbelastungen hat daher der Einsatz von terrestrischen (Herpin et al. 1994, 1996, Markert und Weckert 1993, Markert et al. 1996) und aquatischen Moosen (Say et al. 1981, Mouvet 1984, Chovanec et al. 1994, Goncalves et al. 1994, Siebert et al. 1996, Bruns et al. 1997) in den letzten Jahren an Bedeutung gewonnen. Derartige Untersuchungen liefern jedoch Schwermetallbelastungen als rein summarische Daten. Offen bleibt, inwieweit eine Beeinflussung oder Beeinträchtigung des Stoffwechsels der Pflanzen bei einer gegebenen Belastung zu erwarten ist, die dann auch zur Schadensfrüherkennung nutzbar wäre.

Zelluläre Streßreaktionen finden in jüngster Zeit als sogenannte Biomarker Eingang in die Umweltforschung (Ernst und Peterson 1994, Peakall 1994, van Gestel und van Brummelen

1996, Fent 1998). Im Sinne einer biochemischen Indikation kann die Belastung und Schädigung von Organismen durch Umweltchemikalien beurteilt werden.
An dem als Biomonitor von Schwermetallbelastungen geeignetem Wassermoos *Fontinalis antipyretica* wurden umfassende Untersuchungen durchgeführt (Say et al. 1981, Sommer und Winkler, 1982, Mouvet 1984, Chovanec et al. 1994, Lopez et al. 1994, Goncalves et al. 1994, Siebert et al. 1996, Bruns et al. 1997). Die Pflanze ist in der nördlichen Hemisphäre, vorwiegend in schnell fließenden kühleren Gewässern verbreitet. Insbesondere im Winter zeigt dieses Moos starken Biomassezuwachs, wobei die Pflanzen eine Länge von über 50 cm erreichen können.
Anliegen unserer Untersuchungen ist es, die Schwermetallakkumulationsleistung von *F. antipyretica* im passiven Biomonitoring in Fließgewässern des Elbeeinzugsgebietes sowie im aktiven Biomonitoring an ausgewählten Standorten des Landesmeßnetzes Sachsen-Anhalt an der Elbe zu beurteilen. Laborversuche zur gezielten Induktion biochemischer Reaktionen des Thiolstoffwechsels sollten zeigen, inwieweit Streßmetabolite unter Schwermetallbelastung gebildet werden. Im Sinne einer biochemischen Kausalanalyse wurden hierbei höhere Schwermetallkonzentrationen eingesetzt, als sie normalerweise im Freiland anzutreffen sind.
Hauptaugenmerk unserer Untersuchungen waren die thiolischen Oligopeptide wie Phytochelatine (γ-Glu-Cys)$_n$-Gly sowie deren Vorstufen γ-Glu-Cys, Cystein und Glutathion.
Phytochelatine werden in höheren und niederen Pflanzen als spezifische Reaktion auf die intrazelluläre Schwermetallaufnahme synthetisiert (Gekeler et al. 1988, 1989). Über das Vorkommen dieser Peptide in Moosen liegen bisher nur wenige und unzureichende Daten vor (Gekeler et al. 1989, Jackson et al. 1991).

30.2 Material und Methoden

30.2.1 Standorte und Probematerial

Als Probematerial für die Biomonitoring- und Laborversuche wurden Pflanzen von natürlichen Standorten des Ostharzes entnommen, in 2-4 cm lange Abschnitte unterteilt und zu einer Mischprobe vereinigt. Da es innerhalb der Pflanze zu großen Unterschieden im Schwermetallgehalt kommt (Siebert et al. 1996) wurde nur grünes, voll beblättertes Pflanzenmaterial für die Versuche eingesetzt. Für die Laborexperimente erfolgte die Kultivierung des Pflanzenmaterials in Aquarien in Knopscher Nährlösung (Bruns et al. 1995)
Für das aktive Biomonitoring wurden je ca. 10 g Frischgewicht in Kunststoffnetzen an Standorten des Landesmeßnetzes Sachsen-Anhalt für 16 Tage exponiert (Abb. 30-1). Gleichzeitig wurden im passiven Biomonitoring verschiedene natürliche Standorte von *F. antipyretica* im Ostharz beprobt. Aus den Proben wurden sowohl die Cd-, Pb-, Zn- und Cu-Gehalte als auch schwermetallinduzierbare Verbindungen analysiert.

30.2.2 Aufschluß und Schwermetallanalytik der Freilandproben

Für die Schwermetallanalytik wurde das Pflanzenmaterial bei 80 °C getrocknet. Der Aufschluß erfolgte durch eine Mikrowelle (Fa. CEM, MDS 2100) (Bruns et al. 1997). Die Gehalte an Cd, Pb, Zn, und Cu wurden mittels ICP-MS gemessen (Bruns et al. 1997).

30.2.3 Bestimmung des intra- und extrazellulär gebundenen Cd in *F. antipyretica*

Untersuchungen zur Oberflächen- bzw. Zellwandadsorption von Cd erfolgten über Austausch des oberflachengebundenen Cd^{2+} durch Ni^{2+} (Brown und Wells 1988). Etwa 1,0-1,5 g Pflanzenmaterial wurden nach Inkubation in 100 ml Medium mit 100 µM Cd mit destilliertem H_2O (100 ml) gewaschen. Anschließend wurde das Moos mit 20 mM $NiCl_2$ gewaschen. Der Anteil des oberflächen- bzw. zellwandgebundenen Cd wurde aus den Cd-Gehalten der zum Waschen verwendeten $NiCl_2$-Lösung berechnet. Die Bestimmung der Cd-Gehalte erfolgte am AAS (Atomabsorptionsspektroskop). Die Menge an intrazellulär aufgenommenem Cd wurde aus dem im Pflanzenmaterial verbleibenden Cd bestimmt.

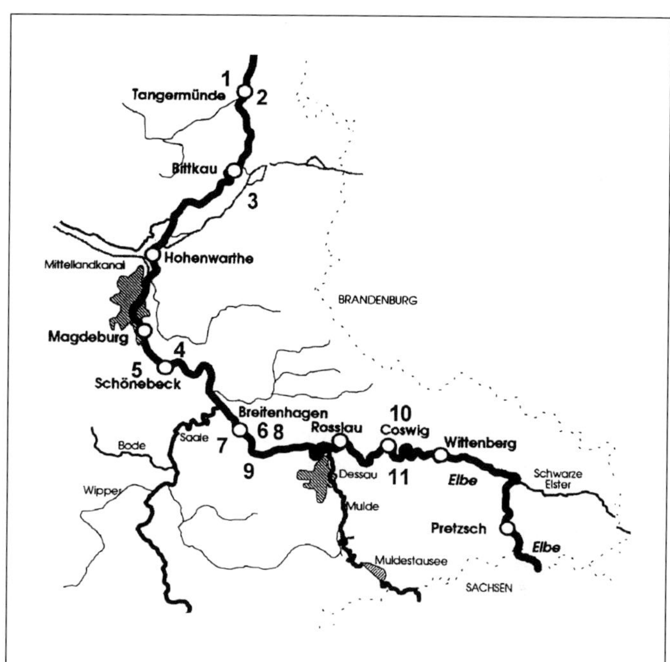

Abb. 30-1: Expositionsstandorte an der Elbe (Zeichnung aus Gewässergütebericht Sachsen-Anhalt 1994; verändert).

30.2.4 Gewässerdaten

Die in den Grafiken dargestellten Daten der Schwermetallkonzentrationen des Elbewassers sind dem entsprechenden Gewässergütebericht des Landes Sachsen-Anhalt (Landesamt für Umweltschutz Sachsen-Anhalt 1994) entnommen. Es handelt sich hierbei um Gesamtschwermetallgehalte (ohne Filtration der Proben). Die Werte von drei Messungen im Abstand von 14 Tagen vor, während und nach der Exposition wurden gemittelt. In die Berechnung gehen die Werte unterhalb der Bestimmungsgrenze als 0,5 x der Wert der Bestimmungsgrenze ein.

30.2.5 Extraktion und Analytik von schwermetallinduzierbaren Verbindungen

Besonderes Augenmerk wurde der quantitativen Analyse von thiolhaltigen Verbindungen geschenkt: GSH (reduziertes Glutathion) und dessen Vorstufen γ-Glutamyl-Cystein und Cystein sowie Phytochelatine.
Die Extraktion und Messung der schwermetallinduzierbaren Verbindungen erfolgte in Anlehnung an die von Grill et al. (1991) für thiolhaltige Peptide beschriebene Methode mittels Reversed Phase HPLC (Bruns et al. 1995). Durch die online Nachsäulenderivatisierung mit DTNB (5,5‘-Dithiobis(2-nitrobenzoesäure)) (Ellman 1959) ist diese Methode geeignet für den Nachweis von Thiolgruppen. Die Konzentrationen der Verbindungen wurde anhand von Eichkurven mit reduziertem Glutathion berechnet. Die Darstellung der Ergebnisse erfolgt als GSH-Äquivalente.
Der Gehalt an GSH, GSSG (oxidiertes Glutathion), γ-Glu-Cys und Cystein wurde nach einer Floureszenzderivatisierung mittels HPLC bestimmt (Strohm et al. 1995).

30.2.6 Bestimmung des Gesamtthiolgehaltes

Die Bestimmung des GSTH- (Gesamtthiol-) Gehaltes erfolgte aus den für die Thiolpeptidanalytik hergestellten Extrakten über die Farbreaktion mit DTNB. Anhand einer Eichkurve mit GSH wurden die GSTH-Gehalte der Proben ermittelt und als GSH-Äquivalente berechnet.

30.2.7 Enzymatische Bestimmung des Glutathiongehaltes

Neben der GSH-Bestimmung mittels HPLC wurde eine spezifische enzymatische Methode mit einem gekoppelten enzymatisch-optischen Test mit GSH-Reduktase und DTNB eingesetzt (Anderson 1985). Diese Methode erlaubt eine Bestimmung des Gesamtglutathiongehaltes der Proben als reduziertes Glutathion.

30.3 Ergebnisse

30.3.1 Schwermetallakkumulation im passiven Biomonitoring und Verteilung der Schwermetalle auf unterschiedliche Pflanzenteile

Für die Durchführung eines passiven Biomonitorings wurden 10 natürliche Standorte von *F. antipyretica* im Gebiet des Ostharzes beprobt. Die Cd-, Pb-, Zn- und Cu-Gehalte der Proben unterschieden sich innerhalb eines weiten Bereiches (Tab. 30-1).
Die Tabelle 30-1 zeigt, daß junge Sproßspitzen von *F. antipyretica* deutlich geringere Mengen an Schwermetallen enthalten als ältere basale Sproßabschnitte. Die Cd-Gehalte von drei Proben eines Standortes betrugen im Mittel 7,17 ± 2,88 µg/g TG in älteren und 0,82 ± 0,52 µg/g TG in jüngeren Pflanzenteilen. Für Cu, Pb und Zn wurden 10,83 ± 1,58; 12,99 ± 12,93 und 609 ± 344 µg/g TG in jungen Sproßsegmenten und 45,99 ± 2,11; 21,09 ± 4,83 und 1896 ± 579 µg/g TG in älteren Segmenten gemessen (Siebert et al. 1996).

Tab. 30-1: Minimale und maximale Schwermetallgehalte in Sproßspitzen und basalen Segmenten von *Fontinalis antipyretica* von 10 unterschiedlichen Standorten des Ostharzes.

	Sproßspitzen		basale Abschnitte	
	Min.	Max.	Min.	Max.
Cd	0,40	9,42	0,78	21,55
Pb	2,4	41,9	6,1	117,7
Zn	112,8	999,4	191,0	2332,5
Cu	9,3	36,7	14,9	106,0

30.3.2 Schwermetallakkumulation im aktiven Biomonitoring in der Elbe

In den Jahren 1993 bis 1995 wurde aktives Biomonitoring zur Schwermetallakkumulation von *F. antipyretica* in der Elbe durchgeführt (Abb. 30-3) (Siebert et al. 1996, Bruns et al. 1997). Das Moos wurde an verschiedenen Standorten der Elbe exponiert (Abb. 30-1) und die Akkumulation von Cd, Pb, Zn und Cu aus dem Wasser bestimmt. *F. antipyretica* erwies sich hierbei als guter Akkumulator für Cd, Pb, Zn und Cu. Die Ergebnisse der Exposition im Herbst 1994 sind in Abbildung 30-2 dargestellt.
Mit Ausnahme der Standorte1, 2 und 5 war eine deutliche Akkumulation von Cd im Moos zu messen (bis 3,7 µg/g TG, Standort 4). Ebenso wurden Pb und Zn in hohem Maße angereichert (Pb bis 25,0 µg/g TG Standort 6, Zn bis 880 µg/g TG, Standort 10). Auch die Cu-Gehalte nahmen mit Ausnahme der Standorte 2 und 5 in allen Proben gegenüber der Kontrolle zu (bis 35,0 µg/g TG, Standort 6). Eine Korrelation zu den Schwermetallgehalten des Elbwassers war nicht feststellbar.
Die maximalen Akkumulationsfaktoren gegenüber der Kontrolle betrugen 5,1 für Cd; 5,5 für Pb; 4,0 für Zn und 2,7 für Cu. Gegenüber dem Schwermetallgehalt des Wassers betrugen die Akkumulationsfaktoren 15 600 ± 8 700 für Cd, 8 100 ± 7 800 für Pb, 12 900 ±7 800 für Zn und 5 700 ± 2 700 für Cu (Bruns et al. 1997).

30.3.3 Intra- und extrazelluläre Aufnahme von Cd

Im Laborversuch wurde die Akkumulationsleistung von *F. antipyretica* gegenüber Cd (100 µM, entsprechend 1,12 mg/100 mL) untersucht. Während der ersten 24 h wurden mehr als 20 % des Cd aus dem Medium intrazellulär und ca. 70 % extrazellulär vom Pflanzenmaterial (ca. 150 mg TG) aufgenommen. Innerhalb von 10 Tagen nahm der Anteil des extrazellulär gebundenen Cd auf 49 % ab (Abb. 30-3A). Gleichzeitig sank der Cd-Gehalt des Mediums von 18 % auf 7 % des Gesamt-Cd. Der Anteil des intrazellulären Cd nahm von 23 % auf 49 % zu (Abb. 30-3B). In der für 10 Tage in Cd-freiem Medium kultivierten Kontrolle war weder extra- noch in-

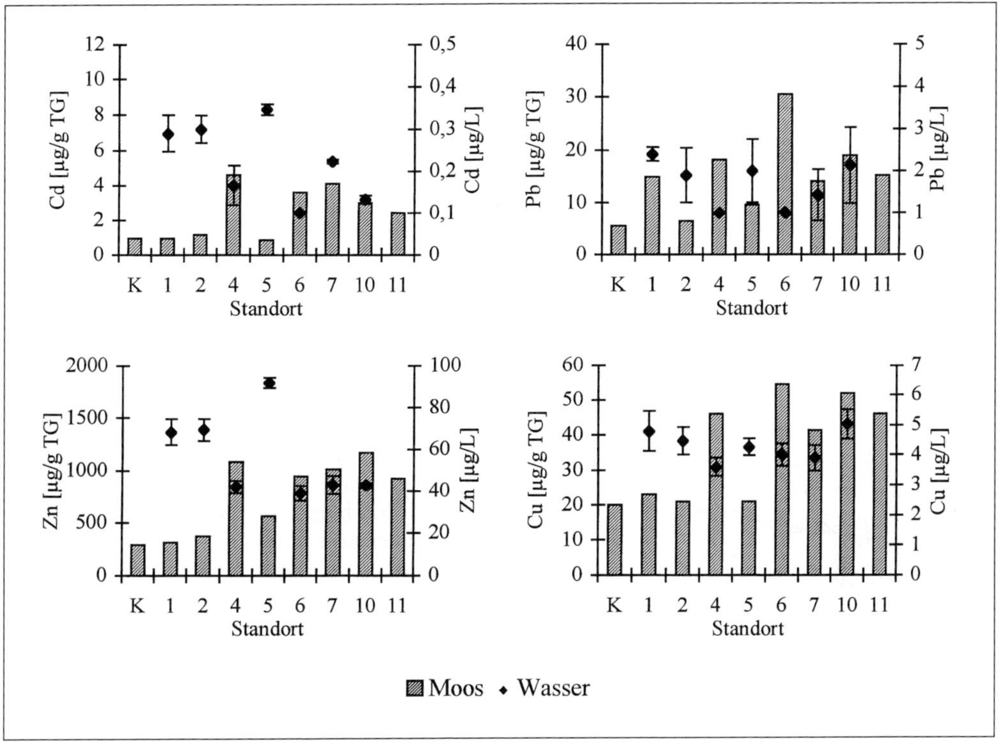

Abb. 30-2: Cd-, Pb-, Zn- und Cu-Gehalte der Moosproben nach Exposition an Standorten der Elbe 1994 (linke Y-Achse) und der entsprechenden Wasserproben (rechte Y-Achse), K = Kontrolle; Standort: 11 Wasser = n.g.; Standorte: siehe Abb. 30-1.

trazelluläres Cd nachweisbar. Die Menge an extrazellulär gebundenem Cd betrug im Mittel über 10 Tage 3,8 ± 0,7 µg/mg TG, die des intrazellulär aufgenommen Cd 2,4 ± 0,7 µg/mg TG. Die Gesamtmenge (intra- + extrazellulär) lag im Mittel bei 6,1 ± 1,0 µg/mg TG.

30.3.4 Schwermetallinduzierbare Verbindungen in *F. antipyretica*

Neben den verschiedenen Freilanduntersuchungen wurden Laborversuche durchgeführt, um Kenntnisse über die biochemisch/physiologischen Reaktionen von *F. antipyretica* auf Schwermetalle zu erhalten. Hierfür wurde insbesondere Cd eingesetzt, da dieses Metall gegenüber anderen der stärkste Aktivator der Phytochelatinsynthese ist (Grill et al., 1989).

Die verwendeten Konzentrationen lagen bis zu 100 000fach über den an natürlichen Standorten anzutreffenden Mengen. Dieses war für eine Kausalanalyse der Streßinduktion innerhalb kurzer Zeit notwendig. Nach mehrtägiger Inkubation in Medium mit 50-200 µM Cd (entsprechend 5,6-22,5 mg/l) konnte im Laborversuch in *F. antipyretica* die Synthese von Cd-induzierbaren Substanzen nachgewiesen werden. Typische HPLC-Elutionsprofile unbelasteter und mit Cd inkubierter Proben von *F. antipyretica* sind in Abbildung 30-4 dargestellt. Insbesondere Peak 7 war in allen belasteten Proben sowie den Kontrollen nachweisbar und der Gehalt dieser Substanz zeigte eine deutliche Abhängigkeit von der applizierten Cd-Menge und der Inkubationsdauer (Abb. 30-5).

Die Synthese der schwermetallinduzierbaren Substanzen konnte im Laborversuch nur durch die Zugabe von Cd erreicht werden. Zn und Pb zeigten keine Wirkung. Unter Cu-Belastung kam es zum Vitalitätsverlust der Pflanzen, der sich durch Chlorosen und Nekrosen äußerte.

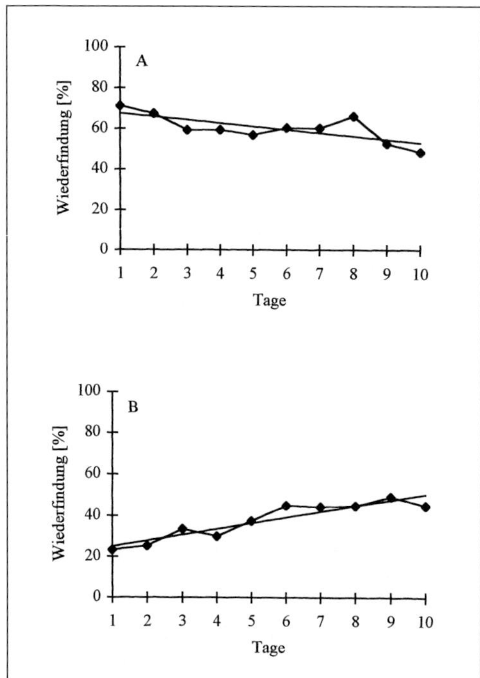

Abb. 30-3: Wiederfindung an extrazellulärem-Cd (A) und intrazellulärem Cd (B) in *Fontinalis antipyretica* als % der im Medium enthaltenen Cd-Menge (1,12 mg) über einen Zeitraum von 10 Tagen.

30.3.5 Einfluß von Cadmium auf den Gesamtthiolgehalt

Unter Cd-Belastung stieg der GSTH-Gehalt in *F. antipyretica* auf das 2-3fache der Kontrolle an, wobei während der Versuchsdauer von 10 Tagen unter 100 μM Cd ein bimodaler Verlauf beobachtet wurde (Abb. 30-6).

30.3.6 Einfluß von Cadmium auf den Glutathiongehalt

Da es unter Cd-Belastung zu einer deutlichen Zunahme des Gesamtthiolgehaltes in *F. antipyretica* kam, wurde der Gehalt des Tripeptides GSH als Vorstufe der Phytochelatine ebenfalls unter Cd-Belastung untersucht.

Im Moos kam es in Gegenwart von 100 μM Cd zu einer Erhöhung des GSH-Pools auf das 5- bis 10fache der Kontrolle (Abb. 30-7). Dieser GSH-Gehalt nahm während des Versuchszeitraumes ebenfalls einen bimodalen Verlauf. Der drastische Anstieg des GSH-Spiegels unter Cd-Belastung konnte auch in weiteren aquatischen und terrestrischen Moosarten beobachtet werden (Bruns et al. 1999).

Durch Entfernen des Cd aus dem Medium sollte das Verhalten des GSH-Spiegels nach kurzzeiti-

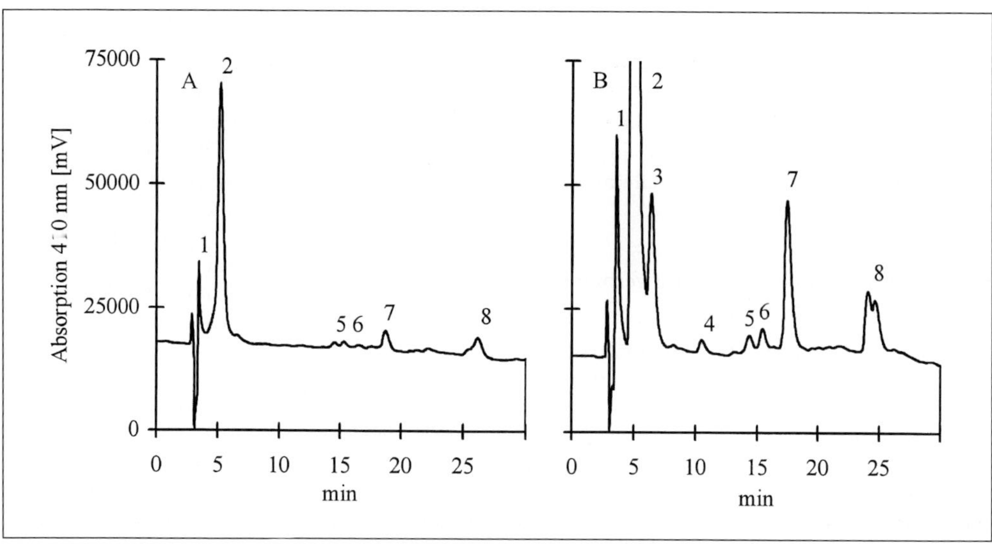

Abb. 30-4: HPLC-Chromatogramme schwermetallinduzierbarer Verbindungen in *Fontinalis antipyretica;* A: Kontrolle; B: nach 28tägiger Inkubation in Medium mit 100 μM Cd. l: Cys; 2: GSH + γ-Glu-Cys; 3-8: schwermetallinduzierbare Verbindungen.

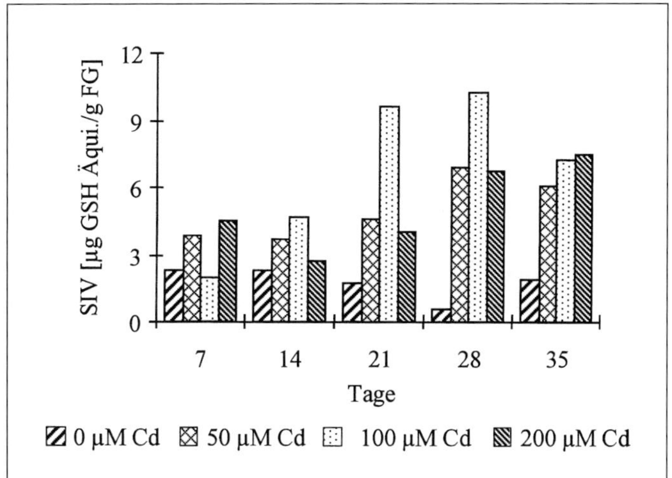

Abb. 30-5: Gehalte schwermetallinduzierbarer Verbindungen (Peak 7) in *Fontinalis antipyretica* in Abhängigkeit von der Cd-Konzentration und der Inkubationsdauer.

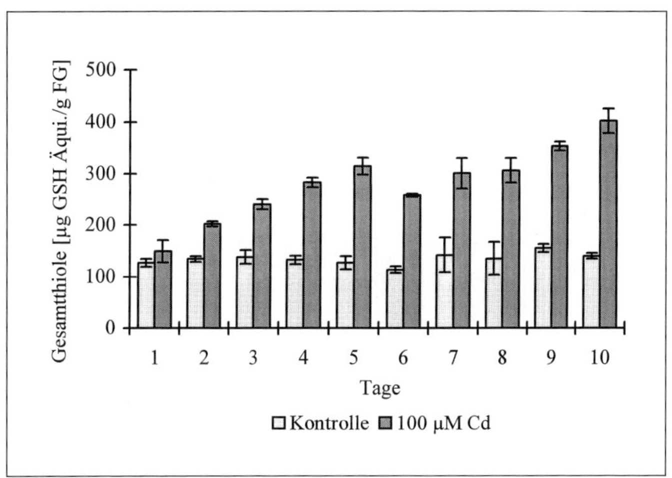

Abb. 30-6: GSTH-Gehalte in *Fontinalis antipyretica* während 10tägiger Inkubation in Medium mit 100 µM Cd, n = 3.

gem (3 Tage) Schwermetallstreß untersucht werden (Abb. 30-8). Der GSH-Gehalt von *F. antipyretica* zeigte unter diesen Bedingungen eine ähnliche Reaktion wie unter kontinuierlicher Cd-Belastung.

Im Vergleich zu 100 µM Cd führten in *F. antipyretica* äquimolare Konzentrationen an Pb, Zn und Cu zu keiner signifikanten Zunahme des GSH-Pools (nicht dargestellt). Unter 100 µM Cu waren die GSH-Gehalte geringer als in der Kontrolle und die Pflanzen zeigten deutliche Schädigungen. Erst durch 500 µM Pb und Zn im Medium konnte ebenfalls ein erhöhter GSH-Spiegel induziert werden (Abb. 30-9).

Da es in Moosen unter Umweltstreß zur Oxidation von GSH kommen kann (Dhindsa 1987, Kranner und Grill 1996), wurde zusätzlich der Gehalt an GSSG nach 7tägiger Cd-Belastung (100 µM) bestimmt. Der GSSG-Gehalt betrug 23,9 µg/g FG (± 9,3) in der Kontrolle und 28,0 µg/g FG (± 2,0) in den Cd-belasteten Proben (n = 3). Der Gehalt an reduziertem GSH nahm von 35,8 µg/g FG (± 12,7, Kontrolle) auf 148,4 µg/g FG (± 21,6, mit Cd) zu. Hieraus er-

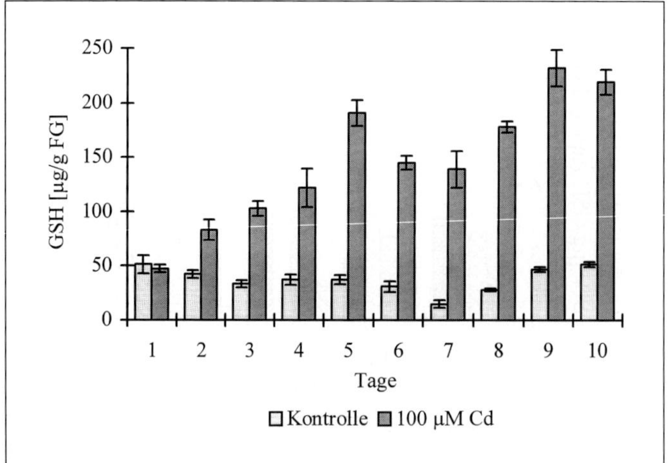

Abb. 30-7: GSH-Gehalte in *Fontinalis antipyretica* während 10tägiger Inkubation in Medium mit 100 µM Cd, n = 3.

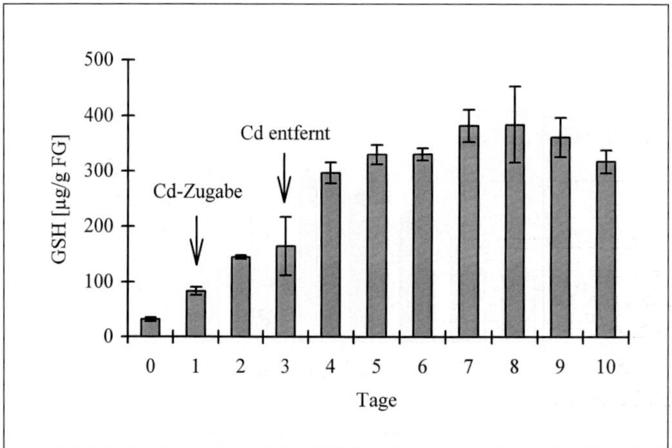

Abb. 30-8: GSH-Gehalte in *Fontinalis antipyretica* während 3tägiger Inkubation in Medium mit 100 µM Cd und nach Entfernen des Cd aus dem Medium, n = 3.

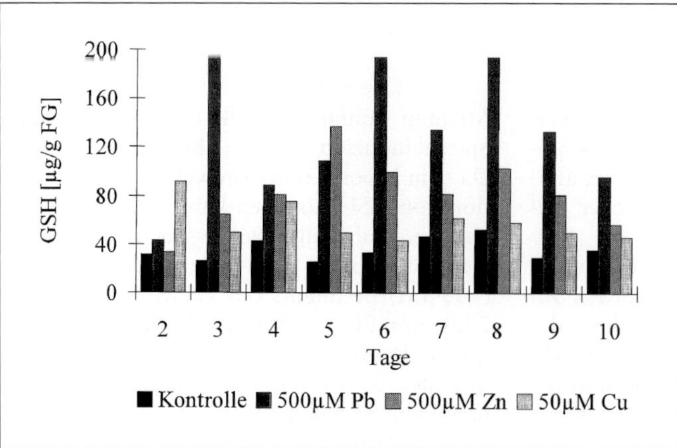

Abb. 30-9: GSH-Gehalte in *Fontinalis antipyretica* während 10tägiger Inkubation in Medium mit 500 µM Pb und Zn und 50 µM Cu.

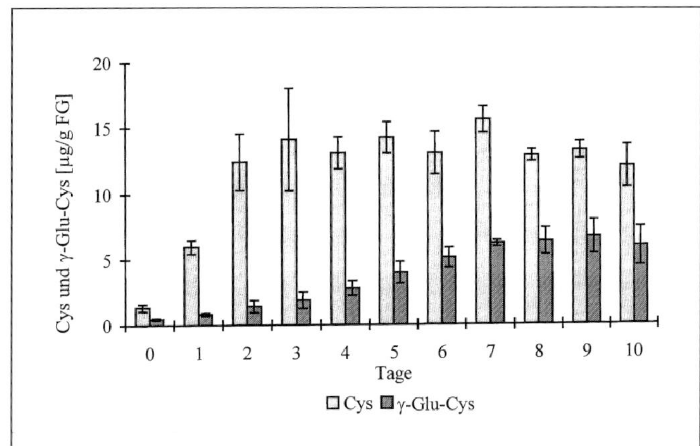

Abb. 30-10: Gehalte an Cys und γ-Glu-Cys in *Fontinalis antipyretica* während 10tägiger Inkubation in Medium mit 100 µM Cd, n = 3.

gab sich eine Erhöhung des GSH/GSSG-Verhältnisses von 1,5 auf 5,3.

Im Zusammenhang mit dem starken Anstieg des GSH-Gehaltes in *F. antipyretica* unter Schwermetalleinfluß wurde auch der Pool der GSH-Metabolite Cystei und γ-Glutamyl-Cystein unter diesen Bedingungen untersucht (Bruns et al. 1999). Während 10 Tagen unter 100 µM Cd nahmen die Gehalte an Cystein und γ-Glutamyl-Cystein ebenfalls zu (Abb. 30-10). Der Cystein-Gehalt stieg während dieses Versuches auf das ca. 10fache und der γ-Glutamyl-Cystein-Gehalt auf das ca. 15fache an.

30.3.7 Schwermetallinduzierbare Verbindungen und Glutathion als mögliche Biomarker

Inwieweit die Induktion von schwermetallinduzierbaren Verbindungen und GSH durch Schwermetalle, insbesondere Cd, geeignet ist, Schwermetallbelastungen von Ökosystemen anzuzeigen, wurde anhand der Freilandversuche überprüft.

In allen Proben von *F. antipyretica* wurde in den HPLC-Chromatogrammen an Position 7 (Peak 7, Abb. 30-4) eine Substanz nachgewiesen, die im Laborversuch deutlich auf Cd reagierte (Abb. 30-5). Da Peak 5 und Peak 8 nicht in allen Proben nachweisbar waren, wurde Peak 7 als Referenz für die schwermetallinduzierbaren Verbindungen quantifiziert.

Eine mehrjährige Beprobung verschiedener natürlicher Standorte von *F. antipyretica* im Gebiet des Ostharzes erfolgte, und der Gehalte der als Peak 7 eluierenden Substanz sowie die Cd-Gehalte des Pflanzenmaterials wurden quantifiziert. In dem stärker mit Cd belasteten Pflanzenmaterial der Selke zeigten sich vergleichsweise höhere Gehalte der schwermetallinduzierbaren Verbindung als in den Pflanzen der Wipper (Abb. 30-11). Eine Korrelation zu den Cd-Gehalten war jedoch nicht abzusichern.

Auch das Probematerial aus der Elbeexposition 1994 wurde auf seinen Gehalt an schwermetallinduzierbaren Verbindungen und GSH untersucht und diese Ergebnisse den Cd-, Pb-, Zn- und Cu-Gehalten der Proben gegenübergestellt. Die Gehalte der schwermetallinduzierbaren Verbindung (Peak 7, siehe Abb. 30-4) ergaben eine positive Korrelation zu den Cd-Gehalten des Pflanzenmaterials (Abb. 30-12A). Der Gehalt an GSH hingegen (Abb. 30-12B), zeigte keine Abhängigkeit von den Schwermetallgehalten des Pflanzenmaterials.

30.4 Diskussion

Für das Wassermoos *F. antipyretica* zeigte sich sowohl im aktiven Biomonitoring in der Elbe als auch am natürlichen Standort eine deutliche Akkumulation von Cd, Zn, Pb und Cu. Die ermittel-

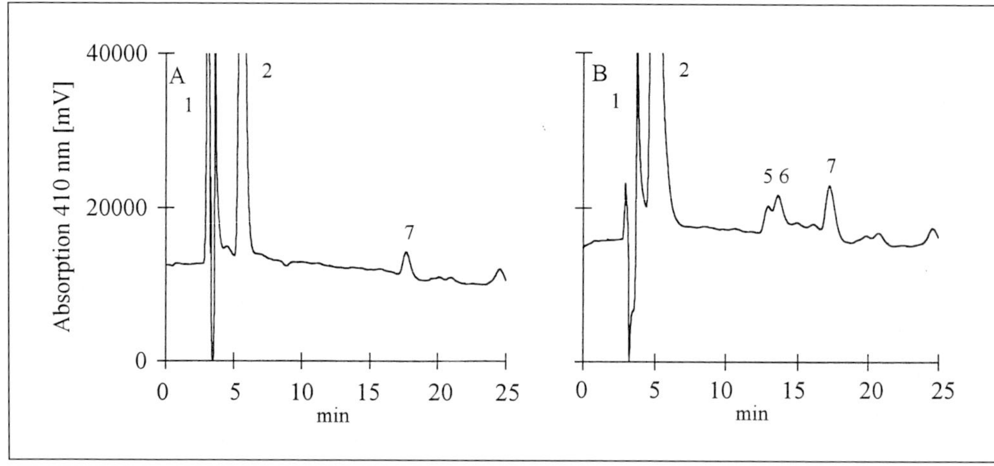

Abb. 30-11: HPLC-Chromatogramme schwermetallinduzierbarer Verbindungen in *Fontinalis antipyretica* von unterschiedlich belasteten Standorten des Harzes. A: Wipper, 0,25 µg Cd/g TG; B: Selke, 1,75 µg Cd/g TG.

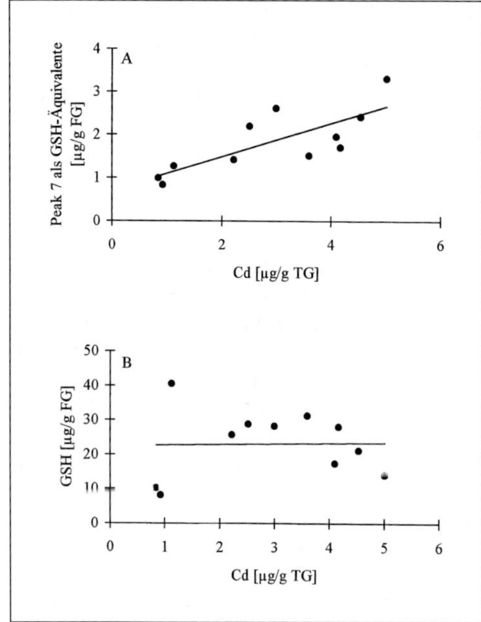

Abb. 30-12: Korrelationsdiagramm der Gehalte an schwermetallinduzierbaren Verbindungen (Peak 7) (A), GSH (B) und Cd in Moosproben nach Exposition in der Elbe 1994, ohne Kontrolle, r = 0,779, p < 0,01.

ten Akkumulationsfaktoren gegenüber dem Wasser ergaben eine Reihenfolge von Cd und Zn > Pb > Cu. Andere Autoren hingegen beschreiben die Akkumulation von Schwermetallen durch Wassermoose mit: Cd > Pb > Cu > Zn für *F. antipyretica* (Lopez et al. 1994) und Pb > Zn > Cd > Cu für *Rhynchostegium riparioides* (Wehr und Whitton 1983). Eine Korrelation zu den Schwermetallbelastungen der einzelnen Standorte der Elbe war aber nicht nachweisbar. Da die entsprechenden Gewässerdaten aus einzelnen Beprobungen im Abstand von 14 Tagen entstammten, ist dieses jedoch nicht ungewöhnlich.

Die Akkumulation von Schwermetallen durch Moose erfolgt im wesentlichen durch die im Wasser gelöste Form dieser Elemente (Empain 1988). Umweltparameter, wie die Fließgeschwindigkeit der Gewässer, der Anteil an Schwebstoffen sowie die chemische Zusammensetzung des Wassers beeinflussen jedoch den Anteil an gelösten Schwermetallen und somit die Akkumulationsleistung (Huber und Huber 1995, Wells und Brown 1990). Ebenso ist ein Einfluß der biologischen Variabilität des Pflanzenmaterials auf die Schwermetallaufnahme insbesondere im passiven Biomonitoring zu erwarten.

Bei der Beprobung natürlicher Standorte von *F. antipyretica* ergaben sich Unterschiede im Schwermetallgehalt junger und älterer Pflanzenteile. Die höheren Gehalte älterer Pflanzenteile sind möglicherweise auf Manganoxide zurückzuführen, die sich auf der Pflanzenoberfläche

ablagern. Diese können ihrerseits Schwermetalle wie Zn anlagern (Say und Whitton, 1983). Für das aktive Biomonitoring ergibt sich hieraus die dringende Notwendigkeit der Verwendung von homogenem jungem Pflanzenmaterial. Beim passiven Biomonitoring können Fehler auftreten, da ein gleiches Pflanzenalter bei Proben unterschiedlicher Standorte nicht gewährleistet ist.
Laborversuche wurden durchgeführt, um die Akkumulationsleistung des Mooses zu beurteilen. Die Experimente zeigten, daß bis zu 6,2 mg Cd/g TG innerhalb von 24 h aus einer 100 µM Cd-Lösung aufgenommen wurden. Diese Cd-Menge lag ca. 500- bis 1000mal höher als die nach 16tägiger Exposition in der Elbe gemessenen Cd-Gehalte.
Erste Kurzzeitmessungen (nicht dargestellt) deuten darauf hin, daß dieser Wert bereits innerhalb der ersten 2-4 h nach Cd-Zugabe erreicht wird. Die schnelle Einstellung eines Gleichgewichts zwischen der Cd-Konzentration des Mediums und des Pflanzenmaterials ist daher naheliegend. Die Ergebnisse belegen eine sehr hohe Akkumulationsrate von *F. antipyretica* gegenüber Cd. Es ist deshalb davon auszugehen, daß unter Freilandbedingungen keine Sättigung der Akkumulation eintritt. Für das terrestrische Moos *Rhytidiadelphus squarrosus* wird ein derartiges Gleichgewicht bereits innerhalb der ersten 30 min nach Cd-Applikation beschrieben (Wells und Brown 1987). Innerhalb der ersten 24 h waren bei diesem Moos bereits ca. 15 % des extrazellulär gebundenen Cd in die Zellen gewandert. Auch bei *F. antipyretica* wird zunächst der überwiegende Anteil des Cd an die Zellwand gebunden und gelangt von dort aus langsam ins Zellinnere. Der Zellwand kommt daher eine Depotfunktion für Schwermetalle zu.
Die physiologische Reaktion auf intrazelluläre Schwermetallaufnahme wurde anhand der Bildung schwermetallinduzierbarer Verbindungen untersucht. Aus allen bis heute untersuchten höheren und niederen Pflanzen ist die Synthese von thiolhaltigen Peptiden, sog. Phytochelatinen als spezifische Reaktion auf Schwermetallbelastung bekannt (Gekeler et. al. 1988, 1989, Rauser 1993, 1995, Zenk 1996, Skelton et al. 1998).
Die Induzierbarkeit durch Cd und der Substanznachweis durch thiolspezifische Methoden legten für unser Objekt zunächst den Schluß nahe, daß in *F. antipyretica* verschiedene Phytochelatine vorkommen. Auch eine Standardaddition von Phytochelatinen aus Tomatenzellkulturen ergab übereinstimmende Retentionszeiten in der HPLC (Bruns 1997).
In allen belasteten und unbelasteten Proben war in den HPLC-Profilen an Position 7 (Peak 7) eine Substanz zu finden, die im Laborversuch unter Cd-Belastung eine deutliche Erhöhung zeigte. Jüngste MS- und NMR-Messungen (nicht dargestellt) deuten im Peak 7 auf eine coumarinhaltige Verbindung hin. Möglicherweise werden durch das angewendete Extraktionsverfahren, die chromatographischen Bedingungen bzw. die Nachsäulenderivatisierung auch Sekundärstoffe nachgewiesen. Coumarine sind beispielsweise aus dem terrestrischen Moos *Polytrichum formosum* bekannt (Jung et al. 1994, Zinsmeister et al. 1994). Inwieweit diese Substanzen unter den gegebenen Bedingungen nachgewiesen werden können, ist Gegenstand derzeitiger Untersuchungen. Die abschließende Identifizierung dieser Verbindungen war aufgrund der geringen Mengen bisher nicht möglich.
Phytochelatine konnten in *F. antipyretica* (und verschiedenen Laubmoosen, nicht dargestellt) bisher nicht nachgewiesen werden. Somit kommt diesen Peptiden keine bedeutende Rolle in der Schwermetalldetoxifikation in Moosen zu, wie sie aus anderen Pflanzen bekannt ist. Eine offensichtliche Reaktion von *F. antipyretica* auf Schwermetalle ergibt sich dagegen aus den Veränderungen des GSH-Pools. In Pflanzen, die über eine deutliche Phytochelatinsynthese verfügen, kommt es durch die Cd-Induktion zur Abnahme des GSH-Spiegels (Grill und Zenk 1989, Rauser et al. 1991, Tukendorf und Rauser 1990, Meuwly und Rauser 1992, Gupta et al. 1995). In *F. antipyretica* und weiteren untersuchten Moosen (Bruns et al. 1999) jedoch, nimmt der GSH-Pool unter Schwermetallbelastung deutlich zu. Bisher ist diese Beobachtung aus dem Pflanzenreich nicht bekannt. Vermutlich können Thiolpeptide über verschiedene Wege zur Detoxifikation von Schwermetallen beitragen. Nur einzelne Arbeiten an höheren Pflanzen belegen bisher die Zunahme von GSH in Gegenwart von Cd, wobei aber gleichzeitig eine deutliche Phytochelatinsynthese gemessen wurde (Galli et al. 1995, Chen und Goldsbrough 1994, Gupta

und Goldsbrough 1991, Tukendorf und Rauser 1990).
Die bimodalen Schwankungen des GSH-Pools sind möglicherweise Indizien für eine Neuregulation des Thiolstoffwechsels unter Schwermetallstreß.
Deutlich wird die bereits erwähnte Depotfunktion der Zellwand, da nach 3tägiger Cd-Exposition der GSH-Gehalt weiter ansteigt. Vermutlich bewirkt das von der Zellwand ins Zellinnere migrierende Cd die weitere Zunahme des GSH-Spiegels. Die Ursache für die GSH-Zunahme bleibt bisher unklar. Eine verstärkte Bildung von oxidiertem GSH konnte nicht beobachtet werden. Der Gehalt des GSSG nahm nach ersten Untersuchungen unter Cd-Belastung, wenn überhaupt, weniger stark zu als der Gehalt an reduziertem Glutathion. Dieser Befund steht in Übereinstimmung mit Messungen an *Silene cucubalus*, wobei im Vergleich von Cd und Cu lediglich Cu eine Zunahme des intrazellulären GSSG-Gehaltes bewirkt (De Vos et al. 1992).
Es muß daher dem GSH in Moosen eine andere Funktion im Zusammenhang mit der Schwermetallentgiftung zukommen. Möglicherweise komplexiert GSH selbst das aufgenommene Cd und entzieht es somit dem Stoffwechsel. Die Bildung von Cd-GSH-Komplexen wurde für die Hefe *Candida glabrata* beschrieben (Dameron et al. 1989). Auch aus tierischen Zellen und *Saccharomyces cerevisiae* sind Cd-GSH-Komplexe bekannt (Freedmann et al. 1989, Brouwer und Brouwer-Hoexum 1991, Li et al. 1997). Ihnen wird eine Transportfunktion bei der Übertragung von Schwermetallen auf Metallothioneine bzw. in die Vakuole zugeschrieben.
Im Pflanzenreich jedoch wäre die Komplexierung von Cd durch GSH ein neuer Mechanismus der Schwermetallentgiftung. Die Befunde an *F. antipyretica* legen die Hypothese nahe, daß auch bei Pflanzen eine direkte Detoxifikation von Schwermetallen durch die Komplexbildung mit GSH von Bedeutung sein kann. Verschiedene Möglichkeiten für die Detoxifikation von Cd in Mooszellen sind in Abbildung 30-13 zusammengefaßt.
Vielleicht ist die Synthese von GSH-Cd-Komplexen sogar der einzige Weg für Moose, intrazelluläre Schädigungen durch Schwermetalle zu vermeiden.

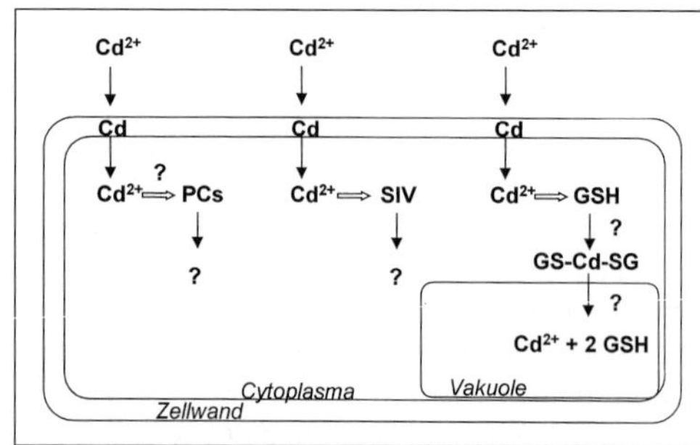

Abb. 30-13: Übersicht über theoretische Detoxifikationsmöglichkeiten für Cd in Mooszellen; SIV = schwermetallinduzierbare Verbindungen

In biologischen Systemen wird von einer Cd-GSH Bindung im Verhältnis 1:2 ausgegangen (Rabenstein 1989). Chemisch ist jedoch auch eine Komplexierung von Cd durch GSH im Verhältnis 1:1 möglich, wobei eine Aminogruppe an der Cd-Koordination beteiligt ist (Diaz-Cruz et al. 1997). Für *F. antipyretica* ergibt sich ein molares Verhältnis von intrazellulärem Cd zu GSH zwischen 1:0,4 und 1:1,6. Dieses Verhältnis läßt auch in vivo die Bildung von Cd-GSH-Komplexen möglich erscheinen.
Auch die GSH-Vorstufen γ-Glutamyl-Cystein und Cystein nehmen unter Cd-Belastung deutlich zu, was auf eine Bereitstellung dieser Verbindungen für die GSH-Synthese hindeutet. Allerdings ist der Gehalt an γ-Glutamyl-Cystein in *F. antipyretica* im Gegensatz zu anderen Pflanzen wie *Petroselinum crispum* und *Zea mays* vergleichsweise gering (Schneider und Bergmann 1995, Meuwly und Rauser 1992). Es wird aber aufgrund des GSH-Anstiegs von einer erhöhten Syntheserate ausgegangen. Ein hoher Turnover von γ-Glutamyl-Cystein während der intensiven GSH-Synthese verhindert vermutlich eine Akkumulation in der Zelle.
Unter Cd-Belastung ist der Gesamtthiolgehalt (als GSH-Äquivalente) nahezu doppelt so hoch wie der GSH-Gehalt. Möglicherweise ist diese Beobachtung auf die Beteiligung von Sulfid an der Komplexbildung von Schwermetallen zurückzuführen. Ein Sulfidanteil in Phytochelatin-Cd-Komplexen ist für einige Pflanzen beschrieben worden (Reese et al. 1992, Kneer und Zenk 1997). Der Nachweis von S^{2-} in Moosen bleibt bisher jedoch offen.

Wie sind die vorliegenden Befunde im Hinblick auf eine Nutzung der Streßantwort als Biomarker für Schwermetallbelastungen aquatischer Systeme zu werten? Bei der Beprobung natürlicher Standorte von *F. antipyretica* wurden besonders deutliche Unterschiede im Gehalt der als Peak 7 eluierenden Substanz sichtbar. Anhand dieses Parameters war eine Abschätzung der Belastungssituation der Probenahmorte möglich. Offensichtlich beeinflussen aber standortspezifische Faktoren und der Entwicklungszustand der Pflanzen die biochemische Reaktion des Mooses.

Nach Exposition von homogenem Pflanzenmaterial in der Elbe dagegen zeigte sich eine positive Korrelation zwischen dem Gehalt der schwermetallinduzierbaren Verbindung (Peak 7) und dem Cd-Gehalt der Pflanzenproben. Zu den Elementen Zn, Pb und Cu war keine Korrelation feststellbar. Dieses steht in Übereinstimmung mit den unter Laborbedingungen ermittelten Ergebnissen, wo auch die Synthese dieser Verbindung nur durch Cd induziert werden konnte. In Gegenwart von Pb, Zn und Cu war eine Zunahme nicht zu beobachten. Vermutlich wird Pb aufgrund seiner höheren Zellwandaffinität (Tyler 1990) zu einem weit größeren Ausmaß an die Oberfläche gebunden als Cd und gelangt daher langsamer ins Zellinnere. Zn als essentielles Element hat möglicherweise in den applizierten Konzentrationen keinen wesentlichen Einfluß auf den Stoffwechsel der Moose. Die Empfindlichkeit der Pflanzen gegenüber Cu könnte auf die Verursachung von oxidativem Streß zurückzuführen sein, wie er auch bei anderen Pflanzen unter Cu-Belastung beschrieben wird (Ernst 1996, De Vos et al. 1991).

Wie bereits erwähnt, ist aufgrund der unterschiedlichen verwendeten Cd-Konzentrationen der Vergleich von Freiland und Laborversuchen problematisch. Dieses läßt sich jedoch nicht umgehen, da im natürlichen aquatischen System die Schwermetallfracht pro Zeiteinheit und nicht dessen Konzentration für die Akkumulation von Bedeutung ist. Die Simulation natürlicher Bedingungen im Labor ist daher äußerst schwierig. Ein Nutzen der noch unbekannten Substanz im Peak 7 als Biomarker kann anhand dieser ersten Befunde nicht eindeutig postuliert werden. Hierzu sind die vollständige Identifizierung sowie weitere umfangreiche Freilanduntersuchungen an unterschiedlich stark belasteten Standorten notwendig. Der GSH-Pool reagierte unter standardisierten Laborbedingungen auf Schwermetalle, insbesondere Cd, mit einem deutlichen Anstieg. Aufgrund seiner vielfältigen Funktionen im pflanzlichen Stoffwechsel unterliegt er jedoch im Freiland großen Schwankungen, die durch nur schwer erfaßbare Parameter, wie organische Schadstoffe, klimatische Streßfaktoren usw. verursacht werden können (Roy et al. 1994, Grill 1992, Noctor et al. 1998). Als Biomarker ist dieses Thiolpeptid sowie seine Präkursoren γ-Glutamyl-Cystein und Cystein in *F. antipyretica* nicht geeignet.

Die Arbeiten zur physiologischen Reaktion von Moosen auf Schwermetalle stehen noch am Anfang. Viele der beteiligten Prozesse wie z.B. Transport und Lokalisation der Schwermetalle, Regulation des Thiolstoffwechsels sind bisher unklar. Die Befunde an *F. antipyretica* eröffnen eine Vielzahl neuer Fragen zur Detoxifikation von Schwermetallen in Moosen. Möglicherweise verfügen Moose über Mechanismen der intrazellulären Schwermetalldetoxifikation, die von denen anderer Pflanzen abweichen.

Danksagung

Die Arbeiten wurden mit finanzieller Unterstützung des GKSS Forschungszentrums Gesthacht, dem UFZ Umweltforschungszentrum Leipzig Halle, sowie dem Ministerium für Wissenschaft und Forschung des Landes Sachsen-Anhalt durchgeführt. Für technische Unterstützung und zahlreiche Anregungen danken wir Prof. B. Markert, Internationales Hochschulinstitut Zittau und Dr. K. Friese, UFZ Umweltforschungszentrum Leipzig Halle, Sektion Gewässerforschung Magdeburg. Frau E. Püschel sind wir für die sehr gute technische Assistenz dankbar.

Literatur

Anderson, M.E. (1985): Determination of glutathione and glutathione disulfide in biological samples. Methods Enzymol. 113: 548-555

Brouwer, M., Brouwer-Hoexum, T. (1991): Interaction of copper-metallothioneine from the american lobster, *Homarus americanus*, with glutathione. Arch. Biochem. Biophys. 290: 207-213

Brown, D.H., Wells, J.M. (1988): Sequential elution technique for determining the cellular location of cations. In: Glime, J.M. (ed.): Methods in bryology. Proc. Bryol. Meth. Workshop, Mainz. Hattori Bot. Lab.. Nichinan. 227-233

Bruns, I. (1997): Induktion thiolhaltiger Peptide im Wassermoos *Fontinalis antipyretica* L. ex Hedw. unter Schwermetalleinfluß und deren Nutzung als Biomarker für Schwermetallbelastungen aquatischer Systeme. Dissertation, Universität Halle-Wittenberg

Bruns, I., Siebert, A., Baumbach, R., Miersch, J., Günther, D., Markert, B., Krauss, G.-J. (1995): Analysis of heavy metals and sulphur-rich compounds in the water moss *Fontinalis antipyretica* L. ex Hedw.. Fresenius J. Anal. Chem. 353: 101-104

Bruns, I., Friese, K., Markert, B., Krauss, G.-J. (1997): The use of *Fontinalis antipyretica* L. ex Hedw. as a bioindicator for heavy metals. 2. Heavy metal accumulation and physiological reaction of *Fontinalis antipyretica* L. ex Hedw. in active biomonitoring in the river Elbe. Sci. Total Environ. 204: 161-176

Bruns, I., Sutter, K., Krauss, G.-J. (1999): Heavy metals induce an increase of the glutathione level in mosses. Plant Biology (eingereicht)

Chen, J., Goldsbrough, P. B. (1994): Increased activity of g-glutamylcysteine synthetase in tomato cells selected for cadmium tolerance. Plant Physiol. 106: 233-239

Chovanec, A., Vogel, W.R., Lorbeer, G., Hanus-Illnar, A., Seif, P. (1994): Chlorinated organic compounds, PAHs, and heavy metals in sediment and aquatic mosses of two upper Austrian rivers. Chemosphere 29: 2117-2133

Dameron, C.T., Smith, B.R., Winge, D.R. (1989): Glutathione-coated cadmium-sulfide crystallites in *Candida glabrata*. J. Biol. Chem. 264: 17355-17360

De Vos, C.H.R., Schat, H., De Waal, M.A.M., Vooijs, R., Ernst, W.H.O. (1991): Increased resistance to copper-induced damage of the root cell plasmalemma in copper tolerant *Silene cucubalus*. Physiol. Plant. 82: 523-528

De Vos, C.H.R., Vonk, M.J., Vooijs, R., Schat, H. (1992): Glutathione depletion due to copper induced phytochelatin synthesis causes oxidative stress in *Silene cucubalus*. Plant Physiol. 98: 853-858

Dhindsa, R.S. (1987): Glutathione status and protein synthesis during drought and subsequent rehydration in *Tortula ruralis*. Plant Physiol. 83: 816-819

Diaz-Cruz, M.S., Mendieta, J., Tauler, R., Esteban, M. (1997): Cadmium-binding properties of glutathione: a chemometrical analysis of voltammetric data. J. Inorg. Biochem. 66: 29-36

Ellman, G.L. (1959): Tissue sulfhydryl groups. Arch. Biochem. Biophys. 82: 70-77

Ernst, W.H.O., Peterson, P.J. (1994): The role of biomarkers in environmental assessment (4). Terrestrial plants. Ecotoxicology 3: 180-192

Ernst, W.H.O. (1996): Schwermetalle. In: Brunold, C., Rüegsegger, A., Brändle, R. (eds.): Stress bei Pflanzen. UTB Verlag, Bern, Stuttgart, Wien. 191-220

Fent, K. (1998): Ökotxikologie. Thieme Verlag, Stuttgart, New York

Freedmann, J.H., Ciriolo, M.R., Peisach, J. (1989): The role of glutathione in copper metabolism and toxicity. J. Biol. Chem. 264: 5598-5605

Galli, U., Schüepp, H., Brunold, C. (1995): Thiols of Cu-treated maize plants inoculated with the arbuscular-mycorrhizal fungus *Glomus intraradices*. Physiol. Plant. 94: 247-253

Gekeler, W., Grill, E., Winnacker, E.L., Zenk, M.H. (1988): Algae sequester heavy metals via synthesis of phytochelatin complexes. Arch. Microbiol. 150: 197-202

Gekeler, W., Grill, E., Winnacker, E.L., Zenk, M.H. (1989): Survey of the plant kingdom for the ability to bind heavy metals through phytochelatins. Z. Naturforsch. 44: 361-369

Landesamt für Umweltschutz Sachsen-Anhalt (1994): Gewässergütebericht Sachsen-Anhalt. Magdeburg

Goncalves, E.P.R., Soares, H.M.V.M., Boaventura, R.A.R., Machado, A.A.S.C., Esteves da Silva, J.C.G. (1994): Seasonal variations of heavy metals in sediment and aquatic mosses from the Cavado river basin (Portugal). Sci. Total Environ. 142: 143-156

Grill, D. (1992): The role of thiols in stress physiology. In: Guttenberger, H. Bermadinger, E., Grill, D. (eds.): Pflanze, Umwelt, Stoffwechsel. Institut für Pflanzenphysiologie. Graz. 73-86

Grill, E.; Loeffler, S.; Winnacker, E.-L.; Zenk, M.H. (1989) Phytochelatins, the heavy-metal-binding peptides of plants, are synthesized from glutathione by a specific γ-glutamylcysteine dipeptidyl transpeptidase (phytochelatin synthase). Proc. Natl. Acad. Sci. USA 86: 6838-6842

Grill, E., Zenk, M.H. (1989): Wie schützen sich Pflanzen vor toxischen Schwermetallen? Chemie in unserer Zeit 6: 193-199

Grill, E., Winnacker, E.-L., Zenk, M.H. (1991): Phytochelatins. Methods Enzymol. 205: 333-341

Gupta, S.C., Goldsbrough, P.B. (1991): Phytochelatin accumulation and cadmium tolerance in selected tomato cell lines. Plant Physiol. 97: 306-312

Gupta, S.C., Rai, U.N., Tripathi, R.D., Chandra, P. (1995): Lead induced changes in glutathione and phytochelatin in *Hydrilla verticillata* (I. f.) Royle. Chemosphere 30: 2011-2020

Herpin, U., Markert, B., Siewers, U., Lieth, H. (1994): Monitoring der Schwermetallbelastung in der Bundesrepublik Deutschland mit Hilfe von Moosanalysen. Forschungsbericht 108 02 087 UBA-FB. Berlin

Herpin, U., Berlekamp, J., Markert, B., Wolterbeek, B., Grodzinska, K., Siewers, U., Lieth, H., Weckert, V. (1996): The distribution of heavy metals in a transect of the three states The Netherlands, Germany and Poland, determined with the aid of moss monitoring. Sci. Total Environ. 187: 185-198

Huber, W., Huber, A. (1995): Schadstoffbelastungen für Wasserpflanzen. In: Hock, B., Elstner, E.F. (eds.): Schadwirkungen auf Pflanzen. Spektrum Akademischer Verlag,Heidelberg, Berlin, Oxford. 141-154

Jackson, P.P., Robinson, N.J., Whitton, B.A. (1991): Low molecular weight metal complexes in the freshwater moss *Rhynchostegium riparioides* exposed to elevated concentrations of Zn, Cu, Cd and Pb in the laboratory and field. Environ. Exp. Bot. 31: 359-366

Jung, M., Zinsmeister, H.D., Geiger, H. (1994): New three- and tetraoxygenated coumarin glycosides from the mosses *Atrichum undulatum* and *Polytrichum formosum*. Z. Naturforsch. 49: 697-702

Kneer, R., Zenk, M.H. (1997): The formation of Cd-phytochelatin complexes in plant cell cultures. Phytochemistry 44: 69-74

Kranner, I., Grill, D. (1996): Significance of thiol-disulfide exchange in resting stages of plant development. Bot. Acta 109: 8-14

Li, Z.-S., Lu, Y.-P., Zhen, R.-G., Szczypka, M., Thiele, D.J., Rea, P.A. (1997): A new pathway for vacuolar cadmium sequestration in *Saccharomyces cerevisiae*: YCF1-catalyzed transport of bis(glutathione):cadmium. Proc. Natl. Acad. Sci USA 94: 42-47

Lopez, J.; Vazquez, D.M.; Carballeira, A. (1994): Stress responses and metal exchange kinetics following transplant of the aquatic moss *Fontinalis antipyretica*. Freshwater Biol. 32: 185-198

Markert, B., Weckert, V. (1993): Time- and site integrated long-term biomonitoring of chemicals by means of mosses. Toxicol. Environ. Chem. 40: 43-56

Markert, B., Herpin, U., Siewers, U., Berlekamp, J., Lieth, H. (1996): The German heavy metal survey by means of mosses. Sci. Total Environ. 182: 159-168

Meuwly, P., Rauser, W.E. (1992): Alteration of thiol pools in roots and shoots of maize seedlings exposed to cadmium. Plant Physiol. 99: 8-15

Mouvet, C. (1984): Accumulation of chromium and copper by the aquatic moss *Fontinalis antipyretica* L. ex Hedw. transplanted in a metal contaminated river. Environ. Technol. Lett. 5: 541-548

Noctor, G., Arisi, A.C.M., Jouanin, L., Kunert, K.J., Rennenberg, H., Foyer, H. (1998): Glutathione: Biosynthesis, metabolism and relationship to stress tolerance explored in transformed plants. J. Exp. Bot. 49: 623-647

Peakall, D.B. (1994): The role of biomarkers in environmental assessment (1). Introduction. Ecotoxicology 3: 157-160

Rabenstein, D.L. (1989): Metal complexes of glutathione and their biological significance. In: Dolphin, D., Poutson, R., Avramovic, O. (eds.): Glutathione. Part A. Wiley, New York. 147-186

Rauser, W.E. (1993): Metal-binding peptides in plants. In: De Kok, L.J., Stulen, I., Rennenberg, H., Brunold, C., Rauser, W.E. (eds.): Sulfur nutrition and assimilation in higher plants. SPB Academic Publishing, Den Haag. 239-251

Rauser, W.E. (1995): Phytochelatins and related peptides. Plant Physiol. 109: 1141-1149

Rauser, W.E., Schupp, R., Rennenberg, H. (1991): Cysteine, γ-glutamylcysteine, and glutathione levels in maize seedlings. Plant Physiol. 97: 128-138

Reese, R.N., White, C.A., Winge, D.R. (1992): Cadmium-sulfide crystallites in Cd-$(gEC)_n$-G peptide complexes from tomato. Plant Physiol. 98: 225-229

Roy, S., Pellinen, J., Sen, C.K., Hänninen, O. (1994): Benzo(a)anthracene and benzo(a)pyrene exposure in the aquatic plant *Fontinalis antipyretica*: Uptake, elimination and the responses of biotransformation and antioxidant enzymes. Chemosphere 29: 1301-1311

Say, P.J.; Whitton, B.A. (1983) Accumulation of heavy metals by aquatic mosses. 1: *Fontinalis antipyretica* Hedw.. Hydrobiologia 100: 245-260

Say, P.J., Harding, J.P.C., Whitton, B.A. (1981): Aquatic mosses as monitors of the heavy metal contamination of the River Etherow, Great Britain. Environ. Pollut. 2: 295-307

Schneider, S., Bergmann, L. (1995): Regulation of glutathione synthesis in suspension Cultures of Parsley and Tobacco. Bot. Acta 108: 34-40

Siebert, A., Bruns, I., Krauss, G.-J., Miersch, J., Markert, B. (1996): The use of *Fontinalis antipyretica* L. ex Hedw. as a bioindicator for heavy metals. 1. Fundamental investigations into heavy metal accumulation in *Fontinalis antipyretica* L. ex Hedw.. Sci. Total Environ. 177: 137-144

Skelton A.P.F., Robinson, N.J., Goldsbrough, P.B. (1998): Metallothioneine-like genes and phytochelatins in higher plants. In: Silver, S., Walden, W. (eds.): Metal ions in gene regulation. Chapmann & Hall, New York. 398 -430

Sommer, C.; Winkler, S. (1982): Reaktionen im Gaswechsel von *Fontinalis antipyretica* Hedw. nach experimentellen Belastungen mit Schwermetallverbindungen. Arch. Hydrobiol. 93: 503-524

Strohm, M.; Jouanin, L.; Kunert, K.J.; Pruvost, C.; Polle, A.; Foyer, C.H.; Rennenberg, H. (1995): Regulation of glutathione synthesis in leaves of transgenic poplar (*Populus tremula* x *P. alba*) overexpressing glutathione synthetase. Plant J. 7: 141-145

Tukendorf, A., Rauser, W. (1990): Changes in glutathione and phytochelatins in roots of maize seedlings exposed to cadmium. Plant Science 70: 155-166

Tyler, G. (1990): Bryophytes and heavy metals: A literature review. Bot. J. Linn. Soc. 104: 231-253

Van Gestel, C.A.M., van Brummelen, T.C. (1996): Incorporation of the biomarker concept in ecotoxicology calls for a redifinition of terms. Ecotoxicology 5: 217-225

Wehr, J.D.; Whitton, B.A. (1983): Accumulation of heavy metals by aquatic mosses. 2: *Rhynchostegium riparioides*. Hydrobiologia 100: 261-284

Wells, J.M., Brown, D.H. (1987): Factors affecting the kinetic of intra- and extracellular cadmium uptake by the moss *Rhytidiadelphus squarrosus*. New Phytol. 105: 123-137

Wells, J.M., Brown, D.H. (1990): Ionic control of intracellular and extracellular Cd uptake by the moss *Rhytidiadelphus squarrosus* (Hedw.) Warnst.. New Phytol. 116: 541-553

Zenk, M.H. (1996): Heavy metal detoxification in higher plants – a review. Gene 179: 21-30

Zinsmister, H.D., Becker, H., Eicher, T., Mues, R. (1994): Das Sekundärstoffpotential von Moosen. Naturwissenschaftl. Rundschau 47: 131-136

31 Bioteste mit höheren Pflanzen zur Untersuchung physiologischer und genotoxischer Wirkungen am Beispiel saurer Tagebaurestseen

C. Pickl, H. Moser und A. Fomin

Abstract

Lusatia, a district in the east of Germany has been formed by the industrial opencast browncoal mining. To recultivate the region residual lakes were constructed. These artifical lakes are acidic (often below pH 3.0) because of the local geological conditions and human intervention. In addition to their acidity some lakes are polluted with byproducts of the coal upgrading and with industrial waste. In this project the physiological and genotoxic effects of these mining lakes were investigated. Biological testing of samples with such extreme character, like low pH values, colouring or cloudiness, requires test organisms with special qualities. Bioassays with higher plants were found to be suitable to investigate these special water samples. The initial results show that it is possible to divide the lakes in three groups. Water samples from the first group of lakes showed no effects; samples from the second group caused some physiological reactions and samples from the third group of lakes had effects in the physiological and genotoxic testing.

Zusammenfassung

Zur Ermittlung des ökotoxikologischen Potentials saurer Tagebaurestseen in der Niederlausitz wurden mit Hilfe von biologischen Testverfahren Untersuchungen auf physiologische und genotoxische Wirkungen durchgeführt. Der an die spezifische Fragestellung angepaßte Biotestfächer besteht überwiegend aus Testverfahren mit höheren Pflanzen. Diese konnten aufgrund ihrer Toleranz gegenüber niedrigen pH-Werten, der Färbung oder der Trübungen der Proben erfolgreich eingesetzt werden. Es war möglich, eine für andere Biotestverfahren vorgeschriebene Probenmodifikation weitgehend zu vermeiden und die Testbedingungen den Anforderungen der Proben anzupassen, ohne die Aussagekraft der Testverfahren dabei einschränken zu müssen. Ergänzt durch gezielte chemische Analytik ermöglichte dieser Biotestfächer den Nachweis verschiedener Wirkungen, die sich nach Art und Zustand des untersuchten Tagebaurestsees unterschieden. Die Differenzierung reicht von ökotoxikologisch unbedenklichen Seen über Gewässer mit überwiegend physiologischen, aber ohne erkennbare genotoxische Wirkungen, bis hin zu Seen mit eindeutig nachweisbaren, sowohl physiologischen als auch genotoxischen Belastungen.

31.1 Einleitung

Der Einsatz bioindikativer Verfahren in der Ökotoxikologie ermöglicht die Erfassung, Bewertung und Abschätzung von Schadstoffwirkungen auf Organismen und Organismengemeinschaften. Hierbei nutzt man die Eigenschaft bestimmter Organismen, auf Belastungen mit spezifisch auswertbaren Veränderungen zu reagieren. Allgemein unterscheidet man Testverfahren, mit denen einerseits Primärwirkungen, die an zellulären Strukturen oder Enzymsystemen ansetzen, andererseits Sekundärwirkungen, die den Gesamtorganismus betreffen, erfaßt werden können. Ein dritter Bereich umfaßt die Abschätzung von Folgewirkungen auf überorganismischer oder biozönotischer Ebene (Nusch 1991). In Abhängigkeit vom Untersuchungsziel stehen die unterschiedlichsten Biotestverfahren zur Verfügung. Sie werden in der Stoffprüfung und -bewertung, der Immissionsüberwachung und der Untersuchung von Sedimenten und Böden eingesetzt. Darüber hinaus sind sie ein wichtiges Instrument für die Gewässerüberwachung und den Nachweis von Schadstoffwirkungen im aquatischen Bereich (Steinhäuser und Hansen 1992).

Um für die einzelne Untersuchung eine geeignete Auswahl aus den zur Verfügung stehenden Testverfahren treffen zu können, müssen verschiedene Kriterien berücksichtigt werden. Neben der Beschaffenheit der zu untersuchenden Probe stellen vor allem die Testorganismen spezifische Anforderungen an die Testdurchführung. So ermöglichen viele etablierte Bioteste eine hoch standardisierte und damit reproduzierbare Testdurchführung bei zumeist hoher Empfindlichkeit und Schnelligkeit, sie lassen aber nur selten Rückschlüsse auf Vorgänge wie zum Beispiel Stoffaufnahme und -translokation oder mögliche Metabolisierungen zu. Eine Ausweitung der Testergebnisse auf mögliche Schädigungen des Ökosystems erfordert den Einsatz von höher integrierten Testsystemen bzw. von Testorganismen mit einer ökologischen Relevanz für den zu untersuchenden Ökosystemausschnitt. Der Einsatz von Biotesten mit höheren Pflanzen gewinnt zunehmend an Bedeutung, da sie die Möglichkeit bieten, einerseits Anforderungen an standardisierte Bioteste und andererseits Fragestellungen unter ökosystemaren Aspekten zu integrieren bzw. die Diskrepanz dieser Bereiche zu überwinden. Die Eigenschaften von Biotesten mit höheren Pflanzen werden im folgenden aufgezeigt, dabei wird im besonderen ihre Eignung für Untersuchungen von Proben mit extremen Eigenschaften dargelegt.

31.2 Bioteste mit höheren Pflanzen

Der Einsatz von Biotesten mit höheren Pflanzen spielt in den meisten ökotoxikologischen Untersuchungen im aquatischen Bereich bisher nur eine untergeordnete Rolle. Höhere Pflanzen stellen wertvolle Biotestorganismen dar, nicht zuletzt aufgrund einiger besonderer Eigenschaften. Als Primärproduzenten spielen sie eine bedeutende Rolle im Ökosystem und sind ein wichtiges Glied in der Nahrungskette. Als Eukaryonten mit hoher Komplexität und der Fähigkeit zur Photosynthese bieten sie die Möglichkeit, in speziellen Testverfahren verschiedene Wirkungsmechanismen und Wirkorte zu untersuchen. Durch die Untersuchung schädigender Einflüsse auf Schlüsselreaktionen in Energiestoffwechsel und Biomasseproduktion werden Rückschlüsse auf Veränderungen im Ökosystem möglich.

Diese Eigenschaften höherer Pflanzen als Testorganismen erlauben eine an verschiedenste Fragestellungen angepaßte Testdurchführung. Sie ermöglichen aufgrund ihrer Anpassungsfähigkeit oftmals eine Untersuchung weitestgehend unmodifizierter Proben. Dies ist besonders dann wichtig, wenn der pH-Wert der Proben nicht im neutralen Bereich liegt bzw. gefärbte oder getrübte Proben untersucht werden sollen. Neben der Erfassung von kurz- und mittelfristigen Wirkungen können höhere Pflanzen in Langzeitversuchen auch chronische Belastungen dokumentieren. Durch den Einsatz von Testorganismen verschiedener Entwicklungs- und Altersstufen sowie der Auswertung verschiedener Wirkungskriterien beim gleichen Testorganismus kann eine hohe Aussagekraft erzielt werden. Neben der einfachen Handhabbarkeit der Testorganismen ist vor allem der geringe methodische Aufwand der Testdurchführung als ein weiterer Vorteil der Testverfahren mit höheren Pflanzen zu nennen. Zusätzlich umfassen ihre weiten Anwendungsbereiche auch einen parallelen Einsatz unter Labor- wie auch Freilandbedingungen (Fomin et al. 1997). In Tabelle 31-1 sind einige Merkmale zur Eignung höherer Pflanzen als Biotestorganismen und der Möglichkeiten der Testdurchführung zusammenfassend aufgeführt.

Die besondere Eignung höherer Pflanzen als Biotestorganismen ist vor allem dann von Bedeutung, wenn Wirkungsweise und Wirkort eines Stoffes nicht bekannt sind. Hierbei ist der Einsatz höher integrierter Testsysteme empfeh-

Tab. 31-1: Merkmale von Biotesten mit höheren Pflanzen

I. Bezogen auf die Eigenschaften höherer Pflanzen als Testorganismen
• Eukaryonten
• Primärproduzenten
• Hohe Komplexität
• Häufig vegetative Vermehrung (genetisch einheitliche Organismen)
• Ökologische Relevanz
• Einfache Handhabbarkeit
• Häufig mehrere Wirkungskriterien bei einem Organismus
• Verschiedene Empfindlichkeitsstufen, auch innerhalb einer Organismengattung
II. Bezogen auf die Testdurchführung mit höheren Pflanzen
• Anpassung der Versuchsbedingungen an Fragestellung (z.B. Expositionsdauer)
• Untersuchung weitestgehend unmodifizierter Proben (z.B. bezüglich pH-Wert, Färbung und Trübung)
• Nachweis akuter und chronischer Belastungen
• Verwendung von Organismen verschiedener Entwicklungs- und Altersstufen
• Hohe Aussagekraft aufgrund gleichzeitiger Erfassung verschiedener Wirkungskriterien
• Einsatz unter Labor- und Freilandbedingungen
• Geringer methodischer Aufwand

lenswert, auch wenn sie unter Umständen weniger empfindlich und weniger gut reproduzierbar sein sollten (Nusch 1991). Dies gilt im gleichen Maße für die Untersuchung von Umwelt- oder Mischproben unbekannter Zusammensetzung und Wirkung, die möglichst unmodifiziert im Test überprüft werden sollen. Besonders Umweltproben mit extremen Eigenschaften stellen an die Auswahl geeigneter Bioteste besondere Anforderungen (Sallenave und Fomin 1997). Die Aussagekraft und Effektivität von Biotesten mit höheren Pflanzen wird im folgenden am Beispiel von Untersuchungen physiologischer und genotoxischer Wirkungen saurer Tagebaurestseen in der Niederlausitz dargelegt.

31.3 Saure Tagebaurestseen

Die Förderung der Braunkohle in der Niederlausitz nahm ab Mitte des letzten Jahrhunderts industrielle Formen an, vor allem mit dem Ziel, den Bedarf der Glashütten zu decken. Mit der weiteren Intensivierung des Braunkohleabbaus steigerten sich die Fördermengen von ca. 400.000 t im Jahr 1870 auf bis zu 183 Mio. t im Jahr 1989 (Umweltbundesamt 1991). Die aus dem Braunkohletagebau in der Niederlausitz entstandenen und noch entstehenden, aus Grundwasser gebildeten Restseen weisen charakteristische Eigenschaften auf, die auf die geologischen Besonderheiten der Abbaugebiete zurückzuführen sind. Sie sind vor allem gekennzeichnet durch niedrige pH-Werte, die meist unter 3,0 liegen, sowie durch hohe Sulfat- und Eisengehalte (LMBV und BTUC 1996). Die Ursache liegt in der Verwitterung von Kohlebegleitschichten, die in der Niederlausitz vorwiegend aus den Eisensulfid-Mineralen Pyrit und Markasit bestehen. Während des Braunkohleabbaus wird das Grundwasser abgesenkt, Pyrit und Markasit kommen mit Luftsauerstoff in Kontakt und oxidieren zu freien Mineralsäuren und freien Eisenverbindungen. Nach Beendigung des Tagebaus gehen diese Oxidationsprodukte mit dem wiederansteigenden Grundwasser in Lösung (Pietsch 1979). Die auf diese Weise durch Grundwasser entstehenden Restseen erhalten ihren typischen stark sauren Charakter und ihre durch Eisen hervorgerufene rotbraune Färbung.

Tab. 31-2: Gewässerdaten zum Restsee 107 in Plessa

pH-Wert	2,3
Leitfähigkeit	5300 µS/cm
Eisen-Gehalt	500 mg/l
Sulfat-Gehalt	1,8 – 3,7 g/l
Gesamt N	4,6 mg/l
Gesamt P	< 5 µg/l
Sichttiefe	1,4 – 2,8 m

In Tabelle 31-2 sind einige typische Merkmale solcher Tagebaurestseen am Beispiel des Restsees 107 in Plessa (Landkreis Elbe-Elster, Brandenburg) dargestellt.
Mit der Fördermaßnahme zur „Sanierung und ökologischen Gestaltung der Landschaften des Braunkohlebergbaus in den neuen Bundesländern" greift das Bundesministerium für Bildung, Wissenschaft, Forschung und Technologie (BMBF) die Problematik der Braunkohlebergbau-Folgelandschaften auf. Im Rahmen eines Teilprojektes dieser Fördermaßnahme werden das ökotoxikologische Potential einiger Tagebaurestseen in der Niederlausitz erfaßt sowie mögliche Auswirkungen von Sanierungsmaßnahmen dokumentiert. Bei der Auswahl der Untersuchungsseen wurden Gewässer berücksichtigt, die sich in Alter und Größe unterscheiden, die zum Teil einer natürlichen Sukzession unterliegen, sich zum Teil aber auch in aktuellen Sanierungsvorhaben befinden. Einige dieser Seen sind aufgrund ihrer Hydrochemie charakteristisch für die Entstehung und die Eigenschaften von Restseen im Lausitzer Braunkohlerevier, andere sind durch anthropogenen Einfluß zusätzlich mit Schadstoffen belastet. Zu den Untersuchungsseen gehören der Senftenberger See (Nord- und Südteil), die Restseen 107, 111 und 117 im Gebiet Koyne-Plessa und die Restseen F und B im Schlabendorfer Feld.

31.4 Bioteste zur Untersuchung saurer Tagebaurestseen

Zur Erfassung des ökotoxikologischen Potentials der Tagebaurestseen wurde ein breites Spektrum verschiedener physiologischer und genotoxischer Biotestverfahren ausgewählt, um mögliche Wirkungen dieser Gewässerproben sowohl auf das Erbgut als auch auf den Stoffwechsel der Testorganismen nachzuweisen. Diese Testverfahren mit den jeweiligen Testorganismen und Wirkungskriterien sind in Tabelle 31-3 und 31-4 zusammengefaßt. Im Vordergrund der Auswahl geeigneter Biotestverfahren stand die Anforderung, den extremen Charakter der Proben weitestgehend zu erhalten und nicht durch eine Anpassung an die Bedingungen der Testorganismen oder der Testdurchführung zu verändern und somit zu verfälschen. Darüber hinaus umfaßt der Biotestfächer Testorganismen verschiedener Organisationsstufen, die gerade im Hinblick auf ökosystemare Aspekte verbesserte Aussagen ermöglichen.

Die richtlinienartige Beschreibung der meisten Testverfahren sieht eine Anwendung bei Proben-pH-Werten im neutralen Bereich vor. Um einen sinnvollen Einsatz der oben beschriebenen Bioteste für saure Tagebaurestseen zu gewährleisten, mußte die Eignung der Testorganismen und der Testmethoden für Proben mit niedrigen pH-Werten überprüft werden.

Dabei wurde die pH-Toleranz der Testorganismen untersucht und für jedes Testverfahren der niedrigste pH-Wert ermittelt, der weiterhin einen Einsatz der Testorganismen erlaubt, ohne die Gültigkeit und Aussagekraft der Testverfahren zu vermindern. Somit konnte sichergestellt werden, daß die durch Proben hervorgerufenen Schadeffekte nicht durch den sauren pH-Wert der Testdurchführung verursacht wurden.

Für die meisten Testorganismen bleibt eine pH-Anhebung der Proben unumgänglich, soweit deren pH-Wert unter 3,0 liegt. Aus diesem Grund wurde parallel zu den Biotesten eine pH-gestaffelte Analytik durchgeführt, die eine mögliche Veränderung der Probenzusammensetzung dokumentieren sollte.

Tab. 31-3: Bioteste zum Nachweis physiologischer Wirkungen

LEMNACEEN-TEST	
Testorganismus	*Lemna minor, Spirodela polyrhiza*
Testprinzip	Mit Hilfe verschiedener Wachstumsparameter der Wasserlinsen, wie zum Beispiel **Frondzahl** oder **Frondfläche**, können physiologische und biochemische Veränderungen unter Schadstoffeinfluß erfaßt werden. Die Veränderung des **Blattpigmentgehaltes** und die Bildung von Überdauerungsorganen stehen als weitere bioindikative Kriterien zur Verfügung.
Literatur	Augsten et al. (1988)
KRESSE-TEST	
Testorganismus	*Lepidium sativum*
Testprinzip	Eine mögliche Belastung wird im Kresse-Test durch den Einfluß auf die **Keimungsrate** und die **Wurzellänge** bzw. **-breite** erfaßt.
Literatur	Lüssem und Rahman (1980)
EUGLENA-TEST	
Testorganismus	*Euglena gracilis*
Testprinzip	Schadstoffeinflüsse auf *Euglena gracilis* führen zu einer Veränderung der **Beweglichkeit**, der **Bewegungsgeschwindigkeit** und zu **Formveränderungen,** die mit Hilfe einer PC-gestützten Auswertung dokumentiert werden können.
Literatur	Elsner und Dworak (1997)
LEUCHTBAKTERIEN-TEST	
Testorganismus	*Vibrio fischeri*
Testprinzip	Eine Veränderung der **Biolumineszenz** der Bakterien läßt einen Rückschluß auf mögliche Schadstoffwirkungen zu.
Literatur	DIN 38412 L34 (1991)

Tab. 31-4: Bioteste zum Nachweis genotoxischer Wirkungen

TRADESCANTIA-MIKRONUCLEUS-TEST (MCN-TEST)	
Testorganismus	*Tradescantia* sp. Klon 4430
Testprinzip	Der MCN-Test beruht auf einer Keimzellenmutation innerhalb der Pollenmutterzellenentwicklung. Durch Mutagene hervorgerufene Chromosomenbrüche während der frühen Prophase 1 können im Tetradenstadium als **Kleinkerne** erfaßt werden.
Literatur	Ma et al. (1994a)
TRADESCANTIA-STAUBHAAR-TEST (SHM-TEST)	
Testorganismus	*Tradescantia* sp. Klon 4430
Testprinzip	Durch Punktmutation während der Entwicklung der **Staubhaare** wird anstelle des dominanten Allels für die Farbe Blau das rezessive Allel exprimiert. Die Staubhaare erhalten eine Pinkfärbung.
Literatur	Ma et al. (1994b)
ARABIDOPSIS-TEST	
Testorganismus	*Arabidopsis thaliana*
Testprinzip	Auftretende Mutationen äußern sich in einer Veränderung der **Kotyledonenfarbe** in der Samenentwicklung
Literatur	Gichner et al. (1994)
UMU-TEST	
Testorganismus	*Salmonella typhimurium* TA 1535/pSK1002
Testprinzip	Eine durch genotoxische Substanzen ausgelöste Induktion eines Genabschnittes eines *Salmonella*-Bakteriums bewirkt die Bildung von **ß-Galaktosidase**. Deren Aktivität wird mit Hilfe einer Enzymreaktion photometrisch bestimmt.
Literatur	DIN 38415-3 (1995)

31.5 Ausgewählte Ergebnisse

31.5.1 Chemische Analytik

Parallel zu den wirkungsbezogenen Untersuchungen wurden einzelne Gewässerproben einer chemischen Analytik unterzogen. Dies diente einerseits der Bestimmung von Schadstoffkonzentrationen der Proben, andererseits der Überprüfung möglicher Konzentrationsänderungen in Abhängigkeit des Proben-pH-Wertes. Bereits eine geringe Anhebung des pH-Wertes mit Kaliumhydroxid, die für die Durchführung einiger biologischer Testverfahren unumgänglich ist, führt in geringem Umfang zur Bildung eines rotbraunen Niederschlages, der vor allem aus Eisenhydroxiden und Sulfaten besteht. Am Beispiel des Restsees 107 konnte gezeigt werden, daß es bei ansteigendem pH-Wert zu einer verstärkten Bildung des Niederschlags kommt, wobei eine zunehmende Festlegung von Schwermetallen und organischen Schadstoffen eintritt (Tab. 31-5). Eine Anhebung in den neutralen Bereich hat schließlich eine Verfälschung der Probe zu Folge, die zu einer ökotoxikologischen Falschbewertung der Gewässerprobe führen kann.

Für einige Testverfahren, vor allem für Bakterienteste wie zum Beispiel den umu-Test, ist eine Anhebung des pH-Wertes in den neutralen Bereich unumgänglich. Um diese Bioteste dennoch vergleichend zu den übrigen Testverfahren einsetzen zu können, war es notwendig, die Niederschlagsbildung und somit die Festlegung von Schadstoffen zu verhindern. Mit der Zugabe von Zitronensäure in einer Konzentration von 1 g/l kann eine Niederschlagsbildung umgangen werden. Die so modifizierten Proben waren gefärbt, wiesen aber keinerlei Trübung auf. Die analytische Untersuchung ergab, daß mit einer Anhebung des pH-Wertes auf 7,0 nach Zugabe von Zitronensäure deutlich höhere Aluminium-

Tab. 31-5: Analysenergebnisse des Restsees 107 in Plessa

pH-Wert	Eisen [mg/l]	Aluminium [mg/l]	Blei [µg/l]	Cadmium [µg/l]	Zink [mg/l]
2,5 (Original)	552,6	53	3,90	1,61	2,66
Gehalte im Überstand nach pH-Anhebung					
3,0	77,4	50	2,54	0,45	2,43
4,0	1,0	33	0,69	0,44	2,42
7,0	0,1	1,8	< 0,5	< 0,3	0,06

Tab. 31-6: Analysenergebnisse des Restsees 107 in Plessa bei Zugabe von Zitronensäure

pH-Wert	Eisen [mg/l]	Aluminium [mg/l]	Blei [µg/l]	Cadmium [µg/l]	Zink [mg/l]
2,5 (Original)	475,2	49	1,51	0,38	2,52
Gehalte nach Zugabe von 1 g/l Zitronensäure					
3,0	507,0	44	1,92	0.43	2,49
4,0	508,4	45	1,47	0,40	2,45
7,0	476,4	44	1,51	0,41	2,41

und Schwermetallkonzentrationen nachweisbar waren als bei einer pH-Anhebung ohne Zugabe von Zitronensäure (Tab. 31-6 im Vergleich zu Tab. 31-5).
Neben einigen Schwermetallen konnten in den ökotoxikologisch auffälligen Untersuchungsgewässern zusätzlich einzelne Polyzyklische Aromatische Kohlenwasserstoffe (PAK) nachgewiesen werden, wie z.B. Phenanthren, Fluoranthen und Chrysen. Ergebnisse einer Untersuchung zum Einfluß der Zitronensäure auf organischer Schadstoffe liegen noch nicht vor.

31.5.2 Biologische Testverfahren

Zur Bestimmung des ökotoxikologischen Potentials der Untersuchungsseen konnte ein Biotestfächer, bestehend aus Biotesten zum Nachweis physiologischer und genotoxischer Wirkungen, erfolgreich eingesetzt werden. Die ausgewählten Testverfahren mit höheren Pflanzen erlauben eine ökotoxikologische Untersuchung von Proben im sauren Bereich, überwiegend bei einem pH-Wert zwischen 3,0 und 4,0. Die Färbung der Proben oder eventuell auftretende Trübungen beeinträchtigten die Versuchsdurchführung bzw. -auswertung und somit die Aussagekraft der Bioteste nicht.
Anhand bisheriger Ergebnisse lassen sich die ausgewählten Untersuchungsseen unterschiedlich klassifizieren. Die Differenzierung reicht von ökotoxikologisch unbedenklichen Seen über Gewässer mit überwiegend physiologischen, aber ohne erkennbare genotoxische Wirkungen, bis hin zu Seen mit eindeutig nachweisbaren, sowohl physiologischen als auch genotoxischen Belastungen. Zur Verdeutlichung dieser Klassifizierung sind in den Abbildungen 31-1 bis 31-3 ausgewählte Ergebnisse der Bioteste mit höheren Pflanzen am Beispiel des Restsees 107 in Plessa dargestellt. Dieser Restsee gehört zu der Gruppe von Untersuchungsgewässern, die aus ökotoxikologischer Sicht ein erhöhtes Gefährdungspotential aufweisen.
Die Ergebnisse der physiologischen Biotestverfahren wie zum Beispiel des Lemnaceen- und Kresse-Testes zeigen, daß bereits eine Probenverdünnung von 1:100 zu einem deutlichen Rückgang der Wachstumsparameter führt. Diese Effekte zeigen sich bereits in Kurzzeitversuchen, verstärken sich jedoch bei längerer Versuchsdauer, wie vor allem der Lemnaceen-Test verdeutlicht. Eine mögliche Schädigung aufgrund des niedrigen Proben-pH-Wertes kann ausgeschlossen werden, da alle Versuchsansätze einschließlich der Kontrolle bei gleichem pH-Wert durchgeführt wurden. Bei Untersuchungen des Restsees 107 auf genotoxische Wirkungen zeigte der Tradescantia-MCN-Test eine erhöhte Anzahl von Kleinkernen, die Rückschlüsse auf ein

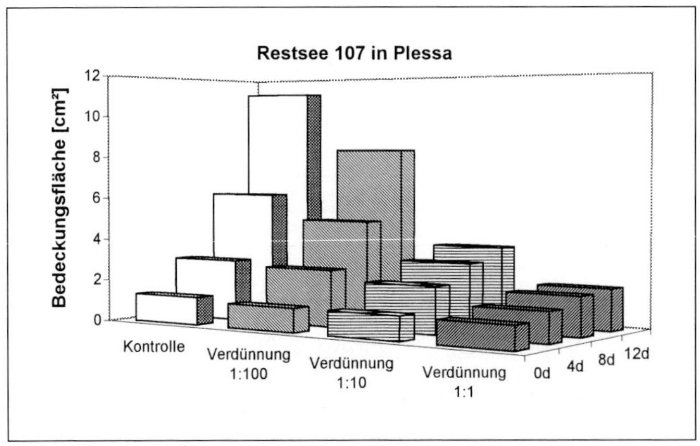

Abb. 31-1: Lemnaceen-Test (*Lemna minor*), Expositionsdauer 12 d

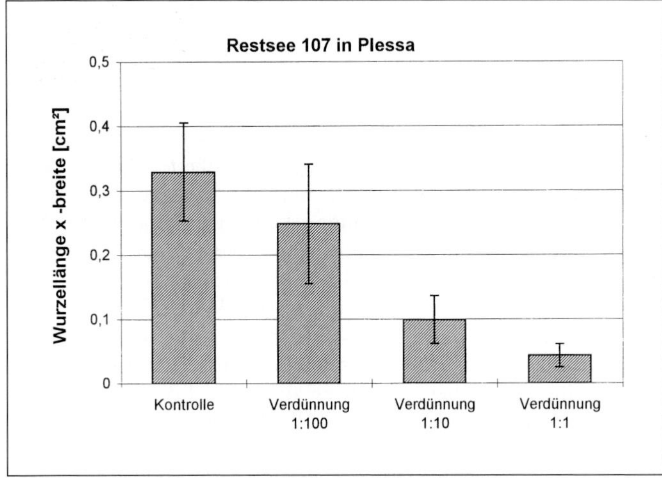

Abb. 31-2: Kresse-Test (*Lepidium sativum*), Expositionsdauer 4 d

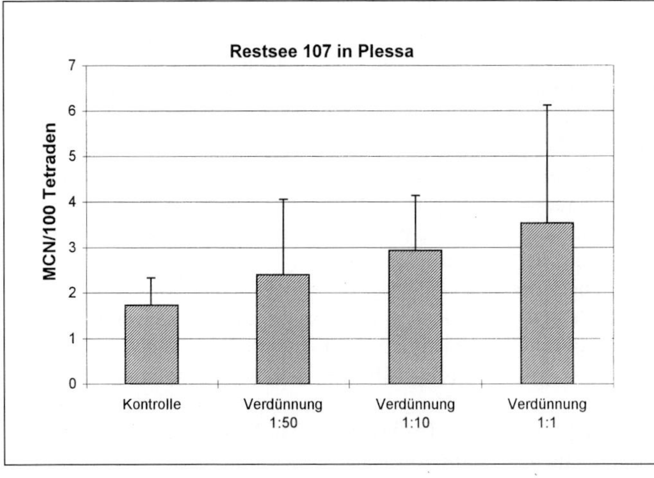

Abb. 31-3: Tradescantia-MCN-Test, Expositionsdauer 6 h

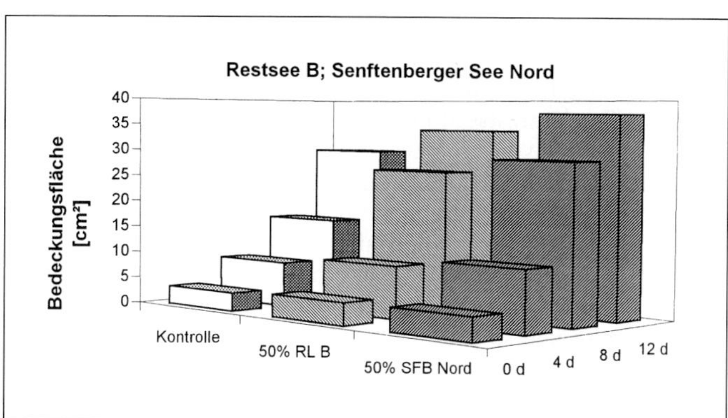

Abb. 31-4: Lemnaceen-Test (*Spirodela polyrhiza*), Expositionsdauer 12 d

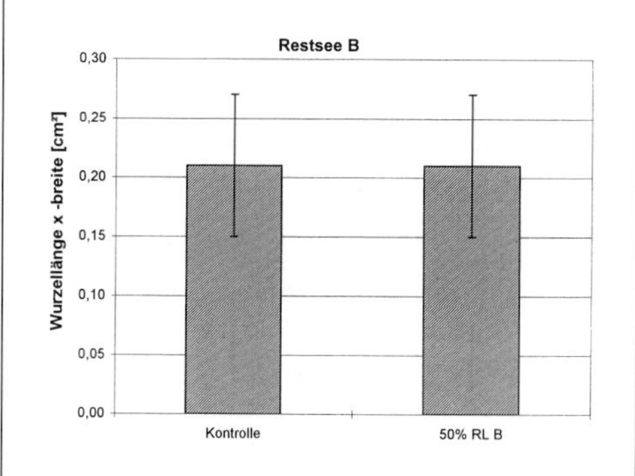

Abb. 31-5: Kresse-Test (*Lepidium sativum*), Expositionsdauer 4 d

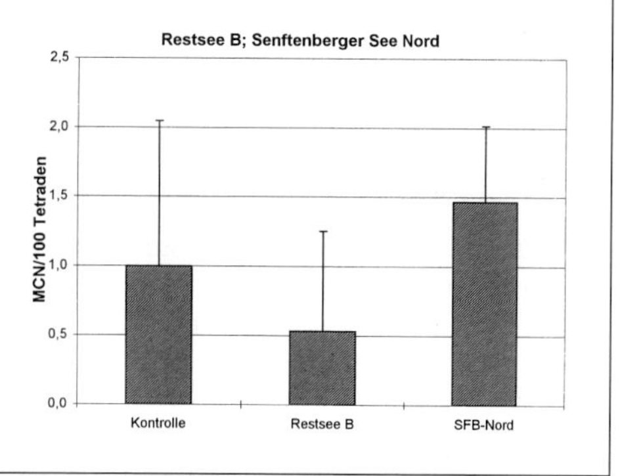

Abb. 31-6: Tradescantia-MCN-Test, Expositionsdauer 6 h

genotoxisches Potential dieses Gewässers hinweisen.

Im Gegensatz zu Restsee 107 in Plessa lieferten die Untersuchungen des Restsees B (Schlabendorfer Feld) und des Senftenberger Sees Ergebnisse, die in den hydrochemischen Eigenschaften der Seen begründet sind (Abb. 31-4 bis 31-6).

Der Restsee B, wie auch der Nordteil des Senftenberger Sees, gehören zu den wenigen Seen, deren pH-Werte im Bereich neutral bis schwach sauer liegen. Im Restsee B wurde im Rahmen einer zurückliegenden Sanierungsmaßnahme der Wiederanstieg des sauren Grundwassers verhindert, der Nordteil des zuvor sauren bis sehr sauren Senftenberger Sees wird durch eine Umleitung der Schwarzen Elster durch den See neutralisiert. Diese Seen zeigten im Biotest weder eine physiologische Beeinträchtigung der Biotestorganismen noch konnte eine genotoxische Wirkung festgestellt werden. Dieser Effekt ist nicht unmittelbar auf den höheren pH-Wert zurückzuführen; es kann vielmehr davon ausgegangen werden, daß durch den anthropogenen Eingriff, d.h. durch die Neutralisierung mit Oberflächenwasser, eine allgemeine Verbesserung der Wasserqualität erreicht wurde. Darüber hinaus weisen die untersuchten Seen im Vergleich zu sauren Restseen neben höheren pH-Werten vor allem höhere Nährstoffgehalte auf. Das wird im Lemnaceen-Test deutlich, der mit einer Versuchsdauer von 12 Tagen die längste Beobachtungszeit bietet. Die Zufuhr von Nährstoffen durch das Probenwasser zusätzlich zu den für Kontroll- und Probenansätzen gleichen Grundnährstoffgehalten führt zu einer höheren Wachstumsrate und einer Ausdehnung der exponentiellen Wachstumsphase der Lemnaceen im Vergleich zur Kontrolle.

31.6 Diskussion

Zur Ermittlung des ökotoxikologischen Potentials saurer Tagebaurestseen in der Niederlausitz wurden mit Hilfe von biologischen Testverfahren Untersuchungen auf physiologische und genotoxische Wirkungen durchgeführt. Der an die spezifische Fragestellung angepaßte Biotestfächer besteht überwiegend aus Testverfahren mit höheren Pflanzen. Bioteste mit höheren Pflanzen als Testorganismen sind bei der bioindikativen Untersuchung von Umweltproben und Proben mit Extremcharakter besonders geeignet.
Bei der Untersuchung saurer Tagebaurestseen des Lausitzer Braunkohlereviers lassen sie sich aufgrund ihrer großen Toleranz gegenüber pH-Werten, Färbung oder Trübungen der Proben besonders erfolgreich einsetzen. Pflanzliche Biotestorganismen erlauben eine Versuchsdurchführung bei sehr niedrigen pH-Werten, so daß eine für andere Biotestverfahren vorgeschriebene Probenmodifikation weitgehend vermieden werden konnte. Es war möglich, die Testbedingungen den Anforderungen der Proben anzupassen ohne die Aussagekraft der Testverfahren dabei einschränken zu müssen. Die minimale Modifikation des Proben-pH-Wertes bei einigen Testverfahren führt nur zu einer geringfügigen Veränderung der Probenzusammensetzung und durch eine Zugabe von Zitronensäure kann eine Festlegung von Schadstoffen weitestgehend umgangen werden. Ergänzt durch gezielte chemische Analytik ermöglicht dieser Biotestfächer den Nachweis verschiedener Wirkungen, die sich nach Art und Zustand des untersuchten Tagebaurestsees unterscheiden. Die Differenzierung reicht von ökotoxikologisch unbedenklichen Seen über Gewässer mit überwiegend physiologischen aber ohne erkennbare genotoxische Wirkungen, bis hin zu Seen mit eindeutig nachweisbaren, sowohl physiologischen als auch genotoxischen Belastungen. Diese Wirkungen weisen unmittelbar auf ein Gefährdungspotential durch Schadstoffe hin und sind nicht, wie in den Untersuchungen gezeigt werden konnte, auf den niedrigen pH-Wert während der Versuchsdurchführung zurückzuführen.
Die eingesetzten Biotestverfahren, die überwiegend aus Biotesten mit höheren Pflanzen bestehen, ergänzen sich zu einem aussagekräftigen Biotestfächer, der nicht auf die Untersuchung saurer Tagebaurestseen beschränkt bleiben muß. Höhere Pflanzen lassen sich ebenso zur Untersuchung anderer Gewässer oder Wasserproben sinnvoll einsetzen. Für einen routinemäßigen Einsatz von Biotesten mit höheren Pflanzen in der Praxis kommt einer Automatisierung bei der Erfassung und Auswertung der Wirkungskriterien eine wichtige Bedeutung zu. Diese Weiterentwicklung ist für den Lemnaceen-Test in hohem Maße erreicht und ist ein wichtiges Ziel laufender Arbeiten für andere angewandte Bioteste. Um auch Aussagen über ökosystemare Fragestellungen zu ermöglichen, sind neben der Erstellung eines möglichst komplexen Biotestfächers mit Organismen unterschiedlicher Organisationsstufen vor allem Untersuchungen unter freilandähnlichen Bedingungen notwendig, da sie ein wichtiges Bindeglied zu den meist nur eingeschränkt durchführbaren Freilanduntersuchungen darstellen. Auch hierfür erweisen sich höhere Pflanzen als Testorganismen aufgrund ihrer ökologischen Relevanz und ihrer hohen Komplexität als besonders geeignet. Aufgrund der bestehenden Erfahrungen zeigt sich, daß bei der Untersuchung vielfältigster Fragestellungen, im besonderen bei komplexen Zusammenhängen, wie sie Umweltproben oder Untersuchungen mit ökosystemaren Aspekten oftmals aufweisen, auf einen Einsatz höherer Pflanzen als Biotestorganismen nicht verzichtet werden kann.

Literatur

Augsten, H., Gebhard, A., Chetverikow, A.G., Verenchikow, S.P. (1988): Verfahren zur Gewässerüberwachung. Patentschrift WP C 02 B/ 3182552

DIN 38412 L34 (1991): Bestimmung der Hemmwirkung von Abwasser auf die Lichtemission von *Photobacterium phosphoreum*. Deutsches Einheitsverfahren zur Wasser-, Abwasser- und Schlammuntersuchung, Testverfahren mit Wasserorganismen (Gruppe L). Beuth Verlag, Berlin

DIN 38415-3 (1995): Bestimmung des erbgutverändernden Potentials von Wasser- und Abwasserinhaltstoffen mit dem umu-Test. Deutsches Einheitsverfahren zur Wasser-, Abwasser- und Schlammuntersuchung, suborganismische Testverfahren (Gruppe T). Beuth Verlag, Berlin

Elsner, D., Dworak, E. (1997): Einsatz von *Euglena gracilis* zur Überwachung von Rauchgaskondensaten aus Müllverbrennungsanlagen. Ber. Inst. Landschafts- und Pflanzenökologie Univ. Hohenheim 6: 17-26

Fomin, A., Moser, H., Pickl, C., Arndt, U. (1997): Ökotoxikologische Untersuchungen saurer Tagebaugewässer der Bergbaufolgelandschaft Lausitz während ihrer Sanierung. In: Böcker, R., Kohler, A. (eds.): Abbau von Bodenschätzen und Wiederherstellung der Landschaft. Tagungsband zur 29. Hohenheimer Umwelttagung. Hohenheim. 165-178

Gichner, T., Badayev, S.A., Demchenko, S.I., Relichova, J., Sandhu, S.S., Usmanov, O., Veleminsky, J. (1994): *Arabidopsis* assay for mutagenicity. Mut. Res. 310: 249-256

LMBV, BTUC (1996): Erarbeitung von Grobaussagen zur Gewässergüteentwicklung von Tagebaurestseen der Lausitz. Wissenschaftliches Verbundprojekt der Lausitzer und Mitteldeutschen Bergbau-Verwaltungsgesellschaft mbH und der Brandenburgischen Technischen Universität Cottbus, Senftenberg/Cottbus

Lüssem, H. , Rahman, A. (1980): Wurzellängentest mit Gartenkresse. Jahrbuch Vom Wasser 54: 29-35

Ma, T.H., Cabrera, G.L., Chen, R., Gill, B.S., Sandhu, S.S., Vanderberg, A.L., Salamone, M.F. (1994a): *Tradescantia* micronucleus bioassay. Mut. Res. 310: 221-230

Ma, T.H., Cabrera, G.L., Cebulska-Wasilewska, A., Chen, R., Loarca, F., Vanderberg, A.L., Salamone, M.F. (1994b): *Tradescantia* stamen hair bioassay. Mut. Res. 310: 211-220

Nusch, E.A. (1991): Ökotoxikologische Testverfahren – Anforderungsprofile in Abhängigkeit vom Anwendungszweck. UWSF – Z. Umweltchem. Ökotox. 3: 12-15

Pietsch, W. (1979): Zur hydrochemischen Situation der Tagebauseen des Lausitzer Braunkohlen-Revieres. Arch. Naturschutz u. Landschaftsforsch. 19: 97-115

Sallenave, R.M., Fomin, A. (1997): Some advantages of the duckweed test to assess the toxicity of environmental samples. Acta Hydrochim. Hydrobiol. 25: 135-140

Steinhäuser, K.G., Hansen, P.D. (eds.) (1992): Biologische Testverfahren. Schriftenreihe Wasser-, Boden- und Lufthygiene 89. G. Fischer Verlag, Stuttgart, New York

Umweltbundesamt (1991): Ökologischer Sanierungs- und Entwicklungsplan Niederlausitz. UBA-Texte 46. Berlin

32 Endoparasiten einheimischer Fische als Bioindikatoren für Schwermetalle

B. Sures und H. Taraschewski

Abstract

Attempts at using parasites as biological indicators in environmental impact studies have been the subject of several recent reviews. The majority of investigations have examined the effects of various forms of pollution on the abundance and distribution of parasites and the combined effects of pollution and parasitism on the health of the hosts. In contrast to this still increasing number of articles only a few of them deal with quantitative analysis of certain toxins in parasites. Thus, common fish species have been sampled from different moderately polluted sites and the concentrations of various heavy metals were determined in the fish tissues (muscle, liver and intestinal wall) and their respective intestinal parasites. The most conspicuous bioconcentration factors were found for acanthocephalans which contained e.g. up to 2.7 x 10^3 fold more lead than the muscle of their fish hosts and up to 1.1 x 10^4 more lead than the water surrounding the fish.

18 different elements including essential elements like Ca, Fe, K, Mg, Mn and toxic elements like Ag, Cu, Tl were analysed by inductively coupled mass spectrometry in *Acanthocephalus lucii*. Again, this acanthocephalan showed for nearly all elements significantly higher concentrations than the tissues of its host perch (*Perca fluviatilis*) and than the zebra mussel *Dreissena polymorpha* which is a commonly used bioindicating organism in Europe.

Experimental studies demonstrate a clear time and dose dependent accumulation of lead for *Pomphorhynchus laevis* in its final host chub. The acanthocephalans are able to accumulate metals immediately after establishment in the fish intestine. Heavy metal bioconcentration appears to be closely linked to the intraintestinal location of the parasites as metal concentrations lower than in the host have been detected in *P. laevis* from the body cavity of experimentally infected goldfish. It also emerge that heavy metals are predominantly accumulated by adult acanthocephalans inside the fish definitive host and not by cystacanths in the haemocoel of the amphipod intermediate host.

The results presented in this article demonstrate that endoparasites can be superior to free living organisms in indicating heavy metal contamination of aquatic biotopes. However, more experimental studies are required to evaluate the relationship between parasite bioaccumulation and environmental metal exposure and to validate the role of parasites in active biomonitoring. It is also a major task to convince ecologists about the environmental value of certain endoparasites in environmental impact studies. Aquatic ecologists and parasitologists should not be afraid to cooperate but should combine their approaches, techniques and expertise.

Zusammenfassung

Seit etwa 25 Jahren gibt es vornehmlich in der aquatischen Parasitologie Bestrebungen, Parasiten nicht nur als Krankheitserreger wahrzunehmen, sondern sich dieser Tiere auch aus einer ökologischen Sichtweise zu nähern. In diesem Zusammenhang wurden von uns mehrere Studien zur Schwermetallanreicherung durch Endoparasiten von Fischen durchgeführt. Die detektierten Schwermetallkonzentrationen in den Helminthen wurden mit den Konzentrationen in verschiedenen Organen ihrer Wirtstiere und in der Dreikantmuschel verglichen. Bei diesen Untersuchungen zeigten vor allem Acanthocephalen und in geringerem Maße auch Cestoden wesentlich höhere Schwermetallbelastungen als verschiedene Organe (Muskel, Leber und Darm) ihrer Wirtsfische. Beispielsweise war die Bleikonzentration in dem Palaeacanthocephalen *Pomphorhynchus laevis* um den Faktor 2700 höher als in der Muskulatur seines Endwirtes Döbel.

Ähnlich hohe Anreicherungen fanden sich auch bei anderen Wirt-Parasit-Verhältnissen. Bei einer vergleichenden Freilandstudie zu 18 verschiedenen Elementgehalten in Flußbarschen, ihrem intestinalen Parasiten *Acanthocephalus lucii* und der Dreikantmuschel *Dreissena polymorpha* wurden in dem Acanthocephalen für nahezu alle Elemente die höchsten Anreicherungen gefunden.

Aufgrund dieser starken Akkumulation von Schwermetallen wurden vertiefende Laborstudien zur Aufnahme und Anreicherung von Blei durch *Pomphorhynchus laevis* durchgeführt. Diese experimentellen Untersuchungen zeigen auf, daß im Darm von Fischen lebende Acanthocephalen schon unmittelbar nach der Infektion ihrer Endwirte in der Lage sind, Schwermetalle aufzunehmen. In den Larvalstadien in den entsprechenden Zwischenwirten (Amphipoden) findet demgegenüber nur eine zu vernachlässigende Anreicherung von Blei statt. Ferner ist die intraintestinale Lokalisation der Helminthen eine entscheidende Voraussetzung für eine effiziente Aufnahme von Schwermetallen. Bei einer extraintestinalen Ansiedlung der Würmer kann dagegen nur eine sehr geringe Bleiakkumulation nachgewiesen werden.

Somit stellen die sehr weit verbreiteten, einfach zu bestimmenden und analytisch gut handhabbaren Acanthocephalen sehr gut geeignete Akkumulationsindikatoren für aquatisches Biomonitoring von Schwermetallen dar.

32.1 Einleitung

Neben den traditionellen, auf pathologische Effekte von Parasiten fokussierten Forschungsrichtungen innerhalb der Parasitologie wird aus der Literatur ersichtlich, daß seit etwa Ende der 70er Jahre eine stark zunehmende Verknüpfung von parasitologischen Aspekten und umweltbezogenen Untersuchungen im aquatischen Bereich stattfindet. Hierbei wird ein breites Spektrum von Zusammenhängen und Abhängigkeiten behandelt.
Eine Hauptforschungsrichtung beschäftigt sich mit den Wechselwirkungen von Parasiten und Umweltverschmutzungen auf den Gesundheitszustand von aquatischen Lebewesen (z.B. Möller 1985, Poulin 1992). In Kombination mit einer Parasitose können vor allem Metallbelastungen die Vitalität der Wirtstiere deutlich herabsetzen (z.B. Boyce und Yamada 1977, Pascoe und Cram 1977, Pascoe und Woodworth 1980, Ewing et al. 1982, Sakanari et al. 1984, McCahon et al. 1988, Brown und Pascoe 1989).
Weiterhin existiert eine Vielzahl von Übersichtsarbeiten, bei denen nicht die Gesundheit der Wirtstiere im Vordergrund der Untersuchung steht, sondern vielmehr der Einfluß von Umweltbelastungen auf das Vorkommen von Parasiten in aquatischen Biotopen. So ist die Diversität von Parasitozönosen als Indikator für anthropogene Eingriffe in die Umwelt Gegenstand mehrerer Review-Artikel (z.B. Poulin 1992, Vethaak und ap Rheinallt 1992, MacKenzie 1993, MacKenzie et al. 1995, Lafferty 1997).
Neben diesen Arbeiten, die sich unter den erwähnten Gesichtspunkten mit den vielfältigen Abhängigkeiten von Verschmutzungen und Parasitismus im aquatischen Bereich beschäftigen, liegen nur vergleichsweise wenige Untersuchungen zur Quantifizierung von Xenobiotika in Helminthen vor (Sures et al. 1997a, 1998). Untersuchungen aus jüngster Zeit zeigen jedoch, daß verschiedene intestinale Parasiten, allen voran Acanthocephalen, Schwermetalle in beachtlichen Mengen anreichern können. Nachfolgend wird der derzeitige Kenntnisstand zur Schwermetallakkumulation in Acanthocephalen anhand der beiden weit verbreiteten Arten *Pomphorhynchus laevis* und *Acanthocephalus lucii* dargestellt.

32.2 Biologie der Acanthocephalen

Bei Acanthocephalen handelt es sich um eine Gruppe intestinaler Helminthen, deren systematische Stellung nach wie vor kontrovers diskutiert wird. Im angelsächsischen Raum werden Acanthocephalen als Stamm geführt (Amin 1985), im deutschsprachigen Raum wegen Ähnlichkeiten zu Rotatorien z.B. von Lorenzen (1985) als eine Klasse der Nemathelminthes angesehen. Im Entwicklungszyklus der Acanthocephala ist als Zwischenwirt ein Arthropode eingeschaltet, in dessen Leibeshöhle sich über das sogenannte Acanthella-Stadium der für den Endwirt infektiöse Cystacanthus entwickelt. Endwirte sind in jedem Falle Vertebraten, wobei Arten aller Klassen vertreten sind. Die meisten Acanthocephalenarten parasitieren jedoch in Fischen.
Sowohl *Pomphorhynchus laevis* als auch *Acanthocephalus lucii* gehören zur Gruppe der Palaeacanthocephala. Als Zwischenwirte für *P. laevis* dienen Arten der Gattung *Gammarus* (Rumpus und Kennedy 1974); *A. lucii* wird von der Wasserassel *Asellus aquaticus* übertragen (Lee 1981). Das Spektrum möglicher Endwirte umfaßt für beide Acanthocephalen verschiedene Fischarten. *P. laevis* parasitiert hauptsächlich im Darm von Cypriniden (Moravec und Scholz, 1991) und Salmoniden (Kennedy et al. 1978). Im Brackwasser dienen Aale und Plattfische als Endwirte (Køie 1988, Munro et al. 1989). Die günstigsten Lebensbedingungen findet *P. laevis* in den Wirten *Barbus barbus* und *Leuciscus cephalus* (Kennedy 1984, Kennedy et al. 1989). *A. lucii* findet sich ebenfalls in vielen verschiedenen Fischen, als wichtigste Endwirte dienen aber Perciden und Aale (Lee 1981, Kennedy und Moriarty 1987, Køie 1988, Taraschewski 1988). Sowohl *P. laevis* als auch *A. lucii* weisen ein großes geographisches Verbreitungsgebiet auf, das sich nahezu über den ganzen europäischen Kontinent erstreckt (Brown et al. 1986, Scholz 1986, Sulgostowska 1987, Køie 1988, Valtonen und Crompton 1990, Moravec und Scholz 1991).

32.3 Schwermetallanreicherung in Acanthocephalen

32.3.1 *Pomphorhynchus laevis*

Freilandstudien

Blei- und Cadmiumbelastungen in verschiedenen Geweben (Muskulatur, Leber und Darm) von Döbeln (*Leuciscus cephalus*) aus der Ruhr und dem Acanthocephalen *Pomphorhynchus laevis* wurden mittels elektrothermaler Atomabsorptionsspektrometrie (ET-AAS) nach vorheriger Naßveraschung mit $HClO_4$ und HNO_3 (Kruse 1980) bzw. nach einem Mikrowellenaufschlußverfahren unter Verwendung von HNO_3 (Sures et al. 1995) bestimmt (Abb. 32-1, Daten aus Sures et al. 1994a, Sures und Taraschewski 1995).

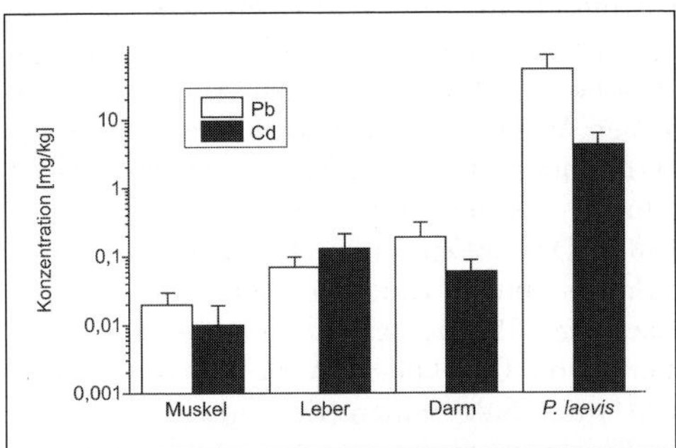

Abb. 32-1: Schwermetallgehalte in verschiedenen Organen von Döbeln und in *Pomphorhynchus laevis*

Während die Fischgewebe moderate Blei- und Cadmiumgehalte aufweisen, finden sich in dem Acanthocephalen ca. 2700fach höhere Blei- und ca. 400fach höhere Cadmiumkonzentrationen als in der Muskulatur der Wirtsfische. Für das Wasser der Ruhr werden nahe der Fangstelle der Fische Schwermetallkonzentrationen von 5 $\mu g\ l^{-1}$ für Blei und 0,16 $\mu g\ l^{-1}$ für Cadmium angegeben (Umweltbundesamt 1994). Demzufolge weist *P. laevis* gegenüber dem Wasser der Ruhr einen etwa $2{,}7 \times 10^4$-fach höheren Blei- und einen etwa $1{,}1 \times 10^4$-fach höheren Cadmiumgehalt auf.

Laborstudien

Ausgehend von diesen hohen Blei- und Cadmiumgehalten in *P. laevis* aus Wildfischen wurden experimentelle Untersuchungen zur Aufnahme und Anreicherung von Blei durchgeführt (Daten aus Sures 1996, Siddall und Sures 1998). Hierbei wurden zweisömmrige Döbel experimentell mit Cystacanthen von *P. laevis* infiziert. Die larvalen Würmer wurden aus natürlich infizierten *Gammarus pulex* entnommen, und jeweils 9 dieser Cystacanthen wurden mittels einer Magensonde den Fischen appliziert. Nachdem die Würmer in den Fischen sechs Wochen heranwachsen konnten, wurden die Döbel für unterschiedlich lange Zeiträume bei einer Bleikonzentration von 10 $\mu g\ l^{-1}$gehalten. Die Bleibelastung der Fischgewebe und der Würmer in Abhängigkeit der Expositionszeit ist in der Abbildung 32-2 dargestellt.

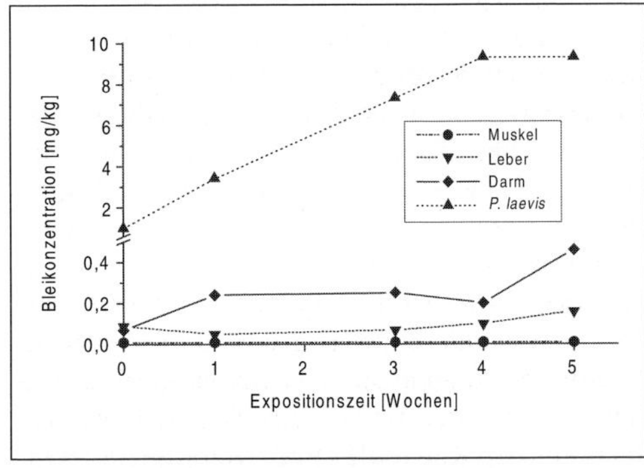

Abb. 32-2: Zeitlicher Verlauf der Bleigehalte in verschiedenen Organen von Döbeln und in *Pomphorhynchus laevis*

Während sich die Bleikonzentration der Muskulatur der Döbel über die gesamte Versuchsdauer nicht ändert, ist bei Leber und Darm ein verhältnismäßig langsamer Anstieg des Pb-Gehaltes zu verzeichnen. Im Gegensatz zu den Organen der Fische findet bei *P. laevis* eine starke Zunahme der Pb-Belastung bis zur vierten Expositionswoche statt. Zwischen der vierten und fünften Expositionswoche ist kein Anstieg des mittleren Pb-Gehaltes zu beobachten. Obwohl keine Ergebnisse zu längeren Expositionszeiten verfügbar sind, deutet der Verlauf der Pb-Gehalte der Parasiten eine Saturierungskurve an. Es scheint sich bei den gewählten Bedingungen ein Gleichgewicht bei einer Sättigungskonzentration von etwa 9 µg g^{-1} Pb einzustellen. Zu diesem Zeitpunkt ändert sich auch der Verlauf der Pb-Anreicherung im Darm der Döbel. Während die Kurve bis zur vierten Expositionswoche relativ flach verläuft, ist zwischen der vierten und fünften Woche ein steilerer Anstieg der Pb-Belastung zu verzeichnen. Entsprechend dem Darmgewebe ist auch bei der Leber der Döbel ab der vierten Expositionswoche eine Zunahme der Pb-Belastung nachweisbar, jedoch weniger auffällig als beim Darm. Es wird ersichtlich, daß sowohl die Pb-Belastung der Leber als auch die des Darms nach fünfwöchiger Bleiexposition signifikant höher ist als zu den vorherigen Zeitpunkten (H-Test, $p \leq 0{,}05$). In beiden Fällen findet eine nachweisbare Änderung der Bleiaufnahme ab der vierten Woche statt. Zu diesem Zeitpunkt ist bei *P. laevis* hingegen kein Anstieg der Pb-Konzentration zu verzeichnen.

Ein Vergleich der Pb-Belastungen von Leber und Darm infizierter und nicht infizierter Döbel ermöglicht es, einen potentiellen Einfluß der Parasitierung der Fische mit *P. laevis* auf die Bleiaufnahme der Wirtstiere zu untersuchen (Abb. 32-3). Während nach fünfwöchiger Expositionszeit identische Bleigehalte in den Lebern infizierter und nicht infizierter Fische vorliegen, enthalten die Darmwände nicht infizierter Döbel eine etwa doppelt so hohe Bleibelastung wie die Darmwände infizierter Fische. Folglich reduziert die Anwesenheit der Parasiten nachweislich die Bleikonzentration in der Darmwand des Wirtsorganismus. Die Ursache hierfür scheint darin zu liegen, daß die Darmwand des Wirtsorganismus mit den Würmern um das im Darminhalt vorhandene Blei konkurriert. Offensichtlich haben die darmlosen Acanthocephalen effektivere Mechanismen Blei zu resorbieren als die Darmwand des Wirtes. Eine somit mögliche protektive Funktion von Parasiten steht momentan im Mittelpunkt weiterführender Studien.

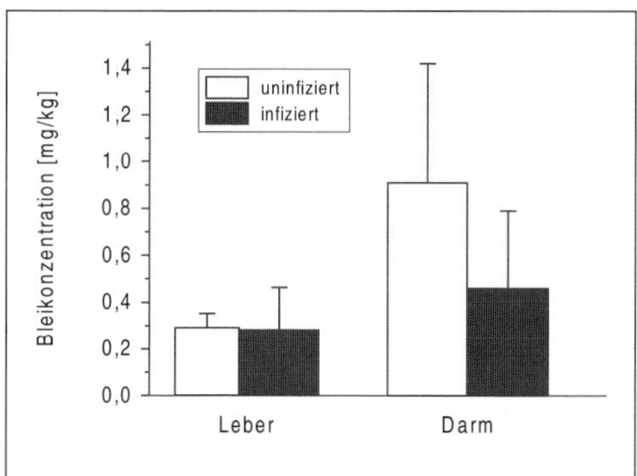

Abb. 32-3: Vergleich der Bleigehalte in Lebern und Darmwänden nicht infizierter und mit *Pomphorhynchus laevis* infizierter Döbel nach fünfwöchiger Bleiexposition

32.3.2 *Acanthocephalus lucii*

Neben *Pomphorhynchus laevis* wies auch *Acanthocephalus lucii* aus Flußbarschen der Ruhr sehr hohe Blei- und Cadmiumkonzentrationen auf. Zusätzlich zu Metallgehalten der adulten Würmer aus den Fischen haben wir die Blei- und Cadmiumbelastung der larvalen Acanthocephalen in ihren Zwischenwirten (*Asellus aquaticus*) analysiert (Abb. 32-4, Daten aus Sures et al. 1994b, Sures und Taraschewski 1995).

Wie schon für die Döbel beschrieben, zeigen auch bei den Barschen die adulten Würmer aus dem Darm der Fische die höchsten Schwermetallbelastungen. Weiterhin sind die Blei- und Cadmiumgehalte der adulten *A. lucii* 36- bzw. 117fach höher als in den Larven aus dem Hämocoel der Wasserasseln, obwohl die Asseln selbst vergleichsweise hohe Schwermetallbelastungen aufweisen. Dieses Ergebnis zeigt, daß die maßgebliche Aufnahme und Anreicherung von Schwermetallen in den adulten Würmern in ih-

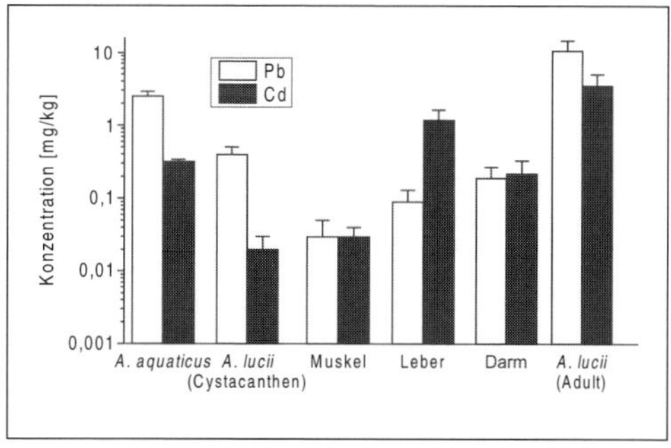

Abb. 32-4: Schwermetallgehalte in Wasserasseln, in verschiedenen Organen von Flußbarschen sowie in Cystacanthen und Adulten von *Acanthocephalus lucii*

ren Endwirten und nicht bereits bei den Larvalstadien in den jeweiligen Zwischenwirten stattfindet.
Der Vergleich von Elementgehalten in Acanthocephalen und in einem etablierten Indikatororganismus wie der Dreikantmuschel *Dreissena polymorpha* erlaubt eine Einschätzung der Schwermetallanreicherung durch parasitische Würmer. Eine Gegenüberstellung von Blei- und Cadmiumgehalten in den Würmern und den Muscheln von zwei verschiedenen Probestellen ist in der Abbildung 32-5 dargestellt. Die mit *A. lucii* infizierten Flußbarsche und die Muscheln wurden an einem nicht offensichtlich durch Einleitungen kontaminierten Uferbereich (Referenzstelle) des Mondsees (Österreich) beprobt. Zudem wurden die Tiere an einer Probestelle gesammelt, an der ein Regenabflußgraben einer Autobahn (A1) einmündet (Sures et al. 1997b).

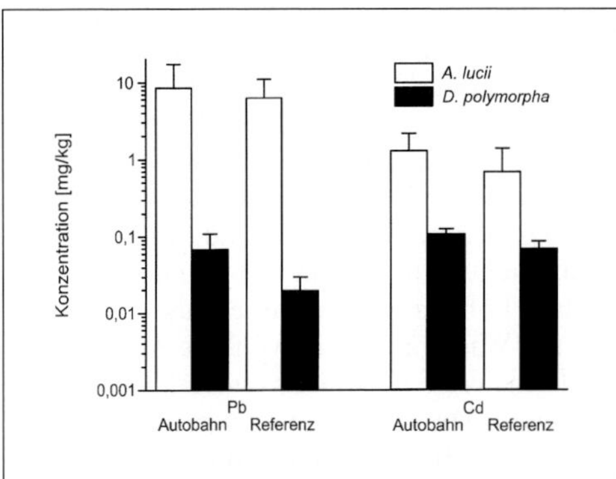

Abb. 32-5: Vergleich von Schwermetallgehalten in *Dreissena polymorpha* und in *Acanthocephalus lucii*

An beiden Probestellen enthalten die Acanthocephalen deutlich höhere Schwermetallgehalte als die Muscheln. Verglichen mit *D. polymorpha* sind die Bleikonzentrationen von *A. lucii* 100- bis 300fach höher, während Cadmium etwa um den Faktor 10 stärker in den Würmern angereichert wird als in den Muscheln. Trotz höherer Schwermetallbelastungen der Würmer weisen lediglich die Muscheln signifikante Unterschiede in ihren Blei- und Cadmiumkontaminationen zwischen der Referenzstelle und der durch Autobahnabflüsse belasteten Probestelle auf. Für *A. lucii* findet sich kein signifikanter Unterschied, obwohl auch die Würmer der Referenzstelle wesentlich niedrigere Gehalte aufweisen als die Parasiten an dem durch den Entwässerungsbach beeinflußten Standort.
Neben diesen atomabsorptionsspektrometrischen Untersuchungen zeigen Multielementanalysen mittels Massenspektrometer mit induktiv gekoppeltem Plasma (ICP-MS), daß neben Blei und Cadmium noch viele weitere Elemente von den Parasiten aufgenommen werden (Abb. 32-6, Daten aus Sures 1996).
Sowohl im Vergleich zu den Elementgehalten in den Fischgeweben als auch verglichen mit den Dreikantmuscheln weisen die Acanthocephalen für fast jedes der 18 Elemente signifikant höhere Konzentrationen auf (H-Test, $p \leq 0{,}05$; U-Test, $p \leq 0{,}05$). Lediglich bei den Metallen Aluminium, Cobalt und Nickel lassen sich die analysierten Gehalte in der Muschel und dem Helminthen statistisch nicht unterscheiden.

32.4 Diskussion

Die hier dargestellten und weitere Untersuchungen zu Schwermetallgehalten in Fischparasiten (z.B. Riggs et al. 1987, Sures et al. 1994c, Sures et al. 1997c, Siddall und Sures 1998, Zimmermann, 1998) zeigen, daß vor allem adulte Acanthocephalen und in einem geringeren Maße auch Cestoden Schwermetalle aufnehmen und anreichern können. Aus dem Vergleich der Pb- und Cd- Gehalte von adulten und larvalen *Acanthocephalus lucii* (s. 32.3.2) wird deutlich, daß die überwiegende Aufnahme und Anreicherung der Schwermetalle in den adulten Helminthen im Darm ihrer Endwirte und nicht in den Larven im Hämocöl ihrer Zwischenwirte stattfindet. Da zudem aus experimentellen Untersuchungen mit *Pomphorhynchus laevis* bekannt ist, daß Acanthocephalen schon unmittelbar nachdem sie in den Endwirt gelangt sind, in großem Maße Blei aufnehmen können (Siddall und Sures 1998), scheint die Verfügbarkeit der Metalle für die Acanthellen und Cystacanthen geringer zu sein als für die erwachsenen Helminthen. Dies ist durchaus plausibel, da Crustaceen über die Möglichkeit verfügen, Schwermetalle durch Einbau in ihr Exoskelett zu exportieren (Zauke 1982). Folglich ist in der Hämolymphe dieser

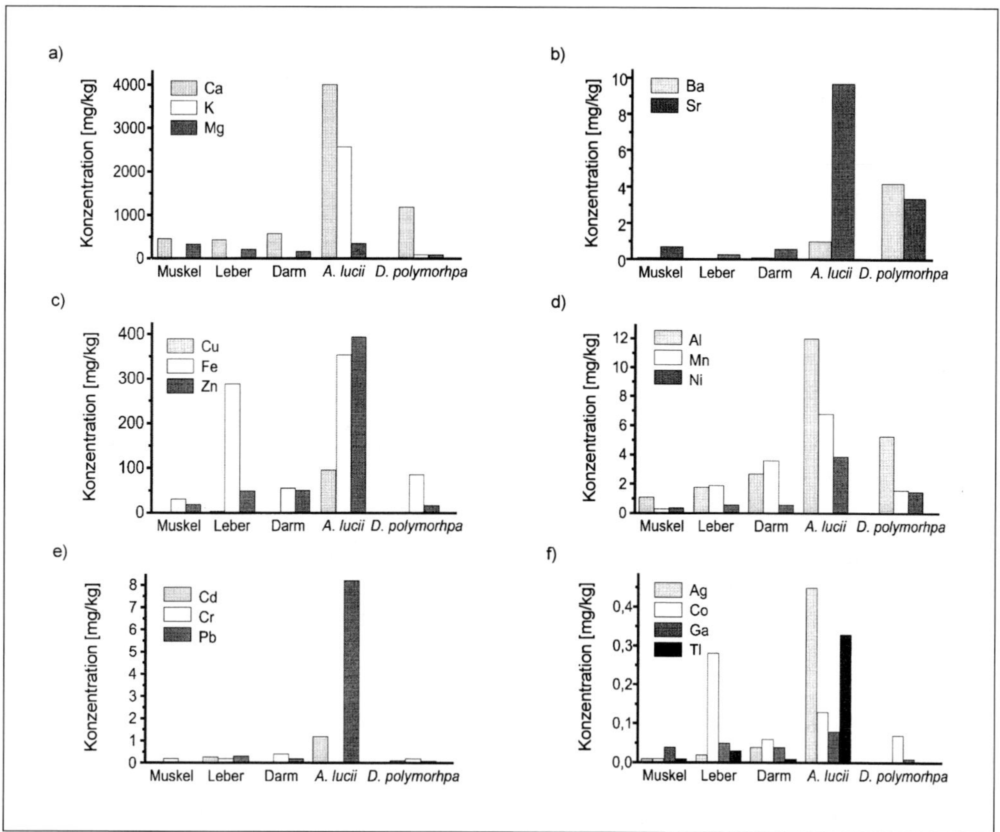

Abb. 32-6: Vergleich von Elementgehalten (a-f) in *Dreissena polymorpha*, in verschiedenen Organen von Flußbarschen und in *Acanthocephalus lucii*

Tiere keine sehr hohe Schwermetallkonzentration zu erwarten. Demgegenüber können Fische über die Gallenflüssigkeit Schwermetalle aus der Leber in den Darm abgeben (Hofer und Lackner 1995), was für die Verfügbarkeit von Metallen für intestinale Helminthen von Bedeutung sein könnte. Bisher sind jedoch sowohl die genauen Mechanismen und Wege der Schwermetallaufnahme durch intestinale Parasiten als auch die Funktion und der Verbleib dieser Elemente in den Würmern ungeklärt.

Die Gegenüberstellung der Elementkonzentrationen in *A. lucii* und in der im Schwermetall-Monitoring etablierten Wandermuschel *Dreissena polymorpha* (Reeders et al. 1993, Gunkel 1994, Stäb et al. 1995) zeigt, daß die Acanthocephalen im Regelfall höhere Konzentrationen aufweisen als die Muschel. Wenn also die Detektion von Elementgehalten bei Biotopen mit sehr geringer Kontamination des Wassers im Vordergrund der Interessen steht, kann die Analyse von Acanthocephalen eher Aufschluß geben als die Analyse von Dreikantmuscheln. Bedingt durch ihre parasitische Lebensweise in einem mobilen Endwirt können Acanthocephalen Schwermetallkontaminationen in Gewässern über den Raum integrieren. Demgegenüber bietet die Dreikantmuschel aufgrund ihrer sessilen Lebensweise die Möglichkeit, lokale Kontaminationen in Gewässern nachzuweisen (Sures et al. 1997b).

Der Einsatz von Acanthocephalen für aktives Biomonitoring scheint ebenfalls möglich, indem experimentell mit Parasiten infizierte Wirtsfische z.B. in Käfigen exponiert werden. Diese

Vorgehensweise schränkt die Mobilität der Fische ein, so daß auch lokale Kontaminationsunterschiede mit Hilfe von Parasiten detektiert werden können. Ein Einsatz von Dreikantmuscheln im Rahmen eines solchen aktiven Biomonitorings ist häufig umstritten, wenn Gewässer untersucht werden sollen, in denen die Muschel noch nicht etabliert ist. Die Veligerlarven von *D. polymorpha* breiten sich sehr schnell in Gewässern aus, so daß die Muscheln bald die benthische Gemeinschaft dominieren können (Garton und Haag 1993). Demgegenüber sind Acanthocephalen in nahezu jedem Gewässer, in dem es Fische gibt, ebenfalls vorhanden. Die Abhängigkeit von jeweils einem spezifischen Zwischenwirt erschwert zudem die Einbürgerung der Parasiten in Gewässer, in denen sie noch nicht vorkommen.

Die hier vorgestellten Ergebnisse zeigen deutlich auf, daß Acanthocephalen aufgrund der starken Bioakkumulation vieler Elemente durchaus geeignet sind, das vorhandene Spektrum verfügbarer Akkumulationsindikatoren zu bereichern. Vor allem ergibt die Kombination der Schwermetallbelastung des Wirtsfisches und der Helminthen häufig detailliertere Aussagen als dies aufgrund nur eines Befundes aus einer Tierart möglich wäre. Die experimentellen Untersuchungen zur Bleiaufnahme durch *P. laevis* verdeutlichen (s. 32.3.1), daß sich in den Parasiten schon nach sehr kurzen Expositionszeiten eine Sättigung einstellt, während in den Fischgeweben nur geringe Effekte einer Kontamination zu erkennen sind. Beispielsweise kann somit das Verhältnis zwischen der Schwermetallbelastung der Parasiten zu der der Muskulatur ($C_{[\text{Parasit}]}/C_{[\text{Fisch Muskulatur}]}$) Hinweise auf die Dauer einer Umweltkontamination geben (Sures et al. 1998). Aus relativ hohen Metallkonzentrationen in Fischmuskulatur und Parasiten (kleiner Quotient) kann auf eine längere Expositionszeit geschlossen werden als wenn der Gehalt in den Parasiten hoch, der in der Muskulatur aber niedrig ist (großer Quotient). Vergleichbare Informationen über den Grad und die Genese von Verschmutzungen läßt sich durch die Analyse von *D. polymorpha* nicht gewinnen. Diese Ausführungen verdeutlichen, daß eine Intensivierung der Forschungsaktivitäten auf dem Gebiet einer ökologischen Parasitologie sehr vielversprechend erscheint.

Danksagung

Ein Teil der Untersuchungen wurde durch die Sparkassenstiftung der Universität Karlsruhe finanziell unterstützt. Der Gesellschaft für Umweltmessungen und Umwelterhebungen mbH (UMEG, Karlsruhe) sei für die Bereitstellung der Meßgeräte (AAS, ICP-MS) gedankt.

Literatur

Amin, O.M. (1985): Classification. In: Crompton, D.W.T., Nickol, B.B. (eds.): Biology of the Acanthocephala. Cambridge University Press, Cambridge. 27-72

Boyce, N.P., Yamada, S.B. (1977): Effects of a parasite, *Eubothrium salvelini* (Cestoda: Pseudophyllidea), on the resistance of juvenile sockeye salmon *Oncorhynchus nerka* to zinc. J. Fish. Res. Board Can. 34: 706-709

Brown, A.F., Chubb, J.C., Veltkamp, C.J. (1986): A key to the species of acanthocephala parasitic in British freshwater fishes. J. Fish Biol. 28: 327-334

Brown, A.P., Pascoe, D. (1989): Parasitism and host sensitivity to cadmium: an acanthocephalan infection of the freshwater amphipod *Gammarus pulex*. J. Appl. Ecol. 26: 473-487

Ewing, M.S., Ewing, S.A., Zimmer, M.A. (1982): Sublethal copper stress and susceptibility of channel catfish to experimental infections with *Ichthyophthirius multifiliis*. Bull. Environ. Contam. Toxicol. 28: 674-681

Garton, D.W., Haag, W.R. (1993): Seasonal reproductive cycles and settlement patterns of *Dreissena polymorpha* in western lake Erie. In: Nalepa, T.F., Schloesser, D.W. (eds.): Zebra mussels: Biology, impacts and control. CRC Press, Boca Raton. 111-128

Gunkel, G. (1994): Bioindikation in aquatischen Ökosystemen. G. Fischer Verlag, Jena, Stuttgart

Hofer, R., Lackner, R. (1995): Fischtoxikologie – Theorie und Praxis. G. Fischer Verlag, Jena

Kennedy, C.R. (1984). The status of flounders, *Platichthys flesus* L., as hosts of the acanthocephalan *Pomphorhynchus laevis* (Müller) and its survival in marine conditions. J. Fish Biol. 24: 135-149

Kennedy, C.R., Moriarty, C. (1987): Co-existence of congeneric species of acanthocephala: *Acanthocephalus lucii* and *A. anguillae* in eels *Anguilla anguilla* in Ireland. Parasitology 95: 301-310

Kennedy, C.R., Broughton, P.F., Hine, P.M. (1978): The status of brown trout, *Salmo trutta* and *S. gairdneri* as hosts of the acanthocephalan, *Pomphorhynchus laevis*. J. Fish Biol. 13: 265-275

Kennedy, C.R., Bates, R.M., Brown, A.F. (1989): Discontinuous distributions of the fish acanthocephalans *Pomphorhynchus laevis* and *Acanthocephalus anguillae* in Britain and Ireland: an hypothesis. J. Fish Biol. 34: 607-619

Køie, M. (1988): Parasites in European eel *Anguilla anguilla* (L.) from Danish freshwater, brackish and marine localities. Ophelia 29: 301-310

Kruse, R. (1980): Vielfach-Bestimmung von Pb und Cd in Fischen durch elektrothermale AAS nach Naßveraschung in kommerziellen Teflon-Bechern. Z. Lebensm. Unters.-Forsch. 171: 261-264

Lafferty, K.D. (1997): Environmental parasitology: What can parasites tell us about human impacts on the environment? Parasitol. Today 13: 251-255

Lee, R.L.G. (1981): Ecology of *Acanthocephalus lucii* (Müller, 1776) in perch, *Perca fluviatilis*, in the Serpentine, London, UK. J. Helminthol. 55: 149-154

Lorenzen, S. (1985): Cladus: Nemathelminthes = Aschelminthes (Coelomata incertae sedis), Rundwürmer. In: Siewing, R. (ed.): Lehrbuch der Zoologie. Band 2, Systematik. 3. Aufl.. G. Fischer Verlag, Stuttgart. 217-257

MacKenzie, K. (1993): Parasites as biological indicators. Bull. Scand. Soc. Parasitol. 1: 1-10

MacKenzie, K., Williams, H.H., Williams, B., McVicar, A.H., Siddall, R. (1995): Parasites as indicators of water quality and the potential use of helminth transmission in marine pollution studies. Adv. Parasitol. 35: 85-144

McCahon, C.P., Brown, A.F., Pascoe, D. (1988): The effect of the acanthocephalan *Pomphorhynchus laevis* (Müller 1776) on the acute toxicity of cadmium to its intermediate host, the amphipod *Gammarus pulex* (L.). Arch. Environ. Contam. Toxicol. 17: 239-243

Möller, H. (1985): A critical review on the role of pollution as a cause of fish disease. In Ellis, A.E. (ed.): Fish and shellfish pathology. Academic Press, London. 169-182

Moravec, F., Scholz, T. (1991): Observations on the biology of *Pomphorhynchus laevis* (Zoega in Müller, 1776) (Acanthocephala) in the Rokytná River, Czech and Slovak Federative Republic. J. Heminthol. 28: 23-29

Munro, M.A., Whitfield, P.J., Diffley, R. (1989): *Pomphorhynchus laevis* (Müller) in the flounder, *Platichthys flesus* L., in the tidal river Thames: population structure, microhabitat utilization and reproductive status in the field and under conditions of controlled salinity. J. Fish Biol. 35: 719-735

Pascoe, D., Cram, P. (1977): The effect of parasitism on the toxicity of cadmium to the three-spined stickleback, *Gasterosteus aculeatus* L. J. Fish Biol. 10: 467-472

Pascoe, D., Woodworth, J. (1980): The effect of joint stress on sticklebacks. Z. Parasitenkd. 62: 159-163

Poulin, R. (1992): Toxic pollution and parasitism in freshwater fish. Parasitol. Today 8: 58-61

Reeders, H.H., bij de Vaata, A., Noordhuis, R. (1993): Potential of the zebra mussel (*Dreissena polymorpha*) for water quality management. In: Nalepa, T.F., Schloesser, D.W. (eds.): Zebra mussels: Biology, impacts and control. CRC Press, Boca Raton. 439-452

Riggs, M.R., Lemly, A.D., Esch, G.W. (1987): The growth, biomass and fecundity of *Bothriocephalus acheilognathi* in a North Carolina cooling reservoir. J. Parasitol. 73: 893-900

Rumpus, A.E., Kennedy, C.R. (1974): The effect of the acanthocephalan *Pomphorhynchus laevis* upon the respiration of its intermediate host, *Gammarus pulex*. Parasitology 68: 271-284

Sakanari, J.A., Moser, M., Reilly, C.A., Yoshino, T.P. (1984): Effects of sublethal concentrations of zinc and benzene on striped bass, *Morone saxatilis* (Walbaum), infected with larval *Anisakis* nematodes. J. Fish Biol. 24: 553-563

Scholz, T. (1986): Observations of the ecology of five species of intestinal helminths in perch (*Perca fluviatilis*) from the Macha lake fishpond system, Czechoslovakia. Vst. Cs. Spolec. Zool. 50: 300-320

Siddall, R., Sures, B. (1998): Uptake of lead by *Pomphorhynchus laevis* cystacanths in *Gammarus pulex* and immature worms in chub (*Leuciscus cephalus*). Parasitol. Res. 84: 573-577

Stäb, J.A., Frenay, M., Freriks, I.L., Brinkman, U.A.T., Cofino, W.P. (1995): Survey of nine organotin compounds in the Netherlands using the zebra mussel (*Dreissena polymorpha*) as biomonitor. Environ. Toxicol. Chem. 14: 2023-2032

Sulgostowska, T., Banaczyk, G., Grabda-Kazubska, B. (1987): Helminth fauna of flatfish (Pleuronectiformes) from Gdansk Bay and adjacent areas (south-east Baltic). Act. Parasit. Pol. 31: 231-240

Sures, B. (1996): Untersuchungen zur Schwermetallakkumulation von Helminthen im Vergleich zu ihren aquatischen Wirten. Dissertation, Universität Karlsruhe

Sures, B., Taraschewski, H. (1995): Cadmium concentrations of two adult acanthocephalans (*Pomphorhynchus laevis, Acanthocephalus lucii*) compared to their fish hosts and cadmium and lead levels in larvae of *A. lucii* compared to their crustacean host. Parasitol. Res. 81: 494-497

Sures, B., Taraschewski, H., Jackwerth, E. (1994a): Lead accumulation in *Pomphorhynchus laevis* and its host. J. Parasitol. 80: 355-357

Sures, B., Taraschewski, H., Jackwerth, E. (1994b): Comparative study of lead accumulation in different organs of perch (*Perca fluviatilis*) and in its intestinal parasite *Acanthocephalus lucii*. Bull. Environ. Contam. Toxicol. 52: 269-273

Sures, B., Taraschewski, H., Jackwerth, E. (1994c): Lead content *of Paratenuisentis ambiguus* (Acanthocephala), *Anguillicola crassus* (Nematodes) and their host *Anguilla anguilla*. Dis. Aquat. Org. 19: 105-107

Sures, B., Taraschewski, H., Haug, C. (1995): Determination of trace metals (Cd, Pb) in fish by electrothermal atomic absorption spectrometry after microwave digestion. Anal. Chim. Acta 311: 135-139

Sures, B., Taraschewski, H., Siddall, R. (1997a): Heavy metal concentrations in adult acanthocephalans and cestodes compared to their fish hosts and to established free-living bioindicators. Parassitologia 39: 213-218

Sures, B., Taraschewski, H., Rydlo, M. (1997b): Intestinal fish parasites as heavy metal bioindicators: a comparison between *Acanthocephalus lucii* (Palaeacanthocephala) and the zebra mussel, *Dreissena polymorpha*. Bull. Environ. Contam. Toxicol. 59: 14-21

Sures, B., Taraschewski, H., Rokicki, J. (1997c): Lead and cadmium content of two cestodes *Monobothrium wageneri,* and *Bothriocephalus scorpii*, and their fish hosts. Parasitol. Res. 83: 618-623

Sures, B., Siddall, R., Taraschewski, H (1998): Parasites as accumulation indicators of heavy metal pollution. Parasitol. Today (im Druck)

Taraschewski, H. (1988): Host-parasite interface of fish acanthocephalans. I. *Acanthocephalus anguillae* (Palaeacanthocephala) in naturally infected fishes: LM and TEM investigations. Dis. Aquat. Org. 4: 109-119

Umweltbundesamt (1994): Daten zur Umwelt 1992/93. Erich Schmidt Verlag, Berlin

Valtonen, E.T., Crompton, D.W.T. (1990): Acanthocephala in fish from the Bothnian Bay, Finland. J. Zool. Lond. 220: 619-639

Vethaak, A.D., ap Rheinallt, T. (1992): Fish disease as a monitor for marine pollution: The case of the North Sea. Rev. Fish Biol. 2: 1-32

Zauke, G.P. (1982): Cadmium in Gammaridae (Amphipoda: Crustacea) of the rivers Werra and Weser II. Water Res. 16: 785-792

Zimmermann, S. (1998): Experimentelle Untersuchungen zur Schwermetallakkumulation im Aal und dessen Endoparasiten *Paratenuisentis ambiguus*. Diplomarbeit, Universität Karlsruhe

33 Schwermetallanreicherung in Fischparasiten in Abhängigkeit verschiedener Umweltfaktoren – ein Beitrag zum Einsatz von Endoparasiten als Bioindikatoren für den aquatischen Lebensraum

S. Zimmermann, B. Sures und H. Taraschewski

Abstract

Recent field studies have demonstrated that certain groups of intestinal parasites of fresh water fish such as acanthocephalans and cestodes are able to accumulate large quantities of heavy metals. Due to their high accumulation potential the role of fish parasites as indicators for heavy metal pollution in the aquatic ecosystem is discussed. In contrast to the bioaccumulation in parasites of fresh water fish, nearly no information is available on the heavy metal concentrations in endoparasitic worms of estuarine or marine fish. Preliminary studies have recorded high lead contents in the palaeacanthocephalan *Echinorhynchus gadi* dwelling in the intestine of cod (*Gadus morrhua*). However, it remains still unclear if there is any influence of the water salinity on the bioavailibility of heavy metals to the host and its intestinal worms. Therefore, the lead accumulation in the eoacanthocephalan *Paratenuisentis ambiguus* and in its final host, the European eel (*Anguilla anguilla*) was studied in respect of the water salinity under laboratory conditions. Additionally, the influence of lead uptake (via water versus via nutrition of the eels) on the heavy metal accumulation in the acanthocephalan was investigated.

The results indicate a high accumulation potential of *P. ambiguus* which resembled that of acanthocephalans of fresh water fishes. There is no obvious influence of the water salinity and the mode of uptake on the lead content in the acanthocephalans. In contrast, the lead concentration in the various host tissues (blood, gill, muscle, liver, intestine) depends on the mode of lead uptake. The ratio of the metal concentration in the parasites to that in the host tissue ($C_{[parasite]}/C_{[host\ tissue]}$) was higher following the lead exposure via nutrition than via water.

By combining the results obtained from the parasites with those from the host, more detailed knowledge of the environmental situation can be acquired than by observing a single species. Therefore, host-parasite-systems gain a new significance as informative bioindicators in estuarine and marine environments.

Zusammenfassung

Untersuchungen aus jüngster Zeit zeigen, daß Helminthen aus dem Darm limnischer Fische Schwermetalle wie z.B. Blei anreichern können. Aufgrund ihrer hohen Anreicherungskapazität bietet sich der Einsatz solcher Parasiten als Akkumulationsindikatoren an. Im Gegensatz zur Schwermetallanreicherung in Würmern von Süßwasserfischen ist zu dem Akkumulationsverhalten von Helminthen aus dem estuarinen oder marinen Lebensraum bisher nur wenig bekannt. Erste Hinweise für eine Bleianreicherung ergeben sich aus Untersuchungen an dem Palaeacanthocephalen *Echinorhynchus gadi*, der im Darm von Dorschen parasitiert. Es stellt sich jedoch die Frage, ob die Verfügbarkeit von Metallen für Fische und deren intestinale Helminthen durch die Salinität des Wassers beeinflußt wird. Im Laborexperiment wurde daher die Bleianreicherung in dem Eoacanthocephalen *Paratenuisentis ambiguus* und seinem Endwirt, dem Europäischen Aal (*Anguilla anguilla*), in Abhängigkeit von der Salinität des Wassers untersucht. Zusätzlich wurde der Einfluß des Pb-Applikationsweges (über das Wasser oder die Nahrung der Aale) auf die Pb-Anreicherung in den Acanthocephalen studiert.

Die Ergebnisse zeigen, daß nach einer 4wöchigen Pb-Exposition in den Endoparasiten die signifikant höchsten Pb-Konzentrationen verglichen mit den verschiedenen Wirtsgeweben (Blut, Kieme, Muskulatur, Leber, Darm) vorlagen. Es konnte kein Einfluß der Salinität oder des Applikationsmodus auf die Pb-Anreicherung in den Parasiten festgestellt werden. Im Gegensatz dazu beeinflußt der Applikationsmodus die Verteilung des Bleis in den verschiedenen Aalgeweben. Dieser Einfluß schlägt sich auch auf den Anreicherungsfaktor von Blei in dem Acanthocephalen ($C_{[Parasit]}/C_{[Wirtsgewebe]}$) nieder. Der Anreicherungsfaktor liegt bei der Applikation des Bleis mit dem Futter im Mittel höher als bei der Hälterung der Aale in Blei-haltigem Wasser.

Da der Applikationsmodus die Pb-Verteilung im Fisch beeinflußt und zudem nur eine vergleichsweise geringe Akkumulation in den Fischgeweben vorliegt, läßt sich der Fisch weniger universell als Indikatororganismus verwenden als dessen Darmparasiten. Aber durch eine Kombination von parasitenspezifischen mit wirtstypischen Aussagen können in Zukunft detailliertere Erkenntnisse über die Umweltzustände gewonnen werden als bei der Betrachtung einzelner Indikatororganismen. Wirt-Parasit-Systeme stehen somit jetzt auch in estuarinen und marinen Lebensräume als informative Bioindikatoren zur Verfügung.

33.1 Einleitung

In den letzten Jahren stieg das Interesse an Parasiten als potentielle Bioindikatoren für Umweltveränderungen im aquatischen Lebensraum zunehmend an (MacKenzie et al. 1995, Lafferty 1997, Sures et al. 1998). Untersuchungen aus jüngster Zeit zeigen, daß Helminthen aus dem

Darm limnischer Fische in hohem Maße Schwermetalle wie z.B. Blei und Cadmium anreichern können. Dies wurde sowohl für einige Acanthocephalen (Sures et al. 1994a, b, Sures und Taraschewski 1995) als auch Cestoden (Sures et al. 1997a) bestätigt. Riggs et al. (1987) beschreiben außerdem erhöhte Selen-Konzentrationen in dem Cestoden *Bothriocephalus acheilognathi* verglichen mit dem Gewebe der Wirtsfische. Aufgrund ihrer hohen Anreicherungskapazität bietet sich der Einsatz solcher Parasiten als Akkumulationsindikatoren für Schwermetalle im aquatischen Lebensraum an (Sures et al. 1997b, c, 1998).

Im Gegensatz zur Schwermetallanreicherung in Würmern von Süßwasserfischen ist zu dem Akkumulationsverhalten von Helminthen aus dem estuarinen oder marinen Lebensraum bisher nur wenig bekannt. Erste Hinweise für eine Bleianreicherung ergeben sich aus eigenen Untersuchungen an dem Palaeacanthocephalen *Echinorhynchus gadi*, der im Darm von Dorschen parasitiert. Auch für den Cestoden *Bothriocephalus scorpii* aus dem Darm von Steinbutten konnte eine Anreicherung des Schwermetalls Cadmium nachgewiesen werden. Die Bleigehalte dieses Parasiten lagen jedoch unterhalb der Bleibelastungen der Fischleber (Sures et al. 1997a). Somit stellt sich die Frage, inwieweit die Salinität des Wassers die Bioverfügbarkeit und damit die Schwermetallgehalte im Fisch und dessen Endoparasiten beeinflußt.

Eine weitere bedeutende Einflußgröße auf die Schwermetallakkumulation im Wirt und dessen Darmparasiten könnte die Expositionsquelle darstellen. Während bei der Aufnahme über die Kiemen die Schwermetalle erst mehrere Gewebebarrieren überwinden müssen, bevor sie in den Darm und damit zu den Parasiten gelangen, sind sie bei oraler Aufnahme den intestinalen Parasiten direkt zugänglich. Bezüglich des Aufnahmeweges von Blei in Fischen gibt es in der Literatur unterschiedliche Angaben (Hofer und Lackner 1995, Köck 1996). Obwohl ionisches Blei besonders leicht über die Kiemen in den Fisch gelangt, dürfte bei geringen Pb-Konzentrationen im Wasser ein wesentlicher Teil der Bleiaufnahme auch über die Nahrung erfolgen (Köck 1996).

Erstmalig wurde nun in einer Laborstudie die Anreicherung und Verteilung des Schwermetalls Blei am Beispiel des Wirt-Parasit-Systems Europäischer Aal (*Anguilla anguilla*) und *Paratenuisentis ambiguus* (Eoacanthocephala) in Abhängigkeit folgender wichtiger Einflußparameter untersucht (Zimmermann 1998):

- Salinität des Wassers
- Applikationsmodus des Schwermetalls (Exposition über die Nahrung oder über das Wasser)

Freilanduntersuchungen an Aalen aus der Weser zeigen, daß *P. ambiguus* unter limnischen Bedingungen Blei gegenüber dem Wirtsgewebe anreichert (Sures et al. 1994c). Ursprünglich stammt dieser Fischparasit aus den Estuarien der Ostküste Nordamerikas, wo er im Amerikanischen Aal (*Anguilla rostrata*) parasitiert (Samuel und Bullock 1981). Dieses Wirt-Parasit-System zeichnet sich daher durch das Anpassungsvermögen an ein weites Salinitätsspektrum aus. In Europa ist *P. ambiguus* ein Neozoon, das im Europäischen Aal parasitiert und dessen Verbreitung mit dem Auftreten seines Zwischenwirtes *Gammarus tigrinus* korreliert (Taraschewski et al. 1987). Der Entwicklungszyklus des Parasiten durchläuft mehrere Stadien mit einem Wirtswechsel (Samuel und Bullock 1981). Die adulten Würmer leben im Darm des Aals, in den die Weibchen nach der Befruchtung reife Eier abgeben. Mit dem Kot des Aals gelangen die Eier ins Wasser, wo sie vom Zwischenwirt *G. tigrinus* gefressen werden. Im Darm des Amphipoden schlüpft der Acanthor, der ins Hämocoel wandert und sich dort zur Acanthella differenziert, die schließlich zur infektiösen Cystacanthus-Larve heranwächst. Wird dieses Stadium im Flohkrebs von einem Aal gefressen, wächst es im Darm des Endwirts zum adulten Kratzer heran.

33.2 Material und Methoden

Mit *P. ambiguus* infizierte Aale wurden im Juni 1997 von einem Berufsfischer aus der Weser bei Petershagen gefangen. Die Aale hatten eine Masse von 54-244 g und eine Länge von 33-52 cm. Zwei Wochen vor Beginn des Experimentes wurden die Aale in sechs Gruppen zu je 12 Tieren auf sechs belüftete 100 l Aquarien nach dem Zufallsprinzip aufgeteilt. Die verschiedenen Versuchsgruppen sind in Tabelle 33-1 dargestellt.

Tab. 33-1: Übersicht über die Versuchsgruppen

Gruppen-Bezeichnung	Hälterungswasser		Pb-Applikation	
	Süßwasser[1]	Salzwasser[2]	Futter[3]	Wasser[4]
Kontrolle, Süßwasser	+	–	–	–
Kontrolle, Salzwasser	–	+	–	–
Pb-Futter, Süßwasser	+	–	+	–
Pb-Futter, Salzwasser	–	+	+	–
Pb-Wasser, Süßwasser	+	–	–	+
Pb-Wasser, Salzwasser	–	+	–	+

[1]: Leitungswasser aus dem Karlsruher Trinkwasserversorgungsnetz
[2]: wie [1], jedoch durch Zusatz von NaCl mit einer Salinität von etwa 17 ‰
[3]: Applikation von 0,6 mg Pb^{2+} pro Mahlzeit und Tier, zweimal pro Woche
[4]: mit Blei kontaminiertes Hälterungswasser ($c_{Pb^{2+}}$ = 0,5 mg/l)

Die Hälterung erfolgte bei einer Wassertemperatur von 20 °C. Der pH-Wert des Hälterungswassers lag zwischen 7,9 und 8,3. Pro Woche wurde dreimal ein Wasserwechsel durchgeführt. Die Tiere der drei „Salzwasser"-Gruppen (Tab. 33-1) wurden drei Tage vor der Bleiapplikation in Hälterungswasser mit einer Salinität von etwa 17 ‰ überführt. Die Fütterung der Aale erfolgte zweimal pro Woche über eine Ernährungssonde. Je nach Applikationsmodus wurde dem Nahrungsbrei bzw. dem Hälterungswassers Bleinitrat ($Pb(NO_3)_2$) zugesetzt (Tab. 33-1).

Die Probenahme (Blut, Kieme, Muskulatur, Leber, Darm) erfolgte nach vierwöchiger Expositionszeit mit Edelstahlbesteck, das zuvor mit 0,1 molarer EDTA-Lösung und bidestilliertem Wasser gereinigt wurde. Die Acanthocephalen der Art *P. ambiguus* wurden aus dem Aaldarm gesammelt und die Prävalenz und Befallsintensität entsprechend der Definition nach Margolis et al. (1982) ermittelt.

Der Aufschluß der Proben erfolgte nach Sures et al. (1995) mit 65 %iger Salpetersäure in einem Mikrowellenofen. Neben den Fisch- und Parasitenproben wurden zusätzlich 54 Reagentienblindproben zur Ermittlung der Nachweis- und Bestimmungsgrenze aufgeschlossen (Kaiser 1966). Weiterhin wurden zur Überprüfung der Wiederfindungsrate Muskel- bzw. Leberproben mit Blei dotiert und aufgeschlossen.

Für die Schwermetallanalyse wurde ein Graphitrohr-Atomabsorptionsspektrometer der Firma Perkin-Elmer (Model 4100ZL) mit Zeeman-Untergrundkorrektur eingesetzt. Die Ermittlung der Metallkonzentration in den Proben erfolgte nach dem Standardadditionsverfahren (Jackwerth 1982). Hierfür wurden für jede Probeart (Blindproben, verschiedene Fischproben, Parasitenproben) Regressionsgeraden (Korrelationsfaktor $r > 0,99$) bestimmt, wobei die Peakfläche (Ext s) des Meßsignals über der eingesetzten Pb-Konzentration aufgetragen wurde.

Die Bestimmungsgrenze für Blei lag bei der angewendeten Analysemethode bei einer Probeneinwaage von 160 mg bei 0,38 ng/mg Frischgewicht. Die mittlere Wiederfindungsrate für mit Blei dotierte Muskel- bzw. Leberproben betrug 107 % bzw. 113 %.

Der Anreicherungsfaktor berechnete sich als Quotient aus der Pb-Konzentration in den Parasiten und derjenigen im Aalgewebe.

Für die statistische Auswertung der Ergebnisse wurde zum Vergleich der Bleigehalte in den verschiedener Versuchsgruppen der U-Test (Mann & Whitney) bzw. der H-Test (Kruskal-Wallis-Test), beim Vergleich der Pb-Konzentrationen in den unterschiedlichen Gewebe- bzw. Parasitenproben innerhalb einer Versuchsgruppe der Vorzeichen-Rang-Test von Wilcoxon bzw. der Friedman-Test angewendet. Dabei wurde jeweils ein Signifikanzniveau von $p \leq 0,05$ zugrunde gelegt.

33.3 Ergebnisse

Die mittlere Befallsintensität mit *P. ambiguus* lag bei einer Prävalenz von 94 % bei 16 Würmern

pro Aal. Beim Vergleich der „Süßwasser"-Gruppen mit den „Salzwasser"-Gruppen zeigte sich keine Beeinflußung des Parasitenbefalls durch die Salinität.
Die Bleigehalte der verschiedenen Proben aus den Kontrollgruppen lagen stets unterhalb der Bestimmungsgrenze. Auch die Pb-Konzentration der Fischmuskulatur unterschritt in allen Versuchsgruppen die Bestimmungsgrenze. In allen Pb-exponierten Gruppen konnte in den Endoparasiten die signifikant höchste Pb-Konzentration verglichen mit den verschiedenen Aalgeweben analysiert werden (Abb. 33-1). Die Bleigehalte der Acanthocephalen zeigten keine signifikanten Unterschiede in Abhängigkeit von der Salinität des Hälterungswasser. Bezüglich des Applikationsweges lagen ebenfalls keine signifikanten Gruppenunterschiede in den Pb-Konzentrationen der Würmer vor.
Im Gegensatz zur Bleianreicherung in den Parasiten beeinflußte der Applikationsmodus die Verteilung des Bleis in den verschiedenen Wirtsgeweben (Abb. 33-1). Für Kieme, Leber und Blut der Aale fanden sich bei der Bleiapplikation über das Wasser signifikant höhere Bleigehalte in den Fischen als bei oraler Applikation. Dieser Einfluß schlug sich auch auf den Anreicherungsfaktor nieder (Abb. 33-2). Während bei der Bleigabe über die Nahrung der mittlere Anreicherungsfaktor der Parasiten gegenüber dem Aalblut etwa 76 betrug, hatten die Parasiten bei der Applikation über das Wasser nur etwa doppelt so viel Blei wie das Aalblut. Ähnliche Verhältnisse zeigten sich auch bei den Anreicherungsfaktoren, die sich auf den Bleigehalt im Darm- bzw. im Lebergewebe des Endwirtes beziehen (Abb. 33-2).

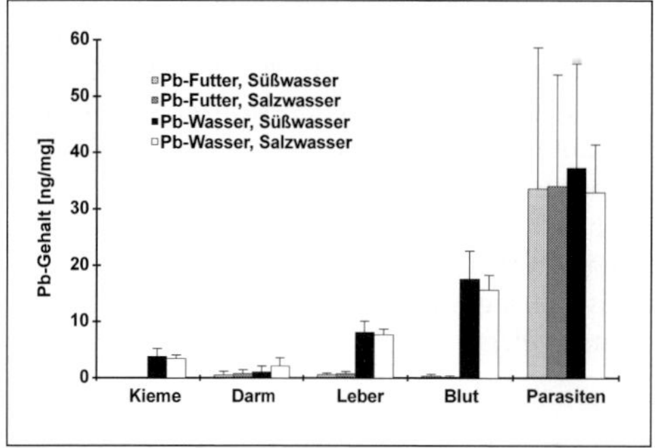

Abb. 33-1: Graphische Darstellung der Pb-Gehalte in verschiedenen Geweben des Aals und in dessen Endoparasiten *Paratenuisentis ambiguus* in Abhängigkeit des Applikationsweges und der Salinität des Wassers

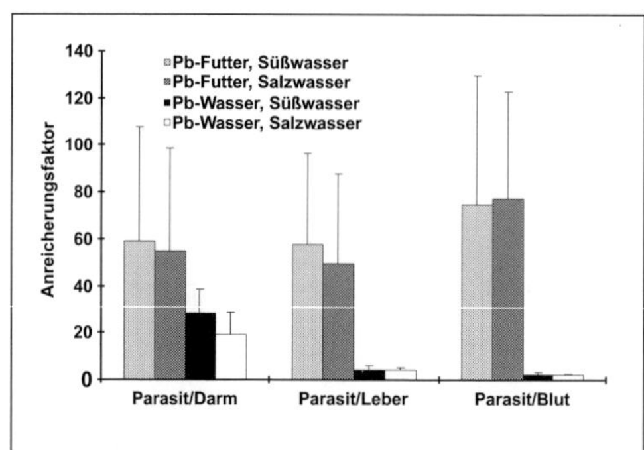

Abb. 33-2: Graphische Darstellung der Pb-Anreicherung in *Paratenuisentis ambiguus* gegenüber verschiedenen Geweben des Aals in Abhängigkeit des Applikationsweges und der Salinität des Wassers

33.4 Diskussion

Für Abwasser aus der Herstellung, Weiterverarbeitung oder Anwendung legt das Abwasserabgabegesetz in Deutschland einen Pb-Grenzwert von 0,5 mg/l fest. Die Ergebnisse der vorliegenden Studie zeigen, daß bei dieser Pb-Konzentration sowohl in den verschiedenen Fischgeweben als auch in den Darmparasiten deutlich erhöhte Pb-Werte gegenüber der Kontrolle vorlagen. Auch schon bei niedrigeren Bleigehalten im Wasser konnte eine Bleianreicherung in Wirt und Parasit nachgewiesen werden (Siddall und Sures 1998).
Zur Schwermetallakkumulation in Fischen und deren Parasiten liegen bisher überwiegend Kenntnisse aus Untersuchungen an limnischen Gewässern vor. In Cestoden der Art *Monobothrium wageneri* aus der Schleie konnten z.B. gegenüber der Wirtsmuskulatur 150-fach höhere Pb-Konzentrationen ermittelt werden (Sures et al. 1997a). Noch wesentlich höhere Pb-Anreicherungen wurden in den Palaeacanthocephalen *Pomphorhynchus laevis* aus Döbeln (Sures et al. 1994b) und *Acanthocephalus lucii* aus Barschen (Sures et al. 1994a) nachgewiesen. Außerdem dokumentieren Sures et al. (1994c) eine Bleiakkumulation gegenüber dem Wirtsgewebe in den

Eoacanthocephalen *Paratenuisentis ambiguus* aus Freilandaalen der Weser. Einflußfaktoren wie die Salinität des Wassers und der Aufnahmeweg des Schwermetalls in die Fische wurden bisher jedoch bei der Bewertung der Ergebnisse noch nicht berücksichtigt.
Zum Akkumulationsverhalten von Endoparasiten aus dem marinen Lebensraum liegen bisher nur wenige Arbeiten vor. Eigene Freilanduntersuchungen an dem Palaeacanthocephalen *Echinorhynchus gadi* aus dem Darm von Dorschen geben erste Hinweise auf eine Bleianreicherung. Gerade im marinen Bereich ist der Einsatz von Akkumulationsindikatoren wichtig, da die im Meerwasser vorliegenden Konzentrationen an Blei und anderen Schwermetallen im allgemeinen weit niedriger sind als in limnischen Gewässern (Merian 1991).
Die Ergebnisse der vorliegenden Laborstudie zeigen, daß die Salinität des Wassers weder die Bleigehalte in *P. ambiguus* noch die Bleigehalte der verschiedenen Aalgewebe beeinflußte. Dies bedeutet, daß der Salzgehalt des Wassers die Bioverfügbarkeit der Pb-Ionen nicht verringerte. Somit könnte mit dem euryhalinen Wirt-Parasit-System Aal und *P. ambiguus* ein neues Bioindikator-System für Schwermetallkontaminationen in Gewässern unterschiedlicher Salinität vorliegen, das sowohl für passives als auch aktives Biomonitoring einsetzbar wäre. Aufgrund der hohen Anpassungsfähigkeit des Aals an einen weiten Salinitätsbereich und des fehlenden Einflusses der Salinität auf den Parasitenbefall und das Bleianreicherungsvermögen, könnten zum aktiven Monitoring experimentell infizierte Aale in Käfigen in limnische, estuarine oder auch marine Gewässer ausgebracht werden.
Da der Applikationsmodus die Aufnahme und Verteilung des Bleis im Fisch beeinflußt, läßt sich der Fisch weniger universell als Indikatororganismus verwenden als dessen Parasiten. Durch Kombination von parasitenspezifischen mit wirtstypischen Aussagen können in Zukunft detailliertere Erkenntnisse über die Umweltzustände gewonnen werden als bei der Betrachtung eines einzelnen Indikatororganismuses. Ein Beispiel hierfür ist der Anreicherungsfaktor (Sures et al. 1998). Es ist anzunehmen, daß nicht nur der Applikationsweg, sondern auch die Expositionszeit – bedingt durch die unterschiedlichen biologischen Halbwertszeiten – die Pb-Anreicherung in den Parasiten gegenüber den verschiedenen Wirtsgeweben beeinflußt. Ausgehend davon, daß das Ernährungsverhalten des Wirtes konstant ist (z.B. bei aktivem Monitoring), könnten anhand des Anreicherungsfaktors Aussagen über die Expositionsdauer getroffen werden. Es ist zu erwarten, daß bei lang anhaltender Exposition die Pb-Konzentration sowohl in den Parasiten als auch in den Fischgeweben relativ hoch sein wird, während bei kurzer Expositionsdauer nur in den Parasiten hohe Pb-Werte vorliegen dürften (Sures et al. 1998).
Während Wasseranalysen nur Aussagen über zeitlich und räumlich eng umschriebene Bereiche zulassen, können Parasiten in Abhängigkeit ihrer Lebensdauer bzw. des Wanderverhaltens ihrer Wirte integrale Ergebnisse über Zeit und Ort zur Schwermetallbelastung des aquatischen Lebensraumes liefern. Dies könnte sich besonders für die Beurteilung der Schwermetallbelastung von größeren Arealen wie z.B. Seen, Regionen der Ostsee oder Nordsee usw. als bedeutsam erweisen.
In Anbetracht dessen, daß verschiedene Darmparasiten Schwermetalle in beachtlichen Mengen gegenüber den Wirtsfischen anreichern, dürfte sich eine Parasitierung auch wesentlich auf den Schwermetallgehalt im Fischgewebe auswirken (Sures 1996). Bei der Beurteilung der Schwermetallbelastungen in Fischen muß daher immer eine parasitologische Betrachtung eingeschlossen werden.
Aus dem Blickwinkel der Bioindikation erlangen die Parasiten somit eine neue Bedeutung. Aufgrund ihrer Ubiquität und Vielfalt stellen die zahlreichen Wirt-Parasit-Systeme ein vielversprechendes Potential an informativen Bioindikatoren dar.

Danksagung

Der Gesellschaft für Umweltmessungen und Umwelterhebungen mbH (UMEG, Karlsruhe) sei für die Bereitstellung des Atomabsorptionsspektrometers gedankt.

Literatur

Hofer, R., Lackner, R. (1995): Fischtoxikologie. Gustav Fischer Verlag, Jena, Stuttgart

Jackwerth, E. (1982): Zur Eliminierung systematischer Fehler: Möglichkeiten und Probleme des Standardadditionsverfahrens. CLB 33: 29-34

Kaiser, H. (1966): Zur Definition der Nachweisgrenze, der Garantiegrenze und der dabei benutzten Begriffe. Z. Anal. Chem. 216: 80-93

Köck, G. (1996): Die toxische Wirkung von Schwermetallen auf Fische – Beiträge zur Festlegung von Immisionsbereichen für Kupfer, Cadmium, Quecksilber, Chrom, Nickel, Blei und Zink aus fischbiologischer Sicht. In: Steinberg, C., Bernhardt, H., Klapper, H. (eds.): Handbuch Angewandte Limnologie: Grundlagen; Gewässerbelastung; Restaurierung; aquatische Ökotoxikologie; Bewertung; Gewässerschutz. Ecomed Verlagsgesellschaft, Landsberg am Lech. 1-167

Lafferty, K.D. (1997): Environmental parasitology: What can parasites tell us about human impacts on the environment? Parasitol. Today 13: 251-255

MacKenzie, K., Williams, H.H., Williams, B., McVicar, A.H., Siddall, R. (1995): Parasites as indicators of water quality and the potential use of helminth transmission in marine pollution studies. Adv. Parasitol. 35: 85-144

Margolis, L., Esch, G.W., Holmes, J.C., Kuris, A.M., Schad, G.A. (1982): The use of ecological terms in parasitology. J. Parasitol. 68: 131-133

Merian, E. (ed.) (1991): Metals and their compounds in the environment: Occurence, analysis and biological relevance. VCH, Weinheim

Riggs, M.R., Lemly, A.D., Esch, G.W. (1987): The growth, biomass and fecundity of *Bothriocephalus acheilognathi* in a North Carolina cooling reservoir. J. Parasitol. 73: 893-900

Samuel, G., Bullock, W. (1981): Life cycle of *Paratenuisentis ambiguus* (Van Cleave, 1921) Bullock and Samuel, 1975 (Acanthocephala, Tenuisentidae). J. Parasitol. 67: 214-217

Siddall, R., Sures, B. (1998): Uptake of lead by *Pomphorhynchus laevis* cystacanths in *Gammarus pulex* and immature worms in chub (*Leuciscus cephalus*). Parasitol. Res. 84: 573-577

Sures, B. (1996): Untersuchungen zur Schwermetallakkumulation von Helminthen im Vergleich zu ihren aquatischen Wirten. Dissertation, Universität Karlsruhe

Sures, B., Taraschewski, H. (1995): Cadmium concentrations of two adult acanthocephalans (*Pomphorhynchus laevis, Acanthocephalus lucii*) compared to their fish hosts and cadmium and lead levels in larvae of *A. lucii* compared to their crustacean host. Parasitol. Res. 81: 494-497

Sures, B., Taraschewski, H., Jackwerth, E. (1994a): Comparative study of lead accumulation in different organs of perch (*Perca fluviatilis*) and in its intestinal parasite *Acanthocephalus lucii*. Bull. Environ. Contam. Toxicol. 52: 269-273

Sures, B., Taraschewski, H., Jackwerth, E. (1994b): Lead accumulation in *Pomphorhynchus laevis* and its host. J. Parasitol. 80: 355-357

Sures, B., Taraschewski, H., Jackwerth, E. (1994c): Lead content *of Paratenuisentis ambiguus* (Acanthocephala), *Anguillicola crassus* (Nematodes) and their host *Anguilla anguilla*. Dis. Aquat. Org. 19: 105-107

Sures, B., Taraschewski, H., Haug, C. (1995): Determination of trace metals (Cd, Pb) in fish by electrothermal atomic absorption spectrometry after microwave digestion. Anal. Chim. Acta 311: 135-139

Sures, B., Taraschewski, H., Rokicki, J. (1997a): Lead and cadmium content of two cestodes *Monobothrium wageneri* and *Bothriocephalus scorpii*, and their fish hosts. Parasitol. Res. 83: 618-623

Sures, B., Taraschewski, H., Rydlo, M. (1997b): Intestinal fish parasites as heavy metal bioindicators: a comparison between *Acanthocephalus lucii* (Palaeacanthocephala) and the zebra mussel, *Dreissena polymorpha*. Bull. Environ. Contam. Toxicol. 59: 14-21

Sures, B., Taraschewski, H., Siddall, R. (1997c): Heavy metal concentrations in adult acanthocephalans and cestodes compared to their fish hosts and to established free-living bioindicators. Parassitologia 39: 213-218

Sures, B., Siddall, R., Taraschewski, H. (1998): Parasites as accumulation indicators of heavy metal pollution. Parasitol. Today (im Druck)

Taraschewski, H., Moravec, F., Lamah, T., Anders, K. (1987): Distribution and morphology of two helminths recently introduced into European eel populations: *Anguillicola crassus* (Nematoda, Dracunculoidea) and *Paratenuisentis ambiguus* (Acanthocephala, Tenuisentidae). Dis. Aquat. Org. 3: 167-176

Zimmermann, S. (1998): Experimentelle Untersuchungen zur Schwermetallakkumulation im Aal und dessen Endoparasiten *Paratenuisentis ambiguus*. Diplomarbeit, Universität Karlsruhe

34 Die Eignung von *Potamopyrgus antipodarum* als Effektmonitor zur Beurteilung der Schwermetallbelastung von Fließgewässern am Beispiel der Neiße

M. Oetken, J. Oehlmann, U. Schulte-Oehlmann, C. Hannich und B. Markert

Abstract

Water samples from the Lausitzer Neisse were taken in monthly intervals over a year from sites ranging from its source in the Czech Republic to downstream of Görlitz, a distance of 120 km. The heavy metal contamination was then analysed using ICP-MS. Particulary in its headwaters, the Neisse water is characterised by relatively high heavy metal concentrations exhibiting an extreme variability. These are at least in part caused by effluents from industrial plants. For the consideration of spatial and time variations and to allow statements about the biological availability of different heavy metals, various biological monitors were used. The well-established biotests for the monitoring of wastewater (algae, daphnia and bacteria luminescence assays) proved to be insufficiently sensitive. The reproduction rate of *Potamopyrgus antipodarum*, to the contrary, showed an extraordinary high sensitivity in laboratory investigations when exposed to the model substance cadmium already within relatively short periods of time. During laboratory exposure to actual environmental samples, a significant reduction of embryos was assessed with a significant dependence from cadmium concentrations in water samples. Active monitoring in the Neiße over a period of several weeks showed comparable results.

Zusammenfassung

Die Lausitzer Neiße wurde von der Quelle in Tschechien bis unterhalb der Stadt Görlitz (120 km Fließstrekke) in monatlichen Intervallen ein Jahr beprobt und die Schwermetallbelastung mit Hilfe der ICP-MS ermittelt. Das Neißewasser weist insbesondere im Oberlauf erhöhte Schwermetallkonzentrationen auf, die allerdings einer großen zeitlichen Variabilität unterliegen und vermutlich durch Einleitungen diverser Industriebetriebe verursacht werden. Um das Raum-Zeit-Problem zu erfassen und auch Aussagen über die biologische Verfügbarkeit unterschiedlicher Schwermetalle machen zu können, wurden verschiedene biologische Monitore eingesetzt. Dabei erwiesen sich die in der Abwasserüberwachung etablierten Biotests (Algen-, Daphnien- und Leuchtbakterientest) als zu unempfindlich. Im Gegensatz dazu zeigte der Endpunkt Reproduktion bei *Potamopyrgus antipodarum* im Laborversuch eine außerordentlich hohe Empfindlichkeit gegenüber der Modellsubstanz Cadmium nach vergleichsweise kurzer Expositionsdauer. Bei Exposition in realen Umweltproben konnte eine signifikante Reduktion der Embryonenzahl mit steigender Cadmiumkonzentration in den Proben feststellt werden. Vergleichbare Ergebnisse ließen sich im Zuge des aktiven Monitorings über mehrere Wochen zeigen.

34.1 Einleitung

Die Neiße wird in monatlichen Intervallen durch polnische, tschechische und deutsche Behörden untersucht. Im Rahmen dieser routinemäßigen Fließgewässerüberwachung werden u.a. die Schwermetallkonzentrationen durch direkte Messungen im freien Wasserkörper erfaßt. Ein wesentlicher Nachteil der chemisch-physikalischen Gewässeranalytik ist, daß kaum Aussagen im Hinblick auf eine potentielle Gefährdung der Fließgewässerbiozönose möglich sind. Somit kann eine Abschätzung des Biotoxizitätspotentials und der Bioverfügbarkeit im Rahmen derartiger Untersuchungen nicht erfolgen. Aus diesem Grunde wird in zunehmendem Maße der Einsatz von Methoden des biologischen Effektmonitorings in der Fließgewässerüberwachung gefordert (Schirmer et al. 1992, Steinberg et al. 1992, Pluta et al. 1994), da sich auf diese Weise die Belastungsverhältnisse über einen längeren Zeitraum integrieren lassen. Darüber hinaus ist der Nachweis von in der fließenden Welle niedrig konzentrierten Schadstoffen anhand verschiedener physiologischer und morphologisch-histopathologischer Wirkungen auf den Testorganismus möglich.
Aufgrund der niedrigen Konzentrationen von Schwermetallen in Oberflächengewässern erwiesen sich die in der Abwasserüberwachung und bei der Neuzulassung von Chemikalien nach dem Chemikaliengesetz etablierten Biotests (Algen-, Daphnien- und Leuchtbakterientest) als zu wenig sensitiv. Dies macht die Entwicklung empfindlicherer Biotestverfahren erforderlich.
In dem vorliegenden Beitrag werden erste, orientierende Ergebnisse einer Untersuchung zum Einsatz von Effektmonitoren in gering belasteten Fließgewässern am Beispiel der Neiße gezeigt. Dabei ist es u.a. das Ziel zu überprüfen, ob die Zwergdeckelschnecke *Potamopyrgus antipodarum* als aktiver Monitororganismus zum Nachweis von Schwermetallen in Fließgewässern geeignet ist.

34.2 Material und Methoden

34.2.1 Untersuchungsgebiet

Die Lausitzer Neiße entspringt im Isergebirge (Tschechische Republik) nordöstlich von Jablonec (Abb. 34-1), durchzieht Jablonec und Liberec und fließt dann in nordwestlicher Richtung weiter. Bei Hartau erreicht die Neiße das Dreiländereck Polen/Tschechien/Deutschland, fließt in nördlicher Richtung weiter durch Zittau und Görlitz und bildet dabei die Grenze zu Polen. Nach 260 km mündet sie in die Oder. Wichtigste Nebenflüsse im Untersuchungsgebiet sind Mandau und Pließnitz.

Die Neiße wurde von der Quelle bis Deschka (120 km Flußlauf) untersucht. Die Auswahl der Probestellen an der Neiße orientierte sich dabei an den Untersuchungsstellen, die im Rahmen der Gewässerüberwachung tschechischer, polnischer und deutscher Behörden beprobt werden.

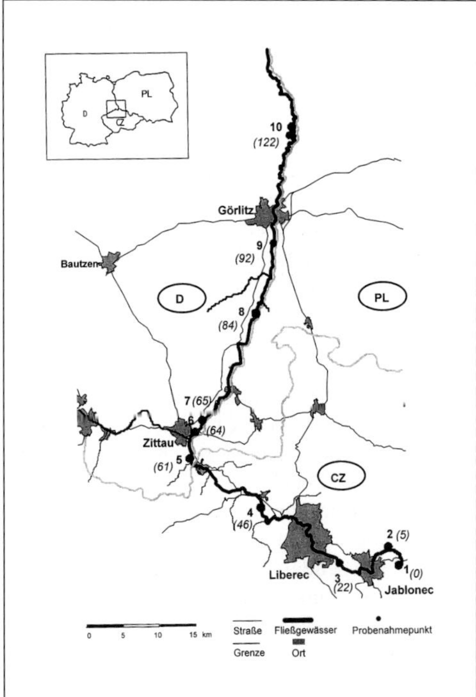

Abb. 34-1: Lage des Untersuchungsgebietes. Verlauf der Lausitzer Neiße von der Quelle in Tschechien bis unterhalb von Görlitz (in Klammern die Flußkilometrierung)

Tab. 34-1: Lage der Probenahmestellen mit zugehörigen Rechts- und Hochwerten (Gauß-Krüger-Koordinaten)

Nr.	Probenahmeort	Rechtswert	Hochwert
1	Quelle	55.16.050	56.22.200
2	Jindrichov	55.17.400	56.14.200
3	Prosec links	55.08.000	56.22.600
4	Andelska Hora links	54.97.300	56.30.000
5	Hartau links	54.87.500	56.36.700
6	Zittau links (oberhalb Kläranlage)	54.88.600	56.40.600
7	Zittau links (unterhalb Kläranlage)	54.88.600	56.40.600
8	Marienthal links	54.95.800	56.56.800
9	Görlitz links	54.99.500	56.65.300
10	Deschka links	55.02.200	56.80.800

Die genaue Lage der Probestellen gibt Tabelle 34-1 mit den zugehörigen Hoch- und Rechtswerten (Gauß-Krüger) wieder.

34.2.2 Chemische Methoden

Die Neiße wurde linksseitig in monatlichen Intervallen während des Jahres 1997 untersucht. Die Proben wurden in einer Entfernung von 1 m vom Ufer in 10 und 40 cm Tiefe mit jeweils 3-facher Wiederholung genommen, in 100 ml-PE-Schraubgefäße gefüllt und mit 1 ml HNO_3 (65 % suprapur) angesäuert (Cowgill 1994). Alle Gefäße wurden vor der Probenahme ebenfalls mit HNO_3 (65 % suprapur) gereinigt.

Die Schwermetallgehalte Cadmium (Cd), Chrom (Cr), Cobalt (Co), Kupfer (Cu), Nickel (Ni), Blei (Pb), Vanadium (V) und Zink (Zn) von Wasserproben aus der Neiße und in Geweben von *Potamopyrgus antipodarum* wurden mit Hilfe der Elan 5000 (Perkin Elmer, Überlingen) ermittelt.

Für die ICP-MS-Analytik wurden die Gewebeproben gefriergetrocknet (Alpha 1-4, Christ, Osterrode/Harz) und jeweils 20 mg TS in Aufschlußgefäßen aus Teflon eingewogen. Nach Zugabe von 2 ml HNO_3 (65 % subboiled) und 1 ml H_2O_2 (30 %, suprapur) erfolgte ein mikrowellenunterstützter Druckaufschluß (MLS 1200 mega, Microwave Lab Systems, Leutkirch). Eine Rhodiumlösung (je 50 µl einer 10 mg/l Stammlösung) diente bei der Elementmes-

Tab. 34-2: Geräteeinstellung bei der Multielementanalyse (ICP-MS)

CEM-Spannung	3,72 V
Plasma	1000 W
Argonvordruck	4,4 bar
Argonfluß	15 l/min
Zerstäubergas	0,92 l/min
Plasmagasfluß	0,81 l/min

sung als interner Standard. Tabelle 34-2 gibt die Geräteeinstellung des ICP-MS-Systems wieder.

34.2.3 Biologische Methoden

Die Vertreter der Gattung *Potamopyrgus* (Gastropoda, Prosobranchia) leben überwiegend auf der südlichen Halbkugel. In Europa kommt nur die Art *Potamopyrgus antipodarum* (Zwergdeckelschnecke) vor, die früher als *Hydrobia jenkinsi* bezeichnet wurde (Ponder 1988). Die aus Neuseeland stammende Schnekke wurde 1883 erstmalig in England entdeckt und 1889 von E.A. Smith beschrieben (Boettger 1951). Nachdem *Potamopyrgus antipodarum* 1908 das Festland besiedelt hatte, folgte eine rasche Ausbreitung. Bereits 1922 wurde sie in der Saale, 1932 im Elbe-Trave-Kanal (Frömming 1956) und 1986 erstmals in Gewässern Oberschlesiens gefunden (Strzelec und Krodkiewska 1994). Für die rasante Ausbreitung dieser Neozoe ist in erster Linie deren parthenogenetische Fortpflanzungsweise verantwortlich (Lassen 1979, Dussart 1977). Real (1971) gibt an, daß ein Weibchen bis zu 230 Nachkommen pro Jahr produziert. Die Weibchen bringen im Gegensatz zu den meisten anderen Arten innerhalb der Prosobranchia vollentwickelte Jungtiere hervor (Ovoviviparie). Die Zahl der Embryonen im Uterus schwankt zwischen 5 und 36, wobei die einzelnen Embryonen unterschiedlich weit entwickelt sind (Thorson 1946).

Potamopyrgus antipodarum lebt meistens auf der Oberfläche von Weichsedimenten oder auf kleinen Steinen, seltener auf Makrophyten. Bevorzugt werden stehende oder langsam fließende Gewässer. Sie ernährt sich hauptsächlich von Aufwuchs (Diatomeen und Purpurbakterien), der mit der taenioglossen Radula vom Untergrund (Ton, Sand, Algenwatten, Schlamm) abgeweidet wird (Frenzel 1979). Die Art wird mit 4-5 Monaten geschlechtsreif und ist mit 5-6 Monaten voll ausgewachsen. Die Schalenhöhe der erwachsenen Tiere beträgt dann 3,7-5 mm (Frömming 1956).

Hälterungsbedingungen

Die in den Untersuchungen eingesetzten Tiere wurden im Mai 1997 in einem kleinem Fließgewässer bei Bautzen (Schmochtitz, Oberlausitz) gesammelt. Den genauen Fundort beschreibt Klausnitzer (1994). Etwa 700 Individuen wurden im Labor in einem mit Leitungswasser gefüllten Glasaquarium (20*20*30 cm) bei 15°C, einer Beleuchtungsintensität von 500 Lux und einem Hell-Dunkel-Rhythmus von 16:8 gehältert. Zur Reinigung und Belüftung befand sich im Aquarium ein mit Watte gefüllter Innenfilter. Die Zucht wurde zwei Mal pro Woche mit Tetra Min® gefüttert.

Laborversuche

Je 25 ausgewachsene Tiere (4 mm Schalenhöhe) wurden im Labor bei 15°C in Glasaquarien umweltrelevanten Cadmiumkonzentrationen (Versuchsdauer: acht Wochen) sowie Standortwasser der Probestellen 1, 3 bis 6 und 8 bis 10 (Versuchsdauer: zehn Wochen) exponiert. Die Ansätze wurden wie die Zucht gehältert.

Freilandversuche (aktives Monitoring)

Im September 1997 wurden an den Probestellen 1 bis 10 je 25 ausgewachsene Tiere in der Neiße ausgebracht. Als Expositionsgefäße dienten Biopsie- Einbettschälchen (Medite Medizintechnik, Burgdorf), die an Nylonschnüren befestigt wurden. Zur Erfassung der während des Versuchs geschlüpften Embryonen wurden die Expositionsgefäße mit Edelstahlgaze der Maschenweite 0,4 mm (Bückmann, Mönchengladbach) ummantelt. Nach einer Expositionsdauer von vier Wochen wurde die Embryonenzahl in der Bruttasche der ausgewachsenenTiere sowie die Anzahl an bereits geschlüpften Tieren in den Einbettschälchen bestimmt.

Bestimmung der Embryonenzahl

Zur Bestimmung der Embryonenzahl wurden die Tiere in einer 2 %igen $MgCl_2$-Lösung für die Dauer von 3 Stunden relaxiert. Schalen- und Mündungshöhe wurden mit Hilfe eines Netzokulars auf 0,1 mm genau vermessen und die Schale mit einer Zange aufgebrochen. Nach dem vollständigen Entfernen der Schale wurde die Länge der Eiweißdrüse ebenfalls mittels Netzokular mit einer Genauigkeit von 0,05 mm bestimmt. Die sich entwickelnden Embryonen konnten durch das transparente Bruttaschenepithel hindurch gezählt werden (Abb. 34-2). Ältere, schlüpfreife Nachkommen befanden sich im anterioren, jüngere im posterioren Teil der Tasche.

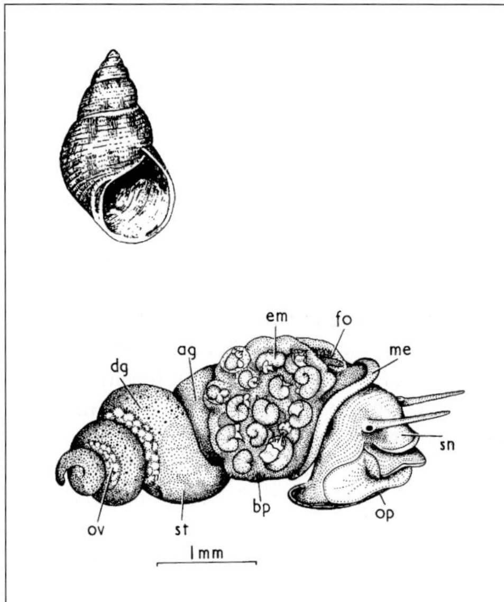

Abb. 34-2: *Potamopyrgus antipodarum.* Schale (oben) und Weibchen nach Entfernung der Schale von dorsal (verändert nach Fretter und Graham 1994). ag, Eiweißdrüse; bp, Bruttasche; dg, Mitteldarmdrüse; em, Embryonen; fo, Vaginalkanal; me, Mantelrand; op, Operkel; ov, Ovar; sn, Schnauze; st, Magen

34.3 Ergebnisse und Diskussion

34.3.1 Schwermetallbelastung des Wassers

Der Schwerpunkt der folgenden Ergebnisdarstellung und Diskussion beschränkt sich im wesentlichen auf das Element Cadmium. Die Probestelle 2 weist die höchste Konzentration für dieses Schwermetall auf, gefolgt von der Probestelle 3. Hier konnten neben Cd auch vergleichsweise hohe Konzentrationen der Schwermetalle Cr, Cu, Ni, Pb und Zn festgestellt werden (Tab. 34-3).

Die Tatsache, daß die höchsten Cadmiumkonzentrationen bereits im Oberlauf der Neiße auftreten, kann durch mehrere metallverarbeitende Betriebe, insbesondere im Ort Prosec, die direkt oder indirekt in die Neiße einleiten, erklärt werden. Im Zuge solcher Einträge kann es, inbesondere bei Belastungsspitzen, zu einer Beeinträchtigung der Fließgewässerbiozönose kommen.

Tab. 34-3: Mediane Jahreskonzentration (monatliche Intervalle Jan.-Dez. 1997) verschiedener Schwermetalle im Freiwasser der Neiße (die Probestelle 2 ist von Juli-Dez. 1997 in monatlichen Intervallen beprobt worden); alle Angaben [µg/l]

Probestelle	Flußkilometer	Cd	Co	Cr	Cu	Ni	Pb	Zn	V
1	0	0,177	0,20	0,47	1,06	1,20	1,61	7,5	0,54
2	5	0,501	0,09	0,38	3,09	1,06	2,31	19,9	0,45
3	22	0,340	0,25	4,30	10,05	8,17	3,13	46,1	1,07
4	46	0,186	0,30	1,72	6,48	2,72	2,76	33,8	1,24
5	61	0,195	0,32	1,70	5,62	2,56	2,61	31,8	1,07
6	64	0,092	0,45	1,95	6,37	1,33	2,91	23,6	2,03
8	84	0,283	1,93	1,96	8,35	5,98	4,17	56,6	1,99
9	92	0,233	1,85	2,10	5,61	5,18	2,50	39,0	1,71
10	122	0,153	1,43	1,67	4,93	4,58	2,21	30,1	1,49

Tab. 34-4: Mediane Jahreskonzentrationen (1995) für verschiedene Schwermetalle im Freiwasser von Elbe (Meßstellen Schmilka und Geesthacht), Mulde (Meßstation Dessau) und Saale (Meßstelle Rosenburg) (ARGE Elbe 1997) im Vergleich zur jeweiligen Hintergrundkonzentration (a = Schudoma 1994; b= Hoffmann 1985) und zur höchstzulässigen Konzentration im Trinkwasser (TVO-BRD v. 5.12.1990; die Daten für Cu und Zn stellen Richtwerte der EG/TW (1980) dar); alle Angaben [μg/l]

Element	Elbe (Schmilka)	Elbe (Geesthacht)	Mulde	Saale	Hintergrund-konzentration	TVO (BRD) 1990
Cd	0,1	0,2	0,8	0,3	a) 0,009 – 0,036/ b) 0,07	5
Cu	6,1	4,3	4,4	7,4	a) 0,5 – 2,0/ b) 0,3	100
Cr	3,6	2,0	1,0	2,4	a) 1,3 – 5,0/ b) 0,5	50
Ni	5,1	4,5	8,6	9,2	a) 0,6 – 2,2/ b) 0,3	50
Pb	3,0	2,8	1,7	5,5	a) 0,4 – 1,7/ b) 0,2	40
Zn	22	42	96	98	a) 1,8 – 7,0/ b) 10	100

Darüber hinaus beeinflußt der Eintrag von Schwermetallen in Oberläufe auch die Wasserqualität nachgeschalteter Gewässersysteme. Intakte, unbelastete Oberläufe von Fließgewässern stellen wichtige Refugien für die Gewässerbiozönose dar (Zwick 1992).

In Tabelle 34-4 sind die limnischen Hintergrundkonzentrationen (Schudoma 1994; Hoffmann 1995) und höchstzulässigen Konzentrationen im Trinkwasser (TVO-BRD 1990) für die Metalle Cd, Cu, Cr, Ni, Pb und Zn aufgeführt. Beim Cadmium fällt eine im Vergleich zur Hintergrundkonzentration um den Faktor 14 erhöhte Konzentration an der Probestelle 2 auf. Um die Schwermetallbelastung der Neiße einordnen zu können, wird sie mit derjenigen von Elbe, Mulde und Saale (ARGE Elbe 1997) verglichen. Demnach weisen alle betrachteten Flüsse vergleichbare Schwermetallkonzentrationen auf.

34.3.2 Reproduktionstoxische Effekte bei *Potamopyrgus antipodarum*

Laborversuche

Cadmiumexposition

Im Rahmen von Laborversuchen wurden Zwergdeckelschnecken umweltrelevanten (bezüglich der Neiße) Konzentrationen der Modellsubstanz Cadmium ausgesetzt. Nach einer Expositionsdauer von acht Wochen zeigte sich bereits bei einer Konzentration von 200 ng/l eine im Vergleich zur Kontrollgruppe signifikante Reduktion der Embryonenzahl im Brutsack der Tiere. Auch höher kontaminierte Ansätze wiesen signifikant verringerte Embryonenzahlen auf (Abb. 34-3). Diese Effekte traten bei Konzentrationen weit unterhalb des Trinkwassergrenzwerts für Cadmium auf, der um den Faktor 25 höher liegt (TVO-BRD 1990). Letal wirkende Konzentrationen liegen noch erheblich höher. So geben Møller et al. (1994, 1996) für *Potamopyrgus antipodarum* LC_{50}-Werte zwischen 1-4 mg Cd/l an.

Exposition in Neißewasser

Die Tatsache, daß in der Neiße die höchste mediane Jahreskonzentration für Cadmium bei 501 ng/l liegt und daß reproduktionstoxische Effekte bei *Potamopyrgus antipodarum* bereits bei 200 ng/l festgestellt werden konnten, legt die Vermutung nahe, daß auch bei der Exposition der Tiere in realen Umweltproben Effekte auftreten. Daher wurden die Tiere über eine Versuchsdauer von zehn Wochen dem Wasser der jeweiligen Probestellen im Labor exponiert und anschließend die Embryonenzahl bestimmt. Dabei konnte festgestellt werden, daß mit zunehmender Cadmiumkonzentration im Wasser die Embryonenzahl der jeweiligen Ansätze signifikant abnimmt (Abb. 34-4).

Um feststellen zu können, ob *Potamopyrgus antipodarum*, ähnlich wie von anderen Gastropoden bekannt (Adewunmi et al. 1996), Cadmium akkumuliert, wurde die Gewebekonzentration bestimmt (s. 34.2.2). Es zeigt sich, daß die Cadmiumkonzentration im Gewebe der Tiere mit zunehmender Konzentration im Wasser signifi-

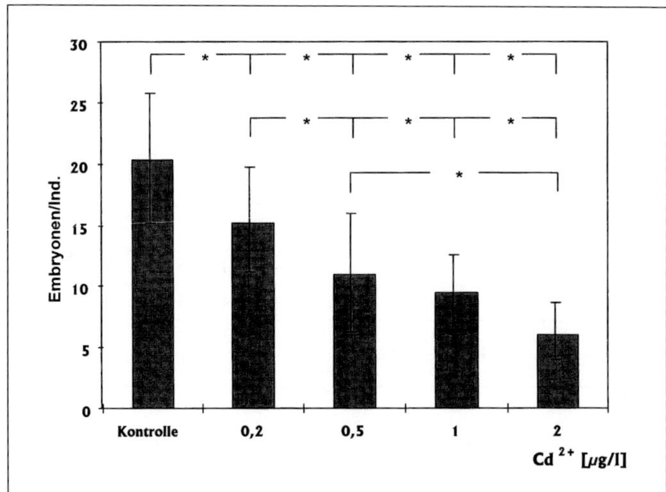

Abb. 34-3: Embryonenzahl in der Bruttasche von *Potamopyrgus antipodarum* nach 8wöchiger Cadmiumexposition. Die Ansätze sind untereinander und im Vergleich zur Kontrolle signifikant (*= $p < 0{,}05$; ANOVA, Student-Newman-Keuls-Test)

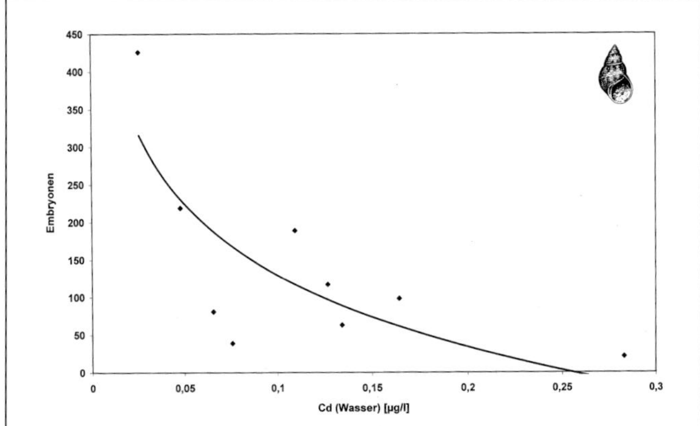

Abb. 34-4: *Potamopyrgus antipodarum*. Verhältnis zwischen der Gesamtzahl der Tiere in der F_1-Generation (Embryonen in der Bruttasche sowie geschlüpfte Jungtiere) und der Cadmiumkonzentration im Wasser der Neiße nach 70 Tagen Exposition im Labor. Als Kontrollwasser wurde deionisiertes und mit Meersalz aufgesalzenes Wasser verwendet. (ANOVA, Kruskal-Wallis-H-Test; $r = 0{,}782$; $p < 0{,}05$)

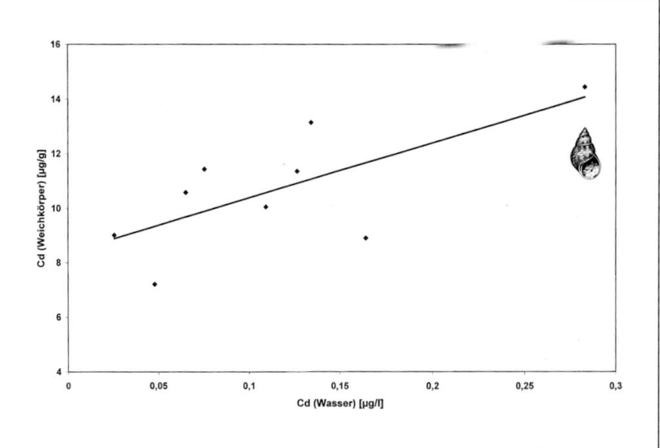

Abb. 34-5: Cadmium-Akkumulation bei *Potamopyrgus antipodarum* nach Exposition in Neißewasser (Expositionsdauer: 70 Tage im Labor); $r = 0{,}698$; $p < 0{,}05$)

kant ansteigt (Abb. 34-5). Auch die Nachkommenzahl (Embryonen in der Bruttasche und bereits geschlüpfte Jungtiere) korreliert mit der Cadmiumkonzentration im Gewebe, d.h. mit zunehmender Gewebekonzentration nimmt die Embryonenzahl nach einer Expositionsdauer von 70 Tagen signifikant ab (Abb. 34-6).

Freilandversuche (aktives Monitoring)

Im Herbst 1997 wurden an allen Probestellen je 25 Individuen in Expositionskörben (s. 34.2.3) ausgesetzt. Nach einer Dauer von 28 Tagen wurden die Embryonen der Tiere gezählt und die Cadmiumkonzentration im Gewebe bestimmt. Dabei konnte eine signifikante Abnahme der Embryonenzahl mit steigender Cadmiumkonzentration der jeweiligen Umweltprobe ermittelt werden (Abb. 34-7). Diese Ergebnisse stimmen mit den Expositionsversuchen im Labor weitgehend überein, auch wenn der Signifikanzwert niedrig ist. Bei längerer Expositionsdauer im Freiland könnten die Effekte deutlicher sein und damit das Signifikanzniveau höher liegen.

34.4 Zusammenfassung

Es konnte festgestellt werden, daß die Zwerdeckelschnecke *Potamopyrgus antipodarum* für die Überwachung gering belasteter Fließgewässer geeignet ist. Effekte auf die Reproduktion dieser

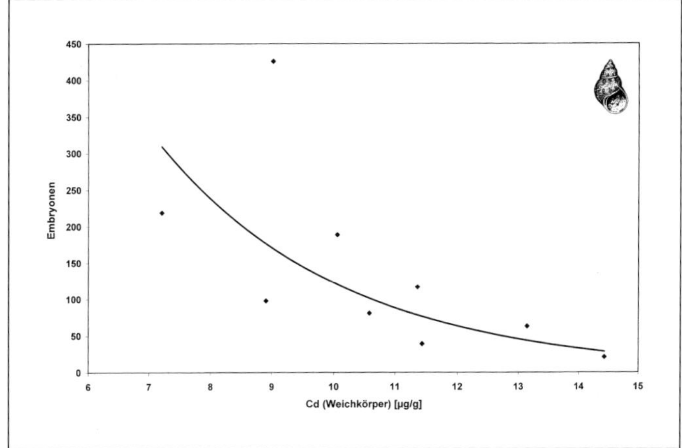

Abb. 34-6: Verhältnis zwischen der Cadmiumkonzentration im Weichkörper von *Potamopyrgus antipodarum* nach 70 Tagen Exposition in Neißewasser und der Gesamtzahl der F_1-Generation (Embryonen in der Bruttasche sowie geschlüpfte Jungtiere). ($r = 0{,}802$; $p < 0{,}01$)

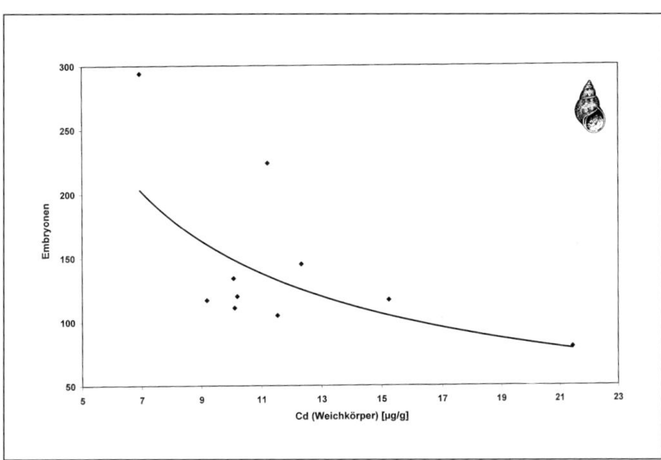

Abb. 34-7: Verhältnis zwischen der Cadmiumkonzentration im Weichkörper von *Potamopyrgus antipodarum* nach 28 Tagen Exposition im Freiland ($r = 0{,}673$; $p < 0{,}05$)

Art konnten bereits bei sehr geringen Konzentrationen der Modellsubstanz Cadmium gezeigt werden. Der Endpunkt Reproduktion ist dabei von hoher ökologischer Relevanz, da nur eine ungestörte Reproduktion die Fortpflanzung und den Bestand einer Art sichern kann (Gunkel 1994). Bereits geringfügige Änderungen der Reproduktionsrate können über die interspezifische Konkurrenz der Arten zum Rückgang einer Population führen.

Potamopyrgus antipodarum reagiert im Laborversuch bei Exposition gegenüber umweltrelevanten Cadmiumkonzentrationen mit einer signifikanten Abnahme der Embryonenzahl. Diese Effekte ließen sich auch im Rahmen des aktiven Monitorings zeigen.

Weiterer Forschungsbedarf besteht hinsichtlich der Frage, ob sich neben Cadmium auch andere Schwermetalle (z.B. Cr oder Ni) negativ auf das Reproduktionssystem von *Potamopyrgus antipodarum* auswirken und ob sich diese Effekte bereits auf histologischer Ebene manifestieren. Darüber hinaus wird es ein weiteres Ziel zukünftiger Untersuchungen sein, den optimalen Expositionszeitraum herauszufinden.

Danksagung

Die Arbeit wurde durch den Freistaat Sachsen (Sächsisches Ministerium für Wissenschaft und Kunst) finanziert.

Literatur

Adewunmi, C.O., Becker, W., Kuehnast, O., Oluwole, F., Dörfler, G. (1996): Accumulation of copper, lead and cadmium in freshwater snails in southwestern Nigeria. Sci. Total Environ. 193: 69-73

ARGE Elbe (1997): Wassergütedaten der Elbe – von Schmilka bis zur See – Zahlentafel 1995. Hamburg

Boettger, C.R. (1951): Die Herkunft und Verwandtschaftsbeziehungen der Wasserschnecke *Potamopyrgus jenkinsi* E.A. Smith, nebst einer Angabe über ihr Auftreten im Mediterrangebiet. Arch. Moll. 80: 57-84

Cowgill, U.M. (1994): Sampling of freshwaters for estimation of all detectable elements. In: Markert, B. (ed.): Environmental sampling for trace analysis. VCH Weinheim, New York, Basel, Cambridge. 187-202

Dussart, G.B.J. (1977): The ecology of *Potamopyrgus jenkinsi* (Smith) in North West England with a note on *Marstoniopsis scholtzi* (Schmidt). J. Moll. Stud. 43: 208-216

EG-TW (1980): Richtlinie vom 15. Juli 1980 über die Qualität von Wasser für den menschlichen Gebrauch. Amtsblatt der Europäischen Gemeinschaften L. 229/11-29 vom 30.August 1980

Frenzel, P. (1979): Untersuchungen zur Biologie und Populationsdynamik von *Potamopyrgus jenkinsi* (Smith) (Gastropoda: Prosobranchia) im Litoral des Bodensees. Arch. Hydrobiol. 85: 448-464

Fretter, V., Graham, A. (1994): British prosobranch molluscs. Their functional anatomy and ecology. Überarbeitete und aktualisierte Auflage. Ray Society, London

Frömming, E. (1956): Biologie der mitteleuropäischen Süßwasserschnecken. Duncker & Humblot, Berlin

Gunkel, G. (ed.) (1994): Bioindikation in aquatischen Ökosystemen. Gustav Fischer Verlag, Jena, Stuttgart

Hoffmann, H.J. (1985): Untersuchungen der Metall- und Borbelastung des Mains. In: Bayrische Landesamt für Wasserwirtschaft (ed.): Schadstoffbelastung und Ökosystemschutz im aquatischen Bereich. R. Oldenbourg Verlag, München, Wien. 125-145

Klausnitzer, B. (1994): *Potamopyrgus antipodarum* (Gray) in der Oberlausitz (Mollusca). Veröff. Mus. Westlausitz Kamenz 17: 27-31

Lassen, H.H. (1979): Reproductive effort in danish mudsnails (Hydrobiidae). Oecologia 40: 365-369

Møller, V., Forbes,V.E., Depledge, M.H. (1994): Influence of acclimation and exposure temperature on toxicity of cadmium to the freshwater snail *Potamopyrgus antipodarum* (Hydrobiidae). Environ. Toxicol. Chem. 13: 1519-1524

Møller, V., Forbes,V.E., Depledge, M.H. (1996): Population response to acute and chronic cadmium exposure in sexual and asexual estuarine gastropods. Ecotoxicology 5: 313-326

Pluta, H.-J., Knie, J., Leschber, R. (1994): Biomonitore in der Gewässerüberwachung. Schriftenreihe des WaBoLu, Band 93. G. Fischer-Verlag, Stuttgart

Ponder, W.F. (1988): *Potamopyrgus antipodarum* – a molluscan coloniser of Europe and Australia. J. Moll. Stud. 54: 271-285

Real, G. (1971): Ecologie et cycle de la ponte dans la region dOArcachon de *Potamopyrgus jenkinsi*. Haliotis 1: 49-50

Schirmer, M., Busch, D., Claus, B. (1992): Aktuelle Entwicklungen in der Überwachung von Fließgewässern. Geographische Rundschau 44: 502-509

Schudoma, D. (1994): Ableitung von Zielvorgaben zum Schutz oberirdischer Binnengewässer für die Schwermetalle Blei, Cadmium, Chrom, Kupfer, Nickel, Quecksilber und Zink. Umweltbundesamt, Berlin (= UBA-Texte 52/94)

Steinberg, C., Kern, J., Pitzen, G., Traunspurger, W., Geyer, H. (1992); Biomonitoring organischer Schadstoffe in Binnengewässern. Ecomed Fachverlag, Landsberg/Lech

Strzelec, M., Krodkiewska, M. (1994): The rapid expansion of *Potamopyrgus jenkinsi* (E.A. Smith, 1889) in Upper Silesia (Southern Poland) (Gastropoda: Prosobranchia: Hydrobiidae). Malakologische Abhandlungen, Staatliches Museum für Tierkunde Dresden 17: 83-85

Thorson, G. (1946): Reproduction and larval development of Danish marine bottom invertebrates, with special reference to the planctonic larvae in the sound (řresound). Medd. Kom. Danmarks Fiskeri Havunders. Ser. Plankton 4: 1-523

TVO (1990): Verordnung über Trinkwasser und über Wasser für Lebensmittelbetriebe. Trinkwasserverordnung-TrinkwV vom 5.Dezember 1990, (BGBL 1S. 2612) i.d.F. vom 26.2.1993 (BGBL. 1S. 278)

Zwick, P. (1992): Fließgewässergefährdung durch Insektizide. Naturwissenschaften 79: 437-442

35 TBT-Effektmonitoring im Süßwasser: Beeinträchtigung der Fertilität limnischer Vorderkiemerschnecken

U. Schulte-Oehlmann, J. Oehlmann, B. Bauer, P. Fioroni, M. Oetken, M. Heim und B. Markert

Abstract

The limnic prosbranchs *Potamopyrgus antipodarum, Bithynia tentaculata, Theodoxus fluviatilis, Marisa cornuarietis* and the brackish water species *Hydrobia ulvae* were examined according to TBT-(tributyltin-) induced effects on fertility and fitness in laboratory experiments. For all above mentioned species a time- and concentration dependent tributyltin (TBT) accumulation was observed. *M. cornuarietis* and *P. antipodarum* exhibited the highest TBT-BCF (bioconcentration factors) in the range of 5.7×10^3-1.5×10^4 whereas values for *B. tentaculata, T. fluviatilis* and *Hydrobia ulvae* were between 2.1×10^3-9.7×10^3.
The occurrence of imposex (masculinisation of female individuals) in *Hydrobia ulvae* and *Marisa cornuarietis* was the most important pathological alteration induced by TBT exposure in laboratory experiments. A positive correlation between TBT-body burden and the masculinization of female snails exists. Furthermore a TBT contamination leads to a significant reduction of female sexual glands in *Bithynia tentaculata*, *Hydrobia ulvae* and *Potamopyrgus antipodarum*. The latter also exhibits a significant reduction of embryo numbers in the brood-pouch. TBT-effects on growth and weight and sexual maturity („pubertas praecox“) were identified, too. In contrast to the imposex phenomenon TBT-effects on the genital system of *Potamopyrgus antipodarum* have proved to be reversible when TBT-exposure is discontinued.

Zusammenfassung

Die limnischen Vorderkiemerschnecken *Potamopyrgus antipodarum, Bithynia tentaculata, Theodoxus fluviatilis, Marisa cornuarietis* und die Brackwasserart *Hydrobia ulvae* wurden hinsichtlich TBT-(Tributylzinn-) induzierter Effekte auf Fertilität und Fitneß im Labor untersucht. Für alle Spezies konnte eine zeit- und konzentrationsabhängige Akkumulation von TBT nachgewiesen werden. *M. cornuarietis* und *P. antipodarum* weisen mit Werten zwischen $5{,}7 \times 10^3$ bis $1{,}5 \times 10^4$ die höchsten BCF (Biokonzentrationsfaktoren) für das Zinnorganyl auf. Bei *B. tentaculata*, *T. fluviatilis* und *H. ulvae* liegen die BCF zwischen $2{,}1 \times 10^3$ bis $9{,}7 \times 10^3$.
TBT induziert bei den Arten *Marisa cornuarietis* und *Hydrobia ulvae* Imposex (Vermännlichung weiblicher Schnecken). Die Konzentrations-Wirkungs-Beziehungen zeigen für beide Spezies eine signifikante Zunahme der Vermännlichung weiblicher Tiere mit steigender TBT-Konzentration im Weichkörper. Ferner kommt es unter dem Einfluß des Biozids bei *Bithynia tentaculata*, *Hydrobia ulvae* und *Potamopyrgus antipodarum* zu einer signifikanten Reduktion der weiblichen Sexualdrüsen. Eine aquatische TBT-Kontamination führt bei *P. antipodarum* zudem zu einer signifikanten Reduktion der Embryonenzahl in der Bruttasche. Stagnationen des Wachstums, die Reduktion des Weichkörpergewichtes sowie die Auslösung einer „Pubertas praecox“ zählen zu den weiteren TBT-Effekten. Während die Ausbildung von Imposex irreversibel ist, haben sich die TBT-Effekte auf den weiblichen Genitaltrakt von *Potamopyrgus antipodarum* bei einem Wegfall der TBT-Kontamination als reversibel erwiesen.

35.1 Einleitung

Im Zusammenhang mit der zunehmenden Umweltverschmutzung durch Industriechemikalien und pharmazeutische Erzeugnisse wurde in den vergangenen Jahren verstärkt nach neuen Möglichkeiten und Perspektiven im Bereich des Biomonitoring gesucht. Der Versuch, durch ausschließlich chemisch-analytische Bestimmung umweltrelevanter Substanzen in unterschiedlichen Kompartimenten (Wasser, Sediment, Boden, Luft) zu einer Beurteilung der Beeinflussung des Ökosystems zu gelangen, wurde um eine ökotoxikologisch orientierte Betrachtung der biologischen Effekte einer Schadstoffexposition erweitert. Die Fähigkeit biologischer Effektmonitore, auf eine Schadstoffexposition mit einer Veränderung auf morphologischer, histologischer, physiologischer oder ethologischer Ebene zu reagieren, ermöglicht eine weitaus differenziertere Einschätzung des Gefährdungspotentials chemischer Substanzen, denn sie stellt zudem die Wirkung von Xenobiotika auf die Organismen in den Mittelpunkt von Untersuchungen.
Seit längerem besteht die Möglichkeit, den Umfang der Kontamination von Küstengewässern mit Tributylzinnverbindungen (TBT) durch ein biologisches Effektmonitoring zu erfassen, ohne dafür aufwendige spurenanalytische Methoden anwenden zu müssen (Bailey und Davies 1989, Oehlmann et al. 1993, Schulte-Oehlmann et al. 1993, Minchin et al. 1995). Arbeitsgruppen in Deutschland, Irland, Großbritannien, Frankreich und den Niederlanden nutzen dazu vor-

wiegend das bei den Neogastropoden *Nucella lapillus*, *Hinia reticulata* und *Buccinum undatum* auftretende Imposexphänomen. Trotz der intensiven Forschungsbemühungen auf diesem Gebiet blieb die Anwendung des TBT-Effektmonitoring bisher jedoch nur auf das marine Milieu beschränkt. Hauptursache war, daß für den Süß- und Brackwasserbereich bisher keine geeigneten Bioindikatoren zur Erfassung von TBT-Effekten zur Verfügung standen. Obwohl seit langer Zeit bekannt ist, daß sich die Verschmutzung des aquatischen Milieus mit Organozinnverbindungen nicht vornehmlich auf den marinen Bereich beschränkt, wird die Belastung von Bächen, Flüssen, Seen und Ästuaren bei weitem unterschätzt (Schulte-Oehlmann et al. 1996). Da das Anwendungsspektrum von Zinnorganylen breit gestreut ist (als Fungizid, Bakterizid, Molluskizid, Stabilisator, Konservierungsmittel im Holzschutz- und Bausektor) und der TBT-Einsatz auch außerhalb des Antifoulingsektors immer größere Bedeutung gewonnen hat, müssen ökotoxikologische Effekte verstärkt ebenfalls im limnischen Lebensraum erwartet werden. Die Stabilisierung von PVC-(Polyvinylchlorid-) haltigen Materialien repräsentiert zur Zeit mit mehr als 65 % des globalen Konsums das Hauptanwendungsgebiet von Organozinnverbindungen (Queveauviller et al. 1991, Sadiki et al. 1996). Über das „leaching“ (Auslaugen) werden immer größere Mengen dieser extrem toxischen Substanzen auch in Fließgewässer entlassen (Tab. 35-1), so daß Reincke (1995) in frischen Sedimentproben aus der Elbe bis zu 1,2 mg TBT-Sn/kg nachweisen konnte.

Aus diesem Grund wurden vier limnische Vorderkiemerschnecken (*Potamopyrgus antipodarum, Bithynia tentaculata, Theodoxus fluviatilis, Marisa cornuarietis*) und eine Brackwasserart (*Hydrobia ulvae*) hinsichtlich TBT-induzierter Effekte auf Fertilität und Fitneß untersucht und ihre Eignung für ein TBT-Effektmonitoring im Süß- und Brackwasser überprüft.

35.2 Material und Methoden

Zwischen Herbst 1993 und Frühjahr 1996 wurden insgesamt 4431 Wattschnecken (*Hydrobia ulvae*), 1597 Zwergdeckelschnecken (*Potamo-*

Tab. 35-1: Ermittelte TBT-Konzentrationen in Wasser (in ng/l) und Sedimenten (in ng/g Trockengewicht) des limnischen Milieus.

Probenahmeort	TBT im Wasser	TBT im Sediment	Quelle
Marinas im Genfer See	15–353	204–2555	Becker et al. (1992)
Abwasser Stadt Zürich a) Einlauf b) Auslauf	64–217 7–47	280–1510	Fent und Müller (1991)
Jachthäfen deutscher Binnengewässer (Bodensee, Tegelsee, Wedel/Unterelbe, Wannsee)	< 5–930	10–340000*	Kalbfus et al. (1991)
Rhein (Häfen bei Mainz/ Wiesbaden)	10–73	13–182	Schebek und Andreae (1991)
Weser (Jacht- und Industriehäfen bei Bremen)	<30–150	<0,3–52,8	Schrübbers et al. (1989)
Abwässer städtischer Kläranlagen in Bremen und Umgebung a) Zulauf b) Ablauf	<30–1130 <30–20250	–	Schrübbers et al. (1989)
Abwässer industrieller Einleiter in Bremen und Umgebung	<30–61800	–	Schrübbers et al. (1989)
Weser-Ästuar	–	136	Kuballa (1994)
Ems-Ästuar	–	73	Kuballa (1994)

* bezogen auf das Naßgewicht des Sediments

pyrgus *antipodarum*), 745 Schnauzenschnecken (*Bithynia tentaculata*), 555 Apfelschnecken (*Marisa cornuarietis*) sowie 268 Flußschwimmschnecken (*Theodoxus fluviatilis*) im Rahmen von 9 Laborversuchsreihen und von Freilanduntersuchungen makroskopisch und z.T. histologisch auf die Ausbildung von Pathomorphosen im Zusammenhang mit einer TBT-Exposition über das Umgebungswasser untersucht. Die applizierten Nominalkonzentrationen lagen zwischen 50 und 800 ng TBT-Sn/l. Morphometrische, lichtmikroskopische, rasterelektronenmikroskopische (REM) und chemisch-analytische Analysen wurden zur Beurteilung pathologischer Aberrationen und zur Erstellung von Akkumulationskinetiken und Konzentrations-Wirkungsbeziehungen eingesetzt (vergl. auch Oehlmann et al. 1996, Schulte-Oehlmann 1997).

35.3 Ergebnisse

Für alle untersuchten Arten kann eine konzentrations- und zeitabhängige Aufnahme von TBT beschrieben werden, wobei die Akkumulation des Biozids proportional zur Schadstoffkonzentration erfolgt. Die Abbildung 35-1 zeigt ein typisches Beispiel für den Verlauf einer TBT-Aufnahme. Anhand der Darstellung wird deutlich, daß der stärkste Anstieg der Biozidkonzentration im Gewebe schon in den ersten Versuchsmonaten zu verzeichnen ist. Eine Gleichgewichtseinstellung mit Plateaubildung kann für die untersuchten Spezies zwischen zwei bis vier Monaten nach Expositionsbeginn beobachtet werden. Dibutylzinn, das deutlich weniger toxische Abbauprodukt des TBT, ließ sich ebenfalls im Weichkörper der untersuchten Spezies nachweisen. Dieses Ergebnis kann prinzipiell auch zum Nachweis einer Metabolisierung von TBT im Organismus herangezogen werden, da im Rahmen aller Laborversuche eine Organozinnkontamination ausschließlich über TBT-Stammlösungen erfolgte. Ähnlich wie bei den Akkumulationskinetiken für TBT konnte für alle untersuchten Schneckenarten ein Anstieg des Entgiftungsproduktes DBT in Abhängigkeit von der eingesetzten Schadstoffkonzentration und der Expositionsdauer beschrieben werden.

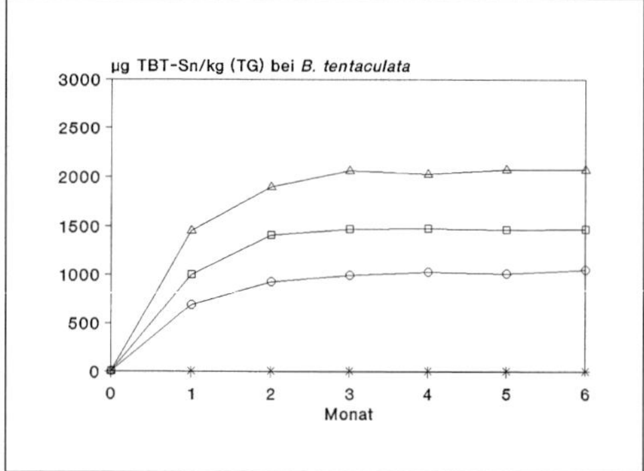

Abb. 35-1: *Bithynia tentaculata*. TBT-Konzentration im Gewebe in den Laborversuchen. Versuchsgruppen: (✻) Kontrolle; (o) 100 ng TBT-Sn/l; (□) 200 ng TBT-Sn/l; (Δ) 400 ng TBT-Sn/l im Umgebungswasser.

Unterschiede zwischen dem Verlauf der Kinetiken von TBT und DBT können nicht festgestellt werden. Auch für DBT gilt, daß der stärkste Anstieg der Metabolisierungsleistung im ersten Monat (*Bithynia tentaculata*, *Potamopyrgus antipodarum*) bzw. in den ersten beiden (*Marisa cornuarietis*, *Theodoxus fluviatilis*, *Hydrobia ulvae*) Versuchsmonaten zu verzeichnen ist. Bei der Berechnung des Verhältnisses von TBT zu DBT aus der Summe des gesamten hexanextrahierbaren Zinns ergeben sich für die Apfelschnecke, Schnauzenschnecke, Flußschwimmschnecke und die Wattschnecke (nur bei Exposition über das Umgebungswasser), daß ca. 50-55 % der Organometallverbindung als TBT und 45-50 % als DBT vorliegen. Vergleicht man diese Daten mit den Werten, die sich für *P. antipodarum* berechnen lassen, fällt auf, daß dort das Gleichgewicht zwischen TBT und DBT bei einem Verhältnis von 45 % : 55 % nach sechmonatiger Versuchsdauer und 40 % : 60 % nach achtmonatiger Dauer zugunsten des DBT verschoben ist. Demnach wird nach dem Erreichen des Plateaus bei dieser Spezies mehr TBT abgebaut als aufgenommen.

Zusammenfassend kann festgestellt werden, daß *M. cornuarietis* und *P. antipodarum* mit Biokonzentrationsfaktoren (BCF) von $5{,}7 \times 10^3$-$1{,}5 \times 10^4$ nicht nur vergleichbare, sondern auch die höchsten BCF unter den hier vorgestellten Vorderkiemerschnecken für TBT aufweisen (Tab. 35-2). Die drei anderen Arten besitzen bei

Tab. 35-2: TBT-Biokonzentrationsfaktoren bei den untersuchten Arten

Spezies	Biokonzentrationsfaktoren bei nominalen TBT-Sn-Konzentrationen (in ng/l)					
	50	100	200	400	600	800
M. cornuarietis	$1{,}5 \times 10^4$	$1{,}3 \times 10^4$	$8{,}8–9{,}1 \times 10^3$	$7{,}1 \times 10^3$	–	–
B. tentaculata	–	$9{,}3 \times 10^3$	$6{,}4 \times 10^3$	$4{,}3 \times 10^3$	–	–
T. fluviatilis	–	$9{,}7 \times 10^3$	$8{,}0 \times 10^3$	$4{,}9 \times 10^3$	–	–
H. ulvae (adult)	–	–	–	$2{,}1 \times 10^3$	$2{,}3 \times 10^3$	$3{,}4 \times 10^3$
(juvenil)	–	$9{,}1–9{,}6 \times 10^3$	–	$4{,}2–4{,}5 \times 10^3$	–	–
P. antipodarum	$1{,}5 \times 10^4$	$1{,}2 \times 10^4$	$7{,}7 \times 10^3$	$5{,}7 \times 10^3$	–	–

vergleichbaren Expositionen niedrigere BCF im Bereich von $2{,}1$-$9{,}6 \times 10^3$. Die Tabelle 35-2 macht deutlich, daß die BCF im allgemeinen mit dem Anstieg der Kontamination sinken. Juvenile Wattschnecken akkumulieren bei identischen Expositionshöhen 75-87 % mehr TBT als adulte Individuen.

35.3.1 Effekte und Konzentrations-Wirkungsbeziehungen

Die Ermittlung der BCF sowie Akkumulationskinetiken dienen unter anderem dazu, artspezifische Unterschiede für die Aufnahme von Schadstoffen herauszustellen. Sie erlauben jedoch nicht, Aussagen zur Sensitivität unterschiedlicher Spezies bzw. zur Bestandsgefährdung von Populationen oder gar Biozönosen gegenüber einem bzw. durch ein Xenobiotikum zu treffen. In jedem Falle bedarf es weiterer Untersuchungen, z.B. auf ökologischer, physiologischer oder morphologischer Ebene.

Im Rahmen unserer Untersuchungen konnten verschiedene morphologische Veränderungen des Genitaltraktes, der allgemeinen Beeinträchtigung der Reproduktionsfähigkeit und weitere Modifikationen mit negativem Einfluß auf dem Allgemeinzustand von Individuen oder Populationen unter TBT-Einfluß beschrieben werden.

Imposex

Das Imposexphänomen der Prosobranchier ist der wohl bekannteste Effekt einer TBT-Exposition, der unter den chronischen Intoxikationserscheinungen bei „non target"-Organismen dokumentiert wurde. Imposex tritt bei den Weibchen zahlreicher getrenntgeschlechtlicher Prosobranchia auf und ist durch die Ausbildung männlicher Geschlechtsorgane (Penis und/oder Samenleiter) zusätzlich zum vollständigen weiblichen Geschlechtssystem gekennzeichnet. In fortgeschrittenen Stadien führen die auftretenden Pathomorphosen im Extremfall zur Sterilität der Tiere. Bisher vornehmlich für marine Gastropoden beschrieben, können die Vermännlichungserscheinungen weiblicher Individuen anhand der Resultate der vorliegenden Untersuchung auch für die Süßwasserspezies *Marisa cornuarietis* und die Brackwasserart *Hydrobia ulvae* nachgewiesen werden. Für *Bithynia tentaculata*, *Theodoxus fluviatilis* und *Potamopyrgus antipodarum* konnten dagegen keine TBT-Effekte im Sinne einer Imposexentwicklung belegt werden. Imposex ist grundsätzlich eine abgestufte morphologische und irreversible Reaktion auf eine TBT-Exposition. Die zunehmenden Vermännlichungserscheinungen weiblicher Schnecken lassen sich dabei in unterschiedlich differenzierte Entwicklungsstadien einteilen und in Entwicklungsschemata (Abb. 35-2) zusammenfassen. Das einzelne Weibchen entwickelt im Laufe seiner Lebensgeschichte aufgrund der individuellen TBT-Exposition eines der aufgeführten Stadien, die sich deutlich vom normalen Weibchen (= Stadium 0, Abb. 35-3a) unterscheiden. Die bei *Hydrobia ulvae* aufgetretenen Imposexerscheinungen lassen sich anhand der Abbildung 35-2 darstellen (für *Marisa cornuarietis* vergl. den Beitrag von Oehlmann et al. in diesem Band).

Entsprechend der Erstanlage von Penis bzw. Vas deferens können zwei Entwicklungsreihen unterschieden werden. In der a-Reihe wird bei den

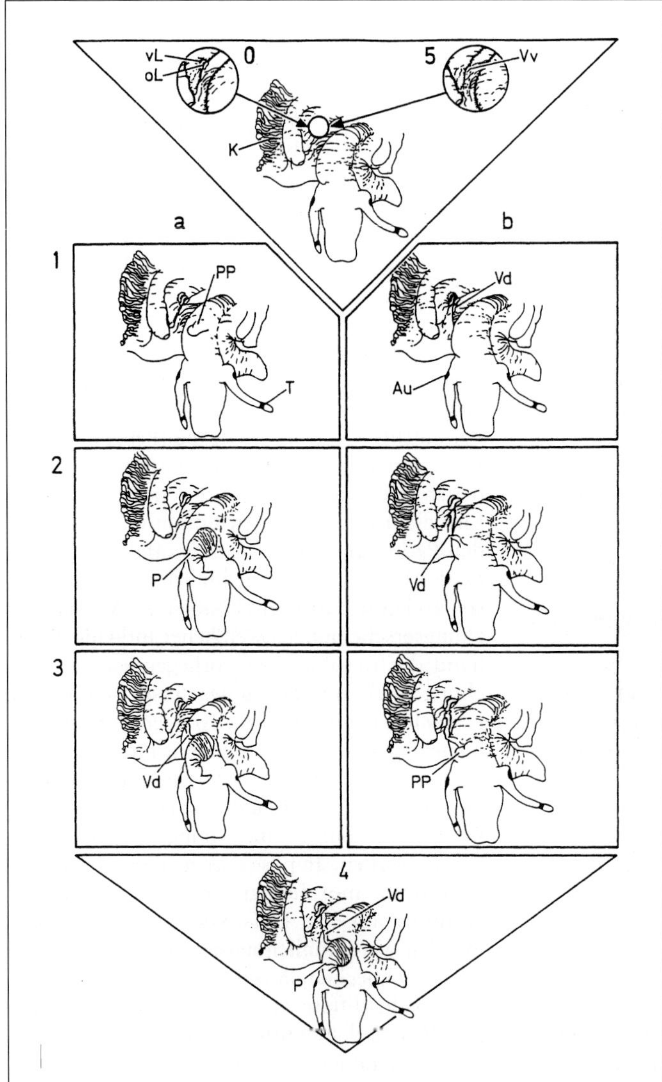

Abb. 35-2: *Hydrobia ulvae.* Schema zur Imposexentwicklung mit Dorsalansichten bei eröffneter Mantelhöhle. Abkürzungen: Au, Auge; K, Kieme; oL, ovipares Lumen; P, Penis; PP, Penisprimordium; T, Tentakel; Vd, Vas deferens (Samenleiter); vL, vaginales Lumen; Vv, verschlossene Vaginalöffnung.

Weibchen zuerst ein Penis und nachfolgend bis zum Stadium 3a ein pallialer Samenleiter angelegt. In der b-Reihe ist die Entwicklung umgekehrt, d.h. zuerst wird das Vas deferens, im Stadium 3b dann zusätzlich ein Penis angelegt. Innerhalb der a-Linie weist der Pseudohermaphrodit im Stadium 1a ein Penisprimordium ohne Penisdukt auf. Das Stadium 2a kennzeichnet ein Weibchen, dessen Penis sukzessive an Größe und Umfang zugenommen hat und zusätzlich einen Penisdukt aufweist. Im Stadium 3a wird im distalen Bereich ein palliales Vas deferens formiert, welches in proximaler Richtung auf den Gonoporus zuwächst und diesen im Stadium 4 erreicht. In der b-Linie wird im Stadium 1b vor der Vulva eine rinnenartige Vertiefung angelegt, die bis zum Stadium 2b als geschlossener, sich in distaler Richtung fortsetzender pallialer Samen-

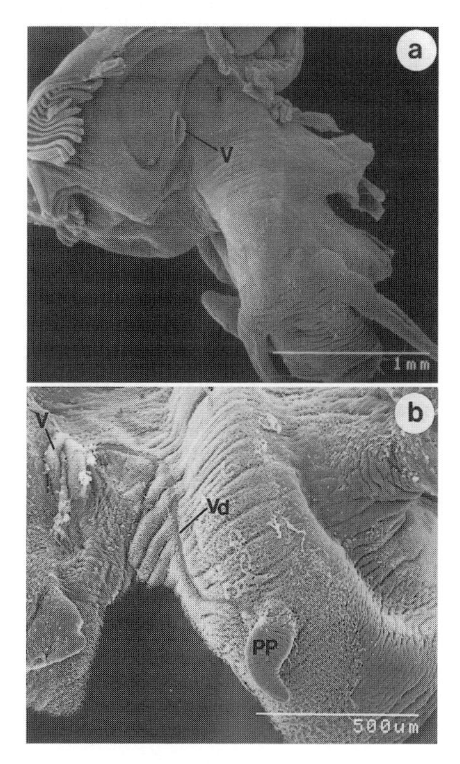

Abb. 35-3: *Hydrobia ulvae.* REM-Aufnahmen von einem Weibchen (a) und einem Imposexstadium 3b (b) bei dorsal eröffneter Mantelhöhle. Abkürzungen: PP, Penisprimordium; V, weibliche Geschlechtsöffnung (Vulva); Vd, Vas deferens (Samenleiter).

leiter auswächst. Im Stadium 3b (Abb. 35-3b) wird zusätzlich ein duktloses Penisprimordium angelegt; das Stadium 4 ist erreicht, wenn der Penis an Umfang und Ausdehnung zugenommen hat und über einen Penisdukt verfügt.

Quantifizierung von Imposex

Als Maß für die Imposexintensität in den Populationen lassen sich unterschiedliche Indizes nutzen. Zu den gebräuchlichsten zählen die durchschnittliche weibliche Penislänge (bei *Marisa cornuarietis* Penisscheidenlänge; Abb. 35-4c) sowie der VDS- (Vas deferens-Sequenz-) Index (Abb. 35-4a). Er wurde von Gibbs et al. (1987) für die marine Art *Nucella lapillus* eingeführt und berechnet sich als arithmetischer Mittelwert aller Imposexstadien (s. 35.3.1) in der Stichprobe einer Population. In der vorliegenden Arbeit bezieht sich der VDS-Index auf das für *Hydrobia ulvae* gültige Entwicklungsschema in Abbildung 35-2. Der Vorteil des VDS-Index liegt darin, daß anhand seiner Werte nicht nur Aussagen über den Grad der Vermännlichung weiblicher Schnecken gemacht werden können. Die statistisch hochsignifikante Korrelation zwischen dem prozentualen Anteil steriler Weibchen und dem VDS-Index aus Abbildung 35-4b macht deutlich, daß die relativen Häufigkeiten nichtfertiler Weibchen mit einer Erhöhung des VDSI ansteigen. Demnach treten in Populationen mit VDS-Werten <0,5 normalerweise keine sterilen Weibchen auf. In Populationen mit VDS-Werten im Bereich von 0,5 bis 2,0 können die ersten sterilen Tiere auftreten, müssen aber nicht in jeder Population vorhanden sein. In den Proben, bei denen der VDS-Index den Wert 2,0 übersteigt, werden hingegen immer einige durch Vaginalblockaden sterilisierte Weibchen beobachtet. Aufgrund der Abnahme der Fortpflanzungsfähigkeit der Weibchen höherer Imposexstadien ermöglicht die Ermittlung des VDS-Index bei *H. ulvae* somit auch die ökotoxikologisch besonders relevante Erfassung der Reproduktionsfähigkeit von Populationen.

Die Konzentrations-Wirkungsbeziehung von Abbildung 35-4a zeigt einen logarithmischen Verlauf und verdeutlicht ferner die statistisch signifikante Abhängigkeit des Vermännlichungs-Index zur TBT-Körperbelastung. Der VDS-Index steigt mit Zunahme der TBT-Körperlast bei einem Ausgangswert von 0,2 im Bereich niedriger TBT-Gewebekonzentration (100 µg TBT-Sn/kg) auf einen Wert von 1,0 im höheren Belastungsbereich (2300 µg TBT-Sn/kg), was einer Verfünffachung des Index-Wertes gleichkommt, wobei sich eine Abflachung des Kurvenverlaufs im Bereich hoher TBT-Gewebekonzentrationen, jedoch nicht die endgültige Ausbildung eines Plateaus erkennen läßt. Der Schwellenwert für den Anstieg der Imposexintensitäten liegt bei einer Körperbelastung von 100 µg TBT-Sn/kg.

Bei *Marisa cornuarietis* zeigt der Anstieg der weiblichen Penisscheidenlänge in Abhängigkeit von der TBT-Konzentration des Gewebes den

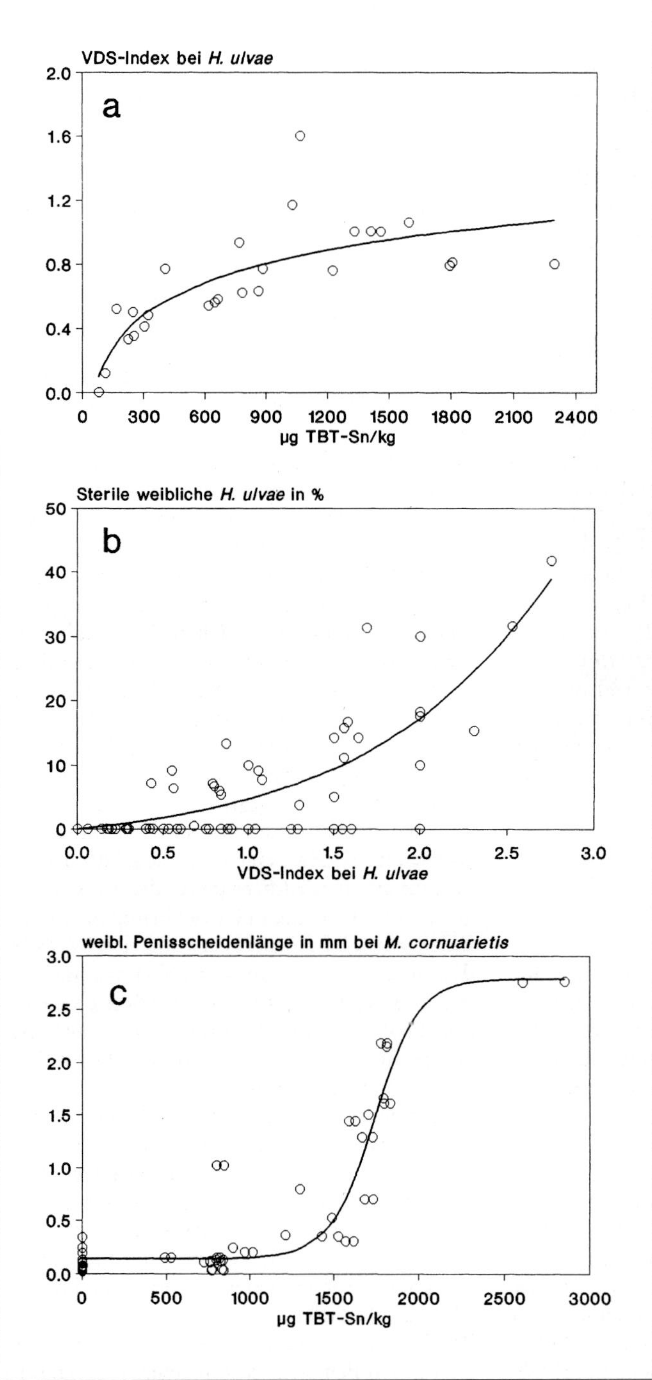

Abb. 35-4: *Hydrobia ulvae, Marisa cornuarietis.* Verhältnis zwischen der TBT-Körperbelastung und dem VDS-Index (a), dem prozentualen Anteil steriler Weibchen und dem VDS-Index (b) sowie der TBT-Körperbelastung und der durchschnittlichen weiblichen Penisscheidenlänge (c). Angegeben sind die Ergebnisse der Stichprobenanalysen (o) und die berechneten Regressionen (Linie). (a): $y = -1{,}16 + 0{,}289 \ln(x)$; n = 26 Stichproben; r = 0,780; $p < 0{,}0005$, (b) $y = 2{,}79 \cdot e^{(0{,}984x)} - 2{,}78$; n = 64 Stichproben von 15 Populationen mit 1783 untersuchten Freilandtieren; r = 0,666, $p < 0{,}0005$; (c): $y = 2{,}64 - (1 + e^{(-0{,}0077\,(x-1738))})$; n = 82 Stichproben; r = 0,897; $p < 0{,}0005$.

typisch sigmoiden Verlauf einer Dosis-Wirkungsbeziehung (Abb. 35-4c). Bei TBT-Gewebekonzentrationen von bis zu 1500 µg TBT-Sn/kg wird der Schwellenwert für den Anstieg der weiblichen Penisscheidenlänge erreicht. Im Bereich zwischen 1500-1800 µg TBT-Sn/kg Körperbelastung steigt der Wert des Parameters rasch an; oberhalb einer TBT-Konzentration von 2000 µg TBT-Sn/kg im Gewebe stellt sich ein Plateau bei einem Index-Wert von nahe 3,0 mm ein.

Verkleinerung weiblicher Sexualdrüsen und Verringerung der Embryonenzahl

Nicht nur die Ausbildung von Imposex und die damit oftmals verbundene Sterilisierung durch Vaginalblockaden kann bei Vorderkiemerschnecken unter dem Einfluß von Organozinnverbindungen zu gravierenden Einschränkungen der Fortpflanzungsfähigkeit führen. Auch die Verkleinerung weiblicher Sexualdrüsen beeinträchtigt den Reproduktionserfolg der Tiere in einem nicht unerheblichen Maße. Für *Bithynia tentaculata*, *Potamopyrgus antipodarum*, *Hydrobia ulvae* und, wenn auch mit Einschränkungen, für *Marisa cornuarietis* können derartige TBT-Effekte auf den pallialen weiblichen Ovidukt festgestellt werden. Bei *Theodoxus fluviatilis* sind dagegen keine Auswirkungen auf den weiblichen Drüsenkomplex unter TBT-Einfluß nachzuweisen.
Anhand der Abbildung 35-5a lassen sich signifikante Verkleinerungen der weiblichen Sexualdrüsen bei *Potamopyrgus antipodarum* exemplarisch unter TBT-Einfluß nachweisen. Obwohl die Länge der Kapseldrüse in Abhängigkeit vom Jahresgang Maximalwerte von März (Monat 5 in Abb. 35-5a) bis August (Monat 10 in Abb. 35-5a) und Minimalwerte im November/ Dezember (Monate 13 und 14 in Abb. 35-5a) aufweist, können selbst saisonale Einflüsse die TBT-Effekte auf die weiblichen Drüsenlängen nicht maskieren. Die Laborversuchsreihen belegen, daß die Längenausdehnung der Nidamentaldrüse von *P. antipodarum* zeit- und konzentrationsabhängig unter dem Einfluß von TBT reduziert wird. Dabei erfahren die Individuen mit der höchsten Kontamination des Hälterungswassers die stärkste Reduktion der Kapseldrüsenlänge. Nach einer viermonatigen Expositionsdauer sind in dieser Versuchsgruppe keine lebenden Tiere mehr vorhanden. Bei einer Langzeitexposition von bis zu vier Monaten ist damit eine Kontamination des Umgebungswassers mit 400 ng TBT-Sn/l als letale Dosis zu betrachten. Von geringeren Schwankungen abgesehen kann eine Plateaubildung nach einem Zeitraum zwischen drei bis vier Monaten beobachtet werden. Bei allen anderen Expositionsgruppen liegt eine TBT-Körperbelastung von 750 µg TBT als Sn/kg schon nach einmonatiger Expositionsdauer vor. Der beschriebene Effekt ist mit dem Wegfall der TBT-Kontamination reversibel (Abb. 35-5a). Ungefähr vier bis acht Wochen Hälterung der Individuen in TBT-freiem Umgebungswasser bewirken bei den beiden noch verbliebenen Versuchsgruppen einen Wiederanstieg der Kapseldrüsenlänge.
Parallel erfolgte eine Reduktion der TBT-Körperbelastung auf Werte von deutlich unter 750 µg TBT-Sn/kg. Innerhalb von zwei Wochen sank die TBT-Körperbelastung der Tiere, die einer Kontamination von 100 ng TBT-Sn/l ausgesetzt waren, von 995 µg TBT-Sn/kg auf 652 µg TBT-Sn/kg und 429 µg TBT-Sn/kg nach vierwöchiger Hälterung in biozidfreiem Wasser. Auch für die Testorganismen der 200 ng TBT-Sn/l Experimentgruppe war die stärkste Abnahme der TBT-Gewebekonzentration in den ersten vier Wochen nach Einstellung der TBT-Exposition zu finden. Nach vierzehn Tagen nahm die TBT-Konzentration im Gewebe dieser Individuen von 1296 auf 845 µg TBT-Sn/kg ab, nach weiteren zwei Wochen lag sie bei 546 µg TBT-Sn/kg. Für die Organismen in beiden Expositionsgruppen (100 und 200 ng TBT-Sn/l im Umgebungswasser) ließ sich nach Einstellung der TBT-Applikation ein Verhältnis von 30:60 % TBT zu DBT am hexanextrahierbaren Zinn nachweisen, was auf eine verstärkte Abbauleistung im Organismus hinweist (s. 35.3).
Die Berechnung einer Konzentrations-Wirkungsbeziehung ergab eine hochsignifikante ($p < 0,0005$) negative logarithmische Regression; der Schwellenwert für die Auslösung des Effektes kann unterhalb von 500 µg TBT-Sn/kg im Gewebe vermutet werden (s. Schulte-Oehlmann 1997).
Potamopyrgus antipodarum weist eine besondere Anatomie der Kapseldrüse auf. Das bei an-

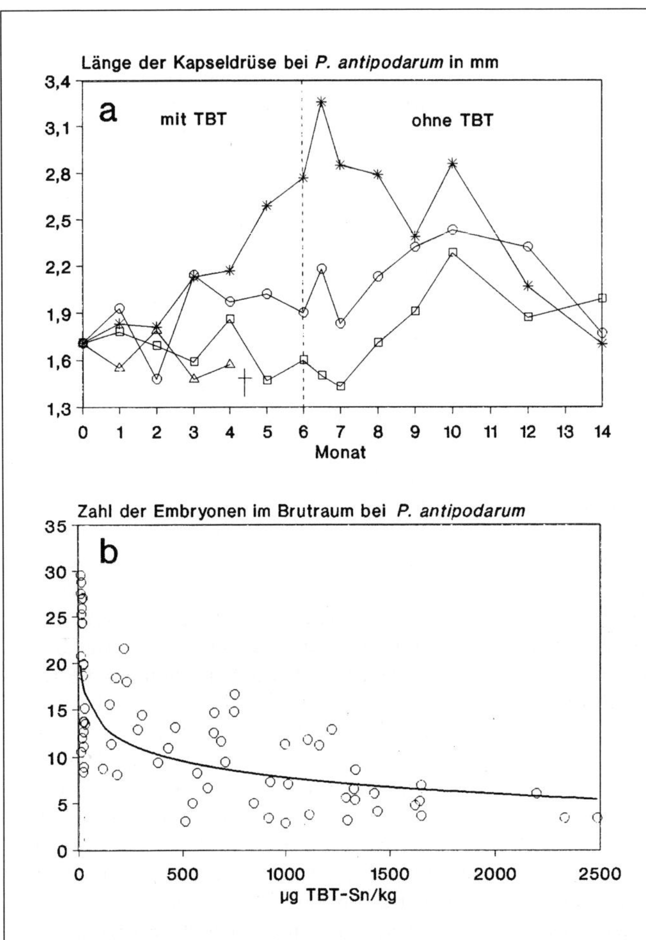

Abb. 35-5: *Potamopyrgus antipodarum.* Entwicklung der durchschnittlichen Länge der Kapseldrüse/Bruttasche (a) sowie das Verhältnis zwischen der TBT-Körperbelastung und der durchschnittlichen Drüsenlänge (b). Versuchsgruppen: (✳) Kontrolle; (o) 100 ng TBT-Sn/l; (□) 200 ng TBT-Sn/l; (Δ) 400 ng TBT-Sn/l im Umgebungswasser. Die gestrichelte Linie markiert den Wegfall der TBT-Exposition. Kreuz: Tod der Testorganismen. (b) Angegeben sind die Ergebnisse der Stichprobenanalysen (o) und die berechneten Regressionen (Linie): $y = 2{,}65 - 0{,}127 \ln(x)$; $n = 74$ Stichproben; $r = 0{,}563$; $p < 0{,}0005$.

deren Arten drüsige Organ ist zu einer Bruttasche umgewandelt. Aufgrund der Transparenz des Bruttaschenepithels lassen sich die Anzahl der in der Tasche befindlichen Embryonen und somit der Reproduktionserfolg direkt überprüfen.

Die Beziehung zwischen der Anzahl der Embryonen in der Bruttasche der Zwergdeckelschnecke und der TBT-Körperbelastung wird durch eine statistisch hochsignifikante, negative logarithmische Korrelation widergespiegelt (Abb. 35-5b). Die Anzahl der Embryonen nimmt in Abhängigkeit von der Höhe der TBT-Konzentration im Gewebe der Spezies in signifikanter Weise ab. Der steilste Abfall ist im Bereich einer Körperbelastung zwischen 100 und 200 µg TBT-Sn/kg zu beobachten. Liegen in einem Belastungsbereich unterhalb von 100 µg TBT-Sn/kg noch durchschnittlich 20 Embryonen in der Bruttasche vor, sinkt dieser Wert bei einer Konzentration von 500 µg TBT-Sn/kg um 50 % auf nur 10 Embryonen. Im hohen Belastungsbereich von 2500 µg TBT als Sn/kg befinden sich durchschnittlich nur noch 5 Embryonen, also 25 % des Ausgangswertes, im Brutsack von *Potamopyrgus antipodarum.* Der Schwellenwert für diesen Effekt liegt zwischen 50 und 100 µg TBT-Sn/kg im Gewebe. Obwohl die durchschnittliche Embryonenzahl bei einer Körperbelastung von 2500 µg TBT-Sn/kg mit nur fünf Nachkommen nahe null liegt, ist auch in diesem Belastungsbereich noch keine Plateaubildung erreicht.

Weitere Effekte

Zu den weiteren Effekten einer TBT-Exposition auf die untersuchten Vorderkiemerschnecken, die nicht zwangsläufig pathologische Veränderungen auf der Ebene des Reproduktionssystems umfassen, zählen Stagnationen des Wachstums, Reduktionen des Weichkörpergewichtes sowie Beeinträchtigungen der allgemeinen Fitneß. Für *Bithynia tentaculata* konnte eine prozentuale Abnahme geschlechtsreifer Weibchen sowie ein Rückgang des relativen Anteils weiblicher Tiere mit Eizellen im Ovidukt beobachtet werden. Anabole Wirkungen können nicht nur für juvenile *Hydrobia ulvae*, sondern auch für adulte *Theodoxus fluviatilis* nachgewiesen werden. Im folgenden sollen einige Beispiele vorgestellt werden:
Die Konzentrations-Wirkungsbeziehung zwischen dem Weichkörpergewicht von *Potamopyrgus antipodarum* und der TBT-Körperbelastung repräsentiert eine statistisch signifikante ($p<0,0005$), negative logarithmische Regression (Abb. 35-6a). Das Weichkörpergewicht hochbelasteter Zwergdeckelschnecken (3,5 mg per Individuum bei 2500 µg TBT-Sn/kg Körperbelastung) ist 30 % geringer als das niedrig belasteter Tiere (5,0 mg per Individuum unterhalb von 200 µg TBT-Sn/kg Körperbelastung).
TBT-exponierte *Bithynia tentaculata* weisen gegenüber Kontrolltieren geringere Schalenhöhen auf (Abb. 35-6b). Am Ende eines sechsmonatigen Laborversuchs sind die Abweichungen nicht nur statistisch signifikant gegenüber der Kontrolle, sondern repräsentieren zudem in ihrer Höhe die unterschiedliche Kontamination des Hälterungswassers. Die kleinsten Tiere finden sich in der 400 ng TBT-Sn/l Versuchsgruppe, die größten bei den Kontrolltieren. Die Werte der beiden niedrigeren TBT-Expositionsgruppen liegen entsprechend dazwischen. Die Schalenhöhen von Tieren, die eine TBT-Körperbelastung im Bereich von 2100 µg TBT-Sn/kg aufweisen, betragen durchschnittlich 4,7 mm. Testorganismen mit weniger als 100 µg TBT als Sn/kg im Gewebe verfügen mit einer Länge von ca. 5,5 mm über 15 % höhere Schalen.
Sowohl männliche als auch weibliche *Theodoxus fluviatilis* zeigen unter TBT-Exposition eine statistisch signifikante Erhöhung des prozentualen Anteils reifer Tiere gegenüber der Kontrolle (Abb. 35-6c). Die Unterschiede zwischen den Expositionsgruppen sind nicht statistisch signifikant; es besteht aber eine Tendenz, daß der prozentuale Anteil reifer Individuen in Abhängigkeit von der TBT-Konzentration des Umgebungswassers zunimmt. Die dargestellten Meßdaten beziehen sich auf das Ende des Laborversuchs im Monat Februar. Zu dieser Jahreszeit findet sich auch im Freiland ein sehr viel niedrigerer Prozentsatz bereits geschlechtsreifer Tiere (s. Kontrolltiere).

35.4 Diskussion

Von den in der vorliegenden Arbeit untersuchten Arten können *Marisa cornuarietis* und *Hydrobia ulvae* aufgrund des bei ihnen auftretenden Imposexphänomens für ein TBT-Biomonitoring uneingeschränkt eingesetzt werden. Die Eignung der Wattschnecke wurde schon innerhalb eines F&E-Projektes im Auftrag des Umweltbundesamtes praktisch überprüft (Oehlmann et al. 1996). Für die tropische Apfelschnecke gilt, daß sie in unseren Breiten eher für ein aktives Monitoring während der Sommermonate oder für Biotests im Labor, z.B. zur Überprüfung potentieller androgener Wirkpotentiale von Pestiziden oder pharmazeutischen Erzeugnissen, geeignet ist. Zu den für diese Spezies favorisierten Imposex-abhängigen Indizes gehört der Vas deferens Sequenz- (VDS-) Index. Die besondere Eignung des VDS-Index für ein TBT-Effektmonitoring besteht darin, daß bereits bei geringen TBT-Konzentrationen in der Umwelt relativ hohe Indizes erreicht und somit, bei entsprechender Kalibrierung, über morphologische Parameter verläßlich die TBT-Kontamination der Umwelt ermittelt werden kann. Für den VDS-Index spricht ferner die Tatsache, daß über diesen Parameter nicht nur die Belastungssituation, sondern auch der Anteil steriler Weibchen in den Populationen und damit deren Fähigkeit zur Fortpflanzung ermittelt werden kann. Ein weiterer

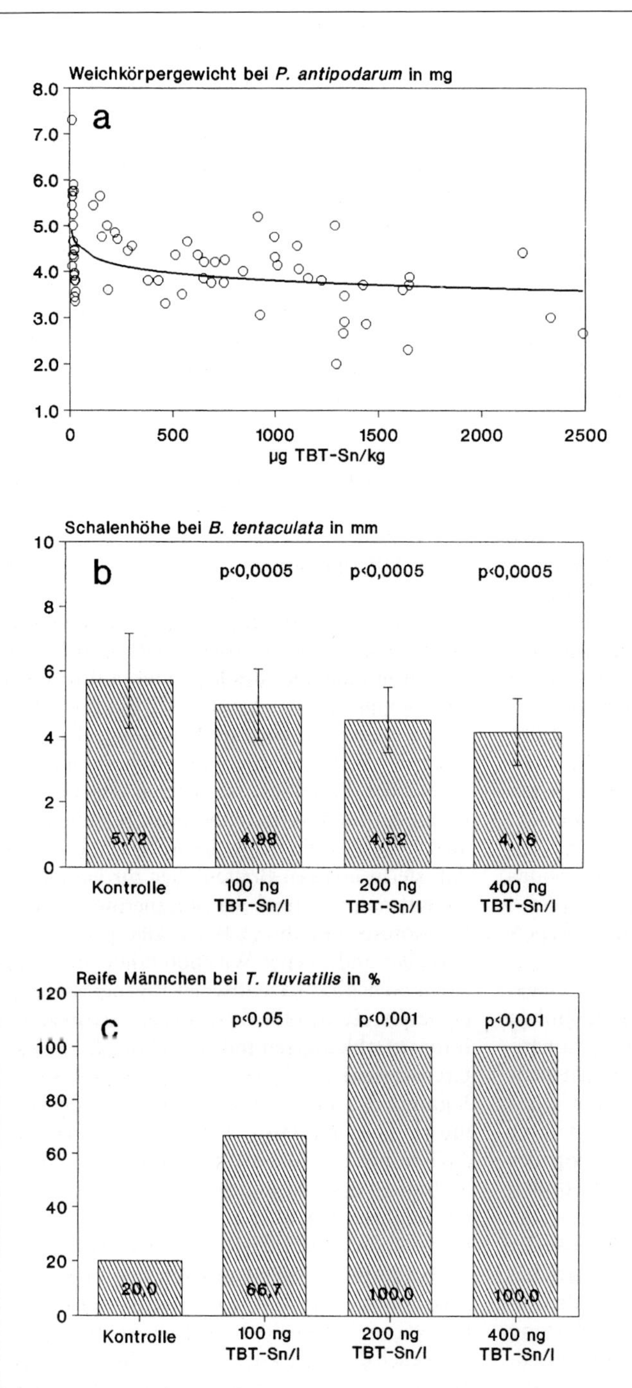

Abb. 35-6: *Potamopyrgus antipodarum, Bithynia tentaculata, Theodoxus flaviatilis.* (a) Verhältnis zwischen der TBT-Körperbelastung und dem durchschnittlichen Weichkörpergewicht. Angegeben sind die Ergebnisse der Stichprobenanalysen (o) und die berechneten Regressionen (Linie): $y = 5{,}42 - 0{,}235 \ln(x)$; $n = 74$ Stichproben; $r = 0{,}494$; $p < 0{,}0005$. (b) Durchschnittliche Schalenhöhe am Ende einer sechsmonatigen Laborversuchsreihe; angegeben sind die Mittelwerte, Standardabweichungen und Irrtumswahrscheinlichkeiten ($n = 30$, Students *t*-Test). (c) Prozentualer Anteil reifer Männchen am Ende einer sechsmonatigen Laborversuchsreihe; angegeben sind die Mittelwerte, Standardabweichungen und Irrtumswahrscheinlichkeiten (χ^2-Test). $\chi = 3{,}33$ für die 100 ng TBT-Sn/l Gruppe, $\chi^2 = 155$ für die 100 ng TBT-Sn/l Gruppe und 200 ng TBT-Sn/l Gruppe.

Vorteil besteht darin, daß auch penislose Weibchen, wie sie z.B. bei der Wattschnecke in der b-Reihe des Entwicklungsschemas (Abb. 35-2) auftreten, erfaßt werden. Die Belastungsparameter, denen die weibliche Penislänge zugrunde liegt, würden in diesem speziellen Fall zu einer Unterschätzung der aktuellen Expositionssituation führen. Die Anwendung des VDS-Index ermöglicht darüber hinaus auch interspezifische Vergleiche, da die spezies-spezifischen Unterschiede bei der Längenausdehnung des weiblichen Kopulationsorgans hier nicht einfließen. Die durchschnittliche weibliche Penislänge findet neben weiteren als Belastungsindex für mehrere bereits etablierte TBT-Effektmonitoringarten Anwendung (Oehlmann et al. 1991, 1992; Stroben et al. 1992a, b). Für *M. cornuarietis* hat es sich jedoch als sinnvoll erwiesen, diese Parameter nicht auf die Länge des weiblichen Penis, sondern auf die leichter zugängliche Penisscheide zu beziehen (Schulte-Oehlmann et al. 1995). Zudem brachte für die Apfelschnecke auch der Vergleich der durchschnittlichen weiblichen Penistaschenlänge exponierter und nicht exponierter Versuchsgruppen verläßliche Ergebnisse.

Mit *Potamopyrgus antipodarum* steht prinzipiell eine im Freiland zum Biomonitoring auf TBT einsetzbare Süßwasserart zur Verfügung. Obwohl die Zwergdeckelschnecke schon bei einem berechneten Schwellenwert von ca. 5 ng TBT-Sn/l im Umgebungswasser mit einer Reduktion der Embryonenzahl und der Bruttaschenlänge reagiert, sind diese Effekte nicht substanzspezifisch für TBT. Die dazu nötige Voraussetzung einer Imposexentwicklung fehlt bei dieser Art. Die auftretenden Effekte werden, auch wenn sie auf andere physiologische Wirkmechanismen als die TBT-Effekte zurückzuführen sind, ebenfalls durch weitere Substanzen auszulösen sein. Eigene Expositionsversuche mit Kupferrhodanid (CuSCN) und Cadmium konnten den Nachweis dafür erbringen (Schulte-Oehlmann 1997, s. Oetken et al. in diesem Band). Die bei einer CuSCN-Applikation ausschließlich bei der am höchsten belasteten Expositionsgruppe (400 ng CuSCN-Cu/l) auftretenden Effekte lassen sich auf das allgemein toxische Potential von Kupferrhodanid zurückführen und sind nicht, wie bei TBT, eindeutige reproduktionstoxische Effekte. In Freilanduntersuchungen wären durch Kupferrhodanid oder Tributylzinn verursachte Effekte bei dieser Spezies aber nicht voneinander zu unterscheiden. Ähnlich wie *Marisa cornuarietis* ist die Zwergdeckelschnecke aber für die Substanztestung (Biotest) im Labor, z.B. zur Überprüfung reproduktionstoxischer Wirkungen von Umweltchemikalien oder Medikamenten sowie zur allgemeinen Gewässergütebeurteilung uneingeschränkt geeignet. Die Ermittlung der durchschnittlichen Embryonenzahl im Brutraum und die Ermittlung der Bruttaschenlänge haben sich dabei als geeignete Parameter erwiesen. Obwohl sich bei *P. antipodarum* auch Effekte auf Wachstum und Gewicht feststellen ließen, sind diese Parameter für ein Biomonitoring eher ungeeignet. Der aus diesen Parametern resultierende Konditionsindex (s. Schulte-Oehlmann 1997), der ursprünglich bei der Kalibrierung von Muscheln für ein Effektmonitoring angewendet wurde (Henderson 1986, 1988, Thain und Waldock 1986, Davies et al. 1986, Page et al. 1989, Huang und Yong 1995), ist zumindest bei einem Monitoring mit Prosobranchiern nicht empfehlenswert. Alle drei Parameter setzten voraus, daß die zum Monitoring ausgewählten Organismen bezüglich dieser morphologischen Kennzeichen (Gewicht und Schalenhöhe) möglichst homogen sind, da sonst, wie die Auswertung unserer Versuchsreihen gezeigt hat, auftretende Effekte z.B. durch Wachstumserscheinungen maskiert werden können. Ferner ist ebenfalls davon auszugehen, daß Veränderungen der Parameter Wachstum und Gewicht auch von anderen Substanzen auszulösen sind.

Bithynia tentaculata und *Theodoxus fluviatilis* haben sich für ein TBT-Biomonitoring, unabhängig davon, ob in aktiver oder passiver Form, als ungeeignet erwiesen. Maskulinisierungserscheinungen treten nur bei der Schnauzenschnecke in Form von Reduktionen der weiblichen Sexualdrüsen oder Verzögerungen der Geschlechtsreife der Weibchen, verbunden mit der prozentualen Abnahme von Individuen mit Eizellen im Ovidukt, auf. Diese Effekte sind aller Voraussicht nach auch durch allgemein toxisch wirkende Substanzen auszulösen und aufgrund der mangelnden Spezifität für ein TBT-Biomonitoring abzulehnen. Die Effekte auf Wachstum, Gewicht und Konditionsindex sind aus den oben genannten Gründen für ein Monitoring mit *B. tentaculata* ebenfalls ungeeignet.

Die anabolen Effekte, die sich bei einer TBT-Exposition von *T. fluviatilis* unter anderem in einer „Pubertas praecox" äußerten, sind im Freiland nur sehr schwer zu spezifizieren. Auch für diese Art gilt, daß die dort aufgetretenen Veränderungen bei einem Vergleich unterschiedlicher Freilandpopulationen auf viele biotische und abiotische Faktoren zurückzuführen sein dürften.

Für die zum aktiven und/oder passiven TBT-Biomonitoring geeigneten Arten *Marisa cornuarietis* und *Hydrobia ulvae* gilt, daß ihre Sensitivität mehr als ausreichend ist, um die aktuelle Belastungssituation im aquatischen Bereich zu erfassen (s. Tab. 35-1). Obwohl Daten zur gegenwärtigen TBT-Belastung speziell im limnischen Milieu noch sehr rar sind, zeigt sich, daß die von verschiedenen Autoren ermittelten TBT-Konzentrationen auch im Süßwasser im Bereich biologischer Effektkonzentrationen und weit darüber liegen (Tab. 35-1). Nicht aufgenommen sind darin Analyseergebnisse aus anderen Ländern, die ebenfalls besorgniserregende Belastungen erkennen lassen. Die höchste gemessene TBT-Konzentration im Süßwasser lag bei 3000 ng/l in Jachthäfen des St. Clair-Sees (Kanada). In verschiedenen Flüssen, Seen und Binnengewässern der USA lagen die Maximalkonzentrationen bei 1600 ng TBT/l (Hall und Pinkney 1985). Fent (1996) berichtet, daß kommunale Abwässer der Stadt Zürich durchschnittlich mit 60-220 ng TBT/l belastet sind. Während Wasserproben aus der Elbe Maximalkonzentration von 60 ng als Sn/l aufweisen, enthalten frische Sedimentproben bis zu 1,2 mg TBT-Sn/kg Trockengewicht (Reincke 1995). Im Hafen von Alexandria konnte Abd-Allah (1995) Tributylzinn im Konzentrationsbereich von 18-84 ng als Sn/l nachweisen. Becker-van Slooten und Tarradellas (1995) haben trotz gesetzgeberischer Maßnahmen in Hafengebieten von Schweizer Binnenseen keine signifikante Abnahme der TBT-Belastung im Sediment oder im Gewebe der Zebramuschel *Dreissenae polymorpha*, wohl aber im Wasserkörper finden können. Noch immer ist der Weichkörper der Muschel mit bis zu 49 mg TBT/kg Trockengewicht belastet, weshalb die Autoren auf die extrem langen Halbwertszeiten der Verbindung im Sediment hinweisen. Nach dem Bioakkumulationsmodell von Traas et al. (1996) wird das Zinnorganyl von vielen Spezies bevorzugt über das Sediment aufgenommen, was eigene Untersuchungen für die Wattschnecke *Hydrobia ulvae* bestätigen konnten (Schulte-Oehlmann 1997). Denkbar wäre deshalb auch, sedimentbewohnende und Imposex-zeigende Spezies wie die Wattschnecke *H. ulvae* oder die Netzreusenschnecke *Hinia reticulata* für die Bewertung des reproduktionstoxischen Potentials von Baggergut aus Hafen- und Ästuarbereichen einzusetzen. Die vorangestellten Daten machen deutlich, daß eine TBT-Kontamination nicht nur im marinen Bereich ein Problem darstellt. Die praktische Durchführung eines TBT-Biomonitoring im Süß-und Brackwasser und die Überprüfung des Gefährdungspotentials von Baggergut zur Verklappung im Wattenmeer und zur Verwendung als Bodenauffüllung (Spülfelder) ist deshalb dringend erforderlich.

Danksagung

Die VerfasserInnen danken dem Umweltbundesamt Berlin für die finanzielle Unterstützung von Teilaspekten dieser Studie (UBA F&E-Projekt 102 40 303/01) sowie Frau Dr. Anita Künitzer (Abteilung Meeresschutz) für die stets engagierte und kompetente Betreuung des Projektes.

Literatur

Abd-Allah, A.M.A. (1995): Occurrence of organotin compounds in water and biota from Alexandria harbours. Chemosphere 30: 707-715

Bailey, S.K., Davies, I.M. (1989): The effects of tributyltin on dogwhelks (*Nucella lapillus*) from Scottish coastal waters. J. Mar. Biol. Ass. U.K. 69: 335-354

Becker, K., Merlini, L., de Bertrand, N., de Alencastro, L.F., Tarradellas, J. (1992): Elevated levels of organotins in Lake Geneva: bivalves as sentinel organism. Bull. Environ. Contam. Toxicol. 48: 37-44

Becker-van Slooten, K., Tarradellas, J. (1995): Organotins in Swiss lakes after their ban: Assessment of water, sediment, and *Dreissena polymorpha* contamination over a four-year period. Arch. Environ. Contam. Toxicol. 29: 384-392

Davies, I.M., McKie J.C., Paul, J.D. (1986): Accumulation of tin and tributyltin from antifouling paint by cultivated scallops (*Pecten maximus*) and Pacific oysters (*Crassostrea gigas*). Aquaculture 55: 103-114

Fent, K. (1996): Organotin compounds in municipal wastewater and sewage sludge: contamination, fate in treatment process and ecotoxicological consequences. Sci. Total Environ. 185: 151-159

Fent, K., Müller, M.D. (1991): Occurrence of organotins in municipal wastewater and sewage sludge and behavior in a treatment plant. Environ. Sci. Technol. 25: 489-493

Gibbs, P.E., Bryan, G.W., Pascoe, P.L., Burt, G.R. (1987): The use of the dog-whelk, *Nucella lapillus*, as an indicator of tributyltin (TBT) contamination. J. Mar. Biol. Ass. U.K. 67: 507-523

Hall, L.W., Pinkney, A.E. (1985): Acute and sublethal effects of organotin compounds in aquatic biota: an interpretative literature evaluation. CRC Crit. Rev. Toxicol. 14: 159-209

Henderson, R.S. (1986): Effects of organotin antifouling paint leachates on Pearl Harbor organisms: a site specific flowthrough bioassay. Oceans '86. Conference Record 4: 1226-1233

Henderson, R.S. (1988): Chronic exposure effects of tributyltin on Pearl Harbor organisms. Oceans '88. Conference Record 4: 1645

Huang, G.L., Yong, W. (1995): Effects of tributyltin chloride on marine bivalve mussels. Wat. Res. 29: 1877-1884

Kalbfus, W., Zellner, A., Frey, S., Stanner, E. (1991): Gewässergefährdung durch organozinnhaltige Antifouling-Anstriche. Umweltbundesamt, Berlin. (= Texte Umweltbundesamt 44/91. Forschungsbericht 126 05 010, UBA-FB 91-072)

Kuballa, J. (1994): Einträge und Anwendungen von toxischen Organozinnverbindungen. In: Lozan, J.L., Rachor, E., Reise, K., v. Westernhagen, H., Lenz, W. (eds.): Warnsignale aus dem Wattenmeer: wissenschaftliche Fakten. Blackwell, Berlin, Oxford. 42-45

Minchin, D., Oehlmann, J., Duggan, C.B., Stroben, E., Keatinge, M. (1995): Marine TBT antifouling contamination in Ireland, following legislation in 1987. Mar. Pollut. Bull. 30: 633-639

Oehlmann, J., Stroben, E., Fioroni, P. (1991): The morphological expression of imposex in *Nucella lapillus* (Linnaeus) (Gastropoda: Muricidae). J. Moll. Stud. 57: 375-390

Oehlmann, J., Stroben, E., Fioroni, P. (1992): The rough tingle *Ocenebra erinacea* (Gastropoda: Muricidae): an exhibitor of imposex in comparison to *Nucella lapillus*. Helgoländer Meeresunters. 46: 311-328

Oehlmann, J., Stroben, E., Bettin, C., Fioroni, P. (1993): TBT-induzierter Imposex und seine physiologischen Ursachen bei marinen Vorderkiemerschnekken. In: Schutzgemeinschaft Deutsche Nordseeküste e.V. (ed.): SDN-Kolloquium Antifouling im Meer – Gefahren durch Schiffsanstriche. Emden, 21. Januar 1993. (= Schriftenreihe der SDN, Nr. 2 1993). 58-72

Oehlmann, J., Ide, I., Bauer, B., Watermann, B., Schulte-Oehlmann, U., Liebe, S., Fioroni, P. (1996): Erfassung morpho- und histopathologischer Effekte von Organozinnverbindungen auf marine Mollusken und Prüfung ihrer Verwendbarkeit für ein zukünftiges biologisches Effektmonitoring. UBA F+E-Vorhaben 102 40 303/01, Abschlußbericht. Berlin

Page, D.S., Gilfillan, E.S., Foster, J., Widdows, J. (1989): Tributyltin in *Mytilus edulis* from coastal locations in Devon and Cornvall (UK) and Maine (US) and its effect on shell morphology. Mar. Environ. Res. 28: 539-540

Quevauviller, P., Bruchet, A., Donard, O.F.X. (1991): Leaching of organotin compounds from poly(vinyl chloride) (PVC) material. Appl. Organomet. Chem. 5: 125-129

Reincke, H. (1995): Belastungssituation der Elbe. Z. Ökologie u. Naturschutz 4: 39-49

Sadiki, A.I., Williams, D.T., Carrier, R., Thomas, B. (1996): Pilot study on the contamination of drinking water by organotin compounds from PVC materials. Chemosphere 32: 2389-2398

Schebek, L., Andreae, M.O. (1991): Methyl- and butyltin compounds in water and sediments of the Rhine River. Environ. Sci. Technol. 25: 871-878

Schrübbers, H., Helms, H., Sonnekalb, U. (1989): Gutachten zur Belastung des Gewässerzustandes der Unterweser. Teilbericht Belastung der Unterweser mit zinnorganischen Verbindungen. Bremer Gesellschaft für Angewandte Umwelttechnologie mbH, Bremen

Schulte-Oehlmann, U. (1997): Fortpflanzungsstörungen bei Süß- und Brackwasserschnecken- Einfluß der Umweltchemikalie Tributylzinn. Wissenschaft und Technik Verlag, Berlin

Schulte-Oehlmann, U., Oehlmann, J., Stroben, E. (1993): TBT-induced imposex of *Nucella lapillus* on Irish coasts in 1990. In: Aldrich, J.C. (ed.): Quantified phenotypic responses in morphology and physiology. Proc. 27th European Marine Biology Symposium, Dublin, 7-11th September, 1992. Japaga, Ashford. 307-311

Schulte-Oehlmann, U., Bettin, C., Fioroni, P., Oehlmann, J., Stroben, E. (1995): *Marisa cornuarietis* (Gastropoda, Prosobranchia): a potential TBT bioindicator for freshwater environments. Ecotoxicology 4: 372-384

Schulte-Oehlmann, U., Stroben, E., Fioroni, P., Oehlmann, J. (1996): Beeinträchtigung der Reproduktionsfähigkeit limnischer Vorderkiemerschnecken durch das Biozid Tributylzinn (TBT). In: Lozán, J.L., Kausch. H. (eds.). Warnsignale aus Flüssen und Ästuaren: wissenschaftliche Fakten. Parey, Berlin. 249-255

Stroben, E., Oehlmann, J., Fioroni, P. (1992a): The morphological expression of imposex in *Hinia reticulata* (Gastropoda: Buccinidae): a potential biological indicator of tributyltin pollution. Mar. Biol. 113: 625-636

Stroben, E., Oehlmann, J., Fioroni, P. (1992b): *Hinia reticulata* and *Nucella lapillus*. Comparison of two gastropod tributyltin bioindicators. Mar. Biol. 114: 289-296

Thain, J.E., Waldock, M.J. (1986): The impact of tributyl tin (TBT) antifouling paints on molluscan fisheries. Water Sci. Technol. 18: 193-202

Traas, T.P., Stäb, J.A., Kramer, P.R.G., Cofino, W.P., Aldenberg, T. (1996): Modeling and risk assessment of tributyltin accumulation in the food web of a shallow freshwater lake. Environ. Sci. Technol. 30: 1227-1237

36 Intersex bei *Littorina littorea*: Biologisches Effektmonitoring auf Tributylzinnverbindungen in deutschen Küstengewässern

J. Oehlmann, B. Bauer, U. Schulte-Oehlmann, D. Minchin, P. Fioroni und B. Markert

Abstract

The use of organotin compounds as active biocides in antifouling paints and other applications results in the masculinisation of many female prosobranch species (Bryan and Gibbs 1991; Fioroni et al. 1991); it culminates in the functional sterilisation and ultimate death of individuals. Within the scope of an R&D project sponsored by the German Federal Environmental Agency (Oehlmann et al. 1996) the indigenous species *Littorina littorea* was analysed for virilisation effects as a result of TBT (tributyltin) pollution in the German coastal ecosystem at 25 stations. Females of the periwinkle *L. littorea* exhibited obvious signs of masculinisation and sterilisation. This phenomenon was termed as intersex, a similar pathological condition as the well-known imposex phenomenon in other species. Intersex is a gradual transformation of the pallial oviduct, characterised by the development of male features on the female pallial organs (inhibition of the ontogenetic closure of the pallial oviduct) or replacement of female sex organs by the corresponding male formations. TBT-induced intersex development can be assessed by using a classification scheme based on five different stages (0 to 4) in respect to the degree of masculinisation. Furthermore a significant decline of the number of mamilliform penial glands in males has been determined in *L. littorea* as an effect of TBT exposure.

The intersex index (ISI) as the arithmetic mean value of the intersex stages in a sample is the most suited parameter for the assessment of intersex intensities in *Littorina littorea* populations and shows furthermore a significant dependence from the TBT body burden in snails and from TBT concentrations in sediments at the sampling stations. The periwinkle *L. littorea* accumulates TBT in a concentration dependent manner with biocentrations factors reaching values of up to 3.46×10^4.

In contrast to imposex-affected prosobranch species the perwinkle *Littorina littorea* is characterised by a distinct loss of TBT sensitivity during ontogenetic development. It has been demonstrated in laboratory experiments that an additional intersex development cannot be induced in adult and sexually mature females even if the specimens are exposed to very high aqueous TBT concentrations, while the females of other species show an increase of imposex intensities under the influence of high TBT exposure even if they have reached sexual maturity. This difference has a considerable influence on the concentration effect relationship of the intersex phenomenon and therefore also for ist use within the biological effect monitoring.

An interspecific comparison of imposex in *Nucella lapillus* and intersex in *Littorina littorea* shows that the dogwhelk *Nucella*, which has been used in most of the TBT effect monitoring programmes, exhibits a relatively higher TBT sensitivity. Due to this fact dogwhelks have become extinct near TBT point sources on many European coasts. In those areas where dogwhelks are not available the periwinkle *Littorina* is a well suited alternative monitoring species.

Zusammenfassung

Organozinnverbindungen aus Antifoulingfarben und anderen Anwendungsbereichen haben bei marinen weiblichen Vorderkiemerschnecken (Prosobranchia) zahlreicher Arten zu Vermännlichungsphänomenen mit einer Sterilisierung im Endstadium geführt (Bryan und Gibbs 1991, Fioroni et al. 1991). Im Rahmen eines F&E-Projektes im Auftrag des Umweltbundesamtes (Oehlmann et al. 1996) wurde erstmals die in Deutschland autochthone Art *Littorina littorea* an insgesamt 25 Stationen auf Virilisierungserscheinungen im Zusammenhang mit einer Tributylzinn- (TBT-) Kontamination der Umwelt untersucht. Für die Strandschnecke *L. littorea* lassen sich in deutschen Küstengewässer gravierende, teilweise bis zur Sterilisierung führende Vermännlichungstendenzen weiblicher Individuen nachweisen, die als Intersex bezeichnet werden und durch eine Störung der Kongruenz zwischen Gonade und Genitalorganen bedingt sind. Weibliche Strandschnecken bilden im Zuge eines graduellen Umbaus des pallialen Eileiterabschnittes männliche Charakteristika oder männliche statt der korrespondierenden weiblichen Organe aus. Die Entwicklung von Intersex läßt sich anhand eines Schemas mit fünf Stadien (0 bis 4) beschreiben. Die auf eine TBT-Exposition zurückgehende Intersexintensität kann mit seiner Hilfe erfaßt werden. Ferner konnten bei der Strandschnecke *L. littorea* im männlichen Geschlecht eine signifikante Abnahme mamilliformer Penisdrüsen als weiterer TBT-Effekt beobachtet werden.

Als Belastungsparameter zur Erfassung der Intersexintensität in den Populationen von *Littorina littorea* eignet sich besonders der als Mittelwert der Intersexstadien berechnete Intersex-Index (ISI), der zudem eine statistisch signifikante Korrelation zu den TBT-Konzentrationen in Geweben der Strandschnecken und in den Sedimenten der untersuchten Habitate aufweist. *L. littorea* nimmt TBT im Freiland konzentrationsabhängig auf und erreicht Biokonzetrationsfaktoren von bis zu $3{,}46 \times 10^4$.

Im Gegensatz zu dem bereits seit längerem bekannten Imposexphänomen anderer Arten ist *Littorina littorea* durch einen deutlichen Rückgang der TBT-Sensitivität während der ontogenetischen Entwicklung gekennzeichnet. Mit Hilfe von Laborversuchen kann gezeigt werden, daß nach dem Eintritt der Geschlechtsreife auch unter hoher TBT-Belastung keine zusätzliche In-

tersexentwicklung bei den Weibchen mehr induziert werden kann, während bei anderen Prosobranchiern auch adulte Weibchen bei einem Anstieg der TBT-Exposition noch zusätzliche Imposexkennzeichen ausbilden. Diese Differenzen spiegeln sich in den Konzentrations-Wirkungsbeziehungen für das Intersexphänomen wider und beeinflussen den Einsatz im Rahmen des biologischen Effektmonitorings.
Ein interspezifischer Vergleich des Imposexphänomens bei *Nucella lapillus* mit der Intersexentwicklung von *Littorina littorea* zeigt, daß die bisher in den meisten Monitoringprogrammen eingesetzte *Nucella* zwar über eine höhere TBT-Sensitivität verfügt, aber gerade deshalb in hoch belasteten Regionen nicht mehr anzutreffen ist. An diesen Küstenabschnitten kann dann die Strandschnecke als zweite Monitorspezies verwendet werden.

36.1 Einleitung

Organozinnverbindungen werden heute hauptsächlich als Katalysatoren und Stabilisatoren in Form von Dibutylzinn (DBT) in verschiedenen Kunststoffen, aufgrund der starken bioziden Wirkung speziell des Tributylzinns (TBT) als Bestandteil von Holzschutzmitteln und in Landwirtschaft und Gartenbau gegen Pilze, Bakterien, Ameisen, Nematoden, Insekten, Mollusken und Nagetiere eingesetzt (World Health Organization 1980, Hall und Pinkney 1985). Der quantitativ größte Anteil des produzierten TBT wird als biozider Wirkstoff in Antifoulingfarben verwendet (Beratergremium für umweltrelevante Altstoffe 1989).
Mit der breiten Einführung TBT-haltiger Antifoulingfarben im Sportbootbereich in den 80er Jahren wurden erstmals massive Schädigungen bei benthischen Tierarten beobachtet, die nicht zu den Bewuchsorganismen gehörten. So traten beispielsweise bei der Pazifischen Auster *Crassostrea gigas* zunächst in Frankreich und später in England ein Zusammenbruch der kommerziellen Zucht aufgrund von ausbleibendem Larvenfall und Schalenmißbildungen bei adulten Tieren auf. Durch die Arbeiten von Alzieu et al. (1980) und Waldock und Thain (1983) konnte eindeutig ein Zusammenhang zwischen diesen Beobachtungen und der TBT-Kontamination in den betroffenen Gebieten nachgewiesen werden. Nicht zuletzt wegen der großen finanziellen Einbußen bei der Austernzucht reagierte Frankreich als erstes Land mit einem Verbot TBT-haltiger Antifoulingfarben für Boote unter 25 m Rumpflänge. Dennoch wurden auch weiterhin subletale Effekte bei verschiedensten Tier- und Pflanzengruppen registriert (Rexrode 1987). Mit dem Imposexphänomen der Prosobranchier konnte schließlich eine chronische TBT-Schadwirkung gefunden werden, die bei aquatischen TBT-Konzentrationen von unter 1 ng als Sn/l gravierende Folgen hat. Aufgrund der hohen Sensitivität von Mollusken allgemein und speziell von Prosobranchiern hat Tributylzinn zu Reproduktionseinschränkungen und nachfolgend zum Verschwinden ganzer Populationen einzelner Spezies geführt (zur Übersicht Fioroni et al. 1991). Aber auch nach dem TBT-Anwendungsverbot, das mittlerweile in fast ganz Europa, Nordamerika, Australien und in Fernost Geltung besitzt, gingen die gemessenen Organozinnkonzentrationen zumindest in einigen Regionen nicht oder nur geringfügig zurück (Kalbfus et al. 1991, Becker et al. 1992).
Über ein biologisches Effektmonitoring bestehen seit längerem Möglichkeiten, den Umfang der Kontamination durch Tributylzinnverbindungen in Küstengewässern zu erfassen und somit auch den Erfolg gesetzgeberischer Maßnahmen zu überprüfen, ohne hierfür aufwendige spurenanalytische Methoden anwenden zu müssen. Aus diesen Gründen nutzten viele Untersuchungen das Imposexphänomen der Prosobranchier, insbesondere bei der Nordischen Purpurschnecke *Nucella lapillus* (Gibbs et al. 1987, Oehlmann et al. 1991, Oehlmann 1994, Minchin et al. 1995), zur Erfassung der TBT-Kontamination der marinen Umwelt. Da *Nucella* an Deutschlands Küsten nur auf dem Felswatt Helgolands vorkommt, besteht die Notwendigkeit, andere einheimische Gastropoden für ein Effektmonitoring zu finden, die eine ausreichende Sensitivität gegenüber Organozinnverbindungen aufweisen.
Ziel der vorliegenden Untersuchung war es daher, die Eignung der in deutschen Küstengewässern vorkommenden Strandschnecke *Littorina littorea* als TBT-Effektmonitor zu überprüfen. Weiterhin sollte möglichst auch zur Vorbereitung eines von OSPARCOM geplanten konventionsweiten TBT-Effektmonitorings untersucht werden, ob die biologischen TBT-Effekte im gesamten Verbreitungsgebiet der Art auftreten, ob

sie durch eine einheitliche Konzentrations-Wirkungsbeziehungen gekennzeichnet sind und ob eine Interkalibrierung zwischen unterschiedlichen Monitoringspezies möglich ist.

36.2 Material und Methoden

Zwischen 1993 und 1997 wurden 8.500 *Littorina littorea* von insgesamt 158 Untersuchungsstellen in Irland (4.200 Tiere von 124 Orten), Frankreich (400 Exemplare von 8 Orten) und Deutschland (3.900 Tiere von 25 Orten) analysiert. Von der Nordischen Purpurschnecke *Nucella lapillus* wurden zwischen 1988 und 1997 mehr als 11.800 Exemplare an insgesamt 178 Untersuchungsstellen in Irland (4.800 Exemplare von 110 Orten) und Frankreich (7.000 Tiere von 68 Orten) gesammelt und morphometrisch untersucht. Aufgrund der in Hafengebieten zu erwartenden teilweise starken Organozinnkontamination wurden Jacht- und Fähr- bzw. Fischereihäfen, Kombinationen aus diesen Hafentypen und auch hafenferne Gebiete in die Untersuchungen einbezogen, wobei letztere als Referenzstationen dienten.

Als Maß für die Intersex- und Imposexintensitäten in den untersuchten Populationen wurden für *Littorina littorea* der Intersex-Index (ISI) als Mittelwert der Intersexstadien in einer Population gemäß Bauer et al. (1995) und Oehlmann et al. (1996) und für *Nucella lapillus* der Vas deferens Sequenz-Index (VDSI, VDS-Index) gemäß Gibbs et al. (1987) und Oehlmann et al. (1991) bestimmt. Es wurden zwar auch einige weitere Intersex- und Imposexparameter bestimmt, doch werden diese für die vorliegende Arbeit nicht berücksichtigt, weil sich der ISI und VDSI als die sensitivsten und verlässlichsten Indizes erwiesen haben (Oehlmann 1994, Oehlmann et al. 1996, Stroben et al. 1996). Zudem besteht zwischen diesen beiden Indizes und dem Anteil steriler Weibchen in den Populationen der untersuchten Arten eine signifikante Abhängigkeit (Abb. 36-1), so daß mit Hilfe des ISI und des VDSI auch Aussagen über die Fortpflanzungsfähigkeit der Populationen problemlos möglich sind.

Die chemisch-analytische Bestimmung von TBT in den Geweben von *Nucella lapillus* aus Frankreich erfolgte gemäß den Angaben von Stroben et al. (1992). Dazu wurden die homogenisierten Gewebe von 2 bis 5 Exemplaren mit konzentrierter HCl (Merck suprapur) versetzt und für 30 min auf einem automatischen Schüttler geschüttelt. Die so behandelten Homogenate wurden mit 10 ml Hexan für 30 min auf dem Automatikschüttler extrahiert und die Extrakte zentrifugiert. TBT als Sn (TBT-Sn) wurde dann im Hexanextrakt nach einer alkalischen Wäsche mit 1 N NaOH mit Hilfe eines AAS mit Graphitrohrofen (Perkin-Elmer 5000 AAS mit HGA-500) bei einer Wellenlänge von 224,6 nm bestimmt. Die TBT-Bestimmung in allen irischen Proben sowie in den Geweben von *Littorina littorea* aus Frankreich beruhte auf der gleichen

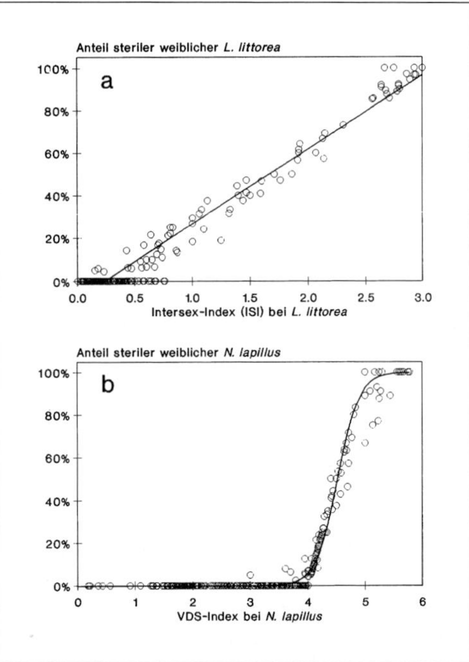

Abb. 36-1: Verhältnis zwischen dem Intersex-Index bei *Littorina littorea* (a) bzw. dem Vas deferens Sequenz- (VDS-) Index bei *Nucella lapillus* (b) und dem Anteil steriler Weibchen in den Stichproben. Angegeben sind die Ergebnisse der Stichprobenanalysen (o) und die berechneten Regressionen (Linien). (a) $y = 35{,}0x-8{,}36$; $n = 237$ Stichproben von 157 Populationen mit 8.500 untersuchten Tieren; $r = 0{,}983$; $p < 0{,}0005$. (b) $y = 100 \div (1+e^{(-5{,}29\,(x-4{,}52))})+0{,}002$; $n = 438$ Stichproben von 178 Populationen mit 11.800 untersuchten Tieren; $r = 0{,}922$; $p < 0{,}0005$.

Methode mit nur wenigen Abwandlungen gemäß Bailey *et al.* (1991). Als Analysegerät wurde ein ICP-MS (Perkin-Elmer Elan 5000) eingesetzt. Die TBT-Analysen in den Proben aus Deutschland wurden vom Bayerischen Landesamt für Wasserwirtschaft, Institut für Wasserforschung, als Teil des UBA F&E-Vorhabens 102 40 303/02 durchgeführt. Das komplette Verfahren ist in Kalbfus et al. (1996) dokumentiert. Es beruht zusammengefaßt auf einer Extraktion der Organozinnverbindungen aus den Geweben oder Sedimenten mit 60 ml einer 0,05 %igen Tropolon-Lösung in Hexan, einer Derivatisierung der Verbindungen mit n-Pentylmagnesiumbromid, einer Reinigung der organischen Phase in einer Florisilsäule und einer Quantifizierung der Verbindungen in einem GC-MS-System (HP 6890A II und HP 5970A).
Für alle eingesetzten chemisch-analytischen Methoden wurde eine Qualitätssicherung und Qualitätskontrolle durchgeführt, die unter anderem die Analyse von zertifiziertem Standardreferenzmaterial (z.B. PACS-1) und die Analyse identischer Proben in unterschiedlichen Labors umfaßte. Dabei zeigte sich, daß die Abweichungen der Anaylseergebnisse zwischen den einzelnen Methoden generell unter 8 % lagen.
Die vollständigen Ergebnisse mit den exakten Angaben der Untersuchungsstellen sind für Irland dokumentiert in Minchin *et al.* (1995, 1996, 1997), für Frankreich in Oehlmann *et al.* (1993) und Oehlmann (1994) sowie für Deutschland in Bauer *et al.* (1995), Oehlmann *et al.* (1996) und Schulte-Oehlmann *et al.* (1997).

36.3 Ergebnisse und Diskussion

36.3.1 TBT-Effekte bei *Littorina littorea*

Eine TBT-Exposition ruft am pallialen Eileiterabschnitt der Strandschnecke *Littorina littorea* charakteristische Mißbildungen hervor, die als Intersex bezeichnet werden (Bauer et al. 1995, Oehlmann et al. 1994, 1996). Unter dem Intersexphänomen wird die Störung der Kongruenz zwischen der Gonade und dem Genitaltrakt eines Individuums verstanden. Die Weibchen dieser Art bilden dabei im pallialen Oviduktabschnitt irreversibel männliche Charakteristika aus oder ersetzen zumindest Teile des pallialen Ovidukts durch eine Prostata. Das Phänomen kann anhand eines in fünf Stadien eingeteilten Entwicklungsschemas (Abb. 36-2) in Stufen mit zunehmender Intersexintensität eingeteilt werden, das gleichzeitig auch der Berechnung des Intersex-Index (ISI) als Belastungsparameter dient (s. 36.2).
Das Intersexstadium 0 repräsentiert ein normales Weibchen mit arttypischem und unverändertem Eileiter (Ovidukt). Die Vulva ist in diesem Stadium oval und symmetrisch geformt. In den Stadien 1 und 2 unterbleiben in unterschiedlichem Ausmaß die ontogenetische Abfaltung des pallialen Eileiterabschnittes vom Mantelepithel und die Fusion der freien Ränder des Ovidukts zum geschlossenen Gang. Im Stadium 1 ist davon lediglich der distale Abschnitt betroffen, so daß die Bursa copulatrix ventral offen bleibt. Die weibliche Geschlechtsöffnung ist nicht mehr symmetrisch, sondern erscheint nach hinten spitz zulaufend und verlängert. Im Stadium 2 unterbindet TBT darüber hinaus auch den Verschluß der Gallertdrüse, so daß der gesamte palliale Ovidukt ventral offen bleibt. Diese offene Struktur stellt eine Vermännlichungstendenz dar, da auch der palliale Samenleiterabschnitt der Männchen zur Mantelhöhle hin offen ist. Das Stadium 3 weist anstelle der weiblichen pallialen Drüsenorgane eine männliche Prostata auf. Die freien Ränder dieser beim Männchen ventral offenen Struktur können sekundär verwachsen sein, so daß hier keine offene Rinne erkennbar ist, sondern ein dem pallialen Ovidukt äußerlich ähnliches geschlossenes Organ gebildet wird. Im Endstadium der Intersexentwicklung, im Stadium 4, von dem nur zwei Exemplare gefunden wurden, tritt zusätzlich zur Prostata ein Penis und eine Samenrinne auf.
Das Intersexphänomen bedingt eine Beeinträchtigung der Reproduktionsfähigkeit. Schon im Stadium 1 ist die Fortpflanzungsfähigkeit eingeschränkt, da Spermien nach der Kopulation aus der Bursa copulatrix wieder ausgespült werden. In den Stadien 2 bis 4 sind die Weibchen definitiv steril, da entweder das durch die Drüsen des pallialen Ovidukts produzierte Material zur Gelegekapselbildung aus dem offenen Ovidukt gespült wird (Stadium 2) oder die weiblichen Drüsen in unterschiedlichem Umfang durch eine

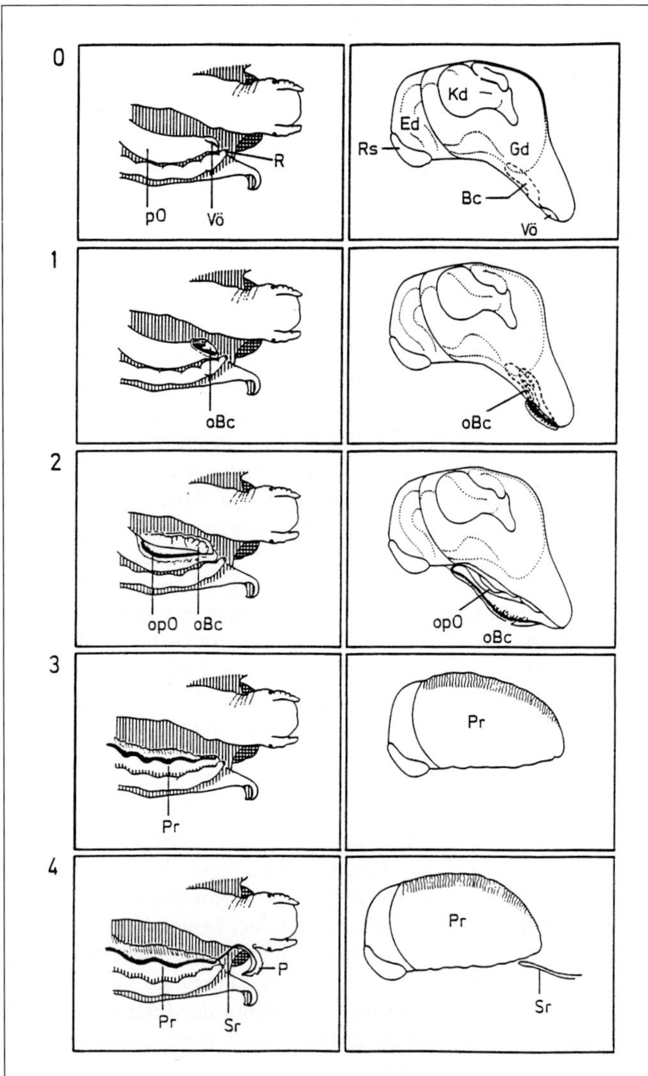

Abb. 36-2: *Littorina littorea.* Schema der Intersexentwicklung mit Dorsalansichten bei eröffneter Mantelhöhle (links) und Lateralansichten des pallialen Ovidukts (rechts). Abkürzungen: Bc, Bursa copulatrix; Ed, Eiweißdrüse; Gd, Gallertdrüse; Kd, Kapseldrüse; oBc, offene Bursa copulatrix; opO, offener pallialer Ovidukt; P, Penis; pO, pallialer Ovidukt; Pr, Prostata; R, Rektum; Rs, Receptaculum seminis; Sr, Samenrinne; Vö, Vaginalöffnung.

Prostata ersetzt werden, so daß die Produktion der zur Bildung der Gelegekapseln nötigen Sekrete weitgehend unterbunden wird (Stadium 3 und 4). Ein Aussterben der Art an besonders belasteten Standorten, an denen bis zu 100 % der Weibchen aufgrund der Intersexentwicklung sterilisiert sind, wird nur durch die planktischen Larven der Strandschnecke verhindert. Veliger können auch solche Standorte immer wieder neu besiedeln, solange die aquatische TBT-Belastung keine für die planktischen Entwicklungsstadien letalen Konzentrationen erreicht.

In ihrem Lebensraum nimmt die Strandschnecke TBT konzentrationsabhängig aus dem Umgebungswasser auf, wobei sich allgemein die Tendenz ablesen läßt, daß mit steigender aquatischer TBT-Konzentration die Biokonzentrationsfaktoren sinken (Tab. 36-1). Ähnliches gilt

Tab. 36-1: *Littorina littorea.* Berechnete biologische Anreicherungsfaktoren für TBT gegenüber dem Umgebungswasser (BCF) und dem Sediment in unterschiedlichen Belastungsbereichen.

TBT-Konzentration im Wasser (ng/l)	Biokonzentrationsfaktor (BCF)	TBT-Konzentration im Sediment (µg/g)	Anreicherungsfaktor
10	$3,46 \times 10^4$	0,1	0,33
20	$1,63 \times 10^4$	0,5	0,46
40	$7,85 \times 10^3$	1,0	0,49
60	$6,53 \times 10^3$	5,0	0,09
100	$3,20 \times 10^3$	10	0,05
300	$1,17 \times 10^3$	100	0,01

auch für die Aufnahme von TBT aus den Sedimenten, doch ist für diesen Aufnahmepfad festzustellen, daß die Gewebe von *Littorina littorea* grundsätzlich geringere TBT-Konzentrationen aufweisen als sie in den Sedimenten am gleichen Ort nachzuweisen sind.

Wie für viele andere Prosobranchier lassen sich auch für *Littorina littorea* zudem geschlechtsspezifische Unterschiede hinsichtlich der TBT-Akkumulation feststellen; Männchen akkumulieren tendenziell weniger TBT und weisen im Durchschnitt nur etwa 95,5 % der TBT-Konzentration weiblicher Tiere auf. Vergleichbare Resultate sind auch für praktisch alle anderen im Detail untersuchten Prosobranchier bekannt (zur Übersicht vgl. Oehlmann 1994, Stroben 1994).

Zwischen dem Intersex-Index (ISI) bei *Littorina littorea* und dem TBT-Gehalt im Gewebe weiblicher Tiere bzw. dem TBT-Gehalt im Sediment ergeben sich statistisch hochsignifikante positive Korrelationen (Abb. 36-3). Der Intersex-Index zeigt bezüglich der TBT-Gewebebelastung (Abb. 36-3a) der weiblichen *Littorina littorea* im Bereich zwischen 0 und etwa 900 µg TBT-Sn/kg (TG) und bezüglich des TBT-Gehaltes im Sediment (Abb. 36-3b) zwischen 80 und 20.000 µg TBT/kg (FG) den stärksten Anstieg und damit seine größte Empfindlichkeit. Oberhalb dieser Bereiche weist er nur noch relativ geringfügige Steigerungen auf; es ergibt sich für den ISI ein Maximalwert von 3,0, der auch bei TBT-Gewebebelastungen oberhalb von 1.500 µg TBT-Sn/kg (TG) und Sediment-Kontaminationen oberhalb 300.000 µg TBT/kg (FG) nicht überschritten wird. Dies und die Tatsache, daß das Intersex-Stadium 4 bei über dreitausend in Deutschland untersuchten Strandschnecken nur zweimal auftrat, lassen schließen, daß das Intersex-Stadium 3 als das in der Regel höchste in natürlichen Populationen auftretende Stadium angesehen werden muß und daher der ISI Werte über 3,0 nicht erreicht.

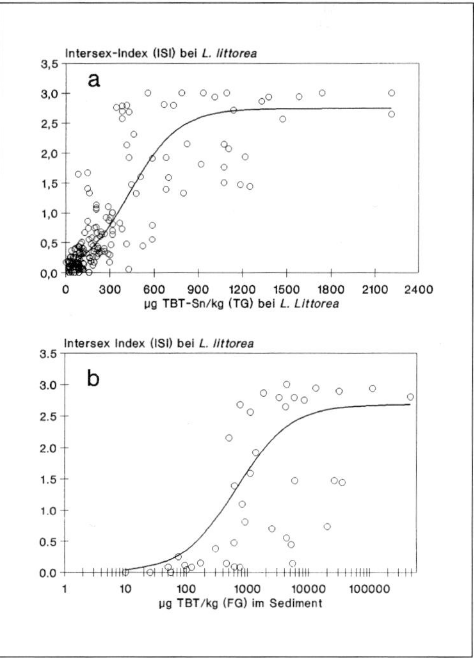

Abb. 36-3: *Littorina littorea.* Verhältnis zwischen der TBT-Körperbelastung weiblicher Tiere (a) bzw. den TBT-Konzentrationen im Sediment (b) und dem Intersex-Index (ISI). Angegeben sind die ermittelten Werte (o) und die berechneten Regressionen (Linien). (a) $y = 2,85 \div (1+e^{(-0,006\,(x+427))}) - 0,105$; n = 189 Stichproben von 87 Populationen; r = 0,778; $p < 0,0005$. (b) $y = (2,69x) \div (652+x)$; n = 40 Stichproben von 19 Populationen; r = 0,652; $p < 0,0005$.

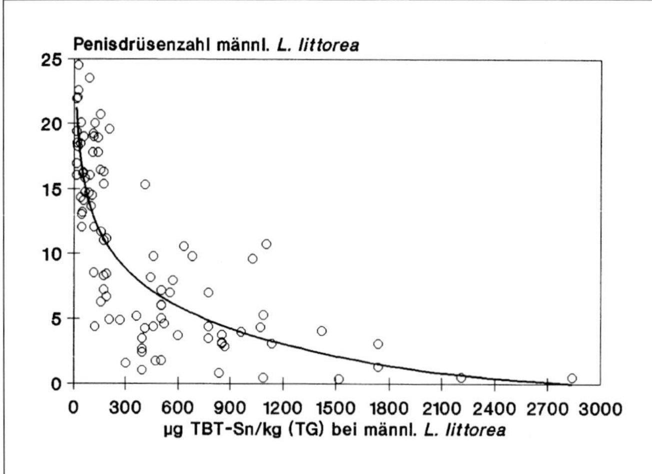

Abb. 36-4: *Littorina littorea.* Verhältnis zwischen der TBT-Körperbelastung und der durchschnittlichen Anzahl der Penisdrüsen bei männlichen Tieren. Angegeben sind die ermittelten Ergebnisse (o) und die berechnete Regression (Linie): (a) $y = 32{,}7–4{,}18 \ln(x)$; $n = 95$ Stichproben von 19 Stationen; $r = 0{,}813$; $p < 0{,}0005$.

Aufgrund dieser hochsignifikanten Korrelationen zwischen den TBT-Konzentrationen im Sediment oder den Geweben der untersuchten Tiere und dem primären biologischen Effekt einer TBT-Exposition bei *Littorina littorea*, der Intersexentwicklung, läßt sich in der Umkehrung auch das Ausmaß der TBT-Kontamination im Lebensraum der Strandschnecke bestimmen, indem die Intersexintensität in den jeweiligen Populationen ermittelt wird. Dies stellt die Grundlage für das biologische Effektmonitoring dar (s. 36.3.2).

Eine Besonderheit der Strandschnecke ist die Tatsache, daß nicht nur die Weibchen, sondern auch die männlichen Tiere deutliche Effekte einer TBT-Exposition aufweisen. An stark TBT-belasteten Standorten steigt nicht nur der Anteil der Männchen, die Penismißbildungen aufweisen, sondern es läßt sich auch eine Abnahme der Zahl der mamilliformen Penisdrüsen feststellen (Abb. 36-4). Während in der Fortpflanzungsphase männliche *Littorina littorea* an unbelasteten Standorten durchschnittlich mehr als 20 Penisdrüsen aufweisen, wird die Zahl der Drüsen bei einer Körperbelastung der Tiere von 900 µg TBT-Sn/kg (TG) bereits auf fünf reduziert, also auf weniger als ein Viertel der Drüsenzahl unbelasteter Männchen. Im Gegensatz zur Intersexentwicklung ist dieser biologische Effekt jedoch wahrscheinlich reversibel, da der Penis im Zuge des Reproduktionszyklus im Sommer jeden Jahres abgeworfen und danach neu gebildet wird.

Die dargestellten Effekte auf das männliche Genitalsystem eignen sich nur eingeschränkt für das TBT-Effektmonitoring. Sie werden einerseits durch die Saisonalität des Fortpflanzungszyklus überlagert, was eine Untersuchung nur zu bestimmten Jahreszeiten zwingend erforderlich macht, und andererseits weisen sie große Streuungsbereiche an den einzelnen Stationen auf. Zumindest für die Reduktion der Zahl mamilliformer Penisdrüsen konnte in Laborversuchen die Verantwortlichkeit von TBT nachgewiesen werden (Bauer et al. 1997).

36.3.2 TBT-Effektmonitoring mit *Littorina littorea*

Im Rahmen der Untersuchungen an der deutschen Nord- und Ostseeküste konnte gezeigt werden, daß weibliche *Littorina littorea* unter dem Einfluß einer bestehenden TBT-Exposition eindeutige morphologische Mißbildungen an den ableitenden Geschlechtswegen ausbilden, die den Einsatz von Intersex zum biologischen Effektmonitoring ermöglichen. Damit ist erstmals auch für das Gebiet der südlichen Nordsee und der westlichen Ostsee die Verwendung autochthoner Spezies zum TBT-Monitoring möglich. Mittlerweile wurde das Intersexphänomen bei *L. littorea* durch OSPARCOM als zusätz-

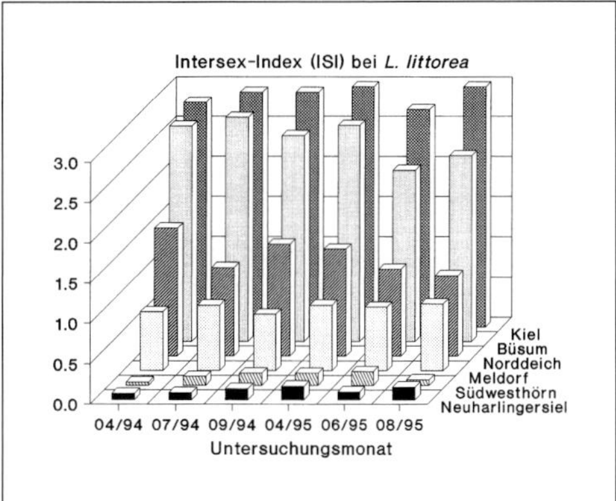

Abb. 36-5: Vergleich der ermittelten Intersex-Indizes bei *Littorina littorea* an sechs ausgewählten deutschen Stationen über einen zweijährigen Untersuchungszeitraum mit insgesamt sechs Probennahmen.

liches Monitoringsystem neben der Erfassung der Imposexintensität bei *Nucella lapillus* für das konventionsweite Monitoring im Rahmen des JAMP (Joint Assessment and Monitoring Programme) vorgesehen (Oslo and Paris Commissions 1996; s. 36.3.3).

Für weite Bereiche der Ostsee, in denen *Littorina* aufgrund ihrer auf den westlichen Teil beschränkten Verbreitung nicht mehr für ein Monitoring-Programm zur Verfügung steht, bieten sich andere Monitoringarten, wie z.B. *Hydrobia ulvae* als adäquater Ersatz an (Schulte-Oehlmann et al. 1997). Wie die Abbildung 36-5 zeigt, läßt sich zwischen den unterschiedlichen TBT-Belastungsniveaus einzelner Küstenabschnitte mit Hilfe der biologischen Parameter bei der Strandschnecke sehr präzise und reproduzierbar differenzieren. Damit bietet sich die Chance, mit relativ einfachen Mitteln und ohne großen gerätetechnischen Aufwand zuverlässige Aussagen über auftretende TBT-Konzentrationen in der marinen Umwelt bei gleichzeitiger Erfassung biologischer Effekte von hoher ökologischer Relevanz (z.B. Einschränkungen der Fortpflanzungsfähigkeit von Populationen) machen zu können.

Das Intersexphänomen bei *Littorina littorea* weist jedoch nicht nur ein anderes Erscheinungsbild als die Imposexentwicklungen bei anderen Vorderkiemerschnecken auf, sondern die Auslösung dieser morphologischen Vermännlichungstendenz ist durch einen anderen zeitlichen Ablauf während der Entwicklung der Tiere gekennzeichnet. Da dies wiederum Konsequenzen für den Einsatz von *L. littorea* beim biologischen TBT-Effektmonitoring haben kann, soll dieser Punkt im folgenden dargestellt werden.

Ein Vergleich der Konzentrations-Wirkungsbeziehungen zwischen Imposex- und Intersex-zeigenden Arten zeigt, daß die einzelnen Datenpunkte bei der Strandschnecke (Abb. 36-3a) eine größere Streuung um die berechnete Regressionslinie aufweisen als speziell bei *Nucella lapillus* (Abb. 36-7). Der Grund für diese Differenz ist, daß bei Spezies, die Imposex zeigen, auch noch bei adulten, geschlechtsreifen Weibchen die Bildung eines Penis oder eines Samenleiters ausgelöst werden kann, wenn entsprechende TBT-Konzentrationen von mehr als 0,5 ng als Sn/l vorliegen. Dies gilt jedoch nicht für das Intersexphänomen bei der Strandschnecke. Werden, wie in Abbildung 36-6a dargestellt, bereits geschlechtsreife, ausgewachsene Tiere im Labor hohen aquatischen TBT-Konzentrationen von bis zu 400 ng als Sn/l ausgesetzt, so steigen die Intersexintensitäten gegenüber der Kontrolle nicht weiter an. Die Ursache dafür ist, daß auch hohe TBT-Belastungen keine Mißbildungen an den ableitenden weiblichen Geschlechtswegen mehr auslösen können, wenn diese bei geschlechtsreifen Weibchen bereits vorher normgerecht ausgebildet waren.

Werden jedoch noch sehr junge Tiere von wenigen Millimetern Schalenhöhe weit vor dem Eintritt der Geschlechtsreife dem Biozid ausgesetzt, wie in der Abbildung 36-6b wiedergegeben, so ist ein konzentrationsabhängiger Anstieg der Intersexintensität in den Versuchsgruppen festzustellen. Je älter die Tiere bei Experimentbeginn waren, umso weniger reagieren sie auf die TBT-Exposition. Damit läßt sich während der Ontogenese von *Littorina littorea* ein sukzessiver Verlust der TBT-Sensitivität nachweisen. Nach dem Eintritt der Geschlechtsreife führen auch hohe TBT-Konzentrationen im Umgebungswasser nicht mehr zu einem weiteren Anstieg des ISI und damit der Intersexintensität. Entsprechend repräsentieren die Intersexstadien besonders alter Strandschnecken nicht mehr notwendigerweise das aktuelle Belastungsniveau an einem bestimmten Küstenabschnitt, sondern sind eher

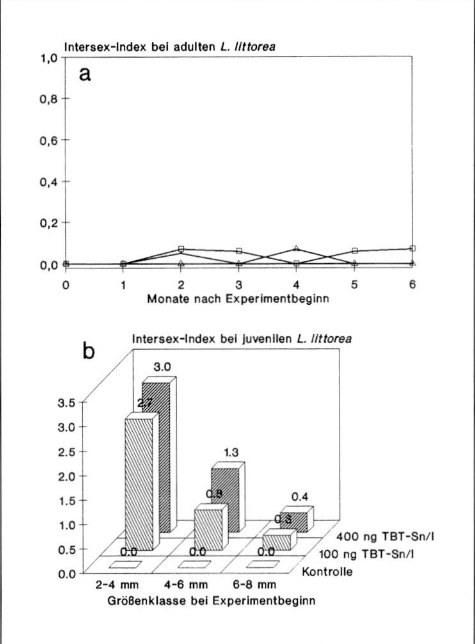

Abb. 36-6: *Littorina littorea.* Ergebnisse für den Intersex-Index (ISI) in zwei Laborversuchsreihen, bei denen bereits geschlechtsreife adulte (a) oder noch juvenile Exemplare (b) TBT-exponiert wurden. Versuchsgruppen in (a): (–) Kontrolle; (Δ) 200 ng TBT-Sn/l; (□) 400 ng TBT-Sn/l. Die Balken in (b) geben den ermittelten ISI am Ende eines 12monatigen Experiments mit drei aquatischen TBT-Konzentrationen wieder (0,100 und 400 ng TBT-Sn/l), bei dem die Versuchstiere zu Beginn in verschiedene Größenklassen eingeteilt wurden.

für eine Situation typisch, die während ihrer eigenen Individualentwicklung für die Ausbildung des noch heute vorliegenden Intersexstadiums verantwortlich war. Während der dazwischen liegenden Zeitspanne kann sich einer Verschlechterung oder auch Verbesserung der TBT-Kontamination ergeben haben. Diese Verhältnisse sind einerseits für die größere Streuung der Meßwerte um die berechnete Konzentrations-Wirkungsbeziehung in Abbildung 36-3a im Vergleich zur Abbildung 36-7 verantwortlich, andererseits ist ihnen in Monitoringprogrammen Rechnung zu tragen.
Um ein möglichst aktuelles Bild der TBT-Belastung erhalten zu können, sollten nur die Strandschnecken gesammelt werden, die unmittelbar zuvor geschlechtsreif geworden sind. Deshalb sollten *Littorina littorea* mit einer Schalenhöhe von mehr als 22 bis 25 mm sowie Exemplare mit einer sichtbar erodierten oder bewachsenen Schale möglichst nicht untersucht werden.

36.3.3 Interspezifischer Vergleich von *Nucella lapillus* und *Littorina littorea*

Wie bereits erwähnt, beabsichtigt OSPARCOM den gemeinsamen Einsatz des Imposexphänomens bei *Nucella lapillus* und von Intersex bei *Littorina littorea* im Rahmen des JAMP (Oslo and Paris Commissions 1996). Dies geschieht vor dem Hintergrund, daß die Nordische Purpurschnecke *Nucella* nicht überall im Konventionsgebiet verbreitet ist und beispielsweise in der südlichen Nordsee fehlt und daß sie vor allem in unmittelbarer Nähe von Häfen und anderen TBT-Punktemittenten mittlerweile ausgestorben ist, während in diesen Regionen die Strandschnecke regelmäßig anzutreffen ist. Ein gemeinsamer Einsatz beider Monitorspezies würde eine praktisch lückenlose Erfassung der TBT-Kontamination an der Küstenlinie ermöglichen, setzt jedoch voraus, daß ein interspezifischer Vergleich der biologischen Effekte durchgeführt wird, um gegebenenfalls auch die Frage beantworten zu können, ob *N. lapillus* an einer bestimmten Untersuchungsstelle, an der *L. littorea* noch auftritt, fehlt, weil die TBT-Belastung des Lebensraums zu hoch ist. Ein entsprechender interspezifischer Vergleich wurde in Frankreich und Irland in Zusammenarbeit mit dem Marine Institut, Fisheries Research Centre (Dublin) durchgeführt.
Für die Purpurschnecke *Nucella lapillus* existiert eine sehr breite Datenbasis, weil sie innerhalb unserer Arbeitsgruppe bereits seit 1988 untersucht wird. In der Abbildung 36-7 ist die Konzentrations-Wirkungsbeziehung für die Imposexintensität bei dieser Art auf Basis der TBT-Körperbelastung wiedergegeben.
Der interspezifische Vergleich von *Nucella lapillus* und *Littorina littorea* beruht auf einer Analyse beider Arten in sympatrisch lebenden Populationen. Die Abbildung 36-8 gibt die Beziehung zwischen der Körperbelastung bei der Purpur- und der Strandschnecke sowie die Beziehung zwischen dem VDS-Index bei *Nucella* und dem

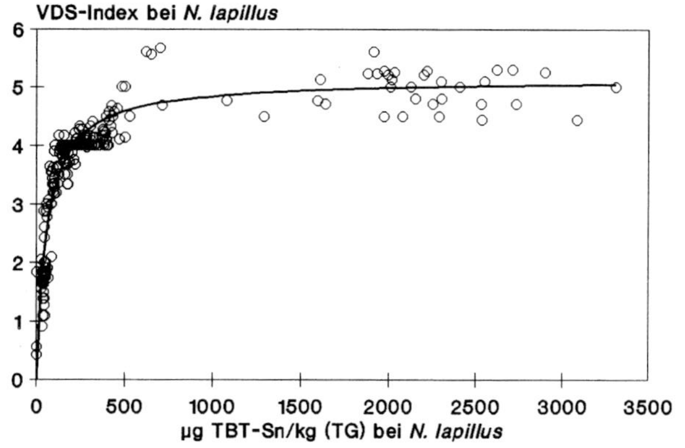

Abb. 36-7: *Nucella lapillus.* Verhältnis zwischen der TBT-Körperbelastung und dem Vas deferens Sequenz- (VDS-) Index. Angegeben sind die Ergebnisse der Stichprobenanalysen (o) und die berechnete Regression (Linie): y = (5,14x)÷(59,6+x); n = 239 Stichproben von 143 Populationen; r = 0,913; p < 0,0005.

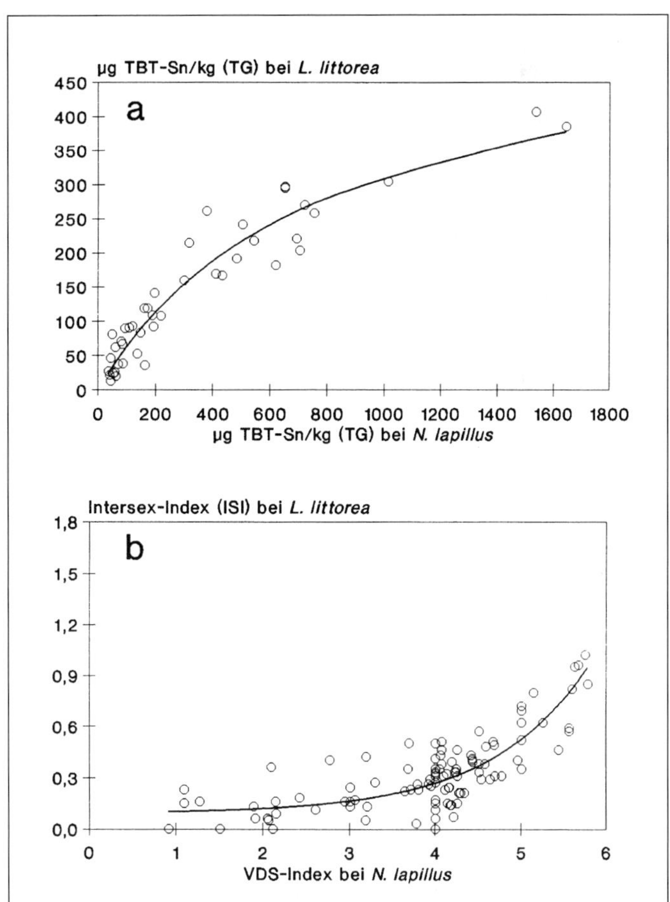

Abb. 36-8: Verhältnis zwischen der TBT-Körperbelastung bei *Nucella lapillus* und *Littorina littorea* (a) sowie zwischen dem Vas deferens Sequenz- (VDS-) Index bei *N. lapillus* und dem Intersex-Index bei *L. littorea* in sympatrischen Populationen. Angegeben sind die Ergebnisse der Stichprobenanalysen (o) und die berechneten Regressionen (Linien). (a) y = (557x)÷(781+x); n = 43 Stichproben von 39 Populationen; r = 0,932; p < 0,0005. (b) $y = 53{,}2 \div (1+e^{(-0{,}89\,(x-10{,}4))})+0{,}092$; n = 95 Stichproben von 91 Populationen; r = 0,812; p < 0,0005.

Intersex-Index bei *Littorina* wieder. Aus diesem direkten Vergleich wird deutlich, daß Strandschnecken deutlich niedrigere TBT-Konzentrationen in ihren Geweben aufweisen als Purpurschnecken, die mit ihnen den gleichen Lebensraum teilen. Diese Differenz wird primär durch die unterschiedliche Belastung der Nahrung verursacht. Die Beute des Räubers *N. lapillus*, z.B. Muscheln und Seepocken, weist deutlich höhere TBT-Rückstände auf als das Pflanzenmaterial, von dem sich *L. littorea* als Weidegänger ernährt.

Weiterhin zeigt der Vergleich der biologischen Parameter (Abb. 36-8b), daß sich beide Monitoringarten in fast idealtypischer Weise ergänzen. Der Intersex-Index (ISI) bei *Littorina littorea* steigt erst dann auf Werte von über 0,5 an, wenn der VDS-Index in den Populationen von *Nucella lapillus* über 4,0 ansteigt und damit sterile Weibchen anzutreffen sind, so daß der Fortbestand der Art an diesen Stationen akut gefährdet ist. In diesem Belastungsbereich, der aquatischen TBT-Konzentrationen von mindestens 2,0 ng als Sn/l entspricht, entwickeln die Weibchen von *Littorina* überhaupt erst deutliche Intersexkennzeichen und können daher zum TBT-Effektmonitoring eingesetzt werden. Im niedrigeren Belastungsbereich dagegen zeigt der ISI eine Art von Grundrauschen, ähnlich wie bei einem chemischen Analysegerät, während die Purpurschnecke sehr sensitiv reagiert ohne gefährdert zu sein. Deshalb sollte die Strandschnecke nur an mäßig bis hoch belasteten Küstenabschnitten und in den Regionen, in denen *Nucella* nicht verfügbar ist, als Monitor eingesetzt werden, während die Purpurschnecke im niedrigen Belastungsbereich die geeignetere Art darstellt.

Mit Hilfe des interspezifischen Vergleichs für beide Arten läßt sich zeigen, daß *Nucella lapillus* aufgrund der in den deutschen Küstengewässern herrschenden TBT-Kontaminationen derzeit kaum überleben könnte. Von wenigen Ausnahmen abgesehen wurden an den deutschen Stationen für *Littorina littorea* ISI-Werte zwischen 0,5 und 3,0 ermittelt, d.h. weibliche Purpurschnekken würden in diesen Regionen sehr schnell durch eine Überwucherung der Vaginalöffnung mit Samenleitergewebe sterilisert und die Populationen müßten, da planktische Verbreitungsstadien fehlen, aussterben.

Danksagung

Die Untersuchungen an der deutschen Nord- und Ostseeküste wurden durch das Umweltbundesamt Berlin im Rahmen des F&E-Projektes 102 40 303/01 finanziert. Die Organozinnkonzentrationen in den Geweben von *Littorina littorea*, im Wasser und in den Sedimenten wurden durch das Bayerische Landesamt für Wasserwirtschaft, Institut für Wasserforschung, als Teil des UBA F&E-Vorhabens 102 40 303/02 ermittelt und sind in Kalbfus et al. (1996) dokumentiert. Herrn Dr. Kalbfus und seinen MitarbeiterInnen danken wir für die freundliche Überlassung der Ergebnisse. Frau Dipl.-Ing. (FH) U.S. Leffler, IHI Zittau, danken wir für die Unterstützung bei der TBT-Analyse in den Geweben der französischen und irischen Schneckenproben.

Literatur

Alzieu, C., Thibaud, Y., Héral, M., Boutier, B. (1980): Evaluation des risques dus a l'emploi des peintures anti-salissures dans les zones conchylicoles. Rev. Trav. Inst. Péches. Marit. 44: 306-348

Bailey, S.K., Davies, I.M., Harding, M.J.C., Shanks, A.M. (1991): Effects of tributyltin oxide on the dogwhelk *Nucella lapillus* (L.). In: Jonker, J.A. (ed.): Proc. 10th World meeting Organotin Environmental Programme (ORTEP) Association, Berlin, September 26/27, 1991. 7-66

Bauer, B., Fioroni, P., Ide, I., Liebe, S., Oehlmann, J., Stroben, E., Watermann, B. (1995): TBT effects on the female genital system of *Littorina littorea*: a possible indicator of tributyltin pollution. Hydrobiologia 309: 15-27

Bauer, B., Fioroni, P., Schulte-Oehlmann, U., Oehlmann, J., Kalbfus, W. (1997): The use of *Littorina littorea* for tributyltin (TBT) effect monitoring – results from the German TBT survey 1994/95 and laboratory experiments. Environ. Pollut. 96: 299-309

Becker, K., Merlini, L., de Bertrand, N., de Alencastro, L.F., Tarradellas, J. (1992): Elevated levels of organotins in Lake Geneva: bivalves as sentinel organisms. Bull. Environ. Contam. Toxicol. 48: 37-44

Beratergremium für umweltrelevante Altstoffe (BUA) der Gesellschaft Deutscher Chemiker (ed.) (1989): Tributylzinnoxid: (Bis-[tri-n-butylzinn]-oxid). BUA-Stoffbericht 36 (Dezember 1988). Verlag Chemie, Weinheim, Basel, Cambridge, New York

Bryan, G.W., Gibbs, P.E. (1991): Impact of low concentrations of tributyltin (TBT) on marine organisms: a review. In: Newman, M.C., McIntosh, A.W. (eds.): Metal ecotoxicology: Concepts and applications. Lewis Publisher, Ann Arbor. 323-361

Fioroni, P., Oehlmann, J., Stroben, E. (1991): The pseudohermaphroditism of prosobranchs; morphological aspects. Zool. Anz. 226: 1-26

Gibbs, P.E., Bryan, G.W., Pascoe, P.L., Burt, G.R. (1987): The use of the dog-whelk, *Nucella lapillus*, as an indicator of tributyltin (TBT) contamination. J. Mar. Biol. Ass. U.K. 67: 507-523

Hall, L.W., Pinkney, A.E. (1985): Acute and sublethal effects of organotin compounds in aquatic biota: an interpretative literature evaluation. CRC Crit. Rev. Toxicol. 14: 159-209

Kalbfus, W., Zellner, A., Frey, S., Stanner, E. (1991): Gewässergefährdung durch organozinnhaltige Antifouling-Anstriche. UBA, Berlin. (= Texte Umweltbundesamt 44/91. Forschungsbericht 126 05 010, UBA-FB 91-072)

Kalbfus, W., Zellner, A., Frey, S., Knorr, T. (1996): Analytik von Oberflächenwasser, Sediment und Mollusken zur Validierung des biologischen Effektmonitorings. Abschlußbericht zum F&E-Vorhaben 102 40 303/02 des Umweltbundesamtes Berlin. München

Minchin, D., Oehlmann, J., Duggan, C.B., Stroben, E., Keatinge, M. (1995): Marine TBT antifouling contamination in Ireland, following legislation in 1987. Mar. Pollut. Bull. 30: 633-639

Minchin, D., Stroben, E., Oehlmann, J., Bauer, B., Duggan, C.B., Keatinge, M. (1996): Biological indicators used to map organotin contamination in Cork Harbour, Ireland. Mar. Pollut. Bull. 32: 188-195

Minchin, D., Bauer, B., Oehlmann, J., Schulte-Oehlmann, U., Duggan, C.B. (1997): Biological indicators used to examine TBT contamination at a fishing port, Killybegs, Ireland. Mar. Pollut. Bull. 34: 235-243

Oehlmann, J. (1994): Imposex bei Muriciden (Gastropoda, Prosobranchia). Eine ökotoxikologische Untersuchung zu TBT-Effekten. Cuvillier Verlag, Göttingen

Oehlmann, J., Stroben, E., Fioroni, P. (1991): The morphological expression of imposex in *Nucella lapillus* (Linnaeus) (Gastropoda: Muricidae). J. Moll. Stud. 57: 375-390

Oehlmann, J., Stroben, E., Fioroni, P. (1993): Fréquence et degré d'expression du pseudohermaphrodisme chez quelques Prosobranches Sténoglosses des côtes françaises (surtout de la baie de Morlaix et de la Manche). 2. Situation jusqu'au printemps de 1992. Cah. Biol. Mar. 34: 343-362

Oehlmann, J., Liebe, S., Watermann, B., Stroben, E., Fioroni, P., Deutsch, U. (1994): New perspectives of sensitivity of littorinids to TBT pollution. Cah. Biol. Mar. 35: 254-255

Oehlmann, J., Ide, I., Bauer, B., Watermann, B., Schulte-Oehlmann, U., Liebe, S., Fioroni, P. (1996): Erfassung morpho- und histopathologischer Effekte von Organozinnverbindungen auf marine Mollusken und Prüfung ihrer Verwendbarkeit für ein zukünftiges biologisches Effektmonitoring. Abschlußbericht zum F&E-Vorhaben 102 40 303/01 des Umweltbundesamtes Berlin. Zittau, Münster und Ahrensburg

Oslo and Paris Commissions (ed.) (1996): Agenda Item 9 of the Environmental Assessment and Monitoring Committee (ASMO). OSPARCOM, Vila Franca do Campo (= ASMO 96/9/8-E)

Rexrode, M. (1987): Ecotoxicity of tributyltin. Oceans '87. Conference Record 4: 1443-1455

Schulte-Oehlmann, U., Oehlmann, J., Fioroni, P., Bauer, B. (1997): Imposex and reproductive failure in *Hydrobia ulvae* (Gastropoda: Prosobranchia). Mar. Biol. 128: 257-266

Stroben, E. (1994): Imposex und weitere Effekte von chronischer TBT-Intoxikation bei einigen Mesogastropoden und Bucciniden (Gastropoda, Prosobranchia). Cuvillier Verlag, Göttingen

Stroben, E., Oehlmann, J., Fioroni, P. (1992): The morphological expression of imposex in *Hinia reticulata* (Gastropoda: Buccinidae): a potential biological indicator of tributyltin pollution. Mar. Biol. 113: 625-636

Stroben, E., Oehlmann, J., Schulte-Oehlmann, U., Fioroni, P. (1996): Seasonal variations in the genital ducts of normal and imposex-affected prosobranchs and its influence on biomonitoring indices. Malacol. Rev. Suppl. 6 (Molluscan Reproduction): 173-184

Waldock, M.J., Thain, J.E. (1983): Shell thickening in *Crassostrea gigas*: organotin antifouling or sediment induced? Mar. Pollut. Bull. 14: 411-415

World Health Organisation (1980): Tin and organotin compounds: a preliminary review. Environ. Health Crit. 15: 1-109

37 Eignung von Biotransformationsenzymen zur Differenzierung kleiner Fließgewässer

A. Behrens und H. Segner

Abstract

The process of biotransformation is essential for the accumulation and toxicity of xenobiotics. We investigated if the expression of biotransformation enzymes in fish is useful to distinguish between streams of different chemical background. Brook trout (*Salmo trutta* f. *fario*) and loach (*Barbatula barbatula*) were exposed under defined conditions (semi-field) to water of two different streams (Körsch, Krähenbach) in the area of Stuttgart. Control animals were held in the laboratory. Measured biotransformation enzymes were cytochrome P4501A as estimated from catalytic activity (via EROD) and protein content (via ELISA) and the catalytic activity of glutathione-S-transferase (GST). All measurements werde done in liver tissue.
Results show higher values for both expression levels of CYP1A in semi-field animals as compared to the control. Fish of the more contaminated stream Körsch show higher CYP1A values compared to fish from the stream Krähenbach. GST results do not distinguish between the two streams. These observations apply for both brook trout and loach, with the latter showing a lower basal catalytic activity of CYP1A. Our still preliminary findings indicate that the contamination situation in the two streams can be differentiated on the basis of the CYP1A response.

Zusammenfassung

Der Prozeß der Biotransformation ist von zentraler Bedeutung für die Akkumulation und Toxizität vieler Fremdstoffe. Die vorliegende Arbeit untersucht, inwieweit sich chemisch unterschiedlich belastete Fließgewässer anhand der Expression von Biotransformationsenzymen in Fischen differenzieren lassen. Im Rahmen des Verbundvorhabens VALIMAR wurden Bachforellen (*Salmo trutta* f. *fario*) und Bachschmerlen (*Barbatula barbatula*) unter kontrollierten Bedingungen (Halbfreiland) an Wasser aus zwei Bächen (Körsch, Krähenbach) im Raum Stuttgart exponiert; im Labor gehaltene Tiere dienten als Referenzgruppe. Als Biotransformationsenzyme wurden die katalytische Aktivität (mittels EROD-Methode) und die Proteinmenge (mittels ELISA) von Cytochrom P4501A (CYP1A) sowie die katalytische Aktivität von Glutathion-S-Transferase (GST) gemessen. Alle Untersuchungen erfolgten an Lebergewebe.
Die Ergebnisse für CYP1A zeigen erhöhte Werte bei den Halbfreilandtieren im Vergleich zu den Labortieren. Fische aus der mit Fremdstoffen stärker belasteten Körsch weisen höhere CYP1A-Werte als Fische aus dem Krähenbach auf. Die GST-Befunde erlauben keine eindeutige Unterscheidung zwischen den Standorten. Diese Aussagen treffen gleichermaßen für Forellen und Schmerlen zu, allerdings findet sich bei letzteren ein deutlich niedrigeres Aktivitätsniveau von CYP1A. Die bisher vorliegenden Befunde deuten an, daß sich die unterschiedliche Kontaminationssituation in den untersuchten Gewässern anhand des CYP1A-Reaktionsmuster – sowohl auf der Enzymaktivitäts- wie auf der Proteinebene – differenzieren läßt.

37.1 Einleitung

Der Prozeß der Biotransformation ist von zentraler Bedeutung für die Akkumulation und Toxizität vieler Fremdstoffe. Körpereigene Enzymsysteme können lipophile Xenobiotika zu stärker hydrophilen, leichter eliminierbaren Stoffen umwandeln und damit deren Toxizität reduzieren. Während des endogenen Stoffwechsels bilden sich zum Teil reaktive Metaboliten, die eine Toxifizierung bedingen (Parkinson 1995, Segner und Braunbeck 1998). Die Biotransformationsenzyme lassen sich zwei verschiedenen Phasen zuordnen (Parkinson 1995): In Phase I werden durch Oxidations-, Reduktions-, Hydrations- und Hydrolysereaktionen polare Gruppen in lipophile Xenobiotika eingeführt. Die dabei entstehenden aktivierten Zwischenprodukte können mutagene und cancerogene Wirkpotentiale aufweisen. Wichtige Phase I-Enzyme sind die Cytochrom P450-Monooxygenasen, die die Metabolisierung vieler endogener Substanzen – Steroide, Fettsäuren, etc. – , aber auch zahlreicher Xenobiotika katalysieren (Stegeman und Hahn, 1994, Parkinson 1995). Besonders gut untersucht ist das für den Stoffwechsel von dioxinartigen Verbindungen zuständige Isoenzym Cytochrom P4501A1 (CYP1A).
In Phase II der Biotransformation werden Chemikalien oder ihre Phase I-Metaboliten mit körpereigenen Molekülen konjugiert. Diese Reaktionen werden u.a. von den Glutathion-S-Transferasen (GST) und den UDP-Glucuronyltransferasen (UDPGT) katalysiert. Die als Reaktionsprodukt entstehenden Konjugate sind besser wasserlöslich als die Muttersubstanzen und werden über Leber/Galle oder Nieren eliminiert.

Ein wesentliches Merkmal vieler Biotransformationsenzyme ist ihre Induzierbarkeit durch ihre Substrate. Beispielsweise kann die Exposition von Organismen an Dioxine, polychlorierte Biphenyle oder polyzyklische Kohlenwasserstoffe in einer Induktion von CYP1A resultieren (Stegeman und Hahn 1994). Die Xenobiotika binden an einen intrazellulären Rezeptor, den sogenannten Ah-Rezeptor. Der Ligand-Rezeptor-Komplex bindet an Dioxin-responsive Elemente der DNA und führt damit zu einer Aktivierung der entsprechenden Gensequenzen. In der Folge wird die Synthese von CYP1A gesteigert und die als 7-Ethoxyresorufin-O-deethylase (EROD) meßbare CYP1A-assoziierte enzymatische Aktivität nimmt zu (Segner und Braunbeck 1998).

Aufgrund der Induzierbarkeit von Biotransformationsenzymen durch Xenobiotika haben diese Enzyme vielfach Anwendung als Expositions-Biomarker in Umweltstudien gefunden (Bucheli und Fent 1995). Am Umweltforschungszentrum Leipzig werden Biotransformationsenzyme durch ein Forschungsvorhaben im Rahmen eines vom Bundesministerium für Bildung, Wissenschaft, Forschung und Technologie (BMBF) geförderten Verbundprojektes (Valimar) untersucht. Das Projekt Valimar hat das Ziel, eine Kombination von Biomarkern und Biotests zur Diagnose subletaler Belastungssituationen in kleinen Fließgewässern zu etablieren. Die Herausforderung liegt darin, rational begründbare Kriterien zur Auswahl einer Kombination von Biomarkern und Tests zu erarbeiten, die eine möglichst eindeutige Korrelation von biologischen Veränderungen in Organismen mit der stofflichen Belastung der Organismen erlaubt. Über diesen vorwiegend diagnostischen Ansatz hinaus sollten die Marker jedoch auch Hinweise zu den potentiellen ökologischen Folgen der chemikalieninduzierten organismischen Effekte (vgl. Munkittrick und McCarthy 1995) abschätzen.

In einer ersten zweijährigen Projektphase von Valimar (1995-1997) wurde das Reaktionsmuster einer breiten Palette biologischer Marker und Tests gegenüber unterschiedlichen Umweltbedingungen getestet. Bachforellen (*Salmo trutta f. fario*) und Bachschmerlen (*Barbatula barbatula*) wurden an Wasser von zwei Bächen aus dem Raum Stuttgart – der Körsch und dem Krähenbach – exponiert. Die beiden Bäche unterscheiden sich hinsichtlich Höhe und Art der Schadstofffrachten und der Gewässergüte (Triebskorn et al. 1998, dieser Band). Die Expositionen erfolgten unter „Halbfreiland"-Bedingungen, d.h. die Tiere wurden in von Bachwasser durchflossenen Aquarien exponiert. Als Vergleichsbasis dienten Fische aus Labor-Versuchen.

In der zweiten Phase des Projekts (1997-2000) werden die Biomarkeruntersuchungen auf Freilandtiere erweitert und die Ergebnisse mit Populationsparametern der untersuchten Fischarten korreliert.

Im Teilprojekt Biotransformation wird in Bachforellen und Bachschmerlen die katalytische Aktivität von CYP1A anhand der mikrosomalen EROD-Aktivität nachgewiesen; zusätzlich erfolgt eine Quantifizierung des CYP1A-Proteins mittels immunchemischer Methoden. Als Vertreter von Phase II-Enzymen wird die katalytische Aktivität der GST gegenüber dem Substrat 1-Chlor-2,4-Dinitrobenzol bestimmt. Die Messungen erfolgen vorzugsweise an Lebergewebe, da dieses die höchste spezifische Aktivität aufweist.

37.2 Material und Methoden

37.2.1 Exposition

Die untersuchten Organismen wurden über unterschiedliche Zeiträume in einem Halbfreilandsystem im Durchfluß an die beiden Modellbäche exponiert und mehrmals im Jahr beprobt (Triebskorn et al. 1998, dieser Band). Zusätzlich wurden in vivo Laborversuche mit dem Ziel unternommen, die Belastung in der Körsch nachzustellen und daraus Hinweise zur kausalen Rolle der Chemikalienbelastung für im Halbfreiland beobachtete Biomarkerantworten abzuleiten. Dazu wurden Bachforellen an ein Gemisch („Cocktail") von in der Körsch auftretenden Schadstoffen exponiert. Die in dem Versuch eingesetzten Konzentrationen waren so gewählt, daß sie nach Maßgabe ihres Bioakkumulationsfaktors zu Körperbelastungen führen sollten, wie sie für die betreffenden Stoffe in Fischen aus den Halbfreilandversuchen analytisch nachweisbar waren.

37.2.2 Probenaufarbeitung

Vor der Organentnahme wurden die Tiere mit NaCl-Lösung perfundiert. Leber, Kieme und Herz wurden präpariert und im Elvehjem-Potter homogenisiert. Zur Homogenisation wurden die Lebern von zwei bis drei Fischen gepoolt, um mindestens 100 mg Frischgewicht für die Mikrosomenpräparation zu erhalten. Herzen und Kiemen wurden nicht gepoolt. Das Homogenat wurde unmittelbar nach Probennahme durch Ultrazentrifugation in subzelluläre Fraktionen aufgeteilt (Gradientenzentrifugation) und die Fraktionen in flüssigem Stickstoff eingefroren.

37.2.3 Messung der Biotransformationsenzyme

Phase I: Stellvertretend für das Cytochrom P450 Enzymsystem wurde die Aktivität der Ethoxyresorufin-O-Deethylase (EROD) bestimmt. Dazu wurde in einem fluorometrischen Assay die O-Deethylierung von 7-Ethoxyresorufin zu Resorufin gemessen. Die Methode geht auf Burke und Mayer (1984) zurück und wurde als Mikroplattenassay durchgeführt.
Da die katalytische Aktivitätsmessung z.B. durch Enzymdegradation gestört werden kann, erfolgte ein zusätzlicher Nachweis der P450-Proteine mit immunchemischen Methoden. Hierbei wurde eine ELISA (Enzyme Linked Immuno Sorbent Assay)-Technik (Scholz et al. 1997) eingesetzt. Es wurden zwei Antikörper verwendet. Bei dem ersten handelt es sich um einen selbsthergestellten monoklonalen Antikörper gegen Forellen-P450 1A (Scholz et al. 1997). Für die Schmerlen zeigte der anti-Forellen-Antikörper keine hinreichende Kreuzreaktivität, daher wurde für diese Fischart der Antikörper BN-1 (Bioscience Lab, Bergen, Norwegen) benutzt.
Phase II: Zur Charakterisierung der Phase II-Enzyme wurden die Aktivitäten der Glutathion-S-Transferase (GST) und anfänglich die der UDP-Glucuronyltransferase (UDPGT) bestimmt. Die Messung der cytosolischen GST wurde spektrometrisch mit dem Substrat CDNB (1-Chlor-2,4-Dinitrobenzol) durchgeführt. Die Methode geht auf Habig et al. (1974) zurück und wurde als Mikroplattenassay durchgeführt. Da für die GST verschiedene Isoenzyme existieren, wurde als weiteres Substrat Ethacrynsäure getestet. Proteinbestimmungen erfolgten mit einer modifizierten Lowry-Methode.

37.2.4 Statistik

Bei der Messung der oben genannten Parameter erfolgte jeweils eine Dreifachbestimmung. Zum Vergleich von verschiedenen Fischgruppen wurden Mittelwert und Standardabweichung berechnet. Um eine Abweichung der verschiedenen Gruppen voneinander einschätzen zu können, wurden die Daten mit dem Rangsummentest nach Mann-Whitney miteinander verglichen.

37.3 Ergebnisse und Diskussion

37.3.1 Phase I

In den bisher durchgeführten Beprobungen an den Untersuchungsgewässern hat sich gezeigt, daß die EROD-Enzymaktivitäten in Leberproben von Schmerlen und Forellen aus der Körsch im Vergleich zu Tieren aus dem Labor erhöhte Werte aufweisen. Die Enzymaktivitätsunterschiede zwischen Labor und Körsch fallen in 13 von 15 Tiergruppen signifikant aus. Die Enzymaktivitäten in Fischen aus dem Krähenbach sind dagegen im Vergleich mit Werten der Labortiere nur schwach erhöht. Die Unterschiede sind hier lediglich in 9 von 15 Fällen signifikant. Vergleicht man alle bisher erhobenen EROD-Daten von Krähenbach und Körsch miteinander, so zeigt sich, daß der Biomarker EROD sich in den beiden Bächen unterschiedlich verhält, mit in der Regel höheren Aktivitätswerten in der Körsch. Abbildung 37-1 zeigt dies exemplarisch für die Probennahme vom November 1997.
Die auf Grundlage der EROD-Daten angedeutete erhöhte Belastung der Körsch mit CYP1A-induzierenden Xenobiotika bestätigt sich in den Ergebnissen der immunchemischen Messung des ELISA. Auch hier sind die Unterschiede zwischen Labor und Körsch signifikant (Abb. 37-2).
Für die CYP1A-Induktion wichtige Stoffklassen sind die PCB (Polychlorierte Biphenyle) und

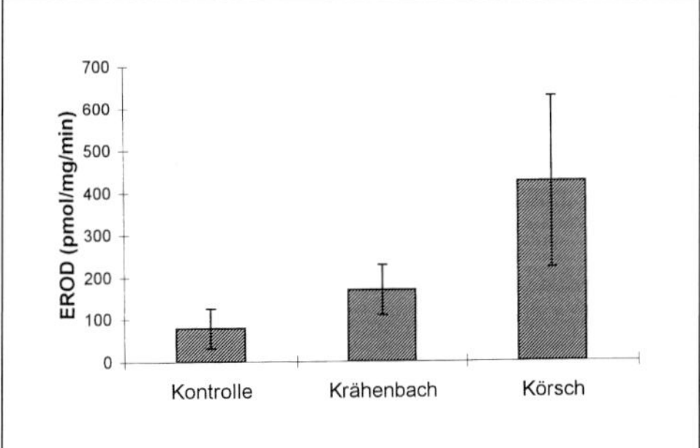

Abb. 37-1: EROD-Enzymaktivitäten in Lebermikrosomen der Bachforelle an Krähenbach und Körsch, exemplarisch dargestellt für die Probennahme November 1997

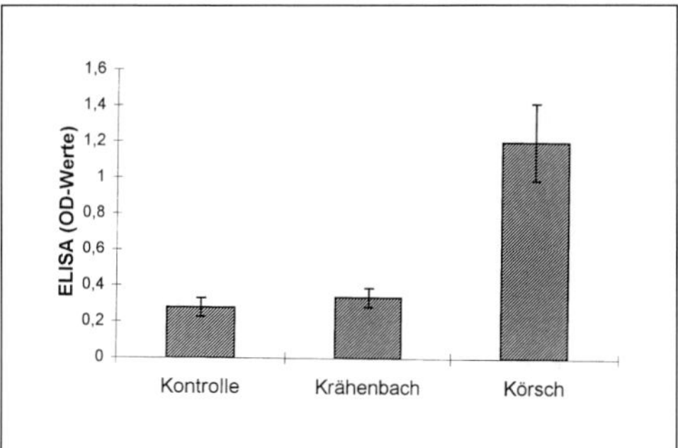

Abb. 37-2: Optische Dichte-Werte gemessen im ELISA in Lebermikrosomen der Bachforelle an Krähenbach und Körsch, exemplarisch für die Probennahme November 1997

PAK (Polyaromatische Kohlenwasserstoffe) (Goksøyr 1987, Payne 1988, Monod et al. 1988). Diese Chemikaliengruppen sind in Wasser und Sediment von Körsch und Krähenbach nachweisbar, allerdings sind die Konzentrationen in der Körsch meist höher als im Krähenbach. Das Induktionsverhalten des anhand von EROD und ELISA gemessenen Biomarkers CYP1A scheint mit den Ergebnissen der chemisch-analytischen Charakterisierung der beiden Untersuchungsgewässer zu korrelieren.
Die Ergebnisse von Laborversuchen, die begleitend zu den Halbfreilanduntersuchungen durchgeführt wurden, werfen in dieser Hinsicht jedoch Fragen auf. In dem Laborexperiment wurden die Versuchsfische an einen „Schadstoffcocktail“ exponiert, der die mittlere Stoffbelastung der Körsch simulierte. Die Konzentrationen der einzelnen Chemikalien – einschließlich der CYP1A-induzierenden PAK und PCB – in dem Cocktail waren dabei so gewählt, daß sie nach Maßgabe des Bioakkumulationsfaktors innerhalb der Expositionszeit zu Körperbelastungen führen sollten, wie sie in den Tieren aus den Halbfreilandexpositionen gefunden worden waren. In der Tat bestätigten die Rückstandsanalysen an den Bachforellen aus dem Cocktailversuch, daß die akkumulierten Körperbelastungen mit den in Halbfreilandtieren gemessenen Rückständen vergleichbar sind. Dennoch hat im Cocktailversuch der Biomarker CYP1A nicht angesprochen, d.h. trotz der Akkumulation von PAK und PCB trat keine Induktion von CYP1A auf. Vorausgesetzt, daß die im Cocktailversuch ausgewählten Stoffe und Konzentrationen tatsächlich für die Körsch repräsentativ waren, würde dieses Ergebnis anzeigen, daß die Biomarkerantwort wesentlich durch nicht-stoffliche Faktoren bestimmt sein kann. Denkbar wäre weiterhin, daß die als Basis für die Berechnung der im Cocktailversuch eingesetzten Schadstoffkonzentrationen herangezogene Körperbelastung der Halbfreilandtiere bei schnell metabolisierbaren Substanzen die tatsächliche Körperbelastung unterschätzt.

37.3.2 Phase II

Für die Aktivitäten der Enzyme aus der Phase II (GST) treten für beide Fischarten keine eindeutigen Unterschiede zwischen den Labor- und Halbfreilandtieren auf (Abb. 37-3). Die zwischen den Versuchsgruppen gemessenen Differenzen in der katalytischen Aktivität der GST sind nicht signifikant. Da für die GST verschiedene Isoenzyme existieren, wurde zusätzlich zu CDNB als weiteres Substrat Ethacrynsäure getestet. Jedoch erbrachte auch dieser Ansatz keine eindeutige Differenzierung zwischen den Bächen.
Die Ergebnisse zur GST stehen nicht im Gegensatz zu den Ergebnissen der Phase I-Enzyme. In Monitoring- und Laborstudien wurde wiederholt eine fehlende Parallelität im Induktionsverhalten von EROD und GST beobachtet, obwohl – zumindest beim Säuger – bestimmte GST-Isoenzyme unter Kontrolle des für die Regulation

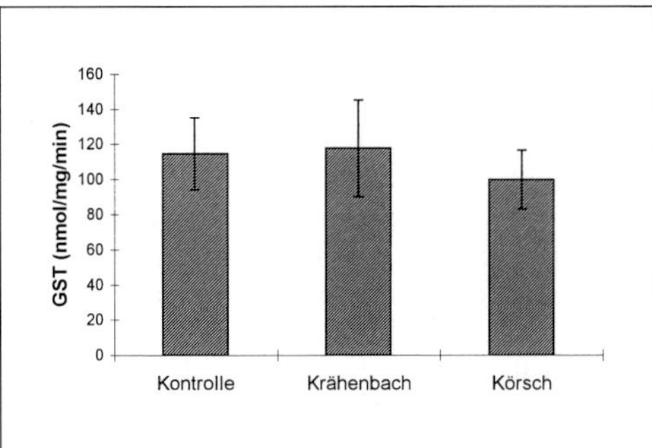

Abb. 37-3: GST-Aktivitäten der Bachforelle an Krähenbach und Körsch, exemplarisch für die Probennahme November 1997

von CYP1A zuständigen Ah-Rezeptors stehen (Soimasuo et al. 1995). Möglicherweise kann aber die spezifische Induktion eines einzelnen, responsiven Isoenzyms bei der Messung der GST-Gesamtaktivität mittels CDNB nicht aufgelöst werden. Bei dem derzeitigen Kenntnisstand zur GST-Enzymfamilie von Fischen ist eine detailliertere analytische Auflösung der GST-Messung jedoch nicht möglich (George 1994).

37.3.3 Artenvergleich

Ein signifikanter Unterschied in der EROD-Aktivität liegt zwischen Schmerlen und Bachforellen vor. Die katalytische Aktivität des Enzyms ist in den Schmerlen deutlich niedriger als in den Bachforellen. Schmerlen (Familie Cobitidae) gehören wie die Familie der Cyprinidae zur Unterordnung der Cyprinoidea (Karpfenähnliche). Für diese Teleostiergruppe gibt es Literaturhinweise, daß sie geringere EROD-Aktivitäten aufweisen als Forellen (Familie Salmonidae) (Scholz 1996). Bemerkenswerterweise zeigen jedoch beide Fischarten, unabhängig von der Absoluthöhe der EROD, eine recht gute Übereinstimmung in der Höhe der prozentualen Zunahme der Enzymaktivität im Vergleich zum jeweiligen Kontrollniveau. Unsere ursprüngliche Erwartungshaltung, daß die Schmerle als bodennah lebender Fisch andere Induktionsmuster zeigen sollte als die pelagische Forelle, kann auf der Basis der bisher vorliegenden Daten nicht bestätigt werden.

37.3.4 Jahreszeitlicher Verlauf

Jahreszeitlich bedingte Fluktuationen der EROD-Aktivitäten deuten sich bei den Forellen der Labor-Kontrollgruppe an. In den Sommermonaten sind die Werte prinzipiell niedriger als in den Wintermonaten. Dieser Unterschied dürfte als Temperatureffekt zu interpretieren sein, da die CYP1A-Aktivität temperaturabhängig reguliert wird (Carpenter et al. 1990, Andersson und Förlin 1992, Sleiderink et al. 1995).
Für die EROD-Aktivitäten aus den Fischen von Körsch oder Krähenbach wird kein jahreszeitlicher Verlauf deutlich. Möglicherweise wird ein vorhandener Temperatureffekt von anderen Parametern wie z.B. der chemischen Hintergrundbelastung überlagert.

37.4 Schlußfolgerungen

Die beiden Versuchsbäche Körsch und Krähenbach lassen sich anhand des Phase I-Biotransformationsenzyms CYP1A eindeutig differenzieren; prinzipiell zeigt die Körsch höhere Aktivitäts- und Proteinniveaus von CYP1A als der Krähenbach oder die Laborkontrollgruppe. Diese Unterschiede korrelieren mit der unterschiedlichen chemischen Belastung der beiden Bäche. Die experimentelle Bestätigung für den kausalen Zusammenhang zwischen stofflicher Belastung und biologischer Markerantwort steht allerdings noch aus.

Danksagung

Wir danken dem BMBF für die Förderung und Frau Dr. Rita Triebskorn für die Koordination des Valimar-Projektes (Förderkennzeichen 07OTX21-25) sowie allen anderen Projektteilnehmern, insbesondere Herrn Dr. Michael Pawert und Herrn Dr. Michael Schramm für Ihre intensive Unterstützung des Projekts.

Literatur

Andersson, T., Förlin L. (1992): Review: Regulation of the cytochrome P450 enzyme system in fish. Aquat. Tox. 24: 1-20

Bucheli, T.D., Fent, K. (1995): Induction of cytochrome P450 as a biomarker for environmental contamination in aquatic ecosystems. Crit. Rev. Environ. Sci. 25: 201-268

Burke, M.D., Meyer, R.T. (1984): Ethoxyresorufin: direct fluorometric assay of a microsomal O-dealkylation which is preferentially inducible by 3-methylcholanthrene. Drug Metab. Disp. 2: 583-588

Carpenter, H.M., Fredrickson, L.S., Williams, D.E., Buhler, D.R., Curtis, L.R. (1990): The effect of thermal acclimation on the activity of arylhydrocarbon hydroxylase in rainbow trout (*Oncorhynchus mykiss*). Comp. Biochem. Physiol. 97C: 127-132

George, S.G. (1994): Enzymology and molecular biology of phase II xenobiotic conjugating enzymes in fish. In: Malins, D.C., Ostrander, G.K. (eds.): Aquatic toxicology. Lewis Publishers, Boca Raton. 37-86

Goksøyr, A. (1987): Characterization of the cytochrome P450 monooxygenase system in fish liver metabolism and effects of organic xenobiotics. Dissertation, Universität Bergen

Habig, W.H., Pabst, M.J., Jacoby, W.B. (1974): Glutathione S-Transferase, the first enzymatic step in mercapturic acid formation. J. Biol. Biochem. 249: 7130-7139

Monod, G., Devaux, A., Riviere, J.L. (1988): Effects of chemical pollution on the activities of hepatic xenobiotics metabolzing enzymes in fish from the river Rhone. Sci. Total Environ. 73: 189-201

Munkittrick, K.R., McCarthy L.S. (1995): An integrated approach to aquatic ecosystem health: top-down, bottom-up or middle-out? J. Aquat. Ecosyst. Health 4: 77-90

Parkinson, A. (1995): Biotransformation of xenobiotics. In: Klaassen, C.D., Amdur, M.O., Doull, J. (eds.): Casarett and Doull's Toxicology. 5th edition. McGraw and Hill, New York. 113-186

Payne, J.F. (1988): What is the safe level of polycyclic aromatic hydrocarbons in fish? Subchronic toxicity study on winter flounder (*Pseudopleuronectes americanus*). Can. J. Fish. Aquatic. Sci. 45: 1983-1993

Scholz, S. (1996): Induktion von CYP1A1 durch Xenobiotika in Leberzellkulturen von Regenbogenforellen. Dissertation, Universität Halle. UFZ-Bericht Nr. 13/1996

Scholz, S., Behn, I., Honeck, H., Hauck, C., Braunbeck, T., Segner, H. (1997): Development of a monoclonal antibody for ELISA of CYP1A in primary cultures of rainbow trout (*Oncorhynchus mykiss*) hepatocytes. Biomarkers 2: 287-294

Segner, H., Braunbeck, T. (1998): Cellular response profile to chemical stress. In: Schüürmann, G., Markert, B. (eds.): Ecotoxicology. Wiley-Spektrum, New York. 522-569

Sleiderink, H.M., Beyer, J., Everaarts, J.M., Boon, J.P. (1995): Influence of temperature on cytochrome P450 1A in dab (*Limanda limanda*) from the Southern North Sea: Results from field surveys and a laboratory study. Mar. Environ. Res. 39: 67-71

Soimasuo, R. Jokinen, I., Kukkonen, J., Petänen, T., Ristola, T., Oikari, A. (1995): Biomarker responses along a pollution gradient: effects of pulp and paper mill effluent on caged whitefish. Aquat. Tox. 31: 329-345

Stegeman, J.J., Hahn, M.E. (1994): Biochemistry and molecular biology of monooxygenases: current perpectives on forms, functions and regulation of cytochrome P450 in aquatic species. In: Malins, D.C., Ostrander, G.K. (eds.): Aquatic toxicology. Lewis Publishers, Boca Raton. 87-206

Triebskorn, R., Adam, S., Behrens, A., Beier, S., Böhmer, J., Braunbeck, T., Eckwert, H., Frahne, D., Hartig, K., Honnen, W., Kappus, B., Klingebiel, M., Köhler, H.-R., Konradt, J., Lehmann, R., Luckenbach, T., Oberemm, A., Pawert, M., Schlegel, T., Schramm, M., Schüürmann, G., Schwaiger, J., Segner, H., Siligato, S., Strmac, M., Traunspurger, W., Müller, E. (1998): Der BMBF-Verbund Valimar: Ziele, Inhalte, Methoden, Verbundpartner. 2. Hohenheimer Workshop zur Bioindikation. Verlag Günter Heimbach, Ostfilder (im Druck)

38 Eignung von Biomarkern zur Fließgewässerbewertung: Zwischenergebnisse aus dem Projekt „Valimar" (1995-1997)

R. Triebskorn, S. Adam, A. Behrens,T. Braunbeck, S. Gränzer, W. Honnen, J. Konradt, H.-R. Köhler, A. Oberemm, M. Pawert, T. Schlegel, M. Schramm, G. Schüürmann, J. Schwaiger, H. Segner, M. Strmac und E. Müller

Abstract

In a three years study (1995-1997), biomarkers representing different levels of biological organisation were applied to brown trout (*Salmo trutta* f. *fario*) and loach (*Barbatula barbatula*), which were exposed under semi-field conditions to water and sediment of two differently polluted test streams. The experiments were conducted in flow-through-systems and compared to control groups in the laboratory. In the test streams, limnological parameters were recorded monthly/continuously throughout the test period, and chemical analyses were performed in water, sediment, fish tissues, sewage plant effluents, and dust samples every month/two months. Biomarker responses were compared with results obtained by *in vitro* tests with fish cells and embryo tests using brown trout and loach, which were performed in parallel to the biomarker studies. Most of the tested biomarkers revealed clear differences between the two test streams and between the two fish species. The variability of some marker responses could possibly be due to seasonal effects. Correlation patterns were obained by principle component analyses.

Zusammenfassung

An Bachforellen (*Salmo trutta* f. *fario*) und Bachschmerlen (*Barbatula barbatula*) wurden im Rahmen des Verbundprojektes „Valimar" von 1995 bis 1997 Biomarkerstudien durchgeführt, die unterschiedliche biologische Ebenen berücksichtigen. Die Fische wurden im Halbfreiland in Bypass-Systemen gegenüber Wasser und Sediment zweier unterschiedlich stark anthropogen belasteter Bäche exponiert. Kontrolltiere wurden im Labor unter vergleichbaren Rahmenbedingungen gehalten. Die Testbäche wurden während des gesamten Versuchszeitraums sowohl hinsichtlich limnologischer Parameter als auch in bezug auf Umweltschadstoffe charakterisiert. Die *in vivo* erzielten Biomarkerantworten wurden mit Resultaten aus parallel durchgeführten *in vitro* Tests an Fischzellen und Embryotests mit Bachforellen und Bachschmerlen verglichen. Mit zahlreichen der eingesetzten Biomarker war eine Differenzierung zwischen den beiden Testbächen sowie zwischen den beiden Testfischarten möglich, mitunter zeigten sich jedoch deutliche Variabilitäten der Antworten, die mit saisonalen Schwankungen in Verbindung gebracht wurden. Korrelationsmuster wurden mit Hilfe der Hauptkomponentenanalyse erarbeitet.

38.1 Einleitung

Eines der wesentlichen Ziele der Ökotoxikologie besteht in der Klärung der Fragen, (1) inwieweit natürliche Populationen auf die Wirkung von Xenobiotika über die Modifikation biochemischer, zellulärer oder physiologischer Prozesse ausgleichend reagieren, (2) inwieweit solche Reaktionen als Biomarker zur Indikation einer erfolgten Exposition von Organismen gegenüber Chemikalien oder zur Beurteilung eines durch diese Exposition bedingten (schädlichen) Effektes herangezogen werden können, und (3) ob sich Biomarker als Frühwarnsyteme eignen und Warnsignale geben, bevor sich Effekte von Xenobiotika in massiven Störungen ökosystemarer Prozesse manifestieren (BMBF 1997). In den letzten Jahren erweiterte sich das Spektrum potentieller Biomarker kontinuierlich, und es besteht inzwischen weitgehende Übereinstimmung darin, daß eine ökotoxikologische Beurteilung von Umweltsituationen ausschließlich über die kombinierte Erfassung verschiedenster Parameter, ähnlich der Vorgehensweise bei der medizinischen Diagnostik, möglich ist (Adams 1990, Adams et al. 1992, Ham et al. 1997, Hinton et al. 1992, Peakall 1994, Peakall und Walker 1994, Triebskorn et al. 1997). Allerdings bestehen noch deutliche Wissensdefizite hinsichtlich der Fragen, welche Biomarker unter Freilandbedingungen, d.h. für die Indikation komplexer Belastungssituationen geeignet sind, wo deren Indikationsoptima und -grenzen liegen und inwieweit diese Biomarkerantworten für höhere biologische Ebenen (Population bis Ökosystem) relevant sind. Diese Fragestellungen werden in dem vom Bundesministerium für Bildung und Forschung geförderten Verbundprojekt „Valimar" (*Vali*dierung und Einsatz biologischer, chemischer und mathematischer Tests und Bio*mar*kerstudien zur Bewertung der Belastung kleiner Fließgewässer mit Umweltchemi-

kalien) bearbeitet. Hierzu werden seit drei Jahren an zwei unterschiedlich stark anthropogen belasteten Bächen in Süddeutschland (Körsch und Krähenbach) an einheimischen Fischen solche Biomarkeruntersuchungen durchgeführt, die schadstoffinduzierte Effekte auf unterschiedlichen biologischen Ebenen anzeigen sollen. Ziel des Projektes ist die Etablierung eines validierten Biomarkersets zur ökotoxikologischen Diagnostik von komplexen Belastungszuständen in kleinen Fließgewässern. Dies bedeutet, daß Reaktionen von Organismen in unterschiedlich stark anthropogen beeinflußten Gewässern nicht nur hinsichtlich ursächlicher Zusammenhänge, sondern auch bezüglich ihrer ökosystemaren Effekte beurteilt werden.
In der ersten Projektphase (1995-1997) wurden Labor- und Halbfreilanduntersuchungen durchgeführt, deren Resultate in der zweiten Projektphase (1997-2000) mit Biomarkerantworten von Freilandtieren in Verbindung gebracht werden. Eine detaillierte Projektbeschreibung ist Müller et al. (1998) und Triebskorn et al. (1998) zu entnehmen.
Von 1995 bis 1997 wurden im Rahmen des Projektverbundes Bachforellen und Bachschmerlen in Halbfreilandsystemen gegenüber Wasser und Sediment der beiden Bäche über mehrere Monate hinweg exponiert. Kontrolltiere wurden im Labor unter vergleichbaren Rahmenbedingungen (Temperatur, Lichtphase, Strömung) gehalten. Die Testbäche wurden während des gesamten Versuchszeitraums sowohl hinsichtlich limnologischer Parameter als auch in bezug auf Umweltschadstoffe charakterisiert. Die Biomarkerantworten wurden mit Resultaten aus parallel zu diesen durchgeführten *in vitro* Tests an Fischzellen, Embryotests mit Bachforellen und Bachschmerlen und Leuchtbakterientests verglichen. Um die Chemikalienspezifität der Biomarkerantworten zu überprüfen, wurden im Labor Versuche mit Schadstoffcocktails durchgeführt.
Im vorliegenden Artikel werden exemplarisch Resultate der Biomarkerstudien, der limnologischen und chemisch-analytischen Untersuchungen sowie erste Ergebnisse multivariater Analysen der erzielten Daten dargestellt.

38.2 Material und Methoden

38.2.1 Versuchsaufbau

Testgewässer

Die Untersuchungen werden an den beiden Bächen Körsch (bei Stuttgart) und Krähenbach (bei Tübingen), beides Karbonatgewässer mit unterschiedlicher biologisch indizierter Gewässergüte (Körsch II-III, Krähenbach I-II) und unterschiedlicher anthropogen bedingter Belastung (Landwirtschaft, Kläranlagen, Kleinindustrie, Flughafen, Autobahn) durchgeführt.

Probestellen

In Phase 1 von „Valimar“ wurden in regelmäßigen Abständen limnologische und chemisch-analytische Untersuchungen an vier Probestellen an der Körsch („Körsch A,B,C,D“), an einer Stelle an dem die Region um den Flughafen Stuttgart entwässernden Sulzbach kurz vor der Mündung in die Körsch („Sulzbach“) sowie an einer Stelle am weniger belasteten Vergleichsbach Krähenbach („Aich B“) durchgeführt. Die Probenstellen liegen entweder vor oder hinter Einleitungen von Kläranlagen. Standorte für die Halbfreilandsysteme zur Exposition der Versuchsfische sind die Stellen Körsch A und Aich B.

Expositionssysteme

An beiden Gewässern sind an jeweils einem Standort Halbfreilandsysteme („Bypass-Systeme“) zur Exposition der Versuchstiere etabliert. Diese bestehen aus jeweils fünf Aquarien (á 250 l), die vom jeweiligen Bachwasser kontinuierlich durchflossen werden. Der Durchfluß pro Aquarium beträgt ca. 1000 l/h. Die Wassertemperatur in den Aquarien entspricht der Temperatur des Bachwassers. Durch Einbringen von Feinsediment und Steinen aus den Bächen in die Aquarien wurde der natürliche Untergrund der Bäche simuliert. Die Strömung wird über Strömungspumpen nachgestellt. Durch kontinuierliche Belüftung der Aquarien wird ein der Situation des Baches vergleichbarer durchschnittlicher Sauerstoffgehalt erzielt. Im Labor werden Kontrollfische unter annähernd gleichen Rahmenbedingungen (Aquariengröße, Temperatur, Licht, Strömung) gehalten wie in den Bypass-Systemen. Laborversuche mit „Schadstoffcocktails", durch welche schrittweise die Belastungssituation in der Körsch nachgestellt wird, werden in Durchflußsystemen durchgeführt.

Testorganismen

Als Versuchsorganismen wurden Bachforellen *(Salmo trutta* f. *fario*; Freiwasserfisch) und Bachschmerlen *(Barbatula barbatula;* Bodenfisch) eingesetzt. Neben Biomarkertests wurden an diesen Tieren auch chemische Rückstandsanalysen durchgeführt.

Expositionen

Die Experimente im Halbfreiland wurden bis jetzt über drei Jahre hinweg durchgeführt, wobei die Expositionszeiten zwischen 6 Wochen und 6 Monaten betrugen. Diese Halbfreilandexpositionen werden über weitere zwei Vegetationsperioden fortgeführt und finden parallel zu Untersuchungen an Freilandtieren statt.
In Labortests wurden Bachforellen jeweils vier Wochen lang gegenüber artifiziellen Schadstoffcocktails exponiert, die auf Schadstoffkonzentrationen in Fischen bzw. im Freiwasser des belasteten Baches Körsch basierten. Ein Laborversuch, der zusätzlich die Ammoniak-Belastung der Körsch nachstellt, ist in Vorbereitung.
Codes für die untersuchten Fischgruppen, deren Alter sowie die jeweiligen Expositionszeiten sind Tab. 38-1 zu entnehmen. Der jeweilige Code gibt Auskunft über die Fischart (F: Forelle; S: Schmerle), die Fischgruppe (z.B. F1: erste Forellengruppe) und den Zeitpunkt der Beprobung (Kontinuierliche Numerierung der Monate mit Beginn im Juni 1995 mit 01).

Probennahmen

Die Beprobungstermine für Wasser und Sediment, für die limnochemischen Untersuchungen sowie für die Präparation der exponierten Fische sind in Tabelle 38-2 zusammengefaßt.

38.2.2 Limnochemische bzw. physikalisch-chemische Gewässeruntersuchungen

Über den gesamten Untersuchungszeitraum hinweg wurden die beiden Testgewässer kontinuier-

Tab. 38-1: Fischgruppen, Codes, Expositionszeiten, Alter und Datum von Fang/Schlupf.

Fischgruppe (Code)	Expositionszeit	Alter bei Entnahme	Schlupf/Fang
Forelle 1a (F105)	13 W. (13.7.–12.10.95)	6 Mon.	Jan. 95
Forelle 1b (F107)	21 W. (13.7.–7.12.95)	8 Mon.	Jan. 95
Forelle 2a (F205)	8 W. (17.8.– 12.10.95)	6 Mon.	Jan. 95
Forelle 2b (F207)	16 W. (17.8.–7.12.95)	8 Mon.	Jan. 95
Forelle 3a (F314)	2 W. (3.5.–24.7.96)	6 Mon.	Jan. 96
Forelle 3b (F316)	20 W. (3.5.–18.9.96)	8 Mon.	Jan. 96
Forelle 4 (F414)	6 W. (13.6.–24.7.96)	6 Mon.	Jan. 96
Forelle 5a (F526)	7 W. (26.5.–10.7.97)	6 Mon.	Jan. 97
Forelle 5b (F530)	24 W. (26.5.–7.11.97)	10 Mon.	Jan. 97
Schmerle 1 (S105)	13 W. (13.7.–12.10.95)	18 W. nach Fang	13.7.95
Schmerle 2 (S207)	15 W. (24.8.–7.12.95)	16 W. nach Fang	16.8.95
Schmerle 3a (S316)	12 W. (27.6.–18.9.96)	19 W. nach Fang	9.5.96
Schmerle 3b (S317)	14 W. (27.6.–1.10.96)	21 W. nach Fang	9.5.96
Schmerle 4 (S416)	12 W. (28.6.–18.9.96)	12 W. nach Fang	27.6.96
Schmerle 5a (S526)	7 W. (26.5.–10.7.97)	7 W. nach Lieferung	20.5.97
Schmerle 5b (S530)	24 W. (26.5.–7.11.97)	24 W. nach Lieferung	20.5.97

Tab. 38-2: Zeitpunkte der Beprobungen

Termin	Code	Analytik Wasser	Analytik Sediment	Limnologie	Biotests
9.8.95	03	×		×	
6.9.95	04	×	×	×	
4.10.95	05	×		×	
11.10.95	05				×
8.11.95	06	×	×	×	
6.12.95	07				×
13.12.95	07	×		×	
24.1.96	08	×	×	×	
20.2.96	09			×	
28.2.96	09	×			
26.3.96	10			×	
27.3.96	10	×	×		
24.4.96	11	×		×	
29.5.96	12			×	
26.6.96	13			×	
17.7.96	14	×	×	×	×
28.8.96	15			×	
17.9.96	16	×	×		×
25.9.96	16			×	
23.10.96	17			×	
20.11.96	18	×	×	×	
18.12.96	19			×	
29.1.97	20			×	
26.2.97	21			×	
26.3.97	22			×	
23.4.97	23			×	
Mai97	24				
9.7.97	26	×		×	×
August 97	27				
17.9.97	28			×	
15.10.97	29			×	
6/19.11.97	30a,b	×	×	×/×	×
17.12.97	31			×	

lich limnologisch auf zahlreiche Wasserparameter (Wasserstand, Strömungsgeschwindigkeit, Beleuchtungsstärke, Geruch, Färbung, Trübung, Luft- und Wassertemperatur, elektrische Leitfähigkeit, pH-Wert, Gesamthärte, Carbonathärte, Sauerstoffkonzentration, Sauerstoffsättigung, biochemischer Sauerstoffbedarf, Stickstoffverbindungen, Phosphat und Chlorid) untersucht. Die Daten wurden in Form von zeitlichen und räumlichen Profilen z.T. kontinuierlich über Datenlogger, z.T. monatlich aufgenommen. Daten zum Niederschlag wurden von der Wetterstation der Universität Hohenheim zur Verfügung gestellt.

38.2.3 Chemische Analysen

Zeitlich parallel zu Proben, die limnochemisch charakterisiert wurden, wurden in regelmäßigen Abständen Frei- und Porenwasser-, Sediment-, Luftstaub- und Tierproben sowie Proben aus Kläranlagenabläufen auf einen ausgewählten Schadstoffkatalog (Pflanzenschutzmittel, PAK, PCB, Schwermetalle, Tenside) hin untersucht (Teilprojekt Honnen, Reutlingen). Von der Kläranlage Nellingen wurden kontinuierlich über ein Jahr hinweg, von den Kläranlagen Möhringen und Plieningen stichprobenartig 24-Stunden-Sammelproben vom Auslauf chemisch analysiert.

38.2.4 Biomarkeruntersuchungen

Folgende Biomarker wurden jeweils simultan auf die entsprechenden Fischgruppen angewandt:

- Parasitenbefall und Histopathologie: Untersuchung makroskopischer Veränderungen und semi-quantitative bzw. morphometrische Bewertung zellulärer Reaktionen in Leber, Kieme, Niere, Milz, Haut und Gonade (Labor für Fischpathologie, München)
- Ultrastruktur *in vivo*: Semi-quantitative und morphometrische Bewertung subzellulärer Veränderungen in Leber, Kieme und Niere (Abteilung Physiologische Ökologie der Tiere, UniversitätTübingen)
- Stoffwechselenzyme: Aktivitätsmessungen in Leber und Gehirn (Acetylcholinesterase, Cytochrom c-Oxidase, Succinatdehydrogenase, saure Phosphatase, Katalase, Alaninaminotransferase, Glucose-6-Phosphat-dehydrogenase, Malatenzym, Hexokinase, Esterase (Zoologisches Institut I, Universität Heidelberg)
- Biotransformationsenzyme: Enzymatische Bestimmung der EROD und GST-Aktivität und immunchemische Bestimmung von CYP 1A über ELISA in Leber, z.T auch Kieme und Herz (UFZ, Leipzig)
- Streßproteine: Nachweis der HSP70-Induktion über standardisierten Immunoblot und densitometrischer Quantifikation in der Leber, z.T. auch in der Kieme (Abteilung Zellbiologie, Universität Tübingen).

Gleichzeitig wurden mit Wasserproben und Sedimentextrakten Zellkulturtests (Zoologisches Institut I, Universität Heidelberg), Embryotests (IGB, Berlin) sowie Leuchtbakterientests (Steinbeis-Transferzentrum für Angewandte und Umweltchemie, Reutlingen) durchgeführt.

Die histologischen und ultrastrukturellen Resultate wurden nach definierten Bewertungsschemata (Schwaiger et al. 1997, Schramm et al. 1998) semi-quantitativ erfaßt und z.T. morphometrisch quantifiziert. Eine Bewertung der zellulären Marker erfolgte mittels Differenzbildung zwischen den Werten der exponierten Fische und den zugehörigen Laborkontrollen. Die Bewertung der biochemischen Marker (Biotransformationsenzyme, Stoffwechselenzyme, Streßproteine) auf einer Skala von -2 bis +2 basierte auf statistisch signifikanten Unterschieden zwischen exponierten Organismen zu den jeweiligen Kontrollen ($p>0,1$: Bewertung 0; $0,05 < p \leq 0,1$: Bewertung +/-1; $0,01 < p \leq 0,05$: Bewertung +/-1,5; $p \leq 0,01$: Bewertung +/- 2, Vorzeichen bezeichnet Ab-, bzw. Zunahme gegenüber der jeweiligen Kontrolle).

38.2.5 Mathematisch-statistische Auswertung

Zur Analyse der Biomarker im Hinblick auf systematische Ähnlichkeiten und Unterschiede der experimentellen Befunde (1) zwischen Krähenbach und Körsch sowie (2) zwischen den Fischarten Bachforelle und Bachschmerle wurde das Verfahren der Hauptkomponentenanalyse (Aries et al. 1991) angewandt. Explizite Zusammenhänge zwischen Biomarkerantworten, chemischen Belastungen und limnochemischen bzw. physikochemischen Parametern werden derzeit mit weiteren multivariaten Verfahren untersucht. Die den Analysen zugrundeliegenden Meßdaten sind Triebskorn et al. (1997a) zu entnehmen.

Bei der Hauptkomponentenanalyse handelt es sich um eine mathematische Methode, bei welcher die Korrelationsstruktur der Daten graphisch in der Weise dargestellt wird, daß einander ähnliche Parameter räumlich benachbarte Positionen einnehmen. Ziel einer solchen Analyse ist es, die Korrelationsstruktur der Daten in möglichst wenigen Dimensionen (d.h. zwei oder drei Hauptkomponenten) darzustellen, wofür

eine entsprechende Aggregationsfähigkeit des ursprünglichen Informationsgehaltes erforderlich ist. Diese Aggregationsfähigkeit wird im Rahmen der Hauptkomponentenanalyse in Form der erklärten Varianz quantifiziert, was zugleich ein Kriterium dafür liefert, ob die wesentlichen Aspekte der Korrelationsstruktur tatsächlich in zwei oder drei Dimensionen erfaßt werden können.
Da die Ergebnisse der unterschiedlichen Biomarker in einer nach einheitlichem Schema abgeleiteten bewerteten Form (Skala von -2 bis +2, ermittelt durch Vergleich mit Laborkontrollen) vorlagen, wurden die Hauptkomponentenanalysen ohne weitere Skalierung der Daten vorgenommen.

38.3 Resultate und Diskussion

38.3.1 Physikalisch-chemische und limnochemische Untersuchungen

Die über drei Jahre hinweg erhobenen Daten zur Limnochemie (monatliche Stichproben) verdeutlichen, daß sich die beiden Testgewässer bezüglich aller in den Abbildungen 38-1 und 38-2 dargestellten Parameter signifikant unterscheiden. Wasserhärte und Sauerstoffsättigung sind in den beiden Bächen vergleichbar. Durch den Vergleich von Daten zu Niederschlagsmengen, Wasserstand und Fließgeschwindigkeit (über Datenlogger kontinuierlich aufgezeichnet) wurde gezeigt, daß Niederschlagsereignisse im Einzugsbereich der Körsch eine sehr starke Auswirkung auf die wasserhydraulische Situation dieses Gewässers, und damit verbunden, möglicherweise auch auf die aquatische Lebensgemeinschaft haben. Wasserstand und Fließgeschwindigkeit steigen beispielweise unmittelbar nach Regenereignissen bis auf das Doppelte der Normalwerte an (Abb. 38-3).

38.3.2 Chemisch-analytische Untersuchungen

Die chemisch-analytischen Untersuchungen ergaben signifikante Unterschiede zwischen den beiden Testgewässern für Pestizide und PAH im Wasser (Abb. 38-4) sowie für Pestizide, PAH, PCB und Schwermetalle im Sediment (Abb. 38-5). Die Schadstoffwerte in Geweben von Bachforellen und Bachschmerlen spiegeln diese Unterschiede wider. Untersuchungen der Kläranlagenabflüsse zeigten, daß große Teile der Pestizide über die Kläranlagen in die Körsch gelangen

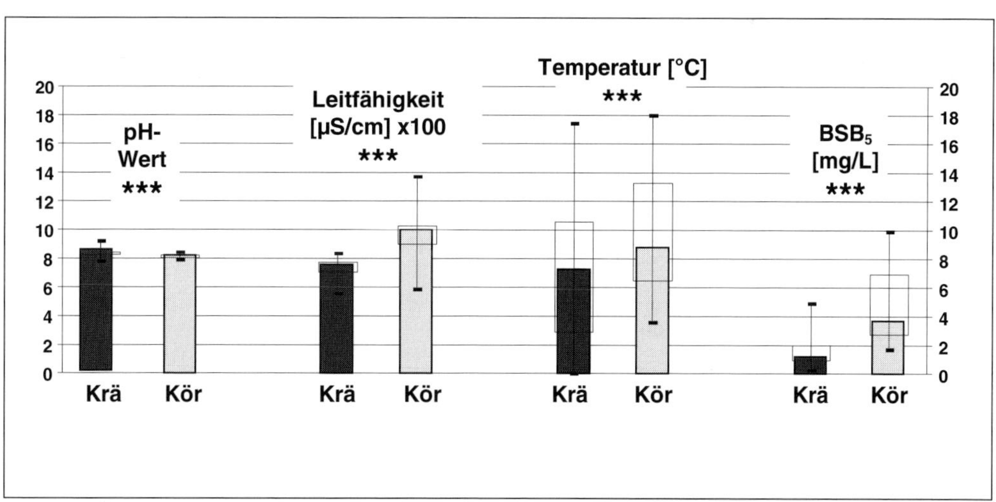

Abb. 38-1: Physiko-chemische Parameter an Krähenbach (Krä) und Körsch (Kör) (1995–1997; n=28). Dargestellt ist jeweils der Medianwert (Balken), der Streuungsbereich aller 28 Werte zwischen Minimum und Maximum (vertikale Linie mit oberer und unterer Begrenzung) und der enge Streuungsbereich (Box mit 25 und 75 Percentil). $0{,}001 < p \leq 0{,}01$ (**); $p \leq 0{,}001$ (***).

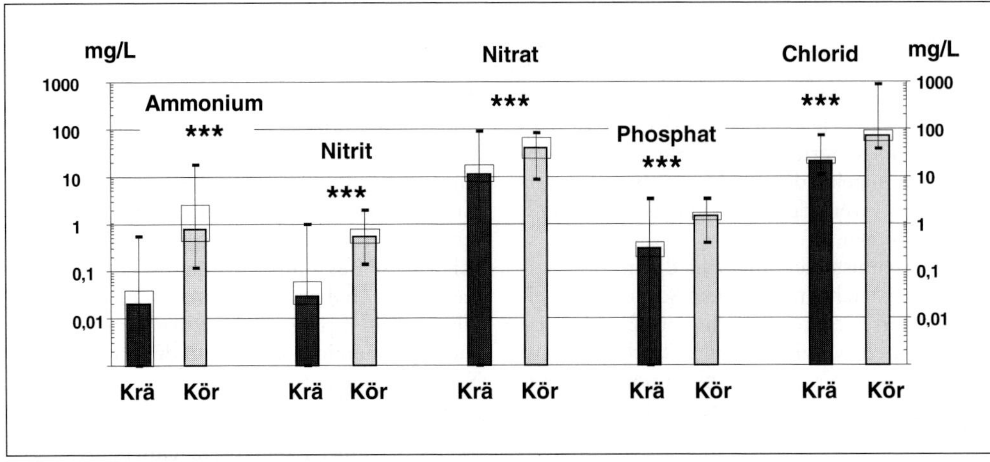

Abb. 38-2: Limnochemische Parameter an Krähenbach (Krä) und Körsch (Kör) (1995–1997; n=28). Dargestellt ist jeweils der Medianwert (Balken), der Streuungsbereich aller 28 Werte zwischen Minimum und Maximum (vertikale Linie mit oberer und unterer Begrenzung) und enge Streuungsbereiche (Box mit 25 und 75 Percentile). $0{,}001 < p \leq 0{,}01$ (**); $p \leq 0{,}001$ (***).

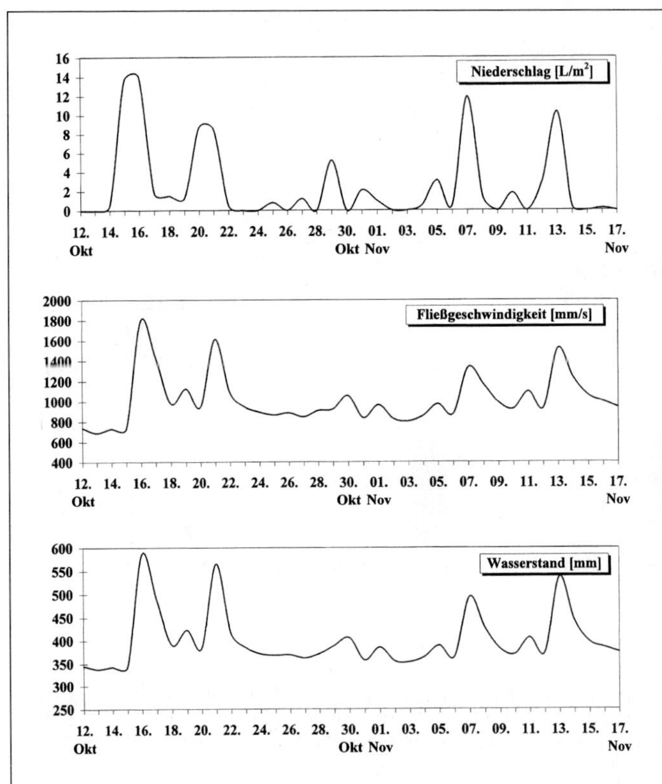

Abb. 38-3: Über Datenlogger erhobene Tagesmittelwerte von regionalem Niederschlag, Fließgeschwindigkeit und Wasserstand an Körsch A vom 12. Oktober bis zum 17. November 1996.

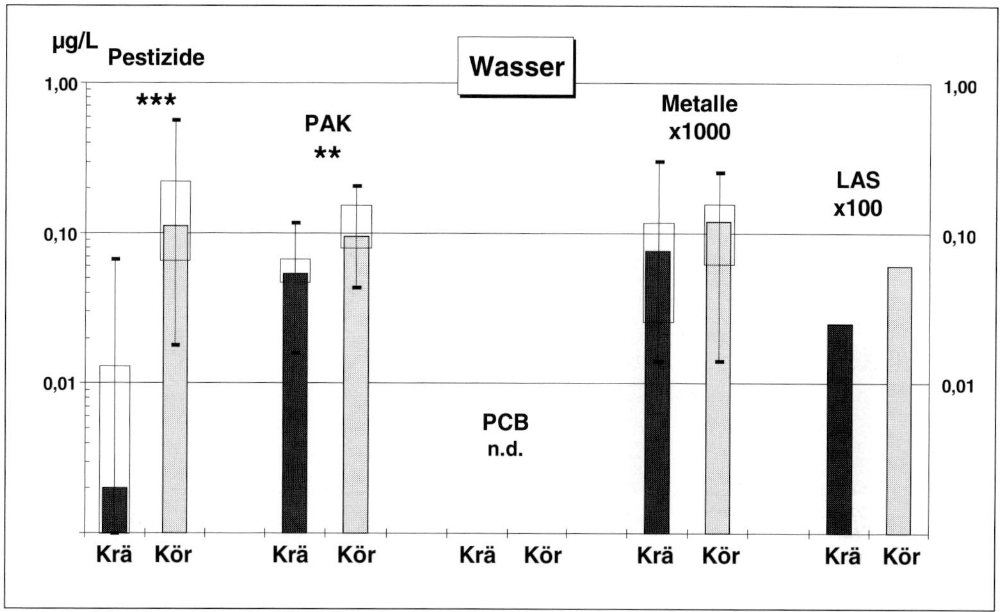

Abb. 38-4: Belastung des Freiwassers in Krähenbach (Krä; Probestelle Aich B) und Körsch (Kör; Probestelle Körsch A) mit verschiedenen Umweltschadstoffen (Summenwerte 1995–1997; Pestizide, PAK: n = 17; Metalle: n = 16; LAS: n = 2); Dargestellt ist jeweils der Medianwert (Balken), der Streuungsbereich aller Werte zwischen Minimum und Maximum (vertikale Linie mit oberer und unterer Begrenzung) und der enge Streuungsbereich (Box mit 25 und 75 Percentile). $0{,}001 < p \leq 0{,}01$ (**); $p \leq 0{,}001$ (***). x100, x1000: Aus graphischen Gründen wurde die Höhe der Säule um den genannten Faktor reduziert, d.h. z.B. der Medianwert für Metalle (Summenwert aus Cadmium, Blei, Zink und Kupfer) an der Körsch entspricht ca. 120 µg/l.

(z.B. Atrazin, Lindan, PCP). Entlang der Körsch konnten beispielsweise für Mecoprop oder Dichlorbenzol deutliche Gradienten nachgewiesen werden. Die chemisch-analytischen Ergebnisse sind bei Honnen et al. (1996, 1997) zusammengefaßt.

38.3.3 Biomarker

Mit zahlreichen der eingesetzten Biomarker ist eine Differenzierung zwischen den beiden Testbächen möglich (zusammengefaßt in Tab. 38-3 und Abb. 38-6) (Behrens und Segner dieser Band, Konradt et al. 1996, Konradt und Braunbeck 1998, Pawert et al. 1996, Schramm et al. 1996, 1998, Schwaiger et al. 1997, 1998, Triebskorn et al. 1997b). Strukturelle Markerantworten sind in der Körsch signifikant höher als im Krähenbach (Schramm et al. 1998, Schwaiger et al. 1997, Triebskorn et al. 1997b). Gleiches gilt für die EROD-Aktivität (Behrens und Segner dieser Band). Die Induktion des Streßproteins HSP70 ist in der Leber von an der Körsch und am Krähenbach exponierten Tieren im Sommer im Schnitt signifikant niedriger und im Winter signifikant höher als in den Kontrollen (Triebskorn et al. 1997b). Die niedrigen Werte für das Streßprotein HSP70 bei Exposition gegenüber Chemikalien und hoher Temperatur sind nach heutigem Kenntnisstand (vgl. Vijayan et al. 1998) auf eine Überlastung dieser molekularen Streßantwort zurückzuführen. Die Unterschiede zwischen den beiden Bächen sind bei Bachforellen meist deutlicher als bei Bachschmerlen ausgeprägt (Tab. 38-3).
Die Tabelle 38-3 verdeutlicht, welche der eingesetzten Biomarker sich offensichtlich (1) für die Differenzierung zwischen den beiden Testbächen eignen, (2) zwischen den beiden Testfischarten differenzieren und (3) jahreszeitliche

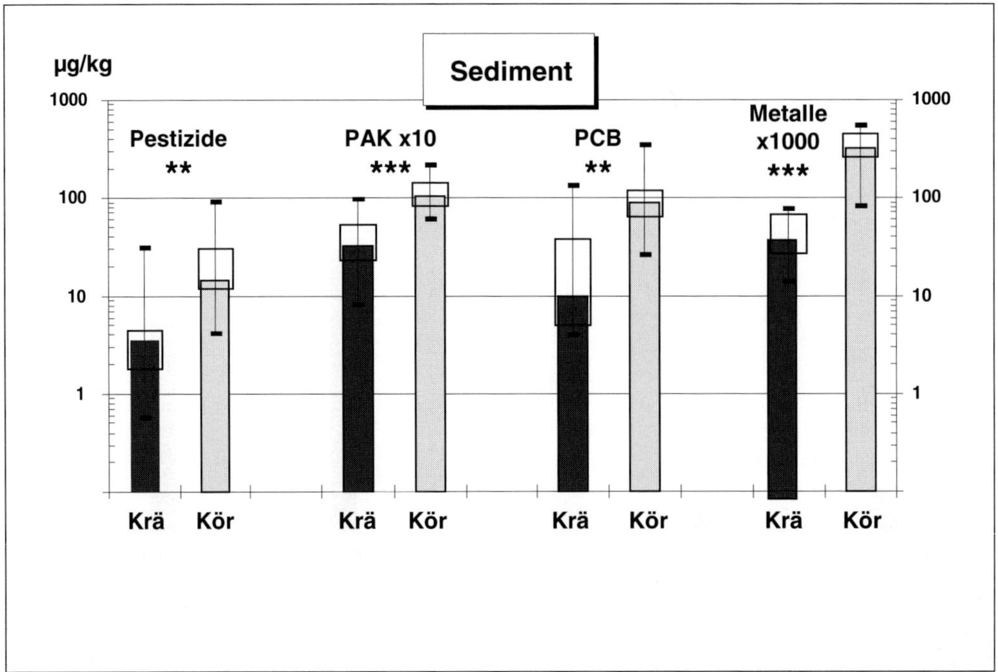

Abb. 38-5: Belastung des Sediments in Krähenbach (Krä) und Körsch (Kör) mit verschiedenen Umweltschadstoffen (Summenwerte 1995–1997; Pestizide, PCB, PAK: n = 13; Metalle: n = 10). Dargestellt ist jeweils der Medianwert (Balken), der Streuungsbereich aller Werte zwischen Minimum und Maximum (vertikale Linie mit oberer und unterer Begrenzung) und der enge Streuungsbereich (Box mit 25 und 75 Percentile). $0{,}001 < p \leq 0{,}01$ (**); $p \leq 0{,}001$ (***). x10 bzw. x1000: Aus graphischen Gründen wurde die Höhe der Säule um den genannten Faktor reduziert, d.h. der Medianwert für Metalle (Summenwert aus Cadmium, Blei, Zink und Kupfer) an der Körsch entspricht z.B. ca. 300 mg/kg.

Schwankungen aufweisen. Die saisonale Abhängigkeit der Parameter „Ultrastruktur Niere" und „Histopathologie Niere" sind z.T. auf eine temperaturabhängige parasitäre Nierenkrankeit (proliferative kidney disease) zurückzuführen, die bei hohen Temperaturen verstärkt zum Ausbruch kommt und deren Erreger offensichtlich in der Körsch präsent sind (vgl. auch Schwaiger et al. 1997).

In *in-vitro*-Versuchen konnte mit isolierten Hepatocyten der Regenbogenforelle *(Oncorhynchus mykiss)* gezeigt werden, daß eine Differenzierung zwischen den Bächen Krähenbach und Körsch sowohl (1) durch Tests mit Freiwasserproben, als auch (2) mit wässrigen Sedimenteluaten und (3) acetonischen Sedimentextrakten möglich ist.

38.3.4 Multivariate Analyse der Biomarker-Befunde

Für die Hauptkomponentenanalyse der Biomarker standen von sechs Probennahme-Zeitpunkten 30 Datensätze (15 Fischgruppen, jeweils 2 Datensätze für Krähenbach und Körsch) der insgesamt 26 Biomarker bzw. Biotests zur Verfügung.

Bei Einbeziehung aller Daten konnten mit drei Hauptkomponenten nur etwa 51 % der Gesamtvarianz erklärt werden. Sofern also gleichzeitig alle Fischgruppen beider Fischarten sowie alle Datensätze von beiden Bächen berücksichtigt wurden, war die Aggregationsfähigkeit des gesamten Informationsgehaltes zu gering, um eine repräsentative Darstellung der zugrunde liegenden Korrelationsstruktur in drei Dimensio-

Tab. 38-3: Eignung der untersuchten Biomarker für die Differenzierung zwischen den beiden Testbächen und zwischen den Testfischarten sowie jahreszeitliche Schwankungen der Biomarkerantworten (+/-: Unterschiede für die beiden Testfische).

BIOMARKER	Differenzierung zwischen Krähenbach und Körsch	Differenzierung zwischen Forelle und Schmerle	Jahreszeitliche Schwankungen
70kD Streßprotein (Hsp70) Leber	+	+	+
EROD Leber	+	+	+
Cytochrom P450 Leber	+		+
Glutathion-S-Transferase Leber	–	–	+
Ultrastruktur Niere	+	+	+/–
Ultrastruktur Leber	+	+	–
Ultrastruktur Kieme	+	+	–
Histopathologie Niere	+	+	+/–
Histopathologie Leber	+	+	–
Histopathologie Kieme	+	+	–
Cholinesterase Gehirn	+		+
Cytochrom-Oxidase Gehirn	+		+
Cytochrom-Oxidase Leber	+	+	+
Succinat-Dehydrogenase Leber	+		+
Saure Phosphatase Leber	+		+
Katalase Leber	+	+	+
Alaninaminotransferase Leber	+		+
Glucose-6-Phosphat-Dehydrogenase Leber	+	+	+
Malatenzym Leber	+		+
Hexokinase Leber	+		+
Unspezifische Esterase Leber	+		+

nen (d.h. mit Hilfe von drei Hauptkomponenten) zu erhalten. Dies bedeutet, daß insgesamt eine beträchtliche Variabilität der Aussagen der Biomarker vorlag. Ob und inwieweit hierfür die Komplexität der Datensätze, d.h., die Anzahl der Biomarker, bzw. systematische Unterschiede zwischen den Belastungsszenarien der Bäche oder zwischen den Fischarten eine Rolle spielen, soll mit Hilfe der folgenden Analysen diskutiert werden.

Die Eliminierung der Datensätze für die 14 Stoffwechselenzyme führte zu dem in Abbildung 38-7 dargestellten Ergebnis, wobei nun mit den ersten drei Hauptkomponenten bereits 89 % der Varianz erfaßt wurden, was bedeutet, daß die Korrelationsstruktur in repräsentativer Weise charakterisiert worden ist. Man erkennt in Abbildung 38-7 folgende Gruppierung der Biomarker-Befunde:

- Cluster 1: Biotransformationsaktivität in der Leber (1) EROD bezogen auf (a) mg Protein in der Leber, (b) g Frischgewicht Fisch und (c) mg Leber, sowie (2) CYP-ELISA
- Cluster 2: Histopathologie (HP) von Leber, Niere, Kieme, Milz und Ultrastruktur (US) von Leber, Niere, Kieme
- Cluster 3: Streßprotein: HSP70

Dieses Muster erscheint aus biologisch-physiologischer Sicht vernünftig, da laut dieser Analyse die (bewerteten) Ergebnisse von Markerantworten innerhalb einer der drei Biomarkergruppen jeweils zueinander ähnlicher sind als zu den anderen Biomarkern. Dies gilt sowohl für ultrastrukturelle und histopathologische Antworten

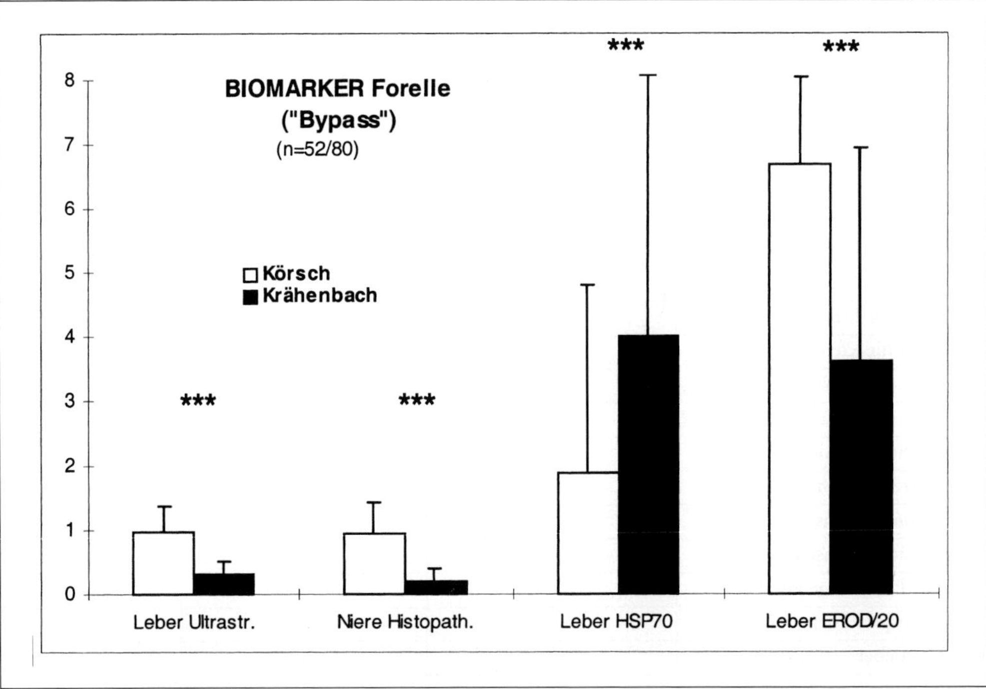

Abb. 38-6: Ausgewählte Biomarkerantworten von Forellen in Körsch und Krähenbach (Mittelwerte 1995–1997). Die Werte der y-Achse entsprechen für die strukturellen Marker den relativen Werten zur Laborkontrolle (Cytopathologische Kategorien mit Maximalwert = 2), für Hsp70 relativen Grauwerten zur Kontrolle und für EROD 1/20 der relativen Extinktionseinheiten. Dargestellt sind Mittelwerte mit Standardabweichung. $p \leq 0{,}001$ (***).

als auch in entsprechender Weise für die mit dem Ah-Rezeptor zusammenhängenden Biomarker EROD (Enzymaktivität) und CYP-ELISA (Proteinmenge).

In einem zweiten Schritt wurde getestet, inwieweit die Befunde dieser 12 Biomarker auch eine Separierung zwischen den Bächen Krähenbach und Körsch sowie zwischen den Fischarten Bachforelle und Bachschmerle ermöglichen. Unter Einbeziehung aller 30 Datensätze für diese 12 Biomarker ergab die Analyse, daß (1) weder bzgl. der Bäche noch (2) bzgl. der Fischarten eine durchgehende Separierung vorliegt. Dieses auf den ersten Blick überraschende Ergebnis legt die Vermutung nahe, daß bei den hier betrachteten 12 Biomarkern (zu 1) offensichtlich signifikante Unterschiede im Hinblick auf die Separierbarkeit zwischen den Bächen bestehen, während andererseits (zu 2) durch das auf Normierung mit Kontrollfischen basierende Bewertungsschema für die Biomarker-Befunde die physiologischen Unterschiede zwischen den Fischarten offenbar teilweise herausgemittelt werden.

Zur Prüfung der Befunde dieser zwölf Biomarker im Hinblick auf Unterschiede in ihrer Separierungsfähigkeit für die mit den Bächen verknüpften Belastungsszenarien wurden für die 15 Datensätze jeweils die für die Körsch bzw. den Krähenbach erzielten Antworten separat gekennzeichnet und einer Hauptkomponentenanalyse unterzogen. Hierbei wurde nicht zwischen den Fischarten unterschieden. Wenn eine durchgehende Separierung zwischen den Bächen vorhanden wäre, würde man ausgehend von Abbildung 38-7 sechs Cluster erwarten können, d.h., es müßten je drei Cluster für den Krähenbach und drei Cluster für die Körsch auftreten. Tatsächlich aber zeigt nun Abbildung 38-8, daß zum Teil beträchtliche Unterschiede der Biomarker-Befunde im Hinblick auf die Sepa-

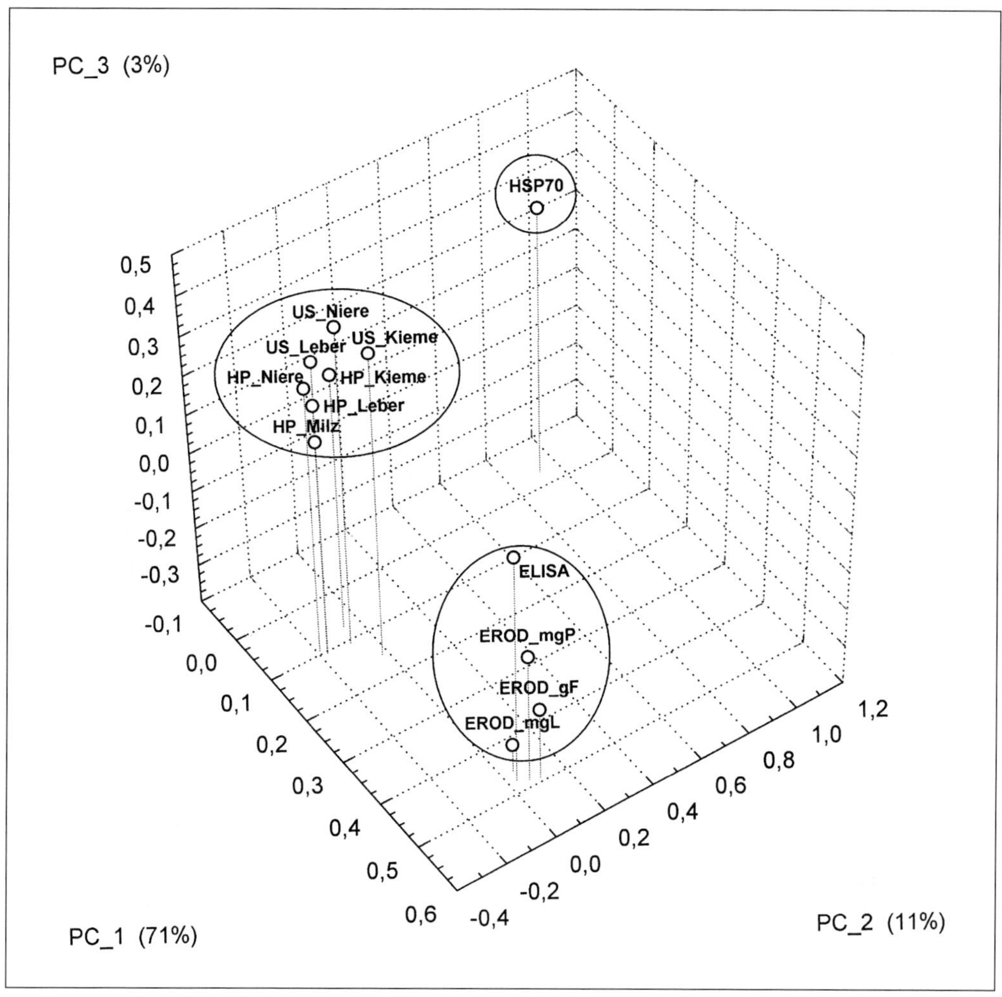

Abb. 38-7: Hauptkomponentenanalyse von 12 Datensätzen der Biomarker HSP70, Histopathologie, Ultrastruktur, EROD und ELISA mit den Meßwerten beider Fischarten aus Krähenbach und Körsch. Neben der Achsenbezeichnung (PC_1, PC_2, PC_3 mit PC = principal component = Hauptkomponente) sind die Anteile der jeweils erklärten Varianz in Prozent angegeben.

rierbarkeit der beiden Bäche bestehen. Für die drei EROD-Marker ergeben sich nach Krähenbach und Körsch getrennte Cluster, und eine entsprechend deutliche Differenzierung wird auch für CYP ELISA, HSP70 und Ultrastruktur Kieme gefunden. Andererseits bilden (mit Ausnahme von Ultrastruktur Kieme Körsch) die histopathologischen und ultrastrukturellen Befunde ein gemeinsames, Krähenbach und Körsch umfassendes Cluster. Letzteres bedeutet, daß bei der Mehrzahl dieser Parameter offenbar keine systematische Differenzierung zwischen den Vitalitätsbefunden der Fische aus Krähenbach und Körsch vorliegt, was zunächst allerdings nur für die gemeinsame Betrachtung beider Fischarten gilt.

Inwieweit bei den histopathologischen und ultrastrukturellen Biomarkern der Einfluß der Fischart wesentlich für die Differenzierung zwischen den beiden Testgewässern ist, kann an-

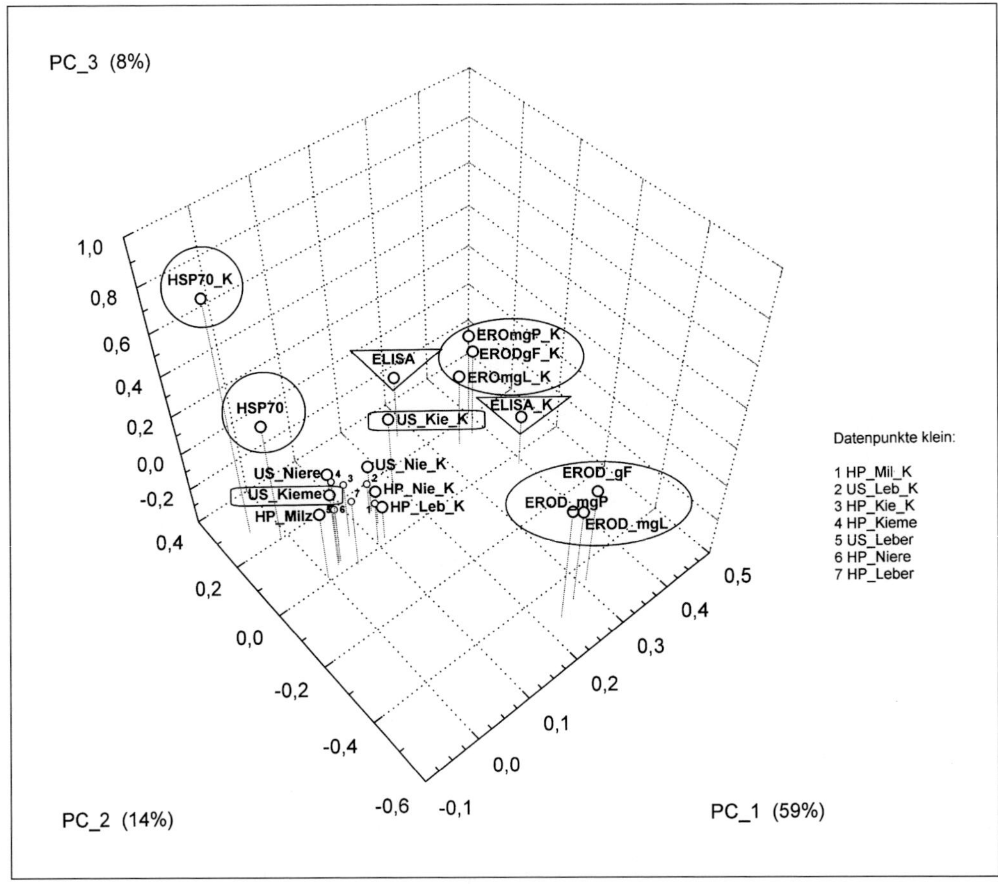

Abb. 38-8: Hauptkomponentenanalyse von je 12 Krähenbach- und 12 Körsch-Biomarkern mit den Meßwerten beider Fischarten (15 Datensätze mit je einem Paar von Meßwerten aus Krähenbach und Körsch). Die in Fischen der Körsch gemessenen Biomarker sind mit „_K" gekennzeichnet (zur Achsenbeschriftung vgl. Abb. 38-7).

hand separater Analysen für Forelle und Schmerle untersucht werden. Das Ergebnis für die Forellen-Biomarker ist in Abbildung 38-9 zusammengefaßt und zeigt, daß bei Beschränkung der Befunde auf diese Fischart nun auch für fast alle histopathologischen und ultrastrukturellen Parameter eine Separierung von Krähenbach und Körsch deutlich wird. Bei den histopathologischen Befunden erkennt man ein Cluster, das die Werte für Milz, Leber und Niere von Bachforellen aus der Körsch (HP_Mil_K, HP_Leb_K, HP_Nie_K) einschließt; die histopathologischen Kiemenbefunde zeigen hingegen relativ große Ähnlichkeiten zwischen Krähenbach und Körsch. Bei den ultrastrukturellen Parametern liefert nun neben der Kieme auch die Leber und Niere sehr deutliche und systematische Unterschiede zwischen den beiden Bächen.

Insgesamt zeigen diese Ergebnisse, daß für die zellulären Parameter die Befunde in beträchtlichem Maße auch von der Fischart abhängen, was einer weiteren Analyse auch im Hinblick auf das bisher verwendete Bewertungsschema zur Transformation der Rohdaten in vergleichbare Daten bedarf.

Die Hauptkomponentenanalysen der 14 stoffwechselenzymatischen Biomarker liefern kom-

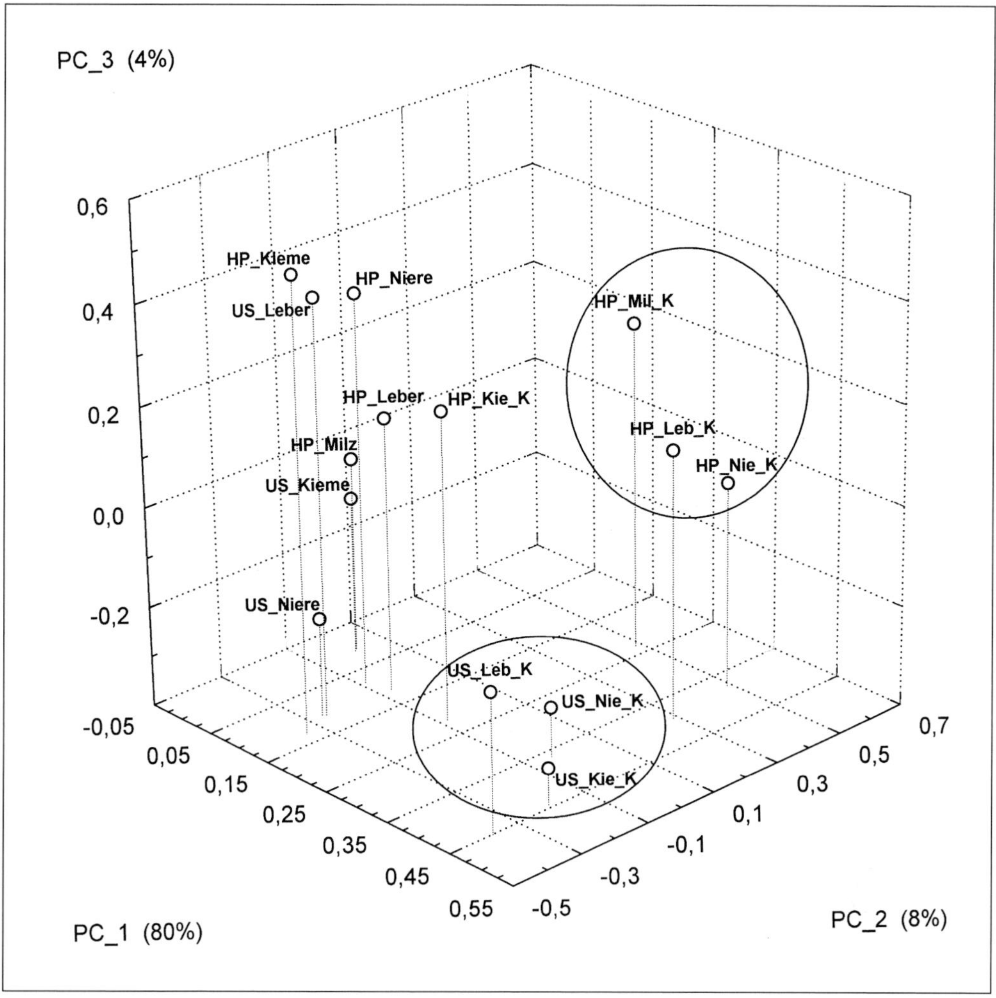

Abb. 38-9: Hauptkomponentenanalyse von je vier Histopathologie- und drei Ultrastruktur-Biomarkern von Forellen aus Krähenbach und Körsch (9 Datensätze mit je einem Paar von Meßwerten aus Krähenbach und Körsch; zur Notation und Achsenbeschriftung vgl. Abb. 38-7).

plexere Korrelationsstrukturen. Im Hinblick auf die Frage der Separierung zwischen Krähenbach und Körsch zeigen die Ergebnisse insgesamt, daß die beste Separierung zwischen den Bächen erreicht wird, wenn die Aktivität der Enzyme (mU) auf Fisch bzw. Gesamtleber bezogen wird. In Abbildung 38-10 ist das entsprechende Ergebnis dargestellt, wobei zur besseren Einordnung der Korrelationsstruktur exemplarisch die Biomarker Streßproteine HSP70 und EROD (bezogen auf g Frischgewicht) für den Krähenbach berücksichtigt wurden. Der Detailanalyse des Bildes kann man entnehmen, daß vergleichsweise klare Differenzierungen zwischen Krähenbach und Körsch für die Enzyme Cytochrom-c-oxidase Gehirn (CytG), Acetylcholinesterase Gehirn (AcetG), Esterase Leber (EstL), Alaninaminotransferase Leber (AlanL) und Uricase Leber (UricL) erhalten werden.

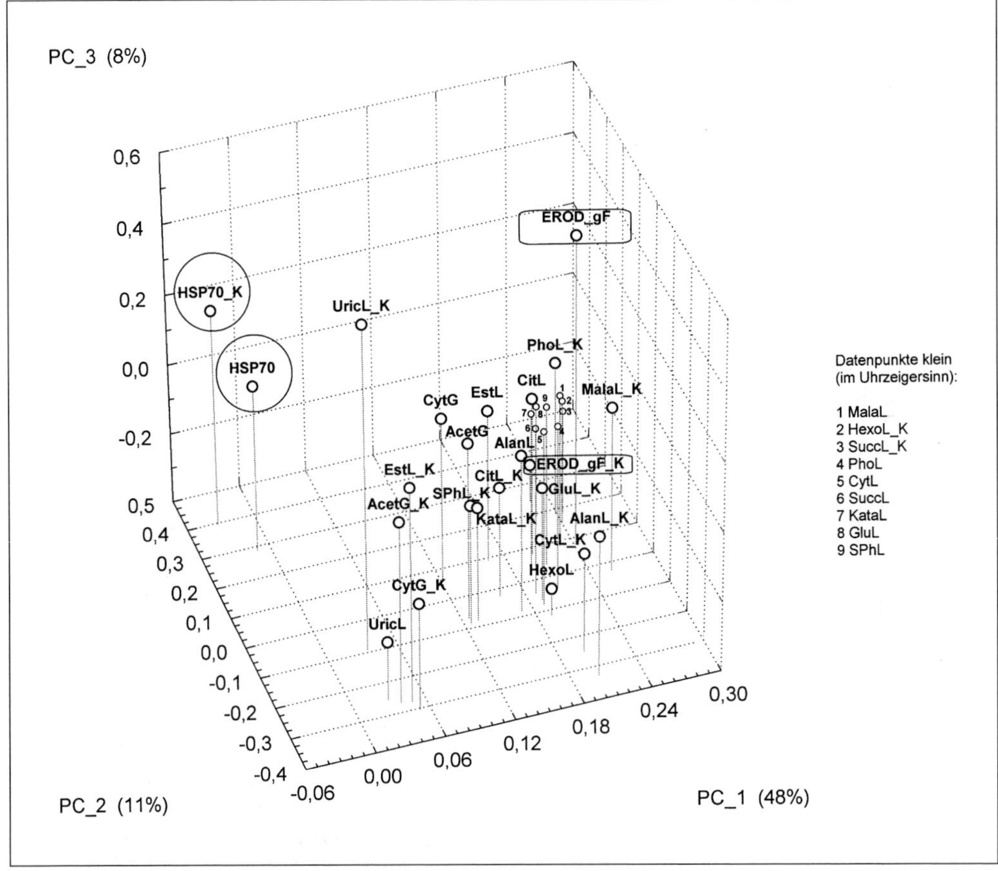

Abb. 38-10: Hauptkomponentenanalyse von je 14 stoffwechselenzymatischen Biomarkern sowie von EROD und HSP70 mit Meßwerten beider Fischarten (2 × 16 Datensätze mit je einem Paar von Meßwerten aus Krähenbach und Körsch; zur Notation und Achsenbeschriftung vgl. Abb. 38-7).

38.4 Zusammenfassung und Ausblick

Zahlreiche der in Phase 1 von „Valimar“ eingesetzten Biomarker spiegeln Unterschiede zwischen den beiden Testbächen wider, die auch in limnochemischen und chemisch-analytischen Daten zum Ausdruck kommen. Allerdings sind diese Unterschiede sehr viel deutlicher bei Bachforellen als bei Bachschmerlen ausgeprägt. Erste Ergebnisse aus Embryotests mit Bachforellen im Labor und Halbfreiland weisen ebenfalls auf eine Beeinflussung von Augenpunktrate, Schlupfrate und Mortalität in den Testgewässern (Lukenbach et al. dieser Band) hin. Auch auf der Ebene der Biozönose ergaben Voruntersuchungen deutliche Unterschiede in der Struktur der Makrozoobenthosgemeinschaft der beiden Bäche (Adam et al. 1998, Triebskorn et al. 1998). Durch entsprechende statistische Auswerteverfahren wird es möglich sein, diejenigen Umweltparameter ausfindig zu machen, die für die Variabilität der jeweiligen Biomarkerantworten unter den entsprechenden Expositionsszenarien verantwortlich sind.

Über den Vergleich von im Halbfreiland exponierten Tieren mit Freilandfischen wird darüberhinaus in Phase II von „Valimar“ möglich sein, eine Aussage zu Adaptationsmechanismen der

in den beiden Bächen lebenden Organismen zu erhalten.
„Valimar" ermöglichst so durch den koordinierten Einsatz zahlreicher ineinandergreifender Methoden sowie durch einen gerichteten methodischen Ansatz, der es erlaubt, biologische Wirkungen zunächst unter kontrollierten Bedingungen in Labor und Halbfreiland zu verstehen und die so gewonnenen Kenntnisse in einem zweiten Schritt im Freiland anzuwenden, eine schrittweise Annäherung der sensitiven suborganismischen Biomarker an höhere biologische Ebenen mit größerer ökologischer Aussagekraft.
Die Verbindung zur biozönotischen Ebene wird in „Valimar" durch drei ab 1998 neu hinzugekommene Projektteile gewährleistet. Im Rahmen dieser werden (1) die Populationsstruktur von in den Testgewässern abundanten Fischarten, (2) die Zusammensetzung der Makrozoobenthoszönose (beides Zoologisches Institut, Universität Hohenheim) sowie (3) die Nematodengemeinschaft (Abteilung Tierökologie, Universität Bielefeld) charakterisiert und bewertet. Darüberhinaus sollen durch gewässermorphologische Untersuchungen (GÖC, Weilheim) mögliche, nicht schadstoffbedingte Stressoren für Fische und Invertebraten in den Testgewässern aufgedeckt werden.

Danksagung

Für finanzielle Förderung des Projektes Valimar I und II bedanken wir uns beim Bundesministerium für Bildung und Forschung (BMBF). Die Förderung von Valimar I erfolgte unter den Förderkennzeichen 07OTX21-25. Eine weitere finanzielle Unterstützung der Arbeiten erfolgte von der Landesgirokasse Stuttgart, Stiftung „Natur und Umwelt" sowie vom Umweltforschungszentrum Leipzig-Halle GmbH.
Weiterhin danken wir Heidi Casper und Kirsten Gockel für die technische Unterstützung sowie Andreas Heyd und Thomas Hülsmann für die Pflege der Versuchsfische. Helga Eckwert und Nicole Kunz danken wir für die Mitarbeit im Teilprojekt „Streßproteine".

Literatur

Adam, S., Pawert, M., Müller, E., Triebskorn, R. (1998): Valimar: Biozönotische Aspekte. 2. Hohenheimer Workshop zur Bioindikation. Verlag Günter Heimbach, Ostfildern

Adams, S.M. (1990): Status and use of biological indicators for evaluating the effects of stress on fish. Americ. Fish. Soc. Symp. 8: 1-8

Adams, S.M., Crumby, W.D., Greeley, M.S., Ryon, M.G., Schilling, E.M. (1992): Relationships between physiological and fish population responses in a contaminated stream. Environ. Toxicol. Chem. 11: 1549-1557

Aries, R.E., Lidiard, R.A., Spragg, R.A. (1991): Principal component analysis. Chem. Br. 821-824

BMBF (ed.) (1997): Forschung für die Umwelt. Programm der Bundesregierung. Bundesministerium für Bildung, Wissenschaft, Forschung und Technologie, Bonn

Ham, K.D., Adams, S.M., Peterson, M.J. (1997): Application of multiple bioindicators to differentiate spatial and temporal variability from the effects to contaminant exposure on fish. Ecotox. Environ. Saf. 37: 53-61

Hinton, D.E., Baumann, P.C., Gardner, G.R., Hawkins, W.E., Hendricks, J.D., Murchelano, R.A., Okihiro, M.S. (1992): Histopathologic biomarkers. In: Hugget, R.J. (ed.): Biomarkers, biochemical, physiological and histological markers of anthropogenic stress. Lewis Publishers, Boca Raton. 155-189

Honnen, W., Frahne, D., Rath, K., Schlegel, T., Triebskorn, R. (1996): Untersuchungen zur Schadstoffbelastung kleiner Flüsse. Erste Tagung SETAC-Europe, deutschsprachiger Zweig, TU Braunschweig. Abstract 24

Honnen, W., Frahne, D., Rath, K., Schlegel, T., Schwinger, A., Triebskorn, R. (1997): Umweltchemikalien in kleinen Fließgewässern – Ergebnisse eines zweijährigen Sccreenings. Zweite Tagung SETAC-Europe, deutschsprachiger Zweig. RWTH Aachen

Konradt, J., Braunbeck, T. (1998): Changes in enzyme activities of brown trout *(Salmo trutta f. fario)* and loach *(Barbatula barbatula)* after exposure to agricultural and domestic effluents. 8th Ann. Meeting of SETAC-Europe, Bordeaux: 213

Konradt, J., Triebskorn, R., Braunbeck, T. (1996): Vergleichende biochemische Untersuchungen an Enzymen aus Fischen aus belasteten Kleingewässern. Verh. Dt. Zool. Ges. 89: 159

Müller, E., Braunbeck, T., Honnen, W., Köhler, H.-R., Oberemm, A., Schüürmann, G., Schwaiger, J., Segner, H., Triebskorn, R. (1998): Der BMBF-Verbund Valimar: Validierung und Einsatz biologischer, chemischer und mathematischer Tests und Biomarkerstudien zur Bewertung der Belastung kleiner Fließgewässer mit Umweltchemikalien. 2. Hohenheimer Workshop zur Bioindikation. Verlag Günter Heimbach, Ostfildern

Pawert, M., Müller, E., Schlegel, T., Rath, K., Triebskorn, R. (1996): Ultrastructural and histopathological effects on gill of fishes induced by environmental pollution. 6th SETAC-Europe congress, Taormina, Italy. 191

Peakall, D.B. (1994): The role of biomarkers in environmental assessment (1). Introduction. Ecotoxicology 3: 157-160

Peakall, D.B., Walker, C.H. (1994): The role of biomarkers in environmental assessment (3). Vertebrates. Ecotoxicology 3: 173-179

Schramm, M., Müller, E., Eckwert, H., Köhler, H.-R., Strmac, M., Braunbeck, T., Triebskorn, R. (1996): Ultrastructural and biochemical changes of fish hepatocytes as biomarkers for small stream pollution. Cell Biol. Toxicol. (Suppl.) 3P22: 40

Schramm, M., Müller, E., Triebskorn, R. (1998): Brown trout *(Salmo trutta f. fario)* liver ultrastructure as biomarker of small stream pollution. Biomarkers 3: 93-108

Schwaiger, J., Wanke, R., Adam, S., Pawert, M., Honnen, W., Triebskorn, R. (1997): The use of histopathological indicators to evaluate contaminant-related stress in fish. J. Aquat. Ecosys. Stress Recov. 6: 75-86

Schwaiger, J., Irmler, E., Müller, E., Wanke, R., Triebskorn, R. (1998): Histopathological alterations of the skin as indicators for multiple environmental stressors. 8th Ann. Meeting SETAC Europe, Bordeaux. 212

Triebskorn, R., Frahne, D., Honnen, W., Braunbeck, T., Schwaiger, J., Köhler, H.-R., Segner, H., Schüürmann, G., Oberemm, A. (1997): Validierung und Einsatz biologischer, chemischer und mathematischer Tests und Biomarkerstudien zur Bewertung der Belastung kleiner Fließgewässer mit Umweltchemikalien. Endbericht für das BMBF, Tübingen

Triebskorn, R., Köhler, H.-R., Honnen, W., Schramm, M., Adams, S.M., Müller, E.F. (1997b): Induction of heat shock proteins, changes in liver ultrastructure, and alterations of fish behavior: are these biomarkers related and are they useful to reflect the state of pollution in the field? J. Aquat. Ecosys. Stress Recov. 6: 57-73

Triebskorn; R., Adam, S., Pawert, M., Schramm, M., Burgbacher, B., Köhler, H.-R., Honnen, W., Müller, E. (1998): Do biomarkers reflect responses of invertebrate communities in small streams? 8th Ann. Meeting of SETAC-Europe, Bordeaux. 55-56

Triebskorn, R., Adam, S., Behrens, A., Beier, S., Böhmer, J., Braunbeck, T., Eckwert, H., Frahne, D., Hartig, K., Honnen, W., Kappus, B., Klingebiel, M., Köhler, H.-R., Konradt, J., Lehmann, R., Luckenbach, T., Oberemm, A., Pawert, M., Schlegel, T., Schramm, M., Schüürmann, G., Schwaiger, J., Segner, H., Siligato, S., Strmac, M., Traunspurger, W., Müller, E. (1998): Der BMBF-Verbund Valimar: Ziele, Inhalte, Methoden, Verbundpartner. 2. Hohenheimer Workshop zur Bioindikation. Verlag Günter Heimbach, Ostfildern

Vijayan, M.M., Pereira, C., Kruzynski, G., Iwama, G.K. (1998): Sublethal concentrations of contaminant induce the expression of hepatic heat shock protein 70 in two salmonids. Aquat. Toxicol. 40: 101-108

39 Untersuchungen zur Wirkung anthropogener Gewässerbelastungen auf die Entwicklung von Bachforellen (*Salmo trutta fario* L.)

T. Luckenbach, R. Triebskorn, E. Müller und A. Oberemm

Abstract

The presented embryo studies are an integrated part of the combined ecotoxicological project *Valimar.* It is the aim of Valimar to validate biomarker responses with respect to their relevance for fish populations and to assess their value to indicate small stream pollution. The test streams are the *Krähenbach* (less polluted) and the *Körsch* (complexly polluted) close to Stuttgart, Southern Germany.
For the present study, embryo tests were carried out under semi-field conditions at the two test streams. A control was kept in the laboratory. A previously performed embryo test with water and sediment extracts from the test streams conducted under semi-static conditions in the laboratory had already shown a higher embryo toxicity of the water of the Körsch when compared to the water of the Krähenbach. The results obtained under more realistic conditions in the semi-field were similar: Compared to the control in the laboratory, the mortality was increased and the development was retarded in embryos kept at the Körsch river. The development of embryos kept at the Krähenbach river, which were severly infested by *Costia*, an ectoparasite, did not show any difference in development when compared to the control. Chemical analyses of water of the Krähenbach and the Körsch revealed concentrations of *ammonia* and *nitrite* in the Körsch and of *PAH* in both streams to be at sublethal but probably embryotoxical levels.
The results of the embryo tests are comparable to those obtained by biomarker studies performed with juvenile trout in the Valimar project. Most of the biomarker responses also show increased stress of juvenile brown trout exposed to water of the Körsch.

Zusammenfassung

Die vorliegende Arbeit wurde im Rahmen des Teilprojektes „Embryotoxizität" des Verbundprojektes *Valimar* durchgeführt, dessen Ziel die Validierung von Biomarkern zur Beurteilung der Wasserqualität kleiner Fließgewässer ist, wobei v. a. die Frage nach der Relevanz von Biomarkern für Fischpopulationen im Zentrum steht. Testgewässer sind der *Krähenbach* (gering belastet) und die *Körsch* (komplex belastet) im Raum Stuttgart. Im Rahmen der vorliegenden Arbeit wurden an beiden Testgewässern Embryotests mit Bachforellen im Halbfreiland und als Kontrolle im Labor durchgeführt.
Wie bei einem semistatischen Embryotest, der im Labor mit Wasser und Sedimentextrakten aus den Testgewässern durchgeführt wurde, konnte auch in der vorliegenden Arbeit unter den realitätsnäheren Bedingungen einer Exposition von Bachforellenembryonen im Halbfreiland eine erhöhte Embryotoxizität des Körschwassers festgestellt werden. Im Halbfreiland äußerte sich diese in einer erhöhten Mortalitätsrate im Vergleich zur Kontrolle und in einer Retardierung der Entwicklung. Die Entwicklung der Embryonen am Krähenbach unterschied sich nicht von der der Kontrolltiere. Ein massiver Befall der Embryonen mit dem Ektoparasiten *Costia* läßt allerdings auf einen geschwächten Zustand der Krähenbach-Tiere schließen.
Bei parallel zu den Expositionsversuchen durchgeführten Wasseranalysen wurden im Wasser der Körsch erhöhte Mengen an *Ammoniak* und *Nitrit* und im Körsch- und Krähenbachwasser *PAH* in subletalen, aber möglicherweise embryotoxisch wirksamen Konzentrationen nachgewiesen.
Die Ergebnisse der Embryotests zeigen eine ähnliche Tendenz wie die im Rahmen des Gesamtprojekts untersuchten Biomarker, deren Antworten ebenfalls auf eine erhöhte Streßbelastung der gegenüber Körschwasser exponierten juvenilen Bachforellen hindeuten.

39.1 Einleitung

Zur Abschätzung der Toxizität von im Wasser gelösten Substanzen sind Fischembryotests eine anerkannte Methode. Fischembryonen und Fischlarven weisen besonders in bestimmten Stadien eine hohe Sensitivität gegenüber Giftstoffen auf, deren Effekte sich in der Beeinflussung der Entwicklungsgeschwindigkeit und des Wachstums und in einem Ansteigen der Fehlbildungs- und Mortalitätsrate äußern können (McKim 1977, von Westernhagen 1988). Embryotests sind ökonomischer und in kürzerer Zeit durchzuführen als komplette Life-Cycle-Tests, sind aber in ihrer Aussagekraft vergleichbar (Birge et al. 1985) und liefern unter standardisierten Bedingungen reproduzierbare Ergebnisse (Nagel et al. 1991).
Embryotests wurden bisher vorwiegend im Labor durchgeführt. In dieser Studie wurde die Fischembryotoxizität des Wassers zweier Modellbäche in Süddeutschland durch Anwendung eines Expositionssystems im Halbfreiland bewertet. Die Bäche liegen im Raum Stuttgart und weisen einen hohen bzw. geringen anthropogen bedingten Belastungsgrad auf (Schwaiger et al. 1997). Die Testserie ist in das BMBF-Verbundprojekt „Valimar" eingebunden und soll der Ab-

schätzung der Populationsrelevanz von Biomarkerantworten dienen, die im Rahmen dieses Projektes an juvenilen Bachforellen untersucht wurden. Die vorgestellte Arbeit ist die Fortsetzung von Fischembryotests an Bachforelle, Bachschmerle und Zebrabärbling, die mit Wasserproben aus den Modellbächen in semistatischen Systemen im Labor durchführt wurden. Es konnte nachgewiesen werden, daß der Belastungsgrad der Wasserproben die Embryonalentwicklung der Versuchsorganismen eindeutig beeinflußte, was sich anhand verschiedener Parameter, wie Schlupfzeitpunkt und Mortalität quantifizieren ließ (Oberemm 1995, Oberemm et al. 1997). Diese Resultate sollten mit der vorliegenden Untersuchung im Halbfreiland überprüft werden.

39.2 Material und Methoden

Die Versuche wurden mit Embryonen der Bachforelle (*Salmo trutta fario* L.) durchgeführt. In drei Ansätzen pro Expositionsort wurden in Aquarieneinsätzen jeweils etwa 900 Eier exponiert. Die Eier in den Einsätzen 1 und 2 stammten von drei Weibchen und fünf Männchen, die am 23.12.97 gestreift wurden; jeweils in Einsatz 3 wurden Eier von 2 Weibchen und 3 Männchen, die am 5.1.98 gestreift wurden, inkubiert. Begleitend zur Exposition wurden regelmäßig limnochemische Analysen durchgeführt, die Messungen von Temperatur, pH-Wert, Leitfähigkeit und Stickstoff- und Phophatgehalt umfaßten. Zudem wurde das Expositionswasser in den Halbfreilandstationen auf Schwermetalle (Cd, Zn, Cu, Pb, einmalige Stichprobe) und auf eine Auswahl organischer Verbindungen (Pestizide, PCB, PAH, zweiwöchige Sammelprobe) untersucht.

Die Halbfreilandstationen, in denen die Expositionsversuche stattfanden, sind am Krähenbach bei Schönaich (Referenz für ein gering belastetes Gewässer) und an der Körsch bei Denkendorf (komplex belastet) installiert (Schwaiger et al. 1997). Ein Großteil des Wassers der Körsch stammt im Durchschnitt zu 80 % aus kommunalen Kläranlagen. Außerdem mündet der Sulzbach in die Körsch, der die landwirtschaftlich sehr intensiv genutzte Filderebene entwässert.

Die Forellenembryonen der Laborkontrolle wurden in rekonstituiertem Wasser (180 mg $CaCl_2$, 103 mg $NaHCO_3$ und 100 mg Seesalz auf 1 L Reinstwasser) gehältert, das über einen Rieselfilter und einen Motoraußenfilter gereinigt wurde.

Die Expositionsanlagen sollten folgende Funktionen erfüllen:

1) Ständige Versorgung der Embryonen mit Frischwasser, so daß die Bedingungen im Expositionsbecken quasi der aktuellen Situation im Bach entsprachen.
2) Entfernung von Sediment aus dem Expositionswasser, um einer Verschlammung der Eier und damit O_2-Mangel vorzubeugen. Dies war besonders an der Körsch wichtig, die häufig einen hohen Schwebstoffanteil mit sich führt.
3) Temperierung des zufließenden Wassers, um Unterschiede in der Entwicklungsgeschwindigkeit der Embryonen an den einzelnen Expositionsorten durch verschiedene Temperaturen vorzubeugen.
4) Die Anlage sollte möglichst einfach zu warten sein.

Die Punkte 2) und 3) schränken natürlich den Anspruch von 1) ein, mußten aber erfüllt werden, um eine möglichst vergleichbare Situation an den einzelnen Expositionsorten zu schaffen.

Das von einer Pumpe im Bach geförderte Wasser gelangt zunächst in ein Sedimentationssilo (V = 63 L), zu dem der Zufluß über eine Schlauchklemme geregelt werden kann. Das Silo läuft nach unten spitz zu und mündet in einen Ablauf, der über einen Hahn verschlossen ist. Beim Öffnen des Hahns fließt der Siloinhalt über einen Schlauch ab. Beim normalen Betrieb der Durchflußanlage bleibt der Hahn geschlossen, und das Wasser fließt über einen Überlauf in ein weiteres Becken ab, in dem das Frischwasser mittels eines Einhängethermostats temperiert wird. Angestrebt wurde eine Verweildauer des Wassers im Sedimentationssilo von 20 min (Durchfluß: 3 L/min), da sich nach dieser Zeit erfahrungsgemäß ein großer Teil des Sediments abgesetzt hat (Rennert, pers. Mitteilung). Als Temperierbecken dient ein 250 L-Aquarium, aus dem eine Aquarienpumpe die drei Einsätze im Expositionsbecken über ein Rohr mit drei Öffnungen von oben versorgt. Die Durchflußmenge kann über eine

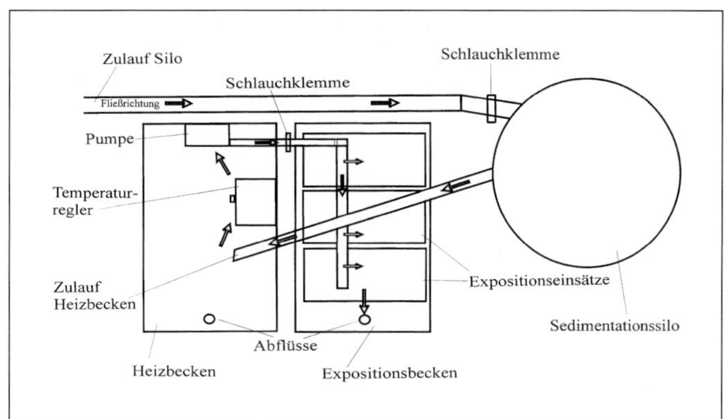

Abb. 39-1: Aufbau der Expositionsanlage

Schlauchklemme gesteuert werden, die an einem Schlauch angebracht ist, der Pumpe und Rohr verbindet. Die Durchflußmenge wurde pro Einsatz auf ca.1-1,5 L/min eingestellt. Die Einsätze bestehen aus Glas und sind nach oben offen. Der Boden besteht aus einer Edelstahl-Lochplatte, über die das von oben nachlaufende Wasser abfließen kann (Abb. 39-1).

Die im Embryotest untersuchten Parameter umfaßten:

1) Entwicklungsgeschwindigkeit, die anhand des Auftretens der Pigmentierung der Augen („Augenpunktstadium") quantifiziert wurde
2) Schlupfzeitpunkt
3) morphologische Abweichungen bis hin zu Fehlbildungen
4) Mortalität.

   In einem separaten Ansatz im Labor wurde mit 10 mal 100 Eiern die Befruchtungsrate der Eicharge bestimmt. Die Eier wurden bis zum Augenpunktstadium inkubiert und dann der Anteil der Eier bestimmt, die einen Embryo enthielten.

   Bis auf Punkt 2) (Fehlbildungen) werden in diesem Rahmen nur die Ergebnisse aus dem Expositionsversuch mit den Embryonen präsentiert werden, die aus den am 23.12.97 gewonnenen Eiern stammten. Die Resultate des Expositionsversuches mit den jüngeren Embryonen bestätigen aber diese Ergebnisse.

39.3 Ergebnisse

39.3.1 Entwicklungsgeschwindigkeit, Augenpunktrate

Die Augen des Embryos lagern als erstes Pigment (Melanin) ein und sind dann durch die opake Eihülle sichtbar. Über die Bestimmung des Anteils der Embryonen im Augenpunktstadium zu einem bestimmten Zeitpunkt kann man somit Rückschlüsse auf die Entwicklungsgeschwindigkeit ziehen. Ausgezählt wurden je Einsatz zwei Stichproben von jeweils 150 Eiern; pro Expositionsort wurden also 4 Stichproben ausgezählt (n = 4). Unterschiede zwischen den Mittelwerten aus den verschiedenen Expositionsorten wurden mit Hilfe des U-Tests auf Signifikanz geprüft. (Abb. 39-2).

Der Anteil an in Körschwasser exponierten Embryonen, die sich im Augenpunktstadium befanden, war am 29. Tag signifikant ($p \leq 0{,}05$) niedriger als bei den in Krähenbach- bzw. Fischtestwasser gehälterten Embryonen. An der Körsch befanden sich am 29. Tag 89 %, am Krähenbach 99 %, bei der Kontrolle am 28. Tag 99 % der Embryonen im Augenpunktstadium.

39.3.2 Schlupfrate

Die Schlupfrate wurde bestimmt über den prozentualen Anteil geschlüpfter Embryonen zu einem bestimmten Zeitpunkt an der Summe der insgesamt geschlüpften Embryonen (Abb. 39-3).

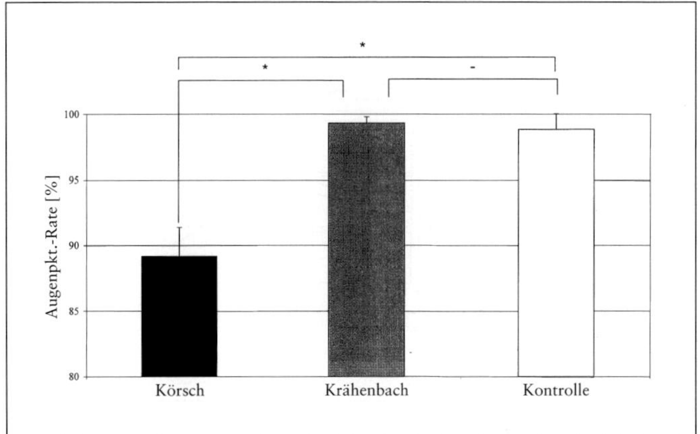

Abb. 39-2: Mittlere Augenpunktrate am 28. (Laborkontrolle 1, 2) und 29. Tag (Körsch 1, 2, Krähenbach 1, 2), *: $p \leq 0{,}05$.

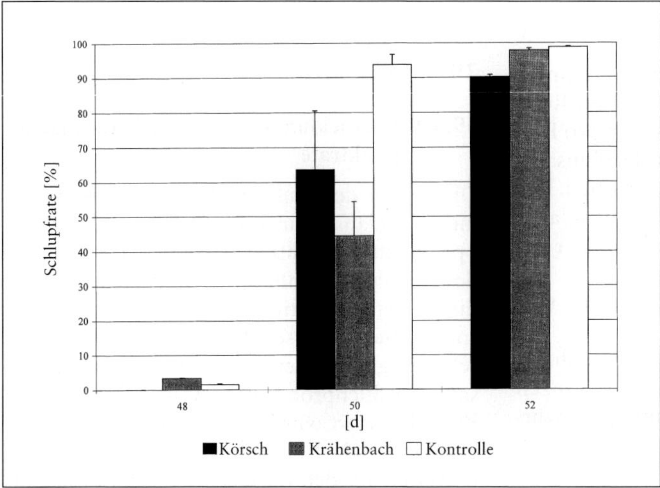

Abb. 39-3: Mittlere Schlupfrate

Die Gesamtzahl geschlüpfter Embryonen in den Einsätzen 1 und 2 betrug an der Körsch 1063, am Krähenbach 1015 und bei der Kontrolle 1090.

Das Schlüpfen setzte bei den in Körschwasser exponierten Embryonen im Vergleich zu den am Krähenbach und im Labor exponierten Tieren verspätet ein und dauerte länger an. Am 48. Tag betrug am Krähenbach der Anteil 3,4 % und bei der Kontrolle 1,6 % der Gesamtzahl geschlüpfter Embryonen, während an der Körsch noch gar keine Tiere geschlüpft waren. Am 50. Tag war der Anteil geschlüpfter Embryonen an der Körsch zwar mit 64 % um 20 % höher als am Krähenbach, allerdings waren am 52. Tag am Krähenbach mit 98 % fast alle Tiere geschlüpft, an der Körsch hingegen erst 90 %. Die Kontrolltiere waren bereits am 50. Tag zu 93 %, am Tag 52 zu 99 % geschlüpft. Aufgrund der geringen Stichprobenzahl (n = 2) kann eine Prüfung auf Signifikanz nicht vorgenommen werden. Eine Tendenz zur Retardierung des Schlupfes an der Körsch im Vergleich zu Krähenbach und Laborkontrolle ist aber eindeutig.

Für die Parameter Augenpunktrate und Schlupfrate ist zu berücksichtigen, daß die durchschnittliche Wassertemperatur am Krähenbach um 0,5°C unterhalb der Temperatur an der Körsch und im Labor lag. Man muß also davon ausgehen, daß die Entwicklung der Embryonen am

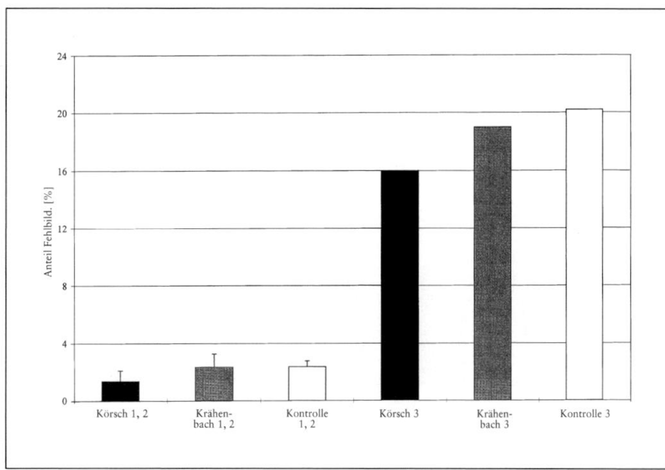

Abb. 39-4: Fehlbildungsrate

Krähenbach schneller verlaufen wäre, wenn die Wassertemperatur dem Sollwert entsprochen hätte (s. 39.3.5), so daß die Retardierung der Körsch-Embryonen umso stärker zu bewerten ist.

39.3.3 Fehlbildungsrate

Der Anteil an Fehlbildungen bei den Embryonen an den einzelnen Expositionsorten unterschied sich nur geringfügig. Auffällig ist, daß die Fehlbildungsrate bei den Embryonen, die aus zu einem späteren Zeitpunkt gewonnenen Eiern stammen, um das 8-bis 10fache über der Fehlbildungsrate der älteren Embryonen lag. Dies deutet auf die Überreife der Eier aus der zweiten Gruppe hin (Abb. 39-4).

39.3.4 Mortalität

Bei der Bestimmung der Mortalität wurde der Anteil der unbefruchteten Eier berücksichtigt. Die Befruchtungsrate lag bei 91,2 %.
Die im Vergleich zu Körsch und Kontrolle hohe mittlere Sterblichkeitsrate von 7,4 % am Krähenbach bis zum 27. Tag ist auf eine erhöhte Verpilzung der Eier am Krähenbach zurückzuführen. Zwischen dem 95. und 106. Tag verdoppelte sich die mittlere Mortalitätsrate am Krähenbach von 12,6 auf 24,9 %. Die Ursache war der Befall der Embryonen mit dem Flagellaten *Costia*, ein Ektoparasit, der bevorzugt geschwächte Tiere befällt. Die mittlere Sterblichkeitsrate an der Körsch erreichte bis zum 66. Tag 9,6 % und erhöhte sich bis zum 106. Tag nur noch leicht auf 10,4 %. Bei der Kontrolle lag die mittlere Mortalitätsrate zu allen Vergleichszeitpunkten bei ca. einem Fünftel der Körschwerte. Sie erreichte am 106. Tag 2,2 % (siehe Abb. 39-5). Wie bei Punkt 39.3.1 (Schlupfrate) konnten auf Grund der geringen Stichprobenzahlen keine Prüfungen der Daten auf Signifikanz erfolgen. Dennoch und trotz der hohen Standardabweichungen kann man sagen, daß an der Körsch die Mortalität tendentiell höher war als bei der Laborkontrolle und bedingt durch den Pilzbefall der Eier und den *Costia*-Befall der Embryonen die mittlere Sterblichkeitsrate am Krähenbach sehr viel höher war als an der Körsch und bei der Kontrolle.

39.3.5 Limnochemische Daten

Die Konzentrationen an N-Verbindungen waren starken Schwankungen unterworfen, im Körschwasser waren sie aufgrund des hohen Klärwasseranteils und der landwirtschaftlich intensiv bewirtschafteten Umgebung des in die Körsch mündenden Sulzbachs erwartungsgemäß am höchsten. Die Schwankungen in den Konzentrationen sind witterungsbedingt (Abb. 39-6). Die durchschnittliche Wassertemperatur am Krähenbach lag – bedingt durch gelegentliche Ausfälle des Thermostats – um ca. 0,5°C

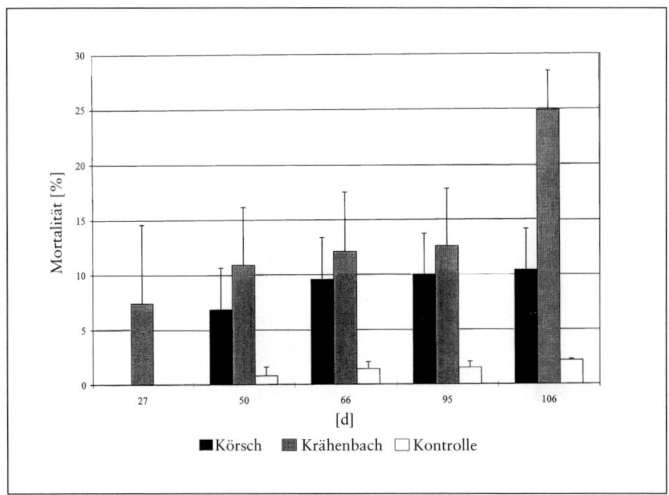

Abb. 39-5: Mittlere Mortalitätsrate

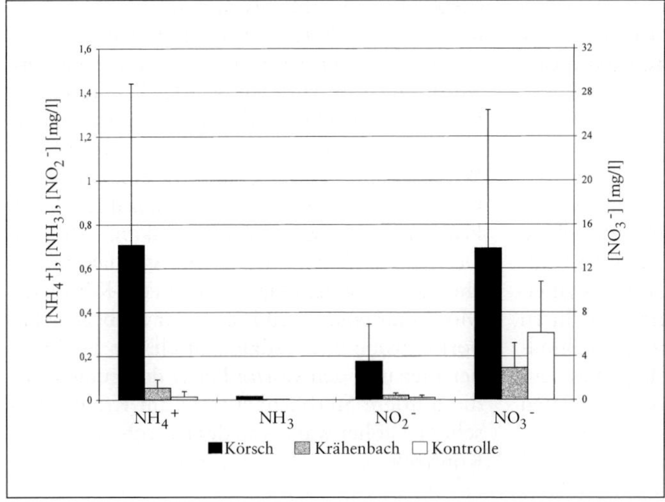

Abb. 39-6: Mittelwerte der N-Verbindungen an allen drei Expositionsorten

Tab. 39-1: Mittelwerte für Temperatur, pH-Wert, O_2-Gehalt und Leitfähigkeit an den drei Expositionsorten, außerdem Pb- und Cu- Konzentration im Krähenbach- und Körschwasser.

	Körsch	Krähenbach	Laborkontrolle
Wassertemperatur [°C]	9,3	8,8	9,2
pH-Wert	8,12	8,41	7,79
Sauerstoffgehalt [mg/l]	10,16	11,04	10,46
Leitfähigkeit [µS/cm]	819,43	615,71	778,00
PAH [µg/l]	130,4	79	–
Pb [µg/l]	12,2	2,2	–
Cu [µg/l]	13,9	5,4	–

unterhalb der Temperatur an der Körsch und im Labor. Dies ist hinsichtlich der Vergleiche der Entwicklungsgeschwindigkeiten der Embryonen an den drei Expositionsorten insofern von Bedeutung, da die Entwicklungsgeschwindigkeit bekanntermaßen stark von der Temperatur abhängt. Die Summe an PAH betrug im Krähenbachwasser 79 µg/l, im Körschwasser 130 µg/l, die Bleiwerte lagen an der Körsch bei 12,2 µg/l, am Krähenbach bei 2,2 µg/l und die Kupferkonzentrationen waren an der Körsch 13,9 µg/l und am Krähenbach 5,4 µg/l. Cd, Zn, Pestizide und PCB konnten nicht nachgewiesen werden (Tab. 39-1). Die Konzentrationen der nachgewiesenen Substanzen waren zwar im Körschwasser höher als am Krähenbach, sie lagen aber im selben Größenordnungsbereich.

39.4 Diskussion

Sowohl der Labor- als auch der Halbfreilandtest zeigten, daß im Wasser der Körsch offensichtlich Streßfaktoren vorliegen, die die Entwicklung der Bachforellenembryonen beeinflussen, wobei jeweils unterschiedliche Parameter auf die Streßbelastung reagierten:
Im Labor war bei den gegenüber Körschwasser exponierten Embryonen der Zeitpunkt des Schlüpfens im Vergleich zur Kontrolle vorgezogen (Oberemm 1997). In Anbetracht der Tatsache, daß der Schlupf des Embryos ausgelöst wird, wenn der individuelle O_2-Bedarf den O_2-Druck der Umgebung des Embryos im Ei übersteigt (Hamdorf 1961), deutet der verfrühte Schlupf im Labor möglicherweise auf durch O_2-Mangel ausgelösten Streß der gegenüber Körschwasser exponierten Embryonen hin. In der Entwicklungsgeschwindigkeit zeigten sich keine Unterschiede zwischen den einzelnen Ansätzen.
Die an der Körsch im Halbfreiland exponierten Embryonen zeigten dagegen eine im Vergleich zu den Kontroll- und Krähenbachembryonen retardierte Entwicklung. So setzte bei den gegenüber Körschwasser exponierten Embryonen die Pigmentierung der Augen verzögert ein. Im Gegensatz zu den semistatisch durchgeführten Labortests war der Schlupf der an der Körsch exponierten Embryonen nicht zeitlich vorverlagert.
Die Embryonen, die an der Körsch exponiert waren, erreichten eindeutig später als am Krähenbach und im Labor das Augenpunktstadium. Dies war der Fall, obgleich die durchschnittliche Wassertemperatur an der Körsch am höchsten war, was eine schnellere Entwicklung der Embryonen hätte zur Folge haben müssen. Die frühe Embryogenese im Körschwasser war also im Vergleich zu den beiden anderen Ansätzen deutlich retardiert. Auch das an der Körsch verspätet einsetzende Schlüpfen der Embryonen könnte auf eine Retardierung der Embryonalentwicklung hindeuten. Die Ursachen für die im Vergleich zu den beiden anderen Expositionsorten stark erhöhte Mortalität am Krähenbach sind die Verpilzung der Eier bis zum 27. Tag und der Befall der Embryonen mit dem Flagellaten *Costia* zwischen dem 95. und 106. Tag. Da an der Körsch und bei der Kontrolle keine Verpilzung der Eier in dem Maße wie am Krähenbach und keine Parasiten aufgetreten sind, sind die Sterblichkeitsraten am Krähenbach nicht direkt mit den Werten an der Körsch und bei der Kontrolle vergleichbar. Man muß aber auf Grund des Pilzbefalls der Eier bzw. des *Costia*-Befalls der Embryonen von einer Schwächung der am Krähenbach exponierten Embryonen durch exogene Faktoren ausgehen.
Die Konzentrationen der untersuchten Stoffe erreichten in keinem Fall akut toxisches Niveau. Die Pestizidkonzentration war jahreszeitlich bedingt gering. Analysedaten aus den Sommermonaten zeigen höhere Konzentrationen (Schwaiger et al. 1997, Triebskorn et al. 1997). Eine höhere Mortalitätsrate am Krähenbach und an der Körsch im Vergleich zur Laborkontrolle und eine retardierte Entwicklung der Embryonen an der Körsch im Vergleich zum Labor und zum Krähenbach sind damit möglicherweise auf nicht im Rahmen der vorliegenden Untersuchung nachgewiesene stoffliche Faktoren zurückzuführen. Ob die Ammoniakkonzentration im Körschwasser, die mit 0,016 mg/l um ca. den Faktor 20 unterhalb des 96h-LC_{50}-Wertes für Bachforellenembryonen liegt (Alabaster und Lloyd 1980), subletale Auswirkungen auf die Entwicklung der Embryonen zeigte, ist zu überprüfen. Die Ursache für die offensichtlich geschwächte Konstitution der Embryonen am Krähenbach, die den Befall mit *Costia* zur Folge

hatte, ist nicht aus den Ergebnissen der parallel durchgeführten Wasseranalysen zu erklären.
Der Embryotest zeigt, daß man die Anwesenheit von Streßfaktoren nicht ausschließen kann, auch wenn im Wasser keine Einzelsubstanzen in erwiesenermaßen toxischer Konzentration nachgewiesen werden können. Da Parameter wie Temperatur, pH-Wert, Leitfähigkeit und O_2-Konzentration während der Exposition im optimalen Bereich lagen, könnten die beobachteten Effekte z.B. durch die kombinatorische Wirkung von Einzelsubstanzen oder durch Stoffe hervorgerufen worden sein, nach denen nicht gesucht wurde. Eine generelle Beurteilung, inwieweit Stressoren im Wasser von Krähenbach und Körsch eine in den Bächen lebende Bachforellenpopulation auf längere Sicht gefährden, läßt die in der vorliegenden Arbeit festgestellte Beeinflussung der Entwicklung der Forellenembryonen bis zum Erreichen der Juvenilphase durch äußere Faktoren nicht zu. Als mögliche Nachteile für die Population durch eine verlangsamte Entwicklung der Tiere wären ein erhöhter Fraßdruck oder eine höhere Anfälligkeit gegen Parasiten denkbar.
Über Effekte, die von Faktoren im Sediment bzw. Interstitial ausgehen könnten, gegenüber denen Bachforellenembryonen im Freiland ausgesetzt sind, konnten mit der vorliegenden Untersuchung keine Aussagen gemacht werden. In den Halbfreilandanlagen wurden die Forellenembryonen nämlich nur gegenüber Freiwasser exponiert. Daß die Streßbedingungen im Sediment und im Freiwasser unterschiedlich sein können, zeigen sowohl die Ergebnisse des Laborversuchs, bei dem die Mortalität von gegenüber Sediment aus der Körsch exponierten Embryonen im Vergleich zu gegenüber reinem Körschwasser exponierten Embryonen erhöht war (Oberemm 1997), als auch chemische Analysen (Triebskorn et al. 1997). Der Einfluß von Faktoren im Sediment auf die Embryogenese von Forellen unter natürlichen Bedingungen läßt sich nur über eine Exposition im Freiland beurteilen, die für 1999 geplant ist.
Zur Beurteilung der Populationsrelevanz von Faktoren im Körschwasser wäre außerdem die Erfassung der Auswirkung auf das Geschlechterverhältnis und Effekte bei der Ausbildung der Gonaden und der Reproduktion von Bedeutung.

Die Ergebnisse der Embryotests decken sich mit den Ergebnissen der anderen im Rahmen des Gesamtprojekts untersuchten Biomarker wie Biotransformationsenzyme (Behrens et al. 1998), Streßproteine (Triebskorn et al. 1997), Stoffwechselenzyme (Konradt et al. 1996), Ultrastruktur der Leber (Schramm 1998) und Histologie verschiedener Organe (Schwaiger et al. 1997).
Der Vorteil der Exposition im Halbfreiland ist, daß die Situation in der Expositionsanlage dem realen Zustand eines Baches näherkommt als eine Exposition in semistatischen Systemen im Labor. Die im Halbfreilandsystem exponierten Organismen sind nämlich Konzentrationsschwankungen von im Bachwasser gelösten Substanzen ausgesetzt, während im Labor mit Wasserstichproben durchgeführte Expositionsversuche diese Situation nicht widerspiegeln können. Dennoch läßt sich auch im Labor ein realistisches Bild von der Embryotoxizität des Wassers eines Gewässers entwerfen, wie die weitgehende Übereinstimmung der Ergebnisse aus der Labor- und Halbfreilandexposition von Forelleneiern zeigt. Der Vorteil der Exposition im Labor ist in jedem Fall die einfachere Handhabbarkeit.

Danksagung

Das vorliegende Projekt wird vom BMBF gefördert (FKZ 07OTX23-6). Zum Gelingen der Arbeit trugen bei: T. Schlegel (Reutlingen), H. Ferling, J. Schwaiger (Wielenbach), B. Rennert (Berlin), S. Adam, H. Casper, A. Heyd, M. Klingebiel, H. Köhler, B. Menzel, K. Neubert, M. Pawert, R. Schill, M. Schramm, A. Woitschella (Tübingen),

Literatur

Alabaster, J. S., Lloyd, R. (1980): Water qualtity criteria for freshwater fish. FAO, Butterworths, London, Boston

Behrens, A., Pawert, M., Schramm, M., Triebskorn, R., Segner, H. (1998): Biotransformation – Ein Teilprojekt aus Valimar. Validierung und Einsatz biologischer, chemischer und mathematischer Tests und Biomarkerstudien zur Bewertung der Belastung kleiner Fließgewässer mit Umweltchemikalien. 3. Deutschsprachige SETAC Europe-Tagung, Zittau. 82

Birge, J.W., Black, J.A., Westerman, A.G. (1985): Short-term fish and amphibian embryo-larval tests for determining the effects of toxicant stress on early life stages and estimating chronic values for single compounds and complex effluents. Environ. Toxicol. Chem. 4: 807-821

Hamdorf, K. (1961): Die Beeinflussung der Embryonal- und Larvalentwicklung der Regenbogenforelle (*Salmo irideus* Gibb.) durch Strahlung im sichtbaren Bereich. Z. Vergl. Physiol. 42: 525-565

Konradt, J., Triebskorn, R., Braunbeck, T. (1996): Vergleichende biochemische Untersuchungen an Enzymen aus Fischen aus belasteten Kleingewässern. Verh. Dt. Zool. Ges. 89: 159

McKim, J.M. (1977): Evaluation of tests with early life stages of fish for predicting long-term toxicity. J. Fish. Res. Board Can. 34: 1148-1154

Nagel, R., Bresch, H., Caspers, N., Hansen, P.D., Markert, M., Munk, R., Scholz, N., ter Höfte, B.B. (1991): Effect of 3,4-dichloroaniline on the early life stages of the zebrafish (*Brachydanio rerio*): results of a comparative study. Ecotox. Environ. Saf. 21: 157-164

Oberemm, A. (1995): Inkubation von Eiern der Regenbogenforelle (*Oncorhynchus mykiss*) unter semistatischen Bedingungen. In: Fortschritte in der Fischereiwissenschaft 12. Berlin-Friedrichshagen. 123-127

Oberemm, A. Jähnichen, H. Stüber, A. Becker, J. Meinelt, T. (1997): Abschlußbericht zum BMBF-Verbund-Projekt 1.Phase, Teilprojekt 7: Embryotoxizität. Tübingen

Schramm, M. (1998): Zur Ökotoxikologie von kleinen Fließgewässern-Leberultrastruktur und hämatologische Parameter als Biomarker bei Fischen. Medien Verlag Köhler, Tübingen

Schwaiger, J., Wanke, R., Adam, S., Pawert, M., Honnen, W., Triebskorn, R. (1997): The use of histopathological indicators to evaluate contaminant-related stress in fish. J. Aquat. Ecosyst. Stress Recov. 6: 75-86

Triebskorn, R., Köhler, H.-R., Honnen, W., Schramm, M., Adams, S.M., Müller, E.F. (1997): Induction of heat shock proteins, changes in liver ultrastructure, and alterations of fish behavior: are these biomarkers related and are they useful to reflect the state of pollution in the field? J. Aquat. Ecosyst. Stress Recov. 6: 57-73

Von Westernhagen, H. (1988): Sublethal effects of pollutants on fish eggs and larvae. In: Hoar, W.S., Randall, D.J. (eds.): Fish physiology. Volume 11: The physiology of developing fish. Part A: Eggs and larvae. Academic Press Inc., San Diego. 253-346

Biomonitoring – Luft

40 Biomonitoring von Lacklösemittel-Immissionen – Erfahrungen mit einem neuentwickelten Indikatorfächer

R. Kostka-Rick

Abstract

An array of sensitive bioindicator plants in the active monitoring was developed and employed in order to assess the phytotoxic potency and possible ecological consequences of ambient air pollution by organic solvents. A total of 27 agricultural and horticultural plant species and varieties were screened under controlled exposure to diluted solvent emissions (up to a dilution factor of 1:100) from a large automotive plant. From the plant species tested, 6 varieties were chosen and combined to form an array of bioindicator plants. Visible leaf injury and elevated levels of the enzyme peroxidase for these plants were recorded at threshold values between 260 µg C/m³ and 6000 µg C/m³.
Principal component analysis (PCA) was successfully applied to evaluate and aggregate the extensive multispecies and multiple-endpoint data and allowed to display results as an integrated, but simple quantity of effects. The threshold values of response for the authentic solvent mixture was considerably lower as compared to the threshold values derived from published data for the individual compounds of the mixture (as far as the compounds were declared and ecotoxicity data were available). As a possible explanation for this discrepancy, the presence of adjuvants and trace compounds with high phytotoxic potential is discussed.

Zusammenfassung

Zur Abschätzung des phytotoxischen Potentials und möglicher ökotoxischer Konsequenzen der Immissionsbelastung durch Lacklösemittel wird ein Indikatorfächer mit Höheren Pflanzen als Reaktionsindikatoren im aktiven Monitoring entwickelt und eingesetzt. Hierzu werden insgesamt 27 (Nutz-)Pflanzenspezies und -sorten einem Screening unter freilandnaher Belastung durch gezielt verdünnte Lösemittel-Emissionen (unverdünnt bis 1:100 verdünnt) unterzogen. Der 6 Pflanzenarten bzw. -sorten umfassende Indikatorfächer reagiert mit abgestuften Wirkungsschwellenwerten sowohl der sichtbaren Blattschädigung wie auch der Peroxidase-Aktivität im Konzentrationsbereich zwischen ca. 260 µg C/m³ und ca. 6000 µg C/m³.
Für die Auswertung, Aggregierung und Darstellung der umfangreichen Wirkungsdaten wird als multivariates statistisches Verfahren die Hauptkomponentenanalyse (PCA) erfolgreich eingesetzt. Die hier ermittelte Wirkungsschwelle des Lösemittelgemisches liegt deutlich niedriger als der aus Literaturdaten für die deklarierten Einzelkomponenten abgeleitete Schwellenwert. Als mögliche Ursache für diese Diskrepanz werden nicht deklarierte Hilfsstoffe bzw. Verunreinigungen mit erheblichem phytotoxischen Potential diskutiert.

40.1 Einführung

Die Zukunft der Bioindikation in der Praxis wird wesentlich davon abhängen, ob sie in der Lage ist, angesichts sich wandelnder Immissionssituationen, insbesondere auch in der anlagenbezogenen Überwachung, geeignete Monitoringorganismen, kombiniert in neuartigen und flexiblen Indikatorfächern, ggf. unter Erfassung neuer Wirkungskriterien, bereitzustellen.
Ziel der hier vorgestellten, praxisorientierten Entwicklungskonzeption ist es, einen Indikatorfächer mit pflanzlichen Reaktionsindikatoren zur Wirkungserfassung komplexer organischer Lösemittel-Immissionen im anlagenbezogenen Monitoring zu entwickeln.
Selbst große Lackieranlagen, z.B. in der Automobilindustrie, lassen aufgrund der geltenden Emissionsbeschränkungen toxikologisch relevante Immissionskonzentrationen in ihrem Umfeld kaum erwarten. Bei der Bevölkerung sowie bei benachbarten landwirtschaftlichen oder gärtnerischen Betrieben besteht dennoch teilweise die Besorgnis über mögliche Schadwirkungen auf Mensch und Umwelt. Der Einsatz geeigneter Bioindikatoren im aktiven Monitoring bietet das Potential, durch den direkten Wirkungsbezug wesentlich zur objektiven Klärung einer möglichen Umweltgefährdung beizutragen.

40.2 Ausgangssituation

Lösemittelkomponenten von industriell, d.h. in größeren Mengen eingesetzten Lacken sind un-

ter humantoxikologischen Gesichtspunkten meist gut untersucht – ungleich spärlicher sind dagegen unsere Kenntnisse über phytotoxische oder ökotoxische Wirkungen. Dies belegt eine sorgfältige Literaturrecherche über phytotoxische Wirkungen der Komponenten eines Lösemittelgemisches für Wasserbasislacke, das in der Kfz-Lackierung eingesetzt wird und das vorwiegend einwertige Alkohole sowie Essigsäureester (Acetate) enthält.
Diese Lösemittelbestandteile sind flüchtig und z.T. biologisch gut abbaubar, teilweise handelt es sich auch um natürliche Pflanzeninhaltsstoffe bzw. Stoffwechselprodukte (Paterson et al. 1990, Riederer 1990). Der Einsatz von Akkumulationsindikatoren zum wirkungsbezogenen Nachweis dieser Komponenten scheidet damit aus. Aus praktischen Erwägungen beschränkt sich die Auswahl der Wirkungskriterien auf sichtbare Blattschädigungen und Wuchsveränderungen. Begleitet werden die Untersuchungen durch Studien einzelner ökophysiologischer Parameter wie dem Chlorophyllgehalt und der Aktivität des „Stressenzyms" Peroxidase (Keller und Schwager 1971, Lummerzheim et al. 1995, Ranieri et al. 1996).
Die wenigen verwertbaren Literaturdaten deuten generell auf ein eher geringes phytotoxisches Potential der fraglichen Lösemittelbestandteile hin (Debus et al. 1989; Christ 1996) – zunächst keine sehr ermutigende Ausgangssituation für die Entwicklung eines Indikatorfächers auf der Basis Höherer Pflanzen.

40.3 Pflanzenauswahl, Screening

Die Auswahl der in einem Screening auf ihre Eignung als Reaktionsindikatoren zu prüfenden Pflanzenspezies orientiert sich zunächst an den langjährigen Erfahrungen über den Einsatz von Höheren Pflanzen in der wirkungsbezogenen Überwachung von Werkarealen in der chemischen Industrie (Christ 1992). Auf insgesamt 27 Pflanzenspezies und -sorten erweitert wird diese Pflanzenauswahl durch weitere Zier- und Nutzpflanzen von lokaler Bedeutung (Tab. 40-1). Meist werden mehrere Sorten einer Pflanzenspezies geprüft.
Die Prüfung der Handhabbarkeit und der praktischen Eignung der Pflanzenarten erfolgt unter realistischen Freilandbedingungen, so z.B. bei erhöhter Anströmung auf Gebäudedächern. Empfindlichkeit und Spezifität der makroskopischen Schädigungsreaktionen werden unter jeweils 4-wöchiger Belastung mit der realen Lösemittelabluft in Kleingewächshäusern (ca. 8 m^3 Rauminhalt) während 3 Vegetationsperioden untersucht. Eine gezielte und kontrollierte Verdünnung der Lösemittel-Emissionen mit Aktivkohle-gefilterter Umgebungsluft bis zum Verhältnis 1:100 und ein Kontroll-Gewächshaus mit gefilterter Luft bieten einen ausreichenden Dosisbereich zur Ableitung und Extraplation von Dosis-Wirkungsfunktionen bis in den Bereich relevanter Immissionskonzentrationen.
Da Kenntnisse über „typische" Lösemittelschädigungen an Pflanzen praktisch fehlen, werden verschiedene makroskopische Schädigungsty-

Pflanzenspezies	Anzahl untersuchter Sorten	in den Indikatorfächer übernommene Sorten
Tabak (*Nicotiana*)	1	
Buschbohne (*Phaseolus*)	5	2
Ackerbohne (*Vicia*)	1	
Erbse (*Pisum*)	1	
Tomate (*Lycopersicon*)	7	3
Kapuzinerkresse (*Tropaeolum*)	3	1
Sonnenblume (*Helianthus*)	2	
Rettich (*Raphanus*)	2	
Raps (*Brassica*)	1	
Kohlrabi (*Brassica*)	1	
Spinat (*Spinacia*)	1	
Kopfsalat (*Lactuca*)	3	
Porree, Lauch (*Allium*)	2	
Zwiebel (*Allium*)	1	
Gladiole (*Gladiolus*)	3	

Tab. 40-1: Im Screening geprüfte Pflanzenspezies und -sorten für einen spezifischen Indikatorfächer

pen („Schädigungssymptome") als Wirkungsparameter quantitativ in %-Anteilen an der Blattfläche geschätzt:

- Nekrosen (differenziert nach Auftreten auf Blattspreite, Blattrand bzw. Blattspitze)
- Chlorosen
- beschleunigte Seneszenz
- „typische" Oxidantienschäden
- Verwachsungen
- mechanische Schäden

In der späteren Auswertung werden zur Erhöhung der Praxistauglichkeit zusätzlich mehrere dieser Schädigungstypen als Summenparameter zusammengefaßt.

40.4 Dosis-Wirkungsfunktionen, Schwellenwerte

Empfindlich auf Belastungen durch (verdünnte) Lösemittel-Emissionen reagieren Tomate (*Lycopersicon esculentum*, 3 Sorten), Kapuzinerkresse (*Tropaeolum majus*, 1 Sorte) und – mit Einschränkung – Buschbohne (*Phaseolus vulgaris*, 2 Sorten). Nekrosen auf der Blattspreite und insbesondere an den Blatträndern bzw. Blattspitzen sind die häufigsten Blattschädigung unter Lösemittelbelastung und stellen das empfindlichste Wirkungskriterium dar.

Die Dosis-Wirkungskurven zeigen bei doppellogarithmischer Darstellung der Dosis- bzw. Schädigungswerte, meist einen 2-phasigen Verlauf mit teilweise ausgeprägtem Schwellencharakter. Schwellenwerte können aus der Steigung der Dosis-Wirkungsgeraden und dem 95-Perzentil der unterschwelligen Schädigungswerte abgeleitet werden (Abb. 40-1). Zwischen den verschiedenen Indikatorspezies variieren die Schwellenwerte z.T. beträchtlich (Abb. 40-2).

Ebenso wie die sichtbare Schädigung weist auch die Aktivitätserhöhung des „Stressenzyms" Peroxidase als Indikator einer angepaßten Stoff-

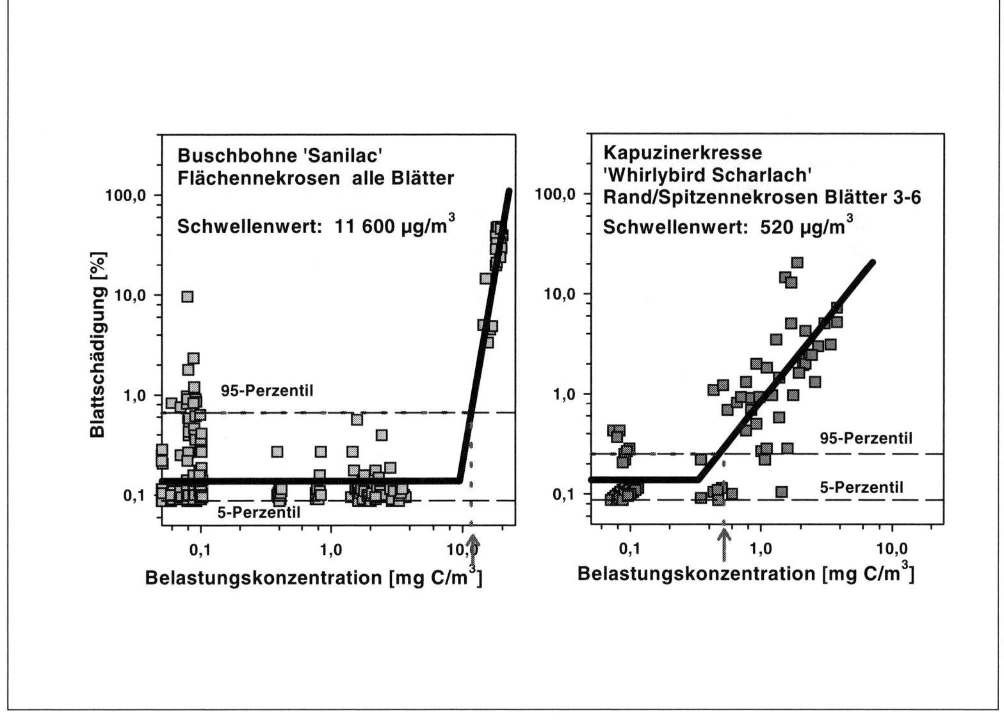

Abb. 40-1: Dosis-Wirkungsbeziehungen für 2 verschiedene Indikatorarten und 2 Schädigungsparameter. Ableitung von Schwellenwerten (Pfeilsymbol) bei doppel-log-Skalierung

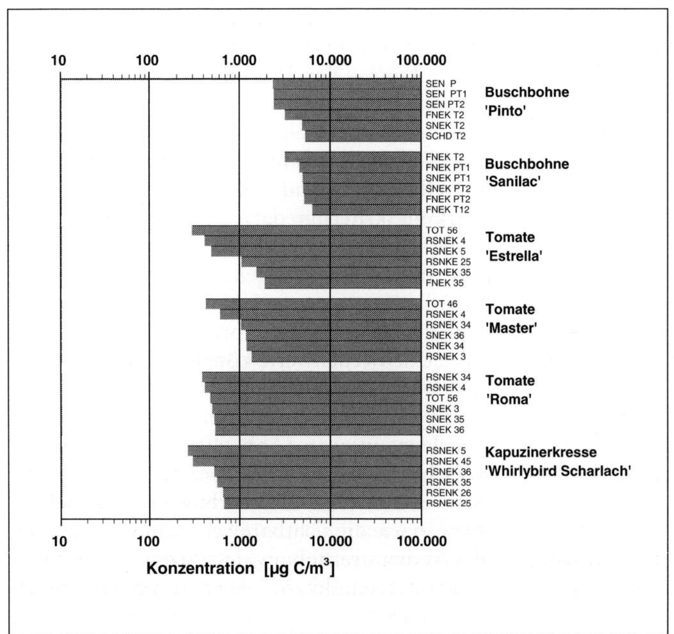

Abb. 40-2: Wirkungsschwellenwerte für 6 Indikatorpflanzen und 6 ausgewählte Schädigungstyp x Blattposition-Kombinationen (log-Skalierung)

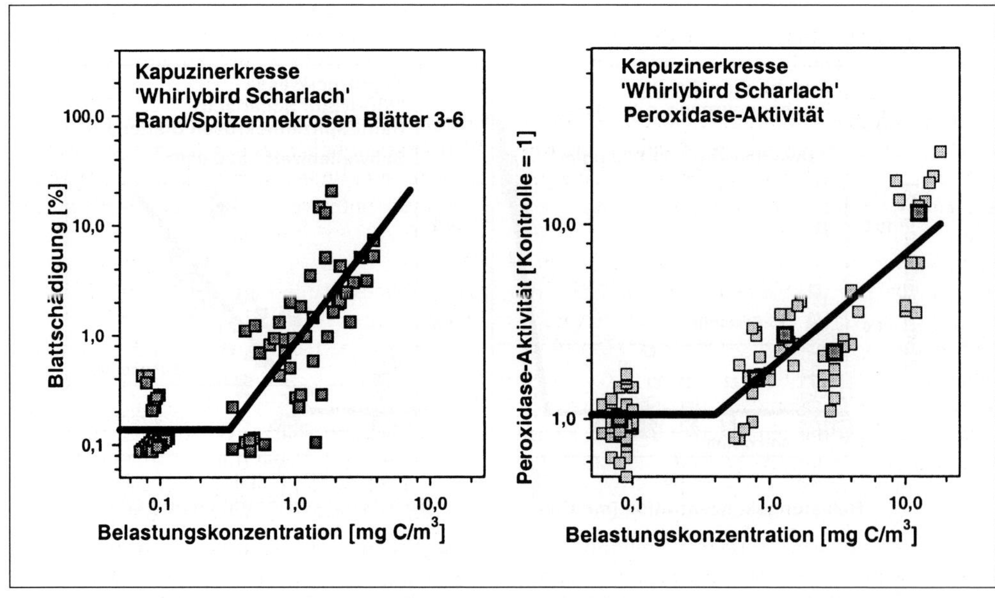

Abb. 40-3: Dosis-Wirkungsbeziehungen für Blattschädigung (Rand- und Spitzennekrosen) und Erhöhung der Peroxidase-Aktivität bei Kapuzinerkresse unter Lösemittelbelastung (doppel-log-Skalierung)

wechselreaktion mit dem Ziel der Entgiftung unter kontrollierter Belastung mit Lösemittel-Emissionen die Kapuzinerkresse als die empfindlichste der untersuchten Indikatorspezies aus. Die Wirkungsschwellenwerte sowohl für die sichtbare Schädigung wie auch für die Erhöhung der Peroxidase-Aktivität liegen in einer vergleichbaren Größenordnung bei ca. 260 bis 600 µg C/m^3 (Abb. 40-3).
Die abgestufte Empfindlichkeit der Indikatorspezies (Abb. 40-2) erlaubt eine sinnvolle Kombination ihres Einsatzes in einem Indikatorfächer. Die unter Lösemittelbelastung auftretenden Schädigungssymptome sind klar von Oxidantienschäden zu unterscheiden, wie sie während Ozonepisoden wiederholt an den im Freiland exponierten Pflanzen beobachtet werden. Unter Belastung mit Lösemittelabluft, ggf. mit Aktivkohle-gefilterter Luft verdünnt, treten – wie erwartet – keinerlei Oxidantien-typische Schädigungen auf.

40.5 Auswertung, Anwendung auf Freilandergebnisse

Die nach Schädigungstyp und Blattposition – i.d.R. die 6 ältesten Blattpaare – differenzierten Wirkungsparameter der untersuchten Indikatorarten liefern eine umfangreiche und komplexe Datenbasis. Angestrebt wird jedoch die Reduktion auf möglichst wenige Parameter, im Idealfall auf eine einzige Wirkungsmessgröße.
Multivariate statistische Verfahren wie z.B. die Hauptkomponentenanalyse (Principal Component Analysis, PCA) bieten die Möglichkeit, bei vertretbarem Verlust an Information verschiedene Schädigungsvariablen zu einer einzigen Wirkungsgröße zu aggregieren (Andren et al. 1998). Statistische Maßzahlen wie z.B. die Ladungsfaktoren (loadings) der einzelnen Variablen kennzeichnen deren relativen Einfluß und damit deren Bedeutung für diese kombinierte Wirkungsaussage (Muir und McCune 1987).
Ausgehend von einer optimalen Trennung zwischen Lösemittel-belasteten Pflanzen und unbelasteten Kontrollpflanzen werden die Koeffizienten für die Hauptkomponenten berechnet. Im vorliegenden Fall umfaßt bereits die 1. Hauptkomponente mindestens 63 % der Varianz und damit der relevanten Information zur Trennung zwischen den Belastungsvarianten.
Diese Koeffizienten für die 1. Hauptkomponenten werden auf die im Freiland-Bioindikatormessnetz mit 12 Stationen erhobenen Schädigungsdaten angewandt. Sie ergeben eine einzige, über aller Indikatorarten und die empfindlichen Schädigungsparameter integrierende Wirkungsgröße.

40.6 Ergebnisvergleich Literaturauswertung vs. Belastungsuntersuchungen

Die unter Belastung mit verdünnter Lösemittelabluft in ihrer realen Zusammensetzung ermittelten Wirkungsschwellenwerte werden mit vorliegenden Literaturdaten über die Wirkungen der deklarierten Einzelkomponenten des Lösemittelgemisches verglichen. Für einige der Lösemittelkomponenten liegen keinerlei Informationen zum phytotoxischen Potential vor. Über alle bekannten Wirkungsschwellenwerte bzw. Immissions-Zielwerte für die Einzelkomponenten wird, unter der Annahme vergleichbarer Reaktivität und Wirkungsmechanismen sowie Additivität der Wirkungen, ein Kombinationswert über alle bewertbaren Einzelkomponenten errechnet (Calabrese 1991). Mit ca. 36 000 µg C/m^3 liegt dieser Wert deutlich höher als der Wirkungsschwellenwert der empfindlichsten Indikatorart (Kapuzinerkresse) unter realen Belastungsbedingungen (ca. 260 µg C/m^3; Tab. 40-2).
Mögliche Ursachen für die deutlich höhere Empfindlichkeit bzw. Schädigung Höherer Pflanzen unter der realen Lösemittelbelastung sind in Tabelle 40-3 dargestellt und diskutiert.
Dieses Ergebnis unterstreicht nachdrücklich, daß beim Vorliegen stofflich komplexer Immissionen Risikoabschätzungen allein auf der Basis von Datenbankinformationen die Gefahr erheblicher Fehleinschätzungen bergen. Konkrete Wirkungserhebungen unter realen Bedingungen ermöglichen eine wirklichkeitsnähere Abschätzung einer möglichen Umweltgefährdung.
Im vorliegenden Fall ist das reale Schädigungspotential der Lösemittel-Emissionen deutlich höher als auf der Basis theoretischer Abschätzungen prognostiziert. Dennoch verbleibt zwi-

Lösemittelkomponente	Immissions-Zielwert zum Schutz der Vegetation ($\mu g\ C/m^3$)[A]
n-Propanol n-Butylacetat n-Butanol i-Butanol Butyldiglykol Butylglykol 2-Ethylhexanol N-Methylpyrrolidon NMP 2-Dimethylethanolamin DMEA	111 000 42 000 34 000 35 000[B] 32 000[B] 30 000[B] – – –
rechnerisch ermittelter Immissions-Zielwert zum Schutz der Vegetation für das 6-Komponenten-Gemisch	**36 000**[C]
Wirkungsschwellenwert für das reale Lösemittelgemisch für die empfindlichste Indikatorart (Kapuzinerkresse)	**260**

[A] abgeleitet aus Wirkungsschwellenwerten für Einzelkomponenten
[B] halbquantitative Abschätzung auf der Basis der Algentoxizität
[C] unter der Annahme vergleichbarer Reaktivität, ähnlicher Wirkungsweise und Additivität der Wirkungen der Einzelkomponenten

Tab. 40-2: Immissions-Zielwerte für Lösemittelkomponenten (einzeln und im Gemisch) im Vergleich zum Wirkungsschwellenwert für das reale Lösemittelgemisch

Tab. 40-3: Mögliche Ursachen für die Diskrepanz zwischen dem Immissions-Zielwert (nach Literaturwerten für Einzelkomponenten) und der tatsächlichen Wirkungsschwelle

mögliche Ursache	Begasung mit Einzelkomponenten (Literaturangaben)	Begasung mit realer Abluft (diese Studie)	Bewertung
Dauer der Begasung	meist: 4 Stunden	4 Wochen	Empfindlichkeitserhöhung durch Zeitfaktor „Stunden → Wochen" meist <3 (Christ 1996) → **unwahrscheinlich**
Gewächshausklima erhöht die Empfindlichkeit	Untersuchungen in Klimakammern oder Gewächshäusern	Untersuchung in Kleingewächshäusern	vergleichbare, „freiland-atypische" Bedingungen → **unwahrscheinlich**
überadditive Wechselwirkungen, „Synergismus"	Annahme bei Berechnung für Stoffkombination: Additivität der Wirkungen	überadditive Wechselwirkungen prinzipiell möglich und erfaßbar	Ähnliche Substanzen (einwertige Alkohole) haben vermutlich vergleichbare Wirkung → **wenig wahrscheinlich**
wirkungsrelevante Komponenten (z.B. Hilfsstoffe) sind nicht berücksichtigt	prinzipiell sind nur deklarierte und bekannte Komponenten bewertbar	Wirkungen auch unbekannter (nicht deklarierter) Komponenten werden erfaßt	nicht deklarierte Hilfsstoffe (z.B. Konservierungsstoffe) oder sekundäre Umwandlungsprodukte können wirkungsrelevant sein → **möglich**

schen der Immissionskonzentration am höchstbelasteten Ort (Immissionsmaximum) und der niedrigsten Wirkungsschwellenkonzentration, d.h. dem Auftreten erster Pflanzenschädigung an der empfindlichsten Indikatorart, ein Sicherheitsfaktor von >20.

Literatur

Andren, C., Eklund, B., Gravenfors, E., Kukulska, Z., Tarkpea, M. (1998): A multivariate biological and chemical characterization of industrial effluents connected to municipal sewage treatment plants. Environ. Toxicol. Chem. 17: 228-233

Calabrese, E.J. (1991): Multiple chemical interactions. Lewis Publishers, Chelsea

Christ, R.A. (1992): Bioindikation mit Höheren Pflanzen zur Luftüberwachung von Werkarealen. Staub – Reinh. Luft 52: 415-418

Christ, R.A. (1996): Die Wirkungen von organischen Substanzen (Lösungsmitteln) in der Gasphase auf Höhere Pflanzen. Gefahrstoffe – Reinh. Luft 56: 345-350

Debus, R., Dittich, B., Schröder, P., Volmer, J. (1989): Biomonitoring organischer Luftschadstoffe – Aufnahme und Wirkung in Pflanzen. Literaturstudie. Ecomed, Landsberg, München, Zürich

Keller, T., Schwager, H. (1971): Der Nachweis unsichtbarer („physiologischer") Fluor-Immissionsschädigungen an Waldbäumen durch eine einfache kolorimetrische Bestimmung der Peroxidase-Aktivität. Europ. J. Forest Pathol. 1: 6-18

Lummerzheim, M., Sandroni, M, Castresana, C., De Oliveira, D., Van Montagu, M., Roby, D., Timmerman, B. (1995): Comparative microscopic and enzymatic characterization of the leaf necrosis induced in Arabidopsis thaliana by lead nitrate and by Xanthomonas campestris pv. campestris after foliar spray. Plant, Cell Environ. 18: 499-509

Muir, P.S., McCune, B. (1987): Index construction for foliar symptoms of air pollution injury. Plant Disease 71: 558-565

Paterson, S., Mackay, D., Tam, D., Shiu, W,Y, (1990): Uptake of organic chemicals by plants: A review of processes, correlations and models. Chemosphere 21: 297-331

Ranieri, A., D'Urso, G.D., Nali, C., Lorenzini, G., Soldatini, G.F. (1996): Ozone stimulates apoplastic antioxidant systems in pumpkin leaves. Physiol. Plant. 97: 381-387

Riederer, M. (1990): Estimating partitioning and transport of organic chemicals in the foliage/atmosphere system – Discussion of a fugacity-based model. Environ. Sci. Technol. 24: 829-837

41 Biomonitoring im Bereich industrieller Emittenten – Entwicklung von Indikatorfächern mit pflanzlichen Reaktionsindikatoren

R. Kostka-Rick

Abstract

A conceptual procedure is presented to develop and adapt biomonitoring systems using higher plants. The concept comprises 4 steps: 1. Identification of relevant (air) pollutants; 2. Acquisition of ecotoxic and phytotoxic information on the pollutants in question; 3. Screening of potential indicator species applying criteria of ecological representation and relevance; 4. Exposure to diluted emission in realistic composition in order to determine the succeptibility and specificy of indicator organisms and endpoints using dose-response relationships and thresholds of effects. Multivariate statistical methods can be successfully employed to aggregate and condense multi-species und multi-endpoint data.
When based on dose-response relationships under such quasi-realistic conditions, determination of air pollution effects with bioindicators will potentially result in improved and more realistic risk assessment. Given the present change in quality and quantity of ambient air pollution, such a concept might be able to improve the acceptance of the use of higher plants in biomonitoring ambient air pollution.

Zusammenfassung

Eine praxisorientierte Entwicklungskonzeption zur gezielten Auswahl und Kombination von pflanzlichen Bioindikatoren im aktiven Monitoring wird vorgestellt. Nach Identifizierung relevanter Immissionskomponenten, der Sammlung von ökotoxischen / phytotoxischen Basisinformationen und der Eingrenzung potentieller Indikatorarten und Wirkungskenngrößen erfolgt die Ermittlung der Empfindlichkeit und Wirkungsspezifität unter Belastung mit gezielt verdünnten, realen Emissionen. Auf der Basis von hieraus abgeleiteten Dosis-Wirkungszusammenhängen und Schwellenwerten kann das im Freiland ermittelte umfangreiche Datenmaterial von Wirkungsaussagen über multivariate statistische Verfahren sinnvoll komprimiert werden. Derartige, unter realen Bedingungen ermittelte Wirkungserhebungen können zu einer verbesserten ökotoxikologischen Bewertung von Immissionsbelastungen führen. Sie sichern damit die Akzeptanz der Bioindikation mit Höheren Pflanzen auch angesichts aktueller Fragestellungen.

41.1 Problemstellung und Lösungsansatz

Die Akzeptanz der traditionellen Verfahren der Bioindikation mit Höheren Pflanzen steht und fällt mit der Flexibilität, diese Methodik aktuellen Fragestellungen anzupassen. Nur bei konsequenter methodischer Weiterentwicklung und mit individuell angepaßten Indikatorfächern kann der Einsatz pflanzlicher Bioindikatoren in der wirkungsbezogenen Überwachung industrieller Emittenten mit z.T. komplexen stofflichen Emissionen auch in Zukunft erfolgreich sein.

Eine praxisorientierte Entwicklungskonzeption zur gezielten Auswahl und Kombination von pflanzlichen Bioindikatoren im aktiven Monitoring wird vorgestellt. Die Forderung nach Anschaulichkeit und Einfachheit der Wirkungsaussage und -darstellung führt zu einer weitgehenden Datenaggregation und -integration, idealerweise zu einer einzigen Wirkungsgröße.

Die meist unvollständige Kenntnis der stofflichen Emissionszusammensetzung erschwert den Einsatz von Akkumulationsindikatoren. Als potentielle Basis von Risikoabschätzungen darf sich die stoffliche Erfassung konsequenterweise nicht nur auf Leitkomponenten beschränken. Die vorgestellte Konzeption konzentriert sich folglich auf Reaktionsindikatoren.

41.2 Vorgehensweise

Mengen- und wirkungsrelevante Emissionskomponenten und mögliche atmosphärische Umwandlungsprodukte als Immissionsbestandteile sind zunächst zu identifizieren. Auf der Basis von Literatur- und Datenbankrecherchen sind diese Komponenten unter ökotoxischen und insbesondere phytotoxischen Gesichtspunkten vorläufig zu bewerten (vgl. auch im folgenden Abb. 41-1).

Diese Basisinformationen können zugleich für die Vorauswahl potentiell geeigneter Indikatorarten und Wirkungskriterien genutzt werden. Ergänzt werden diese Informationen durch Ergebnisse und Praxiserfahrung aus anderen Überwachungsuntersuchungen im aktiven und passiven Monitoring.

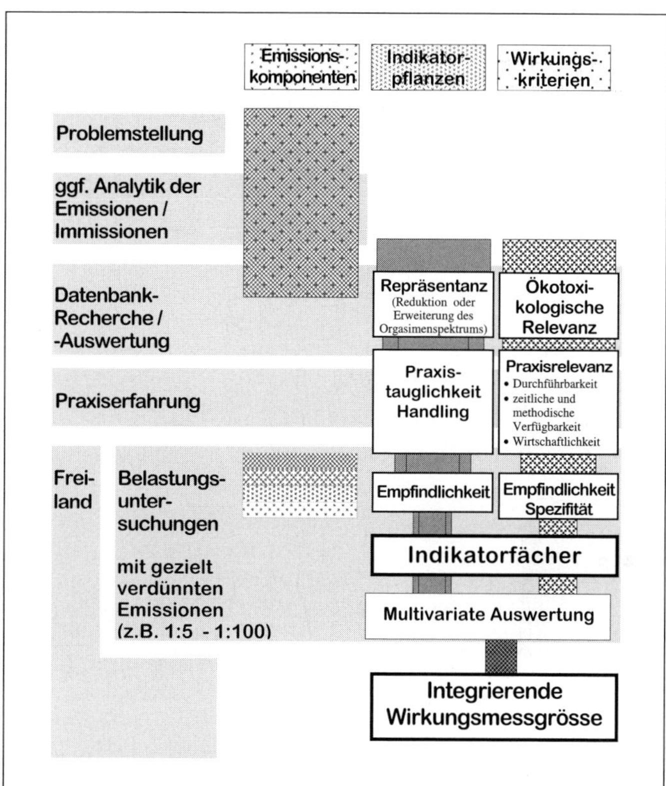

Abb. 41-1: Übersichtsschema zur Vorgehensweise bei der Entwicklung von Indikatorfächern mit pflanzlichen Reaktionsindikatoren

Unter dem Aspekt der ökologischen Repräsentanz und ökotoxikologischen Relevanz, aber auch der Praxistauglichkeit im Routineeinsatz wird die getroffene Vorauswahl an potentiellen Indikatororganismen und Wirkungskriterien eingegrenzt.

Zentraler Punkt der vorgeschlagenen Vorgehensweise ist die Ermittlung der Empfindlichkeit und der Spezifität der vorläufig ausgewählten Indikatorarten/-sorten und Wirkungsmessgrößen unter Belastung mit gezielt verdünnten, realen Emissionen. Derartige Studien können in Kleingewächshäusern oder Open-Top-Kammern (OTC) erfolgen und führen zur Ableitung von Dosis-Wirkungs-Zusammenhängen und Wirkungsschwellenwerten.

Das Ziel einer weitgehenden Zusammenfassung und Aggregation der meist vielfältigen und komplexen Wirkungsaussagen kann unter Einsatz multivariater statistischer Verfahren wie z.B. der Hauptkomponentenanalyse (PCA) erreicht werden.

41.3 Schlußfolgerungen

Angesichts der meist sehr lückenhaften Datenbasis zur ökotoxikologischen Bewertung stofflich komplexer Emissionen können pflanzliche Reaktionsindikatoren im aktiven Monitoring als faktorenintegrierende Wirkobjekte relevante Informationen mit hoher räumlicher Auflösung liefern.

Voraussetzung für den Einsatz derartiger Verfahren ist die Bestimmung des (phyto)toxischen Potentials der Emissionen und die Ermittlung von Dosis-Wirkungsbeziehungen. Im konkreten Praxisfall hat sich das hier vorgestellte Entwicklungskonzept bewährt. Die Ermittlung und Absicherung von Dosis-Wirkungsbeziehungen und Wirkungsschwellen kann allerdings zeitaufwendig sein und ggf. mehr als eine Vegetationsperiode umfassen.

Gegenüber der verfügbaren (öko)toxikologischen Datenlage liefert der Einsatz wirkungsbezogener biologischer Messverfahren wesentliche, z.T. auch unerwartete Erkenntnisse und ermöglicht eine verbesserte ökotoxikologische Bewertung auch von anlagenbezogenen Immissionsbelastungen.

Bewertungsstrategien und Risikoanalyse – Boden und Sedimente

42 Konzept zur ökotoxikologischen Bewertung stofflicher Belastungen von Böden – Expositionserfassung unter Einbeziehung der Bodeneigenschaften

W. Hammel

Abstract

Ecotoxicological risk assessment of contaminated soils among other things is based on a comparison of ecotoxicological effect data. These data are usually referred to the total content of the substance in the respective substrate. The aim of comparing effect data is to find out the lowest effective concentration. In some cases great differences are observed depending on substance, test substrate and test organism. One reason for this is a different sensitivity of test species; furthermore, differences may be found if the bioavailability of a substance in soil/substrate is not observed.
Since only the bioavailable fraction can cause an effect, only this fraction should be considered for comparison of effect data. The bioavailable fraction of a contamination in soil/test substrate is determined by the physicochemical characteristics of the substance and of the soil as well as by the main exposure route of the test species. The presented procedure is an approach to link the chemical, biological and soil related aspects of an ecotoxicological risk assessment in an useful way.

Zusammenfassung

Die Bewertung einer stofflichen Belastung des Bodens basiert unter anderem auf einem Vergleich von Effektdaten, die mit terrestrischen ökotoxikologischen Tests erhoben wurden. Bei diesen Daten dient die Gesamtbelastung des jeweiligen Substrates als Bezugsgröße. Ziel des Vergleiches ist es, die niedrigste wirksame Konzentration zu ermitteln. Je nach Substanz, Testsubstrat und Testorganismus können dabei erhebliche Differenzen auftreten. Eine Ursache dafür liegt in der unterschiedlichen Sensitivität von Testorganismen. Ein weiterer Grund ist die fehlende Beachtung der Bioverfügbarkeit eines Stoffes im Testsubstrat.
Da aber nur der bioverfügbare Anteil für einen Effekt verantwortlich sein kann, ist auch nur dieser bei einem Vergleich von Effektdaten zu berücksichtigen. Der bioverfügbare Anteil einer Kontaminante im Boden/Testsubstrat ist durch die physikochemischen Eigenschaften des Stoffes, des Bodens/Testsubstrates und dem Hauptexpositionspfad des betrachteten Bodenorganismus determiniert. Eine sinnvolle Verknüpfung von Stoffdaten, Daten zum Boden/Testsubstrat und der biologischen Eigenheiten der Testspezies ermöglicht es, Effektdaten auf Grundlage der bioverfügbaren Fraktion zu vergleichen.

42.1 Einleitung

Zur Bewertung einer stofflichen Belastung des Bodens werden Ergebnisse ökotoxikologischer Untersuchungen herangezogen. Einer Ableitung von ökotoxikologisch begründeten Qualitätskriterien für das Kompartiment Boden, wie sie beispielsweise von Bachmann et al. (1997), Crommentuijn et al. (1997) oder dem dänischen Umweltministerium 1995 vorgestellt wurden, liegen in der Regel auch Effektdaten aus standardisierten terrestrischen Einzelspeziestests zur Stoffbewertung zugrunde. Da Bodenorganismen die Träger wichtiger Funktionen des Bodens sind, sollte es Ziel ökotoxikologischer Qualitätskriterien sein, den Schutz der Lebewesen im Boden zu gewährleisten. Es bestehen jedoch teilweise erhebliche Unterschiede in der Sensitivität von Organismen gegenüber bestimmten Stoffen. Um dies zu berücksichtigen und sich zugleich den komplexen ökologischen Zusammenhängen innerhalb einer Bodenzönose zu nähern, sind für eine Bewertung Effektdaten für mehrere Organismen unterschiedlicher trophischer und taxonomischer Gruppen erforderlich. Solche Effektdaten werden derzeit mit Testmethoden erhoben, die unter anderem hinsichtlich des Substrates für den jeweiligen Testorganismus optimiert wurden. Bei der Entwicklung dieser Verfahren stand die vergleichende Bewertung des toxischen Potentials von Substanzen und nicht von Bodensubstraten im Vordergrund. Es ist jedoch bekannt, daß die physikochemischen Eigenschaften eines Bodens die Bioverfügbarkeit eines Stoffes und damit die Ausprägung seines toxischen Potentials modifizieren können. Der bioverfügbare (potentiell wirksame) Anteil eines Stoffes im Boden/Testsubstrat ist zumeist nicht bekannt. Infolgedessen werden Angaben von Effektkonzentrationen auf die Gesamtbelastung des Testsubstrates und nicht auf die biologisch wirksame Fraktion bezogen. Dies hat jedoch zur Folge, daß die Ergebnisse unterschiedlicher Testsysteme nur bedingt miteinander vergleichbar sind. Zur Ableitung von Bodenqualitätszielen ist eine Vergleichbarkeit der Daten allerdings unabdingbar. Dieselbe Problematik ergibt sich durch die Vielfalt der Böden im Freiland auch bei der Anwendung von Qualitätszielen, die sich auf die Gesamtbelastung eines Bodens beziehen.

Mit dem vorgestellten Konzept soll versucht werden, einen Vergleich von Effektdaten aus unterschiedlichen Tests und daraus die Ableitung von Qualitätskriterien für unterschiedliche Böden zu ermöglichen. Es wurde dabei von folgenden Überlegungen ausgegangen:

- ein Stoff ist in Abhängigkeit von seinen physikochemischen Eigenschaften und den physikochemischen Eigenschaften des Bodens auf die drei Phasen des Bodens verteilt
- nur der bioverfügbare Anteil einer Kontaminante im Testsubstrat wie auch eines real kontaminierten Bodens kann biologisch wirksam sein
- ein spezifischer Bodenorganismus ist einer Phase des Bodens in besonderer Weise exponiert.

Die Verknüpfung dieser Grundüberlegungen führt zu der Annahme, daß der bioverfügbare Anteil einer Kontaminante im Boden/Testsubstrat durch die physikochemischen Eigenschaften des Stoffes, des Bodens/Testsubstrates und dem Hauptexpositionspfad des betrachteten Bodenorganismus determiniert ist. Da aber nur der bioverfügbare Anteil für einen Effekt verantwortlich sein kann, ist auch nur dieser bei einem Vergleich von Effektdaten zu berücksichtigen.

Auf Basis dieser These wurde das in Abbildung 42-1 dargestellte Konzept zur Ableitung von Bewertungskriterien einer stofflichen Belastung des Bodens entwickelt. Auf die einzelnen Schritte soll im folgenden näher eingegangen werden.

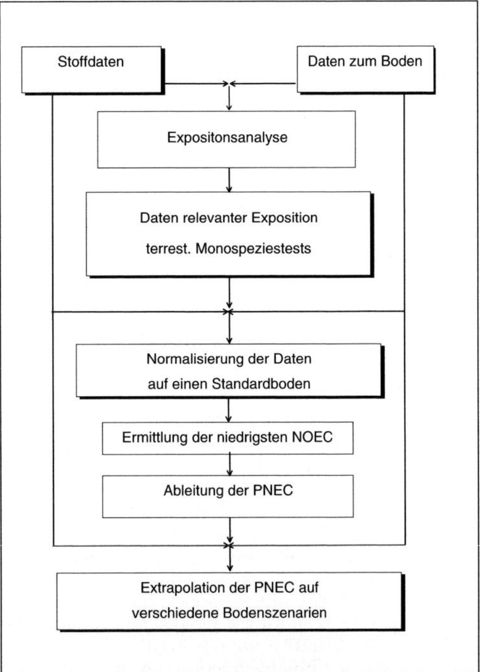

Abb. 42-1: Konzept zur Ableitung von Bewertungskriterien einer stofflichen Belastung des Bodens

42.2 Stufen des Konzeptes

Ziel der beschriebenen Vorgehensweise ist es, einen Vergleich vorliegender Datensätze zur Ökotoxizität von Fremdstoffen im Boden/Testsubstrat zu ermöglichen. Die Vergleichbarkeit der Daten ermöglicht es, aus unterschiedlichen Testsystemen die niedrigste Effektkonzentration zu ermitteln. Dieser Wert ist beispielsweise für ein Risk Assessment nach den Faktorenverfahren der US EPA oder der TGD der EU zur Ableitung einer predicted no effect concentration (PNEC) erforderlich (EU 1994, OECD 1994). Aber auch statistische Ableitungsverfahren wie das von Aldenberg und Slob (1993) erfordern vergleichbare Effektdaten. Eine solche PNEC dient wiederum als Basis zur Ableitung von Qualitätskriterien.

42.2.1 Expositionsanalyse

In diesem Schritt wird für mehrere Szenarien, die den Bedingungen der zu vergleichenden terrestrischen Monospeziestests entsprechen, die Verteilung eines Stoffes im Boden/Testsubstrat ermittelt. Dadurch ist es möglich, Effektkonzentrationen auf die dem Hauptexpositionspfad des Testorganismus entsprechende Fraktion zu beziehen.

42.2.2 Normalisierung der Daten auf einen Standardboden

Die mit Hilfe der Expositionsanalyse errechneten Effektkonzentrationen der bioverfügbaren Fraktion verschiedener Tests werden unter Anwendung derselben Algorithmen auf Gesamtgehalte in einem festzulegenden Standardszenarium extrapoliert. Damit stehen Effektdaten aus verschiedenen Testsystemen zur Verfügung, die sich alle auf dasselbe Bodenszenarium beziehen. Solche Daten sind vergleichbar und können zur Ableitung einer PNEC herangezogen werden.

42.2.3 Extrapolation der PNEC auf verschiedene Bodenszenarien

Eine auf normalisierten Daten basierende PNEC kann nur für das der Normalisierung zugrunde gelegte Standardszenarium Gültigkeit besitzen. Infolgedessen ist für die Anwendung der PNEC eine Extrapolation des Wertes auf den zu betrachtenden Boden erforderlich.

42.3 Ableitungen

42.3.1 Expositionspfade

Edaphische Organismen stehen aufgrund des Habitates mit den drei Phasen des Bodens (Wasser, Luft, Matrix) unterschiedlich intensiv in Kontakt. Es kann zunächst zwischen solchen, die wassererfüllte Poren (Expositionspfad Wasser), und solchen, die lufterfüllte Poren (Expositionspfad Luft) besiedeln, unterschieden werden. Den Bewohnern der lufterfüllten Poren dient die Bodenmatrix als Untergrund. Eine dritte Gruppe überzieht die Bodenmatrix mit einem Film (Expositionspfad Matrix).
Im Gegensatz zu den Bewohnern des Porensystems im Boden kann bei grabenden Organismen wie Regenwürmerm oder verschiedenen Insekten keine Phase genauer eingegrenzt werden. Allerdings sind beispielsweise Anneliden auf einen sie umgebenden Wasserfilm angewiesen. Epigäische Organismen wie Laufkäfer sind dagegen weitgehend der Bodenluft exponiert.
Neben dem Habitat muß auch die Trophie der Organismen bei der Betrachtung des Expositionspfades berücksichtigt werden. Die alleinige physikalische Gliederung des Bodens in drei Phasen erscheint dabei nur für Produzenten ausreichend. Für die übrigen trophischen Gruppen ist sie dagegen ein zu grobes Instrumentarium. Hier muß für die Matrix noch zwischen organischer und anorganischer Substanz unterschieden werden. Dabei ist für Zersetzer und Mineralisierer das tote organische Material ein wichtiger Expositionspfad. Für Predatoren ist dagegen die schwer zu quantifizierende Bioakkumulation durch ihre Beute von Bedeutung.
Ein weiterer wichtiger Aspekt bei der Betrachtung der Exposition von Bodenorganismen gegenüber einer stofflichen Belastung des Bodens ist deren Morphologie und Verhalten. So fliehen Tiere mit einer wasserabweisenden Kutikula vor dem Wasser und kommen folglich mit dem Porenwasser weniger intensiv in Kontakt als solche, die als Schutz vor Austrocknung das Wasser suchen.
Aufgrund der genannten Gliederung wurden in Tabelle 42-1 den Organismen terrestrischer ökotoxikologischer Testsysteme Expositionspfade zugeordnet. Dabei wurde zwischen den Pfaden Porenwasser, Bodenluft und bodennaher Luft, organischer und anorganischer Matrix sowie lebender organischer Substanz unterschieden. Diese vorgenommene Zuordnung ist bislang nur zum Teil empirisch belegt. So zeigten van Gestel et al. (1991), daß bei Anneliden die Aufnahme von Schadstoffen weitgehend von der im Porenwasser gelösten Fraktion abhängt. Für Nematoden nehmen Ronday und Houx (1996) ebenfalls das Porenwasser als wichtigsten Expositionspfad an.

42.3.2 Verteilung eines Stoffes auf die drei Phasen des Bodens

Die Verteilung eines Stoffes im Boden wird zum einen durch die Eigenschaften des Stoffes, zum anderen durch Eigenschaften des Bodens/Sub-

Tab. 42-1: Expositionspfade von Organismen terrestrischer Testsysteme

Taxonomische Gruppe		Spezies	Boden-lösung	Boden-luft	Boden-nahe Luft	org. Mat. tot	anorg. Mat.	org. Mat. lebend
Pflanzen	Monokotyl	*Avena sativa*	++	(+)	(+)	–	–	–
	Dikotyl	*Brassica rapa*						
Mikro-flora/-fauna	Bakterien	Mischpopulationen	++	–	–	(+)	(+)	–
	Pilze	Mischpopulationen	++	–	–	(+)	(+)	–
	Protozoen	Mischpopulationen	++	–	–	(+)	(+)	+
Tiere	Nematoden	*Caenorhabditis eleg.*	++	–	–	–	–	+
	Enchyträen	*Enchytraeus alb.*	++	–	–	+	–	+
	Regenwürmer	*Eisenia fetida*	++	(+)	–	+	+	–
	Hornmilben	*Plathynothrus peltif.*	+	+	–	++	–	–
	Raubmilben	*Hypoapsis aculeifer*	+	+	–	–	–	++
	Asseln	*Porcellio scaber*	–	+	–	++	–	–
	Collembolen	*Folsomia candida*	+	+	+	++	–	–
	Carabiden	*Poecilus cupreus*	–	+	+	–	–	++
	Staphyliniden	*Aleochara bilineata*	–	+	+	–	–	++

++ = Hauptexposition, + = Exposition, (+) = von untergeordneter Bedeutung, – = vermutlich keine Bedeutung

strates bestimmt. Bei der Betrachtung der die Verteilung eines Stoffes im Boden bestimmenden Parameter muß zunächst zwischen organischen und anorganischen Stoffen (Schwermetallen) differenziert werden.

42.4 Expositionsanalyse

42.4.1 Organische Substanzen

Aufgrund von Sorptionsstudien mit Stoffen unterschiedlicher Gruppen läßt sich die Verteilung des Gesamtgehaltes einer organischen Substanzen im Boden mit Hilfe der folgenden Stoff- bzw. Substratparameter abschätzen (van Gestel et al. 1991):

Stoffeigenschaften:

K_d = Verteilungskoeffizient Boden/Testsubstrat ↔ Wasser

K_{OC} = Verteilungskoeffizient Boden/Testsubstrat ↔ organischer Kohlenstoff

K_{OW} = Verteilungskoeffizient Octanol ↔ Wasser

pK_a = Dissoziationskonstante

H = Henry-Konstante bzw. Dampfdruck, Molare Masse und Wasserlöslichkeit

Substrateigenschaften:

f_{OC} = Gehalt organischer Kohlenstoff im Boden/ Testsubstrat

pH = pH-Wert des Bodens/Testsubstrates

d = Dichte des Bodens/Testsubstrates

Algorithmen

$Kd = K_{OC} \cdot f_{OC}$ bzw. für dissoziationsfähige Stoffe nach dem OECD discussion paper regarding guidance for terrestrial effects assessment des Water Quality Institute, Denmark, vom August 1994:

$$K_d = \frac{K_{OC} \cdot f_{OC}}{1 + 10^{pH - pK_a}}$$

Ist K_{OC} nicht bekannt, besteht die Möglichkeit diesen aus dem K_{OW} mit Hilfe der folgenden Gleichung zu berechnen:

$$K_{OC} = 10^{a \cdot \log(K_{OW}) + b}$$

van Gestel und Ma (1990)

bzw. $K_{OC} \approx K_{OW}$

Für flüchtige Stoffe kann der Anteil in der Bodenluft wie folgt berechnet werden:

$$f_{Luft} = \frac{Q_2}{Q_0 + Q_1 + Q_2}$$

$$Q_1 = \frac{(K_d \cdot d) \cdot 100}{\Theta}$$

$$Q_2 = \frac{H}{R \cdot T}$$

wobei:

f_{Luft} = Stoffanteil in der Bodenluft (%)

Q_0 = Wichtungsfaktor für den Stoffanteil im Porenwasser (=1)

Q_1 = Wichtungsfaktor für den sorbierten Stoffanteil

Q_2 = Wichtungsfaktor für den Stoffanteil in der Bodenluft

R = Gaskonstante

T = Absolute Temperatur

42.4.2 Schwermetalle

Die Verteilung von Schwermetallen im Boden / Substrat, wie auch ihre biologische Wirksamkeit, ist von deren Speziation abhängig. Für Metalle liegen jedoch in der Regel Angaben über den Gesamtgehalt des Elementes vor. Die Speziation bleibt meist unbekannt. Allerdings wird die Metallspezies wesentlich von den physikochemischen Eigenschaften des Substrates bestimmt. Zumeist liegt ein Metall in mehreren Formen (schwer lösliches Salz, ionisch gelöst, ionisch sorbiert, komplexiert, kovalent gebunden) im Boden vor. Diese Formen stehen zum Teil miteinander im Gleichgewicht. Dabei ist die Art der Bindung an die Matrix, die wiederum von den Eigenschaften der Matrix bestimmt wird, von besonderer Bedeutung. Diese komplexen Zusammenhänge und Abhängigkeiten können bislang noch nicht ausreichend beschrieben werden um die Verteilung eines Schwertmetalles im Substrat / Boden quantitativ abzuschätzen.

Aus Studien zur Mobilität von Schwermetallen im Boden und deren Transfer in höhere Pflanzen ist jedoch bekannt, daß die mit Neutralsalz extrahierbare Fraktion für eine Reihe von Metallen den pflanzenverfügbaren Anteil eines Elementes im Boden wiedergibt (Delschen und Rück 1997). Diese Fraktion umfaßt sowohl den gelösten, als auch den leicht mobilisierbaren Gehalt. Im Zusammenhang mit der hier vorgenommenen Expositionsabschätzung wurde davon ausgegangen, daß die pflanzenverfügbare Fraktion auch der bioverfügbaren Fraktion für Organismen mit dem für höhere Pflanzen entsprechenden Hauptexpositionspfad entspricht.

Prüeß (1992) fand die folgenden Korrelationen zwischen dem Gesamtgehalt eines Elementes im Boden und der mobilen (pflanzenverfügbaren) Fraktion in Abhängigkeit von der Acidität des Bodens:

$$C_{mobil} = 10^{a + b \cdot pH + c \cdot pH^2 + \log(C_{gesamt})}$$

bei pH des Bodens > 6,5

$$C_{mobil} = 10^{a + b \cdot pH + \log(C_{gesamt})}$$

bei pH des Bodens < 6,5

wobei:

C_{mobil} = Mobile Fraktion (NH_4NO_3-Extrakt)

C_{gesamt} = Gesamtgehalt nach Königswasseraufschluß

a, b = siehe Tabelle 42-2

Da mit Ausnahme des Quecksilbers eine Verteilung von Schwermetallen auf die Bodenluft ausgeschlossen werden kann, ist es möglich, durch Anwendung dieser Gleichungen die hinsichtlich der Bioverfügbarkeit eines Schwermetalles relevante Verteilung eines Elementes im Boden/Substrat abzuschätzen.

Tab. 42-2: Korrelation ($r^2 > 0,5$ bei $p = 0,0001$) von Gesamtgehalt und mobiler Fraktion von Schwermetallen im Boden in Abhängigkeit vom pH (nach Prüeß 1992).

	pH > 6,5			pH < 6,5	
Element	a	b	c	a	b
Beryllium	10,1	–2,91	0,19	5,66	–1,03
Cadmium	5,54	–0,97	0,04	4,64	–0,57
Cobalt	8,59	–2,48	0,18	4,02	–0,65
Blei	10,0	–2,85	0,17	5,87	–1,14
Zink	4,96	–0,89	0,02	4,80	–0,77
Nickel	5,63	–1,47	0,10	2,95	–0,40

42.4.3 Normalisierung und Extrapolation der PNEC auf verschiedene Bodenszenarien

Die Normalisierung von Effektdaten organischer Stoffe erfolgt durch Extrapolation des Gehaltes der im Wasser gelösten Fraktion im Testsubstrat auf den entsprechenden Gesamtgehalt im Standardszenarium.

$$EC_N = \frac{f_{W_N} + K_{d_N}}{f_W + K_d} \cdot EC$$

nach dem OECD discussion paper regarding guidance for terrestrial effects assessment des Water Quality Institute, Denmark, vom August 1994.

Für Schwermetalle wird in analoger Weise mit der mobilen Fraktion des Elementes im Testsubstrat verfahren (nach Prüeß 1992):

$$\log(EC_N) = a + b \cdot pH + c \cdot pH^2 - a_N - b_N \cdot pH_N - c \cdot pH_N^2 + \log(EC)$$

wobei:

EC = Effektkonzentration im Test
EC_N = Effektkonzentration im Standardszenarium
f_W = Wassergehalt des Testsubstrates
pH = pH-Wert des Testsubstrates
pH_N = pH-Wert des Standardsubstrates
a, b = Konstanten aus Tabelle 42-2

Für die Extrapolation der PNEC kommen dieselben Gleichungen zur Anwendungen. Dabei ist für EC die ermittelte PNEC für das Standardszenarium einzusetzen.

42.5 Beispiele

Das vorgestellte Konzept wurde exemplarisch auf die organische Substanz Pentachlorphenol (PCP) und das Schwermetall Cadmium angewendet. Für diese Stoffe wurden die in den Tabellen 42-3 und 42-4 aufgeführten Effektkonzentrationen in terrestrischen Tests recherchiert, wobei in Tabelle 42-4 Effektkonzentrationen für unempfindliche Endpunkte nicht aufgeführt sind. Berücksichtigt wurden ausschließlich Daten für Organismen mit dem Hauptexpositionspfad Wasser, bei denen auch das Testsubstrat genauer charakterisiert war. Als Standardszenarium für die Normalisierung wurde pH = 7,0 und C_{org} = 7,7 % angenommen, was den Angaben von van Gestel und van Dis 1988 für das Testsubstrat im Regenwurmtest (OECD 1984) entspricht. Die auf ein solches Substrat umgerechnete Effektkonzentrationen können diesen Tabellen ebenfalls entnommen werden.

Die anschließende Extrapolation der niedrigsten, auf das Standardsubstrat bezogenen Effektkonzentrationen (PCP 27 mg/kg, Cd 19 mg/kg) führt zu einem weiten Bereich von Effektkonzentrationen in Abhängigkeit von den Substrateigenschaften (Abb. 42-2, 42-3).

42.6 Diskussion und Fortentwicklung

Für die Ableitung von Qualitätskriterien ist die Vergleichbarkeit der zugrundegelegten Daten erforderlich. Die Wirkung einer Substanz im Bo-

Tab. 42-3: Effektdaten für Pentachlorphenol aus terrestrischen Monospeziestests

Organismus	pH im Test	C_{org} im Test (%)	EC Test (mg/kg)	EC normal (mg/kg)	Autor
Eisenia andrei	4,8	3,7	134	3,3	van Gestel et al. (1991)
Eisenia andrei	5,9	5,9	238	26,2	van Gestel et al. (1991)
Eisenia andrei	7,0	7,7	29	29,0	van Gestel und van Dis (1988)
Lumbricus rubellus	4,8	3,7	115	2,8	van Gestel et al. (1991)
Lumbricus rubellus	5,9	5,9	201	22,2	van Gestel et al. (1991)

Tab. 42-4: Effektdaten für Cadmium aus terrestrischen Monospeziestests

Organismus	pH ($CaCl_2$) im Test	EC im Test (mg/kg)	EC normal (mg/kg)	Autor
Aporrectodea caliginosa	6,5	35	19	Khalil et al. (1996)
Eisenia fetida	6,3	39	26	Spurgeon et al. (1994)
Eisenia fetida	6,3	152	103	Spurgeon und Hopkin (1995)
Caenorhabditis elegans	5,6	337	570	Donkin und Dusenberry (1994)

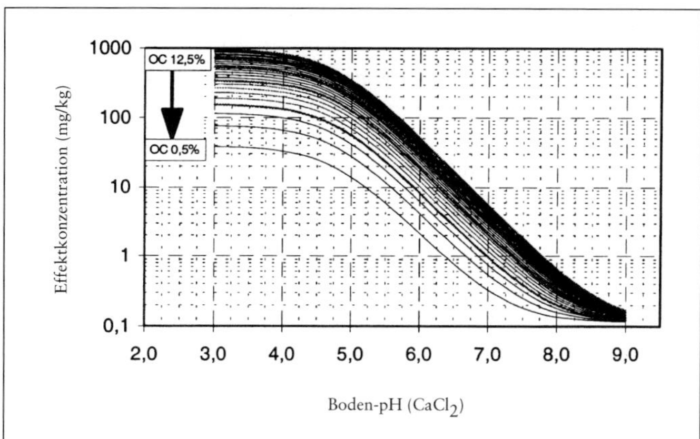

Abb. 42-2: Extrapolation einer Effektkonzentration von Pentachlorphenol auf Böden mit unterschiedlichem Gehalt an organischem Kohlenstoff und pH

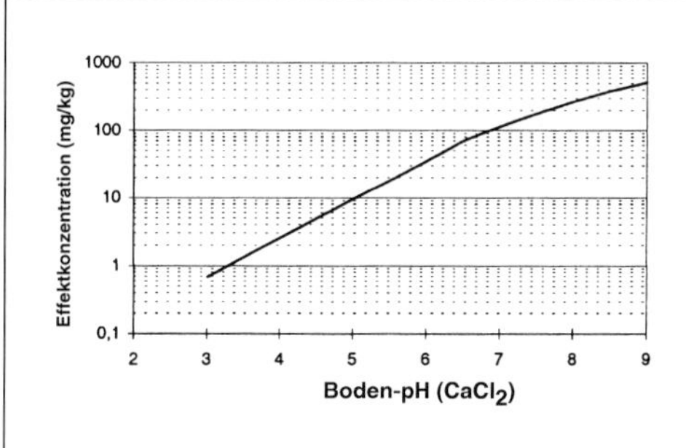

Abb. 42-3: Extrapolation einer Effektkonzentration von Cadmium auf Böden unterschiedlicher Acidität

den ist jedoch wesentlich von deren Bioverfügbarkeit abhängig, wobei die Bioverfügbarkeit von den physikochemischen Eigenschaften eines Substrates bestimmt wird. Da die Wirkdaten aus terrestrischen ökotoxikologischen Testsystemen in der Regel auf die Gesamtbelastung des Testsubstrates bezogen werden, sind solche Daten nur bedingt vergleichbar.

Mit dem vorgestellten Konzept wird versucht, in der Literatur vorliegende Wirkdaten dahingehend zu bearbeiten, daß eine Vergleichbarkeit gegeben ist. Die Ableitung orientierte sich bei der Auswahl der berücksichtigten Parameter pragmatisch an dem bislang vorliegenden Datenmaterial. Dadurch ergibt sich beispielsweise hinsichtlich der Einflußgrößen auf die Mobilität von Schwermetallen eine starke Vereinfachung. So zeigten Herms und Brümmer (1984), daß auch der Gehalt an organischem Kohlenstoff oder Ton die Mobilität eines Elementes im Boden/Testsubstrat verändern. Da teilweise widersprüchliche Angaben vorliegen, kann dieser Einfluß noch nicht quantifiziert werden. Folglich mußten die berücksichtigten Boden-/Substrateigenschaften auf die Acidität beschränkt bleiben. Die Bedeutung weiterer Bodencharakteristika hat jedoch zur Folge, daß die verwendeten Regressionen nach Prüeß (1992) ein Bestimmtheitsmaß von 0,5-0,78 aufweisen und für eine Reihe wichtiger Elemente wie Quecksilber oder Kupfer sogar < 0,5 liegen. Bei verbesserter Datenlage kann das Konzept um diese Einflußgrößen erweitert werden. Erste dahingehende Ansätze liegen bereits vor (Janssen et al.1997). Häufig ist jedoch das Testsubstrat ökotoxikologischer Tests hinsichtlich seiner physikochemischen Eigenschaften nur sehr unzureichend charakterisiert. Daher muß eine Erweiterung des Verfahrens auf solche Parameter beschränkt bleiben, die auch in der Literatur aufgeführt werden.

Neben der Frage nach der Verteilung eines Fremdstoffes im Boden werden bei der Betrachtung der Exposition auch ökologische und morphologische Aspekte der Testorganismen berücksichtigt. Allerdings ist auch hier die Datengrundlage noch sehr gering. Für wichtige etablierte Testorganismen wie höhere Pflanzen, Regenwürmer und zum Teil für Collembolen sind

die in Tabelle 42-1 aufgeführten Expositionspfade experimentell belegt (van Gestel et al. 1991, Crommentuijn et al. 1996). Die Angaben für die übrigen Organismen(gruppen) beruhen dagegen auf theoretischen Überlegungen. Daher sind auch sicherlich hinsichtlich der Zuordnung der Expositionspfade Modifikationen erforderlich. Als Qualitätskriterium für die stoffliche Belastung des Bodens wird in der Regel ein Wert für „den Boden" angegeben. Wie die Extrapolation von Effektdaten auf Bodensubstrate mit unterschiedlichen Eigenschaften zeigt, erscheint die Angabe einer solchen Zahl als wenig sinnvoll. So können je nach betrachtetem Boden und Fremdstoff Differenzen um mehrere Größenordnungen auftreten. Demnach wäre es sicherlich sinnvoller, Stoffe mit gleichen Abhängigkeiten von verschiedenen Bodeneigenschaften zu gruppieren. Für solche Stoffgruppen könnten Bereiche der relevanten Bodeneigenschaften festgelegt werden, für die mit Hilfe des vorgeschlagenen Extrapolationsverfahrens Qualitätskriterien festgelegt werden können. Eine Differenzierung von Qualitätskriterien (Vorsorgewerten) hinsichtlich der Bodeneigenschaften Ton-/Schluffgehalt und Acidität nehmen auch Bachmann et al. (1997) vor. Allerdings legen die Autoren ihrer Ableitung Gesamtgehalte zugrunde.

Das vorgestellte Konzept ist der Versuch die stofflichen, biologischen und bodenbezogenen Aspekte einer ökotoxikologischen Bewertung sinnvoll miteinander zu verknüpfen. Aufgrund der schlechten Datenlage bestehen allerdings noch Unsicherheiten und Lücken, die in Zukunft abzuklären sind. Dabei ist vor allem die Frage nach der Verteilung von Stoffen im Boden/Testsubstrat in Abhängigkeit von physikochemischen Parametern sowie nach der speziesabhängigen bioverfügbaren Fraktion eines Stoffes im Boden/Testsubstrat von besonderem Interesse. Vielversprechende Ansätze werden derzeit verfolgt (Janssen et al. 1997, Höss et al. 1997, van Gestel und van Diepen 1997, van Gestel und Hensbergen 1997, Smit et al 1998).

Danksagung

Das vorgestellte Konzept wurde im Rahmen eines F+E-Vorhabens (FKZ 207 05 003) des Umweltbundesamtes, Berlin entwickelt.

Literatur

Aldenberg, T., Slob, W. (1993): Confidence limits for hazardous concentrations based on logidtically distributed NOEC toxicity data. Ecotoxicol. Environ. Saf. 25: 48-63

Bachmann, G., Bannick, C.-G., Giese, E., Glante, F., Kiene, A., Konietzka, R., Rück, F., Schmidt, S., Terytze, K, von Borries, D. (1997): Fachliche Eckpunkte zur Ableitung von Bodenwerten im Rahmen des Bundes-Bodenschutzgesetzes. In: Rosenkranz, D., Einsele, G., Harreß, H.M. (eds.): Bodenschutz – Ergänzbares Handbuch der Maßnahmen und Empfehlungen für Schutz, Pflege und Sanierung von Böden, Landschaft und Grundwasser. 3500, 24. Lfg.

Crommentuijn, T., Doornekamp A., van Gestel C.A.M. (1996): Bioavailability and ecological effects of cadmium on *Folsomia candida* (Willem) in an artificial soil substrate as influenced by pH and organic matter. Appl. Soil Ecol. 5: 261-271

Crommentuijn, T., Polder, M.D., van de Plassche, E.J. (1997): Maximum permissible concentrarions and negligible concentrations for metals, taking background concentrations into account. RIVM-Report No. 601 501 001. Den Haag

Delschen, T., Rück, F. (1997): Eckpunkte zur Gefahrenbeurteilung von schwermetallbelasteten Böden im Hinblick auf den Pfad Boden/Pflanze. Bodenschutz 2: 114-121

Donkin, S.G., Dusenberry, D.B. (1994): Using the *Caenorhabditis elegans* soil toxicity test to identify factors affecting toxicity of four metal ions in intact soil. Wat. Air Soil Pollut. 78: 359-373

EU (1994): Technical guidance documents in support of the commission directive 93/67/EEC on risk assessment for new notified substances and the comission regulation (EC) 1488/94 on risk assessment for existing substances. Brüssel

Herms, U., Brümmer, G. (1984): Einflußgrößen der Schwermetallöslichkeit und -bindung in Böden. Z. Pflanzen. Boden. 147: 400-424

Höss, S., Haitzer, M., Traunspurger, W., Gratzer, H., Ahlf, W., Steinberg, C. (1997): Influence of particle size distribution and content of organic matter om the toxicity of copper in sediment bioassays using *Caenorhabditis elegans* (Nematoda). Wat. Air Soil Pollut. 99: 689-695

Janssen, R.P.T., Posthuma, L., Baerselman, R., Den Hollander, H.A., Van Veen, R.P.M., Peijnenburg, W.J.G.M. (1997): Equilibrium partitioning of heavy metals in dutch field soils. II. Prediction of metal accumulation in earthworms. Environ. Toxicol. Chem. 16: 2479-2488

Khalil, M.A., Abdel-Lateif, H.M., Bayoumi, B.M., van Straalen, N.M., van Gestel, C.A.M. (1996): Effects of metals and metal mixtures on survival and cocoon production of the earthworm *Aporrectodea caliginosa*. Pedobiologia 6: 548-556

OECD (1984): Guideline for testing chemicals No.207. Earthworm acute toxicity tests. Adopted April 1984. Paris

OECD (1994): Report of the OECD workshop on the extrapolation of laboratory aquatic toxicity data to the real environment. OECD Environment Monographs, No. 59. Paris

Prüeß, A. (1992): Vorsorgwerte und Prüfwerte für mobile und mobilisierbare, potentiell ökotoxische Spurenelemente in Böden. Verlag Ulrich E. Grauer, Wendlingen

Ronday, R., Houx, N.W.H. (1996): Suitability of seven species of soil-inhabiting invertebrates for testing toxicity of pesticides in soil pore water. Pedobiologia 40: 106-112

Smit, C.E., van Beelen, P., van Gestel, C.A.M. (1997): Development of zinc bioavailability and toxicity for the springtail *Folsomia candida* in an experimentaly contaminated field plot. Environ. Pollut. 98: 73-80

Spurgeon, D.J., Hopkin, S.P. (1995): Extrapolation of the laboratory-based OECD eartworm toxicity test to metal contaminated field sites. Ecotoxicology 4: 190-205

Spurgeon, D.J., Hopkin, S.P., Jones, D.T. (1994): Effects of cadmium, copper, lead and zinc on growth, reproduction and survival of the earthworm *Eisenia fetida*. Environ. Pollut. 84: 123-130

van Gestel, C.A.M., van Dis, W.A. (1988): The influence of soil characteristics on the toxicity of four chemicals to the earthworm *Eisenis fetida andrei* (Oligochaeta). Biol. Fertil. Soils 6: 262-265

van Gestel, C.A.M., Ma, W. (1990): An approach to quantitative structure-activity relationships (QSARs) in earthworm toxicity studies. Chemosphere 21: 1023-1033

van Gestel, C.A.M., Hensbergen, P.J. (1997): Interaction of Cd and Zn toxicity for *Folsomia candida* Willem (Collembola: Isotomidae) in relation to bioavailability in soil. Environ. Toxicol. Chem. 16: 1177-1186

van Gestel, C.A.M., van Diepen, A.M.F. (1997): The influence of soil moisture content on the bioavailability and toxicity of cadmium for *Folsomia candida* Willem (Collembola: Isotomidae). Ecotoxicol. Environ. Saf. 36: 123-132

van Gestel, C.A.M., Ma, W.-C., Smit, C.E. (1991): Development of QSARs in terrestrial ecotoxicology: earthworm toxicity and soil sorption of chlorophenols, chlorobenzenes and dichloroaniline. Sci. Total. Environ. 109: 589-604

43 Ökotoxikologische Bewertungsstrategien und Setzung von Vorsorgewerten im Sinne des Bundesbodenschutzgesetzes – am Beispiel des Benzo(a)pyren

W. Kratz und S. Pieper

Abstract

This article presents exemplary the derivation philosophy and the results on the derivation of ecotoxicological soil precaution target value for the organic pollutant Benzo(a)pyren in sandy soils with low sorption capacity. The target value for Benzo(a)pyrene is based on ecotoxicological data, which were derived in the Berliner interdiscilinary research project „Soil ecological investigations about the impact and distribution of organic compounds (PAH, PCB) in conurban ecosystems" (1993-1997) in former sewage farn systems in Berlin und Brandenburg.

Calculation of the soil target value is performed using the FAME (Factorial Application Method) and the DIBAEX (distribution based extrapolation) methods. The DIBAEX-method is currently the best available extrapolation-method. This method is also used in other European countries like Denmark and the Netherlands for the derivation of soil target values. Using available No-Observed-Effect-Concentration- (NOEC-) data, a maximal permissible concentration is presented, above which sensible soil species and soil processes cannot be protected with defined security.

Zusammenfassung

Der Beitrag präsentiert beispielhaft die Ableitungsphilosophie und die Ergebnisse über die Ableitung einer ökotoxikologisch begründeten Vorsorgekonzentration für den organischen Schadstoff Benzo(a)pyren in sorptionsschwachen Sandböden. Die Vorsorgekonzentration basiert auf toxikologischen und ökotoxikologischen Basisdaten, die im Berliner BMBF-Verbundprojekt „Bodenökologische Untersuchungen zu Wirkungen und Verteilungen von organischen Stoffgruppen (PAK, PCB) in ballungsraumtypischen Ökosystemen" (1993-1997) in ehemaligen Rieselfeldern von Berlin und Brandenburg erhoben wurden.

Die Berechnung der Vorsorgekonzentration erfolgt mit Hilfe der Extrapolationsmethoden FAME (Factorial Application Method) und DIBAEX (Distribution-Based-Extrapolation). Die DIBAEX-Methode ist u.E. zur Zeit die beste Ableitungsform für Vorsorgewerte und wird ebenfalls auch in anderen europäischen Ländern (Niederlande, Dänemark) für die Ableitung von Vorsorgewerte im Bodenschutz eingesetzt. Aus No-Observed-Effect-Concentration- (NOEC-) Daten des Verbundprojektes, werden beispielhaft die Vorsorgewerte (sogen. hazardous concentrations) für Benzo(a)pyren abgeleitet, oberhalb derer sensible Bodenorgansimenarten und Bodenprozesse mit einem statistisch festgelegten Sicherheitsmaß nicht völlig geschützt werden können.

43.1 Einführung

Böden sind das Ergebnis einer jahrhunderte- bis jahrtausendelangen Entwicklung, an der sowohl geogene als auch biogene Prozesse beteiligt sind. Sie erfüllen als Lebensgrundlage und Lebensraum für Menschen, Tiere, Pflanzen und Bodenorganismen viele natürliche Funktionen. Als wichtiger Bestandteil des Naturhaushalts dienen sie beispielsweise als Puffer im Wasser- und Stoffkreislauf und sind wichtiger Schadstoffilter für das Grundwasser.

Die Belastungen der Böden sind heute so vielfältig wie nie zuvor in der Geschichte der Menschheit. Zunehmende Überbauung, Versiegelung und Verdichtung, der übermäßige Eintrag von Nährstoffen bzw. Schadstoffen beeinträchtigen die Funktionen des Bodens. Negative Veränderungen der physikalischen, chemischen und biologischen Bodeneigenschaften sind die Folge. Damit ist die nachhaltige Nutzung des Bodens in Gefahr und bedarf staatlicher Bodenschutzmaßnahmen.

Mit dem Bundes-Bodenschutzgesetz vom März 1998 (Deutscher Bundestag 1998) wird nach der Luft und den Gewässern jetzt auch der Boden besonderem bundesrechtlichen Schutz unterstellt.

Das neue Gesetz legt bundesweit einheitliche Anforderungen für einen wirksamen Schutz des Bodens fest. Ziel des Gesetzes ist es, die Leistungsfähigkeit des Bodens nachhaltig zu erhalten oder wiederherzustellen. Grundpflichten stellen sicher, daß die Bodenfunktionen langfristig erhalten und für künftige Nutzungen gesichert werden. So ist die ökologische Leistungsfähigkeit des Bodens durch bestimmte Vorsorgemaßnahmen zu erhalten. Vorsorgemaßnahmen sind beispielsweise gegen den Eintrag von Schadstoffen, die über die Luft in den Boden gelangen, zu treffen. Die Grenzen der Schadstoffbelastbarkeit unserer Böden ist schon heute in vielen Regionen Deutschlands vielfach überschritten (Umweltbundesamt 1998). Schädliche Bodenveränderungen wie Schadstoffanreicherung und Bodenversauerung sind die Folge. Dadurch wird zwangsläufig auch das Ökosystem geschädigt. Dafür gibt es bereits viele Beispiele: Waldsterben infolge Sauren Regens und Stickstoffdeposition, Schädigung von Bodenorganismen und die durch sie getragenen Prozesse, vermehrter Eintrag von Stoffen in Grund- und Oberflächengewässer (Kratz 1997a).

Deshalb müssen Stoffeinträge in diese Umweltmedien auf ein unbedenkliches Maß reduziert werden. Auf der Grundlage des Bundes-Bodenschutzgesetzes werden in der Bodenschutzverordnung Vorsorgewerte für Böden festgelegt, die die Grenzen der Belastbarkeit darstellen. Vorsorgewerte sollen mithelfen, die Multifunktionalität der Böden langfristig sicherzustellen.

Vorsorgender Bodenschutz aus Sicht der Bodenbiologie ist dann sichergestellt, wenn allgemein bekannte ökotoxikologische Wirkungsschwellen nicht überschritten werden, bei gegebenen Schadstoffkonzentrationen keine Anhaltspunkte für schädliche Auswirkungen auf Bodenorganismen und die durch sie getragenen Prozesse vorliegen.

In diesem Beitrag sollen, ausgehend von den zahlreichen, im Berliner BMBF-Verbundprojekt (auf Rieselfeldern) „Bodenökologische Untersuchungen zur Wirkung und Verteilung von organischen Stoffgruppen (PAK, PCB) in ballungsraumtypischen Ökosystemen" (1993-1997) (GSF 1998) experimentell ermittelten Wirkschwellen, die Gefahren einer Bodenbelastung mit Benzo(a)pyren abgeschätzt und chemische, ökotoxikologisch begründete Vorsorgewerte abgeleitet werden. Die Darlegungen haben beispielhaften Charakter und sollen dem Leser die Möglichkeit geben, das Prinzip der derzeit am meisten angewandten Ableitungsphilosophie, für Vorsorgewerte im Bodenschutz nachzuvollziehen.

Für die umweltpolitische Setzung von Leitbildern sind entsprechende Umweltqualitätsziele bzw. für deren Operationalisierung Umweltstandards notwendig (SRU 1996). Weltweit existieren zahlreiche Bewertungsansätze von chemischen Bodenbelastungen, die zur Beurteilung möglicher Gefahren für Mensch und Umwelt herangezogen werden können. Diese Bewertungsansätze, meist in Grenzwertlisten zusammengestellt, sind z.Z. meist für humantoxikologische Risikobetrachtungen von Bodenbelastungen ausgeführt. Neben den verschiedenen Bezeichnungen für tolerierbare Konzentrationen (z.B. Prüfwerte, Richtwerte, target values, assessment criteria, soil quality criteria) und den sich daraus ergebenden abweichenden Handlungsanweisungen unterscheiden sich die vorgeschlagenen Werte oft um Größenordnungen. Generell kann jedoch gesagt werden, daß aufgrund fehlender ökotoxikologischer Basisdaten für organische Schadstoffe bisher meist nur das von der US-EPA (1984) entwickelte Verfahren verwendet wird, das sich bestimmter Sicherheitsfaktoren (10, 100, 1000) in Anlehnung an die Datendichte bedient.

Ein erster Ansatz der Vereinheitlichung von sogenannten Prüfwerten auf dem Gebiet des Bodenschutzes wurde für die Bundesrepublik Deutschland von Bachmann et al. (1997) für das untergesetzliche Regelwerk zum Bundesbodenschutzgesetz vorgelegt. Als Grundlage für die Ableitung der Prüfwerte wurden Daten getrennt für die Wirkungspfade Boden-Mensch, Boden-Grundwasser und Boden-Pflanze betrachtet, wobei humantoxikologische Daten zur Quantifizierung menschlicher Exposition im Vordergrund standen. Hierbei wurde durch die Arbeitsgemeinschaft der leitenden Medizinalbeamtinnen und -beamten der Länder eine Ableitung auf der Basis des „unit risks" vorgenommen, die eine statistische Wahrscheinlichkeit von 1 Krebstoten auf 100.000 Einwohner als Grenze setzt. Eine stärkere Einbeziehung ökotoxikologischer Daten zur Abschätzung von Vorsorgewerten für verschiedene Ökosystemelemente wurde z.B. in den Arbeiten von Wagner und Løkke (1991), Van Straalen und Denneman (1989) und Eijsackers und Løkke (1996) angeregt. Besonderes Augenmerk wurde in diesen Ansätzen auf die Variabilität zwischen verschiedenen Arten hinsichtlich ihrer Empfindlichkeit gegenüber Schadstoffen gerichtet (hier unterscheidet sich prinzipiell der theoretische Bewertungsansatz von Human- und Ökotoxikologie) und auf die Bedeutung einer ökologischen Gefahrenabschätzung für die Erhaltung aller Lebensraumfunktionen eines Ökosystems.

43.2 Ökotoxikologische Extrapolationsmethoden

Die Abschätzung von tolerierbaren Vorsorgewerten für einzelne Schadstoffe kann unter Verwendung verschiedener Rechenmethoden (sogenannte Extrapolationsmethoden) vorgenommen werden. Liegen als Grundlage nur wenige Wirkkonzentrationen vor, die Auskunft über die Empfindlichkeit weniger Bodenorganismenarten liefern und/oder ausschließlich aus akuten Labortests ermittelt wurden, kann nur eine Extrapolation unter Verwendung von Sicherheitsfaktoren durchgeführt werden.

Eine anwendbare Methode ist in diesem Falle die FAME-Methode (Factorial Application Method, CSTE 1994), in der die niedrigste verfügbare Wirkkonzentration (Lethal- oder Effect-Concentration für einen bestimmten Anteil x der getesteten Population, LC(x) oder EC(x)) oder die niedrigste Konzentration, bei der kein Effekt sicher nachgewiesen werden konnte (No-Observed-Effect-Concentration, NOEC), durch einen Sicherheitsfaktor zwischen 10 und 1000 geteilt wird (s. Tab. 43-1). Diese Methode wurde aus der aquatischen Ökotoxikologie entnommen, wo sogenannte ‚water quality objectives' gesetzt werden.

Die Methoden, die von Van Straalen und Denneman (1989) und von Wagner und Løkke (1991) vorgeschlagen wurden, basieren dagegen auf Verteilungsmodellen der Empfindlichkeiten getesteter Bodenorganismen gegenüber einer Chemikalie. Es wird angenommen, daß LC_{50}- oder NOEC-Werte für einzelne getestete Arten und für alle Arten in einer Gemeinschaft unabhängige Variablen mit einer log-logistischen oder lognormalen Verteilung sind. Ausgehend von dieser Annahme ist es möglich, eine Vorsorgekonzentration zu bestimmen, die für einen bestimmten Anteil von Arten einer Gemeinschaft (p, z.B. = 95 %) oberhalb der NOEC liegt. In der niederländischen und dänischen Bodenschutznomenklatur wird dieser Wert auch als „maximal permissible concentration" aufgeführt.

Wagner und Løkke (1991) empfehlen eine Extrapolationsmethode aus NOEC-Daten, die eine Gefahrenkonzentration (hazardous concentration Kp, s. Gleichung 1) liefert, oberhalb der die gegenüber der Chemikalie sensibel reagierenden Arten nicht mehr mit einer statistischen Sicherheit δ geschützt werden können (δ wird normalerweise zwischen 90 % und 99 % festgelegt).

Gleichung 1:

$$Kp = \exp(Xm) / \exp(Sm * k)$$

mit:

m = die Anzahl der Toxizitätsdaten
Xm = der Mittelwert von m ln(NOECs)
Sm = die Standardabweichung von m ln(NOECs)
k = ein Toleranzfaktor für die Normalverteilung, abhängig vom Schutzniveau p und der gewählten Sicherheit δ.

Basierend auf der Gefahrenkonzentration Kp entwickelten Wagner und Løkke (1991) die DIBAEX-Methode (Distribution-Based-Extrapolation) zur Gefahrenabschätzung. Die mit dem

Tab. 43-1: Anwendung der FAME-Methode (Factorial Application Method) bei unterschiedlicher Qualität vorhandener ökotoxikologischer Daten für eine Chemikalie: die gewählten LC-, EC- oder NOEC-Werte werden durch einen Sicherheitsfaktor geteilt (modifiziert nach CSTE 1994)

Datengrundlage	Sicherheitsfaktor
Wenn wenige Daten zur Verfügung stehen oder die Zahl der getesteten Organismen gering ist → die untere Grenze der akuten LC_{50}-Wertespanne geteilt durch einen Faktor von	1000
Wenn Ergebnisse von akuten Tests in ausreichender Anzahl aus unterschiedlichen taxonomischen Gruppen vorhanden sind *oder* einige wenige Daten zu chronischen Wirkschwellen vorliegen → die untere Grenze der akuten LC_{50}-Wertespanne → *oder* die niedrigste Wirkkonzentration chronischer Tests geteilt duch einen Faktor von	100
Wenn das Konzentrationsniveau, das offenbar keine beobachtbaren Effekte hervorruft (NOEL), auf einer soliden und repräsentativen Datengrundlage (verschiedenen trophischen Gruppen, etc.) steht → NOEL geteilt durch einen Faktor von	10

Tab. 43-2: Datengrundlage (toxikologische Endpunkte u. Wirkschwellen) zur Berechnung der Vorsorgekonzentrationen im Boden für Benzo(a)pyren nach der FAME- und der DIBAEX-Methode (s. Gleichung 1 und 2)

Organismus	Parameter	Testsubstrat	Exposition	Zeit	Wirkung	NOEC beobachtet mg/kg	Ln(NOEC) beobachtet	LOEC/EC mg/kg	NOEC geschätzt mg/kg	Ln(NOEC) geschätzt
Mikroorganismen	Aktuelle Nitrifikation	Ref-Boden	Freiland	12 Monate	+	10,0	2,3	100,0	33,3	3,5
Mikroorganismen	Potentielle Nutrifikation	Ref-Boden	Freiland	12 Monate	+	10,0	2,3	100,0	33,3	3,5
Mikroorganismen	Proteaseaktivität	Ref-Boden	Labor	12 Monate	–	10,0	2,3	100,0	33,3	3,5
Mikroorganismen (1)	Dehydrogenaseaktivität	Ref-Boden	Labor	14 Tage	–	5,0	1,6	10,0	3,3	1,2
Mikroorganismen (1)	Dehydrogenaseaktivität	gbB-Boden	Labor	14 Tage	–	1,0	0,0	5,0	1,7	0,5
Mikroorganismen (2)	Celluloseabbau	Ref-Boden	Labor	21 Tage	–	10,0	2,3	100,0	33,3	3,5
Bodenpilze	Besiedlungssukzession	*A. repens*-Streu	Freiland	12 Monate	+	0,4*	–1,0	3,8	1,3	0,2
Mikroorg. + Bodentiere	Abbauraten	*A. repens*-Streu	Freiland	13 Monate	+	0,4*	–1,0	3,8	1,3	0,2
Entomobrya multifasciata	Individuendichten	*A. repens*-Streu	Freiland	13 Monate	+	0,4*	–1,0	3,8	1,3	0,2
Folsomia candida	Reproduktion	Ref-Boden	Labor	28 Tage	+	0,1	–2,3	10,0	3,3	1,2
Enchytraeus crypticus (3)	Reproduktion	Lufa 2.2-Boden	Labor	28 Tage	–	10,0	2,3	100,0	33,3	3,5
Enchytraeus crypticus (3)	Kokonfertilität	Agar; BaP im Futter	Labor	10 Tage	–			2,6**	0,9	–0,2
Eisenia fetida (4)	Mortalität	Natur-Boden	Labor	28 Tage		10,0	2,3	100,0	0,3	–1,1
Eisenia fetida (4)	Reproduktion	Lufa 2.2-Boden	Labor	28 Tage	–	0,1	–2,3	1,0	0,3	–1,1
Brassica rapa	Sproßlängenwachstum	Ref-Boden	Labor	14 Tage	+	0,1	–2,3	10,0	3,3	1,2

			beobachtet	geschätzt
Mittelwert	Xm	mg/kg	0,4	1,6
Standardabweichung	Sm		2,0	1,6
Anzahl der Beobachtungen	m		14	15
Toleranzfaktor	k		2,614	2,566
Hazardous Concentration	**Kp**	**mg/kg**	**0,01**	**0,08**

A. repens = *Agropyron repens* L.
* Streu NOEC/Boden NOEC: 10/0,38 mg/kg
** Futter LOEC/Boden LOEC: 76/2,55 mg/kg
(1) Koch und Wilke 1997
(2) Metz und Dorn 1997
(3) Achazi 1997
(4) Schaub 1995

DIBAEX-Verfahren errechneten Bodenqualitätskriterien (Kp-Werte) sind stets unter Einbeziehung aller verfügbaren Informationen über die Chemikalie (z.B. Hintergrundkonzentrationen, Bioverfügbarkeit, Persistenz, Emissionswerte) durch Experten zu begutachten und eventuell zu modifizieren (Løkke 1994).

43.3 Ergebnisse

Für die im Berliner BMBF-Verbundprojekt erarbeiteten Wirkschwellen für Benzo(a)pyren wurde die FAME-Methode (CSTE 1994) und die DIBAEX-Methode (Wagner und Løkke 1991) angewendet. Die Datengrundlage (s. Tab. 43-2) liefert eine hohe Anzahl von chronischen Wirkkonzentrationen, die alle an miteinander vergleichbaren Bodentypen gewonnen wurden.

Diese Ableitungsphilosophie unterscheidet sich stark von bisher vorgelegten Abschätzungen von Vorsorgewerten, die meist aus sehr heterogenen Substraten bzw. aus Literaturrecherchen zum ökotoxikologischen Wirkspektrum der jeweiligen Chemikalien erstellt wurden. Darüber hinaus wurden viele der Tests im Berliner Verbundprojekt unter Freilandbedingungen durchgeführt, so daß die ökologische Relevanz der Ergebnisse für diesen Standort- bzw. Bodentyp gesichert ist. Wirkschwellen aus im Berliner Verbundprojekt durchgeführten Kombinationsversuchen mit Schwermetallen werden in dieser Darstellung nicht berücksichtigt, sollen aber an anderer Stelle später dargelegt werden. Die Vielfalt der berücksichtigten ökosystemaren Parameter und der damit verbundene beträchtliche Untersuchungsaufwand haben allerdings oft eine Prüfung von engen Konzentrationsabstufungen nicht zugelassen. Es muß darauf hingewiesen werden, daß die Qualität von festgelegten NOEC-Werten in einem Versuch immer von der Anzahl der getesteten Schadstoffkonzentrationen abhängt. Andererseits wurden für die Berechnungen der Vorsorgekonzentrationen nur NOEC-Daten aus Versuchen mit Boden oder Streu als Testsubstrat berücksichtigt, so daß aufwendige Extrapolationen aus aquatischen Testergebnissen, wie sie bei mangelnder Datengrundlage oft durchgeführt wurden, nicht erforderlich sind. Ergebnisse aus Testsystemen mit Agar-Agar als Substrat wurden nicht einbezogen.

Um einer möglichen Fehleinschätzung der NOEC-Werte, die aus wenigen getesteten Konzentrationen gewonnen wurden, Rechnung zu tragen, wurden zusätzlich die beobachteten $L[E]C_{(x)}$-Werte berücksichtigt (Lethal- o. Effect-Concentration), um – gemäß einer von der US-EPA (1984) vorgeschlagenen Methode – eine theoretische NOEC abzuschätzen. Diese Methode sieht vor, bei chronischen EC-Effekten einen Faktor von 3 und bei akuten LC-Effekten einen Faktor von 10 anzuwenden.

Bei lipophilen organischen Chemikalien wie Benzo(a)pyren, die stark an die organische Substanz im Boden adsorbieren, kann für Bodenorganismen der Belastungspfad über die Nahrung sehr bedeutend sein (Belfroid 1994). Deswegen wurden die Ergebnisse aus Versuchen mit belasteter Streu oder belastetem Futter berücksichtigt, nachdem die Daten auf Bodenkonzentrationen extrapoliert wurden (Løkke et al. 1994, Jensen und Folker-Hansen 1995). Die Formel berücksichtigt den Anteil an organischem Kohlenstoff (C_{org}) in der organischen Matrix und im Boden.

Gleichung 2:

$$EC_{Boden} = Ec_{org.\ Matrix} * (C_{org_{Boden}} / C_{org_{org.\ Matrix}})$$

Aus der Datengrundlage in Tabelle 43-2 wurden folgende Vorsorgekonzentrationen für Benzo(a)pyren abgeleitet:

Nach der FAME-Methode 0,01 mg/kg BaP, basierend auf den niedrigsten chronischen NOEC-Werten und einem Sicherheitsfaktor von 10.

Nach der DIBAEX-Methode 0,01 mg/kg BaP basierend auf den beobachteten NOEC-Werten, 0,08 mg/kg BaP basierend auf den extrapolierten NOEC-Werten aus den beobachteten LOEC/EC-Werten.

Die berechneten Vorsorgekonzentrationen für Benzo(a)pyren nach der FAME- und DIBAEX-Methoden sind identisch. Dies wurde bisher bei der Anwendung beider Methoden im Vergleich selten beobachtet (Jensen und Folker-Hansen 1995), da die durch die FAME-Methode ermittelten Vorsorgekonzentrationen für eine Chemikalie in der Regel niedriger sind.

Durch die in den Versuchen häufig getroffene Wahl logarithmischer Konzentrationsabstufungen – ausgehend von der aktuellen Durchschnittsbelastung Berliner Stadt- und Rieselfeldböden – liegt die Vorsorgekonzentration für Benzo(a)pyren (errechnet mit der faktoriellen Methode aus den niedrigsten NOEC-Werten und einem Faktor von 10) bei einem Zehntel der gemessenen Konzentration im Freiland.

Die ebenfalls niedrigen Kp-Werte sind unserer Meinung nach rechnerisch auf das Fehlen höherer Testkonzentrationen in vielen Versuchen zurückzuführen, in denen keine Wirkschwellen beobachtet oder Wirkungen, die bei 100 mg BaP/kg Boden auftraten, nicht signifikant abgesichert werden konnten. Andererseits sind die Ergebnisse aus Freilandversuchen mit Testkonzentrationen von über 100 mg BaP/kg Boden, die auf die Ermittlung chronischer Wirkungen hin angelegt wurden, für die Böden Deutschlands i.a. nicht repräsentativ.

Die niedrigsten NOEC-Werten für Benzo(a)pyren (0,1 mg/kg) wurden in Reproduktionsversuchen mit Bodeninvertebraten ermittelt, die zu den am häufigsten in Testbatterien eingesetzten Bodentierarten gehören (*Folsomia candida* – Collembola – Insekta und *Eisenia f. fetida* – Lumbricidae – Annelida).

Im Gegensatz zu den nach ISO und OECD standardisierten Testbedingungen wurden im Berliner BMBF-Verbundprojekt für den Berliner Raum kennzeichnende sandige Böden benutzt (Lufa 2.2 und der Rieselfeldboden Ref-Boden, u.a. charakterisiert durch: Corg.= 1,66 %, KAK_{eff} = 56,7, pH-$Wert_{0,01m\ CaCl2}$ = 5,33, Sandanteil: 92,6 %), so daß die Bioverfügbarkeit der organischen Schadstoffe höher ist als in dem in Standardtestverfahren eingesetzten Artificial Soil, dessen Hauptkomponenten Torf und Kaolin sind (Kratz 1997b).

Die höhere Kp-Konzentration für Benzo(a)pyren von 0,08 mg/kg, die sich gemäß der US EPA-Methode aus den geschätzten NOEC-Werten ergibt (s. Tab. 43-2, Spalte 6), hat die gleiche Größenordnung wie die beobachteten NOECs für Bodeninvertebraten (s. Tab. 43-2, Spalte 4). Im Hinblick auf eine Ableitung von Vorsorgewerten, die aus ökologischer Sicht eine nachhaltige Sicherung der Bodenfunktionen gewährleisten sollen, scheint uns dieser Wert jedoch zu hoch.

Auf der Grundlage der mit der FAME- und der DIBAEX-Methode errechneten Werte schlagen wir deshalb eine **Vorsorgekonzentration** für **Benzo(a)pyren** von **0,01 mg BaP/kg TS Boden** vor.

Unter der Annahme, daß mit dem Schutz der Bodenorganismenarten in einem Ökosystem auch dessen Funktionsgefüge im Boden geschützt wird, soll die vorgeschlagene Vorsorgekonzentration als ökologische Sicherheitskonzentration verstanden werden, unterhalb der keine irreversiblen Effekte auf Bodenorganismen und -funktionen zu erwarten sind.

Zum Vergleich der hier errechneten Werten sind in Tabelle 43-3 einige Angaben zur Benzo(a)pyren-Gefahrenabschätzung aus deutschen und internationalen Bodenstandardlisten aufgeführt.

43.4 Diskussion und Ausblick

Der mit den Extrapolationsmethoden ermittelte Bodenvorsorgewert für Benzo(a)pyren sollte als **ein** bodenbiologisches Bewertungsinstrument

Tab. 43-3: Angaben aus Bodenstandardlisten zur Gefahrenabschätzung von (nach [1]Bachmann et al. 1997, [2]Jensen und Folker-Hansen 1995, [3]Visser 1993, [4]VROM 1994).

Land	Wertebezeichung	BaP-Konzentration
Deutschland[1]	Vorsorgewert Humus Gehalt > 8 % Humus Gehalt < 8 % Prüfwert Park- und Freizeitgebiete	 1,00 mg/kg 0,30 mg/kg 10,00 mg/kg
	Prüfwert Wohngebiete	4,00 mg/kg
	Prüfwert Kinderspielplätze	2,00 mg/kg
Dänemark[2]	soil quality criterion	0,10 mg/kg
Kanada[3]	assessment and remediation criterion	0,10 mg/kg
Holland[4]	target value	0,02 mg/kg

für Schadstoffe in Böden neben anderen (z.B. Betrachtung der Belastungspfade für die Schutzgüter Boden-Mensch, Boden-Pflanze, Boden-Grundwasser) Instrumentarien bei der Gefahrenabschätzung von belasteten Böden zukünftig eingesetzt werden. Der abgeleitete Vorsorgewert gilt strenggenommen auch nur für Böden mit ähnlichen physiko-chemischen Parametern. Der Bodenvorsorgewert für Benzo(a)pyren gibt selbstverständlich keine Vorgaben wieder für andere Schutzgutbetrachtungen. Der ermittelte Bodenvorsorgewert sollte auch nicht als „Auffüllwert" angesehen werden. Weitere ökosystemare Schadstoffeinträge sollten zukünftig möglichst vermieden bzw. stark reduziert werden. Auch ist die Folgerung unzulässig, daß den Vorsorgewert überschreitende Bodenbelastungen zwangsläufig auch auf höheren ökosystemaren Ebenen zu entsprechenden Effekten führt.

Die vorgeschlagenen Extrapolationsmethoden werden derzeit vor allem vor dem Hintergrund, daß nicht 100 % der Arten der Biozönose durch diese Verfahren geschützt werden, diskutiert. Durch das Zugeständnis, möglicherweise 5 % der Arten bei gegebenen Bodenbelastungen zu verlieren, setzt man sich der Gefahr aus, daß unter den 5 % hochsensiblen Bodenorganismenarten für das Wirkungsgefüge des Ökosystems bedeutsame Arten sind, die dann ihrer Funktion nicht mehr nachkommen können (Kratz 1997b). Andererseits sind Bodenorganismen auch in anthropogen unbelasteten Ökosystemen vielfältigen, natürlichen Streßfaktoren, wie z.B. Klimaereignissen ausgesetzt. Die daraus resultierende Dynamik der Bodenorganismenarten führt auch hier zu mehr oder weniger reversiblen Verschiebungen des Artengefüges an einem Standort und in dem entsprechenden Bodenkörper.

Zukünftig sind zur Ausführung des untergesetzlichen Regelwerks des Bundesbodenschutzgesetzes von der Bodenbiologie Vorsorgewerte zu weiteren boden- bzw. altlastenrelevanten Stoffen für einen Fächer von Standorttypen und Bodenvarianten abzuleiten.

Literatur

Achazi, R. (1997): Einfluß von anthropogenen Schadstoffen (PAK und PCB) auf terrestrische Invertebraten urbaner Ökosysteme. Abschlußbericht BMBF-Verbundprojekt, Förderkennzeichen 07 OTX 08 D/2. Berlin

Bachmann, G., Bertges, W.D., König, W. (1997): Ableitung bundeseinheitlicher Prüfwerte zur Gefahrenbeurteilung von kontaminierten Böden und Altlasten. Altlasten Spectrum 2/97: 74-79

Belfroid, A. (1994): Uptake of hydrophobic halogenated aromatic hydrocarbons from food by earthworms (*Eisenia andrei*). Arch. Environ. Contam. Toxicol. 27: 260-265

CSTE (1994): EEC water quality objectives for chemicals dangerous to the aquatic environment (list 1) (= Reviews of Environmental Contamination and Toxicology 137). Springer-Verlag, Berlin, New York

Deutscher Bundestag (1998): Gesetz zum Schutz vor schädlichen Bodenveränderungen und zur Sanierung von Altlasten. Bundesgesetzblatt I, 502 ff vom 24. März 1998

Eijsackers, H., Løkke, H. (1996): Soil ecotoxicological risk assessment. Ecosystem Health 2/4: 259-270

GSF (1998): Bodenökologische Untersuchungen zur Wirkung und Verteilung von organischen Stoffgruppen (PAK, PCB) in ballungsraumtypischen Ökosystemen. Forschungsbericht des Projektträgers 1/1998, Förderkennzeichen 07 OTX 08. München

Jensen, J., Folker-Hansen, M. (1995): Soil quality criteria for selected organic compounds. Danish Environmental Protection Agency, Working report No. 47, Kopenhagen

Koch, C., Wilke, B.-M. (1997): Wirkung ausgewählter PAK und PCB auf Mikroorganismen in Rieselfeldböden. Abschlußbericht BMBF-Verbundprojekt, Förderkennzeichen 07 OTX 08 A. Berlin

Kratz, W. (1997a): Auswertung der Waldschadensforschungsergebnisse (1982-1992) zur Aufklärung komplexer Ursache-Wirkungsbeziehungen mit Hilfe systemanalytischer Methoden. E. Schmidt, Berlin

Kratz, W. (1997b): Toxizität von Pflanzenschutzmittel für Bodenorganismen. UWSF. Z. Umweltchem. Ökotoxikol. 9: 213-216

Løkke, H. (1994): Ecotoxicological extrapolation: tool or toy? In: Donker, N.M., H. Eijsackers, F. Heimbach (eds.): Ecotoxicology of soil organisms. Lewis Publishers, Boca Raton. 411-425

Løkke, H., Møller, J., Christensen, B. (1994): Terrestriske belastningstal for pesticider. Bekæmpelsesmiddelforskning fra Miljøstyrelsen Nr. 4, Miljøministeriet. Kopenhagen

Metz, R., Dorn, J. (1997): Untersuchungen zu Einzel- und Kombinationswirkungen von organischen Schadstoffen (PAK, PCB) und Schwermetallen (Cd, Cu) auf Biomasseertrag und Boden-Pflanze-Transfer beim Anbau von Rohstoff- und Energiepflanzen. Abschlußbericht BMBF-Verbundprojekt, Förderkennzeichen 07 OTX 08 B. Berlin

Schaub, K. (1995): Einfluß von PAK und heterogen belasteten Rieselfeldböden auf Lebenszyklusparameter und Biotransformationsenzyme von *Eisenia fetida* im Bodentestsystem unter Laborbedingungen. Diplomarbeit, FU Berlin

SRU (1996): (= Der Rat von Sachverständigen für Umweltfragen): Umweltgutachten 1996 zur Umsetzung einer dauerhaft-umweltgerechten Entwicklung. Metzler-Poeschel, Stuttgart

Umweltbundesamt (1998): Daten zur Umwelt. E. Schmidt, Berlin

US-EPA (1984): Estimating „concern levels" for contamination of chemical substances in the environment. Environmental Effect Branch, Health and Environmental Review Division, Environmental Protection Agency of the USA, Washington D.C.

Van Straalen, N.M., Denneman, G.A.J. (1989): Ecotoxicological evaluation of soil quality criteria. Ecotoxicol. Environ. Saf. 18: 241-251

Visser, W.J.F. (1993): Contaminated land polices in some industrialized countries. Technical Soil Protection Committee Report TCB R02. Ottawa

VROM (1994): Environmental quality objectives in the Netherlands. A review of environmental quality objectives and their policy framework in the Netherlands. Risk Assessment and Environmental Quality Division, Directorate for Chemicals, External Safety and Radiation Protection, Ministry of Housing, Spatial Planning and the Environment, Bilthoven

Wagner, C., Løkke, H. (1991): Estimation of ecotoxicological protection levels from NOEC toxicity data. Wat. Res. 25: 1237-1242

44 Entwicklung und Anwendung pflanzlicher Biotestverfahren für ökotoxikologische Sedimentuntersuchungen

U. Feiler und F. Krebs

Abstract

The assessment of the ecotoxicological potential in sediments and dredged material is based in routine applications on examinations of pore water and eluate. The standard procedure uses only algae, bacteria or crustaceans. This paper presents a novel aquatic test which uses *Lemna minor* (a small duckweed), a representative of higher plants which have not yet been used for this purpose. Following a comparison of growth of several *Lemna* strains in different culture media (Steinberg, Hoagland and Hutner), the test organism which showed the best growth was selected. With a doubling time of 1.92 days and a growth rate of 0.36, *Lemna minor* St in the Steinberg medium grew best. A test period of seven days proved to be favourable and should not be exceeded. A comparison of sensitivity between the aquatic *Lemna*-test and the algal test shows that in test preparations with 2,4-dichlorophenoxyacetic acid or dichlobenil the higher plant responds more sensitively (factor 10 or 100, resp.), while sensitivities are comparable in potassium dichromate and glyphosat. The observed differences in sensitivity suggest that it would be reasonable to include a bioassay with higher plants in the test battery.

Parallel to the aquatic *Lemna*-test, sediment contact tests were developed with *Lemna minor, Myriophyllum brasiliense* and *Oryza sativa*. The aquatic *Lemna*-test and the sediment contact tests were put on trial during investigations of river sediments from the Moselle and the Saar. The results of the sediment contact tests were compared among themselves and with the results of the aquatic *Lemna*-test and the algal test to gain information about the sensitivity of the different macrophytes. The aquatic tests revealed distinct differences between the *Lemna*-test and the algal test. This means that the algal test was unable to detect all contaminants that are detrimental to higher plants. The comparison of sediment contact tests among themselves showed higher sensitivity of *Lemna minor* and *Myriophyllum brasiliense* than *Oryza sativa*. Furthermore, the aquatic *Lemna*-test usually proved to be more sensitive than the sediment contact tests. The summary of results suggests that an extension of the standard test battery by a macrophyte bioassay, both as an aquatic test and a sediment contact test, will ultimately be necessary.

Zusammenfassung

Die Abschätzung des ökotoxikologischen Potentials von Sedimenten und Baggergut beruht im Routinefall auf Untersuchungen im Porenwasser und im Eluat. Im Standardprüfverfahren werden DIN-Teste mit Algen, Bakterien und Kleinkrebsen eingesetzt. In dieser Arbeit wird ein neuer aquatischer Test mit *Lemna minor* (aquatischer Lemnatest) als Vertreter der bisher nicht eingesetzten höheren Pflanzen vorgestellt. Aufgrund des Wachstumsvergleichs verschiedener *Lemna*-Stämme in unterschiedlichen Nährmedien (Steinberg-, Hoagland- und Hutner-Medium), wurde der Testorganismus mit dem höchsten Wachstumserfolg ausgewählt. Mit einer Verdopplungszeit von 1,92 d und einer Wachstumsrate von 0,36 wuchs *Lemna minor* St in Steinberg-Medium am besten. Eine Versuchsdauer von 7 Tagen erwies sich als günstig und sollte nicht überschritten werden. Ein Sensitivitätsvergleich des aquatischen Lemnatests mit dem Algentest zeigt, daß in Testansätzen mit 2,4-Dichlorphenoxyessigsäure oder Dichlobenil die höhere Pflanze sensibler reagiert (Faktor 10 bzw. 100), während Kaliumdichromat und Glyphosat vergleichbare Empfindlichkeiten zeigen. Die erhaltenen Sensitivitätsunterschiede lassen es sinnvoll erscheinen, einen Makrophytentest in die Palette der Bioteste mit aufzunehmen.

Parallel zu dem aquatischen Lemnatest wurden Sedimentkontaktteste mit *Lemna minor, Myriophyllum brasiliense* und *Oryza sativa* entwickelt. Die Erprobung des aquatischen Lemnatestes und der Sedimentkontaktteste erfolgte bei der Untersuchung von Gewässersedimenten aus Mosel und Saar. Die Ergebnisse der Sedimentkontaktteste wurden untereinander und mit den aquatischen Lemna- und Algentesten verglichen, um Aussagen über Empfindlichkeiten der verschiedenen eingesetzten Makrophyten zu erhalten. Die Ergebnisse der aquatischen Teste lieferten deutliche Unterschiede zwischen Lemna- und Algentest. Dies bedeutet, daß mit dem Algentest nicht alle Pflanzenschadstoffe erfaßt werden konnten. Der Vergleich der Sedimentkontaktteste untereinander zeigt, daß *Lemna minor* und *Myriophyllum brasiliense* empfindlicher reagierten als *Oryza sativa*. Weiterhin erwies sich der aquatische Lemnatest im Vergleich zu den Sedimentkontakttesten meist als sensibler. Die Gesamtheit der Ergebnisse deutet darauf hin, daß eine Erweiterung der Standardtestpalette um Makrophytenteste, sowohl aquatische als auch Sedimentkontaktteste, letztlich notwendig ist.

44.1 Einleitung

Eine Abschätzung des ökotoxikologischen Potentials von Sedimenten und Baggergut erfolgt einerseits durch die Untersuchung von Porenwasser und Eluat mittels aquatischer Bioteste, andererseits durch die Untersuchung von Originalsedimenten mit Hilfe von Sedimentkontakttesten. Der Porenwasseransatz soll die dynamische Gleichgewichtssituation zwischen ruhendem Sediment und angrenzender Wasserphase widerspiegeln. Im Elutionsansatz wird der Übergang von Schadstoffen von der Feststoffphase in die Wasserphase unter aeroben Bedingungen nachgeahmt.

Als aquatische Bioteste werden in der Regel der Algentest nach DIN 38412-Teil 33, der Daphnientest nach DIN 38412-Teil 30 und der Leuchtbakterientest nach DIN 38412-Teil 34 eingesetzt. Festphasenteste (Bakterienkontakttest, Nematoden- und Chironomidentest) stehen in der Erprobung.

Die Aufnahme eines höheren Pflanzentests in eine Testpalette, in der bereits ein Algentest enthalten ist, wird seit längerem diskutiert und gefordert (z.B. DIN-Arbeitskreis „Bioteste"). Mit Hilfe eines solchen Testes sollen von Algen nicht detektierbare Pflanzenschadstoffe erfaßt werden. Eine Ergänzung in der Wirkungserfassung zwischen Mikroorganismen und Algen einerseits und den zoologischen Testverfahren andererseits wäre damit möglich.

Wasserlinsen (Lemnaceen), sind für einen Makrophytentest gut geeignet. Sie sind weltweit verbreitet und unproblematisch im Labor sowohl auto- und mixotroph zu kultivieren. Dabei ist nur ein geringer Platzbedarf notwendig. Sie vermehren sich vegetativ innerhalb kurzer Zeit (Verdopplungszeit 1-2 Tage). Ein großer Vorteil eines Lemnatestes gegenüber des Algentestes ist die Prüfmöglichkeit von trüben oder gefärbten Lösungen. Außerdem sind Lemnaceen sehr pH-tolerant, das heißt, sie können in einem breiten pH-Bereich (3,5-10,0) eingesetzt werden. Dies ist immer dann wichtig, wenn eine vom pH-Wert abhängige Toxizität untersucht werden soll (zur Übersicht s. Fomin et al. 1997, Wang 1990).

Weitere Pflanzen, die als potentielle Testorganismen diskutiert werden, sind *Myriophyllum brasiliense* (Tausendblatt), *Lepidium sativum* (Kresse) und *Oryza sativa* (Reis). *Myriophyllum* hat den Vorteil, daß es schnell wächst und eine sehr hohe vegetative Reproduktionsfähigkeit aufweist, d.h., es läßt sich sehr leicht aus einzelnen Wirteln vermehren.

Eine Vorschrift für einen aquatischen Makrophyten-Biotest mit *Lemna minor* (Kleine Wasserlinse) wurde entwickelt. In Chemikalientesten wurde die Empfindlichkeit verglichen mit der der Alge *Scenedesmus subspicatus*. Die Testanwendung erfolgte im Rahmen der Erstellung eines Sedimentkatasters von Mosel und Saar. Gleichzeitig wurden Sedimentkontaktteste mit *Lemna minor*, *Myriophyllum brasiliense* und *Oryza sativa* entwickelt und die Gewässersedimente damit untersucht (Feiler 1999).

44.2 Entwicklung eines aquatischen Lemnatestes

Zur Erstellung eines optimierten Biotestes mit Wasserlinsen wurden einige der bisher bekannten Testvorschriften (OECD 1997, AFNOR 1996, ASTM 1991, Everiss 1979) miteinander verglichen. Belichtung und Temperatur stimmten meist überein und wurden übernommen. Testorganismen, Medienzusammensetzung und Testdauer variierten und wurden folglich getestet.

Verglichen wurde das Wachstum von *Lemna gibba* G3 und *Lemna minor* (Kulturen aus Berlin, den Niederlanden und Stamm St) in M-Hoagland-Medium (ASTM 1991), 1/5-Hutner-Medium (Landolt und Kandeler 1987) und Steinberg-Medium (zitiert in Evriss 1979).

44.2.1 Wachstumsvergleich

Das Steinberg-Medium erwies sich als das Medium mit dem höchsten Wachstumserfolg bei allen untersuchten Stämmen (Abb. 44-1). Eine Abnahme der Wachstumsrate trat nach 8-10 Tagen auf. Dies war bedingt durch entstandenen Nährstoffmangel, Platzkonkurrenz, pH-Verschiebung etc.. Die Versuchsdauer wurde daher auf 7 Tage festgelegt.

Aus den Verdopplungszeiten und Wachstumsraten ergibt sich ein leichter Vorteil für *Lemna minor* St (Tab. 44-1).

44.2.2 Testvorschrift

Anhand dieser Ergebnisse und der vorhandenen Literaturdaten wurde folgende Versuchsanleitung für den aquatischen Lemnatest entwickelt:

Testprinzip:

Lemna-Pflanzen wachsen auf den zu untersuchenden Flüssigkeiten über einen Zeitraum von

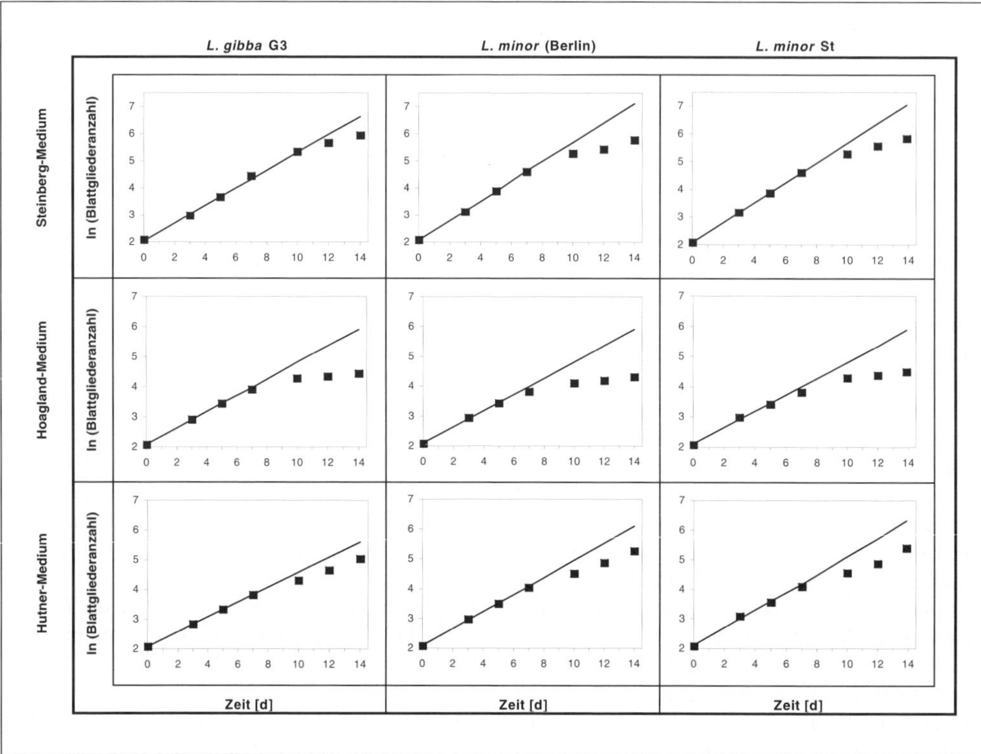

Abb. 44-1: Wachstumsvergleich der *Lemna*-Stämme: *L. gibba* G3, *L. minor* aus Berlin und *L. minor* St in 3 Kulturmedien: Steinberg-Medium, Hoagland-Medium und Hutner-Medium. Die Symbole entsprechen den Meßwerten [ln (Anzahl der Blattglieder)], die eingezeichneten Regressionsgeraden beziehen sich auf die ersten 4 Meßpunkte.

Tab. 44-1: Vergleich der Verdopplungszeiten und Wachstumsraten der untersuchten Lemnaceen in 3 verschiedenen Nährmedien

Stamm	Verdopplungszeit t_d [d]			Wachstumsrate μ		
	Steinberg	Hoagland	Hutner	Steinberg	Hoagland	Hutner
Lemna gibba G3	2,10	2,5	2,8	0,33	0,28	0,25
Lemna minor (Berlin)	1,98	2,5	2,4	0,35	0,27	0,28
Lemna minor St	1,92	2,6	2,3	0,36	0,26	0,30
Lemna minor (Holland)	2,31	2,9	2,8	0,30	0,24	0,24

7 Tagen. Schadstoffbedingte Änderungen des *Lemna*-Wachstums werden durch Unterschiede in der Anzahl der Blattglieder, dem Chloropyllgehalt und dem Frischgewicht im Vergleich zu den Kontrollwerten ermittelt. Bestimmt werden die prozentuale Wachstumsänderung, der pT-Wert (s. Legende zu Tab. 44-3) und bei Chemikalientesten der EC 50- Wert.

Versuchsanleitung:
Testorganismus ist *Lemna minor* St. Als Stammkultur wird *Lemna minor* auf einem halbfesten Kulturmedium nach Jungnickel (1986) steril gezogen. Zur Vorkultur wird *Lemna minor* auf Flüssigmedium nach Steinberg überimpft. Das Steinberg-Medium dient auch als Testmedium. Bei Sedimentuntersuchungen wird auf EDTA

verzichtet. Die Testdauer beträgt 7 Tage bei einer Temperatur von 25 ± 1°C und einer Belichtung von 4500 ± 500 Lux im Licht/Dunkel-Rhythmus von 16/8 Stunden. Als Testgefäße werden Glasgefäße (80 ml) mit Deckel verwendet. Das Testvolumen beträgt 50 ml. 8 möglichst gleichartige *Lemna*-Blattglieder werden als Inokulum eingesetzt. Auswertekriterien sind die Anzahl der Blattglieder, der Chlorophyllgehalt, das Frischgewicht und die Beschreibung der Pflanzen. Die Versuche werden in (2-)4 Parallansätzen mit (2-)4 Kontrollen in Steinberg-Medium mit und ohne EDTA durchgeführt. Gültigkeitskriterium: es sollte mindestens eine Versiebenfachung in den Kontrollansätzen mit normalem Steinberg-Medium erreicht werden. Bei Wachstum auf dunklem Grund – zur Simulation eines dunklen Sedimentuntergrundes bei Vergleichsuntersuchungen mit den Sedimentkontakttesten (Tab. 44-6) reichte eine Verfünffachung aus.

44.3 Ermittlung der Empfindlichkeit des aquatischen Lemnatestes

Die Testvorschrift wurde mit unterschiedlichen Chemikalien überprüft und die Testempfindlichkeit von *Lemna minor* ermittelt. Die Ergebnisse wurden mit denen aus parallel durchgeführten Algentesten (nach DIN 38412-Teil 33) verglichen. Dieses sollte dazu dienen, Informationen über das Verhalten der höheren Pflanze unter Schadstoffeinfluß zu erhalten. Gleichzeitig sollten die Sensitivitätsunterschiede zwischen Algen und höheren Pflanzen aufgezeigt werden. Für den Algen- und den Lemnatest wurden gegenüber Kaliumdichromat und Glyphosat vergleichbare Sensitivitäten ermittelt (Tab. 44-2). Die beobachtete Schwankung des EC 50- Wertes, errechnet aus dem Chlorophyll a-Gehalt beziehungsweise der Anzahl der Blattglieder (Fronds), ist möglicherweise darauf zurückzuführen, daß es bei der Auswahl des einzusetzenden Pflanzenmaterials (optisch gleich aussehende *Lemna*-Kolonien) zu Qualitätsunterschieden kommt. Der Vergleich mit den EC 50-Werten für Glyphosat von *Lemna paucicostata* (4 mg/l) und *Scenedesmus subspicatus* (5 mg/l) bei Großmann et al. (1992) bestätigte die hier beschriebenen Werte.

Tab. 44-2: Sensitivitätsvergleich von *Lemna minor* mit der Grünalge *Scenedesmus subspicatus*. Getestet wurden 1) Kaliumdichromat, 2) Atrazin, 3) 2,4-D = 2,4-Dichlorphenoxyessigsäure, 4) das Herbizid Roundup (Wirkstoff: Glyphosat) und das Herbizid Ustinex (Wirkstoff: Dichlobenil). Die Konzentrationsangaben (Nominalwerte) sind auf den Wirkstoff bezogen. Testparameter sind der Chlorophyll a-Gehalt, die Blattgliederanzahl (Fronds) und die Fluoreszenz.

Testsubstanz	EC 50 Werte (mg/l)		
	Lemna minor		*Scenedesmus subspicatus*
	Chl a	Fronds	Fluoreszenz
$K_2Cr_2O_7$[1)]	0,2 – 0,8	0,2 – 6	0,6
Atrazin[2)]	-	0,05	–
2,4-D[3)]	5	4	56
Glyphosat[4)]	7	30	5
Dichlobenil[5)]	–	0,06	5,5

Zu einer ganz anderen Beurteilung der Empfindlichkeiten führten jedoch die Versuche mit 2,4-Dichlorphenoxyessigsäure (2,4-D), einem Herbizid mit Auxinwirkung. Auxine wurde bisher in höheren Pflanzen untersucht, sie kommen aber auch in Algen und anderen Mikroorganismen vor. Auxine regulieren Genexpression und Wachstum in Zellen und Geweben. Auxinähnliche Herbizide greifen in den Auxinstoffwechsel der Pflanzen ein. Im hier beschriebenen 2,4-D-Versuch war die Pflanze um den Faktor 10 empfindlicher als die Alge. Noch markanter war dieser Unterschied für Dichlobenil, einem Zellulose-Synthese-Hemmstoff. Die Wasserlinse erwies sich um den Faktor 100 sensitiver als die Alge. Auch diese Ergebnisse wurden durch Großmann et al. (1992) bestätigt: sie erhielten bei *Lemna paucicostata* für Dichlobenil einen EC 50- Wert von 0,06 mg/l und für 2,4-D von 0,8 mg/l (vgl. Tab. 44-2). Die geringen Abweichungen lassen sich vermutlich durch die beiden verschiedenen *Lemna*-Stämme erklären.

Die Untersuchungsergebnisse mit höheren Pflanzen und Algen verdeutlichen, daß es Schadstoffkonzentrationen gibt, die auf den einen Organismus stark toxisch wirken und auf den anderen ohne Wirkung sind. Bei einer Untersuchung mit nur einem der beiden pflanzlichen Organismen würde ein derartiger Schadstoff möglicherweise nicht detektiert werden. Die erhalte-

nen Unterschiede in den EC 50- Werten machen deutlich, daß es durchaus sinnvoll oder sogar erforderlich ist, einen Pflanzentest mit in die Palette der Bioteste aufzunehmen, um dadurch ein breiteres Spektrum von Schadstoffen erfassen zu können (zum Vergleich s. Praszczyk et al., in diesem Band).
Folgende Reaktionen von *Lemna minor* auf Schadstoffe wurden beobachtet: die Ausbildung von Chlorosen und Nekrosen, eine verringerte Wachstumsrate, der Zerfall in Einzelkolonien, die Ausbildung von winzigen Tochterblattgliedern, der Verlust der Wurzeln oder das Bilden von sehr langen Wurzeln und das Auftreten von Blattgliedern mit buckeligen Formen. Alle diese Symptome sind auf Schadwirkung zurückzuführen, da sie niemals in den Kontrollen und den höheren Verdünnungsstufen zu beobachten waren.

44.4 Abschätzung des Toxizitätspotentials von Gewässersedimenten mit Pflanzentesten

Die Abschätzung des Toxizitätspotentials der biologisch verfügbaren Schadstoffkomponenten in Sedimenten erfolgt auf 3 verschiedenen Ebenen: auf der des Originalsedimentes, der des Porenwassers und der des wäßrigen Auszuges, des Eluates. Im Routinefall wird von jeder Probe das Porenwasser und ein speziell für diesen Zweck hergestelltes Eluat mit verschiedenen Biotesten (Algen, Bakterien, Daphnien) untersucht (Krebs 1992). Die biologische Wirkung sedimentgebundener Schadstoffe wird mit Hilfe von Sedimentkontakttesten erfaßt.

44.4.1 Flüssigphasenteste

Der aquatische Lemnatest wurde bei der Untersuchung von Gewässersedimenten aus Mosel und Saar eingesetzt. Ein Teil der Ergebnisse wurde mit denen aus dem Algentest (nach DIN 38412-Teil 33) verglichen (Tab. 44-3 und 44-4): Es gab sowohl Übereinstimmungen wie Unterschiede beim Vergleich der beiden Teste. Des öfteren zeigte sich der aquatische Lemnatest empfindlicher als der Algentest. Außer z.B. bei Wadgassen 2, wo der Algentest deutlich empfindlicher reagierte (Tab. 44-3). Diese Ergebnisse deuten darauf hin, daß mit einem Test – bisher dem Algentest – nicht alle Pflanzenschadstoffe erfaßt werden können.

44.4.2 Festphasenteste

Zusätzlich zum aquatischen Pflanzentest wurden Sedimentkontaktteste mit höheren Pflanzen entwickelt. Als Testorganismen wurden das Tausendblatt *Myriophyllum brasiliense*, Reis *Oryza sativa* und auch die Wasserlinse *Lemna minor* eingesetzt. Bei den Sedimentkontakttesten werden die Pflanzen direkt auf das feuchte Sediment aufgebracht. Die Wachstumszeit beträgt 14 Tage. Belichtung und Temperatur sowie Auswertekriterien sind wie im aquatischen Lemnatest. Geprüft wurde, ob diese Pflanzen Reaktionen auf schadstoffbelastete Gewässersedimente zeigen, und ob diese mit der Reaktion von *Lemna minor* im aquatischen Lemnatest übereinstimmen.
In Tabelle 44-5 ist ein Teil der Ergebnisse aus den Sedimentuntersuchungen an Mosel und Saar für die drei im Sedimentkontakttest eingesetzten Pflanzen vergleichend dargestellt. Die Ergebnisse machen deutlich, daß die eingesetzten Makrophyten durch ihr Wachstumsverhalten grundsätzlich Schadstoffe anzuzeigen vermögen. Die Beispiele spiegeln die unterschiedlichen Sensitivitäten der eingesetzten Pflanzen wider. Auffallend ist, daß *Lemna minor* und *Myriopyllum brasiliense* sich in ihren Empfindlichkeiten anscheinend ergänzen oder sich in Extremfällen (z.B. Wadgassen 2) bestätigen, während *Oryza sativa* größtenteils unsensibler reagiert.

44.4.3 Vergleich der Sedimentkontaktteste mit dem aquatischen Lemnatest

In Tabelle 44-6 werden die Ergebnisse der 3 Sedimentkontaktteste mit denen des aquatischen Lemnatestes verglichen. Es wird deutlich, daß in den meisten Fällen der aquatische Lemnatest Schadstoffe empfindlicher anzeigte als die Sedimentkontaktteste. Ausnahmen sind die Ergebnisse von Wadgassen 1 und Fankel 2 bezogen auf den Lemnatest und Palzem 1 bezogen auf den Myriophyllumtest.

Tab. 44-3: Vergleich des aquatischen Lemnatestes (*Lemna minor*) mit dem Algentest (*Scenedesmus subspicatus*) nach DIN 38412-Teil 33. Bewertungskriterium im aquatischen Lemnatest ist die Blattgliederanzahl. W % = Wachstumsänderung in %; pT-Wert als toxikologischer Bewertungsmaßstab. Der pT-Wert (Krebs 1988) gibt an, wieviel mal eine Probe um den Faktor 2 verdünnt werden muß, damit sie nicht mehr toxisch ist. Die erste Verdünnungsstufe innerhalb einer Verdünnungsreihe, deren Hemmwert den Wert von 20 % unterschreitet, führt zum Ergebnis. Im aquatischen Lemnatest kommt es in der Regel innerhalb der Parallelansätze zu erhöhten Standardabweichungen (im Mittel ± 2,3 Blattglieder). Deshalb muß die Grenze von 20 % zur Ermittlung des pT-Wertes im Lemnatest kritisch gesehen werden. In Tabelle 44-4 werden die Grauwerte erklärt.

Gewässer	Sediment-Entnahmestelle	Sediment-probe	Aquatischer Lemnatest				Algentest			
			Porenwasser		Eluat		Porenwasser		Eluat	
			W %	pT	W %	pT	W %	pT	W %	pT
Mosel Stauhaltungen	Palzem 1	Oberfläche	2	0	–	–	27	0	–10	0
	Trier 2	Oberfläche	–84	2	–	–	17	0	17	0
	Fankel 1	Oberfläche	–74	2	–	–	–55	1	–3	0
	Fankel 2	Oberfläche	–41	1	–	–	–45	1	0	0
Saar Stauhaltungen	Lisdorf 1	Oberfläche	–12	2	–	–	–24	0	38	0
	Mettlach 1	Oberfläche	–46	4	–	–	–6	0	–12	0
	Lisdorf 2	Bohrkern	–100	3	–100	3	–61	4	–39	3
	Mettlach 2	Bohrkern	–100	4	–100	3	–96	4	–87	3
Saar Häfen/Altarme	Saarbrücken 1	Oberfläche	–51	1	–37	1	3	0	19	0
	Merzig 1	Oberfläche	–9	0	13	0	–28	2	2	0
	Wadgassen 2	Bohrkern	–94	2	–10	0	–100	6	–100	3
	Schwemlingen 2	Bohrkern	–100	3	–100	3	–43	2	–46	2

Tab. 44-4: Toxizitätsklassen bei Baggergutuntersuchungen mit aquatischen Biotesten.

höchste Verdünnungsstufe ohne Effekt	Verdünnungs-faktor	pT-Wert	Toxizitäts-klassen 7stufiges System	Toxizitätsklassen Bezeichnung	Toxizitätsklassen 4stufige Bewertung
Originalprobe	2^0	0	0	Toxizität nicht nachweisbar	0
1:2	2^{-1}	1	I	sehr gering toxisch belastet	I
1:4	2^{-2}	2	II	gering toxisch belastet	II
1:8	2^{-3}	3	III	mäßig toxisch belastet	III
1:16	2^{-4}	4	IV	erhöht toxisch belastet	IV
1:32	2^{-5}	5	V	hoch toxisch belastet	V
≤ (1:64)	$\leq 2^{-6}$	≥ 6	VI	sehr hoch toxisch belastet	VI

Tab. 44-5: Sensitivitätsvergleich von 3 Sedimentkontakttesten mit verschiedenen Makrophyten. Bewertungskriterium ist der Chlorophyll a-Gehalt [µg] als Analogwert für die Biomasse. W % gibt die prozentuale Wachstumsänderung bezogen auf das Referenzsediment von Ehrenbreitstein an. Als Grauwerte wurden gewählt:

Hemmwerte < 20 %,	Hemmwerte 20–49 %	Hemmwerte 50–74 %	Hemmwerte 75–100 %.

Gewässer	Sediment-Entnahmestelle	Sediment-probe	Sedimentkontaktteste (Chlorophyll a-Gehalt [µg])					
			Lemna minor		*Myriophyllum brasiliense*		*Oryza sativa*	
			Chl a	W %	Chl a	W %	Chl a	W %
Mosel Stauhaltungen	Palzem 1	Oberfläche	86	2	138	–60	576	–7
	Trier 2	Oberfläche	44	–48	171	–51	723	16
	Fankel 1	Oberfläche	44	–48	415	19	1046	69
	Fankel 2	Oberfläche	41	–52	337	–3	730	18
Saar Stauhaltungen	Lisdorf 1	Oberfläche	99	16	1426	55	826	–22
	Mettlach 1	Oberfläche	81	–4	1231	4	839	–21
	Lisdorf 2	Bohrkern	0,2	–100	49	–98	178	–83
	Mettlach 2	Bohrkern	0	–100	3	–96	185	–82
Saar Häfen/Altarme	Saarbrücken 1	Oberfläche	44	–49	557	–25	499	–3
	Wadgassen 1	Oberfläche	48	–45	914	23	647	25
	Wadgassen 2	Bohrkern	0	–100	0	–100	346	–33
	Schwemlingen 2	Bohrkern	83	–5	310	–60	739	43

Tab. 44-6: Sensitivitätsvergleich der 4 Makrophytenteste: 3 Sedimentkontaktteste und der aquatische Lemnatest. W% = Wachstumsänderung in %. Bewertungskriterium im aquatischen Lemnatest (aus der Porenwasseruntersuchung) ist die Blattgliederanzahl, in den Sedimentkontakttesten ist es der Chlorophyll a-Gehalt.

Hemmwerte < 20 %,	Hemmwerte 20–49 %	Hemmwerte 50–74 %	Hemmwerte 75–100 %.

Gewässer	Sediment-entnahme-stelle	Sediment-probe	Sedimentkontaktteste			Aquatischer Lemnatest (Porenwassertest)
			Lemna minor	*Myriophyllum brasiliense*	*Oryza sativa*	
			W %	W %	W %	W %
Mosel Stauhaltungen	Palzem 1	Oberfläche	2	–60	–7	2
	Trier 2	Oberfläche	–48	–51	16	–84
	Fankel 1	Oberfläche	–48	19	69	–74
	Fankel 2	Oberfläche	–52	–3	18	–41
Saar Stauhaltungen	Lisdorf 1	Oberfläche	16	55	–22	–12
	Mettlach 1	Oberfläche	–4	4	–21	–46
	Lisdorf 2	Bohrkern	–100	–98	–83	–100
	Mettlach 2	Bohrkern	–100	–96	–82	–100
Saar Häfen/Altarme	Saarbrücken 1	Oberfläche	–49	–25	–3	–51
	Wadgassen 1	Oberfläche	–45	23	25	–15
	Wadgassen 2	Bohrkern	–100	–100	–33	–94
	Schwemlingen 2	Bohrkern	–5	–60	43	–100

44.5 Schlußfolgerung

Die Gesamtheit der Ergebnisse deutet darauf hin, daß eine Erweiterung der Testpalette um Makrophytenteste, sowohl als aquatische Bioteste als auch als Sedimentkontaktteste, letztlich notwendig werden könnte.

Literatur

AFNOR (1996): Détermination de l'inhibition de croissance de *Lemna minor*, AFNOR XP T 90-337. Association Francaise de Normalisation, Paris

ASTM (1991): Standard guide for conducting static toxicity tests with *Lemna gibba* G3. ASTM E1415-91. American Society for Testing and Mateials, Washington

Everiss, E. (1979): Development of *L. minor*, an aquatic macrophyte for use in routine toxicity tests. Unilever Research Port Sunlight Laboratory, Great Britain

Feiler, U. (1999): Entwicklung und Anwendung pflanzlischer Biotestverfahren für ökotoxikologische Untersuchungen. Forschungsbericht. Bundesanstalt für Gewässerkunde, Koblenz

Fomin, A., Moser, H., Pickel, C., Arndt, U. (1997): Ökotoxikologische Untersuchungen saurer Tagebaugewässer der Bergbaufolgelandschaft Lausitz während ihrer Sanierung. In: Arndt, U., Böcker, R., Kohler, A. (eds.): Abbau von Bodenschätzen und Wiederherstellung der Landschaft. 29. Hohenheimer Umwelttagung, Günter Heimbach Verlag, Ostfildern

Großmann, K., Berghaus, R., Retzlaff, G. (1992): Heterotrophic plant cell suspension cultures for monitoring biological activity in agrochemical research. Comparison with screens using algae, germinating seeds and whole plants. Pestic. Sci. 35: 283-289

Jungnickel, F. (1986): Turion formation and behavior in *Spirodela polyrhiza* at two levels of phosphate supply. Biol. Plant. 28: 168-173

Krebs, F. (1988): Der pT-Wert. Ein gewässertoxikologischer Klassifizierungsmaßstab. GIT Fachzeitschrift für das Laboratorium 32: 293-296

Krebs, F. (1992): Über die Notwendigkeit ökotoxikologischer Untersuchungen an Sedimenten. Deutsche Gewässerkundliche Mitteilungen 36: 165-169

Landolt, E., Kandeler, R. (1987): Biosystematic investigations in the family of duckweeds (4): The family of Lemnaceae – a monographic study (2). Veröffentlichungen des Geobotanischen Institutes der ETH Zürich, Heft 95

OECD (1997): *Lemna* growth inhibition test. OECD test guideline (draft). Organisation for Economic Cooperation and Development, Paris

Wang, W. (1990): Literature review on duckweed toxicity testing. Environ. Res. 52: 7-22

45 Ökotoxikologie in vitro: Gefährdungspotential von Neckarsedimenten

H. Hollert, M. Dürr, V. Geier, L. Erdinger und T. Braunbeck

Abstract

Whilst the chemistry and hydrology of the river Neckar (Germany) sediment following mobilization during floods has often been examined, few studies have been concerned with the biological effects of sediments and suspended matters. Acute cytotoxicity of samples collected from three different sites along the Neckar river in South Germany was investigated using the fibroblast-like cell lines RTG-2, R1 and D11 from rainbow trout (*Oncorhynchus mykiss*) with the neutral red retention (NR), the MTT and the lactate dehydrogenase release assays as well as microscopic inspection as endpoints. These bioassays had formerly been validated with individual compounds, seepage waters from garbage dumps and waste waters. Genotoxicity was examined with the Ames test.

At the weir Lauffen, variations of the cytotoxicity of up to 700 % could be determined. Especially the sediments from 1960 to 1980 displayed strong cytotoxicity on the cells. Aqueous eluates from 120 to 160 mg dry sediment per mL medium caused a cell death of 50 % (=NR_{50}); in acetone extracts (soxhlet), the corresponding values were 120 to 180 mg/ml. These data indicate strong biological damage from both strongly hydrophilic (e.g., heavy metals in easily exchangeable species) and lipophilic pollutants (e.g., PAHs, PCBs).

At a recently designed fish spawning site close to Eberbach, low fish abundances and even absence of sensitive species as found during an efficiency control could be correlated with increased particle-bound cytotoxicity. In samples from this site, acetone extracts proved to be considerably more toxic ($NR_{50} > 250$ mg/ml) than the corresponding aqueous eluates (1500 mg/ml). The dominant toxic fraction could been shown to contain lipophilic, water-insoluble substances. The high cytotoxicity of the interstitial water (60 % damage of the cells after exposure to a 1:1 dilution) could be explained by temporary drying out of the habitat followed by enrichment of easily exchangeable metal species or a release of ammonia from the interstitial water. The cytotoxicity measured in the interstitial water is of particular toxicological relevance in the ecological system examined.

The extracts of sediments and settling particulate matter (SPM) extracts from Wieblingen were found to show cytotoxic effects on cells. Moreover, cytotoxicity raised significantly with increasing polarity of the extracting solvent. For the flood period, samples taken at the onset were found to contain the highest cytotoxic activity. Cytotoxicity was significantly enhanced by the addition of S9. However, without the addition of S9 mix, no genotoxic activity was found.

Zusammenfassung

Während die Kontamination der Sedimente des Neckars und ihre Remobilisierung bei Hochwasserereignissen von chemischer und hydrologischer Seite oft untersucht wurde, gibt es kaum Arbeiten über das biologisch wirksame Gefährdungspotential der Sedimente. Die akute Cytotoxizität von Sedimentproben drei verschiedener Probennahmestellen am Neckar wurde an den fibroblastenähnlichen Zellinien R1, D11 und RTG-2 aus der Regenbogenforelle (*Oncorhynchus mykiss*) mit den Endpunkten Neutralrotretention, MTT-Assay und Laktatdehydrogenase-Freisetzung sowie lichtmikroskopischer Beobachtungen untersucht. Diese Bioassays wurden bereits an zahlreichen Monosubstanzen, an Deponiesickerwässern und Abwässern validiert. Die Genotoxizität wurde mit dem Ames-Test bestimmt.

Im Bereich der Staustufe Lauffen konnten Schwankungen der Cytotoxizität von fast 700 % ermittelt werden; dabei erwiesen sich insbesondere die aus den 60er und 70er Jahren stammenden Altsedimente als stark kontaminiert. Die Cytotoxizität der wäßrigen Eluate (NR_{50}=120 bis 160 mg Sedimenttrockengewicht/mL Testansatz) und der acetonischen Extrakten (NR_{50}=120 bis 180 mg/ml) zeigte eine gute Übereinstimmung. Dieser Befund deutet darauf hin, daß in den Sedimenten sowohl von stark hydrophilen Schadstoffen (u.a. Schwermetalle in leicht austauschbaren Bindungsformen) als auch von mäßig hydrophilen und lipophilen Schadstoffen (u.a. PAH, PCB) eine starke biologische Wirksamkeit ausging.

Am Beispiel einer Flachwasserzone am Neckar bei Eberbach konnten Artenfehlbeträge und das Fehlen empfindlicher Arten bei einer Effizienzkontrolle mit einer erhöhten partikelgebundenen Cytotoxizität korreliert werden. Der acetonische Extrakt erwies sich dabei mit 250 mg/ml als 600 % toxischer als das wäßrige Eluat, so daß der überwiegende Teil der zellschädigenden Wirkung für die lipophilen, wasserunlöslichen Substanzen detektiert werden konnte. Die hohe Cytotoxizität des Porenwassers (60 % Schädigung der RTG-2-Zellen bei einer 1:1-Verdünnung) kann über temporäres Trockenfallen der Flachwasserzone mit einer Anreicherung leicht austauschbarer Metallbindungsformen oder mit einer Freisetzung von Ammonium aus dem Porenwasser erklärt werden. Zweifelsohne kommt der nachgewiesenen Cytotoxizität des Porenwassers die größte toxikologische Relevanz für das Ökosystem Flachwasserzone zu.

Die Sediment- und Schwebstoffextrakte des Wieblinger Wehres bei Heidelberg besaßen ein cytotoxisches Schädigungspotential gegenüber den Zellen. Insbesondere die Schwebstoffextrakte vom Beginn des Hochwassers wirkten stark cytotoxisch. Eine S9-Aktivierung veränderte die biologische Wirksamkeit der Extrakte signifikant. Im Ames-Test (ohne S9-Mix) konnte keine Genotoxizität festgestellt werden.

45.1 Einleitung

Während in der Vergangenheit insbesondere die gelösten Wasserinhaltsstoffe auf ihre biologische Wirksamkeit untersucht wurden, konnte in der jüngsten Zeit anhand zahlreicher Untersuchungen gezeigt werden, daß bei der Beurteilung der Belastung von Gewässern durch anthropogene Schadstoffe eine Betrachtung von gelösten Wasserinhaltsstoffen nicht ausreichend ist (Brunström et al. 1992, Engwall et al. 1996); vielmehr müssen – insbesondere im Hinblick auf eine langfristige Belastung von Organismen – die Kompartimente Sediment und Schwebstoff ebenfalls berücksichtigt werden (Burton 1991, Ahlf 1995, Burton und MacPherson 1995). Viele Schadstoffeinträge in aquatische Systeme, insbesondere Schwermetalle und bestimmte organische Schadstoffe (PCB, PAK etc.) adsorbieren an Schwebstoffe, werden mit diesen im Vorfluter transportiert und bei abnehmender Fließgeschwindigkeit im Sediment abgelagert (Brunström et al. 1992, Engwall et al. 1996). Die Sedimentation der Schwebstoffe reduziert die Toxizität des Wassers; die Schadstoffe akkumulieren jedoch im Sediment und bilden dort ein Schadstoffpotential, das unter bestimmten Umständen (z.B. während Hochwasserereignissen) wieder mobilisiert werden kann (Müller et al. 1993, Regierungspräsidium Stuttgart 1993, Kern et al. 1996, Martin et al. 1996).
Wie bei der Überwachung der Belastung mit gelösten Wasserinhaltsstoffen stellt die routinemäßige Überprüfung von partikulär gebundenen Schadstoffen aus biologischer Sicht ein erhebliches Problem dar: Chemische Analysen bleiben unbefriedigend, da sie unvollständig bleiben müssen und keine Aussagen über die biologische Wirksamkeit zulassen (Ahlf et al. 1991); biologische Wirkungsprüfungen sind dagegen oft aufwendig und langwierig (Burton 1991, Burton und Mac Pherson 1995, Ingersoll 1995), stellen aber die einzige Möglichkeit dar, eine Aussage über die biologische Wirkung zu treffen.
Eine Bewertung der Sedimentqualität kann nach Förstner et al. (1989) nur mittels standardisierten chemischen und biologischen Testverfahren erfolgen. Prokaryontische Testverfahren und Tests an Evertebraten werden inzwischen für die Bewertung von Sedimenten insbesondere im angelsächsischen Raum relativ häufig verwendet (Übersichten bei Burton 1991, Hill et al. 1993, Zimmer und Ahlf 1994, Ahlf 1995, Ingersoll 1995, Ingersoll et al. 1995); dabei handelt es sich zumeist um die klassischen Toxizitätstests Ames-, Leuchtbakterien- und Daphnientest. Für labornahe in vivo-Testverfahren an Wirbeltieren, insbesondere den Fischtest, gilt dieselbe Problematik (schlechte Reproduzierbarkeit und ethische Konflikte, Braunbeck 1995) wie bei der Bewertung von wassergelösten Schadstoffen, so daß die Untersuchung der Eignung von in vitro-Testverfahren für die Bewertung von partikelgebundenen Schadstoffen längst überfällig ist. Während eine Gesamtsediment-Exposition beim Fisch- und beim Daphnientest prinzipiell möglich, obgleich sehr umstritten ist (vgl. Prosi und Segner 1986, Reynoldson und Day 1995, Viganò et al. 1995), ist es bei den in vitro-Testverfahren in der Regel notwendig, die partikelgebundenen Schadstoffe in die gelöste Phase zu überführen. Dabei lassen sich verschiedene Verfahrensweisen voneinander abgrenzen (Ahlf et al. 1991, Burton 1991, Hill et al. 1993, Ahlf 1995):

- Es kann das native Porenwasser, dem viele aquatische Organismen a priori ausgesetzt sind und das vermutlich den Hauptexpositionspfad von Sedimentschadstoffen darstellt (Burton 1991, Power und Chapman 1992), auf seine biologische Wirksamkeit untersucht werden. Das potentielle Schädigungspotential der Sedimente wird dabei nicht erfaßt (Harkey et al. 1994).
- Die Überprüfung von wäßrigen Eluaten ist relativ gut standardisiert und ahmt oxidierende Umweltverhältnisse nach, wie sie bei einer Remobilisierung von Sedimenten zu erwarten sind. Für wäßrige Eluate ist jedoch bekannt, daß sie das tatsächlich bioverfügbare Maß an Schadstoffen unterbewerten (Harkey et al. 1994).
- Sediment oder Schwebstoff können mit organischen Lösungsmitteln extrahiert werden (Kocan et al. 1985, True und Heyward 1990,

Campbell et al. 1992, Ho und Quinn 1993), und mittels einer Fraktionierung kann dabei eine Aussage über die Dominanz verschiedener Schadstoffgruppen gemacht werden (Ho und Quinn 1993). Durch organische Extrakte kann versucht werden, die langfristige Exposition von Organismen insbesondere gegenüber lipophilen Substanzen durch eine kurze Exposition mit dem potentiell verfügbaren Schadstoffpotential nachzuahmen; dieser in der Ökotoxikologie weit verbreitete Ansatz, die langfristige, subchronische Schädigung durch geringe Konzentrationen mittels einer kurzfristigen Belastung mit Schadstoffen im akuten Konzentrationsbereich zu extrapolieren, ist in der Literatur nicht unumstritten (vgl. Braunbeck 1995).

Für den Neckar ist in den letzen beiden Jahrzehnten eine relative Verbesserung der Gewässergüte dokumentiert (Alf 1991). Während die nativen Wasserproben des Neckars sowohl in chemischen als auch in akut biologischen Untersuchungen inzwischen als relativ unproblematisch eingestuft werden können (vgl. Dürr et al. 1998), wird zumindest von chemischer Seite die Bedeutung von Sedimenten als Schadstoffsenke betont (Müller et al. 1993). Da für das Einzugsgebiet des Neckars eine relativ gute chemische Charakterisierung des partikelgebundenen Schadstoffpotentials sowie dessen Remobilisierung bei Hochwasser vorliegt (Müller et al. 1993, Regierungspräsidium Stuttgart 1993, Kern und Westrich 1995, Kern et al. 1996), aber nur relativ wenige Daten über die biologische Verfügbarkeit der Schadstoffe (Müller und Prosi 1978, Prosi und Segner 1986), erscheint die biologische Untersuchung von Neckarsedimenten als längst überfällig. Vor diesem Hintergrund wurde am Neckar an drei verschiedenen Standorten die Cytotoxizität der Kompartimente Wasser und Sediment untersucht.
Am Beispiel einer Flachwasserzone bei Eberbach (s. 45.3.1) sollte ein relativ naturnaher Gewässerabschnitt untersucht werden, der bei einer limnologischen Effizienzkontrolle durch hohe Artenfehlbeträge und das Fehlen von empfindlichen Arten aufgefallen ist (Geier 1994). Die Staustufe Lauffen (s. 45.3.2) wurde aufgrund ihrer guten chemischen und hydrologischen Charakterisierung ausgewählt, insbesondere vor dem Hintergrund einer möglichen Ausbaggerung stark cadmiumhaltiger Altsedimente aus den 60er und 70er-Jahren (Regierungspräsidium Stuttgart 1993). Mit dem Wieblinger Wehr bei Heidelberg (s. 45.3.3) wurde ein Standort gewählt, der aufgrund seiner Lage, kurz vor der Einmündung des Neckars in den Rhein, über das gesamte Neckareinzugsgebiet integriert (Hollert und Braunbeck 1997).
An den drei Standorten sollte ein in vitro-Testsystem mit permanenten Zellkulturen aus der Regenbogenforelle (*Oncorhynchus mykiss*), mit dem in der Vergangenheit Monosubstanzen (Segner und Lenz 1993, Braunbeck 1995), Deponiesickerwässer (Zahn et al. 1995) und Abwasserproben verschiedener Direkt- und Indirekteinleiter (Braunbeck et al. 1995, Hollert et al. 1996) auf ihr toxikologisches Schädigungspotential überprüft wurden, auf seine Eignung hinsichtlich einer Identifikation von partikulär gebundenen Schadstoffen untersucht werden.
Die partikulär gebundenen Schadstoffe sollten durch die Herstellung von Porenwasser, wäßrigen Eluaten und organischen Extrakten sowie nach verschiedenen Fraktionierungsmethoden auf unterschiedliche Weise in den in vitro-Cytotoxizitätstests an permanenten Zellinien exponiert werden: Verteilt sich die Cytotoxizität in Abhängigkeit von der Expositionsart in den einzelnen Sedimenten jeweils in gleichen Verhältnissen?
Während chemische und hydrologische Daten zur Remobilisierung von Sedimenten im Einzugsgebiet des Neckars und zur Schadstofffracht von Schwebstoffen vorliegen (Kern und Westrich 1995, Kern et al. 1996, Martin et al. 1996), gibt es kaum Untersuchungen zur biologischen Wirksamkeit von Schwebstoffen. In diesem Kontext sollte untersucht werden, ob sich das Gefährdungspotential von Schwebstoffen und Sedimenten in Cyto- und Genotoxizitätstests unterscheidet.
Aus den einzelnen Untersuchungen sollte schließlich ein kombiniertes System aus verschiedenen Fraktionierungsmethoden und in vitro-Tests abgeleitet werden, mit dem in Zukunft aquatische Sedimente in bezug auf ihr Schadstoffpotential untersucht werden können (s. 45.4).

45.2 Material und Methoden

45.2.1 Sediment- und Schwebstoffbehandlung

Probennahme und -aufarbeitung

Im Bereich der Stauhaltung Lauffen wurden 1994 mit dem LfU-Forschungsschiff „Max Honsell" an vier der elf von Müller und Hagenmeier im Jahr 1991 beprobten Stellen (Müller 1992) Sedimentproben mit einem Sedimentstecher entnommen (vgl. Abb. 45-4). Die etwa 1 m langen Sedimentkerne wurden in drei verschiedene Horizonte geteilt, homogenisiert und gefriergetrocknet und von Herrn Dr. J. Zipperle (LfU Baden-Württemberg, Karlsruhe) für die Cytotoxizitätsuntersuchungen zur Verfügung gestellt. Bei den Standorten Eberbach und Wieblinger Wehr bei Heidelberg wurde oberflächennahes Sediment mit einem Van Veen-Greifer entnommen. Jeweils 20 Proben wurden vor Ort in einer Kiste aus Polyethylen zu einer Sammelprobe vereinigt, homogenisiert und in 1 L-Weithalsflaschen aus Polyethylen abgefüllt. Die Proben wurden unter Kühlung aufbewahrt und sofort weiter bearbeitet. Das Porenwasser der Sedimentproben wurde durch Zentrifugation von jeweils 50 mL Gesamtsediment in Zentrifugenröhrchen (PE; Fa. Greiner, Frickenhausen) mit 3000 x g bei 4°C über 10 min abgetrennt und sofort bei -20°C tiefgefroren.
Für die Herstellung von Sedimentextrakten wurde etwa 250 mL nasses Sediment in 1L-Rundkolben (Fa. Schott, Mainz) überführt, unter Rotation bei -30°C auf die Glaswand des Kolbens „aufgezogen", schockgefroren und im Anschuß gefriergetrocknet (Beta 1-8 K, Fa. Christ). Die gefriergetrocknete, dicht verschlossene Probe wurde unter Kühlung bei 4°C im Dunkeln aufbewahrt.
Die Schwebstoffe wurden mit Schwebstoffallen, die eine Reduktion der Fließgeschwindigkeit und damit Sedimentation bewirken, an einem Schwimmsteg des Kraftwerkes am Wieblinger Wehr bei Heidelberg gesammelt. Die Schwebstoffallen wurden von der Landesanstalt für Umweltschutz (Karlsruhe, Baden-Württemberg) zur Verfügung gestellt. Sie wurden mit 4 Stahlketten möglichst waagerecht 10 cm unter der Wasseroberfläche an der ufernahen Seite des Schwimmstegs (Schutz vor mechanischer Beschädigung durch schwimmende Baumstämme etc.) angebracht. Zur Entnahme der Schwebstoffe wurden die gefüllte Schwebstoffallen, die waagerechte Ausrichtung beibehaltend, angelandet und die Schwebstoffprobe in Weithals-Polyethylen-Flaschen überführt und analog den Sedimentproben weiter behandelt.

Extraktion und Elution der Sediment- und Schwebstoffproben

Wäßrige Eluate. Mit der wäßrigen Elution läßt sich im Biotest die Resuspension des Sedimentes in der Wassersäule mit vollständiger Oxidation simulieren (Ahlf et al. 1991). Hierzu wurden die Sediment- oder Schwebstoffproben in einer definierten Menge Aqua bidest. (1:4 nach Vorschrift der U.S. Environmental Protection Agency EPA, Burton 1991; bei einer vermeintlich geringen Toxizität der Probe auch 1:2 oder 1:1) suspendiert; für 12 h bei 18°C auf einem Magnetrührer mit 200 Upm gerührt oder mit einem Überkopfschüttler (Fa. Heidolph, Kehlheim) mit 20 Upm im Kühlraum rotiert. Durch Zentrifugation (3000 x g bei 4°C) wurde das wäßrige Eluat von feinen Partikeln befreit. Die Probe wurde nach einer Sterilfiltration (0,2 µm; Fa. Schleicher und Schuell, Daßel) in den unten beschriebenen in vitro-Tests auf cytotoxische und genotoxische Wirkung untersucht.
Soxhlet-Extraktion mit Aceton. Die gefriergetrockneten Sediment- oder Schwebstoffproben wurden durch Aufschütteln gleichmäßig in dem Lagerungsbehälter verteilt (homogenes Verteilen der verschiedenen Korngrößen) und in eine Extraktionshülse (50 bzw. 200 mL, Fa. Schleicher und Schuell) überführt. Die Extraktion der Probe kann mit Lösungsmitteln unterschiedlicher Polarität (Wasser, Ethanol, Aceton, Dichlormethan und Hexan) durchgeführt werden; für die Gesamtextrakte wurde Aceton aufgrund seiner hohen Extraktionsleistung bei geringer Umweltschädlichkeit verwendet. Die multiple Extraktion im Soxhlet-Apparat erfolgte nach Hollert und Braunbeck (1997). Die eingeengten Extrakte wurden bei -24°C aufbewahrt und vor Gebrauch mit Dimethylsulfoxid (DMSO, Fa. Serva, Heidelberg) rückgelöst. Die Proben wurden im Ames-Test nativ und in den Cytotoxizitätstests nach einer Verdünnung von 1:20 oder 1:25 mit Aqua bidest. getestet.

Soxhlet-Extraktion mit Lösungsmitteln verschiedener Polarität. Die Extraktion der Probe wurde mit Lösungsmitteln aus einer Polaritätsreihe (Hexan, Dichlormethan, Aceton, Ethanol und Wasser) durchgeführt (vgl. Kwan und Dukta 1990, True und Heyward 1990, Campbell et al. 1992, Ho und Quinn 1993, Engwall et al. 1994, Ahlf 1995); dabei findet eine Anreicherung von Stoffen definierter Polarität statt. Die verschiedenen Ansätze (jeweils 2 pro Lösungsmittel) wurden in Extraktionshülsen eingewogen (50 g Trockengewicht) und mit der bei Hollert und Braunbeck (1997) dargetellten Methode über 24 h mit 6 Zyklen/h extrahiert.

45.2.2 Zellkultur

Die Cytotoxizität der Proben wurde mit den fibrolastenähnlichen permanenten Zellinien RTG-2 (Wolf und Quimby 1962), R1 (Ahne 1985) und D11 (Schulz et al. 1995) aus der Regenbogenforelle (*Oncorhynchus mykiss*) überprüft. Die Zellen können von der Firma Biochrom (Berlin), der Deutschen Sammlung für Mikrobiologie (DSM, Braunschweig), der American Type Culture Collection (ATCC; Rockville, Maryland, USA) sowie von der Firma ICN / Flow (Meckenheim) bezogen werden.

Kulturbedingungen für die Zellinien R1, D11 und RTG-2

Die Kulturbedingungen für die Fibrocyten orientierten sich an den Vorschriften, wie sie im abschließenden Protokoll für die DIN-Validierung des in vitro Cytotoxizitätstests mit RTG-2-Zellen formuliert sind (vgl. auch Schulz et al. 1995): Die Zellen wurden in Minimal Essential Medium (MEM), Eagle-Modifikation, mit 20 mM Hepes und Earles Salzen, 2 mM L-Glutamin, supplementiert mit 850 mg/l Natriumhydrogencarbonat, 10 % fötalem Kälberserum und 50 mg/l Neomycinsulfat in 80 cm^2-Zellkulturflaschen (Fa. Nunc, Wiesbaden) bei einer Inkubationstemperatur von 20°C ohne spezielle Begasung gehalten (Hollert und Braunbeck 1997). Für die R1 und D11-Zellen wurde Medium 199 mit 20 mM Hepes, 0,68 mM L-Glutamin, 10 % fötalem Kälberserum, 100 E/mL Penicillin und 100 µg/ml Streptomycin sowie 0,2 mg/ml Gentamycinsulfat verwendet. Nach einer Inkubationsdauer von etwa 4 Tagen sind die Zellen zu einem geschlossenen Monolayer ausgewachsen und können bis zu 4 Monate ohne besondere Maßnahmen bei 4°C aufbewahrt werden.

Durchführung des Cytotoxizitätstests mit RTG-2-Zellen

Die Zellen einer dichtgewachsenen Kulturflasche mit einem Konfluenzgrad von 80-90 % wurden wie bei Hollert et al. (1996) beschrieben abgelöst und in doppelt konzentriertem Medium in einer Konzentration von 3-4 × 10^5 Zellen aufgenommen.
Die Verdünnung der Extrakte erfolgte mit sterilem Aqua bidest. in Verdünnungsschritten von 1:2, so daß sich eine maximale Verdünnung der Stammlösung von 1:512 ergibt. Die 96-Well-Platte (Fa. Nunc) wurde mit einer Reihe Blanks, die keine Zellen enthielten und zwei Kontrollreihen mit Zellen ohne Schadstoffbehandlung belegt. Es wurden in die Wells der Mikrotiterplatte jeweils 100 µL der Zellsuspension und 100 µL der verdünnten Schadstofflösung pipettiert. Die Platten wurden mit steriler Folie abgeklebt und für 24 bis 72 h bei 20°C inkubiert.
S9-Supplementierung. Die eingesetzten Fibrocytenkulturen aus der Regenbogenforelle verfügen nur über eine geringe Kapazität zur Biotransformation nach Phase I (Cytochrom P450 1A; CYP 1A) und unterscheiden sich damit beträchtlich vom intakten Fisch. Unterschiede zwischen Befunden aus Cytotoxizitätstests mit Fischzellinien und in vivo-Tests können so zumindest z.T. auf unterschiedliche Biotransformationskapazität zurückgeführt werden (Hauck und Braunbeck 1994, Braunbeck 1995). Zum Ausgleich der geringen Biotransformationskapazität wurden die Extrakte jeweils mit und ohne S9-Supplementierung getestet (vgl. Maron und Ames 1983, Methode bei Hollert und Braunbeck 1997).

Endpunkte der Cytotoxizitätstests

Die Schädigung der Zellen wurde mit den Endpunkten Neutralrotretention (Borenfreund und Puerner 1984), MTT-Assay (Mosman 1983) und Laktatdehydrogenase-Freisetzung ins Me-

dium (Weishaar et al. 1975) sowie lichtmikroskopisch im Inversmikroskop (CK-2, Fa. Olympus, Hamburg) untersucht.
Neutralrottest. Der Neutralrottest beruht auf der Aufnahme des wasserlöslichen, leicht basischen Farbstoffes 2-Methyl-3-amino-7-dimethylaminophenazin in die Lysosomen intakter Zellen (Borenfreund und Puerner 1984). Schädigungen der lysosomalen Membran resultieren in einer verringerten Farbstoffretention während eines Waschvorganges, die mittels einer photometrischen Messung bestimmt werden kann. Die Methode ist bei Schulz et al. (1995) näher beschrieben.
MTT-Test. Der Endpunkt MTT beruht auf der Reduktion des löslichen gelben MTT-Tetrazoliumsalzes (3-(4,5-Dimethylthiazol-2-yl)-2,5-diphenyl-tetrazolimbromid, Fa. Sigma) zu einem blauen, unlöslichen Formazanprodukt durch das mitochondriale, succinatabhängige Dehydrogenase-System; diese Umwandlung findet nur in lebenden Zellen statt, und die Menge des Formazans korreliert streng mit der Anzahl der vorhandenen Zellen (Methode in Hollert und Braunbeck 1997).
Laktatdehydrogenase-Freisetzung ins Medium. Eine Membranschädigung der Zellen durch Schadstoffe führt zu einer verstärkten Freisetzung cytoplasmatischer Bestandteile und somit zu einer Anreicherung des relativ stabilen Enzyms Laktatdehydrogenase im umgebenden Medium. Die Laktatdehydrogenase-Aktivität wurde direkt über die Konzentrationsabnahme von NADH bestimmt (Weishaar et al. 1975).

Statistische und graphische Auswertung der Zelltests

Die Zelltests mit den Endpunkten Neutralrotretention, LDH-Freisetzung und MTT-Assay wurden mit Microsoft Excel® 5.0 ausgewertet. Dazu wurde der Median der Absorption des Blanks von den einzelnen Meßwerten subtrahiert und die einzelnen Meßwerte als Prozent des Medians der Kontrolle berechnet. Ein Test gilt nur dann als valide, wenn die rechte Kontrolle nicht mehr als 20 % von der linken abweicht. Für die Bestimmung der EC_{50}-Werte (Effective Concentration für 50 %ige Wirkung) wurden die Mediane in einer Dosis-Wirkungskurve metrisch aufgetragen; graphisch wurde der Wert ermittelt, bei dem die Kurve den Wert 50 % (= 50 % geschädigte Zellen) annimmt. Wurde der EC_{50}-Wert durch die Schadstoffbehandlung nicht erreicht, wurde mittels Mittelwertvergleichen überprüft, ob sich die Zellvitalität unter Belastung signifikant veränderte. Neben dem NOEC-Wert (No Observed Effect Concentration; die höchste Konzentration, bei der eine einfaktorielle Varianzanalyse mit anschließendem post-hoc-Test nach Dunnett mit $p < 0{,}05$ keinen signifikanten Unterschied zur Kontrolle ergibt) wurde auch der LOEC-Wert (Lowest Observed Concentration; die niedrigste Konzentration mit einem signifikanten Unterschied zur Kontrolle) berechnet.

45.2.3 Ames-Test

Zur Überprüfung des genotoxischen Potentials der untersuchten Sediment- und Schwebstoffproben wurde der Ames-Test mit *Salmonella typhimurium* benutzt (Maron und Ames 1983). Der Test wurde nach Erdinger et al. (1997) mit den Stämmen TA 98 und 100 ohne S9-Aktivierung durchgeführt.

45.3 Resultate an den einzelnen Untersuchungsstellen

45.3.1 Flachwasserzone bei Eberbach

1991 wurde im Rahmen einer teilweisen Renaturierung der alten Flußauen des Neckars am linken Neckarufer hinter Eberbach eine Flachwasserzone insbesondere als Refugium und Laichgebiet für Fische angelegt (Braunbeck et al. 1995). Die Zerstörung der Flußauenlandschaften am Neckar ist so weit fortgeschritten, daß der autochthone Fischbestand nur noch durch Besatzmaßnahmen gesichert werden kann. Bei einer Aufnahme von Zooplankton, Makroinvertebraten, Fischfauna und verschiedener limnochemischer Parameter im Rahmen einer Effizienzkontrolle durch Geier im Jahr 1994 ergaben sich außerordentlich geringe Artenspektren und einseitige Dominanzstrukturen, die mit schlechten abiotischen Lebensbedingungen (etwa Ammoniumkonzentrationen bis 13 mg/l und

Nitritkonzentrationen bis 3,8 mg/l) korreliert werden konnten (Geier 1994).
Auch wenn mit Hilfe einer Elektrobefischung der Gesamtbestand an Fischen nur unvollständig erfaßt werden kann, läßt sich eine erste Abschätzung von z.B. Artenzusammensetzung und Jungfischanteil treffen. Das Artenspektrum an Fischen in der Flachwasserzone am Neckar bei Eberbach umfaßte insgesamt 12 Arten, wobei jedoch ca. 78 % der Individuen auf den ausgesprochen anspruchslosen und robusten Döbel (*Leuciscus cephalus*) entfielen. Gründling (*Gobio gobio*) und Rotauge (*Rutilus rutilus*) als die beiden nächsthäufigsten Arten umfaßten nur etwa ca. 5 % der nachgewiesenen Individuen (Gesamtzahl: 557). In analoger Weise war die Makroinvertebratenfauna der Flachwasserzone bei Eberbach durch eine ausgesprochene Artenarmut geprägt. Das Artenspektrum der Makroinvertebraten wurde in erster Linie von *Corbicula fluminea* (Bilvalvia), *Asellus aquaticus* (Crustacea) und Vertretern der Chironomini-, bzw. Chironomus-plumosus-Gruppe dominiert. Die limnochemischen Befunde ließen für die Flachwasserzone eine starke Eutrophierung erkennen, die aus einer Erosion von angrenzenden landwirtschaftlichen Flächen und der latent vorhandenen Belastung des Neckar resultiert (Geier 1994).
Die Abbildung 45-1 zeigt die Lage des Untersuchungsgebietes bei Eberbach. Während bei ausbleibendem Schiffsverkehr innerhalb der Flachwasserzone nur eine minimale Strömung herrscht, resultieren aus der Wasserbewegung bei Schiffsverkehr Strömungsverhältnisse mit Wasserstandsschwankungen von ca. 10 cm. Besonders im hinteren Drittel der Flachwasserzone kommt es aufgrund der verminderten Fließgeschwindigkeit zu einer erhöhten Sedimentation von Schwebstoffen, die sich in einer Schlammschicht von bis zu 40 cm Mächtigkeit manifestiert (Geier 1994). Andererseits entsteht beim Herannahen eines Schiffes ein starker Sog aus der Flachwasserzone heraus, so daß der hintere Bereich der Flachwasserzone (gestrichelte Pfeile in Abb. 45-1) in Intervallen von etwa 15 min für kurze Zeit trockenfällt.

Befunde – Flachwasserzone bei Eberbach

Die sterilfiltrierten, nativen Wasserproben der Flachwasserzone beeinflußten die Vitalität von RTG-2- und R1-Zellen nach einer Exposition über 48 h und dem Endpunkt Neutralrotretention nicht signifikant. Für einen sterilfiltrierten, acetonischen Sedimentextrakt, mit dem RTG-2-Zellen für 24, 48 und 72 h inkubiert wurden, konnte dagegen eine eindeutige Zunahme der Cytotoxizität in Abhängigkeit von der Expositionsdauer bestimmt werden; während nach 24 h 250 mg extrahiertes Sedimenttrockengewicht eine 50 %ige Vitalitätsminderung der Zellen im Neutralrottest bewirkte, lag der NR_{50}-Wert nach 48 h bei 65 mg/ml und nach 72 h bei 50 mg/ml. Die Ergebnisse ließen sich in einem Versuch mit der Zellinie R1 sehr gut reproduzieren. Für das wäßrige Eluat wurde mit dem End-

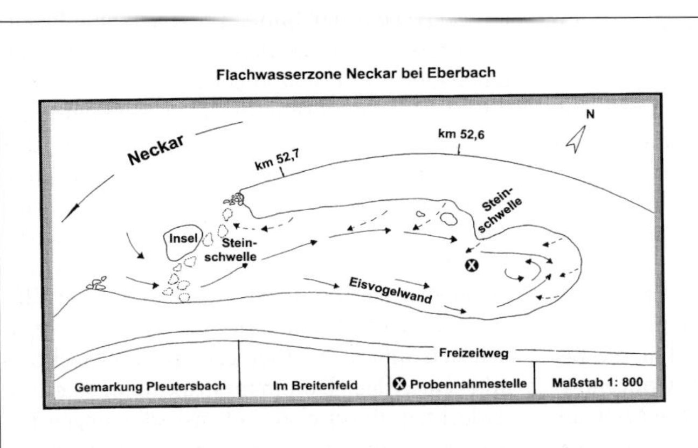

Abb. 45-1: Schematische Übersicht über die Flachwasserzone am Neckar bei Eberbach. Die Entnahmestelle für die Sedimentproben befindet sich im hinteren Drittel. Die Pfeile zeigen Wasserbewegungen bei Schiffsverkehr, die gestrichelten Pfeile weisen die Bereiche der Flachwasserzone aus, die durch eine Sogwirkung herannahender Schiffe temporär trockenfallen.

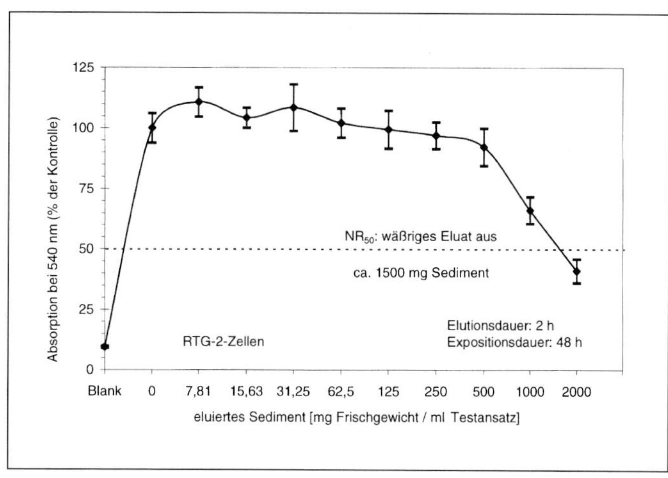

Abb.: 45-2: Cytotoxische Wirkung eines wäßrigen Eluates einer Sedimentprobe der Flachwasserzone am Neckar bei Eberbach auf RTG-2-Zellen. Die Überlebensrate der Zellen wurde mit dem Endpunkt Neutralrotretention über die Absorption bei 550 nm aus 8 Replika bestimmt und als Prozent der unbelasteten Kontrolle in der Einheit mg extrahiertes Sedimentfrischgewicht pro ml Testansatz aufgetragen.

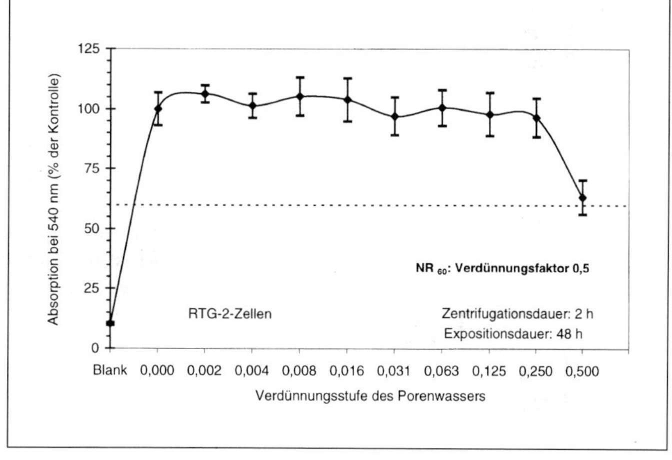

Abb. 45-3: Cytotoxische Wirkung des Porenwassers einer Sedimentprobe der Flachwasserzone am Neckar bei Eberbach auf RTG-2-Zellen. Die Überlebensrate der Zellen wurde mit dem Endpunkt Neutralrotretention ermittelt und als Prozent der unbelasteten Kontrolle in der Einheit Prozent des nativen Porenwassers im Testansatz aufgetragen.

punkt Neutralrotretention ein NR_{50} von 1500 mg eluiertes Sedimentfrischgewicht pro ml Testansatz (= 800 mg Trockengewicht/ml) ermittelt (Abb. 45-2). Das native, durch Zentrifugation bei 3000 g gewonnene Porenwasser schädigte die Zellen signifikant ($p < 0{,}001$, ANOVA), bei der Endkonzentration (1:1-Verdünnung des Porenwassers) überlebten im Neutralrottest nur 57 % der Zellen (Abb. 45-3).

Diskussion der Befunde – Flachwasserzone bei Eberbach

Während für die Probe aus der freien Wassersäule keine Cytotoxizität ermittelt werden konnte, schädigte das Sediment unabhängig von der Expositionsart die Zellen. Die hohe Cytotoxizität des acetonischen Extraktes zeigt, daß im Bereich der Flachwasserzone von einer beträchtlichen potentiellen Schadstoffbelastung ausgegangen werden darf (vgl. Ahlf et al. 1991, Burton 1991, Ahlf 1995, Burton und Mac Pherson 1995). Die acetonische Extraktion erfaßt neben den mäßig hydrophilen Substanzen insbesondere schwerlösliche, lipophile Schadstoffe (vgl. True und Heyward, 1990, Campbell et al. 1992, Ho und Quinn 1993).

Aber auch die milde Elution mit Wasser, die in Toxizitätsexperimenten in der Regel für die Simulation einer vollständigen Remobilisierung und Oxidation des Sedimentes benutzt wird (Ahlf 1995), konnte die Zellen stark schädigen, d.h., daß hydrophile, gut wasserlösliche Substanzen für einen Teil der potentiellen Cytotoxizität verantwortlich gemacht werden können. Besonders Schwermetalle lassen sich durch eine wäßrige Elution von der partikulären Matrix abtrennen (Calmano et al. 1991, Müller et al. 1993). Bedenkt man, daß größere Bereiche der Flachwasserzone in Intervallen von etwa 15 min für kurze Zeit trockenfallen, können zumindest an der Sedimentoberfläche analoge Redoxbedingungen angenommen werden (vgl. Calmano et al. 1991). Die daraus resultierende Veränderung der überwiegenden metallischen Bindungsform hin zu einer leicht austauschbaren könnte eine Anreicherung von Schwermetallionen in der wäßrigen Phase nach sich ziehen (vgl. Regierungspräsidium Stuttgart 1993). Wall et al. (1996) konnten zudem in Laborexperimenten mit Cadmium-angereicherten Sedimenten nachweisen, daß die Cadmiumkonzentration in der Wassersäule mit der Stärke der Bioturbation durch Fische (hier Karpfen: *Cyprinus carpio*) korreliert.

Die im Vergleich zum acetonischen Extrakt geringere Cytotoxizität des wäßrigen Eluates deutet an, daß der überwiegende Anteil der cytotoxischen Wirkung von lipophilen, wasserunlöslichen Substanzen ausgeht. Aus anderen Untersuchungen (Müller 1992, Regierungspräsidium Stuttgart 1993) ist bekannt, daß Neckarsedimente, insbesondere die Altsedimente aus den sechziger und siebziger Jahren, einerseits mit Schwermetallen, andererseits stark mit organischen Schadstoffen belastet sind. Für Agrochemikalien ist nachgewiesen, daß sie an feinkörnige Partikel adsorbieren und mit diesen in Gewässer transportiert werden (Liess und Schulz 1995). Es ist aber zudem bekannt, daß die wäßrige Elution gegenüber der Extraktion mit Aceton das tatsächlich bioverfügbare Schadstoffpotential unterbewertet (Ahlf et al. 1991, Burton 1991, Harkey et al. 1994). Sowohl für Makroinvertebraten als auch für Vertebraten wird angenommen, daß die Ingestion von schwebstoffassoziierten Schadstoffen durch Veränderungen der Redoxbedingungen im Verdauungstrakt zu Modifikationen der Bindungsformen und damit der Bioverfügbarkeit der Schadstoffe führt (vgl. Burton 1991, Calmano et al. 1991, Ahlf 1995). Der nachgewiesenen Cytotoxizität des nativen Porenwassers kommt eine hohe Relevanz für das Ökosystem Flachwasserzone zu. Nach Power und Chapman (1992), Burton und Mac Pherson (1995) sowie Ingersoll (1995) stellt das Porenwasser bei benthischen Organismen den Hauptaufnahmepfad für sedimentgebundene Schadstoffe dar; sowohl über die Körperoberfläche als auch über respiratorische Epithelien können die im Porenwasser gelösten Schadstoffe in den Organismus gelangen (Ahlf et al. 1991, Ahlf 1995). Ein Grund für die hohe Cytotoxizität des Porenwassers könnte die Anreicherung leicht austauschbarer Metallbindungsformen durch das oben beschriebene temporäre Trockenfallen des Sedimentes sein (Müller et al. 1993).

Das häufige Aufwirbeln der oberen Sedimentschichten durch den Wellenschlag vorbeifahrender Schiffe kann aber auch zu einer Freisetzung von Ammonium aus dem Porenwasser führen; Song und Müller (1993) beschreiben für vergleichbare Neckarsedimente aus der Stauhaltung Lauffen und Wieblingen in 5 cm Tiefe Ammoniumkonzentrationen von 40-50 mg/l Porenwasser. Ammoniumsalze reagieren in wäßriger Lösung unter Bildung von freiem Ammoniak (Klee 1991). Das Gleichgewicht der Reaktion ist vom pH-Wert und der Temperatur des umgebenden Wassers abhängig. Bei leicht basischem pH und hoher Temperatur ist es in Richtung des Ammoniaks verschoben, der bereits in geringen Konzentrationen stark fischtoxisch wirkt (Klee 1991, Burton und Mac Pherson 1995, vgl. auch Regierungspräsidium Stuttgart 1993).

Die Befunde der akuten Cytotoxizitätstests mit R1- und RTG-2-Zellen werden von elektronenmikroskopischen Untersuchungen unterstützt. In einem verlängerten Test mit isolierten Hepatocyten aus der Regenbogenforelle (*Oncorhynchus mykiss*) konnte ermittelt werden, daß eine dreitägige Inkubation eines acetonischen Sedimentextraktes der Flachwasserzone mit einer Konzentration von 6 mg Sedimenttrockengewicht pro mL Testansatz zu deutlichen subletalen Veränderungen führt (Störung der Organisation des rauhen endoplasmatischen Retikulums, Proliferation von Lysosomen und Peroxisomen, Braunbeck et al. 1995). Das bedeutet, daß bereits weit unter akut toxischen Konzentrationen von massiven subletalen Veränderungen der Zellen auszugehen ist (Braunbeck et al. 1995). Die Befunde zeigen, daß mit akuten Cytotoxizitätstests mit permanenten Zellinien die Belastung der Kompartimente Wasser und Sediment im Bereich der Flachwasserzone bei Eberbach voneinander abgegrenzt und dadurch weiterführende Hinweise zur Erklärung von Artenfehlbeträgen und dem Fehlen empfindlicher Arten geliefert werden können.

45.3.2 Staustufe Lauffen

In den frühen siebziger Jahren konnten Förstner und Müller (1974) bei einer Untersuchung der Schwermetallbelastung in der Tonfraktion von Sedimenten ausgewählter deutscher Flüsse eine starke Belastung des Neckars mit den Elementen Cadmium, Nickel und Chrom feststellen. Insbesondere die Cadmiumkonzentrationen der Sedimente im Unterlauf der Enz, in der eine Anreicherung des Elementes um den Faktor 300 im Vergleich zu entsprechenden „präindustriellen" tonigen Sedimenten ermittelt werden konnte, gaben Anlaß zu ernster Besorgnis (Förstner und Müller 1974), nicht zuletzt aufgrund einer möglichen Bioakkumulation des Metalls in aquatischen Organismen (Prosi und Segner 1986). Fische aus der Enz und aus dem Neckar unterhalb der Mündung der Enz erwiesen sich als stark cadmiumbelastet und daher als nicht mehr für den menschlichen Verzehr geeignet (Förstner und Müller 1974). Für landwirtschaftlich genutzte Flächen, die mit Schlämmen aus den Stauhaltungen unterhalb der Enz gedüngt wurden, mußte ein Anbauverbot ausgesprochen werden, zumal die Aufnahme des Metalls durch die Pflanzen nachgewiesen werden konnte (Müller et al. 1993).

Insgesamt ist die Schwermetallbelastung der Neckarsedimente innerhalb der letzten 30 Jahre stark zurückgegangen. Der Rückgang vollzog sich vor allem zwischen 1972 und 1985 als eine Folge des verstärkten Baus und Ausbaus industrieller wie kommunaler Kläranlagen (Müller 1992, Müller et al. 1993). Die Cadmiumbelastung, die im wesentlichen auf einen farbenherstellenden Betrieb an der Enz zurückgeführt werden konnte, ging durch die Inbetriebnahme einer modernen Kläranlage stark zurück (Müller 1992); in Sedimentproben konnte bei Untersuchungen der Staustufe Lauffen eine geringe Konzentration in den jüngeren, oberen Sedimenten und eine hohe Konzentration in den Altsedimenten nachgewiesen werden (Müller et al. 1993). Der mögliche Einfluß von Altsedimenten der Stauhaltung Lauffen auf die Gewässergüte und insbesondere die Gefahr einer Remobilisierung wurden in den letzten Jahren im Detail untersucht (Müller 1992, Müller et al. 1993, Regierungspräsidium Stuttgart 1993, Kern und Westrich 1995, Kern et al. 1996). Diese Untersuchungen wurden vor dem Hintergrund durchgeführt, die Notwendigkeit der Entfernung von 1,6 Mio. m^3 schwermetallkontaminierten Schlammablagerungen aus den Stauhaltungen zu überprüfen (Regierungspräsidium Stuttgart 1993). Über die biologische Wirksamkeit dieser Sedimente für das aquatische System ist bislang wenig bekannt.

Ergebnisse – Staustufe Lauffen

Die Cytotoxizitätsdaten für acetonische Sedimentextrakte der Staustufe sind in Abbildung 45-5 zusammengefaßt (Probennahmestellen in Abb. 45-4). Die mit der Neutralrotmethode bestimmten EC_{50}-Werte (NR_{50}) ließen keine Unterschiede zwischen D11- und RTG-2-Zellen erkennen, eine Korrelationsanalyse ergab einen Korrelationskoeffizienten nach Pearson von 0,97 (Abb. 45-6). Die Cytotoxizität verhält sich im Bereich der Staustufe sehr heterogen: So konnte bei einem Vergleich der oberflächennahen Sedimente eine Schwankung von fast 700 % für die NR_{50}-Werte ermittelt werden. Für drei Proben konnte eine eindeutige Abhängigkeit der Cytotoxizität von der Entnahmetiefe festgestellt werden; bei diesen Proben besaßen die tiefsten Segmente des Profils die höchste Toxizität. Bei den Proben 1 und 2 nahm die Cytotoxizität mit der Sedimententnahmetiefe zu. Bei dem Sedimentkern 2 erwies sich das Sediment aus 65-80 cm Tiefe mit einem NR_{50}-Wert von 23,5 mg/ml Testansatz um 680 % toxischer als die oberflächennahe Probe (NR_{50} = 160 mg/ml). Für den Probenkern 3 ließ sich keine signifikante stratigraphische Differenzierung der Cytotoxizität erkennen; da aber sowohl mit den RTG-2- als auch den D11-Zellen bei allen drei Proben ein

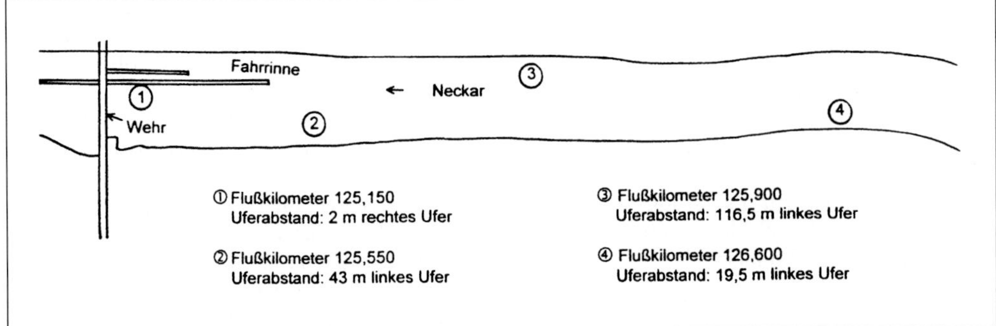

Abb. 45-4: Probennahmestellen, an denen durch die LfU im Bereich der Stauhaltung Lauffen (Neckar) Sedimentproben entnommen wurden (modifiziert nach Müller 1992).

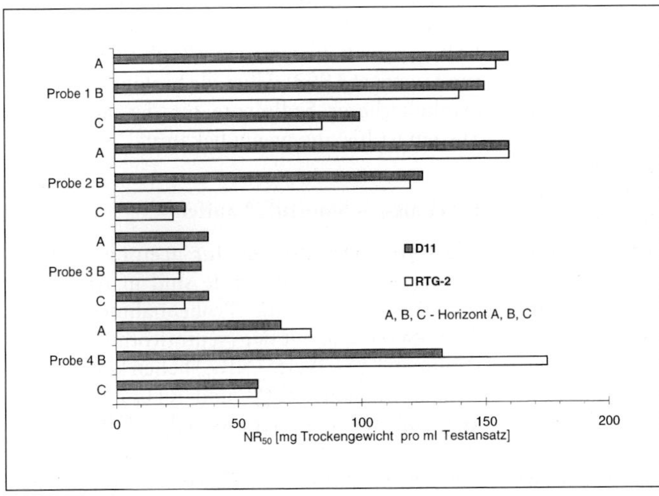

Abb. 45-5: Cytotoxizität von acetonischen Extrakten aus drei Horizonten von Sedimentproben (A = oberflächennah) aus der Stauhaltung Lauffen (Neckar) auf die Zellinien D11 und RTG-2 nach einer Inkubationsdauer von 72 h mit dem Endpunkt Neutralrotretention bei 550 nm. Der NR_{50} wurde jeweils aus acht Replika ermittelt und in der Einheit mg Sediment (Trockengewicht) pro ml Testansatz angegeben.

vergleichbares, hohes cytotoxisches Schädigungspotential entdeckt werden konnte, scheint es sich hier um einen homogenen Sedimentkörper mit einem einheitlichen, biologisch stark wirksamen Schadstoffpotential zu handeln.
Ein Vergleich der Cytotoxizität der wäßrigen Eluate mit der von acetonischen Extrakten für die verschiedenen Horizonte der Probe 2 zeigt eine sehr gute Übereinstimmung der NR_{50}-Werte; tendenziell ließ sich für die organischen Extrakte eine leicht erhöhte Cytotoxizität ermitteln (Abb. 45-7).

Diskussion der Befunde – Staustufe Lauffen

Es konnte gezeigt werden, daß sich im Bereich der Stauhaltung Lauffen die biologische Wirksamkeit von acetonischen Extrakten und wäßrigen Eluaten im Cytotoxizitätstest mit den permanenten Zellinien RTG-2 und D11 räumlich und stratigraphisch z.T. stark unterscheidet. Besonders für tiefe Sedimentschichten – die bei der früheren Untersuchung von Müller (1992) mittels Radiocarbondatierung den 60er und 70er Jahren zugeordnetet werden konnten – konnte ein beträchtliches Schädigungspotential für Fibrocyten festgestellt werden.
Die weitgehende Übereinstimmung der Toxizität von wäßrigen Eluaten und acetonischen Extrakten zeigt, daß im Bereich der Staustufe ein hohes Schädigungspotential von solchen Substanzen ausgeht, die schon mit der relativ milden wäßrigen Elution erfaßt werden können. Beson-

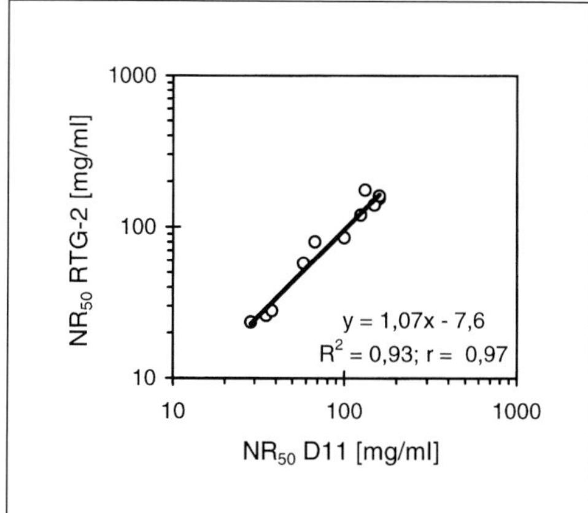

Abb. 45-6: Korrelation zwischen den für D11- und RTG-2-Zellen ermittelten NR_{50}Werten nach 72 h Exposition mit acetonischen Extrakten.

Substanzen am Polycarbonatfiltermaterial und a priori eine Unterbewertung von unpolaren Substanzen resultieren (vgl. Herbert et. al. 1992).

Es wurde von Hollert und Braunbeck (1997) der Versuch unternommen, die Befunde zur Cytotoxizität mit anorganischen und organischen Analysedaten früherer Untersuchungen (Müller 1992) an den gleichen Entnahmestellen zu korrelieren. Dabei gilt es aber zu bedenken, daß sich zwischen den einzelnen Probennahmen Veränderungen in der oberflächlichen Sedimentzusammensetzung der einzelnen Entnahmestellen durch Sedimentation, Erosion und Bioturbation ergeben haben können. Für die Altsedimente, die nach Ansicht des Regierungspräsidiums Stuttgart (1993) selbst bei extremen Hochwasserereignissen nicht mehr erodiert werden, ist

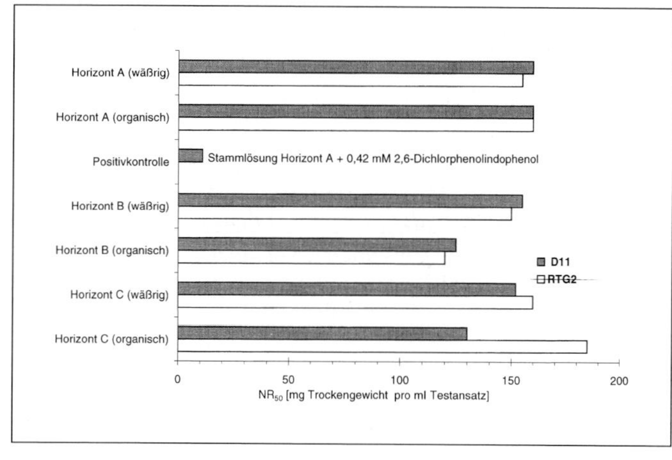

Abb. 45-7: Cytotoxizität von acetonischen Extrakten und wäßrigen Eluaten aus drei Horizonten (A = oberflächennah) von Sedimentprobe 1 aus der Stauhaltung Lauffen (Neckar) auf die Zellinien D11 und RTG-2 nach einer Inkubationsdauer von 72 h mit dem Endpunkt Neutralrotretention bei 550 nm.

ders Schwermetalle verhalten sich unter den Bedingungen der simulierten vollständigen Oxidation und den daraus resultierenden Veränderungen der Bindungsformen stark hydrophil (vgl. Calmano et al. 1991, Müller 1992). Die etwas höhere Effizienz der acetonischen Extraktion gegenüber der wäßrigen Elution deutet auf lipophile Substanzen hin, die im Cytotoxizitätstest erst mit einem unpolareren Lösungsmittel als Wasser erfaßt werden können. Zudem wurden die Proben aufgrund der langen Expositionsdauer mit einem 0,2 μm Sterilfilter filtriert. Hieraus könnte eine Adsorption von lipophilen

aber von einer hohen Vergleichbarkeit der einzelnen Untersuchungen auszugehen. Die Befunde zur biologischen Wirksamkeit decken sich weitgehend mit analytischen Befunden zur Schwermetallbelastung der Sedimente, die bei einigen Probennahmestellen oberhalb der Staustufe Lauffen ebenfalls eine Zunahme der Toxizität mit der Entnahmetiefe und eine prinzipielle räumliche Differenzierung ermitteln konnten (Müller 1992, Regierungspräsidium Stuttgart 1993, Kern und Westrich 1995). Sowohl bei einigen Schwermetallen als auch bei einigen organischen Verbindungen ist die starke Kontamina-

tion der Altsedimente zu erkennen. Die Schwermetallbelastung überschreitet dabei zum Teil die Grenzwerte für Boden und Schlamm der Klärschlammverordnung von 1992.
Eine Korrelationsanalyse zwischen chemischer Analyse und biologischer Wirksamkeit ergab keine strenge Korrelation einer bestimmten chemischen Substanz mit dem Summenparameter akuter Cytotoxizitätstest. Dieser Befund zeigt, daß über eine chemische Analyse keinesfalls auf die biologische Wirksamkeit einer Sedimentprobe geschlossen werden darf (Ahlf et al. 1991, Burton 1991, Ahlf 1995, Burton und Mac Pherson 1995); vielmehr scheint die additive und synergistische Wirkung der komplexen Schadstoffgemische die cytotoxischen Schäden zu bewirken (vgl. Burton 1991). Das hohe Schadstoffpotential, das im Bereich der Stauhaltung nachgewiesen wurde, dokumentiert die Notwendigkeit, die Remobilisierung von Sedimenten mit biologischen Tests zu überprüfen.

45.3.3 Wieblinger Wehr bei Heidelberg

Unter den Bedingungen, die in staugeregelten Flüssen wie dem Neckar vorherrschen, sind die Schadstoffe weitgehend immobil (Müller 1992, Regierungspräsidium Stuttgart 1993), können aber unter bestimmten Umständen, vor allem bei Änderungen des pH-Wertes und der Redoxverhältnisse, remobilisiert werden (Burton 1991, Calmano et al. 1991). Im Neckar wirken die geogen bedingten Carbonatgehalte in Porenwasser und Sediment als Puffer, so daß pH-Werte im neutralen Bereich sichergestellt sind; dadurch sind für stärker pH-abhängige Schwermetallverbindungen (Hydroxide und Carbonate) stabile Bedingungen gewährleistet (Müller 1992, Regierungspräsidium Stuttgart 1993, Kern und Westrich 1995). Auch für organische Verbindungen (öko)toxikologischer Relevanz wird die relative Immobilität unter „normalen“ hydrologischen Verhältnissen betont (Regierungspräsidium Stuttgart 1993).
Das Schadstoffpotential kann jedoch durch bestimmte Ereignisse wieder mobilisiert werden (Burton 1991, Burton und MacPherson 1995). Von besonderer Bedeutung für die Remobilisierung der Schwebstoffe sind Hochwasserereignisse, bei denen ein Großteil des jährlichen Stofftransportes im Neckar stattfindet (Barsch et al. 1994, Kern et al. 1996). Um eine Vorstellung von der Remobilisierung des toxischen Potentials während eines Hochwasserereignisses zu gewinnen, wurde am Beispiel eines mittleren Hochwassers am Neckar im Dezember 1995 die Verteilung toxischer Komponenten auf die Kompartimente Freiwasser und Schwebstoffe untersucht und mit einer Sedimentprobe verglichen, die im Bereich der Stauhaltung am 14. Februar 1996 entnommen wurde.

Befunde – Wieblinger Wehr

Weder für die nativen Wasserproben noch für die durch Filtration von Schwebstoffen befreiten, mittels einer C18-Festphasenextraktion aufkonzentrierten Wasserproben konnte eine Cytotoxizität ermittelt werden, wogegen die Schwebstoff- und Sedimentextrakte im Neutralrot-, MTT- und LDH-Test eine deutliche cytotoxische Wirkung auf RTG-2-Zellen entfalteten (Abb. 45-8). Während für die acetonischen Extrakte der Sedimente eine ähnliche Cytotoxizität wie für die Schwebstoffe ermittelt werden konnte (Abb. 45-9), erwiesen sich sowohl das Porenwasser (sterilfiltrierter und unsteriler Ansatz vom Sediment und der sedimentierten Schwebstoff-Monatsmischprobe des Januars) als auch das über C18polarplus™-Säulen 25fach aufkonzentrierte Porenwasser des Sedimentes als untoxisch. Das Sediment glich in seiner Erscheinung (z.B. Korngrößenverteilung, aerober Charakter) im wesentlichen den Schwebstoffen der Januar-Schwebstoffprobe, so daß davon auszugehen ist, daß es erst kurz vor der Probennahme deponiert wurde und der Zeitraum für die Einstellung eines Verteilungsgleichgewichts zwischen Sediment und Porenwasser zu kurz war. Die geringe Toxizität des Porenwassers dürfte daher im wesentlichen mit der starken Umschichtung des Sediments und dem daraus resultierenden geringen Alter des Porenwassers (kein Steady State!) zu begründen sein. Sowohl ohne als auch mit exogener Bioaktivierung durch einem S9-Mix aus der Leber aroclorinduzierter Ratten ergab der Ames-Test keine Hinweise auf gentoxische Eigenschaften der Schwebstofffracht. Die Abbildung 45-10 zeigt die Cytotoxizität verschiedener Sedimentextrakte nach

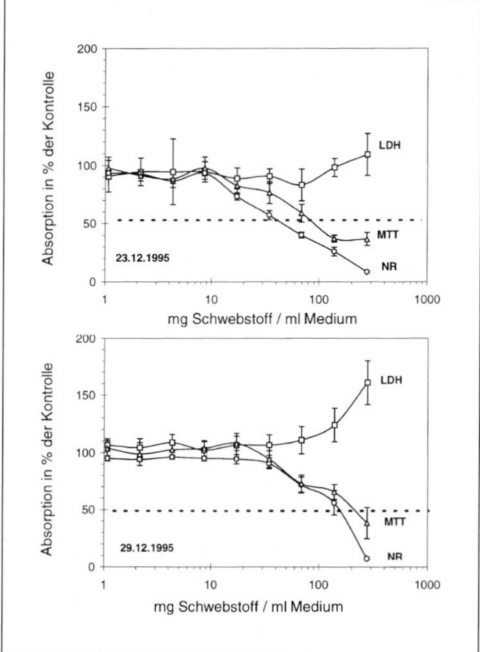

Abb. 45-8: Cytotoxizität der Schwebstoffextrakte vom 23. und 29.12.1995 auf RTG-2-Zellen nach 24 h Exposition, die mit den Endpunkten Neutralrotretention, succinatabhängige Dehydrogenase-Aktivität und Laktatdehydrogenase-Freisetzung ins umgebende Medium aus jeweils 8 Replika bestimmt wurde. Die Konzentration wird als mg Schwebstofftrockengewicht pro mL Testansatz angegeben.

Soxhlet-Extraktion mit Lösungsmitteln einer Polaritätsreihe. Für alle Extrakte konnte eine cytotoxische Wirkung ermittelt werden; am stärksten schädigten die Ethanol-, Dichlormethan-, Aceton-Extrakte, für Wasser und Hexan konnte eine etwas geringere Cytotoxizität nachgewiesen werden. Im Gegensatz zu den – im Neutralrottest untoxischen – wäßrigen Soxhlet-Extrakten des Hochwasserschwebstoffes konnte für das Sediment aus jeweils drei unabhängigen Versuchsansätzen ein NR_{50}-Wert (85 mg/ml bzw. 75 mg/ml für den S9-supplementierten Ansatz) ermittelt werden. Eine einfaktorielle Varianzanalyse ergab, daß die Cytotoxizitätswerte der Sediment-Extrakte mit $p = 0{,}004$ differieren. Die exogene Bioaktivierung führt zu keiner statistisch signifikanten Veränderung der Cytotoxizität.

Die Abbildung 45-11 zeigt den Verlauf der Cytotoxizität der acetonischen Schwebstoffextrakte in Relation zur Ganglinie des Abflusses am Pegel Ziegelhausen nahe Heidelberg. Die höchste Cytotoxizität auf der Basis der Neutralrotretention wurde mit dem Anstieg des Pegels bereits am 23.12.1995 registriert, also im Bereich der ansteigenden Hochwasserkurve. Eine exogene Bioaktivierung mit einem S9-Mix führte zu einer nicht vorhersagbaren Veränderung der Cytotoxizität (Abb. 45-11): Während zu Beginn des Hochwassers tendenziell der unkomplementierte Ansatz toxischer wirkt, führt gegen Ende des Ereignisses die exogene Bioaktivierung zu einer Toxifizierung der acetonischen Extrakte.

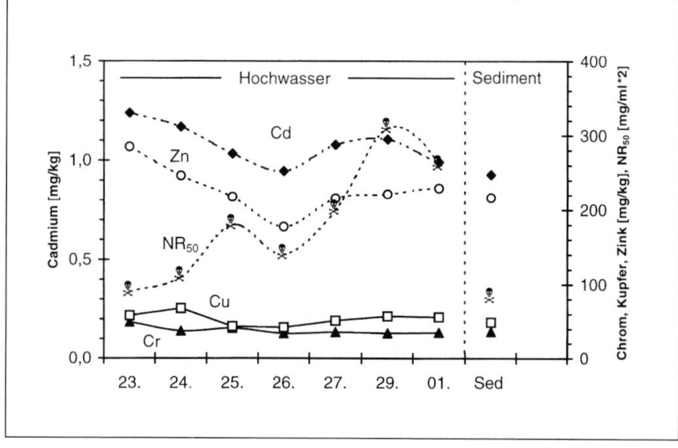

Abb. 45-9: Gang der Cadmium-, Chrom-, Kupfer- und Zink-Konzentrationen (mg/kg Trockengewicht) und der Cytotoxizität (RTG-2; NR_{50}-Wert) des Schwebstoffes während des Hochwasserereignisses im Dezember 1995, sowie des Sedimentes (Sed) aus dem Bereich der Staustufe des Wieblinger Wehres. Der NR_{50}-Wert wird in mg Schwebstoff pro ml Testansatz angegeben.

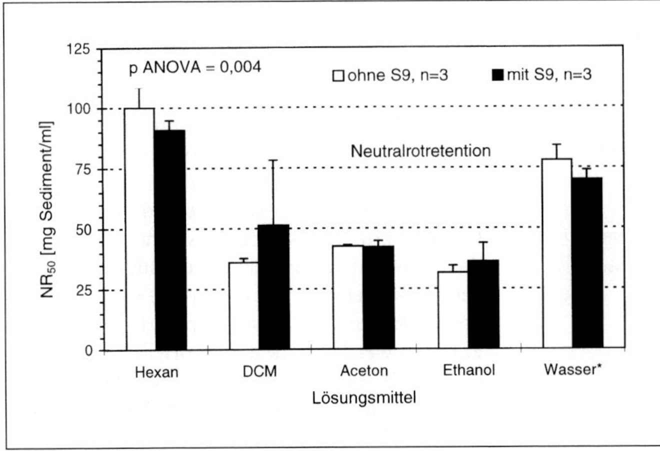

Abb. 45-10: Cytotoxizität verschiedener Sedimentextrakte einer Soxhlet-Extraktion mit Lösungsmitteln einer Polaritätsreihe; der NR_{50}-Wert für die RTG-2-Zellen wurde jeweils aus 3 unabhängigen Testansätzen mit 8 Replika und dem Endpunkt Neutralrotretention bestimmt. Die ermittelten NR_{50}-Werte werden in der Einheit mg Sediment/ml Testansatz angegeben. Eine einfaktorielle ANOVA (H-Test nach Kruskal-Wallis) ergab, daß sich die Cytotoxizität der gesamten Gruppen mit einem Signifikanzniveau von $p = 0{,}004$ unterschied. Statistische Unterschiede der einzelnen Ansätze wurden mit einem post-hoc-Test (nach Student-Newman-Keuls, $p < 0{,}05$) überprüft. Dabei zeigte es sich, daß sich der wäßrige Extrakt (ohne S9) vom nicht supplementierten Ethanol-Extrakt sowie beide Hexan-Extrakte von allen anderen signifikant unterscheiden. Innerhalb der einzelnen Lösungsmittelgruppen konnten keine statistisch signifikanten Unterschiede nur die Abhängigkeit der Cytotoxizität von S9-Supplementierung festgestellt werden. Die NR_{50}-Werte für Wasser (*) wurden aus der Regressionsfunktion extrapoliert.

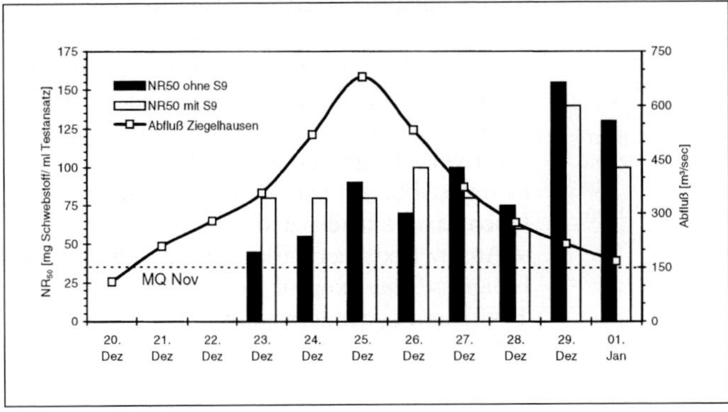

Abb. 45-11: Verlauf der Cytotoxizität der acetonischen Schwebstoffextrakte in Relation zur Ganglinie des Abflusses am Pegel Ziegelhausen bei Heidelberg. MQ Nov. beschreibt das arithmetische Mittel des Abflusses in Ziegelhausen im November 1995. Die Cytotoxizitätsdaten wurden mittels eines Neutralrottests mit 8 Replika ermittelt und als NR_{50}-Werte graphisch dargestellt (mit zunehmender Balkengröße verringert sich die Cytotoxizität).

Diskussion – Wieblinger Wehr

Während für die gelösten Wasserinhaltsstoffe keine Cyto- und Gentoxizität ermittelt werden konnte, zeigen die Befunde, daß die partikulär an Schwebstoffe gebundenen Schadstoffe ein erhebliches (öko)toxikologisches Schädigungspotential für aquatische Systeme besitzen. Die Cytotoxizität der Schwebstoffe kann durchaus mit Sedimenten verglichen werden. Der Verlauf der Cytotoxizitätskurve deutet an, daß es sich bei einem Hochwasser um ein komplexes Ereignis mit einer heterogenen Schadstoffverteilung handelt, also eine heterogene Mischung aus remobilisierten Sedimenten, Schwebstoffen von agrarischen Nutzflächen und versiegelten Flächen (Straßen und Siedlungsflächen) sowie kommunalen Abwässern, die nicht zurückgehalten werden können (Symader et al. 1991). Die Befunde zeigen zudem, daß eine Supplementierung von Cytotoxizitätstests durch S9-Präparate aus β-Naphthoflavon/Phenobarbital-induzierte Ratten in vielen Fällen zu nicht voraussagbarer Beeinflussung der Ergebnisse führt. Eine S9-Supplementierung auch bei Extrakten stellt somit eine notwendige Ergänzung der Cytotoxizitätstests dar, die helfen kann, die geringe Biotransformationskapazität der permanenten Fischzellinien zu kompensieren, um eine weitere Annäherungen an die Ergebnisse von isolierten Hepatocyten und in vivo-Versuchen zu erreichen (Hauck und Braunbeck 1994). Die Beeinflussung der Cytotoxizität des Tagesgangs durch exogene Bioaktivierung (Detoxifizierung durch P450-abhängige Enzymsysteme zu Beginn und Toxifizierung gegen Ende des Ereignisses) unterstützt ebenfalls die Hypothese einer heterogenen Schadstoffzusammensetzung.

Eine Untersuchung der Schwebstoffproben des Hochwasserganges und von der Sedimentprobe des Wieblinger Wehres mittels Atomabsorptionsspektrometrie zeigte nur geringe Unterschiede in der Schwermetallbelastung (Abb. 45-9); auffällig ist die etwas höhere toxische Belastung zu Beginn des Hochwasserereignisses (23, 24. Dezember). Ein Vergleich mit Analysedaten zur Schwermetallbelastung der zum Teil stark kontaminierten Sedimente aus der Staustufe Lauffen zeigt die vergleichsweise niedrige Schwermetallbelastung der Hochwasserschwebstoffe, so daß für das untersuchte Hochwasserereignis keine Remobilisierung von stark kontaminierten Altsedimenten angenommen werden kann (vgl. Kern et al. 1996). Die Abbildung 45-9 zeigt zugleich die Korrelation der Cytotoxizität der acetonischen Extrakte der Schwebstoffproben mit den Konzentrationen der Schwermetalle Cadmium, Zink, Chrom und Kupfer, die für ihre cytotoxische Wirkung bekannt sind (Braunbeck 1995). Während zu Beginn des Ereignisses eine hohe Cytotoxizität mit hohen Kupfer-, Zink-, und Cadmiumkonzentrationen (gegenüber den Mittelwerten der Schwebstoffe) korreliert werden kann und sich die geringere Cytotoxizität auch in geringeren Schwermetallkonzentrationen widerspiegelt, nimmt die Cytotoxizität gegen Ende des Hochwassers bei mittleren Schwermetallkonzentrationen ab. Während das Sediment des Wieblinger Wehres (Februar 1996) in bezug auf seine Schwermetallbelastung dem Schwebstoff vom 1.1.1996 (Ende des Hochwassers) glich, wirkte es im Cytotoxizitätstest um ein Vielfaches toxischer. Diese Befunde verdeutlichen, daß die zelltoxische Wirkung nicht aus Schwermetallanalyse-Daten abgeschätzt werden kann; vielmehr scheint die biologische Wirksamkeit der Schwebstoffextrakte aus einer komplexen Mischung organischer und anorganischer Schadstoffe zu resultieren. Eine genaue chemische Charakterisierung der Substanzen, aus denen die unterschiedliche Schwebstofftoxizität resultiert, gerät aufgrund der Vielzahl möglicher Verbindungsklassen an ihre Grenzen (vgl. Symader et al. 1991, Steinhäuser 1996). Vielmehr kann eine Kombination aus chemischer Fraktionierung, Untersuchungen zur biologischen Wirksamkeit der Extrakte und einer nachgeschaltete chemische Analyse der besonders problematischen Fraktionen zur Identifikation der problematischen Substanzklassen, bzw. Substanzen führen. Insbesondere im angelsächsischen Sprachraum und in Skandinavien wird diese Bioassay-dirigierte Fraktionierung (Toxicity Identification Evaluation, TIE Approach) bereits im großen Umfang durchgeführt (Ankley et al. 1992, Engwall et al. 1994, 1996).

45.4 Vergleichende Diskussion der Befunde und Ausblick

Die Befunde aus den einzelnen Untersuchungen zeigen, daß der akute Cytotoxizitätstest mit permanenten Zellinien (RTG-2, D11, und R1) eine geeignete Methode darstellt, um Sedimente und Schwebstoffe auf ihr (öko)toxikologisches Potential hin zu untersuchen (Braunbeck et al. 1995, Hollert et al. 1996, Hollert und Braunbeck 1997).

Durch die Verwendung unterschiedlicher Lösungsmittel wurde bei multipler Soxhlet-Extraktion von Sedimenten und Schwebstoffen gezeigt, daß die Polarität des Lösungsmittels einen signifikanten Einfluß auf die Cytotoxizität besitzt (vgl. Ho und Quinn 1993). Aufgrund hoher Extraktionseffizienz bei mittlerer Polarität und guter Umweltverträglichkeit stellt Aceton das am besten geeignete Lösungsmittel für die Herstellung organischer Gesamtextrakte dar.

Die einzelnen Untersuchungsergebnisse (vgl. 45.3.1 bis 45. 3.3) zeigen, daß durch eine parallele Untersuchung von acetonischen Extrakten, wäßrigen Eluaten und Porenwasser selbst mit einfachen Screening-Tests ein erster Hinweis auf die Art des partikulären Schadstoffpotentials erhalten werden kann. Für eine nähere Charakterisierung der biologisch wirksamen Sedimentinhaltsstoffe erscheint die alleinige Verwendung

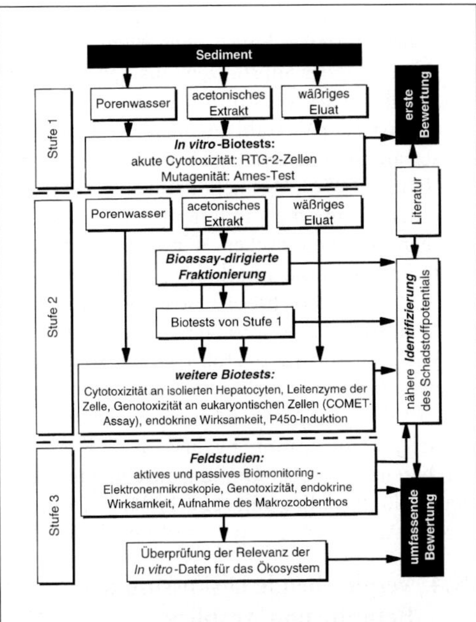

Abb. 45-12: Ein gestuftes in vitro-Untersuchungssystem für Sedimente

des in vitro-Testsystems nicht geeignet. Vielmehr kann durch eine anschließende bioassay-dirigierte Fraktionierung eine nähere Identifikation der schädlichen Stoffe erfolgen.

Auf der Basis der bisherigen Befunde kann ein gestuftes in vitro-Testsystem für die Identifizierung und Bewertung von kontaminierten Sedimenten empfohlen werden (Abb. 45-12). In einem Screening von Porenwasser, acetonischen Extrakten und wäßrigen Eluaten mittels einfachen in vitro-Testsystemen (Zelltest mit Fischzellinien, Ames-Test) aber auch anderen Biotests, kann eine erste Bewertung des Sedimentes erfolgen (Stufe 1), für eine nähere Identifizierung (Stufe 2) des sedimentgebundenen Schädigungspotentials eignet sich eine Kombination aus einer Bioassay-dirigierten Fraktionierung, einfachen Biotests und spezifischeren Endpunkten (etwa wichtige Markerenzyme des Zellstoffwechsels, P450-Aktivität, Gentoxizität im COMET-Assay). Soll die Relevanz der Laborergebnisse mit den Auswirkungen im Ökosystem abgeglichen werden, ist auf Stufe 3 eine Untersuchung von Tieren, die aus dem Freiland stammen (aktives und passives Biomonitoring), mittels spezifischen Biomarkern oder eine Aufnahme des Makrozoobenthos notwendig (vgl. Power und Chapman 1992, Ahlf 1995).

Danksagung

Die vorliegende Studie wurde durch das Projekt „Angewandte Ökologie“ der Landesanstalt für Umweltschutz Baden-Württemberg (Förderkennzeichen 9418.02) sowie im Rahmen des Förderungsprogramms von Forschungsschwerpunkten in Baden-Württemberg (AZ II-7532-25-1-12/2) finanziell gefördert.

Literatur

Ahlf, W. (1995): Biotests an Sedimenten. In: Steinberg, C., Bernhardt, H., Klappner, H. (eds.): Handbuch Angewandte Limnologie. Ecomed, Landsberg. 1-43

Ahlf, W., Dahn, M., Förstner, U., Wild-Metzko, S. (1991): Biologisches Bewertungskonzept für Sedimente. Vom Wasser 76: 215-223

Ahne, W. (1985): Untersuchungen über die Verwendung von Fischzellkulturen für Toxizitätsbestimmungen zur Einschränkung und Ersatz des Fischtests. Zbl. Bakt. Hyg. 180: 480-504

Alf, A. (1991): Die biologisch-ökologische Zustandsentwicklung des Neckars seit 1970. In: Müller, G. (ed.): 3. Neckar-Umwelt-Symposium 7-8. Oktober 1991 in Heidelberg. Reihe: Heidelberger Geowiss. Abh. 48: 74-84

Ankley, G.T., Schubauer-Berigan, M.K., Hoke, R.A. (1992): Use of toxicity identification evaluation techniques to identify dredged material disposal options: A proposed approach. Eviron. Manag. 16: 1-6

Barsch, D., Gude, M., Mäusbacher, R., Schukraft, G., Schulte, A. (1994): Feststoff- und Sedimentdynamik von Elsenz und Neckar bei Hochwasserabfluß. In: Matschullat, G., Müller, G. (eds.): Geowissenschaften und Umwelt. Springer, Heidelberg. 85-93

Borenfreund, E., Puerner, J.A. (1984): A simple quantitative procedure using monolayer cultures for cytotoxicity assays (HTD/NR90). J. Tissue Cult. Meth. 9: 7-9

Braunbeck, T. (1995): Zelltests in der Ökotoxikologie – Cytotoxizitätstests mit Zellkulturen aus Fischen als Alternative und Ergänzung zu konventionellen Fischtests. Landesanstalt für Umweltschutz Baden-Württemberg, Stuttgart (= Veröffentlichungen des „Projektes Angewandte Ökologie“, Bd. 11)

Braunbeck, T., Berbner, T., Bieberstein, U., Erdinger, L., Geier, V., Hollert, H., Leist, E., Rahman, N. und Zipperle, J. (1995): Toxikologische und ökotoxikologische Untersuchung und Bewertung verschiedener Kompartimente in Fließgewässern mit Hilfe eines mehrstufigen Prüfsystem mit Zellkulturen aus Fischen. Landesanstalt für Umweltschutz Baden-Württemberg, Stuttgart (= Veröffentlichungen des „Projektes Angewandte Ökologie“, Bd. 12)

Brunström, B., Broman, D., Dencker, L., Näf, C., Vejlens, E. , Zebühr, Y. (1992): Extracts from settling particulate matter collected in the Stockholm archipelago waters: Embryolethality, immunotoxicity, and EROD-inducing potency of fractions containing aliphatics/monoaromatics, diaromatics, or polyaromatics. Environ. Toxicol. Chem. 11: 1441-1449

Burton, G.A. (1991): Assessing the toxicity of freshwater sediments. Environ. Toxicol. Chem. 10: 1585-1627

Burton, G.A., MacPherson, C. (1995): Sediment toxicity testing issues and methods. In: Hoffman, D.J., Rattner, B.A., Burton, G.A., Cairns, J. (eds.): Handbook of ecotoxicology. Lewis-Publishers. Boca Raton. 70-103

Calmano, W., Hong, J., Förstner, U. (1991): Einfluß von pH-Wert und Redoxpotential auf die Bindung und Mobilisierung von Schwermetallen in kontaminierten Sedimenten. Vom Wasser. 78: 245-257

Campbell, M., Bitton, G., Koopman, B., Delfino, J.J. (1992): Preliminary comparision of sediment extraction procedures and exchange solvents for hydrophobic compounds based on inhibition of bioluminescence. Environ. Toxicol. Wat. Qual. 7: 329-338

Dürr, M., Hollert, H., Erdinger. L., Sonntag, H.G. (1998): Ames-Test an nicht aufkonzentriertem Flußwasser aus Baden-Württemberg. Poster bei der Jahrestagung der SETAC-Europe (GLB), Zittau

Engwall, M., Brunström, B., Brewer, A., Norrgren, L. (1994): Cytochrome p450IA induction by coplanar PCB, a PAH mixture, and PCB-contaminated sediment extracts following microinjection of rainbow trout sac-fry. Aquat. Toxicol. 30: 311-324

Engwall, M., Broman, D., Ishaq, R., Näf, C., Zebühr, Y., Brunström, B. (1996): Toxic potencies of lipophilic extracts from sediments and settling particulate matter (SPM) collected in a PCB contaminated river system. Environ. Tox. Chem. 15: 213-222

Erdinger, L., Höpker, K.-A., Dörr, I., Fried, M., Dürr, M. (1997): Genotoxische organische Verbindungen in der Außenluft. Identität, Transformation und ökotoxikologische Bedeutung. Landesanstalt für Umweltschutz Baden-Württemberg, Stuttgart (= Veröffentlichungen des „Projektes Angewandte Ökologie", Bd. 25)

Förstner, U., Müller, G. (1974): Schwermetalle in Flüssen und Seen. Spinger-Verlag, Berlin, Heidelberg

Förstner, U., Calmano, W., Ahlf, W., Kersten, M. (1989): Ansätze zur Beurteilung der „Sedimentqualität" in Gewässern. Vom Wasser 73: 25-42

Geier, V. (1994): Effizienzkontrolle einer Renaturierungsmaßnahme am Neckar. Das Modellvorhaben „Flachwasserzone" im Hinblick auf die Förderung der limnischen und terrestrischen Fauna. Diplomarbeit, Universität Heidelberg

Harkey, G.A., Landrum, P.F., Klaine, S.J. (1994): Comparison of whole-sediment, elutriate and pore-water exposures for use in assessing sediment-associated organic contaminants in bioassays. Environ. Toxicol. Chem. 13: 1315-1329

Hauck, C., Braunbeck, T. (1994): Bioaktivierung von Cyclophosphamid im Cytoxizitätstest mit Fischzellen durch Supplementierung mit S9-Proteinfraktion aus Säugetieren und Fischen. Verh. Dtsch. Zool. Ges. 87.1: 326

Herbert, M., Schüth, Ch., Pyka, W. (1992): Sorption of polycyclic aromatic hydrocarbons (PAH) during the filtration of water samples. Wasser und Boden 8: 8-16

Hill, I.R., Matthiessen, P., Heimbach, F. (1993): Guidance document on sediment toxicity tests and bioassays for freshwater and marine environments. In: SETAC (ed.): Workshop on sediment toxicity assessment. Slot Moermond Congrescentrum, Netherlands, 8-10. November 1993. Brüssel

Ho, K.T.Y., Quinn, J.G. (1993): Physical and chemical parameters of sediment extraction and fractionation that influence toxicity as evaluated by Microtox. Environ. Toxicol. Chem. 12: 615-625

Hollert, H., Braunbeck, T. (1997): Ökotoxikologie in vitro: Gefährdungspotential in Wasser, Sediment und Schwebstoff. Landesanstalt für Umweltschutz Baden-Württemberg, Stuttgart (= Veröffentlichungen des „Projektes Angewandte Ökologie", Bd. 21)

Hollert, H., Dürr, M., Dörr, I., Erdinger, L., Zipperle, J., Braunbeck, T. (1996): Toxikologische und ökotoxikologische Untersuchung und Bewertung der Kompartimente in Fließgewässern mit Hilfe von Zellkulturen aus Fischen. Landesanstalt für Umweltschutz Baden-Württemberg, Stuttgart (= Veröffentlichungen des „Projektes Angewandte Ökologie", Bd. 16)

Ingersoll, C.G. (1995): Sediment tests. In: Rand, G.M. (ed.): Fundamentals of aquatic toxicology. 2. Auflage. Taylor and Francis, Washington D.C. 231-256

Ingersoll, C.G., Ankley, G.T., Benoit, D.A., Brunson, E.L., Burton, G.A., Dwyer, F.J., Hoke, R.A., Landrum, P.F., Norbergking, T.J., Winger, P.V. (1995): Toxicity and bioaccumulation of sediment associated contaminants using freshwater invertebrates: a review of methods and applications. Environ. Tox. Chem. 14: 1885-1894

Kern, U., Westrich, B. (1995): Sediment contamination by heavy metals in a lock regulated section of the river Neckar. Mar. Freshwat. Res. 46: 101-106

Kern, U., Westrich, B., Kern, R., Erdinger, L. (1996): Schwermetallbelastung des Neckars bei Lauffen während signifikanter Hochwasserereignisse. Jahrestagung 1996, Fachgruppe Wasserchemie, Kurzfassungen und Teilnehmerverzeichnis, P15: 1-3

Klee, O. (1991): Angewandte Hydrobiologie. Thieme, Stuttgart

Kocan, R.M., Sabo, K.M., Landolt, M.L. (1985): Cytotoxicity/genotoxicity: the application of cell culture techniques to the measurement of marine sediment pollution. Aquat. Toxicol. 6: 165-177

Kwan, K.K., Dukta, B.J. (1990): Simple two-step sediment sediment extraction procedure for use in genotoxicity and toxicity bioassays. Tox. Assess. 5: 395-404

Liess, M., Schulz, U. (1995): Ökotoxikologie von Pflanzenschutzmitteln. In: Steinberg, C., Bernhardt, H., Klappner, H. (eds.): Handbuch Angewandte Limnologie. Ecomed, Landsberg

Maron, D.M., Ames, B.N. (1983): Revised methods for the *Salmonella* mutagenicity test. Mut. Res. 113: 173-215

Martin, N. Schuster, I., Pfeifer, S. (1996): Two experimental methods to determine the speciation of cadmium in sediment from the river neckar. Acta Hydrochim. Hydrobiol. 24: 68-76

Mosmann, T. (1983): Rapid colorimetric assay for cellular growth and survival, Application to proliferation and cytotoxicity assays. J. Immunol. Meth. 65: 55-63

Müller, G. (1992): Untersuchung der Neckar-Altsedimente und Bewertung ihres möglichen Einflusses auf die Gewässergüte und auf das Grundwasser. In: Regierungspräsidium Stuttgart, Abteilung V-Wasserwirtschaft (ed.): Altsedimente in den Stauhaltungen des Neckars. Stuttgart. Anlage A.

Müller, G., Prosi, F. (1978): Verteilung von Zink, Kupfer und Cadmium in verschiedenen Organen von Plötzen (*Rutilus rutilus* L.) aus Neckar und Elsenz. Z. Naturforsch. 33c: 7-14

Müller, G., Yahaya, A., Gentner, P. (1993): Die Schwermetallbelastung der Sedimente des Neckars und seiner Zuflüsse: Bestandsaufnahme 1990 und Vergleich mit früheren Untersuchungen. Heidelberger Geowiss. Abh. 69: 1-91

Power, E.A., Chapman, P.M. (1992): Assessing sediment quality. In: Burton, G.A. (ed.): Sediment toxicity assessment. Lewis-Publishers, Boca Raton. 1-18

Prosi, F., Segner, H. (1986): Biotestverfahren zur Abschätzung der Bioverfügbarkeit von Schwermetallen in Sedimenten des Neckars. Heidelberger Geowiss. Abh. 5: 96-101

Regierungspräsidium Stuttgart, Abteilung V – Wasserwirtschaft (1993): Altsedimente in den Stauhaltungen des Neckars. Stuttgart

Reynoldson, T.B., Day, K.E. (1995): Freshwater sediments. In: Calow, P. (ed.): Handbook of ecotoxicology. Blackwell. 83-100

Schulz, M., Lewald, B., Kohlpoth, M., Rusche, B., Lorenz, K., Unruh, E., Hansen, P.-D., Miltenburger, H.G. (1995): Fischzellinien in der toxikologischen Bewertung von Abwasserproben. ALTEX 12: 188-195

Segner, H., Lenz, D. (1993): Cytotoxicity assays with the rainbow trout R1 cell line. Toxic. in vitro 7: 537-540

Song, Y., Müller, G. (1993): Freshwater sediments: Sinks and sources of bromine. Naturwissensch. 80: 558-560

Steinhäuser, G.S. (1996): Prüfung und Bewertung wassergefährdender Stoffe. Sachstand und Probleme. UWSF – Z. Umweltchem. Ökotox. 8: 22-33

Symader, W., Bierl, R., Strunk, N. (1991): Die zeitliche Dynamik des Schwebstofftransportes und seine Bedeutung für die Gewässerbeschaffenheit. Vom Wasser 77: 159-169

True, C.J., Heyward, A.A. (1990): Relationships between Microtox test results, extraction methods, and physical and chemical compositions of marine sediment samples. Tox. Assess. 5: 29-45

Vigano, L., Arillo, A., De Flora, S., Lazorchak, J. (1995): Evaluation of microsomal and cytosolic biomarkers in a seven-day larval trout sediment toxicity test. Aquatic Toxicol. 31: 189-202

Wall, S.B., Isley, J.J., La Point, T.W. (1996): Fish bioturbation of cadmium contaminated sediments: factors affecting Cd availability to *Daphnia magna*. Environ. Toxicol. Chem. 15: 294-298

Weishaar, D., Gossrau, E., Faderl, B. (1975): Normbereiche von alpha-HBDH, LDH, AP und LAP bei Messung mit substratoptimierten Testansätzen. Med. Welt 26: 387-390

Wolf, K., Quimby, M.C. (1962): Established eurythermic line of fish cells in vitro. Science 135: 1065-1066

Zahn, T., Hauck, C., Holzschuh, J., Braunbeck, T. (1995): Acute and sublethal toxicity of seepage waters from garbage dumps to permanent cell lines and primary cultures of hepatocytes from rainbow trout (*Oncorhynchus mykiss*): a novel approach risk assessment for chemicals and chemical mixtures. Zbl. Hyg. 196: 455-479

Zimmer, M., Ahlf, W. (1994): Erarbeitung von Kriterien zur Ableitung von Qualitätszielen für Sedimente und Schwebstoffe. Umweltbundesamt, Berlin (= UBA-Texte 69/94)

Bewertungsstrategien und Risikoanalyse – Wasser

46 Zielvorgaben für Pflanzenschutzmittelwirkstoffe in Oberflächengewässern

C. Kussatz, A. Gies und D. Schudoma

Abstract

In 1993 the federal government and the federal states agreed on a „Concept for the derivation of quality targets for the protection of inland surface waters against hazardous substances", as a basis for the formulation of immission-related quality criteria. Based on this concept, quality targets are derived separately for various protected assets and types of uses such as aquatic communities, drinking water supplies, commercial and amateur fishing, suspended solids, and sediments. Tested quality targets currently exist in Germany for 28 industrial chemicals and 7 heavy metals. Quality targets for the protection of aquatic communities are now being derived for selected active pesticide ingredients. Protecting aquatic communities means to protect all of their components. That is why the quality targets are based on data searches as exhaustive as possible on the substances' aquatic toxicity. In each case, the lowest of the effective concentrations determined in valid ecotoxicological studies is used for the derivation. A large number of the quality targets derived for active pesticide ingredients are lower than the limit value for drinking water. the limit value for drinking water originally defined from a precautionary point of view has thus been backed up by more stringent requirements for the protected asset „aquatic communities", and the call for effect-related quality objectives responded to. Quality targets are concentrations that should as far as possible not be exceeded. They are orientational or guide values which must not be equated with legally binding limit values. The quality targets approach serves as a yardstick for requirements for the quality of surface waters. A comparison of pollution data and formulated quality targets shows that efforts to achieve reductions in water pollution must be stepped up.

Zusammenfassung

Als Grundlage zur Entwicklung immissionsbezogener Qualitätskriterien für Schadstoffe einigten sich der Bund und die Länder 1993 auf eine „Konzeption zur Ableitung von Zielvorgaben zum Schutz oberirdischer Binnengewässer vor gefährlichen Stoffen". Auf dieser Grundlage erfolgt die Ableitung von Zielvorgaben getrennt für einzelne Schutzgüter bzw. Nutzungsarten, wie aquatische Lebensgemeinschaften, Trinkwasserversorgung, Berufs- und Sportfischerei sowie Schwebstoffe und Sedimente. National liegen für 28 Industriechemikalien und 7 Schwermetalle bereits erprobte Zielvorgaben vor. Für das Schutzgut Aquatische Lebensgemeinschaften werden jetzt Zielvorgaben für ausgewählte Pflanzenschutzmittelwirkstoffe abgeleitet. Schutz der Lebensgemeinschaften heißt, den Schutz aller ihrer Glieder zu gewährleisten. Die Zielvorgaben stützen sich somit auf möglichst vollständige Recherchen zur Aquatoxikologie der Stoffe. Die jeweils niedrigsten Wirkungswerte aus validen ökotoxikologischen Untersuchungen werden zur Ableitung herangezogen. Eine große Zahl der Zielvorgaben für Pflanzenschutzmittelwirkstoffe liegt unter dem Trinkwassergrenzwert. Somit wird der ursprünglich aus Vorsorgegesichtspunkten erlassene Grenzwert für Trinkwasser durch die strengeren Anforderungen für das Schutzgut Aquatische Lebensgemeinschaften unterstützt und der Forderung nach wirkungsbezogenen Qualitätszielen nachgekommen. Zielvorgaben sind Konzentrationsangaben, die nach Möglichkeit nicht überschritten werden sollen. Es handelt sich um Orientierungs- oder Richtwerte, die nicht mit rechtlich verbindlichen Grenzwerten gleichzusetzen sind. Der Zielvorgabenansatz dient als Maßstab für Anforderungen an die Qualität von Oberflächengewässern. Ein Vergleich von Belastungsdaten und formulierten Zielvorgaben zeigt, daß im Hinblick auf Pflanzenschutzmittel verstärkte Anstrengungen unternommen werden müssen, Verringerungen der Gewässerbelastung zu erreichen.

46.1 Hintergrund

46.1.1 Zielvorgaben der Länderarbeitsgemeinschaft Wasser (LAWA)

Mit der Konzeption zur Ableitung von Zielvorgaben zum Schutz oberirdischer Binnengewässer vor gefährlichen Stoffen (LAWA 1997) einigten sich die LAWA und der Bund auf ein Vorgehen zur Entwicklung immissionsbezogener Richtwerte für das Vorkommen von Schadstoffen in Gewässern. Zielvorgaben dienen als Beurteilungsmaßstab der Gewässerqualität und ergänzen als ein zusätzliches Instrument die bestehenden rechtlichen Regelungen zur Emissionsbegrenzung. Auch bei Einhaltung der technischen Standards kann durch lokale Häufung von Industrieanlagen, durch den Verkehr, die Verwendung chemischer Produkte in Haushalt, Landwirtschaft etc. ein Schadstoffniveau erreicht werden, das Schädigungen bzw. Beeinträchtigungen für Mensch und Umwelt hervorrufen kann.

Zielvorgaben haben die Aufgabe, schutzgutbezogene Anforderungen an die Gewässerqualität im Hinblick auf die Gesamtbelastung, unabhängig von der einzelnen verursachenden Quelle, zu definieren. Sie stellen nicht rechtlich verbindliche Grenzwerte sondern Orientierungswerte dar. Bei der Anwendung bleibt es den Vollzugsorganen überlassen, welche Schutzgüter sie anwenden, ob sie ggf. Zwischenziele festlegen und welche Zeitziele sie den Zielvorgaben bzw. Zwischenstufen zuordnen.

Die Ableitung der Zielvorgaben erfolgt separat, bezogen auf die Schutzgüter Aquatische Lebensgemeinschaften, Berufs- und Sportfischerei, Schwebstoffe und Sedimente, Trinkwasserversorgung. Für den Schutz der Meeresumwelt im Hinblick auf die Belastung aus Binnengewässern wurden bisher keine Zielvorgaben abgeleitet, da es an einer spezifischen Methodik fehlte. Allerdings hat die 4. Nordseeschutzkonferenz Klarheit über die politischen Ziele gebracht (4. Internationale Nordseeschutzkonferenz 1995). Auf der Grundlage der oben genannten Konzeption wurden vom Umweltbundesamt bereits für 28 Industriechemikalien und 7 Schwermetalle Zielvorgaben für die einzelnen Schutzgüter und Nutzungsarten abgeleitet und begründet (LAWA 1997, 1998).

In Kooperation von der LAWA und dem Umweltbundesamt wurden die bereits abgestimmten Zielvorgaben anhand von Gewässerzustandsdaten (90-Perzentile) auf Einhaltung überprüft (Ist/Soll-Vergleich); ferner wurden in einem zweiten Schritt die Ursachen von Überschreitungen ermittelt. Hierbei haben sich die Zielvorgaben als wichtiges Instrument zur Beurteilung von Gewässerbelastungen erwiesen. Es können Belastungsquellen und Erfolge von Sanierungsmaßnahmen besser erkannt und Maßnahmen zur Verminderung der Gewässerbelastung vorbereitet werden (Irmer et al. 1994, 1995).

Die 45. Umweltministerkonferenz hat 1995 auf der Grundlage der Erprobung der 28 Industriechemikalien festgestellt, daß sich die Konzeption als Verfahren zur Ableitung von Zielvorgaben bewährt hat. Sie empfiehlt daher die Anwendung der Zielvorgaben für den wasserwirtschaftlichen Vollzug. Von den 101. LAWA-Sitzung wurde beschlossen, einen LAWA-Arbeitskreis Zielvorgaben einzusetzen (Nachfolger Bund-Länder-Arbeitskreis Qualitätsziele, BLAK QZ). 1996 erteilte die LAWA dem AK den Auftrag, Zielvorgaben für eine vorgegebene Auswahl von Pflanzenschutzmitteln zu entwickeln und zu erproben.

46.1.2 Zielvorgaben der Internationalen Kommission zum Schutze des Rheins (IKSR)

Die Ableitung von Zielvorgaben für den Rhein beruht auf dem Aktionsprogramm Rhein, das 1987 die bis zum Jahre 2000 zu erreichenden Ziele des Rheinschutzes definiert hat:

- das Ökosystem des Rheins soll soweit verbessert werden, daß heute verschwundene, aber früher vorhandene Arten (z.B. der Lachs) wieder heimisch werden können;
- die Nutzung des Rheinwassers für die Trinkwasserversorgung muß auch künftig möglich sein;
- die Schadstoffbelastung der Sedimente muß soweit verringert werden, daß diese wieder auf Land ausgebracht bzw. im Meer verklappt werden können.

Die Arbeiten der LAWA wurden von der IKSR bei der Ableitung von Zielvorgaben für den Rhein berücksichtigt. Die Konzeptionen haben vergleichbare methodische Grundlagen. Die IKSR hat für insgesamt 65 prioritäre Stoffe bzw. Stoffgruppen Zielvorgaben abgeleitet, die im Rhein bis zum Jahr 2000 eingehalten werden sollen (IKSR 1995). Der Expertenkreis Zielvorgaben hat aktuell die Aufgabe, die Ableitung von Zielvorgaben für die im Rahmen des Aktionsprogrammes Rhein (APR) bedeutenden Stoffe, die nicht Bestandteil der Liste prioritärer Stoffe sind, weiter zur bearbeiten. Aus einer sogenannten Prüfliste werden sukzessive weitere relevante Stoffe selektiert und dem Arbeitskreis übertragen.

46.1.3 Zielvorgaben in der Europäischen Union (EU)

Im Rahmen der Umsetzung der EU-Richtlinie 76/464/EWG ist die Bundesrepublik Deutschland verpflichtet, Zielvorgaben für gefährliche Stoffe in Gewässern festzulegen. Diese Richtlinie soll zukünftig in eine Rahmenrichtlinie überführt werden. Im Februar 1997 legte die Kommission ihren Vorschlag für eine Richtlinie des Rates zur Schaffung eines Ordnungsrahmens für Maßnahmen der Gemeinschaft im Bereich der Wasserpolitik (Wasserrahmenrichtlinie – RRL) vor. In Artikel 4 der Rahmenrichtlinie werden für Oberflächengewässer, Grundwasser und Schutzgebiete Umweltziele aufgestellt. Ziel ist der sogenannte gute Zustand der Gewässer. Bei Oberflächengewässern setzt sich dieser Zustand aus dem guten ökologischen Zustand und dem guten chemischen Zustand zusammen. Dieser gute Zustand soll in allen Gewässern erreicht werden. Inhaltliche Einzelheiten, wie z.B. konkrete Qualitätsziele oder Zielvorgaben zur Bestimmung und Bewertung der Gewässerqualität, sind im Kommissionsvorschlag bislang nicht enthalten. Vielmehr ist vorgesehen, daß diese von einem technischen Ausschuß erarbeitet werden sollen (Rechenberg 1997).

46.2 Zielvorgaben für Pflanzenschutzmittelwirkstoffe

Pflanzenschutzmittelspezifische Regelungen mit unmittelbarer und mittelbarer Auswirkung auf die Schutzgüter aquatische Lebensgemeinschaften, Trinkwasserversorgung und Fischerei ergeben sich insbesondere aus dem Pflanzenschutzgesetz (PflSchG), dem Wasserhaushaltsgesetz (WHG), dem Lebensmittelrecht und Vereinbarungen internationaler Flußgebiets- und Meeresschutzkommissionen. Immissionsbezogene Qualitätskriterien für Pflanzenschutzmittel zum Schutz des Oberflächenwassers fehlen weitgehend.
Auch Pflanzenschutzmittel und Biozidprodukte fallen, zumal sie auch Nicht-Ziel-Kompartimente der Umwelt erreichen, unter die Rubrik gefährliche Stoffe und müssen entsprechend bewertet werden. Für ausgewählte Pflanzenschutzmittelwirkstoffe erfolgte daher nach der LAWA-Konzeption die Ableitung von Zielvorgaben.

46.2.1 Schutzgut Trinkwasserversorgung

Für das Schutzgut Trinkwasserversorgung basieren die Festlegungen auf der Grundlage der in der EG-Trinkwasserrichtlinie (80/778/EWG) festgeschriebenen Grenzwerte. Eine Erprobung für das Schutzgut Trinkwasserversorgung wurde bereits durchgeführt. Dazu wurde über Meßprogramme in ausgewählten, relevanten Binnengewässern, die zur Trinkwassergewinnung dienen oder im Bedarfsfall dafür zur Verfügung stehen, das mengenmäßige Vorkommen für mehr als 100 Pflanzenschutzmittelwirkstoffe und deren Metabolite erfaßt.
Die Agrarministerkonferenz hat am 20. März 1998 die durch eine Bund-Länder-offene Arbeitsgruppe vorgelegte Bewertung des Berichtes der Länderarbeitsgemeinschaft Wasser (LAWA) über die Erprobung der vorläufigen Zielvorgaben für Wirkstoffe in Bioziden und Pflanzenbehandlungsmitteln für das Schutzgut Trinkwasserversorgung vom 10.07.1996 zur Kenntnis genommen und der Veröffentlichung des genannten Berichtes der LAWA unter Hinzufügung der durch die Bund-Länder-offene Arbeitsgruppe erarbeiteten Bewertung zugestimmt.
Der LAWA-Bericht identifiziert Wirkstoffe, für die lokale bzw. regionale Überschreitungen des Orientierungswertes nachgewiesen werden. Als besonders auffälig erweisen sich Atrazin, Chloridazon, Chlortoluron, Lindan, Dichlorprop-P, Mecoprop-P, Diuron, Isoproturon, Terbuthylazin.

46.2.2 Schutzgut Aquatische Lebensgemeinschaften

Im Rahmen seiner Zuarbeit zum LAWA-Arbeitskreis Zielvorgaben (LAWA-AK ZV) hat das Umweltbundesamt jetzt Zielvorgaben für ausgewählte Wirkstoffe in Pflanzenschutzmitteln für das Schutzgut Aquatische Lebensgemeinschaften abgeleitet und in Stoffdatenblättern dokumentiert. Für das Schutzgut Aquatische Lebensgemeinschaften sind stoffbezogene Toxizi-

Trophische Ebene	Organismenart	Testkriterium/Endpunkt
Primärproduzenten	Grünalgen	Zellvermehrung
Primärkonsumenten	Kleinkrebse	Reproduktion
Sekundärkonsumenten	Fische	Wachstum, Gewicht, Verhalten
Destruenten	Bakterien	Zellvermehrung

Tab. 46-1: Basisdaten für die Ableitung von Zielvorgaben zum Schutz der aquatischen Lebensgemeinschaften

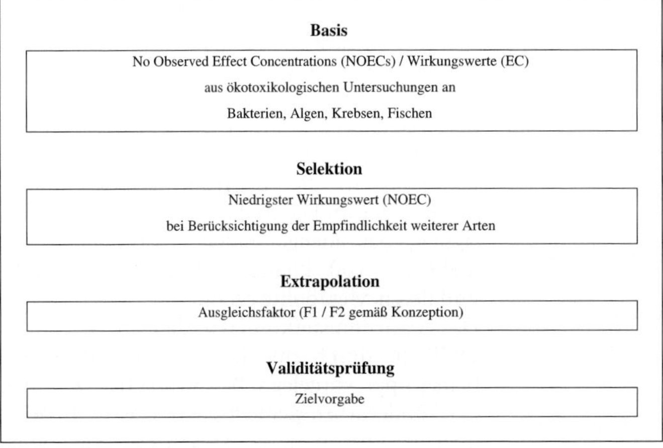

Abb. 46-1: Ableitung von Zielvorgaben zum Schutz der aquatischen Lebensgemeinschaften

tätsdaten für Vertreter der vier zentralen Trophieebenen der Gewässerbiozönose (Bakterien, Algen, Krebse, Fische) die Grundlage der Ableitung. Verwendet werden Daten aus anerkannten Testverfahren, die eine Beurteilung der längerfristigen Wirkung im Bereich der Wirkungsschwelle erlauben (Tab. 46-1).

Schutz der Lebensgemeinschaften heißt, den Schutz aller ihrer Glieder zu gewährleisten. Die Zielvorgaben stützen sich somit auf möglichst vollständige Recherchen zur Aquatoxikologie der Stoffe. Die jeweils niedrigsten validen Wirkungswerte aus ökotoxikologischen Untersuchungen wurden zur Ableitung herangezogen (Abb. 46-1).

Seit Jahren besteht national und international Konsens, die Abschätzung ökotoxikologischer Risiken für aquatische Systeme auf der Basis einer begrenzten Zahl ausgewählter Monospezies-Labortests vorzunehmen. Sie gestatten eine vergleichbare Bewertung der relativen Toxizität verschiedener Stoffe gegenüber unterschiedlichen Spezies und Lebensstadien sowie eine statistische Auswertung. Als standardisierte und reproduzierbare Verfahren sind sie nachvollziehbare und überprüfbare Grundlage für die administrative Praxis.

Sofern ökologisch relevante Studien zur Wirkung in aquatischen Systemen, z.B. Ökosystemtests oder Feldversuche vorliegen, sollen diese zur Bewertung herangezogen werden, wenn sichergestellt ist, daß sie als Testverfahren realitätsnäher, reproduzierbar, allgemein anerkannt und in ihrer Validität überprüft sind. Dabei ist im Einzelfall zu prüfen, inwieweit der Ausgleichsfaktor F1 erhöht werden kann. Zur Übertragung der Schlußfolgerungen aus Modellversuchen auf das Ökosystem sind in jedem Fall Sicherheitsfaktoren erforderlich, die abhängig sind von der Qualität der Untersuchung selbst sowie von der Repräsentativität der gewählten Testorganismen (Kussatz 1994).

Bevor die LAWA über die vorgelegten Zielvorgaben befindet, soll den interessierten Kreisen Gelegenheit zur fachlichen Stellungnahme gegeben werden. Dazu läuft derzeit ein schriftliches Anhörungsverfahren. Über einen umfangreichen Verteiler soll durch den gezielt breit angelegten Meinungsbildungsprozeß die Akzeptanz der Zielvorgaben befördert werden. Wirksam im politischen Prozeß werden Ziele nicht allein dadurch, daß sie auf einer nachvollziehbaren wissenschaftlichen Basis abgeleitet werden, sondern auch durch ihre gesellschaftliche Akzeptanz und instrumentelle Umsetzung. Diese sollten unter Beteiligung von relevanten Interessengruppen stattfinden.

46.3 Bewertung

Eine beachtliche Zahl der Zielvorgaben für Pflanzenschutzmittelwirkstoffe liegt unter dem Trinkwassergrenzwert (Tab. 46-2). Somit wird der ursprünglich aus Vorsorgegesichtspunkten erlassene Grenzwert für Trinkwasser durch die strengeren Anforderungen für das Schutzgut Aquatische Lebensgemeinschaften unterstützt und der Forderung nach wirkungsbezogenen Qualitätszielen nachgekommen.

Die Überprüfung der Einhaltung von Zielvorgaben ist dadurch erschwert, daß in vielen Fällen unzureichende Analysemethoden verfügbar sind oder angewendet werden. Die flächendekkende Einhaltung der Zielvorgaben wäre ein Indiz dafür, daß Pflanzenschutzmittel im Einzugsgebiet – aus wasserwirtschaftlicher Sicht – nach guter fachlicher Praxis angewandt werden. Ein Vergleich von Belastungsdaten und formulierten Zielvorgaben wird jedoch zeigen, daß im Hinblick auf eine Reihe von Pflanzenschutzmittel verstärkte Anstrengungen unternommen werden müssen, Verringerungen der Gewässerbelastung zu erreichen.

Regelungen und Maßnahmen, die vom Einleiter die Verminderung der Emissionen verlangen, sind naturgemäß nur dann auf ihre Einhaltung überwachbar, wenn es sich um definierte Punktquellen handelt. Gerade bei Pflanzenschutzmitteln findet der hauptsächliche Eintrag in die Umwelt jedoch nicht aus Punktquellen statt, wie sie z.B. Produktions- und Verarbeitungsbetriebe darstellen. Viel wichtiger ist bei diesen Stoffen, die bestimmungsgemäß offen in die Umwelt eingebracht werden, der Eintrag aus diffusen Quellen. Solche Belastungspfade sind z.B. Abschwemmungen oder Auswaschungen aus landwirtschaftlich genutzten Böden oder die Verdunstung mit anschließender nasser oder trockener Deposition (Irmer et al. 1993).

Tab. 46-2: Vorläufige Zielvorgaben zum Schutz der aquatischen Lebensgemeinschaften für ausgewählte Pflanzenschutzmittelwirkstoffe (µg/l)

Substanz	Vorläufige Zielvorgabe (µg/l)
Ametryn	0,5
Azinphos-ethyl	unzureichende Datenbasis
Azinphos-methyl	0,01
Bentazon	70
Bromacil	0,6
Chloridazon	10
Chlortoluron	0,4
2,4-D	2
Dichlorprop-P	10
Dichlorvos	0,0006
Dimethoat	0,2
Diuron	0,05
Endosulfan	0,005
Etrimphos	0,004
Fenitrothion	0,009
Fenthion	0,004
Hexazinon	0,07
Isoproturon	0,3
Lindan	0,3
Linuron	0,3
Malathion	0,02
MCPA	2
Mecoprop-P	50
Metazachlor	0,4
Methabenzthiazuron	2
Metolachlor	0,2
Parathion-ethyl	0,005
Parathion-methyl	0,02
Prometryn	0,5
Propazin	unzureichende Datenbasis
Simazin	0,1
Terbuthylazin	0,5
Triazophos	0,03
Trifluralin	0,03
Tributylzinnverbindungen	0,0001
Triphenylzinnverbindungen	0,0005

Als mögliche Ursachen für Zielvorgabenüberschreitungen sind zu benennen:

- Einträge über den Oberflächenabfluß,
- Austrag aus Dränagen,
- Abdrift,
- Eintrag über Niederschläge,
- nicht ordnungsgemäße oder sachgerechte Umgang mit Pflanzenschutzmitteln,
- Belastungen durch Hofabläufe,
- Einträge in die Kanalisation.

Die Erhaltung der natürlichen Diversität und Funktionalität der Ökosysteme macht im Hinblick auf alle anthropogenen Einflüsse auf die Umwelt aufgrund der gegebenen Unsicherheiten bei der Beurteilung der Effekte eine angemessene Vorsorge unbedingt erforderlich. Die ökologische Forschung hat gezeigt, daß der Einsatz chemischer Pflanzenschutzmittel nicht nur die Flora und Fauna auf der Zielfläche selbst beeinflußt, sondern auch weitreichende Wirkungen auf den Nichtzielbereich aufweist. Zum Schutz der außerhalb der Zielfläche lebenden Organismen müssen spezielle Anforderungen an die Zulassung von Pflanzenschutzmitteln gestellt werden, um nicht vertretbare Auswirkungen auf den Naturhaushalt zu verhindern. Das rechtliche Instrumentarium wird jetzt durch die Einbeziehung des Ersten Gesetzes zur Änderung des Pflanzenschutzgesetzes erweitert. Das Pflanzenschutzgesetz schreibt vor, daß die Auswirkungen von Pflanzenschutzmitteln bei bestimmungsgemäßer und sachgerechter Anwendung bewertet werden. Verstöße gegen die Anwendungsvorschriften für Pflanzenschutzmittel werden häufig nicht festgestellt, da diesbezüglich keine oder nur unzureichende Kontrollen durchgeführt werden. Ursächliche Zusammenhänge zwischen auftretenden Effekten an einzelnen Organismen oder in der Landschaft und dem Einsatz der Pflanzenschutzmittel lassen sich aufgrund der Vielzahl der Einflußfaktoren nachträglich oft nur schwer herstellen.

Zur Verringerung des Risikopotentials bei der Anwendung von Pflanzenschutzmitteln wird die Reduzierung der Einträge in die Umwelt seit Jahren angestrebt. Allerdings zeigen entsprechende Ansätze nur zögerlich Erfolg. Z.B. gehen die Einführung von driftreduzierender Anwendungstechnik oder von Maßnahmen zur Verminderung des run-off in die breite landwirtschaftliche Praxis nur schleppend voran. Untersuchungen zu den lokalen Eintragsquellen belegen die unzureichende Einhaltung der guten landwirtschaftlichen Praxis beim Umgang mit Pflanzenschutzmitteln.

Weiterhin sind ausgewogene Fruchtfolgen eine sinnvolle Maßnahme im Rahmen des integrierten Pflanzenschutzes, um den Einsatz chemischer Pflanzenschutzmittel deutlich zu begrenzen. Fruchtfolgen, die jedoch einseitig auf das Erzielen maximaler Nettoerträge ausgerichtet sind, sind Ursache für das Entstehen phytosanitärer Probleme, die einen Mehreinsatz chemischer Präparate erfordern. Häufig erfolgt auch der großflächige Einsatz von Herbiziden immer noch protektiv, statt sich an Bekämpfungsrichtwerten und der Verunkrautung auf der Fläche auszurichten. Die konsequente Umsetzung neuer Erkenntnisse in die landwirtschaftliche Praxis sollte, auch zu Umweltschutzbelangen, aktuell über den Beratungsdienst der Pflanzenschutzämter erfolgen; meist stehen jedoch die Beratungen des nutzungsorientierten Mitteleinsatzes im Vordergrund.

Den Eintrag von Pflanzenschutzmitteln in das Grundwasser, in oberirdische Binnengewässer und in die Meeresumwelt zu vermeiden ist eine generelle Forderung. Eine Reihe von Maßnahmevorschlägen ist bei konsequenter Durchsetzung geeignet, den Eintrag von Pflanzenschutzmittel aus dem landwirtschaftlichen Bereich in die Gewässer zu verringern und Vermeidungsstrategien zu forcieren:

- Förderung der Zusammenarbeit zwischen Landwirtschaft und Wasserwirtschaft,
- Landbewirtschaftung nach guter fachlicher Praxis,
- qualitative Verbesserung der Pflanzenschutzberatung,
- spezielle Regelungen für den nicht landwirtschaftlichen Bereich,
- Alternativwirkstoffe mit günstigeren Eigenschaften,
- Verfahren des integrierten Landbaus und des ökologischen Landbaus ausweiten.

Zudem sollte die analytische Nachweisbarkeit von ökotoxikologisch unbedenklichen Konzentrationen durch die Hersteller gewährleistet sein. Im Zusammenhang mit der Pflanzenschutzgesetz-Novelle sollen Grundsätze zur guten landwirtschaftlichen Praxis erstellt und veröffentlicht werden. Dies geschieht unter besonderer Berücksichtigung des Grundwassers sowie des integrierten Pflanzenschutzes.

46.4 Schlußfolgerungen

Zielvorgaben sind ein geeignetes Instrument

- zur Überprüfung der Gewässerqualität (Ist/Soll-Vergleich)
- zum Erkennen von Gewässerbelastungen (ZV-Überschreitungen)
- zur Prioritätensetzung und differenzierten Bewertung
- zur Beurteilung von Belastungsschwerpunkten
- als Ausgangspunkt für differenzierte Ursachenforschung
- zur Vorbereitung von Maßnahmen zur Belastungsreduzierung
- zur Erfolgskontrolle von Sanierungsmaßnahmen

Fachlich begründete Zielvorgaben sind Orientierungswerte für Konzentrationen gefährlicher Stoffe, die nach Möglichkeit nicht überschritten werden sollen (keine Grenzwerte). Neben der konsequenten Umsetzung bestehender rechtlicher Regelungen ist das Zielvorgabenkonzept ein zusätzliches immissionsbezogenes Instrument in der Gewässerschutzpolitik. Eine Einhaltung der Zielvorgaben gewährleistet nach dem Stand wissenschaftlicher Erkenntnisse, daß eine Gefährdung der betrachteten Schutzgüter nicht zu besorgen ist. Auf der Grundlage einer einzelstoffbezogenen Konzeption kann nur eine begrenzte Anzahl prioritärer Stoffe beurteilt werden.

Hinweis

Der Beitrag gibt nicht notwendigerweise die Meinung des Umweltbundesamtes wider.

Literatur

IKSR – Internationale Kommission zum Schutze des Rheins (1995): Aktionsprogramm Rhein: Stoffdatenblätter für die Zielvorgaben. Koblenz

4. Internationale Nordseeschutzkonferenz (1995): Ministererklärung. NOTEX-Verlag, Kopenhagen

Irmer, U., Wolter, R., Kussatz, C. (1993): Problembereich Pflanzenschutzmittel aus wasserwirtschaftlicher Sicht. Agrarspektrum 21: 22-33

Irmer, U., Markard, C., Blondzik, K., Gottschalk, C., Kussatz, C., Rechenberg, B., Schudoma, D. (1994): Ableitung und Erprobung von Zielvorgaben für gefährliche Stoffe in Oberflächengewässern. UWSF – Z. Umweltchem. Ökotox. 6: 19-27

Irmer, U., Markard, C., Blondzik, K., Gottschalk, C., Kussatz, C., Rechenberg, B., Schudoma, D. (1995): Quality targets for concentrations of hazardous substances in surface waters in Germany. Ecotox. Environ. Saf. 32: 233-243

Kussatz, C. (1994): Aquatic field studies in ecotoxicological assessment of hazardous substances. Environ. Toxicol. Wat. Qual. 9: 281-284

LAWA (Länderarbeitsgemeinschaft Wasser) (1997): Zielvorgaben zum Schutz oberirdischer Binnengewässer, Band I, Teil I: Konzeption zur Ableitung von Zielvorgaben zum Schutz oberirdischer Binnengewässer vor gefährlichen Stoffe, Teil II: Erprobung der Zielvorgaben von 28 gefährlichen Wasserinhaltsstoffen in Fließgewässern. Berlin

LAWA (Länderarbeitsgemeinschaft Wasser) (1998): Zielvorgaben zum Schutz oberirdischer Binnengewässer, Band II: Ableitung und Erprobung von Zielvorgaben zum Schutz oberirdischer Binnengewässer für die Schwermetalle Blei, Cadmium, Chrom, Kupfer, Nickel, Quecksilber und Zink. Berlin

PflSchG (1986): Gesetz zum Schutz der Kulturpflanzen (Pflanzenschutzgesetz – PflSchG) v. 15.09.1986. BGBl. I 971, in Kraft am: 01.01.1987, zuletzt geändert am 30.04.1998, BGBl. I S. 823

Rechenberg, J. (1997): Die geplante EG-Wasserrahmenrichtlinie – Chancen und Risiken für den Gewässerschutz. Umwelt Technologie Aktuell 3: 201-205

WHG (1986): Gesetz zur Ordnung des Wasserhaushalts (Wasserhaushaltsgesetz – WHG) v. 23.09.1986. BGBl I 1529, ber. 1654, geändert durch G v. 27.06.1994, BGBl I S 1440

47 Ableitung von Qualitätskriterien zum Schutz von fisch- und muschelfressenden Tierarten

D. Schudoma, A. Gies und C. Kussatz

Abstract

Wildlife species that consume fish, shellfish and other aquatic biota may be endangered by persistent and toxic substances that accumulate in aquatic food webs. In order to assess and manage persistent, bioaccumalative, toxic substances, quality criteria have to be derived. Therefore, existing methods for the derivation of quality criteria for the protection of wildlife that consume aquatic biota used in the Netherlands, the United States, Canada, and according to the Technical Guidance Document for the assessment of existing and new substances in the European Union are reviewed. Based on existing methods a proposal was made by the German Federal Environmental Agency for a national concept for the derivation of quality criteria (tissue residue guidelines) for the protection of wildlife that consume fish and other aquatic biota. A review of quality criteria proposed by different institutions for DDT, mercury, methylmercury, polychlorinated biphenyls (PCB), 2,3,7,8-tetrachlorodibenzo-p-dioxin (TCDD) and toxaphene is given.

Zusammenfassung

Wildlebende Tierarten, die sich überwiegend von Fischen, Muscheln und anderen Wasserorganismen ernähren, können durch persistente und toxische Stoffe gefährdet sein, die sich in der aquatischen Nahrungskette anreichern. Für die Beurteilung von Rückstandsdaten aus Monitoringprogrammen, die Stoffbewertung sowie Stoffregulierung ist die Ableitung von Qualitätskriterien für die Nahrung von wildlebenden Tierarten erforderlich. Die bestehenden methodischen Ansätze zur Ableitung von Qualitätskriterien zum Schutz von fischfressenden Tierarten, die in den Niederlanden, den USA, in Kanada und nach dem Technical Guidance Document zur Bewertung von Alt- und Neustoffen der Europäischen Union erarbeitet wurden, werden im Überblick vorgestellt. Auf der Basis der bestehenden Ansätze wurde im Umweltbundesamt ein Vorschlag für ein nationales Konzept zur Ableitung von Qualitätskriterien zum Schutz von wildlebenden Tierarten, die sich von Fischen und anderen Wasserorganismen ernähren, entwickelt. Die auf internationaler Ebene von verschiedenen Institutionen vorgeschlagenen Qualitätskriterien für DDT, Polychlorierte Biphenyle (PCB), Quecksilber, Methylquecksilber, 2,3,7,8-Tetrachlordibenzo-p-dioxin (2,3,7,8-TCDD) und Toxaphen werden dargestellt.

47.1 Einleitung

Wildlebende Tierarten, die sich überwiegend von Wasserorganismen ernähren, sind besonders durch jene Schadstoffe gefährdet, die sich in der aquatischen Nahrungskette anreichern. Am höchsten belastet sind fischfressende Arten, die einen hohen Anteil von Raubfischen im Nahrungsspektrum haben sowie ein geringes Körpergewicht und eine hohe Nahrungsaufnahmerate im Vergleich zum Körpergewicht besitzen. Als potentiell gefährdete Konsumenten sind bei den Säugetieren der Fischotter (*Lutra lutra*), der Nerz (*Mustela vison*) und der Seehund (*Phoca vitulina*) zu nennen und bei den Vögeln die Flußseeschwalbe (*Sterna hirondu*), die Sturmschwalbe (*Oceanites oceanicus*) und der Seeadler (*Haliaeetus albicilla*). Die Flußseeschwalbe ernährt sich fast ausschließlich von Fischen und nimmt täglich etwa eine Menge von 60 % ihres Körpergewichtes an Nahrung auf. Wie Untersuchungen im Rahmen des Vorhabens „Schadstoffmonitoring mit Seevögeln" gezeigt haben, ist die Flußseeschwalbe eine der am höchsten mit PCB und Quecksilber belasteten Arten. Der Austernfischer (*Haematopus ostralegus*) ist deutlich geringer belastet, da dessen Nahrung, Muscheln, Schnecken und Würmer, aus einer niedrigeren trophischen Ebene entstammt (Becker et al. 1992).

Als Beispiel sei hier die Anreicherung von Quecksilber im Nahrungsnetz des Wattenmeeres angeführt (Abb. 47-1). Die Organismen am Anfang der Nahrungskette sind deutlich geringer mit Quecksilber belastet als die Endglieder. Es zeigt sich auch, daß die einzelnen Umweltproben unterschiedliche Methylquecksilberanteile aufweisen (Blasentang 3 %, Miesmuschel 20 %, Aalmutter 90 %, Silbermöweneier 82 %). In Fischen und Silbermöweneiern besteht der Quecksilberrückstand somit überwiegend aus Methylquecksilber.

Die Belastung der Umwelt mit toxischen und persistenten Stoffen, die ein hohes Bioakkumu-

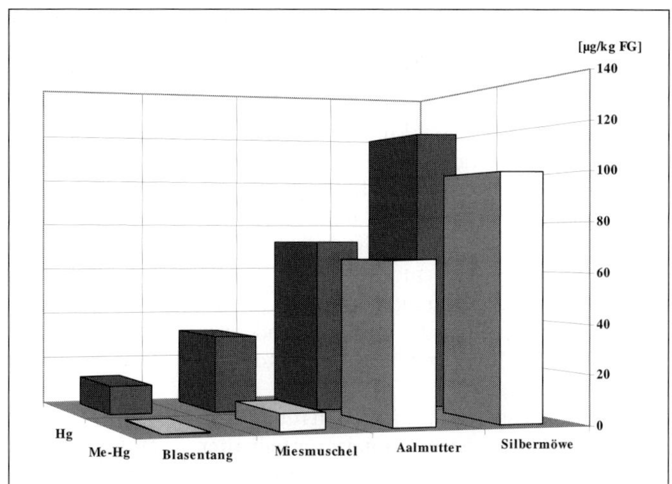

Abb. 47-1: Gesamtquecksilber- (Hg) und Methylquecksilberkonzentrationen (Me-Hg) in Umweltproben aus dem Niedersächsischen Wattenmeer im Jahr 1994 (UBA 1998)

lationspotential aufweisen, wie z.B. DDT, PCB und Quecksilber, ist zwar rückläufig, dennoch sind Endglieder der Nahrungskette noch immer einem hohen Belastungsniveau ausgesetzt (Cifuentes und Becker 1998, UBA 1998, Smit et al. 1996). Inwieweit sich die bestehende Belastung als unbedenklich einstufen läßt, kann nur an Hand von Qualitätskriterien für die Nahrung von Wildtieren beurteilt werden. Die Höchst- und Richtwerte für Lebensmittel wie Fische und Muscheln, die zum Schutz der menschlichen Gesundheit festgelegt wurden, sind nicht zwangsläufig hinreichend, um Nahrungsspezialisten, wie z.B. Fischotter, Seehund, Flußseeschwalbe oder Seeadler, adäquat zu schützen; sie sind daher als Vergleichsmaßstab ungeeignet. Auch die aus Toxitätsdaten für Wasserorganismen abgeleiteten Wasserqualitätskriterien schützen nicht zwangsläufig die Endglieder der Nahrungskette. Bei der Ableitung von Qualitätskriterien zum Schutz von Prädatoren müssen daher Nahrungsketteneffekte gesondert betrachtet werden (Nenzda et al. 1997).

In Deutschland liegt bisher kein Konzept vor, wie Qualitätskriterien zum Schutz von fisch- und muschelfressenden Tierarten abzuleiten sind. Es existieren ebenfalls keine nationalen Referenzwerte für tolerierbare Rückstandskonzentrationen in aquatischen Organismen, die als Nahrung für wildlebende Tierarten dienen. Auf der Grundlage der aus dem internationalen Bereich vorliegenden Konzepte, die im nächsten Abschnitt dargestellt werden, wird ein Vorschlag für ein nationales Konzept abgeleitet.

47.2 Konzepte zur Ableitung von Qualitätskriterien zum Schutz von Wildtieren

Bei der Ableitung von Qualitätskriterien werden im allgemeinen die Kontaminationspfade Wasser-Tier und Wasser-Nahrung (Fisch)-Tier berücksichtigt. Unberücksichtigt bleibt die Exposition über die Sedimentingestion bei der Nahrungssuche, über die Partikelingestion bei der Reinigung von Fell oder Gefieder, über die Haut und über die Atemwege. Bei lipophilen Stoffen, die sich in der Nahrungskette und in Sedimenten anreichern, ist die Aufnahme über die Nahrung der Hauptexpositionspfad. Die Exposition über das Trinkwasser sowie über die Atemwege kann in der Regel vernachlässigt werden.

Grundsätzlich lassen sich die bestehenden Konzepte zur Ableitung von Qualitätskriterien zum Schutz von wildlebenden Tierarten, die sich von im Wasser lebenden Organismen ernähren, in zwei Kategorien einteilen:

- Methoden, die zum Ziel haben, Qualitätskriterien für das Medium Wasser abzuleiten.

- Konzepte, die das Ziel verfolgen, Qualitätskriterien für Biota (Nahrung, Körperkonzentration in Top-Prädatoren) abzuleiten.

Der erste Ansatz setzt voraus, daß neben den Wirkungsdaten die Bioakkumulationsfaktoren für die Nahrungsorganismen (Beute) aus den unterschiedlichen trophischen Ebenen sowie die Nahrungsanteile bekannt sein müssen. Weiterhin führt dieser Ansatz bei persistenten und toxischen Stoffen, die sich in der Nahrungskette stark anreichern, zu Qualitätskriterien für das Medium Wasser, die häufig im Bereich oder unterhalb der Nachweisgrenze bei der Routineüberwachung liegen.
Die Ableitung von Qualitätskriterien für die Körper- bzw. Gewebekonzentration ist vorteilhafter, da die Nahrungsaufnahme der Hauptexpositionspfad ist und Stoffe wie z.B. DDT, PCB oder Quecksilber besser im Gewebe von Wasserorganismen oder in Sedimenten als in der Wasserphase zu bestimmen sind. Sofern Nahrungskettenmodelle und Bioakkumulationsfaktoren (Wasser-Biota, bzw. Sediment-Biota) verfügbar sind, können die Qualitätskriterien – soweit sinnvoll – auf andere Medien wie Wasser, Schwebstoffe, Sedimente sowie Geweberückstände in Organen übertragen werden, um vorliegende Monitoringdaten besser bewerten zu können.

47.2.1 USA

Im Rahmen der Great Lakes Water Quality Initiative wurden für die Stoffe DDT, Quecksilber, 2,3,7,8-TCDD und PCB Wasserqualitätskriterien zum Schutz wildlebender Vogel- und Säugetierarten vorgeschlagen (U.S. EPA 1995a). Die Qualitätskriterien sind in Tabelle 47-7 aufgeführt. Das Wildlife Critrion (WLC) wurde gemäß dem Leitdokument der U.S. EPA (1995b) aus dem Wildlife Value (WV) für Säugetiere und Vögel wie folgt ermittelt:

$$WV = \frac{TD \cdot [1/(UF_A \cdot UF_S \cdot UF_L)] \cdot Wt}{W + \Sigma(F_{TLi} \cdot BAF_{TLi})}$$

BAF_{TLi} = Bioakkumulationsfaktor für die Nahrung von Wildtieren aus der trophischen Ebene i (l/kg)
F_{TLi} = Durchschnittliche tägliche Nahrungsaufnahme aus einer trophischen Ebene (kg/d)
LOAEL = Lowest observed adverse effect level
NOAEL = No observed adverse effect level
TD = Dosis der Testsubstanz für die geteste Art in mg/kg Körpergewicht pro Tag (NOAEL oder LOAEL) aus Untersuchungen mit Säugetieren oder Vögeln
UF_A = Ausgleichsfaktor (uncertainty factor) für die Extrapolation zwischen den Arten (1-100)
UF_L = Ausgleichsfaktor (uncertainty factor) für die Extrapolation von LOAEL auf NOAEL (1-10)
UF_S = Ausgleichsfaktor (uncertainty factor) für die Extrapolation subchronisch – chronisch (1-10)
W = Tägliche Trinkwasseraufnahme (l/d)
Wt = Durchschnittliches Gewicht für eine repäsentative Art
WV = Artspezifischer Wildlife Value (mg/l)

Der WV für Säugetiere wurde aus dem geometrischen Mittel der WV von Flußotter (*Lutra canadensis*) und Nerz (*Mustela vison*) errechnet. Der WV für Vögel wurde aus dem geometrischen Mittel der WV von Gürtelfischer (*Ceryle alcyon*), Silbermöwe (*Larus argentatus*) und Weißkopf-Seeadler (*Haliaeetus leucocephalus*) ermittelt. WV sind jene Konzentrationen, bei deren Einhaltung oder Unterschreitung keine negativen Auswirkungen für die jeweilige Art oder Artengruppe zu befürchten sind. Der niedrigste WV der beiden taxonomischen Gruppen wurde als Great Lakes Wildlife Criterion festgelegt und soll alle genannten fischfressenden Arten schützen. Die Ausgleichsfaktoren (UF) wurden in Abhängigkeit von der Verfügbarkeit von Wirkungsuntersuchungen gewählt und berücksichtigen die Unsicherheit bei der Übertragung der Testergebnisse auf reale Umweltverhältnisse. Die Grundlage für die Festlegung der Ausgleichsfaktoren ist im Leitdokument der U.S. EPA (1995b) dokumentiert. Beispiele für die Handhabung der Faktoren sind im Bericht der U.S. EPA (1995a) zu finden.

47.2.2 Niederlande

In den Niederlanden wurde für die Bewertung von Neustoffen eine Vorgehensweise entwickelt, wie die Kontamination über den Pfad Wasser-

Tab. 47-1: Ausgleichsfaktoren zur Abschätzung der Maximum permissible concentration (MPC) für die Nahrung von Säugetieren und Vögeln (LC = Lethal concentration, NOEC = No observed effect concentration).

Verfügbare Information	Ausgangspunkt	Ausgleichsfaktor
Weniger als 3 LC50 Werte und kein NOEC-Wert	niedrigster Wert	1/1000
Mindestens 3 LC50-Werte und kein NOEC-Wert	niedrigster Wert	1/100
Weniger als 3 NOEC-Werte	niedrigster Wert	1/10[1)]
Mindestens 3 NOEC-Werte	niedrigster Wert	1/10

[1)] Der aus den niedrigsten NOEC-Werten extrapolierte MPC-Wert wird mit dem aus den LC50-Werten extrapolierten MPC-Wert verglichen. Der niedrigste MPC-Wert wird verwendet.

Fisch-fischfressender Säuger oder Vogel bei der Ableitung von Umweltqualitätskriterien berücksichtigt werden kann (Romijn et al. 1991 1993). Ausgangspunkt für die Extrapolation sind Wirkungswerte, die auf die Schadstoffkonzentration in der Nahrung (mg/kg) bezogen sind. Für die Ableitung sollten vorzugsweise Werte für die No observed effect concentration (NOEC) aus chronischen Wirkungstests mit Säugern und Vögeln verwendet werden, bei denen die Endpunkte Mortalität, Reproduktion und Wachstum untersucht wurden.

Zur Bestimmung der Maximum permissible concentration (MPC) sind zwei Extrapolationsmethoden vorgesehen. Liegen für mindestens 4 verschiedene Arten NOEC-Werte vor, so wird eine Gefährdungskonzentration für 5 % der Arten (HC5) mit einer statistischen Sicherheit von 50 % nach der Methode von Aldenberg und Slob (1991) berechnet und einer maximal zulässigen Konzentration in der Nahrung gleichgesetzt. Für den Fall, daß weniger als 4 NOEC-Werte für verschiedene Arten vorliegen, ist die Anwendung von Ausgleichsfaktoren vorgesehen (s. Tab. 47-1).

Sofern mehr als ein NOEC-Wert für eine Art bei gleichem Untersuchungsparameter zur Verfügung steht, wird das geometrische Mittel aus den Werten berechnet. Die Festlegung der Ausgleichsfaktoren wurde auf der Basis des Vergleichs von akuten mit chronischen Test ergebnissen vorgenommen. Subchronische Wirkungsdaten (Expositionszeit >1 Monat) werden ohne zusätzlichen Ausgleichsfaktor verwendet. Testdaten, denen eine Expositionszeit von einem Monat zugrunde liegt, werden noch als chronisch gewertet, wenn die Wirkung auf die Reproduktion untersucht wurde. Wurde hingegen nur die Mortalität oder das Wachstum untersucht, sind die Daten als subakut einzustufen. Unter Verwendung des Biokonzentrationsfaktors (BCF) wird aus der abgeschätzten maximal zulässigen Konzentration in Nahrungsorganismen (MPC) die maximal zulässige Konzentration im Wasser (MPC_{aqu}) und die vernachlässigbare Konzentration (NC) im Wasser wie folgt berechnet:

$$MPC_{aqu} = MPC \div BCF$$

$$NC = (MPC \div BCF) \cdot 0{,}01 = MPC_{aqu} \cdot 0{,}01$$

Das aus den Literaturangaben berechnete geometrische Mittel der BCF-Werte für Fische ergibt im allgemeinen einen wirklichkeitsnahen Schätzwert. Die kombinierte oder getrennte Verwendung der Wirkungsdaten von Säugern und Vögeln kann bei Anwendung der statistischen Extrapolationsmethoden zu unterschiedlichen Extrapolationsergebnissen führen.

Die Arbeiten von Romijn et al. (1991) sind bei der Erstellung eines Leitdokuments zur Ableitung von Umweltqualitätskriterien eingeflossen (Slooff 1992). Für den Fall, daß für mindestens vier verschiedene Arten von Wasserorganismen NOEC-Werte vorliegen, werden die NOEC-Werte für Vögel und Säugetiere mittels BCF-Werten auf die Konzentration in der Wasserphase übertragen und mit den Daten für Wasserorganisen kombiniert und ein HC5-Wert mit einer 50 %igen Sicherheit nach der Methode von Aldenberg und Slob (1991) berechnet. Für den Fall, daß die Anzahl der NOEC-Werte nicht für die Anwendung der statistischen Extrapolationsmethode ausreicht, werden die in Tabelle

47-1 angegebenen Ausgleichsfaktoren angewendet (vorläufige Bewertungsmethode). Abschließend wird geprüft, ob auch „bedrohte Arten" ausreichend geschützt sind. Hierzu wird der MPC-Wert mit den NOEC-Werten von karnivoren Arten verglichen.

Vorschläge für eine modifizierte Methode wurden von Jonkers und Everts (1992) sowie Van de Plassche (1994) erarbeitet. Im Gegensatz zur ursprünglichen Methode werden von Jonkers und Everts (1992) Korrekturfaktoren für den Energiegehalt der Nahrung und für die Metabolismusrate verwendet, da der Nährwert des Futters von Labortieren höher als der von Fischen und Muscheln und der Energieverbrauch von wildlebenden Tierarten höher als der von Labortieren ist. Die Verwendung dieser Korrekturfaktoren befindet sich jedoch noch in der Diskussion (Slooff et al. 1995). Da nur die Unterschiede im Energiegehalt der Nahrung hinreichend abgesichert sind, sieht van de Plassche (1994) nur einen Korrekturfaktor für die Unterschiede der Nährwerte des Futters vor. Die von Slooff (1992) vorgeschlagene Kombination von Wirkungsdaten für Säuger und Vögel mit Daten für Wasserorganismen bei der Ableitung der MPC-Werte, ist u.a. aufgrund der Übertragung der NOEC-Werte mit Unsicherheiten behaftet. Der getrennten Ableitung von MPC-Werten für Wasserorganismen und Prädatoren (Säuger und Vögel) wird daher von niederländischen Health Council der Vorzug gegeben (van de Plassche 1994).

$$MPC_{Wasser} = \frac{NOEC_{Vogel;Säugetier} \cdot C}{BCF_{Fisch;Muschel}}$$

C = 0,32 für Fische und C = 0,2 für Muscheln als Nahrung

47.2.3 Europäische Union

Das für die Bewertung von Alt- und Neustoffen erstellte Technical Guidance Document (EC 1996) enthält in Kapitel 47.3.8 (Assessment of secondary poisoning) ebenfalls konzeptionelle Vorgaben zur Ableitung eines Kriterienwertes zum Schutz von fischfressenden Tierarten ($PNEC_{oral}$). Die Vorgehensweise ist im wesentlichen mit dem niederländischen Konzept vergleichbar. Die Verwendung eines statistischen Extrapolationsverfahrens ist jedoch nicht vorgesehen. Die Ableitung erfolgt mit Hilfe der in Tabelle 47-2 angegebenen Ausgleichsfaktoren (assessment factors). Die Unterschiede zwischen dem Nährwert der Nahrung von fischfressenden Tierarten und Labortieren (meist überwiegend Getreide) können durch einen zusätzlichen Korrekturfaktor berücksichtigt werden. Die Wirkungsdaten für Labortiere werden hierzu mit einem Faktor von 1/3 multipliziert.

47.2.4 Kanada

In Kanada wurde eine abgewandelte Vorgehensweise zum Schutz von wildlebenden Tierarten, die sich von Wasserorganismen ernähren, gewählt (CCME 1998). Für DDT, PCB und Toxaphen wurden Qualitätskriterien für die Schadstoffkonzentration in Fischen (Tissue Residue Guidelines, TRG) abgeleitet. Auf eine Übertragung der Werte auf die Wasserphase wird verzichtet.

Für die Ableitung von Qualitätskriterien (Tissue Residue Guidelines, TRG) müssen für drei Säugetierarten und zwei Vogelarten Testergebnisse (vorzugsweise von Arten, die sich von Wasserorganismen ernähren) vorliegen. Bei Säugetieren müssen mindestens zwei subchronische oder chronische Tests mit empfindlichen Endpunkten verfügbar sein. Zur Ableitung von vorläufigen Qualitätskriterien werden akute, subchronische oder chronische Tests mit drei Säugetierarten und einer Vogelart als hinreichend angesehen. Der erster Schritt bei der Ableitung eines Qualitätskriteriums ist die Berechnung von Werten für

Verfügbare Information	Ausgangspunkt	Ausgleichsfaktor
LC50-Werte (5 d Test)	niedrigster Wert	1/1000
NOEC-Werte (28 d Test)	niedrigster Wert	1/100
NOEC-Werte (90 d Test)	niedrigster Wert	1/30
NOEC-Werte (chronischer Test)	niedrigster Wert	1/10

Tab. 47-2: Ausgleichsfaktoren zur Ableitung eines Werte für $PNEC_{oral}$ (LC = Lethal concentration, NOEC = No observed effect concentration, $PNEC_{oral}$ = Predicted no effect concentration, oral).

den Tolerable daily intake (TDI) für Vögel und Säugetiere auf der Basis des empfindlichsten in der toxikologischen Literatur angegebenen Endpunktes. Der TDI-Wert ergibt sich aus dem geometrischen Mittel von LOAEL und NOAEL unter Anwendung eines geeigneten Ausgleichsfaktors (Uncertainty factor, UF):

TDI = $(\text{LOAEL} \cdot \text{NOAEL})^{0.5} \div \text{UF}$

TDI = Tolerable daily intake (mg/kg Körpergewicht pro Tag)

LOAEL = Lowest observed adverse effect level (mg/kg Körpergewicht pro Tag)

NOAEL = No observed adverse effect level (mg/kg Körpergewicht pro Tag)

UF = Ausgleichsfaktor (uncertainty factor 10-1000)

Wenn der NOAEL nicht aus der Kurve der Dosis-Wirkungsbeziehung abgeschätzt werden kann, wird der NOAEL abgeschätzt (NOAEL = LOAEL ÷ 5.6). Der verwendete Ausgleichsfaktor, der zur Ableitung eines TDI-Wertes verwendet wird, sollte nicht kleiner als 10 gewählt werden. Der Ausgleichsfaktor kann, in Abhängigkeit von Substanz, Umfang und Qualität der verfügbaren Daten, größer als 10 sein.

Da der niedrigste TDI auf Grund der Unterschiede im Verhältnis von Nahrungsaufnahmerate (FI) zu Körpergewicht (BW) nicht zwangsläufig die niedrigste akzeptable Nahrungskonzentration ergibt, werden Referenzwerte (Reference concentrations) für ausgewählte Säugetiere und Vögel berechnet. Als potentiel gefährdete Rezeptoren wurde der Nerz (*Mustela vison*, BW = 0.6 kg, FI = 0.143 kg/d) und die Buntfuß-Sturmschwalbe (*Oceanites oceanicus*, BW = 0.032 kg, FI = 0.03 kg/d) gewählt. Der niedrigste berechnete Referenzwert (RC) wird als Qualitätskriterium (Tissue Residue Guideline) für den Rückstand in Raubfischen (Fische der 4. trophische Ebene) verwendet.

$RC_n = TDI \cdot BW \div FI$

Rc_n = Reference concentration (mg/kg), wobei n sich auf eine von vielen Wildtierarten bezieht, für die eine RC berechnet werden kann.

TDI = Tolerable daily intake (mg/kg/d)

BW = Körpergewicht (kg)

FI = Nahrungsaufnahmerate (kg/d Frischgewicht)

47.3 Vorschlag für ein Konzept zur Ableitung von Qualitätskriterien für die Nahrung von fischfressenden Tierarten

47.3.1 Einführung

Der Vorschlag wurde auf der Basis der kanadischen Konzeption (CCME 1998) entwickelt. Ziel ist es, alle Lebensstadien aller Arten zu schützen, die sich von Wasserorganismen (aquatische Biota) ernähren. Die Qualitätskriterien sollten nur für bioakkumulierende, persistente und toxische Stoffe entwickelt werden, sofern sie in umweltrelevanten Konzentrationen vorkommen. Als Kriterien für die Stoffauswahl können die im TGD (EC 1996) angeführten Stoffeigenschaften herangezogen werden. Das vorgeschlagene Konzept soll den Rahmen für die Entwicklung von Qualitätskriterien vorgeben, es kann eine wissenschaftlich fundierte Bewertung der existierenden Wirkungsdaten aber nicht ersetzen. Von besonderer Bedeutung ist hierbei die Auswahl der validen Studien sowie die Festlegung geeigneter Ausgleichsfaktoren. Für die Beurteilung der Validität von Tests können z.B. die im kanadischen Konzept (CCME 1998) angeführten Beurteilungskriterien verwendet werden. Es ist auch zu prüfen, ob Daten aus Freilandstudien oder Versuchen mit kontaminierten Fischen einbezogen werden können.

47.3.2 Grunddaten

Eine Ableitung eines Referenzwertes sollte nur erfolgen, wenn ausreichend subchronische oder chronische Wirkungsdaten vorliegen. Berücksichtigt werden nur valide Untersuchungen, bei denen die Schadstoffexposition oral erfolgte.

Für die Ableitung müssen für mindestens zwei Säugetierarten und eine Vogelart Testergebnisse aus subchronischen oder chronischen Untersuchungen mit empfindlichen Endpunkten vorliegen. Die Daten können aus Standardtests (Ratten, Mäuse, Hunde, Wachtel, Enten etc.) stammen, da in der Regel nur eine geringe Anzahl von Daten für Arten, die sich von aquatischen Organismen ernähren, zur Verfügung stehen. Vorzugsweise sollten die Endpunkte Wachstum, Entwicklung und Reproduktion für die Ableitung verwendet werden. Es können jedoch auch andere Parameter herangezogen werden, wenn diese für die Reproduktion relevant sind.

Den Ausgangspunkt für die Ableitung bildet der niedrigste NOAEL oder LOAEL in Milligramm pro Kilogramm Körpergewicht und Tag (mg/kg /d). Die Verwendung der Dosis erlaubt die Anpassung an die von Wildtieren über die Nahrung aufgenommene Stoffmenge. In vielen Studien wird das Ergebnis nur als Testkonzentration in der Nahrung angegeben (mg/kg Nahrung) oder die Exposition erfolgte über das Trinkwasser. Die Umrechnung von der Nahrungs- oder Wasserkonzentration auf eine Dosis in (mg/kg/d) erfolgt entsprechend den nachfolgenden Gleichungen:

$D\ (mg/kg/d) = C_{Nahrung} \cdot FI \div BW$
$D\ (mg/kg/d) = C_{Wasser} \cdot W \div BW$

D = Dosis (NOAEL oder LOAEL) in mg/kg Körpergewicht pro Tag
C = Konzentration (NOAEL oder LOAEL) in der Nahrung in mg/kg Frischgewicht oder im Wasser in mg/l
FI = Nahrungsaufnahmerate in kg/d Frischgewicht
W = Wasseraufnahmerate in l/d
BW = Körpergewicht in kg Frischgewicht

Es sollten hierbei vorzugsweise die Körpergewichte bzw. die Nahrungs- oder Wasseraufnahmeraten verwendet werden, die in der Studie für die Versuchstiere angegeben werden. Sind diese Daten der Quelle nicht zu entnehmen, können die Daten aus Literaturangaben abgeschätzt werden (EC 1996, US EPA 1995b, CCME 1993).

47.3.3 Berechnung einer Referenzkonzentration für Wildtierarten

Die Ableitung eines Referenzwertes erfolgt für Säugetiere und Vögel getrennt. Die Berechnung wird auf der Grundlage der niedrigsten validen Testdosis (TD) unter Verwendung eines geeigneten Ausgleichsfaktors (AF) (s. Kap. 47.3.4), des Körpergewichtes (BW) und der Nahrungsaufnahmerate (FI) geeigneter Rezeptorarten vorgenommen. Als Rezeptor wird bei Säugetieren der Fischotter (*Lutra lutra*) und bei Vögeln die Flußseeschwalbe (*Sterna hirondu*) verwendet:

$RC_n = TD \cdot (1/AF) \cdot BW \div FI$

RC_n = Referenzkonzentration (mg/kg), wobei n sich auf eine von vielen Wildtierarten bezieht, für die eine RC berechnet werden kann.
TD = Testdosis (NOAEL oder LOAEL)
LOAEL = Lowest observed adverse effect level (mg/kg/d)
NOAEL = No observed adverse effect level (mg/kg/d)
AF = Ausgleichsfaktor (10-100)
BW = Körpergewicht (kg Frischgewicht)
FI = Nahrungsaufnahmerate (kg/d Frischgewicht)

Für den Fischotter kann auf der Grundlage der Untersuchungen von Smit et al. (1996) ein durchschnittliches Körpergewicht von 7,5 kg und eine Nahrungsaufnahme von 1,5 kg/d angenommen werden. Für die Flußseeschwalbe wird ein Köpergewicht von 0,120 kg und eine Nahrungsaufnahmerate von 0,073 kg/d angegeben

Tab. 47-3: Ableitung einer Referenzkonzentration für Vögel – Beispiel DDT einschließlich Metabolite (AF = Ausgleichsfaktor, AF_L = LOAEL – NOAEL, AF_S = subchronisch – chronisch, AF_A = artspezifische Unterschiede, FG = Frischgewicht, LOAEL = Lowest observed adverse effect level).

Niedrigster Wirkungswert	Ente (Environment Canada, 1997a)		
Endpunkt	LOAEL, Eierschalendicke, Reproduktion	0,3	mg/kg/d
Ausgleichsfaktor	$AF = AF_L \times AF_S \times AF_A$	30 = 3 x 1 × 10	
Testdosis	TD (LOAEL)	0,3	mg/kg/d
Rezeptor	Flußseeschwalbe (*Sterna hirundo*)		
Körpergewicht	BW	0,120	kg
Nahrungsaufnahmerate	FI	0,073	kg/d
Referenzkonzentration	$RC_n = TD \cdot (1 \div AF) \cdot BW / FI$	0,016	mg/kg FG

(CCME 1998). Ein Rechenbeispiel für die Ableitung einer Referenzkonzentration für Vögel ist in Tabelle 47-3 zu finden.

47.3.4 Auswahl des Ausgleichsfaktors (AF)

Der AF ergibt sich aus dem Produkt der Ausgleichsfaktoren für die Extrapolation LOAEL – NOAEL (AF_L), subchronisch – chronisch (AF_S) und für die Unterschiede der Empfindlichkeit zwischen den Arten (AF_A). Ein Ausgleichsfaktor, der die Unterschiede der Empfindlichkeit der einzelnen Tiere innerhalb einer Art berücksichtigt, wird nicht verwendet, da nicht der Einzelorganismus, sondern die Population geschützt werden soll.
Der AF sollte in der Regel nicht kleiner als 10 gewählt werden. Ergibt das Produkt von AF_L , AF_S und AF_A einen Wert, der größer 100 liegt, ist die Ableitung nur als vorläufig zu betrachten. Für diesen Fall sind weitere Untersuchungen erforderlich, um eine Referenzkonzentration für die Nahrung von fischfressenden Tierarten bzw. Qualitätskriterium abzuleiten. Die hier vorgeschlagenen Ausgleichsfaktoren beruhen auf den im Technical Guideance Document (EC 1996) und auf den im amerikanischen und kanadischen Konzept (CCME 1998, U.S. EPA 1995b) empfohlenen Ausgleichsfaktoren.

LOAEL – NOAEL (AF_L)

Die Anzahl der verwendeten Testkonzentrationen ist u.a. aus Tierschutzgründen oft beschränkt, so daß kein NOAEL bestimmt werden kann. Dies ist dann der Fall, wenn z.B. in allen getesteten Konzentrationsstufen ein Effekt im Vergleich zur Kontrolle beobachtet worden ist. Die niedrigste getestete Konzentration wird dann auch als ungebundener LOAEL bezeichnet (U.S. EPA 1995b). In Abhängigkeit von den bei der niedrigsten getesteten Konzentration aufgetretenen Effekten kann unter Anwendung eines Ausgleichsfaktors (2, 3, 5, oder 10) ein NOAEL abgeschätzt werden. Die Auswahl des Ausgleichsfaktors sollte analog den von der U.S. EPA (1995b) dokumentierten Prinzipien erfolgen. Alternativ dazu kann ein dem NOAEL äquivalenter Wert auch mittels eines statistischen Regressionsverfahrens abgeschätzt werden. Ein aus den Testdaten abgeschätzter EC10 kann hilfsweise einem NOAEL gleichgesetzt werden.

Subchronisch-chronisch (AF_S)

Der AF_S ist mit 10 anzusetzen, wenn der NOAEL aus einem 28-Tage Test stammt. Wenn der NOAEL in einem 90-Tage Test ermittelt wurde, kann der AF_S mit 3 angesetzt werden.

Interspezies (AF_A)

Der Ausgleichsfaktor sollte in der Regel nicht kleiner als 10 gewählt werden. Liegen chronische Untersuchungen für empfindliche Wildtierarten (Rezeptorarten wie Otter, Flußseeschwalbe) vor, kann in begründeten Fällen der AF abgemindert werden.

47.3.6 Festlegung und Überwachung des Qualitätskriteriums

Die niedrigste Referenzkonzentration (RC) wird als Qualitätskriterium (QC_{Biota}) zum Schutz von fisch- und muschelfressenden Tierarten verwendet. Der Wert QC_{Biota} wird auf die höchste trophische Ebene (Raubfische) bezogen. Dies ist ein konservativer Ansatz, da sich die gewählten Rezeptoren, und zwar die Flußseeeschwalbe überwiegend von kleinen Fischen (3. trophische Ebene) und der Otter nicht nur von Raubfischen ernährt. Es ist jedoch zu berücksichtigen, daß beim Seeadler ein Teil seiner Nahrung aus fischfressenden Vögeln bestehen kann. Der Realität würde sicherlich ein gewichtetes Mittel aus dem Nahrungsspektrum der Rezeptorarten besser entsprechen. Die Nahrungszusammensetzung einer Art ist jedoch u.a. vom regionalen und saisonalen Nahrungsangebot abhängig. Weiterhin fehlen in der Regel Meßwerte für die erforderlichen Arten aus dem Nahrungsspektrum der Rezeptorarten. Für lokale Qualitätsziele kann eine Anpassung der QC_{Biota} an das Nahrungsspektrum von Rezeptorarten erfolgen. In vielen Fällen existieren keine Monitoringdaten für die trophische Ebene aus der sich die Rezeptorart ernährt. Legt man ein einfaches Nahrungskettenmodel zugrunde (Environment Canada 1997a), kann die Belastung für eine vorgegebene trophische Ebene (z.B. TL 4) aus den vorliegenden Monitoringdaten für andere trophische Ebenen (z.B. TL 2 oder 3) mittels Nahrungskettenmultiplikatoren (aquatic food chain multipliers) abgeschätzt werden (s. Tab. 47-4, 47-5 und 47-6).

Tab. 47-4: Kompartimente in einem einfachen aquatischen Nahrungskettenmodell

Trophische Ebene	(TL)	Taxonomische Gruppe / Spezies
TL 1	Primärproduzenten	Periphyton, Phytoplankton, aquatische Makrophyten
TL 2	Primärkonsumenten	Herbivores Zooplankton (z.B. Copepoden, Wasserflöhe)
TL 3	Sekundärkonsumenten	Kleine Beutefische (z.B. Brassen, Rotfeder, Stichling, Stint)
TL 4	Tertiärkonsumenten	Raubfische und große Friedfische (z.B. Aal, Hecht, Zander und Karpfen)

Tab. 47-5: Nahrungskettenmultiplikatoren – aquatische Nahrungskette (log K_{ow} = Logarithmus Verteilungskoeffizient Octanol-Wasser, TL = Trophische Ebene).

log K_{ow}	TL 2	TL 3	TL 4
5	1	3,181	2,612
5,5	1	6,266	7,079
6	1	10,556	15,996
6,5	1	13,662	24,604
7	1	14,305	26,242
7,5	1	21,517	19,967
8	1	8,222	7,798

Quelle: Sample et al. (1996) zitiert in Environment Canada (1997a)

Das Rechenbeispiel in Tabelle 47-6 zeigt, daß für Fische aus der 4. trophischen Ebene (TL 4) mit einer Überschreitung des Referenzwertes gerechnet werden muß, obwohl der Rückstand in Fischen der 3. trophischen Ebene (TL 3) den Referenzwert nicht überschreitet. Rückstandswerte, die mittels Nahrungskettenmultiplikatoren abgeschätzt wurden, sind jedoch nur ein Indiz, daß ein Referenzwert möglicherweise überschritten wird. Für eine abschließende Beurteilung sollten Rückstandsdaten, die in Fischen aus TL 4 gemessen wurden, herangezogen werden.

Das Beispiel macht auch deutlich, daß bei hoch lipohilen Stoffen die Beurteilung von Monitoringdaten durch die Wahl der trophischen Bezugsebene stark beeinflußt werden kann. Hier besteht jedoch noch weiterer Forschungsbedarf. Beispielsweise sollte für ausgewählte Stoffe geprüft werden, ob einfache Nahrungskettemodelle realistische Schätzwerte für die Belastung der verschiedenen trophischen Ebenen ergeben.

Zum Vergleich der QC_{Biota} mit Monitoringdaten wird vorgeschlagen, den Median oder Mittelwert der Messwerte heranzuziehen. Vorzugsweise sollte die Ganzköperkonzentration (Frischgewicht) als Vergleichswert verwendet werden. Die Ganzkörperkonzentration kann auch aus den Angaben bezogen auf den Fettgehalt abgeschätzt werden. Hilfsweise können auch die Konzentrationsangaben für Muskelfleisch verwendet werden.

Die Übertragung der Qualitätskriterien auf andere Medien, z.B. auf Schwebstoffe und Sedimente oder auf die Gewebekonzentration in den Rezeptorarten (Fett, Leber, Ei), wäre für die Beurteilung von Monitoringdaten sinnvoll. Voraussetzung hierfür ist aber, daß Modelle zur Verfügung stehen, mit denen die Rückstandskonzentrationen in Organismen mit der Kontamination von Wasser und Sedimenten in Beziehung

Qualitätskriterium (Bezug Fische TL 4)	14	µg/kg FG
Gemessener Rückstand in Fischen TL 3	2,0	µg/kg FG
Verteilungskoeffizient Octanol-Wasser (log K_{ow})	6	
Nahrungskettenmultiplikator	15,996	
Schätzwert für den Rückstand in Fischen TL 4	2,0 · 15,996 = 32	µg/kg FG

Tab. 47-6: Abschätzung des Geweberückstands für andere trophische Ebenen – Rechenbeispiel DDT (FG = Frischgewicht).

Tab. 47-7: Methodenüberblick – Ableitung von Qualitätskriterien zum Schutz von wildlebenden Tierarten (aquatische Nahrungskette)

	Kanada CCME (1998)	Europäische Union (1996)	Niederlande Van de Plassche (1994)	US EPA (1995b)
Bezeichnung der Werte	Tissue residue guideline (TRG)	Predicted no effect concentration (PNEC)	Maximum permissible concentration (MPC)/ Negligible concentration (NC)	Great Lakes Wildlife Criterion (WLC)
Expositions-pfade	Fisch – Vogel/Säugetier	Wasser – Fisch – Vogel/ Säugetier	Wasser – Fisch/Muschel – Vogel/Säugetier	Wasser – Fisch – Vogel/ Säugetier
Angestrebtes Schutzziel	Schutz aller Arten	Schutz fischfressender Arten	MPC: 95% der Arten NC: alle Arten	Nerz, Flußotter, Gürtelfischer, Silbermöve, Seeadler
Mindestdaten	NOAEL und LOAEL (Dosis) aus subchronischen und chronischen Untersuchungen Full guideline: 3 Säugetierarten und 2 Vogelarten	NOEC oder LOEC (Nahrungskonzentration) aus subchronischen und chronischen Untersuchungen mit Säugetieren (28/90 Tage) und Vögeln (28 Tage hilfsweise 5 Tage LC50)	Statistisches Modell (mindestens 4 NOEC) Ausgleichsfaktoren (weniger als 4 NOEC)	NOAEL oder LOAEL (Dosis) aus subchronischen und chronischen Untersuchungen mit Säugetieren (28/90 Tage) und Vögeln (28/70 Tage)
Ausgleichsfaktor (gesamt)	Uncertainty factor (UF) UF $\geq$ 10	Assessment factor (AF) AF = 1000, 100, 30, 10	Assessment factor AF = 1000, 100, 10	Uncertainty factor $UF = UF_A \cdot UF_S \cdot UF_L$
Interspezies	10 oder 100	10	10 oder 100	UF_A = 1-100
akut – chronisch	–	100 (5 d Test Vögel)	10	–
subchronisch – chronisch	1-10 (nur subchronische Daten 10)	10 (28 d Test) 3 (90 d Test) 1 (chronisch)	–	UF_S = 1-10
LOAEL-to-NOAEL	NOAEL = LOAEL/5,6	NOEC = LOEC/2 (Mortalität < 20%)	NOEC = LOEC/AF AF = 2, 3, 10 oder NOEC = EC 10	UF_L = 1-10
Unterschiede der Nährwerte Labor – Freiland	Berücksichtigt durch das Verhältnis Körpergewicht/ Nahrungsaufnahmerate	NOEC (Predator) = NOEC (Labortiere) × 1/3	NOEC (Predator) = NOEC (Labortiere) × C C (Fisch) = 0,32 C (Muscheln) = 0,20	Berücksichtigt durch das Verhältnis Körpergewicht/Nahrungsaufnahmerate
Ableitungs-methode	Berechnung von Werten für den Tolerable daily intake (TDI) für Vögel und Säugetiere mit Hilfe von Ausgleichsfaktoren. Ableitung einer TRG unter Einbeziehung des Körpergewichts, der Nahrungsaufnahmerate von Konsumenten im Freiland	$PNEC_{oral}$ = NOEC/AF Übertragung auf die Wasserphase mittels Biokonzentrationsfaktoren	Statistisches Modell Berechnung HC_5 mit 50% Sicherheit, HC_5 = MPC Ausgleichfaktoren MPC = NOEC/AF NC = MPC/100 Übertragung der Werte auf die Wasserphase mittels Biokonzentrationsfaktoren	Ableitung eines WLC mit Hilfe von Ausgleichsfaktoren und unter Einbeziehung von Bioakkumulationsfaktoren, und des Körpergewichts, der Nahrungs- und Wasseraufnahmerate von Konsumenten im Freiland
Monitoring zur Bewertung der Konzentration in:	Maximalwert, Fische der 4. trophischen Ebene (z.B. Hecht, Zander, Wels)	Wasser (Fisch)	Wasser	Wasser

HC_5 = Hazardous concentration für 5% der Arten, NOEC = No observed effect concentration, NOAEL = No observed adverse effect level, EC = Effect concentration, LOEC = Lowest observed effect concentration, LOAEL = Lowest observed adverse effect level)

Tab. 47-8: Qualitätskriterien zum Schutz von wildlebenden Tierarten – aquatische Nahrungskette

Parameter	Gebiet	Kriterium	Wasser (ng/l)	Nahrung (µg/kg) FG	Bezug	Anm.	Literatur
DDT einschließlich Metabolite	CAN	TRG	–	14	Fisch TL 4	–	1
DDT einschließlich Metabolite	USA-GL	WLC	0,011	19 103	Fisch TL 3 Fisch TL 4	a	2
DDT einschließlich Metabolite	NL	MPC	0,44	–	–	c	5
PCB Summe 28, 52, 101, 118, 138, 153, 180	NL	SL	–	6	Fisch	b	4
PCB Summe	USA-GL	WLC	0,074	137 460	Fisch TL 3 Fisch TL 4	a	2
PCB (TEQs)	CAN	TRG	–	0,00032	Fisch TL 4	d	3
PCB (TEQs)	NL	SL	–	0,0007	Fisch	b	4
Quecksilber einschl. Methylquecksilber	USA-GL	WLC	1,3	36 182	Fisch TL 3 Fisch TL 4	a	2
Methylquecksilber	NL	MPC	1,9	24	Muscheln	–	5, 7
Toxaphen	CAN	TRG	–	6,3	Fisch TL 4	–	6
Tetrachlordibenzo-p-dioxin, 2,3,7,8-	USA-GL	WLC	0,0000031	0,00053 0,00082	Fisch TL 3 Fisch TL 4	a	2

Abkürzungen:

CAN	Kanada	TEQ	Dioxin toxic equivalent
FG	Frischgewicht	TL	Trophische Ebene
MPC	Maximum permissible concentration	TRG	Tissue residue guideline
NL	Niederlande	USA-GL	U.S.A Greate Lakes
SL	Safe level (Fischotter)	WLC	Wildlife Criterion

Anmerkungen:

a Der Rückstand in Fischen TL3 und TL 4 wurde mittels der in der Quellen angegeben Bioakkumulationsfaktoren (BAF) für TL3 und TL 4 aus dem angegeben WLC errechnet.
b Qualitätskriterium zum Schutz des Fischotters. Der Wert ist auf einen Fettgehalt von 6,2% in der Gesamtnahrung bezogen.
c Der Wert wurde aus den Wirkungsdaten von p,p'-DDD abgeleitet.
d Der vorgeschlagene Wert befindet sich zur Zeit in der Anhörung.

Literatur:

1 Environment Canada (1997a)
2 U.S. EPA (1995a)
3 Environment Canada (1998)
4 Smit, et al. (1996)
5 Van de Plassche (1994)
6 Environment Canada (1997b)
7 Slooff et al. (1995)

gesetzt und die Verteilung der Schadstoffe in der Nahrungskette vorhergesagt werden können (Kilkelly Environment Associates 1989). Hier besteht jedoch zum Teil noch weiterer Forschungsbedarf. Es sollte für ausgewählte Stoffe geprüft werden, ob das von Sample et al. (1996) vorgeschlagene Nahrungskettemodell korrekte Schätzwerte für die Belastung der verschiedenen trophischen Ebenen liefert. Erste Ansätze in diese Richtung sind die im Rahmen des niederländischen Otterprojektes durchgeführte Übertragung der vorgeschlagenen Kriterienwerte für PCB bezogen auf Rückstandswerte im Otter, in Fischen und in Sediment (Smit et al. 1996). Weiterhin wird zur Zeit im Rahmen eines F+E-Vorhabens des Umweltbundesamtes der Transfer Sediment – Sedimentorganismen – Fisch untersucht.

47.4 Diskussion und Schlußfolgerungen

Vergleicht man die Konzepte, so zeigt sich, daß sich die verschiedenen Methoden vor allem in den notwendigen Ausgangsdaten und verwendeten Extrapolationsmethoden unterscheiden (s. Tab. 47-7). Darin sind die Unterschiede in den Zahlenwerten für die bisher vorgeschlagenen Qualitätskriterien zum Schutz von fischfressenden Tierarten begründet (s. Tab. 47-8). Die bestehenden Konzepte sind jedoch vom Ansatz her gut vergleichbar, sie bedürfen jedoch der Harmonisierung und Weiterentwicklung. Ein wesentlicher Punkt ist hierbei die Etablierung von Nahrungskettenmodellen zur Übertragung der abgeleiteten Qualitätskriterien auf andere Medien (Gewebe von Vögeln/Säugetieren, Sedimente).

Die bisher vorgeschlagenen Qualitätskriterien (CCME, RIVM, US EPA) sind hinreichend begründet und können als vorläufige Vergleichswerte für die Beurteilung von Monitoringdaten verwendet werden. Nationale oder in der EU abgestimmte Qualitätskriterien für prioritäre Stoffe sind allerdings angebracht.

Hinweis

Der Beitrag gibt nicht notwendigerweise die Meinung des Umweltbundesamtes wider.

Literatur

Aldenberg, T., W. Slob (1991): Confidence limits for hazardous concentrations based on logistically distributed NOEC toxicity data. National Institute of Public Health and Environmental Protection. Bericht Nr. 719102002. Bilthoven, Niederlande

Becker, P.H., Koepff, Ch., Heidmann, W.A., Büthe, A. (1992): Schadstoffmonitoring mit Seevögeln. Umweltbundesamt, Berlin (= UBA-Texte 2/92)

CCME – Canadian Council of Ministers of the Environment (1993): Protocols for deriving water quality guidelines for the protection of acricultural water uses. App. XV in Canadian water quality guidelines. CCME Task Force on Water Quality Guidelines, Ottawa

CCME – Canadian Council of Ministers of the Environment (1998): Protocol for the derivation of tissue residue guidelines for the protection of wildlife that consume aquatic biota. CCME, Winnipeg, Manitoba

Cifuentes, J.M., Becker, P. (1998): Eier der Flußseeschwalbe (*Sterna hirundo*) als Indikator für die aktuelle Belastung von Rhein, Weser und Elbe mit Umweltchmikalien. UWSF – Z. Umweltchem. Ökotox. 10: 15-21

EC – European Commission (1996): Technical guidance documents in support of the commissions directive (93/63/EEC) on the risk assessment for new notified substances and the commission regulation (EC) 1488/94 on risk assessment on existing substances. European Commission, ECB, Ispra

Environment Canada (1997a): Canadian tissue residue guidelines for DDT for the protection of wildlife that consumers of aquatic biota (Final unpulished draft). Guidelines and Standards Division, Science Policy and Environmental Quality Branch, Hull, Quebec

Environment Canada (1997b): Canadian tissue residue guidelines for toxaphene for the protection of wildlife that consumers of aquatic biota (Final unpulished draft). Guidelines and Standards Division, Science Policy and Environmental Quality Branch, Hull, Quebec

Environment Canada (1998): Canadian tissue residue guidelines for polychlorinated biphenyls for the protection of wildlife that consumers of aquatic biota (Draft). Guidelines and Standards Division, Science Policy and Environmental Quality Branch, Hull, Quebec

Jonkers, D.A., Everts, J.W. (1992): Seaworthy, Derivation of micropollutant risk levels for the North Sea and Wadden Sea. Ministery of Housing, Physical Planning and Environment (VROM), Report nr. 1992/3, Den Haag

Kilkelly Environmental Assosiates (1989): Workshop summary report: Water quality criteria to protect wildlife resources. U.S. EPA/600/3-89/067, PB 89-220016. Washington D.C.

Nenzda, M., Herbst, T. Kussatz, C., Gies, A. (1997): Potential for sedondary poisoning and biomagnifikation in marine organisms. Chemosphere 35: 1875-1885

Romijn, C.A.F.M., Luttik, R., van de Meent, D., Slooff, W.,Canton, J.H. (1991) Presentation and analysis of a general algorithm for risk-assessment on secondary poisoning. National Institute of Public Health and Environmental Protection, Den Haag (= Bericht Nr. 679102002)

Romijn, C.A.F.M., Luttik, R., van de Meent, D., Slooff, W.,Canton, J.H. (1993). Presentation of a general algorithm to include effect assessment on secondary poisoning in the derivation for environmental quality criteria. Part 1 Aquatic food chains. Ecotoxicol. Environ. Saf. 26: 61-85

Sample, B.E., Opresko, D.M., SutterII, G.W. (1996): Toxicological benchmarks for wildlife: 1996 revision. U.S. Dept. of Energy, Office of the Environmental management (zitiert in Environment Canada 1997a)

Slooff, W. (1992): Ecotoxicological effect assessment: Deriving maximum tolerable concentrations (MTC) from single-species toxicity data. RIVM Guidance Dokument, Bilthoven (= RIVM report no. 719102018)

Slooff, W., van Beelen, P., Annema, J.A., Janus, J.A. (1995): Integrated criteria document mercury. RIVM report no. 601014008, Bilthoven, Niederlande

Smit, M.D., Leonards, P.E.G., Murk, A.J., de Jongh, A.W.J.J., van Hattum B. (1996): Development of otter-based quality objectives for PCBs. Institute for Environmental Studies, Vrije University, Amsterdam

UBA – Umweltbundesamt (1998): Umweltprobenbank des Bundes, Ausgabe 1997, Ergebnisse aus den Jahren 1994-1995. Umweltbundesamt, Berlin (= UBA-Texte 14/98)

U.S. EPA (1995a): Great Lakes water quality initiative criteria documents for the protection of wildlife. DDT, Mercury, 2,3,7,8-TCDD, PCBs. United States Environmental Protection Agency. Washington, DC. Office of Water. EPA-820-B-95-008. PB95-187324

U.S. EPA (1995b): Great Lakes water quality initiative technical support document for wildlife criteria. United States Environmental Protection Agency. Washington, DC. Office of Water. EPA-820-B-95-009. PB95-187332

Van de Plassche E.J. (1994): Towards integrated environmetal quality objectives for several compounds with a potential for secondary poisoning. RIVM, Report no. 679 101 012, Bilthoven, Niederlande

48 Ein Ansatz zur Risikocharakterisierung mit Ökosystemmodellen am Beispiel der Wirkung des Insektizids Cyfluthrin auf eine Planktonlebensgemeinschaft

U. Hommen und H.-T. Ratte

Abstract

The use of simulation models, especially ecosystem models, for risk characterisation of chemicals is demonstrated by the effects of the insecticide cyfluthrin. The approach consists of three steps:

1. Calibration of an ecosystem model: The plankton model SAM (Simulation of Aquatic Microcosms) has been calibrated to the results of a 230 day experiment with three untreated outdoor microcosms (volume = 5 m^3). Monte-Carlo-simulations allowed to model the unequal development of replicated microcosms over time.
2. Prediction of experiments: Experiments with treated microcosms were simulated using acute toxicity data. This allowed to estimate risks (e.g. halving the mean abundance of cladocerans.
3. Extrapolation to field situation: Larger variability of model parameters, initial conditions and stochastic forcing functions (e.g. light, temperature) were used to model the differences between plankton communities in the field. Information about the usual agricultural practise of cyfluthrin led to risk characterisations for some example endpoints.

The assumptions of the presented approach are discussed and suggestions for applications in the future are made. The benefits of simulation models in the context are seen in the consideration of indirect effects and dynamic factors and processes, the possibility to extrapolate to other levels of biological organisation (e. g. from individual to populations), the possible use of all information available, and the consideration of uncertainties (leading to a probabilistic risk assessment). Due to the complexity of simulation models and the resulting need of data , effort, and knowledge, at this point ecosystem models are not seen as tool in the usual preliminary risk assessment, but they stand – in analogy to model ecosystems on the experimental side – as important tools for refined and comprehensive levels of ecological risk assessments.

Zusammenfassung

Der Einsatz von Simulationsmodellen, speziell Ökosystemmodellen, in der Risikocharakterisierung von Chemikalien wird am Beispiel des Insektizids Cyfluthrin vorgestellt. Der Ansatz läßt sich in drei Schritte gliedern:

1. Anpassung eines Ökosystemmodells: Das Planktonmodell SAM (Simulation aquatischer Mikrokosmen) wurde an den Ergebnissen eines Experiments über 230 Tage mit drei unbelasteten Freilandmikrokosmen (5 m^3 kalibriert). Monte-Carlo-Simulationen erlaubten, die auseinanderlaufende Entwicklung gleich behandelter Mikrokosmen abzubilden.
2. Prognose von Experimenten: Unter Berücksichtigung akuter Toxizitätsdaten wurden mögliche Experimente in den Mikrokosmen simuliert und konzentrationsabhängige Risiken (beispielsweise für die Verdopplung der maximalen Algendichte oder eine Halbierung der mittleren Cladocerenbiomasse) abgeschätzt.
3. Extrapolation auf das Freiland: Größere Streuungen der Modellparameter, variable Startbedingungen und stochastisch beeinflußte Verläufe von Lichteinstrahlung und Wassertemperatur erlaubten es, von einem Mikrokosmosexperiment auf Planktonsysteme generell zu schließen. Informationen über die landwirtschaftliche Praxis der Cyfluthrinanwendung wurden einbezogen, um Risikocharakterisierungen für einige Beispielendpunkte durchzuführen.

Die zugrunde liegenden Annahmen des Ansatzes werden diskutiert und daraus Empfehlungen für künftige Anwendungen abgeleitet. Die Vorteile von Simulationsmodellen in der Risikoanalyse werden in der Erfassung indirekter Effekte und dynamischer Faktoren bzw. Prozesse, der Extrapolation auf andere Hierarchieebenen (vom Individuum auf Populationen, Lebensgemeinschaften und Ökosysteme), der Extrapolation auf andere Systeme (von Testsystemen auf natürliche Ökosysteme), dem Ausnutzen aller vorhandenen Informationen und der quantitativen Berücksichtigung von Unsicherheiten gesehen. Auf Grund ihrer Komplexität und des daraus resultierenden Bedarfs an Daten, Arbeitszeit und Kenntnissen werden Ökosystemmodelle zur Zeit nicht als Standardwerkzeuge in routinemäßigen Risikoanalysen sondern – analog zu Experimente mit komplexen Modellökoystemen – für umfassendere Analysen auf höheren Stufen der Risikoanalyse empfohlen.

48.1 Einleitung

Aufgabe der Risikocharakterisierung im Rahmen einer ökologischen Risikoanalyse ist es, die Ergebnisse von Expositions- und Effektabschätzung zusammenzuführen und Aussagen zu machen, wie wahrscheinlich eine Beeinträchtigung von Populationen oder ökosystemaren Größen durch eine bestimmte Substanz ist. Neben der weit verbreiteten Quotientenmethode und dem

Vergleich von Wahrscheinlichkeitsverteilungen („probabilisitc approach") stellen Simulationsmodelle den dritten möglichen Ansatz dazu dar (US-EPA 1992). Im folgenden wird eine mögliche Vorgehensweise, Simulationsmodelle – und zwar speziell Ökosystemmodelle – bei der Risikocharakterisierung zu nutzen, am Beispiel des Insektizids Cyfluthrin vorgestellt. Der Ansatz läßt sich drei Schritte gliedern:

1. Anpassung eines Ökosystemmodells an Ergebnisse mit unbehandelten Mikro- bzw. Mesokosmen
2. Berücksichtigung der Ergebnisse von Ein-Art-Tests (Standardtoxizitätstests), um mögliche Ergebnisse aus Mikro- bzw. Mesokosmosversuchen mit der Testsubstanz zu prognostizieren
3. Extrapolation auf das Freiland durch höhere Variabilität der Populationsparameter und der Störgrößen sowie Berücksichtigung der im Freiland erwarteten Belastung.

Eine ausführliche Beschreibung des hier verwendeten Ökosystemmodells und der verwendeten Methoden sowie ein zusätzliches Beispiel für die Risikocharakterisierung für eine chronische Belastung mit Chlorparaffinen ist in Hommen (1998) zu finden.

48.2 Anpassung eines Ökosystemmodells

Für die hier vorgestellte Risikocharakterisierung wurde das Modell SAM (Simulation Aquatischer Mikrokosmen, Hommen et al. 1991, Hommen 1998) verwendet. SAM ist ein Differentialgleichungsmodell einer Planktongemeinschaft aus maximal je fünf Phytoplankton- und Zooplanktongruppen. Als Störgrößen dienen Temperatur, Licht, Nährstoffeintrag und Fremdstoffkonzentration im Wasser. Notwendige Parameter sind beispielsweise maximale Photosyntheseraten, maximale Freßraten, Respirationsraten, Assimilationseffizienzen, Halbsättigungskonstanten und Temperaturoptima.

Das Modell wurde an ein Experiment (Pelzer 1988) mit drei unbehandelten 5000 Liter Edelstahltonnen im Freiland angepaßt. Auf Grund der Datenlage wurden Phytoplankton als Gesamtheit, Cladoceren, Copepoden, Rädertiere sowie Phosphor als Zustandsgrößen gewählt (Abb. 48-1).

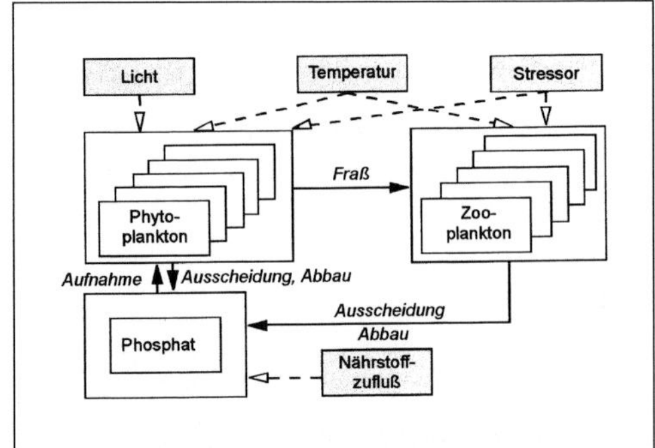

Abb. 48-1: Struktur des verwendeten Ökosystemmodells SAM

48.2.1 Kalibrierung von Modellparametern

Die Modellparameter wurden mit Mittelwerten der in der Literatur gefundenen Spannweite vorbesetzt. Eine Sensitivitätsanalyse identifizierte diejenigen Parameter mit dem größten Einfluß auf das Modellverhalten. Diese (elf) wurden mit Hilfe eines automatischen Kalibrierungsverfahrens (Downhill-Simplex-Algorithmus nach Nelder und Mead (1964)) optimiert, indem die Summe der absoluten Abweichungsquadrate zwischen Modell- und Versuchsergebnissen minimiert wurde. In weiteren Schritten wurden Wassertemperatur und Lichteinstrahlung berücksichtigt, wodurch die Übereinstimmung zwischen Modell und Versuch weiter verbessert werden konnte (Abb. 48-2 und 48-3).

48.2.2 Anpassung der Parametervariabilität

Natürliche Variabilität und Zufallsprozesse können auch in nicht belasteten Ökosystemen zu einem weiten Bereich möglicher Entwicklungen führen, so daß hier eine, wenn auch meist kleine, Wahrscheinlichkeit bestimmter unerwünschter Ereignisse bestehen kann. Diese „natürlichen Risiken" stellen sozusagen das Hintergrundrauschen dar, das bei der Bewertung von Risiken durch eine Fremdstoffbelastung berücksichtigt werden muß. In diesem Abschnitt werden aus den beobachteten Unterschieden zwischen den drei Mikrokosmen Variationskoeffizienten der Modellparameter für Monte-Carlo-Simulationen von Mikrokosmosexperimenten abgeleitet.

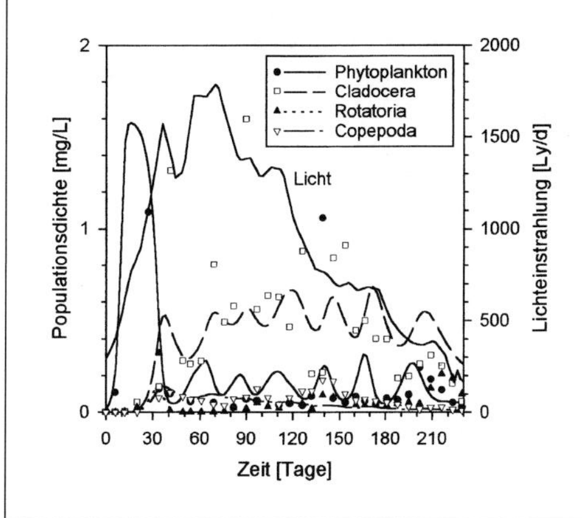

Abb. 48-2: Simulation des Mikrokosmosversuchs von Pelzer (1988) nach Kalibrierung unter Berücksichtigung von Temperatur und Licht, Linien = Simulation, Symbole = Mittelwerte der drei Mikrokosmen

Ebenso wie die Startwerte sollten in einem Mikrokosmosexperiment Wassertemperatur und Lichteinstrahlung in allen Systemen gleich sein. Unterschiede in der Entwicklung gleich angesetzter Mikrokosmen werden daher in den Simulationen allein auf die Streuung der Parameter der modellierten Populationen zurückgeführt. Um die Höhe der Parameterstreuung in den Monte-Carlo-Simulationen abzuschätzen, wurde die Streuung der mittleren Populationsdichten in den drei Mikrokosmen herangezogen. Die Variationskoeffizienten schwankten zwischen 14 % für das Zooplankton insgesamt und 52 % für die Rotatorien.

Für verschiedene Variationskoeffizienten der Populationsparameter wurden in 500 Monte-Carlo-Simulationen jeweils die Streuung der mittleren Biomassen bestimmt, um diese mit denen des Experiments vergleichen zu können.

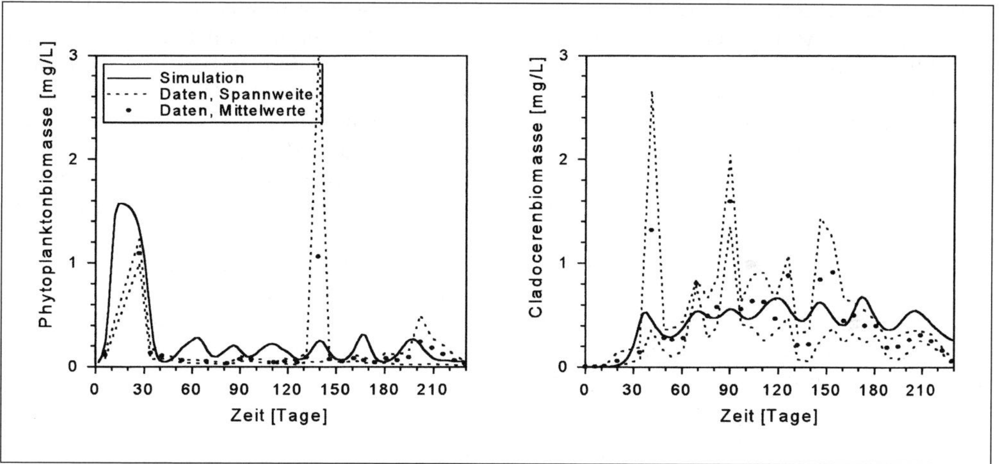

Abb. 48-3: Vergleich der Simulation aus Abb. 48-2 mit Spannweite und Mittelwert der drei Mikrokosmen für Phytoplankton (a) und Cladoceren (b) aus dem Versuch von Pelzer (1988)

Tab. 48-1: Mittlere Populationsdichten [mg/l] über den gesamten Versuch von Pelzer (1988)

	Phytoplankton	Cladocera	Copepoda	Rotatoria	Zooplankton
Mikrokosmos A	0,129	0,391	0,067	0,041	0,499
Mikrokosmos B	0,205	0,403	0,079	0,037	0,519
Mikrokosmos C	0,127	0,508	0,043	0,088	0,639
Mittelwert	0,154	0,434	0,063	0,055	0,552
Standardabw.	0,045	0,064	0,018	0,028	0,076
Var. Koeff. (%)	29,0	14,9	28,9	51,5	13,7

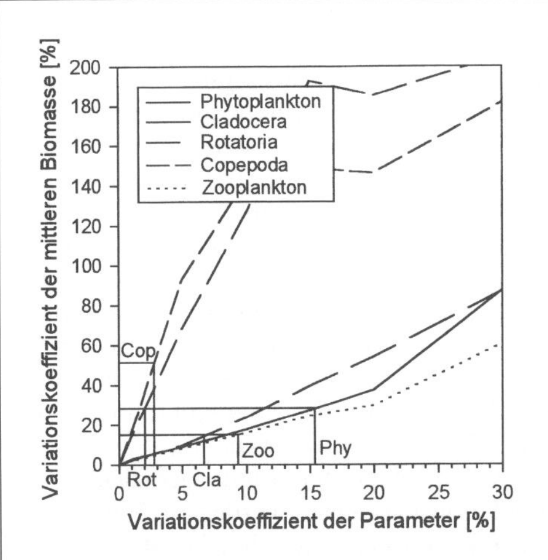

Abb. 48-4: Variationskoeffizienten der mittleren Biomassen in den Monte-Carlo-Simulationen gegen den Variationskoeffizient der Populationsparameter. Zusätzlich sind die für das Mikrokosmosexperiment von Pelzer (1988) berechneten Variationskoeffizienten der mittleren Biomassen eingezeichnet.

Wie aus den Ergebnissen der Sensitivitätsanalyse zu erwarten war, reagierten Copepoden und Rotatorien viel stärker auf die Parameterstreuung als Phytoplankton, Cladoceren und Zooplankton insgesamt. Variationskoeffizienten von 2 bis 3 % reichten aus, um eine Streuung der mittleren Rotatorien- und Copepodendichte wie im Experiment zu erreichen. Für die Cladoceren waren es dagegen ca. 7 % und für das Phytoplankton ca. 15 %. Als grobe Schätzung wurde der Mittelwert der vier Einzelwerte von 7 % für alle Parameter in den folgenden Monte-Carlo-Simulationen der Mikrokosmen verwendet.

Abbildung 48-5 zeigt für Phytoplankton und Cladoceren die Bandbreite von 500 Monte-Carlo-Simulationen mit dem gewählten Variationskoeffizienten von 7 %. Die maximal beobachteten Dichten lagen zum Teil weit über den Werten der deterministischen Simulation. Andererseits gab es aber auch Simulationen mit sehr niedrigen Populationsdichten; die Linie für die Minima ist daher in Abb. 48-5 oft nicht von der X-Achse zu trennen. Die Phytoplanktondichte wird meistens etwas überschätzt. Die beobachtete Populationsdichte im Teich B von über 3 mg/l am Tag 139 liegt weit oberhalb der Simulationen und ist in der Abbildung nicht dargestellt. Bei den Cladoceren liegen zwei Beobachtungen ebenfalls außerhalb des dargestellten Bereichs (vgl. Abb. 48-2) und weitere sieben oberhalb des von den Simulationen abgedeckten Feldes. Die überwiegende Anzahl der Beobachtungen befindet sich jedoch im mittleren Bereich der simulierten Populationsdynamik.

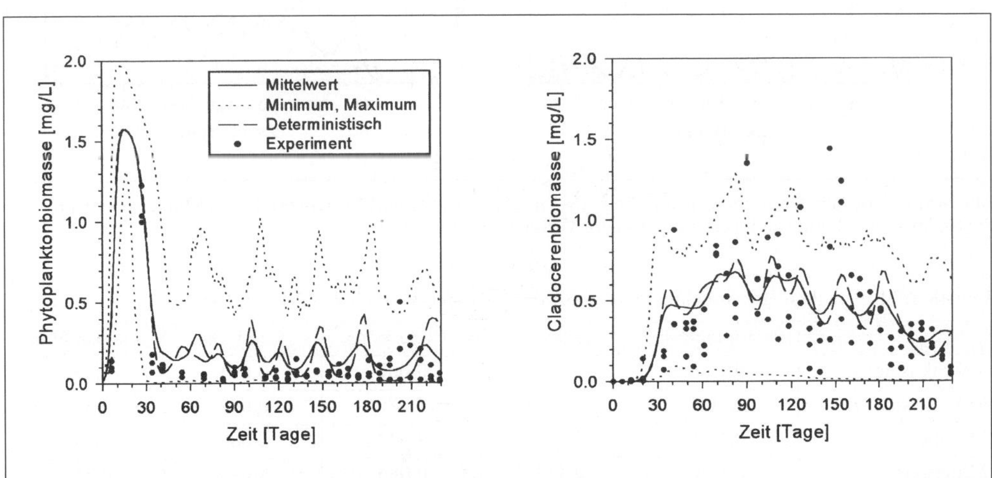

Abb. 48-5: Mittelwert und Spannweite aus 500 Monte-Carlo-Simulationen (bei normalverteilten biologischen Parametern mit Variationskoeffizienten von 7 %) und deterministisch simulierte Populationsdichten sowie Einzeldaten der drei Mikrokosmen nach Pelzer (1988) für Phytoplankton (a) und Cladoceren (b)

48.3 Prognose eines (hypothetischen) Mikrokosmosversuchs mit Cyfluthrin

Das Insektizid Cyfluthrin soll nun als Beispiel für eine relativ instabile Substanz dienen, die zu kurzfristigen Belastungen von Ökosystemen führen kann. Als unbelasteter Standardlauf diente die in Abbildung 48-2 abgebildete Simulation.

Das Pyrethroid Cyfluthrin (Cyano(4-fluoro-3-phenoxyphenyl)methyl-3-2,2-dichloroethenyl)-2,2-dimethylcyclopropanecarboxylyte) ist als 5%-Lösung in Xylol unter dem Namen Baythroid® im Handel. Wegen des breiten insektiziden Wirkungsspektrums besonders gegen Lepidopteren wird es im Obst-, Gemüse-, Acker- und Zierpflanzenanbau eingesetzt. Der Schwerpunkt liegt im Baumwollanbau.

Der Abbau von Cyfluthrin im Wasser geschieht sehr rasch: Heimbach (1987) gibt eine Halbwertzeit von vier Tagen in Rheinwasser bei pH 8 an. Da Pyrethroide stark hydrophob sind und sehr leicht an Partikel adsorbiert werden, ist unter natürlichen Bedingungen die biologische Verfügbarkeit oft stark herabgesetzt (Coats et al. 1989). Die Wasserlöslichkeit von Cyfluthrin beträgt 2 µg/l.

Als Insektizide sind Pyrethroide generell nicht nur sehr toxisch für Insekten, sondern auch für Crustaceen und Fische. Sie gelten aber als relativ ungefährlich für Säugetiere, Vögel, Mollusken und Pflanzen (Hill 1985, Smith und Stratton 1986, Coats et al. 1989, Morky und Hoagland 1990). Tabelle 48-2 faßt Ergebnisse von Ein-Art-Tests mit Cyfluthrin für Süßwasserorganismen zusammen:

Für das Phytoplankton wurde im Modell kein direkter Effekt angenommen, da für Grünalgen eine EC50 von über 10 mg/l angegeben wird (Heimbach 1987). Da nur akute LC50-Werte für Cladoceren vorlagen, wurden chronische Wirkungen im Modell vernachlässigt und die NOEC-Werte für die Crustaceen gleich Null gesetzt. Für Cladoceren wurde zunächst eine $LC50_{48h}$ von 0,1 µg/l angenommen. Dieser Wert stellt den niedrigsten des von Heimbach (1987) angegebenen Bereichs für *Daphnia magna* dar und liegt in derselben Größenordnung wie die für *D. magna* und *Ceriodaphnia dubia* publizierten Daten von Morky und Hoagland (1990). Generell scheinen Copepoden gegenüber Pyrethroiden etwas sensitiver als Cladoceren zu sein (Hill et al. 1994), andererseits sind Copepoden im Gegensatz zu Cladoceren tolerant gegenüber dem Pyrethroid Fenvalerat (Smith und Stratton 1986). Ein Mikrokosmosversuch (Hommen et al. 1991) legte nahe, daß die Cyclopoiden zwar ebenfalls sehr empfindlich gegenüber Cyfluthrin, aber etwas unempfindlicher als die Cladoceren sind, da sie eher wieder Populationswachstum zeigten. Ihnen wurde deshalb eine im Vergleich zu den Cladoceren höhere LC50 für 48h von 0,5 µg/l zugeordnet. Rotatorien gelten allgemein als tolerant gegenüber Pyrethroiden (Hill et. al. 1994). *Keratella quadrata* zeigte im Labor keine Mortalität bei der höchsten getesteten Cyfluthrinkonzentration von 10 µg/l (Hommen, nicht publiziert). Dieser Wert wurde daher als NOEC im Modell für die Rotatorien verwendet, so daß bei keiner der getesteten Konzentrationen eine Wirkung auftreten konnte.

Tab. 48-2: Akute Cyfluthrin-Toxizität für einige aquatische Organismen

Organismus	Testendpunkt	Wert [µg/l]	Quelle
Oncorhynchus mykiss	LC50 in 96 h	0,6-2,9	Heimbach (1987)
Daphnia magna	EC50 in 48 h	0,1-2,7	Heimbach (1987)
Daphnia magna	LC50 in 48 h	0,17	Morky und Hoagland (1990)
Daphnia magna	LC50 in 48 h	0,141	Carlisle und Carsel (1983), zitiert in Morky und Hoagland (1990)
Ceriodaphnia dubia	LC50 in 48 h	0,14	Morky und Hoagland (1990)
Keratella quadrata	NOEC in 24 h	≥ 10	Hommen unpubl.
Grünalge (nicht weiter bezeichnet)	EC50 in 96 h	>10,000	Heimbach (1987)

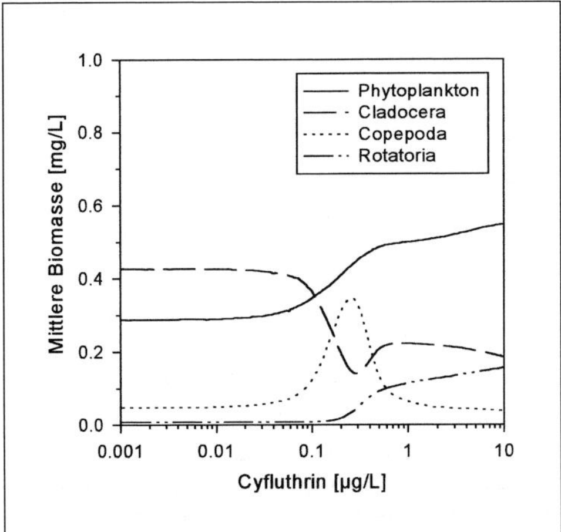

Abb. 48-6: Mittlere Biomassen in deterministischen Simulationen in Abhängigkeit von der Cyfluthrin-Applikation am Tag 50

Zunächst wurden über einen breiten Konzentrationsbereich deterministische Simulationen durchgeführt, um einen Überblick der Konzentrations-Wirkungsbeziehung für die mittleren Abundanzen zu erhalten (Abb. 48-6). Dabei wurde eine einmalige Cyfluthrinapplikation am Tag 50 simuliert.

Ab 0,05 µg/l nehmen die empfindlichen Cladoceren ab und deren Beute, das Phytoplankton, sowie die konkurrierenden Copepoden zu. Da die Copepoden aber nur wenig unempfindlicher sind als die Cladoceren, gibt es für sie nur einen engen optimalen Konzentrationsbereich (um 0,3 µg/l Cyfluthrin), bevor sie zu stark geschädigt und von den unempfindlichen Rädertieren verdrängt werden. Die Cladoceren zeigen keine trendstabile Konzentrations-Wirkungsbeziehung, sondern ihre mittlere Dichte nimmt bei steigender Konzentration über einen kleinen Bereich (ab 0,3 µg/l) wieder zu. Dies geschieht, wenn die Schädigung der Copepoden beginnt. Die Cladoceren können dann nach dem Abbau bzw. Zerfall des Cyfluthrins die Copepoden wieder verdrängen. Bei noch höheren Konzentrationen nimmt die mittlere Cladocerendichte wieder ab, da die unempfindlichen Rädertiere dann mehr Zeit haben, hohe Dichten aufzubauen, und so schwerer zu verdrängen sind. Für den untersuchten Konzentrationsbereich steigt die mittlere Phytoplanktonbiomasse stetig an, da die Algen nicht durch Cyfluthrin geschädigt werden.

Mittlere Populationsdichten über den gesamten Versuchszeitraum verdeutlichen zwar gut die Wechselwirkungen zwischen den unterschiedlich empfindlichen Populationen, sind aber keine geeigneten Endpunkte bei schnell abbaubaren Substanzen, da Risiken dann auch von der Versuchsdauer beeinflußt werden. Für die Auswertung der folgenden Monte-Carlo-Simulationen wurde daher nur ein Zeitraum von vier Wochen nach der Applikation betrachtet. Es wurden die Risiken bestimmt, daß in diesem Zeitraum Phytoplanktondichten in der Größenordnung der Frühjahrsalgenblüte auftreten und keine Erholung der Cladocerenpopulation beginnt. Konkret wurde die Wahrscheinlichkeit berechnet, daß innerhalb von 28 Tagen nach der Applikation eine maximale Phytoplanktondichte von 1 mg/l überschritten wird und daß nach den 28 Tagen die simulierte Cladocerendichte noch 0,001 mg/l (der minimalen Biomasse für die Konsumenten im Modell) beträgt.

Bei der Simulation des Mikrokosmosexperiments wurden nach O'Neill et al. (1982) und Bartell et al. (1992) Log-Normalverteilungen mit Variationskoeffizienten von 100 % für die

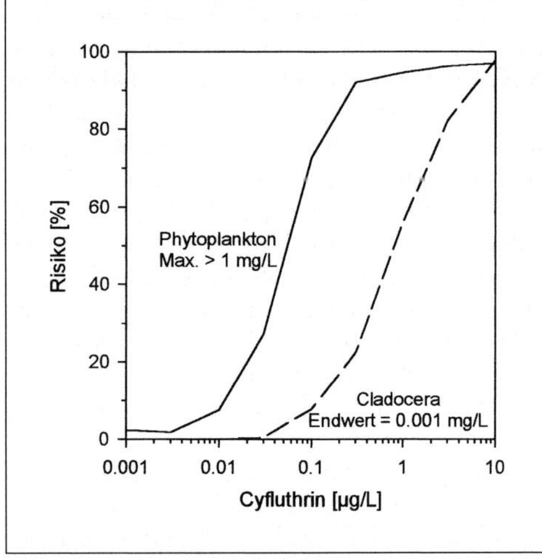

Abb. 48-7: Risiko von Algenblüten und fehlendem Beginn einer Cladocerenerholung innerhalb vier Wochen nach Applikation

LC50- und EC50-Werte sowie normalverteilte Modellparameter mit Variationskoeffizienten von 7 % angenommen. Die Risikokurven der beiden gewählten Endpunkte sind in Abbildung 48-7 dargestellt. Algendichten über 1 mg/l werden bei Konzentrationen ab 0,04 µg/l wahrscheinlich (> 50 %), bei 1 µg/l sind sie so gut wie sicher (> 95 %). Bis 0,1 µg/l Cyfluthrin können sich die überlebenden Cladoceren mit großer Wahrscheinlichkeit innerhalb von vier Wochen nach der Applikation wieder vermehren. Ab ca. 1 µg/l dagegen beginnt in diesem Zeitraum wahrscheinlich keine Erholung mehr.

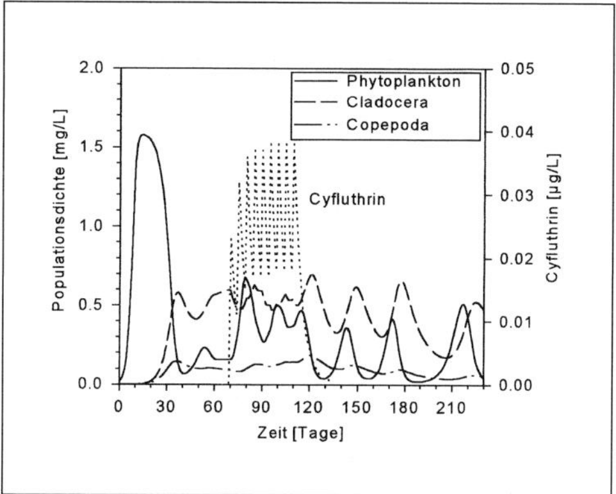

Abb. 48-8: Deterministische Simulation von neun Cyfluthrinapplikationen von je 0,028 µg/l alle fünf Tage ab Tag 90

48.4 Extrapolation auf Planktongemeinschaften im Freiland

Heimbach (1987) gibt als Ergebnis einer Expositionsabschätzung für Cyfluthrin ein Jahresmittel („annual PEC") in Oberflächengewässern von 0,009 µg/l an. Nach den akuten Toxizitäten (Tab. 48-2) ergibt sich daraus ein PEC/NEC-Verhältnis von 9 (PEC/NEC = PEC / Min(EC50) * Sicherheitsfaktor = 0,009 µg/l / 0,1µg/l * 100), so daß Effekte im Ökosystem nicht auszuschließen sind. SAM soll nun als generelles Modell einer Planktongemeinschaft benutzt werden, um die Risiken von Algenblüten und Crustaceendezimierung abzuschätzen.

Bei der Berechnung des PEC-Wertes ging Heimbach (1987) von neun Applikationen mit jeweils 56 g/ha im Abstand von 5 Tagen aus. Für den Eintrag durch Drift und Erosion von behandelten Flächen in benachbarte Gewässer werden 5 % als Schätzwert angegeben. Nimmt man an, daß Gewässer in der Agrarlandschaft eher klein und flach (Teiche, Weiher, Gräben) mit einer mittleren Tiefe von 1 m sind und daß der Wirkstoff gleichmäßig im Wasser verteilt ist, ergibt sich eine Cyfluthrinkonzentration von 0,028 µg/l je Applikation. Abb. 48-8 zeigt die Entwicklung der Cyfluthrinkonzentration im Wasser und die erwartete Populationsdynamik für dieses Belastungsszenario in der deterministischen Simulation: Über 50 Tage werden Cyfluthrinkonzentrationen von über 0,01 µg/l mit einem Maximum von ca. 0,04 µg/l erreicht. Dadurch kommt es zu einer leichten Reduzierung der Cladoceren und geringfügigen Zunahme der Copepoden im Applikationszeitraum. Die Algen nehmen nach den ersten Applikationen rasch zu und behalten bis zum Ende der Applikation eine Dichte von ca. 0,4 mg/l bei. Insgesamt sind die Auswirkungen der Cyfluthrinapplikation in dieser deterministischen Simulation als gering einzustufen.

Durch die variable Gewässertiefe und die vielen Bedingungen, welche den Eintrag von den behandelten Flächen bestimmen, kann der Schätzwert von 0,028 µg/l Konzentrationszunahme je Applikation nur als sehr unsicher angesehen werden. Für die folgenden Berechnungen wurde deshalb eine Log-Normalverteilung mit einem Variationskoeffizienten von 50 % angenommen. Um Unsicherheiten über Temperatur, pH-Wert, Trübung und andere Parameter, die den Abbau und die Bioverfügbarkeit beeinflussen können, widerzuspiegeln, wurde bei der Expositionsabschätzung zusätzlich zum variablen Cyfluthrineintrag angenommen, daß die Halbwertzeit des exponentiellen Abbaus ebenfalls log-normalverteilt mit einem Variationskoeffizienten von 50 % sei. Außerdem wurde der Zeitpunkt der ersten Applikation als gleichverteilt von Tag 40 bis Tag 100 vorausgesetzt. Bei der Effektabschätzung wurden Variationskoeffizienten von 100 % für die log-normalverteilten Toxizitätsdaten sowie von 20 % für die normalverteilten biologischen Modellparameter, Startwerte und Parameter der Störgrößenfunktionen angenommen. Für die Risikoberechnungen wurde ein Zeitraum von 90 Tagen, dem Doppelten

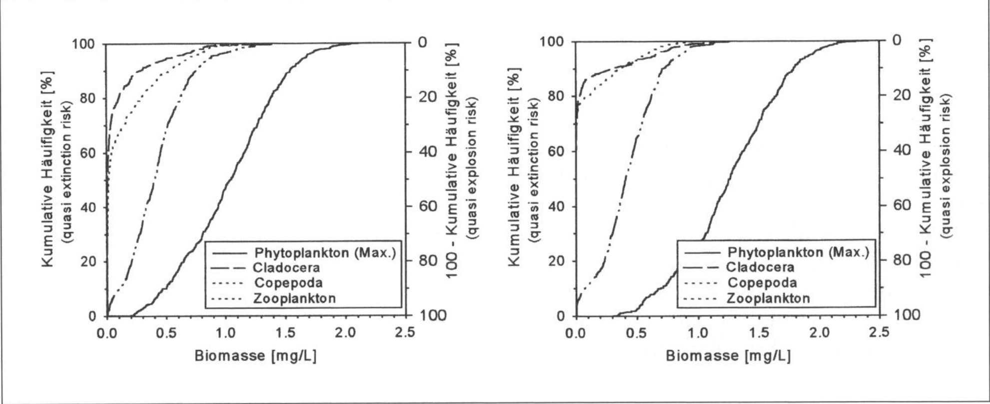

Abb. 48-9: Kumulative Häufigkeitsverteilungen für die maximale Phytoplanktondichte innerhalb von 90 Tagen nach der ersten Applikation und für die Cladoceren- und Copepodendichte am Ende dieser 90 Tage für das Kontroll- (a) und das Cyfluthrinszenario (b)

des Applikationszeitraums, nach der ersten Applikation gewählt.

Abbildung 48-9 zeigt die kumulative Häufigkeitsverteilung der maximalen Phytoplanktondichte innerhalb der 90 Tage und der Populationsdichte von Cladoceren, Copepoden und Gesamtzooplankton am 90. Tag nach der ersten Applikation, so daß die Risiken, eine bestimmte Algendichte zu über- oder Crustaceendichte zu unterschreiten, abgelesen werden können. Zum Vergleich sind die Häufigkeitsverteilungen ohne eine Cyfluthrinbelastung ebenfalls eingezeichnet. Die Cyfluthrinbelastung erhöht erwartungsgemäß die Wahrscheinlichkeit hoher Algen- und niedriger Crustaceendichte. Die Zooplanktondichte insgesamt bleibt dagegen kaum beeinflußt, da bei Aussterben der Crustaceen die Rädertiere deren Stelle einnehmen.

In Abbildung 48-10 sind diejenigen Schwellenwerte für die Risikocharakterisierung benutzt worden, die schon bei der Simulation des Mikrokosmosexperiments verwendet wurden. Das Risiko von Algendichten über 1 mg/l in 90 Tagen nach der ersten Applikation beträgt zwar über 70 %, Biomassen dieser Größenordnung werden aber in diesem Zeitraum auch ohne Cyfluthrinbelastung mit ca. 50 % Wahrscheinlichkeit erwartet. Das Risiko, daß die Cladoceren und Copepoden nach 90 Tagen keine beginnende Erholung zeigen, beträgt 60 bzw. 55 %. Ohne Cyfluthrinbelastung besteht allerdings für beide Gruppen ebenfalls eine gewisse Wahrscheinlichkeit, von Konkurrenten verdrängt zu werden und zum betrachteten Zeitraum so gut wie ausgestorben zu sein. Dieses natürliche Risiko durch Konkurrenz ist für die Cladoceren geringer als für die Copepoden. Dies führt dazu, daß durch die Cyfluthrinbelastung das Risiko für die Cladoceren verdreifacht, für die Copepoden jedoch weniger als verdoppelt wird.

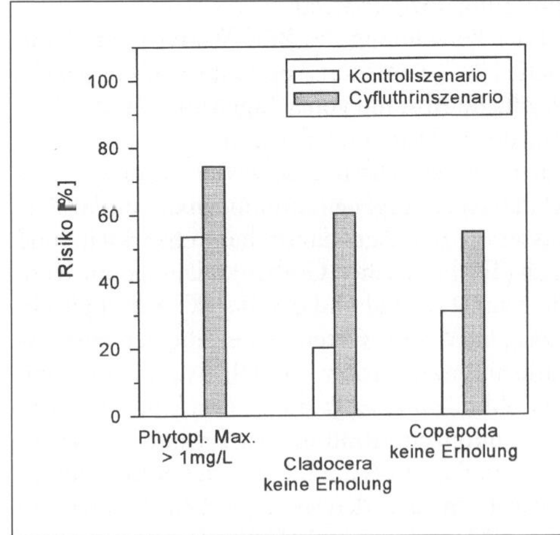

Abb. 48-10: Risiken von Algendichten über 1 mg/l und vollständiger Reduzierung von Cladoceren und Copepoden innerhalb von 90 Tagen nach der ersten Cyfluthrinapplikation (Cyfluthrinszenario) im Vergleich zur unbelasteten Situation (Kontrollszenario)

48.5 Diskussion

Im folgenden werden zunächst die Annahmen des hier vorgestellten Ansatzes zusammengestellt und diskutiert, bevor die generellen Vor- und Nachteile von Simulationsmodellen bei der Risikocharakterisierung gegenübergestellt werden.

- „SAM stellt ein brauchbares Modell des Mikrokosmosversuchs von Pelzer (1988) dar." Die zweite Hälfte des Versuchs wird mit dem Modell relativ schlecht abgebildet. Mögliche Gründe liegen in der zunehmenden Divergenz der Mikrokosmen wegen des unterschiedlichen Makrophytenbewuchses, in den zum Teil großen Streuungen innerhalb der Proben aus einem Mikrokosmos und in den Unsicherheiten bei der Umrechnung von Individuenzahlen in Biomassen ohne Berücksichtigung der Größenverteilung. Möglich ist aber auch, daß das Modell in seiner Struktur dem Experiment nicht angemessen ist. SAM wurde bewußt möglichst einfach gehalten, um das Problem der Parameterisierung und Kalibrierung zu begrenzen. Komplexere Modelle, die beispielsweise das Phytoplankton in einzelne Gruppen differenzieren, Periphyton berücksichtigen oder den Nährstoffkreislauf weniger stark vereinfachen, sind zwar relativ einfach zu erstellen, verlangen aber mehr Parameter. Modelle wie SWACOM (O'Neill et al. 1982, Bartell et al. 1992) oder CASM (DeAngelis et al. 1989), die nicht ein spezielles Ökosystem oder Experiment simulieren, umgehen das Problem, indem den einzelnen Populationen zuerst die Parameter systematisch zugeordnet werden und erst danach, aufgrund von Simulationsergebnissen, eine taxonomische Gruppe mit ähnlicher Dynamik im Freiland zugeordnet wird. Da hier ein Beispiel der prinzipiellen Vorgehensweise und nicht konkrete Analysen im Vordergrund standen, halten wir die erzielte Übereinstimmung zwischen den Beobachtungen und dem Experiment für ausreichend.
- „Durch Variationskoeffizienten der Parameter von 7 % kann die Variabilität von Mikrokosmen widergespiegelt werden."

Anhand der Streuung der mittleren Biomassen der drei Mikrokosmen wurde ein Schätzwert des Variationskoeffizienten der Modellparameter bestimmt. Eine Stichprobengröße von drei ist sicher zu klein, um verläßliche Aussagen über die Entwicklung gleich angesetzter Systeme zu machen; Hanratty und Stay (1994) standen sogar nur zwei Kontrollen zu Verfügung. Beim hier verwendeten Experiment kommt erschwerend hinzu, daß die Makrophyten nicht wie geplant quantitativ entfernt werden konnten, sondern daß ungleicher Bewuchs Konsequenzen für die Entwicklung des Planktons hatte. Für eine Modellierung wäre es wünschenswert, einen Datensatz von mehreren unbelasteten Systemen über einen längeren Zeitraum zur Verfügung zu haben. An solch einem Experiment kann auch die divergierende Entwicklung verschiedener Gruppen besser erfaßt werden, so daß den einzelnen Modellpopulationen nicht nur spezifische Parameter, sondern auch spezifische Variationskoeffizienten zugeordnet werden können. In den gezeigten Mikrokosmossimulationen mit SAM wurde für alle Populationen einfachheitshalber dieselbe Streuung verwendet, um den Einfluß der Unsicherheit über die Modellparameter auf natürliche Risiken darstellen zu können.

Der hier gezeigten Risikoabschätzung für Cyfluthrin in den Mikrokosmen lag kein reales Experiment zugrunde, sondern es wurde von der Simulation der unbelasteten Mikrokosmen und den Ergebnissen der Labortoxizitätstests direkt auf die Wirkung in vielen Mikrokosmen extrapoliert. Die vorhergesagte Wirkung der Belastung in den Mikrokosmen konnte daher nicht an experimentellen Daten überprüft werden. Bei einem heute üblichen Experiment zur Substanzprüfung mit mindestens neun, oft zwölf oder mehr Systemen können dagegen auch die Modellprognosen der Effekte überprüft werden. Vor allem ein Experiment nach dem Regressionsansatz (viele Konzentrationen und wenige Replikate) bietet eine hervorragende Möglichkeit, die vom Modell vorhergesagten Konzentrations-Wirkungsbeziehungen zu prüfen und eventuell das Modell zu verbessern. Ein so validiertes Modell kann dann mit Monte-Carlo-Simulationen zur Abschätzung von Risiken in diesem Mikrokosmosexperiment und – vergleiche unten – in den vom Mikrokosmos modellierten Ökosystemtyp oder -ausschnitt verwendet werden. Dabei läßt sich auch auf andere als im Experiment getestete Applikationsmuster extrapolieren (z.B. auf die Wirkung gepulster Belastungen unterschiedlicher Stärke und Häufigkeit).

- „Mit stärkeren Streuungen der Modellparameter, variablen Startwerten und stochastisch schwankenden abiotischen Faktoren wie Wassertemperatur und Licht kann auf Ökosystemtypen oder Ökosystemauschnitte generell geschlossen werden."

Diese Annahme ist prinzipiell gerechtfertigt, strittig ist eher die Höhe der dabei anzunehmenden Unsicherheiten. Eine experimentelle Quantifizierung, wie für Mikrokosmen zumindest denkbar, ist hier unmöglich. Man ist daher auf ein in der Riskoanalyse häufig angewandtes Hilfsmittel, nämlich die Einschätzung von Fachleuten, im anglo-amerikanischen Sprachgebrauch „expert judgement", angewiesen. In diesem Fall wurde eine Schätzung von O'Neill et al. (1980) für Variationskoeffizienten biologischer Parameter von 20 % für die Modellparameter und die Startwerte verwendet. Die Stochastizität der eingestrahlten Lichtenergie und der Wassertemperatur wurde relativ einfach modelliert und subjektiv beurteilt. Hier kann anhand von Wetteraufzeichnungen sowie Temperaturdaten verschiedener Gewässer eine realistischere Beschreibung für bestimmte Breitengrade erzielt werden. Monte-Carlo-Simulationen, in denen nur die Störgrößen oder nur die Modellparameter verändert wurden, zeigten jedoch, daß die zufälligen Schwankungen von Lichteinstrahlung und Wassertemperatur im Vergleich zur Variabilität der Modellparameter in SAM eine relativ geringe Bedeutung haben.

- „Die Unsicherheit über die EC50 bzw. LC50 Werte der Arten im Ökosystem kann mit Variationskoeffizienten von 100 % für die vorhandenen Laborergebnisse abgeschätzt werden."

Diese konservative Schätzung orientiert sich an den Risikoanalysen mit SWACOM (O'Neill et al. 1982, Bartell et al. 1992). Wenn Streuungsmaße für die EC50 bzw. LC50 angegeben sind, können und sollten diese verwendet werden. Konzentrations-Wirkungsbeziehungen mit Angabe über die Unsicherheit stellen die optimale Ergebnisangabe eines Toxizitätstests für die Anwendung in Simulationsmodellen dar. Neben der Unsicherheit über beispielsweise den „wahren" EC50-Wert für *Daphnia magna* bleibt aber noch die Unsicherheit, inwieweit solch ein Wert für eine spezielle Art für eine modellierte Gruppe wie die Cladoceren gelten kann. Um möglichst sichere Risikoabschätzungen zu erhalten, sollte daher ein größerer Variationskoeffizient angenommen werden.

- „Annahmen über die Exposition der Organismen können direkt im Modell verarbeitet werden.

Bei der Simulation von Modellökosystemen können die gemessenen Konzentrationen inklusive ihrer Streuungen direkt verwendet werden. Bei der Extrapolation auf echte Ökosysteme kann aus Meßdaten in verschiedenen Systemen eine Häufigkeitsverteilung der erwarteten Belastung abgeleitet werden. Wenn keine Meßdaten aus natürlichen Systemen vorliegen, muß aus den physikalisch-chemischen Eigenschaften der Substanz, der normalen Anwendungspraxis und eventuell aus dem Verhalten der Substanz unter realistischen Bedingungen in Testsystemen auf die Exposition geschlossen werden. Dies wurde hier auf relativ einfache Art und Weise gemacht, doch gerade bei der Expositionsabschätzung sind Simulationsmodelle in der ökologischen Risikoanalyse schon allgemein akzeptiert (Barnthouse 1992). Mittlerweile stehen mehrere anerkannte und zum Teil recht komplexe Modelle zur Verfügung, so daß hier auch die Möglichkeit besteht, die Ergebnisse solcher Modelle als Eingangsgrößen in Ökosystemmodellen zur Effektabschätzung zu verwenden. Für das Cyfluthrin wurde aus Angaben zur Häufigkeit und Stärke der normalen Anwendung in der Landwirtschaft, zum Anteil der Applikationsmenge, die in Oberflächengewässer gelangt, und zur Halbwertzeit der Substanz im Wasser der Konzentrationsverlauf im Wasser berechnet. Da auch hier keine Angaben über die Unsicherheit der einzelnen Annahmen vorlagen, wurden für die Monte-Carlo-Simulationen wieder Variationskoeffizienten geschätzt.

Zusammenfassend halten wir die in den vorgestellten Risikoabschätzungen gemachten Annahmen für plausibel. An mehreren Stellen wurden aber subjektive Schätzungen von Unsicherheiten vorgenommen, über deren Höhe man sicher streiten kann. Das Beispiel soll allerdings auch nicht als ultimative Risikocharakterisierung für Cyfluthrin verstanden werden. Ziel war es vielmehr, die prinzipielle Vorgehensweise bei der Anwendung von Ökosystemmodellen zur Risikocharakterisierung darzustellen. Dabei wurde gleichzeitig deutlich, daß oftmals wichtige Angaben über die Unsicherheit bestimmter Daten, seien es nun solche aus der Expositions- oder solche aus der Effektanalyse, fehlen oder nicht angegeben werden. In vielen Fällen sind solche Angaben auch ohne höheren experimentellen Aufwand zu machen. Beispielsweise könnten bei Toxizitätstests neben der EC50 oder LC50 auch die Parameter der verwendeten Regressionsgleichung und das Vorhersageintervall angegeben werden.

Der zentrale Punkt einer Risikocharakterisierung, nämlich die Abschätzung von Wahrscheinlichkeiten, wird in der gängigen Praxis – der Quotientenmethode – nur unzureichend berücksichtigt. Das Verhältnis von der erwarteten Konzentration in einem Umweltkompartiment (die PEC)) zur der Konzentration, bei der keine Schäden erwartet werden (die NEC), ist keine Angabe einer Wahrscheinlichkeit von 0 bis 1, sondern ein nach oben nicht limitierter Quotient zweier Konzentrationen ohne jede Berücksichtigung von Unsicherheiten. Der Vorteil der Quotientenmethode liegt vor allem in ihrer Einfachheit. Für eine erste Bewertung und Klassifizierung von Substanzen ist sie sicher sinnvoll und stellt bei der Vielzahl zu beurteilender Substanzen, seien es alte Stoffe oder zur Zulassung beantragte, oft die einzig praktikable Vorgehensweise dar (Bartell 1996, Moore und Elliot 1996).

Eine echte Risikoabschätzung sollte aber einen Schritt weiter gehen und die verschiedenen Unsicherheiten der vorangegangenen Expositions- und Effektanalyse einbeziehen (US-EPA 1992, SETAC 1994). Anwendungsbeispiele für solch ein „probabilisitc risk assessment" sind in Schobben und Scholten (1993), Solomon et al. (1996) oder Klaine et al. (1996) zu finden.

Simulationsmodelle als dritter möglicher Ansatz sind zwar aufwendiger als die beiden anderen Ansätze, bieten aber unter anderem die folgenden Vorteile:

- Simulationsmodelle können, im Gegensatz zur Quotientenmethode, Informationen über Unsicherheiten nutzen und echte Wahrscheinlichkeitsaussagen machen. Sie stellen somit auch einen Ansatz für „probabilistic risk assessment" dar.
- Simulationsmodelle können helfen, Forschungsbedarf aufzudecken.

Sensitivitäts- und Unsicherheitsanalysen stellen geeignete Werkzeuge dar, die Komponenten zu identifizieren, die am meisten zum Risiko beitragen. Dies gilt sowohl für Parameter an sich (Die EC50 welcher Population hat den größten Einfluß auf das Modellergebnis?) als auch für die angenommenen Unsicherheiten (Welche Annahme hat den größten Einfluß auf die Unsicherheit?).

- Mit Simulationsmodellen können Risiken für eine Vielzahl von Endpunkten (z.B. Abnahme der Fischproduktion um x%) abgeschätzt werden, während in den anderen Ansätzen nur die Endpunkte der zu Grunde liegenden Toxizitätstests auf das Ökosystem extrapoliert werden (z.B. als Wahrscheinlichkeit, daß die Konzentration im Gewässer die NOEC einer Fischart überschreitet).
- Die Risiken als Folge einer Belastung können mit den natürlichen Risiken verglichen werden.

Für Endpunkte, wie das Aussterben einer Art, das Überschreiten bestimmter Populationsdichten oder das Unterschreiten einer bestimmten Produktion, gibt es auch ohne Schadstoffbelastung eine gewisse Wahrscheinlichkeit. Diese natürlichen Risiken müssen bei der Bewertung mit einfließen. Bei der oben gezeigten Risikocharakterisierung für Cyfluthrin wurde eine Wahrscheinlichkeit von über 70 % für eine Algenblüte geschätzt. Dieses hohe Risiko verliert aber an Gewicht, wenn die zusätzliche Information vorliegt, daß auch ohne Cyfluthrinbelastung das Risiko einer Algenblüte bei über 50 % liegt. Für das Überschreiten bestimmter Schwellenkonzentrationen wie der NEC gibt es dagegen keine natürlichen Risiken, ohne Belastung ist das Risiko gleich Null.

- Die Dynamik der erwarteten Belastung sowie der anderen abiotischen Faktoren und der Population bzw. Populationen im Jahresverlauf kann berücksichtigt werden.

Dies ist vor allem bei kurzfristigen Belastungen mit schnell abbaubaren Substanzen wichtig. Hinzu kommt, daß eine Population zu verschiedenen Zeiten im Jahresverlauf unterschiedlich empfindlich für dieselbe Belastung sein kann (Perez 1994). In der Quotientenmethode kann nur mit einer Konzentration gearbeitet werden, sei es eine maximale oder eine über einen bestimmten Zeitraum gemittelte Konzentration. Beim Vergleich von Verteilungen schlägt sich eine zeitlich schwankende Belastung genauso wie eine räumliche Variabilität nur in der Breite der PEC-Verteilung nieder.

- Fate-Modelle können direkt mit Ökosystem-Effekt-Modellen gekoppelt werden.

Dadurch kann nicht nur die Wirkung des Schadstoffs auf die Organismen, sondern umgekehrt auch der Einfluß der Organismen auf das Schicksal des Schadstoffs (Verteilung und Abbau) behandelt werden. Bisher existieren allerdings nur wenige solcher Modelle, beispielsweise das Integrated Fate and Effects Modell (IFEM). Bartell et al. (1988) verbanden in IFEM ein Modell zum Schicksal von Naphtalenen im Wasser (FOAM = Fates Of Aromatics Model) mit dem Ökosystemmodell SWACOM und modellierten dabei die Wechselwirkungen zwischen physikalischen, chemischen und biologischen Prozessen. Dabei wurden die subletalen Effekte in Abhängigkeit von der Naphtalenkonzentration in den Organismen simuliert. Die Autoren konnten mit dieser Arbeit zeigen, daß indirekte Effekte durch Akkumulation in der Nahrungskette die Einschätzung des ökologischen Risikos beeinflussen können.

Prinzipielle Nachteile von Simulationsmodellen in der ökologischen Risikoanalyse liegen in ihrer Komplexität, ihrem Datenbedarf und der Schwierigkeiten bei der Definition von Endpunkten (Hommen und Ratte 1997). In Zusammenhang mit der Risikoabschätzung kommt hinzu, daß sie neue Kenntnisse erfordern (in Wahrscheinlichkeitstheorie und Simulationstechniken) und die Ergebnisse daher schwerer zu vermitteln und Entscheidungen schwerer zu treffen sind (Burmaster 1996). Bartell (1996) ist dennoch überzeugt, daß die Bedeutung von Simulationsmodellen in der Risikocharakterisierung in Zukunft weiter zunehmen wird: „It is likely that ecological models will play an increasingly important role in characterizing ecological risks in a probabilistic framework." Expertengremien wie z. B. der HARAP-Workshop (Higher-tier Aquatic Risk Assesment for Pesticides, Bordeaux 1998) empfehlen ebenfalls eine verstärkte Entwicklung und einen zunehmende Gebrauch ökologischer Modelle in der Risikoanalyse. Solche Modelle sind aber nicht als Ersatz sondern als Ergänzung anderer Ansätze zu verstehen und werden vor allem in höheren Stufen der Analysen („refined" und „comprehensive risk assessment") zum Einsatz kommen.

Danksagung

Die Arbeit wurde durch das BMBF (Projekt-Nr. 07OTC09) gefördert.

Literatur

Barnthouse, L.W. (1992): The role of models in ecological risk assessment: A 1990's perspective. Environ. Toxicol. Chem. 11: 1751-1760

Bartell, S.M. (1996): Some thoughts concerning quotients, risks, and decision-making. Human Ecol. Risk Assess. 2: 25-29

Bartell, S.M., Gardner, R.H., O'Neill, R.V. (1988): An integrated fates and effects model for estimation of risk in aquatic systems. In: American Society for Testing and Materials (eds.): Aquatic toxicology and hazard assesment. 10th volume (= ASTM STP 971). American Society for Testing and Materials, Philadelphia. 261-274

Bartell, S.M., Gardner, R.H., O'Neill, R.V. (1992): Ecological risk estimation. Lewis Publishers, Boca Raton, Ann Arbor, London, Tokyo

Burmaster, D.E. (1996): Benefits and costs of using probabilistic techniques in in human health assessments – with an emphasis on site-specific risk assessment. Human Ecol. Risk Assess. 2: 35-43

Carlisle, C., Carsel, M. (1983): Acute toxicity of technical cyfluthrin (baythroid) to *Daphnia magna*. Report prepared by Mobay Chemical Corporation, Stillwell, KS for the U. S. EPA, MRID 00 131504

Coats, J.R., Symonik, D.M., Bradbury, S.P., Dyer, S.D., Timson, L.K., Atchison, G.J. (1989): Toxicology of synthetic pyrthroids in aquatic organisms: an overview. Environ Toxicol Chem 8: 671-679

DeAngelis, D.L., Bartell, S.M., Brenkert, A.L. (1989): Effects of nutrient recycling and food-chain length on resilience. Am. Nat. 134: 778-805

Hanratty, M.P., Stay, F.S. (1994): Field evaluation of the littoral ecosystem risk assessment model's predictions of the effects of chlorpyrifos. J. Appl. Ecol. 31: 439-453

Heimbach, F. (1987) Fate and biological effects of baythroid in an aquatic ecosystem. Proceedings 11th International Congress of Plant Protection, Vol. 1, Manila, Philippines, 5.-9.19.1987. 388-392

Hill, I.R. (1985): Effects on non-target organisms in terresrial and aquatic environments. In: Leahy J.P. (ed.): The pyrethroid insecticides. Taylor and Francis, London. 151-262

Hill, I.R., Shaw, J.L., Maund, S.J. (1994): Review of aquatic filed tests with pyrethroids. In: Hill, I.R., Heimbach, F., Leeuwangh, P., Matthiessen, P. (eds.): Freshwater field tests for hazard assessment of chemicals. Lewis publishers, Boca Raton, Florida. 249-271

Hommen, U. (1998): Ökosystemmodelle von Modellökosystemen – Simulationen und Mikrokosmen in der Risikoanalyse von Fremdstoffen in aquatischen Ökosystemen. Shaker Verlag, Aachen

Hommen, U., Ratte, H.T., Poethke, H.J. (1991): Modelling a mesocosm plankton community after insecticide application – a first approach. Systems Analysis – Modelling – Simulation 8: 821-828

Hommen U., Ratte H.T. (1997): Mathematische Modelle zur Effektabschätzung.- UWSF Z. Umweltchem. Ökotox. 9: 267-272

Klaine, S.J., Cobb, G.P., Dickerson, R.L., Dixon, K.R., Kendall, R.J., Smith, E.E., Solomon, K.R. (1996): An ecological risk assessment for the use of the biocide dibromonitrilopropionamide (DBNPA) in industrial cooling systems. Environ. Toxicol. Chem. 15: 21-30

Moore, D.R.J., Elliott, B. (1996): Should uncertainty be quantified in human and ecological risk assessments used for decision-making? Human Ecol. Risk Assess. 2: 11-24

Morky, L.E., Hoagland, K.D. (1990) Acute toxicities of five synthetic pyrethroid insecticides to *Daphnia magna* and *Ceriodaphnia dubia*. Environ Toxicol Chem 9: 1045-1051

Nelder, J.A., Mead, R. (1964): A simplex method for function minimization. Comput. J. 7: 308-313

O'Neill, R.V., Gardner, R.H., Mankin, J.B. (1980): Analysis of parameter error in a nonlinear model. Ecol Model 8: 297-311

O'Neill, R.V., Gardner, R.H., Barnthouse, L.W., Suter, G.W., Hildebrand, S.G., Gehrs, C.W. (1982): Ecosystem risk analysis: A new methodology. Environ. Toxicol. Chem. 1: 167-177

Pelzer, M. (1988): Zeigen parallel angesetzte Ökosysteme eine gleiche Dynamik? Diplomarbeit, RWTH Aachen

Perez, T.P. (1994): Role and significance of scale to ecotoxicology. In: Cairns J., Niederlehner, B.R. (eds.): Ecological toxicity testing: scale, complexity and relevance. CRC Press, Boca Raton. 49-71

Schobben, H.P.M., Scholten, M.C.T. (1993) Probabilistic methods for marine ecological risk assessment. ICES J. Mar. Sci. 50: 349-358

SETAC (Society of Environmental Toxicology and Chemistry) (ed.) (1994): Pesticide risk and mitigation. Final report of the aquatic risk assessment and mitigation dialog group. SETAC Foundation for environmental education. Pensacola, Florida

Smith, T.M., Stratton, G.W. (1986): Effects of synthetic pyrethroid insecticide on non target organisms. Residue Reviews 97: 93-120

Solomon, K.R., Baker, D.B., Richards, R.P., Dixon, K.R., Klaine, S.J., La Point, T.W., Kendall, R.J., Weisskopf, C.P., Giddings, J.M., Giesy, J.P., Hall, L.W. Jr., Williams, W.M. (1996): Ecological risk assessment of atrazine in north american surface waters. Environ. Toxicol. Chem. 15: 31-76

US-EPA (US Environmental Protection Agency) (1992): Framework for ecological risk assessment. US-EPA 630/R-92/001, Washington D.C.

49 Der Einfluß von Dispergiermitteln auf die Lebensdaten von *Daphnia magna*

M. Hammers, N. Bromand, I. Schuphan und H.T. Ratte

Abstract

Condensation products of naphthalenesulfonic acid with formaldehyde are used as dispersants in the dye production and in the dying or printing process of textiles. After the dyeing process the dispersants do not remain on the fibre but get completely into the effluents of textile industries. These aromatic formaldehyde condensation products are not biodegradable (OECD 302 B: < 10 %), so they pass the wastewater treatment plants and get into the rivers. The effects of these dispersants on aquatic organisms are up to now little examined.

In our study three commercial products of this dispersant class were investigated using the *Daphnia* reproduction test. Possible effects on survival, growth and reproduction were studied. In the dispersant treatments the mortality was enhanced with increasing concentration and the growth was not or less affected. All of the three tested dispersants induced the same change in reproduction: the daphnids produced more but smaller neonates than those in the control. Only at the higher concentration the number of neonates was reduced. The survival rate of the neonates decreased with increasing concentration.

Zusammenfassung

Kondensationsprodukte von Naphthalinsulfonsäure mit Formaldehyd werden als Dispergiermittel zur Farbstoffproduktion und während des Färbe-/Druckvorgangs von textilen Geweben eingesetzt. Nach dem Färbeprozeß verbleiben die Dispergiermittel jedoch nicht auf der Faser, sondern gelangen ins Abwasser. Diese aromatischen Formaldehyd-Kondensationsprodukte sind biologisch nicht abbaubar (OECD 302B: <10 %), d.h. sie passieren die Kläranlage und gelangen in die Gewässer. Die Wirkung dieser Dispergiermittel auf aquatische Organismen ist bisher kaum untersucht.

In unserer Studie wurden drei Handelsprodukte dieser Dispergiermittel-Klasse im Daphnien-Reproduktionstest eingesetzt. Mögliche Effekte auf das Überleben, das Wachstum und die Reproduktion wurden untersucht. Unter Einfluß der Dispergiermittel war die Mortalität der Daphnien mit zunehmender Konzentration erhöht. Das Größenwachstum der Daphnien war meist nur geringfügig beeinflußt. Dagegen lösten alle der drei untersuchten Kondensationsprodukte die gleiche Änderung in der Reproduktion bei *Daphnia magna* aus: bei niedrigen Konzentrationen bildeten die Daphnien mehr, aber kleinere Nachkommen als die Tiere der Kontrolle; erst bei hohen Konzentrationen war die Anzahl der Nachkommen reduziert. Die Überlebensrate der Nachkommen nahm mit steigender Konzentration ab.

49.1 Einleitung

Wasserunlösliche Farbstoffe kommen in Form von wäßrigen Dispersionen in großen Mengen beim Färben und Bedrucken von Textilien zum Einsatz. Um diese wasserunlöslichen Farbstoffe in Dispersion zu halten, werden bereits bei der Herstellung der Farbstoff-Zubereitungen Dispergiermittel zugesetzt (20-70 % Mengenanteil der Zubereitung). Darüber hinaus werden bei einigen Färbeprozessen noch weitere Dispergiermittel dem Färbebad in Konzentrationen von 0,5 bis 2 g/l zugegeben, um Agglomerationen der Farbstoffteilchen und daraus resultierende Ablagerungen, Unegalitäten und schlechte Farbechtheiten zu vermeiden. Die am häufigsten eingesetzten Dispergiermittel in der Textilfärbung sind Kondensationsprodukte von Naphthalinsulfonsäuren mit Formaldehyd (Heimann et al. 1988).

Da diese Substanzen nicht auf die Faser aufziehen, verbleiben sie nach dem Auszug der Farbstoffe im Bad und gelangen vollständig ins Abwasser (Karl et al. 1997). Diese aromatischen Formaldehyd-Kondensationsprodukte sind biologisch nicht abbaubar (OECD 302 B: < 10 %, nach Angaben in den Sicherheitsdatenblättern), d.h. sie passieren die Kläranlage unverändert und gelangen dann in die Gewässer (Killer und Schönberger 1993). In welchen Konzentrationen die Dispergiermittel im Abwasser vorliegen, ist bisher nicht offengelegt worden. Auch Angaben über die Verbrauchsmengen der einzelnen Dispergiermittelklassen liegen uns nicht vor; ingesamt wurden 1992 in den alten Bundesländern etwa 11 000 Tonnen Dispergiermittel eingesetzt (Rosner et al. 1993).

Es gelangen jährlich große Mengen an nicht bzw. schwer biologisch abbaubaren Textilhilfsmitteln in die Gewässer (Umweltbundesamt 1998, Lepper 1996, Killer und Schönberger 1993, Rosner et al. 1993). Eine Reduzierung der Abwasserbelastung durch die Textilveredlungsindustrie wäre dringend erforderlich (Schönberger 1994). Es gibt Bestrebungen, diese Situation durch eine Klassifizierung der Textilhilfsmittel nach gewässerökologischen Gesichtspunkten zu verbessern (Umweltbundesamt 1998, Lepper 1996). Anhand dieser Klassifizierung soll dem Textilveredler die Möglichkeit gegeben werden, umweltverträglichere Produkte anwenden zu können. Grundvoraussetzung für die Einführung einer solchen Klassifizierung von Textilhilfsmitteln ist eine ausreichende Datenlage zur Ökotoxizität der Textilhilfsmittel. Bei den Textilhilfsmitteln handelt es sich zum überwiegenden Teil um Altstoffe mit Produktionsmengen < 1000 t pro Jahr; für diese Substanzen liegen kaum Informationen über deren ökotoxische Wirkpotentiale vor (Lepper 1996, Rosner et al. 1993, Wiedemann et al. 1992).

Ziel unserer Studie war es, mögliche chronische Effekte dieser schwer biologisch abbaubaren Dispergiermittel im Daphnien-Reproduktionstest zu untersuchen.

49.2 Material und Methoden

Die untersuchten Dispergiermittel Dispersogen A, Dyapol BDN und Erional RF sind alle drei Handelsprodukte auf der Basis der Kondensationsprodukte von Naphthalinsulfonsäure mit Formaldehyd. Die chemische Struktur dieser Dispergiermittel ist bisher nicht vollständig aufgeklärt, sie läßt sich annähernd durch folgende Strukturformel beschreiben (Abb. 49-1). Der Kondensationsgrad ist abhängig von den Bedingungen bei der Reaktion mit Formaldehyd; er liegt bei 2 bis 10 aromatischen Kernen. Sowohl der Kondensationsgrad als auch die genaue Zusammensetzung der meist als Gemische vorliegenden Handelsprodukte ist nur den Herstellern bekannt.

In den chronischen Versuchen wurden unterschiedliche Konzentrationsreihen für die drei Handelsprodukte eingesetzt, da sich die eingesetzten Konzentrationen an den Ergebnissen des akuten Daphnientests orientierten (Tab. 49-1). Die höchste Konzentration entspricht ungefähr dem EC_{50} des akuten Daphnientests nach 48 h und der Faktor innerhalb der Konzentrationsreihen beträgt 2,5.

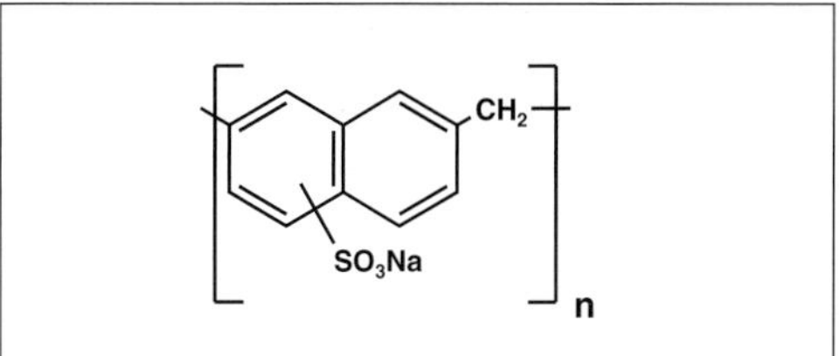

Abb. 49-1: Wahrscheinliche Struktur der Kondensationsprodukte von Naphthalinsulfonsäure mit Formaldehyd (n: 2–10).

Die 21 Tage-Reproduktionstests wurden mit *Daphnia magna* (Klon 5) durchgeführt. Als Versuchsmedium diente ein synthetisches Süßwassermedium, das Elendtmedium M4. Die Versuchstiere wurden täglich mit einer Suspension von *Scenedesmus subspicatus* in einer Nahrungskonzentration von 0,1 mg C * $Tier^{-1}$ * d^{-1} in der ersten Woche und 0,2 mg C * $Tier^{-1}$ * d^{-1} in der zweiten und dritten Woche gefüttert. *S. subspicatus* wurde in Batch-Kulturen in einem Medium nach Kuhl (1962) gezüchtet.

Die Versuche wurden bei 20°C ± 1°C und einem Licht-Dunkel-Rhythmus von 16 h : 8 h durchgeführt. Die Daphnien wurden als Jungtiere < 24 h alt in die Versuche eingesetzt. Für jede Konzentration und die Kontrolle gab es 10 Parallelen mit je einer Daphnie pro Gefäß, die in 80 ml Medium gehalten wurde. Der Wasserwechsel erfolgte alle zwei bis drei Tage, die Tierkontrolle erfolgte täglich. Neben der Anzahl angelegter Eier und lebender Nachkommen sowie der Mortalität der Muttertiere wurden zusätzlich das Trockengewicht der Muttertiere sowie stichprobenhaft Körperlänge, Trockengewicht und Fettgehalt der Nachkommen bestimmt. Die

Tab. 49-1: In den Daphnien-Reproduktionstests eingesetzte Konzentrationen der Dispergiermittel.

Dispergiermittel	eingesetzte Konzentrationen [mg/l]					
Dispersogen A	1,64	4,1	10,2	25,6	64	160
Dyapol BDN	1,02	2,56	6,4	16	40	100
Erional RF	2,56	6,4	16	40	100	250

Trockengewichts- und Fettbestimmung der Nachkommen erfolgte in Kohorten von 15 Tieren. Für die Fettbestimmung wurde die Sulfophosphovanillin-Reaktion nach Zöllner und Kirsch (1962) verwendet; als Refenrenzsustanz diente Triolein, das eine Hauptkomponente im Körperfett vieler Cladoceren darstellt (Elendt 1990, Cowgill et al. 1984). Die Trockengewichte und Fettgehalte der Nachkommen wurden nur für Dyapol BDN und Erional RF bestimmt. Für diese beiden Substanzen wurde aus den mittleren Brutgrößen und den mittleren Trockengewichten der Neonatae das Biomasseinvestment in die Reproduktion ermittelt. Daraus wurde das prozentuale Biomasseinvestment in die Reproduktion berechnet, indem das Biomasseinvestment in die Reproduktion durch das Gesamtbiomasseinvestment (Summe aus Größenwachstum und Reproduktion) geteilt wurde.

Mit den Jungtieren der 4. Brut aus dem 21-Tage-Test mit Dyapol BDN wurden ein Hungertest und ein 21-Tage-Test in Kontrollmedium durchgeführt, um die Fitneß der Nachkommen unter Hungerbedingungen und guten Nahrungsbedingungen zu untersuchen. Für den Hungertest wurden aus jeder Konzentration und aus der Kontrolle jeweils 10 Jungtiere einzeln in 80 ml Kontrollmedium (d.h. ohne Substanzzugabe) ohne Futterzugabe eingesetzt. Es wurde protokolliert, wie lange die Jungtiere befähigt waren, ohne Nahrung zu überleben; die Tierkontrolle erfolgte täglich.

Für den 21-Tage-F1-Test wurden jeweils 10 Jungtiere aus der Kontrolle und einer mittleren Konzentration (16 mg/l) aus dem Versuch mit Dyapol BDN in Kontrollmedium eingesetzt und mit *Scenedesmus subspicatus* in einer Konzentration wie im Substanztest (0,1 bis 0,2 mg C * $Tier^{-1}$ * d^{-1}) täglich gefüttert. Die Tierkontrolle erfolgte täglich.

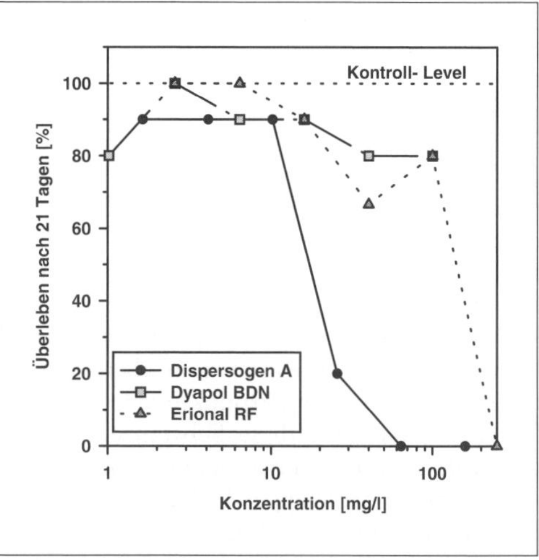

Abb. 49-2: Überlebensrate der Muttertiere nach 21 Tagen in den chronischen Daphnientests mit Dispersogen A, Dyapol BDN und Erional RF.

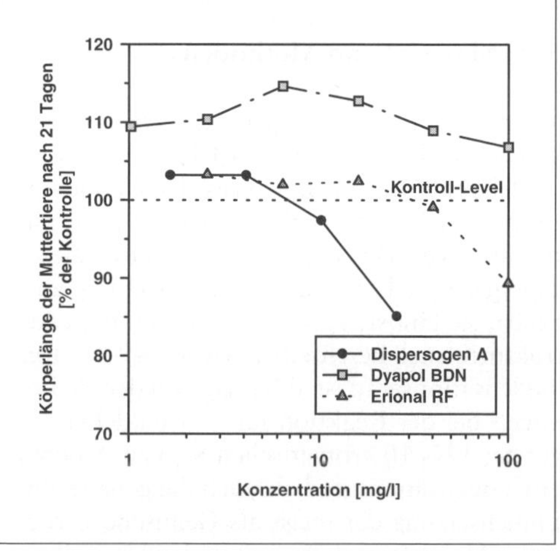

Abb. 49-3: Körperlänge der Muttertiere nach 21 Tagen in den chronischen Daphnientests mit Dispersogen A, Dyapol BDN und Erional RF (Angaben in % der Kontrolle).

49.3 Ergebnisse

49.3.1 Daphnien-Reproduktionstests

Die drei untersuchten Dispergiermittel bewirkten eine unterschiedlich hohe Mortalität bei den Daphnien. Die Versuchstiere reagierten deutlich empfindlicher auf Dispersogen A als auf Dyapol BDN und Erional RF (Abb. 49-2). Während für Dispersogen A nach 21 Tagen eine LC_{50} von 17 mg/l ermittelt wurde, lagen die LC_{50}-Werte für Dyapol BDN und Erional RF über 100 mg/l.

Auch bezüglich des Längenwachstums zeigten die Daphnien unter Einfluß von Dispersogen A eine höhere Empfindlichkeit als bei Dyapol BDN und Erional RF (Abb. 49-3). Bei Dispersogen A wurde bereits in 25,6 mg/l eine signifikante Hemmung des Längenwachstums nach 21 Tagen beobachtet; bei Erional RF war das Längenwachstum der Daphnien erst bei 100 mg/l gehemmt, wohingegen bei Dyapol BDN selbst bei 100 mg/l noch eine Förderung des Längenwachstums beobachtet wurde. Während bei Dispersogen A und Erional RF in den niedrigen Konzentrationen eine leichte, nicht signifikante Förderung (bis 4 %) gegenüber der Kontrolle auftrat, waren die Daphnien in den Dyapol-Ansätzen signifikant größer (bis zu 15 %) als die Kontrolltiere.

Bei allen drei untersuchten Dispergiermitteln war die kumulative Anzahl angelegter Eier in den geringen und mittleren Konzentrationen gegenüber der Kontrolle deutlich erhöht; erst in den hohen Konzentrationen kam es zu einer Abnahme der Eizahl (Abb. 49-4).

Bei Dyapol BDN war die Zunahme der Eizahl am stärksten ausgeprägt: in allen getesteten Konzentrationen traten Förderungen der Eizahl auf: bei 6,4 mg/l war die Förderung mit 110 % am stärksten und nahm mit zunehmender Konzentration wieder ab. Bei dem Versuch mit Dispersogen A war die kumulative Anzahl der Eier bis 10,2 mg/l ebenfalls deutlich erhöht (bis 70 %); bei 25,6 mg/l war die Anzahl der angelegten Eier dagegen um 65 % reduziert. Unter Einfluß von Erional RF war bis 16 mg/l eine Förderung der Eizahl von bis zu 40 % erkennbar, bei 40 mg/l entsprach die Anzahl angelegter Eier in etwa der Anzahl in der Kontrolle und bei 100 mg/l war eine Reduktion zu beobachten.

Bei allen drei untersuchten Dispergiermitteln trat mit zunehmender Konzentration eine erhöhte Mortalität der Neonatae auf (Abb. 49-5). Während in den Kontrollen nie Jungtiermortalität auftrat, lag die Mortalitätsrate in den Dispersogen A-Ansätzen bei 7 bis 33 %, unter Einfluß von Erional RF bei 26 bis 52 % und bei Dyapol BDN starben 8 bis 31 % der Nachkommen innerhalb des Zeitraumes zwischen dem Entlassen der Nachkommen und der nächsten Tierkontrolle (max. 24 h).

Die untersuchten Dispergiermittel bewirkten alle eine signifikante Reduzierung der Körperlänge der Nachkommen (Abb. 49-6). Der Effekt war bei Dispersogen A am stärksten ausgeprägt: in allen Konzentrationen waren die Jungtiere etwa 50 % kleiner als die Nachkommen der Kontrolle. Bei Erional RF und Dyapol BDN wurden nur maximal 15 % Reduktion der Körperlänge festgestellt.

Auch das Trockengewicht der Neonatae war unter Einfluß der Dispergiermittel signifikant verringert: bei Erional RF wurden Hemmungen

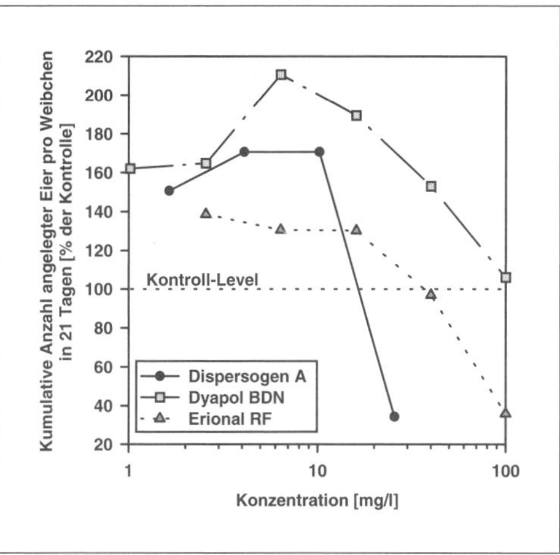

Abb. 49-4: Kumulative Anzahl angelegter Eier pro Weibchen nach 21 Tagen in den chronischen Daphnientests mit Dispersogen A, Dyapol BDN und Erional RF (Angaben in % der Kontrolle).

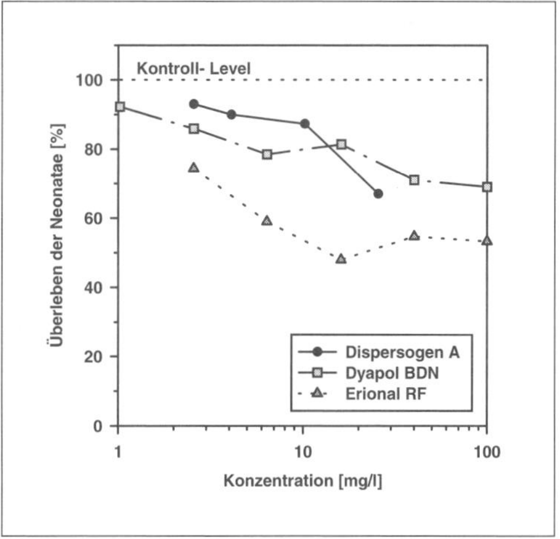

Abb. 49-5: Überlebensrate der Neonatae aus den chronischen Daphnientests mit Dispersogen A, Dyapol BDN und Erional RF (Angaben in %).

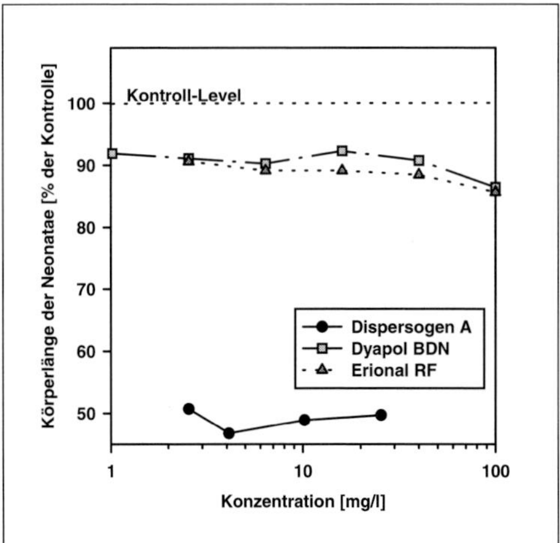

Abb. 49-6: Körperlänge der Neonatae aus den chronischen Daphnientests mit Dispersogen A, Dyapol BDN und Erional RF (Angaben in % der Kontrolle).

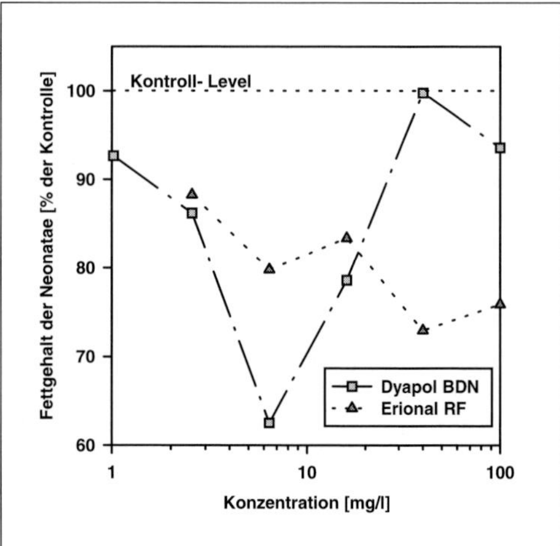

Abb. 49-8: Fettgehalt der Neonatae aus den chronischen Daphnientests mit Dyapol BDN und Erional RF (Angaben in % der Kontrolle).

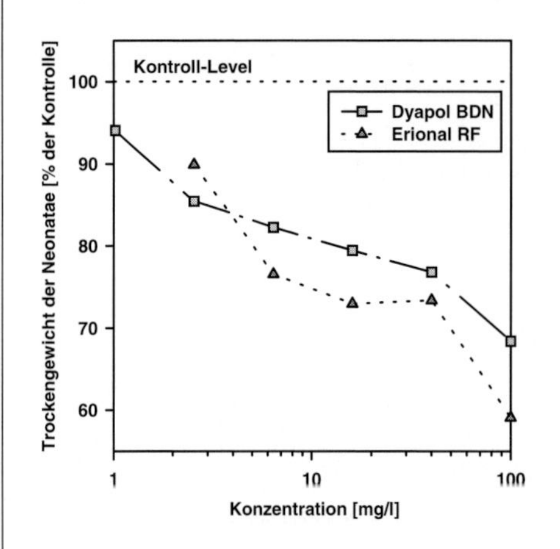

Abb. 49-7: Trockengewicht der Neonatae aus den chronischen Daphnientests mit Dyapol BDN und Erional RF (Angaben in % der Kontrolle).

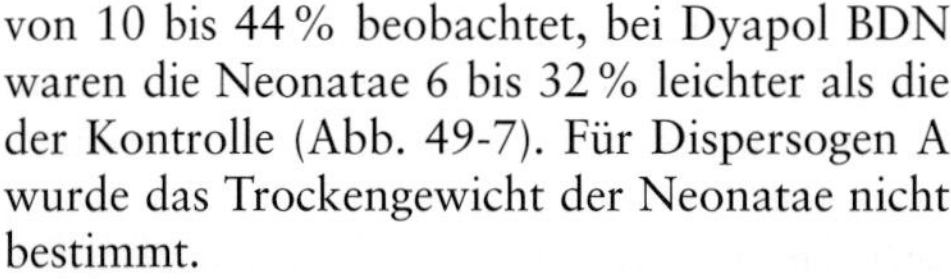

von 10 bis 44 % beobachtet, bei Dyapol BDN waren die Neonatae 6 bis 32 % leichter als die der Kontrolle (Abb. 49-7). Für Dispersogen A wurde das Trockengewicht der Neonatae nicht bestimmt.

Bei der Bestimmung des Fettgehaltes der Neonatae wurde festgestellt, daß die Nachkommen unter Dispergiermittel-Exposition nicht nur kleiner und leichter waren, sondern auch prozentual (bezogen auf das Trockengewicht) weniger Fettgehalt aufwiesen als die Jungtiere der Kontrolle (Abb. 49-8). Bei Erional RF trat diese Verminderung des Fettanteils bei allen getesteten Konzentrationen auf, bei Dyapol BDN wurde der Effekt bei den höheren Konzentrationen wieder schwächer. Für Dispersogen A ist der Fettanteil der Jungtiere nicht bestimmt worden.

Für die Versuche mit Dyapol BDN und Erional RF wurde aus den Trockengewichten und den Brutgrößen das Biomasseinvestment in die Re-

Tab. 49-2: Biomasseinvestment in die Reproduktion (BMI) unter Einfluß von Erional RF und Dyapol BDN im Daphnien-Reproduktionstest (Angaben in % des Gesamt-Biomasseinvestments).

Konzentrationen [mg/l]	Erional RF BMI [%]	Dyapol BDN BMI [%]
Kontrolle	55,5	48,3
1,02	–	51,7
2,56	59,2	49,1
6,4	53,3	46,9
16	53,0	48,3
40	49,6	50,6
100	41,8	47,9

produktion berechnet (Tab. 49-2). Bei dem Versuch mit Dyapol BDN lag das Biomasseinvestment in die Reproduktion bei allen Konzentrationen trotz der deutlich erhöhten Eizahl im Bereich der Kontrolle (48–52 %). Bei Erional RF lag der Anteil der in die Reproduktion investierten Biomasse bis 16 mg/l ebenfalls im Bereich der Kontrolle, bei 40 und 100 mg/l wurde weniger Biomasse in die Nachkommen investiert.

49.3.2 Versuche mit der F1-Generation aus dem chronischen Daphnientest mit Dyapol BDN

Hungertest

Die in Kontrollmedium ohne Nahrungszugabe eingesetzten Jungtiere aus dem chronischen Daphnientest mit Dyapol BDN zeigten deutliche Unterschiede in ihrer Überlebensfähigkeit. Die Nachkommen aus den höheren Konzentrationen (16, 40 und 100 mg/l) starben deutlich früher als die Nachkommen aus der Kontrolle und den niedrigeren Konzentrationen (Abb. 49-9). Bis zum Versuchstag 9 sind die Überlebensraten der Nachkommen aus Kontrolle und niedrigen Konzentrationen ähnlich, danach überleben jedoch deutlich mehr Kontroll-Nachkommen. Am Tag 15 wurde der Versuch abgebrochen, da alle Versuchstiere verstorben waren.

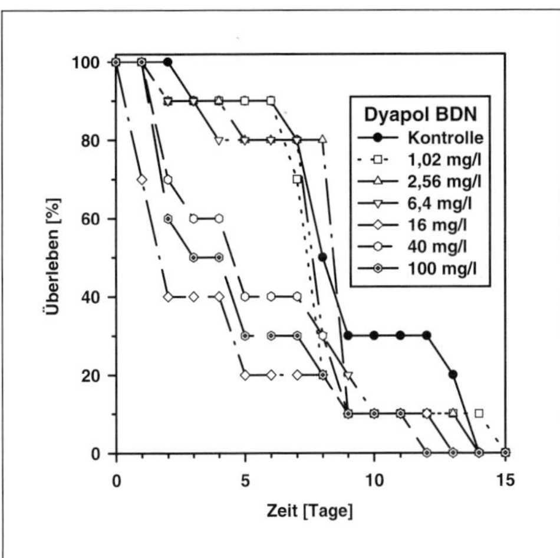

Abb. 49-9: Überlebensrate der Nachkommen aus dem chronischen Daphnientest mit Dyapol BDN, die in Kontrollmedium ohne Nahrung eingesetzt wurden.

F1-Test unter guten Nahrungsbedingungen

Im F1-Test in Kontrollmedium mit hoher Nahrungskonzentration zeigen die Nachkommen der in 16 mg/l Dyapol BDN exponierten Muttertiere eine deutlich höhere Mortalität als die Nachkommen aus der Kontrolle (Abb. 49-10).

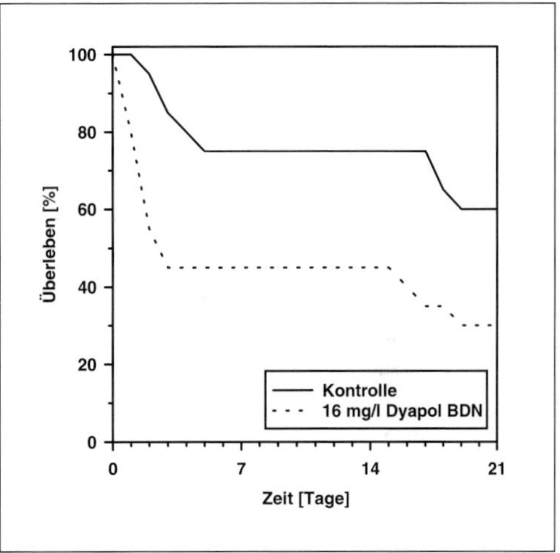

Abb. 49-10: Überlebensrate der Nachkommen aus dem chronischen Daphnientest mit Dyapol BDN, die in Kontrollmedium unter guten Nahrungsbedingungen gehalten wurden.

49.4 Diskussion

Alle drei untersuchten Dispergiermittel auf der Basis von Naphthalinsulfonsäure mit Formaldehyd bewirken die gleiche Veränderung in der Reproduktion der Daphnien: die Daphnien produzieren mehr, aber kleinere, leichtere Nachkommen. Trotz der erhöhten Anzahl an Nachkommen in den Dispergiermittel-Ansätzen der niedrigen und mittleren Konzentrationen ist die in die Reproduktion investierte Biomasse ähnlich der in der Kontrolle.

Es ist bekannt, daß Veränderungen in der Anzahl und Größe der Eier /Nachkommen bei Daphnien durch verschiedene natürliche Faktoren ausgelöst werden können. Bei hohen Nahrungskonzentrationen bilden die Daphnien kleinere Eier als bei geringerer Nahrungskonzentration (Trubetskova und Lampert 1995). Auf erhöhte Dichte von Artgenossen reagiert *Daphnia magna* mit der Bildung von wenigen, aber größeren, schwereren Jungtieren (Cleuvers et al. 1997, Goser 1997). Auch die Anwesenheit von invertebraten und vertebraten Räubern löst bei Daphnien eine Änderung in der Anzahl und Größe der Eier /Nachkommen aus. Bei Anwesenheit von Fischen oder *Notonecta* bilden die Daphnien mehr, aber kleinere Nachkommen (Reede 1995, Lüning 1992, Stibor 1992), während die Anwesenheit von *Chaoborus*-Larven zur Bildung von wenigen, aber größeren Nachkommen führt (Lüning 1992, Hammers unveröffentlicht).

Wie die Aufteilung der Biomasse auf die Eier bei den Daphnien gesteuert wird, d.h. welche Faktoren darüber entscheiden, wieviele Eier aus der zur Verfügung stehenden Biomasse gebildet werden, ist bisher nicht bekannt; es ist jedoch anzunehmen, daß eine hormonelle Regulation vorliegt. Auch die Wirkungsweise der Naphthalinsulfonsäure-Kondensationsprodukte auf biochemischer Ebene ist bisher nicht bekannt.

Ein wichtiger Aspekt für die Bewertung der Naphthalinsulfonsäure-Kondensationsprodukte mit Formaldehyd ist die Frage, ob die Daphnien unter Dispergiermittelbelastung noch in der Lage sind, auf die Anwesenheit von Räubern oder auf eine hohe Dichte von Artgenossen mit der Bildung weniger, großer Nachkommen reagieren können, oder ob diese ökologisch wichtige Anpassung durch die Wirkung der Dispergiermittel unterdrückt wird. Wären diese Anpassungen an natürliche Faktoren nicht mehr möglich, hätte dies für die Population weitreichende Konsequenzen. Ob diese Anpassungen unterbunden werden, soll durch weitere Untersuchungen geklärt werden.

Die hier untersuchten Dispergiermittel bewirken nicht nur eine Zunahme der Anzahl an Nachkommen, sondern auch eine Veränderung ihrer Eigenschaften: die Nachkommen sind zum einen kleiner und leichter als die Nachkommen aus der Kontrolle, darüber hinaus ist der prozentuale Fettanteil (bezogen auf das Trockengewicht) geringer und die Überlebensfähigkeit ist sowohl unter Hungerbedingungen als auch unter optimalen Nahrungsbedingungen reduziert. Auch wenn bei dem F1-Test mit Nahrung in der Kontrolle 40 % der eingesetzten Nachkommen starben, ist die Mortalitätsrate der Nachkommen aus 16 mg/l Dyapol BDN deutlich höher (70 %). Zur gleichen Zeit der auftretenden Mortalität in der Kontrolle traten auch in der Daphnienzucht erhöhte Sterberaten auf, was dafür spricht, daß die erhöhte Mortalität auf Außenfaktoren wie Störungen im Medium, Infektion o.ä. zurückzuführen ist.

Da – wie wir nachgewiesen haben – Größe, Gewicht, Fettgehalt und Überlebensfähigkeit der Nachkommen durch Chemikalien negativ beeinflußt werden können, ist es unbedingt notwendig, im Daphnien-Reproduktionstest neben der Anzahl der Nachkommen auch diese Parameter zu erfassen und bei der Bewertung der Chemikalie zu berücksichtigen. Denn um die Wirkung einer Chemikalie auf eine Population abschätzen zu können, muß die Fitneß der F1-Generation unbedingt miteinbezogen werden.

Unsere Untersuchungen wurden durchgeführt, um anhand dieser und weiterer Ergebnisse diese Dispergiermittel nach gewässerökologischen Gesichtspunkten klassifizieren zu können. Eine Klassifizierung von Textilhilfsmitteln wird in Deutschland seit längerer Zeit gefordert, um die Umweltbelastung durch die Textilveredlungsindustrie zu senken. Ziel einer solchen Klassifizierung der Textilhilfsmittel ist es, dem Anwender die Möglichkeit zu geben, umweltverträglichere Produkte bevorzugen zu können und längerfristig gewässergefährdende Stoffe zu substituieren. In Deutschland müssen ab dem 1. Januar 2001 alle Textilhilfsmittel nach dem Klassifizierungskonzept der TEGEWA (Verband der Textilhilfsmittel-, Lederhilfsmittel-, Gerbstoff- und Waschrohstoff-Industrie) eingestuft werden (Mitteilung des Bundesministeriums für Umwelt, Naturschutz und Reaktorsicherheit). Für diese Klassifizierung werden Daten zur biologischen Abbaubarkeit/Eliminierbarkeit und zur Gewässertoxizität der Textilhilfsmittel benötigt. Die Angaben zur Gewässertoxizität liegen nicht für alle Textilhilfsmittel vor bzw. sind nicht ausreichend (Lepper 1996, Rosner et al. 1993, Wiedemann et al. 1992). Eine Möglichkeit, bei der Ermittlung der Gewässertoxizität Kosten und Zeit zu sparen, wäre es, von den Handelsprodukten der gleichen Substanzklasse nur einen Vertreter zu untersuchen und für die anderen Handelsprodukte anzunehmen, daß die Toxizität vergleichbar ist. Unsere Ergebnisse zeigen jedoch, daß von der Toxizität eines Textilhilfsmittels nicht auf die Toxizität eines anderen Handelsproduktes der gleichen Substanzgruppe (z.B. Naphthalinsulfonsäure-Formaldehyd-Kondensationsprodukte) geschlossen werden kann. Es traten zwar bei allen drei untersuchten Kondensationsprodukten ähnliche Effekte auf, jedoch bei unterschiedlichen Konzentrationen. Dispersogen A zeigt bei fast allen Parametern den stärksten Effekt. Die LC_{50} für Dispersogen A ist mehr als Faktor 5 kleiner als für Dyapol BDN und Erional RF. Desweiteren tritt bei Dispersogen A bereits bei geringeren Konzentrationen eine Hemmung der Reproduktion auf. Darüber hinaus sind die Neonatae unter Einfluß von Dispersogen A deutlich kleiner als die Nachkommen unter Exposition von Erional RF und Dyapol BDN. Insgesamt reagierten die Daphnien unter Einfluß von Dispersogen A empfindlicher als bei Erional RF und Dyapol BDN. Aufgrund dieser unterschiedlichen Empfindlichkeit halten wir es für nicht zulässig, nur einen Vertreter einer Substanzklasse (gleiche chemische Charakterisierung in den Sicherheitsdatenblättern) zu untersuchen und die Ergebnisse im Analogieschluß auf die anderen Handelsprodukte dieser Klasse zu übertragen. Dafür sind die Informationen im Sicherheitsdatenblatt über die Zusammensetzung des Handelsproduktes unzureichend; dort wird lediglich eine grobe chemische Charakterisierung über das Produkt gegeben, Kondensationsgrad und mögliche weitere Inhaltsstoffe sind nicht angegeben. Erst wenn zumindest Rahmenrezepturen der Handelsprodukte vorliegen und diese vergleichbar sind, wäre ein Analogieschluß vertretbar.

Literatur

Cleuvers, M., Goser, B., Ratte, H.T. (1997): Life-strategy shift by intraspecific interaction in *Daphnia magna*: Change in reproduction from quantity to quality. Oecologia 110: 337-345

Cowgill, U.M., Williams, D.M., Esquivel, J.B. (1984): Effects of maternal nutrition on fat content and longelivity of neonates of *Daphnia magna*. J. Crustacean Biol. 4: 173-190

Elendt, B.P. (1990): Nutritional quality of a microencapsulated diet for *Daphnia magna*. Effects on reproduction, fatty acid composition and midgut ultrastructure. Arch. Hydrobiol. 118: 461-475

Goser, B. (1997): Dichteabhängige Änderungen der Entwicklung und Reproduktion bei Cladoceren – Ursachen und ökologische Bedeutung. Shaker Verlag, Aachen

Heimann, S., Schenk, W., Kothe, W., Streit, W., Freyberg, P., Schwab, H., Reinert, F., Haug, E. (1988): Textilhilfsmittel. In: Ullmanns Enzyklopädie der technischen Chemie. Band 23. 4. Aufl.. Verlag Chemie, Weinheim. 32-36

Karl, U., Fellner, F., Nahr, U., Widler, G. (1997): Entwicklung neuer Färbereihilfsmittel unter anwendungstechnischen und ökologischen Gesichtspunkten. Textilveredlung 32: 180-184

Killer, A., Schönberger, H. (1993): Refraktäre Stoffe im Textilabwasser. Textilveredlung 28: 44-53

Kuhl, A. (1962): Beiträge zur Physiologie und Morphologie der Algen. G. Fischer Verlag, Stuttgart. 157-166

Lepper, P. (1996): Abschätzung der Gewässerrelevanz von Textilhilfsmitteln. In: IUCT (ed.): Leistungen und Ergebnisse – Jahresbericht 1996. Fraunhofer Institut für Umweltchemie und Ökotoxikologie, Schmallenberg. 29-37

Lüning, J. (1992): Phenotypic plasticity of *Daphnia pulex* in the presence of invertebrate predators: morphological and life history responses. Oecologia 92: 383-390

Reede, T. (1995): Life history shifts in response to different levels of fish kairomones in *Daphnia*. J. Plankton Res. 17: 1661-1667

Rosner, G., Artelt, S., Könnecker, G., Schönberger, H. (1993): Umweltrelevante Textilhilfs- und Ausrüstungsstoffe. Studie im Auftrag des Niedersächsischen Umweltministeriums. Hannover

Schönberger, H. (1994): Reduktion der Abwasserbelastung in der Textilindustrie. Töpfer Planung + Beratung GmbH, Forschungsbericht 102 06 511. Umweltbundesamt, Berlin (= UBA-Texte 3/94)

Stibor, H. (1992): Predator-induced life-history shifts in a freshwater cladoceran. Oecologia 92: 162-165

Trubetskova, I., Lampert, W. (1995): Egg size and egg mass of *Daphnia magna*: response to food availability. Hydrobiologia 307: 139-145

Umweltbundesamt (1998): Gewässerrelevanz von Textilhilfsmitteln zukünftig bekannt. – Selbstverpflichtungen ermöglichen Textilherstellern umweltgerechtes Verhalten. Umwelt 1: 32-33

Wiedemann, P.M., Karger, C., de Man, R., Völkle, E., Braunschädel-Hilger, J., Claus, F. (1992): Stoff- und Informationsströme in der Produktlinie Bekleidung. Vorstudie für die Arbeitsgruppe Kleidung im Auftrag der Enquete-Kommission des Deutschen Bundestages „Schutz des Menschen und der Umwelt – Bewertungskriterien und Perspektiven für umweltverträgliche Stoffkreisläufe in der Industriegesellschaft“. Arbeitsgemeinschaft Textil, Jülich

Zöllner, N., Kirsch, K. (1962): Über die quantitative Bestimmung von Lipoiden (Mikromethode) mittels der vielen natürlichen Lipoiden (allen bekannten Plasmalipoiden) gemeinsamen Phosphovanillin-Reaktion. Z. Ges. Exp. Med. 135: 545-561

50 Veränderung der Konzentrations-Wirkungs-Beziehung durch intraspezifischen Streß

M. Liess, Nanko-Drees, J., Lamche, G., Sabarth, A., Schulz, R., Walscheck, S. & M.D. Liess

Abstract

This study, based on two examples, demonstrates that intraspecific stress between individuals of one species alters the sigmoid concentration-response relationships. A high intraspecific stress due to high population density can reduce the survival in the control. However, stress due to xenobiotica is reducing the intraspecific stress. As a consequence, test systems with high intraspecific stress are less sensitive to xenobiotic stress than systems with low intraspecific stress. According to the tests conditions, the NOEC can differ of some orders of magnitude and the concentration-response curve shows a modified slope.
It is, thus, important to consider the degree of intraspecific interaction in the design and interpretation of test-systems as this can partly compensate the effects of xenobiotica. Since intraspecific stress is an integral property of natural populations, it is expected that they react less to xenobiotica than test-systems with low intraspecific interaction.

Zusammenfassung

Anhand von zwei Beispielen wird gezeigt, daß intraspezifischer Streß zwischen Individuen einer Art die häufig beobachtete sigmoide Konzentrations-Wirkungs- Beziehung entscheidend verändert. So kann intraspezifischer Streß aufgrund hoher Individuendichte die Überlebensrate in der Kontrolle reduzieren. Bei Belastung der Organismen mit Xenobiotika wird jedoch der intraspezifische Streß vermindert. Somit reagieren Testsysteme mit hohem intraspezifischen Streß (z.B. erhöhte Dichte) in einem weiten Konzentrationsbereich weniger auf Xenobiotika als Testsysteme mit niedrigem intraspezifischen Streß. Folglich kann je nach experimentellen Rahmenbedingungen der NOEC um mehrere Größenordnungen in den Bereich höherer Konzentrationen verschoben, und die Konzentrations-Wirkungs Beziehung verändert werden.
Diese Zusammenhänge weisen auf die Notwendigkeit hin, alle für das Individuum negativen, intraspezifischen Interaktionen beim Design und der Interpretation von Toxizitätstests zu berücksichtigen, da sie die Wirkung von Xenobiotika teilweise kompensieren können. Da intraspezifische Interaktionen in natürlichen Populationen vorhanden sind wird vermutet, daß Freilandpopulationen weniger sensitiv auf Xenobiotika regieren, als Testsysteme mit geringer intraspezifischer Interaktion.

50.1 Einleitung

Bei der Durchführung von Toxizitäts-Tests wird häufig eine sigmoide Konzentrations-Wirkungs Beziehung festgestellt. Diese Beobachtung wird durch das Modell einer Normalverteilung der Empfindlichkeit der Testorganismen erklärt (Walker et al. 1996). Es werden jedoch auch Konzentrations-Wirkungs Beziehungen beobachtet, die von der sigmoiden Form abweichen (Stebbing 1982). In derartigen Fällen kann das übliche logistische Modell nicht zur Beschreibung der Abhängigkeit herangezogen werden. (Van Ewijk und Hoekstra 1993). In der vorliegenden Arbeit wird der intraspezifische Streß von Testorganismen als Erklärungsgrundlage für die beobachteten Abweichung von der üblichen sigmoiden Konzentrations-Wirkungs Beziehung herangezogen.

50.2 Material und Methoden

50.2.1 Versuche mit *Limnephilus lunatus* in Mikrokosmen

Chronische Effekte einstündiger Kontamination mit dem Insektizid Fenvalerat wurden in Freiland-Mikrokosmen untersucht. Die einstündige Kontamination von je 50 Larven (Larvenstadien 1 (6 %); 2, 3 (44 %); 4 (6 %)) erfolgte in belüfteten Glasgefäßen mit 1 l Wasser in 4 Wiederholungen je Konzentration. Die Exposition wurde für die Konzentrationen von 1 µg/l und 0,1 µg/l am Institut für Ökologische Chemie gemessen und hatte eine Abweichung von weniger als 5 % von der Nominalkonzentration. Dargestellt ist im folgenden die Nominalkonzentration. Nach der Kontamination wurden die Larven gespült und mit Ausnahme des Ansatztes der höchsten Konzentration von 100 µg/l (100 % Mortalität nach 24 h) in Mikrokosmen überführt. Die Mikrokosmen sind durchströmte (0,12 m/s) Kunststoffgefäße (Fläche 680 cm^2) mit 100g Bachsediment und 6 ca. 20 cm langen Wasserpflanzen (*Berula erecta* Coville). Da *L. lunatus* einen dreidimensionalen Raum im Mikrokosmos besiedelt, wurde die unterschiedliche Dichte (Faktor 0,5) der Organismen durch das Volumen des Wasserkörpers eingestellt. Die gewählten Dichten sind in etwa freilandrelevant, wobei die hohe Dichte der Larven im oberen Bereich der im Freiland festgestellten Larvendichte liegt. Der Luftraum über dem Wasser ist mit Netzmaterial (1,5 mm) abgedichtet. Die Temperatur wurde durch Kryostaten, Sauerstoff, Ammonium und Nitrit wurden durch 14tägigen Wasseraustausch mit unbelastetem Quellwasser in optimalen Bereichen gehalten. Das Überleben der Larven wurde in mehrwöchigem Abstand aufgenommen, geschlüpfte Adulte wurden alle 48 bis 72 Stunden abgesammelt. Eine detaillierte Beschreibung der Mikrokosmen findet sich in Liess und Schulz (1996). Statistische Analysen erfolgten mittels ANOVA (analysis of variance), Scheffe's F-Test.

50.2.2 Versuche mit *Gammarus pulex* in Mesokosmen

Die Mesokosmen-Versuche wurden in acht künstlichen Fließgerinnen mit 20 m Länge, 60 cm Breite, 30 cm Tiefe durchgeführt. Diese mit Bachwasser gespeisten Gerinne (Durchfluß ca. 1500 l/h, Strömungsgeschwindigkeit 0,1-0,2 m/s) wurden mit Bachsediment befüllt und mit bachtypischen höheren Pflanzen, überwiegend Berle (*Berula erecta*) und Makroinvertebraten bestückt. Die eine Hälfte der Gerinne war zum Kontaminationszeitpunkt mit etwa der doppelten Dichte von *G.pulex* als die andere Hälfte besetzt. Die gewählten Dichten sind in etwa freilandrelevant, wobei die hohe Dichte der Gammariden im oberen Bereich der im Freiland festgestellten Dichte liegt. Eine Populationsaufnahmen wurden 14tägig mit einem Saugsampler durchgeführt. Temperatur, pH-Wert, Leitfähigkeit, Sauerstoff- und Nährstoffgehalte wurden aufgenommen. Die Kontamination erfolgte im Durchfluß für eine Stunde im Frühsommer 1997 mit einer Mischung der Insektizide Parathion-ethyl und Esfenvalerat zu gleichen Teilen. Die eingesetzten Konzentrationen betrugen 0,01; 0,1; 0,3; 1,0; 3,0 und 10 µg/l je Einzelsubstanz. Die tatsächliche Exposition wurde für die Konzentrationen von 10 µg/l und 1 µg/l am Institut für Ökologische Chemie gemessen und betrug etwa 1/3 der Nominalkonzentration im Mittel der ersten Stunde nach Kontamination. Nach dem Ende der Kontamination ist ein exponentieller Abfall der Konzentration zu erwarten. Dargestellt ist im folgenden die Nominalkonzentration. Zwei nicht kontaminierte Gerinne dienten als Kontrolle (Nullprobe). Untersuchungen von Agrarfließgewässern im Braunschweiger Umland zeigten kurzzeitige Belastungen mit bis zu 6,2 µg/l Insektizid (Liess et al. 1999). Oftmals wurden die Insektizide Parathion-ethyl und Fenvalerat gemeinsam nachgewiesen. Aufgrund dieser Situation wird die einstündige Kontamination mit zwei Wirkstoffen im gewählten Konzentrationsbereich als freilandtypisch erachtet. Statistische Analysen erfolgten mittels Chi2-Test.

50.3 Ergebnisse und Diskussion

50.3.1 *Limnephilus lunatus* – Veränderung der Konzentrations-Wirkungs-Beziehung durch intraspezifischen Streß

In den Versuchsansätzen mit geringer und mit hoher Dichte der Larven zum Zeitpunkt der einstündigen Kontamination ist 15 Tage nach der Kontamination bis zu einer Konzentration von 10 µg/l keine signifikant verminderte Überlebensrate der Larven in Abhängigkeit von der Konzentration festzustellen. Erst bei einer Konzentration von 100 µg/l tritt eine hundertprozentige Mortalität auf (Abb. 50-1).

Der Schlupferfolg der Larven bei niedriger Dichte ist 7 Monate nach der einstündigen Kontamination im Vergleich zur Kontrolle bereits ab einer Konzentration von 0,1 µg/l signifikant verringert. Demgegenüber ist der Schlupferfolg der Larven im Ansatz mit hoher Dichte bei 1 µg/l und bei 10 µg/l signifikant höher als in der Kontrolle (Abb. 50-2).

Der Vergleich des Schlupferfolges im Ansatz mit hoher und mit niedriger Dichte zeigt, daß in der Kontrolle sowie in den niedrigen Konzentrationen von 0,001 µg/l bis 0,1 µg/l der Schlupferfolg im Ansatz mit hoher Dichte deutlich geringer ist als im Ansatz mit niedriger Dichte. Im Bereich

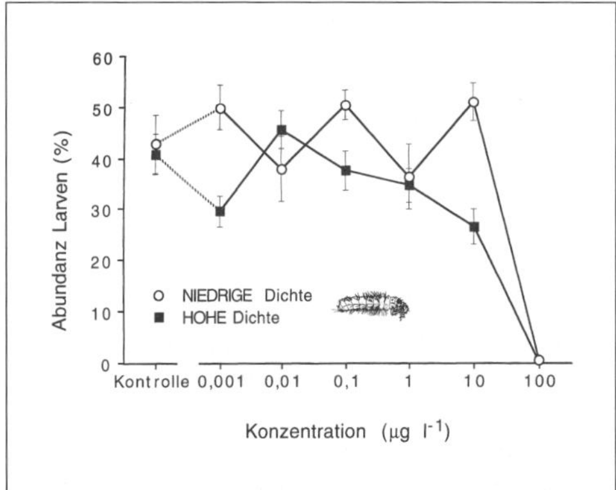

Abb. 50-1: Abundanz der Larven von *Limnephilus lunatus* bei niedriger und hoher Dichte 15 Tage nach 1stündiger Kontamination mit dem Insektizid Fenvalerat. Die Abundanz der Larven ist in % der eingesetzten Larven zu Versuchsbeginn dargestellt (± 1 SE).

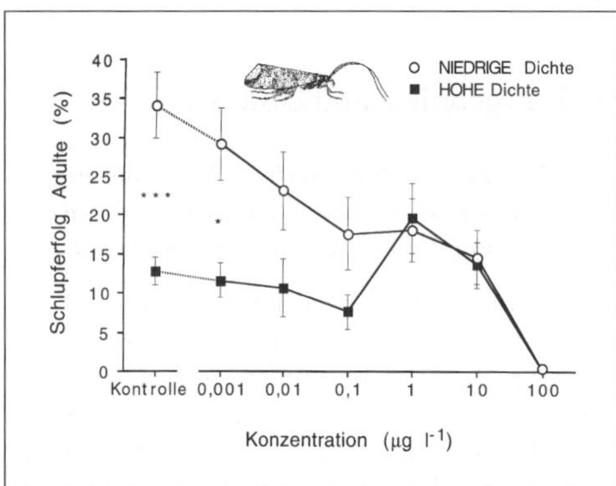

Abb. 50-2: Schlupferfolg der Adulten von *Limnephilus lunatus* bei niedriger und hoher Dichte 7 Monate nach 1stündiger Kontamination mit dem Insektizid Fenvalerat. Der Schlupferfolg ist in % der eingesetzten Larven zu Versuchsbeginn dargestellt (± 1 SE). Signifikante Unterschiede zwischen den Ansätzen sind dargestellt (* p<0,05; *** p<0,001). Bei **niedriger** Dichte der Larven erfolgt eine signifikante Verminderung des Schlupferfolges zwischen Kontrolle und 0,1; 1; 10 µg/l (p<0,05); 100 µg/l (p<0,001). Bei **hoher** Dichte der Larven erfolgt eine signifikante Erhöhung des Schlupferfolges zwischen Kontrolle und 1; 10 µg/l (p<0,05); bei 100 µg/l eine Verminderung (p<0,001).

der hohen Konzentration von 1 µg/l und 10 µg/l ist die Schlupfrate jedoch gleich (Abb. 50-2).
Es wird die These aufgestellt, daß intraspezifischer Streß die Ursache für die Unterschiede in der jeweiligen Konzentrations-Wirkungs-Beziehung in den Ansätzen mit niedriger und hoher Dichte ist. So reduziert intraspezifischer Streß im Ansatz mit hoher Individuendichte die Überlebensrate in der Kontrolle sowie im Bereich der Konzentration von 0,001 µg/l bis 0,1 µg/l. Ab einer Konzentration von 1 µg/l vermindert die Belastung der Organismen mit Xenobiotika den intraspezifischen Streß so weit, daß von der Dichte der Larven kein negativer Einfluß auf die Überlebensrate ausgeht. Deutlich wird dies durch den identischen Schlupferfolg der Larven bei einer Kontamination ab 1 µg/l in den Ansätzen mit niedriger und mit hoher Dichte. Der LOEC (Verminderung des Schlupferfolges) liegt bei hoher Dichte der Larven somit mehr als zwei Zehnerpotenzen über dem LOEC des Ansatzes mit niedriger Larvendichte.
Die hier dargestellte Erhöhung des Schlupferfolges bei 1 µg/l und 10 µg/l gegenüber der Kontrolle im Ansatz mit hoher Larvendichte wurde auch bei Cadmium-exponierten Chironomiden festgestellt, die unter Futterlimitation gehalten wurden (Postma et al. 1994). Die bessere Futterversorgung derjenigen Larven, die die Kontamination überlebten, wurde dabei als Ursache für ihren höheren Schlupferfolg gegenüber der Kontrolle vermutet. Dieser Erklärungansatz kann jedoch mit den Ergebnissen dieses Experimentes nicht unterstützt werden, da ein konzentrationsabhängiges Überleben der Larven 15 Tage nach der Kontamination im Konzentrationsbereich bis 10 µg/l nicht beobachtet wurde. Auch ist die Anzahl überlebender Larven unabhängig von der vorhandenen Dichte in den jeweiligen Ansätzen etwa gleich (Abb. 50-2). Es erscheint hingegen wahrscheinlich, daß subletale Veränderungen der Interaktion für die beobachteten Effekte verantwortlich sind. So stellte Tan (1981) eine verminderte Nahrungsaufnahme von *Pieris brassicae* bei subletaler Pyrethroid-Kontamination fest. Auch bei *Gammarus pulex* konnte bei subletaler Metallbelastung bereits bei sehr niedrigen Konzentrationen eine Verminderung der Nahrungsaufnahme beobachtet werden (Maltby und Crane 1994). Neben einer Verringerung der Abundanz der Larven kann somit auch eine Verminderung der Fraßmenge eine Verbesserung der Futtersituation hervorrufen und damit eine Verminderung des intraspezifischen Stesses bei geringer Kontamination bewirken.

50.3.2 *Gammarus pulex* – Veränderung der Konzentrations-Wirkungs Beziehung durch intraspezifischen Streß

In den Mesokosmen mit niedriger Dichte von adulten *G.pulex* zum Zeitpunkt der Kontamination ist 14 Tage nach der einstündigen Kontamination eine signifikant verminderte Überlebensrate (Gesamtindividuenzahl) bereits bei 0,01 µg/l Parathion-ethyl und Esfenvalerat festzustellen (Abb. 50-3 A). Im Gegensatz dazu ist im Ansatz mit hoher Dichte 14 Tage nach der einstündigen Kontamination erst bei 10 µg/l Parathion-ethyl und Esfenvalerat eine signifikant verminderte Überlebensrate (Gesamtindividuenzahl) zu beobachten (Abb. 50-3 B). Der Unterschied im LOEC (Gesamtindividuenzahl) der beiden Ansätze mit unterschiedlicher Dichte beträgt somit drei Größenordnungen.

Werden adulte und juvenile Gammariden getrennt betrachtet so zeigt der Ansatz mit niedriger Dichte eine monoton konzentrationsabhängig abnehmende Überlebensrate sowohl bei adulten als auch bei juvenilen Gammariden (Abb. 50-3 A). Im Ansatz mit hoher Dichte ist eine monoton konzentrationsabhängig abnehmende Überlebensrate nur bei Adulten, nicht aber bei juvenilen Gammariden vorhanden. Juvenile Gammariden weisen bei 0,1 µg/l und 1 µg/l Insektizidkonzentration eine signifikant höhere Populationsdichte als die Kontrolle auf (Abb. 50-3 B).

In Abb. 50-4 ist die Abundanz juveniler Gammariden in Abhängigkeit von der Dichte adulter Gammariden zum Zeitpunkt der Kontamination vergleichend dargestellt. Es wird deutlich, daß in der Kontrolle die Abundanz juveniler Gammariden im Ansatz mit hoher Dichte deutlich geringer ist als im Ansatz mit niedriger Dichte. Mit steigender Konzentration nähert sich die Abundanz juveniler Gammariden unabhängig von der Dichte adulter Gammariden an (Abb. 50-4).

Die Ergebnisse dieses Mesokosmen-Versuches weisen auf negative intraspezifische Interferenz adulter Gammariden auf Juvenile hin. So ist der Anteil juveniler Gammariden bei hoher Dichte der Adulten wesentlich geringer als bei niedriger Dichte der adulten Gammariden (Abb. 50-4). Zusätzlich weist die signifikante Erhöhung der

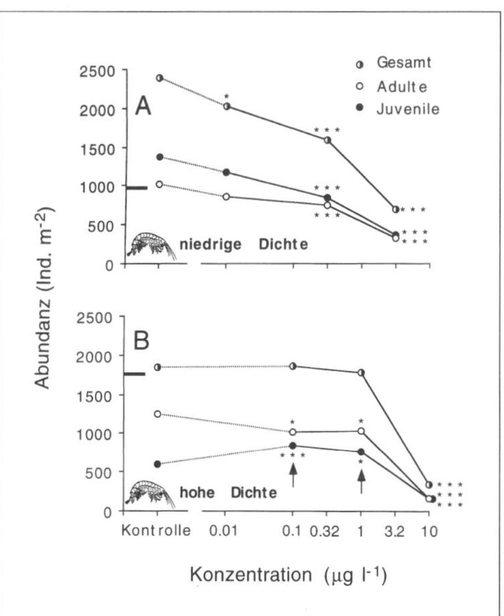

Abb. 50-3: Abundanz von *Gammarus pulex* 14 Tage nach einstündiger Kontamination mit Parathion-ethyl und Esfenvalerat bei **niedriger** (A) und bei **hoher** (B) Individuendichte. Die Markierung an den Ordinaten zeigt die Dichte adulter Gammariden zum Zeitpunkt der Kontamination. Signifikante Unterschiede in der Abundanz zwischen Kontrolle und kontaminierten Ansätzen sind dargestellt (* p<0,05; *** p<0,001).

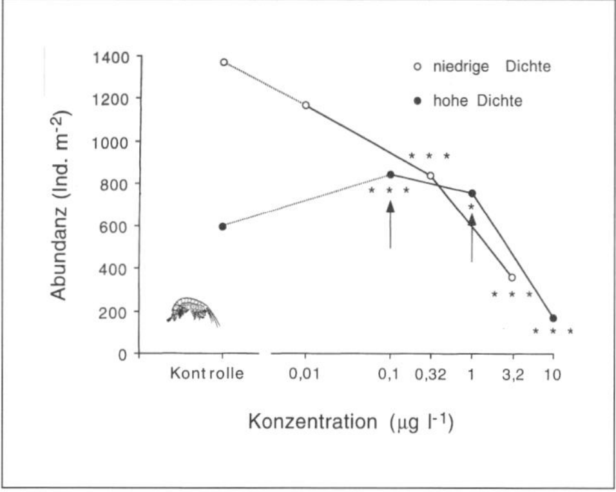

Abb. 50-4: Vergleich der Überlebensrate juveniler *Gammarus pulex* bei **niedriger** und **hoher** Individuendichte von adulten Individuen zum Zeitpunkt der Kontamination. Signifikante Unterschiede in der Abundanz zwischen Kontrolle und kontaminierten Ansätzen sind dargestellt (* p<0,05; *** p<0,001).

Abundanz der Juvenilen im Vergleich zur Kontrolle bei 0,1 µg/l und 1 µg/l Insektizidkonzentration auf negative Interferenz (z.B. Prädation) der Adulten und Juvenilen hin. Auch in anderen Untersuchungen wurde die abundanzbeeinflussende Wirkung der Prädation bei Gammariden festgestellt (Jenio 1979). Verstärkt werden kann der Effekt verminderter Prädation durch die adulten Gammariden durch deren verminderte Nahrungsaufnahme bei subletaler Belastung (Maltby und Crane 1994).
Somit sind auch in diesem Experiment ähnliche Prozesse wie in dem oben beschriebenen Versuch mit *L. lunatus* zu vermuten: Ab einer Konzentration von etwa 0,1 µg/l vermindert die Belastung der Organismen mit Xenobiotika den intraspezifischen Streß so weit, daß von der Dichte der Individuen kein negativer Einfluß auf die Überlebensrate ausgeht. Der Anteil juveniler Gammariden an der Gesamtpopulation steigt und die Gesamtabundanz von juvenilen und adulten Gammariden bleibt trotz steigender Kontamination bis 10 µg/l etwa gleich.

50.4 Zusammenfassende Bewertung

Die aufgeführten Beispiele zeigen, daß je nach Organismen und Testbedingungen die Verminderung des intraspezifischen Stresses (verminderter Nahrungskonkurrenz, verminderten Kannibalismus) durch Insektizidkontamination erfolgen kann. Alle für das Individuum negativen, intraspezifischen Interaktionen müssen somit beim Design und der Bewertung von Toxizitätstests berücksichtigt werden, da sie in einem weiten Konzentrationsbereich die Wirkung von Xenobiotika teilweise kompensieren können, und somit Testsysteme mit hohem intraspezifischen Streß weniger auf Xenobiotika reagieren als Testsysteme mit niedrigem intraspezifischen Streß. Da weiterhin intraspezifische Interaktionen in Form von Konkurrenz und Kannibalismus integraler Bestandteil natürlicher Populationen sind, ist zu erwarten, daß Freilandpopulationen weniger sensitiv auf Xenobiotika reagieren als Testsysteme mit geringem intraspezifischen Streß.

Literatur

Jenio, F. (1979): Predation on fresh water gammarids (Crustacea: Amphipoda). Proc. W. Va. Acad. Sci. 51: 67-73

Liess, M. , Schulz, R. (1996): Chronic effects of short-term contamination with the pyrethroid insecticide fenvalerate on the caddisfly *Limnephilus lunatus*. Hydrobiologia 324: 99-106

Liess, M., Schulz, R., Liess, M.H.-D., Rother, B. , Kreuzig, R. (1999): Determination of insecticide contamination in agricultural headwater streams. Wat. Res. 33: 239-247

Maltby, L. , Crane, M. (1994): Responses of *Gammarus pulex* (Amphipoda, Crustacea) to metalliferous effluents – Identification of toxic components and the importance of interpopulation variation. Envir. Pollut. 84: 45-52

Postma, J.F., Buckert-de Jong, M.C., Staats, N., Davids, C. (1994): Chronic toxicity of cadmium to *Chironomus riparius* (Diptera: Chironomidae) at different food levels. Arch. Envir. Contam. Toxicol. 26: 143-148

Stebbing, A.R.D. (1982): Hormesis – The simulation of growth by low levels of inhibitors. Sci. Total Environ. 22: 213-234

Tan, K.-H. (1981): Antifeeding effect of cypermethrin and permethrin at sub-lethal levels against *Pieris brassicae* larvae. Pest. Sci. 12: 619-626

Van Ewijk, P.H. , Hoekstra, J.A. (1993): Calculation of the EC50 and its confidence interval when subchronic stimulus is present. Ecotox. Envir. Safety 25: 25-32

Walker, C.H., Hopkin, S.P., Sibly, R.M., Peakall, D.B. (1996): Principles of ecotoxicology. Taylor & Francis, London, Bristol

51 Einzugsgebietsvariablen und Fließgewässer-Lebensgemeinschaften

R. Schulz, M. Probst, H. Faasch und M. Liess

Abstract

The identification of ecotoxicological relationships under field conditions is often prevented by the complexity of environmental parameters. However, the analysis of large datasets offers a possibility to obtain results from field studies. The present paper attempts to describe the importance of rainfall-induced matter input from agricultural systems into streams for the communities living there. For this purpose governmental datasets from about 1200 sites in the Braunschweig area (Northwest Germany) of a period of 11 years were analysed.
The statistical analysis showed that the number of invertebrate species is negatively correlated with the amount of rainfall. This negative relationship is most pronounced at sites with one of the following features: small streams (distance to the source: ≤ 10 km), relatively high catchment slopes (≥ 1 %), soil types with high erosion potential (e.g. clay, loess), relatively high proportion of arable land (≥ 50 %). It can be concluded that the analysis of large datasets, already existing from routine governmental monitoring programmes, facilitates more precise ecotoxicological interpretations.

Zusammenfassung

Die Vielfalt der Umweltfaktoren erschwert im allgemeinen die Identifikation ökotoxikologischer Zusammenhänge unter Freilandbedingungen. Ein Ansatz, trotz dieser Schwierigkeiten interpretierbare Ergebnisse abzuleiten, stellt die statistische Analyse umfangreicher Datensätze dar. Im vorliegenden Beitrag wurde anhand elfjähriger Daten des StAWA Braunschweig von etwa 1200 Probestellen die Bedeutung niederschlagsinduzierter Stoffeinträge aus der Landwirtschaft für Fließgewässer-Gemeinschaften beschrieben.
Aus der statistischen Analyse geht hervor, daß die Anzahl wirbelloser Arten negativ mit der Niederschlagsmenge korreliert ist. Diese negative Korrelation ist nur bei kleinen Gewässern, bei Gewässern mit hoher Hangneigung, mit Ackerflächen oder mit erosionsgefährdeten Böden im Einzugsgebiet vorhanden. Die ökotoxikologische Analyse großer Datenmengen ermöglicht somit eine weitergehende Auswertung der umfangreichen Datensätze, die aus der routinemäßigen behördlichen Gewässerüberwachung vorliegen.

51.1 Einleitung

Zusammenhänge zwischen Stressoren und resultierenden biologischen Reaktionen werden in der Ökotoxikologie im allgemeinen durch Testsysteme verschiedener Komplexität erarbeitet (Cairns und Mount 1990). Untersuchungsansätze, die auf Freilanderhebungen basieren, sind relativ selten, obgleich die Beeinflussung von Gemeinschaften im Freiland das letztendliche Bewertungskriterium sein sollte (Koeman 1982).
Problematisch an Untersuchungen im Freiland ist, daß die Vielfalt der Umweltfaktoren im allgemeinen die Identifikation ökotoxikologischer Zusammenhänge erschwert (Buikema und Voshell 1993). Ein Ansatz, trotz dieser Schwierigkeiten interpretierbare Ergebnisse abzuleiten, stellt die statistische Analyse umfangreicher Datensätze dar (Verdonschot 1992, Wright et al. 1993). Dieser Ansatz wurde auch in der vorliegenden Untersuchung verfolgt.
Zum Einfluß verschiedener Umlandnutzungsformen auf Gewässer liegen bisher nur wenige Einzelbeispiele vor. Dance und Hynes (1990) stellten beim Vergleich zweier Gewässerarme eine Reduktion der Artenzahl bei intensiverer landwirtschaftlicher Umlandnutzung fest. In einem ähnlichen Untersuchungsansatz stellten Sallenave und Day (1991) eine Reduktion der Sekundärproduktion bei verschiedenen Trichopterenarten fest, die sie als Folge von Pestizid- und Nährstoffbelastungen interpretieren. In drei Gewässern mit unterschiedlicher Umlandnutzung (Wald, Siedlung, Landwirtschaft) konnten Lenat und Crawford (1994) Gemeinschaften mit abgrenzbaren faunistischen Charaktergruppen feststellen. Innerhalb eines Zeitraums von 17 Jahren, in dem die Nährstoffbelastung aus dem landwirtschaftlich genutzten Umland deutlich anstieg, konnten Higler und Repko (1981) in einem Flachlandgewässer ein Verschwinden zahlreicher empfindlicher Arten feststellen. Die bisher vorhandenen Untersuchungen beruhen größtenteils auf der intensiven Untersuchung weniger Gewässer; Ansätze zur Analyse umfangreicher Datensätze wurden nicht durchgeführt.
In der voliegenden Untersuchung wurde am Beispiel umfangreicher Datensätze (insgesamt

1200 Stellen in einem Zeitraum von 11 Jahre) aus der behördlichen routinemäßigen Gewässergüteüberwachung (Saprobiensystem) versucht, eine Beziehung zwischen Umlandvariablen und aquatischen Lebensgemeinschaften herzustellen. Die große Menge verfügbarer Daten gleicher Qualität bietet den Vorteil einer sicheren statistischen Basis. Als Beispielregion wurde das Braunschweiger Umland gewählt, welches durch intensiven Ackerbau (Weizen, Rüben) geprägt ist (Jung und Schätzl 1994). Bei den Analysen wurden insbesondere oberflächliche Stoffeinträge (Sedimente, Nährstoffe, Pestizide) betrachtet, deren ökotoxikologische Auswirkungen auf aquatische Gemeinschaften bekannt sind (Liess 1997, Schulz 1997). Diese Stoffeinträge hängen in starkem Maße vom Niederschlagsregime ab.
Ziel der Untersuchung ist die Ableitung von ökotoxikologischen Zusammenhängen zwischen Lebensgmeinschaften von Fließgewässern und Einzugsgebietsvariablen, wobei niederschlagsinduzierte Stoffeinträge aus landwirtschaftlichen Gebieten im Vordergrund stehen. Das hier vorgestellte System zur Analyse umfangreicher Datensätze ist in dieser Form noch nicht abgeschlossen und wird laufend weiter ausgebaut.

51.2 Aufbau des Informationssystems

Das verwendete Informationssystem beruht auf abiotischen und biotischen Eingangsvariablen, die in Tabelle 51-1 zusammengefaßt sind. Alle notwendigen Daten lagen vor und mußten nicht erst im Freiland erhoben werden.

Die Analyse der Daten erfolgte durch Korrelationsrechnungen zwischen den Niederschlagsdaten und der Anzahl wirbelloser Arten (n = 11 Jahre), die mit dem Programmpaket SPSS® durchgeführt wurden. Hierbei wurden relative Niederschlagsmengen verwendet, bei denen die Niederschlagssummen für den jeweils betrachteten Zeitraum durch die Anzahl an Messwerten geteilt wurde. Die relativen Artenzahlen wurden ebenfalls durch Division der summierten Artenzahlen durch die Anzahl an Datenaufnahmen errechnet. Da mit steigender Anzahl an Datenaufnahmen die nachgewiesene Artenzahl ebenfalls anstieg ($Y = 139{,}7 + 0{,}82 * X$; $R^2 = 0{,}44$; $p = 0{,}025$), erfolgt so eine Normierung auf die jeweils zugrundeliegende Anzahl an Untersuchungswerten.
In den nachfolgenden Abbildungen 51-2 und 51-3 sind jeweils die Regressionskoeffizienten der Regression zwischen relativen Niederschlagsmengen und relativen Artenzahlen unter dem Einfluß verschiedener Umlandvariablen dargestellt.

51.3 Ergebnisse und Diskussion

51.3.1 Niederschlag und Wirbellosenartenzahl

In Abbildung 51-1 ist zunächst der relative Niederschlag und die relative Anzahl wirbelloser Arten für alle Probestellen in den verschiedenen Untersuchungsjahren dargestellt. Die Datengundlage ist der Zeitraum März bis Juli der Jahre 1986 bis 1996. Für die beiden Variablen ist sehr deutlich ein gegenläufiger Verlauf festzustellen. In Jahren, in denen der Niederschlag ge-

Tab. 51-1: Beschreibung und Datengrundlage der Variablen, die im Informationssystem verwendet wurden.

Variable	Beschreibung	Datenquelle
Aquatische Fauna	Abundanzklassen für insgesamt 1200 Stellen im Zeitraum 1986-96, Gebietsgröße: 4125 km²	Allg. Güteüberwachung
StAWA Braunschweig Niederschlag	28 Meßstationen, tägliche Meßdaten	Deutscher Wetterdienst
Umlandnutzung	Wiese, Wald, Acker, Siedlung	TK 50
Quellentfernung	Maximale Auflösung 1,5 km	TK 50
Hangneigung	Maximale Auflösung 0,5 %	TK 50
Bodenart	Gut bzw. schlecht wasserdurchlässige Böden	NLVA (1978)

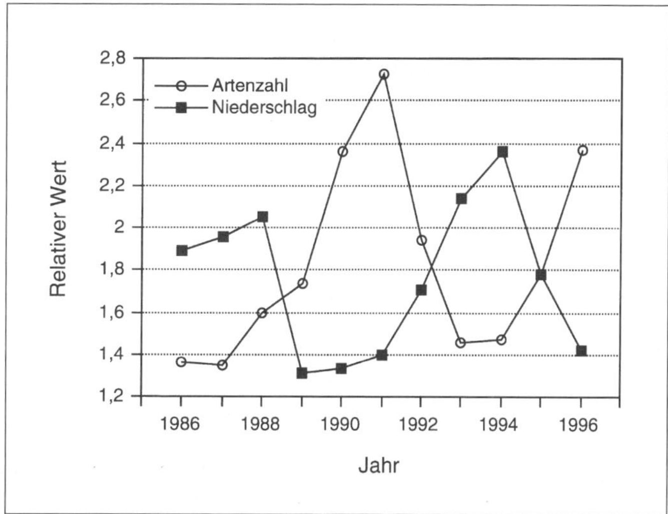

Abb. 51-1: Relative Anzahl wirbelloser Arten und relativer Niederschlag im Zeitraum März bis Juli der Jahre 1986 bis 1996 für Fließgewässer der Region um Braunschweig; beide Variablen sind negativ miteinander korreliert ($R^2 = 0,59$; $p < 0,01$).

ring ist, ist die Anzahl nachgewiesener Wirbellosenarten vergleichsweise hoch und umgekehrt. Beide Variablen sind dementsprechend negativ miteinander korreliert ($R^2 = 0,59$; $p < 0,01$). Sowohl für den Zeitraum August bis Dezember ($R^2 = 0,09$; $p <$ ns) als auch für den Gesamtjahreszeitraum ($R^2 = 0,14$; $p <$ ns) liegt keine Korellation zwischen den beiden Variablen vor (nicht weiter dargestellt).

Der deutliche gegenläufige Verlauf legt nahe, daß es sich bei dem dargestellten negativen Zusammenhang zwischen Niederschlag und Wirbellosenartenzahl um einen tatsächlichen Einfluß des Niederschlages auf die Artenzahl handelt. Es kommt in den 11 betrachteten Jahren mehrfach zu einer Umkehrung der relativen Größe der beiden Variablen zueinander. Bei keinem der beiden Variablen ist ein dauerhafter Trend feststellbar, so daß die Gefahr einer Scheinkorellation (die lediglich auf dem möglicherweise von ganz anderen Faktoren abhängigen Trend beruht) zwischen den beiden Variablen sehr gering ist.

Es ist zu berücksichtigen, daß der negative Zusammenhang nur bei Betrachtung des Zeitraumes März bis Juli vorliegt und nicht zu anderen Zeiten des Jahres. Hierfür ist nicht die absolute Niederschlagsmenge und die damit sicherlich verbundene Abflußmenge verantwortlich, da diese beispielsweise im Zeitraum August bis Dezember sogar um 7 % höher ist. Vielmehr ist zu vermuten, daß die stoffliche Zusammensetzung der niederschlagsbedingten Einträge sich im Zeitraum März bis Juli unterscheidet. Im März und April ist aufgrund der geringen Bodendekkung der Kulturpflanzen in erhöhtem Maße mit regeninduzierten Stoffabträgen in die Gewässer zu rechnen (Dunne et al. 1991). Mai bis Juni ist im Untersuchungsgebiet die Hauptapplikationsphase von Insektizidwirkstoffen. Der potentiell negative Einfluß von Insektizideinträgen auf aquatische Gemeinschaften wurde im Rahmen detaillierter Erfassungen mehrfach für das Braunschweiger Umland beschrieben (Liess 1998, Schulz 1998b).

Curran und Robertson (1991) konnten bei einer sukzessiven Erhöhung der Regen- und Abflußmengen in einem Gewässereinzugsgebiet über 20 Jahre eine Verbesserung der Wasserqualität feststellen, die sie anhand chemischer Meßwerte (BSB, Sauerstoffgehalt) belegten. Als wichtigen Grund für diesen positiven Zusammenhang geben die Autoren eine Verdünnung der organischen Belastung aufgrund der höheren Wassermenge im Gewässer an. Der Vergleich mit diesen Ergebnissen zeigt, wie unterschiedlich sich Niederschläge und die damit verändernden Abflußmengen in Abhängigkeit von den Systemvoraussetzungen auf die Gewässergüte auswirken können. Handelt es sich um ein beispielsweise durch

Abwasserzuläufe ohnehin belastetes Gewässer, so kann eine Erhöhung des Abflusses sich über Verdünnung positiv auswirken.
Es liegt nahe, daß die Faktoren, die für eine Reduktion der Artenzahl in manchen Jahren verantwortlich sind, mit der Niederschlagsmenge zu tun haben.

51.3.2 Einfluß von Einzugsgebietsvariablen

In den Abbildungen 51-2 und 51-3 ist der Einfluß verschiedener Einzugsgebietsvariablen auf die bereits erwähnte Korrelation zwischen relativem Niederschlag und relativer Anzahl wirbelloser Arten dargestellt. Die Balkenlänge gibt jeweils den Regressionskoeffizienten der linearen Regression an, während die Sterne das Signifikanzniveau darstellen.

Ein signifikanter, negativer Zusammenhang liegt bei Probestellen mit einer Quellentfernung von weniger als 10 km, also bei kleineren Gewässern bzw. Oberlaufabschnitten größerer Fließgewässer vor. Es wurde bereits mehrfach beschrieben, daß kleine Fließgewässer aufgrund der hohen Kontaktfläche zum umgebenden Gelände stärker von Stoffeinträgen betroffen sind. Miles und Harris (1971) stellten beispielsweise in einem kleinen Nebengewässer Organochlorinsektizide in Konzentrationen fest, die um den Faktor 5 bis 10 höher lagen, als in dem nächstgrößeren Hauptgewässer. In einer umfangreichen Untersuchung der Pestizidbelastung südschwedischer Gewässe in landwirtschaftlich genutzten Gebieten charakterisieren Kreuger und Brink (1988) kleine Einzugsgebiete ebenfalls als stärker belastet.

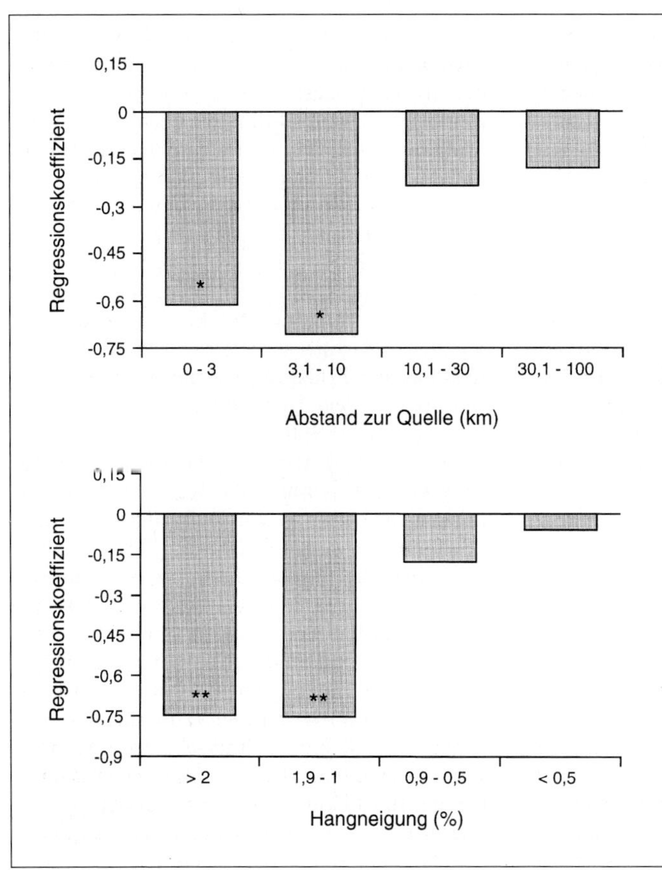

Abb. 51-2: Korrelation zwischen relativer Anzahl wirbelloser Arten und relativem Niederschlag an Probestellen mit unterschiedlicher Entfernung zur Quelle (oben) und mit unterschiedlicher Hangneigung des Umlandes (unten). Die Sterne geben die Signifikanzniveaus der Regression an (*: $p < 0,05$; **: $p < 0,01$).

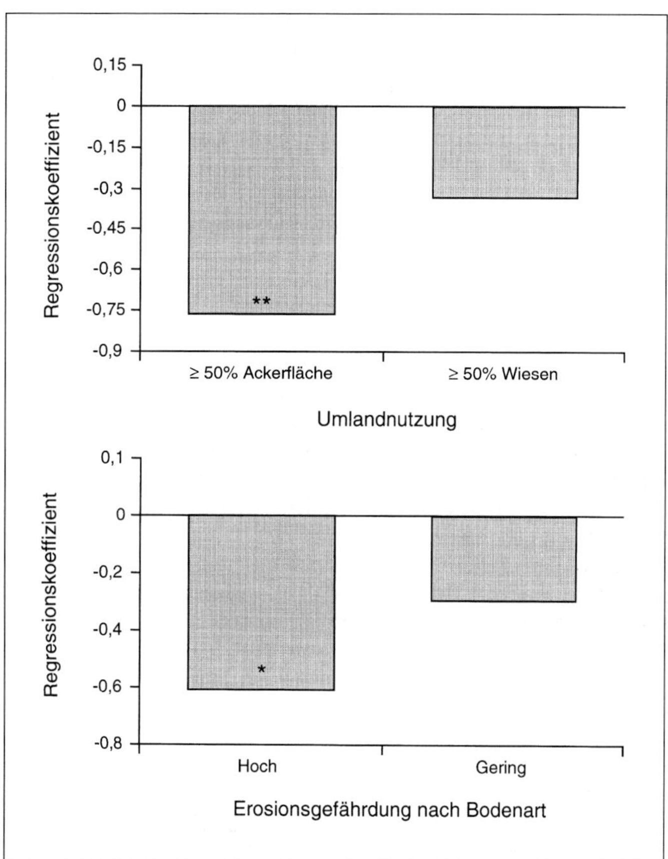

Abb. 51-3: Korrelation zwischen relativer Anzahl wirbelloser Arten und relativem Niederschlag an Probestellen mit unterschiedlicher Umlandnutzung (oben) und mit unterschiedlicher Erosionsgefährdung nach der Bodenart im Umland (unten).

Ein weiterer negativ verstärkender Einflußfaktor ist die Hangneigung im Einzugsgebiet. Ab Hangneigungen ≥ 1 % liegt eine hochsignifikate negative Regression mit einem quadrierten Regressionskoeffizienten von 0,55 vor. Der verstärkende Einfluß höherer Hangneigungen im Einzugsgebiet auf das Ausmaß an Stoffeinträgen in Gewässer ist seit langem bekannt und gut nachvollziehbar (Wauchope 1978, Willis und McDowell 1982).

Hinsichtlich der Umlandnutzung läßt sich ebenfalls ein eindeutiger Unterschied feststellen: Eine hochsignifikante negative Korrelation zwischen Niederschlag und Artenzahl ist an Probestellen mit mehr als 50 % Ackeranteil im Einzugsgebiet zu finden. Bei mehr als 50 % Wiesenanteil ergibt sich kein signifikanter Zusammenhang. Die Umlandnutzungen Wald und Siedlung wiesen in mindestens 5 der 11 Jahre weniger als 10 Datensätze (Untersuchungstermine) auf, so daß Aussagen bezüglich iher Bedeutung nicht genügend abgesichert werden konnten und hier nicht weiter dargestellt werden sollen.

Allgemein negative Einflüsse landwirtschaftlicher Umlandnutzung auf Gewässer konnten von Solbe (1986) ebenfalls festgestellt werden. Lenat und Crawford (1994) fanden beim Vergleich verschiedener Landnutzungsformen anhand mehrerer biotischer Indices eine geringere Gewässerqualität an Stellen mit Landwirtschaft im Vergleich zu Stellen mit bewaldetem Umland. Diese Untersuchung bezieht sich jedoch auf 2 Einzugsgebiete, die sich jeweils in ihrer vorwiegenden Umlandnutzung stark unterscheiden. Dementsprechend können lokale Unterschiede den Einfluß der Umlandnutzung verändern. In

dem hier verwendeten Datensatz ist keine lokale Trennung der Stellen mit unterschiedlicher Umlandnutzung vorhanden.
Die negative Korrelation bei Böden mit hoher Erosionsgefährdung und das Fehlen eines Zusammmenhanges bei Böden mit geringer Erosionsgefährdung ist ebenfalls einleuchtend. Der bedeutende Einfluß der Bodenart im Einzugsgebiet auf das Ausmaß diffuser Stoffeinträge ins Gewässer wurde bereits häufig erwähnt (Edwards und Burney 1991, Wauchope 1996).
Als generelles Ergebnis läßt sich zusammenfassen, daß die negative Korrelation von Niederschlagsmenge und Artenzahl bei kleinen Gewässern, bei Gewässern mit hoher Hangneigung, mit Ackerflächen und mit ersosionsgefährdeten Böden besonders ausgeprägt ist. Bei allen diesen Variablen ergeben sich signifikante negative Zusammenhänge. In der Gesamtschau betrachtet unterstreichen die Einzelergebnisse die bereits mehrfach geäußerte Vermutung, daß ein erhöhtes Maß an diffusen Stoffeinträgen (Sedimente, Nährstoffe, Pestizide) an den enstprechenden Probestellen der entscheidende negative Einflußfaktor ist.
Interessant ist, daß die hier dargestellten Korrelationen zum Einfluß der Einzugsgebietsvariablen sich nicht auf Stoffeinträge als beeinflußte Größe, sondern auf den biotischen Parameter Artenzahl beziehen. Dies legt nahe, daß eine tatsächliche Beeinträchtigung der Gemeinschaften in Abhängigkeit von den Umlandparametern und den entsprechenden Stoffeinträgen vorliegt. Auf die ökotoxikologischen Konsequenzen soll im folgenden eingegangen werden.

51.3.3 Ökotoxikologische Konsequenzen

In Tabelle 51-2 sind für Probestellen mit unterschiedlicher Umlandnutzung (Ackerfläche, Wiese) die absoluten mittleren Artenzahlen mit Standardabweichung dargestellt. Sowohl bei Auswahl der Stellen mit einer Quellentfernung ≤ 10 km als auch bei Einbeziehung aller Stellen ergibt sich eine signifikant (ANOVA, Fisher's PLSD) geringere Artenzahl bei Ackerflächendominanz im Umland als bei Wiesendominanz. Die Artenzahl ist an Probestellen mit Ackerflächen um 22 bis 33 % geringer als bei Wiesen (Tab. 51-2).
Geringere Artenzahlen bei landwirtschaftlicher Umlandnutzung bzw. Intensivierung der Landwirtschaft konnten anhand weniger Gewässer auch in den teilweise bereits erwähnten anderen Arbeiten festgestellt werden (Heckman 1983, Higler und Repko 1981, Lenat und Crawford 1994, Mol 1986). Grundsätzlich kommt nicht nur die Pestizidbelastung, sondern auch unterschiedliche Sedimenteinträge als Grund für derartige Unterschiede in Frage (Cooper 1987, Culp et al. 1986, Schulz 1996). Wenn Pestizidbelastungen als zusätzliche Komponente bei diffusen Einträgen auftreten, können sie allerdings in besonderer Weise zu einer Schädigung der Gemeinschaft und zu einer Reduktion der Artenzahl führen (Schulz 1998a). Letztendlich lassen sich die verantwortlichen Faktoren aus dem hier analysierten Datensatz nicht kausal identifizieren. Sie lassen sich jedoch folgendermaßen beschreiben:

- erhöhte Bedeutung im Zeitraum März bis Juli
- erhöhte Bedeutung bei vorwiegend Ackerflächen im Umland
- erhöhte Bedeutung bei höherer Hangneigung im Umland
- erhöhte Bedeutung bei erosionsgefährdeten Böden im Umland
- erhöhte Bedeutung bei kleineren, quellnahen Gewässerabschnitten.

Die dargestellten ökotoxikologischen Freilandanalysen geben also insbesondere in ihrer Gesamtheit ein Bild ab, welches sehr deutlich auf eine negative Beeinflussung von aquatischen Gemeinschaften durch diffuse Stoffeinträge aus der Landwirtschaft hinweist.

Stellenauswahl	Ackerfläche ≥ 50 %	Wiese ≥ 50 %	Signifikanz Ackerfläche-Wiese
Stellen mit Quellentfernung ≤ 10 km	12,4 ± 8,0	15,9 ± 8,3	p < 0,0001
Alle Stellen	13,9 ± 8,1	20,6 ± 10,1	p < 0,0001

Tab. 51-2: Durchschnittliche Artenzahl (± SD) an Probestellen mit unterschiedlicher Kombination von Umlandvariablen. Datenbasis: 1986 bis 1996. Die Signifikanzberechnungen wurden mit ANOVA, Fisher's PLSD durchgeführt.

Literatur

Buikema, A.L., Voshell, J.R. (1993): Toxicity studies using freshwater benthic macroinvertebrates. In: Rosenberg, D.M., Resh, V.H. (eds.): Freshwater biomonitoring and benthic macroinvertebrates. Chapman & Hall, New York. 344-398

Cairns, J., Mount, D.I. (1990): Aquatic toxicology. Part 2 of a four-part series. Environ. Sci. Technol. 24: 154-160

Cooper, C.M. (1987): Benthos in Bear Creek, Mississippi: Effects of habitat variation and agricultural sediments. J. Freshwat. Ecol. 4: 101-113

Culp, J.M., Wrona, F.J., Davies, R.W. (1986): Response of stream benthos and drift to fine sediment deposition versus transport. Can. J. Zoology 64: 1345-1351

Curran, J.C., Robertson, M. (1991): Water quality implications of an observed trend of rainfall and runoff. J. Inst. Wat. Envir. Man. 5: 419-424

Dance, K.W., Hynes, H.B.N. (1990): Some effects of agricultural land use on stream insect communities. Environ. Pollut. 22: 19-28

Dunne, T., Zhang, W.H., Aubry, B.F. (1991): Effects of rainfall, vegetation and microtopography on infiltration and runoff. Wat. Resour. Res. 27: 2271-2287

Edwards, L.M., Burney, J.R. (1991): Sediment concentration of interrill runoff under varying soil, ground cover, soil compaction and freezing regimes. J. Environ. Qual. 20: 403-407

Heckman, C.W. (1983): Reactions of aquatic ecosystems to pesticides. In: Nriagu, J.O. (ed.): Aquatic toxicology. Wiley, New York. 355-400

Higler, L.W.G., Repko, F.F. (1981): The effects of pollution in the drainage area of a Dutch lowland stream on fish and macroinvertebrates. Verh. Int. Ver. Limnol. 21: 1077-1082

Jung, H.-U., Schätzl, L. (1994): Atlas zur Wirtschaftsgeographie von Niedersachsen. Joh. Heinr. Meyer Verlag, Hannover

Koeman, J.H. (1982): Ecotoxicological evaluation: The eco-side of the problem. Ecotox. Environ. Saf. 6: 358-362

Kreuger, J.K., Brink, N. (1988): Losses of pesticides from agriculture. In: International Atomic Energy Agency (ed.): Pesticides: Food and environmental implications. IAEA, Vienna

Lenat, D.R., Crawford, J.K. (1994): Effects of land use on water quality and aquatic biota of three North Carolina Piedmont streams. Hydrobiologia 294: 185-199

Liess, M. (1997): Vom Labor ins Freiland – Aspekte der Bewertung von Pflanzenschutzmitteln (PSM) in der Umwelt. UWSF – Zeitschr. Umweltchem. Ökotox. 9: 1-2

Liess, M. (1998): Significance of agricultural pesticides on stream macroinvertebrate communities. Proc. Intern. Assoc. Theor. Appl. Limnol. 26: 1245-1249

Miles, J.R.W., Harris, C.R. (1971): Insecticide residues in a stream and a controlled drainage system in agricultural areas in southwestern Ontario, 1970. Pest. Monit. J. 5: 289-294

Mol, A.W.M. (1986): Decrease of insects in running waters in the Netherlands, caused by human impact. Proc. 3rd European Congress Entomology 1: 111-114

NLVA (1978): Ausgewählte Grundlagen und Beispiele für Naturschutz und Landschaftspflege – 4 Karten zur Natur und Landschaft Niedersachsens. Naturschutz und Landschaftspflege in Niedersachsen Sonderreihe A, Heft 1

Sallenave, R.M., Day, K.E. (1991): Secondary production of benthic stream invertebrates in agricultural watersheds with different land management practices. Chemosphere 23: 57-76

Schulz, R. (1996): A field study on the importance of turbidity and bed load transport of sediments for aquatic macroinvertebrates and fishes. Verh. Ges. Ökol. 25: 247-252

Schulz, R. (1997): Aquatische Ökotoxikologie von Insektiziden – Auswirkungen diffuser Insektizideinträge aus der Landwirtschaft auf Fließgewässer-Lebensgemeinschaften. Ecomed Verlag, Landsberg

Schulz, R. (1998a): Insektizid-Auswirkungen auf Fließgewässer-Lebensgemeinschaften. UWSF – Zeitschr. Umweltchem. Ökotox. 10: 123-127

Schulz, R. (1998b): Macroinvertebrate dynamics in a stream receiving insecticide-contaminated runoff. Proc. Intern. Assoc. Theor. Appl. Limnol. 26: 1271-1276

Solbe, L.G. (ed.) (1986): Effects of land use on fresh waters. Ellis Horwood Limited, Chichester

Verdonschot, P.F.M. (1992): Macrofaunal community types of ditches in the province of Overijssel (The Netherlands). Arch. Hydrobiol./Suppl. 2: 133-158

Wauchope, R.D. (1978): The pesticide content of surface water draining from agricultural fields – a review. J. Environ. Qual. 7: 459-472

Wauchope, R.D. (1996): Pesticides in runoff: Measurement, modelling and mitigation. J. Environ. Sci. Health. Part B 31: 337-344

Willis, G.H., McDowell, L.L. (1982): Pesticides in agricultural runoff and their effects on downstream water quality. Environ. Toxicol. Chem. 1: 267-279

Wright, J.F., Furse, M.T., Armitage, P.D. (1993): RIVPACS – a technique for evaluating the biological quality of rivers in U.K. European Water Control 3: 15-25

52 Abschätzung und Bewertung der Insektizidbelastung kleiner Fließgewässer durch ein regelbasiertes Expertensystem

M. Neumann und M. Liess

Abstract

The present expert system closes a gap in the spectrum of models proposed for evaluating pollution in bodies of water. In this ecotoxicological approach, by observing responses of the invertebrate community a measure of the insecticide contamination of a brook is simultaneously obtained. The system has potential applications in water-quality monitoring, possibly in combination with data sets already available from the relevant agencies.

With this expert system the insecticide contamination of small streams can be estimated qualitatively. The information base from which the system was constructed included exclusively abundance data for the macroinvertebrate fauna in 64 data sets. Whereas high densities of certain species have proved to be a useful indicator, low density or absence of species is rarely informative. Another important criterion was disturbance of the population dynamics in the course of the year. Application of the method is restricted to the stretch of a stream within ca. 30 km of the source. The system has now been validated in several brooks. It offers an opportunity for easy expansion of the information base.

Zusammenfassung

Das vorliegende Expertensystem schließt eine Lücke im Spektrum der bisherigen Modellansätze zur Erfassung der Stoffbelastung von Gewässern. Durch den Ansatz, die Insektizidbelastungen eines Baches aufgrund der ökotoxikologisch bewerteten Reaktion der Biozönose zu erfassen, wird gleichzeitig auch eine Bewertung der Belastung vorgenommen. Anwendungsmöglichkeiten werden in der Wasserqualitätsüberwachung gesehen, wobei auch auf die vorhandenen Datensätze der Wasserwirtschaftsämter zurückgegriffen werden kann.

Das Expertensystem kann bei kleinen Fließgewässern eine qualitative Abschätzung der Insektizidbelastung vornehmen. Beim Aufbau der Wissensbasis des Expertensystems wurden ausschließlich Abundanzdaten der Makroinvertebratenfauna aus 64 Datensätzen benutzt. Es zeigt sich, daß zum einen große Dichten bestimmter Arten als Indikator dienen, während geringes oder fehlendes Vorkommen von Arten nur selten eine Aussage zuläßt. Ein wichtiges Kriterium war auch die gestörte Populationsdynamik im Jahresverlauf. Eine Anwendung ist auf Gewässer bis ca. 30 km Quellentfernung beschränkt. Das System wurde bereits an einigen Bächen validiert. Eine Erweiterung der Wissensbasis ist leicht möglich.

52.1 Einführung

Bäche mit landwirtschaftlich genutztem Einzugsgebiet werden durch verschiedene Stoffeinträge (Dünger, Schwebstoffe, Pflanzenschutzmittel) belastet (Cooper 1991, Kladivko et al. 1991). Eine Belastung durch Pflanzenschutzmittel kann bisher nicht durch ein Indikatorsystem erfaßt werden. Das Wissen, wie sich Stoffeinträge aus der Substanzklasse der Insektizide auf die Lebensgemeinschaft kleiner Fließgewässer auswirken, ist Grundlage für eine Beurteilung. Liess (1998) und Schulz (1997) fanden bei ihren Untersuchungen empfindliche und unempfindliche Arten der Makroinvertebraten-Lebensgemeinschaft. Beispielhaft zeigt die Abbildung 52-1 die Populationsdynamik von sechs Arten in einem Bach bei Braunschweig. Die auf Insektizidstreß empfindlich reagierenden drei Köcherfliegenarten (Trichoptera) verschwinden aufgrund eines Insektizideintrages aus dem Gewässer. Der Zeitpunkt des Verschwindens liegt früher als ihre natürliche Populationsdynamik dies erwarten läßt. Durch diesen Aspekt kann also die gestörte Populationsdynamik von der natürlichen unterschieden werden. Die drei anderen Arten zeigen zwar aufgrund des Insektizideintrages starke Abundanzeinbrüche, können diese aber durch Wanderung und Reproduktion ausgleichen.

Dieses Fallbeispiel zeigt, wie Insektizide die Lebensgemeinschaft im Bach verändern können. Aufgrund der Lebensgemeinschaft ist es deshalb grundsätzlich möglich, auf eine Insektizidbelastung eines Baches zu schließen.

52.2 Methode

Expertensysteme spiegeln bei Entscheidungen das Wissen von Experten wieder. Zu jeder Zeit hat der Benutzer die Möglichkeit, Herleitung und Begründung einer Entscheidung zu erfragen. Der Vorteil von Expertensystemen ist die Verwaltung von qualitativem Wissen (Puppe

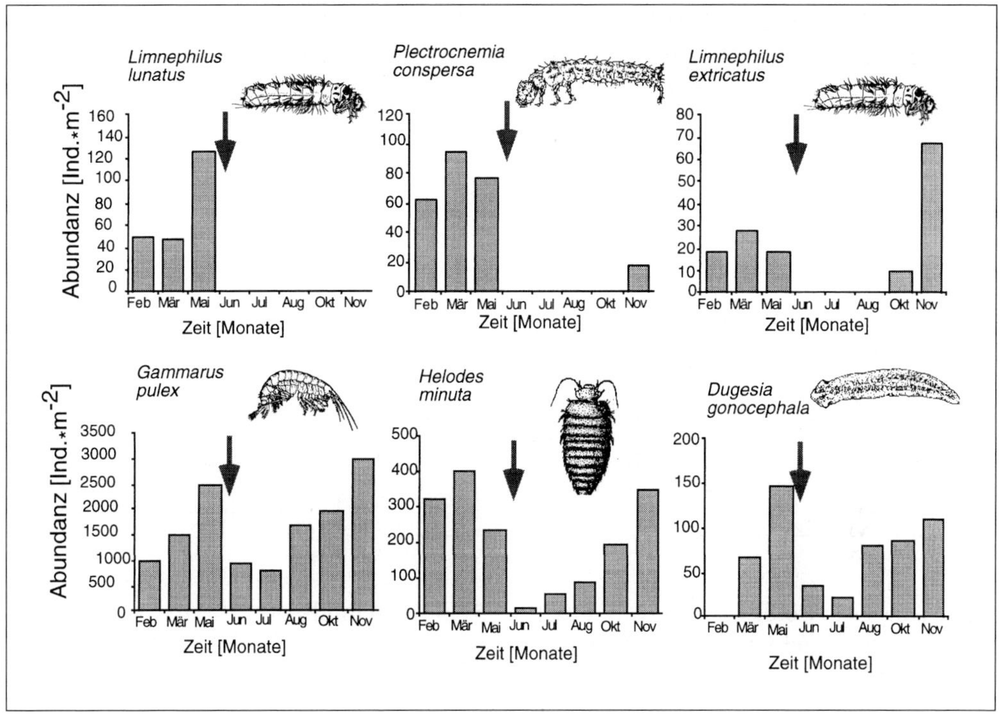

Abb. 52-1: Abundanzdaten von sechs Makroinvertebratenarten in einem kleinen Fließgewässer bei Braunschweig (Schulz 1997). Der Pfeil symbolisiert den Zeitpunkt eines nachgewiesenen Insektizideintrags.

1993). In der Ökologie ist häufig eine Abschätzung bei nur unvollständigem Wissen gefordert. In der vorliegenden Arbeit wurde der Diagnostik-Shell-Baukasten D3 eingesetzt (Puppe et al. 1996). Diese Shell wurde von der Universität Würzburg entwickelt. Informationen findet man im Internet unter http://d3.informatik.uni-wuerzburg.de.

Es wurde eine regelbasierte Wissensbasis aufgebaut, in der von Merkmalen auf Lösungen geschlossen wird. Der Lösungsweg ist dabei durch einen Entscheidungsbaum strukturiert. Es wurde sicheres und unsicheres Wissen in die Wissensbasis aufgenommen.

Um die in Abbildung 52-1 gezeigten Populationsdynamiken noch zu erfassen, gleichzeitig aber den Arbeitsaufwand im Freiland möglichst gering zu halten, wurden vier Terminklassen festgelegt. Abbildung 52-2 zeigt die Abflußkurve des Jahres 1994 des Ohebachs bei Braunschweig. Als graue Pfeile sind die erfaßten Oberflächen-Runoff-Ereignisse dargestellt, wobei die schwarzen Pfeile Oberflächen-Runoff mit nachgewiesenem Insektizideintrag symbolisieren. Die zu analysierende Populationsdynamik soll die Auswirkungen der Einträge in den Monaten Mai bis August widerspiegeln. Dazu notwendig ist eine Information über die Abundanz vor, während und nach den Einträgen. Aufgrund der in den Monaten Mai bis August zu erwartenden Insektizideinträge wurde dieser Zeitraum noch einmal unterteilt. Es ergeben sich also vier Klassen von Terminen, zu denen jeweils eine Abundanzmessung vorliegen sollte, um eine Aussage über die Populationsdynamik machen zu können. Diese Einteilung der Abundanzdaten ermöglicht es, das Verschwinden einer Art aufgrund von Insektizideinträgen und die möglicherweise folgende Wiederbesiedlung zu erfassen (Neumann und Liess 1996).

Ausgewertet wurden die Abundanzdaten von 26 Untersuchungsgewässern, die zu verschiedenen

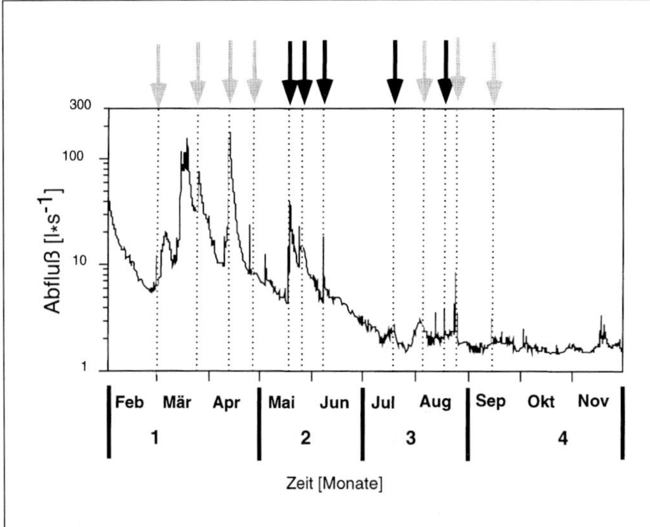

Abb. 52-2: Der Jahresverlauf im Ohebach, repräsentiert durch die Abflußkurve des Jahres 1994. Die Pfeile symbolisieren Oberflächen-Runoff ins Gewässer (schwarze Pfeile mit nachgewiesenem Insektizideintrag). Das Jahr wurde in vier Zeiträume unterteilt, in denen Abundanzdaten vorliegen sollten, um eine durch Insektizideinträge gestörte Populationsdynamik erkennen zu können.

Jahren untersucht wurden, so daß sich 64 Bachjahre ergeben. Die 64 Bachjahre wurden durch ein Fuzzy-Modell aufgrund von abiotischen Daten und Insektizidnachweisen in drei Belastungsklassen eingeteilt. Es gibt 31 gering belastete Bachjahre, 14 mittel und 19 stark belastete. Alle statistischen Analysen beziehen sich auf diese Anzahl an Bachjahren in den einzelnen Klassen. Die hier untersuchten Gewässer wurden so ausgewählt, daß sie untereinander vergleichbar sind. Es wurde darauf geachtet, daß keine störenden Einflüsse z.B. durch Kläranlagen oder Gewässermündungen oberhalb der Probestellen vorkommen. Die Gewässer sind in ihrer Größenordnung und die Probestellen in ihrer Lage im Längsverlauf vergleichbar. Der Mittelwertsvergleich der Strömungsgeschwindigkeiten ergab keine Unterschiede zwischen den Belastungsklassen. In allen Klassen nimmt die Strömungsgeschwindigkeit von Termin 1 zu Termin 2 signifikant ab (t-Test; $p<0{,}001$) und zwischen Termin 3 und Termin 4 zu (t-Test; $p<0{,}006$). Es sind also alle Belastungsklassen aufgrund ihres Abflußregimes vergleichbar.

52.3 Regelbildung

Das Aufstellen von Klassifikationsregeln verlangt eine genaue Analyse der Datensammlung. Hierzu eignen sich statistische Verfahren wie Regressionsanalyse und Mittelwertvergleich.

Im folgenden soll anhand der Art *Limnephilus lunatus* die Herangehensweise beschrieben und verdeutlicht werden. Die Angaben zum Probenahmezeitpunkt im Jahresverlauf beziehen sich auf die in Abbildung 52-2 definierten Termine.

Die Köcherfliegenart *L. lunatus* kommt an 58 der 64 untersuchten Stellen vor und gehört damit zu den im Untersuchungsgebiet weitverbreiteten Arten. Die Regressionsanalyse der Abundanzdaten ergab eine negative Korrelation zu den Terminen 2 und 3. Zu Termin 1 besteht keine Korrelation und zu Termin 4 ist die Art aus fast allen Bachjahren verschwunden. Zu den Terminen 2 und 3 fallen hohe Abundanzen bei den gering belasteten Bachjahren auf. Dies läßt sich einfach in eine Regel programmieren, wobei ein grundlegendes Prinzip deutlich wird: Obwohl ein hohes Vorkommen für eine geringe Belastung spricht, deutet ein geringes Vorkommen nicht zwingend auf eine hohe Belastung hin. Auch bei den gering belasteten Bachjahren kommt *L. lunatus* zum Teil nur in geringen Dichten oder gar nicht vor.

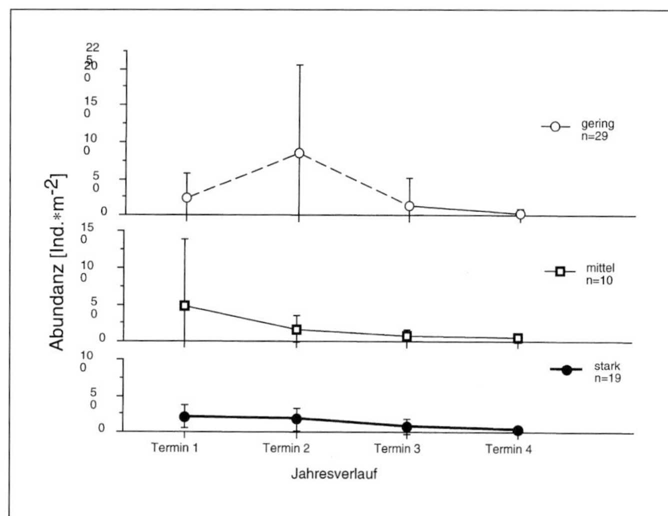

Abb. 52-3: Populationsdynamik von *Limnephilus lunatus* im Jahresverlauf, unterschieden nach Belastungsklassen. Dargestellt ist der Mittelwert der Abundanz mit einfacher Standardabweichung.

Um auch Veränderungen in der Populationsdynamik analysieren zu können, eignet sich der Mittelwertvergleich. Abbildung 52-3 zeigt die Mittelwerte für die Abundanz von *L. lunatus* für die drei Belastungsklassen, aufgetragen über den Jahresverlauf. Man erkennt, daß sich die Populationsdynamiken deutlich unterscheiden. In den gering belasteten Bachjahren nimmt die Abundanz von Termin 1 zu Termin 2 signifikant zu ($p<0,02$), während sie bei den beiden anderen Belastungsklassen abnimmt. Von Termin 2 zu 3 geht in allen Bachjahren die Dichte deutlich zurück, allerdings ist dies nur bei den gering belasteten Bachjahren signifikant ($p<0,026$). Zum vierten Termin ist die Art aus fast allen Bachjahren verschwunden. Bei einer ungestörten Populationsdynamik baut *L. lunatus* also bis zum Mai/Juni die Population noch auf und verläßt danach durch Emergenz das Gewässer. In den mittel bis stark belasteten Bachjahren erfolgt eine Reduktion der Abundanz bereits zum Mai/Juni hin. Aus diesen Erkenntnissen lassen sich weitere Regeln ableiten, so daß nicht nur die Abundanz, sondern auch die Abundanzentwicklung ausgewertet wird.

52.4 Ergebnis

Es wurde versucht, alle 64 Bachjahre mit Hilfe des aufgebauten Expertensystems den drei Belastungsklassen zuzuordnen. Insgesamt konnten 13 Bachjahre keiner Belastungsklasse zugeordnet und damit nicht klassifiziert werden. Diese Zahl spiegelt zum einen die Lücken in der vorliegenden Datensammlung wider, zum anderen aber auch die konservative Regelauslegung. Um Fehldiagnosen zu vermeiden, wurde in Kauf genommen, daß eine Diagnose nicht in allen Fällen möglich ist. Tabelle 52-1 zeigt das gesamte Klassifizierungsergebnis.

Um den Klassifikationserfolg des Expertensystems bewerten zu können, sollte er mit der Klassifikation durch eine herkömmliche Diskriminanzanalyse verglichen werden. Das Ergebnis zeigt Tabelle 52-2.

Der wichtigste Unterschied zwischen den Verfahren ist, daß die Diskriminanzanalyse die Daten nicht nach ökologischen Gesichtspunkten differenziert auswertet. Sprechen hohe Abundanzen einer Art für eine geringe Belastung des Bachjahres, darf eine geringe Abundanz der Art nicht automatisch als Hinweis auf ein stark belastetes Bachjahr gewertet werden. Dies ist vermutlich auch die Erklärung für eine falsche Einteilung von sieben gering belasteten Bachjahren als stark belastet durch die Diskriminanzanalyse.

Belastungsklasse	richtig klassifiziert	nicht klassifiziert	Summe
gering	25	6	31
mittel	11	3	14
stark	15	4	19

Tab. 52-1: Klassifikationsergebnis durch das Expertensystem

Tab. 52-2: Klassifikationsergebnis der Diskriminanzanalyse

tatsächliche Gruppe	als gering belastet eingeordnet	als mittel belastet eingeordnet	als stark belastet eingeordnet	nicht klassifiziert
gering belastet	14	2	7	8
mittel belastet	1	4	6	3
stark belastet	0	1	14	4

Das Verschwinden einer Art an einer Probestelle kann vom Expertensystem erfaßt und ausgewertet werden. Tabelle 52-2 zeigt, daß die Diskriminanzanalyse den größten relativen Fehler bei den mittel belasteten Bachjahren macht. Dies ist ein Hinweis darauf, daß es sich hier um eine sehr uneinheitliche Klasse handelt. Die Belastungssituation und damit die Biozönose ist vermutlich in diesen Bachjahren nicht eindeutig. Dies kann durch andere suboptimale Faktoren verursacht werden. Der Vorteil des Expertensystems gegenüber der Diskriminanzanalyse scheint gerade in diesen Bachjahren voll zum Tragen zu kommen. Das Expertensystem ermöglicht nach mehrmaliger termingebundener Probenahme der Makroinvertebraten-Abundanzen eine Aussage über die Insektizidbelastung des Gewässers im Untersuchungsjahr. Durch eine Vergrößerung der Datengrundlage könnte ein vergleichbar einfaches und leicht anzuwendendes biologisches Erfassungssystem ähnlich dem des Saprobienindex entwickelt werden. Eine flächendeckende Gewässerüberwachung der Insektizidbelastung wäre dann auch bei kleinen Gewässern möglich. Diese Überwachung würde z.B. auch einen direkten Eintrag von Insektiziden durch Falschanwendung des Landwirtes oder durch Hofabfluß erfassen, was selbst durch eine ereignisbezogene Probenahme nicht möglich ist. Erfaßt würden auch Einträge durch Abtrift, die ebenfalls nicht mit einem Starkniederschlag einhergehen. Die Gewässerbelastung könnte durch parallele Wasserprobennahme im Bedarfsfall durch chemische Analysen qualitativ und quantitativ nachgewiesen werden.

Literatur

Cooper, C.M. (1991): Insecticide concentrations in ecosystem components of an intensively cultivated watershed in Missisippi. J. Freshwat. Ecol. 6: 237-248

Kladivko, E.J., Vanscoyoc, G.E., Monke, E.J., Oates, K.M. , Pask, W. (1991): Pesticide and nutrient movement into subsurface tile drains on a silt loam soil in Indiana. J. Environ. Qual. 20: 264-271

Liess, M. (1998): Biozönotische Ansätze in der aquatischen Ökotoxikologie. In: Bayrisches Landesamt für Wasserwirtschaft (ed.): Integrierte ökologische Gewässerbewertung – Inhalte und Möglichkeiten. R. Oldenbourg Verlag, München, Wien. 592-616

Neumann, M., Liess, M. (1996): Abschätzung der Insektizidbelastung in Agrarfließgewässern – Aufbau eines regelbasierten Expertensystems. Erweiterte Zusammenfassungen der Jahrestagung der Deutschen Gesellschaft für Limnologie (DGL) Schwedt/O. Bd. 2: 612-616

Puppe, F. (1993): Systematic introduction to expert systems. Springer, Berlin, Heidelberg

Puppe, F., Gappa, U., Poeck, K., Bamberger, S. (1996): Wissensbasierte Diagnose- und Informationssysteme: Mit Anwendungen des Expertensystem-Shell-Baukastens D3. Springer, Berlin, Heidelberg, New York

Schulz, R. (1997): Aquatische Ökotoxikologie von Insektiziden – Auswirkungen diffuser Insektizideinträge aus der Landwirtschaft auf Fließgewässer-Lebensgemeinschaften. Ecomed Verlag, Landsberg

Chemikalien mit hormonähnlicher Wirkung

53 Endokrine Substanzen – Bedeutung und Wirkmechanismen*

C. Schrenk-Bergt und C. Steinberg

Abstract

The existence of substances, disrupting the reproduction of wildlife, was confirmed by some dramatic field observations (e.g. reduction of alligator-populations in nature reserves, hermaphrodism in fishes downstream of kraft mill effluents). A lot of xenobiotics possess sexual hormone imitating potential in the laboratory, but direct field evidence is still scarce. Steroidal hormones are mainly synthesized in the gonads controlled by the hypothalamus-adenophysis-gonad-axis.
Estrogens and androgens act through binding to an specific receptor in the nucleus of the target organs. The hormones and the receptor form a complex which is able to bind to DNA and thereby activates the gene expression. Many man-made chemicals also have the potential to act as ligands for the hormone receptor which results in an increased or a reduced gene expression, respectively. Some xenobiotics interfere with the regulation by enzymes and hence change the plasma concentration of the hormones. Chemical structures of endocrine disruptors have nothing or only little features in common. Consequently, extensive test methods are necessary to estimate the possible effects. Various in-vitro- and in-vivo-bioassays have been developed for assessing the estrogen/androgen potency. These methods are still problematic due to their restricted comparability and their limited meaning for field conditions.

Zusammenfassung

Einige dramatische Beobachtungen (Abnahme von Alligator-Populationen in geschützten Gebieten, Auftreten von Hermaphrodismus bei Fischen in der Nähe von Kläranlagenausflüssen) ließen den Verdacht aufkommen, daß es Substanzen gibt, die nachhaltig in das Reproduktionssystem von Wildpopulationen eingreifen. Im Labor läßt sich für eine Vielzahl von Xenobiotika ein Sexualhormon-imitierender Effekt belegen, doch ist es bis heute schwierig, auch tatsächlich eine ökologische Relevanz nachzuweisen. Sexualhormone werden überwiegend in den Gonaden gebildet, die Synthese-Steuerung erfolgt entlang der Achse Hypothalamus-Adenophyse-Gonaden.

Östrogene und Androgene entfalten ihre Wirkung erst nach Bindung an einen spezifischen Rezeptor, der sich im Zellkern der „target organs“ befindet. Die Hormone bilden mit dem Rezeptor einen Komplex, der an die DNA binden kann und somit die Gen-Expression auslöst. Eine große Anzahl von Fremdstoffen sind befähigt, ebenfalls an die Rezeptoren zu binden und dadurch die Gen-Expression zu fördern oder zu hemmen. Einige Xenobiotika greifen in die Enzymsteuerung ein und verändern so die Plasmakonzentration an Sexualhormonen. Substanzen mit endokriner Wirkung besitzen nur geringe oder gar keine Gemeinsamkeiten bezüglich ihrer chemischen Struktur. Daher sind umfangreiche Testmechanismen zum Abschätzen ihrer potentiellen Effekte nötig. Es wurden verschiedene in-vitro- und in-vivo-Systeme entwickelt, um die östrogene/androgene Potenz besser beurteilen zu können. Das Problem dieser Testsysteme liegt in der begrenzten Vergleichbarkeit ihrer Aussagen und in der stark eingeschränkten Übertragbarkeit der Laborergebnisse auf das Freiland.

53.1 Einleitung

In den vergangenen Jahrzehnten konnte in unterschiedlichen Wildtierpopulationen eine tiefgreifende Störung in der Fortpflanzung und damit im Bestandserhalt beobachtet werden. Unmittelbar dafür verantwortlich waren Mißbildungen wie verkürzte Penes bei Alligatoren, dünnwandige Eierschalen bei verschiedenen Vogelarten, Hermaphrodismus bei Fischen, Imposex bei Vorderkiemerschnecken und nicht zuletzt Verminderung der menschlichen Samen in Qualität und Quantität sowie eine Zunahme der Krebserkrankungen im Reproduktionstrakt (Guillette et al. 1994, Cooke 1973, Purdom et al. 1994, Oehlmann et al. 1996, Sharpe und Skakkebaek 1993). Diese Effekte werden auf eine Reihe von synthetischen Substanzen wie Pharmazeutika, Pestizide und Xenobiotika zurückgeführt, die besonders seit dem 2. Weltkrieg in großen Mengen in die Umwelt gelangen. Ih-

* Eine ausführliche Fassung dieses Beitrags ist erschienen in: Steinberg, C., Calmano, W., Klapper, H. & Wilken, D. (eds.): Handbuch Angewandte Limnologie, Kap. V–3.8. ecomed, Landsberg/Lech.

nen gemeinsam ist die Fähigkeit, Fortpflanzungs- und Entwicklungsvorgänge tiefgreifend zu stören. Daher werden sie auch unter dem Begriff „endocrine disrupters“ zusammengefaßt. Darunter versteht man Substanzen, die in die hormonelle Regulation von Mensch und Tier eingreifen. Arbeitsgruppen der EPA und der EU definierten sie als „exogene Substanzen, die die natürlichen Hormone, welche für Aufrechterhaltung der Homöostasis und die Regulation der Fortpflanzungsprozesse zuständig sind, in der Produktion, Ausschüttung, Transport, Stoffwechsel, Bindung, Funktion oder Elimination beeinträchtigen“ bzw. als „exogene Substanzen, die für die Gesundheit nachteilige Wirkungen im intakten Organismus oder seiner Nachkommenschaft verursachen, sekundär durch Veränderungen der endokrinen Funktionen“ (Ankley et al. 1998). Natürliche Substanzen aus Pflanzen oder Pilzen, die sogenannte Phyto- und Mykoöstrogene, spielen eine vergleichsweise geringe Rolle aufgrund ihrer schwachen Aktivität und geringen Konzentration.

Die Fähigkeit einzelner Substanzen, ähnliche Effekte wie die natürlichen Sexualhormone hervorzurufen, ist seit einigen Jahren bekannt. Entsprechend ihrer Wirkung unterscheidet man zwischen östrogener, antiöstrogener, androgener und antiandrogener Aktivität.

53.2 Bedeutung und Wirkung von natürlichen Steroidhormonen

Die endogenen Sexualhormone gehören zur Großfamilie der Steroidhormone der Vertebraten. Sie werden vorwiegend in den Gonaden aus Cholesterin über Progesteron und Testosteron gebildet. Testosteron wird durch die Aromatase in 17β-Östradiol, das wichtigste Östrogen, überführt. Ihre Synthese wird durch die Gonadotropine der Adenohypophyse gesteuert. Die Freisetzung der Gonadotropine wird im Hypothalamus durch die Gonadotropen Releasing Hormone (GnRH) gesteuert, deren Aktivität rückkoppelnd über die Konzentration von Östrogenen, Gestagenen und Androgenen reguliert wird. Der größte Teil der Steroidhormone liegt im Blut nicht frei, sondern an spezifische Sexualhormon-bindende Plasmaglobuline (SHBG) gebunden vor (Buddekke 1994). Biologische Aktivität besitzen nur freie Hormone, so daß die Konzentration an SHBG die wirksame Konzentration und damit die Aktivität von Hormonen im Blut bedingt (Colborn et al. 1993). Hierin liegt auch ein „Wettbewerbsvorteil“ von Xenoöstrogenen, die nicht an SHBG binden. Ein Beispiel hierfür ist das synthetische Hormon Ethinylöstradiol, dessen Wirksamkeit die des Östradiols aus den zuvor genannten Gründen um ein zehnfaches übersteigt.

Die Sexualhormone werden an ihren Produktionsorten ins Blut ausgeschüttet und anschließend zu ihren Erfolgsorganen, den „target organs“, transportiert. Aufgrund ihrer Lipophilität diffundieren sie zunächst die Zellmembran und nachfolgend die Kernmembran (Abb. 53-2). Dort binden die Sexualhormone an spezifische, gelöste Proteine, die sogenannten Östrogen- bzw. Androgen-Rezeptoren (ER bzw. AR). Der ER besteht aus verschiedenen Regionen A-F unterschiedlicher Größe, von denen jede eine eigene Funktion hat (Abb. 53-1).

Die Region E dient der Östrogen-Erkennung und -Bindung, und ist somit das „Schloß“ zum „Schlüssel“ Östrogen. Diese Region ist mit über 200 Aminosäuren am kompliziertesten aufgebaut und hat folgende wichtigen Funktionen: 1. Ligandenbindung, 2. Dimerisierung, 3. Kerner-

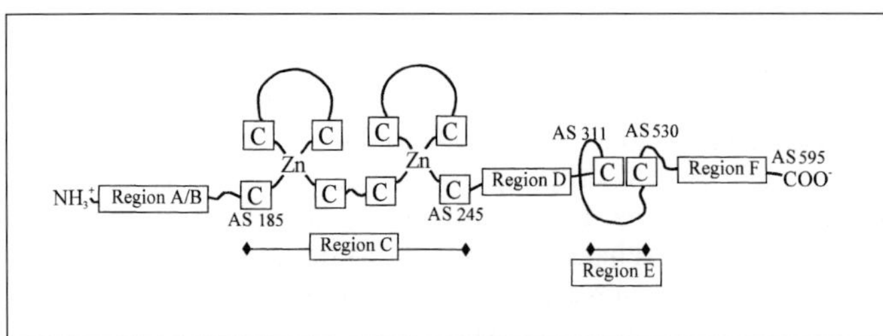

Abb. 53-1: Halbschematische Darstellung der Struktur des Östradiolrezeptors (ER) und seiner Organisation am Beispiel des humanen ER.

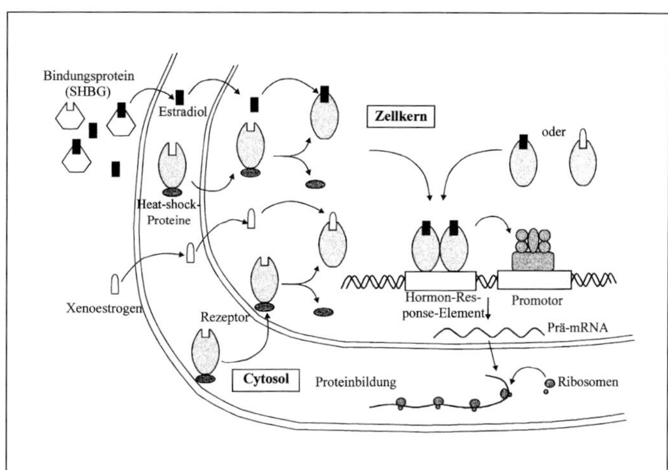

Abb. 53-2: Hormonwirkung durch Genaktivierung nach Rezeptorbindung.

kennung und 4. DNA-Transkriptionsfunktion. Bei der Region C handelt es sich um den DNA-Bindungsbereich (engl. DNA-binding domain DBD), einer Abfolge von 78 Aminosäuren, die für die Bindung an einen bestimmten Erkennungsbereich der DNA verantwortlich ist (McLachlan und Arnold 1996). Nur die „target organs“ sind mit diesen Rezeptoren ausgestattet, so daß sich dadurch die spezifische Wirkung von Hormonen erklären läßt. Die Steroidrezeptoren der Vertebraten sind sehr konservativ, daher ist der Bindungsmechanismus immer sehr ähnlich.

Der Rezeptor bildet mit Heat-shock-Proteinen einen Komplex, der ihn inaktiviert, da der DNA-Bindungsbereich blockiert ist. Erst durch Hormone erfolgt eine Dissoziierung und damit Aktivierung der Rezeptoren. Je zwei mit Liganden besetzte Rezeptoren bilden ein Dimer, eine wichtige Voraussetzung für die Bindung des Liganden-Rezeptor-Komplex an die DNA. Dieser DNA-Bereich, das Hormon-Response-Element oder auch HRE, besteht aus kurzen Sequenzen mit ca. 15 Nucleotiden. Sobald der Komplex an das HRE gebunden ist, können spezifische Regionen des ER mit den Proteinen der Promotorregion der DNA reagieren und dadurch die Gen-Expression verändern (Pakdel und Katzenellenbogen 1992, McLachlan und Arnold 1996). Dabei kann die Gen-Expression verstärkt (östrogene Wirkung) oder unterdrückt (antiöstrogene Wirkung) werden.

53.3 Wirkmechanismen von Endocrine disrupters

Für die Wirkung von Endocrine disrupters sind verschiedene Mechanismen denkbar. Viele Östrogen-wirksame Substanzen binden ebenfalls an den ER und imitieren das Hormon (McLachlan und Arnold 1996). Die meisten dieser Xenoöstrogene besitzen eine sehr viel geringere Affinität für den Rezeptor und somit eine schwächere östrogene Potenz wie die natürlichen Östrogene. Einige Chlororganika wie 2,3,7,8-TCDD (Tetrachlordibenzo-*p*-dioxin) und koplanare PCB binden an den Ah-Rezeptor (Arylhydrocarbon-Rezeptor) und führen zu antiöstrogenen Effekten (Safe et al. 1991). Mögliche Wirkmechanismen sind in Abbildung 53-3 (aus Safe et al. 1991) dargestellt.

Manche Xenobiotika greifen in bestimmte Synthesewege im Hormonstoffwechsel ein. Dadurch kommt es zu einer Anhäufung bzw. Eliminierung einzelner Steroide. Durch die Beeinflussung der Aromatase-Aktivität wird das Verhältnis von Testosteron zu Östradiol verändert, und es kann zu östrogenen oder androgenen Effekten kommen (Spink et al. 1990, Oehlmann et al. 1996). Weitere denkbare Mechanismen sind die Beeinflussung peripherer endokriner Drüsen, bei der es zur Hemmung bzw. Stimulierung der Östrogen-Sekretion kommt, sowie von übergeordneten Drüsen, wie beispielsweise die Blockierung oder Induktion von Gonadotropinen, und von Transportproteinen (Thierfelder et al. 1995).

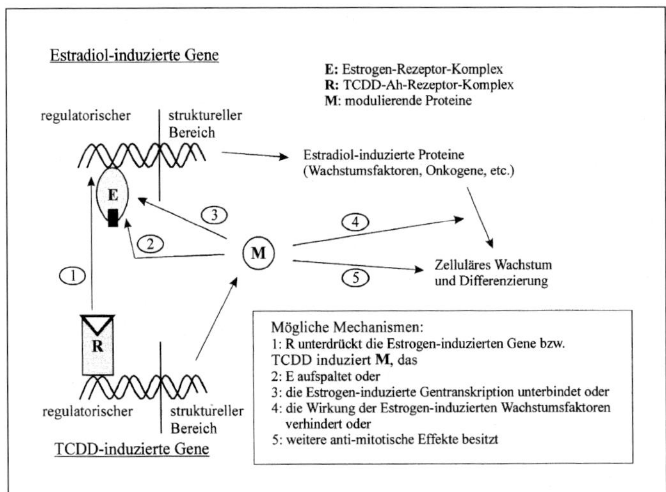

Abb. 53-3: Mögliche Wirkmechanismen für die antiestrogene Wirkung von TCDD und verwandten Substanzen (aus Safe et al. 1991).

53.4 Testverfahren zum Nachweis einer endokrinen Wirkung

Endocrine disrupters zeichnen sich durch vielfältige chemische Strukturen auf. Dies macht es unmöglich, endokrine Effekte anhand der Struktur vorherzusagen. Daher wurde ein Vielzahl von Tests entwickelt, um effektive Aussagen machen zu können. Ein idealer Test muß verschiedene Bedingungen erfüllen. Um einen großen Probendurchsatz zu ermöglichen, sollte er rasch, einfach und billig durchführbar sein. Um Fehlinterpretationen zu vermeiden und die ökologische Relevanz besser abschätzen zu können, müssen mehrere Endpunkte entwickelt werden. Idealerweise sind diese Endpunkte einfach zu messen und gut standardisierbar (Ankley et al. 1998).

In-vivo-Testverfahren erfassen direkt die physiologischen Effekte von Östrogenen. Die bekanntesten Tests für Säuger sind der Allen-Doisy-Test (Allen und Doisy 1923) und der Uterusgewichtstest (Gülden et al. 1997), die mitotische Veränderungen in der Vagina bzw. im Uterus nach Hormongabe erfassen. Diese Verfahren sind teuer und zeitaufwendig, zudem geben sie keine Auskunft über das Prinzip der Hormonimitation. Weiter bekannte in-vivo-Testverfahren sind die Vitellogeninsynthese in Fischen (Sumpter und Jobling 1995) sowie Imposexentwicklung in Vorderkiemerschnecken (Oehlmann et al. 1996).

Direkte Effekte lassen sich mittels in-vitro-Testverfahren erfassen. Hierbei wurden verschiedene Endpunkte entwickelt:

- **Rezeptor-Bindungstest:** Bei der kompetitiven Bindung an den Steroidrezeptor wird die Affinität eines Exohormons an den Rezeptor erfaßt, allerdings ermöglicht dieses Verfahren keine Differenzierung zwischen östrogener und antiöstrogener Wirkung (Zacharewski 1997).
- **Zell-Proliferation:** Östrogene fördern die Proliferation von Östrogen-sensitiven Zellinien aus humanen Brustkrebszellen, dies macht sich z.B. der „E-Screen" zu Nutze (Soto et al. 1992); dieses Testverfahren erfaßt tatsächlich östrogene Aktivität, zeichnet sich jedoch aufgrund seiner Sensitivität durch hohe Variabilität aus.
- **Proteinexpression/Enzymaktivität:** Ein weiteres Verfahren ist die Induktion von Proteinexpression (z.B. Procathepsin, spezifisches Sexualhormon-bindende Plasmaglobulin, Vitellogenin) und/oder Enzymaktivitäten wie z.B. Alkalische Phosphatase (Safe et al. 1991, Jobling und Sumpter 1993); die Sensibilität für dieses Verfahren kann erhöht werden, indem die Induktion der entsprechenden mRNA erfaßt wird (Vaillant et al. 1988); dieser Test funktio-

niert nur bei spezifischen Zelltypen und setzt meist hohe Laborausstattung voraus.

- **Rekombinanter Rezeptor/Reporter-Gen Test:** Dieser Test wurde aus der Pharmazie übernommenen und liegt in drei verschiedenen Varianten vor (Zacharewski 1997); dabei liegen folgende Prinzipien zugrunde: I: Steuerung eines Reporter-Gens (z.B. für Alkalische Phosphatase, ß-Galactosidase) durch einen endogenen Promotor von Östrogen-sensitiven Genen, II: Steuerung eines Reporter-Gens durch das Hormon-Response-Element unter Ausschluß des Promotors, III: Steuerung eines rekombinanten Reporter-Gens (meist für Luciferase) durch eine Rezeptorchimäre.
- **Transformierte Hefezellen:** Nach ähnlichem Prinzip funktioniert der Test mit transformierten Hefezellen, in die die cDNA des humanen Östrogen-Rezeptors und ein Reporter-Gen eingeschleust wurde (McLachlan und Arnold 1996); dieser Test ermöglicht auch den Nachweis einer antiöstrogenen Wirkung.

Die zuvor genannten Testverfahren lassen sich nicht universell einsetzen. Am Beispiel der Alkylphenole zeigt sich, daß die Testsysteme unterschiedlich sensitiv auf endo- und exogene Östrogene reagieren. Die benötigten Nonylphenol-Konzentrationen schwanken zwischen 10 µg/l (transformierte Hefe, MCF-7 Zellen) und 10 mg/l (Hepatozyten), um eine Antwort zu erzielen (Routledge und Sumpter 1996). Ebenso ist die vergleichende Aussage aus Säuger- und Nicht-Säugertests sehr fraglich, da die endokrine Regulierung sehr unterschiedlich ist (Ankley et al. 1998). Für beide Gruppen wurden Bindungstests für den Östrogen-Rezeptor konzipiert, jedoch lassen sich die dabei gewonnenen Ergebnisse nicht gegenseitig übertragen. Hinzu kommen jahreszeitliche Schwankungen in Gehalt und Bindungsfähigkeit von Hormon-Rezeptoren bei Fischen und einigen Reptilien (Smith und Thomas 1991, Campbell et al. 1994).

In-vitro-Testverfahren ermöglichen es, die tatsächliche Funktionsweise eines Endocrine disrupters zu erfassen, allerdings bleiben physiologischen Prozesse (Adsorption, Transport, Ablagerung, Metabolismus, Ausscheidung), die das Ausmaß einer Antwort entscheidend beeinflussen, unberücksichtigt. Häufig liegen die in-vitro eingesetzten Konzentrationen über ihrer ökologischen Relevanz, um einen endokrinen Effekt zu beobachten. Im Allgemeinen handelt es sich bei den Versuchen um eine einmalige Belastung, bei der die Bioakkumulation nicht berücksichtigt wird. Indes zeichnen sich die meisten Chemikalien durch Bioakkumulation und Persistenz aus und können daher auch in sehr geringen Konzentrationen bei chronischer Belastung zur Schädigung im Reproduktionssystem führen.

Weitere Möglichkeiten einer Fehlinterpretation der gewonnen Daten liegen in der Nichtbeachtung der Bedeutung des SHBG für Aufnahme und Metabolismus von Hormonen, von synergistischen Effekten sowie Bioaktivierung und Eliminierung.

Aufgrund dieser Erkenntnisse sollten Ergebnisse aus in-vitro-Verfahren nicht zur Risikoabschätzung verwendet werden, sondern als Screening-Werkzeug für Hinweise auf die Notwendigkeit weiterer Test, idealerweise am intakten Organismus.

Literatur

Allen E., Doisy, E.A. (1923): An ovarian hormone. Preliminary report on its localization, extraction and partial purification, and action in test animals. J. Amer. Med. Ass. 81: 819-821

Ankley, G., Mihaich, E., Stahl, R., Tillit, D., Colborn, T., McMaster, S., Miller, R., Bantle, J., Campbell, P., Denslow, N., Dickerson, R., Folmar, L., Fry, M., Giesy, J., Gray, L.E. Gray, Guiney, P., Hutchinson, T., Kennedy, S., Kramer, V., LeBlanc, G., Mayes, M., Nimrod, A., Patino, R., Peterson, R., Purdy, R., Ringer, R., Thomas, P., Touart, L., Van Der Kraak, G., Zacharewski, T. (1998): Overview of a workshop on screening methods for detecting potential (anti-) estrogenic/androgenic chemicals in wildlife. Environ. Toxicol. Chem. 17: 68-87

Buddecke, E. (1994): Grundriß der Biochemie. 7. Auflage. de Gruyter, Berlin, New York

Campbell, P.M., Pottinger, S.G., Sumpter, J.P. (1994): Changes in the affinity of estrogen and androgen receptors accompany changes in receptor abundance in brown and rainbow trout. Gen. Comp. Endocrinol. 94: 329-340

Colborn, T., vom Saal, F.S., Soto, A.M. (1993): Developmental effects of endocrine-disrupting chemicals in wildlife and humans. Environ. Health Persp. 101: 378-384

Cooke, A.S. (1973): Shell thinning in avian eggs by environmental pollutants. Environ. Pollut. 4: 85-152

Guilette, L.J., Groß, T.S., Masson, J.M., Matter, J.M., Percival, H.F., Woodward, A.R. (1994): Developmental abnormalities of the gonad and abnormal sex hormone concentrations in juvenil alligators from contaminated and control lakes in Florida. Environ. Health Persp. 102: 680-688

Gülden, M., Turan, A., Seibert, H. (1997): Substanzen mit endokriner Wirkung in Oberflächengewässern. Umweltbundesamt, Berlin (= UBA-Texte 46/97)

Jobling, S., Sumpter, J.P. (1993): Detergent components in sewage effluent are weakly oestrgenic to fish: An in vitro study using rainbow trout (*Oncorhynchus mykiss*) hepatocytes. Aquat. Toxicol. 27: 361-372

McLachlan, J.A., Arnold, S.E. (1996): Environmental estrogens. Amer. Sci. 84: 452-461

Oehlmann, J., Fioroni, P., Stroben, E., Markert, B. (1996): Tributyltin (TBT) effects on *Ocinebrina aciculata* (Gastropoda: Muricidae): Imposex development, sterilization, sex change and population decline. Sci. Total Environ. 188: 205-223

Pakdel, F., Katzenellenbogen, B.S. (1992): Human estrogen receptor mutants with altered estrogen and antiestrogen ligand discrimination. J. Biol. Chem. 267: 3429-3437

Purdom, C.E., Hardiman, P.A., Bye, V.J., Eno, N.C., Taylor, C.R., Sumpter, J.P. (1994): Estrogenic effects of effluents from sewage treatment works. Chem. Ecol. 8: 275-285

Routledge, E.J., Sumpter, J.P. (1996): Estrogenic activity of surfactants and some of their degradation products assessed using a recombinant yeast screen. Environ. Toxicol. Chem. 15: 241-248

Safe, S., Astroff, B., Harris, M., Zacharewski, T., Dikkerson, R., Romkes, M., Biegel (1991): 2,3,7,8-Tetrachlorodibenzo-*p*-dioxin (TCDD) and related compounds as antioestrogens: Characterization and mechanism of action. Pharmacol. Toxicol. 69: 400-409

Sharpe, R.M., Skakkebaek, N.E. (1993): Are oestrogens involved in falling sperm counts and disorders of the male reproductive tract? The Lancet 341: 1392-1395

Smith, J.S., Thomas, P. (1991): Changes in hepatic estrogen-receptor concentrations during the annual reproductive and ovarian cycles of a marine teleost, the spotted seatrout, *Cynoscion nebulosus*. Gen. Comp. Endocrinol. 81: 234-245

Soto, A.M., Lin, T.-M., Justicia, H., Silvia, R.M., Sonnenschein, C. (1992): An „in culture“ bioassay to assess the estrogenicity of xenobiotics (e-screen). In: Colborn, T., Clement, C. (eds.): Chemically induced alterations in sexual development: The wildlife/human connection. Princeton Scientific Publishing Co., Princeton, New Jersey: 295-309

Spink, D.C., Lincoln II, D.W., Dickerman, H.W., Gierthy, J.F. (1990): 2,3,7,8-Tetrachlorodibenzo-*p*-dioxin causes an extensive alteration of 17b-estradiol metabolism in MCF-7 breast tumor cells. Proc. Natl. Acad. Sci. 87: 6917-6921

Sumpter, J.P., Jobling, S. (1995): Vitellogenesis as a biomarker for estrogenic contamination of the aquatic environment. Environ. Health Persp. 107: 173-178

Thierfelder, W., Mehnert, W.H., Laußmann, D., Arndt, D., Reineke, H.H. (1995): Der Einfluß umweltrelevanter östrogener oder östrogenartiger Substanzen auf das Reproduktionssystem. Bundesgesundhbl. 38: 338-341

Vaillant, C., Le Gellec, C., Pakdel, F., Valotaire, Y. (1988): Vitellogenin gene expression in primary culture of male rainbow trout hepatocytes. Gen. Comp. Endocrinol. 70: 284-290

Zacharewski, T. (1997): In vitro bioassays for assessing estrogenic substances. Environ. Sci. Technol. 31: 613-623

54 Das potentielle Verhalten von Steroidöstrogenen in Flüssen

M.D. Jürgens und A.C. Johnson

Abstract

Following the identification of steroid estrogens as the main source of the estrogenicity of UK sewage treatment works effluents, work was undertaken to examine the potential fate and behaviour of these compounds in rivers. Water and sediment samples were collected from three English rivers in industrial and rural environments and two estuaries. Using these samples and batch techniques, distribution coefficients (K_d) for estradiol (17β-estradiol) between water and bed sediments or water and suspended sediments and microbial degradation rates for estradiol and ethinylestradiol were determined.
The collected bed-sediments gave K_d values between 13 and 67 l/kg and there was a positive correlation of K_d with organic carbon content and with decreasing particle size. However, the organic carbon normalised distribution coefficients (K_{oc}) showed a wide variation (610-2,650 l/kg) suggesting that factors other than organic carbon content play a role in sorption. The suspended sediments gave K_d values between 100 and 3000, with up to 10 % of estradiol in the water column being sorbed by these particles.
Under aerobic conditions at room temperature, estradiol was shown to be oxidised to estrone within a few days in river water. Estrone was then further degraded at similar rates. The synthetic steroid ethinylestradiol was, under the same experimental conditions, much more persistent than estradiol. Under anaerobic conditions, all degradation rates were much slower and the conversion of estradiol to estrone was partly reversible. Microbial cleavage of the steroid ring system was demonstrated by the release of radiolabelled CO_2 from the aromatic ring of estradiol (position 4).

Zusammenfassung

Nachdem in Großbritannien Steroidöstrogene als Hauptverursacher der Östrogenität von Kläranlagenabläufen identifiziert worden sind, sollte das potentielle Verhalten dieser Stoffgruppe in Flüssen untersucht werden. Dazu wurden aus drei englischen Flüssen in ländlicher und industrieller Umgebung und zwei Mündungen Sediment- und Wasserproben entnommen und in Batchversuchen am Beispiel Östradiol (17β-Östradiol) Verteilungskoeffizienten (K_d) zwischen Wasser und Sediment bzw. Wasser und Trübstoffen und mikrobielle Abbauraten von Östradiol und Ethinylöstradiol bestimmt.
Die ermittelten K_d der Sedimente lagen zwischen 13 und 67 l/kg, wobei eine positive Korrelation von K_d zu organischem Kohlenstoffgehalt und abnehmender Partikelgröße erkennbar war. Die auf organischen Kohlenstoff normierten Verteilungskoeffizienten (K_{oc}) waren allerdings sehr unterschiedlich (610-2650 l/kg), was darauf hindeutet, daß noch andere Faktoren als der Kohlenstoffgehalt des Sediments eine Rolle spielen. Die Sorption an Trübstoffen ergab K_d-Werte zwischen 100 und 3000 l/kg, wobei bis zu 10 % des in wäßriger Phase vorhandenen Östradiol von diesen Partikeln aufgenommen wurden.
Bei Raumtemperatur (aerob) wurde Östradiol im Flußwasser innerhalb von wenigen Tagen zu Östron oxydiert, welches dann mit ähnlicher Geschwindigkeit weiter abgebaut wurde. Das synthetische Steroid Ethinylöstradiol war unter den gleichen Bedingungen sehr viel beständiger als Östradiol. Unter anaeroben Bedingungen waren alle Abbauraten deutlich langsamer und die Oxidation von Östradiol zu Östron war teilweise reversibel.
Die mikrobielle Spaltung des Steroidringsystems wurde anhand der Freisetzung von radioaktiv markiertem CO_2 aus dem aromatischen Ring von Östradiol (Position 4) demonstriert.

54.1 Einleitung

54.1.1 Hintergrund

Es ist seit einiger Zeit bekannt, daß von Kläranlagenabläufen eine östrogene Wirkung auf Fische ausgehen kann, die keineswegs zu vernachlässigen ist (z.B. Purdom et al. 1994, Harries et al. 1996, 1997). So wurden beispielsweise in der Tynemündung bei Newcastle bei über der Hälfte der gefangenen männlichen Flundern Mißbildungen der Geschlechtsorgane beobachtet, während die untersuchten weiblichen Tiere keine ähnlichen Auffälligkeiten zeigten (Lye et al. 1997). Systematische Untersuchungen in England (Environment Agency 1996) und Amerika (s. Renner 1998) haben gezeigt, daß die natürlichen Steroidhormone Östradiol und Östron sowie in einigen Fällen das synthetische Östrogen Ethinylöstradiol (aus der Antibabypille) für den überwiegenden Teil der Östrogenität von kommunalen Abwässern verantwortlich sind. Diese Östrogene werden als Konjugate (Sulfatester oder Glucoronide) ausgeschieden. In dieser Form sind sie besser wasserlöslich, aber als Hormone weitgehend unwirksam. In Kläranlagenabläufen und Flüssen wurde jedoch die unkonjugierte (wirksame) Form nachgewiesen (Envi-

ronment Agency 1996), was darauf hinweist, daß die Konjugate offensichtlich durch die Prozesse im Klärwerk oder schon in der Kanalisation gespalten werden.
Die nachgewiesenen Östrogenkonzentrationen im Ablauf von Kläranlagen bzw. im Vorfluter lagen meist im unteren ng/l Bereich. (Römbke et al. 1996, Stumpf et al. 1996, Environment Agency 1996). Doch selbst in solch niedrigen Konzentrationen können diese Hormone bereits wirksam sein. Es wurde beispielsweise gezeigt, daß bereits weniger als 1 ng/l Ethinylöstradiol im Wasser die Synthese von Vitellogenin, einem Eidotterprotein, in männlichen Regenbogenforellen stimulieren kann (Purdom et al. 1994).

54.1.2 Verhalten von Östrogenen im Gewässer

Die Einleitung von östrogenen Substanzen in Gewässer bedeutet nicht unbedingt, daß diese auch auf Dauer bioverfügbar bleiben. Harries et al. (1996, 1997) stellten fest, daß die östrogene Aktivität in manchen Flüssen bereits einige Meter unterhalb des Klärwerks verschwunden war, während sich in anderen noch nach mehreren Kilometern eine Wirkung zeigte.
Trotz der Relevanz dieser Substanzen ist ihr Verhalten im Gewässer derzeit praktisch nicht bekannt. Neben der Verdünnung dürften Sorption an Sedimenten und Trübstoffen und biologischer Abbau den größten Einfluß auf die Östrogenkonzentration im Vorfluter haben. Um den Einfluß dieser Prozesse zu beurteilen, wurden Wasser- und Sedimentproben aus fünf englischen Flüssen mit unterschiedlichen Einzugsgebieten entnommen und in Laborversuchen die Sorption von Östradiol an Sediment und Trübstoffen und mikrobiologische Abbauraten von Östradiol und Ethinylöstradiol bestimmt.

54.2 Material und Methoden

54.2.1 Probennahme

Wasserproben wurden im Sommer 1997 mit 1 l Polypropylen- oder Glasflaschen entnommen. Die Proben waren aus stark verschmutzten Regionen der Flüsse Aire (8 km stromabwärts von Leeds: National Grid Reference (NGR) SE 379 288) und Calder (16 km stromabwärts von Wakefield: NGR SE 405 207), aus der Mündungsregion von Tees (Seal Sands: NGR NZ 535 265 und Bran Sands: NGR NZ 555 265) und Tyne (Hebburn: NGR 325 658 und Tynemouth: 375 658) und aus einer vergleichsweise ländlichen Region der Themse in der Nähe von Wallingford (NGR SU 614 903).
Der gelöste organische Kohlenstoffgehalt (DOC), pH-Wert, Leitfähigkeit und Trübstoffgehalt wurden gemessen und die Proben bis zu einem Monat bei 4 °C gelagert.
An den gleichen Orten wurden auch Sedimentproben aus den oberen 2-5 cm genommen. Bei der Themse wurden im Abstand von 15-20 m Proben innerhalb eines Bootshauses, in der Flußmitte und bei einer Bootsrampe (Slip) entnommen. Die Sedimentproben wurden luftgetrocknet, gesiebt (2 mm) und bei Raumtemperatur aufbewahrt.

54.2.2 Sediment- und Wassereigenschaften

Organischer Kohlenstoffgehalt (TOC)

Der organische Kohlenstoffgehalt der getrockneten Sedimente wurde mit der Titrationsmethode von Gaudette et al. (1974) bestimmt, wobei jeweils eine Dreifachbestimmung durchgeführt wurde.

Korngrößenverteilung

Die Korngrößenverteilung wurde aus der Lichtstreuung bei 750 nm in einem Lasergranulometer bestimmt (Coulter LS130, mit 1 ml 3 % Natriumhexametaphosphat / 0,7 % Natriumcarbonat, 1,7 l Leitungswasser, Pumprate: 8 l/min). Die Größenverteilung wurde als Volumenprozente (nicht Masse) für die Fraktionen 0-2, 2-63 und 63-900 µm angegeben. Wenn vorhanden, wurde die 900 µm-2 mm Fraktion durch Sieben bestimmt.

Gelöster organischer Kohlenstoff (DOC)

Der DOC des Flußwassers wurde mit einem TOCsin II Aqueous Carbon Analyzer (Phase Separations Ltd.) bestimmt. Dazu wurde die filtrierte (0,2 µm) Probe angesäuert und anorganischer Kohlenstoff ausgeblasen. Dann wurde die Probe durch eine geheizte Kapillare in einen Oxidationsofen gepumpt, wo der organische Kohlenstoff zu CO_2 umgesetzt wurde. Das entstandene CO_2 wurde dann über einem Nickelkatalysator mit Wasserstoff zu Methan umgesetzt und mit einem Flammenionisationsdetektor nachgewiesen.

Trübstoffgehalt

Der Trübstoffgehalt wurde gravimetrisch als Trockenrückstand auf einem 0,2 µm Filter bestimmt.

54.2.4 Bestimmung des Oktanol/Wasser Verteilungskoeffizienten (K_{ow}) von Östradiol

Der K_{ow} wurde mit radioaktiv markiertem Östradiol (4-^{14}C-Östradiol, Du Pont NEC-127, 7,4 MBq/mg) bestimmt. 10 ml einer 10 µg/l Östradiollösung in destilliertem Wasser und 0 µl, 50 µl, 200 µl Oktanol (jeweils zwei Parallelen) wurden in improvisierten Scheidetrichtern (Mini-prep Chromatographie Röhrchen, Bio Rad, von denen der Filter entfernt wurde) eine Stunde geschüttelt. Nach der anschließenden Phasentrennung wurde aus der wäßrigen Phase ca. 1 ml entnommen (Dreifachbestimmung), mit 5 ml Scintillationslösung (Ultima Gold, Canberra Packard) versetzt und die radioaktiven Zerfälle in einem Flüssigkeitsscintillationszähler (Beckmann LS 6500) bestimmt. Die Östradiolmenge im Oktanol wurde unter Berücksichtigung der Verluste durch Adsorption am Kunststoff mit Hilfe einer Massenbilanz bestimmt. Der K_{ow} wurde als Konzentrationsquotient zwischen Oktanol und Wasser angegeben.

54.2.5 Sorption von Östradiol an Sedimenten

Kinetik

1 g Sediment und 15 ml filtriertes (0,2 µm) Wasser aus der Aire bzw. Themse wurden in PTFE-Zentrifugenröhrchen gegeben und mit 5 µg/l radioaktivem Östradiol versetzt. Als Standard diente destilliertes Wasser mit derselben Menge Östradiol. Die Proben wurden mit AnaeroGen Packs (Oxoid) in 2,5 l Anaerobcontainer gegeben, um den mikrobiologischen Abbau zu verzögern und auf einen Orbitalschüttler (90 U/min) gestellt. Bei dieser Geschwindigkeit wird das Wasser gut durchmischt, aber das Sediment selbst nur wenig bewegt. Nach 1, 2 und 6 Tagen wurden jeweils drei Röhrchen entnommen, 15 min zentrifugiert (4749 g) und beprobt, indem aus dem Überstand 700 µl in eine Spritze aufgezogen wurden, in der sich bereits die gleiche Menge Methanol befand. Diese Mischung wurde direkt in eine Scintillationsküvette filtriert (0,45 µm) und die Radioaktivität genauso gemessen wie oben. Das am Sediment sorbierte Östradiol wurde aus der Differenz zwischen Standards und Proben bestimmt.

Verteilungskoeffizienten (K_d)

Um die verschiedenen Sedimente zu vergleichen, wurden in Abhängigkeit vom erwarteten K_d, 1-5 g des trockenen Sediments und 15 ml filtriertes Flußwasser verwendet. Die Vorgehensweise war wie bei dem Kinetikexperiment, außer daß die Inkubationszeit immer 20 h unter aeroben Bedingungen war. Drei Konzentrationen, jeweils in Dreifachbestimmung (2,5 µg/l; 5 µg/l und 10 µg/l), wurden verwendet, um eine Isotherme aufstellen zu können. Die Steigung der Regressionsgeraden durch die Werte für Konzentration im Sediment über Konzentration im Wasser ergab den Verteilungskoeffizienten.
Für einige Proben wurde ein zweiter Verteilungskoeffizient (Desorption) bestimmt, indem der Überstand nach der Messung durch frisches Wasser ersetzt und weitere 20 h geschüttelt wurde.

Einfluß von Lagerung und Sauerstoffgehalt auf die Sorption von Östradiol

Der Einfluß der Lufttrocknung der Sedimente auf das Sorptionsverhalten wurde mit Themsesediment vom 27.6.97 getestet. Ein Teil des Sediments wurde wie üblich getrocknet, während der Rest naß bei 4 °C gelagert wurde. 1 g getrocknetes oder die entsprechende Menge nasses Sediment (1,55 g) wurden mit dem entsprechenden gefiltertem Wasser vermischt (Wassermenge insgesamt 15 ml) und 5 µg/l radioaktives Östradiol zugegeben. Die Weiterverarbeitung erfolgte wie üblich.
Um den Einfluß der anaeroben gegenüber aeroben Inkubation zu untersuchen, wurden Sedi-

mentproben von Aire (18.12.1996) und Themse (27.6.1997) verwendet. Jeweils 3 g des getrockneten Sediments wurden mit 15 ml gefiltertem (0,2 µm) Flußwasser versetzt. Alle Proben wurden dann für 24 h unter den jeweiligen Bedingungen (aerob bzw. anaerob) stehengelassen, bevor die Behälter geöffnet und Östradiol in Konzentrationen von 2,5, 5 und 10 µg/l zugegeben wurden. Anaerobe Bedingungen wurden wiederhergestellt und alle Proben 21 h auf dem Schüttler inkubiert und der K_d wie oben beschrieben, bestimmt.

54.2.6 Sorption an Trübstoffen

Aufgrund der Schwierigkeit, die Sorption von Östradiol an den geringen Trübstoffmengen nachzuweisen, wurde zunächst ein Konzentrationsschritt durchgeführt. Für die Themseprobe (4.6.97) wurde eine kontinuierlich arbeitende Zentrifuge verwendet, die von einer Pumpe direkt aus dem Fluß gespeist wurde. Dabei ergab sich ein Konzentrationsfaktor von etwa 40. Für die Aire- und Calderproben (18.7.97) wurde die Aufkonzentrierung im Labor durchgeführt, indem jede Probe in drei 250 ml Zentrifugenflaschen zentrifugiert wurde (1 h, 30.100 g). Der größte Teil des Überstandes wurde verworfen und die abgesetzten Trübstoffe in 55 ml desselben Wassers resuspendiert. 5 ml des so erhaltenen Konzentrats wurde in PTFE-Zentrifugenröhrchen mit 2,5, 5 und 10 µg/l Östradiol versetzt und weiterbearbeitet wie für die Sedimente beschrieben.

54.2.7 Mikrobiologischer Abbau der Steroide

Während alle Sorptionsexperimente mit ^{14}C-markiertem Östradiol durchgeführt wurden, kamen hierbei unmarkierte Substanzen zum Einsatz. Östradiol oder Ethinylöstradiol wurde zu Proben aus der Aire, Calder und Themse und aus den Mündungsregionen von Tees und Tyne in einer Nominalkonzentration von 500 µg/l zugegeben (jeweils drei Parallelen). Die Ansätze wurden im Dunkeln bei 20 °C inkubiert, wobei gleichbehandelte autoklavierte Proben als Sterilkontrolle dienten. Zusätzlich zum aeroben Abbau wurde der Abbau unter anaeroben Bedingungen in der selben Weise bestimmt. In Abständen zwischen 2 und 14 Tagen wurden 700 µl Proben in die gleiche Menge Methanol aufgenommen, filtriert (0,45 µm PTFE-Filter) und bis zur HPLC-Analyse bei 4 °C gelagert.
Dafür wurde eine 2x250 mm C18-Säule (Columbus) mit $CH_3CN:H_2O$, 42:58 als mobiler Phase und UV-Absorptionsdetektor (220 nm) verwendet. Die Betimmungsgrenze lag bei etwa 25 µg/l in der Verdünnung mit 50 % Methanol, d.h. bei 50 µg/l in der Originalprobe.

54.2.8 Mineralisation des phenolischen A-Rings von Östradiol

Die Freisetzung von $^{14}CO_2$ aus Position 4 des Östradiols (phenolischer A-Ring) wurde in Proben von der Aire (18.7.1997), Calder (18.7.1997) und Themse (1.9.1997) untersucht. Um die Ergebnisse mit den vorherigen Abbauexperimenten vergleichen zu können, wurden dieselben experimentiellen Bedingungen ausgewählt (Konzentration 500 µg/l, von denen 10 µg/l radioaktiv markiert waren, aerobe Inkubation bei 20 °C). CO_2-freie feuchte Luft wurde über die Proben und dann durch eine 50 mM NaOH-Lösung geleitet, um das entstandene Kohlendioxid zu binden. Um flüchtige Östradiolabbauprodukte zu erfassen, war ein Aktivkohlefilter zwischen Proben und NaOH-Lösung geschaltet. Das entstandene $^{14}CO_2$ wurde zweimal wöchentlich bestimmt, indem 1 ml aus der NaOH-Lösung mit 5 ml Scintillationsflüssigkeit vermischt und im Scintillationszähler gemessen wurde.
Am Ende des Experiments wurde eine Massenbilanz für den radioaktiven Kohlenstoff aufgestellt:
Die restliche Radioaktivität in den Mikrokosmosflaschen wurde zuerst direkt und dann noch einmal nach Entfernung von Östradiol und hydrophoben Abbauprodukten durch Festphasenextraktion (Variant, solid phase extraction columns) bestimmt. Substanzen, die an den verschieden Teilen des Versuchsaufbaus adsorbiert waren, wurden über Nacht mit Methanol extrahiert und ebenfalls gemessen. Die auf der Aktivkohle zurückgehaltene Radioktivität wurde bestimmt, indem die Kohle 1 h bei 850 °C verbrannt, und die entstandenen Abgase in 1 M NaOH-Lösung aufgefangen wurden. Diese NaOH-Lösung wurde dann wie üblich analysiert.

54.3 Ergebnisse und Diskussion

54.3.1 Oktanol/Wasser Verteilungskoeffizient (K_{ow})

Der K_{ow} ist eine Maßzahl für die hydrophoben Eigenschaften eines Stoffes und kann verwendet werden, um die Sorption an organischem Material abzuschätzen (Karickhoff 1984, Di Toro et al. 1991). Die verwendete Methode ergab: log $K_{ow} = 3{,}1 \pm 0{,}1$. Der K_{ow} von Östradiol ist somit etwa um einen Faktor 10 geringer als der der Xenoöstrogene Octylphenol und Nonylphenol (Ahel und Giger 1993). Deshalb ist zu erwarten, daß Östradiol weniger stark an Flußsedimenten sorbiert wird als diese Alkylphenole.

54.3.2 Sorption von Östradiol an Sedimenten

Die Annahme bei diesen Experimenten war, daß Östradiol, welches nicht mehr im Wasser nachzuweisen ist, mit dem Sediment verbunden sein muß, d.h. daß der Verlust durch Sorption an den Gefäßwänden oder Abbauprozesse vernachlässigbar ist. Vorversuche haben gezeigt, daß die Adsorption von Östradiol an Glas- und PTFE-Gefäßen mit 0,25 ± 0,14 % bzw. 0,40 ± 0,52 % über 48 h nur geringen Einfluß hat. Die Abbauversuche zeigen jedoch, daß v.a. in den Aire- und Calderproben Östradiol innerhalb weniger Tage zu Östron umgesetzt werden kann. Bei diesem Prozeß wird Wasserstoff entfernt, aber das Steroidgerüst bleibt unverändert, also würde keine Radioaktivität verloren gehen. Östradiol und Östron haben ähnliche chemische und toxikologische Eigenschaften (Fishman and Martucci 1980, Tabak et al. 1981, Arnold et al. 1997); daher werden die Ergebnisse der Sorptionsstudien durch die Umwandlung von einem Teil des Östradiol zu Östron vermutlich nicht wesentlich verfälscht.

Einfluß von Lagerung und Sauerstoffgehalt auf die Sorptionseigenschaften der Sedimente

Aus praktischen Gründen wurden die Sedimente getrocknet und bis zur Benutzung bei Raumtemperatur gelagert. Für die Experimente wurden sie dann wieder mit Wasser derselben Probenahmestelle vermischt. Es ist jedoch möglich, daß diese Prozesse die chemischen Eigenschaften der Sedimente, und damit die Fähigkeit Östradiol zu binden, verändern. In diesem Fall wären die mit getrocknetem Sediment erhaltenen Ergebnisse nicht auf die natürlichen Bedingungen im Fluß übertragbar. Im Test mit Themsesediment (27.6.1997) ergab sich zwischen trocken und naß gelagertem Sediment kein signifikanter Unterschied mit K_d Werten von 25,4 (± 5,4) bzw. 19,9 (± 5,8) l/kg. Der Vergleich zwischen aeroben und anaeroben Inkubationsbedingungen ergab K_d-Werte von 18 bzw. 24 l/kg für die Themseprobe (27.6.1997) und 40 bzw. 47 l/kg für die Aireprobe. Bei Auswertung aller Datenpunkte mit dem t-Test waren diese Unterschiede jedoch nicht signifikant ($\alpha > 0{,}1$).

Sorptionskinetik

Bei Experimenten zur Sorptionskinetik mit Aire- (6.9.1996) und Themsesedimenten (27.6.1997)

Tab. 54-1: Eigenschaften der verwendeten Wasserproben

Fluß	Datum	pH	DOC [mg/l]	Trübstoffe [mg/l]	Leitfähigkeit [µS/cm]
Aire	18.07.1997	7,5	7,3	45	948
Calder	18.07.1997	7,0	9,0	32	1.134
Tyne Mündung	01.08.1997	7,8	6,0	29,3	77.940
Tyne Hebburn	01.08.1997	7,6	6,0	23,6	63.220
Tees Mündung	31.07.1997	7,8	48	7,9	76.300
Themse	04.06.1997	8,8	3,0	20	–
Themse	27.06.1997	7,9	4,8	14	–
Themse	21.07.1997	8,4	4,7	11	–
Themse	09.09.1997	8,1	4,8	8	872

fanden 80-90 % der Sorption in den ersten 24 Stunden statt, aber ein Gleichgewicht wurde auch in 2 Tagen nicht erreicht. Für den Vergleich der verschiedenen Sedimente wurde eine Inkubationszeit von 20 h als geeigneter Kompromiß zwischen unvollständiger Gleichgewichtseinstellung und beginnendem Abbau angesehen.

Vergleich verschiedener Sedimente, Verteilungskoeffizienten (K_d)

Diese Versuche basieren auf der Annahme, daß für solch geringe Östradiolkonzentrationen (max. 10 µg/l, wobei die Löslichkeitsgrenze bei 13 mg/l liegt (Tabak et al. 1981)) eine lineare Isotherme existiert. Die Sorptions- und Desorptionsverteilungskoeffizienten (K_d) sind in Tabelle 54-2 angegeben. Die K_d-Werte liegen mit 12,6 l/kg für die sehr sandige Probe aus der Mitte der Themse bis 67 l/kg in einer der Aireproben in einem überraschend engen Bereich.

Es konnte eine positive Korrelation zwischen K_d und Anteil an Schluffpartikeln (2-63 µm) mit $r^2 = 0,67$ und eine negative Korrelation zum Anteil an Sandpartikeln (63 µm – 2 mm, $r^2 = 0,65$) im Sediment gefunden werden. Der Einfluß des Tongehaltes und des organischen Kohlenstoffanteils war dagegen mit Korrelationskoeffizienten von 0,29 bzw. 0,46 weniger deutlich (Abb. 54-1). Aus K_d und dem organischen Kohlenstoffgehalt wurde der auf organischen Kohlenstoff bezogene Verteilungskoeffizient (K_{oc}) berechnet. Mit der Gleichung $\log K_d \approx \log K_{oc}$ (Di Toro et al. 1991) wäre für Östradiol ein K_{oc} von ungefähr 1200 l/kg zu erwarten. Die gemessenen Werte liegen zwischen 612 und 2.645, was innerhalb des Unsicherheitsbereichs von einem Faktor 2-3 liegt, den Di Toro et al. (1991) vorgeschlagen haben. Der Zusammenhang zwischen TOC und K_d war mit den gleichen Sedimenten für Östradiol viel weniger deutlich als für das hydrophobere Xenoöstrogen 4-tert-Octylphenol (Johnson et al. 1998), was darauf hindeuten könnte, daß Östradiol nicht nur am organischen Kohlenstoff des Sediments gebunden wird. Die ermittelten Desorptionsverteilungskoeffizienten waren immer 2-3 mal größer als der erste K_d. Dieser Hystereseeffekt, d.h. daß sich ein Stoff schlechter desorbieren läßt, als dies vom K_d vorhergesagt wird, wurde auch im Experiment zur Sorptionskinetik beobachtet.

Die Verteilung von Östradiol zwischen Wasser und Sediment hat einen Einfluß auf die toxikologischen Effekte des Moleküls. Abhängig von der Bioverfügbarkeit könnten benthische Organismen wesentlich höheren Konzentrationen ausgesetzt sein als solche, deren Lebensraum die Freiwasserzone ist.

54.3.3 Sorption von Östradiol an Trübstoffen

Alle Wasserproben wurden bei niedrigem oder mittleren Wasserstand gezogen. Bei den Trübstoffen handelt es sich also nicht um Schlamm, der bei Hochwasser aufgewirbelt wird. Für die Aire- und Calderproben wurden K_d-Werte der Trübstoffe von 1690 (± 240) bzw. 3364 (± 242) l/kg ermittelt, was auf das Gewicht bezogen dem hundertfachen der entsprechenden Sedimente entspricht (Vergl. Tab. 54-2). Mit dem Trübstoffgehalt des Wassers ergibt sich, daß 7-10 % des in wäßriger Phase vorhandenen Östradiols von diesen Partikeln aufgenommen werden kann. Unter dem Lichtmikroskop war zu erkennen, daß diese Partikel hauptsächlich aus organischen Aggregaten bestanden (kaum Algen oder Tonminerale). Niedrige Algenproduktivität in diesen Flüssen wurde auf Industrieabwässer, die das Wasser färben und so den Lichteinfall verhindern, zurückgeführt (Pinder et al. 1997). Einige Kilometer oberhalb der Probennahmestellen befinden sich große Kläranlagen, so daß es wahrscheinlich ist, daß ein Großteil der Trübstoffe entweder direkt aus dem Abwasser stammt oder aus Bakterienflocken besteht, die durch leichtverfügbaren Kohlenstoff stimuliert wurden.

Unter der Annahme, daß die Trübstoffe zu 100 % aus organischem Material bestehen und dieses zu ca. 58 % aus Kohlenstoff besteht (Hope et al. 1994) läßt sich ein K_{oc} von 2900 für den Calder und 5800 für die Aire (beide 18.7.1997) abschätzen. Dies bedeutet, daß der organische Kohlenstoff in den Trübstoffen ein fünfmal höheres Sorptionspotential für Östradiol besaß, als der in den Sedimenten. Da die Trübstoffe wahrscheinlich nicht zu 100 % aus organischem Material bestehen, ist diese Abschätzung wohl noch zu niedrig.

Tab. 54-2: Verteilungskoeffizienten (K_d) in Abhängigkeit von den Sedimenteigenschaften

Eigenschaften	Aire 6.9.96	Aire 18.12.96	Aire 18.7.97	Calder 16.1.97	Calder 18.7.97	Themse Flußmitte 5.12.96	Themse Bootshaus 15.4.97	Themse Slip 27.6.97	Tees Bran Sands 31.7.97	Tees Seal Sands 31.7.97	Tyne 1.8.97
% Ton	9,2	7,4	7,0	6,6	6,8	5,5	4,8	6,0	6,2	7,7	9,4
% Schluff	72,9	62,8	66,3	55,0	49,8	38	43	41,4	42,6	52,2	76,5
% Sand	17,9	29,8	26,7	38,4	43,4	56	51,8	52,6	51,1	40,1	14,1
% TOC	2,4	7,0	10,0	5,7	3,3	1,8	2,9	1,1	0,9	2,0	3,7
K_d1 [l/kg] (Sorption)	64 ±11	43 ± 7	67 ± 5	56 ± 7	34 ± 6	12,6 ± 2,6	46 ± 3	20 ± 4	20 ± 2	34 ± 3	54 ± 7
K_d2 [l/kg] (Desorption)	132 ± 10	-	125 ± 11	-	84 ± 8	-	-	57 ± 2	38 ± 2	83 ± 2	135 ± 8
K_{oc} [l/kg]	2.645	612	667	980	1.032	715	1.599	1.852	2.188	1.717	1.439

Eine mikroskopische Untersuchung der Trübstoffe aus der Themse (27.7.1997) ergab dagegen, daß diese fast vollständig aus Grünalgen bestanden. Hier ergab sich ein K_d von 106 (± 38) l/kg, woraus folgt, daß nur 0,25 % des im Wasser vorhandenen Östradiol von diesen Partikeln aufgenommen werden. Für diese Probe wurde der TOC der Trübstoffe als 15,3 % ermittelt. Mit diesem Wert ergibt sich ein K_{oc} von 693 l/kg, was niedriger ist als bei den entsprechenden Sedimenten. Es ist bekannt, daß lebende Algen hydrophobe Substanzen deutlich schlechter binden als verwesende Algen (Koelmans et al. 1995).
Die Sorption an Trübstoffen könnte ein wichtiger Pfad sein, über den Östrogene an Stellen mit geringer Fließgeschwindigkeit, z.B. bei Schleusen und Wehren, ins Sediment eingetragen werden. Außerdem ist zu bedenken, daß diese Partikel von vielen Tieren aufgenommen werden, wodurch sich eine ziemlich hohe Exposition ergeben kann.

54.3.4 Abbau von Östradiol in Flußwasser

Der schnellste Östradiolabbau wurde in den Proben aus der Aire und dem Calder mit Halbwertszeiten unter 3 Tagen beobachtet (Abb. 54-2). Im Themsewasser ergab sich eine Halbwertszeit von 4 Tagen und bei den Mündungen von Tees und Tyne 6 bzw. 27 Tage. Die langsamsten Abbauraten wurden also in den Proben aus dem Mündungsbereich beobachtet. Vermutlich unterdrückt der höhere Salzgehalt (Tab. 54-1) die mikrobiologische Aktivität.
Ein Vergleich der HPLC-Kurven mit Standards zeigte, daß der erste Schritt des Östradiolabbaus die Oxidation zu Östron ist. Unter der Annahme, daß die Abbauprodukte von Östron nicht mehr östrogen sind, könnte man also davon ausgehen, daß die östrogene Wirkung, die von Östradiol in diesen Flüssen ausgeht, innerhalb von 6 Tagen für die Aire, 10 Tagen für Calder und Themse, 14 Tagen für die Tyne Mündung und mehr als 49 Tagen für die Tees Mündung, abgebaut wird. Die natürlichen Abbauraten sind jedoch aufgrund der i.A. geringeren Temperatur wahrscheinlich langsamer. Der Einfluß der Konzentration auf den Abbau, insbesondere, inwieweit er auch bei den natürlichen Konzentrationen von wenigen ng/l noch stattfindet, ist bisher nicht untersucht worden.
Da häufig ein großer Teil des Sedimentprofils anaerob ist, ist es wichtig zu untersuchen, ob Östrogene auch unter diesen Bedingungen noch abgebaut werden können. Eigentlich sollte ein derartiges Experiment mit Sediment durchgeführt werden. Aufgrund technischer Probleme enthielten die Ansätze aber nur das Flußwasser. Wie erwartet waren Östradiol und das erste Abbauprodukt Östron unter anaeroben Bedingungen (Abb. 54-3) sehr viel stabiler als unter aeroben Bedingungen. In manchen Fällen erschien die Oxidation zu Östron reversibel zu sein.

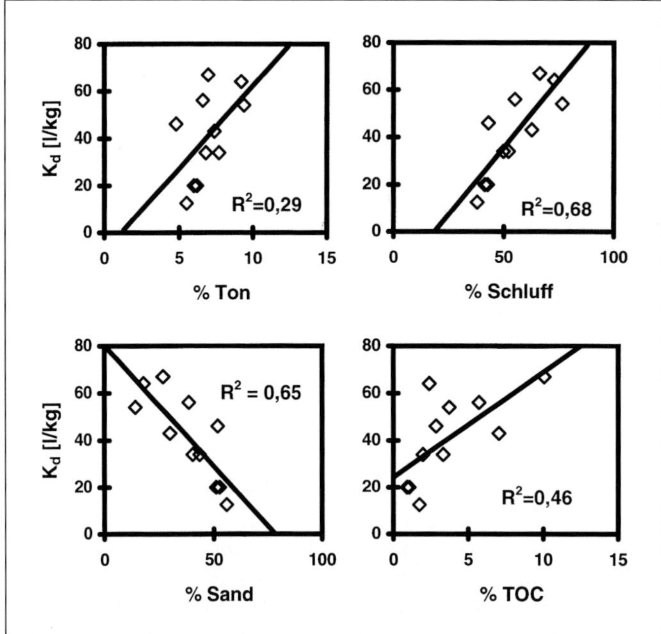

Abb. 54-1: Korrelation der Verteilungskoeffizienten (K_d) mit Sedimenteigenschaften.

Ebenso wie unter aeroben Bedingungen wurden die langsamsten Abbauraten in den Mündungsproben beobachtet.

54.3.5 Vergleich der Abbauraten von Östradiol und Ethinylöstradiol

Ein Vergleich der aeroben Abbauraten von Östradiol und Ethinylöstradiol in Themsewasser (13.10.1997) ist in Abbildung 54-4 dargestellt. Die Ergebnisse bestätigen die bisherige Forschung wonach Ethinylöstradiol sehr viel beständiger ist als Östradiol (Tabak und Bunch 1970, Rurainsky et al. 1977). Während Östradiol wie im vorherigen Versuch eine Halbwertszeit von 4 Tagen zeigte und nach einer Woche nicht mehr nachweisbar war, wurde für Ethinylöstradiol eine Reduktion auf 50 % des Ausgangswertes erst nach 46 Tagen erreicht. Unter anaeroben Bedingungen konnte für Ethinylöstradiol innerhalb von 46 Tagen gar kein Abbau nachgewiesen werden (nicht dargestellt).
Aufgrund dieser wesentlich größeren Stabilität spielen synthetische Östrogene vermutlich eine wichtige ökotoxikologische Rolle, obwohl sie in viel geringeren Konzentrationen in die Umwelt gelangen, als die natürlichen Steroide.

54.3.6 Mineralisation von Östradiol

In den Abbauversuchen konnte die Umwandlung von Östradiol zu Östron als erster Schritt des Metabolismus beobachtet werden, jedoch war es nicht möglich, die weiteren Abbauprodukte zu identifizieren. Die Freisetzung von $^{14}CO_2$ aus Östradiol, welches in Position 4 (d.h. im phenolischen A-Ring) markiert war, erlaubt, die Mineralisation dieses Molekülteils zu beobachten. Da dabei das Steroidringsystem und insbesondere der Phenolring, durch den sich Östrogene von anderen Steroiden unterscheiden, zerstört wird, ist davon auszugehen, daß spätestens bei der Freisetzung dieses C-Atoms die östrogene Wirkung verschwindet.
Die Ergebnisse (Abb. 54-5) zeigen, daß der Phenolring durch Mikroorganismen im Flußwasser gespalten werden kann. Ein möglicher Reaktionsweg hierfür wurde von Coombe et al. (1966) postuliert. Wie bei den vorherigen Abbauversuchen, so sind auch hier die Abbauraten

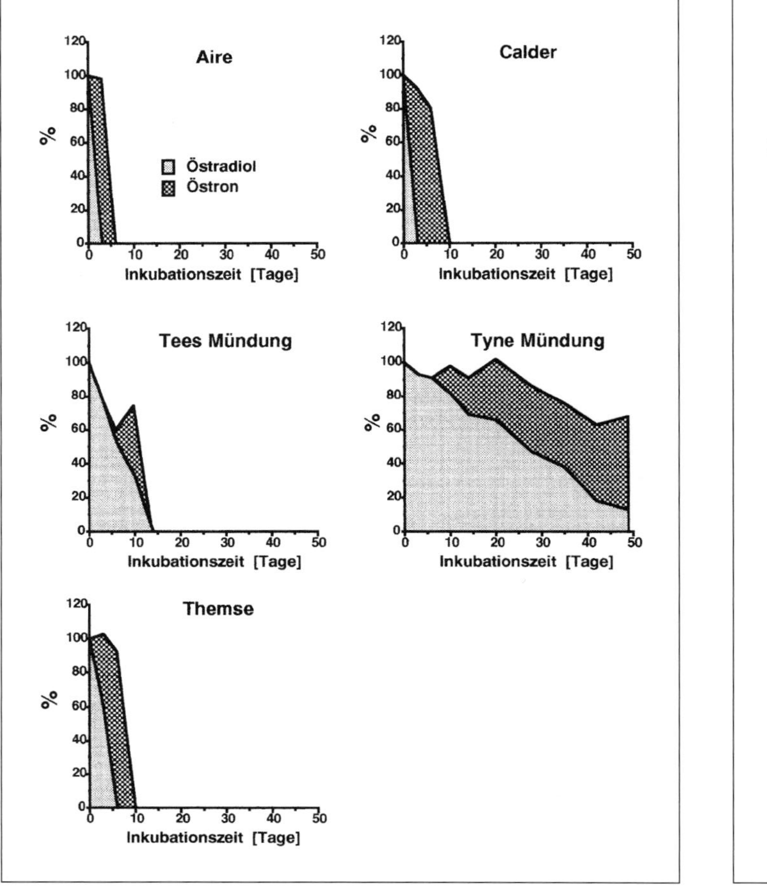

Abb. 54-2: Umwandlung von Östradiol in **aerob** inkubierten Wasserproben (Mittelwerte aus drei Parallelansätzen).

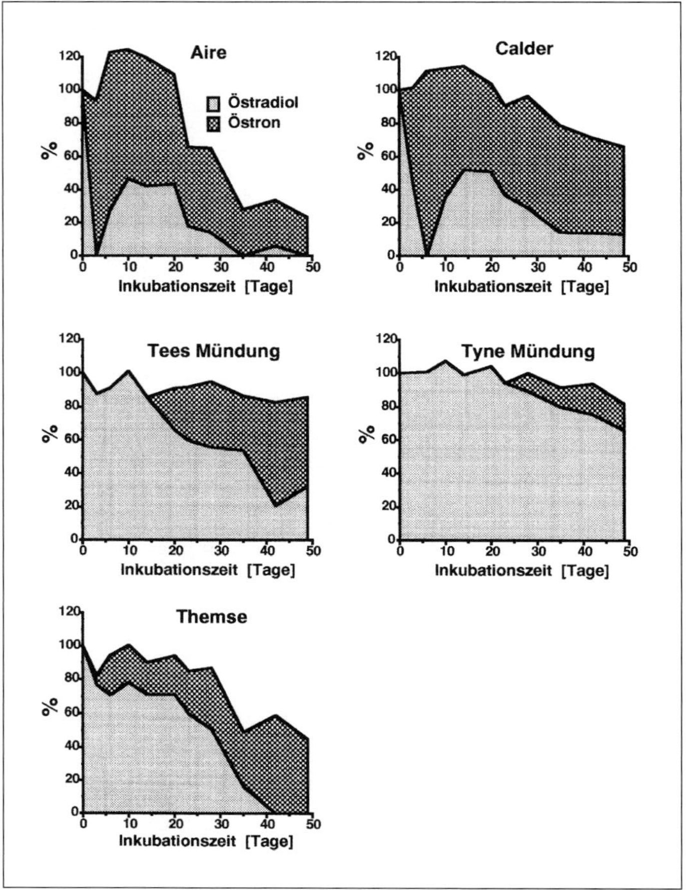

Abb. 54-3: Umwandlung von Östradiol zu Östron in **anaerob** inkubierten Wasserproben (Mittelwerte aus drei Parallelansätzen).

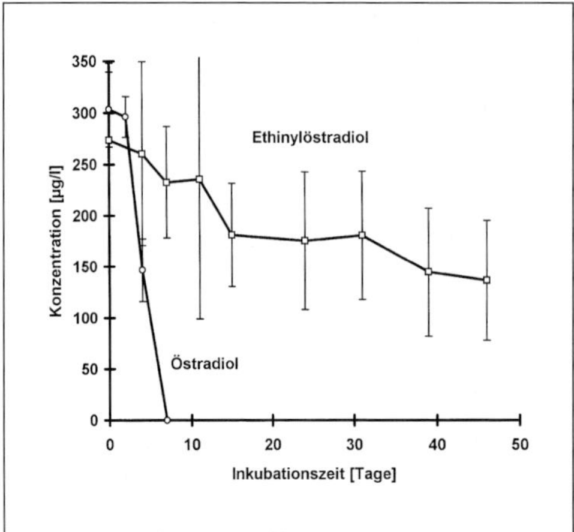

Abb. 54-4: Vergleich des aeroben Abbaus von Ethinylöstradiol und Östradiol in einer Themsewasserprobe (Mittelwerte aus 3 Parallelen und 95 % Konfidenzintervall).

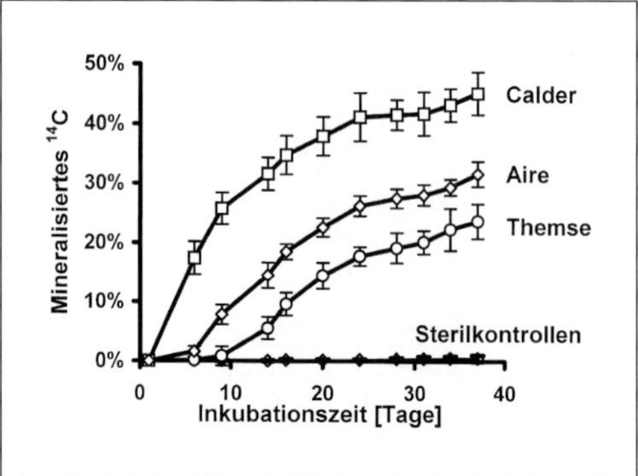

Abb. 54-5: Mineralisation von Östradiol: Bestimmt als Freisetzung von ^{14}C aus in Position 4 des Steroidsystems markierten Molekülen (Mittelwerte aus 3 Parallelen und 95 % Konfidenzintervall).

in Aire und Calder schneller als in der Themse, wobei sich bei Aire und Themse eine Lagphase von 5–10 Tagen andeutet. Nach etwa 25 Tagen, als 20–40 % des Radiomarkers zu CO_2 umgewandelt waren, nahm die Reaktionsgeschwindigkeit stark ab. Möglicherweise ist der Ringmetabolismus co-metabolisch und kann nicht weiter stattfinden, wenn das Cosubstrat verbraucht ist. Bei solchen Headspacemessungen wird die Mineralisation allerdings auch immer etwas unterschätzt, da als Hydrogencarbonat im Wasser verbleibendes CO_2 nicht erfaßt wird.

Um den Verbleib des Radiomarkers zu klären, wurde am Ende des Experiments eine Massenbilanz der Radioaktivität durchgeführt (Tab. 54-3, hydrophob und hydrophil bezieht sich darauf, ob der Anteil von einer C18 Säule zurückgehalten wurde). Es wird deutlich, daß ein recht großer Teil des Östradiol zu unbekannten hydrophilen Metaboliten umgewandelt wurde. Ca. 20 % der eingesetzten Radioaktivität konnten nicht mehr aufgefunden werden, und sind vermutlich als flüchtige Metaboliten, die weder von der Aktivkohle noch von der alkalischen Lösung zurückgehalten wurden, aus dem System entwichen.

54.4 Schlußfolgerungen

Diese Arbeit stellt den ersten Versuch dar, das potentielle Verhalten von Steroiden im Gewässer zu untersuchen. Diese vorläufigen Versuche haben gezeigt, daß Östradiol von unterschiedlich zusammengesetzen Flußsedimenten gebunden werden kann. Östradiol kann auch von Trübstoffen gebunden werden, wobei Algen anscheinend wesentlich weniger aufnehmen als organische Aggregate. In hohen Konzentrationen konnte Östradiol im Flußwasser über Östron

Probe	Calder	Aire	Themse	Sterilkontr.
in alk. Lsg. gebundenes CO_2	45,2%	31,6%	23,7%	0,5%
in Probe verblieben: hydrophob	18,3%	31,8%	30,1%	96,9%
in Probe verblieben: hydrophil	10,0%	14,6%	23,0%	1,3%
an Glas etc. adsorbiert	1,4%	0,9%	2,5%	0,8%
an Aktivkohle sorbiert	2,0%	0,4%	1,9%	0,3%
Wiederfindung	76,9%	79,3%	81,2%	99,8%

Tab. 54-3: Massenbilanz für ^{14}C (alle Angaben in % der Originallösung).

unter aeroben und in geringerem Maße auch unter anaeroben Bedingungen abgebaut werden. Der Abbau schloß die Fähigkeit ein, Kohlenstoff aus dem phenolischen A-Ring zu mineralisieren. Ethinylöstradiol war im Flußwasser etwa 10 mal stabiler als Östradiol.

Danksagung

Die Autoren bedanken sich bei der UK Environment Agency für die Finanzierung der Arbeit, bei Paul Wass, Craig White und Joy Rae für die Unterstützung bei der Probennahme und Aufbereitung und bei Margaret Neal, Lal Bardwaj und Craig White für die Hilfe bei der Analyse.

Literatur

Ahel, M., Giger, W. (1993): Partitioning of alkylphenols and alkylphenol polyethoxylates between water and organic solvents. Chemosphere 26: 1471-1478

Arnold, S.F., Bergeron, J.M., Tran, D.Q., Collins, B.M., Vonier, P.M., Crews, D., Toscano, W.A., McLachlan, J.A. (1997): Synergistic responses of steroidal estrogens in vitro (yeast) and in vivo (turtles). Biochem. Biophys. Res. Com. 235: 336-342

Coombe, R.G., Tsong, Y.Y., Hamilton, P.B., Sih, C.J. (1966): Mechanisms of steroid oxidation by microorganisms. J. Biol. Chem. 241: 1587-1595

Di Toro, D.M., Zarba, C.S., Hansen, D.J., Berry, W.J., Swartz, R.C., Cowan, C.E., Pavlou, S.P., Allen, H.E., Thomas, N.A., Paquin, P.R. (1991): Technical basis for establishing sediment quality criteria for nonionic organic chemicals using equilibrium partitioning. Environ. Toxicol. Chem. 10: 1541-1583

Environment Agency (1996): The identification and assessment of oestrogenic substances in sewage treatment works effluents. MAFF Fisheries Laboratory and Brunel University: Research and development project report P2 – i490/7. Bristol

Fishman, J., Martucci, C. (1980): Dissociation of biological activities in metabolites of estradiol. In: McLachlan J.A. (ed.): Estrogens in the environment. Elsevier North Holland Inc, Den Haag. 131-145

Gaudette, H.E., Flight, W.R., Toner, L., Folger, D.W. (1974): An inexpensive titration method for the determination of organic carbon in recent sediments. J. Sed. Petrol. 44: 249-253

Harries, J.E., Sheahan, D.A., Jobling, S., Matthiessen, P., Neall, P., Routledge, E.J., Rycroft, R., Sumpter, J.P., Tylor, T. (1996): A survey of oestrogenic activity in U.K. inland waters. Environ. Toxicol. Chem. 15: 1993-2002

Harries, J.E., Sheanan, D.A., Jobling, S., Matthiessen, P. Neall, P., Sumpter, J.P., Tylor, T., Zaman, N. (1997): Estrogenic activity in five UK rivers detected by measurement of vitellogenesis in caged male trout. Environ. Toxicol. Chem. 16: 534-542

Hope, D., Billet, M.F., Cressor, M.S. (1994): A review of the export of carbon in river water: fluxes and processes. Environ. Pollut. 84: 301-324

Johnson, A.C., White, C., Besien, T.J., Jürgens, M.D. (1998): The sorption of octylphenol a xenobiotic oestrogen, to suspended and bed-sediments collected from industrial and rural reaches of three English rivers. Sci. Total Environ. 210/211: 271-282

Karickhoff, S.W. (1981): Semi-empirical estimation of sorption to hydrophobic pollutants on natural sediments and soils. Chemosphere 10: 833-846

Koehlmans, A.A., Anzion , S.F.M., Lijklema, L. (1995): Dynamics of organic xenobiotics among different particle size fractions in sediments. Chemosphere 32: 1063-1076

Lye, C. M., Frid, C. L. J., McCormick, D. (1997): Abnormalities in the reproductive health of flounder *Platichthys flesus* exposed to effluent from a sewage treatment works. Mar. Pollut. Bull. 34: 34-41

Pinder, L.C.V., Marker, A.F.H., Pinder, A.C., Ingram, J.K.G., Leach, D.V., Collet, G.D. (1997): Concentrations of suspended chlorophyll a in the Humber rivers. Sci. Total Environ. 194/195: 373-378

Purdom, C.E., Hardyman, P.A., Bye, V.E., Eno, N.C., Tyler, C.R., Sumpter, J.P. (1994): Estrogenic effects of effluents from sewage treatment works. Chem. Ecol. 8: 275-285

Renner, R. (1998): Human estrogens linked to endocrine disruption. Environ. Sci. Technol. News 32/1: 8A

Römbke, J., Knacker, Th., Stahlschmidt-Allner, P. (1996): Studie über Umweltprobleme im Zusammenhang mit Arzneimitteln. Umweltbundesamt, Berlin (= UBA-Texte 60/96)

Rurainsky, R.D., Theiss H.D., Zimmermann, W. (1977): Über das Vorkommen von natürlichen und synthetischen Östrogenen im Trinkwasser. gwf-wasser/abwasser. 118: 288-291

Stumpf, M., Ternes T.A., Haberer, K., Baumann W. (1996): Nachweis von natürlichen und synthetischen Östrogenen in Kläranlagen und Fließgewässern. Vom Wasser 87: 251-261

Tabak, H.H., Bunch, R.L. (1970): Steroid hormones as water pollutants. I. Metabolism of natural and synthetic ovulation inhibiting hormones by micro-organisms of activated sludge and primary settled sewage. Develop. Indust. Microbiol. 11: 367-376

Tabak, H.H., Bloomhuff, R.N., Bunch, R.L. (1981): Steroid hormones as water pollutants. II. Studies on the persistence and stability of natural urinary and synthetic ovulation-inhibiting hormones in untreated and treated waste-waters. Develop. Indust. Microbiol. 22: 497-519

55 Erfahrungen mit einem Hefe-Test zum Nachweis von Östrogenrezeptor-aktivierenden Substanzen in Umweltproben

K. Rehmann, M. Rudzki, K.-W. Schramm und A. Kettrup

Abstract

Due to the huge structural variety of xenooestrogens classical instrumental analytics is not suited to primarily evaluate the oestrogen-like potency of environmental samples. The activity-oriented detection demanded can be provided currently only by biological test methods. For this reason a reporter gene assay based on a genetically modified yeast strain was selected from the wealth of oestrogen-bioassays available due to its fastness, easy handling and low costs. Its overall performance was characterised by testing pure oestrogenic compounds. Screening of toluene extracts of different environmental matrices revealed a significant oestrogenic activity in a sewage sludge sample. This indicated the basic suitability of yeast oestrogen assays for the investigation of samples from complex matrices. Finally the future perspective of this kind of assay will be discussed.

Zusammenfassung

Zur Beurteilung des östrogenen Potentials einer Umweltprobe erweist sich die klassische instrumentelle Analytik aufgrund der strukturellen Vielfalt der (Xeno)östrogene als primär ungeeignet. Die hierzu notwendige aktivitätsspezifische Detektion vermögen gegenwärtig nur biologische Testverfahren zu erbringen. Aus der Vielzahl der zum Nachweis der östrogenartigen Wirkung von Chemikalien bislang entwickelten Bioassays wurde für das Screening von Umweltproben aufgrund seiner Schnelligkeit, leichten Handhabbarkeit und seiner niedrigen Kosten ein auf gentechnisch veränderten Hefezellen beruhender Reportergen-Assay ausgewählt. Der Test wurde anhand von Reinsubstanzen hinsichtlich seiner Leistungsfähigkeit charakterisiert. Im Rahmen eines Screenings von Toluolextrakten verschiedener Umweltproben konnte eine signifikante östrogene Aktivität in einer Klärschlammprobe nachgewiesen werden, was zeigt, daß Hefe-Östrogen-Assays auch für die Untersuchung komplexer Proben geeignet sein sollten. Abschließend wird das zukünftige Potential dieses Testtypus diskutiert.

55.1 Einführung

Die möglicherweise von hormonähnlich wirkenden Umweltchemikalien, sogenannten endokrinen Disruptoren, ausgehenden gesundheitlichen und ökotoxikologischen Risiken (Colborn et al. 1996) bildeten in den letzten Jahren den Gegenstand einer lebhaften öffentlichen Diskussion. Insbesondere die potentielle Beeinträchtigung der menschlichen Fortpflanzungsfähigkeit durch Xenoöstrogene (Sharpe und Skakkebœk 1993) wurde und wird kontrovers beurteilt. Die Identifizierung von endokrinen Disruptoren, speziell solcher Verbindungen, die östrogene Wirkung zeigen, war und ist deshalb ein Ziel vielfältiger Forschungsaktivitäten (Zacharewski 1997). Unter der Vielzahl der zum Nachweis östrogener Wirkungen verfügbaren biologischen Testsysteme zeichnen sich Verfahren, die auf der Verwendung genetisch veränderter Hefen (*Saccharomyces cerevisiae*) beruhen, durch ihre molekularbiologische Simplizität, ihre leichte Handhabbarkeit, Schnelligkeit und geringe Kosten aus (Klein et al. 1994, Arnold et al. 1996a, Routledge und Sumpter 1996, Gaido et al. 1997). „Klassische" Hefe-Östrogen-Assays basieren auf Hefestämmen, die den (menschlichen) Östrogenrezeptor exprimieren. Dieser bindet nach Anlagerung von affinen Substanzen an eine spezifische DNA-Sequenz (EREs „estrogen responsive ele-

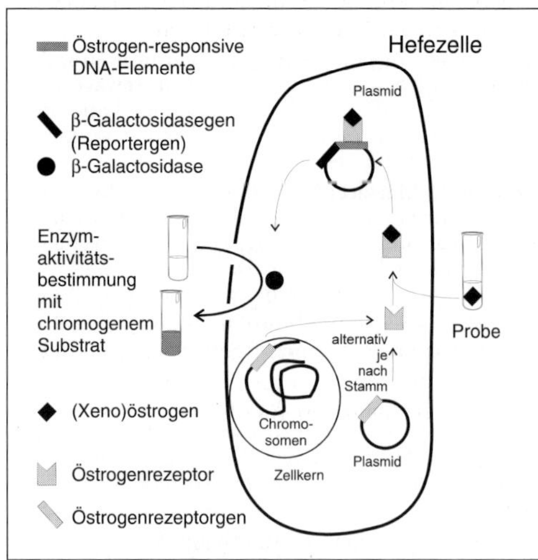

Abb. 55-1: Allgemeines Funktionsprinzip und „genetische Konstruktion" von Hefe-Östrogen-Assays (nach Routledge und Sumpter 1996, verändert).

ments") und aktiviert dadurch die Transkription eines nachgeschalteten Reportergens. Die Aktivität des Reportergenproduktes, in den meisten Fällen eine bakterielle β-Galactosidase, kann unter Verwendung eines chromogenen Substrates bestimmt werden und dient als Maß für die östrogene Aktivität einer Probe (Abb. 55-1).
Der im Rahmen dieser Studie verwendete Stamm I (Louvion et al. 1993) unterscheidet sich in zweierlei Hinsicht von anderen östrogensensitiven Hefen. Er exprimiert keinen vollständigen Östrogenrezeptor, sondern ein Fusionsprotein, das u.a. die Östrogenbindedomäne des menschlichen Östrogenrezeptors (Aminosäuren 282-576) und die GAL4-DNA-Bindedomäne der Hefe umfaßt. Konsequenterweise aktiviert das mit östrogenrezeptoraffinen Substanzen besetzte Fusionsprotein die Transkription des β-Galactosidase-Reportergens nicht über EREs sondern über die hefeeigene GAL4-DNA-Sequenz.
Bislang wurden Hefe-Östrogen-Assays überwiegend zur Ermittlung der östrogenen Wirksamkeit von Einzelsubstanzen oder definierten Stoffgemischen eingesetzt (Gaido et al. 1997, Ramamoorthy et al. 1997, Routledge und Sumpter 1997). Eine weitaus bedeutendere Anwendung derartiger Screening-Tests eröffnet sich jedoch in der Untersuchung von Umweltproben zur Ermittlung von Umweltöstrogenquellen und zur Bestimmung der bereits vorliegenden Umweltkonzentrationen als Datenbasis für weiterführende Studien im Rahmen von Risikobewertungen.

55.2 Experimenteller Teil

Chemikalien des höchsten verfügbaren Reinheitsgrades wurden von den Firmen Merck, Darmstadt, Aldrich, Steinheim und Fluka, Neu-Ulm bezogen, Yeast Nitrogen Base und Bacto Agar von der Firma Difco, Augsburg. Nährlösungen und Lösungen für den Enzymtest wurden mit Reinstwasser (HPLC-grade) hergestellt. Toluolextrakte von Umweltproben wurden nach dem Verfahren von Schwirzer et al. (1998) gewonnen. Vor ihrem Einsatz im Hefe-Test wurden die Extrakte am Rotationsverdampfer zur Trockne eingeengt (40 °C, 50 mbar) und die Rückstände in einem geeigneten Volumen DMSO gelöst. Diese DMSO-Lösungen wurden, wie die der zu testenden Reinsubstanzen, bei 4 °C unter Lichtausschluß gelagert.
Der Hefestamm I (Louvion et al. 1993) wurde freundlicherweise von Prof. D. Picard, Universität Genf, Schweiz bereitgestellt. Er wurde in SC-Nährmedium (Kaiser et al. 1994) ohne Histidin (Selektionsmarker) in Erlenmeyerkolben mit einem seitlichen Einstich bei 30 °C und 130 UpM auf einer Rotationschüttelmaschine gezüchtet. Stammkulturen wurden aus exponentiell wachsenden Kulturen durch Zusatz von 15 % DMSO (v/v) und Einfrieren von 0,5 ml-Aliquots bei –80 °C hergestellt.
Für die Testdurchführung wurden exponentiell wachsende Übernacht-Kulturen mit SC-Medium auf eine OD_{600nm} von 0,75 verdünnt und in 10 ml-Aliquots auf 100 ml-Erlenmeyerkolben mit einem seitlichen Einstich verteilt. Nach Zugabe von jeweils 100 µl DMSO (Negativkontrollen), 100 µl 17β-Östradiol (1µM, in DMSO; Positivkontrollen) oder 100 µl der in DMSO gelösten Proben wurden die Testansätze für 2 h bei 30 °C und 130 UpM exponiert. Anschließend wurde das Wachstum der Kulturen anhand der OD_{600nm} (1 : 5 mit SC-Medium verdünnte Proben) ermittelt und aus jedem Ansatz 200 µl Probe zur Bestimmung der β-Galactosidaseaktivität (Miller 1972) in Eppendorfreaktionsgefäße überführt. Zu den Proben wurden 600 µl Z-Puffer ($Na_2HPO_4 \cdot 7H_2O$, 60 mM; $NaH_2PO_4 \cdot H_2O$, 40 mM; KCl, 10 mM; $MgSO_4 \cdot 7H_2O$, 1 mM; β-Mercaptoethanol 35 mM), 20 µl Natriumdodecylsulfatlösung (3,5 mM) und 50 µl Chloroform zugefügt und dreimal für 15 s mit dem Vortex kräftig durchmischt. Nach 5-minütiger Vorinkubation bei 28 °C im Schüttelwasserbad wurden die Enzymassays durch Zugabe von 200 µl Substratlösung (2-Nitrophenyl-β-D-galactopyranosid, 13,3 mM in Z-Puffer) gestartet und bei 28 °C im Schüttelwasserbad solange weiter inkubiert, bis eine deutliche Gelbfärbung auftrat. Für die Positivkontrollen wurde die Enzymreaktion nach maximal 20 min, für die Ansätze mit Testchemikalien oder Umweltproben nach maximal der sechsfachen Inkubationszeit der Positivkontrollen durch Zugabe von, 500 µl Na_2CO_3-Lösung (1 M) gestoppt. Zellreste wurden abzentrifugiert (25.500 g, 15 min) und die Extinktion des Überstandes bei 420 nm photometrisch bestimmt.

Die β-Galactosidaseaktivität [u] in den Testansätzen wurde mittels Gleichung (1) berechnet:

(1) $u\ [\mu Mol / min] = C_S / t \cdot V \cdot OD_S$

Mit t: Inkubationszeit des Enzymassays in min, V: Eingesetztes Probenvolumen (0,2 ml), OD_S: OD_{600nm} des unverdünnten Testansatzes und C_S: Konzentration von 2-Nitrophenol im Überstand (μM). C_S wurde nach dem Lambert-Beerschen Gesetz aus der $Ex_{420\ nm}$ der Überstände ermittelt (2).

(2) $C_S\ [\mu M] = 10^6 \cdot (Ex_S - Ex_B) / \varepsilon_N \cdot d$

Mit Ex_S: Ex_{420nm} des Überstandes der Probe, Ex_B: Ex_{420nm} des Enzymtest-Blindwertes, ε_N: molarer Extinktionskoeffizient für 2-Nitrophenol (in der Enzymtestlösung inklusive Na_2CO_3 ($4{,}666 \cdot 10^3\ cm^2 / Mol$)) und d: Küvettenschichtdicke (1 cm).

EC_{50}-Werte von Reinsubstanzen wurden aus deren Dosis-Wirkungskurven abgeleitet, die unter Verwendung von Gleichung (3) durch Anpassung der Kurven an die Meßwerte nach der Methode der kleinsten Fehlerquadrate ermittelt wurden (Software: Deltagraph PROFESSIONAL 2.0 für WINDOWS 3.11).

(3) $y = (A - D)/(1 + (C / x)^B) + D$

Dabei repräsentiert x die Substanzkonzentration und y die β-Galactosidaseaktivität. Die zu variierenden Eingangsparameter der Kurvenanpassung A, B, C und D wurden wie folgt vorgegeben: A: maximale β-Galactosidaseaktivität innerhalb der Meßreihe, B: abgeschätzte relative Steigung des mittleren Bereiches der Kurve, C: geschätzter EC_{50}-Wert und D: minimale β-Galactosidaseaktivität innerhalb der Meßreihe.

Die im Zusammenhang mit der Darstellung der Ergebnisse des Umweltproben-Screenings verwendete Größe „Relativer Induktionsfaktor" wurde als Quotient der β-Galactosidaseaktivität einer Probe und der β-Galactosidaseaktivität der dazugehörigen Negativkontrolle definiert.

55.3 Ergebnisse

Die Selektivität des Hefe-Tests für östrogenartig wirkende Substanzen wurde durch Testung von 30 verschiedenen Chemikalien, darunter bekannte Östrogene und Substanzen mit vermuteter östrogener Wirksamkeit überprüft. Positivbefunde erbrachten alle getesteten synthetischen Östrogene: DES, Dienöstrol und 17α-Ethinylöstradiol (10 nM), alle geprüften Phenolderivate mit mehr als 5 C-Atomen im *p*-Substituenten, u. a. 4-tert.-Octylphenol, 4-Phenylphenol und Bisphenol A (10 μM – 1 mM) sowie *p,p*-DDE. Dagegen reagierte das System nicht auf die Anwesenheit der natürlichen Steroidhormone Cortison, Progesteron und Testosteron (≤ 1 mM). Ebensowenig führten Phenole mit „kleinem" *p*-Substituenten wie tert.-Amylphenol, in Position 2 substituierte Phenole wie 2-Phenylphenol und das als östrogenähnlich wirkend bekannte Methoxychlor (Cummings 1997) zur Aktivie-

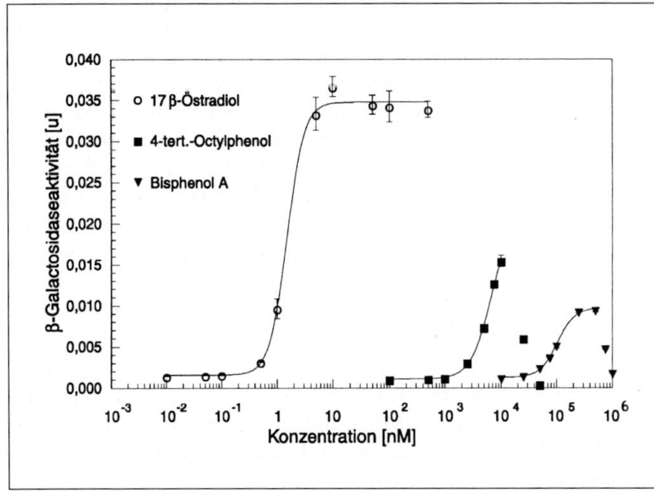

Abb. 55-2: Dosis-Wirkungskurven für 17β-Östradiol, 4-tert.-Octylphenol und Bisphenol A im Hefe-Östrogen-Assay mit dem Hefestamm I. Alle Werte wurden dreifach bestimmt, die Fehlerbalken zeigen die Standardabweichung.

Tab. 55-1: Empfindlichkeit des Hefe-Östrogen-Assays (Hefestamm I) für 17β-Östradiol und 4-tert.-Octylphenol nach 2 h, 4 h und 6 h Exposition (3 – 5 unabhängige Bestimmungen). Kenngrößen: EC_{50}-Werte und Steilheit der Dosis-Wirkungskurven bestimmt aus der Kurvenanpassung mittels einer logistischen 4 Parametergleichung (Abschnitt 55.2 Gl. (3)).

17β-Östradiol			4-tert.-Octylphenol		
Expositions-dauer [h]	EC_{50} [nM]	Steilheit	Expositions-dauer [h]	EC_{50} [μM]	Steilheit
2	2,6 ± 0,1	2,14 ± 0,14	2	4,2 ± 0,6	2,06 ± 0,74
4	2,2 ± 0,1	2,31 ± 0,08	4	6,0 ± 0,2	2,07 ± 0,18
6	2,2 ± 0,1	2,59 ± 0,14	6	5,4 ± 0,0	2,51 ± 0,33

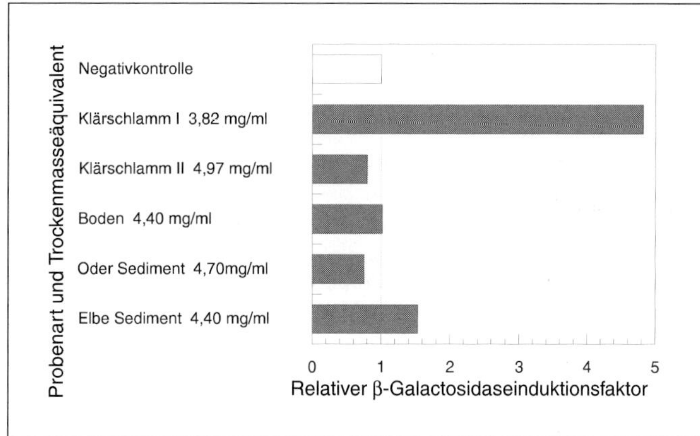

Abb. 55-3: Östrogene Aktivität in Toluolextrakten verschiedener Umweltproben im Hefe-Östrogen-Assay mit Hefestamm I, dargestellt in Form des relativen β-Galactosidaseinduktionsfaktors.

rung des Reportergens. Auch keines der untersuchten Pestizide, u. a. Lindan, Toxaphen und Atrazin, oder polyzyklische Aromaten wie 1-Hydroxypyren (alle ≤ 1 mM) bewirkten eine Induktion der β-Galactosidase.

Die Sensitivität des Assays wurde durch Bestimmung der Dosis-Wirkungskurven für drei ausgewählte Verbindungen, 17β-Östradiol, 4-tert.-Octylphenol und Bisphenol A untersucht (Abb. 55-2). Aus den Dosis-Wirkungskurven wurden folgende EC_{50}-Werte ermittelt: 17β-Östradiol 1,5 nM, 4-tert.-Octylphenol 6,7 μM und Bisphenol A 104 μM.

Ob unter den gewählten Testbedingungen eine Empfindlichkeitssteigerung durch eine Verlängerung der Expositionsdauer von 2 h auf 4 h respektive 6 h möglich ist, wurde mit 17β-Östradiol und 4-tert-Octylphenol überprüft. Wie Tab. 55-1 zeigt, konnten keine signifikanten Änderungen der EC_{50}-Werte oder Änderungen in der Steilheit des linearen Bereiches der Dosis-Wirkungsbeziehung beobachtet werden, obwohl höhere absolute β-Galactosidaseaktivitäten gemessen wurden (Daten nicht gezeigt).

Die Eignung des Hefe-Bioassays zum Nachweis östrogener Aktivitäten in beliebigen Umweltproben wurde anhand der Analyse von Toluolextrakten verschiedener Umweltmatrizes, namentlich Boden, Flußsedimente und Klärschlämme getestet. Aus Abb. 55.3 wird ersichtlich, daß bei Klärschlammprobe I eine deutliche östrogene Aktivität vorhanden war, die in einem Bereich von 0,5 mg / ml bis 4 mg / ml Klärschlamm-Trockenmasse-Äquivalenten linear zunahm (Daten nicht gezeigt).

Als unerwünschte Eigenschaft des Hefestammes I kristallisierte sich im Verlauf der Experimente eine deutliche β-Galactosidase-Basalaktivität heraus, die sich im Vergleich mit der im gleichen Experiment durch 10 nM 17β-Östradiol induzierbaren Aktivität, auf 2,5 % und mehr belief. Aus diesem Grund wurden zwei weitere, „klas-

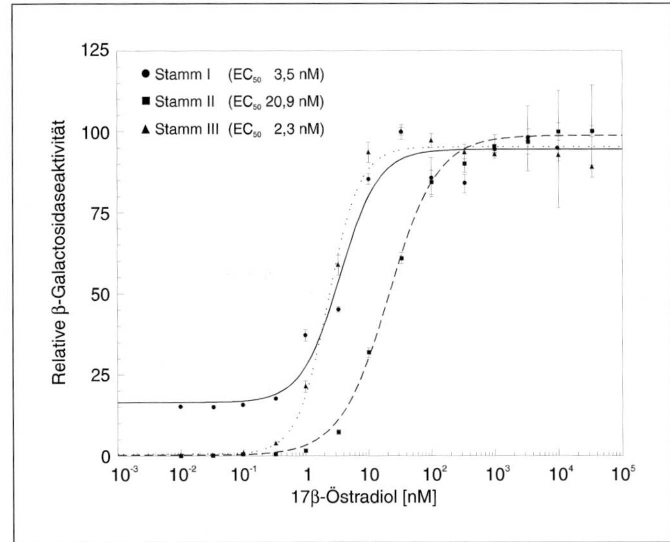

Abb. 55-4: Vergleich der Sensitivität und β-Galactosidase-Basalaktivität dreier Östrogen-sensitiver Hefestämme mit 17β-Östradiol als Induktor. Stamm I (Louvion et al. 1993), Stamm II (J. A. McLachlan, Tulane Medical Center, New Orleans, USA), Stamm III (Routledge und Sumpter 1996). Alle Werte wurden dreifach bestimmt, die Fehlerbalken zeigen die Standardabweichung.

sische" östrogensensitive Hefestämme (II, III), die freundlicherweise von Prof. J. A. McLachlan, Tulane Medical Center, New Orleans, USA und Prof. J. P. Sumpter, Brunel University, Uxbridge, Großbritannien zur Verfügung gestellt wurden, unter gleichen Testbedingungen* mit 17β-Östradiol als Testsubstanz auf ihre Sensitivität und β-Galactosidase-Basalaktivität getestet (Abb. 55-4).

Testbedingungen für das in Abbildung 55-4 gezeigte Experiment, sofern abweichend von den im Abschnitt 55.2 gemachten Angaben: Als Nährlösung wurde SC-Medium unter Auslassung der jeweiligen Selektionsmarker (Stamm II: Uracil, Histidin; Stamm III: Tryptophan, Uracil) und für Stamm III (Routledge und Sumpter 1996) unter Zusatz von $CuSO_4 \cdot 5H_2O$, (48 µM) eingesetzt. Die Anzucht der Kulturen erfolgte in Erlenmeyerkolben ohne Einstich bei 30 °C, 280 UpM. Die 1 ml-Kulturen in 24-Kavitäten-Mikrotiterplatten wurden nach Zusatz von je 10 µl DMSO-Testlösung für 2 h bei 30 °C und 280 UpM exponiert.

Stamm II wies unter den gewählten Testbedingungen einen deutlich höheren EC_{50}-Wert auf als die beiden anderen Stämme: 21 nM vs 3,5 nM (Stamm I) und 2,3 nM (Stamm III). Eine β-Galactosidase-Basalaktivität war für Stamm II, ebenso wie für Stamm III nicht nachweisbar.

55.4 Diskussion

Die überwiegende Mehrzahl der bislang beschriebenen Hefe-Östrogen-Assays basiert auf Hefestämmen, die den kompletten Östrogenrezeptor exprimieren und in denen die Transkription des Reportergens durch EREs reguliert wird (Klein et al. 1994, Petit et al. 1995, Arnold et al. 1996a, Gaido et al. 1997, Ramamoorthy et al. 1997). Lediglich ein Stamm (Chen et al. 1997) exprimiert ein Fusionsprotein (LexA-hER), welches nach Bindung affiner Substanzen die Reportergen-Transkription über LexA-sensitive DNA-Sequenzen aktiviert. Doch ist hier immer noch der vollständige Östrogenrezeptor vorhanden. Der von uns eingesetzte Hefestamm (Louvion et al. 1993) stellt wohl das artifiziellste System dar, das überhaupt möglich ist, da es lediglich auf die Östrogenbindedomäne des humanen Östrogenrezeptor zurückgreift. Aus diesem Grund war es von großem Interesse, die Eignung dieses Stammes für einen Östrogen-Bioassay zu testen.

Die Studien mit Reinsubstanzen erbrachten Resultate, die weitgehend mit den Ergebnissen, welche mit „klassischen" Hefe-Östrogen-Assays erzielt wurden, übereinstimmen (Tran et al. 1996, Chen et al. 1997, Gaido et al. 1997, Routledge und Sumpter 1997). Ausnahmen bildeten

Methoxychlor, 2-Phenylphenol und Toxaphen, die in unserem Testsystem keine östrogene Aktivität aufwiesen. Für Methoxychlor könnte man dies durch die Stamm I möglicherweise fehlende Fähigkeit zur metabolischen Aktivierung erklären, da Methoxychlor selbst nicht aktiv ist, sondern zur Entfaltung seiner Wirkung metabolisiert werden muß (Cummings 1997). Im Falle der beiden anderen Substanzen könnte die Sensitivität des Hefestammes eine Rolle spielen, aber auch die Unvollständigkeit des artifiziellen „Östrogenrezeptors". Der für den von uns eingesetzten Stamm ermittelte EC_{50}-Wert für 17β-Östradiol liegt mit 1,5 bis 3,5 nM (je nach Experiment) ähnlich wie die von Chen et al. (1997) und Maier et al. (1995) ermittelten Werte, jedoch etwa eine Größenordnung über den von Arnold et al. (1996b) bzw. Gaido et al. (1997) publizierten Daten. Dies kann, wie der Expositionszeitversuch (Tab. 55-1) zeigt, nicht nur in der stark unterschiedlichen Expositionsdauer begründet liegen (2 h diese Arbeit vs $\geq$ 12 h Arnold et al. 1996b und Gaido et al. 1997), sondern hat seine Ursache auch in den differierenden genetischen Konstrukten und den verwendeten Hefestämmen selbst. Die Dosis-Wirkungskurven von 4-tert.-Octylphenol und Bisphenol A erreichten mit steigender Substanzkonzentration kein Sättigungsplateau, sondern zeigten ein deutliches Maximum. Als Ursache hierfür muß eine schädigende Wirkung beider Substanzen auf den Hefestamm I in höheren Konzentrationen in Betracht gezogen werden. Dennoch stimmen die anhand der kalkulierten EC_{50}-Werte ermittelten relativen Potenzen von 17β-Östradiol, 4-tert.-Octylphenol und Bisphenol A von $1 : 2{,}23 \cdot 10^{-4} : 1{,}44 \cdot 10^{-5}$ recht gut mit publizierten Werten aus Versuchen mit einem anderen Hefestamm und aus Versuchen mit MCF-7 Brustkrebszellen (Gaido et al. 1997, Nagel et al. 1997) überein.

Das Screening der Toluolextrakte von Proben verschiedener Umweltmatrizes diente als Nachweis für die Eignung von Hefe-Östrogen-Assays zur Analyse des östrogenen Potentials komplexer Proben. In einem Klärschlammextrakt konnte eine deutliche östrogene Aktivität nachgewiesen werden, die linear konzentrationsabhängig war. Als Verursacher dieser Östrogenwirkung kommen, wenn man die Konzentration verschiedener Substanzgruppen in häuslichem Abwasser (Nagel et al. 1997, Thiele et al. 1997) und ihre relative östrogene Potenz berücksichtigt, vorwiegend natürliche und synthetische Östrogene (letztere aus Kontrazeptiva), die mit dem Urin ausgeschieden werden, in Frage, während Phytoöstrogene, Nonyl- und Octylphenole als Abbauprodukte von Alkylphenolethoxylaten (Thiele et al. 1997) und Bisphenol A als Auswaschungsprodukt verschiedener Kunststoffe (Krishnan et al. 1993) eine eher untergeordnete Rolle spielen dürften.

Als einziger Nachteil des von uns verwendeten Hefestammes I ist seine deutliche β-Galactosidase-Basalaktivität anzusehen, die bei anderen, „klassischen" östrogensensitiven Hefestämmen unter den von uns vorgegebenen Testbedingungen nicht meßbar war. Für weitere Versuche wird deshalb Stamm I durch den vergleichbar sensitiven Stamm III ersetzt werden, um das „Hintergrundrauschen" des Meßsignals zu reduzieren.

55.5 Ausblick

Aus den präsentierten Daten läßt sich auf eine gute Eignung des Hefe-Östrogen-Assays zur schnellen Erfassung der östrogenen Aktivität in beliebigen komplexen Probenmatrizes schließen. Aufgrund seiner geringen Kosten, seiner einfachen Handhabung und seiner hohen Geschwindigkeit ist er vergleichbaren, auf Säugerzellen wie z.B. MCF-7 Brustkrebszellen basierenden Testsystemen überlegen. Als Nachteil, speziell was die Übertragbarkeit von Befunden auf *in vivo*-Bedingungen anbelangt, ist sein hoher Grad an Artifizialität zu betrachten. Diese erlaubt es beispielsweise nicht oder nur bedingt, zwischen Rezeptoragonisten wie 17β-Östradiol und ebenfalls an den Rezeptor bindenden Östrogenantagonisten wie beispielsweise Tamoxifen zu differenzieren, da beide im Hefe-Test, im Gegensatz zum Test im Versuchstier, ein positives Signal hervorrufen. Ein „falsch" positives Resultat ist daher nicht auszuschließen. Auch der umgekehrte Fall, ein falsch negatives Resultat ist, wie das Beispiel Methoxychlor zeigt, möglich.

Inwiefern läßt sich die Leistungsfähigkeit und Aussagekraft derartiger Hefetests verbessern und welche Perspektive bieten sie?

Zunächst ist durch eine, oben bereits in Form der Verwendung von Mikrotiterplatten angedeutete, Miniaturisierung und Automatisierung der Assay-Prozedur eine Erhöhung des Probendurchsatzes bei gleichzeitiger Verbesserung der Reproduzierbarkeit möglich. Dies sollte sich positiv auf die Kosten und die schnelle Bearbeitung großer Probenzahlen, wie sie beispielsweise im Rahmen eines Umweltscreenings anfallen, auswirken.

Das zu detektierende Substanzspektrum läßt sich auf zwei Wegen erweitern. Einmal kann durch die Integration eines Bioaktivierungsschrittes, z.B. in Form der Zugabe von lebermikrosomalen Enzympräparationen, vergleichbar dem Amestest auf mutagene Wirkungen, das Risiko eines falsch negativen Resultates vermindert werden. Weiterhin sind Toluolextrakte als Testausgangsmaterial nicht optimal, da sie weitgehend nur unpolare Bestandteile des Probenmaterials enthalten. Gegenwärtig untersuchen wir Dichlormethan / Aceton-Extrakte, wobei zusätzlich eine Fraktionierung der Extrakte nach Polarität und Molekulargewicht und eine partielle Reinigung einzelner Fraktionen vorgenommen wird. Dies bietet zweierlei Vorteile: Zum einen wird die Gefahr der Maskierung östrogener Aktivitäten in einer Probe, durch für die Hefe toxische oder den Enzymtest störende Probeninhaltstoffe vermindert, andererseits wird die zur Identifizierung der östrogenen Komponenten notwendige Kombination des Hefe-Tests mit instrumentellen Analyseverfahren wie hochauflösender GC/MS bzw. HPLC/MS erleichtert.

Das zukünftige Potential derartiger Bioassays liegt sicherlich primär im Screeningbereich, zumal der Aufbau einer Testbatterie, die verschiedene steroidhormonale Wirkungen parallel zu erfassen vermag, relativ einfach realisierbar erscheint, da neben östrogensensitiven Hefestämmen auch analoge Konstrukte zum Nachweis von Androgenen, Progesteron, aber auch für Glucocorticoide, Schilddrüsenhormone und Retinsäure bereits beschrieben wurden (Privalsky et al. 1990, Holley und Yamamoto 1995, Imhof und McDonnell 1996, Gaido et al. 1997).

Danksagung

Unser besonderer Dank gebührt Herrn Prof. D. Picard Universität Genf, Schweiz, Herrn Prof. J. A. McLachlan, Tulane Medical Center, New Orleans, USA und Herrn Prof. J. P. Sumpter, Brunel University, Uxbridge, Großbritannien für die Überlassung der östrogensensitiven Hefestämme. Ferner möchten wir Prof. J. Koeman und Dr. B. Brouwer, Landbouw Universiteit Wageningen, Niederlande, für die Gelegenheit danken, in ihren Laboratorien den Vergleich der drei Hefestämme durchzuführen. Für die Unterstützung bei verschiedenen Experimenten sei Frau B. Beck und Frau I. U. Grande herzlich gedankt.

Literatur

Arnold, S.F., Collins, B.M., Robinson, M.K., Guillette, L.J., McLachlan, J.A. (1996a): Differential interaction of natural and synthetic estrogens with extracellular binding proteins in a yeast estrogen assay. Steroids 61: 642-646

Arnold, S.F., Robinson, M.K., Notides, A.C., Guillette, L.J., McLachlan, J.A. (1996b): A yeast estrogen screen for examining the relative exposure of cells to natural and xenoestrogens. Environ. Health Persp. 104: 544-548

Chen, C.W., Hurd, C., Vorojeikina, D.P., Arnold, S.F., Notides, A.C. (1997): Transcriptional activation of the human estrogen receptor by DDT isomers and metabolites in yeast and MCF-7 cells. Biochem. Pharmacol. 53: 1161-1172

Colborn, T., Dumanoski, D., Peterson Myers, J. (1996): Our stolen future. Dutton (Penguin Group), New York

Cummings, A.M. (1997): Methoxychlor as a model for environmental estrogenes. Crit. Rev. Toxicol. 27: 367-379

Gaido, K.W., Leonard, L.S., Lovell, S., Gould, J.C., Babai, D., Portier, C.J., McDonnell, D.P. (1997): Evaluation of chemicals with endocrine modulating activity in a yeast-based steroid hormone receptor gene transcription assay. Toxicol. Appl. Pharmacol. 143: 205-212

Holley, S.J., Yamamoto, K. (1995): A role for HSP 90 in retinoid receptor signal transduction. Mol. Biol. Cell 6: 1833-1842

Imhof, M.O., McDonnell, D.P. (1996): Yeast RSP5 and its human homologue hRPF1 potentiate hormone-dependent activation of transcription by human progesterone and glucocorticoid receptors. Mol. Cell. Biol. 16: 2594-2605

Kaiser, C., Michaelis, S., Mitchell, A. (1994): Methods in yeast genetics, 1994 edition. Cold Spring Harbor Laboratory Press, Cold Spring Harbor

Klein, K.O., Baron, J., Colli, M.J., McDonnell, D.P., Cutler, G.B. (1994): Estrogen levels in childhood determined by an ultrasensitive recombinant cell bioassay. J. Clin. Invest. 94: 2475-2480

Krishnan, A.V., Stathis, P., Permuth, S.F., Tokes, L., Feldman, D. (1993): Bisphenol A: An estrogenic substance is released from polycarbonate flasks during autoclaving. Endocrinol. 132: 2279-2286

Louvion, J.-F., Havaux-Copf, B., Picard, D. (1993): Fusion of GAL4-VP16 to a steroid-binding domain provides a tool for gratuitous induction of Galactose-responsive genes in yeast. Gene 131: 129-134

Maier, C.G.-A., Chapman, K.D., Smith, D.W. (1995): Differential estrogenic activities of male and female plant extracts from two dioecious species. Plant Sci. 109: 31-43

Miller, J.H. (1972): Experiments in molecular genetics. Cold Spring Harbor Laboratory, Cold Spring Harbor, New York

Nagel, S.C., vom Saal, F.S., Thayer, K.A., Dhar, M.G., Boechler, M., Welshons, W.V. (1997): Relative binding affinity-serum modified access (RBA-SMA) assay predicts the relative in vivo bioactivity of the xenoestrogens bisphenol A and octylphenol. Environ. Health Persp. 105: 70-76

Petit, F., Valotaire, Y., Pakdel, F. (1995): Differential functional activities of Rainbow trout and human estrogen receptors expressed in the yeast *Saccharomyces cerevisiae*. Europ. J. Biochem. 233: 584-592

Privalsky, M.L., Sharif, M., Yamamoto, K.R. (1990): The viral erbA oncogene protein, a constitutive repressor in animal cells, is a hormone-regulated activator in yeast. Cell 63: 1277-1286

Ramamoorthy, K., Wang, F., Chen, I., Norris, J.D., McDonnell, D.P., Leonhard, L.S., Gaido, K.W., Bocchinfuso, W.P., Korach, K.S., Safe, S. (1997): Estrogenic activity of a dieldrin/toxaphene mixture in the mouse uterus, MCF-7 human breast cancer cells, and yeastbased estrogen receptor assays: No apparent synergism. Endocrinol. 138: 1520-1527

Routledge, E.J., Sumpter, J.P. (1996): Estrogenic activity of surfactants and some of their degradation products assessed using a recombinant yeast screen. Environ. Toxicol. Chem. 15: 241-248

Routledge, E.J., Sumpter, J.P. (1997): Structural features of alkylphenolic chemicals associated with estrogenic activity. J. Biol. Chem. 272: 3280-3288

Schwirzer, S.M.G., Hofmaier, A.M., Kettrup, A., Nerdinger, P.E., Schramm, K.-W., Thoma, H., Wegenke, M., Wiebel, F.J. (1998): Establishment of a simple clean up procedure and bioassay for determining TCDD-toxicity equivalents of environmental samples. Ecotoxicol. Environ. Safety 41: 77-82

Sharpe, R., Skakkebœk, N.E. (1993): Are oestrogens involved in falling sperm counts and disorders of the male reproductive tract? The Lancet 341: 1392-1395

Thiele, B., Günther, K., Schwuger, M.J. (1997): Alkylphenol ethoxylates: Trace analysis and environmental behavior. Chem. Rev. 97: 3247-3272

Tran, D.Q., Ide, C.F., McLachlan, J.A., Arnold, S.F. (1996): The anti-estrogenic activity of selected Polynuclear Aromatic Hydrocarbons in yeast expressing human estrogen receptor. Biochem. Biophys. Res. Comm. 229: 102-108

Zacharewski, T. (1997): In vitro bioassays for assessing estrogenic substances Environ. Sci. Technol. 31: 613-623

56 Endokrine Modulation durch Xenobiotika bei Mollusken – Möglichkeiten der Entwicklung eines Biotestsystems

J. Oehlmann, U. Schulte-Oehlmann, M. Tillmann, M. Oetken, M. Heim, J. Wilp und B. Markert

Abstract

Numerous chemical compounds are suspected to exhibit comparable effects like sex-hormones. These so-called endocrine modulators might have a negative impact on the reproductive capability of man and animals. There are only few methodological approaches available for the sure assessment of such effects of xenobiotics. Within this attempt advantages and disadvantages of the already established methods are discussed and a new organism-based test system with the limnic prosobranch species *Marisa cornuarietis* (Mollusca, Gastropoda) is introduced.
During extensive investigations in connection with the enlightenment of the physiological mechanism of imposex and intersex development in prosobranch snails following a tributyltin exposure it has been shown that this group of organisms exhibits a hormonal system which is comparable to that of the vertebrates in many parts. Results of experiments with direct (receptor-mediated) and indirect (functional) acting androgenic and estrogenic model compounds are presented which prove that the dioecious prosobranchs develop clear morphological effects at their genital duct organs when exposed to those compounds. The pathomorphological changes are visible either as a virilization by the additional development of male sex organs on females or as a masculinization by a reduction of the sex organs of males.

Zusammenfassung

Zahlreiche chemische Substanzen stehen im Verdacht, eine den Geschlechtshormonen ähnliche Wirkung aufzuweisen und als sogenannte endokrine Modulatoren die Fortpflanzungsfähigkeit von Mensch und Tier negativ zu beeinflussen. Es stehen jedoch kaum methodische Ansätze zur sicheren Erfassung entsprechender Wirkungen von Umweltchemikalien im Rahmen der Chemikalientestung oder des Biomonitorings zur Verfügung. In der vorliegenden Arbeit werden Vor- und Nachteile bereits etablierter Methoden diskutiert sowie ein neuer Ansatz vorgestellt, der auf einem organismischen Verfahren mit der limnischen Vorderkiemerschnecke *Marisa cornuarietis* (Mollusca, Gastropoda) beruht.
Aufgrund umfangreicher Voruntersuchungen im Zusammenhang mit der Aufklärung des Wirkungsmechanismus bei der Auslösung der Imposex- und Intersexentwicklung von Vorderkiemerschnecken nach einer Exposition gegenüber Tributylzinnverbindungen ist bekannt, daß diese Organismengruppe in weiten Teilen über ein den Wirbeltieren vergleichbares Hormonsystem verfügt. Es werden Ergebnisse von Versuchen mit direkt (rezeptorvermittelt) und indirekt (funktional) wirkenden androgenen und östrogenen Modellsubstanzen vorgestellt, die zeigen, daß diese bei den getrenntgeschlechtlichen Prosobranchiern deutliche morphologische Effekte an den ableitenden Geschlechtswegen hervorrufen können. Die entsprechenden Pathomorphosen sind entweder eine Virilisierung weiblicher Tiere durch die zusätzliche Ausbildung von männlichen Geschlechtsorganen oder eine Feminisierung männlicher Exemplare durch eine Reduktion ihrer Genitalorgane.

56.1 Einleitung

Die Effekte stofflicher Umweltbelastungen auf Menschen, Tiere und Pflanzen werden seit Jahrzehnten intensiv untersucht, wobei die Wirkungserfassung durch unterschiedliche biologische Testverfahren erfolgt. Mittlerweile stehen zahlreiche methodologische Ansätze zur Verfügung, mit deren Hilfe letale, mutagene, teratogene, kanzerogene und immuntoxische Effekte einzelner Substanzen oder komplexer Substanzgemische erfaßt werden können. Auch allgemein reproduktionstoxische Wirkungen von Chemikalien werden seit mehreren Jahren bei der Zulassungsprüfung neuer Chemikalien erfaßt. Seit kurzem ist jedoch eine spezielle Gruppe reproduktionstoxischer Substanzen in den Mittelpunkt des wissenschaftlichen und öffentlichen Interesses getreten, die durch eine den Geschlechtshormonen ähnliche Wirkung gekennzeichnet ist. Diese auch als endokrine Disruptoren oder Modulatoren bezeichneten Substanzen wirken direkt oder indirekt auf das Hormonsystem von Mensch und Tier ein und können somit die endokrine Kontrolle des Organismus stören. Die verdächtigen Substanzen gehören sehr unterschiedlichen chemischen Verbindungsklassen an, so etwa Herbizide (2,4-D, 2,4,5-T, Alachlor, Atrazin, Nitrofen, etc.), Fungizide (Benomyl, Tributylzinn, Zineb, Maneb, Thiram, etc.), Insektizide (β-HCH, Carbaryl, Chlordan, Dieldrin, Endosulfan, Parathion, etc.), Nematozide (Aldicarb, DBPC, etc.) und unterschiedliche Industriechemikalien (PCP, Dioxine, PCB, PBB,

Phthalate, Alkylphenole, etc.) (Colborn et al. 1993). Zahlreiche der verdächtigen Stoffe weisen eine extrem weite Verbreitung in der Umwelt auf und können daher zu einer nachhaltigen Beeinträchtigung der endokrinen Kontrolle von Mensch und Tier beitragen (zur Übersicht: Colborn und Clement 1992; Umweltbundesamt 1995).

Unterschiedlichste Effekte bei Mensch und Tier werden auf eine Exposition gegenüber endokrinen Modulatoren zurückgeführt, so zum Beispiel eine Verringerung vor allem der männlichen Fertilität (Abnahme der Spermiendichte und des Ejakulatvolumens; z.B. Carlsen et al. 1992, Auger et al. 1995), Mißbildungen der Geschlechtsorgane (Zunahme der Kryptorchismus- und Hypospadix-Erkrankungen; z.B. John Radcliff Hospital Cryptorchidism Study Group 1992, Neubert und Chahoud 1996), vermehrtes Auftreten hormonabhängiger Krebserkrankungen in den Industrieländern (v.a. Brust- und Prostatakrebs; z.B. Österlind 1986, Degen 1996, Seibert 1996) und Störungen der Embryonalentwicklung während der Phase der Geschlechtsdifferenzierung. Diese Effekte lassen sich besonders deutlich für das Tierreich belegen (Colborn und Clement 1992), so mit den mittlerweile allgemein bekannten Beispielen der Alligatoren in den Apopka-Seen (Florida) oder den Vitellogenin-bildenden männlichen Regenbogenforellen in englischen Flüssen unterhalb von Kläranlagenabläufen, wo teilweise auch auf der Gonadenebene hermaphrodite Exemplare gefunden wurden (Jobling und Sumpter 1993).

Im Gegensatz zu den unterschiedlichsten Verdachtsmomenten, die auf eine nachhaltige Gefährdung der Fortpflanzungsfähigkeit und Gesundheit von Mensch und Tier hinweisen, ist das Instrumentarium zur Erfassung der hormonähnlichen Wirkung von Umweltchemikalien im Labor zu Zwecken der Chemikalientestung und im Freiland zu Zwecken des Biomonitorings nur sehr rudimentär entwickelt. Hormonähnliche Wirkungen von Chemikalien lassen sich derzeit ausschließlich durch biologische Testverfahren erfassen. QSAR-Analysen können lediglich die strukturelle Ähnlichkeit der Prüfsubstanzen mit den natürlichen Hormonen erfassen und daher Vorhersagen über die Rezeptorbindung machen; keinesfalls ist jedoch damit bereits die biologische Aktivität nachgewiesen. Zudem besteht mit dieser Technik auch in nächster Zukunft kaum die Möglichkeit, indirekte Effekte zu erfassen.

Neuere Verfahren, die in diesem Bereich entwikkelt worden sind, dienen ausschließlich der Erfassung von Umweltchemikalien mit östrogener Aktivität. Gute Erfolge wurden mit Biotests erzielt, die auf der Vitellogenininduktion bei männlichen Forellen (Purdom et al. 1994, Harries et al. 1996), anderen Fischarten (Sumpter und Jobling 1995, Tyler et al. 1996) oder in Zellkulturen mit Leberzellen der Regenbogenforelle (Jobling und Sumpter 1993) beruhen. Ein weiterer Ansatz beruht auf dem Einsatz rekombinanter Hefezellen, die den humanen Östrogenrezeptor exprimieren und mit deren Hilfe die östrogene Aktivität von Prüfsubstanzen photometrisch über eine β-Galaktosidase-gesteuerte Chromogenumsetzung detektiert werden kann. Diese beiden prinzipiell zum Screening geeigneten Verfahren sind jedoch nicht in der Lage, androgene Wirkpotentiale und indirekte östrogene Effekte zu ermitteln. Daher werden dringend weitere Tests auch für diese Gruppen endokriner Modulatoren benötigt.

Ziel der hier vorgestellten und im Auftrag des Umweltbundesamtes (F&E-Projekt 297 65 001/04) durchgeführten Untersuchungen ist es, in Testreihen mit den Modellsubstanzen Methyltestosteron und Ethinylestradiol die prinzipielle Eignung von Prosobranchiern am Beispiel der limnischen Vorderkiemerschnecke *Marisa cornuarietis* zur Erfassung von endokrinen Modulatoren zu überprüfen. Letztlich soll ein organismisches Testsystem entwickelt werden, um auch funktionelle Wirkungen von Chemikalien zu identifizieren, das einerseits aus tierschutzrechtlichen und ethischen Gründen auf einem Evertebratensystem beruhen, andererseits aber ein Hormonsystem aufweisen soll, das strukturell und funktionell möglichst dem der Wirbeltiere entspricht. Diese Vorgaben erfüllen die Vorderkiemerschnecken (Prosobranchia), so daß sie als potentielles Biotestverfahren zur Erfassung hormonähnlicher Wirkungen von Prüfsubstanzen prinzipiell geeignet erscheinen.

56.2 Material und Methoden

Seit März 1989 wurden rund 40 vorwiegend marine Arten von Vorderkiemerschnecken (Mollusca: Gastropoda: Prosobranchia) mit einer Gesamtzahl von mehr als 53.000 Exemplaren untersucht. Die Zahl der pro Art analysierten Tiere differierte dabei zum Teil beträchtlich. Unter den marinen Spezies dominierten vor allem *Littorina littorea*, *Hydrobia ulvae*, *Nucella lapillus*, *Ocenebra erinacea*, *Hinia reticulata* und *Hinia incrassata*, unter den limnischen *Marisa cornuarietis* und *Potamopyrgus antipodarum*. Während die Süßwasserarten in erster Linie in Laborversuchen eingesetzt wurden, konnten mit den marinen Spezies auch umfangreiche Freilanduntersuchungen durchgeführt werden (Oehlmann 1994, Stroben 1994, Bauer et al. 1995, 1997).
Bei jeder Probennahme wurden 30 Individuen entnommen und analysiert. Die Tiere wurden zunächst mit Hilfe einer Magnesiumchloridlösung (7 % bei marinen, 2 % bei limnischen Arten) relaxiert, Schalen- und Mündungshöhe auf 0,1 mm genau vermessen und die Schalen im Schraubstock aufgebrochen. Alle Größenparameter des Genitaltraktes wurden unter dem Sektionsmikroskop erfaßt und die Organe mit einer Genauigkeit von 0,1 mm vermessen.
Als Maß für die Imposexintensitäten (zur Definition s. 56.3.1) in den untersuchten Populationen bzw. in den Expositionsgruppen während der Laborversuche wurde der Vas deferens Sequenz-Index (VDSI, VDS-Index) gemäß Gibbs et al. (1987), Oehlmann et al. (1991) und Schulte-Oehlmann et al. (1995) bestimmt. Es wurden zwar auch einige weitere Imposexparameter erfaßt, doch werden diese für die vorliegende Arbeit nicht berücksichtigt, weil sich der VDSI als der sensitivste und verlässlichste Indizes erwiesen hat. Die Grundlage des VDS-Index, der als der Mittelwert der Imposexstadien in einer Stichprobe von 30 Tieren berechnet wird, ist das Schema der Imposexentwicklung, das in seiner für *Marisa cornuarietis* gültigen Form in der Abbildung 56-1 wiedergegeben ist.
Die Laborversuchsreihen wurden in Glasaquarien mit 120 l Inhalt mit künstlichem Seewasser bzw. aufbereitetem Leitungswasser durchgeführt. Es wurde ein statisches System mit vollständiger Erneuerung des Wasservolumens nach 24 h verwendet. Bei allen Experimenten diente im Seewasser Eisessig und im Süßwasser Ethanol als Lösemittel für die getesteten Substanzen. Für die Laborversuche mit *Marisa cornuarietis* im laufenden UBA-Projekt dienten Methyltestosteron und Ethinylestradiol als Modellsubstanzen. Neben einer Lösemittelkontrolle wurden Versuchgruppen gegenüber nominalen Konzentrationen von 100, 250, 500 und 1000 ng/l der Testsubstanzen exponiert.
Die Steroidanalytik beruhte auf einer Lösemittelextraktion der Hormone aus den Geweben, einer Bestimmung des Hormonstatus mittels Hochleistungsflüssigkeits-Chromatographie (HPLC) und einer radioimmunologischen Bestimmung (RIA) ausgewählter Androgene und Östrogene (Details in Bettin et al. 1996).

56.3 Ergebnisse

56.3.1 Erscheinigungsformen und Mechanismus der TBT-induzierten endokrinen Modulation bei Mollusken

Tributylzinnverbindungen (TBT), die neben zahlreichen anderen Anwendungen vor allem als aktive Biozide in aufwuchshemmenden Schiffsfarben, sogenannten Antifoulings, enthalten sind, lösen bei limnischen und marinen Vorderkiemerschnecken bereits bei sehr geringen Umweltkonzentrationen zahlreiche Schadeffekte aus. Als besonders sensible Endpunkte haben sich in den letzten Jahren das Imposex- und das Intersexphänomen erwiesen, die bereits bei aquatischen Konzentrationen von weniger als 1,5 ng TBT als Sn (TBT-Sn)/l bzw. 10 ng TBT-Sn/l ausgelöst werden (zur Übersicht vgl. Bryan und Gibbs 1991, Fioroni et al. 1991, Oehlmann 1994, Schulte-Oehlmann 1997). Imposex und Intersex sind Pathomorphosen der ableitenden weiblichen Geschlechtswege bei getrenntgeschlechtlichen Arten, die als eine Vermännlichung betroffener Weibchen beschrieben werden können und die im Endstadium zur funktionalen Sterilisierung und damit zum Verlust der Fortpflanzungsfähigkeit führen.
Beide Pathomorphosen werden allgemein als das überzeugendste Beispiel einer fremdstoffin-

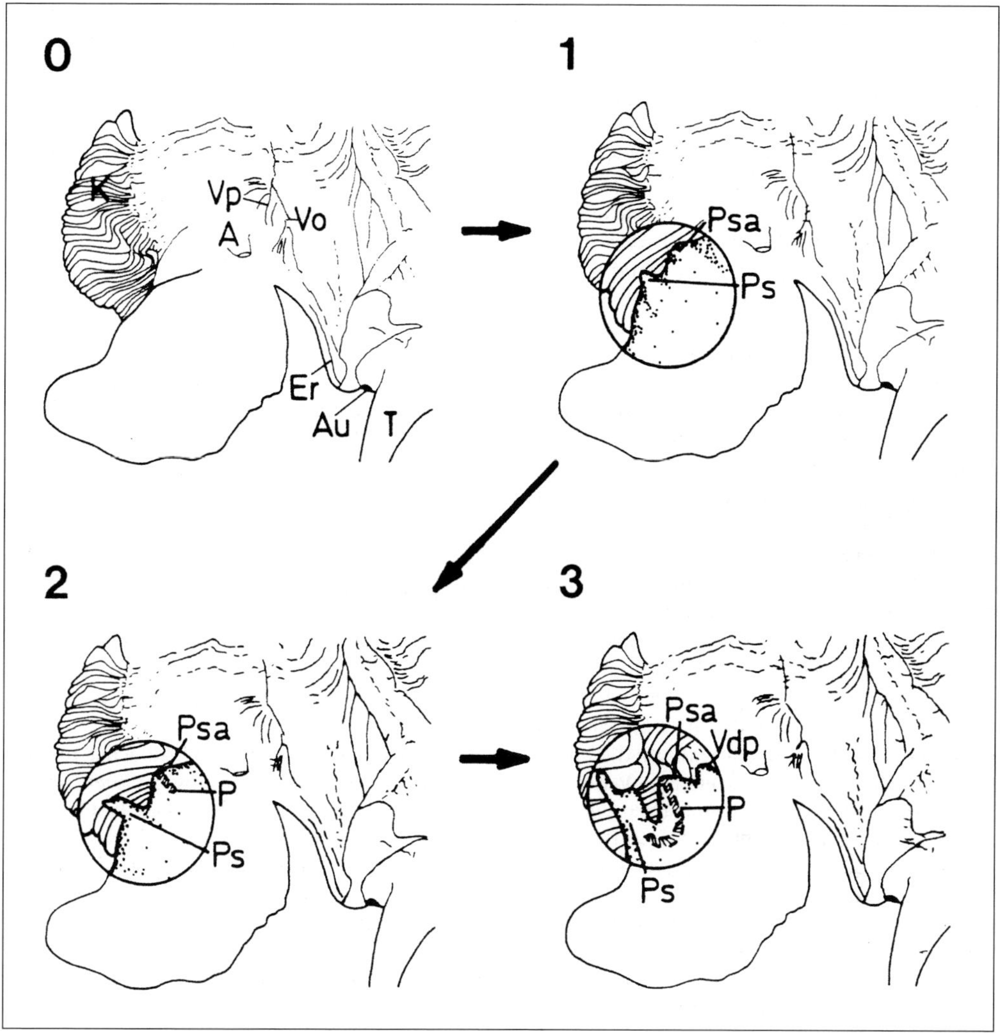

Abb. 56-1: Schema der Imposexentwicklung bei *Marisa cornuarietis.* Sicht auf die rechte Körperseite bei eröffneter Mantelhöhle. Abkürzungen: A, Anus; Au, Auge; Er, Eirinne; K, Kieme; P, Penis; Ps, Penisscheide; Psa, Penistasche; T, Tentakel; Vdp, Vas deferens-Papille; Vp, Vaginalpapille; Vo, Vaginalöffnung.

duzierten endokrinen Modulation bei Invertebraten aufgefaßt (Matthiessen und Gibbs 1998) und sind für weltweit mehr als 140 Arten beschrieben worden. Während es bei der Imposexentwicklung zur zusätzlichen Ausbildung von männlichen Geschlechtsorganen, meist eines Penis und/oder eines Vas deferens, bei den betroffenen Weibchen kommt, ohne daß am Eileiter selbst anfangs Veränderungen zu beobachten sind (vgl. auch Schulte-Oehlmann et al., Kapitel 35), kommt es während der Intersexentwicklung bei der Strandschnecke *Littorina littorea* bereits zu Beginn zu einer Modifikation des pallialen Eileiterabschnitts: entweder bilden die entsprechenden Organe irreversibel männliche Charakteristika aus oder sie werden zumindest teilweise durch eine Prostata ersetzt (vgl. auch Oehlmann et al., Kapitel 36). Trotz dieser Unterschiede in der äußeren Erscheinung und Entwicklung ist beiden Phänomenen gemeinsam, daß sie zur Sterilisierung der betroffenen Weibchen führen können, daß ihre Intensität in natürlichen Populationen und in Versuchsgruppen im Labor mit Hilfe von Entwicklungsschemata beschrieben werden kann, die verschiedene Stadien unterscheiden und daß ihre Auslösung auf dem gleichen physiologischen Wirkmechanismus beruht. Die Abbildung 56-1 gibt das Imposexentwicklungsschema für die limnische Apfelschnecke *Marisa cornuarietis* wieder. Das Stadium 0 ist ein normales, imposexfreies Weibchen, das keine männlichen Geschlechtsorgane aufweist. Im Stadium 1, das unter natürlichen Bedingungen innerhalb der Familie der Apfelschnecken (Ampullariidae) bereits in sehr geringer Inzidenz auftreten kann, kommt es zur zusätzlichen Bildung einer orimentären Penisscheide und Penistasche, deren Größe mit dem Erreichen des Stadiums 2 deutlich zunimmt; zusätzlich wird im Stadium 2 erstmals ein Penis gebildet, der in der Penistasche liegt. Zum Stadium 3 nehmen diese drei männlichen Bildungen an Ausdehnung weiter zu und der Penis wächst zumeist bereits in die Penisscheide ein. Als viertes Organ bildet sich in diesem Stadium die Vas deferens-Papille. Bei einer weiteren Vermännlichung im Rahmen der Imposexentwicklung wächst der Samenleiter in Richtung auf die Vaginalöffnung aus, kann diese letztlich überwuchern und zur Blockade des Eileiters sowie zur funktionalen Sterilisierung durch die Verhinderung der Abgabe von Geschlechtsprodukten führen.

Im folgenden soll am Beispiel des Imposexphänomens bei der Nordischen Purpurschnecke *Nucella lapillus* der physiologische Wirkmechanismus des TBT erläutert werden. Untersuchungen mit anderen marinen und limnischen Spezies innerhalb der Vorderkiemerschnecken – darunter auch *Marisa cornuarietis* – sowie mit der Intersex-zeigenden *Littorina littorea* ergaben vergleichbare Resultate, so daß davon ausgegangen werden kann, daß dieser TBT-Wirkmechanismus innerhalb der Prosobranchier generell anzutreffen ist (Oehlmann und Bettin 1996, Bettin et al. 1996). TBT scheint die Cytochrom P-450-abhängige Aromatase, die für die Aromatisierung der Androgene Androstendion und Testosteron zu den Östrogenen Östron und 17β-Östradiol verantwortlich ist, zu blockieren. Bei TBT-exponierten Weibchen kommt es entsprechend zu einem Anstieg der endogenen Androgentiter, vor allem des Testosterongehaltes, und dieser erhöhte Gehalt an männlichen Steroiden ist dann für die Virilisierung der weiblichen Exemplare verantwortlich.

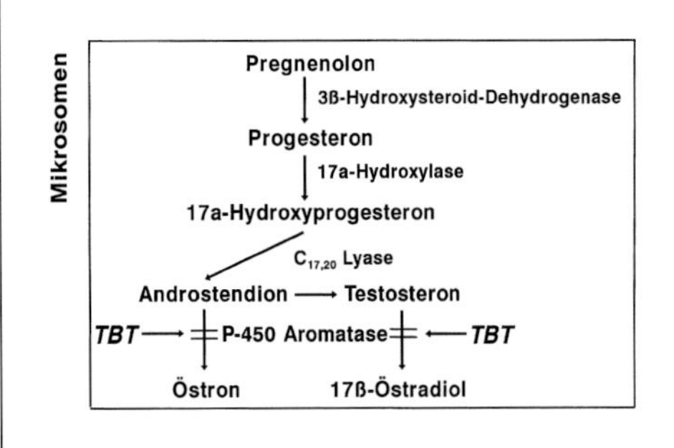

Abb. 56-2: Biosyntheseschema der Steroidhormone mit dem wahrscheinlichen Angriffspunkt von Tributylzinnverbindungen. Dargestellt sind die wichtigsten Syntheseschritte in den Mikrosomen.

Die Untersuchungen ergaben zunächst für das Freiland, daß höhere Imposexstadien unterschiedlicher Arten deutlich höhere Testosterontiter aufwiesen als imposexfreie Tiere oder Exemplare mit niedrigen Stadien. Für andere Steroidhormone wurden dagegen keine oder nur nicht signifikante Unterschiede der Gehalte bei den verschiedenen Imposexstadien festgestellt. Da höhere Imposexstadien als Folge einer höheren TBT Exposition im Laufe der Lebensgeschichte vom Einzelorganismus ausgebildet werden, lag der Verdacht nahe, daß TBT möglicherweise für diese physiologischen Differenzen der Weibchen verantwortlich zu machen ist. Auch im Rahmen von Laborexperimenten konnten die Freilandbefunde bestätigt werden. So stieg der Testosterongehalt bei unterschiedlich stark TBT-exponierten adulten Weibchen zeit- und konzentrationsabhängig an, so daß am Ende der in Abbildung 56-3 dargestellten Versuchsreihe Weibchen aus der gegenüber 100 ng TBT-Sn/l exponierten Versuchsgruppe mehr als doppelt so viel Testosteron wie die Kontrollgruppe in ihren Geweben aufwiesen.

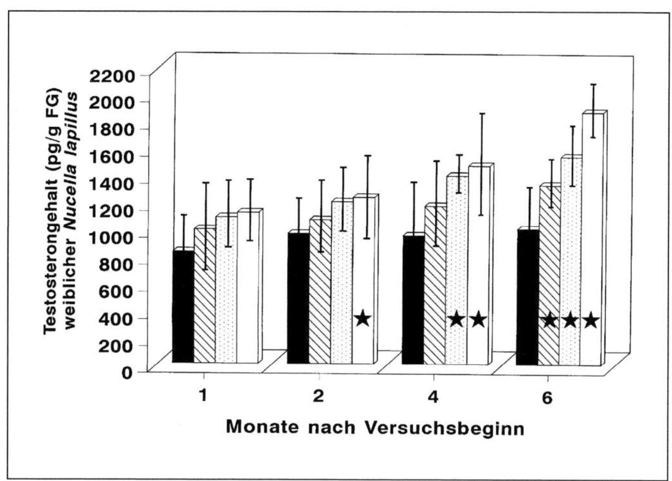

Abb. 56-3: *Nucella lapillus.* Mittelwerte und Standardabweichungen der Testosteronkonzentrationen bei unterschiedlich TBT-exponierten adulten Weibchen (Stichprobengröße pro Gruppe und Zeitpunkt: 6 Tiere) in Abhängigkeit von der Versuchsdauer. Die Sterne geben signifikante Unterschiede zur Kontrolle an (Student's *t*-Test; $p < 0{,}01$).
Schwarze Säulen: Kontrolle; schraffierte Säulen: 5 ng TBT-Sn/l; punktierte Säulen: 50 ng TBT-Sn/l; helle Säulen: 100 ng TBT-Sn/l.

Dieses Experiment belegt zwar, daß es unter TBT-Exposition zu einem zeit- und konzentrationsabhängigen Anstieg der Testosterontiter kommt, es bleibt jedoch offen, ob es sich dabei um einen sekundären physiologischen Effekt handelt oder ob TBT ausschließlich über die Erhöhung der Androgengehalte Imposex oder Intersex auslöst. Um diese Fragestellung zu beantworten, wurden weitere Laborversuchsreihen durchgeführt, bei denen das kompetitive Antiandrogen Cyproteron zum Einsatz kam. Cyproteron bindet als Ligand an die Androgenrezeptoren im Gewebe, weist jedoch keine intrinsische androgene Aktivität auf, das heißt die Substanz aktiviert nicht die Signaltransduktionskette. Auf diese Weise können durch eine Cyproteronapplikation die Androgenrezeptoren in Geweben für den natürlichen Liganden Testosteron bzw. Dihydrotestosteron blockiert werden. Wie die Abbildung 56-4 zeigt, blieb der VDS-Index als Maß für die Imposexintensität in der Versuchgruppe, in deren Versuchwasser sowohl TBT (50 ng als Sn/l) als auch Cyproteronacetat (1,3 mg/l) war, auf dem gleichen Niveau wie die unbehandelte Kontrollgruppe, obwohl die Tiere genauso viel TBT akkumulierten und ähnliche Testosterongehalte aufwiesen, wie in der ausschließlich TBT-exponierten Vergleichsgruppe. Dies zeigt, daß TBT nicht direkt, sondern über eine Erhöhung der Testosterontiter Imposex auslöst. Werden durch das Antiandrogen Cyproteron die Androgrenrezeptoren blockiert, so laufen zwar die physiologischen Primärreaktionen ab (TBT-Anreicherung in den Geweben und Anstieg der Testosterongehalte), die morphologische Effektauslösung kann jedoch unterbunden werden. Offensichtlich kann auch eine Rebalancierung des Verhältnisses von Androgen- und Östrogengehalten bei TBT-exponierten Tieren durch eine exogene Zufuhr von Östrogenen die Imposexentwicklung deutlich abschwächen.

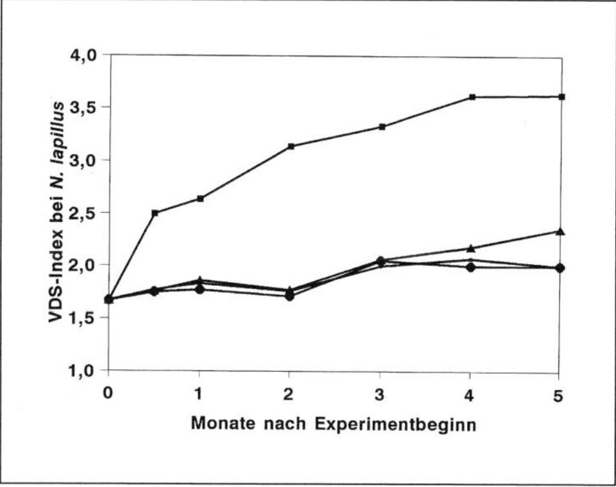

Abb. 56-4: *Nucella lapillus.* Entwicklung des VDS-Index bei adulten Weibchen im Laborversuch. Versuchsgruppen: Kontrolle (•); 50 ng TBT-Sn/l ohne (■) und mit 1,25 mg Cyproteronacetat/l (●); 50 ng TBT-Sn/l mit Zusatz von 1 µg/l eines 1:1-Gemisches aus Östron und Östradiol (▲). Jede der Einzeluntersuchungen beruht auf mindestens 30 analysierten Tieren.

Das in der Abbildung 56-2 dargestellte Modell zum physiologischen Wirkmechanismus von TBT bei der Imposex- und Intersexausprägung, das von einer Hemmung der Aromatase ausgeht, wurde tierexperimentell mit marinen Prosobranchiern überprüft. Wenn den Tieren der synthetische, spezifische, steroidale Aromataseinhibitor SH 489 (1-Methyl-1,4-androstadien-3,17-dion) über das Umgebungswasser appliziert wurde, stiegen die Imposexintensitäten in vergleichbarer Weise wie unter TBT-Exposition an. Dieses Experiment bestätigte daher die Vorhersagen des Modells.

56.3.2 Effekte von Östrogenen auf männliche Vorderkiemerschnecken

Im Rahmen der Laboruntersuchungen zur Aufklärung des physiologischen Mechanismus der TBT-Effekte wurden auch Versuche mit natürlichen Östrogengemischen durchgeführt. Die Abbildung 56-5 zeigt die Resultate einer fünfmonatigen Versuchsreihe, bei der Versuchsgruppen von *Nucella lapillus* neben TBT auch gegenüber 1 µg/l eines 1:1-Gemisches aus Östron und Östradiol exponiert wurden. Diese Östrogenbehandlung zeigt bei Männchen deutliche Effekte, die sich in einer signifikanten Reduktion der männlichen Genitalorgane äußerten. So wurde nicht nur – wie in der Abbildung dargestellt – die Ausdehnung des Penis bei den Männchen reduziert, sondern auch die Größe der Prostata und der Vesicula seminalis, in der die Spermien gespeichert werden. Weiterhin nahm der Anteil an fortpflanzungsfähigen Männchen in der mit dem Östrogengemisch behandelten Versuchsgruppe im Vergleich zur Kontrolle sowie der TBT-exponierten Gruppe ebenfalls deutlich ab. Im Rahmen eines durch das Sächsische Staatsministerium für Wissenschaft und Kunst (SMWK) geförderten Vorversuchs wurde überprüft, ob auch ein synthetisches Östrogen ähnliche Effekte wie die natürlichen Östrogene verursacht. Im Unterschied zu den bisher geschilderten Versuchen wurde dieser Test ausschließlich mit der limnischen Spezies *Marisa cornuarietis* durchgeführt. Da das primäre Ziel der Untersuchungen die Abbaubarkeit von Ethinylöstradiol in Blebtschlammodellen betraf, um Vorhersagen für das Verhalten der Substanz in Kläranlagen machen zu können, konnten nur wenige Versuchsgruppen getestet werden. Zudem war die Exositionsdauer mit nur sechs Wochen erheblich geringer als in den früheren Versuchen, und auch der getestete Konzentrationsbereich (16,7 bzw. 330 µg Ethinylöstradiol/l) war deutlich höher. Am Ende dieses Vorversuchs

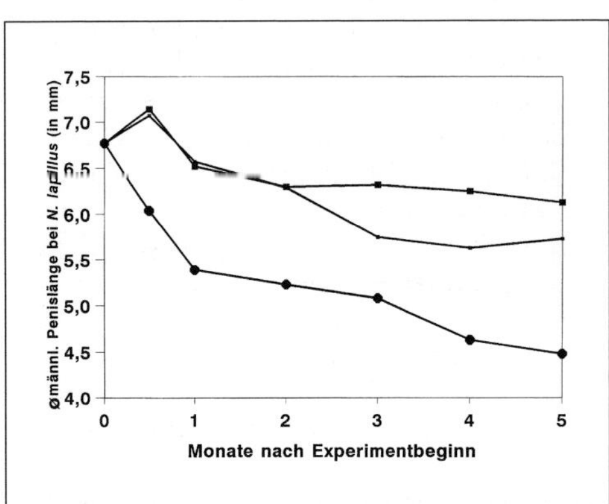

Abb. 56-5: *Nucella lapillus.* Entwicklung der durchschnittlichen Penislänge der Männchen im Laborversuch. Versuchsgruppen: Kontrolle (•); 50 ng TBT-Sn/l (■); 1 µg/l eines 1:1-Gemisches aus Östron und Östradiol (●). Jede der Einzeluntersuchungen beruht auf mindestens 30 analysierten Tieren.

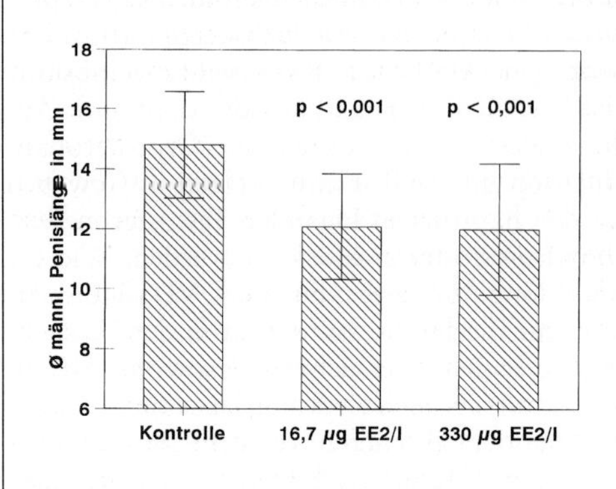

Abb. 56-6: *Marisa cornuarietis.* Länge des Penis in Gruppen unterschiedlich Ethinylöstradiol-exponierter adulter Männchen am Ende des sechswöchigen Vorversuchs (Stichprobengröße: 15 Tiere). Angegeben sind die Mittelwerte mit Standardabweichungen und Irrtumswahrscheinlichkeiten (Student's *t*-Test) für Unterschiede gegenüber der Kontrolle.

zeigte es sich jedoch, daß das synthetische Östrogen Ethinylöstradiol in analoger Weise wie zuvor die natürlichen Östrogene die Ausdehnung der männlichen Genitalorgane (Penis, Penisscheide, Penistasche, Prostata, Vesicula seminalis) sowie den Anteil fortpflanzungsfähiger Männchen in den Versuchgruppen deutlich herabsetzte. Bei der in der Abbildung 56-6 exemplarisch dokumentierten Penislänge trat jedoch – wie bei den anderen erfaßten Organgrößen auch – keine Konzentrationsabhängigkeit mehr auf, das heißt bereits bei 16,7 µg Ethinylöstradiol/l wurde der gleiche Effekt wie bei 330 µg/l festgestellt.

56.3.3 Laborversuche mit Methyltestosteron und Ethinylöstradiol als Modellsubstanzen

Die bereits dargestellten Analysen bei marinen und limnischen Schnecken zeigen, daß androgene und östrogene Substanzen deutliche Effekte hervorrufen, eine Vermännlichung der Weibchen bzw. eine signifikante Reduktion männlicher Geschlechtsorgane und des Anteils fortpflanzungsfähiger Männchen. Im Rahmen des laufenden F&E-Vorhabens für das Umweltbundesamt Berlin sollte mit Hilfe der beiden Modellsubstanzen Methyltestosteron und Ethinylestradiol die prinzipielle Eignung von Prosobranchiern am Beispiel der limnischen Vorderkiemerschnecke *Marisa cornuarietis* zur Erfassung von endokrinen Modulatoren überprüft werden. Die Konzentrationsbereiche für die beiden Testsubstanzen lagen mit Werten zwischen 100 ng/l und 1 µg/l jedoch teilweise deutlich unterhalb des in den zuvor dargestellten Versuchen überprüften Spektrums.

Die Abbildung 56-7 gibt die Ergebnisse einer sechsmonatigen Versuchreihe wieder, bei der adulte und damit bereits geschlechtsreife *Marisa cornuarietis* gegenüber Methyltestosteron exponiert wurden. Bei allen Versuchsgruppen stieg die Imposexintensität, die über den VDS-Index erfaßt wurde, im Experimentverlauf deutlich gegenüber der Kontrolle an. Bereits nach zwei Wochen waren die Effekte signifikant. Bis zum Ende des sechsmonatigen Versuchs erreichte die mit 1 µg Methyltestosteron/l am höchsten exponierte Versuchsgruppe den maximal bei *Marisa*

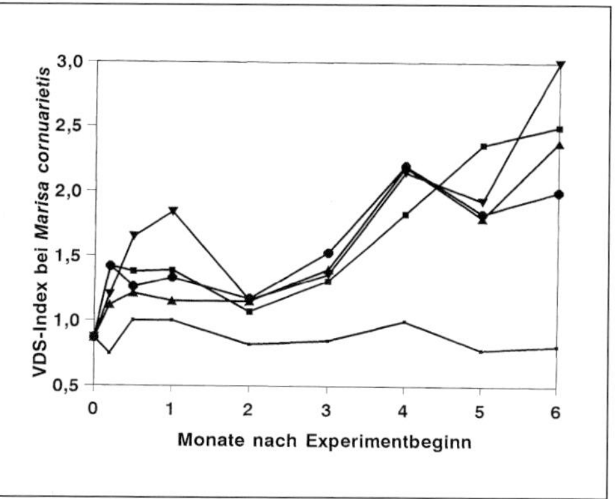

Abb. 56-7: *Marisa cornuarietis.* Entwicklung des VDS-Index bei adulten Weibchen im Laborversuch unter Exposition gegenüber Methyltestosteron (MT). Versuchsgruppen: Kontrolle (•); 100 ng MT/l (■); 250 ng MT/l(▲); 500 ng MT/l (●); 1 µg MT/l(▼). Jede der Einzeluntersuchungen beruht auf mindestens 30 analysierten Tieren.

möglichen VDS-Index von 3,0. Wie ein Vergleich der Expositionsgruppen deutlich macht, kann keine Konzentrationsabhängigkeit des VDS-Anstiegs beobachtet werden. Demnach dürfte die LOEC noch deutlich unter der niedrigsten getesteten Konzentration von 100 ng Methyltestosteron/l liegen.

Im Gegensatz zu den Resultaten des Vorversuchs und der umfangreichen Experimente mit marinen Arten konnten für *Marisa cornuarietis* im Rahmen der laufenden Untersuchungen keine Anzeichen für eine Reduktion des Penis oder anderer männlicher Geschlechtsorgane gefunden werden. Der in der Abbildung 56-8 exemplarisch dokumentierte zeitliche Verlauf bei der Entwicklung der durchschnittlichen männlichen Penislänge macht deutlich, daß selbst in der höchsten, mit 1 µg Ethinylöstradiol/l behandelten Gruppe das Kopulationsorgan nicht reduziert wurde. Der unabhängig von der Exposition während des Experiments feststellbare Anstieg der Penisgröße ist durch die Saisonalität des Reproduktionszyklus und die daran gekoppelten Größenschwankungen der Fortpflanzungsorgane bedingt. Die Versuchsreihe begann im Oktober 1997 während der sexuellen Ruhephase der Tiere und endete im April 1998, also während der Gipfels der vom Frühjahr bis zum Frühsommer dauernden Fortpflanzungsperiode von *Marisa.*

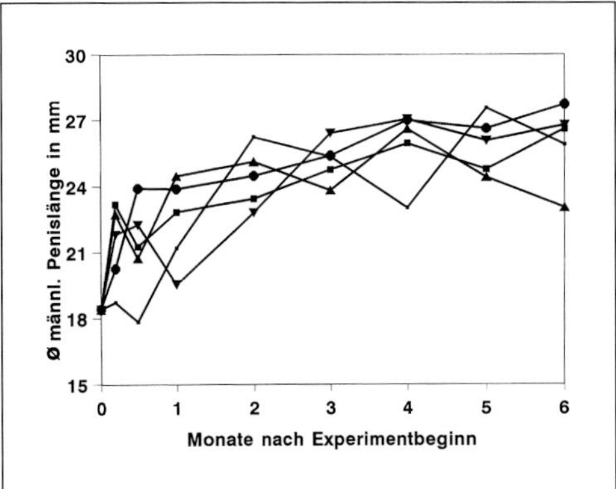

Abb. 56-8: *Marisa cornuarietis.* Entwicklung der durchschnittlichen Penislänge bei adulten Männchen im Laborversuch unter Exposition gegenüber Ethinylöstradiol (EE2). Versuchsgruppen: Kontrolle (•); 100 ng EE2/l (■); 250 ng EE2/l (▲); 500 ng EE2/l (●); 1 µg EE2/l (▼). Jede der Einzeluntersuchungen beruht auf mindestens 30 analysierten Tieren.

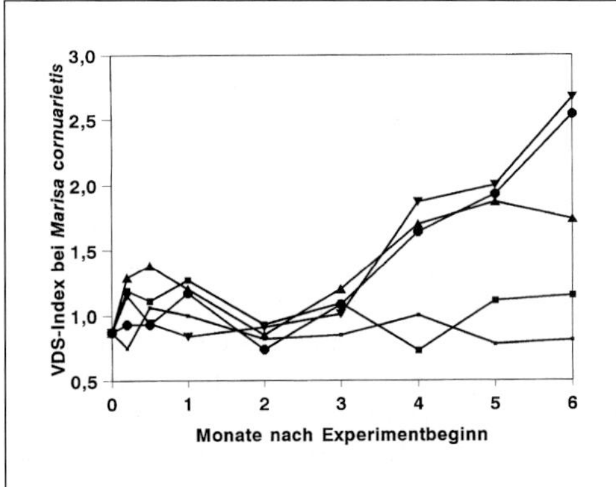

Abb. 56-9: *Marisa cornuarietis.* Entwicklung des VDS-Index bei adulten Weibchen im Laborversuch unter Exposition gegenüber Ethinylöstradiol (EE2). Versuchsgruppen: Kontrolle (•); 100 ng EE2/l (■); 250 ng EE2/l (▲); 500 ng EE2/l (●); 1 µg EE2/l (▼). Jede der Einzeluntersuchungen beruht auf mindestens 30 analysierten Tieren.

Zwar konnten unter Exposition gegenüber Ethinylöstradiol keine signifikanten Effekte bei den adulten Männchen beobachtet werden, doch darf nicht daraus geschlossen werden, daß Ethinylöstradiol keine negativen Wirkungen auf *Marisa cornuarietis* aufwies. Bei den weiblichen Tiere wurde – analog zu den Resultaten der Versuche mit Methyltestosteron – eine Zunahme der Imposexintensität festgestellt. Diese trat zwar, wie in der Abbildung 56-9 dargestellt, zeitverzögert ein und war erst nach etwa drei Monaten gegenüber der Kontrolle signifikant, doch danach wurden vergleichbare Imposexintensitäten wie unter dem Einfluß des synthetischen Androgens erreicht. Zumindest ansatzweise läßt sich bei diesen Versuchen auch eine Konzentrationsabhängigkeit nachweisen: So traten kaum Effekte in der 100 ng/l-Expositionsgruppe auf, während die höchsten VDS-Indizes am Versuchsende in der am stärksten belasteten Versuchsgruppe ermittelt wurden.

56.4 Diskussion

Bei der überwiegenden Mehrzahl der bekannt gewordenen Verdachtsfälle einer endokrinen Modulation durch Fremdstoffe handelt es sich um Umweltchemikalien, die eine östrogene Wirkung aufweisen und daher bevorzugt den männlichen Teil von Populationen schädigen können; dagegen sind nur relativ wenige Beispiele einer nachgewiesenen androgenen Wirkung bekannt geworden, die die Fortpflanzung weiblicher Individuen behindern könnte. So weisen weibliche Eierlegende Zahnkarpfen in den Abwasserfahnen verschiedener Papiermühle in Florida nicht nur ein äußerlich sichtbares männliches Kopulationsorgan auf, sondern durchlaufen darüber hinaus auch teilweise einen Geschlechtswechsel zum Männchen. In diesem Fall konnte nachgewiesen werden, daß der mikrobielle Abbau von Phytosterolen aus der Papierherstellung zu androgen wirksamen Steranen führte, die die Vermännlichung auslösten (Davis und Bortone 1992). Für die Kliesche (*Limanda limanda*), die häufigste Plattfischart in der Nordsee, konnte eine signifikante Verschiebung des Geschlechterverhältnisses zugunsten der Männchen in vielen Regionen seit 1981 beobachtet werden (Lang et al. 1995). Einer der am besten untersuchten androgenen Effekte einer Umweltchemikalie auf eine Tiergruppe ist jedoch die Auslösung von Intersex bei *Littorina littorea* und Imposex bei anderen marinen und limnischen Vorderkiemerschnecken unter dem Einfluß von Tributylzinn

(zur Übersicht: Bryan und Gibbs 1991, Fioroni et al. 1991, Oehlmann 1994).
Beide Vermännlichungsphänomene, Imposex und Intersex, stellen heute etablierte Verfahren im biologischen Effektmonitoring auf TBT dar und werden weltweit angewendet (vgl. auch Oehlmann et al., Kapitel 36). Bisher gab es, von wenigen Ausnahmen abgesehen, keine überzeugenden Hinweise darauf, daß auch andere Substanzen Imposex oder Intersex auslösen können. Dabei machen jedoch die Untersuchungen zum Wirkmechanismus deutlich, daß prinzipiell alle spezifischen und unspezifischen Aromataseinhibitoren sowie alle Verbindungen, die zu einer Erhöhung der endogenen Androgentiter führen – beispielsweise über eine reduzierte Ausscheidung des Testosterons – auch Imposex und Intersex induzieren können. Von Evans et al. (1995) wird unter Bezug auf Untersuchungen von Nias et al. (1993) gefolgert, daß neben TBT auch Umweltstreß, Kupferverbindungen und Ethanol Imposex auslösen können. Die zitierte Untersuchung weist jedoch deutliche methodische Schwächen auf. So fand keine Begleitanalytik statt, über die hätte ausgeschlossen werden können, daß das verwendete natürliche Seewasser aus einer Hafengegend und die als Schneckenfutter verwendeten lebenden Muscheln relevante TBT-Belastung aufwiesen. In eigenen Untersuchungen konnte dagegen nachgewiesen werden, daß Kupfer bei der Nordischen Purpurschnecke keinen Imposex auslöst und selbst eine mehr als einjährige, als extremer Stressor aufzufassende Laborhälterung der Tiere nicht zu einer Erhöhung der Imposexintensitäten führte (Oehlmann 1994). Ethanol verursacht zwar eine Zunahme der Vermännlichungsgrade bei den Vorderkiemerschnecken im Labor, spielt aber aufgrund der extrem guten Abbaubarkeit im Freiland als Imposex-auslösende Noxe keine Rolle.
Das hier vorgestellte Modell zur Erklärung der TBT-Wirkung im Rahmen der Induktion von Imposex und Intersex, das von einer Hemmung der Aromatase ausgeht, stellt heute die wahrscheinlichste Annahme dar (Matthiessen und Gibbs 1998). Daneben werden jedoch auch andere Mechanismen diskutiert. So gehen Ronis und Mason (1996) aufgrund von Untersuchungen bei *Littorina littorea* davon aus, daß es über eine Hemmung des Konjugationsreaktionen innerhalb des Phase II-Metabolismus zu einem Anstieg des endogenen Androgentiters bei dieser Art kommt.
Zur Erfassung endokriner Wirkungen von Substanzen existieren eine Reihe von klassischen Verfahren, die jedoch für die routinemäßige Stoffprüfung wenig geeignet erscheinen, weil sie relativ unempfindlich sind und nur auf natürliche oder synthetische Steroide bei hohen Dosierungen reagieren. Für die relativ geringe, zum Teil um den Faktor 1.000 bis 10.000 niedrigere biologische Aktivität der als endokrine Modulatoren verdächtigten Umweltchemikalien reicht Ihre Empfindlichkeit nicht aus. Zu diesen Verfahren gehören im Bereich androgener Aktivitäten beispielsweise der Kapaunenkammtest, bei dem die Entwicklung und Färbung des Kamms bei kastrierten Hähnen (Kapaunen) unter dem Einfluß einer Prüfsubstanz ermittelt wird sowie der Samenblasentest, der auf der Gewichtszunahme der Prostata bei kastrierten Ratten bzw. Mäusen unter dem Einfluß von chemischen Stoffen beruht. Ein entsprechender Test für die Ermittlung östrogener Effekte ist die Erfassung der uterotropen Wirkungen nach einer Ovarektomie weiblicher Ratten bzw. Mäuse.
Neuere Verfahren zur Identifizierung von endokrinen Modulatoren können ausschließlich Umweltchemikalien mit östrogener Aktivität erfassen, so beispielsweise der rekombinante Hefezelltest (Routledge und Sumpter 1996) und Biotests, die auf der Vitellogenininduktion bei männlichen Forellen (Purdom et al. 1994, Harries et al. 1996), anderen Fischarten (Sumpter und Jobling 1995, Tyler et al. 1996) oder in Zellkulturen mit Leberzellen der Regenbogenforelle (Jobling und Sumpter 1993) beruhen. Vitellogenin, ein Lipoprotein, das als Dottervorstufe unter natürlichen Bedingungen ausschließlich von Weibchen in der Leber produziert und in die Eierstöcke über das Blut transportiert wird, wird unter dem Einfluß von chemischen Substanzen mit östrogener Aktivität auch von männlichen Tieren und noch nicht geschlechtsreifen Exemplaren beiderlei Geschlechts gebildet. Die Höhe der Vitellogenin-Blutplasmaspiegel dieser Tiere korreliert mit der Konzentration und biologischen Aktivität der Prüfsubstanzen.
Diese bereits verfügbaren neueren Verfahren weisen jedoch folgende Nachteile auf:

- Es können ausschließlich östrogene Aktivitäten bestimmt werden; Stoffe, die als Antiöstrogene, Androgene oder Antiandrogene – und damit ebenfalls als endokrine Modulatoren – wirken, sind dagegen nicht zu identifizieren, so daß mit Hilfe dieser Biotests nur ein Teil der verdächtigen Substanzen erfaßt werden kann.
- Beim transgenen Hefezellen- und dem Vitellogenintest auf Zellkulturbasis kommt hinzu, daß nur direkte, rezeptorvermittelte Substanzen erfaßt werden können, während Chemikalien, die indirekt oder funktionell, das heißt über eine Beeinflussung der Biosynthese oder Bioverfügbarkeit der natürlichen Hormone wirken (beispielsweise Enzymhemmung oder -induktion, Modulierung der Ausscheidungsrate), ebenfalls nicht als endokrine Modulatoren identifiziert werden können.
- Der Vitellogenintest im Fisch als Organismus weist zwar diesen Nachteil nicht auf, basiert aber auf einem Wirbeltier als Versuchssystem, das aufgrund seiner extremen Schmerzempfindlichkeit, großen Sensitivität gegenüber anderen Stressoren, seiner tier- und naturschutzrechtlich besonders geschützten Stellung und nicht zuletzt aufgrund ethischer Überlegungen für die Durchführung eines toxikologischen Verfahrens wenig geeignet erscheint.

Die dargestellte aktuelle Forschungssituation zeigt deutlich, daß es bisher nur für einen kleinen Teil der endokrinen Modulatoren – Umweltchemikalien mit östrogener Aktivität – überhaupt Testverfahren gibt und daß die beiden einzigen Verfahren, die zum breiten Screening unterschiedlichster Substanzgruppen geeignet sind, der Hefezellen und der Vitellogenintest auf Zellkulturbasis, zudem nur direkte, rezeptorvermittelte östrogene Effekte erfassen können. Im Rahmen der bisher durchgeführten Untersuchungen mit *Marisa cornuarietis* konnte gezeigt werden, daß Prosobranchier prinzipiell gut geeignet erscheinen, um endokrine Modulatoren unabhänbgig von ihrem Wirkungsmechanismus (direkte, das heißt rezeptorvermittelte oder indirekte, das heißt funktionale Wirkung) identifizieren zu können.

So führen (Xeno-) Androgene bei der untersuchten Art zu einer Virilisierung der Weibchen, die sich in einer Imposexentwicklung manifestiert. Die Effekte einer Exposition gegenüber (Xeno-) Östrogenen scheinen dagegen von der Höhe der vorliegenden Belastung abzuhängen: hohe Konzentrationen führen zur Feminisierung von Männchen, niedrige Konzentrationen zur Virilisierung der Weibchen. Dabei ist zu beachten, daß die Virilisierung leichter und vor allem eindeutiger nachweisbar ist als eine Feminisierung, da sich letztere immer nur in einer Reduktion bereits vorhandener männlicher Organe äußert, während die Maskulinisieurng der Weibchen mit der Neubildung zuvor nicht vorhandener Organe einhergeht. Der Nachteil des Reaktionsrepertoirs nach einer Exposition gegenüber östrogen wirksamen Substanzen bei *Marisa* liegt darin, daß im umweltrelevanten Konzentrationsbereich nur das Vorliegen einer endokrinen Modulation als solche nachweisbar ist, aber keine Differenzierung zwischen androgenen und östrogenen Wirkungen möglich zu sein scheint. Die Ursache für das auf den ersten Blick paradoxe Resultat einer Virilisierung weiblicher Tiere unter dem Einfluß niedriger aquatischer Ethinylöstradiolkonzentrationen könnte eine Modulation der Aromataseaktivität im Sinne einer Produkthemmung sein, wie sie für viele andere metabolische Prozesse ebenfalls bekannt ist. Wird Ethinylöstradiol von außen zugeführt, sinkt möglicherweise die Umsetzungsrate der Aromatse, was zu einem Anstieg der endogenen Testosterontiter führt, und dies kann dann die Imposexentwicklung auslösen.

Aufgrund der relativ langen Zeiträume zwischen Expositionsbeginn und Effektausprägung von mehreren Wochen scheint das hier vorgestellte Testsystem kaum als routinemäßiges Screeningverfahren im Rahmen der Chemikalienprüfung geeignet zu sein. Vielmehr sollten mit Hilfe des Tests solche Substanzen einer eingehenderen Prüfung unterzogen werden, für die bereits Hinweise auf eine mögliche Wirkung als endokrine Modulatoren vorliegen.

Innerhalb des noch laufenden Projektes ist die Erweiterung der Experimente auf juvenile, das heißt noch nicht geschlechtsreife Tiere, geplant, die unter Umständen sensitiver reagieren dürften. Daneben sollen verstärkt Anstrengungen unternommen werden, um die Virilisierung der Weibchen unter der Exposition gegenüber Ethinylöstradiol erklären zu können.

Danksagung

Die Untersuchungen wurden durch die Schering AG Berlin (Hormonanalysen bei marinen Schnecken), das Sächsische Staatsministerium für Wissenschaft und Kunst Dresden (Vorversuche mit Ethinylöstradiol) und das Umweltbundesamt Berlin im Rahmen des F&E-Projektes 297 65 001/04 finanziert. Wir danken Dipl.-Biol. Christiane Bettin, Universität Münster, für die Durchführung der Hormonanalysen sowie Constanze Hannich, Christina Schmidt und Ulrike Schneider, IHI Zittau, für die exzellente technische Unterstützung bei der Durchführung der Versuche.

Literatur

Auger, J., Kunstmann, J.M., Czyglik, F., Jouannet, P. (1995): Decline in semen quality among fertile men in Paris during the past 20 years. New Engl. J. Med. 332: 281-285

Bauer, B., Fioroni, P., Ide, I., Liebe, S., Oehlmann, J., Stroben, E., Watermann, B. (1995): TBT effects on the female genital system of *Littorina littorea*: a possible indicator of tributyltin pollution. Hydrobiologia 309: 15-27

Bauer, B., Fioroni, P., Schulte-Oehlmann, U., Oehlmann, J., Kalbfus, W. (1997): The use of *Littorina littorea* for tributyltin (TBT) effect monitoring – results from the German TBT survey 1994/95 and laboratory experiments. Environ. Pollut. 96: 299-309

Bettin, C., Oehlmann, J., Stroben, E. (1996): TBT induced imposex in marine neogastropods is mediated by an increasing androgen level. Helgoländer Meeresunters. 50: 299-317

Bryan, G.W., Gibbs, P.E. (1991): Impact of low concentrations of tributyltin (TBT) on marine organisms: a review. In: Newman, M.C., McIntosh, A.W. (eds.): Metal ecotoxicology: concepts and applications. Lewis Publisher, Ann Arbor. 323-361

Carlsen, E., Giwercman, A., Keiding, N., Skakkeback, N.E. (1992): Evidence for decreasing quality of semen during past 50 years. Brit. Med. J. 305: 609-613

Colborn, T., Clement, C. (eds.) (1992): Chemically-induced alterations in sexual and functional development: The wildlife/human connection. Princeton Sci. Publ., New Jersey

Colborn, T., vom Saal, F.S., Soto, A.M. (1993): Developmental effects of endocrine-disrupting chemicals in wildlife and humans. Environ. Health. Perspect. 101: 378-384

Davis, P.W., Bortone, S.A. (1992): Effects of kraft mill effluent on the sexuality of fishes: an environmental early warning? In: Colborn, T., Clement, C. (eds.): Chemically-induced alterations in sexual and functional development: The wildlife/human connection. Princeton Sci. Publ., New Jersey. 113-127

Degen, G.H. (1996): Exposure to, and activity of, estrogens: knowledge and experience gained with the synthetic estrogen diethylstilbestrol (DES). In: Umweltbundesamt (ed.): Endocrinically active chemicals in the environment. Umweltbundesamt, Berlin (= UBA-Texte 3/96). 21-23

Evans, S.M., Leksono, T., McKinnell, P.D. (1995): Tributyltin pollution – a diminishing problem following legislation limiting the use of TBT-based anti-fouling paints. Mar. Pollut. Bull. 30: 14-21

Fioroni, P., Oehlmann, J., Stroben, E. (1991): The pseudohermaphroditism of prosobranchs; morphological aspects. Zool. Anz. 226: 1-26

Gibbs, P.E., Bryan, G.W., Pascoe, P.L., Burt, G.R. (1987): The use of the dog-whelk, *Nucella lapillus*, as an indicator of tributyltin (TBT) contamination. J. Mar. Biol. Ass. U.K. 67: 507-523

Harries, J.E., Sheahan, D.A., Jobling, S., Matthiessen, P., Neall, P., Routledge, E.J., Rycroft, R., Sumpter, J.P., Tyler, C.R. (1996): A survey of estrogenic activity in United Kingdom inland waters. Environ. Toxicol. Chem. 15: 1993-2002

Jobling, S., Sumpter, J.P. (1993): Detergent components in sewage effluent are weakly oestrogenic to fish: An in vitro study using rainbow trout (*Oncorhynchus mykiss*) hepatocytes. Aquat. Toxicol. 27: 361-372

John Radcliff Hospital Cryptorchidism Study Group (1992): Cryptorchidism: a prospective study of 7500 consecutive male births, 1984-8. Arch. Dis. Childh. 67: 892-899

Lang, T., Damm, U., Dethlefsen, V. (1995): Beobachtungen zur Geschlechterverteilung der Kliesche (*Limanda limanda*) in der Nordsee. In: Umweltbundesamt (ed.): Umweltchemikalien mit endokriner Wirkung. Umweltbundesamt, Berlin (= UBA-Texte 69/95). 63-68

Matthiessen, P., Gibbs, P.E. (1998): Critical appraisal of the evidence for tributyltin-mediated endocrine disruption in mollusks. Environ. Toxicol. Chem. 17: 37-43

Neubert, D., Chahoud, I. (1996): Possible consequences of pre- or early postnatal exposure to substances with estrogenic or androgenic properties. In: Umweltbundesamt (ed.): Endocrinically active chemicals in the environment. Umweltbundesamt, Berlin (= UBA-Texte 3/96). 24-52

Nias, D.J., McKillup, S.C., Edyvane, K.S. (1993): Imposex in *Lepsiella vinosa* from Southern Australia. Mar. Pollut. Bull. 26: 380-384

Oehlmann, J. (1994): Imposex bei Muriciden (Gastropoda, Prosobranchia). Eine ökotoxikologische Untersuchung zu TBT-Effekten. Cuvillier Verlag, Göttingen

Oehlmann, J., Bettin, C. (1996): TBT-induced imposex and the role of steroids in marine snails. Malacol. Rev. Suppl. 6 (Molluscan Reproduction): 157-161

Oehlmann, J., Stroben, E., Fioroni, P. (1991): The morphological expression of imposex in *Nucella lapillus* (Linnaeus) (Gastropoda: Muricidae). J. Moll. Stud. 57: 375-390

Österlind, A. (1986): Diverging trends in incidence and mortality of testicular cancer in Denmark, 1943-1982. Brit. J. Cancer 53: 501-505

Purdom, C.E., Hardiman, P.A., Bye, V.J., Eno, N.C., Tyler, C.R., Sumpter, J.P. (1994): Estrogenic effects of effluents from sewage treatment works. Chem. Ecol. 8: 275-285

Ronis, M.J.J., Mason, A.Z. (1996): The metabolism of testosterone by the periwinkle (*Littorina littorea*) in vitro and in vivo: Effects of tributyl tin. Mar. Environ. Res. 42: 161-166

Routledge, E.J., Sumpter, J.P. (1996): Estrogenic activity of surfactants and some of their degradation products assessed using a recombinant yeast screen. Environ. Toxicol. Chem. 15: 241-248

Schulte-Oehlmann, U. (1997): Fortpflanzungsstörungen bei Süß- und Brackwasserschnecken – Einfluß der Umweltchemikalie Tributylzinn. Wissenschaft und Technik Verlag, Berlin

Schulte-Oehlmann U., Bettin C., Fioroni P., Oehlmann J., Stroben E. (1995): *Marisa cornuarietis* (Gastropoda, Prosobranchia): a potential TBT bioindicator for freshwater environments. Ecotoxicology 4: 372-384

Seibert, B. (1996): Data from animal experiments and epidemiological data on tumorigenicity of estradiol valerate and ethinyl estradiol. In: Umweltbundesamt (ed.): Endocrinically active chemicals in the environment. Umweltbundesamt, Berlin (= UBA-Texte 3/96). 63-68

Stroben, E. (1994): Imposex und weitere Effekte von chronischer TBT-Intoxikation bei einigen Mesogastropoden und Bucciniden (Gastropoda, Prosobranchia). Cuvillier Verlag, Göttingen

Sumpter, J.P., Jobling, S. (1995): Vitellogenesis as a biomarker for estrogenic contamination of the aquatic envrironment. Environ. Health Perspect. 103, Suppl. 7: 173-178

Tyler, C.R., van der Eerden, B., Jobling, S., Panter, G., Sumpter, J.P. (1996): Measurement of vitellogenin, a biomarker for exposure to oestrogenic chemicals, in a wide variety of cyprinid fish. J. Comp. Physiol. B 166: 418-426

Umweltbundesamt (ed.) (1995): Umweltchemikalien mit endokriner Wirkung. Umweltbundesamt, Berlin (= UBA-Texte 65/95)

57 Molekulare Marker der Geschlechtsdifferenzierung des Medakas (*Oryzias latipes*): Methoden zur Untersuchung von östrogenen Umweltchemikalien

S. Scholz, C. Kordes, E. P. Rieber und H. O. Gutzeit

Abstract

Sex differentiation during normal development and the effects of xenobiotics with estrogenic activity in medaka (Japanese rice fish, *Oryzias latipes*) can be monitored by analysis of cytochrome P450 aromatase (CYP19) gene expression and detection of vitellogenin using a monoclonal antibody. The reverse transcriptase polymerase chain reaction (RT-PCR) was applied to analyse the gene expression of aromatase. Aromatase mRNA could only be demonstrated in ovaries. A monoclonal antibody against vitellogenin – prepared by using vitellin from medaka eggs as an antigen – detected specifically vitellogenin in female blood and liver as well as different vitellins in the yolk. Aromatase expression and vitellogenin induction appear to be useful markers of female specific differentiation and will be employed in future studies to investigate the effects of environmental estrogens on fish.

Zusammenfassung

Die Geschlechtsdifferenzierung von Medaka (japanischer Reiskärpfling, *Oryzias latipes*) und die Effekte östrogener Umweltchemikalien können mit Hilfe der P450 Aromatase-(CYP19) Genexpression und der Induktion der Vitellogeninsynthese verfolgt werden. Zum Nachweis der Aromatase-Genexpression wurde die Technik der RT-PCR („reverse transcriptase polymerase chain reaction") angewandt. Mit Hilfe dieser Methode konnte nur aus den Ovarien Aromatase-mRNA amplifiziert werden. Mit einem monoklonalen Antikörper gegen Vitellogenin – hergestellt unter Verwendung von Vitellin aus dem Ei – konnte Vitellogenin spezifisch in Blut und Leber von Weibchen sowie als Vitellin im Eidotter nachgewiesen werden. Aromatase-Genexpression und Vitellogenininduktion sind geeignete Marker für die Geschlechtsdifferenzierung in Weibchen und werden in weiteren Studien zur Untersuchung der Wirkung östrogener Umweltchemikalien eingesetzt.

57.1 Einleitung

Eine mögliche hormonelle und insbesondere östrogene Wirkung verschiedener Umweltchemikalien wird zur Zeit in der Öffentlichkeit kontrovers diskutiert. Substanzen mit östrogenen Eigenschaften, die in Süß- und Meerwasser nachgewiesen wurden, könnten möglicherweise mit der Geschlechtsdifferenzierung und -determinierung verschiedener Tiergruppen interagieren (McLachlan und Arnold 1996). Unter den Vertebraten können vor allem die Fische als primäre Risikoorganismen eingestuft werden, da sie durch Abwassereinleitungen direkt östrogenen Umweltchemikalien ausgesetzt werden und zum anderen eine hohe Empfindlichkeit gegenüber exogenen Geschlechtshormonen aufweisen. In zahlreichen Experimenten konnte gezeigt werden, daß exogene Hormonapplikation sogar zu einer funktionellen Geschlechtsumkehr führen kann (Hunter und Donaldson 1983, Francis 1992).

Erste Anzeichen für mögliche östrogene Effekte auf die Wildpopulationen von Fischen wurden bei Plötzen (*Rutilus rutilus*) in England beobachtet. Sie zeigten einen ungewöhnlich hohen Anteil an Hermaphroditen. Ein direkter Zusammenhang mit östrogenen Wasserinhaltsstoffen wurde aber nicht überprüft (Jafri und Ensor 1979). Der Nachweis biologisch aktiver östogener Substanzen in Oberflächengewässern konnte dagegen mit Regenbogenforellen (*Oncorhynchus mykiss*) durchgeführt werden. Die Fische wurden in Käfigen in den zu untersuchenden Gewässern gehältert. Fische, die direkt in Kläranlagenabwässern oder flußabwärts von der Einleitungsstelle gehalten wurden, zeigten dabei eine Induktion von Vitellogenin im Blut von männlichen Fischen. Vitellogenin ist ein spezifisches Protein aus der Leber weiblicher Fische, dessen Bildung normalerweise durch ovarielle Östrogene stimuliert wird (Harris et al. 1997).

Zahlreiche Chemikalien mit ubiquitärem Vorkommen in Gewässern, darunter Alkylphenole, PCBs, Phtalatester, Pestizide u.a., zeigten in verschiedenen Untersuchungen sowohl in vivo als auch in vitro eine östrogene Wirkung. Verglichen mit Östradiol ist die Affinität der Schadstoffe für den Östrogenrezeptor sehr viel geringer, dennoch vermögen sie die Bildung von Vitellogenin, Eihüllproteinen und Östrogenrezeptor zu induzieren (Flouriot et al. 1995, Sumpter und Jobling 1995, Arukwe et al. 1997). Aufgrund

der extremen strukturellen Heterogenität östrogen wirkender Umweltchemikalien werden diese Effekte möglicherweise nur teilweise über den Östrogenrezeptor vermittelt (Arnold und McLachlan 1996).
Der Medaka (*Oryzias latipes*) stellt ein ideales Versuchstier für die Untersuchung der Wirkung östrogener Umweltchemikalien auf Fische dar. Bereits seit über 30 Jahren wurden zahlreiche Experimente zur Geschechtsdifferenzierung und -determination mit diesem Fisch durchgeführt (eine Übersicht gibt Yamamoto 1975). Außerdem ist die Differenzierung von Gonaden und Keimzellen gut untersucht (Onitake 1972, Sato und Egami 1972). Die Geschlechtsdeterminierung erfolgt über XY-Geschlechtschromosomen und ist sehr empfindlich gegenüber exogen applizierten östrogenen Substanzen. So konnte z.B. gezeigt werden, daß p-Nonylphenol, ein Abbauprodukt des nicht-ionischen Tensids Nonylphenolpolyethoxylat, einen Ovotestis in männlichen Fischen induziert (Gray und Metcalfe 1997).
Die cDNA-Sequenz verschiedener Gene, die eine wichtige Rolle bei der Geschlechtsdifferenzierung und zur Ausbildung des weiblichen Phänotyps spielen, wurde bereits aufgeklärt. Dazu gehören die Cytochrom P450 Aromatase (CYP19) (Fukada et al. 1996), der Östrogenrezeptor (Genbank Nummer D28954) sowie verschiedene Eihüllproteine (Murata et al. 1997). Daher können Standardtechniken der Molekularbiologie für die Analyse der Genexpression herangezogen werden.
Zwei Genprodukte sind bei der Analyse der Geschlechtsdifferenzierung von Bedeutung: (1) Die Cytochrom P450 Aromatase, welche die Umwandlung von Androgenen in Östrogene katalysiert und damit eine Schlüsselposition für die Synthese des weiblichen Steroidhormons einnimmt. Es wird spezifisch in den Ovarien der Weibchen gebildet (Fostier et al. 1983). Östrogene Umweltchemikalien könnten die Aktivität dieses Enzyms beeinflussen und dabei zu einer Veränderung des endogenen Hormonspiegels führen (Crain et al. 1997). (2) Ein weiteres biochemisches Merkmal der Geschlechtsdifferenzierung ist Vitellogenin. Es wird durch die Induktion ovarieller Östrogene in der Leber weiblicher Fische gebildet. Über das Blut gelangt Vitellogenin in das Ovar, wo es in die Eizellen aufgenommen wird und dem Embryo letztlich als Nahrungsgrundlage dient (Mommsen und Walsh 1988).

57.2 Material und Methoden

57.2.1 Reverse Transkriptase PCR

Die Expression des Aromatase- und Aktingens wurde mit Hilfe der RT-PCR Technik analysiert (Reverse transcriptase polymerase chain reaction). Zunächst wurde die Gesamt-RNA aus Ovarien und Testes sowie aus Muskel- und Lebergewebe von beiden Geschlechtern des Medakas isoliert. Die Isolation erfolgte mit Guanidiniumthiocyanat-Phenol-Chloroform nach der Methode von Chomczynski und Sacchi (1987). Die Amplifikation genspezifischer mRNA-Fragmente wurde mit dem Titan-One Tube RT-PCR System (Roche Diagnostics GmbH, Mannheim, BRD) nach den Angaben des Herstellers durchgeführt. Es wurden 50 ng RNA bei Verwendung eines Reaktionsvolumens von 15 µl eingesetzt. Folgendes Temperaturprofil wurde verwendet: 30 min 50 °C, 2 min 94 °C. Darauf folgten 10 Zyklen mit 30 s 94 °C, 30 s 56 °C und 45 s 68 °C. In weiteren 30 Zyklen wurden die Inkubationszeiten pro Zyklus um 5 s verlängert. Die Reaktion wurde mit 7 min 68 °C beendet. Für die Reverse Transkriptase und die PCR (Polymerase chain reaction) wurden je zwei „primer“ ausgewählt, zwischen denen mindestens ein Exon lag, so daß bei DNA-Kontaminationen längere Fragmente amplifiziert würden. Die Sequenz der Primer für das Aromatasegen war 5’AGAAGAAAACCATCCCTGGAC 3‘ (bp 208-228) und 5’CCATTTCCCTTCCTCTTTTC 3‘ (bp 848-867). Für die Amplifikation von Actin-mRNA wurden Primer mit der Sequenz 5’CAGGGAGAAGATGACCCAGAT 3‘ (bp 421-441) und 5’GATACCGCAGGACTCCATACC 3‘ (bp 898-878 verwendet). Die Auswahl der Primer-Sequenzen erfolgte anhand der publizierten genomischen DNA und cDNA-Sequenzen von Aromatase und β-Actin von Medaka (Tagaki et al. 1994, Tanaka et al. 1995, Fukada et al. 1996 und Genbank Nummer D89627). Die Ergebnisse der RT-PCR wurden am Ende der exponentiellen Phase (nach 40 Zyklen) in einem 1,5 % Agarose-Gel analysiert.

Zur Überprüfung der Genspezifität der isolierten Fragmente wurde eine Verdauung mit dem Enzym Bsh1236I (Fermentas, Leon-Rot, BRD) durchgeführt. Das Enzym schneidet doppelsträngige DNA bei 5'CG | CG 3'. Hierzu wurde die amplifizierte DNA aus 15 µl der RT-PCR mit 10 U des Enzyms und dem mitgelieferten Reaktionspuffer in einem Gesamtvolumen von 50 µl für 2 h bei 37°C inkubiert. Die Analyse der Ausgangs- und Endprodukte erfolgte in einem 2 % Agarose-Gel.

57.2.2 Nachweis von Vitellogenin

Für den Nachweis des Medaka-Vitellogenins wurden monoklonale Antikörper entwickelt. Als Antigen für die Immunisierung von Mäusen wurde Vitellin (Dotterprotein) aus den Eiern verwendet.
Zur Herstellung der monoklonalen Antikörper wurden zunächst die dominierenden Proteine mit einem Molekulargewicht von 170 bis 220 kD aus dem Dotter von Medaka-Eiern (Stamm d-rR) durch Gelfiltration und nachfolgende Säulenchromatographie über einen Anionenaustauscher gereinigt. Mit insgesamt 215 µg dieser gereinigten Proteine wurden dann eine balbC/Black57-Maus immunisiert. Nach der Fusion der Milz-Lymphozyten mit X63(Ag8.653)-Myelomazellen wurden mit Hilfe von ELISA (enzyme linked immunosorbent assay) und „western blot" Zellklone identifiziert und selektioniert, die stabil Antikörper gegen Vitellin und Vitellogenin produzierten.
Um die Spezifität des monoklonalen Antikörpers zu überpüfen, wurden Vitellin- und Vitellogeninproben wie folgt gewonnen: Normale Männchen und Weibchen des Medaka-Stamms d-rR wurden durch eine Überdosis einer gesättigten 4-Aminobenzoatlösung (Sigma, Deisenhofen, BRD) getötet. Dann wurde Blut mit einer Spritze, in die 30 µl PBS (Phosphat-gepufferte Salzlösung) vorgelegt wurden, durch Punktion des Herzens entnommen. Danach wurden die Blutproben für 20 min bei 14.000 g (4 °C) zentrifugiert. Die Leber wurde in 50 µl PBS homogenisiert und für 10 min bei 10.000 g zentrifugiert. Dotterproteine wurden durch Homogenisation von Eiern mit 10 µl 20 mM Tris (pH 7,2), 40 mM EDTA (Ethylendiamin Tetraacetat) pro Ei gewonnen. Die Eischalen wurden dann durch Zentrifugation für 5 min bei 10.000 g entfernt. Für die native Gelektrophorese (10 % Polyacrylamid) von Blut-, Leber- und Dotterproteinen wurden jeweils die Überstände der Zentrifugationen verwendet. Nach der Elektrophorese wurden die Proteine auf Nitrocellulose geblottet. Die Detektion von Vitellin und Vitellogenin (in der Abb. 57-3) erfolgte mit Hilfe des monoklonalen Antikörpers aus dem Klon 1H11 in Kombination mit einem biotynilierten Ziege-Anti-Maus IgG und einer Streptavidin gekoppelten alkalischen Phosphatase (Roche Diagnostics GmbH, Mannheim, BRD).

57.3 Ergebnisse und Diskussion

Zum Nachweis der Aromataseexpression in adulten, fertilen Medakas wurden anhand der publizierten Sequenzdaten Primer konstruiert, zwischen denen mindestens ein Exon lag, so daß DNA-Kontaminationen erkannt werden konnten. Als konstitutive Kontrolle wurde die Expression des Actingens untersucht, da dieses unspezifisch in verschiedenen Geweben exprimiert wird. Bei Verwendung der Aromatase-Primer führte nur die RT-PCR mit RNA aus Ovarien zur Amplifikation eines ca. 660 bp langen DNA-Fragmentes (Abb. 57-1, Spur F1). Actin-mRNA konnte dagegen sowohl im Ovar wie im Testis nachgwiesen werden (Abb. 57-1, Spur F2 und M2). Die Länge der amplifizierten DNA-Fragmente entsprachen den aufgrund der cDNA-Sequenz zu erwartenden Werten (660 bp für Aromatase und 478 bp für Actin). Die Spezifität der im Agarose-Gel beobachteten Banden für die untersuchten Gene wurden außerdem durch die Verdauung mit dem Restriktionsenzym Bsh1236I bestätigt. Nach den publizierten Sequenzdaten sollte Bsh1236I sowohl das Aromatase- als auch das Actinfragment genau einmal schneiden. Die dabei entstehenden Fragmente müßten für die Aromatase 214 und 446 bp und für Actin 203 und 275 bp umfassen. Die nach dem Restriktionsverdau beobachteten Fragmentgrößen entsprachen genau den erwarteten Werten und bestätigten somit die Spezifität für die untersuchten Gene (Abb. 57-2). Weder in Präparationen von männlichem noch von weib-

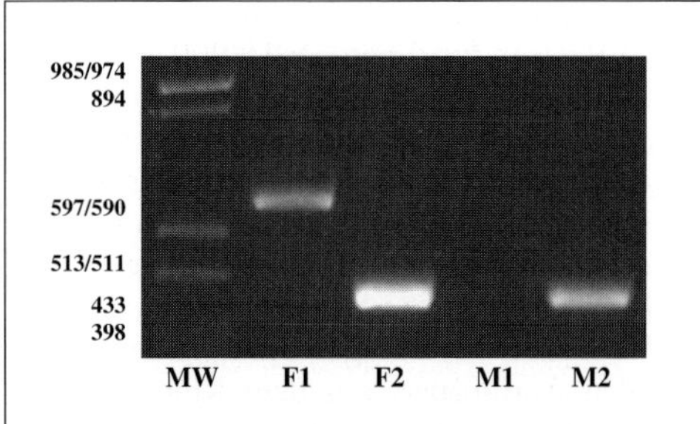

Abb. 57-1: Nachweis der Aromatase- und Actin-Genexpression in Ovar und Testis von adulten, fertilen Medakas *(Oryzias latipes)* mit RT-PCR. Spur MW: λ DNA/Eco471 Molekulargewichtsmarker; Spur F1: Aromataseexpression im Ovar; Spur F2: Actinexpression im Ovar; Spur M1: Aromataseexpression im Testis; Spur M2: Actinexpression im Testis. Für die RT-PCR wurden 50 ng Gesamt-RNA eingesetzt. Die Analyse erfolgte durch Gelelektrophorese in 1,5 % Agarose.

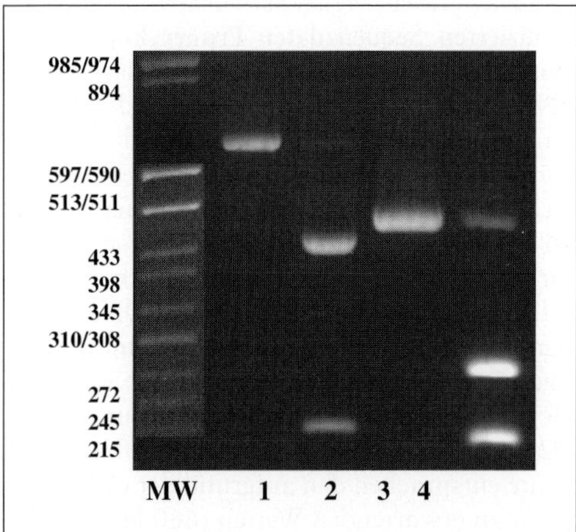

Abb. 57-2: Verdauung der amplifizierten Aromatase- und Actinfragmente von cDNA des Medakas mit dem Restriktionsenzym Bshl236I. Spur MW: λ DNA/Eco471 Molekulargewichtsmarker (Kontrast durch Bildverarbeitung verstärkt); Spur 1: Aromatasefragment; Spur 2: Aromatasefragment nach Restriktionsverdau; Spur 3: Actinfragment; Spur 4: Actinfragment nach Restriktionsverdau. Die Analyse erfolgte durch Gelelektrophorese in 2 % Agarose.

lichem Leber- und Muskelgewebe konnte die Expression des Aromatase-Gens beobachtet werden (Ergebnisse nicht dargestellt).

Der ausgewählte Hybridoma-Klon 1H11 produzierte einen IgG_1-Antikörper, der mit nur einem Protein aus Blut oder Leber weiblicher Medakas reagierte. Im Western Blot der Eiprobe konnten mehrere Proteine mit Hilfe des Antikörpers nachgewiesen werden (Abb. 57-3, Spur 1-3). Das leicht unterschiedliche Laufverhalten des markierten Leber- und Blutproteins in der Gelektrophorese könnte dabei möglicherweise durch die Prozessierung von Vitellogenin (Phosphorylierung u.ä.) verursacht werden (Abb. 57-3). Keine Reaktion konnte dagegen mit Leber- oder Blutproben von männlichen Medakas nachgewiesen werden.

Die Spezifität des verwendeten Antikörpers für Vitellogenin wurde durch folgende Beobachtungen bestätigt: 1. Der Antikörper reagierte nur mit einem einzigen Protein in Leber und Blut von Weibchen. 2. Die Hauptkomponenten des Dotters (Vitelline) konnten mit dem Antikörper nachgewiesen werden. 3. In Paraffinschnitten des Ovars (Ergebnisse nicht dargestellt) bindet der Antikörper nur an Dotterkomponenten. Nicht-vitellogene Follikel wurden nicht markiert. 4. Die mit dem Antikörper nachgewiesenen Eiproteine konnten auch durch spezifische Nachweismethoden für Lipovitelline angefärbt

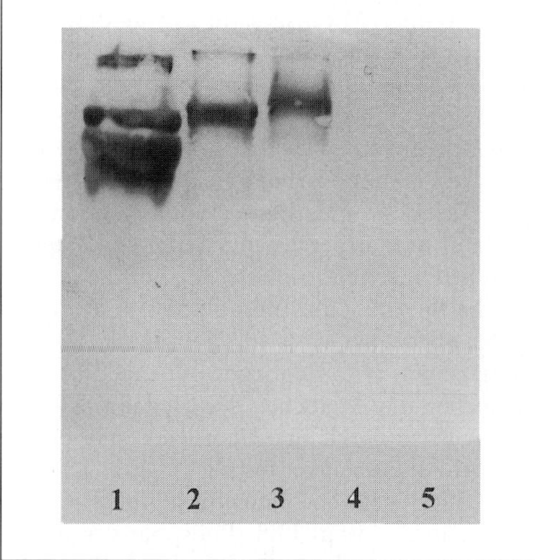

Abb. 57-3: Nachweis von Vitellogenin im Western Blot eines nativen Polyacrylamidgels (10 %). Der monoklonale Antikörper aus dem Klon 1H11 wurde zum Nachweis von Vitellogenin und Vitellin in folgenden Proben des Medakas *(Oryzias latipes)* verwendet: Eiproteine (3 µg, Spur 1), Blutserum von Weibchen (20 µg, Spur 2), Leberproteine von Weibchen (45 µg, Spur 3), Leberproteine von Männchen (30 µg, Spur 4) und Blutprotein von Männchen (17 µg, Spur 5).

werden (Ergebnisse ebenfalls hier nicht dargestellt).
Beide Methoden – der Nachweis der Aromatase mit RT-PCR und von Vitellogenin mit einem monoklonalen Antikörper – weisen eine Männchen-/Weibchenspezifität auf, so daß sie für eine Untersuchung östrogener Effekte von Umweltchemikalien auf die Geschlechtsdifferenzierung des Medakas eingesetzt werden können. Zur Zeit untersuchen wir den Effekt von östrogen wirkender Chemikalien auf die Aromataseexpression und die Induktion von Vitellogenin.

Danksagung

Wir bedanken uns für die Hilfe von Heidrun Gebauer und Christine Gräfe (Institut für Immunologie, TU Dresden) bei der Präparation der monoklonalen Antikörper und von Yvonne Henker (Institut für Zoologie, TU Dresden) bei der Tierzucht.

Literatur

Arnold, S.F., McLachlan, J.A. (1996): Synergistic signals in the environment. Environ. Health Perspect.104: 1020-1023

Arukwe, A., Knudsen, F.R., Goksøyr, A. (1997): Fish zona radiata (eggshell) protein: a sensitive biomarker for environmental estrogens. Environ. Health Perspect.105: 418-422

Chomczynski, P., Sacchi, N. (1987): Single-step method of RNA isolation by acid guanidinium thiocyanate-phenol-chloroform extraction. Anal. Biochem. 162: 156-159

Crain, D.A., Guillette, L.J., Rooney, A.A., Pickford, D.B. (1997): Alterations in steroidogenesis in alligators (*Alligator mississippiensis*) exposed naturally and experimentally to environmental contaminants. Environ. Health Persp. 105: 528-533

Flouriot, G., Pakdel, F., Ducouret, B., Valotaire, Y. (1995): Influence of xenobiotics on rainbow trout liver estrogen receptor and vitellogenin gene expression. J.Molec. Endocrinol. 15: 143-151

Fostier, A., Jalabert, B., Billard, R., Breton, B., Zohar, Y. (1983): The gonadal steroids. In: W.S. Hoar, D.J. Randall, E.M. Donaldson (eds.): Fish physiology. Vol. 9, Reproduction. Part A, endocrine tissues and hormones. Academic Press, New York. 277-373

Francis, R.C. (1992): Sexual lability in teleosts: developmental factors. Quart. Rev. Biol. 67: 1-18

Fukada, S., Tanaka, M., Matsuyama, M., Kobayashi, D., Nagahama, Y. (1996): Isolation, characterization, and expression of cDNAs encoding the medaka (*Oryzias latipes*) ovarian follicle cytochrome P-450 aromatase. Molec. Reprod. Develop. 45: 285-290

Gray, M.A., Metcalfe, C.D. (1997): Induction of testis-ova in Japanese medaka (*Oryzias latipes*) exposed to p-nonylphenol. Environ. Toxicol. Chem. 16: 1082-1086

Harris, J.E., Sheahan, D.A., Jobling, S., Matthiessen, P., Neali, P., Sumpter, J.P., Tylor, T., Zaman, N. (1997): Estrogenic activity in five united kingdom rivers detected by measurement of vitellogenesis in caged male trout. Environ. Toxicol. Chem. 16: 534-542

Hunter, G.A., Donaldson, E.M. (1983): Hormonal sex control and its application to fish culture. In: Hoar, W.S., Randall, D.J., Donaldson, E.M., (eds.): Fish physiology. Vol. 9, reproduction. Part B, behavior and fertility control. Academic Press, New York. 223-303

Jafri, S.I.H., Ensor, D.M. (1979): Occurrence of an intersex condition in the roach *Rutilus rutilus* (L.). J. Fish Biol. 14: 547-549

Jobling, S., Reynolds, T., White, R., Parker, M.G., Sumpter, J.P. (1995): A variety of environmental persistent chemicals, including some phthalate plasticizers, are weakly estrogenic. Environ. Health Perspect. 503: 582-587

McLachlan, J.A., Arnold, S.F. (1996): Environmental estrogens. Am. Sci. 84: 452-461

Mommsen, T.P., Walsh, P.J. (1988): Vitellogenesis and oocyte assembly. In Hoar, W.S., Randall, D.J., (eds.): Fish physiology. Vol. 11, part A, eggs and larvae. Academic Press, New York. 347-406

Murata, K., Sugiyama, H., Yasumasu, S., Iuchi, I., Yasumasu, I., Yamagami, K.(1997): Cloning of cDNA and estrogen-induced hepatic gene expression for choriogenin H, a precursor protein of the fish egg envelope (chorion). Proceed. Nat. Acad. Sci. USA 94: 2050-2055

Onitake, K. (1972): Morphological studies of normal sex-differentiation and induced sex-reversal process of gonads in the medaka, *Oryzias latipes*. Ann. Zool. Jap. 45: 159-169.

Sato, N., Egami, B. (1972): Sex differentiation of germ cells in the teleost, *Oryzias latipes*, during normal embryonic development. J. Embryol. Exp. Morphol. 28: 385-395

Sumpter, J.P., Jobling, S. (1995): Vitellogenesis as a biomarker for oestrogenic contamination of the aquatic environment. Environ. Health Perspect. 103 (Suppl. 7): 173-178

Takagi, S., Sasado, T., Tamiya, G., Ozato, K., Wakamatsu, Y., Takeshita, A. and Kimura, M. (1994): An efficient expression vector for transgenic medaka construction. Mol. Marine Biol. Biotechnol. 3: 192-199

Tanaka, M., Fukada, S., Matsuyama, M. and Nagahama, Y. (1995): Structure and promoter analysis of the cytochrome P-450 aromatase gene of the teleost fish, Medaka (*Oryzias latipes*). J. Biochem. 117: 719-725

Yamamoto, T.-O. (1975): Medaka (killifish): Biology and strains. Keigaku Publishing Company, Tokyo

Ökotoxikologie und Umweltverfahrenstechnik

58 Biologische Abbaubarkeit/Adsorption von Azo-Farbstoffen durch Algen-Bakterien-Biofilme

T. Geffke, S. Fiebig, G. Möhrmann-Kalabokidis, D. Scheerbaum und U. Noack

Abstract

The biodegradability of an azo dye stuff has been investigated in irrigation plants with biofilms of mixed populations of algae and bacteria. By continuous sprinkling with synthetic waste water and simultaneous lighting a biofilm was induced which consisted of a mixed population of the blue-green alga *Anabaena cylindrica* and activated sludge from a municipal sewage treatment plant. The azo dye stuff Mordant Blue was applied (50 mg/l) and determined by extinction and high performance liquid chromatography in the media. A decrease of the azo dye stuff concentration was observed after 2-3 days. A new peak was found in the mixed population plant. It is suggested that a metabolisation of the dye stuff by the algae took place. The structure of the metabolite shall be determined in further investigations.

Zusammenfassung

Die biologische Abbaubarkeit eines Azo-Farbstoffes wurde in Rieselbett-Anlagen mit Biofilmen von Algen-Bakterien-Mischkulturen untersucht. Durch kontinuierliche Berieselung mit synthetischem Abwasser sowie gleichzeitiger Belichtung wurde ein Biofilm induziert, bestehend aus einer Mischkultur der Cyanophyceae *Anabaena cylindrica* und Belebtschlamm einer kommunalen Kläranlage. Es wurde Mordant Blue als Azo-Farbstoff appliziert (50 mg/l) und anhand von Extinktionsmessungen und Hochdruck-Flüssigchromatographie in den Rieselbett-Medien bestimmt. Eine deutliche Abnahme der Konzentration des Azo-Farbstoffes konnte nach 2-3 Tagen beobachtet werden. Die analytischen Untersuchungen ergaben nicht nur unterschiedliche Gehalte des Farbstoffes in den Anlagen, sondern es wurde ein neuer bisher nicht vorhandener Peak aus der Anlage mit der Mischkultur nachgewiesen. Es wird vermutet, daß eine Metabolisierung des Farbstoffes durch die Algen stattgefunden hat. In weiteren Untersuchungen soll die Struktur des gefundenen Metaboliten erforscht werden.

58.1 Einleitung

Die Persistenz einzelner Xenobiotika in aquatischen und terrestrischen Umweltsystemen ist Gegenstand vieler Forschungsprojekte. Neben Bakterien und Pilzen verfügen auch einzellige Mikroalgen über die Fähigkeit, bestimmte Verbindungen zu metabolisieren. So sind spezielle Mikroalgen in der Lage, verschiedene Phenole und Azo-Farbstoffe partiell abzubauen (Jingqi et al. 1992, Klekner et al. 1992). Einige Spezies können Verbindungen mit einer Azo-Gruppe metabolisieren. Gerade in der biologischen Abwasserreinigung sind Biocoenosen erwünscht, die außerordentlichen Belastungen standhalten können. Eine diskontinuierliche Betriebsweise von toxischen Abwasserströmen oder extreme Sauerstoffminima stellen hohe Anforderungen an eine vitale Belebtschlammbiocoenose in einer Betriebskläranlage. Ziel unseres Forschungsvorhabens war es, in einer Vergesellschaftung leistungsfähiger Algenspezies mit Belebtschlammbakterien in artifiziellen Biofilmen, das Abbau-Potential der beteiligten Algen und Bakterien zu vereinen. Ein weiterer Vorteil wird auch darin gesehen, daß mit Hilfe der photosynthetisch aktiven Cyanobakterien (Blaualgen) ein ausreichendes Sauerstoffangebot in der Biofilm-Matrix sichergestellt werden kann, da mit zunehmender Schichtdicke die Diffusionseigenschaften abnehmen und schnell in unteren Schichten anaerobe Verhältnisse entstehen. Auch die Mikroalgen profitieren von der Biocoenose, in dem sie das durch bakterielle Mineralisation entstehende CO_2 assimilieren. Weiterhin begünstigen die extrazellulären Polymere der verwendeten Blaualgenart die Primärbesiedlung infolge Adhäsion und somit die Ausbildung großflächiger Biofilme.

In einer neuartigen Verfahrensweise wurde mittels kontinuierlich betriebener Rieselbett-Anlagen die Abbaubarkeit eines Azo-Farbstoffes in Abwassersimulationstests in Algen-Bakterien-Biofilmen untersucht.

58.2 Material und Methoden

58.2.1 Material

Die verwendeten Rieselbett-Anlagen bestehen aus geneigten Plexiglasscheiben (Fläche 0,08 m^2). Sie sind mit einem PE-Netz überzogen (Maschenweite 0,5 cm), um eine Biofilm-Bildung zu erleichtern. Die Anlagen stehen in Wannen, in die die Plexiglas-Scheiben im Winkel von 45° parallel versetzt in Modulbauweise eingebaut sind. Der Abstand beträgt 10 cm. Die Scheiben werden an ihrem oberen Ende über perforierte Ausströmrohre kontinuierlich mit Medium mittels einer Kreiselpumpe berieselt. Die Belichtung der Anlagen erfolgt kontinuierlich mit 6-15 $\mu mol \cdot m^{-2} \cdot s^{-1}$.
Die Blaualge *Anabaena cylindrica* sowie kommunaler Belebtschlamm wurden für den vorliegenden Versuch eingesetzt. In umfangreichen Vorversuchen wurden verschiedene Mikroalgen auf ihre Fähigkeit hin untersucht, Biofilme zu bilden. *Anabaena cylindrica* bietet aufgrund der Gallerten- und Schleimbildung sowie einer optimalen Wachstumsrate günstige Voraussetzungen für die Bildung von Biofilmen.

58.2.2 Methoden

Der Biofilm wurde innerhalb von 2 Wochen durch ständige Berieselung der Scheiben mit kommunalem Abwasser induziert. Es wurden Biofilme sowohl aus Monospezies- als auch aus Multispezieskulturen hergestellt. Das Biomasse-Trockengewicht betrug im Durchschnitt 25 g/m^2, das C/N Verhältnis lag bei 8. Als Azo-Farbstoff wurde Mordant Blue (Abb. 58-1) in Konzentrationen von 25 mg/l im ersten Versuchsabschnitt und 50 mg/l im zweiten Versuchsabschnitt appliziert. Die Gehalte an Farbstoff bzw. Metaboliten wurden mittels Extinktionsmessung bei 530 nm (Spektralphotometer CADAS 100, Dr. Lange) sowie HPLC (Waters) verfolgt. Verwendet wurde eine HPLC-Säule mit Umkehrphase (Nucleosil 120-5 C_{18}, 250 mm, 4,0 mm i.D., Macherey Nagel). Die mobile Phase setzte sich zusammen aus Methanol und einer Pufferlösung (1/15 m KH_2PO_4 eingestellt auf pH 5,0). Im Gradientenbetrieb stieg der Methanolanteil in 10 min von 30 auf 70 %, wurde für 2 min gehalten und ging anschließend in 5 min auf 30 % zurück.
Bei einer Flußrate von 1 ml/min und 30°C Säulentemperatur lag die Retentionszeit von Mordant Blue bei etwa 10,5 min. Die Detektion erfolgte mittels UV/VIS-Detektor (Waters 484 TAD) bei 254 nm.

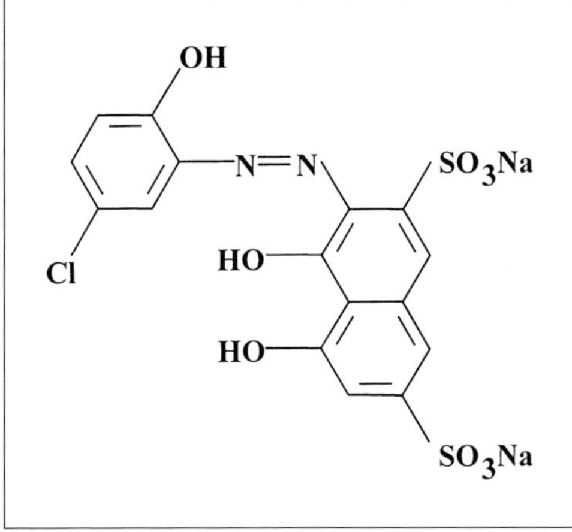

Abb. 58-1: Mordant Blue (6-5-Chlor-2-hydroxy-4-sulfon-phenylazo-5-hydroxy-1-naphthalin-sulfonsäure Natriumsalz).

58.3 Ergebnisse

In beiden Versuchsabschnitten wurde eine deutliche Abnahme der Extinktion jeweils in den ersten 2 – 3 Tagen beobachtet (Abb. 58-2). Die Abnahme war besonders ausgeprägt im Ansatz mit Algen und Belebtschlamm.
Die zum Nachweis von Metaboliten durchgeführte HPLC-Analytik bei 254 nm zeigte nach 6 Tagen Unterschiede in den Peakmustern der Versuchsansätze auf (Abb. 58-3). Das Peakmuster des Ansatzes mit Algen und Bakterien unterschied sich deutlich von allen anderen Ansätzen, also auch vom Ansatz nur mit Belebtschlamm,

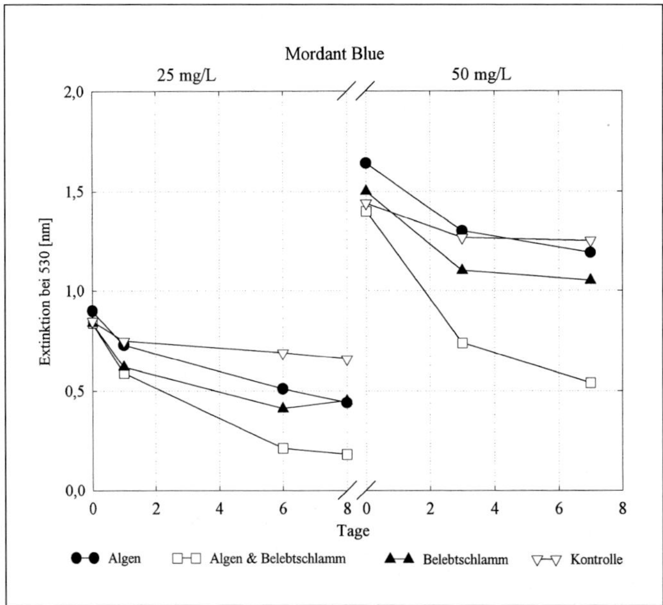

Abb. 58-2: Verlauf der Extinktion (530 nm) in den Rieselbett-Medien.

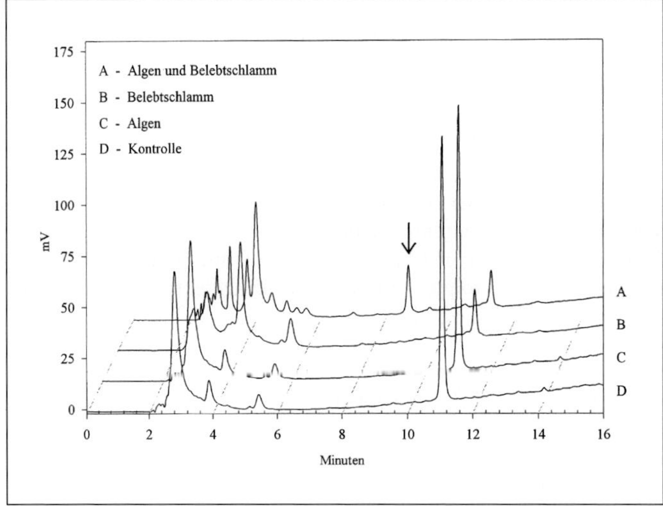

Abb. 58-3: HPLC-Chromatogramme der Rieselbett-Medien nach 6 Tagen.

bei dem eine vergleichbare Abnahme der Farbstoff-Konzentration gefunden wurde. Am 6. Versuchstag trat im Ansatz mit der Mischkultur ein Peak auf, dessen Höhe im weiteren Versuchsverlauf noch zunahm.
Nach 16 Tagen wurde ein vergleichbarer kleinerer Peak auch im Ansatz mit Algen ermittelt (o. Abb.). Dies bestätigt die Annahme, daß in den Mischkulturen vor allem die Algen zur Metabolisierung beitragen.

58.4 Diskussion

Im vorliegenden Versuch waren Biofilme aus Algen und Belebtschlamm-Bakterien in der Lage,

den Azo-Farbstoff Mordant Blue zu metabolisieren. Dabei erwiesen sich Multispezies-Biofilme aus Algen und Bakterien leistungsfähiger als Monospezies-Biofilme nur aus Algen oder Bakterien bestehend, da nur in den Mischkulturen eine Metabolisierung nachgewiesen werden konnte. EPS-produzierende Blaualgen können somit eine effektive Ergänzung im Rahmen der biologischen Abwasserbehandlung darstellen. Ihr Einsatz kommt in allen Bereichen in Frage, in denen Metabolisierung durch Algen nachgewiesen wurde. Im Rahmen des Forschungsvorhabens wurden weitere Versuche mit anderen Algenspezies und veränderten Betriebsbedingungen (Tropfkörper und volldurchmischte Becken) durchgeführt. Hierbei konnten unter Einsatz verschiedener Industrieabwässer ebenfalls stabile Betriebsbedingungen erreicht werden.
Darüber hinaus können Algen in klimatisch günstigen Regionen einen Beitrag zur Sauerstoffversorgung durch die Abgabe von photosynthetisch produziertem Sauerstoff leisten. Algen-Biofilme sind ferner in der Lage, sehr effizient eutrophierende Abwasserinhaltsstoffe wie Ammonium und o-Phosphat zu entziehen. Unter Berücksichtigung dieser Untersuchungsergebnisse erscheint der Einsatz von Algen-Bakterien-Biofilmen in weiteren Versuchsreihen zur biologischen Abwasserreinigung sinnvoll.

Danksagung

Wir danken dem BMFT für die finanzielle Unterstützung (Förderkennzeichen: 0317660).

Literatur

Jingqi, L., Houtian, L. (1992): Degradation of azo dyes by algae. Environ. Pollut. 75: 273-278

Klekner, V., Kosaric, N. (1992): Degradation of phenols by algae. Environ. Technol. 13: 493-501

59 Biologische Bodensanierung und ihre Erfolgskontrolle durch Biomonitoring

A. Marschner

Abstract

Soil bioremediation has proved its value in practice during the last 10 to 15 years. Remediation techniques are applied in contaminated sites on-site, off-site and in-situ. The contaminated sites in which biological procedures were adopted had mainly suffered from contamination with mineral oils. Other significant pollutant groups, for which biological procedures can generally be used are BTEX (benzene, toluene, ethylbenzene, xylene), phenols, cyanides, VCHCs (volatile chlorinated hydrocarbons) and PAHs (polyaromatic hydrocarbons containing up to four aromatic rings). For degrading PAHs with more than 5 aromatic fused rings, or for PCBs (polychlorinated biphenyls) further research is needed to devise methods that can be successfully applied in practice.
Biotests are used for monitoring progress during soil bioremediation and for assessing the final outcome of the process. An ecotoxicological assessment of contaminated or cleaned up soil material and a decision on the subsequent utilisation of the site can be made on the basis of biological tests. In contrast to chemical analysis, which may fail to identify all potentially toxic substances due to the limit scope of the analysis, biological test methods can be used to obtain an integral measure of the toxicity of residual substances and their metabolites. In addition, the toxic effects determined relate only to the amount of pollutant actually available. Basically, it is necessary to distinguish between two types of biological test methods, which differ in the quality of their predictive value:

- biological short-term tests
- ecotoxicological test methods for soil organisms and higher plants.

The range of biological test methods is considered in relation to their ecological relevance, sensitivity, duration of the test, practicability, and potential for standardisation. In addition, the article deals with the suitability of the tests for assessing soil materials in relation to their retention capacity and habitat function.

Zusammenfassung

Biologische Bodenreinigungen haben sich im Lauf der letzten zehn bis fünfzehn Jahre in der Praxis grundsätzlich bewährt. Sie werden bei der Altlastensanierung onsite, off-site und in-situ durchgeführt. Bei Altlastensanierungen, bei denen biologische Verfahren eingesetzt worden sind, handelt es sich in den meisten Fällen um Mineralölschäden. Weitere bedeutende Schadstoffgruppen, bei denen biologische Verfahren grundsätzlich einsetzbar sind, sind BTEX (Benzol, Toluol, Ethylbenzol, Xylol), Phenole, Cyanide, LCKW (leicht flüchtige chlorierte Kohlenwasserstoffe) und PAK (Polyaromatische Kohlenwasserstoffe; bis zu vierkernigen Aromaten). Zum Abbau von PAK mit ≥ 5 aromatischen Ringen und PCB (Polychlorierte Biphenyle) bedarf es noch weiterer Forschungsaktivitäten, bis eine erfolgreiche Anwendung in der Praxis möglich ist.
Ein Biomonitoring in Form von Biotests wird für die Verlaufskontrolle während einer Bodensanierung und für die abschließende Erfolgskontrolle eingesetzt. Auf der Basis von biologischen Testverfahren kann eine ökotoxikologische Bewertung des kontaminierten bzw. gereinigten Bodenmaterials erfolgen und eine Entscheidung für die Folgenutzung dieses Materials vorgenommen werden. Im Gegensatz zur chemischen Analyse, bei der aufgrund des eingeschränkten untersuchten Stoffspektrums nicht alle potentiell giftig wirkenden Stoffe ermittelt werden, wird mit Hilfe dieser biologischen Testverfahren die Toxizität aller vorhandener Einzelsubstanzen und deren Metabolite integrativ erfaßt. Hinzu kommt, daß nur die toxische Wirkung des tatsächlich biologisch verfügbaren Schadstoffanteils ermittelt wird. Grundsätzlich ist zwischen zwei sich in der Qualität der Aussage unterscheidenden Typen von biologischen Testmethoden zu differenzieren:

- biologische Schnelltests
- ökotoxikologische Testmethoden an Bodenorganismen und höheren Pflanzen.

Das Spektrum der biologischen Testmethoden wird im Hinblick auf ökologische Relevanz, Empfindlichkeit, Testdauer, Praktikabilität und Standardisierbarkeit betrachtet. Außerdem wird auf die Eignung der Tests zur Beurteilung des Bodens bezüglich seiner Rückhalte- und Lebensraumfunktion eingegangen.

59.1 Einleitung

Neben physikalischen und chemischen Verfahren stellen die mikrobiologischen Verfahren vielversprechende Möglichkeiten zur Sanierung von Altlasten dar (BMU 1997). Sie haben sich im Verlauf der letzten 10 bis 15 Jahre in der Praxis grundsätzlich bewährt (Lotter 1995). Es handelt sich dabei in den meisten Fällen um Mineralölschäden. Biologische Boden- und Grundwassersanierungsverfahren nehmen heute bereits den größten Marktanteil bei altlastenrelevanten Sanierungsverfahren ein und werden künftig unter ökonomischen Gesichtspunkten sowie größerer öffentlicher Akzeptanz im Vergleich zu den anderen Verfahren noch an Bedeutung gewinnen.

Der Erfolg einer mikrobiologischen Bodensanierung hängt neben bekannten, den Abbauprozeß beeinflussenden Parametern wie Sauerstoffversorgung, Vorhandensein von Nähr- und Zuschlagsstoffen, Wassergehalt, pH-Wert und Temperatur auch stark von der vorliegenden Konzentration der Kontaminanten ab. Bei zu hohen Konzentrationen der Kontaminanten tritt aufgrund der toxischen Wirkung gegenüber Mikroorganismen ein inhibitorischer Effekt ein, wodurch ein Mißerfolg des biologischen Verfahrens absehbar ist. Grundsätzlich ist festzuhalten, daß biotechnische Dekontaminationen sich immer dann eignen, wenn die Untergrundmatrizes niedrig kontaminiert sind (z.B. ca. 1 % Mineralöl im Boden, SRU 1990).

59.2 Biologische Bodensanierung

59.2.1 Prüfung auf biologische Sanierbarkeit

Voraussetzung für den Einsatz eines mikrobiologischen Verfahrens sind systematische Voruntersuchungen, um abzuklären, ob überhaupt biologisch saniert werden kann, mit welcher Behandlungsdauer, welchem Sanierungsziel und welchen Kosten zu rechnen ist (vgl. Filip 1996, SRU 1990). Solche Voruntersuchungen sind auch deshalb nötig, weil in der Regel große Flächen und Volumina behandelt werden sollen und die Sanierungsmaßnahme einen längeren Zeitraum von einigen Monaten bis zu einigen Jahren benötigt. Etwaige Fehler sind im nachhinein nur schwer zu beheben.

Es wird im folgenden die Vorgehensweise bei Voruntersuchungen, die nach Filip (1996) notwendig ist, zitiert:

- Qualitative und quantitative Erfassung der Schadstoffe
- Charakterisierung bodenkundlicher bzw. auch hydrogeologischer Bedingungen des kontaminierten Standortes
- Ermittlung der Zusammensetzung, Besiedlungsdichte und Stoffwechselaktivitäten der standorteigenen Mikroflora
- Laboruntersuchungen zur Ermittlung der Wirkung jeweiliger Schadstoffe auf die Mikroorganismen und Untersuchung der Faktoren, die dem Wachstum und den Stoffwechselaktivitäten der Mikroorganismen entgegenwirken
- Laboruntersuchungen zur Erfassung der Wechselwirkungen zwischen den Schadstoffen und abiotischen Standortfaktoren (Bodenmatrix, Grundwassermaterial)
- Einstellung optimaler Abbaubedingungen in einem Modellversuch (Mikrokosmos) einschließlich Ermittlung der Prozeßkinetik, Erprobung der Analytik, Erfassung von Abbauprodukten und eventueller Begleiterscheinungen der Prozeßführung
- Technische Vorbereitung des Standortes
- Einleitung der Sanierungsmaßnahme und ihre Überwachung

Des weiteren werden von Stegmann (1992) in jedem einzelnen Sanierungsfall Voruntersuchungen im Labor zur Erstellung von möglichst weitgehenden Bilanzierungen der biologischen Abbauvorgänge für erforderlich gehalten, um den Verbleib der Schadstoffe nachweisen zu können.

59.2.2 Einsatzspektren der Sanierungsverfahren

Biologische Bodensanierungen können „in-situ" oder „ex-situ" durchgeführt werden. Bei den ex-situ-Verfahren wird außerdem in „on-site" oder „off-site" unterschieden (Abb. 59-1).

Die Einsatzmöglichkeit von In-situ-Verfahren ist abhängig von den geologischen Bedingungen. Bei gut durchlässigen Böden (K_f-Wert $>5 \times 10^{-4}$ m/s) und homogener Schadstoffverteilung kann ein solches Verfahren angewendet werden. Ist der K_f-Wert zu gering, kann die biologische Behandlung am ausgekofferten Boden in Mieten oder in Reaktoren vorgenommen werden. Der Einsatz von Reaktoren wird für besonders flüchtige oder hochsorptive Schadstoffe empfohlen. Speziell für die Behandlung von feinkörnigem Bodenmaterial werden Suspensionsreaktoren bevorzugt.

59.2.3 Schadstoffabbau

Inwieweit organische Schadstoffe mikrobiell abbaubar sind, hängt wesentlich von der chemischen Struktur der Schadstoffe ab (Neteler 1995). Maßgebliche Faktoren für den Abbau sind z.B.:

- Länge und Verzweigungsgrad der Kohlenstoffketten
- Oxidations- und Sättigungsgrad der Verbindung
- Chlorierungsgrad

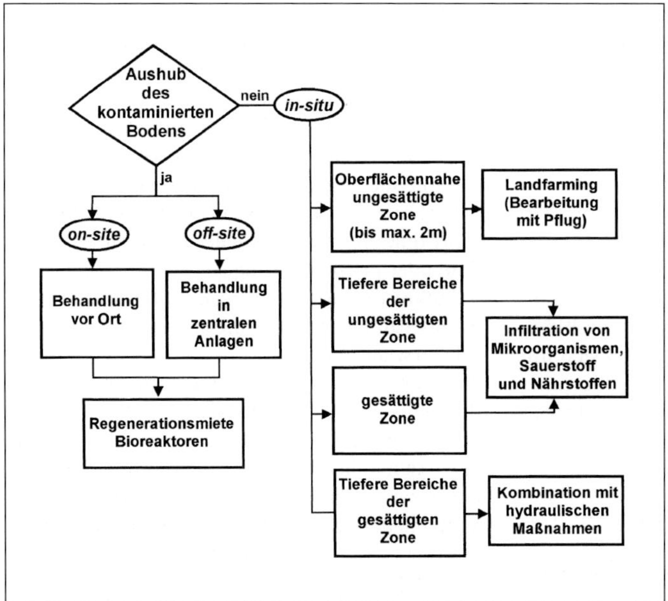

Abb. 59-1: Überblick zur biologischen Bodensanierung (verändert nach Stegmann 1992).

Bei Altlastensanierungen, bei denen biologische Verfahren eingesetzt worden sind, handelt es sich in den meisten Fällen um Mineralölschäden. Weitere bedeutende Schadstoffgruppen, bei denen biologische Verfahren grundsätzlich einsetzbar sind, sind BTEX, Phenole, Cyanide, LCKW und PAK (bis zu vierkernigen Aromaten). Zum Abbau von PAK mit ≥ 5 aromatischen Ringen und PCB bedarf es noch weiterer Forschungsaktivitäten bis eine erfolgreiche Anwendung in der Praxis möglich ist. Die Ergebnisse aus Laboruntersuchungen lassen sich nach Rehm (1992) wie folgt zusammenfassen:

- **Alkane:** Alkane sind unter anderem in Mineralölkohlenwasserstoffen (MKW) enthalten. Bis zu einer Kettenlänge von etwa C_{30} sind sie im allgemeinen mikrobiell aerob abbaubar. Ein Abbau von Alkanen unter anaeroben Bedingungen ist bisher noch nicht nachgewiesen. Mit zunehmender Kettenlänge verlangsamt sich allerdings der Abbau. Mit toxischen Metaboliten ist beim Abbau von Alkanen nicht zu rechnen.
- **Kurzkettige Halogenkohlenwasserstoffe** (z.B. LCKW): Diese Verbindungen sind zum Teil abbaubar, benötigen aber häufig Spezialkulturen. Je höher die Chlorierung ist, desto mehr wird der anaerobe Abbau bevorzugt; je niedriger chloriert die Verbindung vorliegt, um so eher ist ein aerober Abbau möglich.
- **Monozyklische Aromaten** und **Heterozyklen:** Unter aeroben Bedingungen sind für viele dieser Substanzen Spezialkulturen nötig. Zum anaeroben Abbau gibt es derzeit zwar positive Ergebnisse, die Abbaugeschwindigkeiten sind allerdings sehr gering.
- **Chlorierte Aromaten:** Für die hochchlorierten Aromaten gilt analoges wie für die LCKW.
- **Polyaromatische Kohlenwasserstoffe** (PAK): Für PAK ist ein vollständiger mikrobieller Abbau bis zu vierkernigen Aromaten nachgewiesen. Bei vierkernigen Aromaten erfolgt der Abbau schon sehr langsam. Ein Abbau fünfkerniger Aromaten ist allerdings auch schon beschrieben worden. Über die Entstehung toxischer Metabolite liegen noch keine ausreichenden Ergebnisse vor.
- **Polychlorierte Biphenyle** (PCB): PCB können zum Teil abgebaut werden. Je höher der Chlorierungsgrad, desto schwieriger ist der Abbau.
- **Dioxine** und **Furane:** Für das Grundgerüst von halogenfreien Dibenzodioxinen und Dibenzofuranen liegt zwar ein vollständiger Abbau vor, aber bei mehrfacher Chlorierung (z.B. 2,

3, 7, 8-Tetrachlordibenzodioxin „Seveso-Dioxin") ist bisher kein mikrobieller Abbau nachgewiesen.
Abschließend ist festzustellen, daß Böden, die mit chlorierten Dioxinen bzw. Furanen, PCB oder hochkondensierten PAK ($\geq$5 aromatische Ringe) kontaminiert sind, derzeit nicht mit mikrobiologischen Verfahren saniert werden können (Rehm 1992).

59.3 Biologische Verlaufs- und Erfolgskontrolle von Bodensanierungen

Wie auch bei den physikalisch-chemischen Sanierungsverfahren ist bei den biologischen Verfahren eine Wiederherstellung von völlig unbelastetem Bodenmaterial kaum erreichbar (Alef 1994). Insofern ist eine Gefährdungsabschätzung dieses Bodenmaterials notwendig.
Während einer Bodensanierung und für die abschließende Erfolgskontrolle wird Biomonitoring in Form von Biotests eingesetzt. Auf der Basis dieser Biotests kann eine ökotoxikologische Bewertung des kontaminierten bzw. gereinigten Bodenmaterials erfolgen und eine Entscheidung für die Folgenutzung dieses Materials vorgenommen werden. Im Gegensatz zur chemischen Analyse, bei der aufgrund des eingeschränkten untersuchten Stoffspektrums nicht alle potentiell giftig wirkenden Stoffe ermittelt werden, wird mit Hilfe dieser biologischen Testverfahren die Toxizität aller vorhandener Einzelsubstanzen und deren Metabolite integrativ erfaßt. Hinzu kommt, daß nur die toxische Wirkung des tatsächlich bioverfügbaren Schadstoffanteils ermittelt wird. Daher ergänzen sich biologische Untersuchungen und chemische Analysen.
Grundsätzlich ist zwischen zwei Typen von Biotests zu differenzieren, die sich in der qualitativen Aussage sowie auch im Arbeits- und Zeitaufwand unterscheiden:

- den biologischen Schnelltests und
- den ökotoxikologischen Testmethoden an Bodenorganismen und höheren Pflanzen.

59.3.1 Biologische Schnelltests

Biologische Schnelltests sollten sich dadurch auszeichnen, daß sie in kurzer Zeit (i.d.R. bis zu 24 h Testdauer), mit geringem Aufwand und hoher Empfindlichkeit durchführbar sind. Für die Anwendung in der Praxis sollten diese Tests bereits standardisiert sein.
Unter biologischen Schnelltests werden zum Beispiel Untersuchungen an isolierten Enzymen, Zellorganellen, Zellen, Mikroorganismen, pflanzlichen und tierischen Kleinstlebewesen (Ein- und Mehrzeller) sowie Mutagenitätstests und Biosonden verstanden (Abb. 59-2). Die Bioschnelltests werden ausschließlich im flüssigen Medium (d.h. im Bodeneluat) und z.T. an aquatischen Organismen durchgeführt. Hieraus wird deutlich, daß nicht die gesamte Toxizität der Kontaminanten im Bodenmaterial angezeigt wird.
Häufig werden im Rahmen von Schnelltests auch die Immunoessays (ELISA) mit erwähnt. Da diese Immunoessays aber nicht die toxische Wirkung, sondern mit Hilfe von Antikörperreaktionen Schadstoffkonzentrationen ermitteln (LFU 1994), sollten sie bei der Nennung biologischer Schnelltests zur Ermittlung der Toxizität entfallen. Anders sieht es bei den Biosonden aus, die eine toxische Wirkung anzeigen. Für diese nutzt man z.T. die Parameter, die schon bei den Schnelltests aufgelistet wurden, wie z.B. Enzymhemmung, Chlorophyll-Luminizenz, Chemoluminizenz und Atmung (Wenzel 1995).

59.3.2 Ökotoxikologische Testmethoden an Bodenorganismen und höheren Pflanzen

Um die Wirkungsweise und das Gefährdungspotential der Kontaminanten in ihrer Komplexität zu erfassen, bietet es sich an, die Untersuchungen an höheren Organismen in Form von Monospeziestests durchzuführen.
Die ökotoxikologischen Testmethoden an Bodenorganismen und höheren Pflanzen zeichnen sich dadurch aus, daß sie einerseits die Wirkungen der Kontaminanten auf der Organismenebene aufzeigen, die i.d.R. durch Summenparameter wie Wachstum, Mortalität und Reproduktion erfaßt werden, aber andererseits durch ihre Zusammenstellung zu einer Testbatterie auf Wirkungen hinweisen, die auf Populations- und Biozönosenebene ablaufen. Natürlich stellen die ausgewählten Testspezies verschiedener Trophiestufen nur Mosaiksteine aus der Vielfalt des terrestrischen Ökosystem dar.

Testebene	Parameter
Isolierte Enzyme	– Urease-Aktivität – Aktivität der Acetylcholinesterase (AChE-Hemmung)
Zellorganellen • isolierte Mitochondrien • Chloroplasten • Thylakoidmembranen	 – O_2-Verbrauch – Photosynthese-Aktivität – Photosynthese-Aktivität
Zelle • Zellkultur • Erythrozyten	 – Vermehrung, Letalität, Membranschädigung – Lysis durch Membranzerstörung
Mikroorganismen	– Enzymaktivität – Vermehrung – Respiration (O_2-Verbrauch / CO_2-Produktion) – Fluoreszenz (Leuchtbakterien) – Mutagenität (z.B. umu-test, SOS-Chromotest, Ames-Test)
Kleinstlebewesen (Ein- & Mehrzeller) • Algen • Ciliaten • Rotatorien • Daphnien • Salinenkrebs (*Artemia salina*)	 – O_2-Produktion, Zellvermehrung, Chlorophyllfluoreszens – Zellvermehrung, Proliferation – Mortalität – Schwimmunfähigkeit – Mortalität

Abb. 59-2: Schnelltests (Persoone et al. 1993, Alef 1994, LFU 1994, THMLNU 1997, A. Wenzel, pers. Mitteilung)

Derzeit wird i.d.R., wenn Toxizitätstests auf Organismenebene durchgeführt werden, auf die allgemein bekannten und bewährten aquatischen Tests an Algen, Kleinkrebsen (Daphnien) und Leuchtbakterien zurückgegriffen. Hierzu werden Bodeneluate hergestellt. Bei dieser Vorgehensweise wird nur einer von mehreren möglichen Expositionspfaden der Kontaminanten im Boden berücksichtigt. Die aquatischen Tests liefern in erster Hinsicht eine Aussage zur Belastung des Grundwassers durch kontaminiertes Sickerwasser, wenn das gereinigte, aber dennoch mit Restkontaminanten belastete Bodenmaterial wieder eingebaut wird. Das heißt, es wird die Rückhaltefunktion des Bodens überprüft (Kreysa und Wiesner 1995).

Um alle typischen Expositionsszenarien abzudecken, erweisen sich daher Tests an originären Bodenorganismen als sinnvoll. Diese ökotoxikologischen Testverfahren eignen sich, um die Gefährdung der Lebensraumfunktion für die Bodenbiozönose und Pflanzen zu bewerten (Kreysa und Wiesner 1995).

Die wichtigsten Expositionspfade sind folgende:

- Porenluft
- Porenwasser
- Direktkontakt mit dem Schadstoff/Bodenpartikel
- Aufnahme mit der Nahrung

In einer solchen Testbatterie bestehend aus Monospeziestests sollten Vertreter (Schlüsselorganismen) von Primärproduzenten, Konsumenten und Destruenten vertreten sein.

Als Destruenten sind bei der Testbatterie die Mikroorganismen, die im Rahmen der Schnelltests schon genannt wurden, aufgeführt. Beispiele von Vertretern für ökotoxikologische Testmethoden an Bodenorganismen und höheren Pflanzen werden in der Abbildung 59-3 dargestellt. Hier sind solche Testverfahren aufgelistet, die für die Untersuchung von Chemikalien und Pflanzenschutzmitteln standardisiert vorliegen. Eine Ausnahme bildete der Nematodentest, der erst 1996 entwickelt wurde.

Testorganismus (Beispiele)	Parameter
Höhere Pflanzen • Hafer (*Avena sativa*) • Stoppelrübe (*Brassica rapa*)	Keimung, Wachstum (Biomasse), Wurzelentwicklung
Nematoden • *Panagrellus redivivus*	Reproduktion (chronischer Test)
Oligochaeten • Regenwurm (*Eisenia fetida*) • Enchytraeen (*Enchytraeus albidus*)	Mortalität (Akut-Test) / Reproduktion (chronischer Test)
Mesoarthropoden • Collembolen (*Folsomia candida*)	Mortalität (Akut-Test) / Reproduktion (chronischer Test)
Carnivore Insekten • Staphyliniden (*Aleochara bilineata*)	Mortalität (Akut-Test) / Reproduktion (Schlupfrate aus parasitierten Fliegen-Puppen)(chronischer Test)
Mikroorganismen • autochthone Gemeinschaften	Ammonifikation, Nitrifikation, Dehydrogenase-Aktivität, Respiration (O_2-Verbrauch / CO_2-Produktion)

Abb. 59-3: Ökotoxikologische Testmethoden an Bodenorganismen und höheren Pflanzen (nach Eijsackers und Lokke 1992, Léon und van Gestel 1994, Kreysa und Wiesner 1995, TMNLU 1997)

59.3.3 Möglichkeiten und Grenzen von biologischen Schnelltests und ökotoxikologischen Testmethoden an Bodenorganismen und höheren Pflanzen

In der Abbildung 59-4 werden die Möglichkeiten und Grenzen von biologischen Schnelltests und klassischen ökotoxikologischen Biotests aufgezeigt. Zu den Kriterien Empfindlichkeit der Organismen bzw. Testverfahren sowie zur Geschwindigkeit bis eine schädigende Wirkung einsetzt, sind keine weiteren Erläuterungen notwendig. Dagegen sind bei den Kriterien ökologische Relevanz, Praktikabilität und Standardisierbarkeit Unterkriterien subsumiert, die sich wie folgt darstellen:

Ökologische Relevanz
- repräsentative Spezies oder repräsentative Funktion für das Bodenökosystem
- weite Verbreitung der Spezies
- Abstrahierungsgrad des Testdesigns
- Organismenexposition über verschiedene Eintragspfade

Praktikabilität
- einfache Präparation von Zellorganellen / Zellen bzw. leichte Anzucht der Testorganismen
- schnelle Generationsfolge
- Unempfindlichkeit der Testspezies gegenüber abiotischen Umweltfaktoren
- geringer Geräteaufwand
- geringer personeller Bedarf

Wirkebene	Parameter	Ökol. Relevanz	Empfindlichkeit	Geschwindigkeit	Praktikabilität	Standardisierbarkeit
Molekül	DNA-Veränderungen, Enzymhemmung	niedrig	hoch	schnell	hoch	hoch
Zelle	Vermehrungshemmung, Mortalität					
Organismus	Wachstumshemmung, Vermehrungshemmung / Mortalität, (akute Wirkung und chron. Wirkung)					
Ökosystem	Veränderung des Artenspektrums, der Biomasseproduktion bzw. der Funktionen (Freiland, Halbfreiland, Mesokosmentest)	hoch	niedrig	langsam	niedrig	niedrig

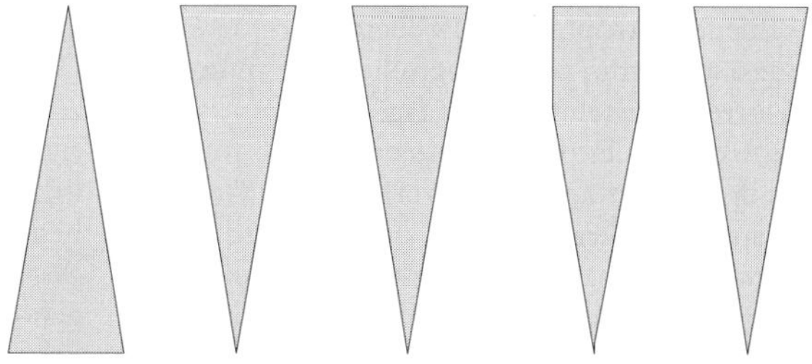

Abb. 59-4: Spektrum biologischer Testmethoden (erweitert nach A. Wenzel, pers. Mitteilung)

Standardisierbarkeit
- definierte Versuchsbedingungen
- Reproduzierbarkeit / Replizierbarkeit
- statistische Auswertung
- ausgereifter Test, geeignet für eine verabschiedungsfähige Richtlinie

Aus der Abbildung 59-2 wird deutlich, daß sich bei den biologischen Schnelltests, die überwiegend auf molekularer sowie zellulärer Wirkebene und seltener auf der Ebene der Kleinlebewesen basieren, eine weitgehend positive Einschätzung für die Unterscheidungskriterien Empfindlichkeit, Geschwindigkeit der Reaktion, Praktikabilität und Standardisierbarkeit ergibt. Für das wichtigste Kriterium, die ökologische Relevanz, wird aber eine negative Beurteilung ausgewiesen. Für die Freilanduntersuchungen, Halbfreiland- oder Mikrokosmentests, mit deren Hilfe die Wirkung auf das Ökosystem untersucht werden soll, kehrt sich die Beurteilung um. Die ökologische Relevanz ist als sehr positiv zu beurteilen, dagegen sind die anderen Kriterien negativ einzustufen. Für die Erfolgskontrolle von sanierten Böden erscheint der Einsatz von z.B. Halbfreiland- oder Mesokosmentests praxisfern. Für die Abschätzung des verbleibenden Gefährdungspotentials von saniertem Bodenmaterial eignen sich die Ökotoxizitätstests, die auf Organismenebene (Monospeziestests) basieren. Sie rangieren für alle betrachteten Kriterien im mittleren Bewertungsbereich. Durch den Einsatz von Monospeziestests in der Zusammenstellung zu einer Testbatterie wird eine Aussage zum verbleibenden Gefährdungspotential des sanierten Bodenmaterials in höherem Maße abgesichert.

Anforderungen an eine Testbatterie sind nach Römbke (1997):
- ökologische Diversität, z.B. Abdeckung verschiedener trophischer Ebenen
- taxonomische / physiologische Diversität, z.B. Vertreter verschiedener Taxa
- realistisches Expositionsszenarium.

Aus dem Inventar der zur Verfügung stehenden Testspezies sollten jeweils die Arten zu einer Testbatterie zusammengestellt werden, die dem Expositionsszenarium der zu untersuchenden Kontaminanten entspricht. Mit dieser Vorgehensweise wird gewährleistet, daß die Testbatterie klein bleibt.

In der Endphase der biologischen Sanierung kann in Abhängigkeit von den biologischen Testergebnissen und den chemisch ermittelten Restkonzentrationen unter Kostengesichtspunkten über eine Fortsetzung der biologischen Sanierung bzw. über die geeignete Wiedernutzungsform des sanierten Bodenmaterials entschieden werden.

Erfolgt in der Endphase der biologischen Sanierung aufgrund der chemischen Restbelastung bereits eine Einschränkung auf bestimmte Nutzungsformen des Bodenmaterials, so kann die erforderliche biologische Testbatterie unter dem Aspekt der zukünftigen Nutzung und des jeweiligen Schutzgutes reduziert werden (Kreysa und Wiesner 1995).

59.4 Schlußfolgerung

Da auch nach biologischer Sanierung Restkontaminationen im Bodenmaterial zurückbleiben, ist eine Verlaufs- und Erfolgskontrolle durch Biotests empfehlenswert. Bei den Biotests ist zwischen Schnelltests und ökotoxikologischen Tests an Bodenorganismen und höheren Pflanzen zu differenzieren. Sie unterscheiden sich in der qualitativen Aussage sowie im Arbeits- und Zeitaufwand.

Biologische Schnelltests werden ausschließlich im flüssigen Medium, d.h. auf den Boden bezogen, im Bodeneluat bzw. Bodenextrakt durchgeführt. Sie geben neben der Screening-Information zur Toxizität im eigentliche Sinne nur eine Information zur Wirkung über den Expositionspfad Porenwasser. Somit erhält man einen Hinweis auf die mögliche Grundwasserbelastung durch kontaminiertes Sickerwasser, wenn das mit Restkontaminanten belastete Bodenmaterial wieder eingebaut wird.

Die Schnelltests, die auf der molekularen und zellulären Wirkebene basieren, haben eine niedrige ökologische Relevanz. Sie liefern eine ökologische Teilinformation. Aufgrund der z.T. hohen Stoffspezifität können nur Aussagen zur Wirkung von bestimmten Kontaminanten vorgenommen werden (z.B. Urease-Test zeigt Schadwirkung durch zweiwertige Schwermetalle an; er ist aber wenig empfindlich gegenüber organischen Substanzen). Eine Wirkung im

Schnelltest muß auf Organismenebene aufgrund von metabolischen Prozessen oder Exkretionsvorgängen nicht zwingend zur schädigenden Wirkung führen. Außerdem können chronische Wirkungen nicht erkannt werden.
Während einer Sanierung steht die Frage im Vordergrund, ob überhaupt noch eine toxische Wirkung vorliegt (Ja/Nein-Antwort) und weniger, wie hoch die toxische Wirkung ist. Daher ist abschließend festzuhalten, daß das Haupteinsatzfeld von biologischen Schnelltests auf molekularer und zellulärer Ebene im Screening zur Detektion von Kontaminanten während des Sanierungsprozesses zu sehen ist.
Die öktoxikologischen Tests an Bodenorganismen und höheren Pflanzen werden im Bodenmaterial durchgeführt. Durch verschiedene Testsysteme innerhalb der Testbatterie werden die Expositionspfade Porenluft, Porenwasser, Direktkontakt und Schadstoffaufnahme zusammen mit der Nahrung erfaßt. Je nach Expositionspfad der Kontaminanten kann eine geeignete Testbatterie zusammengestellt werden.
Die Aussagequalität der Monospeziestests an Bodenorganismen ist sehr viel höher als die der Schnelltests. Das Gefährdungspotentials des zu überprüfenden Bodenmaterials kann aussagekräftig auf der Basis von quantitativen Toxizitätsdaten angegeben werden.
Ein einzelner Monospeziestest weist nur eine mittlere ökologische Relevanz auf. Durch die Zusammenstellung der Spezies verschiedener Trophiestufen zu einer Testbatterie erhöht sich aber die ökologische Relevanz. Diese Testbatterie liefert erste Hinweise für die nächst höhere Wirkungsebene, nämlich für die der Population bzw. Biozönose.
Abschließend läßt sich feststellen, daß die zu einer Testbatterie zusammengefaßten ökotoxikologischen Tests, die Spezies zu verschiedenen Trophiestufen enthalten, in der Endphase bzw. nach einer biologischen Sanierung zur Erfolgskontrolle notwendig sind, um das konkrete Gefährdungspotential zu erfassen. Auf der Basis dieser Ergebnisse kann über die Folgenutzung des sanierten Bodenmaterials entschieden werden.
Der Arbeitskreis „Umweltbiotechnologie – Boden“ (Kreysa und Wiesner 1995) sowie die Arbeitsgruppe „Validierung biologischer Testmethoden für Böden“ der Dechema hat für eine solche Testbatterie biologische Tests vorgeschlagen, die in der Regel im Rahmen des Pflanzenschutz- und des Chemikaliengesetzes sowie der Abwasseruntersuchungen entwickelt wurden. Diese Tests gilt es im Hinblick auf die Anwendbarkeit für die Altlastenproblematik anzupassen. Eine solche Anpassung der für andere gesetzliche Bereiche bereits standardisierten Testmethoden erfolgt im Rahmen des Verbund-Forschungsvorhabens des BMBF zur biologischen Sanierung, Teilvorhaben „Ökotoxikologische Testbatterien“. Zusätzlich werden im Forschungsverbund in begrenztem Umfang neuartige Tests entwickelt, die Vorteile gegenüber den herkömmlichen Tests versprechen und gegebenenfalls bei entsprechender Praxisreife und Eignung ergänzend zur Anwendung kommen können (Wilke und Fleischmann 1997).

Literatur

Alef, K. (ed.) (1994): Biologische Bodensanierung. VCH, Weinheim

Bundesministerium für Umwelt, Naturschutz und Reaktorsicherheit (BMU) (1997): Beitrag der Biotechnologie zu einer nachhaltigen umweltgerechten Entwicklung. Umwelt 2: 57

Eijsackers, H., Lokke, H. (eds.) (1992): SERAS – Soil ecotoxicological risk assessment system. Report from a european workshop in Silkeborg, Denmark, 13-16 January 1992. Silkeborg

Filip, Z. (1996): Biologische Verfahren. In: Neumaier, H., Weber, H.H. (eds.): Altlasten. Erkennen, Bewerten, Sanieren. 3. Aufl.. Springer Verlag, Berlin. 381-410

Kreysa, G., Wiesner, J. (1995): Biologische Testmethoden für Böden. Adhoc-Arbeitsgruppe „Methoden zur Toxikologischen/Ökotoxikologischen Bewertung von Böden“. 4. Bericht des interdisziplinären Arbeitskreises „Umweltbiotechnologie – Boden“. DECHEMA, Frankfurt/Main

Léon, C.D., van Gestel, C.A.M. (1994): Selection of a set of laboratory ecotoxicity tests for the effect assessment of chemicals in terrestrial ecosystems. Report No. D94004. University Amsterdam

LFU (Landesanstalt für Umweltschutz Baden-Württemberg) (ed.) (1994): Altlastenerkundung mit biologischen Methoden. Handbuch Altlasten und Grundwasserschadensfälle. Materialien zur Altlastenbearbeitung 13. Karlsruhe

Lotter, S. (1995): Biologische Bodensanierung. Hamburger Berichte 9. Economica Verlag, Bonn

Neteler, T. (1995): Bewertungsmodell für die nutzungsbezogene Auswahl von Verfahren zur Altlastensanierung. In: Jessberger, H.L. (ed.): Schriftenreihe des Instituts für Grundbau 23. Ruhr-Universität, Bochum

Persoone, G., Goyvaerts, M., Janssen, C., De Coen, W., van Gheluwe, M. (1993): Cost-effective acute hazard monitoring of polluted waters and waste dumps with the aid of toxkits. Final Report. Commission of the European communities: ACE 89/BE 2/03. University of Ghent, Laboratory for biological research in aquatic pollution. Ghent

Rehm, H.J. (1992): Laboruntersuchungen zum mikrobiellen Abbau von Schadstoffen in Böden. In: Behrens, D., Wiesner, J., Klein, J. (eds.): Mikrobiologische Reinigung von Böden. Beiträge des 9. DECHEMA-Fachgesprächs am 27. und 28. Februar 1991 in Frankfurt am Main und 1. Bericht des Interdisziplinären Arbeitskreises der DECHEMA „Umweltbiotechnologie – Boden". DECHEMA, Frankfurt/Main

Römbke, J. (1997): Criteria for validation of bioassays for soils. In: DECHEMA-Arbeitsgruppe „Validierung biologischer Testmethoden für Böden" (ed.): Minutes and enclosures of the 4th session on Dec. 4, 1997, at the RWTH Aachen. Frankfurt/Main

SRU (1990): Sondergutachten „Altlasten" des Rates von Sachverständigen für Umweltfragen. Drucksache 11/6191. Sachgebiet 2129. Deutscher Bundestag, Bonn

Stegmann, R. (1992): Praktische Erfahrungen mit der mikrobiologischen Bodenreinigung. In: Behrens, D., Wiesner, J., Klein, J. (eds.): Mikrobiologische Reinigung von Böden. Beiträge des 9. DECHEMA-Fachgesprächs am 27. und 28. Februar 1991 in Frankfurt am Main und 1. Bericht des Interdisziplinären Arbeitskreises der DECHEMA „Umweltbiotechnologie – Boden". DECHEMA, Frankfurt/Main

THMLNU (Thüringer Ministerium für Landwirtschaft, Naturschutz und Umwelt) (ed.)(1997): Biologische Verfahren in der Laboranalytik bei Altlasten. Materialien und Berichte zur Altlastbearbeitung in Thüringen 2. Frisch, Eisenach

Wilke, B.M., Fleischmann, S. (1997): Ökotoxikologische Testbatterien für Böden. Stand des BMBF-Verbundprogramms. In: Heiden, S., Dott, W: (eds.): Miniaturisierte und automatisierte Testverfahren zur human- und ökotoxikologischen Bewertung von Schadstoffen in Umweltproben. Initiativen zum Umweltschutz 7: 129-146. Deutsche Bundesstiftung Umwelt, Osnabrück